Tonminerale und Tone

K. Jasmund/G. Lagaly (Hrsg.)

Tonminerale und Tone

Struktur, Eigenschaften, Anwendungen und Einsatz in Industrie und Umwelt

Steinkopff Verlag Darmstadt

Prof. Dr. Karl Jasmund
Mineralogisch-Petrographisches
Institut der Universität
Zülpicher Straße 49
W-5000 Köln

Prof. Dr. Gerhard Lagaly
Institut für anorganische Chemie
Universität Kiel
Olshausenstraße 40
W-2300 Kiel

Die Deutsche Bibliothek – CIP Einheitsaufnahme

Tonminerale und Tone: Struktur, Eigenschaften, Anwendungen und Einsatz in Industrie und Umwelt / K. Jasmund; G. Lagaly (Hrsg.) – Darmstadt: Steinkopff, 1993

ISBN-13:978-3-7985-0923-8 e-ISBN-13:978-3-642-72488-6
DOI: 10.1007/978-3-642-72488-6

ND: Jasmund, Karl (Hrsg.)

Verlagsredaktion: Dr. Maria Magdalene Nabbe – Herstellung: Heinz J. Schäfer

Satzherstellung: Mitterweger Werksatz, Plankstadt
Gedruckt auf säurefreiem Papier

Vorwort

Die Tonminerale heben sich durch eine Vielfalt von Reaktionen von allen anderen Mineralen und anorganischen Feststoffen ab. Als wichtigste Bestandteile der Tone verleihen sie diesen die besonderen Eigenschaften, die die Menschen in ihren früheren Kulturen als Bau- und Gefäßmaterial auszunutzen wußten. Heute haben die Tonminerale als preiswertes und in großen Mengen zur Verfügung stehendes Rohmaterial für viele industrielle Zweige immer mehr an Bedeutung gewonnen.

Das vorliegende Buch wendet sich deshalb vorwiegend an einen Leserkreis, für den die praktische und industrielle Nutzung der Tone und Tonminerale im Vordergrund steht, und damit auch an Studenten, die sich in die Problematik der chemischen, kolloidchemischen und physikalischen Reaktionswege einarbeiten wollen. Dem anwendungsbezogenen Teil des Buches sind zur allgemeinen Einführung einige Kapitel über Struktur, Eigenschaften und Bildung der Tonminerale vorangestellt.

Bei Tagungen der „Deutschen Ton- und Tonmineralgruppe (DTTG)" wurde das Projekt eines Tonmineralogiebuches wiederholt diskutiert. Aus diesem Kreis konnten kompetente Autoren für die Bearbeitung der vielschichtigen Themenkreise gewonnen werden.

Ziel des Buches ist, neben einer Vertiefung der Grundlagenkenntnisse vor allem die Reaktionsbereitschaft der Tonminerale aufzuzeigen, um sie für die mannigfaltigen praktischen Anwendungen nutzbar zu machen. Da die Tonminerale größtenteils als Alumosilicate aus wäßrigen Lösungen in der obersten Erdkruste d. h. bei verhältnismäßig niedrigen Temperaturen gebildet werden, sind die Wachstumsbedingungen schlecht und der strukturelle Aufbau ist mangelhaft. Aber gerade durch ihre geringe Korngröße und ihre chemisch aktive, große spezifische Oberfläche sind sie für viele praktische Verwendungszwecke ideale Grundsubstanzen. Tonminerale können durch gezielte Vorbehandlungen („Aktivierung") auf einen bestimmten praktischen Verwendungszweck vorbereitet werden. Allein durch die Auswahl der Rohstoffe und die Aufbereitung des Tonrohstoffs lassen sich die praktischen Einsatzmöglichkeiten bereits verbessern. Die besten Ausgangsbedingungen sind heute kaum noch ohne wissenschaftliche Untersuchungsverfahren festzulegen. Die Tonmineralforschung gewinnt deshalb immer mehr an Bedeutung. Die Begutachtung von Tonvorkommen und deren industrielle Nutzung erfordert viel Vorarbeit.

Insgesamt werden pro Jahr etwa 50 Millionen Tonnen Tone, Bentonite und Kaoline verarbeitet. Der keramische Einsatz steht dabei keineswegs an erster Stelle. Mehr als 50 % des Kaolins gehen in die Papierindustrie und nur etwa 20 % werden in der keramischen Industrie gebraucht. Bei den Bentoniten steht an erster Stelle der Einsatz in der Gießereiindustrie als Formsandbinder, an zweiter Stelle der Zusatz zu Bohrspülflüssigkeiten. Große Mengen Bentonit werden auch zur Erzpelletierung benötigt. Neben diesen mengenmäßig beeindruckenden Anwendungen werden Kaoline und Bentonite in vielfältigsten und unterschiedlichsten Bereichen gebraucht. Ihr Einsatz spannt sich von der chemischen und pharmazeutischen Industrie über die Bauindustrie und Geotechnik bis hin zur Lebensmittelindustrie.

Zur Lösung drängender Umweltprobleme wird der Einsatz von Tonen in den verschiedensten Formen diskutiert und auch schon praktiziert. Ein sinnvoller und effektiver Einsatz setzt die Beachtung aller Reaktionsmöglichkeiten der Tonminerale voraus und darf nicht leichtfertig geschehen. Auch dazu soll die vorliegende Monographie eine Hilfestellung geben. Tonige Sedimentschichten sind andererseits wegen ihres möglichen, langsamen Fließens beim Ausschachten und beim Kanal- und Tunnelbau gefürchtet und machen gründliche Voruntersuchungen über die Tonmineralart und deren Wasserbindung notwendig.

Die Oberflächeneingenschaften der Tonminerale beeinflussen entscheidend die Güte eines Bodens für die landwirtschaftliche Nutzung. Tonminerale binden nicht nur Düngemittel, sondern auch Gifte aus der Schädlingsbekämpfung und können damit zumindest für einen gewissen Zeitraum die Güte des Grundwassers verbessern.

Das Buch möge dazu beitragen, die wissenschaftliche Forschung im deutschen Sprachraum zu beleben. Wir danken allen Koautoren für die gute Zusammenarbeit. Vor allem sind wir Frau Dr. M.M. Nabbe, der Lektorin des Steinkopff Verlages zu besonderem Dank verpflichtet.

Köln und Kiel, Juli 1992

Karl Jasmund
Gerhard Lagaly

Inhaltsverzeichnis

Autorenverzeichnis

Prof. Dr. Karl Jasmund
Mineralogisch-Petrographisches Institut
der Universität
Zülpicher Straße 49
W-5000 Köln

Prof. Dr. Heinrich M. Köster
Lehrstuhl für Angewandte Mineralogie
und Geochemie
Technische Universität München
Lichtenbergstraße 4
W-8046 Garching

Prof. Dr. Ewald E. Kohler
Geographisches Institut
Angewandte Geologie
Universität Regensburg
Universitätsstraße 31
Postfach 397
W-8400 Regensburg

Prof. Dr. Gerhard Lagaly
Institut für anorganische Chemie
Universität Kiel
Olshausenstraße 40
W-2300 Kiel

Prof. Dr. Max Müller-Vonmoos
Tonmineralogisches Labor des Instituts
für Grundbau und Bodenmechanik
der ETH Zürich
Sonneggstraße 5
CH-8006 Zürich

Prof. Dr. E. A. Niederbudde
Institut für Bodenkunde
Technische Universität München
W-8050 Freising-Weihenstephan

Prof. Dr. Karl-Heinz Schüller
Erbsenbodenstraße 36
W-8560 Lauf

Prof. Dr. Udo Schwertmann
Institut für Bodenkunde
Technische Universität München
W-8050 Freising-Weihenstephan

Prof. Dr. Manfred Störr
Sektion Geologische Wissenschaften
Ernst-Moritz-Arndt-Universität
O-2200 Greifswald

1 TONE UND TONMINERALE

G. Lagaly, H. M. Köster

1.1 Tone

Tone sind unverfestigte Sedimentgesteine. Sie bestehen im wesentlichen aus Mineralpartikeln kleiner 20 µm im Durchmesser. Unter diesen Partikeln herrschen blättchenförmige silicatische Tonminerale mengenmäßig vor, deren Teilchendurchmesser meistens kleiner als 2 µm sind. Altersmäßig gehören die unverfestigten Tone fast gänzlich den jungen erdgeschichtlichen Formationen des Tertiärs und Quartärs an. Die Masse aller tonigen Sedimentgesteine ist jedoch verfestigt. Die verfestigten Tongesteine werden als Tonschiefer, Schiefertone und neuerdings auch als Tonsteine bezeichnet. Sie gehören überwiegend den älteren geologischen Formationen des Meso- und Paläozoikums an.

Unter den Sedimenten herrschen Tone und Tonsteine mit rund 80 % weitaus vor. Den Rest teilen sich Sande bzw. Sandsteine, Karbonatgesteine und weniger häufig Kiesel-, Phosphat- und Salzgesteine sowie sedimentäre Eisen- und Manganerze.

Fast alle Tone sind umgelagert und zeigen eine Schichtung. Bei der Abtragung des primären Verwitterungsdetritus und seinem Transport erfolgt eine Sortierung nach der Korngröße. Der feinkörnige Ton wird von den gröberen sandigen und kiesigen Bestandteilen getrennt wieder abgelagert. Die Schichtung wird durch geringe Korngrößenunterschiede des sedimentierten Materials hervorgerufen. In dem ungeschichteten Detritus von Verwitterungsprofilen sind die Tonminerale mit gröberen, noch unzersetzten Gesteins- und Mineralresten vermengt. Beispiele dieser Art sind viele Kaolinlagerstätten, besonders aber die Böden.

Die Tonminerale sind überwiegend wasserhaltige Aluminiumsilicate. Sie entstehen im wesentlichen bei der Verwitterung von Silicatgesteinen und werden deshalb als *Verwitterungsneubildungen* bezeichnet. Zu diesen gehören neben den Tonmineralen häufig oxidische Eisenminerale – besonders Hämatit und Goethit –, Titandioxid als Anatas, sowie in den Tropen Aluminiumhydroxide, vor allem Gibbsit. Außer den mengenmäßig vorherrschenden Verwitterungsneubildungen enthalten die Tone *Verwitterungsreste* und *Mineralneubildungen*. Unter den Verwitterungsresten sind widerstandsfähige Minerale vertreten: allen voran Quarz, dann Muskovit und Feldspäte, gelegentlich gebleichte Biotite und seltener Chlorite. Von den akzessorischen Mineralen der Primärgesteine reichern sich Rutil und Zirkon, zum Teil auch Apatit in den Sedimenten an. Häufige Mineralneubildungen in Tongesteinen sind das Silicat Glaukonit, die Carbonate Calcit, Dolomit, Siderit, die Eisensulfide Pyrit, Markasit, aber auch Kupferkies und Bleiglanz. Bei der Oxidation der Sulfide entstehen sekundär Sulfate wie Gips, Jarosit, Alunit. Einige nur als Nebenbestandteile oder nur in besonderen Tonen neben Tonmineralen vorkommende Minerale lassen sich häufig nicht sicher den Verwitterungsneubildungen oder Mineralneubildungen im Sediment zuordnen. Dazu gehören beispielsweise Zeolithe, C-Opal (Cristobalit) und Opal. Amorpher Opal kann von Kieselorganismen herstammen.

Die typischen Eigenschaften der Tone – feucht von seifenartiger Konsistenz, Wasserbindevermögen, Quellung, hohe Adsorptionskapazität gegenüber allen möglichen anorganischen und organischen Stoffen, Abdichtungsvermögen, nicht-newtonsches Fließverhalten, Thixotropie, Plastizität – werden entscheidend durch die silicatischen Tonminerale hervorgerufen.

Die Farbe der Tone wird durch Gehalt und Art der Eisenoxide bestimmt (gelb bis gelbbrauner Goethit, orangefarbener Lepidokrokit, roter Hämatit und rotbrauner bis schwarzer Maghemit; Kap. 2.6). Unter reduzierenden Bedingungen treten durch Eisen(II)-ionen Blaufärbungen auf, die bei der Oxidation an der Luft verschwinden. Bodentone können durch Vivianit blaugefärbt sein, der z. B. unter reduzierenden Bedingungen bei kräftiger Phosphatzufuhr in den Unterwasserböden gebildet wird. Die grünliche Färbung spezieller Bodenhorizonte mag mit dem Vorkommen eines blaugrünen $Fe^{II}Fe^{III}$-hydroxides (grüner Rost) zusammenhängen (Kap. 2.6). An der Färbung können auch organische Verbindungen (nachweislich z. B. Porphyrine und Purine) beteiligt sein, besonders bei rosaroten, violettroten und bläulichen Tonen. Auch gelbliche und braune Färbungen können von organischen Stoffen herrühren; manche Tone sind durch kohlige Substanzen schwarz verfärbt. Es gibt daher gefärbte Tone, die weiß brennen.

Die Rotfärbung keramischer Produkte wird durch den Hämatit hervorgerufen. Bei der bichromen Rot-Schwarz-Dekorierung wird daneben die Bildung des Maghemits oder die Schwarzfärbung durch manganhaltige Eisenoxide ausgenützt (19, 49 – 51).

In der Lagerstättenkunde wird zwischen Kaolinen, Kaolinittonen, gemeinen Tonen und Bentoniten unterschieden (Kap. 5.1.1). Kaoline sind durch Verwitterung an der Erdoberfläche oder durch hydrothermale Umwandlung der Muttergesteine entstanden und liegen auf primärer Lagerstätte. Sie enthalten durchweg unveränderte Minerale der Ausgangsgesteine (vor allem Quarz, Feldspäte, Glimmer) und müssen vor dem technischen Einsatz aufbereitet werden, um die grobkörnigen Bestandteile und soweit als möglich störende Begleitminerale zu entfernen (Kap. 5.6.1 und 9.2.1).

In der Technik werden unter Ton die durch Wasser oder Wind umgelagerten, auf sekundärer Lagerstätte liegenden Sedimente verstanden, also Kaolinittone, gemeine Tone, und Bentonite (Kap. 7.3.1). Bei der Umlagerung wurden die kleinen Teilchen bevorzugt transportiert und gröbere Bestandteile aussortiert. Viele Tone können ohne Aufbereitung eingesetzt werden. Je nach Ausgangsgestein, Grad der Verwitterung, Zersetzung und Veränderung beim Umlagern ist der Mineralbestand der Tone verschiedener Lagerstätten unterschiedlich. Entsprechend können die Eigenschaften der Tone und ihre Anwendungsmöglichkeiten variieren.

Nach dem Mineralbestand unterscheidet man kaolinitreiche (Kaolinittone, Kap. 5.1.4) und smectitreiche Tone (Bentonite, Kap. 5.2.1). Die (gemeinen) Tone enthalten vor allem Illit, daneben Chlorite, Beimengungen von Kaolinit, Smectiten und Wechsellagerungsmineralen (wie Smectit/Illit und Kaolinit/Illit) und die üblichen Akzessorien (Kap. 5.4).

1985 wurden weltweit 25 Mio t Kaoline und 7 Mio t Bentonite abgebaut. Die Menge der gemeinen Tone ist schwer abzuschätzen. In den USA betrug sie etwa 16 Mio t; weltweit dürfte es ein Mehrfaches sein. Von Attapulgit und Sepiolith dürften einschließlich der nicht näher spezifizierten Walkererden (fuller earth) (Kap. 9.1.2) etwa 5 Mio t benötigt worden sein (48).

Die allgemein bekannte Verwendung der Kaoline in der keramischen Industrie umfaßt nur ein Fünftel des geförderten Kaolins, mehr als die Hälfte des Kaolins wird zur Papierherstellung gebraucht. Die gemeinen Tone wurden schon immer zur

Herstellung von Keramiken jeder Art, Ziegeln, Baurohstoffen und im Hausbau (Lehmhäuser, Fachwerkbau) benutzt. Der Einsatz von Bentoniten reicht vom Adsorptionsmittel in der Lebensmittelindustrie (Bleichung von Speiseölen, Entfernung von Proteinen aus Bier) über vielfältige Anwendungen bis zum Einsatz in der Bau-, Eisen- und Erdölindustrie. Auch die katalytischen Fähigkeiten der Bentonite werden ausgenutzt (Kap. 9.7).

1.2 Die Tonminerale

Der Bauplan der silicatischen Tonminerale ist recht einfach. Bausteine sind die $[SiO_4]$-Tetraeder und $[M(O,OH)_6]$-Oktaeder. Die Tetraeder sind über gemeinsame Sauerstoffionen zu Schichten (engl.: tetrahedral sheet) verknüpft, und zwar so, daß die freien Spitzen der Tetraeder in eine Richtung weisen (Abb. 1.1 a). In der Ebene sind die Tetraeder zu einem Netzwerk aus Sechserringen verbunden. Diese Tetraederschicht ist an eine Oktaederschicht (engl.: octahedral sheet) kondensiert, in der die Oktaeder über Kanten verknüpft und mit zweien ihrer Dreiecksflächen parallel zur Ebene der Tetraedersechserringe liegen (Abb. 1.1 b). Die Sauerstoffionen der Tetraederspitzen gehören also gleichzeitig den Sauerstoffoktaedern an. Alle Sauerstoffionen der Oktaederschicht, die nicht gleichzeitig zu einem $[SiO_4]$-Tetraeder gehören,

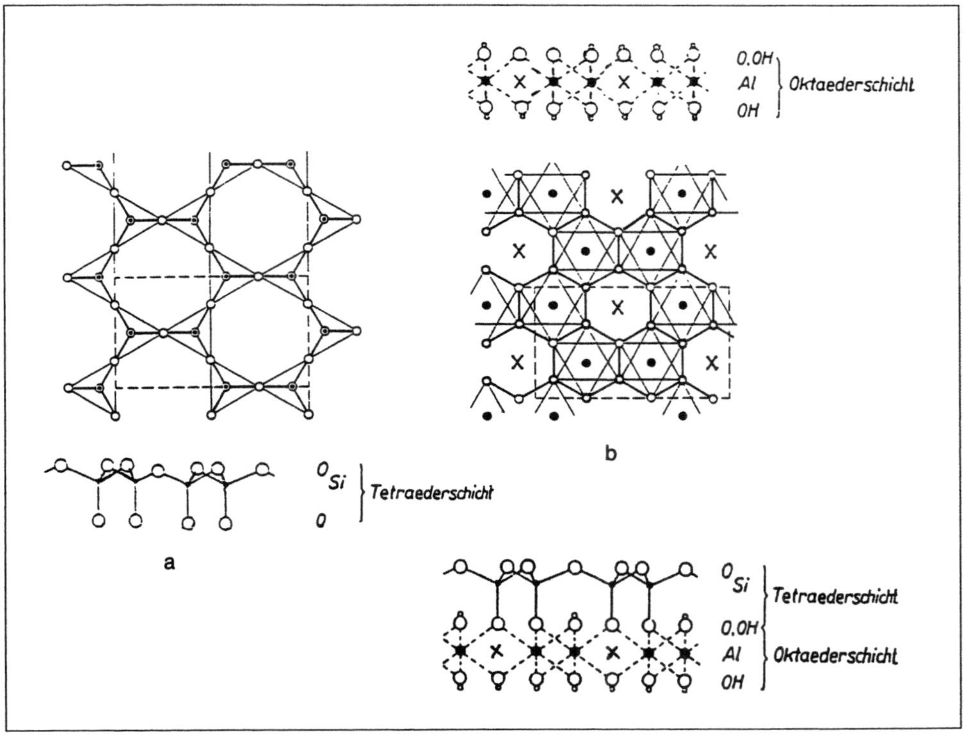

Abb. 1.1 a, b. Tetraeder- (a) und Oktaederschichten (dioktaedrisch) (b) in den Schichtsilicaten. Bei den trioktaedrischen Mineralen sind auch die mit x gekennzeichneten Oktaederpositionen besetzt. Die gestrichelten Linien geben die Elementarzelle an (Länge $a \approx 5$ Å, $b \approx 9$ Å; genaue Werte s. Kap. 2). Die Elementarzelle enthält jeweils zwei der in c, d eingezeichneten Formeleinheiten.

haben ein Proton gebunden, liegen also als Hydroxidionen OH^- (frühere Bezeichnung: Hydroxylionen) in der Struktur vor.

Die aus je einer Tetraeder- und Oktaederschicht bestehenden Schichten (engl.: layer) bauen die Zweischichttonminerale (1 : 1-Schichtsilicate) auf (Abb. 1.1 c, 1.2 a). Die ungeladenen Schichten werden durch Dipol-Dipol-Wechselwirkungen, Wasserstoffbrückenbindungen und van-der-Waals-Kräfte zusammengehalten. Als Schichtabstand wird die Entfernung d_L bezeichnet (Abb. 1.2 a). Sie beträgt bei den Zweischichtmineralen 7,0 – 7,3 Å.

Zu den 1 : 1-Schichtsilicaten gehören die Kaolin- und Serpentinminerale (Tabelle 1.1) (Kap. 2.1). Bei den Serpentinmineralen sind alle Sauerstoffoktaeder mit Magnesiumionen besetzt, die Minerale werden trioktaedrisch genannt. In den Kaolinmineralen sind statt drei Magnesiumionen zwei Aluminiumionen gebunden. Ein Drittel der Oktaederplätze bleibt unbesetzt, die Minerale sind dioktaedrisch. Die chemischen Formeln entsprechen der Stöchiometrie:

Serpentinminerale	$\{Mg_3[Si_2O_5(OH)_4]\}$
Kaolinminerale	$\{Al_2[Si_2O_5(OH)_4]\}$

In eckigen Klammern steht die Zusammensetzung des Sauerstoffgerüsts mit den Kationen in den Tetraederpositionen, vor der Klammer stehen die Kationen in den Oktaederpositionen. Die geschweifte Klammer umfaßt die Zusammensetzung des 2 : 1-Schichtpaketes (Tetraeder- + Oktaederschicht). Die Zusammensetzung läßt sich in einfacher Weise aus der Darstellung der Struktur in Abbildung 1.1 c ablesen.

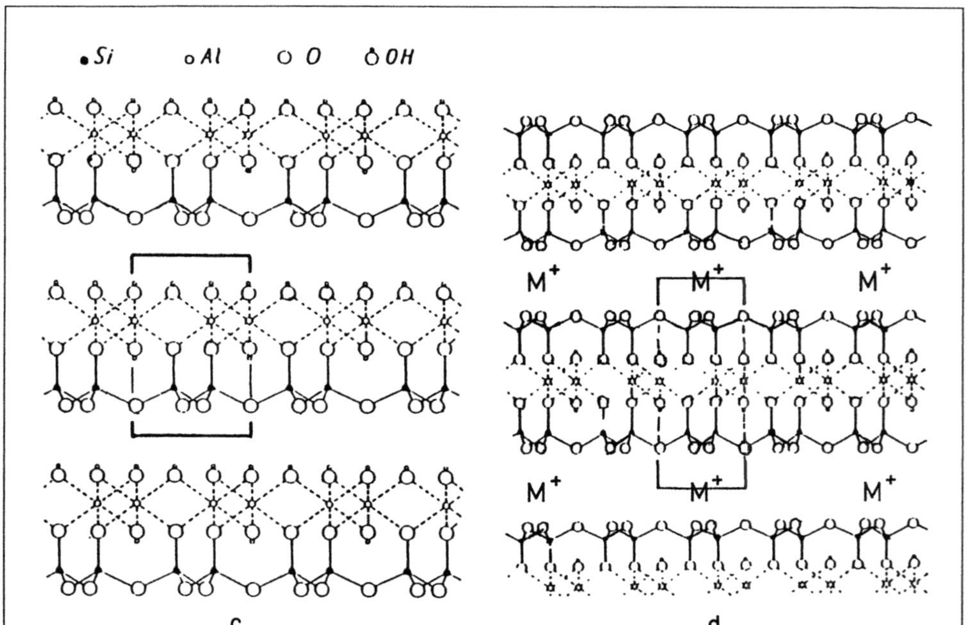

Abb. 1.1 c, d. Kondensation von Tetraeder- und Oktaederschichten (dioktaedrisch) zu den Zweischicht(c) und Dreischichtmineralen (d). Mit den scheinbar kantenverknüpften Tetraedern sind zwei hintereinander liegende Tetraeder gemeint.

In den Dreischichtmineralen (2 : 1-Schichtsilicaten) ist an die Oktaederschicht eine weitere Tetraederschicht ankondensiert, deren Spitzen den Spitzen der anderen Tetraederschicht entgegengerichtet sind (Abb. 1.1 d; 1.2 b). Diese Gruppe von Tonmineralen zeichnet sich durch eine besonders große Vielfalt aus. Im trioktaedrischen Talk und im dioktaedrischen Pyrophyllit sind die Schichten ungeladen. Die idealisierte Stöchiometrie, die sich wiederum gut aus der Darstellung in Abbildung 1.1 d ablesen läßt, ist

Talk	$\{Mg_3[Si_4O_{10}(OH)_2]\}$
Pyrophyllit	$\{Al_2[Si_4O_{10}(OH)_2]\}$

In den anderen Dreischichtmineralen sind die Schichten geladen. Die negativen Ladungen entstehen einmal dadurch, daß bei den dioktaedrischen Mineralen dreiwertige Metallionen der Oktaederschicht durch zweiwertige, und in den trioktaedri-

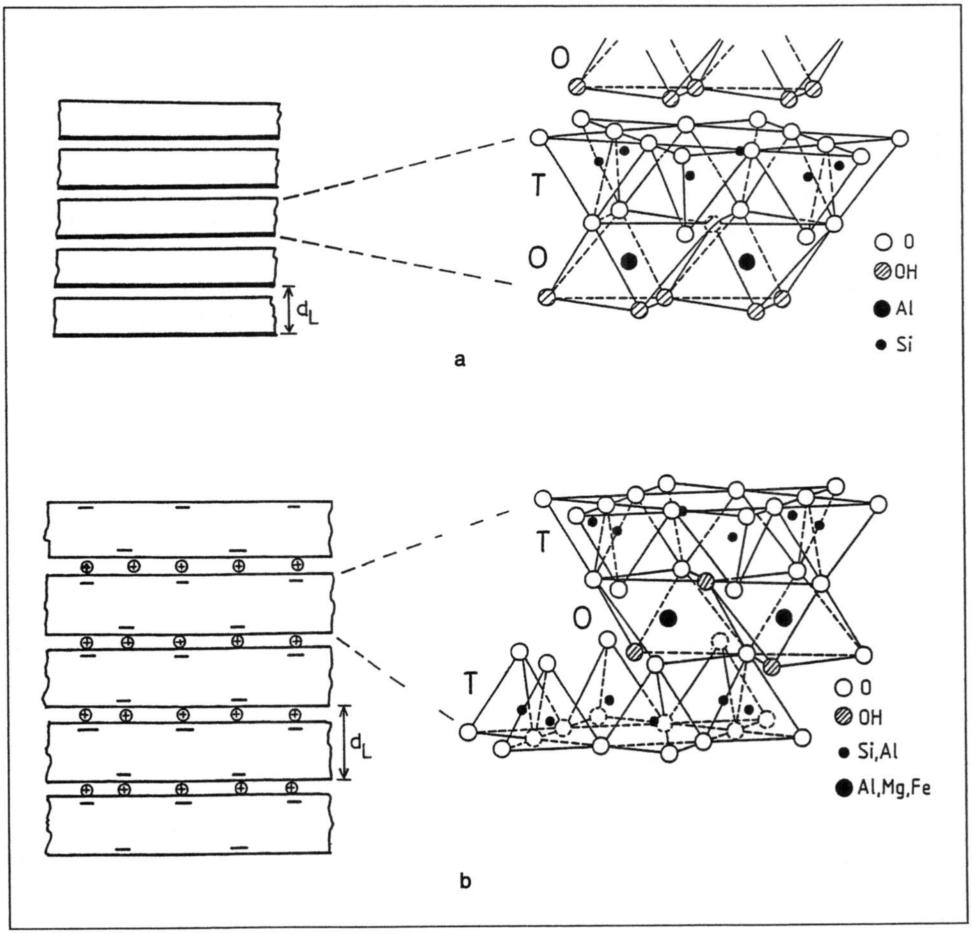

Abb. 1.2. Räumliche Darstellung der Schichtstruktur der Zweischichtminerale (1 : 1-Tonminerale) **(a)** und Dreischichtminerale (2 : 1-Tonminerale) **(b)**; T, O = Tetraeder-, Oktaederschicht, d_L = Schichtabstand.

schen Mineralen zweiwertige Metallionen durch einwertige ersetzt sind. Zudem müssen nicht alle drei (trioktaedrische Minerale) bzw. zwei Plätze (dioktaedrische Minerale) besetzt sein. Die Zahl der oktaedrisch koordinierten Metallionen liegt aber meist nahe bei drei oder zwei. Die Gesamtladung der Oktaederkationen pro Formeleinheit ist daher nicht 6+, sondern $(6-x)+$. Ladungen können weiterhin durch die Substitution von Si^{4+}-Ionen durch Al^{3+}-Ionen in der Tetraederschicht entstehen. Die allgemeine Stöchiometrie der Schichtpakete aus Oktaedern und Tetraedern lautet demnach:

$$\{\underbrace{(Me^{3+}, Me^{2+}, Me^{+})^{(6-x)+}_{2\text{ bis }3}\,[(OH)_2O_4}_{\text{Oktaederschicht}}\underbrace{Si_{4-y}Al_yO_6]}_{\text{Tetraederschicht}}\}^{\xi-}$$

In manchen Fällen entstehen weitere Ladungen durch Abspaltung von Protonen aus den Hydroxidionen. (Derartige Vorgänge spielen vor allem bei Redoxprozessen eine Rolle, s. Kap. 2.2.4).

Die Ladung der Schicht pro Formeleinheit wird als Schichtladung ξ bezeichnet. Sie liegt zwischen 0,2 und 2 (Tabelle 1.1). Die Schichtladung ergibt sich bei einem Teil der 2:1-Schichtsilicate hauptsächlich durch oktaedrische Substitution von Me^{3+} durch Me^{2+} (dioktaedrische Minerale, z. B. Montmorillonit, Seladonit) bzw. von Me^{2+} durch Me^{+} (trioktaedrische Minerale, z. B. Hectorit). Bei anderen 2:1-Schichtsilicaten entsteht die Schichtladung vor allem durch tetraedrische Substitution von Si^{4+} durch Me^{3+} (vorwiegend Al^{3+}), so bei Beidellit, Nontronit, Muskovit (dioktaedrisch) und Saponit (trioktaedrisch). Die Schichtladung von Vermiculiten, Illiten und Glaukoniten wird durch oktaedrische und tetraedrische Substitutionen bestimmt.

Zum elektrostatischen Ausgleich der negativen Schichtladung werden zwischen den Schichten Gegenionen M^{v+}, gebunden. Zusätzlich können zwischen den Silicatschichten Wassermoleküle angesammelt sein, so daß als allgemeine Formel der Dreischichtminerale zu schreiben ist:

$$\underbrace{M^{v+}_{\xi/v}(H_2O)_n}_{\text{Schichtzwischenraum}}\ \underbrace{\{(Me^{3+}, Me^{2+}, Me^{+})^{(6-x)+}_{2\text{ bis }3}\,[Si_{4-y}Al_yO_{10}(OH)_2]\}^{\xi-}}_{\text{2:1-Schichtpaket}}$$

Wenn keine Wassermoleküle im Schichtzwischenraum gebunden sind, ist der Schichtabstand $d_L \approx 10$ Å. Bei der Einlagerung von Wasser nimmt er in bestimmter Weise zu (Kap. 3.2.1).

Die Ladungsverteilung ist komplizierter als es nach Tabelle 1.1 den Anschein hat. Schon früh wurde vermutet (34), daß die Schichtzwischenräume in einem Smectitkriställchen nicht ganz gleichartig sind. Eine der wesentlichen Ursachen dafür ist die nicht gleichmäßige Verteilung der negativen Ladungen, so daß die Kationendichte von Schichtzwischenraum zu Schichtzwischenraum und wohl auch lateral in den Schichtzwischenräumen innerhalb gewisser Grenzen schwankt (Abb. 1.5). Daher können sich einzelne Montmorillonite trotz nahezu gleicher mittlerer Schichtladung merklich voneinander unterscheiden.

Bei der dritten Gruppe der blättchenförmigen Silicatminerale, den Chloriten, sind anstelle der Zwischenschichtkationen Einfachschichten aus vernetzten

Tabelle 1.1. Einteilung der Schichtsilicate.

Schichttyp[1]	Gruppe	Untergruppe	Beispiele
1 : 1	Serpentin-Kaolin-Gruppe ($\xi \approx 0$)[2]	Serpentine (tr)[3]	Chrysotil Antigorit
		Kaoline (di)	Kaolinit Halloysit
2 : 1	Talk-Pyrophyllit-Gruppe ($\xi \approx 0$)	Talk (tr) Pyrophyllit (di)	
	Smectite ($\xi \approx 0{,}2-0{,}6$)	Smectite (tr)	Saponit Hectorit
		Smectite (di)	Montmorillonit Beidellit Nontronit
	Vermiculite ($\xi \approx 0{,}6-0{,}9$)	Vermiculite (tr) Vermiculite (di)	
	Illite ($\xi \approx 0{,}6-0{,}9$)	Illite (tr)? Illite (di)	
	Glimmer ($\xi \approx 1$)	Glimmer (tr)	Biotit Phlogopit Lepidolith
		Glimmer (di)	Muskovit Paragonit
	Sprödglimmer ($\xi \approx 2$)	Sprödglimmer (di)	Margarit
2 : 1	Chlorite (ξ variabel)	alle Kombinationen (tr) und (di)	
(2 : 1)	Sepiolith-Palygorskit-Gruppe		Sepiolith Palygorskit

[1]) 1 : 1 = Zweischichtminerale, 2 : 1 = Dreischichtminerale
[2]) ξ = Schichtladung (Ladungen/Formeleinheit $\{(M^{3+}, M^{2+}, M^{+})_{2-3}[(Si, M^{3+})_4O_{10}(OH)_2]\}$)
[3]) tr = trioktaedrisch, di = dioktaedrisch

$[Al(O, OH)_6]$- oder $[Mg(O, OH)_6]$-Oktaedern eingelagert (sog. Oktaederzwischenschicht) (Abb. 1.3); (Kap. 2.2.4).

Die Tonminerale mit Faserstruktur (Sepiolith und Palygorskit (Attapulgit)) sind aus Leisten zusammengesetzt, die aus den Schichten der Dreischichtminerale herausgeschnitten sind (Abb. 1.4); (Kap. 2.4.1). Die Leisten sind in der Schichtebene in einer Richtung unendlich, in der anderen auf fünf (Palygorskit) oder acht Oktaeder (Sepiolith) begrenzt. Diese Einheiten sind senkrecht zur Schichtebene um eine Schichtdicke versetzt, so daß kanalförmige Hohlräume entstehen, deren Richtung mit der Faserrichtung übereinstimmt.

Häufig werden Tonminerale mit Wechsellagerungsstruktur gefunden. Der englische Ausdruck „mixed-layer minerals“ macht noch besser deutlich, daß innerhalb

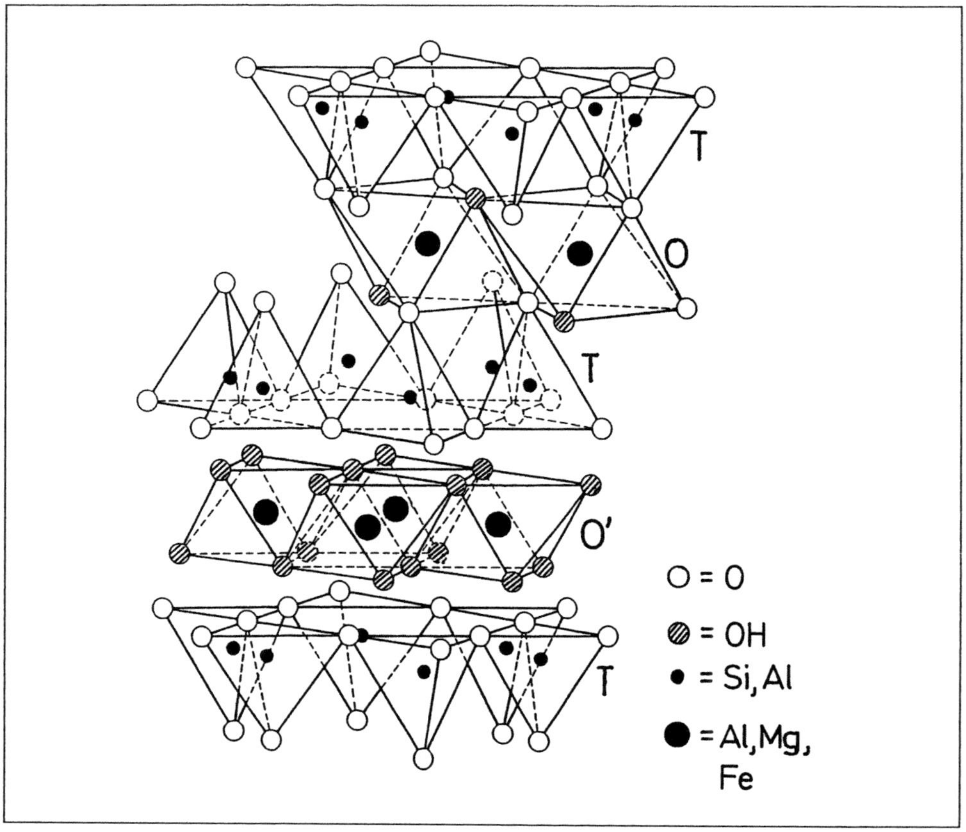

Abb. 1.3. Schichtstruktur der Chlorite. T, O = Tetraeder-, Oktaederschicht; O' = Oktaederzwischenschicht.

eines Kristalls zwei (oder auch mehr) unterschiedliche Schichten regelmäßig oder statistisch aufeinander folgen (Kap. 2.3)*. Das können strukturell unterschiedliche Schichten sein z. B. in Kaolinit/Smectit- oder Chlorit/Vermiculit-Wechsellagerungsverbindungen, wie auch strukturell ähnliche Schichten wie bei Glimmer/Vermiculit oder Glimmer (Illit)/Smectit (Kap. 4.4). Letzten Endes könnten auch die Smectite mit breiter Ladungsverteilung als Wechsellagerungsverbindungen aufgefaßt werden. In der Tat zeigt die Ladungsverteilung in Smectiten recht häufig zwei Maxima (Abb. 1.5) und stellt einen Übergang zwischen einer (idealisierten) Wechsel-

---

*) Bei Wechsellagerungsverbindungen wird die Bezeichnung „Schicht“ in zweifacher Weise verwandt: einmal als Bezeichnung der Silicatschicht selbst, zum anderen als Periode von der Mitte der „unteren“ Schicht über den Schichtzwischenraum zur Mitte der „oberen“ Schicht. Eine solche „Schicht“ wird smectitisch genannt, wenn die Kationendichte im Schichtzwischenraum einer smectitischen Ladungsdichte entspricht. In den meisten Untersuchungen (z. B. mit Ethylenglycol oder Alkylammoniumionen) wird nämlich nicht der Charakter der Schichten selbst, sondern die Kationendichte im Schichtzwischenraum erfaßt. Im Deutschen eignet sich für die angegebene Periode die Bezeichnung „Lage“.

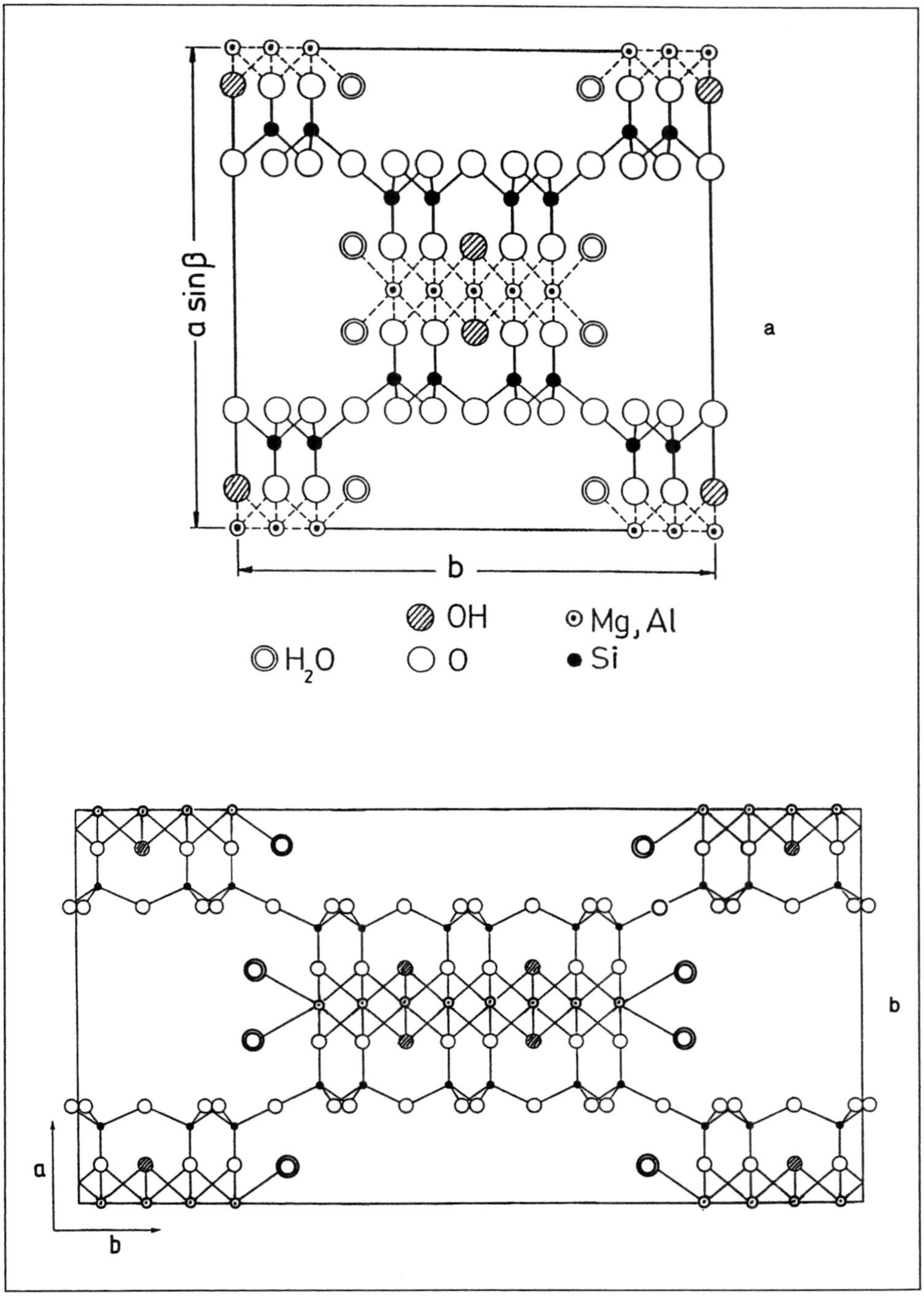

Abb. 1.4. Die Struktur des Palygorskits (**a**) und Sepioliths (**b**).

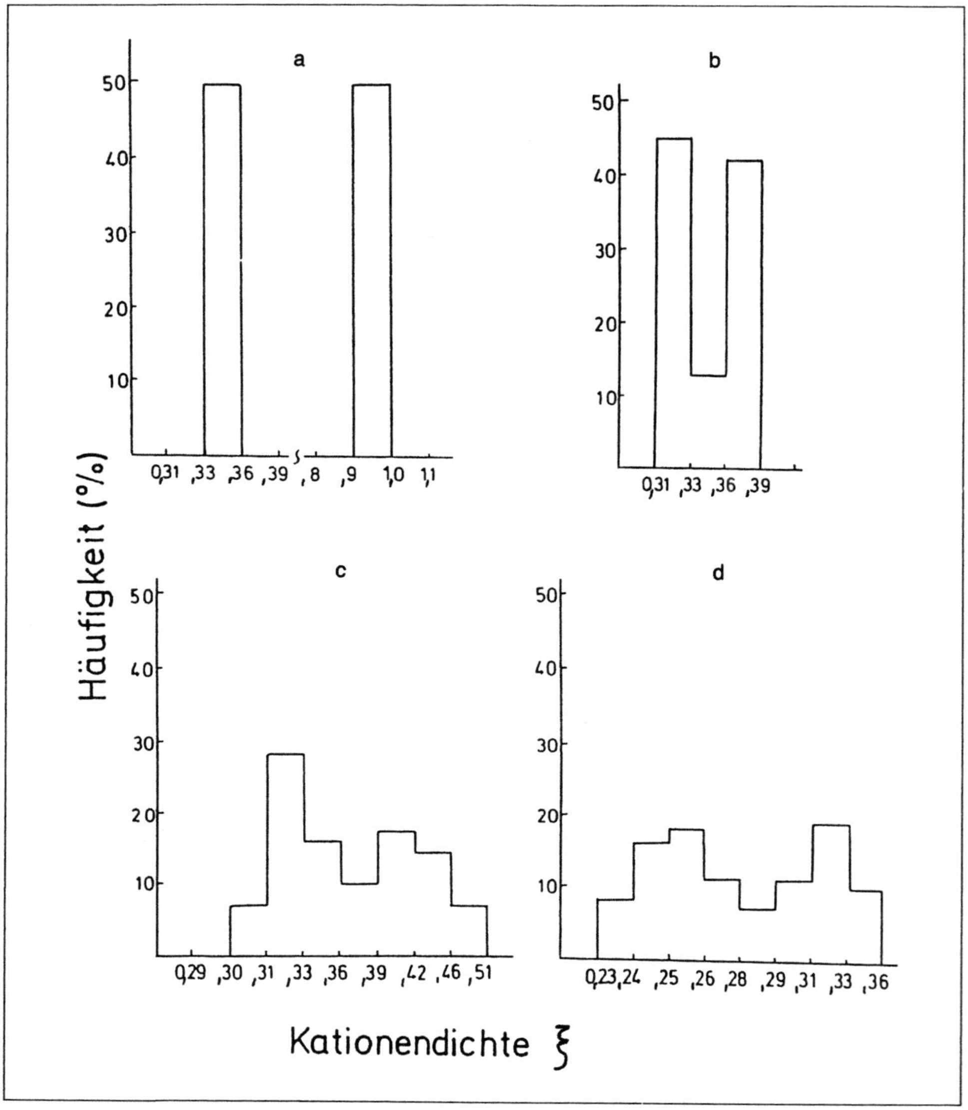

Abb. 1.5. Ladungsverteilung in 2 : 1-Tonmineralen: bei den Smectiten werden alle Übergänge von einer idealen Wechsellagerungsstruktur **(a)** zu einer breiten „mixed-layer"-artigen Ladungsverteilung **(d)** gefunden. Kationendichte in Ladungen/Formeleinheit.

a) Idealfall, bisher nicht gefunden
b) Bentonit La Petatera, Mexiko
c) Beidellit (Probe B II), Unterrupsroth, Rhön
d) Bentonit Ponza, Italien

lagerungsstruktur und einem einheitlich geladenen Smectit dar. Smectite mit enger Ladungsverteilung sind äußerst selten; meist ist die Ladungsverteilung breit oder „mixed-layer“-artig wie in Abbildung 1.5 c, d. Möglicherweise ist dies die direkte Folge kooperativer Reaktionen bei der Verwitterung (Kap. 3.1.5; 3.3.3).

1.3 Die besonderen Eigenschaften der Tonminerale

1.3.1 Morphologie

Charakteristisch ist die Teilchenfeinheit, die bei den Smectiten bis weit unter 2 µm herabreicht (Abb. 1.6). Kaoline sind gröber und enthalten vielfach kaum noch Kaolinitteilchen in den Fraktionen <0,2 µm ∅ (Abb. 1.6 a). Der Mineralbestand von Tonen ändert sich mit der Teilchengröße, d. h. eine feinteilige Fraktion hat eine ganz andere Zusammensetzung als eine gröberteilige (Abb. 1.6 b, Abb. 8.1 S. 313).

Auf Grund der kleinen Teilchendurchmesser liegt die spezifische äußere Oberfläche der Tonminerale zwischen 30 und 100 m^2/g. (Zur Veranschaulichung: Diese Oberflächen entsprechen kugelförmigen Quarzteilchen mit einem Durchmesser von 0,077 und 0,023 µm.) Bei Gasadsorptionsmessungen zur Bestimmung der spezifischen Oberfläche von Smectiten werden auch die Öffnungen der Schichtzwischenräume im Randbereich erfaßt, da die Stickstoff- oder Argonmoleküle in einem gewissen Maß in den Schichtzwischenraum vordringen. Es muß darauf hingewiesen werden, daß der Schichtzwischenraum dann als Mikropore wirkt und daß auch Mikroporen zwischen den Teilchen auftreten können. Die in Gegenwart von Mikroporen kritiklos nach dem BET-Verfahren ausgerechnete spezifische Oberfläche ist physikalisch nicht real (16).

Kaolinite bilden häufig mehr oder weniger gut ausgebildete sechseckige Plättchen, die buch- oder geldrollenartig zusammengelagert sind. Größe, Gestalt und Durchmesser/Dicken-Verhältnis der Kaolinitkriställchen spielen eine wichtige Rolle bei der Auswahl von Kaolinen für den Einsatz in der Papierindustrie (Kap. 9.4.3). Illite sind meistens leistenförmig ausgebildet. Montmorillonite bilden dünne Kriställchen, die wie unregelmäßig begrenzte, verbogene, manchmal gefaltete und an den Rändern eingerollte Folienstückchen erscheinen (Kap. 2.2.3). Die Ränder dieser „Kristalle“ sind nicht scharf begrenzt, sondern durch ungleich lange und ausgebuchtete Silicatschichten ausgefranst. Meist bestehen die Teilchen aus übereinandergelagerten Schichtpaketen, die an Stellen geringer Überlappungsbereiche (Abb. 9.3, S. 367) leicht auseinanderbrechen können. Diese Struktur hat außerordentliche Konsequenzen für den technischen Einsatz der Bentonite (Kap. 9.4).

1.3.2 Ionenaustauschreaktionen

Eine charakteristische Eigenschaft der Tonminerale ist ihr Kationenaustauschvermögen; das Anionenaustauschvermögen ist gering (Kap. 3.1). Bei den Kaoliniten liegen austauschfähige Ionen nur an den äußeren Oberflächen. Dagegen wird das Austauschvermögen der Smectite und Vermiculite hauptsächlich durch die Zwischenschichtkationen bestimmt; das Kationenaustauschvermögen ist wesentlich höher (Tabelle 3.1, S. 89). In den Glimmern sind die Kaliumionen fest zwischen den Silicatschichten eingeklemmt, und der Austausch erfordert recht drastische Reaktions-

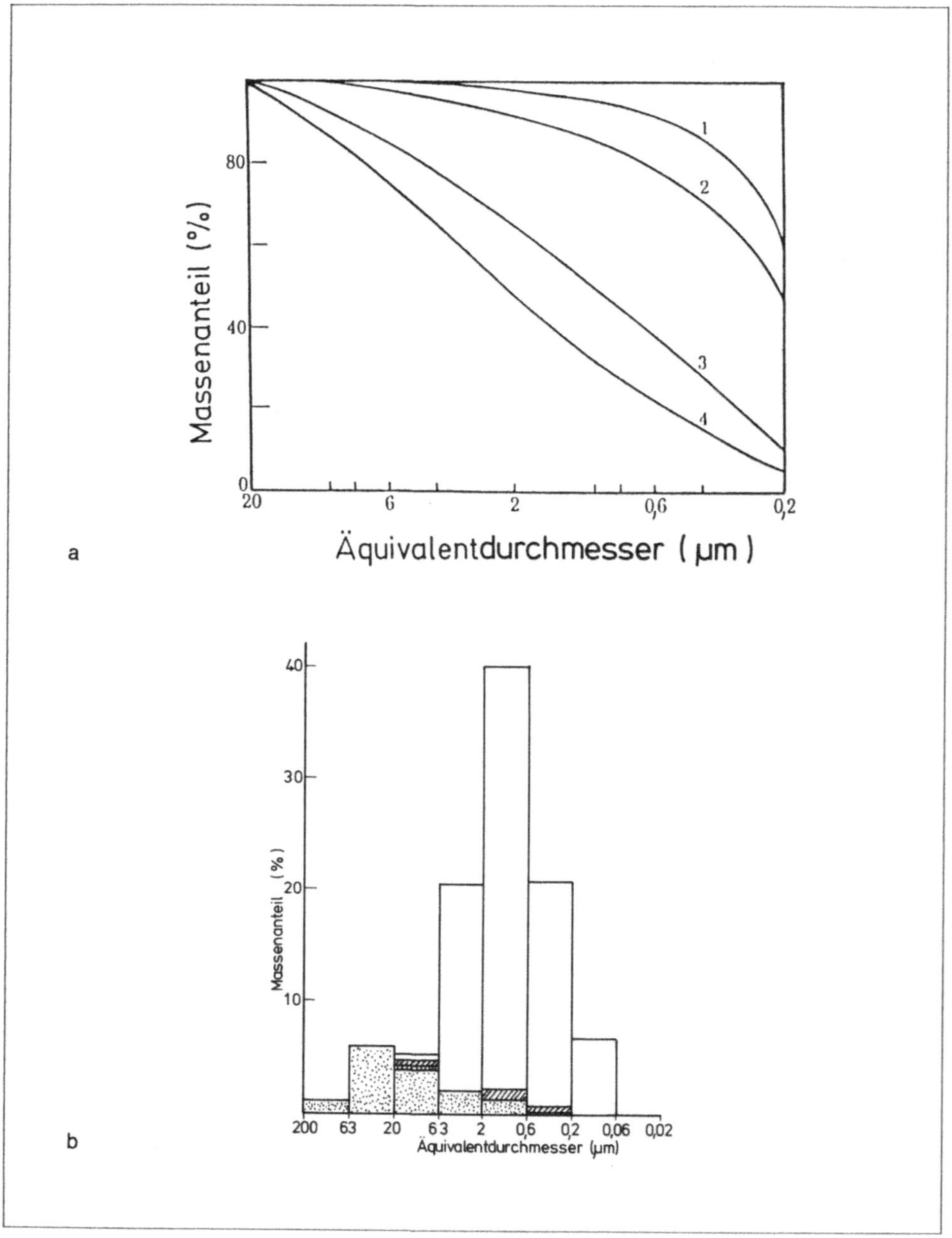

Abb. 1.6. Korngrößenverteilung und Mineralbestand
a) Korngrößenverteilung von Kaolin (Nach 24)
(1), (2) Sedimentkaolin, East Georgia
(3) Sedimentkaolin, Central Georgia
(4) Kaolin von primärer Lagerstätte (Cornwall)
b) Korngrößenverteilung und Mineralbestand einer Probe des Mancos-Shale, Montana (ISMt-1)
Quarz Albit 7-Å Mineral Illit/Smectit

bedingungen. Unter den milden Bedingungen, die bei Smectiten und Vermiculiten zu einem quantitativen Austausch führen, werden bei den Glimmern nur die Kationen an den äußeren Oberflächen ausgetauscht.

Der Kationenaustausch mit Protonen wird von einer langsam fortschreitenden Zerstörung der Silicatschichten begleitet (Kap. 3.2.4). Das weitgehende Herauslösen der Aluminium- und Eisenionen bei der Zerstörung der Oktaederschicht wird zur Herstellung von Bleicherden ausgenutzt (Kap. 9.2.3). Unter bestimmten Bedingungen können bei gleichzeitiger Zufuhr von Phosphationen Aluminiumschichtphosphate (z. B. Taranakit) entstehen, die bei Identifizierungsreaktionen unter Umständen Tonminerale vortäuschen.

1.3.3 Intrakristalline Reaktivität

Eine Besonderheit der Kaolinite, Smectite und Vermiculite ist die intrakristalline Reaktionsfähigkeit: die Reaktanten dringen in die Schichtzwischenräume ein.

Bei Kaolinit beschränkt sich die intrakristalline Reaktivität auf die Bildung von Einlagerungsverbindungen und den Austausch der eingelagerten Gastmoleküle (Abb. 3.29; Kap. 3.3.2 bis 3.3.4).

Die wichtigsten Reaktionen der Dreischichtminerale umfassen den Austausch der Zwischenschichtkationen gegen anorganische und organische Kationen (Kap. 3.1; 3.3.6), die Änderung des Solvationszustandes der Zwischenschichtkationen (Kap. 3.2.1) und die Adsorption organischer Verbindungen zwischen den Schichten (Kap. 3.3.5). Von besonderer Bedeutung ist die durch die inneren Oberflächen vergrößerte Adsorptionskapazität. Bei einer äußeren Oberfläche von $20\,m^2/g$ liegt der Sättigungswert (monomolekulare Schicht) einer organischen Verbindung mit einem Platzbedarf von z. B. $50\,Å^2$/Molekül $= 30 \cdot 10^4\,m^2/mol$ bei 0,07 mmol/g, während bei monomolekularer Sorption zwischen den Silicatschichten (innere Oberfläche $750\,m^2/g$) 1,25 mmol/g gebunden werden. Das hohe Adsorptionsvermögen der Bentonite wird für viele praktische Anwendungen genutzt (Kap. 9.1; 9.3; 9.5).

1.3.4 Delamination

Eine recht ungewöhnliche Reaktion ist die Delamination der Lithium- und Natriumsmectite in Wasser und salzarmen Lösungen (Kap. 2.3.2; 3.2.3). Dabei fallen die Smectitkriställchen weitgehend auseinander. Unter den richtigen Bedingungen lösen sich die Silicatschichten vollständig voneinander und bilden kolloidale Dispersionen (Abb. 3.12, S. 110). Bei zahlreichen technischen Anwendungen spielt gerade diese Reaktion eine entscheidende Rolle (Kap. 9.2.4; 9.4).

1.4 Aufbereitung und Anreicherung der Tonminerale

In der praktischen Anwendung verzichtet man naturgemäß soweit wie möglich auf komplizierte Abtrennungs- und Anreicherungsverfahren. Bei Kaolinen sind derartige Methoden aber häufig unerläßlich (Kap. 5.6.; 7; 9.2.1; 9.4.3).

Bei Laboruntersuchungen dient die Aufbereitung hauptsächlich zur Entfernung der Carbonate, der Eisenoxide und der organischen Substanzen, die bei größeren

Mengen die Erkennung und Identifizierung der Tonminerale erschweren oder unmöglich machen. Daher ist die Aufbereitung vor allem bei der tonmineralogischen Untersuchung von Bodenproben unerläßlich. Die vollständige Entfernung der Eisenoxide und Huminstoffe ist auch die entscheidende Voraussetzung für die saubere Trennung der Tone in einzelne Fraktionen.

Bei Kaolinen und Bentoniten ist die Fraktionierung die praktisch einzige Möglichkeit, Kaolinite und Smectite für Laboruntersuchungen einigermaßen rein zu erhalten. So wird häufig die Fraktion < 2 µm als reiner Montmorillonit angesehen – was natürlich grob vereinfacht ist, da der Montmorillonitgehalt dieser Fraktion manchmal kaum 70 % Massenanteile erreicht. Allerdings steigt der Montmorillonitgehalt zu feinteiligeren Fraktionen hin meist deutlich an, aber auch die feinsten Fraktionen (z. B. < 0,2 µm ∅) können noch Nebenminerale (z. B. gelegentlich sehr feinteiligen Cristobalit) enthalten.

Die Teilchengrößenfraktionierung ist nicht nur die wichtigste Methode zur Anreicherung und Abtrennung bestimmter Tonminerale in Labor und Technik, sondern gibt auch über die Veränderung des Mineralbestandes, der Kristallinität und dem Fehlordnungsgrad einzelner Tonminerale wichtige Hinweise auf die Bildung und Veränderung der Tonminerale. Daher hat gerade in der Bodenkunde die Fraktionierung in besonders feinteilige Fraktionen (bis herab zu < 0,01 µm) die Aussagekraft röntgenographischer Untersuchungen gesteigert (63, 64) (s. Abb. 1.8, S. 21).

Die organischen Stoffe werden im allgemeinen durch Oxidation mit H_2O_2 und die Eisenoxide nach Reduktion mit Dithionit durch Komplexbildung mit Citrationen in Gegenwart von Natriumhydrogencarbonat (pH ≈ 7,3) entfernt (21, 41). Für Bentonite wurde das Verfahren etwas abgeändert (58). Gelegentlich gelingt eine vollständige Dispergierung erst nach Herauslösen verkittender amorpher Kieselsäure durch Kochen mit Sodalösung (genaue Arbeitsvorschriften siehe z. B. (65).

Während der Oxidation mit H_2O_2 können bei hohen Gehalten an organischem Material Oxalationen entstehen, die zum Teil vom Tonmineral gebunden werden, zum Teil als Aluminiumkomplexe in Lösung bleiben (13). Die Komplexbildung zwischen Aluminiumionen und Oxalationen fördert die Desorption von Aluminiumionen aus den Rändern der Silicatschichten. Abgesehen davon, daß die Oxalatkomplexe zu Fehlinterpretationen von DTA-Diagrammen führen können, indem sie amorphe oder kristalline Aluminium- oder Eisenoxide vortäuschen (13), sollte eine mögliche Veränderung der Kristallränder immer da beachtet werden, wo diese wesentlich an den Reaktionen beteiligt sind, also z. B. beim Fließverhalten (Kap. 9.4) und bei katalytischen Umsetzungen (Kap. 9.7). In solchen Fällen mag die Entfernung der organischen Substanz durch Oxidation mit Hypobromit (Brom in alkalischer Lösung) von Vorteil sein (42).

Zur Fraktionierung müssen die Tonminerale in der Natriumform vorliegen und Calciumionen abwesend sein. Nur unter diesen Bedingungen dispergieren die Tonminerale vollständig (Kap. 3.2.4; (37)). Carbonate sind bei der Aufbereitung zu zerstören, da sie ständig Calciumionen nachliefern würden. Bei der Zersetzung durch Zugabe von Säure ist ein zu starkes Ansäuern (auch nur vorübergehend) zu vermeiden (65). Der vollständige Austausch der Calciumionen durch Natriumionen erfordert eine mehrmalige Umsetzung der Probe mit 1 molarer NaCl-Lösung im Überschuß bei pH > 7. Empfohlen wird auch die Zersetzung der Carbonate mit EDTA-Lösung bei pH = 4,5. Unter diesen Bedingungen werden auch alle Calciumionen gegen Natriumionen umgetauscht, nicht aber die Magnesiumionen. Diese werden erst durch 0,1 molare EDTA-Lösung bei pH ≈ 8 quantitativ verdrängt. Bei der Aufarbei-

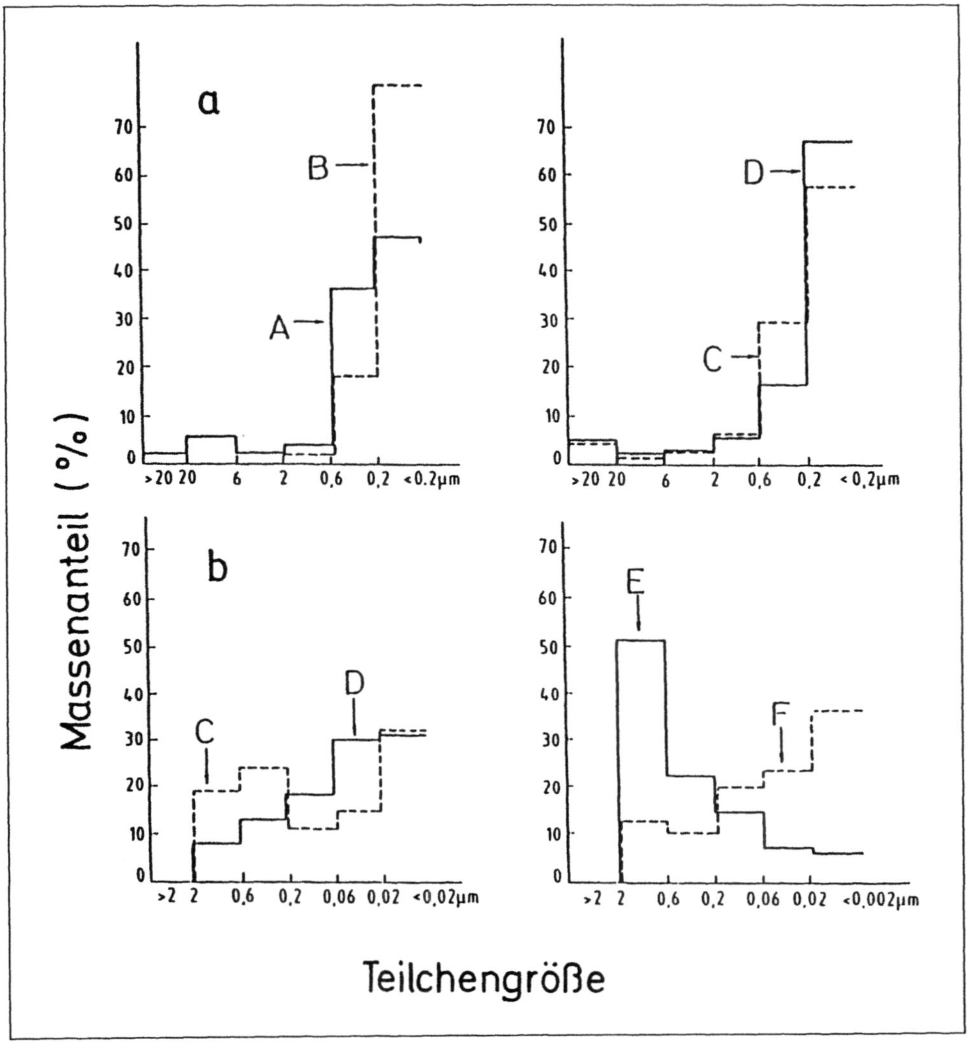

Abb. 1.7. Korngrößenverteilung (µm ∅) von Bentoniten (H. Tributh, Gießen, priv. Mitteilung; sowie (67)).
a) Massengehalt bezogen auf den Bentonit
b) Massengehalt bezogen auf die Fraktion <2 µm

A Bentonit, Kumhausen, Niederbayern
B „Thixoton“ (aus Bentonit Kumhausen)
C Bentonit, Belle Fourche, Dakota
D Bentonit, Amory, Mississippi
E Bentonit, Cameron, USA
F Bentonit, Schwaiba, Niederbayern

tung carbonathaltiger Proben muß daher zuerst mit EDTA-Lösung bei *p*H = 4,5 und dann bei *p*H = 8 umgesetzt werden (29).

Um stabile kolloidale Dispersionen zur Teilchengrößenfraktionierung zu erhalten, müssen die Proben nach der Entfernung der Carbonate, Huminstoffe und Eisenoxide dialysiert werden. Bei allen Prozessen ist ein *p*H-Wert > 7 aufrecht zu halten. Neben Natronlauge wird dazu gerne verdünnte Ammoniaklösung verwandt, wenn nicht auf eine streng einheitliche Kationenbelegung zu achten ist. Die Zugabe von Dispersionshilfsmitteln wie Oligo-, Poly- und Metaphosphaten ist nicht notwendig (37).

Die Teilchengrößenfraktionen (in Stokesschen Äquivalentdurchmessern) werden durch Sedimentation im Schwerefeld und unterhalb von 2 µm im Zentrifugalfeld gewonnen (genaue Vorschrift s. (65)). Bei unseren Untersuchungen hat sich eine Aufteilung in die Fraktionen 2 – 0,6 µm, 0,6 – 0,2 µm, 0,2 – 0,06 µm, 0,06 – 0,02 µm und < 0,02 µm bewährt. Allerdings ist zu beachten, daß eine ausreichende Stabilität der besonders feinteiligen Dispersionen wie bei allen kolloidalen Dispersionen aus sehr kleinen Teilchen nur bei sehr hohen Oberflächenladungsdichten gewährleistet ist und störende Nebenreaktionen ausgeschlossen sind, z. B. Kanten/Flächen-Wechselwirkungen bei zu niedrigem *p*H-Wert. Die Tone müssen daher sehr sorgfältig aufbereitet werden. Polymere Dispersionsmittel und hochgeladene Anionen können die Stabilität der besonders feinteiligen Dispersionen durch Verbrückung einzelner Teilchen eher erniedrigen als fördern.

Bei den Bentoniten erzeugt die Teilchengrößenfraktionierung in gewissem Sinne Artefakte, da nicht alle der gewonnen feinen Teilchen von vornherein vorhanden sind, sondern erst durch Delamination während der Aufbereitung entstehen. Dennoch ist die Teilchengrößenanalyse zur Charakterisierung der Bentonite wichtig. Zwei Bentonite mögen aus unterschiedlich geformten Teilchen, aber mit gleichem Stokesschem Äquivalentdurchmesser bestehen: Der Bentonit A z. B. aus dünnen Plättchen mit großem Durchmesser, der Bentonit B aus kleineren, dicken Teilchen. Ohne Delamination würden beide Bentonite gleich schnell sedimentieren. Durch die Delamination entstehen aus Bentonit A noch dünnere, aber weiterhin große Teilchen, während die Primärteilchen des Bentonits B in ganz kleine Teilchen zerfallen, so daß jetzt deutliche Unterschiede in der Sedimentationsgeschwindigkeit auftreten. Wie sehr die „Korngrößenverteilung" der Bentonite schwanken kann, zeigt Abbildung 1.7.

1.5 Analytische Untersuchungen

1.5.1 Methoden

Die wichtigsten analytischen Untersuchungen, die fast immer durchgeführt werden, sind die Bestimmung der Korngrößenverteilung und des Mineralbestandes, die Ermittlung der Schichtladung bei den Dreischichtmineralen und die Bestimmung des Kationenaustauschvermögens. Die quantitative Mineralanalyse stellt noch immer die schwierigste Aufgabe bei der Tonmineralanalyse dar.

Zu den Standardverfahren gehören DTA/DSC/DTG-Messungen, spektroskopische Methoden (vor allem im infraroten Bereich) und elektronenmikroskopische Untersuchungen. Diese Methoden sind anschaulich in (73) beschrieben. Von besonderer Bedeutung zur Untersuchung struktureller Fragen wurde die MAS-NMR

Technik, weil verschieden koordinierte Aluminiumionen (oktaedrisch, tetraedrisch, pentakoordiniert) oder unterschiedlich gebundene Siliciumionen (Q^2, Q^3, Q^4-Baugruppen) klar zu unterscheiden sind (27, 38, 61, 71, 72, 74):

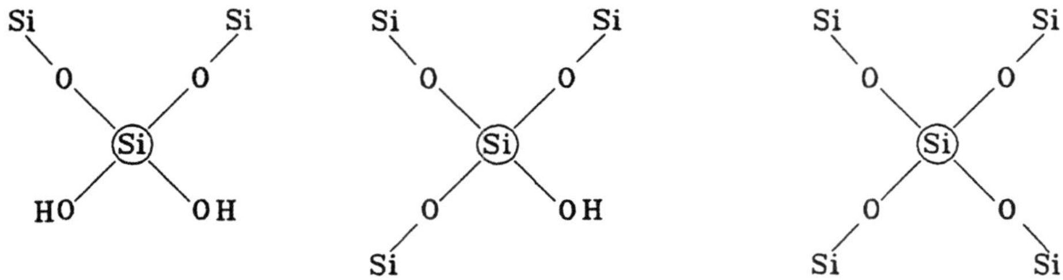

Q^2 Q^3 Q^4

(statt SiOH jeweils auch SiO^-M^+)

Bei der Untersuchung der Bindungsverhältnisse von Eisenionen in den Eisenoxiden und Tonmineralen ist die ^{57}Fe-Mössbauer-Spektroskopie unerläßlich (7, 8, 18, 25, 47, 54) (s. auch Kap. 2.6).

Die chemische Analyse liefert zwar immer die prozentuale Zusammensetzung eines Tons, ist jedoch nur dann aussagekräftig, wenn die untersuchte Probe oder Fraktion ausreichend rein ist (was fast nie zutrifft). Daher sind aus chemischen Analysen abgeleitete Daten, z. B. für die Schichtladung, gelegentlich falsch.

1.5.2 Korngrößenverteilung

Die Bestimmung der Korngrößenverteilung beginnt mit einer Siebanalyse, bei der die groben Fraktionen bis herab zu 20 µm abgetrennt, getrocknet und ausgewogen werden. Die anschließenden Fraktionen werden wie bei der Korngrößenfraktionierung durch Sedimentation gewonnen. Der Massengehalt in den einzelnen Fraktionen wird gravimetrisch bestimmt (genaue Beschreibung siehe z. B. (65)). Zunehmend werden vollautomatische Geräte (z. B. Scheibenzentrifugen) eingesetzt, die mit großer Sicherheit eine Verteilungskurve der Korngröße liefern, aber selten die richtige.

Die Bezeichnung der Fraktionen ist nicht einheitlich (Tabelle 1.2). Die Korngrößeneinteilung nach Atterberg (Ton <0,02 mm ∅, Sand 0,02 bis 2 mm ∅, Kies > 2 mm ∅) entspricht dem natürlichen Verständnis und Sprachgebrauch des Mitteleuropäers. Für den Feldgebrauch der Geowissenschaftler ist sie völlig ausreichend.

Die Korngrößeneinteilung nach der DIN-Norm hat die Atterberg-Skala zur Grundlage. Es wird mit der DIN-Skala aber der Versuch unternommen, die Atterberg-Skala mit der in Amerika gebräuchlichen Wentworth-Skala zu korrelieren. Dazu wird zwischen Sand und Ton als weitere Korngrößenklasse Schluff (engl. silt) eingeführt.

Die Korngrößeneinteilung nach Wentworth ist wie die Atterbergeinteilung logarithmisch, jedoch mit der Basis 2 (Tabelle 1.2). Sie wird in USA fast ausschließlich

Tabelle 1.2. Einteilung und Benennung klastischer Sedimente nach der Korngröße (logarithmische Einteilungen).

Durch-messer	Deutschland: ATTERBERG (1916) CORRENS (1949)		Deutschland: DIN-Norm 4022		U.S.A.: WENT-WORTH (1922)	Durchmesser [mm]	[µm]
					----------------	1024	
					Boulder		
	BLÖCKE				----------------	256	
			STEINE				
200 mm	-------------------------				Cobble		
63 mm		Grobkies	-------------------------------		-------------------	64	
				Grobkies			
20 mm	KIES	------------		----------------	Pebble		
			KIES	Mittelkies			
6 mm		Feinkies		----------------			
					----------------	4	
				Feinkies	Granule		
2 mm	---				-------------------	2	
					very coarse		
				Grobsand		1	
					coarse		
632 µm		Grobsand		----------------			
						1/2	=500
			SAND	Mittelsand	medium Sand		
						1/4	=250
200 µm	SAND	------------		----------------			
					fine		
				Feinsand		1/8	=125
					very fine		
63 µm		Feinsand	-------------------------------		-------------------	1/16	= 63
				Grobschluff		1/32	
20 µm	--------------------------			----------------	Silt	1/64	= 16
			SCHLUFF	Mittelschluff		1/128	
6 µm		Grobton		----------------			
				Feinschluff	-------------------	1/256	= 4
2 µm		----------	-------------------------------			1/512	= 2
						1/1024	= 1
				Grobton			
0,6 µm	TON	Feinton		----------------			
						1/4096	= 0,25
			TON	Mittelton			
0,2 µm		-------			Clay		

<0,2 µm		Kolloidton		Feinton			

benutzt. Neben den in der Tabelle aufgeführten Korngrößeneinteilungen werden in einigen Ländern (z. B. Frankreich, England) noch andere Einteilungen verwandt.

Bei der Aufteilung der Fraktion <2 µm, die vor allem für diagnostische Zwecke (Kap. 1.5.3) und kolloid-chemische Untersuchungen nützlich ist, wäre eine gegenüber der DIN-Norm verschobene Einteilung von Vorteil, also z. B. Grobton bis 0,2 µm ∅, Mittelton 0,2 – 0,06 µm ∅ und Feinton <0,06 µm ∅ (vgl. 65).

Auf die doppelsinnige Verwendung der Begriffe Kies, Sand, Ton als Bezeichnung lockerer Sedimentgesteine und Schluff als schlammige Küstensedimente und zur Charakterisierung von Korngrößen muß besonders hingewiesen werden. Der Benennung von Korngrößen werden dadurch unterschwellig oft Gesteinseigenschaften zugeordnet, was zu Mißverständnissen und Verwirrung führt. Zur Vermeidung von Mißverständnissen durch unterschiedlichen Sprachgebrauch sollten die Korngrößenklassen bzw. Korngrößenfraktionen stets auch in Millimeter oder Mikrometer Durchmesser angegeben werden.

1.5.3 Bestimmung des Mineralbestandes

Die einzelnen Minerale im Ton werden durchweg röntgenographisch aus Pulveraufnahmen bestimmt (siehe vor allem (73), Kap. 2 und (43)). Die für die Identifizierung notwendigen diagnostischen *d*-Werte sind in beiden Monographien und in (5) angeführt. Viele Werte sind auch Kapitel 2 bzw. dem Anhang zu entnehmen.

Besonders wichtig ist die Erkennung der Kaolinite ($d \approx 7{,}1$ Å), Chlorite ($d \approx 14{,}2$ Å, aber 1. Ordnung schwächer als die 2. Ordnung bei $d \approx 7{,}1$ Å), Illite und Glimmer ($d \approx 10$ Å) (jeweils größte *d*-Werte) und der Smectite und Vermiculite. Deren Schichtabstände liegen je nach Wassergehalt und Art des Zwischenschichtkations zwischen 10 und 20 Å (Kap. 3.2.1; Abb. 3.11).

Tabelle 1.3. Einige intrakristalline Reaktionen als diagnostische Verfahren.

Reaktion	Mineral	Schichtabstand (Å)
Einlagerung von DMSO	Kaolinit	11,2 (10,4)
(Hydrazin)	Halloysit	11,2 (≈ 10,2)
	Chlorit	keine Reaktion
	Serpentinminerale	keine Reaktion
Auswaschen der	Kaolinit	7,2
Einlagerungsverbindung	Halloysit	10,0
Solvation mit Ethylenglycol,	Smectite	16,6 – 17,1
Ca^{2+}-Belegung[1]	Vermiculite	16,1 – 16,2
Solvation mit Glycerin,	Smectite	17,6 – 18,0
Ca^{2+}-Belegung[1]	Vermiculite	14,3 ; 17,6
Umsetzung mit KCl-Lösung, feucht[2]		
0,1 M	Smectite	12 – ∞
	Vermiculite	10,2 – 11
0,5 M	Smectite	12 – 13
	Vermiculite	10,2 – 11

[1] Siehe Tab. 3.2

[2] Vgl. Abb. 3.11

Die röntgenographische Identifizierung der wichtigsten Tonminerale wird durch die Ausnutzung der intrakristallinen Reaktionsfähigkeit gesichert (Tabelle 1.3). Die 7 Å-Interferenz im Pulverdiagramm kann von Kaolinit, wasserfreiem Halloysit oder Chloriten stammen. Beim Erhitzen auf 500 °C werden Kaolinit und Halloysit im Gegensatz zu Chlorit zerstört (Kap. 2.2.5). Kaolinite werden über die Bildung von Einlagerungsverbindungen mit Dimethylsulfoxid (DMSO) oder Hydrazin sicher erkannt. Über Einlagerungsreaktionen gelingt auch eine gewisse Klassifizierung der Kaoline (Kap. 3.3.4). Halloysite lassen sich von Kaolinit durch die erhöhte Stabilität ihrer Hydrate nach Auswaschen der Einlagerungsverbindungen unterscheiden (Kap. 3.3.4). Noch besser eignet sich die größere Reaktionsgeschwindigkeit des Halloysits mit Formamid zur Unterscheidung von Kaolinit und zur quantitativen Abschätzung des Halloysitgehaltes. Halloysit expandiert bereits innerhalb einer Stunde, während Kaolinit merklich erst nach vier Stunden reagiert (10, 11, 59). Serpentinminerale bilden keine Einlagerungsverbindungen.

Zur Identifizierung von Smectiten und Vermiculiten wird die Veränderung der Schichtabstände bei der Solvation mit Ethylenglycol oder Glycerin (Kap. 2.2.3; 2.2.4; 3.3.5) genutzt. Die meisten Smectite sorbieren Ethylenglycol und Glycerin in Doppelschichten und weiten damit auf etwa 17 Å bzw. 17,8 Å auf (Tabelle 1.3; Tabelle 2.26, S. 450; Tabelle 3.2, S. 137). In Gegenwart von Kaliumionen kann die Schichtaufweitung mit Glycerin auf eine Monoschicht beschränkt bleiben. Vermiculite zeigen nach Ethylenglycolaufnahme etwas kleinere Schichtabstände von etwa 16,2 Å; mit Glycerin hängt der Schichtabstand stärker von der Art des Kations ab. In Gegenwart von Li^+ –, Na^+ – und Mg^{2+}-Ionen liegen die Abstände zwischen 14,2 und 14,8 Å; mit Ca^{2+}-Ionen wurden auch bimolekulare Anordnungen gefunden. Ein weiteres Kriterium für Vermiculite ist die Kontraktion des Schichtabstandes auf 10 – 11 Å bereits unter KCl-Lösungen (Kap. 3.1.5; Abb. 3.11, S. 108). Es sei jedoch ausdrücklich darauf hingewiesen, daß die Zuordnung für Minerale im Übergangsbereich: hoch geladene Smectite/niedrig geladene Vermiculite oft nicht eindeutig ist (Kap. 3.3.7; 6.7.5). In diesen Fällen ist eine genaue Bestimmung der Schichtladung durch Eintausch von Alkylammoniumionen unerläßlich (Kap. 1.5.7; 3.3.7). Die Umsetzung mit Alkylammoniumionen ist zudem der zuverlässigste qualitative Nachweis der Smectite und Vermiculite, mit dem auch kleinste Mengen erkannt werden (70). Über den Hofmann-Klemen-Effekt (Li^+-Test von Green-Kelly) zur Unterscheidung von Montmorilloniten und Beidelliten siehe Kapitel 3.2.2.

Abbildung 1.8 gibt ein Beispiel für die Veränderung des intrakristallinen Reaktionsvermögens mit der Teilchengröße (64). Beim Montmorillonit (Wyoming) reagieren auch die kleinsten Teilchen (< 0,02 µm) genau wie die gröbsten mit Glycerin und KCl-Lösung. Dagegen verhalten sich nur die gröbsten Teilchen des Illits (Illinois) wie ein typischer Illit; die kleineren Teilchen zeigen eine zunehmende Reaktionsfähigkeit als Folge einer deutlich abnehmenden Schichtladung. Für die Bodenprobe wird offensichtlich, daß sich die gröberen Teilchen wie ein Illit, die feinsten (< 0,01 µm) wie ein Montmorillonit verhalten.

Hinter Reflexen, deren Lage nicht eindeutig den angegebenen Basisreflexen entspricht, verbergen sich oft Wechsellagerungsverbindungen. Bei geordneter Aufeinanderfolge der unterschiedlichen Schichten treten Basisreflexe auf, deren d_{00l}-Werte die Summe der d_{00l}-Werte der beiden Komponenten sind (Kap. 2.3.1). Bei unregelmäßiger oder weniger geordneter Aufeinanderfolge liegen die d_{001}-Werte zwischen den d_{001}-Werten der Ausgangsverbindungen. Die Folge der d-Werte ist nicht länger integral. Der (001)-Reflex und mehrere Basisreflexe sind oft deutlich verbreitert und

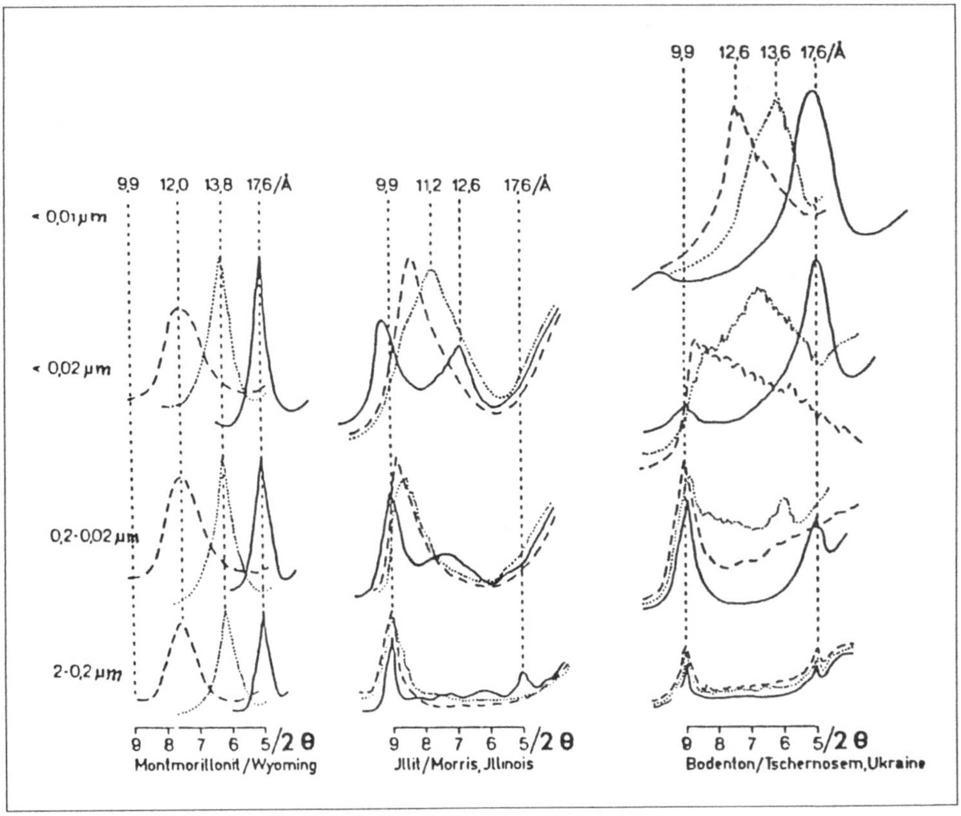

Abb. 1.8. Veränderung des Tonmineralbestandes mit der Teilchengröße für einen Bentonit, Illit und Bodenton (Texturpräparat auf keramischen Platten, CuK_{α}) (64).
················· Ca^{2+}-Form, lufttrocken; ------------ nach Durchsaugen von 0,1 molarer KCl-Lösung, lufttrocken; ———— nach Durchsaugen von Glycerin

geschwächt; einige Reflexe können aber auch recht scharf bleiben. Da auch bei Tonmineralen ohne Wechsellagerungsstruktur unter bestimmten Bedingungen nichtintegrale Reflexserien auftreten, sei auf dieses für die röntgenographische Untersuchung von Tonmineralen wichtige Phänomen kurz eingegangen (im einzelnen siehe (5, 43, 73)). Nichtintegrale Serien treten immer dann auf, wenn bei intrakristallinen Reaktionen die Abstände zwischen benachbarten Schichten über den Kristall hinweg nicht gleich sind, also unterschiedlich weit aufgeweitete Schichtzwischenräume aufeinanderfolgen. Eine der wichtigsten Ursachen ist die ungleichmäßige Ladungsverteilung in den Dreischichtmineralen (s. auch Kap. 3.3.7).

In Abbildung 1.9 sind die Basisreflexe einer Mischung eines Dreischichtminerals mit einem einheitlichen Schichtabstand von 10 Å und eines Dreischichtminerals mit 17,1 Å als Striche eingetragen. Die ausgezogene Kurve gibt das Diffraktogramm an, wenn innerhalb des Kristalls 10 Å und 17,1 Å Abstände statistisch aufeinanderfolgen. Die Abstände zwischen den Basisreflexen auf der 2Θ-Skala sind jetzt nicht mehr gleich. Die meist verbreiterten Reflexe liegen zwischen den Reflexen der einheitlich aufgeweiteten Minerale. Die *d*-Werte dieser Reflexe sind nicht integral, d. h.

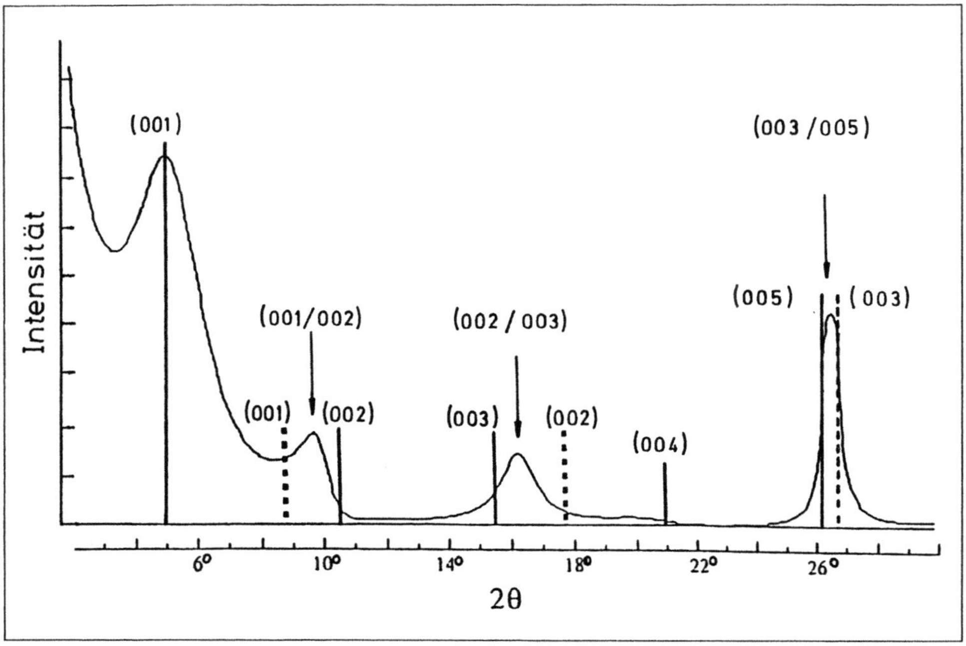

Abb. 1.9. Nichtintegrale Basisreflexe (durchgezogene Kurve) bei statistischer Aufeinanderfolge von 10 Å- und 17,1 Å-Schichten (wie z. B. bei der Umsetzung von Illit/Smectit-Wechsellagerungsverbindungen mit Ethylenglycol; 50 % Illit); Strahlung CuK_α. (Nach 43)
▬▬▬ Reflexe eines 17,1 Å-Minerals
------------- Reflexe eines 10 Å-Minerals

$d_1 \neq 2d_2 \ldots \neq l d_l$, *wenn mit* d_1, d_2...etc. die Reflexe bei $2\Theta = 5{,}1°$, $9{,}7°$...etc. gemeint sind. Die Reflexe können daher auch nicht als Reflexe (00*l*) bezeichnet werden, sondern sind in der angegebenen Weise zu benennen.

Besonders wichtig ist die Analyse von Illit/Smectit- Wechsellagerungsverbindungen. Über die Aufweitung der smectitischen Schichtzwischenräume mit Ethylenglycol oder Glycerin läßt sich das Verhältnis illitischer und smectitischer Schichtzwischenräume bestimmen und sogar die Statistik der Aufeinanderfolge aus Pulverdiagrammen ableiten (Kapitel 4 in (5) und die sehr anschauliche Darstellung von Moore and Reynolds (43), Kapitel 8, sowie (23, 56, 62)).

Bei der Untersuchung von Bodenproben wird zuweilen in den feinsten Fraktionen ein sehr starker, fast gleichmäßiger Anstieg der Intensität bei kleineren Winkeln (etwa um oder unterhalb $2\Theta = 5° \triangleq d > 18$ Å) nach Behandlung mit Ethylenglycol oder Glycerin beobachtet (64). Ursache kann eine statistische Wechsellagerung sein (siehe z. B. Fig. 4.7 – 4.11 in (5)). Vielfach deutet der Profilverlauf eher an, daß die Kohärenz zwischen den Schichten als Folge fortschreitender Verwitterung verloren geht. Ähnliche Beobachtungen werden gelegentlich bei der Umsetzung von Smectiten mit Polymeren gemacht, wobei die reagierenden Schichtzwischenräume nicht nur mit nicht reagierenden unregelmäßig abwechseln, sondern auch unterschiedlich aufweiten.

Es lohnt sich, bei der Präparation der Proben für die Aufnahmen im Pulverdiffraktometer Sorgfalt anzuwenden, um durch möglichst gute Parallellagerung der

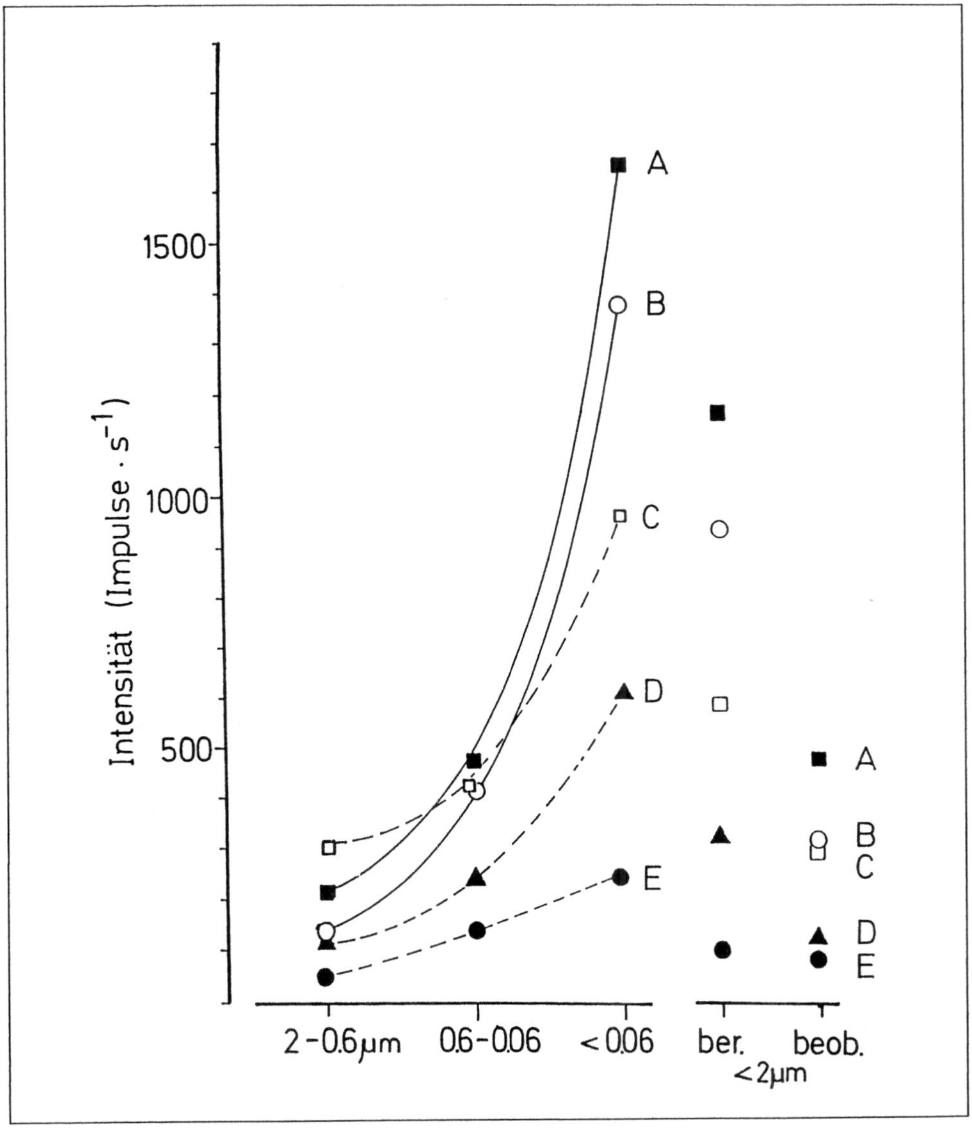

Abb. 1.10. Einfluß der Textur auf die Intensität (Peakhöhe, CuK_α) des (001)-Reflexes in Abhängigkeit von der Teilchengröße (Ca^{2+}-Form unter Glycerin). Der berechnete Wert für die Gesamtfraktion <2 μm ⌀ wurde aus der Intensität der einzelnen Fraktionen gemäß ihrer Massenanteile additiv zusammengesetzt. (Nach 36)

A Bentonit, Amory, Mississippi
B Bentonit, Schwaiba, Niederbayern
C Bentonit, Otay, Californien
D Bentonit, Guarasada, Rumänien
E Bentonit, Cameron, Arizona

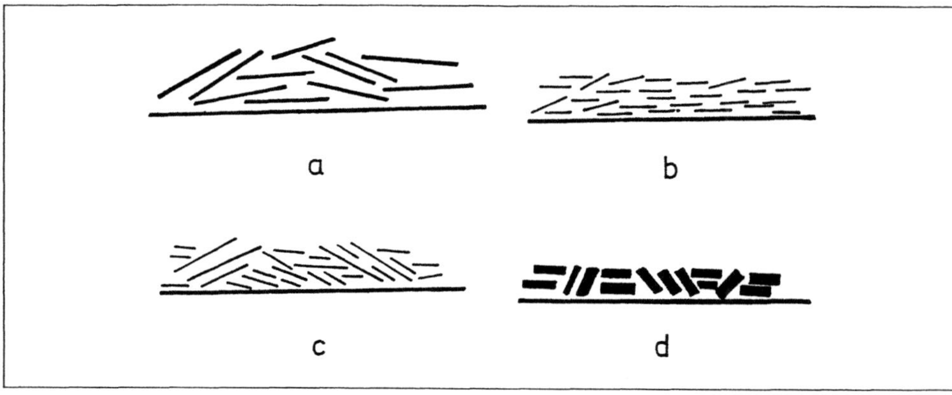

Abb. 1.11. Textur von Tonmineralpräparaten. (Nach 36)
a, b) höhere Textur bei kleineren Teilchen
c) Einbau kleiner Teilchen in ein Gerüst aus größeren Teilchen, daher geringere Textur als aus dem Massenanteil an kleineren Teilchen erwartet
d) geringe Textur bei kleinen, dicken Teilchen

plättchenförmigen Tonmineralteilchen (Textur) die Intensität der Basisreflexe zu erhöhen. Oft lassen sich einzelne Tonminerale erst bei ausreichend guter Textur nachweisen. Die Intensität der Basisreflexe von Texturpräparaten nimmt meist mit abnehmender Teilchengröße stark zu. Die Intensitätszunahme ist von Ton zu Ton recht unterschiedlich (Abb. 1.10). Wichtigste Ursachen sind unterschiedliche Teilchenformen (vor allem Längen/Dicken-Verhältnis) und Teilchengrößenverteilungen (Abb. 1.11). Große Teilchen lassen sich schlechter einregeln als kleine. Bei breiter Teilchengrößenverteilung wird die Parallellagerung kleiner Teilchen durch größere, nicht parallel zur Oberfläche liegende Plättchen verhindert (Abb. 1.11). Trotz hoher Anteile kleiner Teilchen kann die Intensität der Basisreflexe dann sehr schwach bleiben (Abb. 1.10, 1.11); (36).

Bei der Herstellung von Texturpräparaten muß die Entmischung nach der Korngröße durch Sedimentation vermieden werden. Die Verfälschung durch Entmischung besteht vor allem bei der Untersuchung unfraktionierter Proben, wenn die Texturpräparate durch Eintrocknenlassen oder Abzentrifugieren (17) der Dispersionen erzeugt werden. Dieser Fehler wird durch schnelles Absaugen der Dispersionen auf poröse Platten (12) weitgehend vermieden. Der Vorteil dieses Verfahrens liegt nicht nur in der Erzeugung einer ausgezeichneten Textur, was eine starke Intensitätserhöhung der Basisreflexe hervorruft, sondern auch in der Möglichkeit, an der selben Probe mehrere diagnostische Untersuchungen nacheinander durchzuführen (66).

Wenn die Reflexe nicht sauber getrennt im Pulverdiagramm erscheinen, sind Kurvenanpassungsverfahren unter Berücksichtigung der Polarisations- und Lorentzfaktoren (Erhöhung der Intensität zu kleinen Beugungswinkeln hin) zu empfehlen (57).

1.5.4 Quantitative röntgenographische Analyse

Die genaue quantitative Bestimmung von Tonmineralen in Lagerstätten und Bodentonen ist außerordentlich schwierig. Die wichtigsten Ursachen sind die Variabilität der Tonminerale und die von Lagerstätte zu Lagerstätte variierenden Eigenschaften wie chemische Zusammensetzung, Teilchengröße, Fehlordnungsart und Fehlordnungsgrad. Daher gibt es kein für alle Fälle richtiges Referenzmaterial.

Die Intensität I_i eines Reflexes der Komponente i in einer Mischung hängt ab von ihrem Massenanteil χ_i, der Dichte ϱ_i und dem Massenabsorptionskoeffizienten μ_i:

$$I_i = \chi_i \frac{K_i}{\varrho_i \Sigma \chi_i \mu_i}$$

Für eine quantitative Analyse müssen die integralen Intensitäten (Flächen der Peaks) und nicht deren Höhe benutzt werden, weil die integrale Intensität wesentlich weniger von Fehlordnungen und Teilchengröße beeinflußt wird als die Höhe der Peaks. Zur Analyse sollen möglichst keine Reflexe im Bereich kleiner Winkel benutzt werden; die (001)-Reflexe sind meist denkbar ungeeignet (starker Einfluß der Textur und Fehlordnung, hohe Untergrundstreuung, Einfluß des Lorentz-Polarisationsfaktors).

Schwierigkeiten der quantitativen Analysen resultieren aus der Abhängigkeit der Intensität von den Absorptionskoeffizienten. Durch $\bar{\mu} = \Sigma \chi_i \mu_i$ geht die Linearität zwischen der Intensität und dem Massenanteil prinzipiell verloren. Die Verwendung des mittleren Absorptionskoeffizienten $\bar{\mu}$ setzt eine homogene und ausreichend feinteilige Probe (Tonminerale ≤ 1 µm) voraus. Daher werden vor allem die Gehalte an Mineralen mit hohen Absorptionskoeffizienten (Eisenoxide, Pyrit, eisenreiche Silicate) und nicht ausreichend kleiner Teilchengröße leicht unterschätzt (im einzelnen siehe Kapitel 7.2 – 7.4 in (5); Kapitel 8 in (43)). Die Schwächung der Intensität der Tonmineralreflexe durch die Anwesenheit eines stark absorbierenden Stoffes ist der Grund, weshalb zur röntgenographischen Identifizierung der Tonminerale die Eisenoxide entfernt werden sollen.

Der Wert von K_i eines Reflexes wird einmal vom Streuvermögen der entsprechenden Netzebenen, d. h. von der Struktur, chemischen Zusammensetzung und Fehlordnung, aber auch von den geometrischen Aufnahmebedingungen bestimmt. Bei gegebener Meßanordnung kann K_i empfindlich von der Textur beeinflußt werden. Der Einfluß der Textur ist für die einzelnen Reflexe der jeweiligen Tonminerale unterschiedlich. Da er von dem Ausmaß der Paralleleinregelung bestimmt wird, hängt er von der Größe und Gestalt (Längen/Dicken-Verhältnis) und Größenverteilung aller Teilchen in der Probe ab (vgl. Kap. 1.5.2), (Abb. 1.11). Versuche, die Textur vollständig zu unterdrücken und damit ihren Einfluß auf die Intensitäten auszuschalten, sind wenig erfolgreich.

Bei ausreichend hohem Tonmineralgehalt (>20 – 30 %) kann man zur quantitativen Bestimmung des Tonmineralgehaltes gegebenenfalls auf die (060)-Interferenz (d = 1,49 – 1,53 Å) ausweichen, die am wenigsten durch Textur und Gitterstörungen beeinflußt wird (20).

Die Voraussetzungen für zuverlässige quantitative Analysen und deren Durchführung werden von Brindley und Brown (Kapitel 7.8 in (5)) und sehr anschaulich von Moore und Reynolds (Kapitel 8 in (43)) beschrieben. Eine Aussage von Moore und Reynolds sei zitiert: „There is room for a good deal of individuality in designing quantitative procedures“.

Köster (28) hat an den Tonfraktionen 2 – 20 µm von Kaolinen unter dem Phasenkontrastmikroskop Kaolinit, Muskovit und die übrigen Minerale quantitativ ausgezählt und dann den Proportionalitätsfaktor zwischen Mengen- und Intensitätsverhältnis für Kaolinit und Muskovit ermittelt. Mit dem nun bekannten Proportionalitätsfaktor konnten daraufhin die Gehalte an Kaolinit und Muskovit in den feineren Tonfraktionen bestimmt werden. Es müssen Korngrößenfraktionen verwendet werden, weil nur dann gewährleistet ist, daß die Textur der verschiedenen Tonminerale im Präparat etwa gleich ist.

Zuverlässig und einfach durchzuführen sind die beiden Verfahren von Chung (9). Bei der „matrix flushing"-Methode wird die Probe durch eine reine, als Standard geeignete Verbindung (z. B. Korund) verdünnt, die nicht Bestandteil der Mischung ist. Der Vorteil liegt darin, daß die Massenabsorptionskoeffizienten für die Analyse nicht bekannt sein müssen. Der Massenanteil der Komponente i ergibt sich aus der Intensität I_i eines geeigneten Reflexes dieser Komponente und dem Massenanteil χ_c und der Reflexintensität I_c des Korunds nach

$$\chi_i = \frac{\chi_c}{k_i}\left(\frac{I_i}{I_c}\right)$$

Die Faktoren k_i sind die Referenzintensitätsverhältnisse (Verhältnis der Reflexintensitäten der reinen Komponenten zur Reflexintensität des reinen Korunds). In dieser Form ist χ_i linear abhängig von I_i. Aus einer Ungleichheit

$$\Sigma I_i/k_i \leqslant \chi_o I_c/\chi_c$$

mit χ_o = Massenanteil der ursprünglichen Probe in der Mischung läßt sich der Gehalt an amorphem Material erkennen und abschätzen.

Die zweite Methode beruht darauf, daß die lineare Beziehung zwischen Intensität und Massenanteil für jede Kombination aus zwei Komponenten eines Multikomponentensystems nicht durch die Anwesenheit oder Abwesenheit der anderen Komponenten gestört wird (adiabatic principle of auto-flushing).

Die quantitative Analyse wird natürlich besonders unsicher, wenn die (00*l*)-Reflexe ausgewertet werden müssen, wie das bei der Untersuchung von Bodenproben häufig der Fall ist. Statt der Mineralintensitätsfaktoren werden gewisse empirische Konstanten benutzt, die sich auf eine Art Standarddurchschnittsbodenprobe beziehen (15, 39, 66), (Kap. 6.7.4).

Die quantitative Bestimmung der Eisenoxide wird durch die differentielle Röntgenbeugung (55) und Kurvenanpassungsverfahren wesentlich verbessert. Die Genauigkeit kann weiterhin durch Anreicherung der Eisenoxide (z. B. durch Kochen mit 5 – M – NaOH) gesteigert werden (26). Im Gegensatz zu den silicatischen Tonmineralen läßt sich der Gehalt an Eisenoxiden durch Extraktionsmethoden kontrollieren (Kap. 1.5.5).

1.5.5 Andere quantitative Methoden

Der Montmorillonitgehalt von Bentoniten wird in industriellen Kontrollabors durch Adsorption von Methylenblau bestimmt – ein Verfahren, das nur mit merklichem Vorbehalt anzuwenden ist (Kap. 3.3.6). Zuverlässigere Werte werden durch Abtrennen des Montmorillonits als feinteilige Fraktion (z. B. $< 0{,}2\,\mu m$) gewonnen. Eventuell noch vorhandene Mengen an Quarz, Kaolinit und evtl. Anatas müssen gesondert abgeschätzt werden (Quarz röntgenographisch oder IR-spektroskopisch; Kaoli-

Tabelle 1.4. Vorschlag zur Klassifizierung der differentiell extrahierbaren Eisenverbindungen (Fe_t = Gesamteisengehalt, Fe_d = Eisenverbindung löslich in Dithionit-Citrat-Hydrogencarbonat, Fe_o = löslich in Ammoniumoxalat (pH = 3), Fe_p = löslich in Natriumdiphosphat, pH ≈ 10, Fe_e = löslich in EDTA) (s. auch (4)).

Fraktion	dominierende Formen
$Fe_t - Fe_d$	Eisen in Silicaten, Ilmenit, Magnetit, gut kristallisierter Hämatit
$Fe_d - Fe_o$	Goethit, Hämatit, Lepidokrokit
$Fe_o - Fe_p$	Ferrihydrit, schlecht kristallisierter Lepidokrokit, Goethit; Magnetit(?), Maghemit(?)
Fe_p	Ferrihydrit-Humus-Komplexe
Fe_e (alkalisch)	Eisenkomplexe mit organischen Liganden
Fe_e (neutral)	schwach gebundene Eisenionen aus verschiedenen Quellen
starker Elektrolyt	austauschfähig gebundene Eisenionen

nit IR-spektroskopisch (14); Anatas und Rutil nach Ayranci (1)). Der meist geringe Montmorillonitgehalt der gröberen Fraktionen läßt sich thermoanalytisch-massenspektroskopisch abschätzen (35, 45, 46).

Eine andere Möglichkeit besteht in der quantitativen Abtrennung des Montmorillonits. Dazu eignet sich die Dichtetrennung in Tetrabromethan – Ethanol nach Umwandlung des Montmorillonits in das Octadecylammoniumderivat (45).

Die mineralische Zusammensetzung der deutschen Tone und Kaoline wurde in den Rohstoff-Merkblättern der Deutschen Keramischen Gesellschaft (H. Kromer in Ber. Dt. Keram. Ges. 1968 – 1979; s. auch (32)) niedergelegt. Die mineralogische Zusammensetzung wurde mit der DTA (33), mikroskopisch und durch Röntgenphasenanalyse an Pulver- und Texturpräparaten in den verschiedenen Korngrößenfraktionen unter Berücksichtigung der chemischen Analyse abgeschätzt.

Die verschiedenen Eisenoxide lassen sich durch selektives Herauslösen mit Dithionit – Citrat (→Fe_d), Oxalat (→Fe_o), Diphosphat (→Fe_p) und EDTA (→Fe_e) quantitativ ermitteln (Tabelle 1.4). Mit Natriumdithionit und Natriumcitrat in hydrogencarbonathaltiger Lösung werden alle Eisenoxide gelöst mit Ausnahme von gut kristallisiertem Hämatit, Magnetit, Ilmenit und das in Silicaten gebundene Eisen. Ammoniumoxalatlösung (pH = 3) löst Goethit, Hämatit und Lepidokrokit nicht mehr, aber Ferrihydrit und ausgesprochen schlecht kristallisierten Goethit und Lepidokrokit. In Diphosphat schließlich sind nur noch die Ferrihydrit-Humuskomplexe löslich. EDTA bildet lösliche Eisenkomplexe mit freien oder schwach gebundenen Eisenionen (4).

1.5.6 Ermittlung von Strukturformeln

Die quantitative chemische Analyse von Silicaten und Tonmineralen (31) verlangt zwar immer noch einen gewissen Aufwand, sei es bei der Durchführung naßchemischen Analysen oder bei der Etablierung von Röntgenfluoreszenzverfahren, doch ist das heute nicht mehr das Problem. Die Schwierigkeit liegt darin, das Tonmineral quantitativ anzureichern oder den Gehalt der Begleitminerale (kristallin und amorph!) quantitativ zu bestimmen. Das Ausschlämmen genügend feiner Fraktionen bietet keine Gewähr, einen reinen Smectit zu erhalten! Die feinsten Fraktionen enthalten meist geringe Anteile amorpher oxidischer Verbindungen des Siliciums, Aluminiums und Eisens, die nach Hoshimoto und Jackson (22) und Roth et al. (53) (siehe auch (67)) bestimmt werden können. Im allgemeinen muß der Mineralbestand mit allen zur Verfügung stehenden Mitteln bestimmt und die chemische Zusammensetzung der Begleitstoffe berücksichtigt werden, soweit diese nicht quantitativ entfernt werden können. Die Berechnung der kristallchemischen Strukturformeln für die 2 : 1-Schichtminerale wurden von Köster (30) ausführlich beschrieben.

1.5.7 Bestimmung der Schichtladung

Für die genaue Charakterisierung der Smectite und Vermiculite ist die Bestimmung der Schichtladung unerläßlich. Aus dem Verhalten gegenüber Ethylenglycol oder Glycerin und Kaliumchloridlösung läßt sich eine grobe Information erhalten, die im Übergangsbereich Smectit/Vermiculit zu Unsicherheiten oder Fehlinterpretationen führen kann (40). Zuverlässig läßt sich die Schichtladung durch den Eintausch von Alkylammoniumionen bestimmen (Kap. 3.3.7).

Die Ermittlung der Schichtladung über die chemische Analyse setzt rein vorliegende oder quantitativ angereicherte Tonminerale voraus (was nicht immer gebührend beachtet wird!). Vogt und Köster (67) haben die Strukturformeln von 19 Montmorilloniten aus der chemischen Zusammensetzung und der nach der Alkylammonium-Methode bestimmten Schichtladung genau ermittelt. Dabei wurden auch amorphes Al_2O_3 und SiO_2 bestimmt und berücksichtigt. Das aus der Zwischenschichtladung berechnete Kationenaustauschvermögen betrug im Mittel 80 % des experimentell gemessenen Kationenaustauschvermögens, da bei den feinteiligen Smectiten merkliche Anteile austauschfähiger Kationen an den Rändern sitzen (Kap. 3.1.1). Werden diese Kationen nicht berücksichtigt, wird aus der chemischen Analyse eine zu hohe Schichtladung berechnet.

1.5.8 Ionenaustauschvermögen

Die wichtigsten Methoden zur Bestimmung des Kationenaustauschvermögens wurden schon 1958 von Weiss (69) kritisch beurteilt, weitere Literatur siehe Kapitel 7.5 in (73) sowie (60). Eine für alle Tonminerale und Tone gültige Vorschrift ist kaum anzugeben, doch hat sich folgende Arbeitsweise bewährt (genaue Vorschriften siehe Kapitel 7.5 in (73): Die Probe wird mit Ammoniumacetat (pH = 7) umgesetzt, wobei alle austauschfähigen Kationen durch Ammoniumionen ersetzt werden. Nach Auswaschen mit Isopropanol werden die Ammoniumionen durch Natriumionen verdrängt und quantitativ bestimmt (vor allem durch Kjeldahl-Destillation; auch photometrisch als Isocyanurat oder mit ionenselektiven Elektroden). Die Methode besitzt den Vorteil, daß die im ersten Schritt vom Tonmineral verdrängten Kationen qualitativ und quantitativ bestimmt werden können. Deren Summe muß nicht unbedingt dem Kationenaustauschvermögen entsprechen, z. B. wenn Protonen gebunden sind oder mehrwertige Kationen äquimolar festgehalten werden (Kap. 3.1.6). Wenn bei höherer Schichtladung mit einer gewissen Fixierung der Ammoniumionen zu rechnen ist, wird die umgekehrte Arbeitsweise empfohlen, also zunächst Verdrängung der ursprünglichen, austauschfähigen Kationen durch Natriumionen, dann diese durch Ammoniumionen und quantitative Bestimmung der Natriumionen durch Atomabsorption oder -emission. (Die Bestimmung der Natriumionen kann allerdings wegen der Verwendung konzentrierter Salzlösungen auf Schwierigkeiten stoßen). Carbonate müssen zuvor entfernt worden sein, am besten durch 0,1 molare EDTA-Lösung bei $pH = 4{,}5$ (29, 30).

Häufig wird die Sättigung durch Bariumionen und anschließende Verdrängung durch Magnesiumionen benutzt. Bei Austauschreaktionen mit zweiwertigen Kationen sollte berücksichtigt werden, daß ein gewisser Anteil von Ionen äquimolar ausgetauscht werden kann, vor allem bei niedriger Ladungsdichte (Kap. 3.1.6). In diesen Fällen müssen nicht nur die gebundenen Indexkationen, sondern auch die verdrängten Kationen quantitativ bestimmt werden.

Sofern die entsprechenden Möglichkeiten vorhanden sind, bietet sich die Tracertechnik mit radioaktiv markierten Kationen an (2, 3, 6, 52).

Das Anionenaustauschvermögen der Tonminerale ist gering und stark vom *p*H-Wert abhängig (Kap. 3.1.1; 3.1.7). Im Gegensatz zum Kationenaustauschvermögen, das für alle Kationen nahezu den gleichen Wert erreicht, hängt die Höhe des Anionenaustauschvermögens deutlich vom Anion ab, weil je nach dessen Art unterschiedliche Bindungsmechanismen wirksam werden. Der Ligandenaustausch (Phosphat, Fluorid) führt im allgemeinen zu einer höheren Anionenadsorption als die Bindung als Gegenionen an den positiv geladenen Kanten (Kap. 3.1.1). Austauschreaktionen mit Fluoridionen wurden von Weiss et al. (68) beschrieben. Für die Bestimmung des Austausches von Phosphationen und Chloridionen sind genaue Vorschriften in Kapitel 7.5 in (73) angegeben.

Literatur

1. Ayranci B (1977) The major-, minor- and trace element analysis of silicate rocks and minerals from a single sample solution. Schweiz Mineral Petrogr Mitt 57 299
2. Bache BW (1970) Barium isotope method for measuring cation-exchange capacity of soils and clays. J Sci Food Agric 22: 169
3. Blume IM, Smith E (1954) Equilibration of exchangeable calcium and cation exchange capacity by equilibration with ^{45}Ca. Soil Sci 77: 9
4. Borggaard OK (1988) Phase identification by selective dissolution techniques. In: Stucki JW, Goodman BA, Schwertmann U (eds) Iron in soils and clay minerals. Reidel Pub Comp, pp 83 – 89
5. Brindley GW, Brown B (eds) (1980) Crystal structures of clay minerals and their X-ray identification. Mineral Soc London
6. Brouwer E, Baeyens B, Maes A, Cremers A (1983) Cesium and rubidium ion equilibria in illite clay. J Phys Chem 87: 1213
7. Cardile CM, Johnston JH (1986) ^{57}Fe Mössbauer spectroscopy of montmorillonites: a new interpretation. Clays Clay Min 34: 307
8. Cardile CM (1989) Tetrahedral iron in smectite: a critical comment. Clays Clay Min 37: 185
9. Chung FH (1974) Quantitative interpretation of X-ray diffraction patterns of mixtures, I, II. J Appl Crystallog 7: 519 and 526
10. Churchman GJ, Whitton JS, Claridge GGC, Theng BKG (1984) Intercalation method using formamide for differentiating halloysite from kaolinite. Clays Clay Min 32: 241
11. Churchman GJ (1990) Relevance of different intercalation tests for distinguishing halloysite from kaolinite in soils. Clays Clay Min 38: 591
12. Dümmler H, Schroeder D (1965) Zur qualitativen und quantitativen röntgenographischen Bestimmung von Dreischicht-Tonmineralen in Böden. Z Pflanzenern Düng, Bodenk 109: 35

13. Farmer VC, Mitchell BD (1963) Occurence of oxalates in soil clays following hydrogen peroxide treatment. Soil Sci 96: 221
14. Flehming W, Kurze R (1973) Die quantitative infrarotspektroskopische Phasenanalyse von Mineralgemengen. N Jb Mineral Abh 119: 101
15. Gjems O (1967) Studies on clay minerals and clay mineral formation in soil profiles in Scandinavia. Meddelelser fra Det Norske Skog forsoksvesen 81, Bind XXI, pp 337 – 350
16. Gregg SJ, Sing KSW (1982) Adsorption, surface area and porosity. Academic Press, London New York
17. Herold R (1969) Die Herstellung von lufttrockenen oder glyceringesättigten Texturpräparaten für die röntgenographische Untersuchung von blättchenförmigen Tonmineralen durch Zentrifugieren auf Membranfilter. N Jb Miner Abh: 93
18. Herrero CP, Sanz J, Serratosa JM (1989) Dispersion of charge deficits in the tetrehedral sheet of phyllosilicates. Analysis from ^{29}Si NMR spectra. J Phys Chem 93: 4311
19. Hofmann U (1962) Die chemischen Grundlagen der griechischen Vasenmalerei. Angew Chem 74: 397
20. Hofmann U, Weiss A (1968) Röntgenographischer Nachweis der Tonminerale und der begleitenden Minerale. In: Bilke W (Hrsg) Handbuch der Keramik. Schmid, Freiburg/Brg
21. Holmgreen GGS (1967) A rapid citrate-dithionate extractable iron procedure. Soil Sci Soc Amer Proc 31: 210
22. Hoshimoto L, Jackson ML (1960) Rapid dissolution method of allophane and kaolinite-halloysite after dehydration. Clays Clay Min 7: 102
23. Inoue A, Bouchet A, Velde B, Meunier A (1989) Convenient technique of estimating smectite layer percentage in random interstratified illite/smectite minerals. Clays Clay Min 37: 227
24. Jepson WB (1984) Kaolins. Phil Trans R Soc London A311: 411
25. Johnston JH, Cardile CM (1985) Iron sites in nontronite and the effect of interlayer cations from Mössbauer spectra. Clays Clay Min 33: 21
26. Kämpf N, Schwertmann U (1982) Quantitative determination of goethite and hematite in kaolinitic soils by X-ray diffraction. Clays Clay Min 17: 359
27. Kinsey RA, Kirkpatrick RJ, Hower J (1985) High resolution Al^{27} and Si^{29} NMR spectroscopic study of layer silicates, including clay minerals. Am Min 70: 537
28. Köster HM (1964) Mineralogische und technologische Untersuchungen an Industriekaolinen. Keram Ges 41: 185
29. Köster HM, Kohler EE, Krahl J, Kröger J, Vogt K (1973) Veränderungen am Montmorillonit durch Einwirken von 0.1 m AeDTE-Lösungen, 1 n NaCl und 0.1 n Salzsäure. N Jb Miner Abh 119: 83
30. Köster HM (1977) Die Berechnung kristallchemischer Strukturformeln von 2:1 Schichtsilicaten. Clay Min 12: 45
31. Köster HM (1978) Die chemische Silicatanalyse. Springer, Berlin
32. Kromer H, Schüller KH (1975) Die Anwendungen des Nomenklatursystems nach Ernst, Forkel und van Gehlen auf keramische tonige Rohstoffe unter Würdigung der Bedeutung scheinbar untergeordneter Mineralphasen. B Dt Keram Ges 52: 345
33. Kromer H, Schüller KH (1982) DTA as a significant means for the characterization of ceramic clays. Thermal Analysis Proc 7th ICTA 1982, Kingston, Canada, Vol. I, pp 526 – 532, J Wiley and Sons
34. Lagaly G, Weiss A (1976) The layer charge of smectitic layer silicates. Proc Internat Clay Conf, Mexiko 1975, Bailey SW (eds) Appl Publ Ltd, Wilmette, Illinois, 1976 pp 157 – 172
35. Lagaly G, Müller-Vonmoos M, Kahr G, Fahn R (1981) Vorgänge bei der Sodaaktivierung von Bentoniten am Beispiel eines Bentonits aus Neuseeland. Keram Z 33: 278
36. Lagaly G, Tributh H, Sander H, Graciun C (1985) Die Korngrößenverteilung von Bentoniten und ihr Einfluß auf röntgenographische und rheologische Eigenschaften. Keram Z 35: 75
37. Lagaly G (1992) From clay mineral crystals to colloidal clay mineral dispersions. In: Dobias B (ed) Coagulation and flocculation: theory and application. Marcel Dekker, pp 427 – 494
38. Lambert JF, Millman WS, Fripiat JJ (1989) Revisiting kaolinite dehydroxylation: a ^{29}Si and ^{27}Al MAS NMR study. J Am Chem Soc 111: 3517
39. Laves D, Jähn G (1972) Zur quantitativen röntgenographischen Bodenton-Mineralanalyse. Arch Acker- u. Pflanzenbau Bodenk 16: 735

40. Malla PB, Douglas LA (1987) Identification of expanding layer silicates: layer charge vs. expansion properties. Proc Internat Clay Conf, Denver 1985, Schultz LG, van Olphen H, Mumpton FA (eds) The Clay Min Soc, Bloomington, Indiana, pp 277 – 283
41. Mehra OP, Jackson ML (1960) Iron oxide removal from soils and clays by a dithionate-citrate system buffered with sodium bicarbonate. Clays Clay Min 7: 317
42. Mitchel BD, Smith BFL (1974) The removal of organic matter from soil extracts by bromine oxidation. J Soil Sci 25: 239
43. Moore DM, Reynolds RC (1989) X-ray diffraction and the identification and analysis of clay minerals. Oxford Univ Press, New York
44. Müller-Vonmoos M, Kahr G, Rub A (1977) DTA-TG-MS in the investigation of clays. Thermochimica Acta 20: 387
45. Müller-Vonmoos M, Kahr G (1983) Mineralogische Untersuchungen von Wyoming Bentonit MX-80 und Montigel. NAGRA Technische Berichte 83 – 12
46. Müller-Vonmoos M, Kahr G, Madsen FT (1991) Bestimmung der Zwischenschichtladung von Smectit-Illit-Wechsellagerungen in Kalium-Bentoniten. In: Tributh H, Lagaly G (Hrsg) Identifizierung und Charakterisierung von Tonmineralen. DTTG, Gießen, S 131 – 155
47. Murad E (1990) Application of 57 Fe Mössbauer spectroscopy to problems in clay mineralogy and soil science: possibilities and limitations. Adv Soil Sci 12: 125
48. Murray HH (1991) Overview-clay mineral application. Appl Clay Sci 5: 379
49. Noll W, Holm R, Born L (1975) Bemalung antiker Keramik. Angew Chem 87: 639
50. Noll W (1979) Anorganische Pigmente in Vorgeschichte und Antike. Fortschr Miner 57: 203
51. Noll W (1982) Mineralogie und Technik der Keramiken Altkretas. N Jb Miner Abh 143: 150
52. Peigneur P, Maes A, Cremers A (1975) Heterogeneity of charge density distribution in montmorillonite as inferred from cobalt adsorption. Clays Clay Min 23: 71
53. Roth CB, Jackson ML, Syers JK (1969) Deferration effect on structural ferrous-ferric iron ratio and CEC of vermiculites and soils. Clays Clay Min 17: 253
54. Russel JD, Goodman BA, Fraser AR (1979) Infrared and Mössbauer studies of reduced nontronites. Clays Clay Min 27: 63
55. Schulze DG (1981) Identification of soil iron oxide minerals by differential X-ray diffraction. Soil Sci Soc Am J 45: 437
56. Srodon I (1984) X-ray powder diffraction identification of illitic materials. Clays Clay Min 32: 337
57. Stanjek H, Friedrich R (1986) The determination of layer charge by curve-fitting of Lorentz- and polarization corrected X-ray diagrams. Clay Min 21: 183
58. Stul MS, van Leemput L (1982) Particle-size distribution, calcium exchange capacity and charge density of deferrated montmorillonite. Clay Min 17: 209
59. Theng BKG, Churchman GJ, Whitton JS, Claridge GGC (1984) Comparison of intercalation methods for differentiating halloysite from kaolinite. Clays Clay Min 32: 249
60. Thomas GW (1982) Exchangeable cations. In: Page AL, Miller RH and Keeney DR (eds) Methods of soil analysis. Am Soc Agronomy, Soil Sci Soc of America, Madison, pp 159 – 165
61. Thompson JG, Barron PF (1987) Further consideration of the ^{29}Si nuclear magnetic resonance spectrum of kaolinite. Clays Clay Min 35: 38
62. Tomita K, Takahashi H, Watanabe T (1988) Quantification curves for mica/smectite interstratifications by X-ray powder diffraction. Clays Clay Min 36: 258
63. Tributh H (1970) Die Bedeutung der erweiterten Tonfraktionierung für die genaue Kennzeichnung des Mineralbestandes und seiner Eigenschaften. Z Pflanzenern Bodenk 126: 117
64. Tributh H (1976) Die Umwandlung der glimmerartigen Schichtsilicate zu aufweitbaren Dreischicht-Tonmineralen. Z Pflanzenern Bodenk: 7
65. Tributh H, Lagaly G (1986) Aufbereitung und Identifizierung von Boden- und Lagerstättentonen. GIT Fachz Lab 30: 524 und 771
66. Tributh H (1991) Qualitative und „quantitative" Bestimmung des Mineralbestandes in Bodentonen. In: Tributh H, Lagaly, G (Hrsg) Identifizierung und Charakterisierung von Tonmineralen. DTTG, Gießen, S 37 – 85
67. Vogt K, Köster HM (1978) Zur Mineralogie, Kristallchemie und Geochemie einiger Montmorillonite aus Bentoniten. Clay Min 13: 25
68. Weiss A, Mehler A, Koch G, Hofmann U (1956) Das Anionenaustauschvermögen der Tonminerale. Z Allgem Chem 284: 247

69. Weiss A (1958) Über das Kationenaustauschvermögen der Tonminerale I. Vergleich der Untersuchungsmethoden. Z anorg allgem Chem 297: 232
70. Weiss A, Lagaly G, Beneke K (1971) Steigerung der Nachweisempfindlichkeit von quellungsfähigen Dreischichttonmineralen in Gemengen. Z Pflanzenern Bodenk 129: 193
71. Weiss CA, Altaner SP, Kirkpatrick RJ (1987) High-resolution ^{29}Si NMR spectroscopy of 2:1 layer silicates: correlations among chemical shift, structural distortions, and chemical variations. Am Min 72: 935
72. Wilson MA, McCarthy SA, Fredericks PM (1986) Structure of poorly ordered aluminosilicates. Clay Min 21: 879
73. Wilson MJ (ed) (1987) A handbook of determinative methods in clay mineralogy. Blackie, Glasgow London
74. Woesner DE (1989) Characterization of clay minerals by ^{27}Al nuclear magnetic resonance spectroscopy. Am Min 74: 203

2 BESCHREIBUNG EINZELNER TONMINERALE

H. M. Köster (Kap. 2.1 – 2.5)
U. Schwertmann (Kap. 2.6)

2.1 Zweischichtminerale oder 1 : 1-Schichtsilicate

Der Strukturtyp der Zweischichtminerale wird vertreten durch die dioktaedrischen Aluminiumminerale der Kaolingruppe und die trioktaedrischen Magnesiumminerale der Serpentingruppe.

2.1.1 Kaolinminerale

Die Kaolinminerale entstehen bevorzugt bei der Zersetzung feldspatführender Silicatgesteine entweder durch hydrothermale Lösungen oder durch Verwitterung unter tropischen und subtropischen Klimabedingungen. Nakrit und Dickit sind seltene Minerale, die wie auch Kaolinit und Halloysit auf hydrothermalen Lagerstätten vorkommen. Kaolinit und Halloysit entstehen vorwiegend bei der tropischen Verwitterung. Dickit ist neben Kaolinit in einigen Sedimentgesteinen beobachtet worden und hier anscheinend sekundär durch Umwandlung aus Kaolinit entstanden.

Kaolinit, Dickit und Nakrit sind Modifikationen der gleichen Substanz (Tabelle 2.1)*. Sie unterscheiden sich in der kristallographischen Ausrichtung aufeinanderfolgender 1 : 1-Schichtpakete im Kristall (9). Von einer größeren Anzahl theoretisch ableitbarer Schichtpaketabfolgen (199, 282) besitzen die drei in der Natur vorgefundenen Minerale die geringste elektrostatische Bindungsenergie (274). Der Kaolinit ist triklin, Dickit und Nakrit sind monoklin (Tabelle 2.1).

Kaolinit, Dickit und Nakrit bilden pseudohexagonale blättchenförmige Kriställchen nach der Basis {001} mit untergeordneten Prismenflächen {110} und {010} (Abb. 2.1). Verzwilligungen nach einer Prismenfläche werden gelegentlich beobachtet. Beim Kaolinit treten häufig auch prismatisch ausgebildete Kriställchen auf, die ziehharmonikaartig oder wurmförmig verkrümmt sind (Abb. 7.7, S. 286) und dabei infolge der ausgezeichneten Spaltbarkeit nach der Basis aufblättern. Während beim Nakrit und Dickit oft Kriställchen bis zu einigen Millimetern Größe vorkommen, ist der Kaolinit fast immer mikroskopisch bis submikroskopisch fein. Die Kaolinitblättchen zeigen je nach Vorkommen mittlere Durchmesser zwischen 0,5 und 4 µm. Sie werden schon unter dem Phasenkontrastmikroskop sichtbar (65, 208) und können in den entsprechenden Korngrößenfraktionen neben anderen Mineralkomponenten quantitativ ausgezählt werden (144). Optische Daten der Kaolinminerale enthält die Tabelle 2.7.

---

* alle Tabellen dieses Kapitels siehe Anhang

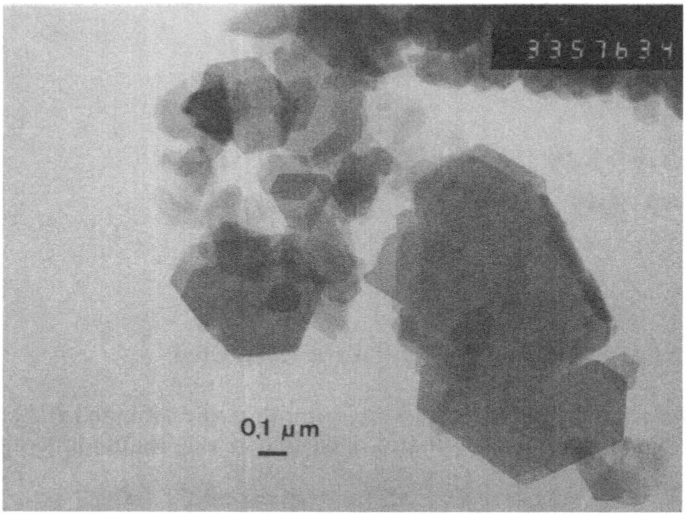

Abb. 2.1. Kaolinit. Pseudohexagonale Kristalle mit den Basisflächen (001) und den Prismenflächen (110) und (010).

Im Gegensatz zu den anderen Mineralen der Kaolingruppe enthält der Halloysit zwischen den 1:1-Schichtpaketen der Struktur eine Wasserschicht, die bereits bei 60 °C vollständig ausgetrieben wird, wobei der Halloysit in den Metahalloysit übergeht und der Basisabstand von ursprünglich rund 10 Å auf etwa 7 Å schrumpft. Dieser Vorgang findet schon unter den pT-Bedingungen an der Erdoberfläche statt, so daß die meisten natürlichen Halloysitvorkommen Gemenge von 10 Å- und 7 Å-Halloysiten enthalten.

Durch die eingelagerte Wasserschicht werden beim 10 Å-Halloysit die Wasserstoffbrückenbindungen zwischen den 1:1-Schichtpaketen aufgehoben. Die Spannungen zwischen den vor allem in der kristallographischen b-Richtung etwas ungleich dimensionierten Tetraeder- und Oktaederschichten ($\approx$ 8,93 gegenüber 8,62 Å) wirken sich aus und führen zu einem Zusammenrollen der 1:1-Schichtpakete, wobei dann die Tetraederschichten auf der konvexen Seite liegen. Die inneren und äußeren Durchmesser der Halloysitröhrchen betragen im Mittel 250 und 570 Å, die Wandstärken um 200 Å. Wegen ihrer geringen Größe werden die Halloysitröllchen erst unter dem Durchstrahlelektronenmikroskop (Abb. 2.2) und gerade noch unter dem Rasterelektronenmikroskop sichtbar. Als Seltenheit wurde außer dem röllchenförmigen Halloysit auch blättchenförmiger Halloysit entdeckt (151, 229).

In den Röntgendiagrammen von Kaolinit, Dickit und Nakrit treten die beiden ersten Basisreflexe bei 7,15 Å und 3,57 Å als stärkste, etwa gleich starke Reflexe deutlich hervor (Tabelle 2.2). Nach Lage und relativer Intensität sind beide Basisreflexe charakteristisch für 1:1-Schichtsilicate.

Zur Unterscheidung der dioktaedrischen Kaolinminerale von den trioktaedrischen Serpentinmineralen wird der (060)-Reflex herangezogen, der bei den Kaolinmineralen um 1,49 Å, bei den Serpentinmineralen dagegen um 1,54 Å liegt (Tabelle 2.2 und 2.10). Die zur Unterscheidung der Minerale Kaolinit und Dickit wichtigen Röntgenreflexe sind in der Tabelle 2.2 durch Fettdruck hervorgehoben.

Abb. 2.2. Röllchenförmiger Halloysit, Dragon Mine, Utah.

Bei der röntgenographischen Identifizierung der Kaolinminerale in Sedimentgesteinen können durch die Koinzidenz der beiden Basisreflexe bei 7 Å und 3,5 Å mit dem zweiten und vierten Basisreflex von Chloriten Schwierigkeiten entstehen. Die nur mittelstarken ersten und dritten Basisreflexe der Chlorite bei 14 Å und 4,7 Å treten im Röntgendiagramm von Mineralgemengen häufig nicht hervor. Durch kurzzeitiges Erhitzen der Röntgenpräparate auf 550 °C wird die Kaolinitstruktur zerstört und die Basisreflexe des Kaolinits verschwinden. Eine Schwächung der 7 Å- und 3,5 Å-Reflexe deutet dann auf ein Gemenge von Kaolinit und Chlorit, ihre unveränderten Intensitäten zeigen Chlorit an (siehe auch Kap. 1.5.3).

Das weitaus in der Natur häufigste Kaolinmineral, der Kaolinit, zeigt in den verschiedenen Vorkommen unterschiedliche Grade einer strukturellen Fehlordnung (31). Generell findet man Kaolinite mit relativ gut geordneter Struktur vorwiegend in den Kaolinlagerstätten, während fehlgeordnete Varianten des Kaolinits (früher Fireclay-Minerale genannt, siehe auch Kap. 5.1.1, 7.3.5) typisch sind für feuerfeste kaolinitische Tone. Die Fehlordnung des Kaolinits ist sehr komplexer Natur. Zu Fehlern bei der $b/3$ Versetzung der aufeinanderfolgenden 1 : 1-Schichtpakete treten unregelmäßige Versetzungen der Schichtpakete in der kristallographischen a-Richtung, Rotationen der Schichtpakete gegeneinander, sowie Fehler in der Verteilung der vakanten Oktaederplätze in den Oktaederschichten. Bei jedem Kaolinit finden sich Fehlordnungen der genannten Arten in unterschiedlichem Maße (209). Beim Dickit sind ebenfalls Fehlordnungen beschrieben worden (38).

Im Röntgendiagramm fehlgeordneter Kaolinite verschwinden die auf den (020)-Reflex bis zum (002)-Reflex folgenden mittelstarken Reflexe mit steigender Fehl-

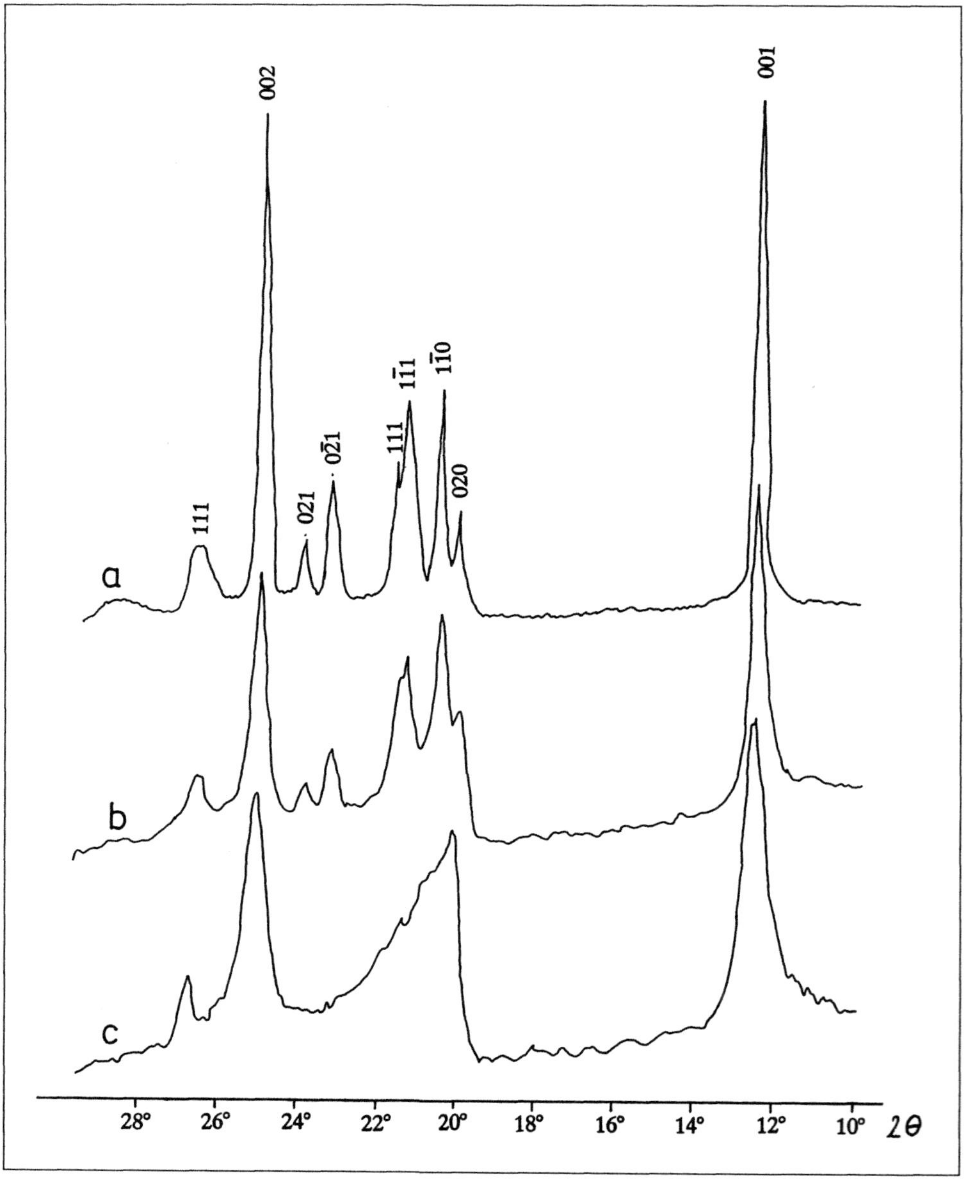

Abb. 2.3. Röntgendiffraktogramme von Kaoliniten mit unterschiedlichem kristallinen Ordnungsgrad (CuK_α-Strahlung)
a) Kaolinit von Keokuk, Iowa,
b) Kaolinit aus der Leitschicht, Grube Rohrhof bei Maxhütte, Oberpfalz,
c) stark fehlgeordneter Kaolinit aus Flöz 13, Grube Rohrhof.

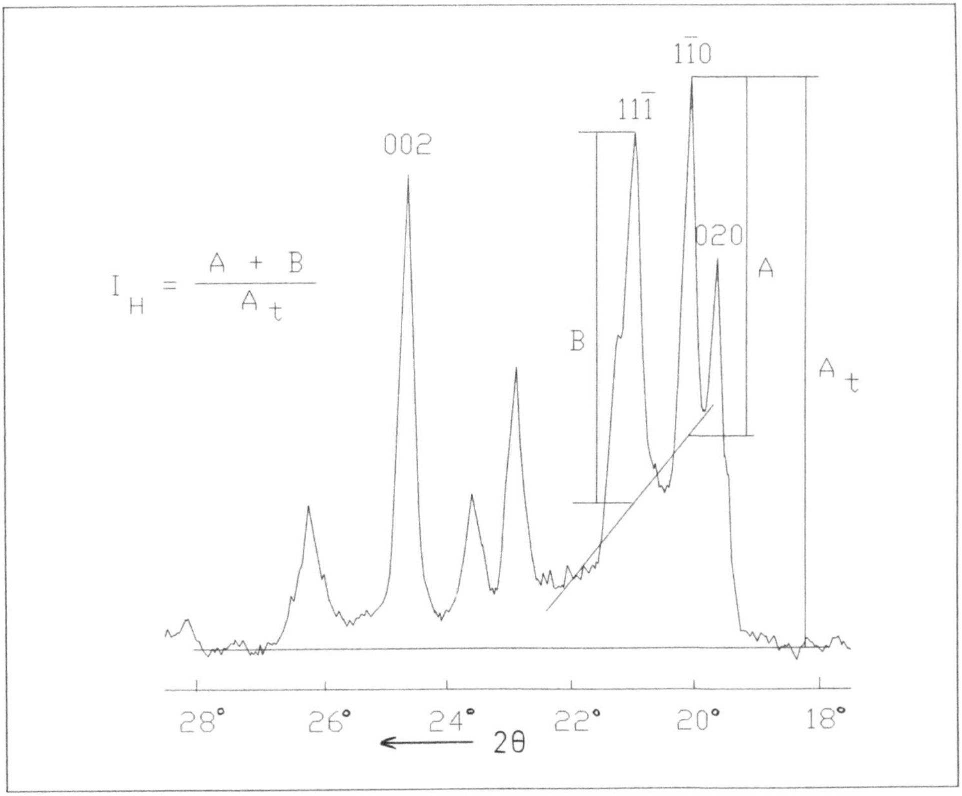

Abb. 2.4. Vermessung des Hinckley-Index (CuK_α-Strahlung).

ordnung mehr und mehr in einer breiten Bande (Abb. 2.3). Nach Hinckley (117) lassen sich die Amplituden der aus dem Untergrund herausragenden (1$\bar{1}$0)- und (11$\bar{1}$)-Reflexe als Maß der Fehlordnung verwenden (Abb. 2.4). Eine weitere röntgenographische Methode zur Beschreibung der Fehlordnung von Kaoliniten stammt von Hughes und Brown (124). Als bestgeordneter Kaolinit gilt der in Geoden gefundene Kaolinit von Keokuk in Iowa (109, 132).

Der Halloysit nimmt wegen seines Zwischenschichtwassers unter den Kaolinmineralen eine Sonderstellung ein. Bei vollständiger Hydratation des Schichtzwischenraumes zeigt er einen Basisabstand von 10,1 Å (Tabelle 2.3). Die Wassermoleküle besitzen in den Zwischenschichten wahrscheinlich eine planare Anordnung (110, 111). Beim entwässerten Halloysit (Metahalloysit) schrumpft der Basisabstand auf etwa 7,4 Å. Zum Nachweis von Halloysit neben Kaolinit siehe Kapitel 1.5.3.

Die chemischen Analysen ausgesuchter Kaolinminerale (Tabelle 2.4) ergeben innerhalb der analytischen Fehler praktisch das ideale stöchiometrische Verhältnis von Si : Al : H = 1 : 1 : 2. Die sehr geringen Gehalte an anderen chemischen Bestandteilen zeigen, daß es sich bei den Kaolinmineralen um sehr reine Aluminiumsilicate mit äußerst geringen Substitutionen von Al^{3+} und Si^{4+} durch andere Ionen wie Ti^{4+} und Fe^{3+} handelt. Nach Weiss und Range (270) kann das in der Struktur des Kaolinits gebundene Titan durch Bildung von Pseudoanatas beim thermischen Abbau des

Kaolinits nachgewiesen werden. Der Einbau von Titan in die Kaolinitstruktur wird von verschiedenen Autoren diskutiert (71, 265), und die an Kaolinit gebundenen Titangehalte werden abgeschätzt (127). Bisher fehlt jedoch der sichere Nachweis für den Einbau von Titan in die Kaolinitstruktur.

Die Eisengehalte von Kaolinitproben lassen sich nur unvollständig durch Reduktion mit Natriumdithionit und durch Säurebehandlung entfernen (139). Durch ESR-Untersuchungen wurde Fe^{3+} in Oktaederpositionen des Kaolinits nachgewiesen (174). Die gleiche Technik zeigt (176), daß fehlgeordnete Kaolinite mehr Fe^{3+} in der Struktur enthalten als Kaolinite mit geordneter Struktur. Kaolinite aus tropischen Böden können bis zu 2 % Fe^{3+} enthalten (115). Auch hier nimmt mit steigendem Eisengehalt die Fehlordnung in der Struktur zu.

Die industriell verwendeten Kaoline enthalten beachtliche Mengen an mineralischen Nebenbestandteilen als Verwitterungsreste ihrer Ursprungsgesteine vor allem Quarz, Kaliumfeldspäte, Muskovit. Dementsprechend sind auch die Gehalte an chemischen Nebenbestandteilen höher (Tabelle 2.5). Unter den Akzessorien herrschen Titan- und Eisenoxide vor (Rutil, Anatas, Hämatit), zum Teil in Form von Leukoxen aggregiert. Daneben finden sich resistente Minerale, zum Beispiel in den Hirschau-Schnaittenbacher Kaolinen Turmalin und Zirkon (228), Monazit, Xenotim und als Neubildung Phosphate der Crandallit-Reihe (243). Durch Magnetreinigung (Tabelle 2.6) werden die Spurenelemente Pb, Sr, Ba, P, S und Bi als Bestandteile der Crandallitminerale stark verringert. Meistens sind aber bei Kaolinen die Spurenelemente auf mehrere Mineralphasen verteilt und können nicht eindeutig zugeordnet werden.

Beim Aufheizen verlieren die Kaolinminerale etwa ab 450 °C das in der Struktur gebundene Wasser. Die Differentialthermokurven (Abb. 2.5) zeigen dementsprechend bei geordneten Kaoliniten eine endotherme Reaktion mit Maximum zwischen 570° und 600 °C, bei fehlgeordneten Kaoliniten zwischen 540° und 570 °C. Die Fläche dieser endothermen Reaktion kann zur quantitativen Analyse von Kaolinit verwendet werden. Allerdings muß man beachten, daß sich mit zunehmender Fehlordnung die Fläche unter der Reaktionskurve merklich verkleinert (145, 159).

Nach der Entwässerung rekristallisieren geordnete Kaolinite mit einer scharfen exothermen Reaktion zwischen 980 und 1000 °C zu einer ihrer Natur nach umstrittenen Phase (90, 91, 119), (Kap. 7.5.1). Bei fehlgeordneten Kaoliniten wird diese Reaktion bis auf 940 °C erniedrigt. Dabei wird der Peak verbreitert und seine Höhe verringert. Fehlgeordnete Kaolinite zeigen außerdem eine schwache endotherme Reaktion zwischen 80 und 200 °C, die von adsorptiv gebundenem Wasser herrührt.

Nakrit und Dickit geben eine scharfe exotherme Reaktion bei 980 °C, die endothermen Reaktionen liegen um 650 °C beim Nakrit und 700 °C beim Dickit (Abb. 2.5).

Der Halloysit mit Zwischenschichtwasser gibt eine erste sehr starke endotherme Reaktion um 110 °C. Das Maximum der zweiten endothermen Reaktion liegt zwischen 530 und 550 °C. Außerdem ist dieser Peak bei Halloysiten deutlich asymmetrisch ausgebildet. Die exotherme Reaktion von Halloysiten zeigt ein Maximum zwischen 920 und 950 °C. Bei verringerter Amplitude ist sie noch stärker verbreitert als bei fehlgeordneten Kaoliniten.

Eine ausführliche Darstellung zur DTA von Kaolinmineralen geben Holdridge und Vaughan (119), eine kürzere Übersicht findet sich bei Smykatz-Kloss (240).

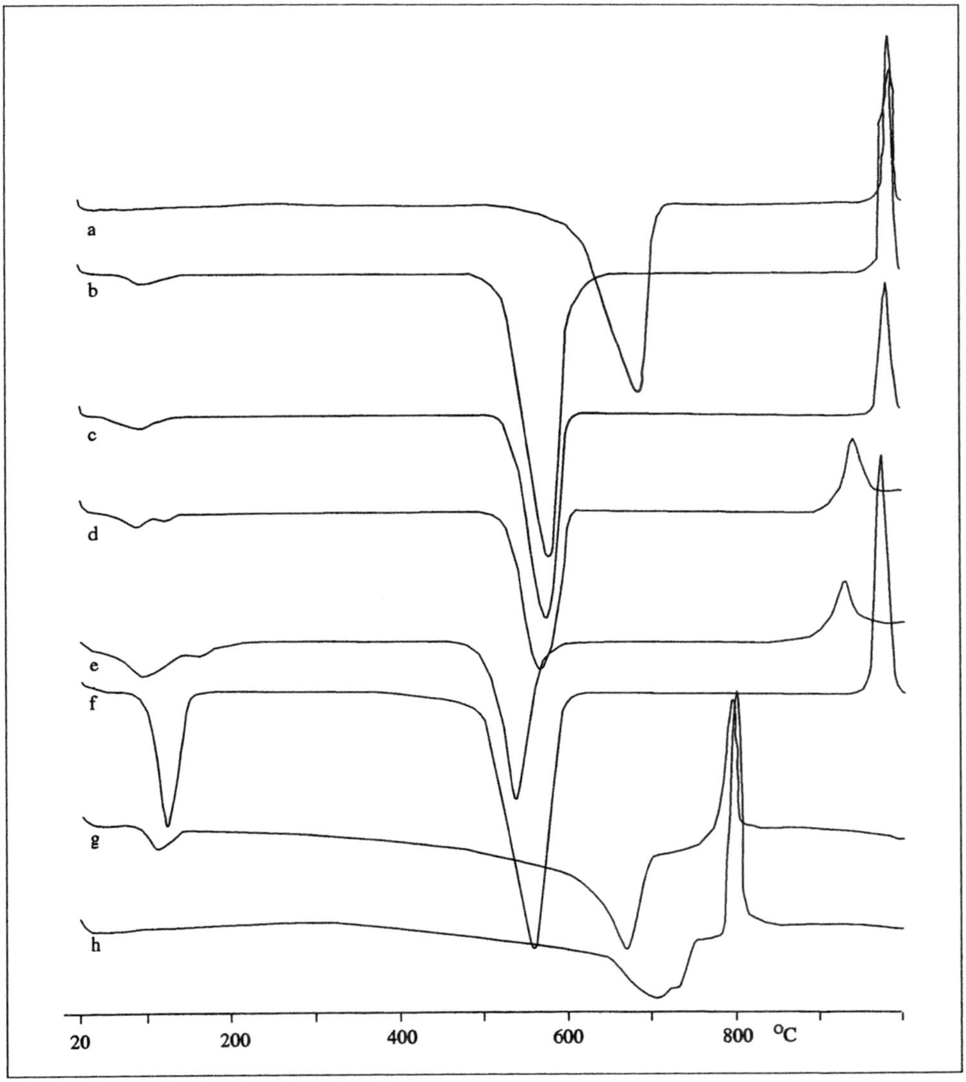

Abb. 2.5. DTA-Kurven von Dickit, Kaolinit, Halloysit, Antigorit und Chrysotil.
Aufgenommen mit der DTA-Apparatur von Lippmann (156).

a) Dickit, Ouray, Colorado.
b) Kaolinit, Murfreesboro, Arkansas.
c) Kaolinit, Kot, Gujarat, mit geordneter Struktur (Probe 108, Fraktion <2 µm ∅).
d) Kaolinit, Kot, Gujarat, mit fehlgeordneter Struktur (Probe 104, Fraktion <0,63µm ∅).
e) Kaolinit (Fire clay-Mineral), Limburg, Westerwald, mit stark fehlgeordneter Struktur, Fraktion <2µm ∅).
f) Halloysit, Eureka, Utah (Gemenge von 10 Å-Halloysit und Metahalloysit).
g) Antigorit, Kraubath, Steiermark.
h) Chrysotil, Barranca de S. Juan, Granada.

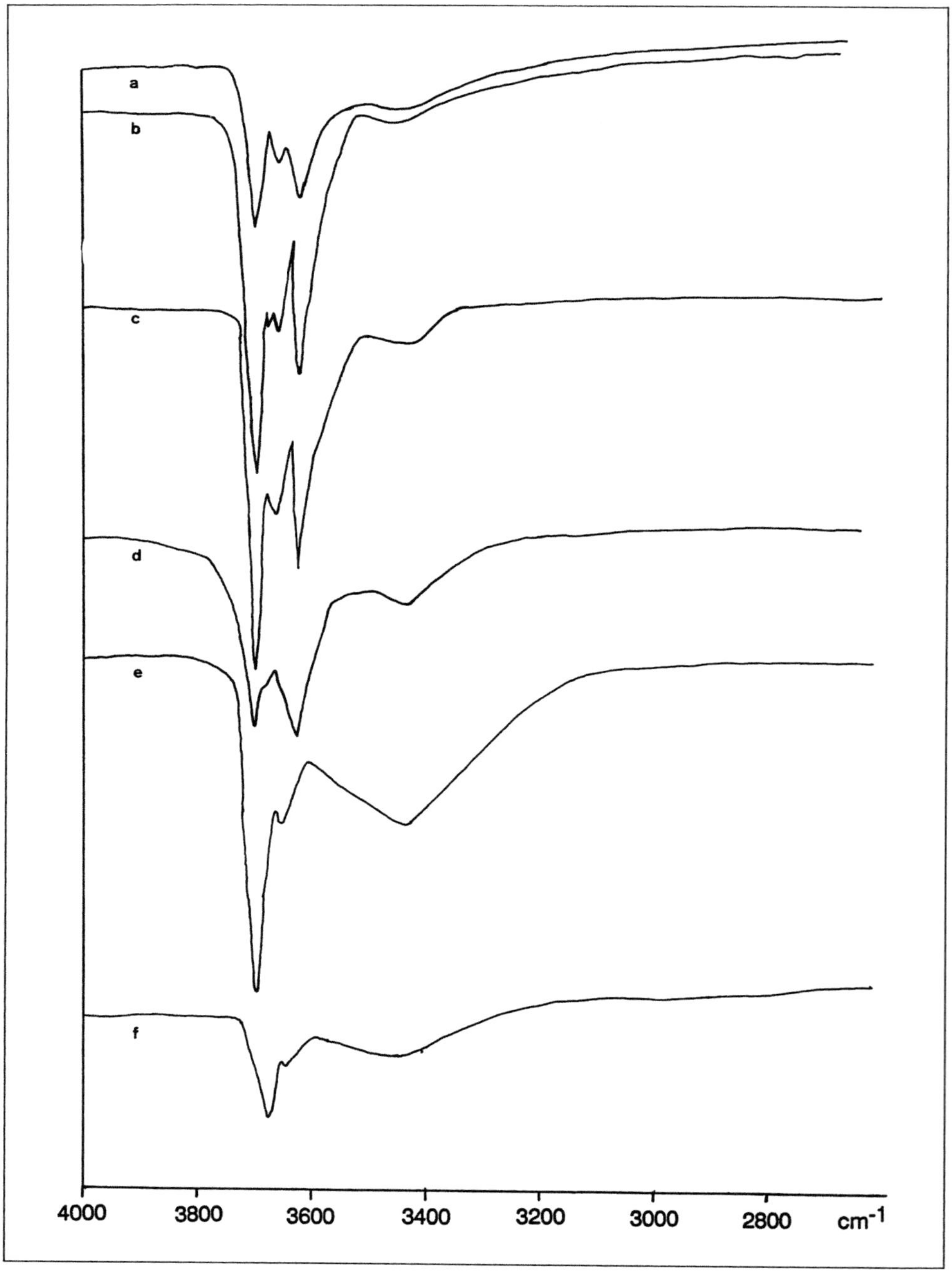

Abb. 2.6. Infrarotspektren von Kaolin- und Serpentinmineralen.
a) Dickit
b) Kaolinit mit geordneter Struktur
c) Kaolinit mit fehlgeordneter Struktur
d) Halloysit
e) Chrysotil
f) Antigorit

Die Infrarotspektren der Kaolinite zeigen zwei starke, von OH-Deformationsschwingungen herrührende Absorptionsbanden mit Maxima bei 3695 – 3700 cm^{-1} und 3620 – 3625 cm^{-1} (Abb. 2.6). Die relativen Intensitäten der beiden Banden hängen nicht nur von der strukturellen Ordnung der jeweiligen Kaolinitprobe ab, sondern ebenso von der Teilchengröße, der Teilchenorientierung und dem Einfallswinkel der IR-Strahlung (206). Eine dritte Absorptionsbande bei 3650 cm^{-1} ist bei Dickiten und Nakriten besonders stark ausgebildet (83). Um Störungen durch den Christiansen-Effekt bei orientierten Kaolinitpräparaten zu vermeiden, sollten die Korngrößen bei Tonmineralen unter 1 µm ∅ liegen. Bei Tonen mit sehr großem Feinkornanteil sollten die Teilchen mit einem Durchmesser $<0{,}2$ µm abgetrennt werden, um die Intensität der von absorptiv gebundem Wasser herrührenden Bande zu verringern. Korngrößenfraktionen von 0,2 – 0,5 und 0,5 – 1,0 µm im Durchmesser ergeben daher optimale IR-Spektren (206).

Die Infrarotspektren der Halloysite und vieler Metahalloysite zeigen keine ausgeprägten Maxima zwischen 3600 und 3700 cm^{-1} (136, 170). Die Spektren mancher Metahalloysite ähneln denen der Kaolinite (60), die von Halloysit/Kaolinit-Gemengen sind denen fehlgeordneter Kaolinite sehr ähnlich, zum Beispiel dem Pugu-Kaolinit aus Tansania (85), (Abb. 2.6).

2.1.2 Serpentinminerale

Die meisten der Serpentinminerale (Tabelle 2.8 u. 2.9) bilden sich bei der Gesteinsmetamorphose aus magnesiumreichen Mineralen. Nur die blättchenförmigen Berthierine (früher 7 Å-Chamosite) und Greenalite sind häufige Nebenbestandteile sedimentärer Eisenerze. Sie entstehen wahrscheinlich sekundär während der Diagenese oder beginnenden Metamorphose. Nickelreiche Varietäten des Lizardit (Ni-Lizardit, Nepouit) sind wichtige Erzminerale auf Nickellagerstätten lateritischer Entstehung. Große Bedeutung besaß bis vor kurzem der Chrysotil oder „Serpentin-Asbest“ als feuerhemmender Baustoff und Füllmaterial. Wegen ihrer raschen Verwitterung finden sich die Serpentinminerale nicht in Tonen.

Bei den Serpentinmineralen lassen sich drei Strukturtypen unterscheiden (203). Der Chrysotil oder Faserserpentin besteht wie der Halloysit aus eingerollten Blättchen und besitzt Faserstruktur. Der Antigorit oder Blätterserpentin zeigt eine wellblechartige Struktur, in der gewellte chrysotilartige Streifen über Mg^{2+}-Brücken verbunden sind, wobei alternierend Oktaeder- und Tetraederseite die Positionen in den Streifen tauschen (148, 149, 150). Makroskopisch erscheint der Antigorit deshalb blättchenförmig. Die Chrysotile und Antigorite sind fast reine Magnesiumsilicate. Die Lizardite besitzen eine echte Blättchenstruktur und zeigen oktaedrische und tetraedrische Substitutionen (Tabelle 2.8).

Im allgemeinen sind die Kriställchen der Serpentinminerale submikroskopisch klein. Das gilt besonders für den Chrysotil, dessen einzelne Fasern erst unter dem Durchstrahlelektronenmikroskop sichtbar werden. Meistens besitzen diese Fasern äußere Durchmesser von 220 bis 270 Å und Innendurchmesser von 70 bis 80 Å (275). Die geringe Größe der Asbestfasern führt zu Schwierigkeiten, beispielsweise bei der quantitativen elektronenmikroskopischen Analyse in Stäuben. Büschelige Aggregate von Chrysotilfasern lassen sich auch unter dem Polarisationsmikroskop beobachten (172). Optische Daten der Serpentinminerale enthält die Tabelle 2.11.

Zur Unterscheidung der trioktaedrischen Serpentinminerale von den Kaolinmineralen ist der (060)-Reflex geeignet. Chrysotile erweisen sich häufig als Gemenge von Klino- und Orthochrysotil. Die Beimengung von Orthochrysotil läßt sich im Röntgendiagramm an den (201)-, (202)- und (205)-Reflexen erkennen (Tabelle 2.10).

Die DTA-Kurven der Serpentinminerale (Abb. 2.5) ähneln weitgehend denen der Kaolinminerale. Beim Chrysotil und Antigorit tritt die endotherme Reaktion unter Abgabe des Kristallwassers bei etwa 700 °C auf, unmittelbar gefolgt von einer exothermen Reaktion mit Maximum zwischen 800 und 850 °C. Lizardite geben ihr Kristallwasser bereits bei Temperaturen zwischen 500 und 600 °C ab. Die exotherme Reaktion liegt dann bei etwa 650 °C. Um 800 und 900 °C folgen bei Lizarditen zwei weitere endotherme Reaktionen geringer Intensität. Viele Serpentinminerale geben um 100 °C wie fehlgeordnete Kaolinite adsorptiv gebundenes Wasser ab (50, 240).

Die IR-Spektren von Chrysotil, Antigorit und Lizardit (Abb. 2.6) zeigen breitere Absorptionsbanden von OH-Deformationsschwingungen als Kaolinite. Demnach sind die Strukturen der trioktaedrischen 1 : 1-Schichtsilicate komplexer gebaut und stärker fehlgeordnet als die der Kaolinminerale (83).

2.2 Dreischichtminerale oder 2 : 1-Schichtsilicate

Zu den Dreischichtmineralen werden Pyrophyllit und Talk, Glimmer, Smectite, Vermiculite und Chlorite gerechnet (6).

2.2.1 Pyrophyllit und Talk

Der dioktadrische Pyrophyllit ist auf hydrothermalen Lagerstätten beispielsweise in Japan (126) mit Kaolinmineralen, Diaspor und Korund vergesellschaftet. Er bildet sich bei niederen Drücken und Temperaturen über 450 °C anstelle von oder aus Kaolinit. Der trioktaedrische Talk entsteht bei der Metamorphose bestimmter magnesiumreicher Gesteine.

Talk besitzt eine einschichtige trikline Struktur (1*Tc*). Vom Pyrophyllit sind zwei Modifikationen, eine 1*Tc*- und eine monokline 2*M*-Modifikation bekannt (284). Beide Modifikationen kommen in der Natur vor (42).

Die 2 : 1-Schichtpakete von Pyrophyllit und Talk sind elektrostatisch neutral und werden durch van-der-Waals-Kräfte und in geringem Maße durch Ionenbindung zusammengehalten (97). Aus den chemischen Analysen (Tabelle 2.14) errechnen sich Strukturformeln mit geringen oktaedrischen und tetraedrischen Substitutionen. Pyrophyllite enthalten aber immer kleine Mengen Kaolinit und Talke oft Chlorit.

Zur Gruppe der Talke gehören der Minnesotait, bei dem Fe^{2+} gegenüber Mg^{2+} in der Struktur überwiegt, und das Nickelmineral Willemseit. Extrem feinkristalline dichte Varianten des Talks und Willemseits sind der Kerolit und Pimelit. Dichte Talke werden auch Steatit oder Speckstein genannt.

2.2.2 Glimmer

Glimmerähnliche Tonminerale wurden zuerst von Grim, Bray und Bradley (100) aus karbonischen Tonschiefern von Illinois genauer beschrieben und Illite genannt. Es handelt sich um dioktaedrische, muskovitähnliche Glimmer, die gegenüber dem Muskovit einen geringeren Kaliumgehalt aufweisen. Dementsprechend besitzen die Illite eine geringere Schichtladung. Die negative Ladung der 2 : 1-Schichten wird teils durch oktaedrische, teils durch tetraedrische Substitution hervorgerufen.

Illite bilden sich bei der Diagenese aus Smectiten, wenn in Sedimentationsbecken wie dem Molassetrog smectithaltige Tone oder Sande durch weitere Aufsedimentation in größere Tiefen gelangen (121). Primär wird anscheinend die $1M$-Modifikation des Illits gebildet und bei fortschreitender Diagenese daneben zunehmend die $2M_1$-Modifikation. Trioktaedrische Illite werden sehr selten als Verwitterungsprodukt von Biotiten gefunden und wurden zuerst in Schottland entdeckt (264).

Der Glaukonit ist das eisenhaltige Äquivalent des $1M$-Illites (140). Die grünen Glaukonite entstehen als Neubildung submarin in fossilreichen kalkigen Sedimenten. Vom Glaukonit ist nur eine $1M$-Modifikation bekannt. Der ebenfalls grüne und nur als $1M$-Glimmer bekannte Seladonit wird hydrothermal in Klüften und Hohlräumen meist basaltischer Gesteine gebildet.

Muskovit gelangt als Verwitterungsrest in Sedimentgesteine und findet sich überwiegend in den gröberen Ton- und den Feinsandfraktionen. In den submikroskopischen Feintonfraktionen ist eine einfache röntgenographische Unterscheidung zwischen reliktischem Muskovit und neugebildetem Illit wegen der übereinstimmenden Modifikationen beider Glimmerminerale nicht möglich.

Die Strukturformeln der glimmerartigen Tonminerale Illit, Glaukonit und Seladonit sind in Tabelle 2.15 denen der magmatisch gebildeten Glimmer gegenübergestellt. Während beim idealen Muskovit die negative Schichtladung allein durch tetraedrische Substitution des Si^{4+} durch Al^{3+} verursacht wird, beruht die negative Schichtladung bei den dioktaedrischen Illiten und Glaukoniten sowohl auf einer tetraedrischen als auch auf einer oktaedrischen Substitution, wobei in den Oktaederpositionen ein Teil der dreiwertigen Kationen durch zweiwertige ersetzt ist. Die Schichtladungen der Illite und Glaukonite sind im Mittel niedriger als die des Muskovits.

Bei Illiten und Glaukoniten ist ein geringer Teil der Zwischenschichten quellfähig und mit austauschbaren Kationen besetzt.

Im Gegensatz zum Muskovit zeigt der Seladonit praktisch keine tetraedrische Substitution. Die negative Schichtladung des Seladonits wird hervorgerufen, indem etwa die Hälfte der Oktaederpositionen durch zweiwertige Kationen besetzt sind. Muskovit und Seladonit sind strukturelle Gegenpole unter den dioktaedrischen Glimmern.

Die genannten dioktaedrischen Glimmer unterscheiden sich sehr deutlich durch die Verteilung der Kationenladungen auf die von Kationen eingenommenen drei Strukturpositionen. Diese Ladungverteilung (Abb. 2.7) läßt sich anschaulich mittels Dreieckskoordinaten (141) darstellen.

Die Teilchendurchmesser der Illite, Glaukonite und Seladonite liegen fast durchweg unter 0,6 µm. Gröbere, unter dem Polarisationsmikroskop sichtbare Teilchen sind äußerst selten und finden sich nur in wenigen Vorkommen. Die optischen Daten solcher Glimmer gibt die Tabelle 2.45 an.

Unter dem Elektronenmikroskop zeigen die Teilchen dieser Glimmerminerale entweder blättchenförmige Gestalt mit unregelmäßig geformten, unscharfen Rändern

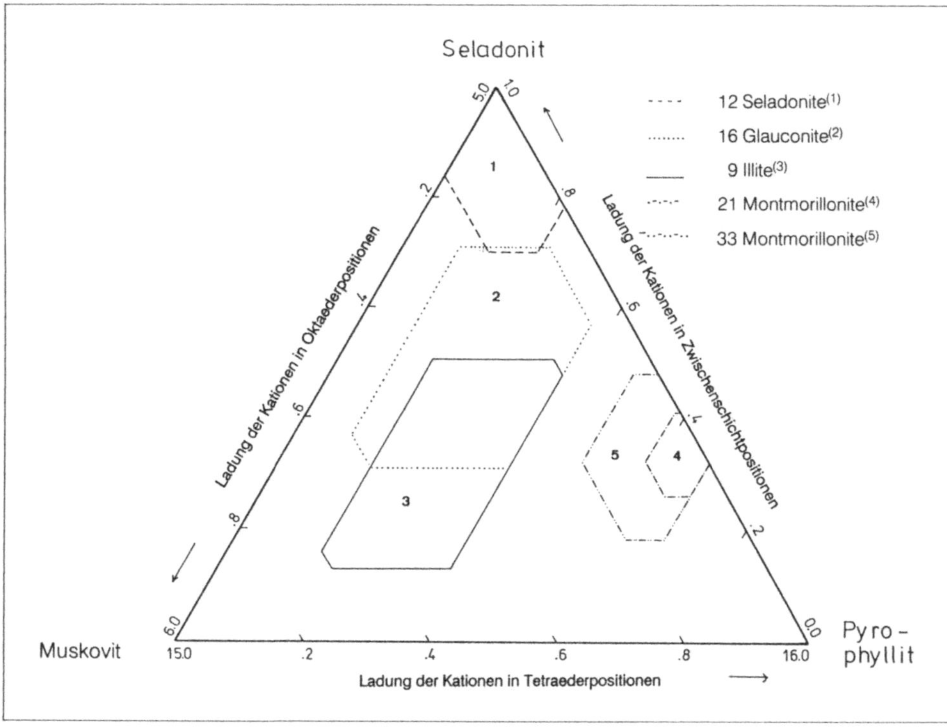

Abb. 2.7. Darstellung der Ladungsverteilung auf Tetraeder-, Oktaeder- und Zwischenschichtpositionen in der Struktur von dioktaedrischen 2:1-Schichtmineralen. (Nach 141).

oder häufig sind es auch leistenförmige Teilchen mit aufgespleisten, unscharfen Leistenenden. Ultramikrotomschnitte senkrecht zu den Schichtebenen der Glimmerteilchen lassen bei den Illiten und Glaukoniten Aggregate von basisparallel angeordneten Schichtstapeln erkennen (Abb. 2.8). Diese bestehen im Mittel aus etwa zehn 10 Å-Glimmerschichten. Sie sind also ungefähr 100 Å dick und erstrecken sich über mehrere Hundert Ångström in der Blättchenebene. Der Größe nach sind die Schichtstapel identisch mit den kohärenten Bereichen der Röntgenbeugung. Die Übergangsschichten zwischen den Schichtstapeln der Glimmerteilchen lassen sich mit n-Alkylammoniumionen leicht aufweiten. Dagegen werden die Glimmerschichten innerhalb der Schichtstapel durch n-Alkylammoniumionen nicht spontan aufgeweitet. Die Zahl der Übergangsschichten zwischen den Schichtstapeln entspricht anteilsmäßig den 10 bis 15 % mit Glycerin oder Ethylenglycol quellbaren Zwischenschichten der Illite und Glaukonite (256). Ungeklärt ist, ob die basisparallele Anordnung der Schichtstapel innerhalb der Teilchen auf einer orientierten Verwachsung beruht oder nur eine Anlagerung ist. Im ersteren Falle müßten die ganzen Glimmerteilchen als Kristalle bezeichnet werden, im anderen Falle wären die Schichtstapel als Kristalle anzusprechen, und die Glimmerteilchen wären Aggregate dieser Kristallite.

Zur Identifizierung der Glimmer in Gesteinen dient vor allem die Röntgenphasenanalyse. Die kristallographischen Daten der wichtigsten dioktaedrischen Glimmer und die Häufigkeit der einzelnen Glimmermodifikationen sind in der Tabelle 2.16

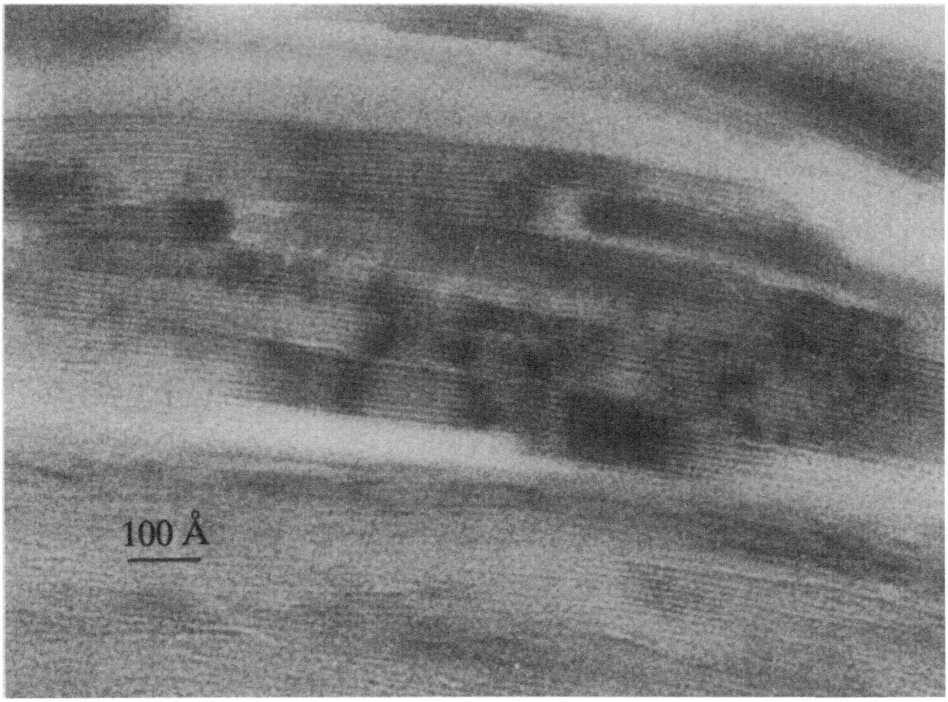

Abb. 2.8. Glaukonitteilchen (Kristalle?) aufgebaut aus mehreren basisparallelen Stapeln von jeweils etwa 10 Glimmerschichten mit 10 Å-Abständen.

zusammengestellt. Die Tabellen 2.17 bis 2.19 zeigen die Röntgendiagramme. Die zur Bestimmung der Modifikation wichtigen Röntgenreflexe sind durch Fettdruck hervorgehoben. Die koinzidierenden Reflexe der verschiedenen Modifikationen sind parallelisiert.

Bei dioktaedrischen Illiten und Muskoviten treten die gleichen Modifikationen mit ähnlicher Häufigkeit auf. Aus den Röntgendiagrammen der Feintonfraktionen (<2 µm ∅) von Sedimenten kann deshalb nicht auf die Herkunft der Illite geschlossen werden, ob diagenetisch im Sediment gebildet oder muskovitischer Detritus. Zur Entscheidung dieser Frage müssen röntgenographische und mikroskopische Untersuchungen der gröberen Korngrößenfraktionen (2 bis 20 µm ∅) und elektronenmikroskopische Untersuchungen der Feintonfraktion selber herangezogen werden.

Die 1*M*-Modifikationen von Illit, Glaukonit und Seladonit lassen sich röntgenographisch kaum unterscheiden. Einen Hinweis auf das vorliegende Mineral bietet die Intensität des zweiten Basisreflexes. Bei dioktaedrischen Illiten ist seine relative Intensität etwa 30 bis 50 %, verglichen mit dem ersten oder dritten Basisreflex. In den Röntgendiagrammen von Glaukoniten und Seladoniten zeigt der zweite Basisreflex schwache Intensität (stets unter 20 % relativ) oder er fehlt ganz, wie bei den ebenfalls eisenreichen, aber trioktaedrischen Glimmern der Biotitreihe. Zusätzliche Unterscheidungsmerkmale sind die intensive grüne Farbe von Glaukoniten und Seladoniten und die unterschiedlichen Arten des Vorkommens von Illiten, Glaukoniten und Seladoniten in den Gesteinen.

Die aus den chemischen Analysen berechneten Strukturformeln (Tabelle 2.20 und 2.21) zeigen streng dioktaedrische Minerale. Die geringen Abweichungen von der dioktaedrischen Besetzung liegen statistisch innerhalb der analytischen Fehlergrenzen. Bei den Illiten und Glaukoniten resultiert die Schichtladung sowohl aus einer Substitution von Si^{4+} durch Al^{3+} in den Tetraederpositionen als auch der Substitution von Al^{3+} und Fe^{3+} durch Mg^{2+} und Fe^{2+} in den Oktaederpositionen. Beim Seladonit wird die Schichtladung praktisch allein durch oktaedrische Substitution der dreiwertigen durch zweiwertige Kationen verursacht.

Entsprechend der marinen Entstehung in fossilreichen Gesteinen enthalten die Glaukonite sehr hohe Gehalte an C, N und P sowie hohe Gehalte an B und V. Überraschend hoch sind auch die Ti- und Cr-Gehalte (Tabelle 2.22 und 2.23). Der Phosphorgehalt ist an Apatit gebunden. Apatit konnte in vielen marinen Gesteinen neben Glaukonit nachgewiesen werden. Über die Verteilung der übrigen Spurenelemente auf die Glaukonitstruktur oder akzessorische Begleitminerale ist nichts Sicheres bekannt (137).

Die Differentialthermokurven feinkörniger Glimmerminerale sind denen von Smectiten sehr ähnlich (186). Zur Unterscheidung der einzelnen Glimmerarten oder der Glimmer von anderen Tonmineralen fehlen den DTA-Kurven charakteristische Eigenheiten.

Über IR-Spektren der glimmerartigen Tonminerale (Abb. 2.9) finden sich Angaben bei Farmer (83) und Fripiat (92). Eine ausführliche Zusammenfassung fehlt bislang. Glaukonite und Seladonite lassen sich anhand ihrer IR-Spektren sicher unterscheiden (47). Seladonite zeigen extrem scharfe Absorptionsbanden über das gesamte Spektrum mit zwei bis vier scharf getrennten Maxima im Bereich von $3610-3530\,cm^{-1}$, während Glaukonite hier viel breitere Absorptionsbanden mit höchstens drei kaum sichtbaren Maxima aufweisen. Außerdem ist das Bandenmaximum von $800\,cm^{-1}$ bei Seladoniten nach $815\,cm^{-1}$ bei Glaukoniten verschoben oder durch ein Dublett ersetzt.

Eine umfassende Darstellung der Glimmerminerale einschließlich der glimmerartigen Tonminerale enthält die Monographie „Micas“ (4) in der Schriftenreihe Reviews of Mineralogy (Bd. 13) der Mineralogical Society of America.

2.2.3 Smectite

Smectite sind quellfähige 2 : 1-Schichtsilicate, die in den Zwischenschichten anorganische und organische Kationen sowie Flüssigkeiten einlagern können und dabei die Schichtabstände in der kristallographischen *c*-Richtung verändern. Unter den Smectiten gibt es dioktaedrische und trioktaedrische Varietäten.

Das weitaus häufigste Smectitmineral ist der dioktaedrische Montmorillonit. Seine Vorkommen sind auf sehr unterschiedliche Gesteine verteilt. Mit anderen Tonmineralen findet man den Montmorillonit in Vulkangebieten als Produkt hydrothermaler Gesteinszersetzung. Außerdem entsteht er als vorwiegende Neubildung bei der Verwitterung vulkanischer Tuffe und Aschen. Bei der tropischen Verwitterung bildet sich Montmorillonit statt Kaolinit in Senken mit mangelnder Drainage. Mariner Entstehung kann der Montmorillonit neben oder anstelle von Glaukonit in vielen mergeligen Karbonatgesteinen sein, obwohl hier meistens eine detritische Ablagerung des Montmorillonits als selbstverständlich angenommen wird. Primär entstan-

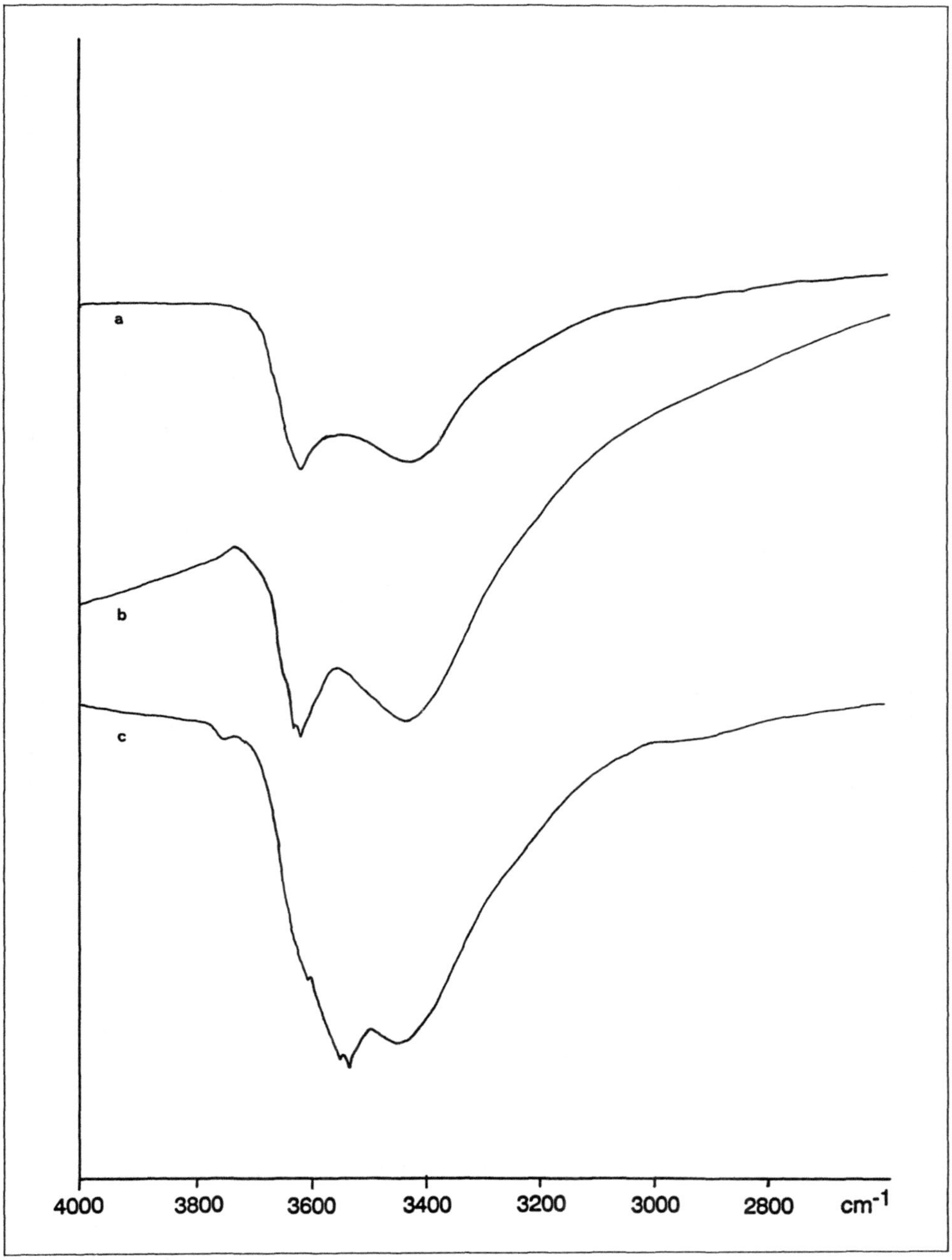

Abb. 2.9. IR-Spektren von glimmerartigen Tonmineralen.
a) Illit (IMt-1), b) Illit/Smectit (ISMt-1), c) Glaukonit (Regensburger Grünsandstein).

den oder als Umlagerungsprodukt findet sich Montmorillonit in vielen Böden unterschiedlicher Klimazonen. Auf sekundärer Lagerstätte ist Montmorillonit Bestandteil in vielen Tonen. Gesteine mit hohem Montmorillonitgehalt werden Bentonite genannt. Die Bentonite sind meistens in situ Umwandlungsprodukte vulkanischer Tuffe. Sie werden zum Teil auch als umgelagerte Tone in Sedimentgesteinsserien gefunden.

Der dioktaedrische Beidellit ist ein zweiter, doch weniger häufiger Aluminiumsmectit. Man findet ihn gelegentlich in Gemengen neben Montmorillonit. Vorkommen reinen Beidellits sind sehr selten.

Die dioktaedrischen Nontronite sind in Tiefseesedimenten weit verbreitet. Als Umwandlungsprodukt tritt der Nontronit häufig in Basalten und ultrabasischen Gesteinen auf. Nontronit wird als Nebenbestandteil sedimentärer Eisenerze ebenfalls gefunden. Abbauwürdige Lagerstätten des Nontronits sind nicht bekannt.

Der nontronitähnliche Chromsmectit Wolchonskoit ist bisher nur im Ural und in Sibirien gefunden worden (87, 164). Zwei weitere dioktaedrische Smectite sind ein ungewöhnliches Chrommineral aus Jordanien (133) und ein Vanadiumsmectit aus Wyoming (105).

Die trioktaedrischen Smectite sind in der Natur weitaus seltener als die ihnen entsprechenden dioktaedrischen Minerale. Stevensit, Hectorit und Saponit finden sich als Zersetzungsprodukte von Magnesiumsilicaten auf Klüften und blasenförmigen Hohlräumen basischer Vulkanite oder in deren Tuffen. Der Saponit kommt öfters in Böden arider Klimagebiete in der Umgebung von Salzseen oder Salzpfannen vor. Der Sauconit ist in verschiedenen Zinkerzlagerstätten beschrieben worden. Batavit und Cardenit sind Zersetzungsprodukte von Biotiten.

Smectite haben eine deutlich geringere Schichtladung als die Glimmer (Tabellen 2.29 u. 2.30). Im natürlichen Zustand sind auf den Zwischenschichtpositionen Ca^{2+}-, Mg^{2+}- oder Na^{+}-Ionen gebunden, die gegen andere anorganische oder auch organische Kationen ausgetauscht werden können. Zusätzlich können Wassermoleküle im Schichtzwischenraum gebunden sein. Abhängig vom Wassergehalt zwischen den Schichten ändern sich die Schichtabstände von etwa 9,5 Å im dehydrierten Zustand bis auf 20 Å und mehr (siehe Kap. 3.2.1, 3.2.2). Statt Wasser können die Smectite organische Flüssigkeiten einlagern (siehe Kap. 3.3.5).

Die negative Schichtladung der Smectite beruht teils auf oktaedrischer, teils auf tetraedrischer Substution. Beim dioktaedrischen Montmorillonit ist ein Teil der dreiwertigen Kationen in den Oktaederpositionen durch Mg^{2+} ersetzt. Dagegen beruht die Schichtladung des Beidellits allein auf dem Ersatz von Si^{4+} durch Al^{3+} in den Tetraederpositionen. In der Literatur sind die meisten Nontronite als beidellitartig beschrieben worden. In den Tetraederpositionen vieler Nontronite befinden sich neben Al^{3+}- auch Fe^{3+}-Ionen (56, 57). Seltener scheinen montmorillonitartige Nontronite vorzukommen (140). Nach den bisherigen Analysen von Wolchonskoiten sollen bei diesem Mineral oktaedrische und tetraedrische Substitution nebeneinander auftreten.

Das Analogon zum Beidellit bildet unter den trioktaedrischen Smectiten der Saponit mit ausschließlich tetraedrischer Substitution von Si^{4+} durch Al^{3+}. Auch die Sauconite scheinen beidellitartig zu sein.

Dem Montmorillonit entspricht unter den trioktaedrischen Smectiten der Hectorit, bei dem in den Oktaederpositionen Mg^{2+} durch Li^{+} substituiert ist. Beim Stevensit beruht die Schichtladung auf einer Unterbesetzung der Oktaederpositionen und beim Swinefordit sind die Oktaederpositionen etwa je zu einem Drittel durch $(Al, Fe)^{3+}$, Mg^{2+} und Li^{+} besetzt.

Die meisten Smectite sind monoklin. Der Beidellit besitzt eine besser geordnete Struktur als der Montmorillonit und kristallisiert rhombisch (Tabelle 2.25). Bei Hydratisierungs-/Dehydratisierungsversuchen konnten Veränderungen der strukturellen Ordnung am Beidellit nachgewiesen werden (15).

Die Kristallite der Smectitminerale sind äußerst feinkörnig und reichern sich in der Fraktion <0,2 µm ∅ an. Grim und Güven (101) haben die Morphologie von etwa 80 Montmorilloniten und Beidelliten mit dem Elektronenmikroskop untersucht. Sie unterscheiden im wesentlichen drei Ausbildungsformen:

1. Smectitlamellen mit rhombischen Umrissen oder gestreckte hexagonale Blättchen.
2. Dünne Blättchen mit unregelmäßigen Umrissen und Dicken von 10 bis 200 Å. Sie werden in großen Mengen in den Fraktionen <0,2 µm ∅ fast jeder Smectitprobe gefunden. Solche dünnen Blättchen bilden häufig größere Aggregate durch basisparallele Anlagerung (Abb. 2.10).
3. Leisten- oder bandförmige Kristallite findet man in Beidelliten, Nontroniten und anderen Smectiten mit vorwiegend tetraedrischer Substitution (Abb. 2.11). Die bandförmigen Teilchen sind dabei größer und biegsamer als die leistenförmigen.

In Smecitproben sind Kristallite mit den genannten Ausbildungsformen nur in geringer Menge vertreten. Den Hauptanteil haben Aggregate mit wiederum charakteristischen Erscheinungsformen: *lamellenförmige* Aggregate aus dünnen unterscheidbaren Smectitbändern oder aus winzigen unregelmäßig begrenzten Blättchen zusammengesetzt. Solche Aggregate sind charakteristisch für Montmorillonite des Wyoming-Typs. Sie können durch knäuelartige Verschlingungen der Smectitbänder

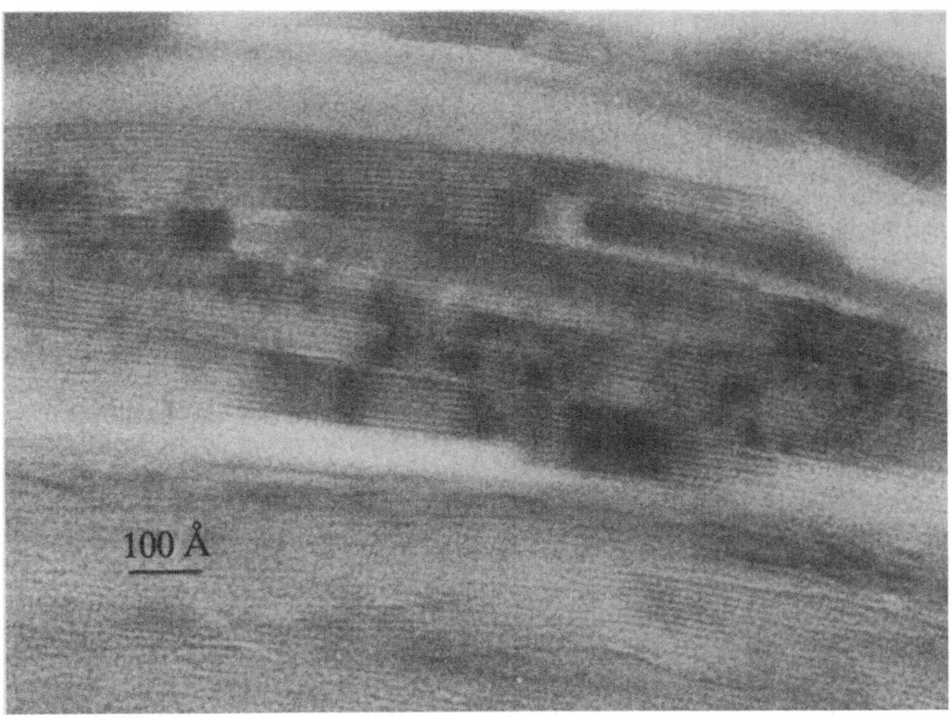

Abb. 2.10. Blättchenförmiger Montmorillonit, Wyoming.

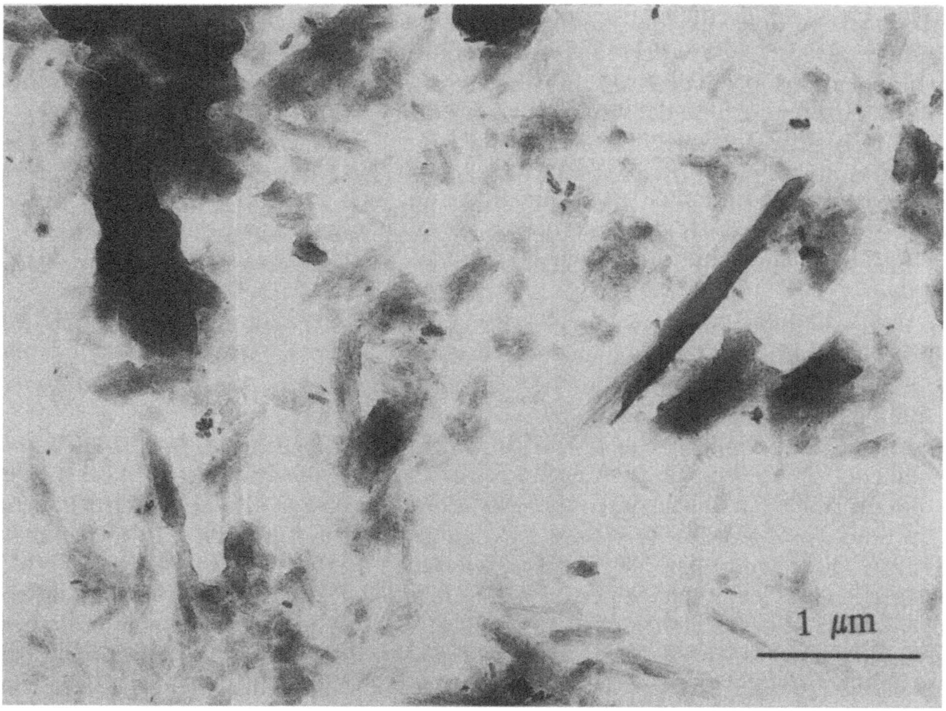

Abb. 2.11. Leistenförmiger Nontronit, Hoher Hagen bei Dransfeld nahe Göttingen.

porös und voluminös erscheinen oder auch kompakt durch basisparallele Anlagerung der plättchenförmigen Teilchen. *Moosartige* Aggregate bilden sich aus nadelförmigen Teilchen, die durch Zusammenrollen dünnster Montmorillonitbänder entstehen, oder aus leistenförmigen Kristalliten selber. Diese Aggregate werden zusammen mit lamellenförmigen bei Montmorilloniten des Cheto-Typs beobachtet. *Kugelförmige* Aggregate bestehen aus einem Mosaik von blättchenförmigen Kristalliten mit Durchmessern von 150 – 250 Å. Solche Aggregate werden bei Montmorilloniten des Otay-Typs gefunden.

Die Röntgendiagramme von Smectiten zeigen eine Serie von Basisreflexen, breite *hk*-Banden sowie *hk*0-Reflexe. Die *hk*-Banden und *hk*0-Reflexe aller Schichtsilicate koinzidieren so sehr, daß zur Identifizierung von Smectiten in Mineralgemengen nur die Basisreflexe verwendet werden können. Für den röntgenographischen Nachweis von Smectiten und zur Unterscheidung von Vermiculiten ist die Einlagerung von Glycerin oder Ethylenglycol wichtig (siehe Kap. 1.5.3, Tabelle 1.2). Die integralen Serien der Basisinterferenzen von Montmorilloniten und Vermiculiten unter Ethylenglycol oder Glycerin und die unterschiedlichen Intensitätsabfolgen zeigt Tabelle 2.26.

Die Tabelle 2.27 enthält die Nichtbasisinterferenzen der wichtigsten Smectite. Das Röntgendiagramm des Beidellits zeichnet sich gegenüber dem anderer Smectiten im allgemeinen durch eine größere Zahl von Interferenzen aus (Tabelle 2.28). Die röntgenographische Unterscheidung des Beidellits ist jedoch von anderen Smectiten dadurch nicht sicher.

Zur röntgenographischen Unterscheidung von di- und trioktaedrischen Smectiten wird die Lage des (060)-Reflexes herangezogen. Dieser liegt bei dioktaedrischen Smectiten zwischen 1,49 und 1,52 Å, bei trioktaedrischen zwischen 1,52 und 1,55 Å.

Chemische Analysen von Smectiten sollten zur Berechnung von Strukturformeln nur dann verwendet werden, wenn zuvor die Smectite sorgfältig von Akzessorien und amorphen Beimengungen befreit werden sowie die austauschfähigen Mg^{2+}-gegen Na^{+}-Ionen ausgetauscht worden sind (258). Die errechneten Strukturformeln derart vorbehandelter Montmorillonite (Tabelle 2.29) zeigen eine fast vollständige Besetzung der Tetraederpositionen durch Silicium. Die meisten Montmorillonite haben Schichtladungen um 0,3 Ladungen je Formeleinheit, können sich aber beträchtlich in der Ladungsverteilung unterscheiden (Kap. 1.2 und 3.3.7). Die Änderung mit der Teilchengröße ist bei Lagerstättenmontmorilloniten meist gering (Tabelle 2.30). Die Verteilung der Kationenladungen auf die drei Kationenpositionen der Montmorillonitstruktur und die unterschiedliche Ladungsverteilung im Vergleich mit den Glimmermineralen zeigt die Abbildung 2.7.

Spurenelementgehalte der Montmorillonite und der zugehörigen Bentonitproben enthält die Tabelle 2.31. Nur solche Spurenelemente, die mit dem Montmorillonit in der Fraktion $< 0{,}6\,\mu m$ ∅ angereichert sind, können strukturelle Bestandteile des Montmorillonits sein. Das gilt besonders für das Zink. Andere Spurenelemente mit starker Verminderung wie das Chrom sind wahrscheinlich an restliche Akzessorien gebunden. Die meisten Spurenelemente dürften auf den Montmorillonit und restliche Akzessorien verteilt sein. Die Spurenelementassoziationen von Bentoniten und Montmorilloniten unterscheiden sich deutlich von denen anderer toniger Sedimentgesteine (Tabelle 2.32).

Anhand der aus den chemischen Analysen errechneten Strukturformeln unterscheiden sich deutlich die montmorillonitartigen und die beidellitartigen Minerale (Tabellen 2.29 u. 2.33). Einige Nontronite besitzen auffallend hohe Titan-, Chrom- und Nickelgehalte (Tabelle 2.34) und zeigen dadurch die Verwandtschaft der Nontronite mit den Wolchonskoiten an.

Beim Erhitzen von Smectiten wird bis etwa 300 °C das adsorptiv gebundene Zwischenschichtwasser ausgetrieben. Die weitere Wasserabgabe bis 800 °C beruht auf dem Verlust der strukturell gebundenen Hydroxidgruppen (223). Ein differenziertes Bild der Wasserabgabe zeigen die Differentialthermoanalysen (DTA) von Montmorilloniten. Im Temperaturbereich von 20 bis 1000 °C werden drei endotherme Reaktionen beobachtet. Die erste zwischen 50 und 250 °C, die zweite zwischen 400 und 730 °C und die dritte zwischen 760 und 920 °C (Abb. 2.12). Die Intensität der ersten endothermen Reaktion ist vom Hydratationszustand der adsorbierten Kationen abhängig. Die Kurvenform und die Lage des Peaks werden von der Art der adsorbierten Kationen bestimmt. Die Kurvenzüge bei einwertigen und zweiwertigen Kationen sind generell unterschiedlich. Innerhalb beider Gruppen verschieben sich die Ausschläge mit kleiner werdenden Ionenradien zu höheren Temperaturen. Bei den zweiwertigen Kationen verläuft die Abgabe des Zwischenschichtwassers in drei sich überlappenden Stufen.

Nur diese erste, intensive endotherme Reaktion des Montmorillonits kann zur quantitativen Analyse verwendet werden. Voraussetzung dazu ist einheitliche Belegung der Zwischenschichten mit einem Kation, Ca^{2+}, Mg^{2+} oder Na^{+}, und die Einstellung eines reproduzierbaren Hydratationszustandes, am besten durch Aufbewahren der Analysenprobe über gesättigter Magnesiumnitratlösung (166, 240).

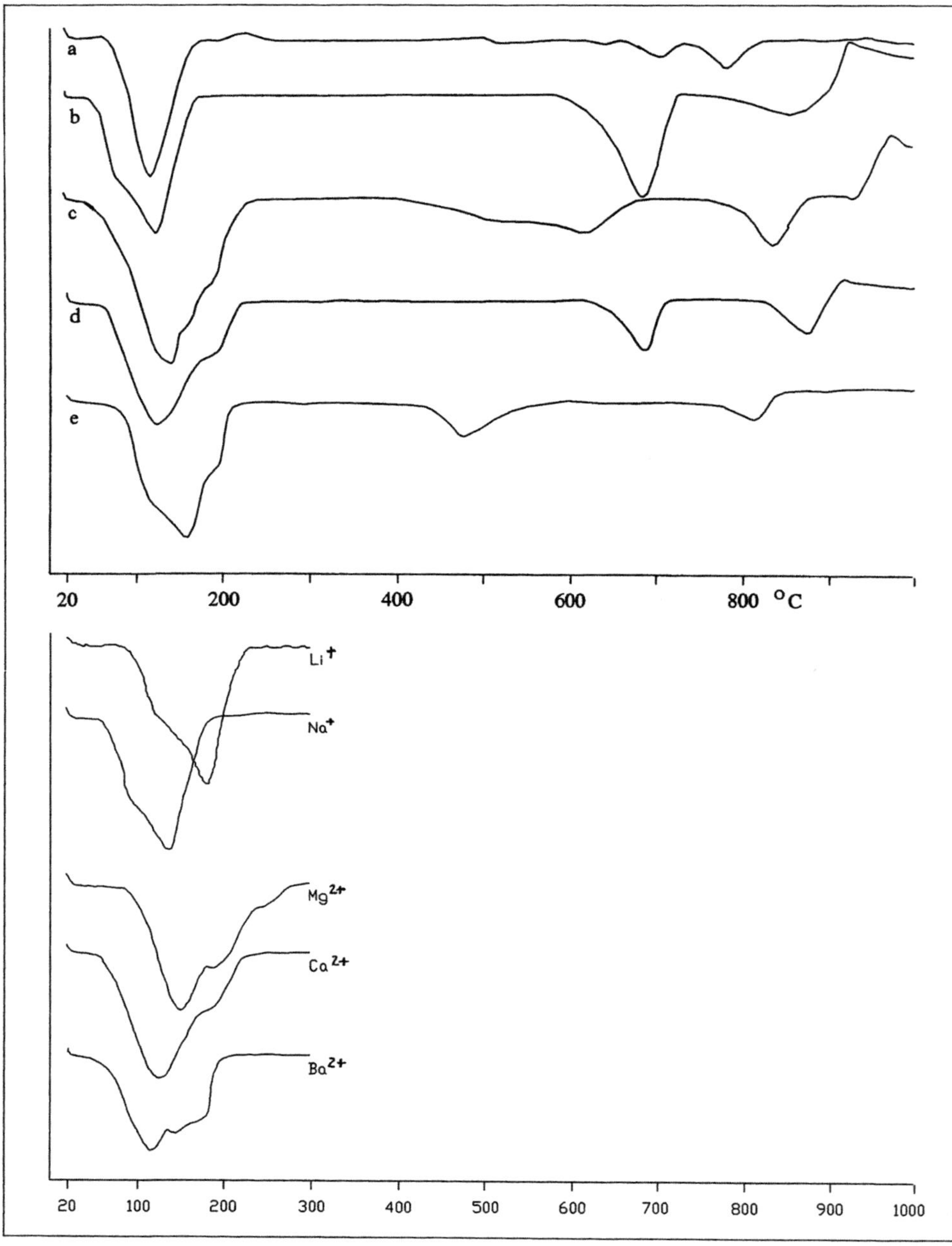

Abb. 2.12. DTA-Kurven von Smectiten.
Aufgenommen mit der DTA-Apparatur von Lippmann (156).
a) Hectorit, Hector, Californien (belegt mit Na^+-Ionen).
b) Montmorillonit, Upton, Wyoming (belegt mit Na^+-Ionen).
c) Montmorillonit, Otay, Californien (belegt mit Ca^{2+}-Ionen).
d) Montmorillonit, Attenhausen, Niederbayern (Fraktion <2 µm ∅, belegt mit Ca^{2+}-Ionen).
e) Nontronit, Hundsangen, Westerwald (Fraktion <2 µm ∅, belegt mit Ca^{2+}- und Mg^{2+}-Ionen).
f) Montmorillonit von Attenhausen. Die endothermen Reaktionen zwischen 50 und 240 °C bei unterschiedlicher Kationenbelegung der Montmorillonitoberflächen.

Die Lage der zweiten endothermen Reaktion im Bereich von 400 bis 730 °C wird von der Bindung der Hydroxidgruppen in der Oktaederschicht bestimmt. Im allgemeinen nimmt die Festigkeit dieser Bindung in der Reihenfolge Fe – OH, Al – OH nach Mg – OH zu. Auf diese Weise können mittels DTA Nontronite, Montmorillonite und die trioktaedrischen Mg^{2+}-Smectite unterschieden werden (Abb. 2.12). Bei Montmorilloniten liegt die dritte endotherme Reaktion um 850 °C. Diese endotherme Reaktion geht bei Montmorilloniten des Wyoming-Typs, die vergleichsweise arm an Mg^{2+} und reich an Fe^{3+} sind, unmittelbar in eine exotherme Reaktion mit Maximum bei 925 °C über. Dagegen setzt bei den magnesiumreichen Montmorilloniten des Cheto-Typs die exotherme Reaktion mit Maximum um 975 °C erst etwa 50 °C nach dem Abklingen der dritten endothermen Reaktion (Minimum um 845 °C) ein. Grim und Kulbicki (102) haben diese Montmorillonittypen aufgrund des Brennverhaltens zwischen 900 und 1500 °C und der dabei gebildeten Mineralphasen unterschieden. Die meisten Montmorillonite sind allerdings als Mischtypen aufzufassen.

Bei der Infrarotspektroskopie liegen im Frequenzbereich von 600 bis 950 cm^{-1} (OH)-Deformationsschwingungen, deren Maxima bei 2 : 1-Schichtsilicaten von den Substitutionen in den Oktaederpositionen abhängig sind. Wenn die Oktaederpositionen nur durch Al^{3+}-Ionen besetzt werden, liegt das Absorptionsmaximum bei 920 cm^{-1}. Sind sie nur durch Fe^{3+}-Ionen besetzt, liegt das Absorptionsmaximum bei 820 cm^{-1}. Bei gegenseitiger Substitution von Al^{3+}, Fe^{3+}, Fe^{2+} und Mg^{2+} werden zwischen 820 und 920 cm^{-1} weitere Absorptionsmaxima beobachtet. (OH)-Streckschwingungen verursachen Absorptionen im Frequenzbereich von 3400 bis 3750 cm^{-1}. Diese Absorptionsbanden verbreitern sich bei tetraedrischer Substitution von Si^{4+} durch Al^{3+}. So zeigt Beidellit eine breite Bande mit zwei schwach ausgeprägten Maxima bei 3660 und 3630 cm^{-1} als Folge der Substitution von Si^{4+} durch Al^{3+} in den Tetraederpositionen. Dagegen zeigen Montmorillonite eine schmalere Bande mit einem Maximum bei 3620 cm^{-1} (84). Außerdem verschiebt sich bei Substitutionen von Al^{3+} durch Fe^{3+} in den Oktaederpositionen das Absorptionsmaximum von 3632 cm^{-1} beim Montmorillonit zu 3564 cm^{-1} beim Nontronit (Abb. 2.13). Zusätzlich wird die Absorption im Bereich 3400 – 3750 cm^{-1} durch die im Schichtzwischenraum adsorbierten Kationen und deren Hydrathüllen beeinflußt, und zwar bei den trioktaedrischen Smectiten deutlich, aber nur wenig bei dioktaedrischen Smectiten.

Bei Montmorilloniten liegen die Maxima charakteristischer Banden bei 3624, 1115 – 1090, 1038 – 1026, 915, 878, 845 – 835, 796 – 790, 623, 522 und 467 cm^{-1} (Abb. 2.13). Die Montmorillonite aus Böden geben breitere Banden, und einige Banden (796 – 790, 623, 474 cm^{-1}) sind gar nicht vorhanden. Montmorillonite aus eisenreichen tropischen Böden zeigen eine zusätzliche Bande bei 3576 cm^{-1} (169).

Weitere Einzelheiten sind bei Farmer (83) und Farmer und Russel (84) zu finden. Zahlreiche IR-Spektren von Smectiten enthält der Atlas von Van der Marel und Beutelspacher (169).

2.2.4 Vermiculite

Der Name Vermiculit wurde ursprünglich an blättchenförmige, makroskopische Minerale vergeben, die sich beim plötzlichen Erhitzen auf 200 – 300 °C durch starke Ausdehnung in Richtung der kristallographischen *c*-Achse zu wurmförmigen Gebilden aufblähen (Kap. 9.1.2). Solche Vermiculite sind trioktaedrische Minerale und vorwiegend aus Biotiten, Phlogopiten und Chloriten entstanden. Sie bilden mit den

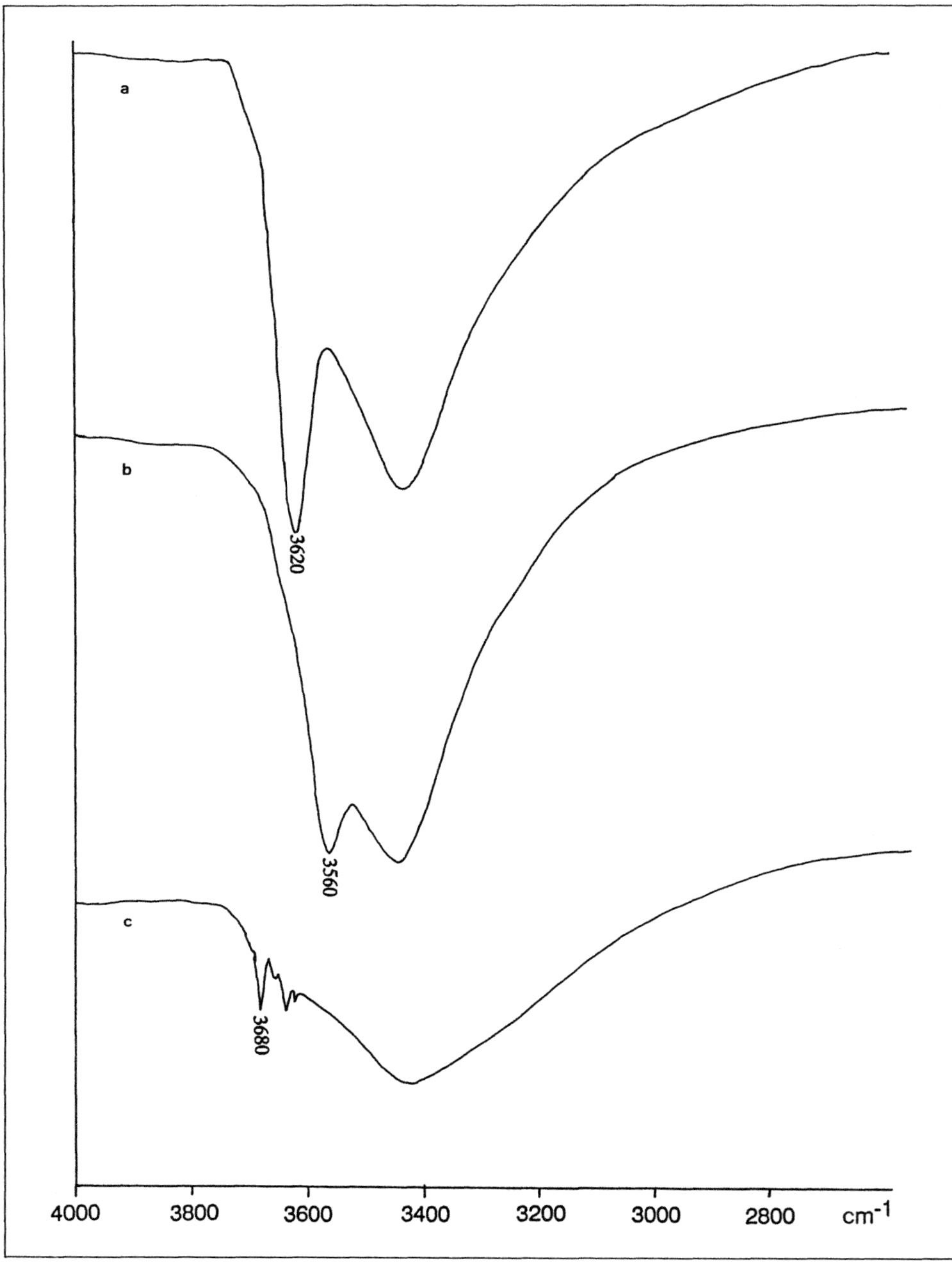

Abb. 2.13. IR-Spektren von Montmorillonit, Nontronit und Hectorit.

genannten Blattmineralen sowie auch mit Serpentin, Talk, Amphibol, Granat u. a. vergesellschaftet Lagerstätten von großer wirtschaftlicher Bedeutung. Die Entstehung der Lagerstättenvermiculite, ob hydrothermal oder durch Verwitterung, ist umstritten. Eine kurze Beschreibung wichtiger Lagerstätten und Diskussion ihrer Entstehung findet sich bei Basset (13).

In Böden wurden zuerst von MacEwan (163) quellfähige trioktaedrische und später von Brown (45) quellfähige dioktaedrische Minerale mit höherer Schichtladung als bei Smectiten üblich entdeckt. Diese zuerst als Bodenvermiculite bezeichneten Minerale sind inzwischen in vielen Bodentypen gefunden worden (72, 73). Sie sind submikroskopisch klein und meistens aus Biotiten oder Chloriten bzw. Muskoviten oder Illiten entstanden. Vereinzelte Beobachtungen (12, 238) lassen auch eine direkte Bildung von Vermiculiten in Böden möglich erscheinen.

Nach einem neueren Vorschlag des AIPEA-Nomenklatur-Komitees (6) sollten Vermiculite quellfähige 2 : 1-Schichtsilicate sein mit Schichtladungen von 0,6 bis 0,9 je Formeleinheit. Es werden dioktaedrische und trioktaedrische Vermiculite unterschieden (Tabelle 1.1, S. 7).

Eine Strukturformel für trioktaedrische Vermiculite, aus den 25 Vermiculitanalysen von Foster (88) gemittelt und neu berechnet, enthält die Tabelle 2.35. Die Strukturformel zeigt charakteristische Eigenheiten der Vermiculite. Das Si/Al-Verhältnis in den Tetraederpositionen entspricht dem von Biotiten. Die Besetzung der Oktaederpositionen ist fast ideal trioktaedrisch. Die Schichtladung von 0,71 liegt im für Vermiculite geforderten Bereich.

Die chemischen Analysen von trioktaedrischen Vermiculiten zeigen übereinstimmend MgO als zweithäufigsten Bestandteil vor Al_2O_3 und Fe_2O_3 (Tabelle 2.38). Die Magnesiumionen besetzen überwiegend Oktaederpositionen. Bei einigen Vermiculiten ist ein geringerer Teil auch als Zwischenschichtkation anstelle von Calciumionen vorhanden.

Bei der Umwandlung von Biotiten zu Vermiculiten spielt neben dem Austausch von Kaliumionen gegen Magnesium- und Calciumionen auf den Zwischenschichtpositionen die Oxidation von Fe^{2+} zu Fe^{3+} auf den Oktaederpositionen, verbunden mit einer Verringerung der Zwischenschichtladung, eine große Rolle (200). Bei der gemittelten Strukturformel entspricht die Menge an Fe^{3+} ungefähr dem Defizit an Schichtladung (Tabelle 2.35), und ebenso ist dieser Zusammenhang bei den Analysen ausgewählter Vermiculite in Tabelle 2.38 zu erkennen.

Neben der Oxidation der Eisenionen in den Oktaederpositionen kann die Schichtladung auch direkt durch Aufnahme von Protonen an strukturelle Hydroxidgruppen (mit evtl. nachfolgender Wasserabspaltung) verringert werden (198, 213). Generell verändert die Oxidation und Reduktion von Eisenionen in Glimmern und Vermiculiten die Schichtladung nicht in genau entsprechendem Maße, weil eine gewisse Kompensation durch Aufnahme oder Abgabe von Protonen erfolgt (244, 257).

$$\text{a)}\quad \overline{Fe^{2+} + OH^-} \rightleftharpoons \overline{Fe^{3+} + OH^-} + 1e^-$$

$$\text{b)}\quad \overline{Fe^{2+} + OH^-} \rightleftharpoons \overline{Fe^{3+} + O^{2-}} + 1e^- + 1H^+$$

Natürliche dioktaedrische Vermiculite in makroskopischer Größe sind bisher nicht gefunden worden. Die submikroskopischen Vermiculite in den Tonfraktionen der Böden können von den anderen Bodenmineralen nicht rein abgetrennt werden. Deshalb fehlen zuverlässige chemische Analysen und Strukturformeln von dioktaedrischen Vermiculiten und ebenso kristallographische Daten.

Unter dem Durchstrahlelektronenmikroskop zeigen Vermiculite ähnliche Umrißformen wie Glimmer und Kaolinite. Sie können anhand der Morphologie von diesen Mineralen nicht unterschieden werden (72). In Ultramikrotomschnitten senkrecht zur Basis (256) zeigen Vermiculite größere, leicht gekrümmte Schichtpakete mit Schichtabständen von 9,2 Å. Die Vermiculite quellen nicht bei der Einbettung in Epoxyharz, im Unterschied zu den Smectiten. Im Gegensatz zu den Chloriten lassen sie sich mit n-Alkylammoniumionen aufweiten.

Die trioktaedrischen Vermiculite sind fast durchweg monoklin. Sie kristallisieren in der $1M$-Modifikation und nur einzelne in der $2M_1$-oder der $3T$-Modifikation (68, 155). Für den $1M$-Vermiculit von Llano sind die Gitterkonstanten und die möglichen Raumgruppen in Tabelle 2.36 angegeben. Das Ausmaß der Ordnung der Schichten in den hydratisierten Vermiculiten wurde mit den verbesserten röntgenographischen Auswertungsverfahren in jüngster Zeit wieder ausführlich untersucht (69, 70, 237, 248).

Die röntgenographische Identifizierung von Vermiculiten neben Smectiten ist am besten durch Quellung mit Glycerin, weniger zuverlässig mit Ethylenglycol möglich (Tabelle 2.26 und Kap. 1.5.3). Die dioktaedrischen und trioktaedrischen Vermiculite lassen sich durch die Lage ihrer (060)-Reflexe (etwa 1,50 Å bei dioktaedrischen und 1,52 – 1,54 Å bei trioktaedrischen) unterscheiden.

Die DTA-Kurven von natürlichen trioktaedrischen Vermiculiten mit Mg^{2+}- oder Ca^{2+}-Zwischenschichtionen (11) zeigen zwei endotherme Reaktionen bei 150 und 240 °C (Abb. 2.14). Die erste Reaktion beruht auf der Abgabe von Zwischenschichtwasser, die zweite auf dem Verlust der Hydrathüllen der Zwischenschichtkationen. Eine dritte endotherme Reaktion bei 800 °C zeigt den Verlust der OH-Gruppen aus der Oktaederschicht der Struktur an. Unmittelbar darauf folgt eine exotherme Reaktion mit Maximum bei 840 °C, die die Bildung einer neuen Mineralphase, möglicherweise Enstatit, anzeigt (96). Die Abgabe des Zwischenschichtwassers erfolgt bei Mg^{2+}-belegten Vermiculiten in vier röntgenographisch verfolgbaren Stufen (264), wobei sich die Schichtabstände von ursprünglich 14,8 Å auf 14,4 Å, 13,8 Å, 11,6 Å und 9,2 Å erniedrigen.

2.2.5 Chlorite

Chlorite kommen in unterschiedlicher Weise in Sedimenten und Böden vor. Trioktaedrische Chlorite findet man häufig in den Korngrößenfraktionen 2 – 20 µm ∅ von Tonen und Mergeln. Sie sind meistens mit Muskovit verwachsen. Wahrscheinlich handelt es sich um Minerale der Pennin- oder Prochloritreihe als Detritus von Chlorit-Glimmer-Schiefern oder anderen Metamorphiten. Chlorite in den Tonfraktionen <2 µm ∅ von Tonen und Böden können ebenfalls detritischer Natur sein. Ein Teil dieser Chlorite sind aber Neubildungen im Sediment. Auch bei der Diagenese können Chlorite entstehen, beispielsweise als Verwachsungen von Chlorit und Illit bei der Diagenese vulkanogener Sedimente auf Neuseeland (1). In zersetzten Nebengesteinen von Ganglagerstätten und in Pyrophyllitlagerstätten sind di,trioktaedrische Chlorite gefunden worden (247). Dioktaedrische Chlorite wurden als Neubildung in Sedimenten entdeckt (184, 185).

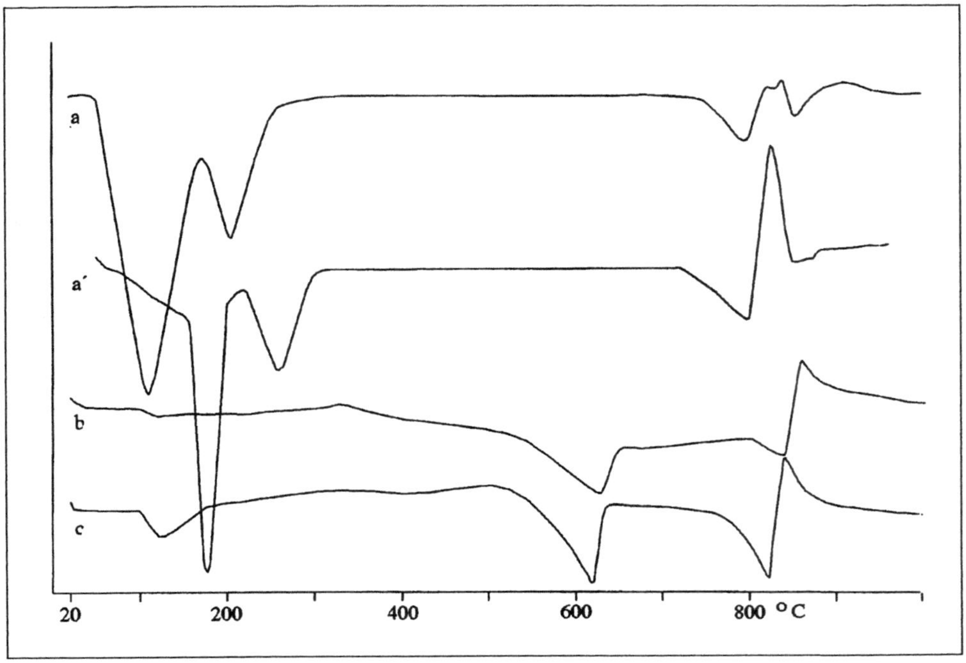

Abb. 2.14. DTA-Kurven von Vermiculit, Chlorit und Corrensit.
Aufgenommen mit der DTA-Apparatur von Lippmann (156).
a) Vermiculit, Llano County, Texas.
a') Vermiculit, Twin Sisters Range, Washington.
b) Chlorit, (Grauer Salzton) Reyershausen, Niedersachsen (Fraktion <0,63 μm ∅).
c) Corrensit, Elkershausen (bei Friedland), Niedersachsen (Fraktion <0,63 μm ∅).

Die trioktaedrischen Chlorite unterscheiden sich von Pennin über Klinochlor zum Sheridanit durch eine steigende Substitution des Si^{4+} durch Al^{3+} in den Tetraederpositionen der Struktur. Prochlorit und Thuringit enthalten gegenüber dem Sheridanit Fe^{2+} und Fe^{3+} in den Oktaederpositionen. Bei den di,trioktaedrischen Chloriten ist die Oktaederschicht des 2:1-Schichtpaketes trioktaedrisch und die Oktaederzwischenschicht dioktaedrisch. Der Cookeit enthält Lithiumionen, der Sudoit Magnesiumionen in der trioktaedrischen Schicht. Der rein dioktaedrische Chlorit wird Donbassit genannt.

Idealisierte Strukturformeln der Chloritminerale zeigt die Tabelle 2.35. Aus den chemischen Analysen errechnete Strukturformeln sind in Tabelle 2.39 zusammengestellt, kristallographische Daten in Tabelle 2.36. Nach Bailey und Brown (10) sind unter den Chloriten sechs Strukturtypen vertreten, die sich durch die Anordnung der Oktaederzwischenschicht zum 2:1-Schichtpaket der 14 Å-Einheit unterscheiden. Weitaus am häufigsten ist der sogenannte IIb-Typ.

Zusammenfassende Darstellungen finden sich bei Bailey (3, 7).

Die röntgenographische Identifizierung von Chloriten mit gut geordneter Kristallstruktur ist anhand von Texturpräparaten leicht möglich. Solche Chlorite zeigen eine integrale Serie scharfer und intensiver Basisreflexe (Tabelle 2.37). Sie quellen nicht mit Glycerin oder Ethylenglycol. Beim Erhitzen auf 500 bis 650 °C ändern sich die Intensitäten der Basisreflexe. Die Intensität des 14 Å-Reflexes vergrößert sich um den Faktor 2 bis 5, während die Basisreflexe höherer Ordnung an Intensität verlieren (35). Andere Schichtsilicate, die einen Basisreflex um 14 Å zeigen, wie Vermiculite, Smectite und Wechsellagerungsminerale, verringern beim Erhitzen ihre Basisabstände zum Teil bis auf 9 Å. Bei Gemengen von Chloriten mit Kaolinit koinzidieren die Basisreflexe beider Mineralarten. Chlorite mit hohen Aluminiumgehalten in der Tetraederposition zeigen etwas geringere *d*-Werte der koinzidierenden 7 Å- und 3,5 Å-Reflexe, so daß oft eine Aufspaltung dieser Reflexe erkennbar ist. Mit hochauflösenden Meßanordnungen können dann beide Minerale nebeneinander nachgewiesen werden (18). Durch Erhitzen des Präparates auf 500 bis 600 °C wird die Kaolinitstruktur zerstört, und die Kaolinitreflexe verschwinden (24). Bei Chlorit/Kaolinit-Gemengen tritt dann ein Intensitätsverlust der 7 Å- und 3,5 Å-Reflexe ein. Der amorphe Metakaolin kann außerdem durch 0,5-normale Natronlauge weggelöst werden.

Die unterschiedlichen Modifikationen bzw. Strukturtypen der Chloritminerale werden mittels Pulveraufnahmen anhand der *h0l*-Reflexe erkannt. Eine ausführliche Darstellung dazu gibt Bailey (3).

Die Chlorite in den Feintonfraktionen $<2\,\mu m$ ∅ von Böden und Sedimenten können unvollständige Oktaederzwischenschichten haben (171) oder eine Wechsellagerung mit quellfähigen 2 : 1-Schichtkomponenten aufweisen. Solche Chlorite quellen bei Wasseraufnahme und schrumpfen beim Erhitzen. Die chloritische Natur dieser Minerale läßt sich an der unvollständigen Schrumpfung und der Intensitätserhöhung des ersten Basisreflexes nach dem Erhitzen erkennen.

Die DTA-Kurven von Chloriten mit geordneter Struktur zeigen eine sehr intensive endotherme Reaktion bei ungefähr 600 °C und eine zweite, weniger intensive, bei etwa 800 °C. Auf letztere folgt unmittelbar eine exotherme Reaktion mit Maximum bei etwa 900 °C (Abb. 2.14). Diese Reaktionsabfolge ist typisch für Chlorite, obgleich bei vielen Chloriten weitere kleinere Nebenreaktionen beobachtet werden (50). In Böden und Tonen sind Chlorite nur Nebenbestandteile und lassen sich neben den anderen Tonmineralen mittels DTA nicht sicher nachweisen.

Die Substitution von Si^{4+} durch Al^{3+} in den Oktaederpositionen der Chlorite läßt sich anhand ihrer IR-Spektren analysieren. Außerdem kann das Verhältnis von Al, Mg und Fe in den Oktaederpositionen bestimmt werden.

Eine zusammenfassende Darstellung von IR-Analysen an Chloriten gibt Bailey (3).

2.3 Schichtminerale mit Wechsellagerungsstruktur

Die Schichtminerale besitzen weitgehend übereinstimmende Strukturen. Deshalb sind Minerale mit Wechsellagerung verschiedener Schichttypen in der Natur weit verbreitet (266). Die Minerale mit Wechsellagerungsstruktur lassen sich in die beiden Gruppen unterteilen: Minerale mit einer regelmäßigen ABAB-Wechsellagerung zweier Schichttypen und Minerale mit einer unregelmäßigen Wechsellagerung von zwei oder drei verschiedenen Schichttypen (siehe Anm. Kap. 1.2, S. 8). Zwischen regelmäßiger und unregelmäßiger Wechsellagerung gibt es fließende Übergänge.

2.3.1 Minerale mit regelmäßiger ABAB-Wechsellagerung

Die Minerale mit regelmäßiger Wechsellagerung geben ein Röntgendiagramm mit einer rationalen Serie von Basisreflexen, wobei sich der *d*-Wert des ersten Basisreflexes aus der Summierung der Basisabstände beider Schichttypen ergibt. Den Mineralen mit regelmäßiger Wechsellagerung dürfen eigene Mineralnamen gegeben werden. Bisher sind in der Literatur folgende Tonminerale dieser Art beschrieben worden:

Rectorit:	Muskovit/Montmorillonit
Rectorit:	Paragonit/Montmorillonit
Tosudit:	dioktaedrischer Chlorit/Smectit
Corrensit:	Chlorit/Vermiculit
Corrensit:	Chlorit/trioktaedrischer Smectit
Aliettit:	Talk/Saponit
Hydrobiotit:	Biotit/Vermiculit

Weitere Minerale mit regelmäßiger oder fast regelmäßiger AB-Wechsellagerung, die keine eigenen Namen erhalten haben, sind beschrieben z. B. als: Illit/Smectit, Glaukonit/Smectit, Kaolinit/Smectit, Kaolinit/Chlorit, Serpentin/Chlorit.

Zusammenstellungen der regelmäßigen AB-Wechsellagerungsminerale mit einschlägigen Literaturangaben finden sich bei Reynolds (218, 219).

In den Sedimentgesteinen kommen die Wechsellagerungsminerale gemeinsam mit anderen Tonmineralen vor, meistens mit Chloriten und Illiten. Sie sind fast immer aus einer ihrer Komponenten durch Verwitterung oder unter Bedingungen der Diagenese bzw. leichten Metamorphose oder durch hydrothermale Vorgänge entstanden. Die Teilchengrößen liegen wie bei anderen Tonmineralen vorwiegend unter 2 µm ∅. Die regelmäßige Wechsellagerung und die Art der wechsellagernden Komponenten läßt sich am besten unter dem hochauflösenden Durchstrahlelektronenmikroskop erkennen, und zwar an Ultramikrotomschnitten senkrecht zur Basis, wenn die quellbaren Komponenten mit n-Alkylammoniumionen aufgeweitet werden (256). Einen Schnitt durch Corrensit zeigt die Abbildung 2.15.

Minerale mit regelmäßiger AB-Wechsellagerung lassen sich in Tonproben anhand ihres ersten Basisreflexes im 24 – 30 Å-Bereich erkennen. Bei streng regelmäßiger Wechsellagerung tritt eine rationale Serie von Basisreflexen auf (Tabelle 2.40). Als Beweis für eine rationale Abfolge der Basisreflexe darf hierbei nach einem Vorschlag des AIPEA-Nomenklaturkomitees die relative Standardabweichung (bezogen auf: $l * d_{(00l)}$) nicht größer als 0,75 % sein (5). Vorausgesetzt wird dabei, daß mindestens 10 Basisreflexe gemessen werden.

Zur röntgenographischen Identifizierung der Minerale mit regelmäßiger Wechsellagerung werden zweckmäßig Texturpräparate verwendet (Kap. 1.5.3) und in die quellbaren Schichten Glycerin oder Ethylenglycol eingelagert. Neben dem Quellverhalten ist die Schrumpfung der Minerale bei kurzzeitigem Erhitzen von lufttrockenen Texturpräparaten auf 550 °C für die röntgenographische Erkennung der wechsellagernden Schichttypen wichtig.

Die Verfahrensweise ist bei Moore und Reynolds (183), die theoretischen Grundlagen sind bei Reynolds (218, 219) eingehend beschrieben.

Rectorit (Allevardit) ist ein dioktaedrisches Wechsellagerungsmineral von Glimmer- und Smectitschichten (25, 53). In Frankreich wurde das Mineral zuerst als Alle-

Abb. 2.15. Corrensit mit Octadecylammoniumionen aufgeweitet. Ultramikrotomschnitt senkrecht zur Basisfläche.

vardit bezeichnet (53), bis die Identität von Allevardit mit Rectorit erkannt wurde (46). Aufgrund der chemischen Zusammensetzung sind die zuerst untersuchten Rectorite Wechsellagerungen eines Natriumglimmers (Paragonit) mit einem Natrium-montmorillonit, Kaliumrectorit eine Wechsellagerung von Muskovit mit Kalium-montmorillonit. Er wurde synthetisch dargestellt (79) und als diagenetisches Umwandlungsprodukt in Bentoniten nachgewiesen (207). Lufttrockene Rectorite zeigen einen ersten Basisreflex zwischen 24,5 und 25 Å. Beim halbstündigen Erhitzen auf 550 °C schrumpft der Basisabstand auf 19,4 Å. Durch Ethylenglycol tritt eine Quellung auf 26,5 Å und durch Glycerin auf 27,5 Å ein.

Tosudit (246) ist ein Wechsellagerungsmineral von dioktaedrischem Chlorit (Al-Chlorit) mit Montmorillonit. Erste zuverlässige Analysen stammen von Shimoda (234). Der lufttrockene Tosudit hat einen ersten Basisreflex bei 30,4 Å. Mit Ethylenglycol quillt der Basisabstand auf 31,9 Å, und nach einstündigem Erhitzen auf 500 °C ist er auf 24,0 Å geschrumpft.

Corrensit ist zunächst als trioktaedrisches 1 : 1-Wechsellagerungsmineral von nichtquellenden mit quellbaren 14 Å-Schichten (s. Anm. Kap. 1.2) angesehen worden. Später haben Lippmann (157, 158) und Bradley und Weaver (28) das Mineral als Wechsellagerung von trioktaedrischem Chlorit mit Vermiculit beschrieben. Andere Autoren haben Corrensit als Wechsellagerung von trioktaedrischem Chlorit mit trioktaedrischem Smectit (77) oder als Wechsellagerung von trioktaedrischem Chlorit mit dioktaedrischem Smectit bezeichnet (21). Nach dem heutigen Wissensstand ist der Corrensit ein vollends trioktaedrisches Mineral, und es sind zwei

Varianten zu unterscheiden (30): Ein Teil der Corrensite zeigt bei kurzzeitigem Erhitzen auf 550 °C einen ersten Basisreflex bei 28 Å (Chlorit/Vermiculit) und nach längerem Erhitzen einen bei 24 Å. Andere Corrensite geben bei halbstündigem Erhitzen auf 550 °C sogleich einen 24 Å-Reflex (Chlorit/Smectit). Im lufttrockenen Zustand liegt der erste Basisreflex der Corrensite um 29 Å, gequollen mit Ethylenglycol bei 31,0 Å und mit Glycerin bei 32,5 Å.

Aliettit (2) ist ein trioktaedrisches Wechsellagerungsmineral von Talk mit Saponit. Das lufttrockene Mineral zeigt einen Basisabstand von 24,8 Å, der mit Glycerin auf 27,1 Å quillt. Nach dem Erhitzen auf 400 °C zeigt das Röntgendiagramm einen ersten Basisreflex bei 9,3 Å.

Hydrobiotit ist eine regelmäßige Wechsellagerung von Biotit- mit Vermiculitschichten. Vorkommen dieses Minerals sind besonders in Böden beschrieben worden (63). Experimentell wurde das Mineral aus Vermiculit als Ausgangssubstanz dargestellt (230). Der Name Hydrobiotit geht auf eine frühe Beschreibung durch Gruner (104) zurück.

Die röntgenographische Analyse der AB-Wechsellagerungsminerale zeigt die Art der wechsellagernden Schichttypen und ob das fragliche Mineral di- oder trioktaedrisch ist. Weitere Einzelheiten sind aus den chemischen Analysen nach der Umrechnung auf Strukturformeln zu erkennen, zum Beispiel die Schichtladung (Tabelle 2.41). Oft lassen sich aber wegen der Beimengung anderer Silicatminerale keine zuverlässigen Strukturformeln berechnen.

Die DTA-Kurven der regelmäßigen Wechsellagerungsminerale zeigen Ähnlichkeiten mit den DTA-Kurven der beiden Schichtminerale, deren Schichten als wechsellagernde Komponenten das Wechsellagerungsmineral aufbauen. Aber auch bei der DTA beeinträchtigen beigemengte andere Schichtsilicate, meistens Glimmer- und/oder Chloritminerale, die Deutung der DTA-Kurven erheblich.

2.3.2 Minerale mit unregelmäßiger Wechsellagerung

Minerale mit unregelmäßiger oder nahezu unregelmäßiger Wechsellagerung verschiedener Schichttypen treten vor allem in Tonen und Mergeln wesentlich häufiger auf als die oben beschriebenen Minerale mit regelmäßiger Wechsellagerung. Neben unregelmäßiger Wechsellagerung von zwei Schichttypen sind auch Systeme mit drei Komponenten bekannt geworden. Entsprechend der Häufigkeit von Illiten und Smectiten in der Natur werden Illit/Smectit-Wechsellagerungen besonders häufig angetroffen. Von Illit/Smectiten werden auch nahezu geordnete ABAA-Wechsellagerungen beschrieben (76, 220) und ebenfalls von Glaukonit/Smectiten (252). Eine Zusammenstellung der bekannten Minerale mit unregelmäßiger Wechsellagerungsstruktur findet sich bei Reynolds (219):

Illit/Smectit, Glaukonit/Smectit, Glimmer/Vermiculit, Glimmer/dioktaedr. Chlorit, Smectit/Chlorit, Chlorit/Vermiculit, Kaolinit/Smectit, Glimmer/Chlorit; dazu Illit/Chlorit/Smectit und Illit/Smectit/Vermiculit.

Die unregelmäßige Wechsellagerung verschiedener Schichttypen läßt sich am besten an Ultramikrotomschnitten senkrecht zur Basis der Kristallite nach Einlagerung von n-Alkylammoniumionen unter dem hochauflösenden Durchstrahlelektronenmikroskop beobachten (256). Ein Beispiel zeigt die Abbildung 2.16 eines Illit/Smectites. Dieses Mineral läßt unter dem Elektronenmikroskop auch eine

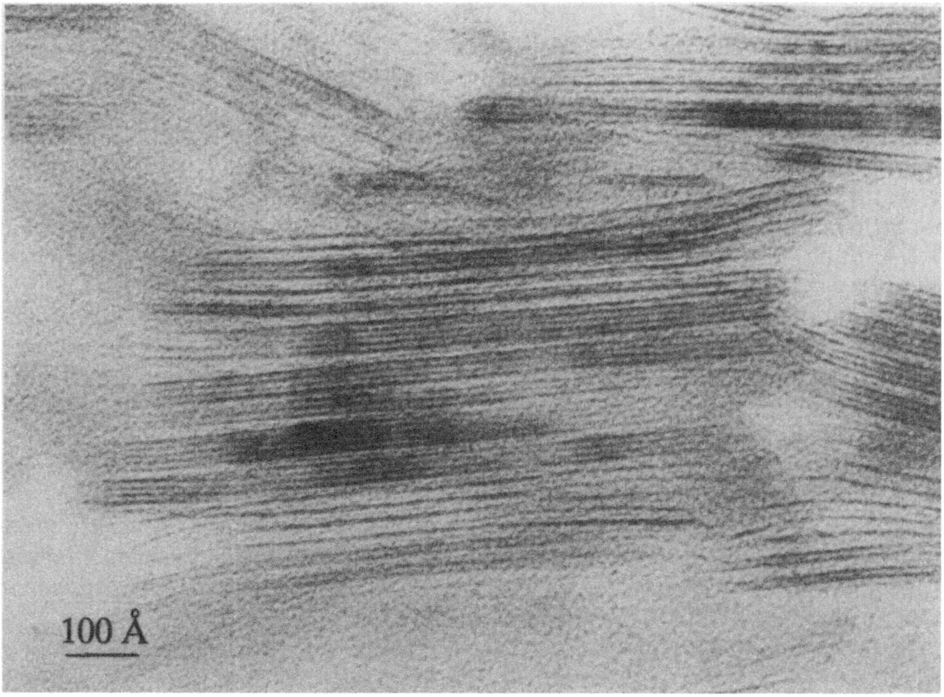

Abb. 2.16. Illit/Smectit mit Octadecylammoniumionen aufgeweitet. Ultramikrotomschnitt senkrecht zur Basisfläche.

eigenartige Morphologie erkennen (Abb. 2.17). Infolge Translation parallel zur Basis scheren die Kristallite stufenförmig auseinander.

Im Gegensatz zu Schichtsilicaten mit regelmäßiger Wechsellagerung verschiedener Schichttypen zeigen die Minerale mit unregelmäßiger Wechsellagerung eine nicht rationale Serie von Basisreflexen (Kap. 1.5.3, Abb. 1.9). Meistens sind zwei wechsellagernde Komponenten beteiligt. Dann liegt der erste Basisreflex des Wechsellagerungsminerals im Glanzwinkelbereich zwischen den Basisreflexen der reinen Komponenten. In diesem Falle kann aus der Lage des Reflexes auch der prozentuale Anteil beider Komponenten bestimmt werden.

Die theoretischen Grundlagen zur röntgenographischen Interpretation unregelmäßiger Wechsellagerungen wurden von Hendricks und Teller (112) und MacEwan (161, 162) erarbeitet. Neuere umfangreiche Darstellungen dieser sehr komplexen Materie finden sich bei Reynolds (218, 219). Als Einführung sei vor allem das sehr anschaulich geschriebene Lehrbuch von Moore und Reynolds (183) empfohlen.

Chemische Analysen von unregelmäßigen Illit/Smectit-Wechsellagerungsmineralen (aus Kaliumbentoniten abgetrennte Tonfraktionen) und die aus den Analysen errechneten Strukturformeln enthält die Tabelle 2.42. Solche Wechsellagerungsminerale zeigen oft von Tonfraktion zu Tonfraktion deutlich abweichende Zusammensetzung (Tab. 2.43). Während die Abweichungen zwischen den Tonfraktionen $<2\,\mu m$ ∅ des Kaliumbentonites (API Nr. 37) innerhalb der analytischen Fehler liegen, ist beim Illit/Smectit (CMS ISMt-1) ein deutlicher Gang bei der Zusammensetzung des Minerals von Tonfraktion zu Tonfraktion zu erkennen, besonders bei den Kaliumionen auf den Zwischenschichtpositionen.

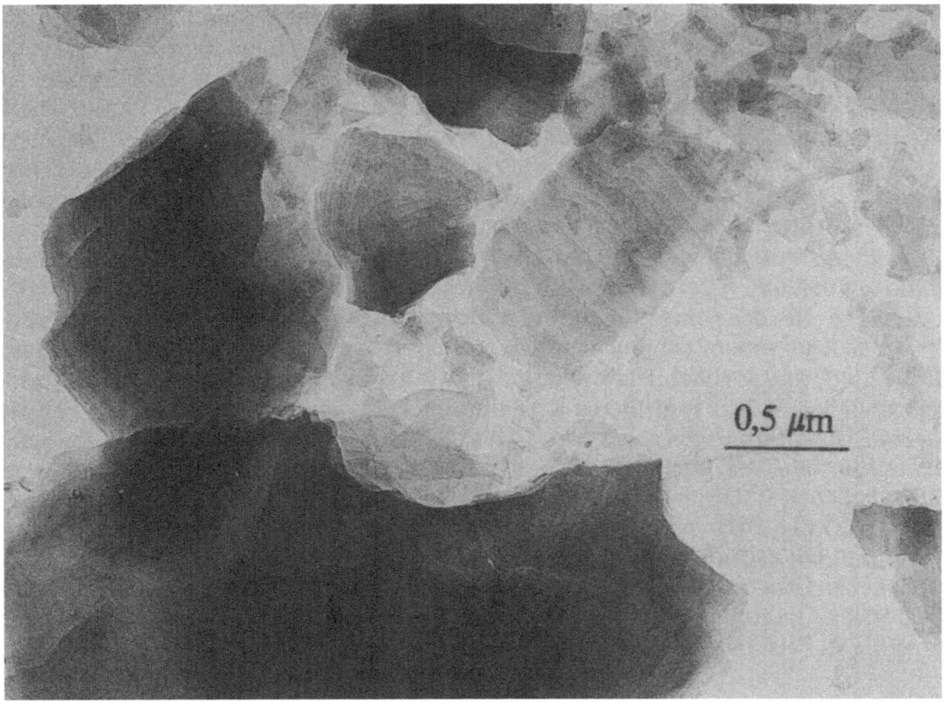

Abb. 2.17. Illit/Smectit. Treppenförmig durch Translationen parallel zur Basisfläche deformierte Kristalle.

Die Verteilung einiger Spurenelemente über die Tonfraktionen beider Wechsellagerungsminerale (Tabelle 2.44) läßt erkennen, welche Spurenelemente vorwiegend an Akzessorien gebunden sind und welche strukturelle Bestandteile der Minerale selber sein können. Beim Kaliumbentonit stammt das Titan offensichtlich von Rutil und/oder Anatas. Die Konzentration des Bleis in den Tonfraktionen 0,6 – 2 und 0,2 – 0,6 µm ∅ kann mit einer nicht bekannten Akzessorie erklärt werden. Ein Teil des Strontiums wird mit dem Calcit aus der Rohprobe entfernt, der Rest ist gleichmäßig über die Tonfraktionen verteilt und muß als Bestandteil des Tonminerals angesehen werden. Der Phosphor wird größtenteils mit akzessorischen Phosphaten (Apatit?, Crandallit?) bei der Aufbereitung aus der Rohprobe abgetrennt. Nach der gleichmäßigen Verteilung der Elemente Cu, Zn, Li und Rb sollten diese strukturelle Bestandteile des Wechsellagerungsminerals sein. Beim Illit/Smectit verändern sich die Spurenelementgehalte von Cu, Zn, Li und Sr in den Tonfraktionen gleichsinnig oder gegenläufig zur Verteilung der oktaedrisch gebundenen Al^{3+}- und Mg^{2+}-Ionen und den Kationen Ca^{2+}, Mg^{2+} und K^{+} auf den Zwischenschichtpositionen. Auch hier müssen die genannten Spurenelemente als strukturelle Bestandteile des Tonminerals angesehen werden.

Die Fähigkeit der Smectite, in Wasser zu delaminieren, also in einzelne Silicatschichten auseinanderzufallen, wenn als Zwischenschichtkationen Natriumionen gebunden sind (Kap. 1.3.4; 3.2.3), hat auch Konsequenzen für Wechsellagerungsverbindungen mit smectitischen Schichtzwischenräumen. Durch Aufspaltung der

Kristalle jeweils in diesen Zwischenräumen zerfallen die Wechsellagerungsverbindungen in „fundamental particles“, die je nach Art der Aufeinanderfolge von smectitischen und illitischen Schichtzwischenräumen ein, zwei, drei oder mehr Silicatschichten enthalten. Ein Rectorit mit regelmäßiger Aufeinanderfolge von je einem smectitischen und einem illitischen Zwischenraum liefert dann 20 Å dicke Elementarpartikel aus zwei Silicatschichten, die eine Zwischenschicht aus Kaliumionen einschließen; ein Chlorit/Smectit-Corrensit zerfällt in 24 Å dicke Teilchen aus einer zentralen Brucitschicht mit zwei anliegenden Silicatschichten usw.

Die Elementarteilchen können direkt im Durchstrahlelektronenmikroskop beobachtet werden und liefern bei der Elektronenbeugung Einkristallbeugungsbilder der *a, b*-Ebene. Bei der röntgenographischen Untersuchung wird ein kohärent streuender Bereich gefunden, der eine deutlich größere Anzahl von Silicatschichten enthält als die Elementarpartikel. Diese lagern sich demnach so übereinander, daß röntgenographisch das Bild eines größeren Kristallits entsteht. Ein Aggregat, bei dem sich die beiden Elementarpartikel (also z. B. 10 und 20 Å dicke Teilchen) während der Sedimentation statistisch übereinander gelagert haben, ist röntgenographisch kaum vom ursprünglichen Illit/Smectit mit unregelmäßiger Wechsellagerung zu unterscheiden (168, 188, 190 – 193).

Die Bildung kristallartiger Aggregate bei der Zusammenlagerung der Elementarpartikel kann auch eine der Möglichkeiten der natürlichen Bildung von Illit/Smectit-Wechsellagerungsmineralen sein, bedeutet aber sicher nicht, daß alle derartigen Minerale so entstanden sein müssen (192, 231).

2.4 Tonminerale mit Faserstruktur

Faserstruktur besitzen unter den silicatischen Tonmineralen nur der Sepiolith und der Palygorskit. Es sind vergleichsweise seltene Tonminerale. Schon in früheren Jahrhunderten bekannte Vorkommen von dichten oder porösen, schaumigen Massen wurden als Bergleder, Bergholz, Bergkork oder Meerschaum bezeichnet. Es handelt sich hier um oft in Adern auftretende Umwandlungsprodukte von basischen Gesteinen oder mafischen Mineralen (113). In neuerer Zeit ist die Verbreitung beider Minerale in marinen Sedimentgesteinen, besonders in Karbonatgesteinen, erkannt worden. Sie sollen als Detritus vom Festland in die Sedimente gelangt sein (267). Palygorskit und der weniger häufige Sepiolith bilden sich in den kalkreichen Böden der trockenen, semiariden und ariden Klimazonen um 30° nördlicher und südlicher Breiten (54). Der Palygorskit entsteht vorwiegend in Böden mit kapillar aufsteigendem Grundwasser bei Bildung von Kalkkrusten an der Bodenoberfläche (236). Die Böden sind salzhaltig, die Grundwässer salzig und alkalisch mit *p*H-Werten um 8. Der zuerst unter semiariden bis ariden Klimabedingungen gebildete Palygorskit wird in Montmorillonit (17, 204) oder Chlorit (267) umgewandelt, sobald die Niederschläge etwa 30 cm im Jahr übersteigen. Neben der terrestren gibt es Hinweise auch für eine marine Bildung beider Faserminerale. Sepiolith wurde in Tiefseesedimenten gefunden (66, 86). Die authigene Bildung von Palygorskit und Sepiolith ist aus der Bruchzone der Mittelatlantischen Schwelle bekannt geworden (23).

Eine umfassende Darstellung der Vorkommen von Sepiolith und Palygorskit und die Diskussion ihrer Genese findet sich bei Jones und Galan (129).

2.4.1 Sepiolith

Der Sepiolith kristallisiert orthorhombisch in der Raumgruppe *Pncn* (212) oder bei anderer Aufstellung in *Pnan* (7). Zwei nur wenig unterschiedliche Strukturmodelle wurden von Nagy und Bradley (195) und Brauner und Preisinger (29) vorgeschlagen. Später konnte die Richtigkeit des letzteren durch Strukturverfeinerungen bestätigt werden (214, 215, 216). Strukturformel und kristallographische Daten des Sepioliths sind in Tabelle 2.46 angegeben.

Die Fasern des Sepioliths können sehr unterschiedliche Dimensionen besitzen mit Längen von etwa 100 Å bis 4 µm, Breiten von 100 bis 300 Å und Dicken von 50 bis 100 Å. Eine Ausnahme bildet das Mineral von Ampandrandara auf Madagaskar mit Fasern von mehreren Millimetern Länge. Die Hohlkanäle in der Struktur liegen parallel zur kristallographischen *c*-Richtung (bzw. *a*-Richtung bei Aufstellung nach Bailey (7)).

Sepiolith kommt im allgemeinen mit anderen Tonmineralen vergesellschaftet vor. Der röntgenographische Nachweis kann vor allem neben Smectiten oder Illit/Smectit-Wechsellagerungsmineralen durch Koinzidenz des (110)-Reflexes bei 12,1 – 12,9 Å mit den Basisreflexen der quellfähigen Schichtminerale sehr erschwert werden. Die Röntgendiagramme zweier typischer Sepiolithe zeigt die Tabelle 2.47.

Die chemischen Analysen eines typischen Sepioliths und von Loughlinit sind in Tabelle 2.48 angegeben. Loughlinit ist eine natriumreiche Varietät des Sepiolith (82), bei der zwei Mg^{2+} in der Oktaederschicht durch zwei Na^{+} substituiert sind; zum Ladungsausgleich sitzen zwei weitere oktaedrisch von Wassermolekülen umgebene Na^{+}-Ionen in den Hohlkanälen (211). Loughlinit und Sepiolith lassen sich experimentell ineinander überführen (80).

Chemische Analysen von 11 Sepiolithen sind von Newman und Brown (197) zusammengestellt worden. Die tetraedrische Substitution reicht bei diesen Sepiolithen von 0,05 Al^{3+} bis 0,24 Al^{3+} + 0,53 Fe^{3+}. Die Zahl der Kationen in Oktaederpositionen liegt zwischen 7 und 8. Vorherrschend ist hier Mg^{2+}, untergeordnet treten Mn^{2+}, Fe^{2+}, Fe^{3+} und Al^{3+} auf. Eisen- bzw. aluminumreiche Sepiolithe werden Fe- und Al-Sepiolithe genannt. Eine Varietät mit $Ni^{2+} > Mg^{2+}$ ist als Falcondoit beschrieben worden (241).

Die thermischen Eigenschaften des Sepioliths und strukturelle Veränderungen beim Erhitzen haben Jones und Galan (129) zusammemfassend beschrieben. Die DTA-Kurven des Minerals unterscheiden sich nicht wesentlich von denen der Palygorskite und Smectite, wodurch in Tonmineralgemengen die sichere Identifizierung praktisch unmöglich ist.

IR-Absorptionspektren von Sepiolithen finden sich bei Hayashi et al (108) und Cannings (55).

2.4.2 Palygorskit (Attapulgit)

Vom Palygorskit sind orthorhombische und monokline Modifikationen beschrieben worden. Nach dem ersten Strukturvorschlag von Bradley (27) bestehen die Bänder parallel zur 5,2 Å-Achse der Struktur aus fünf miteinander verknüpften Pyroxenketten. Der Palygorskit wäre monoklin und die wahrscheinliche Raumgruppe *C2/m*. Für das Mineral der Typuslokalität Palygorskaja (USSR) hat Preisinger (211) eine gegenüber dem Bradley-Modell etwas modifizierte Struktur vorgeschlagen mit orthorhombischer Symmetrie und der Raumgruppe *Pnmb*. Unter fünf verschiedenen Palygorskiten ließen sich die Röntgenpulverdiagramme von drei Mineralen orthorhombisch in Übereinstimmung mit Preisingers Strukturmodell indizieren (59). Die beiden anderen Minerale zeigten unterschiedliche monokline Symmetrien. An einer weiteren Palygorskitprobe wurde die von Bradley vorgeschlagene monokline Struktur nachgewiesen (75). Zvyagin et al (283) fanden bei Palygorskiten die monokline *P2/a* Raumgruppe verwirklicht. Eine völlig abweichende Struktur mit monokliner Symmetrie *P2/a* haben Gard und Follet (94) vorgeschlagen. Danach wechseln parallel zur 5,2 Å-Achse einzelne Pyroxenketten mit Bändern aus drei verknüpften Pyroxenketten ab. Zur Aufklärung der Widersprüche über die Struktur des Palygorskits und seiner Modifikationen sind weitere verfeinerte Strukturanalysen notwendig. Die in Tabelle 2.46 wiedergegebene Strukturformel entspricht dem Strukturmodell von Preisinger.

Die Fasern des Palygorskits zeigen ähnliche Größen wie die des Sepioliths. Sie scheinen im Durchschnitt weniger breit, aber dicker zu sein, so daß der Habitus der Palygorskitfasern mehr zylindrisch erscheint. Ein typisches Längen/Breiten/Dicken-Verhältnis ist beim Palygorskit 10000 Å * 150 Å * 75 Å (14). Für die Palygorskitfasern von Cáceres werden Längen von 0,5 bis 4,5 µm und Breiten wie Dicken zwischen 150 und 300 Å angegeben (93).

Die röntgenographische Identifizierung von Palygorskit in Mineralgemengen kann sehr schwierig sein. Die stärksten Reflexe des Palygorskits koinzidieren mit starken Illit-, Quarz- und Feldspatreflexen. Röntgendiagramme eines orthorhombischen und eines monoklinen Palygorskits zeigt die Tabelle 2.47.

Palygorskite sind im Vergleich mit Sepiolithen relativ aluminiumreiche und magnesiumarme Minerale (Tabelle 2.48). Von den fünf Oktaederpositionen der Struktur sind nur etwa 4 bis 4,5 vorwiegend durch Aluminium- und Magnesiumionen besetzt. Natrium-, eisen- und manganreiche Varietäten des Palygorskits sind bekannt. Der Name Yofortierit wurde an den Manganpalygorskit vergeben.

Die thermischen Eigenschaften des Palygorskits ähneln denen des Sepioliths. Sie sind eingehend bei Jones und Galan (129) zusammengestellt. Die DTA-Kurven des Minerals sind nicht sehr spezifisch, so daß Verwechslungen mit Gemengen von Smectiten oder Illit/Smectit-Mineralen und Eisenhydroxiden (51) möglich sind.

IR-Absorptionsspektren für Palygorskit haben Galan et al (93) und Hayashi et al (108) angegeben.

2.5 Nichtkristalline Silicate

Neben den silicatischen Tonmineralen, die eine Kristallstruktur, also eine Struktur mit Fernordnung im kristallographischen Sinne aufweisen, gibt es einige seltene Silicate, die eine Struktur nur im Nahordnungsbereich besitzen. Sie nehmen eine Mittelstellung zwischen amorpher und kristallisierter Materie ein. In der Natur sind außer nichtkristallinen oxidischen Materialen, wie Opal, Limonit, Kliachite und Wad, vor allem Aluminiumsilicate gefunden worden, die mit den Namen Allophan und Imogolit belegt wurden. Allophan und Imogolit werden meistens gemeinsam in den tropischen Verwitterungsprodukten vulkanischer Aschen und Tuffe, aber auch in anderen Gesteinen gefunden. Eine Übersicht der Vorkommen gibt Wada (259).

Die nichtkristallinen Bestandteile in Tonen und Böden besitzen große spezifische Oberflächen und dementsprechend ein hohes chemisches Reaktionsvermögen. Sie können durch Behandlung mit verschiedenen Lösungen selektiv aufgelöst werden (Kap. 1.5.5; Tabelle 1.4). Das ist bei der Aufbereitung von Tonen und Böden zur Korngrößentrennung und Mineralanalyse zu berücksichtigen (Kap. 1.5). Eine Zusammenstellung des Lösungsverhaltens von Allophanen und Imogolit im Vergleich mit anderen amorphen oder nichtkristallinen Bestandteilen zeigt Wada (259).

2.5.1 Allophan

Der Name Allophan wird mit doppelter Bedeutung verwandt. Erstens als Oberbegriff für alle nichtkristallinen wasserhaltigen Aluminiumsilicate, die häufig mit Halloysit vergesellschaftet sind (201, 223); zweitens im engeren Sinne für nichtkristalline wasserhaltige Aluminiumsilicate, die unter dem Elektronenmikroskop als kugelige Teilchen von etwa 30 – 50 Å Durchmesser erscheinen und ein SiO_2/Al_2O_3-Verhältnis zwischen 0,6 und 1 (114) oder 0,5 bis 0,93 (205) aufweisen. Sie können auch als fehlgeordnete Allophane im Gegensatz zum besser geordneten Imogolit bezeichnet werden (44, 197). In den Allophanen treten Aluminiumionen sowohl in Vierer- als auch in Sechserkoordination auf. Das Verhältnis strukturell gebundenes Wasser zu Al_2O_3 liegt bei 2 oder höher. Ein Teil der Hydroxidgruppen ist an Silicium gebunden.

Röntgendiagramme der kugelförmigen fehlgeordneten Allophane zeigen eine starke Untergrundstreuung im Kleinwinkelbereich und zwei breite Banden mit Maxima bei 3,3 und 2,25 Å (280). Die DTA-Kurven zeigen nur eine endotherme Reaktion zwischen 50 und 300 °C mit Maximum bei etwa 150 °C, die auf der Abgabe von adsorbiertem Wasser und von Hydroxidgruppen beruht (261). Eine exotherme Reaktion zwischen 900 und 1 000 °C wird durch die Bildung von Mullit und/oder γ-Al_2O_3 verursacht (254, 279). Detaillierte weitere Angaben über die physikalischen und chemischen Eigenschaften finden sich bei Wada (259).

2.5.2 Imogolit

Der Imogolit besteht aus Röhrchen von etwa 10 Å Innen- und 20 Å Außendurchmesser (263). Stets bilden mehrere Röhrchen Bündel von 100 bis 300 Å Durchmesser (280). Innerhalb der Bündel liegen die einzelnen Röhrchen parallel und halten Abstände von 18 – 22 Å ein (281).

Der Imogolit ist als Mineralart vom AIPEA-Nomenklatur-Komitee (37) anerkannt worden. Nach Wada (259) schwankt die chemische Zusammensetzung der Imogolite in engen Grenzen und entspricht etwa der Formel $(SiO_2)_{1,0-1,2}\,Al_2O_3\,(H_2O)_{2,3-3,0}$. Nicht sicher ist, ob die veränderliche Zusammensetzung auf beigemengten Allophanen beruht (197). Die Aluminiumionen sind in der Imogolitstruktur nur sechsfach koordiniert.

Die Röntgendiagramme der Imogolite zeigen eine größere Zahl von Banden. Die Banden sind weniger breit und ihre Maxima schärfer ausgeprägt als bei Allophanen (Tabelle 2.49). Bei der DTA folgt auf die endotherme Reaktion zwischen 50 – 300 °C eine zweite endotherme Reaktion mit Maximum bei 400 °C. Die erste Reaktion beruht auf der Abgabe von adsorptiv gebundenem Wasser; bei der zweiten werden die Hydroxidgruppen aus der Struktur des Imogolits entfernt (261, 280). Eine exotherme Reaktion knapp unter 1 000 °C wird wie bei den Allophanen der Bildung von Mullit und/oder γ-Al_2O_3 zugeschrieben. Im Vergleich mit den Allophanen weisen die physikalischen Eigenschaften des Imogolits auf eine Substanz mit besser geordneter Struktur. Weitere Einzelheiten sind bei Wada (259) angegeben.

2.6 Oxide und Hydroxide

Zu den typischen Neubildungen bei der Gesteinsverwitterung gehört die überwiegende Menge der Oxide und Hydroxide des Aluminium, Eisen und Mangan sowie ein Teil der Oxide* des Silicium und Titan. Da diese Elemente (M) in primären Mineralen vorwiegend in Silicaten gebunden sind, werden sie bei der Verwitterung dadurch freigesetzt, daß die silicatische Bindung in Gegenwart von Wasser in eine oxidische Bindung übergeht, die Silicat (SiO_4)-Liganden des Metalls also gegen O- und OH-Liganden ausgetauscht werden:

$$\text{M-O-}\underset{|}{\overset{|}{\text{Si}}}\text{-O-} + H_2O \longrightarrow \text{MOH} + \text{HO-}\underset{|}{\overset{|}{\text{Si}}}\text{-O-}$$

Die Affinität zu den neuen Liganden steigt mit steigender Ladung des Metallions. Metallionen, die bei der Freisetzung aus silicatischer Bindung oxidiert werden, wie Eisen- und Manganionen, neigen daher verstärkt zur Oxidbildung und beteiligen sich folglich weniger an der Bildung von silicatischen Tonmineralen (Übersicht: 250).

2.6.1 Siliciumoxide

Formen und Vorkommen

Ein Großteil des im Verwitterungsmaterial auftretenden Siliciums nichtsilicatischer Bindung liegt als Quarz, SiO_2, vor (74). Er wurde entweder unverändert aus dem Ausgangsgestein übernommen (primärer Quarz) oder aus der Kieselsäure, die bei der Verwitterung freigesetzt wurde, neu gebildet (sekundärer Quarz). Als weitere SiO_2-Modifikation findet sich im Verwitterungsmaterial vulkanischer Gesteine der *Cristobalit*, der allerdings meist dem Gestein entstammt.

Der in Böden und Sedimenten häufig auftretende *Opal* ist ein Gemisch von amorphem Siliciumoxid und schlecht kristallisiertem Cristobalit oder Tridymit. Der H_2O-Gehalt des Opals beträgt je nach Alterungsgrad meist 4 – 9 %, seine Dichte 2,1 – 2,2 g/cm^3. In Böden aus vulkanischen Aschen kommen runde, 0,2 – 0,5 μm große Opalscheibchen vor, die aus dem bei der Verwitterung vulkanischer Gläser freigesetzten Silicium entstehen, wenn das gleichzeitig freigesetzte Aluminium an Huminstoffe gebunden wird und daher für eine Bildung von Tonmineralen nicht zur Verfügung steht. In den feuchten Tropen reicherten sich große Mengen des aus der

* Unter dem Begriff „Oxide“ werden im folgenden der Einfachheit halber nicht nur die reinen Oxide, sondern auch die Hydroxide und Oxidhydroxide zusammengefaßt werden, also z. B. Al_2O_3, $Al(OH)_3$ und AlOOH.

Verwitterung stammenden Silicium als Opal und Quarz in Form verhärteter Horizonte in ehemals tieferen Teilen der Landschaft an, die *Silcret* genannt werden.

In vielen Böden ist der Opal biogenen Ursprungs. Er liegt in Oberböden in Konzentrationen bis zu mehreren Prozenten vor und ist mannigfaltig geformt (z. B. Leisten oder Spieße). Dieser sog. ***Bioopal*** entstammt entweder dem Stützgewebe von Pflanzen (*Phytolithe*), vor allem Gräsern, oder den Nadeln von Schwämmen. Getreidestroh enthält 1 – 1,5 % und Gräser enthalten etwa 5 % Silicium.

Bildung

Siliciumoxide entstehen bei der Verwitterung primärer Silicate aus dem gelösten Silicium, das als Orthokieselsäure H_4SiO_4 (auch als Si $(OH)_4$ formuliert) in der Lösung vorliegt. Die Orthokieselsäure ist eine sehr schwache Säure (Konstante der 1. Dissoziationsstufe $K_s = 10^{-9} - 10^{-10}$) und daher unterhalb $p\mathrm{H} = 8$ praktisch undissoziiert. Mit steigender Konzentration steigt ihre Neigung zur Polymerisation, bei der sich die Monomere über Sauerstoffbrücken miteinander verbinden. Die Neigung hierzu ist besonders ausgeprägt bei $p\mathrm{H} = 5 - 7$. Gleichzeitig nimmt die Löslichkeit dieser Polykieselsäuren ab, so daß sich schließlich wasserreiches, amorphes Siliciumoxid bildet, das sehr langsam zu mehr oder weniger gut geordnetem Cristobalit, Tridymit oder Quarz wird. Die Polymerisation kann allerdings durch Adsorption des Siliciums an anderen Mineralen, z. B. Eisen- und Aluminiumoxiden verhindert werden.

Löslichkeit

Die Löslichkeit der Siliciumoxide ist sehr gering. Frisch ausgefälltes, amorphes Siliciumoxid hat eine Löslichkeit von 50 – 60 mg Si/l. Dieser Wert steigt mit zunehmender Temperatur und ist im Bereich von $p\mathrm{H} = 2 - 8$ annähernd unabhängig vom pH-Wert. Ab $p\mathrm{H} = 8 - 9$ bilden sich Silicatanionen, und die Löslichkeit steigt stark an.

Im Laufe der Kristallisation amorpher Siliciumoxide nimmt die Löslichkeit ab. Die Löslichkeit von Bioopal liegt bei 2 – 9 mg Si/l und sinkt mit abnehmendem H_2O-Gehalt. Quarz hat je nach Korngröße eine Löslichkeit von 1,4 – 3,3 mg Si/l (25 °C). Die Löslichkeit sinkt also in der Reihenfolge amorphes Siliciumoxid > Opal > Quarz.

Die Siliciumkonzentration in Verwitterungs- und Bodenlösungen ist in der Regel geringer als der Löslichkeit des amorphen Siliciumoxids entspricht, so daß sich dieses nur bei hohem Siliciumangebot aus der Lösung bildet. Dagegen ist die Lösung hinsichtlich Quarz meist übersättigt. Seine direkte Bildung aus der Lösung ist daher zwar möglich, jedoch kinetisch wegen der hohen Kristallisationsenergie gehemmt. Es wird daher angenommen, daß sich Quarz im Oberflächenbereich meist aus amorphen Vorphasen bildet, die gegenüber Quarz metastabil sind (Ostwaldsche Stufenregel).

2.6.2 Aluminiumoxide

Formen und Eigenschaften

Unter den kristallisierten Aluminiumoxiden, die im Verwitterungsbereich auftreten, herrscht der *Gibbsit*, γ-$Al(OH)_3$, bei weitem vor (123). Strukturell besteht er aus $Al(OH)_6$-Oktaederschichten, die in der kristallographischen c-Richtung über gemeinsame OH^--Ionen miteinander verbunden sind. Nur 2/3 der Oktaederzentren sind durch Al^{3+} besetzt, die Schichten sind also dioktaedrisch wie bei vielen Tonmineralen. Gibbsit bildet häufig sechseckige Täfelchen von Ton- oder Schluffgröße (Abb. 2.18).

Als weitere $Al(OH)_3$-Formen mit sehr ähnlicher Struktur werden vereinzelt *Nordstrandit* und *Bayerit*, α-$Al(OH)_3$, sowie die beiden AlOOH-Formen *Diaspor*, α-AlOOH, und *Böhmit*, γ-AlOOH, gefunden, insbesondere in Bauxiten (Aluminiumerze) und hochverwitterten Böden. Diaspor hat die Struktur des Goethits, Böhmit die des Lepidokrokits (s. dort). Die Aluminiumoxide finden sich im Verwitterungsbereich gleichmäßig verteilt oder als Konkretionen (Pisolithe) und verhärtete Horizonte (Alcret).

Die Löslichkeit des Gibbsits ist sehr gering (Löslichkeitsprodukt $(Al) \cdot (OH)^3 = 10^{-34}$). Bei $pH = 5$ beträgt die Gleichgewichts-Al-Konzentration des Gibbsits ca. 3 µg/l. Sie steigt jedoch mit sinkendem pH-Wert um 3 Zehnerpotenzen pro pH-Wert an, so daß der Gibbsit im stark sauren Bereich nicht stabil ist. Die Löslichkeit des amorphen $Al(OH)_3$ ist ca. 10mal höher als die des Gibbsits.

Bildung

Gibbsit bildet sich durch langsame Hydrolyse der bei der Verwitterung von aluminiumhaltigen Silicaten (Feldspäte, Glimmer, Tonminerale u. a.) freigesetzten Aluminiumionen, wenn die Siliciumkonzentration der Verwitterungslösung z. B. bei starker Siliciumauswaschung (Desilifizierung) unter ca. 0,5 mg Si/l absinkt und daher nicht mehr zur Tonmineralbildung ausreicht. Hierbei können z. B. Plagioklase

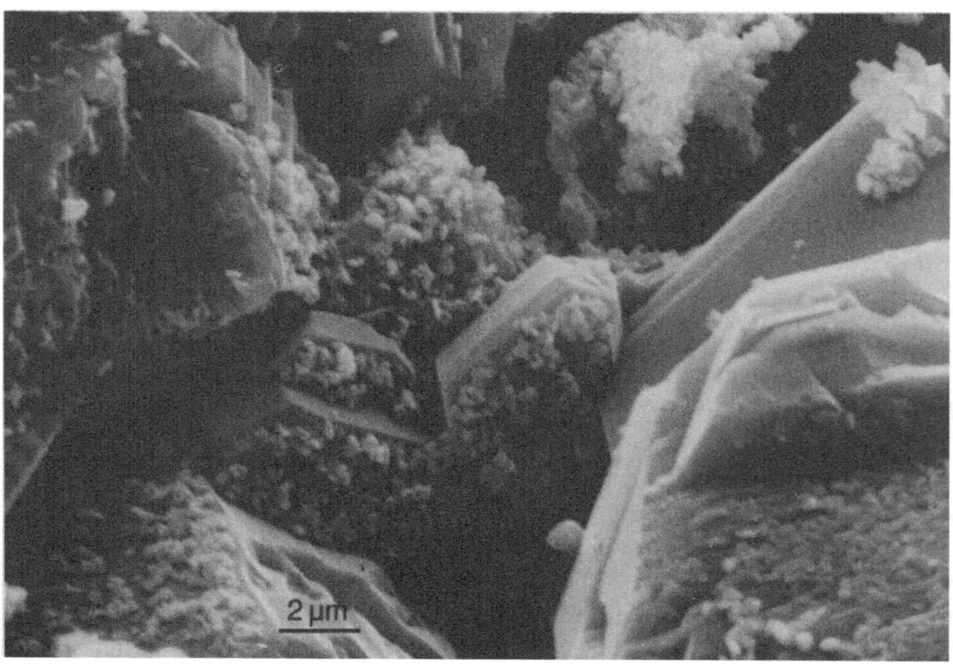

Abb. 2.18. Tafelige Gibbsitkristalle bedeckt mit Hämatit in einem Bauxit aus Basaltverwitterung, Jos Plateau, Nigeria. (Rasteraufnahme von H.-Ch. Bartscherer).

direkt in Gibbsit umgewandelt werden, dessen Kristalle dann das Volumen des ehemaligen Plagioklaskristalls ausfüllen (*Pseudomorphose*). In Verwitterungsdecken der Tropen und Subtropen bildet sich der Gibbsit, wenn die zunächst entstandenen Zwei- und Dreischichttonminerale durch Desilifizierung nicht mehr stabil sind und aufgelöst werden. Aufweitbare Tonminerale können die Gibbsitbildung verhindern, indem sie die freigesetzten Aluminiumionen als Polyhydroxoaluminiumkationen zwischen den Silicatschichten binden (Kap. 6.3, 9.2.6), organische Substanzen können sie verhindern, indem sie mit den Aluminiumionen Komplexe bilden.

Über amorphe Aluminiumhydroxide im Verwitterungsbereich ist bisher wenig Sicheres bekannt. Es ist jedoch wahrscheinlich, daß ein Teil der in stark sauren (pH < 4) Oberböden aus Silicaten freigesetzten Aluminiumionen in den Unterboden wandern und dort bei etwas höherem pH-Wert (> 4) als amorphes Aluminiumhydroxid ausfallen, dessen Kristallisation durch organische Anionen stark verzögert werden kann. Bei höherer Sulfatkonzentration, wie sie durch anthropogenen Eintrag entsteht, kann im sauren Bereich ein Teil des OH^- durch SO_4^{2-} ersetzt werden; es entstehen so kristalline oder amorphe Aluminiumhydroxysulfate (z. B. Jurbanit, $AlOHSO_4$).

2.6.3 Eisenoxide

Im Gegensatz zum Aluminium wird nur der kleinere Teil des bei der Verwitterung aus eisenhaltigen Silicaten (Biotite, Pyroxene, Amphibole, Olivine) freigesetzten Eisens in Tonminerale eingebaut. Der größere Anteil wird am Ort der Verwitterung oder nach Verlagerung in Form von Eisen(III)-oxiden ausgeschieden. Daher kennzeichnet das Verhältnis von oxidischem zum Gesamteisen den Verwitterungsgrad der Gesteine und Böden. Die stets stark färbenden Eisen(III)-oxide treten im Verwitterungsbereich gleichmäßig verteilt oder akkumuliert in Form von Aggregatüberzügen, Flecken, Konkretionen und Horizonten auf. Ein durch Eisenoxide zementierter Horizont wird *Ferricret* genannt (Übersicht: 187, 233, 245).

Formen und Eigenschaften

Die beiden häufigsten bei der Verwitterung gebildeten Eisen(III)-oxide sind der gelbbraune (Munsell-Farbe 7.5 YR – 2.5 Y), nadelförmig ausgebildete *Goethit*, α-FeOOH, und der blutrote (5 R – 2.5 YR), in sechseckigen Blättchen kristallisierende *Hämatit*, α-Fe_2O_3, (Abb. 2.19). Weniger häufig, aber keineswegs selten, sind der orangefarbene (5 – 7.5 YR) *Lepidokrokit*, γ-FeOOH, der meist stark gelappte oder gezähnte Blättchen oder Leisten bildet, der rotbraune *Maghemit*, γ-Fe_2O_3, die ferrimagnetische Form des Fe_2O_3, und der sehr schlecht kristallisierte, wasserhaltige *Ferrihydrit* (früher: amorphes Eisen(III)-hydroxid) mit der Zusammensetzung $5Fe_2O_3 \cdot 9H_2O$ (Abb. 2.20). Seltener sind zwei weitere FeOOH-Formen, der *Feroxyhit* (δ'-FeOOH) und der *Akaganeit* (β-FeOOH), der nur bei höheren Cl^--Konzentrationen entsteht. *Magnetit*, $Fe^{2+}Fe_2^{3+}O_4$, stammt meist aus dem Gestein, ist jedoch als Biomineral in zahlreichen Organismen seit längeren bekannt und wurde neuerdings auch als Neubildung in Böden gefunden. Der Ausdruck *Limonit* entspricht keinem definierten Mineral und sollte daher vermieden werden.

Unter reduzierenden, nicht zu sauren Bedingungen bilden sich blaugrün gefärbte Eisen(II, III)-hydroxysalze, sog. Grüner Rost, der ein Korrosionsprodukt des metallischen Eisens unter anoxischen Bedingungen ist, vermutlich aber auch die blau-

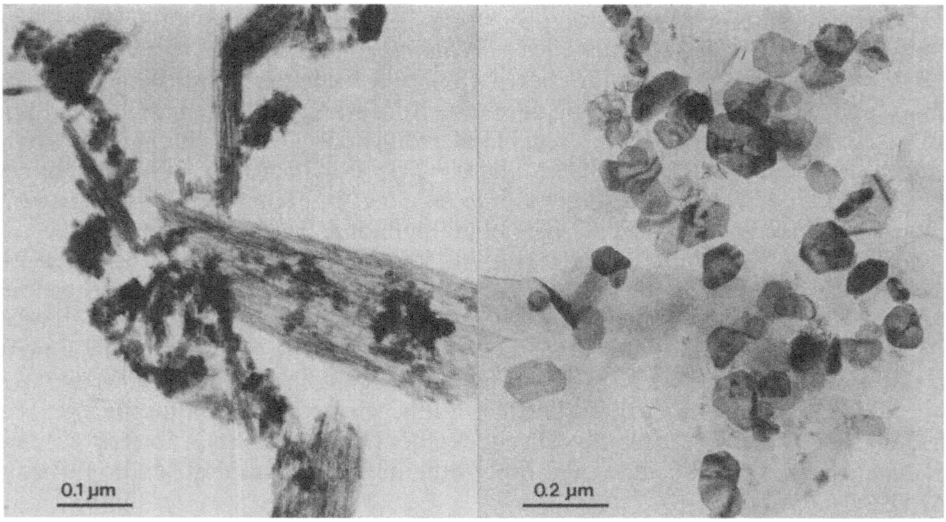

Abb. 2.19. a) Nadelige Goethitkristalle aus einer Peridotitverwitterung, Neukaledonien, b) Sechseckige Hämatitkristalle aus dem Atlantis Tief, Rotes Meer. (Elektronenmikroskopische Aufnahmen von H.-Ch. Bartscherer).

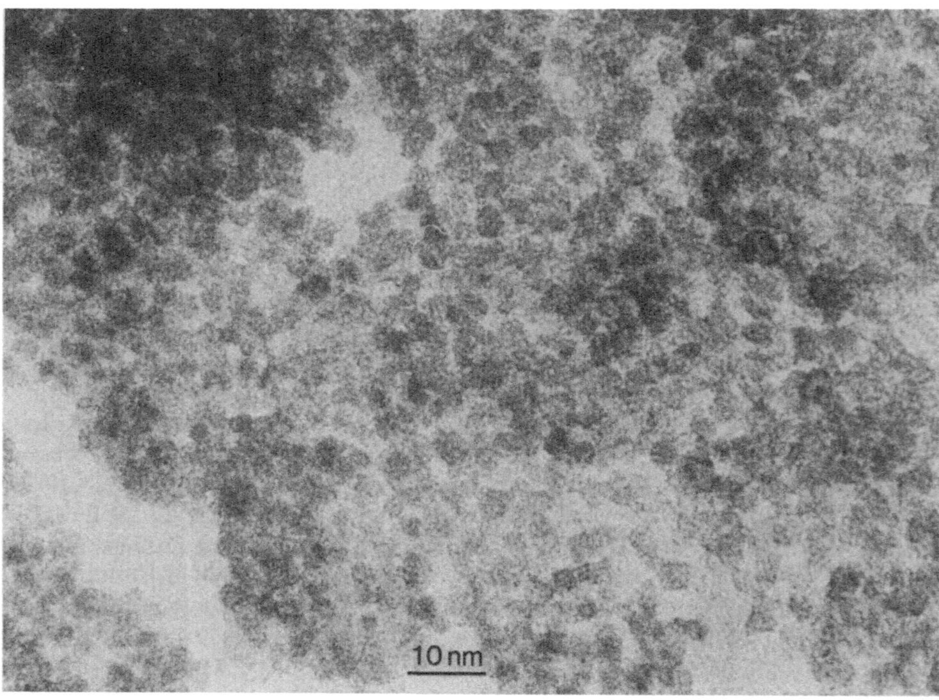

Abb. 2.20. Synthetischer Ferrihydrit. (Elektronenmikroskopische Aufnahme von H.-Ch. Bartscherer).

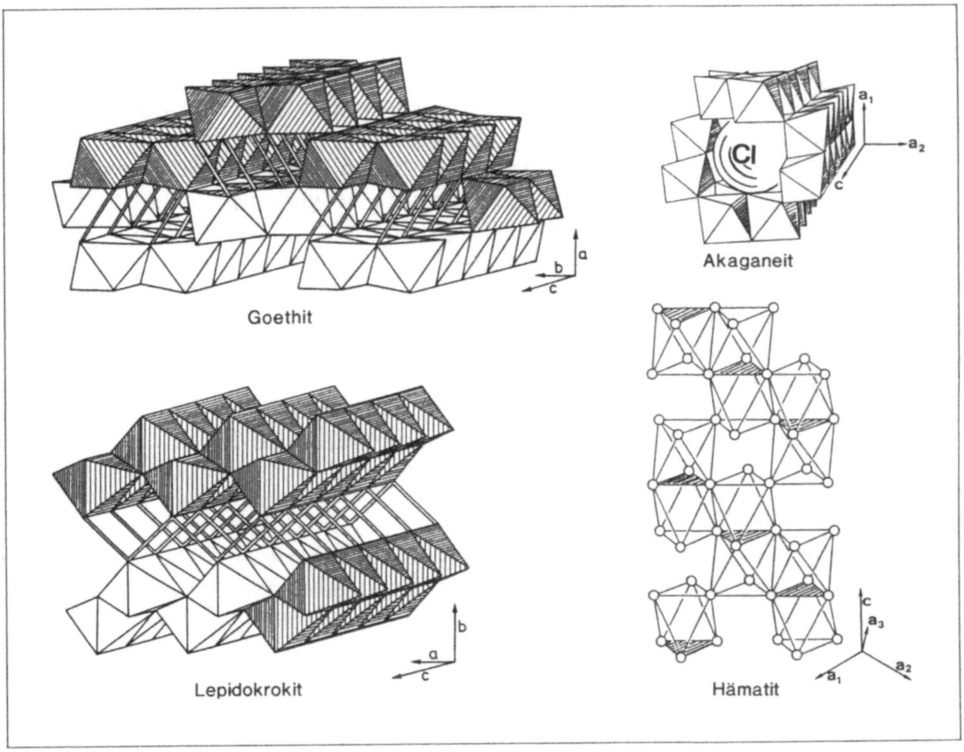

Abb. 2.21. Strukturmodelle von Goethit, Akaganeit, Lepidokrokit und Hämatit.

grüne Farbe von reduzierten Horizonten, z. B. im Grundwasserbereich verursachen mag, bisher dort jedoch noch nicht identifiziert wurde. Er ist sehr oxidationsempfindlich und daher von grünlich gefärbten Tonmineralen leicht zu unterscheiden.

Der Grundbaustein in der Struktur der Eisen(III)-oxide (Abb. 2.21) ist ein Oktaeder aus 6 O^{2-}-(Oxide i. e. s) oder 3 O^{2-}- und 3 OH^--(Oxidhydroxide)-Ionen, in dessen Zentrum das Fe^{3+}-Ion sitzt. Lediglich Magnetit und Maghemit enthalten auch tetraedrisches Fe^{3+}. Die einzelnen Minerale unterscheiden sich lediglich durch die Art, wie die Oktaeder räumlich verknüpft sind. Der Hämatit besteht aus Schichten von Oktaedern, die über gemeinsame Oktaederkanten und -flächen, d. h. über je 2 bzw. 3 O^{2-}-Ionen verbunden sind. Im Goethit sind die Oktaeder über Kanten zu Doppelketten und diese über Oktaederecken (d. h. je 1 gemeinsames O^{2-}-Ion) und Wasserstoffbrücken verknüpft. Im Lepidokrokit bilden die Doppelketten über Oktaederkanten Zickzackschichten, die durch Wasserstoffbrücken zusammengehalten werden. Im Akaganeit bilden je 4 Doppelketten einen quadratischen Tunnel, in den Cl^- und H_2O eingelagert sind. Der Ferrihydrit hat eine stark gestörte Hämatitstruktur mit Fe^{3+}-Fehlstellen und H_2O.

Im Goethit und Hämatit ist in der Natur sehr häufig ein Teil der Fe^{3+}-Ionen durch Al^{3+}-Ionen ersetzt (beim Goethit bis zu 1/3, beim Hämatit bis zu 1/6 des Fe^{3+}). Da die Al^{3+}-Ionen kleiner sind als die Fe^{3+}-Ionen ($r = 0{,}54$ gegenüber 0,65 Å), ist auch die Elementarzelle der Al^{3+}-substituierten Eisen(III)-oxide etwas kleiner als die der reinen. In der Synthese ist auch der Einbau anderer dreiwertiger Kationen, wie z. B. Mn^{3+}, V^{3+} und Cr^{3+}, sowie von zweiwertigen Kationen (Co^{2+}, Ni^{2+}) gelungen.

Charakteristisch für die Eisenoxide im Verwitterungsbereich ist, daß sie, wohl wegen ihrer hohen Kristallisationsenergie und wegen kristallisationsbehindernder Substanzen in der Verwitterungslösung nur sehr kleine Kristalle bilden (Goethit und Hämatit 10 – 50 nm, Ferrihydrit 2 – 5 nm). Sie haben daher eine sehr große spezifische Oberfläche (50 – 200 m^2/g) und können auch bei geringen Gehalten erheblich zur spezifischen Oberfläche des Verwitterungsmaterials und der Böden beitragen.

Eisen(III)-oxide sind sehr schwer lösliche Verbindungen und noch schwerer löslich als die Aluminiumoxide. Die Löslichkeitsprodukte $(Fe)\cdot(OH)^3$ liegen bei $10^{-42} - 10^{-44}$ für Goethit und Hämatit, bei ca. 10^{-40} für Lepidokrokit und bei $10^{-37} - 10^{-39}$ für Ferrihydrit. Die Eisen(III)-oxide können im Gegensatz zu den Aluminiumoxiden jedoch leicht aufgelöst werden, wenn reduzierende Bedingungen vorliegen. Die Gleichgewichts-Fe^{2+}-Konzentration steigt dabei mit sinkendem Redoxpotential und steigender Löslichkeit des Eisen(III)-oxids.

Vorkommen, Bildung und Gehalt

Wegen seiner hohen Stabilität ist der *Goethit* unter den Eisenoxiden im Verwitterungsbereich aller Klimate am weitesten verbreitet. In Abwesenheit von Hämatit gibt er vielen Sedimenten und Böden die typisch gelb- bis rostbraune Farbe. Goethit findet man meist nur in jüngeren Sedimenten (Meso-, Känozoikum (Neozoikum)), häufig mit Hämatit vergesellschaftet, während in älteren Sedimenten meist Hämatit an seine Stelle tritt.

Goethit entsteht nach vollständiger Hydrolyse von Eisen(III)-hydroxykationen, z. B. $Fe(OH)^{2+}$, durch Keimung und Kristallwachstum direkt aus der Lösung. Die Fe^{3+}-Ionen entstammen der oxidativen Hydrolyse von Eisen(II)-verbindungen, insbesondere primärer Eisen(II)-silicate oder der Auflösung weniger stabiler Eisen (III)-verbindungen, z. B. Ferrihydrit. Dabei erscheint es notwendig, daß die Konzentration der Eisen(III)-ionen in der Lösung so niedrig bleibt, daß nur das niedrige Löslichkeitsprodukt des Goethits, nicht aber das höhere des Ferrihydrits überschritten wird, da sich sonst dieser bildet. Vermutlich wird die Konzentration durch die Freisetzungsrate aus der Eisenquelle oder durch organische Eisen(III)-komplexe gesteuert.

Erfolgt dagegen die Hydrolyse der Fe^{3+}-Ionen relativ rasch, wie z. B. bei höherem *p*H-Wert und schneller Oxidation von Fe^{2+}-haltigen Lösungen, so steigt die Konzentration der Fe^{3+}-Ionen so stark an, daß sich *Ferrihydrit* bildet. Er tritt z. B. in größeren Mengen als braunroter Schlamm auf, wenn Fe^{2+}-haltige Quell-, Sicker- oder Grundwässer mit der Luft in Berührung kommen. Goethitkeimung und -kristallwachstum können aber auch durch gelöstes Silicat, Phosphat und organische Anionen zugunsten der Ferrihydritbildung verhindert werden. Die genannten Lösungsbestandteile werden dann durch den Ferrihydrit adsorbiert und verzögern oder verhindern, daß er sich zu den stabileren, besser kristallisierten Oxiden, Goethit und Hämatit, umwandelt. Ferrihydrit tritt in Eisenoxidanreicherungen von Gleyen (Konkretionen, Raseneisenstein) und in B-Horizonten von Podsolen auf. Generell kann der Ferrihydrit demnach als junges Eisenoxid angesehen werden. In älteren Sedimenten und Böden fehlt er.

Der Ferrihydrit kann sich außer über die Lösung in Goethit auch durch Entwässerung und Rekristallisation in *Hämatit* umwandeln. Daher wird der Hämatit mit steigender Bodentemperatur und sinkender Wasseraktivität gegenüber Goethit gefördert und tritt vor allem in Böden und Verwitterungsdecken (Regolithe) wärmerer Klimate auf, die er meist leuchtend rot oder violett färbt. Hämatit entsteht im Oberflächenbereich also nicht, wie vielfach angenommen, durch Entwässerung aus Goethit, sondern aus Ferrihydrit.

Rote, hämatithaltige ältere Böden und Sedimente können sich von oben her in gelbbraune Böden umwandeln. Dies geschieht dadurch, daß sich Hämatit durch mikrobielle Reduktion oder Komplexierung gegenüber Goethit bevorzugt auflöst und der Goethit zurückbleibt, nicht dagegen durch Rehydratisierung des Hämatits zu Goethit. Die reduktive Auflösung ist die Folge des Sauerstoffdefizits bei der mikrobiellen Veratmung von Biomasse. Die hierbei freiwerdenden Elektronen werden enzymatisch nicht wie unter aeroben Bedingungen an O_2, sondern an die Fe^{3+}-Ionen der Oxide übertragen (CH_2O steht für Biomasse):

$$2\,Fe_2O_3 + CH_2O + 8\,H^+ \longrightarrow 4\,Fe^{2+} + CO_2 + 5\,H_2O$$

Das mobilisierte Fe^{2+} kann dann mit dem Wasser verlagert werden und wird erst bei O_2-Zutritt wieder oxidiert und immobilisiert. So entstehen neue Verteilungen der Eisenoxide in der Verwitterungsdecke und in ganzen Landschaften, z. B. die Ferricrets in den Tropen.

Lepidokrokit entsteht vorwiegend bei der nicht zu schnellen Oxidation von Fe^{2+} bei geringer Carbonationenkonzentration. Er ist gegenüber dem Goethit zwar metastabil, wandelt sich aber nur sehr langsam in diesen um, so daß er über längere Zeiten beständig sein kann. Er tritt vor allem in tonigen, carbonatfreien, staunassen Sedimenten und Böden auf.

Maghemit entsteht entweder durch Oxidation von gesteinsbürtigem Magnetit ($2\,Fe_3O_4 + {}^1/_2\,O_2 = 3\,Fe_2O_3$) oder durch Hitzeeinwirkung (Brände) auf andere Eisen(III)-oxide in Gegenwart organischer Stoffe. Er ist vor allem in Böden der Tropen und Subtropen, feinverteilt oder in Konkretionen, weit verbreitet.

Die geschilderten Pfade der Entstehung und Umwandlung der verschiedenen Eisenoxide sind in Abbildung 2.22 schematisch dargestellt. Sie spiegeln in mannigfaltiger Weise die *Verwitterungsbedingungen* wider. Insbesondere gilt dies für das Goethit/Hämatit-Verhältnis. So sind die Verwitterungsdecken der gemäßigten und kühlen Klimate meist hämatitfrei, während solche der Subtropen und Tropen neben Goethit häufig auch Hämatit enthalten. Böden entlang eines Hangs (sog. Toposequenzen) sind häufig am trockeneren Ober- und Mittelhang hämatitisch und daher rot, in der feuchten Senke dagegen hämatitfrei und goethitisch und daher gelb. Der Lepidokrokit zeigt häufig ein $CaCO_3$-freies, zeitweise anaerobes Milieu, der Maghemit Feuereinwirkung und der Ferrihydrit aktive Eisen(III)-oxidbildung an.

Auch das Ausmaß der Substitution von Eisen- durch Aluminiumionen und die Kristallinität hängen mit dem Bildungsmilieu zusammen. So ist in sauren, stark entwickelten Verwitterungsdecken der Tropen die Substitution des Goethits häufig hoch (bis zu 1/3 des Eisens), im neutralen oder im reduktomorphen Milieu dagegen meist deutlich tiefer ($< 1/6$). Humose Bildungen des kühlfeuchten Klimas enthalten eher schlecht kristallisierten, mit Ferrihydrit vergesellschafteten Goethit; humusfreie, stark desilifizierte oxidreiche Bildungen der Tropen dagegen eher gut kristallisierten Goethit.

Der *Gehalt an Eisenoxiden* liegt in Verwitterungsdecken, in denen die Eisenoxide gleichmäßig verteilt sind, meist im Bereich von 0,2 – 20 %; er hängt insbesondere

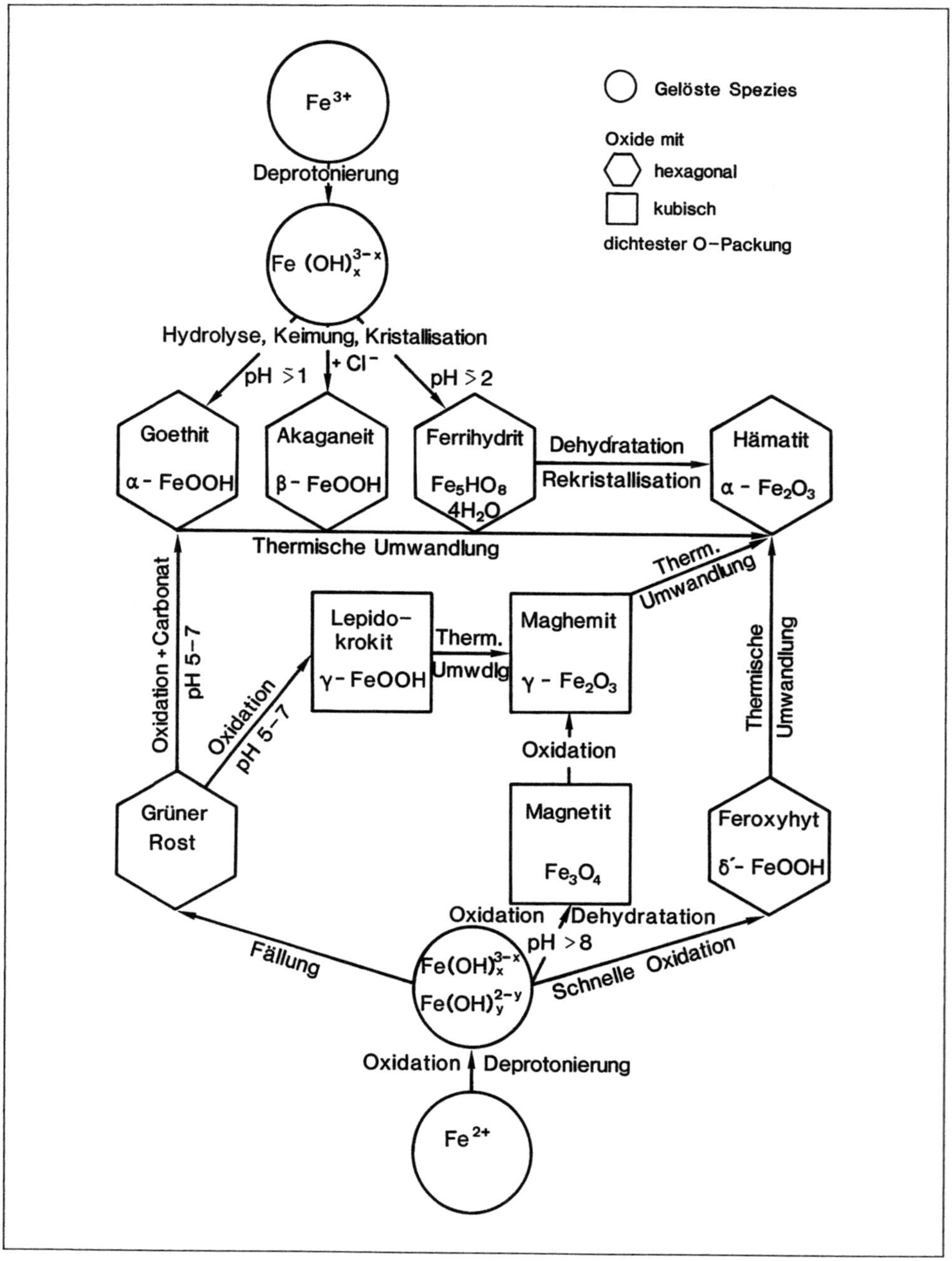

Abb. 2.22. Bildungs- und Umbildungspfade der Eisenoxide.

von der Körnung (S<T), vom Ausgangsgestein und vom Verwitterungsstadium ab. In Anreicherungszonen wie Rostflecken, Konkretionen, Raseneisenhorizonten und Ferricrets kann er jedoch bis auf 80 – 90 % ansteigen. Die Gesamtmenge der Eisenoxide läßt sich durch eine reduktive Extraktion mit Dithionit gut von dem nichtoxidischen Eisen trennen. Innerhalb der Eisenoxide trennt eine Extraktion mit einer Oxalatlösung bei pH = 3 schlechtkristallisierte Eisenoxide (vor allem Ferrihydrit) von Hämatit und Goethit (Kap. 1.5.5).

2.6.4 Titanoxide

Der mittlere Titangehalt der Erdkruste beträgt 0,8 % TiO_2. Unter den magmatischen Gesteinen sind die siliciumreichen titanärmer als die siliciumarmen; Sedimente und Böden enthalten meist weniger als 1 % TiO_2. Das bei der Verwitterung der Minerale freigesetzte Titan entstammt einer Reihe von primären, leicht (Biotit, Amphibol) oder schwer verwitterbaren (Ilmenit, Titanit, Titanomagnetit) Mineralen. Es wird zum (kleineren) Teil in Tonminerale (bis ca. 1 % TiO_2) eingebaut und zum Teil als TiO_2 oder Eisentitanoxid (z. B. bei der Verwitterung von Ilmenit, $FeTiO_3$) ausgefällt. Von den TiO_2-Modifikationen ist allerdings nur der *Anatas* als Verwitterungsneubildung sicher nachgewiesen, während der *Rutil* dem Gestein entstammt (178). Anatas bildet tafelige Kristalle und läßt sich bei niedriger Temperatur leicht synthetisieren (Abb. 2.23). Bei der Verwitterung von Ilmenit entsteht ein Eisentitanoxid variabler Zusammensetzung, der *Pseudorutil* ($Fe_2Ti_3O_9$), der weiter zu Anatas und Eisen(III)-oxid zerfällt. Als Titanomagnetite werden Mischkristalle zwischen Magnetit und Ulvit (Fe_2TiO_4) bezeichnet. Sie verwittern (oxidieren) zu Titanomaghemiten, deren Zusammensetzung zwischen Magnetit, Maghemit und Ulvit liegt.

2.6.5 Manganoxide

Bei der Verwitterung manganhaltiger Silicate (z. B. Biotit, Pyroxen, Amphibol), die Mangan stets als Mn^{2+} enthalten, wird dieses unter aeroben Bedingungen oxidiert und überwiegend in Form schwarzbrauner, schwerlöslicher Mangan (IV)-oxide gefällt. Die Oxidation erfolgt im normalen pH-Wertbereich des Verwitterungsmilieus mikrobiell. Manganoxide treten wie Eisen(III)-oxide in Flecken, Aggregatüberzügen, Konkretionen und Krusten auf.

Mineralogie und Chemismus der Manganoxide (98, 173) sind vielfältiger als die der Aluminium- und Eisenoxide, weil sie neben vierwertigem Mangan auch Mn^{3+} und Mn^{2+} enthalten können und zum Ladungsausgleich Kationen, wie Li^+, Na^+, K^+, Ca^{2+}, Ba^{2+}, Al^{3+} und Fe^{3+} in die Struktur aufnehmen. Die Manganoxide sind daher häufig wie die Tonminerale nichtstöchiometrisch zusammengesetzt.

Die Manganoxide bestehen entweder aus $[MnO_6]$-Oktaederschichten (Phyllomanganate) oder aus Oktaedertunnel (Tunnelmanganate). Der Basisabstand der Phyllomanganate beträgt 7 oder 10 Å. Das 7 Å-Mineral heißt *Birnessit*, (Na, Ca, K) (Mg, Mn^{2+}) $Mn_6^{4+}O_{14} \cdot 5\,H_2O$, seine durch Einlagerung einer H_2O-Schicht auf 10 Å aufgeweitete Form *Buserit*. Durch Ersatz von Mn^{4+} durch Mn^{2+} sind die $[MnO_6]$-Schichten negativ geladen und binden zum Ladungsausgleich andere Kationen wie Na^+, K^+, Mg^{2+} und Ca^{2+} zwischen den Schichten. Beim *Lithiophorit* ist zwischen den negativ geladenen $[MnO_6]$-Schichten zum Ladungsausgleich eine positiv ge-

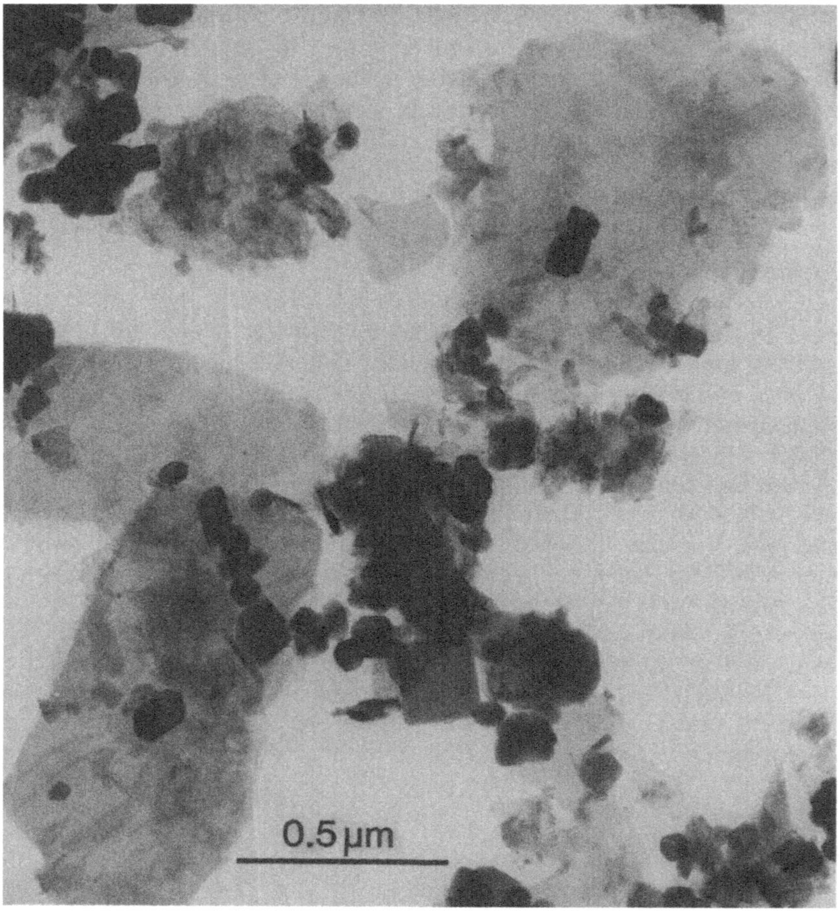

Abb. 2.23. Anataskristalle (klein, opak) aus einem Saprolit, Südindien. Die hellen Blättchen sind Glimmer. (Aufnahme von H.-Ch. Bartscherer)

ladene Li^{+}-Al^{3+}-Hydroxidschicht eingelagert. Seine Idealformel ist $[Al_2Li(OH)_6]$ $[Mn^{4+}Mn^{3+}O_{12}]$. Schlecht kristallisierte Phyllomanganate werden als *Vernadit* bezeichnet. In den Tunnelmanganaten bilden $[MnO_6]$-Oktaederketten rechteckige Tunnel verschiedener Größe, die austauschbare Kationen und Wasser aufnehmen. Hierzu gehören die MnO_2-Formen *Pyrolusit* und *Todorokit* sowie der K^{+}-haltige *Kryptomelan* ($K_2Mn_8O_{16}$) und der Ba^{2+}-haltige *Hollandit* ($BaMn_8O_{16}$). Sie treten im Verwitterungsbereich seltener auf als die Phyllomanganate.

Wie die Eisenoxide sind auch die Manganoxide sehr wenig löslich und können – und zwar bereits bei etwas schwächer anaeroben Bedingungen – wie jene mikrobiell reduziert und so gelöst werden. Dadurch wird das Mangan einerseits pflanzenverfügbar und kann anderseits im Verwitterungsbereich umverteilt werden.

Literatur

1. Ahn JH, Peacor DR, Coombs DS (1988) Formation mechanisms of illite, chlorite and mixed-layer illite-chlorite in Triassic volcanogenic sediments from the Southland syncline, New Zealand. Contrib Mineral Petrol 99: 82 – 89
2. Alietti A (1958) Some interstratified clay minerals of the Taro Valley. Clay Miner Bull 3: 207 – 211
3. Bailey SW (1988) Chlorites: Structures and crystal chemistry. In: Bailey SW (ed) Hydrous phyllosilicates (exclusive of micas). Reviews in Mineralogy, vol 19. Mineralogical Society of America, pp 347 – 403
4. Bailey SW, ed (1984) Micas. Reviews in Mineralogy, vol 13. Mineralogical Society of America
5. Bailey SW (1982) Nomenclature for regular interstratifications. Am Min 67: 394 – 398
6. Bailey SW (1980) Comment. Summary of recommendations of AIPEA nomenclature committee. Clays Clay Min 28: 73 – 78
7. Bailey SW (1980) Structures of layer silicates. In: Brindley GW, Brown G (eds) Crystal structures of clay minerals and their X-ray identification. Mineralogical Society, London, pp 1 – 124
8. Bailey SW (1969) Polytypism of trioctahedral 1 : 1 layer silicates. Clays Clay Min 17: 355 – 371
9. Bailey SW (1963) The polymorphism of kaolin minerals. Am Min 48: 1196 – 1209
10. Bailey SW, Brown BE (1962) Chlorite polytypism: Regular and semi-random one-layer structures. Am Min 47: 819 – 850
11. Barshad I (1948) Vermiculite and its relation to biotite as revealed by base exchange reactions, X-ray analysis, differential thermal curves and water content. Am Min 33: 655 – 678
12. Barshad I, Kishk FM (1969) Chemical composition of soil vermiculite clays as related to their genesis. Contrib Mineral Petrol 24: 236 – 155
13. Basset WA (1963) The geology of vermiculite occurrences. Clays Clay Min 10: 61 – 69
14. Bates TF (1958) Selected electron micrographs of clays. Circular no 51. Mineral Industries Experiment Station, State University Pennsylvania.
15. Ben Rhaiem H, Tessier D, Pons CH (1986) Comportement hydrique et évolution structurale et texturale des montmorillonites au cours d'un cycle de dessiccation-humectation: I. Cas des montmorillonites calciques. Clay Min 21: 9 – 29
16. Biedl A, Preisinger A (1963) Die Struktur des Loughlinit (Natrium-Sepiolith). Fortschr Miner 40: 550 – 51
17. Bigham JM, Jaynes WT, Allen BL (1980) Pedogenic alteration of sepiolite and palygorskite on the Texas High Plains. Soil Sci Soc Am J 44: 159 – 167
18. Biscaye PE (1964) Distinction between kaolinite and chlorite in recent sediments by X-ray diffraction. Am Min 49: 1281 – 1289
19. Bish DL, Dreele R Von (1988) Rietfeld refinement of the crystal structure of kaolinite. Annual Meeting of the Clay Minerals Society, East Lansing, Michigan (Abstr.)
20. Black PM (1975) Mineralogy of New Caledonian metamorphic rocks: IV. Sheet silicates from the Quégoa district. Contrib Miner Petrogr 49: 269 – 284
21. Blatter CL, Roberson HE, Thompson GR (1973) Regularity interstratified chlorite-dioctahedral smectite in dike-intruded shales, Montana. Clays Clay Min 21: 207 – 212
22. Blount AM, Threadgold IM, Bailey SW (1969) Refinement of the crystal structure of nacrite. Clays Clay Min 17: 185 – 194
23. Bowles FA, Angino EA, Hosterman JW, Galle OK (1971) Precipitation of deep sea palygorskite and sepiolite. Earth Planet Sci Lett 11: 324 – 332
24. Bradley WF (1954) X-ray diffraction criteria for the characterization of chloritic material in sediments. Clays Clay Min 2: 324 – 334
25. Bradley WF (1950) The alternating layer sequence of rectorite. Am Min 35: 590 – 595
26. Bradley WF (1945) Diagnostic criteria for clay minerals. Am Min 30: 704 – 713
27. Bradley WF (1940) The structural scheme of attapulgite. Am Min 25: 405 – 410
28. Bradley WF, Weaver CE (1956) A regularly interstratified chlorite-vermiculite mineral. Am Min 41: 497 – 504
29. Brauner K, Preisinger A (1956) Struktur und Entstehung des Sepioliths. Tschermaks Miner Petrogr Mitt 6: 120 – 140
30. Brigatti MF, Poppi L (1984) 'Corrensite-like minerals' in the Taro and Ceno valleys, Italy. Clay Min 19: 59 – 66

31. Brindley GW (1980) Structures of layer silicates. In: Brindley GW, Brown G (eds) Crystal structure of clay minerals and their X-ray identification. Mineralogical Society London 1980
32. Brindley GW (1959) X-ray and electron diffraction data for sepiolite. Am Min 44: 495 – 500
33. Brindley GW (1955) Stevensite, a montmorillonite-type mineral showing mixed-layer characteristics. Am Min 40: 239 – 247
34. Brindley GW (1951) The crystal structure of some chamosite minerals. Mineralog Mag 29: 502 – 525
35. Brindley GW, Ali SZ (1950) X-ray study of thermal transformations in some magnesian chlorite minerals. Acta Crystallogr 3: 25 – 30
36. Brindley GW, Brown G, (1980) (eds) Crystal structures of clay minerals and their X-ray identification. Mineralogical Society London 1980
37. Brindley GW, Pedro G (1970) Report of the AIPEA nomenclature committee. AIPEA Newsletter 7: 8 – 13
38. Brindley GW, Porter ARD (1978) Occurence of dickite in Jamaica – ordered and disordered varieties. Am Min 63: 554 – 562
39. Brindley GW, Robinson K (1948) Metahalloysite. Mineralog Mag 28: 393 – 407
40. Brindley GW, Robinson K (1946) The structure of kaolinite. Mineralog Mag 27: 242 – 253
41. Brindley GW, Santos de Souza P, Santos de Souza H (1963) Mineralogical studies of kaolinite-halloysite clays. I. Identification problems. Am Min 48: 897 – 910
42. Brindley GW, Wardle R (1970) Monoclinic and triclinic forms of pyrophyllite and pyrophyllite anhydrite. Am Min 55: 1259 – 1272
43. Brown G (1980) Associated minerals. In: Brindley GW, Brown G (eds) Crystal structures of clay minerals and their X-ray identification. Mineralogical Society London, pp 361 – 410
44. Brown G (1955) Report of the clay minerals group subcommittee on nomenclature of clay minerals. Clay Miner Bull 2: 294 – 302
45. Brown G (1953) The dioctahedral analogue of vermiculite. Clay Minerals Bull 2: 64 – 70
46. Brown G, Weir AH (1963) The identity of rectorite and allevardite. Proc Int Clay Conf 1963 Stockholm 1: 27 – 35
47. Buckley HA, Bevan JC, Brown KM, Johnson LR (1978) Glauconite and celadonite: two separate mineral species. Mineralog Mag 42: 373 – 382
48. Byström Brusewitz AM (1975) Studies on the Li test to distinguish between beidellite and montmorillonite. Proc Int Clay Conf, Mexico 1975. Applied Publishing, Wilmette, Illinois, USA, pp 419 – 428
49. Cahoon HP (1954) Saponite near Milford, Utah. Am Min 39: 222 – 230
50. Caillère S, Hénin S (1957) The chlorite and serpentine minerals. In: Mackenzie RC (ed) The differential thermal investigation of clays. Mineralogical Society London 1957, pp 207 – 230
51. Caillère S, Hénin S (1957) The sepiolite and palygorskite minerals. In: Mackenzie RC (ed) The differential thermal investigation of clays. Mineralogical Society, London, pp 231 – 247
52. Caillère S, Hénin S, Pobeguin T (1962) Présence d'un nouveau type de chlorite dans les bauxites de Saint Paul-de-Fenouillet (Pyrenees-Orientales). C r hebd Séanc Acad Sci Paris 254: 1657 – 1658
53. Caillère S, Mathieux-Sicaud A, Hénin S (1950) Nouvel essai d'identification du minéral de La Table près l'allevardite. Bull Soc fr Minér Cristallogr 73: 193 – 201
54. Callen RA (1984) Clays of the palygorskite-sepiolite group: Depositional environment, age and distribution. In: Singer A, Galan E (eds) Palygorskite-sepiolite. Occurences, genesis and uses. Developments in Sedimentology 37: 1 – 37. Elsevier, Amsterdam
55. Cannings FR (1968) An infrared study of hydroxyl groups on sepiolite. J phys Chem 72: 1072 – 1074
56. Cardile CM (1989) Tetrahedral iron in smectite: A critical commentary. Clays Clay Min 37: 185 – 188
57. Cardile CM, Johnston JH (1985) Structural studies of nontronites with different iron contents by ^{57}Fe Mössbauer spectroscopy. Clays Clay Min 33: 295 – 300
58. Cerny P (1970) Compositional variation in cookeite. Can Min 10: 636 – 647
59. Christ CL, Hathaway JC, Hostetler PB, Shepard AO (1969) Palygorskite: new x-ray data. Am Min 54: 198 – 205
60. Chukrov FV, Zvyagin BB (1966) Halloysite, a crystallo-chemically and mineralogically distinct species. Proc Int Clay Conf 1966 Jerusalem 1: 11 – 25

61. Churchman GJ, Theng BKG (1984) Interactions of halloysites with amides: mineralogical factors affecting complex formation. Clay Min 19: 161 – 175
62. Churchman GJ, Whitton JS, Claridge GGC, Theng BKG (1984) Intercalation method using formamide for differentiating halloysite from kaolinite. Clays Clay Min 32: 241 – 248
63. Coleman NT, LeRoux FH, Cady JG (1963) Biotite-hydrobiotite-vermiculite in soils. Nature 198: 409 – 410
64. Correns CW, Mehmel M (1936) Über den optischen und röntgenographischen Nachweis von Kaolinit, Halloysit und Montmorillonit. Z Kristallogr (A) 94: 337 – 348; S 699 – 780
65. Correns CW, Piller H (1955) Mikroskopie der feinkörnigen Silikate. In: Freund H (Hrsg) Handbuch der Mikroskopie in der Technik, Bd IV, Teil 1 „Gesteine". Umschau Frankfurt
66. Couture RA (1977) Composition and origin of palygorskite-rich and montmorillonite-rich zeolite-containing sediments from the Pacific Ocean. Chem Geol 19: 113 – 130
67. Cowley JM (1961) Diffraction intensities from bent crystals. Acta crystallogr 14: 920 – 927
68. De la Calle C, Dubernat J, Suquet H, Pezerat H, Gaultier JP, Mamy J (1976) Crystal structure of two layer Mg-vermiculites and Na, Ca-vermiculites. In: Bailey SW (ed) Proc Int Clay Conf, Mexico 1975. Applied Publishing, Wilmette, Illinois, USA, pp 201 – 209
69. De la Calle C, Plançon A, Pons CH, Dubernat J, Suquet H, Pezerat H (1984) Mode d'empilement des feuillets dans la vermiculite sodique hydratée à une couche (phase à 11.85 Å). Clay Min 19: 563 – 578
70. De la Calle C, Suquet H, Pons CH (1988) Stacking order in a 14.30-Å Mg-Vermiculite. Clays Clay Min 36: 481 – 490
71. Dolcater DL, Syers JK, Jackson ML (1970) Titanium as free oxide and substituted in kaolinite and other soil minerals. Clays Clay Min 18: 71 – 79
72. Douglas LA (1989) Vermiculites. In: Minerals in Soil Environments, 2nd edn. Soil Science Society of America, Madison, Wisconsin, USA, pp 635 – 674
73. Douglas LA (1985) Criteria for vermiculitic and chloritic family classes in soil taxonomy. In: Kittrick JA (ed) Mineral classification of soils. Soil Society of America, Madison, Wisconsin. Spec Publ 16, pp 161 – 167
74. Drees LR, Wildung LP, Smeck NE, Senkayi AL (1989) Silica in Soils: Quartz and disordered silica polymorphs. In: Dixon JB, Weed SB (eds) Minerals in soil environments. Soil Sci Soc of America, Madison, Wisonsin, USA, pp 913 – 974
75. Drits VA, Sokolova GV (1971) Structure of palygorskite. Soviet Phys Crystallogr 16: 183 – 185
76. Droste JB, Vitaliano CJ (1973) Tioga bentonite (middle Devonian) of Indiana. Clays Clay Min 21: 9 – 13
77. Earley JW, Brindley GW, McVeach WJ, Vanden-Heuvel RC (1956) A regulary interstratified montmorillonite-chlorite. Am Min 41: 258 – 267
78. Earley JW, Osthaus BB, Milne IH (1953) Purification and properties of montmorillonite. Am Min 38: 707 – 724
79. Eberl D (1978) Reaction series for dioctahedral smectites. Clays Clay Min 26: 327 – 340
80. Echle W (1978) The transformations sepiolite – loughlinite: experiments and field observations. N Jb Miner Abh 133: 303 – 321
81. Evans BW, Misch P (1976) A quartz-aragonite-talc schist from the lower Skagit Valley, Washington. Am Min 61: 1005 – 1008
82. Fahey JJ, Ross M, Axelrod DJ (1960) Loughlinite, a new hydrous sodium magnesium silicate. Am Min 45: 270 – 281
83. Farmer VC (1974) The layer silicates. In: Farmer VC (ed) The infrared spectra of minerals. Mineralogical Society, London, pp 331 – 364
84. Farmer VC, Russel JD (1967) Infrared absorption spectrometry in clay studies. Clays Clay Min 15: 121 – 142
85. Farmer VC, Russel JD (1964) The infrared spectra of layer silicates. Spectrochim Acta 20: 1149 – 1173
86. Fleischer P (1972) Sepiolite associated with Miocene diatomite, Santa Cruz Basin, California. Am Min 57: 903 – 913
87. Foord EF, Starkey HC, Taggart jr JE, Shawe DR (1987) Reassessment of the volkonskoite-chromium smectite nomenclature problem. Clays Clay Min 35: 139 – 149
88. Foster MD (1963) Interpretation of the composition of vermiculites and hydrobiotites. Clays Clay Min 10: 70 – 89

89. Foster MD (1953) Geochemical studies of clay minerals: II. Relation between ionic substitution and swelling in montmorillonites. Am Min 38: 994 – 1006
90. Freund F (1972) The defect structure of metakaolinite. Proc Int Clay Conf 1972 Madrid, pp 13 – 25
91. Freund F (1967) Kaolinite-metakaolinite: a model structure for high defect concentrations. Berichte dtsch keram Ges 44: 5 – 17
92. Fripiat JJ (1981) Application of far infrared spectroscopy to the study of clay minerals and zeolites. In: Fripiat JJ (ed) Advanced techniques for clay mineral analysis. Elsevier, Amsterdam Oxford New York, pp 191 – 210
93. Galan E, Brell JM, La Iglesia A, Robertson RHS (1975) The Cáceres palygorskite deposit, Spain. Proc Int Clay Conf 1975 Mexico, pp 81 – 94
94. Gard JA, Follett EAC (1968) A structural scheme for palygorskite. Clay Min 7: 367 – 370
95. Garret WG, Walker GF (1959) The cation-exchange capacity of hydrated halloysite and the formation of halloysite-salt complexes. Clay Min Bull 4: 75 – 80
96. Gaudette HE (1964) Magnesium vermiculite from the Twin Sisters Mountains, Washington. Am Min 49: 1754 – 1763
97. Giese jr RF (1975) Interlayer bonding in talc and pyrophyllite. Clays Clay Min 23: 165 – 166
98. Giovanoli R (1987) Manganese oxide minerals. Trans 134. Congr Int Soil Sci Soc Hamburg 5: 335 – 345
99. Greene-Kelly R (1955) Dehydration of montmorillonite minerals. Mineralog Mag 30: 604 – 615
100. Grim RE, Bray RH, Bradley WF (1937) The mica in argillaceous sediments. Am Min 22: 813 – 829
101. Grim RE, Güven N (1978) Bentonites. Geology, Mineralogy, Properties and Uses. Developments in Sedimentology, no 24. Elsevier Amsterdam Oxford New York
102. Grim RE, Kulbicki G (1961) Montmorillonite: high temperature reactions and classification. Am Min 46: 1329 – 1369
103. Gruner JW (1935) The structural relationship of glauconite and mica. Am Min 20: 699 – 714
104. Gruner JW (1934) The structure of vermiculites and their collapse by dehydration. Am Min 19: 557 – 578
105. Güven N, Hower WF (1979) A vanadium smectite. Clay Min 14: 241 – 245
106. Harward ME, Brindley GW (1964) Swelling properties of synthetic smectites in relation to lattice substitution. Clays Clay Min 16: 437 – 447
107. Hashimoto I, Jackson ML (1960) Rapid dissolution of allophane and kaolinite-halloysite after dehydration. Clays Clay Min 7: 102 – 113
108. Hayashi H, Otsuka R, Imai N (1969) Infrared study of sepiolite and palygorskite on heating. Am Min 54: 1613 – 1624
109. Hayes JB (1963) Kaolinite from Warsaw geodes, Keokuk region, Iowa. Proc Iowa Acad Sci 70: 261 – 272
110. Hendricks SB (1938) The crystal structure of the clay minerals dickite, halloysite, and hydrated halloysite. Am Min 23: 295 – 301
111. Hendricks SB, Jefferson ME (1938) Structures of kaolin and talc-pyrophyllite hydrates and their bearing on water sorption of the clays. Am Min 23: 863 – 875
112. Hendricks SB, Teller E (1942) X-ray interference in partially ordered layer silicates. J chem Phys 10: 147 – 167
113. Hénin S, Caillère S (1975) Fibrous minerals. In: Gieseking JE (ed) Soil components. Springer, Berlin
114. Henmi T, Wada K (1967) Morphology and composition of allophane. Am Min 61: 379 – 390
115. Herbillon AJ, Mestdagh MM, Vielvoye L, Derouane EG (1976) Iron in kaolinite with special reference to kaolinite from tropical soils. Clay Minerals 11: 201 – 220
116. Hilz M (1979) Die Spurenelemente in Kaolinen, kaolinitischen Tonen und Bentoniten – ihr Verhalten bei Ionenumtauschreaktionen und gegen Säuren. Dissertation TU München
117. Hinckley DN (1963) Variability in „crystallinity“ values among the kaolin deposits of the coastal plain of Georgia and South Carolina. Clays Clay Min 11: 229 – 235
118. Hirst DM (1962) The geochemistry of modern sediments from the Gulf of Paria – II. The location and distribution of trace elements. Geochim cosmochim Acta 26: 1147 – 1187
119. Holdridge DA, Vaughan F (1957) The kaolin minerals (Kandides). In: Mackenzie RC (ed) Differential thermal investigation of clays. Mineralogical Society, London, pp 98 – 139

120. Horn MK, Adams JAS (1966) Computer-derived geochemical balances and element abundances. Geochim cosmochim Acta 30: 279 – 297
121. Horton RB, Johns WD, Kurzweil H (1985) Illite diagenesis in the Vienna Basin, Austria. Tschermaks Min Petr Mitt 34: 239 – 260
122. Hower J, Mowatt TC (1966) The mineralogy of illites and mixed-layer illite/montmorillonites. Am Min 51: 825 – 854
123. Hsu PH (1989) Aluminium oxides and oxyhydroxides. In: Dixon JB, Weeds SB (eds) Minerals in soil environments. Soil Sci Soc of America, Madison, Wisconsin, USA, pp 331 – 378
124. Hughes JC, Brown G (1979) A crystallinity index for soil kaolins and its relation to parent rock, climate and soil maturity. J Soil Sci 30: 557 – 563
125. Hurley PM, Cormier AF, Hower J, Fairbairn HW, Pinson jr WH (1960) Reliability of glauconite for age measurement by K-Ar and Rb-Sr methods. Bull Am Ass Petrol Geol 44: 1793 – 1808
126. Iwao S, Udagawa S (1969) Pyrophyllite and „Roseki“ clays. In: The Clays of Japan. pp 71 – 88. Geological Survey of Japan 1969.
127. Jepson WB, Rowse JB (1975) The composition of kaolinite – an electron microscope microprobe study. Clays Clay Min 23: 310 – 317
128. Jones AA (1981) Charges on the surfaces of two chlorites. Clay Miner 16: 347 – 359
129. Jones BF, Galan E (1988) Sepiolite and palygorskite. In: Bailey SW (ed) Hydrous phyllosilicates. Reviews in Mineralogy 19: 631 – 674. Mineralogical Society of America.
130. Joswig W, Drits VA (1986) The orientation of hydroxyl groups in dickite by x-ray diffraction. N Jb Mineral Mh, H1: 19 – 22
131. Kautz K (1964) Sedimentpetrographische Untersuchung zur Diagenese in Sandsteinen der marinen Unterkreide Norddeutschlands. Beitr Mineral Petrogr 9: 423 – 461
132. Keller WD, Pickett EE, Reesman AL (1966) Elevated dehydroxylation temperature of Keokuk geode kaolinite. Proc Int Clay Conf 1966 Jerusalem 1: 75 – 85
133. Khoury HN, Mackenzie RC, Russel JD, Tait JM (1984) An iron-free volkonskoite. Clay Miner 19: 43 – 57
134. Knorring O von, Brindley GW, Hunter K (1952) Nacrite from Hirvivaara, Finland. Mineralog Mag 29: 963 – 972
135. Kodama H (1966) The nature of the component layers of rectorite. Am Min 51: 1035 – 1055
136. Kodama H, Oinuma K (1963) Identification of kaolin minerals in the presence of chlorite by x-ray diffraction and infrared absorption spectra. Clays Clay Min 11: 236 – 249
137. Kohler EE, Köster HM (1976) Zur Mineralogie, Kristallchemie und Geochemie kretazischer Glaukonite. Clay Miner 11: 273 – 302
138. Kohyama N, Fukushima K, Fukami A (1978) Observation of the hydrated form of tabular halloysite by an electron microscope equipped with an environmental cell. Clays Clay Min 26: 25 – 40
139. Komusinski J, Stoch L, Dubiel SM (1981) Application of electron paramagnetic resonance and Mössbauer spectroscopy in the investigation of kaolinite-group mineals. Clays Clay Min 29: 23 – 30
140. Köster HM (1982) The crystal structure of 2 : 1 layer silicates. In: Olphen H van, Veniale F (eds) Developments in Sedimentology, no. 35: 41 – 72. International Clay Conference 1981, Bologna-Pavia. Elsevier, Amsterdam Oxford New York
141. Köster HM (1977) Die Berechnung kristallchemischer Strukturformeln von 2 : 1-Schichtsilikaten unter Berücksichtigung der gemessenen Zwischenschichtladungen und Kationenumtauschkapazitäten sowie die Darstellung der Ladungsverteilung in der Struktur mittels Dreieckskoordinaten. Clay Miner 12: 45 – 54
142. Köster HM (1969) Beitrag zur Geochemie der Kaoline. Proc Int Clay Conf 1969 Tokyo 1: 273 – 280
143. Köster HM (1965) Glaukonit aus der Regensburger Oberkreideformation. Beitr Mineral Petrogr 11: 614 – 620
144. Köster HM (1964) Mineralogische und technologische Untersuchungen an Industriekaolinen. Berichte dtsch keram Ges 41: 1 – 7, 185 – 196, 227 – 235
145. Köster HM (1964) Tonmineralogische und chemische Untersuchungen an Tonen der Oberpfalz. III. Die Tone der Grube Klardorf. Berichte dtsch keram Ges 41: 3376 – 381

146. Köster HM (1960) Nontronit und Picotit aus dem Basalt des Ölberges bei Hundsangen, Westerwald. Beitr Mineral Petrogr 7: 71 – 75
147. Kramm U (1980) Sudoite in low-grade manganese-rich assemblages. Neues Jb Miner Abh 138: 1 – 13
148. Kunze G (1961) Antigorit. Strukturtheoretische Grundlagen und ihre praktische Bedeutung für weitere Serpentin-Forschung. Fortschr Miner 39: 206 – 324
149. Kunze G (1958) Die gewellte Struktur des Antigorits. II. Z Kristallgr Kristallgeom 110: 282 – 320
150. Kunze G (1956) Die gewellte Struktur des Antigorits I. Z Kristallogr Kristallgeom 108: 82 – 107
151. Kunze GW, Bradley WF (1964) Occurence of tabular halloysite in a Texas soil. Clays Clay Min 12: 523 – 527
152. Kurzweil H (1973) Sedimentpetrographische Untersuchungen an jungtertiären Tonmergelserien der Molassezone Oberösterreichs. Tschermaks Min Petr Mitt 20: 169 – 215
153. Lagaly G (1991) Erkennung und Identifizierung von Tonmineralen mit organischen Stoffen. In: Tributh H, Lagaly G (Hrsg) Nachweis und Identifizierung von Tonmineralen. DTTG, Gießen, S 86 – 130
154. Levinson AA (1955) Studies in the mica group: Polymorphism among illites and hydrous micas. Am Min 40: 41 – 49
155. Levinson AA, Heinrich EW (1954) Studies in the mica group: single crystal data on phlogopites, biotites and mangano-phyllites. Am Min 39: 937 – 945
156. Lippmann F (1960) Über eine Apparatur zur Differentialthermoanalyse (DTA). Keramische Zeitschrift 11: 475 – 480, 524 – 528, 570 – 573
157. Lippmann F (1956) Clay minerals of Trias. J sedim Petrol 26: 125 – 139
158. Lippmann F (1954) Über einen Keuperton von Zaisersweiher bei Maulbronn. Heidelbg Beitr Miner Petrogr 4: 130 – 134
159. Lippmann F (1952) Mineralogische Untersuchungen an einigen niederhessischen Tertiärtonen. Heidelbg Beitr Mineral Petrogr 3: 219 – 254
160. Lippmann F, Pankau HG (1988) Der Mineralbestand des Mittleren Muschelkalkes von Nagold, Württemberg. Neues Jahrbuch Miner Abh 158: 257 – 292
161. MacEwan DMC (1958) Fourier transform methods for studying x-ray scattering from lamellar systems. II. The calculation of x-ray diffraction effects for various types of interstratification. Kolloid-Zeitschrift 156: 61 – 67
162. MacEwan DMC (1956) Fourier transform methods for studying x-ray scattering from lameller systems. I. A direct method for analyzing interstratified mixtures. Kolloid-Zeitschrift 149: 96 – 108
163. MacEwan DMC (1948) Les mineraux argileux de quelques sols ecossais. Verres Silic Ind 13: 41 – 46
164. Mackenzie RC (1948) Constitution and relationships among volkonskoites. Clay Miner 19: 669 – 671
165. Mackenzie RC (1981) Thermoanalytical methods in clay studies. In: Fripiat JJ (ed) Advanced techniques for clay mineral analysis. Elsevier, Amsterdam Oxford New York, pp 5 – 29
166. Mackenzie RC (1957) The differential thermal investigation of clays. Mineralogical Society, London
167. Mackenzie RC (1957) Saponite from Allt Ribhein, Fiskavaig Bay, Skye. Mineralog Mag 31: 672 – 680
168. Mackinnon IDR (1987) The fundamental nature of illite/smectite mixed-layer clay particles: a comment on papers by P.H. Nadeau and coworkers. Clays Clay Min 35: 74 – 76
169. Marel HW van der, Beutelspacher H (1976) Atlas of infrared spectroscopy of clay minerals and their admixtures. Elsevier, Amsterdam Oxford New York
170. Marel HW van der, Krohmer P (1969) O-O stretching vibrations in kaolinite and related minerals. Contrib Min Petrol 22: 73 – 82
171. Martin Vivaldi JL, MacEwan DMC (1960) Corrensite and swelling chlorite. Clay Miner Bull 4: 173 – 181
172. Matthes S (1955) Mikroskopie der technisch nutzbaren Asbeste. In: Freund H (Hrsg) Handbuch der Mikroskopie in der Technik, B IV, Teil 1 „Gesteine“. Umschau, Frankfurt, S 783 – 796

173. Mc Kenzie RM (1989) Manganese oxides and hydroxides. In: Dixon JB, Weeds SB (eds) Minerals in soil environments. Soil Sci Soc of America, Madison, Wisconsin, USA, pp 439 – 466
174. Meads RE, Malden PJ (1975) Electron spin resonance in natural kaolinites containing Fe^{3+} and other transition metal ions. Clays Clay Min 10: 313 – 345
175. Mehmel M (1935) Halloysit und Metahalloysit. Z Kristallogr Kristallgeom 90: 35 – 43
176. Mestdagh MM, Vielvoye L, Herbillon AJ (1980) Iron in kaolinite. II. The relationship between kaolinite crystallinity and iron content. Clay Miner 15: 1 – 13
177. Miller WD, Keller WD (1963) Differentiation between endellite halloysite and kaolinite by treatment with potassium acetate and ethylene glycol. Clays Clay Min 10: 244 – 253
178. Milnes AR, Fitzpatrick RW (1989) Titanium and zirconium minerals. In: Dixon JB, Weed SB (eds) Minerals in soil environments. Soil Sci Soc of America, Madison, Wisconsin, USA, pp 1131 – 1206
179. Mitra GB (1965) Diffraction intensities from a cluster of curved crystallites. I. General theory for one- and two-dimensional cases. Acta crystallogr 18: 464 – 467
180. Mitra GB, Bhattacherjee S (1975) The structure of halloysite. Acta crystallogr B 31: 2851 – 2857
181. Mitra GB, Bhattacherjee S (1971) Diffraction intensities from a cluster of curved crystallites. III. Three-dimensional case. Acta crystallogr A 27: 22 – 28
182. Mitra GB, Bhattacherjee S (1968) Diffraction intensities from a cluster of curved crystallites. II. The effect of curvature. Acta crystallogr A 24: 266 – 269
183. Moore DM, Reynolds RC (1989) X-ray diffraction and the identification and analysis of clay minerals. Oxford University Press, Oxford New York
184. Müller G (1963) Zur Kenntnis dioktaedrischer Vierschicht-Phyllosilikate (Sudoit-Reihe der Sudoit-Chlorid-Gruppe). In: Rosenqvist T, Graff-Petersen P (eds) Proceedings of the International Clay Conference 1963, vol 1. Pergamon Press, Oxford London New York Paris, pp 121 – 130
185. Müller G (1961) Vorläufige Mitteilung über ein neues dioktaedrisches Phyllosilikat mit Chloritstruktur. N Jb Min Mh 5: 112
186. Muños Taboadela M, Aleixandre Ferrandis V (1957) The mica minerals. In: Mackenzie RC (ed) The differential thermal investigation of clays. Mineralogical Society, London, pp 165 – 190
187. Murray J (1979) Iron oxides. In: Marine minerals. Mineralogical Soc of America, vol 6, Washington, DC, pp 47 – 98
188. Nadeau PH (1987) Relationship between the main area, volume and thickness for dispersed particles of kaolinites and micaceous clays and their application to surface area and ion exchange properties. Clay Miner 22: 351 – 356
189. Nadeau PH (1985) The physical dimensions of fundamental clay particles. Clay Miner 20: 499 – 514
190. Nadeau PH, Tait JM, McHardy WJ, Wilson MJ (1984) Interstratified XRD characteristics of physical mixtures of elementary clay particles. Clay Min 19: 67 – 76
191. Nadeau PH, Wilson MJ, McHardy WJ, Tait JM (1987) The fundamental nature of interstratified illite/smectite clay particles: a reply. Clays Clay Min 35: 77 – 79
192. Nadeau PH, Wilson MJ, McHardy WJ, Tait JM (1985) Interstratified clays as fundamental particles: a reply. Clays Clay Min 33: 560
193. Nadeau PH, Wilson MJ, McHardy WJ, Tait JM (1984) Interparticle diffraction: a new concept for interstratified clays. Clay Minerals 19: 757 – 769
194. Nagelschmidt G (1938) The atomic arrangement and variability of members of the montmorillonite group. Mineralog Mag 25: 140 – 155
195. Nagy B, Bradley WF (1955) The structural scheme of sepiolite. Am Min 40: 885 – 892
196. Newman ACD (1987) (ed) Chemistry of clays and clay minerals. Mineralogical Society, Monograph no 6, Longman
197. Newman ACD, Brown G (1987) The chemical constitution of clays. In: Newman ACD (ed) Chemistry of clays and clay minerals. Mineralogical Society London, Monograph no 6, Longman, pp 1 – 128
198. Newman ACD, Brown G (1966) Chemical changes during the alteration of micas. Clay Min 6: 297 – 309

199. Newnham RC (1961) A refinement of the dickite structure and some remarks on polymorphism in kaolin minerals. Mineralog Mag 32: 683 – 704
200. Norrish K (1973) Factors in the weathering of mica to vermiculite. In: Serratosa JM (ed) Proceedings of the International Clay Conference 1972. Division de Ciencias, CSIC, Madrid, pp 417 – 432
201. Olphen H van (1971) Amorphous clay material. Science 171: 90 – 91
202. Onnich K (1990) Geochemische und mineralogische Untersuchungen an Nontroniten. Diplomarbeit TU München, unveröffentlicht
203. Page NJ (1968) Chemical differences among the serpentine polymorphs. Am Min 53: 201 – 215
204. Paquet H, Millot G (1972) Geochemical evolution of clay minerals in the weathered products of soils of mediterranean climate. Proc Int Clay Conf 1972 Madrid, pp 199 – 206
205. Parfitt RL, Furkert RJ, Henmi T (1980) Identification and structure of two types of allophane from volcanic ash soils and tephra. Clays Clay Min 28: 328 – 334
206. Parker TW (1969) A classification of kaolinites by infrared spectroscopy. Clay Min 8: 135 – 141
207. Pevear DR, Williams VE, Mustoe GE (1980) Kaolinite, smectite, and K-rectorite in bentonites: Relation to coal rank at Tulameen, British Columbia. Clays Clay Min 28: 241 – 254
208. Piller H (1952) Die Phasenkontrastmikroskopie als Hilfsmittel zur Bestimmung feinkörniger, speziell dünner, transparenter Minerale. Heidelbg Beitr Mineral Petrogr 3: 307 – 334
209. Plancon A, Tschoubar C (1977) Determination of structural defects in phyllosilicates by x-ray diffraction. I. Principle of calculation of the diffraction phenomena. II. Nature and properties of defects in natural kaolinites. Clays Clay Min 25: 430 – 450
210. Porrenga DH (1966) Clay minerals in recent sediments of the Niger delta. Clays Clay Min 14: 221 – 233
211. Preisinger A (1963) Sepiolite and related compounds: Its stability and application. Clays Clay Min 10: 365 – 371
212. Preisinger A (1959) X-ray study of the structure of sepiolite. Clays Clay Min 6: 61 – 67
213. Raman KV, Jackson ML (1966) Layer charge relations in minerals of micaceous soils and sediments. Clays Clay Min 14: 53 – 68
214. Rautureau M (1974) Analyse structurale de la sepiolite par microdiffraction electronique. These Universite d'Orleans, 89 p
215. Rautureau M, Tschoubar C (1974) Precisions concernant l'analyse structurale de la sepiolite par microdiffraction electronique. C R Acad Sci Paris 278 B: 25 – 28
216. Rautureau M, Tschoubar C, Mering J (1972) Analyse structurale de la sepiolite par microdiffraction electronique. C R Acad Sci Paris 274 C: 269 – 271
217. Rengasamy P, von Asche JB, Uytterhoeven JB (1976) Particle size of Wyoming bentonite and its relation to the cation exchange capacity and the homogeneity of the charge density. Farad Trans I 2: 376 – 381
218. Reynolds RC (1988) Mixed layer chlorite minerals. In: Bailey SW (ed) Hydrous phyllosilicates. Reviews in Mineralogy, vol 19. Mineralogical Society of America, Washington, pp 601 – 629
219. Reynolds RC (1980) Interstratified clay minerals. In: Brindley GW, Brown G (eds) Crystal structures of clay minerals and their X-ray identification. Mineralogical Society, London, pp 249 – 303
220. Reynolds RC, Hower J (1970) The nature of interlayering in mixed-layer illite-montmorillonite. Clays Clay Min 18: 25 – 36
221. Rimsâite J (1967) Studies on rock-forming micas. Bull geol Surv Canada 149
222. Ross CS, Hendricks SB (1945) Minerals of the montmorillonite group; their origin and relation to soils and clays. US Geological Survey Prof. Paper 205-B, pp 23 – 79
223. Ross CS, Kerr PF (1934) Halloysite and allophane. US Geol Surv Prof Pap 185 G: 135 – 148
224. Ross M, Smith WL, Ashton WH (1968) Triclinic talc and associated amphiboles from Gouverneur Mining District, New York. Am Min 53: 751 – 769
225. Roth CB, Jackson ML, Syers JK (1969) Defferation effect on structural ferrous-ferric iron ratio and cec of vermiculites and soils. Clays Clay Min 17: 253 – 264
226. Saghrawanian B (1977) Mineralogische und kristallchemische Untersuchungen an drei amerikanischen Bentonitproben aus Chambers/Arizona, Otay/Californien, Santa Rita/New Mexiko und Hectorit aus Hector/Californien. Diplomarbeit TU München, unveröffentlicht

227. Sahama TG, Knorring von O, Lehtinen M (1968) Cookeite from the Muiane pegmatite, Zambesia, Mozambique. Lithos 1: 12–19
228. Salger M (1958) Mineralogische und sedimentpetrographische Untersuchungen am Kaolinprofil der Bohrung Kick Nr. 9 bei Schnaittenbach/Opf. Geologica Bavarica 37: 5–84
229. Santos de Souza P, Santos de Souza H, Brindley GW (1966) Mineralogical studies of kaolinite-halloysite clays: IV. A platy mineral with structural swelling and shrinking characteristics. Am Min 51: 1640–1648
230. Sawhney BL (1967) Interstratification in vermiculite. Clays Clay Min 15: 75–84
231. Sawhney BL, Reynolds jr RC (1985) Interstratified clays as fundamental particles: a discussion. Clays Clay Min 33: 559
232. Schmidt ER, Heckrodt RO (1959) A dickite with an elongated crystal habit and its dehydroxylation. Mineralog Mag 32: 314–323
233. Schwertmann U, Taylor RM (1989) Iron oxides. In: Dixon JB, Weed SB (eds) Minerals in soil environments. Soil Sci Soc of America, Madison, Wisconsin, USA, pp 379–438
234. Shimoda S (1969) New data on tosudite. Clays Clay Min 17: 179–184
235. Shirozu H (1978) Chlorite minerals. In: Sudo T, Shimoda S (eds) Clays and Clay Minerals of Japan. Elsevier, Amsterdam, pp 265–322
236. Singer A (1984) Pedogenic palygorskite in the arid environment. In: Singer A, Galan E (eds) Palygorskite-Sepiolite. Occurences, genesis, and uses. Developments in Sedimentology 37: 169–177. Elsevier, Amsterdam
237. Slade PG, Stone PA, Radoslovich EW (1985) Interlayer structures of the two-layer hydrates of Na- and Ca-vermiculites. Clays Clay Min 33: 51–61
238. Smith WW (1962) Weathering of some Scottish basic igneous rocks with reference to soil formation. J Soil Sci 13: 202–215
239. Smith JV, Yoder HS (1956) Experimental and theoretical studies of the mica polymorphs. Mineralog Mag 31: 209–235
240. Smykatz-Kloss W (1974) Differential thermal analysis. Application and results in mineralogy. Springer, Berlin Heidelberg New York
241. Springer G (1976) Falcondoite, a nickel analogue of sepiolite. Can Min 14: 407–409
242. Stephen I (1954) An occurence of palygorskite in the Shetland Isles. Mineralog Mag 30: 471–480
243. Störr M, Köster HM, Kromer H, Hilz M (1991) Minerale der Crandallit-Reihe im Kaolin von Hirschau-Schnaittenbach, Oberpfalz. Z geol Wiss 19: 677–683
244. Stucki JW, Golden DC, Roth CB (1984) Effects of reduction and reoxidation of structural iron on the surface charge and dissolution of dioctahedral smectites. Clays Clay Min 32: 350–356
245. Stucki JW, Goodman BA, Schwertmann U (eds) (1988) Iron in soils and clay minerals. NATO ASI Series, Reidel
246. Sudo T, Kodama H (1957) An aluminium mixed-layer mineral of montmorillonite chlorite. Z Kristallogr Kristallgeom 109: 379–387
247. Sudo T, Sato M (1966) Dioctahedral chlorite. In: Heller L, Weiss A (eds) Proceedings of the International Clay Conference 1966, vol 1. Israel Program for Scientific Translations, Jerusalem, pp 33–39
248. Suquet H, Pezerat H (1987) Parameters influencing layer stacking types in saponite and vermiculite: a review. Clays Clay Min 35: 353–362
249. Sykes ML, Moody JB (1978) Pyrophyllite and metamorphism in the Carolina slate belt. Am Min 63: 96–108
250. Taylor RM (1987) Non-silicate oxides and hydroxides. In: Newman ACD (ed) Chemistry of clays and clay minerals. Mineralogical Society London, Monograph no 6. Longman, pp 129–201
251. Theng BKG, Churchman GJ, Whitton JS, Claridge GGC (1984) Comparison of intercalation methods for differentiating halloysite from kaolinite. Clays Clay Min 32: 249–258
252. Thompson GR, Hower J (1975) The mineralogy of glauconite. Clays Clay Min 23: 289–300
253. Tröger WE (1959) Optische Bestimmung der gesteinsbildenden Minerale. Teil 1: Bestimmungstabellen, 3. Aufl. Schweizerbartsche Verlagsbuchhandlung, Stuttgart
254. Tsuzuki Y, Nagasawa K (1960) A study of the exothermic reaction of allophane. Adv Clay Sci (Tokyo) 2: 377–384

255. Turekian KK (1972) Chemistry of the earth. Holt, Rinehart & Winston, New York
256. Vali H, Köster HM (1986) Expanding behaviour, structural disorder, regular and random irregular interstratification of 2:1 layer-silicates studied by high-resolution images of transmission electron microscopy. Clay Min 21: 827–859
257. Veith JA, Jackson ML (1974) Iron oxidation and reduction effects on structural hydroxyl and layer charge in aqueous suspensions of micaceous vermiculites. Clays Clay Min 22: 345–353
258. Vogt K, Köster HM (1978) Zur Mineralogie, Kristallchemie und Geochemie einiger Montmorillonite aus Bentoniten. Clay Min 13: 25–43
259. Wada K (1989) Allophane and imogolite. In: Minerals in soil environments, 2nd edn. Soil Science Society of America, Madison, Wisconsin, USA, pp 1051–1988
260. Wada K (1961) Lattice expansion of kaolin minerals by treatment with potassium acetate. Am Min 46: 78–91
261. Wada K, Henmi T, Yoshinaga N, Patterson SH (1972) Imogolite and allophane formed in saprolite of basalt on Maui, Hawaii. Clays Clay Min 20: 375–380
262. Wada K, Yoshinaga N (1969) The structure of imogolite. Am Miner 54: 50–71
263. Wada K, Yoshinaga N, Yotsumoto H, Ibe K, Aida S (1970) High resolution electron micrographs of imogolite. Clay Min 8: 487–489
264. Walker GF (1950) Trioctahedral minerals in soil clays. Mineralog Mag 29: 72–84
265. Weaver CE (1976) The nature of TiO_2 in kaolinite. Clays Clay Min 24: 215–218
266. Weaver CE (1956) The distribution and identification of mixed-layer clays in sedimentary rocks. Am Min 41: 202–221
267. Weaver CE, Beck KC (1977) Miocene of the S.E. United States: A model for chemical sedimentation in a peri-marine environment. Sediment Geol 17: 1–234
268. Weir AH, Greene-Kelly R (1962) Beidellite. Am Min 47: 137–146
269. Weiss A, Hofmann U (1951) Batavit. Z Naturforsch 6b: 405–409
270. Weiss A, Range KJ (1966) Über Titan im Gitter von Kaolin. Proc Int Clay Conf 1966 Jerusalem 1: 53–66
271. Westfehling R (1987) Über den Ladungsnullpunkt von Tonmineralen. Diss Univ Kiel 1987
272. Whittaker EJW, Zussman J (1956) The characterization of serpentine minerals by x-ray diffraction. Mineralog Mag 31: 107–126
273. Wise WS, Eugster HP (1964) Celadonite: synthesis, thermal stability and occurence. Am Min 49: 1031–1083
274. Wolfe RW, Giese jr RF (1973) A quantitative study of one-layer polytypism in the kaolin minerals. Proc Int Clay Conf 1972 Madrid, 27–33
275. Yada K (1971) Study of microstructure of chrysotile asbestos by high resolution electron microscopy. Acta crystallogr A 27: 659–664
276. Yasyrev AP (1966) Distribution of trace elements in glauconites of the Russian platform. Dokl Acad Sci USSR Earth Sci Sect 168: 197–199. Übersetzung: Dokl Akad Nauk SSSR 168: 914–916 (1968)
277. Yoder HS, Eugster HP (1955) Synthetic and natural muscovites. Geochim cosmochim Acta 8: 225–280
278. Yoder HS, Eugster HP (1954) Phlogopite synthesis and stability range. Geochim cosmochim Acta 6: 157–185
279. Yoshinaga N, Aomine S (1962) Allophane in some Ando soils. Soil Sci Plant Nutr (Tokyo) 8 (2): 6–13
280. Yoshinaga N, Aomine S (1962) Imogolite in some Ando soils. Soil Sci Plant Nutr (Tokyo) 8 (3): 22–29
281. Yoshinaga N, Yotsumoto H, Ibe K (1968) An electron microscopic study of soil allophane with an ordered structure. Am Min 53: 319–323
282. Zvyagin BB (1962) Polymorphism of double-layer minerals of the kaolinite type. Soviet Phys Crystallogr 7: 38–51
283. Zvyagin BB, Mishchenko KS, Shitov VA (1963) Electron diffraction data on the structures of sepiolite and palygorskite. Soviet Phys Crystallogr 8: 148–153
284. Zvyagin BB, Mishchenko KS, Soboleva SV (1969) Structure of pyrophyllite and talc in relation to the polytypes of mica-type minerals. Soviet Phys Crystallogr 13: 511–515

3 REAKTIONEN DER TONMINERALE

G. Lagaly

3.1 Ionenaustausch

3.1.1 Austauschbare Kationen und Anionen

Eine der wichtigsten Eigenschaften der Tonminerale ist ihr ausgeprägtes Kationenaustauschvermögen. Die Höhe des Kationenaustauschvermögens wird durch die Menge der Zwischenschichtkationen bestimmt, deren Anzahl (pro Formeleinheit) durch die Schichtladung festgelegt und pH-Wert unabhängig ist. Unter den üblichen Bedingungen können nur bei Smectiten und Vermiculiten alle Zwischenschichtkationen gegen andere Kationen ausgetauscht werden. In den Glimmern und Illiten sind die Kaliumionen so fest gebunden, daß unter normalen Bedingungen nur die an den Rändern und Außenflächen liegenden Kationen ausgetauscht werden; das Kationenaustauschvermögen ist wesentlich kleiner als die Menge der austauschfähigen Kationen (Tabelle 3.1).

Weitere austauschbare Kationen können an den Rändern der Tonmineralkristalle gebunden sein. Durch Bindung oder Abspaltung von Protonen wird die Ladung der Ränder vom pH-Wert abhängig (Abb. 3.1). Im saueren Bereich entstehen durch einen Überschuß von Protonen positive Randladungen, die durch Anionen kompensiert werden. Mit steigendem pH-Wert nimmt die Dichte der positiven Ladungen ab. Die Ränder werden schließlich umgeladen, weil zunehmend negative Randladungen durch Dissoziation von Silanolgruppen und, im stärker alkalischen Bereich, von Aluminolgruppen entstehen. Bei $p\mathrm{H} \approx 5-6$ dürfte die Anzahl der positiven und negativen Randladungen von Smectiten etwa gleich sein, so daß die Ränder ungeladen wirken.

Tabelle 3.1. Kationenaustauschvermögen der Tonminerale.

Tonmineral	$\bar{\xi}$[1]	$\overline{M}$	Kationenaustauschvermögen (meq/g) c_i (Schichtzwischenraum)[2]	c_t (Gesamt)[3]
Kaolinit	–	258	–	0,01 – 0,1[4]
Hectorit	0,20 – 0,25	380	0,50 – 0,65	0,50 – 0,70
Montmorillonit	0,25 – 0,40	370	0,70 – 1,10	0,70 – 1,20
Vermiculit	0,50 – 0,80	390	1,30 – 2,10	1,30 – 2,10
Illit	0,60 – 0,90	385	1,60 – 2,30	bis etwa 0,35[4]
Biotit	≈ 1	450	≈ 2,2	bis etwa 0,05[4]
Muskovit	≈ 1	390	≈ 2,6	bis etwa 0,05[4]

[1] $\bar{\xi}$: mittlere Schichtladung der Formeleinheit
[2] $c_i = 1000\,\bar{\xi}/\overline{M}$ (meq/g), berechnet für die angegebenen mittleren Molmassen $\overline{M}$ der Formeleinheit
[3] c_t = experimentell gefundenes Kationenaustauschvermögen
[4] (214, 215)

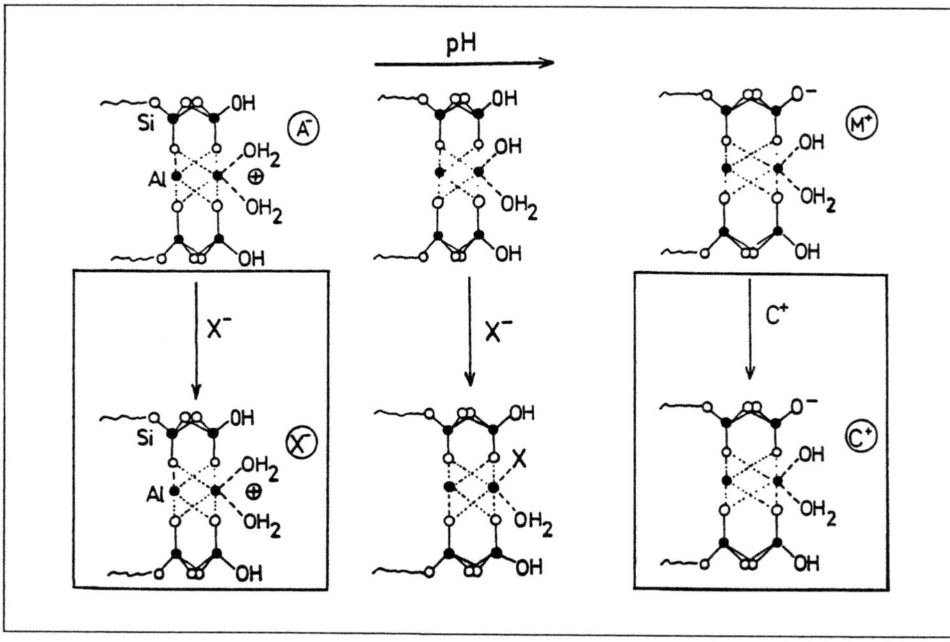

Abb. 3.1. Ladung und austauschbare Kationen am Rande der Tonmineralplättchen in Abhängigkeit vom *p*H-Wert in der Lösung. Im saueren Bereich: Anionenaustausch; im alkalischen Bereich: Kationenaustausch; dazwischen bevorzugt Austausch struktureller OH-Gruppen (Ligandenaustausch).

Im saueren Bereich besitzen die Tonmineralteilchen ein geringes Anionenaustauschvermögen, das mit zunehmendem *p*H-Wert abnimmt, während ab $p\text{H} \approx 5$ die Zahl der austauschbaren Kationen durch die am Rande gebundenen Kationen ansteigt. Bei Smectiten ist der Anteil der randständigen Kationen schon bei $p\text{H} \approx 7$ recht hoch und beträgt etwa 20 % des Gesamtaustauschvermögens (90).

Neben der Bindung als Gegenionen werden Anionen wie Sulfat, Phosphat, Carboxylate auch durch Austausch von OH^--Ionen gebunden. Dieser Ligandenaustausch wird bevorzugt um den Neutralbereich ablaufen (Abb. 3.1).

Bei Kaolinit sind nur die Kationen und Anionen an den äußeren Oberflächen austauschbar. Kationen liegen an den äußeren Basisflächen, die von den Tetraederschichten gebildet werden (221), und wie bei den Dreischichttonmineralen bei höheren *p*H-Werten an den Kanten. Abweichungen vom klassischen Bild des Ionenaustauschs an Kaolinen können durch gelartige Überzüge verursacht sein (52).

3.1.2 Kationenaustauschgleichgewichte

Der Gleichgewichtszustand einer Kationenaustauschreaktion

$$\ominus \; A^+ + B^+ \rightleftharpoons \ominus \; B^+ + A^+ \tag{3.1}$$

kann nach dem Massenwirkungsgesetz durch den Ausdruck

$$K = \frac{\overline{a_{B^+}} \cdot a_{A^+}}{\overline{a_{A^+}} \cdot a_{B^+}} \tag{3.2}$$

erfaßt werden. Darin sind a_{A^+} und a_{B^+} die Aktivitäten der Ionen A^+ und B^+ in der Lösung, $\overline{a_{A^+}}$ und $\overline{a_{B^+}}$ die Aktivitäten dieser Ionen an der Oberfläche des Austauschers. K ist die thermodynamische Gleichgewichtskonstante.

Sind γ_{A^+} und γ_{B^+} die Aktivitätskoeffizienten der Ionen in Lösung, $\overline{\gamma_{A^+}}$ und $\overline{\gamma_{B^+}}$ die der Ionen an der Austauscheroberfläche, wird die Gleichgewichtsbeziehung in der Form geschrieben:

$$K = \frac{\overline{c_{B^+}}\,\overline{\gamma_{B^+}} \cdot c_{A^+}\,\gamma_{A^+}}{\overline{c_{A^+}}\,\overline{\gamma_{A^+}} \cdot c_{B^+}\,\gamma_{B^+}} = K_S\,\frac{\overline{\gamma_{B^+}}}{\overline{\gamma_{A^+}}} \tag{3.3}$$

$$\text{mit } K_s = \frac{\overline{c_{B^+}}\,c_{A^+}\,\gamma_{A^+}}{\overline{c_{A^+}}\,c_{B^+}\,\gamma_{B^+}} \tag{3.4}$$

Der Selektivitätskoeffizient K_s ist experimentell direkt aus der Massenbilanz zugänglich, während die Bestimmung der Gleichgewichtskonstanten K die Kenntnis der Aktivitätskoeffizienten der Ionen an der Grenzfläche erfordert.

Der Selektivitätskoeffizient ist um so größer, je stärker das Kation B^+ gegenüber A^+ bevorzugt wird. Er ist keine Konstante, sondern ändert sich mit fortschreitendem Austauschgrad $\overline{c_{B^+}}/\overline{c_{A^+}}$. Es läßt sich leicht einsehen, daß ein Ion B^+, welches ein Ion A^+ an der nur mit A^+ belegten Oberfläche austauscht, andere energetische und sterische Verhältnisse antreffen wird, als wenn schon viele Ionen B^+- gebunden sind.

Zweckmäßig werden die Molenbrüche

$$\overline{\chi_{A^+}} = \overline{c_{A^+}}/(\overline{c_{A^+}} + \overline{c_{B^+}}) \text{ und } \overline{\chi_{B^+}} = \overline{c_{B^+}}/(\overline{c_{A^+}} + \overline{c_{B^+}})$$

benutzt:

$$K = \frac{\overline{\chi_{B^+}}\,\overline{\gamma_{B^+}} \cdot c_{A^+}\,\gamma_{A^+}}{\overline{\chi_{A^+}}\,\overline{\gamma_{A^+}} \cdot c_{B^+}\,\gamma_{B^+}} \tag{3.5}$$

$$K_s = \frac{\overline{\chi_{B^+}}\,c_{A^+}\,\gamma_{A^+}}{\overline{\chi_{A^+}}\,c_{B^+}\,\gamma_{B^+}} \tag{3.6}$$

In ausreichend verdünnten Lösungen gehen γ_{A^+} und $\gamma_{B^+} \rightarrow 1$, nicht aber $\overline{\gamma_{A^+}}$ und $\overline{\gamma_{B^+}}$.

Die Aktivitätskoeffizienten γ können über die Gibbs-Duhemsche Gleichung bestimmt werden (siehe hierzu 59):

$$\overline{\chi_{A^+}}\, d\ln \overline{\gamma_{A^+}} + \overline{\chi_{B^+}}\, d\ln \overline{\gamma_{B^+}} = 0$$

bzw. wenn die Überführungsarbeiten von n Molen Wasser (Aktivität a) pro Mol Kation während des Kationenaustauschs berücksichtigt werden:

$$\overline{\chi_{A^+}}\, d\ln \overline{\gamma_{A^+}} + \overline{\chi_{B^+}}\, d\ln \overline{\gamma_{B^+}} + n\, d\ln a = 0$$

Man erhält

$$\ln K = \int_{0}^{1} \ln K_s d\overline{\chi_{A^+}}$$

und für die Aktivitätskoeffizienten

$$\ln \overline{\gamma_{A^+}} = -\overline{\chi_{B^+}} \ln K_s + \int_{0}^{\overline{\chi_{B^+}}} \ln K_s d\overline{\chi_{B^+}} \tag{3.7}$$

$$\ln \overline{\gamma_{B^+}} = \overline{\chi_{A^+}} \ln K_s - \int_{\overline{\chi_{B^+}}}^{1} \ln K_s d\overline{\chi_{B^+}}$$

Aus K und seiner Temperaturabhängigkeit lassen sich die Standard-Enthalpien und -Entropien des Austauschs ermitteln:

$$\Delta G^\circ = \Delta H^\circ - T\Delta S^\circ \text{ und } \Delta G^\circ = -RT\ln K \tag{3.8}$$

$$\delta \ln K / \delta(1/T) = -\Delta H^\circ/R$$

Bei heterovalentem Austausch

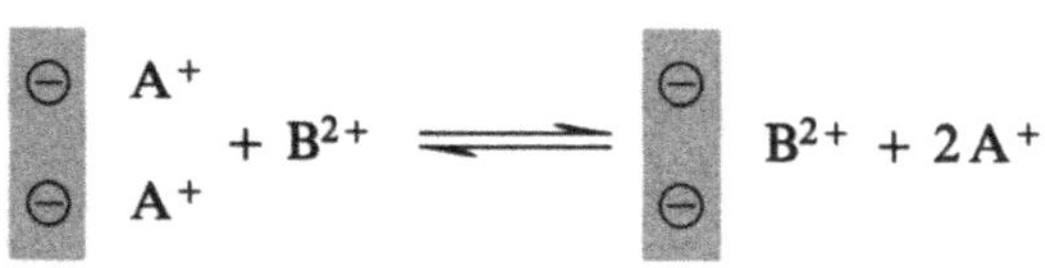

(3.9)

ist die thermodynamische Gleichgewichtskonstante

$$K = \frac{\overline{a_{B^{2+}}} \cdot a_{A^+}^2}{\overline{a_{A^+}}^2 \cdot a_{B^{2+}}} \tag{3.10}$$

Der (Gaines-Thomas) Selektivitätskoeffizient ist

$$K_s = \frac{\overline{\chi'_{B^{2+}}}\, a_{A^+}^2}{\overline{\chi'_{A^+}}^2\, a_{B^{2+}}} \tag{3.11}$$

worin $\overline{\chi'}$ die Äquivalentbrüche an der Grenzfläche sind (*m* in Molen pro Volumen oder Fläche):

$$\overline{\chi'_{A^+}} = \overline{m_A}/(\overline{m_{A^+}} + 2\overline{m_{B^{2+}}}) \tag{3.12}$$
$$\overline{\chi'_{B^{2+}}} = \overline{m_{B^{2+}}}/(\overline{m_{A^+}} + 2\overline{m_{B^{2+}}})$$

Aus dem Selektivitätskoeffizienten läßt sich die Gleichgewichtskonstante (105) nach

$$\ln K \approx -1 + \int_0^1 \ln K_s d\overline{\chi'_{A^+}} \tag{3.13}$$

näherungsweise berechnen. (Näherungsweise, weil in Gleichung 3.13 die Änderung der Aktivitäten in der Lösung während des Austauschs unberücksichtigt bleibt).

Gelegentlich werden der Vanselow-Selektivitätskoeffizient

$$K_{s,V} = \frac{\overline{\chi'_{B^{2+}}}\, a_{A^+}{}^2}{\overline{\chi'_{A^+}}\, a_{B^{2+}}} \tag{3.14}$$

und vor allem in der Bodenkunde der Gaponkoeffizient

$$K_{s,G} = \frac{\overline{\chi'_{B^{2+}}}\, a_{A^+}}{\overline{\chi'_{A^+}}\, \sqrt{a_{B^{2+}}}} \tag{3.15}$$

verwandt.

Der Gaponkoeffizient ändert sich im Gegensatz zum Gaines-Thomas- und Vanselow-Koeffizienten in vielen Fällen beim Austausch ein- und zweiwertiger Ionen nur wenig mit dem Verhältnis der Ionenaktivitäten in der Lösung (siehe z. B. (180)). (Dies gilt allerdings nicht für hochgeladene Tonminerale und Bodentone mit ausgeprägter Kaliumfixierung; Kap. 3.1.5). Beim Austausch von zwei- und dreiwertigen Ionen ändert sich der Gaponkoeffizient dagegen sehr stark mit den Konzentrationen in der Lösung (8).

Der Trennfaktor α gibt direkt das Verhältnis der Konzentrationen bzw. der Molenbrüche an

$$\alpha = \frac{\overline{c_{B^{2+}}}\, c_{A^+}}{\overline{c_{A^+}}\, c_{B^{2+}}} = \frac{\overline{\chi_{B^{2+}}}\, \chi_{A^+}}{\overline{\chi_{A^+}}\, \chi_{B^{2+}}} \tag{3.16}$$

Zur Berechnung der Kationenaustauschgleichgewichte in vedünnten Tonmineraldispersionen siehe auch Kap. 3.2.4.

3.1.3 Beispiele für Kationenaustauschgleichgewichte

In Abbildung 3.2 sind die Kationenaustauschgleichgewichte von $A^+ = NH_4^+$-Ionen durch die Alkaliionen (B^+) an einem Smectit dargestellt. Die Abweichung von der

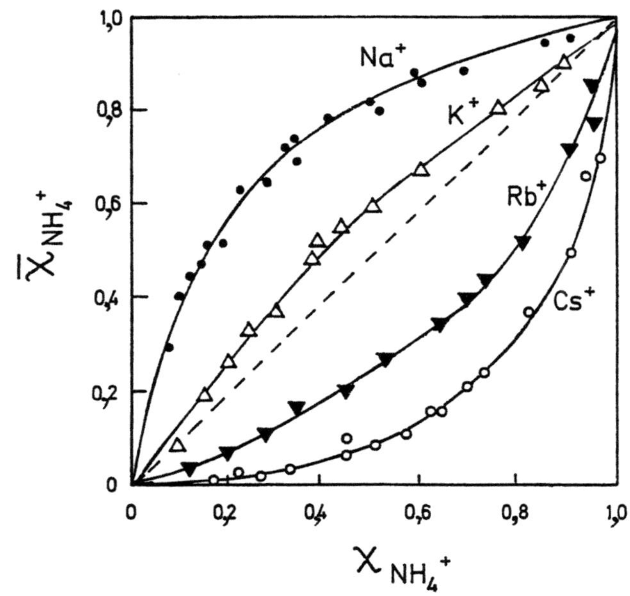

Abb. 3.2. Austausch von Ammoniumionen durch Alkaliionen an Montmorillonit (Camp Berteau) in 0,05 molaren Lösungen bei 25 °C. $\overline{\chi_{NH_4^+}}$, $\chi_{NH_4^+}$: Molenbruch der Ammoniumionen am Austauscher und in der Gleichgewichtslösung. (Nach 124)

gestrichelten Geraden nach unten hin ist um so größer, je höher die Selektivität für das Kation B^+ ist.

Als Beispiel für den Gang des Selektivitätskoeffizienten mit dem Belegungsgrad ist in Abbildung 3.3 K_s als Funktion von $\overline{\chi_{Na^+}}$ für den Austausch von Lithiumionen durch Natriumionen an einem Montmorillonit und Vermiculit dargestellt. Beim Vermiculit steigt die Selektivität für Lithiumionen mit der Belegung durch Natriumionen an, beim Montmorillonit bleibt sie bis zu einem Belegungsgrad $\overline{\chi_{Na^+}} \approx 0.5$ etwa konstant und sinkt dann mit $\overline{\chi_{Na^+}}$ ab. Noch ausgeprägter ist die abnehmende Selektivität für Kaliumionen mit zunehmender Belegung durch Kaliumionen beim Na^+/K^+-Austausch an Smectiten. Mit zunehmendem $\overline{\chi_{K^+}}$ werden die Kaliumionen weniger stark gegenüber Natriumionen bevorzugt (129).

Als Beispiel für den heterovalenten Ionenaustausch ist in Abbildung 3.4 a der K^+/Ca^{2+}-Austausch dargestellt. Die bevorzugte Bindung der Calciumionen ist an der ausgeprägten Abweichung von der Diagonalen (keine Selektivität) zu erkennen. Der Selektivitätskoeffizient

$$K_s = \overline{\chi'_{Ca^{2+}}}\, a_{K^+}^2 \Big/ \overline{\chi'_{K^+}}^2\, a_{Ca^{2+}} \qquad (3.17)$$

sinkt mit dem Belegungsgrad durch Kaliumionen, $\overline{\chi'_{K^+}}$, ab (Abb. 3.4 b). Eine an Kaliumionen reichere Umgebung fördert also die Bindung der Kaliumionen. Während der Aktivitätskoeffizient der Calciumionen über einem großen Bereich von

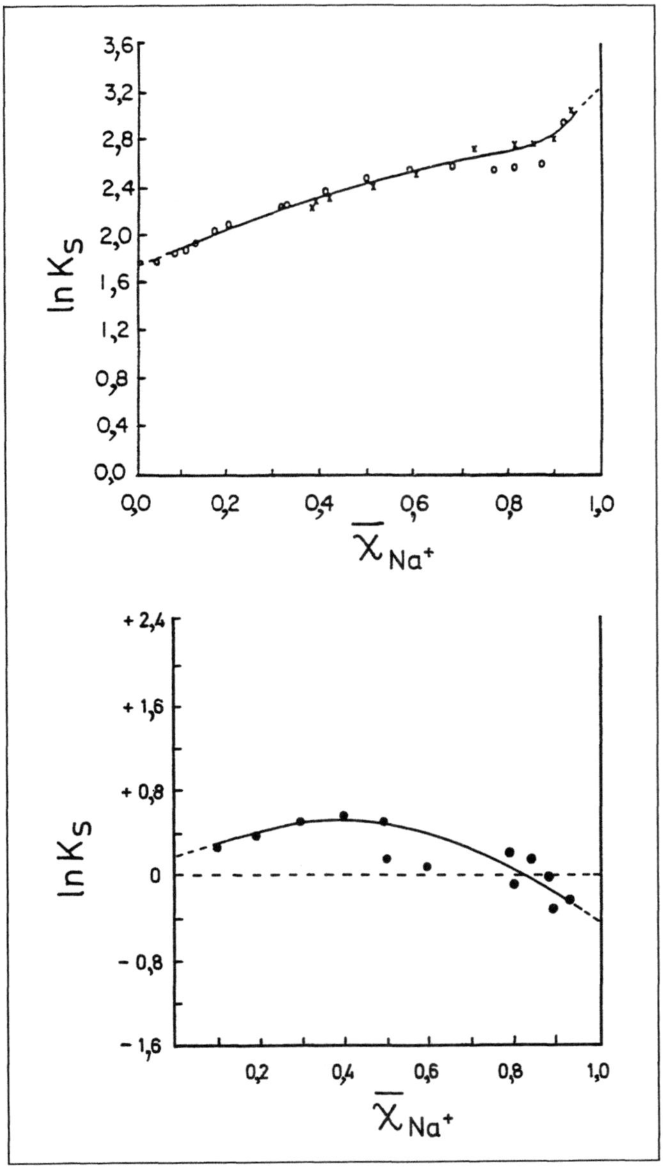

Abb. 3.3. Selektivitätskoeffizient K_s in Abhängigkeit von der Belegung des Austauschers mit Natriumionen ($\overline{\chi_{Na^+}}$) beim Austausch von Lithiumionen durch Natriumionen an Vermiculit (Transvaal, Südafrika) (a) und Montmorillonit (Chambers, Arizona, API No. 23) (b) Gesamtkonzentration 0,01 mol/l bei Vermiculit; 0,001 mol/l bei Montmorillonit 25 °C. (Nach 59, 60)

$\overline{\chi'_{K^+}}$ um 1,0 liegt, sinkt $\overline{\gamma_{K^+}}$ stark mit $\overline{\chi'_{K^+}}$ ab und erreicht den Wert 1,0 erst bei $\overline{\chi'_{K^+}} \rightarrow 1$ (Abb. 3.4 c).

Gleichgewichtseinstellung wird nur erreicht, wenn feuchte Montmorillonite eingesetzt werden. Schon Trocknung bei 80 °C führt zu einer ausgeprägten Austauschhysterese (Abb. 3.4 d). Trocknung bei höheren Temperaturen (bis 300 °C) verändert die Hysterese kaum mehr (76). Hystereseerscheinungen sind auch typisch für den Kationenaustausch bei hoher Schichtladung (Vermiculite, Glimmer) (162).

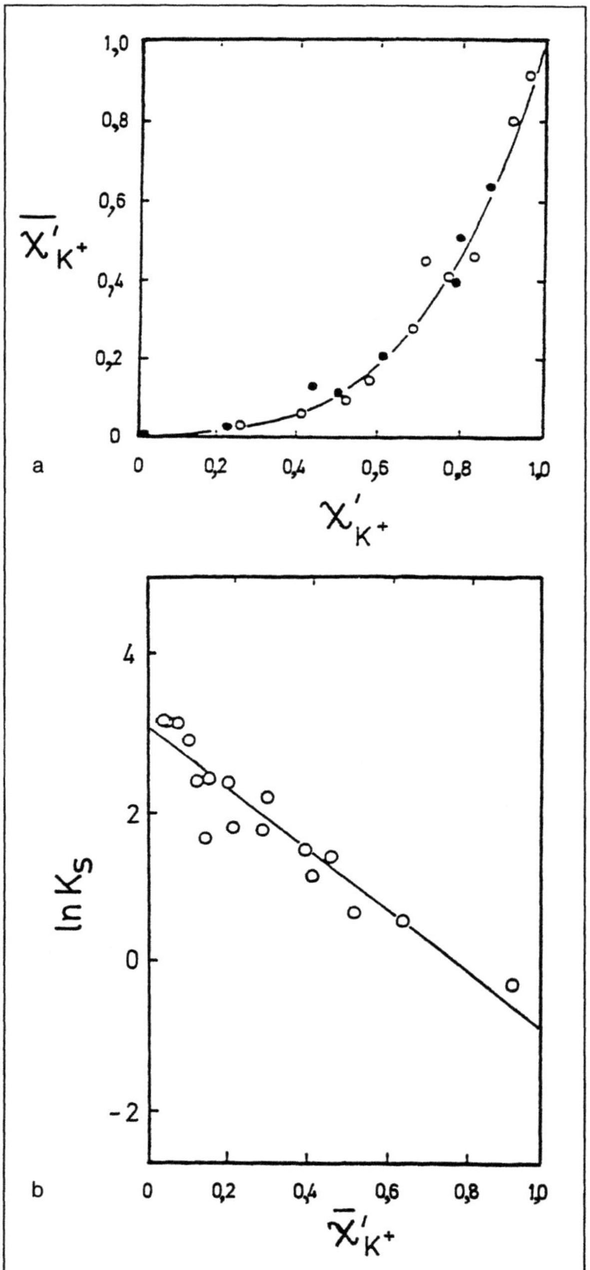

Abb. 3.4. K^+/Ca^{2+}-Austausch bei 35 °C an Montmorillonit (Aterazawa, Yamagata Pref., Japan). (Nach 76)
a) $\overline{\chi'_{K^+}}$, χ'_{K^+}: Äquivalentbrüche der Kaliumionen am Austauscher und in Lösung. Gesamtkonzentration 0,1 Äquivalente/l; Ausgangsmontmorillonit in der Calciumform (○) und in der Kaliumform (•)
b) Änderung des Selektivitätskoeffizienten K_s (Gl. 3.17) mit $\overline{\chi'_{K^+}}$.

In Abbildung 3.4 d ist die allgemein für den heterovalenten Austausch typische Bevorzugung des höher geladenen Kations mit zunehmender Verdünnung zu erkennen (zahlreiche Beispiele: (105)). Aus Gleichung 3.11 ergibt sich mit

$$\chi'_{K^+} = m_{K^+}/c_o, \qquad \chi'_{Ca^{2+}} = 2m_{Ca^{2+}}/c_o$$

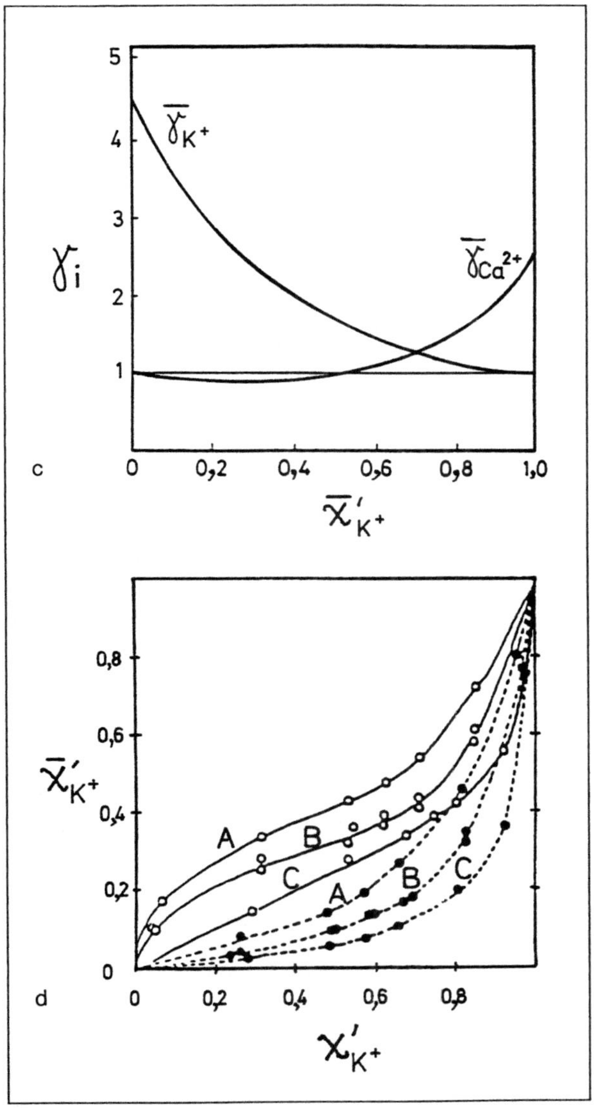

c) Abhängigkeit der Aktivitätskoeffizienten $\overline{\gamma_{K^+}}$ und $\overline{\gamma_{Ca^{2+}}}$ von $\overline{\chi'_{K^+}}$.
d) Austauschhysterese nach Trocknung der Calcium-(•) und Kalium(○)-Montmorillonite bei 80 °C. Gesamtnormalitäten: **A** 0,1 **B** 0,05 **C** 0,01 Äquivalente/l.

und c_0 = Gesamtnormalität der Lösung (Äquivalente/l)

$$K_s = \frac{\overline{\chi'_{Ca^{2+}}}\,\chi'^{\,2}_{K^+}\,\gamma^2_{K^+}}{\overline{\chi'_{K^+}}^{\,2}\,\chi'_{Ca^{2+}}\,\gamma_{Ca^{2+}}} \cdot 2c_0 \tag{3.18}$$

Da sich die Aktivitäten γ_{K^+} und $\gamma_{Ca^{2+}}$ in unterschiedlicher Weise mit der Konzentration ändern, muß sich das Verhältnis $\overline{\chi'_{Ca^{2+}}}/\overline{\chi'_{K^+}}^2$ nicht entsprechend der Verdünnung ändern, d. h. der Selektivitätskoeffizient ist auch abhängig von der Verdünnung. Er kann mit der Ionenstärke der Lösung zu- oder abnehmen oder auch konstant bleiben (siehe z. B. 105 für den Austausch von Na^+ und NH_4^+ durch Erdalkaliionen).

3.1.4 Selektivität

Im allgemeinen werden ein- und zweiwertige Kationen entsprechend der Reihe bevorzugt (59, 105)

$$Cs^+ > Rb^+ > K^+ > Na^+ > Li^+$$

und

$$Ba^{2+} > Sr^{2+} > Ca^{2+} > Mg^{2+}$$

Bei höher geladenen Silicaten (Vermiculiten) treten zwischen den schwereren Erdalkaliionen kaum noch Unterschiede auf (59).

$$Mg^{2+} > Ca^{2+} \approx Sr^{2+} \approx Ba^{2+}$$

Eine deutliche Erhöhung der Selektivität von Montmorilloniten gegenüber den großen Alkaliionen wird durch abwechselndes Trocknen und Befeuchten, aber auch durch Reduktion der Ladung mit dem Hofmann-Klemen-Effekt erreicht (4, 119).

Bergseth (15, 16) hat die Selektivität eines Illits, Vermiculits und Calciumsmectits gegenüber Mischungen von zwei Schwermetallionen untersucht. Sie nimmt in der Reihenfolge ab (siehe auch 227)

$$Cu^{2+} > Pb^{2+} > Zn^{2+} > Cd^{2+} > Mn^{2+}.$$

Typisch ist die Abnahme der Selektivität des bevorzugten Ions mit seiner zunehmenden Belegungsdichte (Abb. 3.5). Der Natriumsmectit bevorzugt keines der angegebenen Schwermetallionen. (Beachte, daß in Abbildung 3.5 in Wirklichkeit ein ternäres System beschrieben wird, da noch die vom Tonmineral gebundenen Ionen anwesend sind. Dies entspricht aber gerade natürlichen oder anwendungstechnischen Bedingungen.) In den meisten, doch nicht allen Fällen nimmt der Trennfaktor in der Reihenfolge zu: Calciumsmectite < Vermiculite < Illite. Mit zunehmender Temperatur wird der Trennfaktor bei Vermiculiten merklich größer. Dazu scheint auch eine verstärkte äquimolare Bindung (Kap. 3.1.6) beizutragen.

Die Selektivität wird von einer Reihe von Faktoren bestimmt, von denen die Hydration der Kationen und die elektrostatische Wechselwirkung mit dem Schichtanion eine wesentliche Rolle spielen. Die Wechselwirkung der Wassermoleküle mit der Silicatschicht muß ebenso in Betracht gezogen werden wie die Hydration der Kationen in der Lösung. In der Reihe der Alkaliionen werden die größeren Ionen mit kleinerer Hydrationsenthalpie vor den kleineren Ionen mit hoher Hydrationsenthalpie bevorzugt (Hydrationsenthalpie der Cäsiumionen: $-256\,kJ\ mol^{-1}$, der Lithiumionen $-508\,kJ\ mol^{-1}$). Ähnliche Verhältnisse treten bei den Erdalkaliionen auf (Hydrationsenthalpie der Bariumionen $-1290\,kJ\ mol^{-1}$, der Magnesiumionen $-1909\,kJ\ mol^{-1}$). Zunehmende Schichtladung begünstigt die Bindung der schwächer hydratisierten Kationen. Die Hydrationsenthalpie der Schwermetallionen nimmt in der oben aufgeführten Reihung von Kupferionen ($-2102\,kJ\ mol^{-1}$) zu Manganionen ($-1834\,kJ\ mol^{-1}$) ab. Hier wird also das stärker hydratisierte Ion bevorzugt gebunden und zunehmende Schichtladung verstärkt den Trenneffekt bei

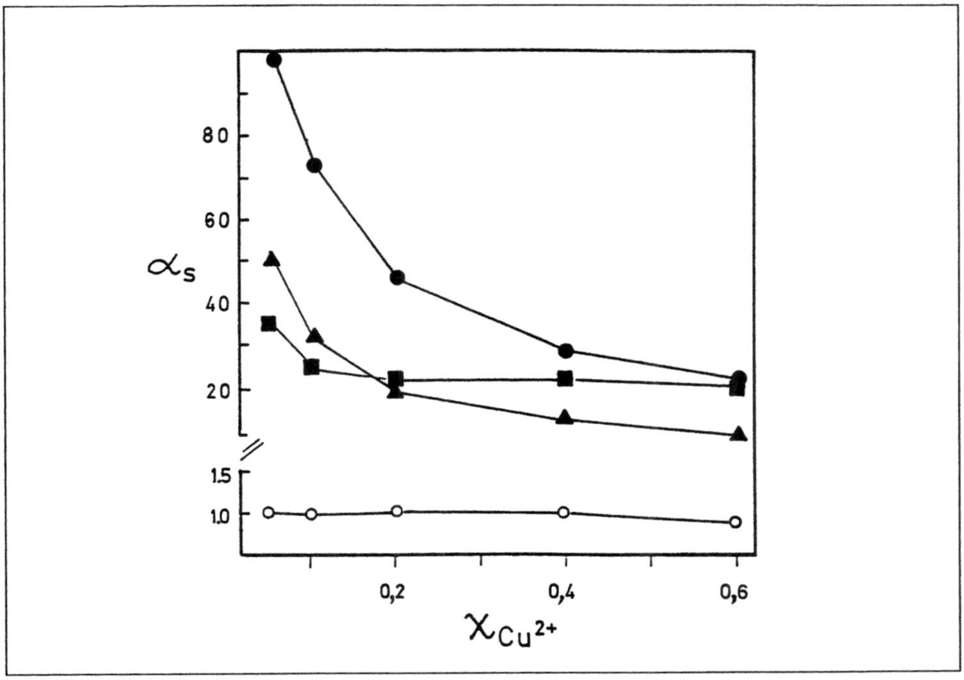

Abb. 3.5. Trennfaktor $\alpha_s = \overline{C_{Cu^{2+}}}\, C_{Mn^{2+}} / \overline{C_{Mn^{2+}}}\, C_{Cu^{2+}}$ gegen den Molenbruch $\chi_{Cu^{2+}}$ in Lösung. Gesamtmolarität $(Cu^{2+} + Mn^{2+}) = 0{,}5 \cdot 10^{-4}$ mol/l (15).
• Illitführender Schiefer (Rochester, USA), ▲ Vermiculit (Transvaal, Südafrika), ○, ■ Montmorillonit (Clay Spur, Wyoming, USA) in Natrium- ○ und Calcium- ■ Form

niedriger Belegungsdichte des bevorzugten Kations. Eine Interpretation allein über Hydrationsenthalpien ist also nicht möglich. Auch die Polarisierbarkeit der Kationen spielt eine Rolle, doch ergibt sich kein direkter Zusammenhang zu dieser Größe. Strukturelle Unterschiede im Bau der Silicatschichten (Lokalisierung der Ladungen, Ladungsverteilung, Ausrichtung der OH-Dipole, Verdrehung der Tetraeder) sollten sich hauptsächlich in Systemen mit geringer Schichtaufweitung auswirken, also vor allem bei Glimmern (84).

Bei den Kationenaustauschreaktionen spielen die Entropieänderungen der Ionen in der Lösung als auch im Schichtzwischenraum bzw. an der Oberfläche eine oft entscheidende Rolle (siehe u. a. 59, 76, 105, 129). Wird beim Austausch ein strukturbrechendes großes Alkaliion (Cs^+) in der Lösung durch ein strukturförderndes kleines Alkaliion (Li^+) ersetzt (Strukturbrechung und -förderung bezogen auf die Wasserstruktur (116)), nimmt die Entropie ab. Beim Übergang der Ionen von der Lösung in den Schichtzwischenraum oder an die Oberfläche wird die Entropie ebenfalls abnehmen. Werden also Lithiumionen ausgetauscht durch andere Alkaliionen, wird die Reaktionsentropie negativ, und zwar um so stärker, je größer der Ionenradius wird. Das Vorzeichen der freien Enthalpie wird daher durch die ausreichend negative Reaktionsenthalpie bestimmt (z. B. $Li^+ \rightleftharpoons K^+$: $\Delta H^\circ = -2{,}98$ kJ mol^{-1}; $\Delta S^\circ = -3{,}12$ JK^{-1} mol^{-1}; $\Delta G^\circ = -2{,}05$ kJ mol^{-1}; Wyoming Montmorillonit, 25 °C; weitere Daten: (59, 60)).

Beim Austausch von Natriumionen durch Calciumionen wird dagegen das negative Vorzeichen von ΔG° durch eine ausreichend große Entropiezunahme bedingt, da die Reaktionsenthalpie >0 ist (z. B. $Na^+ \rightleftharpoons 1/2\ Ca^{2+}$: $\Delta H^\circ = +1{,}72\,kJ\ mol^{-1}$, $\Delta S^\circ = +9{,}52\,JK^{-1}\ mol^{-1}$, $\Delta G^\circ = -1{,}12\,kJ\ mol^{-1}$, Montmorillonit Otay, (118); siehe auch (76)). Es sei folgende Anmerkung angefügt: die bevorzugte Bindung von Calciumionen gegenüber Kaliumionen (Abb. 3.4a) bedeutet nicht, daß Calciumionen fester gebunden werden als Kaliumionen. Vielmehr ist die Enthalpieänderung bei Ersatz der Kaliumionen im Schichtzwischenraum durch Calciumionen positiv ($\Delta H = +6{,}96\,kJ\ mol^{-1}$ bei 35°), so daß das negative Vorzeichen von ΔG ($-0{,}22\,kJ\ mol^{-1}$) und damit die bevorzugte Bindung der Calciumionen durch die Entropiezunahme ($+23{,}3\,JK^{-1}\ mol^{-1}$) beim Austausch bestimmt wird (76).

Während Größe und Mittelwert der Entropieänderungen weitgehend durch den Einfluß der Ionen auf die Struktur des Wassers in der Lösung und im Schichtzwischenraum bestimmt werden, muß eine Änderung von ΔS mit dem Verhältnis der Ionen an der Grenzfläche mit der Konfigurationsentropie zusammenhängen. (Die Entropieänderung des Wassers pro Mol Ionen sollte weitgehend unabhängig von dem Ionenverhältnis an der Grenzfläche sein). Diese wiederum wird eine Änderung des Selektivitätskoeffizienten mit der Belegung der Grenzfläche bedingen. McBride (129) hat gezeigt, daß diese Abhängigkeit entscheidend durch die Mobilität der Ionen an der Grenzfläche bedingt wird. Der Selektivitätskoeffizient (Gl. 3.6) ist nur dann nahezu unabhängig von $\overline{\chi_{A^+}}$ oder $\overline{\chi_{B^+}}$, wenn die Ionen A^+ und B^+ etwa gleiche Beweglichkeit haben (z. B. $Li^+ \rightleftharpoons Na^+$ und $Rb^+ \rightleftharpoons Cs^+$ an Montmorillonite (60)). Wenn dagegen ein Ion (z. B. A^+) weitaus weniger beweglich ist, hat K_s einen hohen Wert bei kleiner Belegung mit A^+-Ionen und nimmt mit zunehmendem $\overline{\chi_{A^+}}$ ab. Ein typisches Beispiel ist die Abnahme der Preferenz von Montmorilloniten für Kaliumionen (und noch ausgeprägter für die größeren Alkaliionen) gegenüber Natriumionen mit zunehmendem Austausch von Natriumionen durch Kaliumionen (129).

Die Interpretation von Austauschisothermen wird auch dadurch erschwert, daß die Austauschplätze nicht gleichwertig sind. Zumindest muß mit zwei unterschiedlichen Plätzen gerechnet werden, da bei $pH > 5$ auch Kationen an den Kristallrändern gebunden werden. Solange der Schichtzwischenraum nur geringfügig aufgeweitet ist (etwa bis zu Schichtabständen von 15 Å), werden sich die energetischen und entropischen Verhältnisse an den inneren und äußeren Obeflächen merklich unterscheiden. Die Bindung von Cäsium- und Rubidiumionen an Illiten läßt sich unter Annahme von drei unterschiedlichen Bindungsstellen beschreiben mit Anteilen von 0,5 %, 3 % und 96,5 % der Austauschkapazität von etwa 0,19 meq/g (26). Die Plätze, die 0,5 % der Austauschkapazität ausmachen, haben eine besonders hohe Selektivität für Cäsiumionen. Solange nur diese Plätze besetzt werden, sind die Cäsiumionen sogar gegenüber Rubidiumionen bevorzugt gebunden.

3.1.5 Kaliumionenselektivität

Hochgeladene Schichtsilicate (Glimmer, Illite, hochgeladene Vermiculite) kollabieren bei Gegenwart von K^+-, Rb^+- und Cs^+-Ionen: auch in verdünnter wäßriger Lösung werden die Wassermoleküle aus dem Schichtzwischenraum weitgehend verdrängt und der Schichtabstand sinkt auf etwa 10 Å. (Bei den Smectiten bleibt der Schichtabstand in Kaliumsalzlösungen meist deutlich unterhalb der in Natriumsalz-

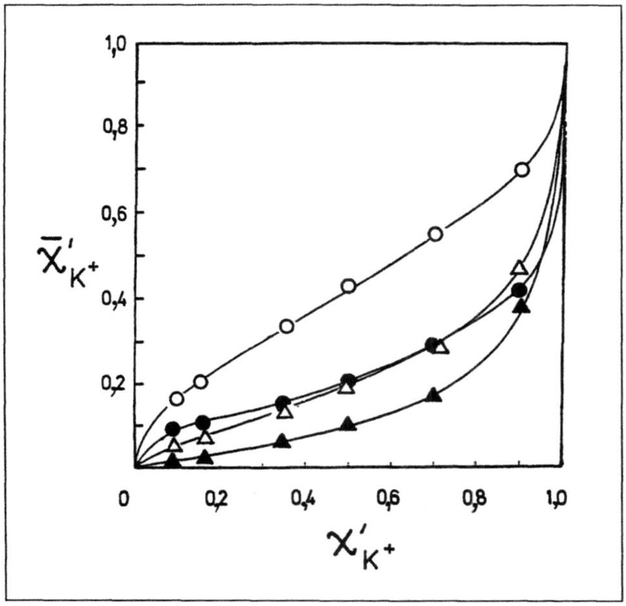

Abb. 3.6. K^+/Ca^{2+}-Austausch an Montmorillonit (Clay Spur, Wyoming, ▲); Illit (Fithian, •); Tonschiefer (○) und Marschboden B (△). Gesamtkonzentration der Lösung etwa 10 mmol/l; $\overline{\chi'}_{K^+}$, χ'_{K^+} Äquivalentanteil von Kaliumionen am Austauscher und in Lösung. (Nach 175)

lösungen gemessenen Werte, s. Abb. 3.11). Die spezifische Bindung der Kaliumionen und der höheren Homologen scheint eine Folge besonderer sterischer Verhältnisse zu sein. Die Kaliumionen mit einem Ionenradius von 1,33 Å passen gut in die bitrigonalen Hohlräume der Silicatschichten; die größeren Rubidium- und Cäsiumionen tauchen soweit wie möglich in die Hohlräume ein. Bei dem mit dem Kaliumion gleich großen Bariumion wird die Desorption des Wassers durch die wesentlich höhere Hydrationsenthalpie des zweiwertigen Ions verhindert.

Die Kaliumionen im Glimmer sind nur unter besonderen Bedingungen gegen andere Metallionen austauschbar, z. B. durch Komplexbildung der Kaliumionen in sehr verdünnten Lösungen (177). Bei 80 – 120 °C können sie durch Erdalkaliionen, vor allem Bariumionen ersetzt werden (163, 167).

Die Austauschvorgänge mit Kaliumionen werden entscheidend durch die während der Reaktion auftretende Verbiegung der Schichten beeinflußt. Werden z. B. Kaliumionen gegen Bariumionen ausgetauscht, erhöht sich der Abstand der Schichten von etwa 10 Å auf 12 Å, weil beim Einbau der Bariumionen zugleich Wassermoleküle aufgenommen werden. Da bei beginnender Reaktion die Schichten nicht parallel auseinanderweichen können, weiten sich die Kristalle vom Rande her auf; die Silicatschichten werden elastisch verbogen (Abb. 3.7 a, b). Mit zunehmendem Austauschgrad verschiebt sich die Reaktionsfront zum Kristallinnern. Erst bei nahezu vollständigem Austausch verschwindet die Verbiegung der Silicatschichten (Abb. 3.7 c). Nicht immer weiten sich alle Schichtzwischenräume gleichmäßig auf. Die Aufweitung eines Schichtzwischenraumes kann unter Umständen die Aufweitung benachbarter Schichtzwischenräume behindern. (Abb. 3.7 d). Dann entstehen Wechsellagerungsstrukturen mit aufgeweiteten und nicht aufgeweiteten Schichtzwischenräumen (181) oder zonale Strukturen. Die Morphologie der Kristallränder sollte die Art der Aufweitung beeinflussen.

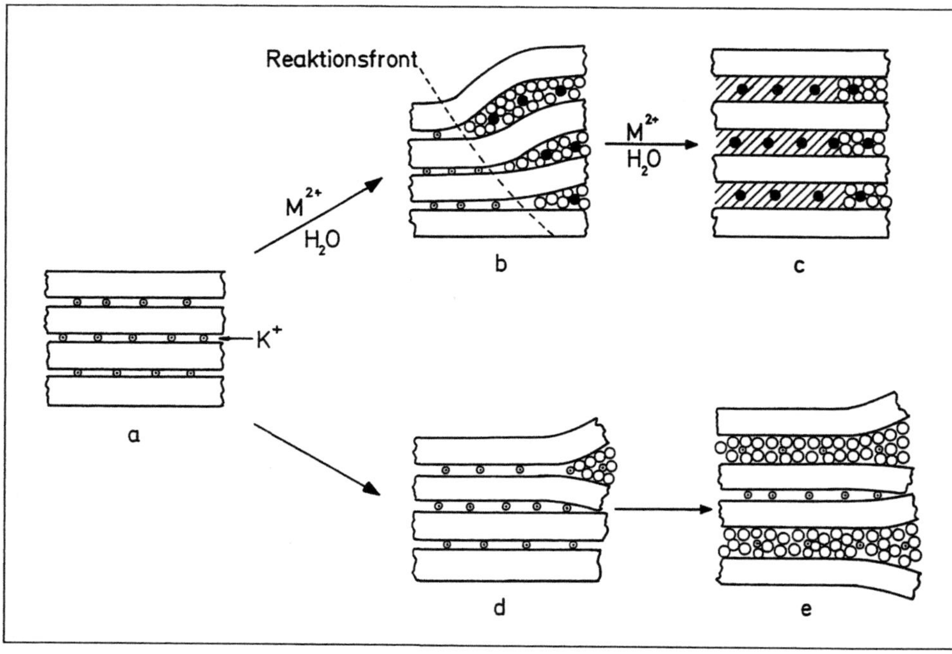

Abb. 3.7. Zum Mechanismus des Austauschs von Kaliumionen bei Glimmern:
a) Glimmer, Zwischenschichtionen sind Kaliumionen,
b) Anfangsstadium des Austausches, randliche Aufweitung des Kristalls unter elastischer Verformung der Silicatschichten,
c) vollständiger Austausch unter gleichmäßiger Aufweitung aller Schichtzwischenräume,
d), e) Bildung von Wechsellagerungsstrukturen bei negativer Kooperativität zwischen benachbarten Schichtzwischenräumen.

Die elastische Verformung der Schichten während der Austauschvorgänge beeinflußt den kooperativen Charakter dieser Reaktionen (94) (Kap. 3.3.3) und verursacht eine Reihe ungewohnter Effekte.

So nimmt die Geschwindigkeit des Austauschs von Kaliumionen durch Erdalkaliionen mit der Teilchengröße des Glimmers bis zu etwa 5 µm zu (Abb. 3.8). Bei Umsetzung bereits aufgeweiteter Glimmerproben mit Kaliumionen steigt die Kaliumionenselektivität mit abnehmender Teilchengröße, wenn die Teilchen so klein werden, daß die Austauschfront in ihrer Ausdehnung dem Teilchenradius entspricht (164, 167). Weitere Effekte hängen mit der Teilchendicke zusammen. Bei randlicher Aufweitung wird in dickeren Kristallen ein Teil der Schichten stärker durchgebogen als bei sehr dünnen Kristallen. Dementsprechend können dickere Kristalle von aufgeweiteten Glimmern (Ca-Phlogopit) mehr Kaliumionen aufnehmen, bevor die Sorption durch den Kollaps der Schichten blockiert wird, als dünne Kristalle etwa gleichen Durchmessers. Umgekehrt steigt die Freisetzung der Kaliumionen aus den Glimmern mit der Teilchendicke (167). Die Kaliumselektivität nimmt mit steigender Temperatur ab (164).

Die Selektivität für Kaliumionen ist in Böden für die Fixierung der Kaliumionen von ganz besonderer Bedeutung. Sie wird auf die durch Verwitterung aufgeweiteten vermiculitartigen Randzonen („frayed edges“, etwa wie in Abb. 3.7 b) der Glimmer

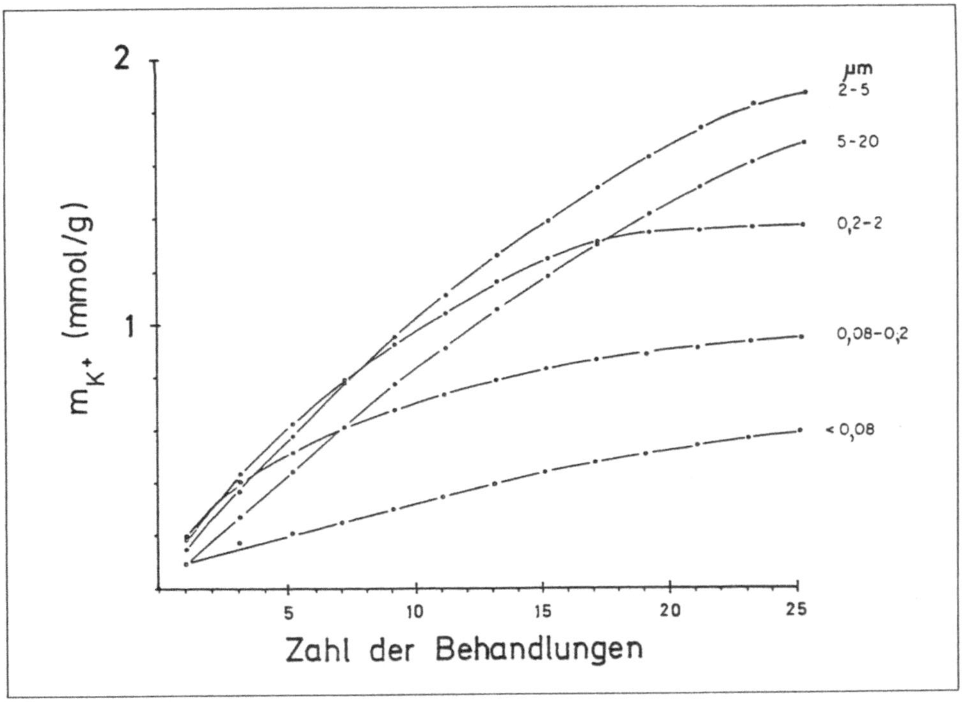

Abb. 3.8. Durch Bariumionen ausgetauschte Mengen an Kaliumionen (m_{K^+}) in aufeinanderfolgenden Behandlungen mit 0,05 molarer $BaCl_2$-Lösung (75 ml auf 40 mg Muskovit) bei 120 °C an verschiedenen Korngrößenfraktionen eines Muskovits (Amelia, Virginia). (Nach 163)

bzw. Illite zurückgeführt. Dadurch wird die Kaliumselektivität der Bodentonminerale oft höher als bei den entsprechenden Standardmineralen (Abb. 3.6). Es sei auch darauf hingewiesen, daß die Selektivität von Bodentonen gegenüber bestimmten Ionen durch begleitende Minerale und Stoffe beeinflußt werden kann, z. B. durch organische Stoffe.

3.1.6 Äquimolarer Kationenaustausch

Der Austausch einwertiger Kationen gegen zwei- und dreiwertige Kationen verläuft nicht immer streng äquivalent (Gl. 3.9), sondern auch äquimolar:

$$\begin{matrix} \ominus & A^+ \\ \ominus & A^+ \end{matrix} + 2\,B^{2+} \rightleftharpoons \begin{matrix} \ominus & B^{2+}X^- \\ \ominus & B^{2+}X^- \end{matrix} + 2\,A^+ \qquad (3.19)$$

Nach Weiss (215) wird der äquimolare Austausch vor allem bei niedriger Austauschkapazität begünstigt, wenn der Abstand zwischen den negativen Ladungen an der Oberfläche groß wird. Äquimolarer Ionenaustausch wird z. B. bei Kaoliniten beob-

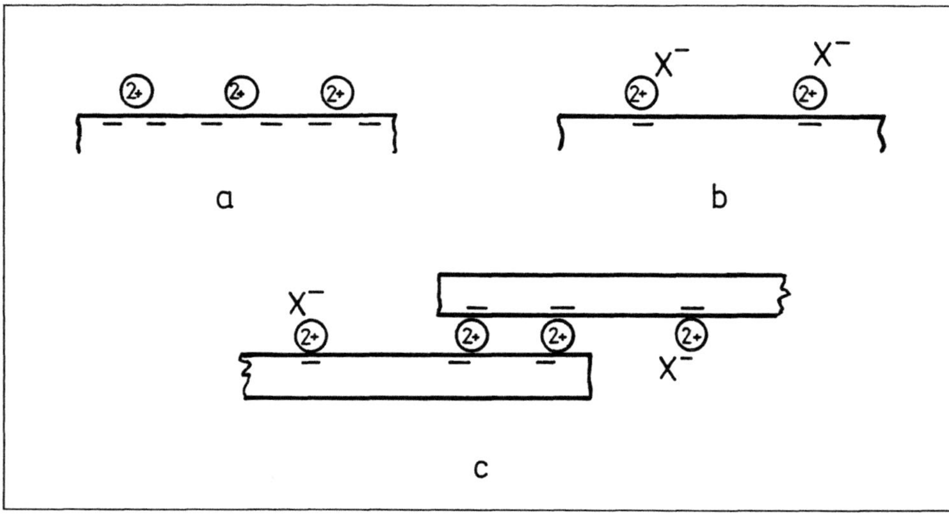

Abb. 3.9. Äquivalenter und äquimolarer Ionenaustausch:
a) äquivalenter Austausch an höher geladenen Oberflächen,
b) äquimolarer Austausch an niedriggeladenen Oberflächen,
c) Verbrückung zweier Teilchen durch zweiwertige Ionen; im Überlappungsbereich ist der Austausch äquivalent.

achtet. Das Molverhältnis der gebundenen zweiwertigen Ionen zu den ausgetauschten einwertigen Ionen liegt zwischen den Werten von 0,5 für den äquivalenten und 1,0 für den äquimolaren Austausch. Die Bindung der zusätzlichen Anionen zum Ladungsausgleich führt zu einem erhöhten Anionenaustauschvermögen. Die Ursache für den Übergang von äquivalentem zu äquimolarem Austausch ist die mit zunehmendem Abstand der negativen Ladungen (abnehmendes Austauschvermögen) ungünstiger werdende Ladungsverteilung bei äquivalenter Bindung der zweiwertigen Ionen (Abb. 3.9 a, b). Die zum Ladungsausgleich gebundenen Anionen (z. B. Chloridionen) werden in wäßriger Lösung weitgehend gegen OH^--Ionen ausgetauscht. Daher reagiert die Kaolinitoberfläche, die mit zweiwertigen Ionen belegt ist, alkalisch, wenn alle löslichen Salze sorgfältig durch Auswaschen entfernt worden sind.

Die Anionen an der Basisfläche eines Kaolinitkristalls können auch durch negative Ladungen der Basisfläche eines anderen Kaolinitkristalls ersetzt werden (Abb. 3.9 c). Die vernetzenden zweiwertigen Ionen sind äquivalent gebunden. Diese Reaktion trägt dazu bei, daß das Molverhältnis der eingetauschten zweiwertigen Ionen zu den ausgetauschten einwertigen $<1{,}0$ bleibt. Auch beim Austausch von Natrium- oder Calciumionen durch Schwermetallionen (s. Abb. 3.4) werden mehr zweiwertige Ionen gebunden als einem äquivalenten Austausch entspricht (15).

Äquimolarer Austausch wurde auch für Strontiumionen an Huminstoffen nachgewiesen (14).

3.1.7 Anionenaustausch

Ein Anionenaustausch erfolgt hauptsächlich mit den an den Kristallrändern gebundenen Anionen (Kap. 3.1.1). Die Austauschkapazität nimmt mit abnehmender positiver Ladung der Schichtränder bei steigendem pH-Wert ab. Oberhalb $pH \approx 5$ ist kein Anionenaustausch nach diesem Mechanismus nachzuweisen. Mehrwertige Anionen können auch äquimolar gebunden werden und die Kanten umladen:

$$\boxed{\oplus}\; X^- + SO_4^{2-} \rightleftharpoons \boxed{\oplus}\; SO_4^{2-} + X^- \qquad (3.20)$$

Neben der elektrostatischen Bindung als Gegenion werden manche Anionen (Phosphat, Arsenat, Molybdat, Fluorid) durch Ligandenaustausch von OH^--Gruppen gebunden (Abb. 3.1):

$$|OH + HOPO_3^{2-} \rightleftharpoons |OPO_3H^- + OH^- \rightleftharpoons |OPO_3^{2-} + H_2O \qquad (3.21)$$

Ein ähnlicher Bindungsmechanismus ist von Oxiden (SiO_2, TiO_2, FeO(OH) u. a.) bekannt (Kap. 6.5.5). Die Reaktion kann auch als Komplexbildung z. B. an den exponierten Aluminiumionen der Oktaederschicht betrachtet werden (siehe auch Kap. 3.4.4). Da der Ligandenaustausch nicht an die Existenz positiver Randladungen gebunden ist, werden die Anionen auch oberhalb $pH \approx 5$ gebunden, doch nimmt der Austausch nach dem Massenwirkungsgesetz mit steigendem pH-Wert ab (135).

Im allgemeinen werden die mehrzähnigen Liganden monovalent gebunden. Die Ladung des adsorbierten Ions hängt vom pH-Wert der Lösung ab. Die Dissoziation der Protonen ist aber nicht oder nur näherungsweise durch die pK_s-Werte der Säuren in wäßriger Lösung erfaßbar (z. B. (37)). Die Umladung der Kanten oder Erhöhung der negativen Ladung durch mehrwertige Anionen sind von enormer praktischer Bedeutung für die Veränderung des Fließverhaltens von Tondispersionen (Kap. 3.2.7).

Weiss et al. (213) haben durch Austausch weitgehend aller Hydroxidionen durch Fluoridionen an den Rändern von Smectitkristallen deren mittlere Teilchendurchmesser und an den Basisflächen von Kaolinitkriställchen deren mittlere Dicke abgeschätzt.

Das Anionenaustauschvermögen von Tonen kann besonders stark durch Begleitstoffe verändert werden. Nichtkristalline Alumosilicatgele können das Adsorptionsvermögen gegenüber Phosphat beachtlich erhöhen (159). Andererseits können Bindungsstellen für Phosphationen durch organische Stoffe blockiert werden (134).

3.2 Tonmineral-Wasser

3.2.1 Hydrationszustand der 2 : 1-Tonminerale

Die 2 : 1-Tonminerale bilden in Abhängigkeit von dem Wasserdampfpartialdruck bzw. von der Elektrolytkonzentration in wäßrigen Lösungen verschiedene Hydrate. Mit steigendem Partialdruck (s. auch Kap. 8.1.4) oder abnehmender Elektrolytkonzentration treten Hydrationsstufen mit ein, zwei und vier Wasserschichten zwischen den Silicatschichten auf (Abb. 3.10a). Bei der „nullten" Hydrationsstufe (Schichtabstand 10 – 10,5 Å) sind keine geschlossenen monomolekularen Wasserschichten

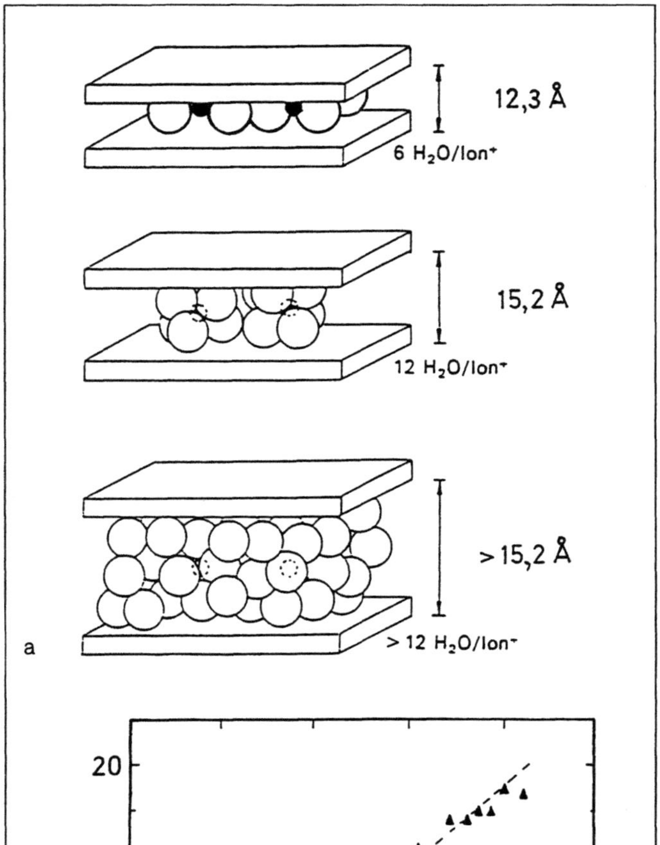

Abb. 3.10. Hydrationsstufen der Dreischicht-Tonminerale. (Nach 85)
a) Hydrationsstufen mit maximalem Wassergehalt
b) Änderung des Schichtabstandes von Montmorillonit mit dem Wassergehalt Wyoming-Montmorillonit mit 86 % Na^+, 10 % Ca^{2+}, 4 % Mg^{2+} und Montigel (Süd-Chemie) mit 3 % Na^+, 61 % Ca^{2+}, 36 % Mg^{2+}
• Messung in Debyc-Scherrer-Kameras
▲ Messung im Diffractometer

ausgebildet; lediglich einzelne Wassermoleküle sitzen in den bitrigonalen Hohlräumen der Silicatschichten. In Wasser oder elektrolytarmen Systemen können wesentlich mehr als vier Wasserschichten ausgebildet werden; der Schichtabstand steigt über 20 Å (Quellung $\rightarrow \infty$).

Beim Gefrieren lufttrockener Proben wird der Schichtabstand durch die Auskristallisation von Eis erniedrigt, z. B. für lufttrockenen Na^+-Smectit von 15,2 Å auf 12,2 Å und für feuchten Mg^{2+}-Smectit von 20,3 Å auf 15,9 Å (197).

Bei Strukturen mit null bis vier Wasserschichten bleibt die kristalline Ordnung weitgehend bestehen, auch wenn die Beweglichkeit der Zwischenschichtkationen relativ hoch wird. Hofmann et al. (69) haben die Bezeichnung „quasikristallin" vorgeschlagen. Bei Schichtabständen über 20 Å geht die quasikristalline Ordnung der Silicatschichten zueinander verloren, und die Zwischenschichtkationen bilden diffuse Ionenschichten.

Die Schichtabstände der ersten, zweiten und vierten Hydrationsstufe liegen bei 11,8 – 12,4 Å, 14,5 – 15,5 Å und 19 – 20 Å (Abb. 3.10b). Die genauen Werte hängen von dem Zwischenschichtkation, der Schichtladung und der Ladungsverteilung ab. Da vielfach, bei Smectiten besonders ausgeprägt, die einzelnen Schichtzwischenräume eines Kristalls als Folge der uneinheitlichen Ladungsverteilung verschiedene Hydrationszustände haben, treten auch Werte zwischen den angegebenen Schichtabständen auf, und die Übergänge von Stufe zu Stufe werden unscharf.

Die Schichtabstände einer Vielzahl von Smectiten und Vermiculiten in Abhängigkeit von der Salzkonzentration sind in Abbildung 3.11 dargestellt. Natriumsmectite bilden in reinem Wasser oder elektrolytarmen Lösungen (bis etwa 0,2 mol/l NaCl) Strukturen mit diffusen Ionenschichten, bei höheren Konzentrationen Hydrate mit vier und zwei Wasserschichten. Sogar in gesättigter NaCl-Lösung bleiben bimolekulare Wasserschichten im Schichtzwischenraum erhalten. Auch Kaliumsmectite bilden in elektrolytarmen Systemen diffuse Ionenschichten, doch setzt der Übergang in Hydrate mit vier und zwei Wasserschichten bei wesentlich niedrigerer Salzkonzentration ein als bei den Natriumsmectiten und wird in höherem Maße von der Schichtladung und Ladungsverteilung bestimmt. In KCl-Lösungen $>0{,}5$ mol/l bleiben die Schichtzwischenräume fast aller Kaliumsmectite weitgehend auf monomolekulare Wasserschichten begrenzt (Kap. 3.1.5). Calciumsmectite behalten bis zu hohen Calciumchloridkonzentrationen vier Wasserschichten.

Natrium- und Calciumvermiculite haben über den ganzen Konzentrationsbereich Schichtabstände von 15 Å; nur sehr niedrig geladene Vermiculite weiten in sehr elektrolytarmen Lösungen über 15 Å auf. Typisch für Vermiculite sind die niedrigen Schichtabstände (<12 Å) in KCl-Lösungen.

3.2.2 Quasikristalline Strukturen

In den quasikristallinen Strukturen sind die Kationen einigermaßen geordnet zwischen den Silicatschichten gebunden. Zweiwertige Ionen ordnen sich bevorzugt in der Mitte des Schichtzwischenraumes an, wenn zwei oder mehr Wasserschichten vorhanden sind. Bei einer Wasserschicht besetzen die Ionen abwechselnd die bitrigonalen Hohlräume der oberen und unteren Silicatschicht des Schichtzwischenraumes (198). Einwertige Zwischenschichtkationen neigen zu einer mehr diffusen Verteilung. In einigen Fällen wurde aber auch eine Anhäufung in der Mitte des Schichtzwischenraumes gefunden (zweite Hydrationsstufe von Na^+-Vermiculit (74), Cs^+-Non-

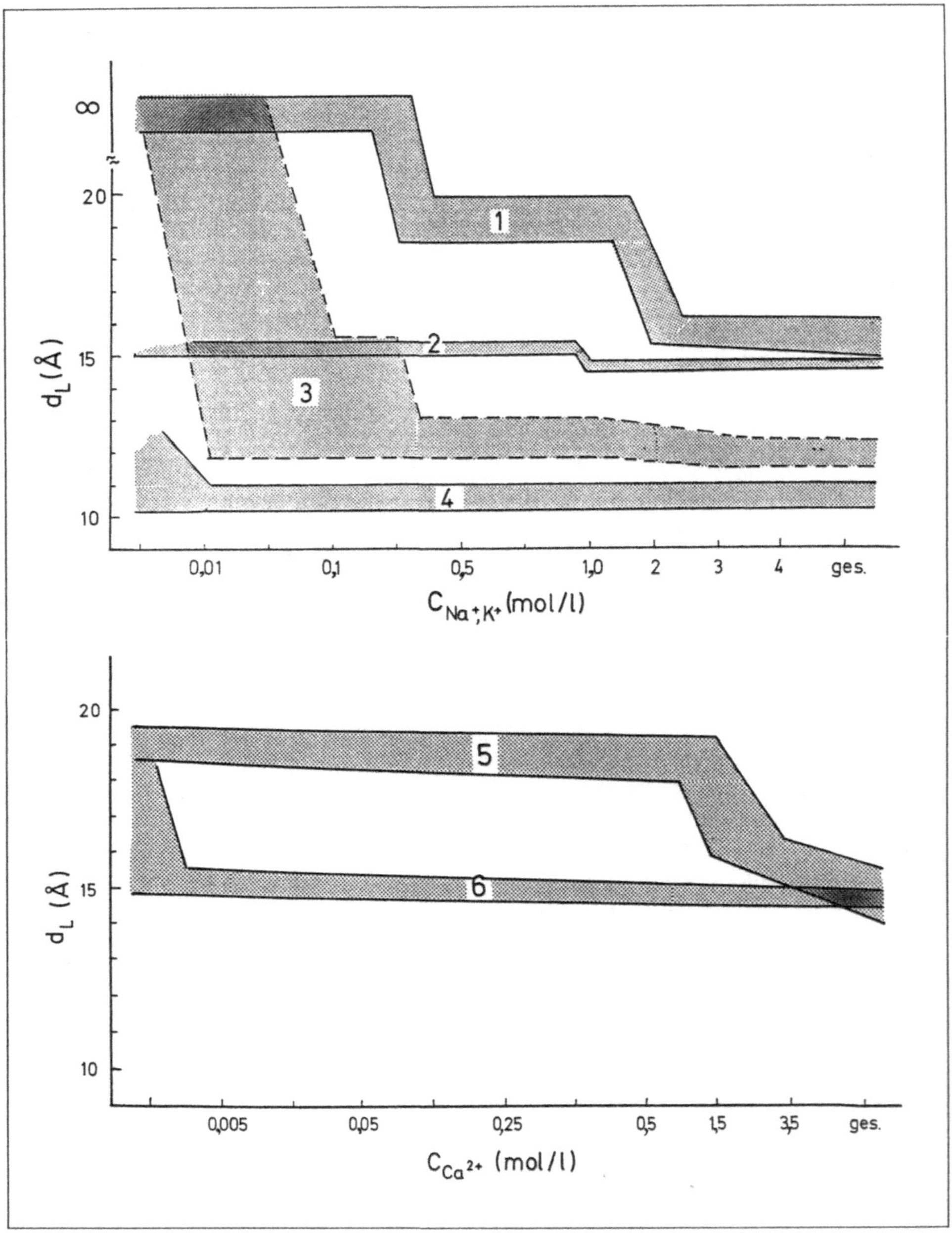

Abb. 3.11. Schichtabstände von Montmorilloniten und Vermiculiten in wäßriger Salzlösung.
1 (2) Na^+-Smectite (Na^+-Vermiculite) in NaCl-Lösungen
3 (4) K^+-Smectite (K^+-Vermiculite) in KCl-Lösungen
5 (6) Ca^{2+}-Smectite (Ca^{2+}-Vermiculite) in $CaCl_2$-Lösungen

tronit (222) und Alkalisaponit (192)). Die Silicatschichten selbst sind bei den höher geladenen Schichtsilicaten recht regelmäßig zueinander geordnet (29, 191, 192, 193). In den Smectiten sind die Schichten gegeneinander verdreht (turbostratische Anordnung, Kap. 2.2.3) oder mit hoher Fehlordnung gegeneinander verschoben (18, 122, 130).

McBride et al. (127, 128) und Berkheiser und Mortland (17) haben die ESR-Signale von strukturellen Fe^{3+}-Ionen im Gitter von Montmorillonit benutzt, um die Lagen der Zwischenschichtkationen abzutasten. Danach sind im hydratisierten Zustand Lithium- und Calciumionen durch ihre Hydrathülle weitgehend von den Schichten getrennt, während Natriumionen und vor allem Kaliumionen näher an den Schichten, zum Teil sogar in den bitrigonalen Hohlräumen liegen.

Nicht alle Wassermoleküle gehören den Hydrathüllen um die Kationen an. Zwischen den hydratisierten Kationen liegen Wassermoleküle, die den Wassermolekülen im Bereich der Strukturbrechung um die Kationen in Elektrolytlösungen entsprechen, also noch nicht zur typischen Wasserstruktur (116) assoziiert sind. Die Rotation der Wassermoleküle im Schichtzwischenraum ist naturgemäß gegenüber derjenigen in reinem Wasser behindert, und die Wassermoleküle diffundieren im Schichtzwischenraum langsamer (32, 43, 55, 56, 57, 127, 128, 185).

Chemische Befunde (27, 133) zeigen eine höhere Acidität des Zwischenschichtwassers gegenüber reinem Wasser an. Die erhöhte Acidität hängt hauptsächlich mit dem Übergang der Protonen aus den Hydrathüllen um die Kationen zu den mobileren Wassermolekülen zwischen ihnen zusammen (55, 74, 205). Die polarisierende Wirkung der Zwischenschichtkationen und der Schichtladungen auf die Wassermoleküle der Hydrathülle ist stärker als in entsprechenden homogenen Elektrolytlösungen. Die Acidität des Zwischenschichtwassers hängt von der Art des Kations wie auch vom Wasserdampfpartialdruck bzw. Wassergehalt (45) ab. Bei Montmorillonit nimmt bei 98 % Feuchtigkeit die Acidität (gemessen über die Protonierung von NH_3) ab in der Reihenfolge der Zwischenschichtkationen $Al^{3+} > Mg^{2+} > Ca^{2+} = Li^{+} > Na^{+} = K^{+}$, bei 20 % ist die Reihenfolge $Al^{3+} = Mg^{2+} > Ca^{2+} > Li^{+} > Na^{+} > K^{+}$ (133). Auch an den äußeren Oberflächen ist die Acidität erhöht (45).

Die Leitfähigkeit im hydratisierten Zustand geht weitgehend auf Protonen zurück. Ein interessantes Modell wurde aufgrund der über die dielektrischen Verluste gemessenen Leitfähigkeit bei Vermiculiteinkristallen vorgeschlagen. Danach lassen sich die Relaxationsvorgänge durch Diffusion struktureller L-Defekte deuten (173).

Bei der Dehydratisierung von Lithiumsmectiten oberhalb 200 °C wandern die Lithiumionen durch die bitrigonalen Hohlräume in die Oktaederschichten, und zwar bei montmorillonitischer Ladungsverteilung schneller als bei beidellitischer (17, 25, 46, 62). Dieser Hofmann-Klemen-Effekt wurde zur Abschätzung des beidellitischen Charakters benutzt. Die in die Silicatschicht eindiffundierten Lithiumionen sind nicht mehr austauschbar. Da aber auch ein gewisser Anteil von Lithiumionen zwischen kollabierten Schichten oder Schichtbereichen in den bitrigonalen Hohlräumen verstärkt festgehalten wird, kann der Anteil der beidellitischen Ladungsverteilung überschätzt werden. Solvation mit polaren organischen Verbindungen (46, 109) vermag diese Lithiumionen zu remobilisieren. Auch durch Umsetzung mit Magnesiumsalzlösungen lassen sie sich austauschen. Über die Bestimmung der eingetauschten Magnesiumionen kann der beidellitische Ladungsanteil recht gut abgeschätzt werden (78).

3.2.3 Strukturen mit diffusen Ionenschichten

Bei Schichtsilicaten mit Schichtladungen <0,55 Ladungen/Formeleinheit und Lithium- oder Natriumionen als Zwischenschichtkationen wird in Wasser oder verdünnter Elektrolytlösung der Schichtabstand wesentlich größer als 20 Å (Abb. 3.11), ja so groß, daß sich die Schichten voneinander trennen. Es entsteht eine kolloidale Dispersion aus isolierten Silicatschichten oder dünnen Paketen aus wenigen Schichten. Die Zwischenschichtkationen umgeben jetzt als diffuse Ionenschichten diese Einheiten (Abb. 3.12). Mit Kaliumionen treten diese Strukturen nur bei niedriger geladenen Smectiten ($\xi < 0{,}4$ Ladungen/Formeleinheit) auf. Mit zweiwertigen Zwischenschichtkationen bilden sich keine Strukturen mit diffusen Ionenschichten.

Die beim Zerfall der Kristalle freiwerdenden Silicatschichten bevorzugen eine gewisse Parallellagerung. Die mittleren Abstände können über Kleinwinkelstreuung gemessen werden (Abb. 3.13), (58, 144). In Abbildung 3.13 ist die Unstetigkeit beim Übergang von der quasikristallinen Struktur (Schichtabstand bis etwa 20 Å) in die Struktur mit diffusen Ionenschichten gut zu erkennen.

Mit anderen Gegenionen als Lithium- oder Natriumionen sind die mittleren Abstände zwischen den einzelnen Schichten nicht mehr gleichmäßig. Es bilden sich Tactoide, indem sich einige wenige Silicatschichten in etwa gleichen Abständen säulenartig übereinander lagern. Die Abstände zwischen den einzelnen Tactoiden sind größer als zwischen den einzelnen Silicatschichten innerhalb der Tactoide. Eine gewisse Vorstellung von der mittleren Größe der Tactoide vermittelt Abbildung 3.14. Die Anzahl der Schichten im Tactoid (für Lithiumionen gleich 1 gesetzt) wurde aus Viskositäts- und Lichtstreumessungen sehr verdünnter Lösungen abgeschätzt (174). Mit Calciumionen als Gegenionen enthalten die Tactoide etwa 7 Silicatschichten. Austausch durch Magnesiumionen reduziert die Aggregatgröße auf 4 – 5 Schichten. Schon wenn etwa 20 Prozent der Calciumionen durch Lithium- oder Natriumionen ersetzt sind, zerfallen die Tactoide weitgehend; im Mittel enthalten sie dann weniger als zwei Silicatschichten.

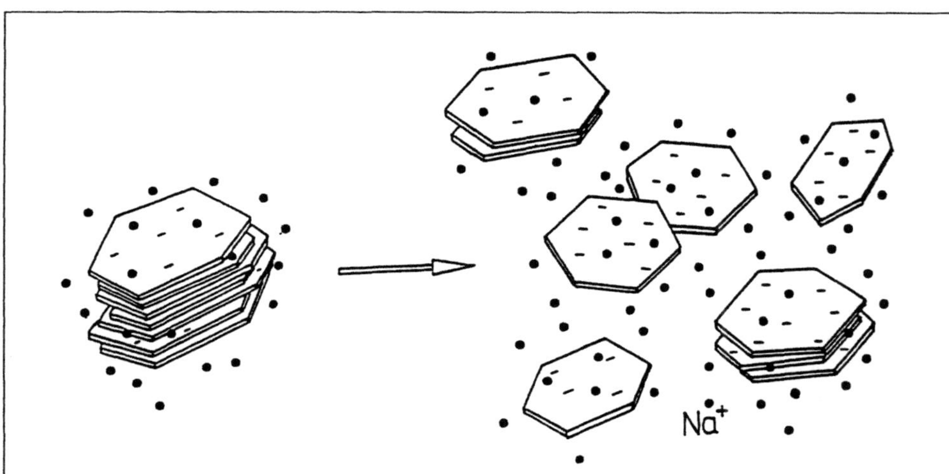

Abb. 3.12. Zerfall der Natriumsmectitkristalle in einzelne Silicatschichten und dünne Schichtpakete in Wasser und NaCl-armen Lösungen.

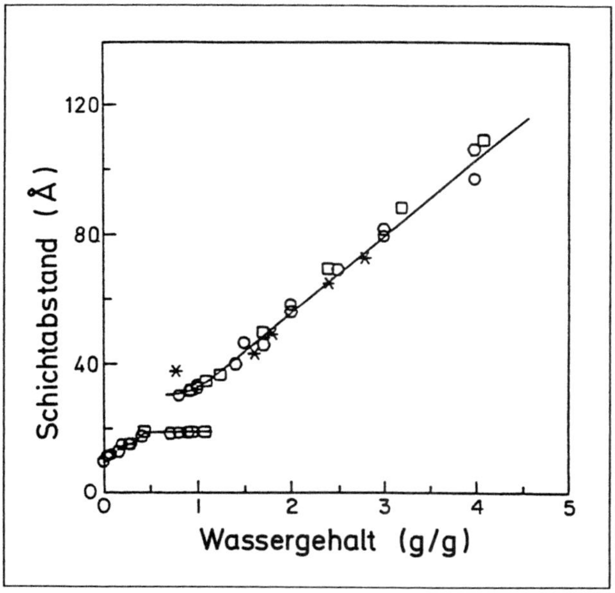

Abb. 3.13. Mittlere Schichtabstände in Abhängigkeit vom Wassergehalt. (Nach 232, nach Meßwerten verschiedener Autoren)

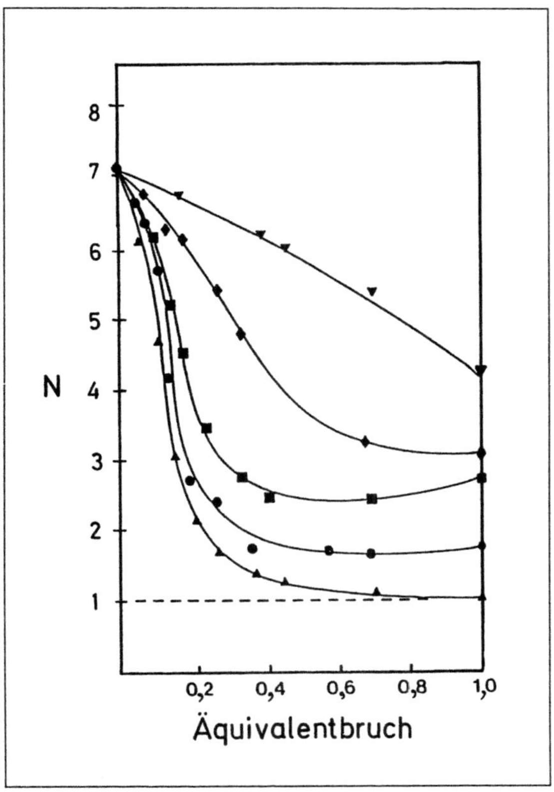

Abb. 3.14. Anzahl N der Schichten in den Tactoiden optimal dispergierter Montmorillonite in Abhängigkeit vom Belegungsgrad mit Lithium- (▲), Natrium- (•), Kalium- (■), Cäsium- (◆) und Magnesium- (▼) ionen anstelle von Calciumionen (bezogen auf N = 1 für reine Lithiummontmorillonite). (Nach 174)

In den Tactoidlösungen sind zwei Phasen des Wassers zu unterscheiden (57). Eine Phase ist das „bulk“-Wasser zwischen den Tactoiden, das die Struktur des reinen Wassers zeigt. Im Zeitmaß der Kernresonanzmessungen ist der Diffusionskoeffizient der gleiche wie im reinen Wasser. Im Bereich der Tactoide unterliegen die Wassermoleküle den von der Oberfläche ausgehenden Kraftfeldern. Die Zahl der Wasserschichten, die sich in den Kernresonanzmessungen deutlich vom „bulk“-Wasser unterscheiden, liegt nach Fripiat et al. (57) bei 3 bis 5, d. h. der Einfluß der Oberfläche wirkt sich kaum über 10 Å hinaus aus. Dagegen folgern Mulla und Low (136) aus spektroskopischen Messungen, daß die molekulare Beweglichkeit der Wassermoleküle bis auf Abstände von 40 Å durch die Tonmineraloberfläche beeinflußt wird.

3.2.4 Kolloidale Dispersionen

Mit der Ausbildung diffuser Ionenschichten unterliegen die dispergierten Teilchen den für kolloidale, elektrostatisch stabilisierte Dispersionen typischen Wechselwirkungen (DLVO-Theorie) (95, 100, 113, 114, 149). Um die negativ geladenen Teilchen sind die Gegenionen (Kationen) diffus verteilt (Gouy-Chapman-Schicht, Abb. 3.15), wobei ihre Konzentration exponentiell zur Lösung hin abnimmt. Die Co-Ionen (Anionen) werden von der Grenzfläche zur Lösung hin abgedrängt. Unmittelbar an der Grenzfläche kann nach Maßgabe der Flächenverhältnisse nur eine begrenzte Zahl von Kationen liegen. Bei 0 K wären alle Kationen in dieser Schicht (der sog. Sternschicht) lokalisiert. Mit steigender Temperatur verläßt ein immer größerer Anteil der Gegenionen diese Schicht und formt die diffuse Ionenschicht. Der Anteil der Gegenionen in der Sternschicht wird erhöht, wenn die Gegenionen zusätzlich durch spezifische Wechselwirkungen fester an der Grenzfläche gehalten werden. Die spezifische Bindung von Gegenionen (z. B. kationischen Tensiden) kann soweit gehen, daß nahezu alle Gegenionen in der Sternschicht lokalisiert werden. Mit abnehmendem Anteil von Gegenionen in der diffusen Schicht nimmt die elektrostatische Wechselwirkung zwischen den Teilchen ab, weil sie allein durch den Potentialverlauf in der diffusen Schicht bestimmt wird. Daher erniedrigt eine zunehmende Sternschichtadsorption die Stabilität der kolloidalen Dispersion.

Die Ausdehnung der diffusen Ionenschichten wird durch den Elektrolytgehalt in der Lösung bestimmt (Abb. 3.15). Wird er erhöht, werden die Gegenionen näher an die Grenzfläche gedrückt: die diffusen Ionenschichten werden „zusammengepreßt“. In 10^{-5} molaren Lösungen einwertiger Gegenionen dehnen sich die diffusen Ionenschichten bis auf etwa 4500 Å aus (≙ etwa $5/\varkappa$ mit $1/\varkappa$ = Debye-Hückel-Länge); in 10^{-3} und 10^{-1} molaren Lösungen reichen sie etwa 450 Å und 45 Å weit in die Lösung. Bei zweiwertigen Gegenionen sind sie nur halb so dick. Mit zunehmender Elektrolytkonzentration steigt auch das Verhältnis der Ionen in der Sternschicht zu denen in der diffusen Schicht an.

Die diffusen Ionenschichten führen zu einer elektrostatischen Abstoßung zwischen den Silicatschichten. Mit steigendem Salzgehalt und zunehmender Kompression der diffusen Ionenschichten wird die elektrostatische Abstoßung erst bei kleineren Abständen wirksam, steigt dann aber umso stärker an (Abb. 3.16).

Der elektrostatischen Abstoßung wirkt die nahezu elektrolytunabhängige van-der-Waals-Anziehung zwischen den Silicatschichten entgegen. Bei großen Abständen ist die van-der-Waals-Energie deutlich kleiner als die elektrostatische Absto-

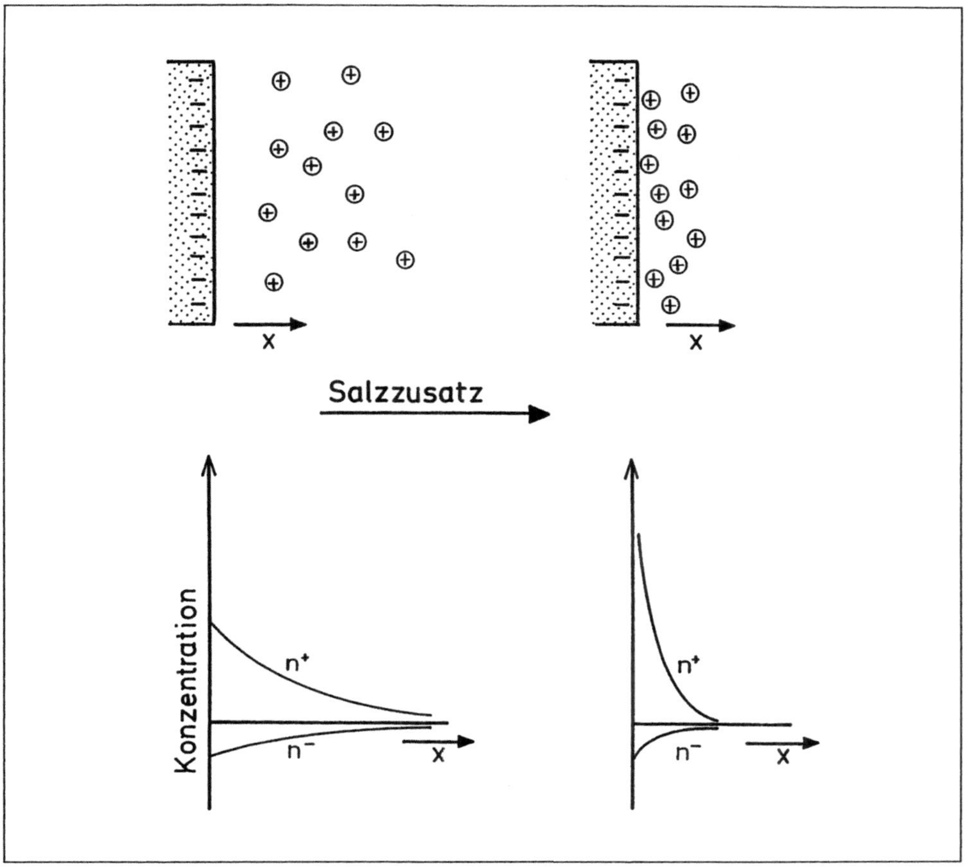

Abb. 3.15. DLVO-Theorie: Änderung der Konzentration der Gegenionen (n^+) und Co-Ionen (n^-) in der Nähe einer negativ geladenen Grenzfläche kolloidaler Teilchen bei niedriger (links) und hoher Salzkonzentration (rechts).

ßung, bei kleinen Abständen wird die Abstoßung aber vollständig überwunden. Abbildung 3.16a zeigt, wie sich van-der-Waals-Energie (Anziehung, negatives Vorzeichen) und elektrostatische Abstoßung (positives Vorzeichen) bei verschiedenen Elektrolytkonzentrationen zu den Gesamtwechselwirkungskurven überlagern. In den verdünnten Lösungen besteht eine so hohe Energiebarriere zum ersten Minimum, daß die Silicatschichten in relativ großen Abständen gehalten werden (Abb. 3.16b). Die kolloidale Dispersion des Silicats ist stabil. Mit zunehmender Elektrolytkonzentration sinkt die Barriere. Wenn sie kleiner als eine thermische Energie von 10 – 15 kT ist ($1\,kT = 0{,}4 \cdot 10^{-13}$ erg/Teilchen = 2,5 kJ/mol), können sich die Silicatschichten auf einen Abstand von etwa 10 Å nähern: das dispergierte Tonmineral koaguliert. Die dazu notwendige Salzkonzentration heißt kritische Koagulationskonzentration.

Die Kurven in Abbilung 3.16b wurden bei $2d \approx 5$ Å „abgeschnitten", weil der Schichtabstand auch in gesättigter NaCl-Lösung nicht < 15 Å wird. Nur so ist auch die Repeptisation zu erklären (95, 100, 150).

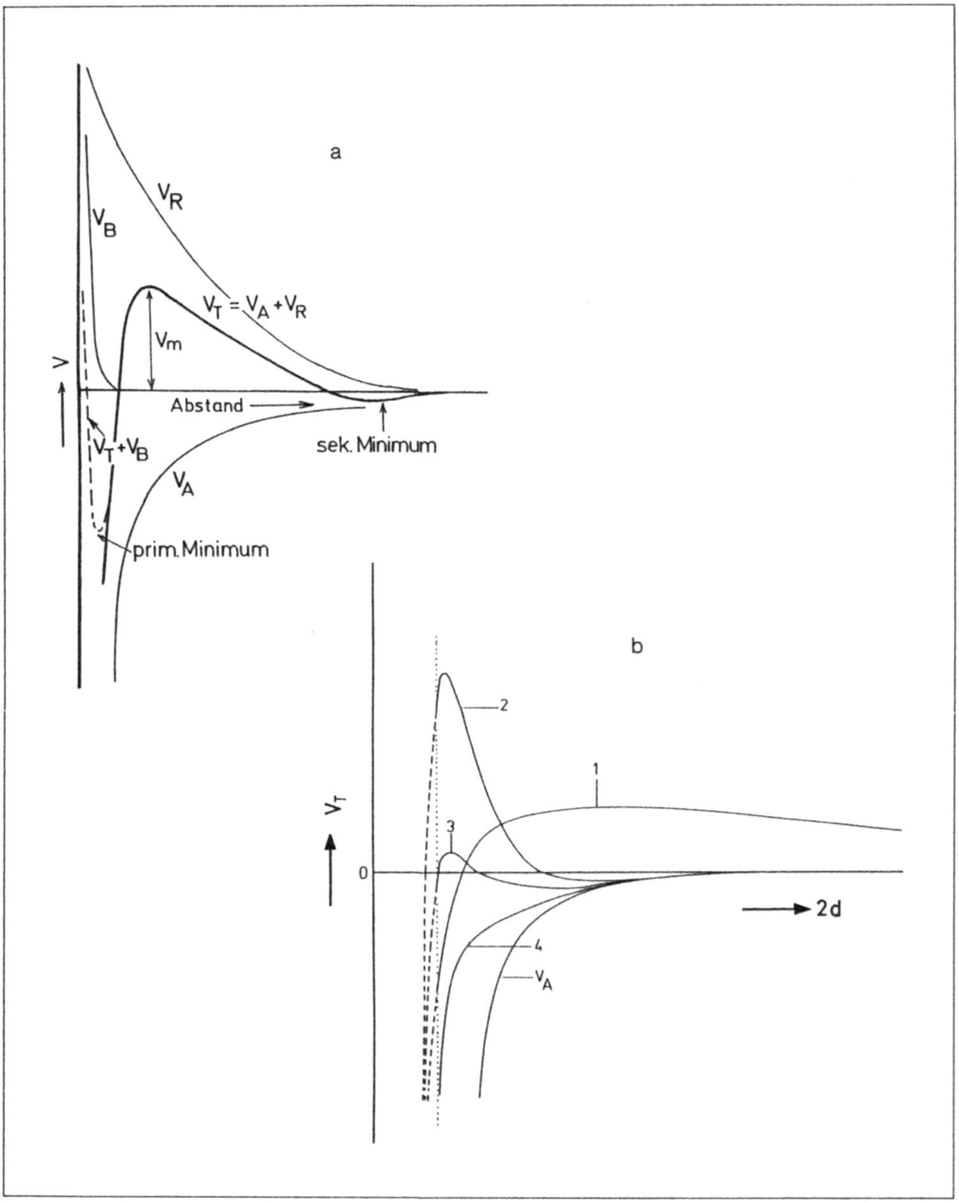

Abb. 3.16. Wechselwirkungen zwischen kolloidalen Teilchen nach der DLVO-Theorie.
a) Elektrostatische (V_R), van-der-Waals-Wechselwirkung (V_A) und Bornsche Abstoßung (V_B, bei direktem Teilchenkontakt) und Gesamtwechselwirkungskurve ($V_T = V_R + V_A + V_B$) mit primärem und sekundärem Minimum.
b) Änderung der Gesamtwechselwirkung mit der Salzkonzentration:
1 Salzkonzentration sehr niedrig
2 niedrig
3 mittel
4 hoch;
zwischen 3 und 4 liegt die kritische Salzkonzentration; der Abstand zwischen den Plättchen ist $2d$.

Die kritische Koagulationskonzentration kann durch einfache Koagulationstests in Reagenzgläsern ermittelt werden (näheres s. 149). Sie ist bei zweiwertigen Gegenionen wesentlich kleiner als bei einwertigen Ionen und noch kleiner bei dreiwertigen, weil höher geladene Gegenionen die diffusen Ionenschichten stärker komprimieren als einwertige. Nach der empirischen Regel von Schulze und Hardy sind zur Koagulation 25 – 150 mmol/l einwertige, 0,5 – 3 mmol/l zweiwertige und 0,01 – 0,1 mmol/l dreiwertige Gegenionen erforderlich.

Bei der numerischen Berechnung nach der DLVO-Theorie muß die Sternschichtadsorption berücksichtigt werden. Die für Montmorillonite typische Schichtladung von 0,3 Ladungen ($=0{,}3\cdot 1{,}6\cdot 10^{-19}$ C) pro Formeleinheit bei einer Fläche von $a_0 b_0/2 \approx 23{,}25$ Å^2 entspricht einer Ladungsdichte von $0{,}5\cdot 0{,}3\cdot 1{,}6\cdot 10^{-19}/23{,}25\cdot 10^{-20} \approx 0{,}10$ C m^{-2}. Das Oberflächenpotential ist nach der DLVO-Theorie abhängig von der Salzkonzentration. In 10^{-5}, 10^{-3} und 10^{-1} molarer NaCl-Lösung beträgt es 308, 206 und 88 mV. Zu hohe Oberflächenpotentiale werden auch bei anderen Systemen nicht direkt für die Kolloidstabilität wirksam, weil sie eine kräftige Adsorption der Gegenionen in der Sternschicht hervorrufen. Spezifische Wechselwirkungen, wie sie besonders deutlich in Gegenwart von Kaliumionen auftreten, erhöhen zusätzlich den Anteil der Gegenionen in der Sternschicht, sind aber quantitativ nicht ohne Willkür einzuführen (179). Der Einfluß der Sternschichtadsorption ist sehr deutlich beim Vergleich der kritischen Salzkonzentration von Montmorillonit Wyoming ($c_K \approx 0{,}37 - 0{,}44$ mol NaCl/l) und Beidellit ($c_K \approx 0{,}25 - 0{,}29$ mol NaCl/l) zu erkennen (in beiden Fällen in Gegenwart von 0,01 mol $Na_4P_2O_7$/l (54)). Durch die verstärkte Sternschichtadsorption bei beidellitischer Ladungsverteilung wird das wirksame Potential und damit die kritische Salzkonzentration kleiner als bei Montmorillonit.

Die Verteilung der Kationen auf Plätze direkt an der Oberfläche, in der diffusen Ionenschicht und in der Lösung weit weg von der Grenzfläche ist bei der Berechnung der Kationenaustauschgleichgewichte in kolloidalen Tonmineraldispersionen zu berücksichtigen. Die Anteile der Kationen in der Sternschicht, in der diffusen Ionenschicht und in der Lösung und die Bindungskoeffizienten für die Kationen an der Oberfläche können nach Nir (142, 143) berechnet werden. In vielen Fällen ist die Komplexbildung zwischen den Gegenionen und Anionen in der Lösung zu berücksichtigen. Zum Beispiel wird die Adsorption der Cadmiumionen durch die Anwesenheit von Chloridionen deutlich reduziert (67). In einer 0,01 molaren NaCl-Lösung, die 0,1 – 1 µmol Cadmiumionen enthält, werden 85,4 % der Cadmiumionen an der Grenzfläche, 6,1 % in der diffusen Schicht gebunden und 1,8 % in der Lösung gehalten; ein gewisser Anteil der Cadmiumionen liegt als $CdCl^+$ vor, nämlich 5 %, 0,1 % und 1,7 % (+ 0,1 % als $CdCl_2$). In Lösung bleiben insgesamt 3,6 % der Cadmiumionen. Bereits in 0,05 molarer NaCl-Lösung werden nur noch 17,6 % und 1,3 % an der Grenzfläche und in der diffusen Schicht gebunden, 8,3 % bleiben in Lösung. Der Anteil der $CdCl^+$-Spezies steigt auf 24,7 % in der Sternschicht, 0,1 % finden sich weiterhin in der diffusen Schicht, doch bleiben 39,8 % (+ 8,3 % als $CdCl_2$) in der Lösung. Insgesamt sind 56,4 % der Cadmiumionen in der Lösung. Das bedeutet, daß schon ein vergleichsweise schwacher Ligand zu einer starken Anreicherung des Schwermetallions in der Lösung führt.

Kolloidale Tonmineraldispersionen zeigen einige charakteristische Unterschiede im Vergleich zu anderen kolloidalen Dispersionen:

- Smectitdispersionen koagulieren in Gegenwart von etwa 5 mmol/l NaCl, also bei wesentlich kleineren Konzentrationen, als die DLVO-Theorie und die Schulze-Hardy-Regel fordern. Ursache ist die Heterokoagulation zwischen positiven Kanten und negativen Flächen (Kap. 3.2.6). Erst nach Umladung der Kanten z. B. durch Phosphationen werden die für die Flächen/Flächen-Koagulation typischen Werte gefunden (54, 100). Für Montmorillonite liegen diese kritischen Salzkonzentrationen bei 0,3 – 0,4 mol/l NaCl.
- Auffallend ist eine gewisse Stabilität verdünnter Dispersionen von H^+-Smectiten (176). Da sich H^+-Smectite unter Freisetzung von Aluminiumionen des Gitters zersetzen, sollten solche Suspensionen koagulieren. Da die Aluminiumionen jedoch nicht in die Lösung gehen, sondern durch das noch unzersetzte Tonmineral als Zwischenschichtkationen gebunden werden, bleibt die Aluminiumionenkonzentration in der Lösung unter dem kritischen Wert. Erst mit fortschreitender Alterung, vor allem bei erhöhter Temperatur, koagulieren die Suspensionen. Zur Herstellung von Dispersionen mit Tonmineralen in der H^+-Form siehe (11).
- In Gegenwart zweiwertiger Kationen bilden sich keine kolloidalen Dispersionen, die Tonminerale bleiben immer im koagulierten Zustand. Bereits bei sehr geringen Konzentrationen an Calciumionen (≤ 1 mmol/l) koagulieren kolloidale Natriumsmectitdispersionen. Im Prinzip kann dieses Verhalten mit dem einfachen elektrostatischen Modell erklärt werden, daß bei den für Smectite typischen Ladungsdichten die Ausbildung einer zentralen Gegenionenschicht (Abb. 3.17) gegenüber zwei einander abstoßenden diffusen Schichten bevorzugt wird (100). Auch das Modell von Kleijn und Oster (82) beschreibt das Verhalten der Calciumsmectite richtig. Jüngst konnten Kjellander et al. (81) mit erweiterten statistisch-mechanischen Rechnungen zeigen, daß die elektrostatische Wechselwirkung in Gegenwart von zweiwertigen Ionen tatsächlich attraktiv wird.

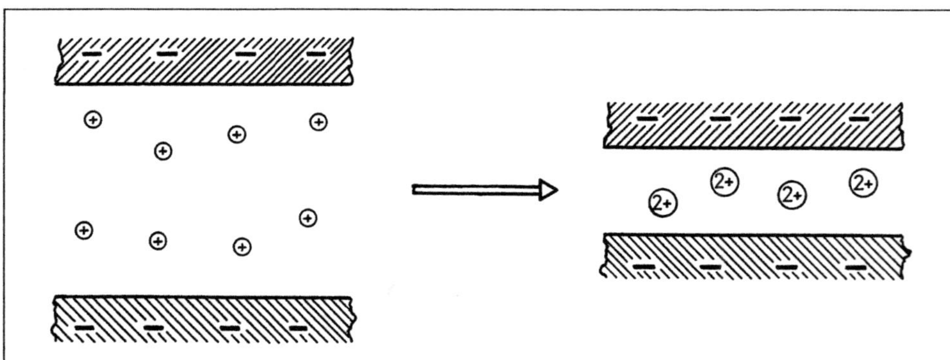

Abb. 3.17. Diffuse Natriumionenschichten und zentrale Calciumionenschicht zwischen zwei Tonmineralplättchen oder im Schichtzwischenraum von 2 : 1-Tonmineralen.

3.2.5 Herstellung kolloidaler Tonmineraldispersionen

Alle Arten von Tonmineralen können nur dispergiert werden, wenn als Gegenionen Natriumionen (oder andere Alkaliionen) gebunden sind, weil zweiwertige Gegenionen sogar in reinem Wasser die kolloidale Aufteilung der Teilchen verhindern. Da sich im neutralen und saueren Bereich über Kanten (+)/Flächen(−)-Kontakte größere Aggregate bilden (Kap. 3.2.6), muß der *p*H-Wert leicht alkalisch eingestellt werden, oder es müssen mehrwertige Anionen zugesetzt werden, die die Kanten umladen (Kap. 3.1.7). Meist werden mehrwertige anorganische Ionen (vor allem Orthophosphate, oligomere Phosphate) oder Polyanionen (Polyphosphate, Polysilicate (Wasserglaslösungen), organische Polyanionen) zugefügt. Bei sorgfältig aufbereiteten Tonmineralfraktionen in der Natriumform (s. w. u.) ist im leicht alkalischen Bereich der Zusatz dieser Ionen überflüssig (Kap. 1.4).

Durch Adsorption von Sulfationen an den Kanten und Verringerung der positiven Kantenladung kann die Einwirkung von sauerem Regen zu einem Aufbrechen der Aggregate und einer merklichen Abnahme der mechanischen Stabilität tonhaltiger Böden führen (228).

Der Zusatz von Polyanionen muß so eingestellt werden, daß keine Verbrückung der Teilchen erfolgt (Kap. 9.6.1, 9.6.3). In der Keramik werden diese Stoffe als „verflüssigende Zusätze“ bezeichnet, weil die Massen durch Aufhebung der Kanten (+)/ Flächen(−)-Wechselwirkungen dünnflüssiger werden (Tabelle 8.1, S. 317) (Kap. 7.3.6). Zusätzlich werden Calciumionen dem System entzogen, indem sie entweder als schwerlösliche Calciumsalze (z. B. Calciumorthophosphat) ausgefällt oder gebunden (z. B. als Calciumpolyphosphate) in Lösung gehalten werden.

Durch ausreichende Mengen von Polyelektrolyten wie Carboxymethylcellulose, Alginate, Polyacrylate können die Dispersionen durch sterische Stabilisierung (95, 140) zusätzlich stabilisiert werden.

Die Herstellung kolloidaler Dispersionen kann empfindlich durch beigemengte Stoffe behindert werden, z. B. durch Calciumminerale, Eisenoxide und organische Stoffe. Diese müssen daher sorgfältig entfernt werden. Ebenso sind zu große Teilchen (etwa $>1\ \mu m$) abzutrennen. Unter Umständen können Kieselsäureabscheidungen die Dispergierung der Tonmineralteilchen verhindern. Dann kann nur durch Kochen in 5 %iger Na_2CO_3-Lösung und intensive Beschallung eine gute Dispergierbarkeit erreicht werden (137).

Bei den Smectiten wird in Gegenwart von Natriumionen der Zerfall der Aggregate vom Auffächern und Auseinanderbrechen der Kriställchen in einzelne Silicatschichten oder dünne Schichtpakete begleitet (s. Abb. 3.12). Damit dieser Prozeß weitgehend abläuft, müssen die Calciumionen vollständig aus dem System entfernt werden und der *p*H-Wert muß leicht alkalisch sein. Zusätze von mehrwertigen Anionen und Polyanionen sind nicht erforderlich, sondern können eher stören, weil sie unter Umständen das Auseinanderfallen der Schichtpakete verhindern.

Die Herstellung kolloidaler Bentonitdispersionen spielt in der Industrie und Bautechnik eine äußerst wichtige Rolle. Im allgemeinen werden die Bentonite durch Zusatz von Soda (meist durch Einkneten) aktiviert (alkalisch aktivierte Bentonite), ohne daß die Calciumionen entfernt werden. Lediglich ein gewisser Anteil wird als Calciumcarbonat ausgefällt. Daher werden die Kriställchen nur zu einem gewissen Grad auseinanderfallen, der weitgehend von der Art des Bentonits beeinflußt wird (siehe Kap. 9.2.4).

Auf zwei Konsequenzen aus dem Zerfall der Smectitteilchen sei besonders hingewiesen:

- Bentonite werden im allgemeinen durch Sedimentation nach der Teilchengröße (als Stokes' Äquivalentdurchmesser) getrennt (Kap. 1.4), (206). Dabei entstehen durch den Zerfall der Smectitkriställchen einzelne Silicatschichten und dünne

Schichtpakete, die natürlich ursprünglich nicht vorhanden waren. Dennoch ist die Fraktionierung eine wichtige Methode zur Charakterisierung und Anreicherung der Smectite (Kap. 1.4; 1.5.5).

- Durch die Veränderung der Smectitkriställchen bei der Dispergierung müssen die bei einer Destabilisierung der Dispersion gebildeten Teilchen nicht mit den ursprünglichen Teilchen identisch sein. Neben einer Veränderung der geometrischen Dimensionen und der Art der Stapelung der Schichten kann sich auch die Ladungsverteilung ändern (Kap. 3.3.7). Wenn der Ausgangsbentonit aus zwei oder mehreren unterschiedlichen Smectiten besteht, vermischen sich unter bestimmten Umständen die unterschiedlich hoch geladenen Schichten in den neu gebildeten Kriställchen (54). Sogar bei der technischen Sodaaktivierung wurden Veränderungen beobachtet (91).
- Nadeau (138, 139) zeigte in mehreren Arbeiten, daß Mixed-Layer-Verbindungen an den smectitischen Schichtzwischenräumen auseinanderbrechen können (Kap. 2.3.2). Die bei der Dispergierung entstehenden „Bruchstücke" oder „fundamental particles", die sich wieder zu Mixed-Layer-Kristallen zusammensetzen, können elektronenmikroskopisch ausgemessen werden.

3.2.6 Aggregation von Tonmineralteilchen

Im Gegensatz zu den negativen Ladungen der Basisflächen hängt die Ladung der Prismenflächen (Kanten) der Tonmineralteilchen in wäßrigen Lösungen vom *p*H-Wert ab (Kap. 3.1.1, Abb. 3.1). Je nach dem *p*H-Wert können die Tonmineralteilchen über Flächen/Flächen-, Kanten/Flächen- und Kanten/Kanten-Kontakte aggregieren (Abb. 3.18).

Flächen/Flächen-Kontakte bilden sich im ganzen *p*H-Wertbereich aus. Dabei können sich die einzelnen Teilchen unterschiedlich weit übereinander schieben. Es entstehen Bänderstrukturen (Abb. 3.19) (216, 217). Die Bildung voluminöser Raumnetzstrukturen aus bandartig übereinander geschobenen Kaolinit- und Illitplättchen wurde direkt elektronenmikroskopisch beobachtet (145). Im Bereich der Kontakte werden die Bindungsverhältnisse ähnlich wie im Schichtzwischenraum sein. Je größer der gegenseitige Überlappungsbereich ist, umso stabiler werden die Kontakte, umso kleiner wird aber auch das von den Bändern durchspannte Volumen. Im Grenzfall sind die Bänder zu konkreten Teilchen zusammengezogen. Bei sehr dünnen Teilchen mit geringen Überlappungszonen entstehen voluminöse Gerüste, die große Mengen Lösungsmittel einschließen. Weiss (217) hat nachgewiesen, daß solche Strukturen eine merkliche Elastizität aufweisen.

Ideal gebaute Kaolinitkriställchen tragen nur an den [SiO_4]-Basisflächen eintauschbare Kationen (221). Durch Inversion der Schichtfolge sind häufig auch an beiden Basisflächen Kationen gebunden. Die Art der Kationenverteilung wird die Aggregationsweise der Kaolinitplättchen beeinflussen. Kaolinitteilchen mit Kationen an beiden Basisflächen werden stabilere Bänderstrukturen aufbauen.

Bänderstrukturen können sich von Natrium- und Calciumtonmineralen (oder auch mit anderen ein- und zweiwertigen Kationen) bilden. In Gegenwart von Calciumionen sind sie auch im elektrolytarmen System stabil, da Calciumionen keine diffusen Ionenschichten bilden, während bei Anwesenheit von Natriumionen Bän-

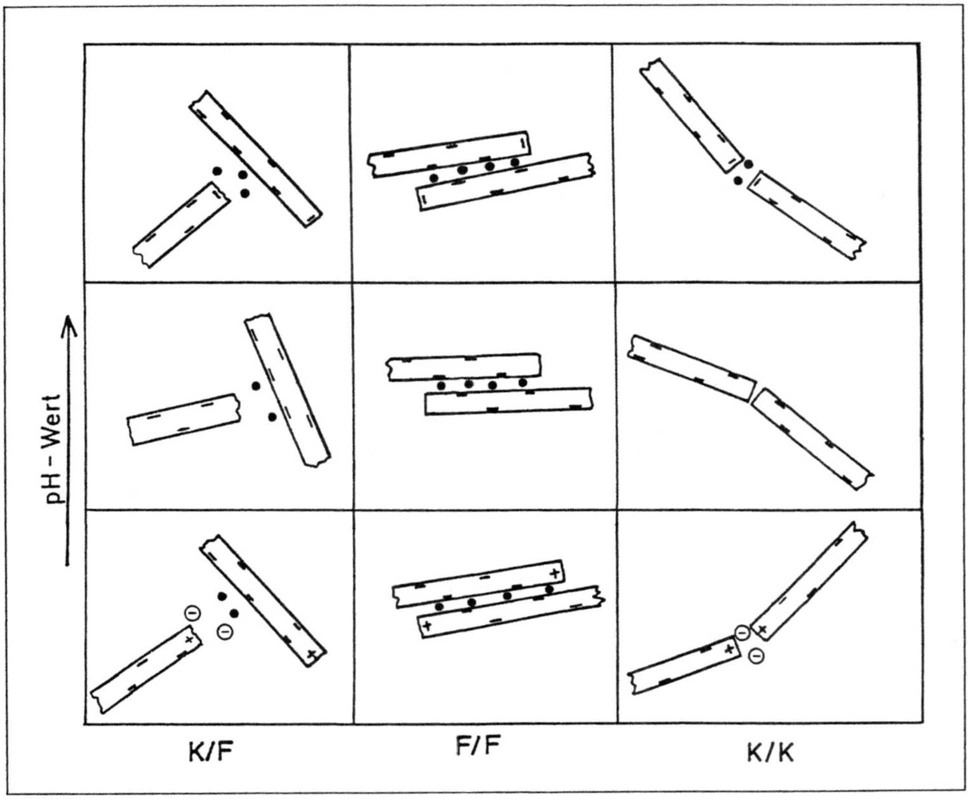

Abb. 3.18. Aggregationsmöglichkeiten der Tonmineralplättchen in Abhängigkeit vom *p*H-Wert (anstelle der diffusen Ionenschichten sind einzelne Kationen bzw. Anionen gezeichnet).

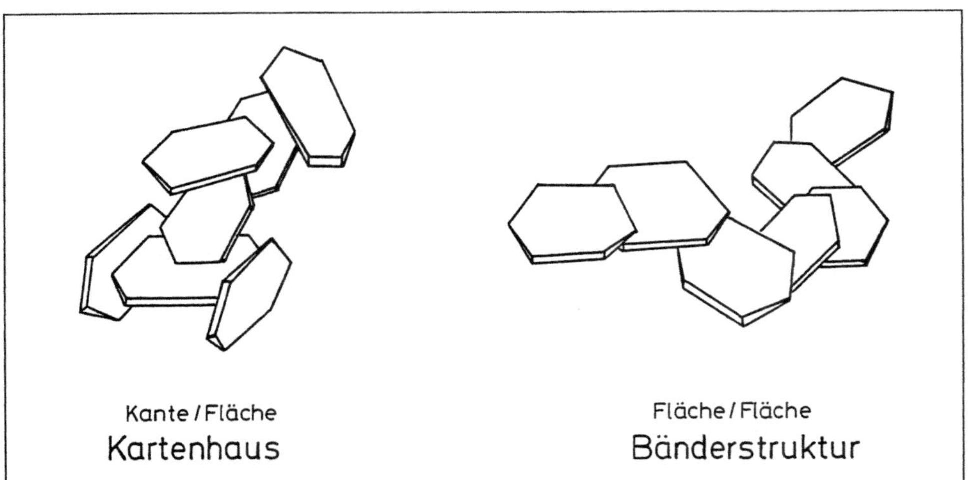

Abb. 3.19. Kartenhaus- (a) und Bänderstrukturen (b). (Nach 217)

derstrukturen nur bei ausreichend hohen Salzkonzentrationen gebildet werden, bei denen die Wechselwirkung zwischen den Flächen anziehend wird (Kap. 3.2.4).

Die bandartige Aggregation von Montmorillonitplättchen wurde in elektronenmikroskopischen Aufnahmen zuerst von Fitzsimmons et al. (53) beobachtet. Eine Dispersion von Natriummontmorillonit wurde über Austauscherharze in die Calciumform umgewandelt. Zunächst waren noch isolierte Plättchen wie in der Natriumform zu erkennen, die sich schließlich durch Übereinanderschieben der Randzonen zu größeren Aggregaten zusammenlagerten, in denen die einzelnen Plättchen ihren individuellen Charakter verloren hatten.

Neben den Flächen/Flächen-Kontakten bilden sich auch Kanten/Flächen-Kontakte. In sauerem Bereich bauen Kanten(+)/Flächen(−)-Wechselwirkungen Kartenhausstrukturen auf (Abb. 3.19) (68, 69). Prinzipiell könnten solche Aggregationen auch im alkalischen Bereich bei ausreichender Salzkonzentration entstehen. Da aber bei höheren Salzkonzentrationen nicht nur die Kanten(−)/Flächen(−)-Wechselwirkungen anziehend werden, sondern auch die Flächen(−)/Flächen(−)-Kontakte attraktiv sind und zudem flächenmäßig weit überwiegen, haben Kanten/Flächen-Kontakte und damit Kartenhausstrukturen im alkalischen Bereich kaum Bedeutung.

Das in den Kartenhausstrukturen zwischen den gegeneinander verstrebten Plättchen gebundene Wasser kann durch Gefriertrocknung entfernt werden, ohne daß das Kartenhaus zusammenbricht (47). Die sich bei Gefrieren bildenden kleinen Eiskristalle konnten durch die anomale Gefrierpunktserniedrigung nachgewiesen werden (217).

Spezielle Methoden der Probevorbereitung (Sprühtrocknung und „Sandwich-Jet-Freezing“) ermöglichen heute die Untersuchung der Aggregation in sehr verdünnten Dispersionen, und zwar nicht nur im Ruhezustand, sondern auch unmittelbar nach Scherung. Die Untersuchungen von Vali und Bachmann (208) stellen den überzeugendsten Nachweis der Aggregation über Flächen/Flächen- und Kanten/Flächen-Kontakte dar.

Die verschiedenen Typen von Kanten/Kanten-Wechselwirkungen fallen wegen der geringen Kontaktfläche kaum gegenüber den Kanten/Flächen- und Flächen/Flächen-Kontakten ins Gewicht, es sei denn, die Teilchen sind klein im Durchmesser und recht dick.

3.2.7 Fließverhalten von Tonmineraldispersionen

Das besondere Fließverhalten von Tonmineraldispersionen, oft überraschend und unerwartet, wird in vielen praktischen Anwendungen ausgenutzt (Kap. 9.4). Wichtigste Meßmethoden sind viskosimetrische Messungen und, vor allem in der Keramik, die Ermittlung von Fließ- und Ausrollgrenzen (Atterberg-Grenzen, Kap. 7.3.6, 8.1.2; Tabelle 8.1).

Beim Meßvorgang in den meisten Viskosimetern wird eine Flüssigkeit oder Dispersion zwischen zwei Flächen geschert (86, 97, 149). Bei der gegenseitigen Verschiebung der beiden Flächen (Größe F) unter Wirkung einer Kraft K (Abb. 3.20) entsteht ein Geschwindigkeitsgefälle („Schergeschwindigkeit“) $\dot{\gamma} = \Delta$(Geschwindigkeit)/Abstand. Der Geschwindigkeitsbereich muß so gewählt werden, daß die Strömung laminar bleibt und nicht turbulent wird. Dann ist die Schubspannung τ (= Kraft/Fläche) der Schergeschwindigkeit proportional:

$$\tau = \eta\dot{\gamma}$$

Solange τ und $\dot{\gamma}$ proportional sind, wird das Fließen als newtonisch bezeichnet (Abb. 3.21a). Die Proportionalitätskonstante η ist die Viskosität.

Tonmineraldispersionen fließen nur bei niedrigen Massenanteilen newtonisch, sonst pseudoplastisch oder, wenn eine Fließgrenze auftritt, plastisch (Abb. 3.21b, c). Bei binghamschem Verhalten ist die Viskosität bei höheren Schergeschwindigkeiten konstant (linearer Ast der Kurve); die auf $\tau = 0$ extrapolierte Schubspannung τ_B wird als Bingham-Fließgrenze bezeichnet. Bei cassonschem Fließen nimmt die Viskosität mit zunehmender Schergeschwindigkeit ab (siehe auch Kap. 7.3.6).

Fließgrenzen treten nur auf, wenn sich Gerüststrukturen bilden. Die Gerüste widerstehen Schubspannungen unterhalb eines kritischen Wertes. Erst bei ausreichend starken Scherkräften werden die Gerüste aufgerissen, und das System beginnt zu fließen. Wenn sich die entstehenden Gerüstfragmente in Ruhe wieder zum Netzwerk zusammenlagern, nimmt die Viskosität zu: das System ist thixotrop. Voraussetzung ist, daß der Aufbau des Netzwerkes genügend langsam abläuft. Die Erstarrungszeit kann sehr unterschiedlich sein, von Sekunden und Minuten bei Tonmineraldispersionen bis zu mehreren Wochen bei SiO_2-Gelen in polaren Flüssigkeiten.

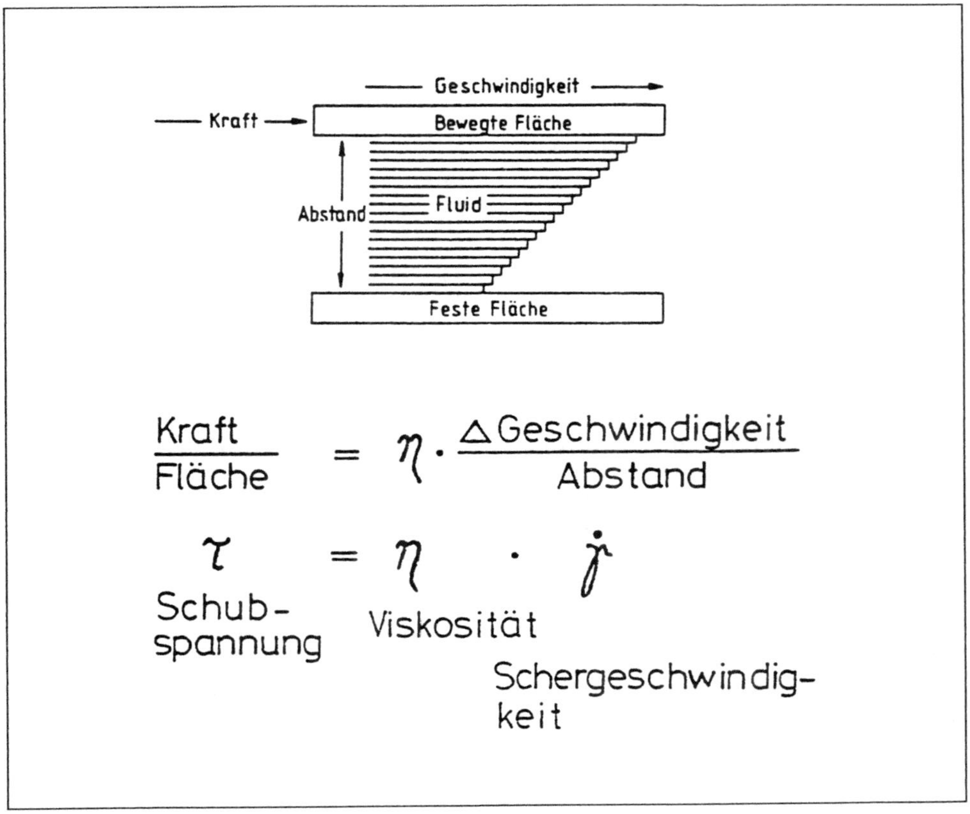

Abb. 3.20. Zur Definition der Viskosität bei laminarer Strömung.

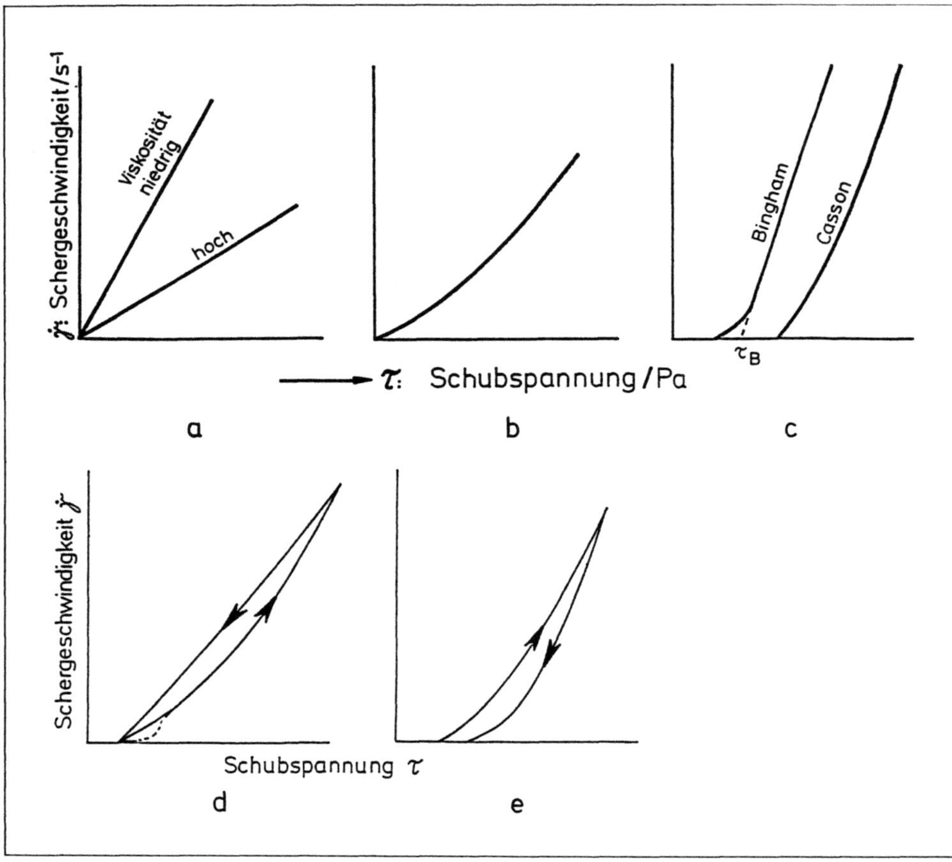

Abb. 3.21. Fließkurven: a) newtonsches Fließen, b) pseudoplastisches Fließen, c) plastisches Fließen mit Fließgrenze, d), e) Hysterese bei thixotropem und d) antithixotropem Verhalten (e), bei d mit „Anlaufnase“ infolge zu schneller Messung).

Thixotropie ist an der Hysterese der Fließkurven zu erkennen (Abb. 3.21d). Der Massengehalt für optimale Thixotropie kann durch einfache Reagenzglastests ermittelt werden (thixotropes Grenzvolumen nach Hofmann et al. (69)). Das thixotrope Grenzvolumen liegt bei etwa 1 – 5 ml Dispersionsmittel pro Gramm Kaolin, bei etwa 3 ml/g für Calciumbentonite und bis etwa 25 ml/g für Natriumbentonite.

Antithixotropie bedeutet Versteifung beim Scheren (Abb. 3.21e). Sie tritt auf, wenn Scherung die Gerüstbildung fördert, indem sie die Bausteine des Gerüsts und Gerüstfragmente zusammenführt. Leichtes Scheren von Tonmineraldispersionen fördert oft die Gerüstbildung, während höhere Schergeschwindigkeiten die Gerüste zerstören. Das antithixotrope Verhalten geht dann bei höheren Schergeschwindigkeiten in Thixotropie über. Anlaufnasen (Abb. 3.21d) entstehen, wenn die Änderungen schneller als die Gleichgewichtseinstellung erfolgen.

Aufbau und Zerlegung von Bänder- und Kartenhausstrukturen und ihre wechselseitige Umwandlung sind die wichtigsten Ursachen für das komplizierte Fließverhalten der Tonmineraldispersionen. Bei Smectiten in Gegenwart von Natriumionen werden die rheologischen Eigenschaften zusätzlich in hohem Maße durch den Grad der Delamination der Kriställchen beeinflußt. Art des Fließens, Viskosität, Fließgrenze, Thixotropie und Antithixotropie, thixotropes Grenzvolumen und Temperaturabhängigkeit werden bei einem gegebenen Tonmineral bestimmt durch:

- den Massenanteil des Tonminerals in der Dispersion,
- Art und Mengenverhältnis der Gegenionen, vor allem durch das Verhältnis Natrium- und Calciumionen,
- den *p*H-Wert,
- die Salzkonzentration und
- die vorhandenen Beimengungen.

Durch Zusätze (z. B. Phosphate, Soda, Polyanionen) kann das Fließverhalten entscheidend verändert werden.

Kaoline

Im sauren Bereich wird die Fließgrenze von Kaolindispersionen durch den Aufbau der Kartenhausstruktur bestimmt. Mit steigendem *p*H-Wert bricht die Fließgrenze zusammen (Abb. 3.23), weil die Kanten (+)/Flächen(−)-Kontakte verschwinden.

Kaolindispersionen bleiben bis zu hohen Massenanteilen fließfähig, wenn Natriumionen als Gegenionen gebunden sind. Mit zunehmendem Massenanteil verstärkt sich die Thixotropie (Abb. 3.22). Durch Zusatz von Calciumchlorid entstehen über Flächen/Flächen-Kontakte stabile Gerüststrukturen und die Fließgrenze steigt deutlich an. Auffallend ist der Übergang von thixotropem zu antithixotropem Verhalten bei einer kritischen $CaCl_2$-Menge.

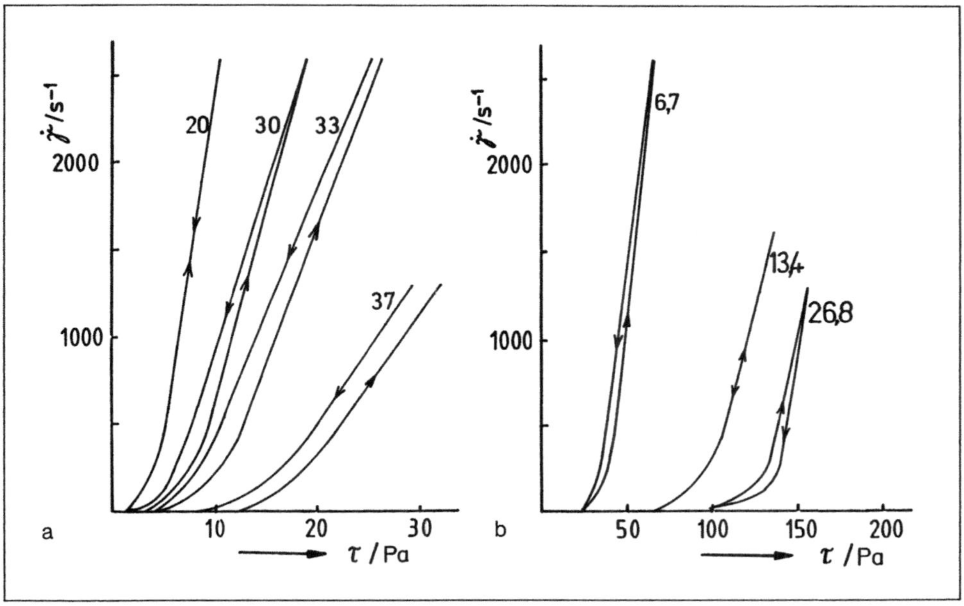

Abb. 3.22. Fließkurven von Zettlitzer Kaolin. (Nach 194)
a) Natriumkaolin, Massenanteile 20 – 37 %
b) Zusatz von 6,7 bis 26,8 mmol $CaCl_2$/l, 40 % Natriumkaolindispersion

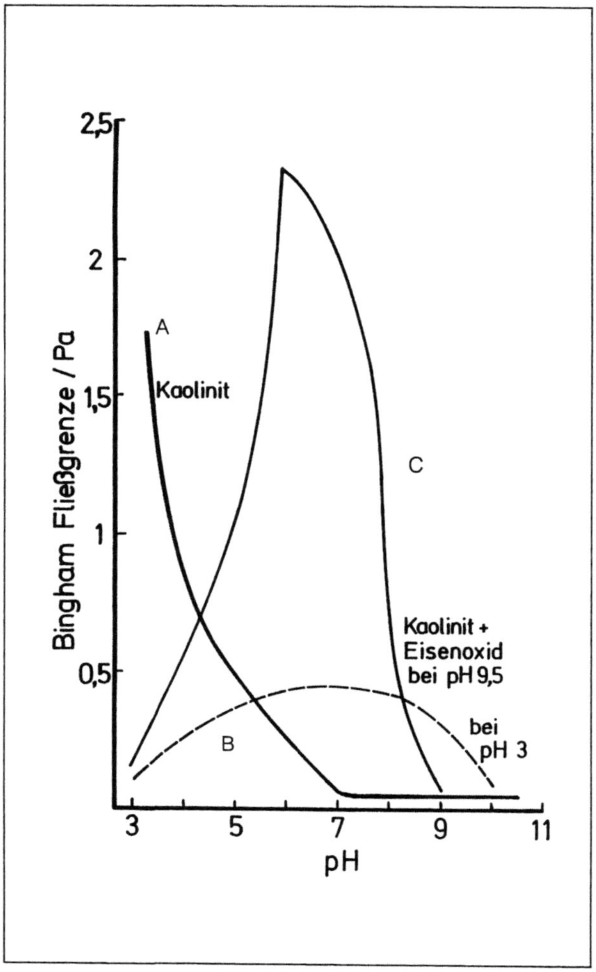

Abb. 3.23. Bingham - Fließgrenzen von Natriumkaolindispersionen (9 % Massenanteil) in Abhängigkeit vom *p*H-Wert (Kurve A) und in Gegenwart von Ferrihydrit (Kurve B, C, siehe Text). (Nach 231)

Als Beispiel für die „verflüssigende“ Wirkung von Natriumdiphosphatzusatz ist in Abbildung 3.24 das Verhalten von China Clay gezeigt. Der geringe Phosphatzusatz zerstört die Kanten(+)/Flächen(−)-Kontakte und wandelt die pseudoplastische Masse in eine newtonisch (!) fließende Dispersion um. Durch Salzzusatz werden nach der DLVO-Theorie (Kap. 3.2.4) die Wechselwirkungen zwischen den Kaolinitteilchen anziehend. Der Aufbau einer neuen Gerüststruktur aus Flächen/Flächen-Kontakten äußert sich in der hohen Fließgrenze.

Über den Einfluß von Beimengungen ist bisher wenig bekannt. Ein instruktives Beispiel für mögliche Wechselwirkungen in Gemischen ist das Fließverhalten von Kaolinitdispersionen in Gegenwart von Eisenoxiden, hier Ferrihydrit (Abb. 3.23) (231). Eisenoxide sind je nach Modifikation, Kristallinitätsgrad und Vorgeschichte bis *p*H = 6 − 9 positiv geladen. Die Fließgrenze hängt entscheidend von den Bedingungen ab, unter denen der Ferrihydrit auf den Kaolinit trifft. Bei Kurve B wurde die etwa 9 % Dispersion des Na^+-Kaolins mit Ferrihydrit (Massenverhältnis 19 : 1)

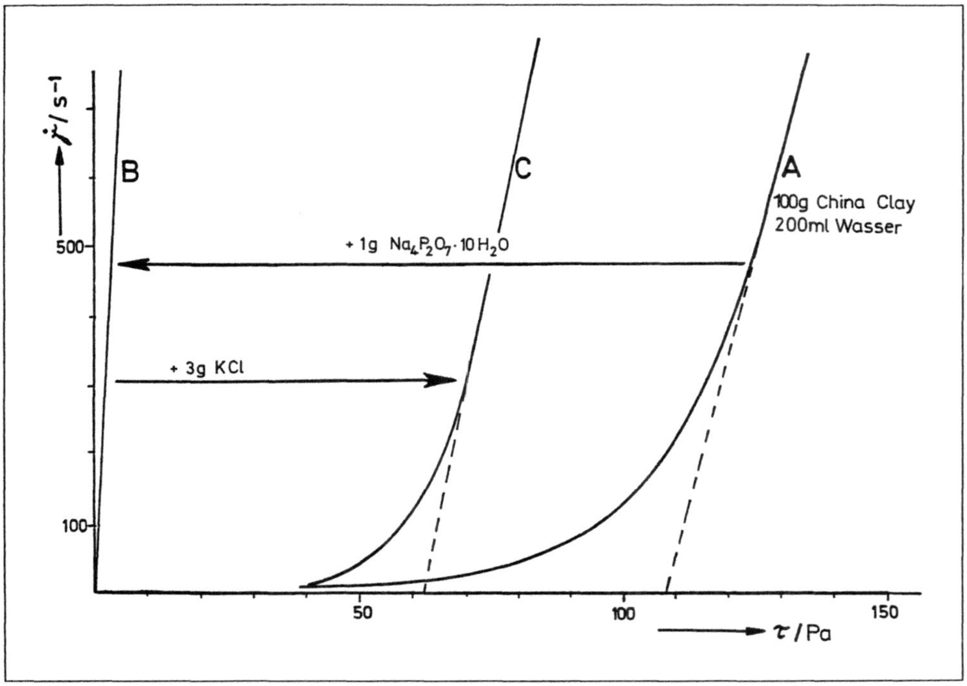

Abb. 3.24. „Verflüssigung“ von Kaolin durch Phosphatzusatz und erneute Versteifung durch KCl-Zusatz (Tonmineralogisches Labor des IGB, ETH-Zürich).

bei pH = 3 versetzt. Das positive Eisenoxid, das bevorzugt auf den Flächen des Kaolinits adsorbiert wird, ladet diese um, so daß sich keine Gerüste ausbilden können (Kante (+), Fläche (+)); die Fließgrenze verschwindet. Wird durch Zugabe von NaOH der pH-Wert erhöht, entstehen zunehmend negative Ladungen an den Kanten und Kontakte Kante(−)/Fläche(+) bilden sich; die Fließgrenze steigt an. Gegenläufig ist mit weiter steigendem pH-Wert die Umladung des Ferrihydrits, so daß die Kontakte Kante(−)/Fläche(+) wieder verschwinden und die Fließgrenze absinkt. Die Fließgrenze liegt bei null, wenn der Ferrihydrit bei pH = 9,5 zur Kaolinitdispersion zugesetzt wird (Kurve C). Beim Ansäuern wird der Ferrihydrit zunehmend positiv geladen und verbrückt die negativen Kaolinitplättchen. Die Fließgrenze steigt zu einem scharfen Maximum an. Eine zu hohe positive Ladung des Ferrihydrits fördert die Adsorption an den negativen Kaolinitbasisflächen und deren Umladung auf Kosten der Verbrückung. Die Kaolinit(−)-Ferrihydrit(+)-Kaolinit(−)-Raumnetzstruktur bricht auf, und die Fließgrenze sinkt steil ab, wobei schließlich ein ähnlicher Zustand wie bei Kurve B erreicht wird.

Bentonite

Das Fließverhalten der Bentonite unterscheidet sich deutlich von dem der Kaoline. Die Viskosität nimmt beim Zusatz von Natriumionen im alkalischen Bereich drastisch zu als Folge der Delamination. In Abbildung 3.25 b ist die Schubspannung τ bei einer Schergeschwindigkeit von $\dot{\gamma} \approx 100\,s^{-1}$ für einen reinen Natriummont-

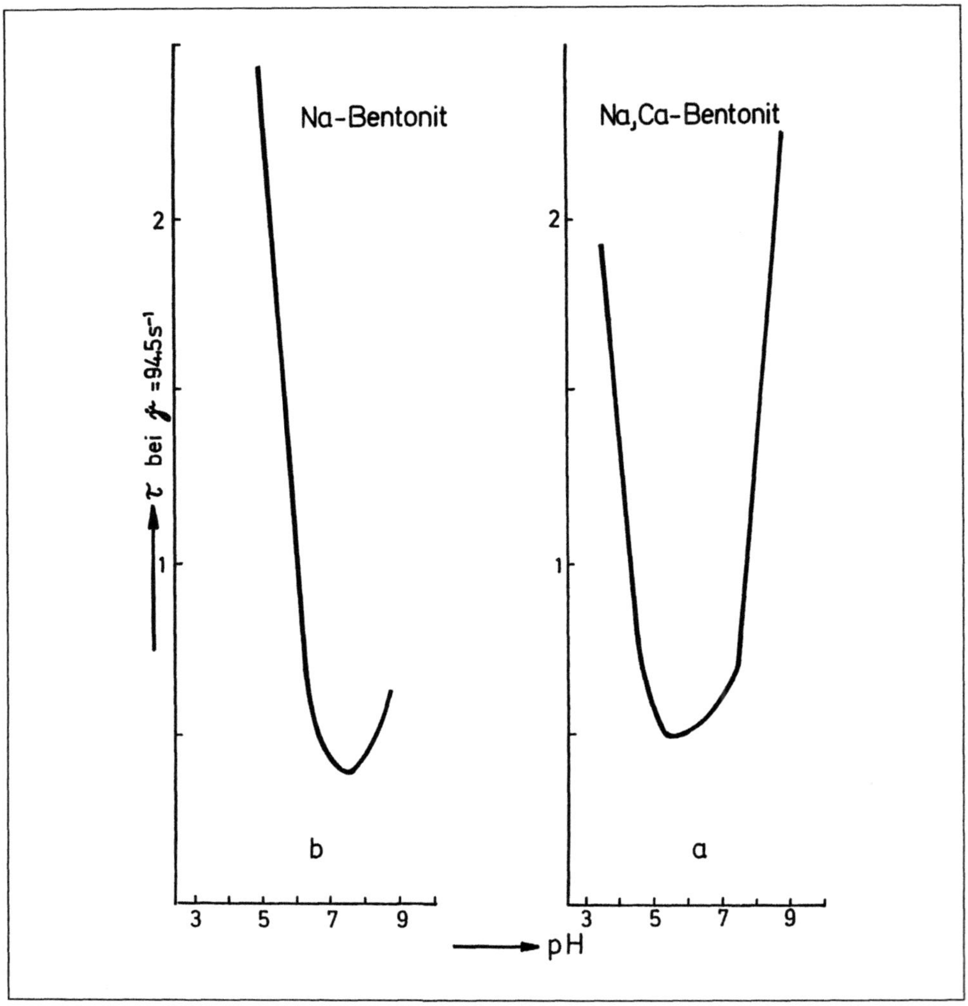

Abb. 3.25. Fließverhalten von Bentonitdispersionen: Schubspannung τ bei $\dot{\gamma} \approx 100\,s^{-1}$ in Abhängigkeit vom pH-Wert, Massenanteil 4 %, in 0,01-M-NaCl bei 20 °C. (Nach 21)
a) Natriumbentonit „Greenbond" Wyoming, molares Verhältnis $Na^+/Ca^{2+} = 6{,}5/1$,
b) reiner, homoionischer Natriummontmorillonit, aus a) gewonnen

morillonit (aus Bentonit von Wyoming) dargestellt. Das Auseinanderbrechen der Kartenhausstruktur ist am steilen Abfall mit zunehmendem pH-Wert erkennbar. Solange Kartenhausstrukturen bestehen, wird eine deutliche Fließgrenze ausgebildet (Abb. 3.26b). Bei $p\mathrm{H} \approx 9$ fließt die 4 %ige Dispersion dagegen noch newtonisch.

Instruktiv ist der Vergleich zu Bentonit, der noch den ursprünglichen Anteil an Calciumionen enthält (molares Verhältnis Na^+/Ca^{2+} etwa 6,5/1) (Abb. 3.25a; 3.26a). Die Abhängigkeit des Fließverhaltens vom pH-Wert bleibt prinzipiell erhalten. Das Kartenhaus bricht bei niedrigeren pH-Werten zusammen, weil die durch Calciumionen begünstigten Flächen(−)/Flächen(−)-Kontakte die Zerstörung des

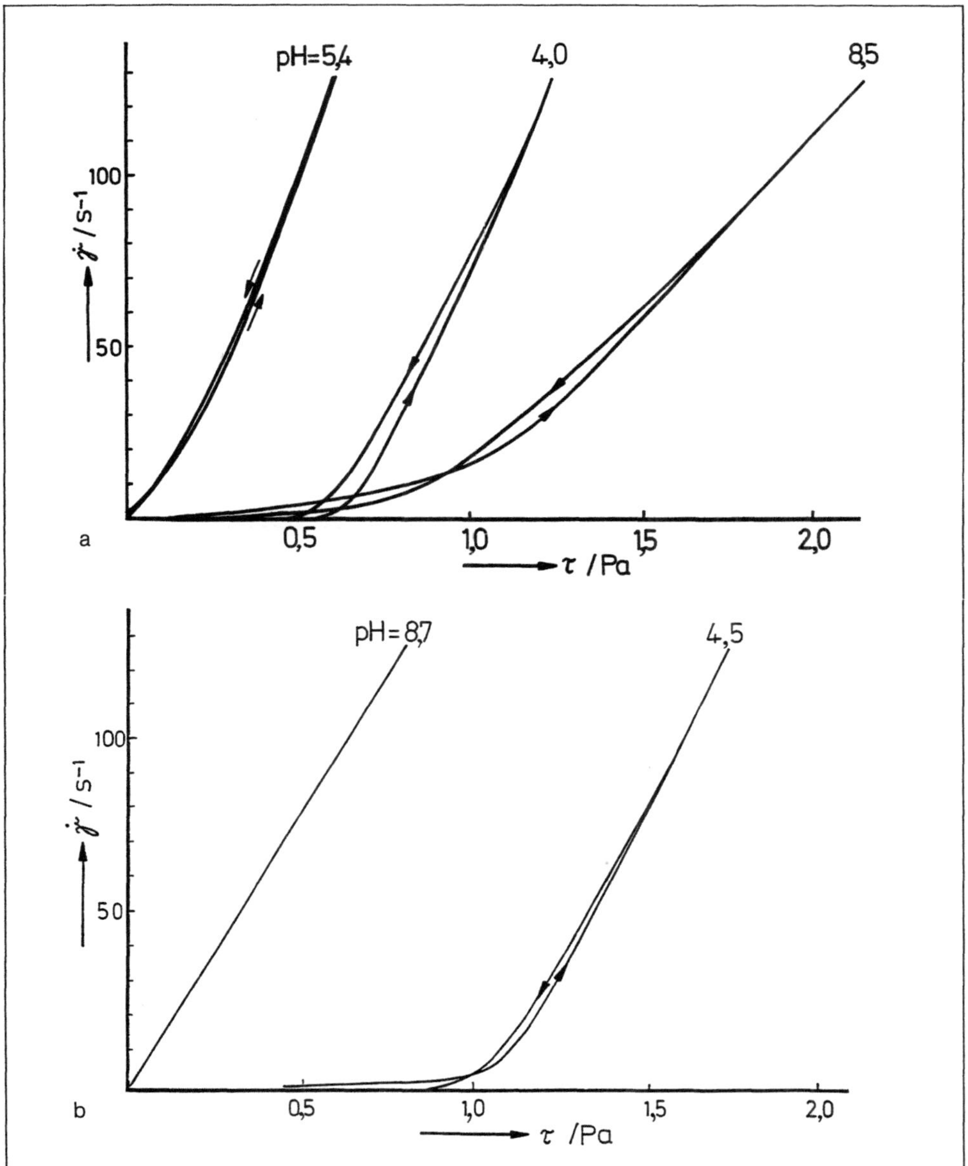

Abb. 3.26. Einige Fließkurven von Bentonitdispersionen in Abhängigkeit vom *p*H-Wert, a) und b) wie in Abb. 3.25; Massenanteil 4 %, in 0,01-M-NaCl, 20 °C. (Nach 21)

Kartenhauses fördern. Bei *p*H = 5,4 wird fast newtonsches Verhalten erreicht. Im Gegensatz zum reinen Natriumbentonit ist das System bei *p*H = 8,5 plastisch mit deutlicher Fließgrenze und leichter Antithixotropie bei $\dot{\gamma} < 10\,s^{-1}$. Bei höherer Schergeschwindigkeit ist die Dispersion thixotrop. Ursache ist der Aufbau von Bänderstrukturen über Flächen(–)-Ca^{2+}-Flächen(–)-Kontakte. Das Beispiel zeigt

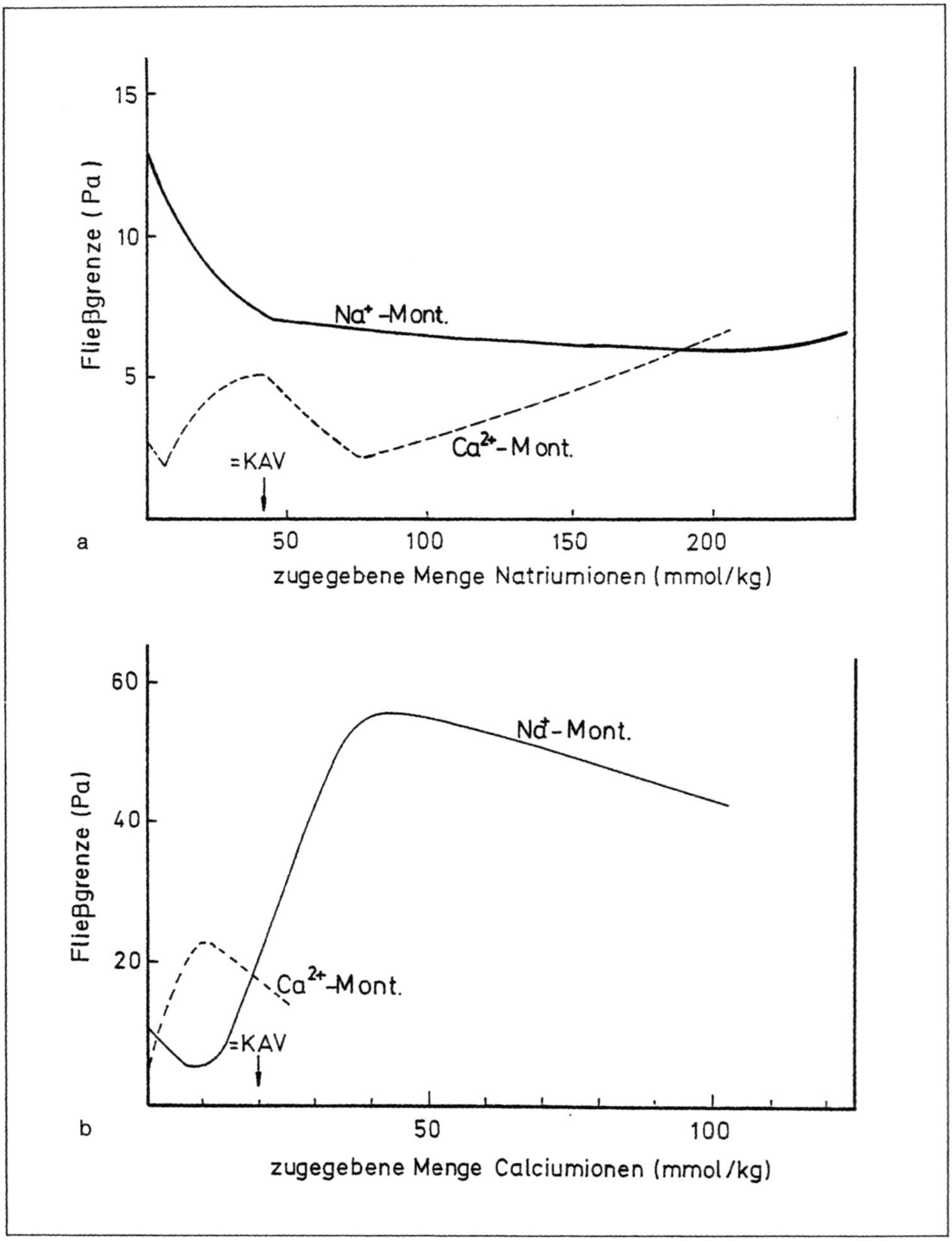

Abb. 3.27. Fließgrenzen von Natriummontmorillonit (———) und Calciummontmorillonit (------------), a) in NaCl-Lösung und b) $CaCl_2$-Lösung; 50 g Montmorillonit/kg Dispersion; KAV ≙ dem Kationenaustauschvermögen entsprechende Menge von Na^+- oder Ca^{2+}-Ionen. (Nach 203)

deutlich den Einfluß des Na^+/Ca^{2+}-Verhältnisses für das Fließverhalten der Bentonite. Die Bedeutung des $Na^+/Ca^{2+}/Mg^{2+}$-Verhältnisses für den praktischen Einsatz der Bentonite in der Keramik ist bekannt (3).

Ausgesprochen komplizierte Verhältnisse treten auf, wenn zu Natriumbentonitdispersionen Calciumsalze und zu Calciumbentonitdispersionen Natriumsalze zugesetzt werden (203). Zunächst erfolgt ein gewisser Kationenaustausch, wobei die Calciumionen durch die Natriumionen nicht so weit verdrängt werden wie bei gleichen Konzentrationsverhältnissen im umgekehrten Fall. Die komplizierte Abhängigkeit der Fließgrenze (Abb. 3.27) soll nicht im Einzelnen diskutiert werden. Auf folgende wesentliche Vorgänge sei jedoch hingewiesen: Zusatz von NaCl zum Natriumbentonit führt zu einer Zerstörung des Kanten(+)/Flächen(−)-Kartenhauses durch zunehmende Flächen(−)/Flächen(−)-Aggregation, so daß oberhalb 50 mmol Na^+/kg eine nahezu konstante Fließgrenze erreicht wird. Die Zunahme der Fließgrenze des in NaCl-Lösung dispergierten Calciumbentonits oberhalb 75 mmol Na^+/kg beruht auf der zunehmenden Delamination der Teilchen und der Bildung von Bänderstrukturen über Ca^{2+}-Brücken. Ebenso zeigt die steile Zunahme der Fließgrenze des Natriumbentonits in $CaCl_2$-Lösung die Versteifung der Bänderstruktur durch Calciumionen an.

3.2.8 Plastizität bei Tonen

Feuchter Ton ist plastisch. Entscheidend für die Plastizität sind die austauschfähigen Kationen (Kap. 7.3.6; Kap. 8.1.2; Tabelle 8.1). Mit Calciumionen entstehen Kartenhaus- oder Bänderstrukturen, wobei z. B. Kaolin mehr als 50 Vol. % Wasser binden kann. Im feuchten Zustand können die Plättchen gegeneinander verschoben werden. Nach dem Verschieben finden die Plättchen immer wieder neue Stellen, wo sie über die Calciumionen aneinander haften können: der Ton ist plastisch verformbar. Beim Trocknen bleiben die Hohlräume in den getrockneten Massen weitgehend bestehen, das Gerüst widersteht dem Schwinden zu einer dichten Masse.

Keramische Massen enthalten immer hohe Anteile an Quarz. Wie die Quarzkörner von dünnen Kaolinit-, Illit- oder Smectitkriställchen eingebunden werden, zeigt Abbildung 3.28. Die Tonmineralplättchen legen sich an die Quarzteilchen an und

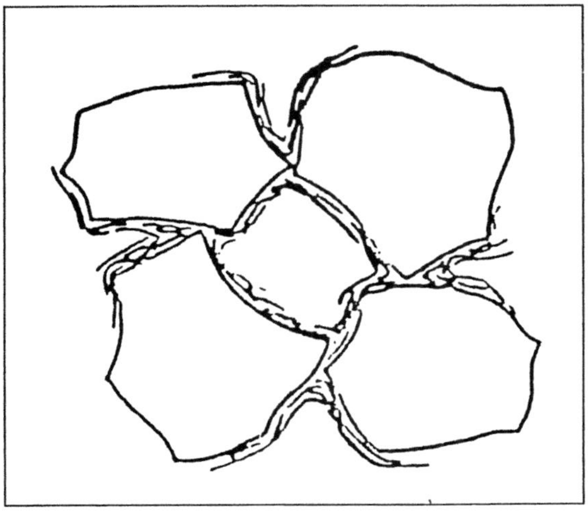

Abb. 3.28. Einbinden von Quarzkörnern durch dünne Kaolinit-, Illit- oder Smectitplättchen. (Nach 70, 71)

schaffen große Berührungsflächen, die beim Trocknen erhalten bleiben und hohe Festigkeiten ergeben. Je dünner und biegsamer die Plättchen sind, umso weniger Ton wird zur festen Einbindung benötigt. Daher stehen die Smectite an der Spitze; 5 % reichen aus, einem Gießereisand die notwendige Festigkeit zu geben (Kap. 9.4.4). Nach dem Trocknen ist die Masse umso fester, je weniger Lücken sie besitzt. Darum spielt auch die Korngrößenverteilung eine Rolle. Da die Tone neben mehr oder weniger großen Plättchen und Körnern auch sehr kleine Plättchen enthalten, ergeben sie besonders dichte Trockenmassen mit hoher Festigkeit.

Mit Natriumionen brechen die Gerüste der Kaolinitteilchen in Wasser zusammen: die keramische Masse wird zum Gießschlicker. Bei gleichem Wassergehalt gibt die Ca^{2+}-Form eine plastische Masse, die Na^{+}-Form eine gießbare Dispersion. Wenn ein Na^{+}-haltiger Ton trocknet, legen sich die Plättchen direkt aufeinander. Es entsteht eine sehr dichte Masse mit hoher Trockenfestigkeit (Abb. 9.11, Kap. 9.4.1). Gegossene keramische Gegenstände haben eine höhere Festigkeit als die auf einer Drehscheibe geformte plastische Masse, bei der nach dem Trocknen ein Gerüst mit einem großen Hohlraumvolumen verbleibt (70, 71, 72).

3.3 Tonminerale und organische Verbindungen

3.3.1 Bindung organischer Verbindungen durch Tonminerale

Die Tonminerale binden ganz unterschiedliche Arten organischer Verbindungen, sei es an den äußeren Oberflächen oder zwischen den Schichten. Keine anderen Adsorbentien übertreffen die Tonminerale in der Vielfältigkeit der adsorbierten Verbindungen (Übersicht: (199, 200)).

1 : 1-Tonminerale wie Kaolinit bilden Einlagerungsverbindungen, indem neutrale organische Moleküle zwischen die neutralen Silicatschichten eindringen (Intercalation) (Abb. 3.29). Die eingelagerten Moleküle können gegen andere neutrale Moleküle ausgetauscht werden (Verdrängungsreaktionen).

Die 2 : 1-Tonminerale reagieren mit organischen Stoffen vielfältiger:

- Bindung neutraler organischer Moleküle durch Solvation im Schichtzwischenraum,
- Verdrängung von Wasser oder organischen Molekülen im Schichtzwischenraum durch andere neutrale organische Verbindungen,
- Komplexbildung mit den Zwischenschichtkationen,
- Austausch der anorganischen Zwischenschichtkationen durch organische Kationen,
- Einlagerung organischer Verbindungen nach Austausch der anorganischen Zwischenschichtkationen durch organische Kationen,
- Bindung organischer Stoffe im Schichtzwischenraum durch Redoxreaktionen.

3.3.2 Einlagerungsverbindungen von 1 : 1-Tonmineralen

Die Silicatschichten in Kaolinit (auch Dickit, Nakrit) können durch Bildung von Intercalationsverbindungen (Einlagerungsverbindungen) voneinander getrennt werden, wenn mit geeigneten Gastverbindungen umgesetzt wird. Diese dringen zwischen die Schichten ein und erhöhen deren Abstand (Abb. 3.30). Die Gastmoleküle

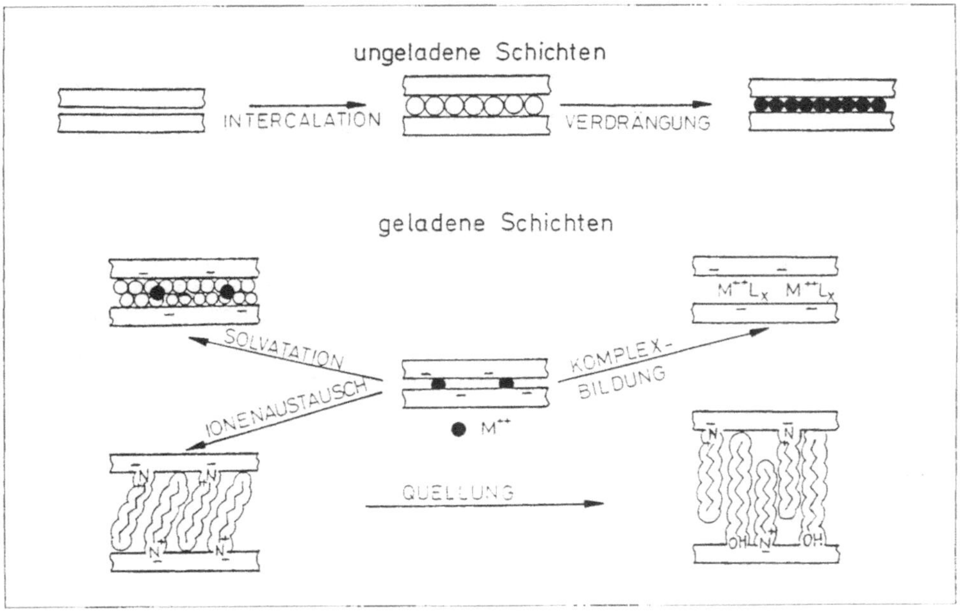

Abb. 3.29. Bindung organischer Stoffe im Schichtzwischenraum von 1 : 1- und 2 : 1-Tonmineralen

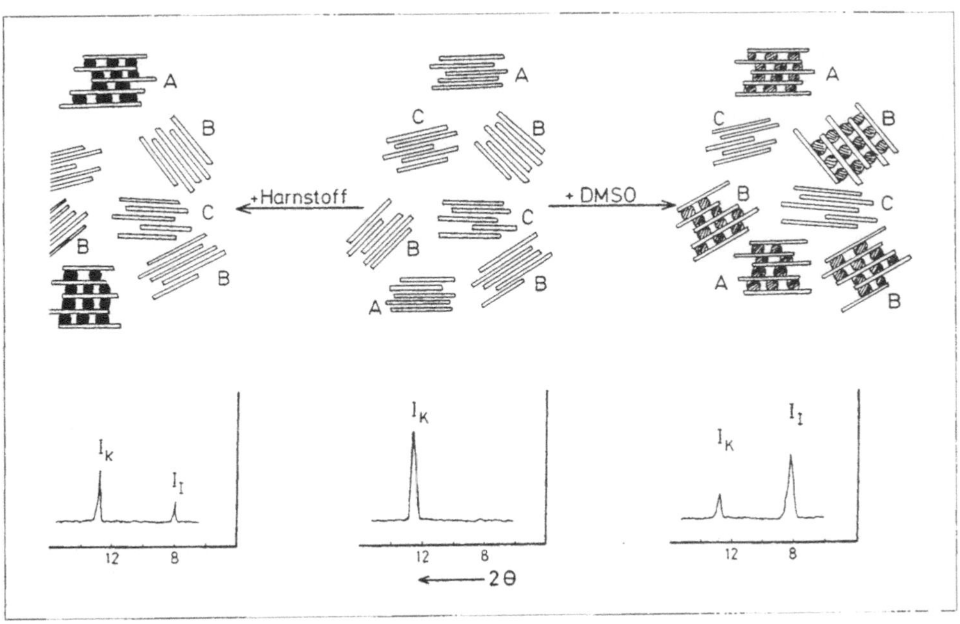

Abb. 3.30. Einlagerung von Dimethylsulfoxid (DMSO) und Harnstoff in einen Kaolin, der aus drei unterschiedlich reaktionsfähigen Kaoliniten besteht. Typ A reagiert mit DMSO und Harnstoff, Typ B nur mit DMSO und Typ C überhaupt nicht. In den Röntgendiagrammen sind nur die (001)-Reflexe des Kaolins und der Einlagerungsverbindungen dargestellt, aus deren Intensität (I_K, I_I) der röntgenographische Reaktionsgrad berechnet wird: $\alpha = I_I/(I_I + I_K)$.

können entweder als Gas, Flüssigkeit, Schmelze oder in Lösung angeboten werden. Allerdings sind die Reaktionsgeschwindigkeiten in den meisten Fällen recht niedrig. Durch Auswaschen mit geeigneten Lösungsmitteln oder durch Desorption im Vakuum, bei leicht flüchtigen Gastverbindungen bereits an der Luft, lassen sich die meisten Gastmoleküle wieder aus dem Schichtzwischenraum entfernen.

Im Kaolinit werden die neutralen Silicatschichten durch Wasserstoffbrückenbindungen und Dipolwechselwirkungen zusammengehalten. Daher sind geeignete Gastverbindungen entweder gute Wasserstoffbrückenbildner oder Verbindungen mit hohen Dipolmomenten (223, 225).

Gute Wasserstoffbrückenbildner sind Hydrazin, Harnstoff, Formamid. Zur Aufhebung der Wasserstoffbrücken zwischen benachbarten Kaolinitschichten sind eine Donator- und Akzeptorgruppierung für Wasserstoffbrücken notwendig, die auf zwei Atome im Molekül verteilt sind wie bei Säureamiden (I) und Harnstoffderivaten (II):

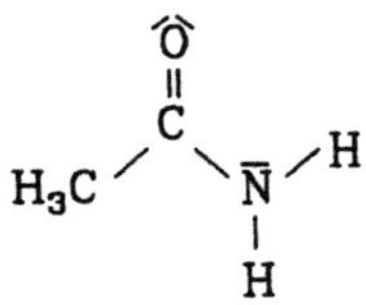

I

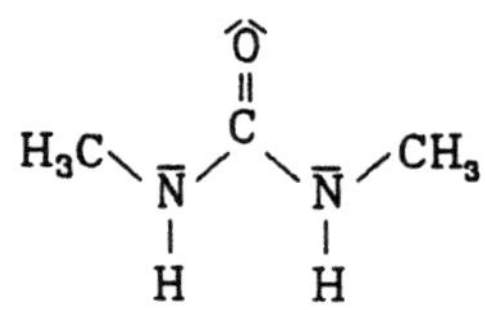

I

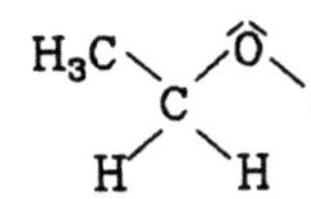

III

Verbindungen, bei denen Akzeptor und Donator das gleiche Atom sind (z. B. H_2O, Alkohole (III)), werden nicht eingelagert.

Typische Beispiele für Moleküle mit hohem Dipolmoment, die sich mit betainartigen Grenzstrukturen formulieren lassen, sind Dimethylsulfoxid (IV) und Pyridin-N-oxid (V). Möglicherweise ist die Dipolwechselwirkung sogar von größerer Bedeutung für die Reaktionsfähigkeit als die Wasserstoffbrückenbindung (225).

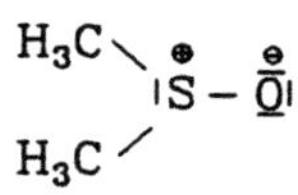

IV

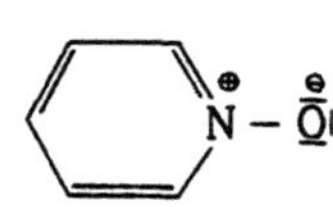

V

Unerwartet und auch heute noch wenig verständlich ist die Einlagerung der Alkalisalze schwacher Fettsäuren wie Kalium-, Rubidium-, Cäsium- und Ammoniumacetat (211).

Große Substituenten verhindern die Einlagerung. Viele Verbindungen mit großen Substituenten können jedoch durch Verdrängungsreaktionen eingelagert werden.

Die Einlagerungsverbindungen haben eine merkliche Phasenbreite. Da sie in vielen Fällen nur bei Gegenwart eines Überschusses von Gastmolekülen stabil sind, ist die genaue experimentelle Bestimmung der Zusammensetzung und des Reaktionsgrades schwierig.

Fast alle in direkter Reaktion eingelagerten Moleküle können durch andere polare Verbindungen, die nicht direkt mit Kaolinit reagieren, verdrängt werden. So lassen sich z. B. Hydrazin und Ammoniumacetat leicht verdrängen. Durch Verdrängung von Ammoniumacetat werden sogar Alkalihalogenide eingelagert.

Die beim Zerfall der Kaolinitteilchen während der Einlagerung von Gastmolekülen (z. B. Octadecylamin über Vedrängungsreaktionen) entstehenden dünnen Plättchen können sich zu halloysitähnlichen Röhrchen einrollen. Die Aufteilung in dünnere Plättchen durch Einlagerungsreaktionen konnte zur Verbesserung keramischer Produkte ausgenutzt werden. Darauf beruht die besondere Stabilität des chinesischen Eierschalenporzellans (218). Durch die Teilchenverkleinerung bei der Einlagerung von Gastmolekülen (DMSO in Gegenwart von Ammoniumfluorid) lassen sich stabile Kaolinitdispersionen aus besonders kleinen Teilchen herstellen (101).

Bei Halloysit mit einer Schicht von Wassermolekülen zwischen den Silicatschichten stellt die Umsetzung mit organischen Gastverbindungen eine vollständige oder weitgehend vollständige Verdrängung der Wassermoleküle durch die Gastmoleküle dar. Halloysit ist daher reaktionsfähiger als Kaolinit (31). Entsprechend kann eine Vielfalt geordneter und ungeordneter Einlagerungsverbindungen aus Kaolinithydraten hergestellt werden (38). Mit NMR-Messungen (110) sind in den Hydraten des Kaolinits und Halloysits zwei durch ihre Beweglichkeit im Schichtzwischenraum unterschiedliche Arten von Wassermolekülen zu erkennen.

3.3.3 Die Bildung von Einlagerungsverbindungen als kooperative Reaktion

Die Reaktion des Kaolinits mit Gastmolekülen läuft durchweg recht langsam ab (93, 223, 226). Die Reaktionsgeschwindigkeit hängt vom Teilchendurchmesser des Kaolinits, der Art der Gastmoleküle, von der Temperatur und bei Verwendung von Lösungen von deren Konzentration ab. Meistens steigt der Reaktionsgrad α nach einer S-förmigen Kurve mit der Zeit an (Abb. 3.31). Bei vielen Kaolinen wird auch bei sehr langer Zeit kein quantitativer Umsatz erreicht. (Der röntgenographische Reaktionsgrad α wird aus den Intensitäten der Basisreflexe (z. B. des (001)-Reflexes) der Einlagerungsverbindung (I_I) und des Kaolinits (I_K) ausgerechnet: $\alpha = I_I/(I_I + I_K)$).

Die Bildung von Kaoliniteinlagerungsverbindungen kann formal durch eine Bewegung der einzelnen Kaolinitschichten in Richtung der Schichtnormalen und durch eine zweidimensionale Diffusion zwischen den Schichten aufgefaßt werden. Da sich jedoch die einzelnen Schichten nicht als geschlossene Einheiten bewegen können, ist die Reaktion mit einer elastischen Verformung der Schichten verbunden und erhält einen ausgeprägt kooperativen Charakter (50, 93, 94).

Nach Neutronenstreumessungen von Weiss et al. (93, 94) könnte die Reaktion durch eine Umorientierung von OH-Gruppen oder Wanderung von Protonen unter dem Einfluß der an den Außenflächen adsorbierten Gastmoleküle eingeleitet werden. Die dadurch hervorgerufene elastische Verformung öffnet den Schichtzwischenraum. Durch Elektronenresonanz-Spektroskopie zeigten Lipsicas et al. (111), daß die Kaolinitschicht tatsächlich durch eingelagerte Gastmoleküle verzerrt wird und zwar bei DMSO stärker als bei N-Methylformamid und Formamid. Bei der Desorption der Gastmoleküle werden Verzerrung und Fehlordnung der Schichten nur zum Teil rückgängig gemacht.

Als Folge des kooperativen Charakters reagieren kleine und große Teilchen unterschiedlich. Bei kleinen Teilchen läuft die Einlagerung nach einem Keilmechanismus ab; die Gastmoleküle dringen nur von einer Seite zwischen die Schichten ein (Abb. 3.32). Die elastische Verformung der Silicatschichten, die mit der Aufweitung in der Reaktionszone verbunden ist, sperrt die übrigen Randbereiche für die Auf-

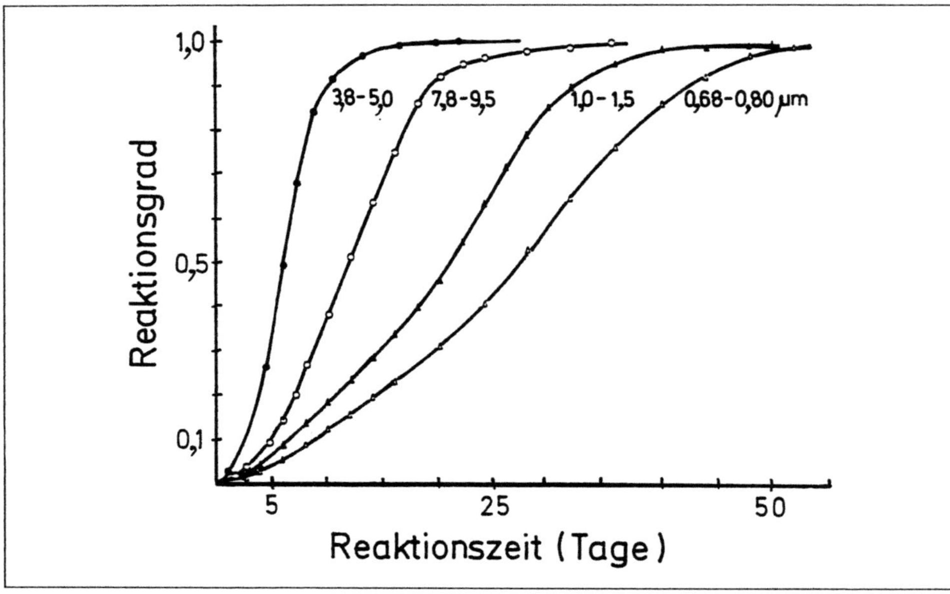

Abb. 3.31. Zeitliche Änderung des röntgenographischen Reaktionsgrades α in Abhängigkeit von der Teilchengröße (Harnstoff aus gesättigter wäßriger Lösung, 65 °C), Kaolin KIS, Hirschau. (Nach 224)

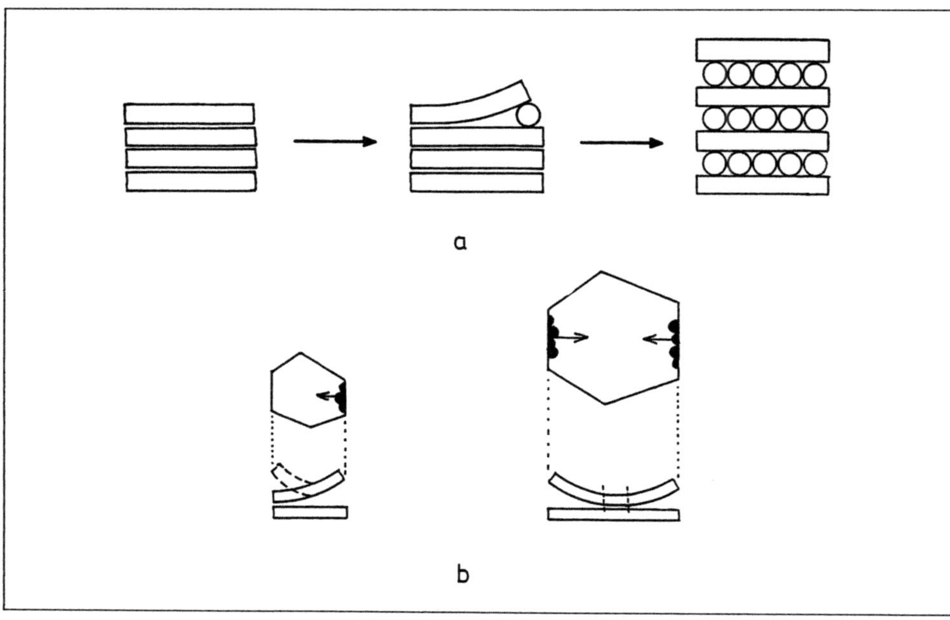

Abb. 3.32. Zum Mechanismus von Einlagerungsreaktionen:

a) Anfangsstadium der Reaktion unter elastischer Verformung der Schichten und Endstadium mit gleichmäßiger Aufweitung der Schichtzwischenräume,

b) Ausbildung einer einzigen Reaktionsfront bei kleinen Kristallen (< 0,5 µm) und Bildung mehrerer Reaktionsfronten bei größeren Kristallen.

nahme weiterer Gastmoleküle, weil sonst die Verformung noch stärker würde. Bei größeren Kristallen, in denen die Reichweite der elastischen Verformung kleiner als der Kristalldurchmesser wird, erfolgt die Keimbildung an mehreren Stellen gleichzeitig und die Gastmoleküle dringen an mehreren Stellen zwischen die Schichten ein (Ringmechanismus). Größere Teilchen können daher schneller reagieren als kleinere (224). Dieses für Festkörperreaktionen ungewöhnliche Verhalten ist gut aus Abbildung 3.31 zu erkennen. Nur bei den größten Teilchen werden die Diffusionswege so lang, daß die Reaktionsgeschwindigkeit wieder abnimmt. Der Übergang vom Keil- zum Ringmechanismus liegt zwischen 0,2 und 0,8 μm Teilchendurchmesser. In gleicher Größenordnung liegt demnach die Reichweite der elastischen Verformung. Stark fehlgeordnete Kristalle reagieren vielfach langsamer als gut geordnete Kristalle gleicher Größe, weil die Fehlordnung die Kooperativität unterbricht.

3.3.4 Klassifizierung und Nachweis von Kaoliniten durch Einlagerungsverbindungen

Kaoline reagieren mit vielen Gastmolekülen nicht quantitativ. Der maximale Reaktionsgrad ist von Kaolin zu Kaolin verschieden und hängt von der Gastverbindung ab. Daraus wurde geschlossen, daß die Kaoline nicht einheitlich sind, sondern aus einem Gemenge verschiedener Typen A, B, C ... bestehen, die nach einem Alles-oder-Nichts-Prinzip, d. h. bei genügend langer Zeit entweder quantitativ oder überhaupt nicht reagieren (s. Abb. 3.30). Als wesentliche Ursache für das unterschiedliche Reaktionsvermögen der Kaolinittypen wird eine Intercalationsfehlordnung angenommen (157, 158), die durch statistischen Einbau von Kationen oder auch Neutralmolekülen zwischen den Kaolinitschichten hervorgerufen wird. In der Tat bestehen viele Kaoline aus Mischungen verschiedener Kaolinite (80, 112, 115, 156).

Auf Grund der Reaktionsfähigkeit mit ausgewählten Gastverbindungen können Kaoline klassifiziert werden, indem der Anteil der Reaktionstypen A, B, C aus den röntgenographischen Reaktionsgraden nach Umsatz mit geeigneten Gastmolekülen wie Hydrazin oder Dimethylsulfoxid und Harnstoff (Abb. 3.30) bestimmt wird (51, 90, 157, 158).

Die Aufweitung von Kaolinit durch Hydrazin oder DMSO kann sehr gut zum qualitativen Nachweis benutzt werden, indem die Bildung der Hydrazin- oder DMSO-Einlagerungsverbindung röntgenographisch nachgewiesen wird. Kaolinite können damit sicher neben Chloriten identifiziert werden. Auch nicht reagierende Kaoline weiten mit Hydrazin-DMSO auf, wenn sie zuvor trocken mit Cäsiumchlorid verrieben werden (30, 77). Entwässerter Halloysit und Kaolinit können über die Stabilität ihrer Hydrate oder die Umsetzungsgeschwindigkeit mit Formamid unterschieden werden (Kap. 1.5.3).

3.3.5 2 : 1-Tonminerale und neutrale organische Moleküle

Schichtsolvate

Werden die Wassermoleküle im Schichtzwischenraum von 2 : 1-Tonmineralen durch neutrale organische Moleküle ersetzt, entstehen Schichtsolvate. Wie bei der Solvation in Lösung hängt die Bindung der Moleküle von der Art des Kations ab. Sie reicht von lockerer Solvation und starker Assoziation der Moleküle untereinander bis zur komplexartigen Anlagerung. Durch die Wechselwirkung mit den Silicatschichten und die Lokalisierung der Gegenionen können vor allem im ersten Fall andere Strukturen auftreten als in Lösung. Ein typisches Beispiel ist die interlamellare Adsorption von Methanol an Li^{+}- und Ca^{2+}-Montmorillonit (5). In Gegenwart von Lithiumionen ordnen sich die Moleküle ähnlich wie im festen und (wahrscheinlich) flüssigen Methanol an (Abb. 3.33). Calciumionen brechen dagegen durch ihr stärkeres elektrisches Feld die Flüssigkeitsstruktur auf unter Aufbau einer ganz anders strukturierten Solvathülle.

Die Schichtsolvate haben durchweg eine merkliche Phasenbreite. Der charakteristische Schichtabstand wird schon beobachtet, wenn noch nicht die maximale Zahl von Gastmolekülen gebunden ist. Zusätzlich können Wassermoleküle zwischen den organischen Gastmolekülen verbleiben.

Schichtsolvate, in denen die Gastmoleküle unmittelbar an die Zwischenschichtkationen gebunden sind, lassen sich aus dem wasserhaltigen Silicat herstellen, wenn die organischen Moleküle die Wassermoleküle von den Zwischenschichtkationen

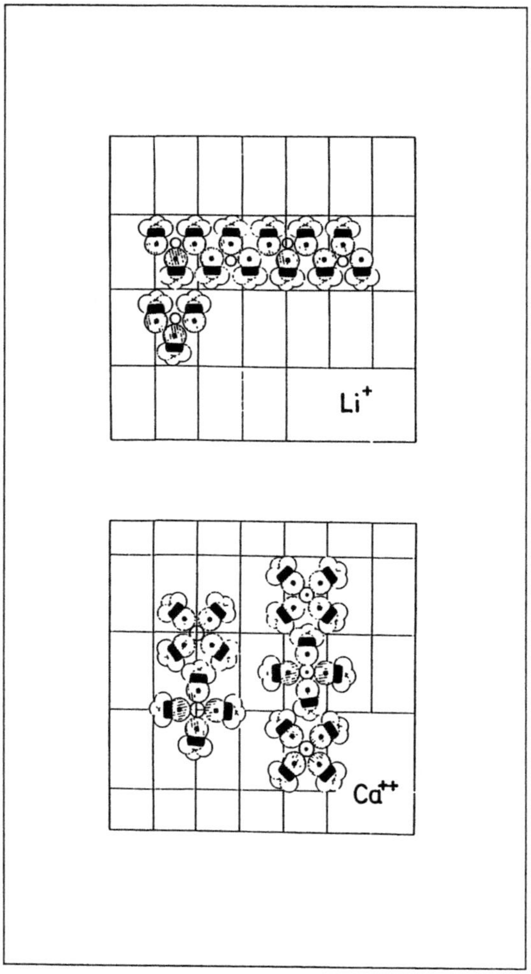

Abb. 3.33. Einfluß der Zwischenschichtkationen auf die Struktur der Schichtsolvate in Montmorillonit (5). Modell für Methanol und Lithiumionen und Calciumionen.

abdrängen können (Alkohole, Aromatenkomplexe, Kohlenhydrate). Ist dies nicht möglich, müssen die entwässerten Silicate mit der Gastverbindung umgesetzt werden (z. B. langkettige Alkanole, Nitrile). In diesem Fall ist die Reaktionsfähigkeit erniedrigt, da Energie zur Aufweitung der Schichten aufgewandt werden muß (vgl. „propping open"-Verfahren (22)). Ob dabei die Zwischenschichtkationen von der Silicatoberfläche abgedrängt, d. h. allseitig solvatisiert werden oder an der Silicatschicht anliegen bleiben und nur ein Teil der Koordinationsstellen solvatisiert wird, hängt von der Polarität bzw. der Gutmannschen Donatorzahl der Gastmoleküle, der Kationenart und der Ladungsdichte der Kationen ab (17).

Die Aufweitung durch Ethylenglycol oder Glycerin auf 17 Å bzw. 18 Å wird gern als Test auf Smectite und zur Unterscheidung von Vermiculiten benutzt (Tabelle 3.2; Tabelle 2.26, s. Anhang) (Kap. 1.5.3). Ethylenglycol wird von den Smectiten etwa in der Menge aufgenommen, daß die inneren Oberflächen durch die Glycolmoleküle abgedeckt werden. Darauf beruhen Methoden zur Bestimmung der spezifischen inneren Oberfläche (75, 117, 165).

Tabelle 3.2. Schichtabstände (Å) der Ethylenglycol- und Glycerinkomplexe von Smectiten und Vermiculiten (23, 121).

	Smectite		Vermiculite	
	Montmorillonite	Beidellite		
Kation	$\bar{\xi}=0,3$[1)]	0,45	0,55	0,7
		Ethylenglycol		
Li^+	16,9 – 17,1		16,2	16,0
Na^+	16,9 – 17,1	16,9	16,3	14,8[2)]
K^+	16,9 – 17,1	13,5		10,4
Mg^{2+}	16,9 – 17,1	16,9	16,3	14,0 – 14,3
Ca^{2+}	16,9 – 17,1	16,9	16,2	15,6[2)]
Sr^{2+}	16,9 – 17,1		16,1	15,6[2)]
Ba^{2+}	16,9 – 17,1		16,2	16,0
		Glycerin		
Li^+	16,8 – 17,8		14,2	14,3
Na^+	16,4 – 17,8	17,7	14,8	14,3 – 14,8
K^+	13,2 – 14,2		≈ 14	10,4
Mg^{2+}	17,6 – 18,1	17,6 – 17,9	14,3	14,2 – 14,6[3)]
Ca^{2+}	16,8 – 17,8	17,6 – 17,8	17,6	14,3
Sr^{2+}	17,0 – 17,8		17,6	14,3
Ba^{2+}	17,2 – 17,8		17,6	14,3

1) mittlere Schichtladung (Ladungen/Formeleinheit)

2) nichtintegrale (00*l*)-Interferenzen

3) bei dioktaedrischen Vermiculiten aus Böden ($\bar{\xi} \geq 0,6$) wurden neben Schichtabständen von 14,3 – 14,6 Å auch solche von 17,9 – 18,6 Å gefunden (121)

Bindung von Basen

Aliphatische und aromatische Amine (Ethylendiamin (106), Cyclohexylamin (229), Anilin (65), Pyridin (48)) werden häufig über Wasserbrücken an die Zwischenschichtkationen gebunden:

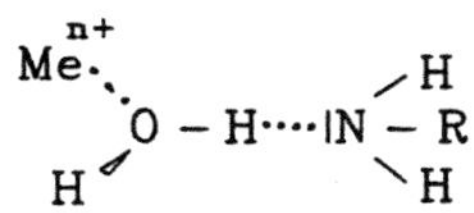

Ob eine Base direkt an die Kationen gebunden wird oder über eine Wasserbrücke, sollte im wesentlichen von der Härte des Kations nach Pearson-Schwarzenbach abhängen. Bei den harten Kationen (Alkali- und Erdalkaliionen, Al^{3+}) werden die Stickstoffatome der Liganden über Wasserbrücken gebunden, während bei weichen Kationen (Zn^{2+}, Cd^{2+}, Ag^{+}, Cu^{2+}) das Hydratwasser durch die weichen Liganden verdrängt wird. So wird Pyridin an Mg^{2+}- und Ca^{2+}-Zwischenschichtkationen über H_2O gebunden, während Cu^{2+}-Ionen Pyridin direkt binden.

Zusätzlich zur Bindung als neutrale Base laufen vor allem beim Arbeiten in wäßrigen Lösungen Kationenaustauschreaktionen ab, die als Folge der Protonierung der Basen einsetzen:

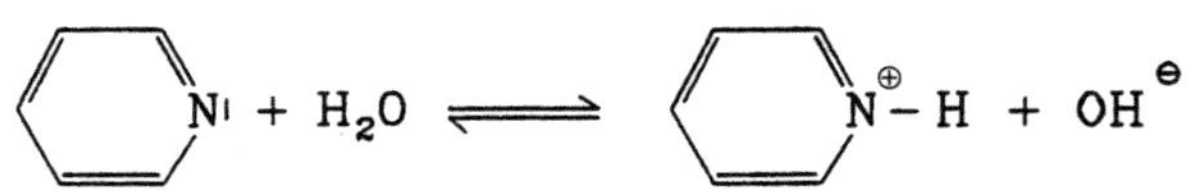

Pyridin Pyridiniumion

Pyridin kann als Neutralmolekül in die Schichtzwischenräume aufgenommen oder in saurem Bereich als Pyridiniumkation eingetauscht werden. Durch den IR-Dichroismus konnte nachgewiesen werden, daß Pyridiniumionen flach zwischen den Silicatschichten des Montmorillonites liegen, Pyridinmoleküle im Pyridinkomplex des Na^{+}-Montmorillonits etwa senkrecht zu den Schichten stehen und das Stickstoffatom auf die Zwischenschichtkationen richten (148, 178).

Der Anteil der Base, der in Form der korrespondierenden Säure durch Kationenaustausch gebunden wird, hängt vom *p*H-Wert der Lösung ab und nimmt mit abnehmendem *p*H-Wert zu. Das Verhältnis Base/korrespondierende Säure im Schichtzwischenraum stimmt jedoch nicht mit dem Verhältnis beider in der Lösung überein (79). Zusätzlich können Ionenpaare aus korrespondierender Säure und dem zugehörigen Anion (z. B. Aryl-NH_3^{+} + Cl^{-}) eingelagert werden.

Die Gesamtadsorption (Base + korrespondierende Säure) durchläuft mit abnehmendem *p*H-Wert vielfach ein Maximum, entweder weil Protonen in Konkurrenz mit den protonierten Basen treten oder weil Säure-Basenpaare der Art: Pyridiniumionen + Pyridin oder Aniliniumionen + Anilin bevorzugt adsorbiert werden.

Zunehmend konzentrieren sich die Untersuchungen auf die Bindung kleiner, komplizierterer Moleküle oder Ionen, z. B. in Zusammenhang mit der Bindung von Bioziden und toxischen Stoffen. Spekulationen, Hypothesen und manche experimentelle Ergebnisse über die Rolle der Tonminerale in den ersten Stadien des Lebens (28) fördern Untersuchungen mit biologisch wichtigen Verbindungen.

Neben den üblichen, die Adsorption steuernden Parametern wie Konzentration (oder Dampfdruck), *p*H-Wert, Temperatur, Art des Tonminerals und der Zwischenschichtkationen können bei kompliziert gebauten Molekülen weitere Faktoren Einfluß haben: die genaue Art des Tonminerals (z. B. Ausmaß der Si^{4+}, Al^{3+}-Substitution), Schichtladung und Ladungsverteilung, Teilchengröße, Form der Teilchen, Ausmaß der Dispergierung, Art der Aufbereitung des Tonminerals, neben der Ionenstärke der Lösung auch die genaue Art der Salze (141) und die Assoziation des Adsorptivs in der Lösung. So kann die strukturbrechende oder -fördernde Wirkung der Salze (116) die Adsorption stark beeinflussen (93, 96). Ein typisches Beispiel ist die Adsorption von Nucleinbasen (102, 141, 201). Neben der Art der Salze wird die Adsorption auch empfindlich von der Schichtladung und Ladungsverteilung beeinflußt (171).

Synergistische Coadsorptionsphänomene werden z. B. bei der Adsorption von Nucleinbasen und AMP, ATP beobachtet. In Gegenwart von Adenin ist die Adsorption von Thymin und Uracil erhöht (entsprechend der Basenpaarung in den Nucleinsäuren (102, 171)). Die Adsorption von Adenosinmonophosphat (AMP) an Montmorillonit und Illit (nicht aber an Quarz) wird durch Anwesenheit des Adenosintriphosphats (ATP) erhöht, die Adsorption von ATP selbst bleibt aber unbeeinflußt. Da ATP nur an den Kanten gebunden wird, hängt die Adsorption merklich von dem Ausmaß der Dispergierung, d. h. von Art und Stabilität der Teilchenkontakte (Kap. 3.2.6) ab. Daher verhält sich auch die Gesamtfraktion anders als die Summe der Einzelfraktionen (63, 66). Ein Coadsorptionsphänomen ist auch die in Kapitel 9.3.7 beschriebene Adsorption racemischer Cobaltkomplexe. An der Oberfläche gebundene Kationen können als „Aggregationszentren" die Adsorption anderer Moleküle fördern (131, 141).

Beim praktischen Einsatz von Tonen als Adsorptionsmittel muß in vielen Fällen die kompetitive Adsorption mehrerer Adsorptive (141) in Betracht gezogen werden. Ein neues Modell für die Berechnung der Adsorptionsgleichgewichte wurde von Margulies und Mitarbeitern entwickelt. Als Beispiel wird die kompetitive Adsorption von Methylenblau-, Thioflavin- und Cäsiumionen behandelt (Lit. s. Kap. 9.3.6).

Interlamellare Komplexbildung

Das erste Beispiel wurde von Weiss und Hofmann (212) beschrieben: die Bildung des Ni^{2+}-Diacetyldioximkomplexes im Schichtzwischenraum von Batavit. Viele weitere Reaktionen mit typischen Liganden sind bekannt. In allen Fällen werden die Liganden stöchiometrisch gebunden.

In den letzten Jahren haben interlamellare Komplexe Bedeutung als mögliche heterogene Katalysatoren erlangt (Kap. 9.7.2, 9.7.5). Polyoxometall-Smectite mit erhöhter interlamellarer Porosität können durch Zersetzung interlamellarer Komplexe hergestellt werden (Kap. 9.2.6).

Mortland und Pinnavaia entdeckten 1971 eine spezielle Gruppe interlamellarer Komplexe, als sie Cu^{2+}-Montmorillonit und -Hectorit mit Aromaten umsetzten. Bei der Reaktion mit Benzol entsteht zunächst unter teilweiser Verdrängung des Zwischenschichtwassers der hellgelbe Aromatenkomplex, in dem das π-Elektronensystem des Benzols mit den Kupferionen in Wechselwirkung tritt (Typ I). Bei vollständiger Entfernung des Zwischenschichtwassers bildet sich ein tiefrot gefärbter Komplex, in dem vom Benzol unter Verlust des aromatischen Charakters ein Elektron an ein Zwischenschichtkation übergeht. Typ-II-Komplexe wurden auch mit einigen anderen aromatischen Verbindungen und mit Fe^{3+}- und VO_2^{+}-Zwischenschichtkationen gefunden ((155, 170); s. auch Tabelle 2 in (93)).

Redoxreaktionen

Manche organische Moleküle oder Ionen geben Elektronen an Akzeptorstellen (vor allem Eisen-(III)-ionen) in den Silicatschichten ab unter Bildung von Radikalen oder Radikalionen. Das bekannteste Beispiel ist die Oxidation des Benzidins, das durch Elektronenübergang an Akzeptorstellen des Silicats ein blaues Radikal bildet (Kap. 9.7.1). Eine Redoxreaktion ist natürlich auch die Bildung der Typ-II-Aromatenkomplexe von Cu^{2+}-, Fe^{3+}- und $VO_2{}^+$-Smectiten, da Elektronen von den Benzolmolekülen an die Zwischenschichtkationen Cu^{2+}, Fe^{3+} und $VO_2{}^+$ übergehen.

3.3.6 Kationenaustauschreaktionen

Methylenblau

Eine der bekanntesten Reaktionen ist die Bindung von Methylenblau,

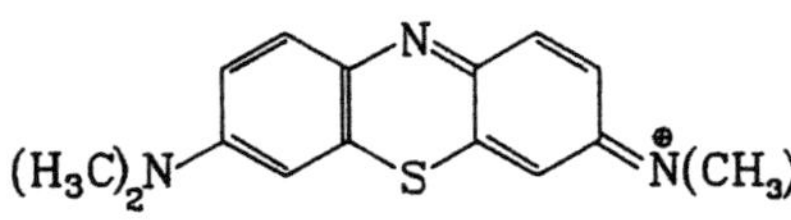

das überwiegend als Kation eingetauscht wird. Da sich die aufgenommene Menge aus der wäßrigen Lösung bequem kolorimetrisch bestimmen läßt, wird die Reaktion gerne zur Bestimmung des Smectitgehaltes in Bentoniten benutzt (pro Gramm Smectit wird etwa 1 mmol Methylenblau gebunden). Meist wird nur so lange Methylenblau zugegeben, bis die überstehende Lösung eine gerade erkennbare Blaufärbung zeigt. Damit muß der echte Sättigungswert aber nicht erreicht sein. In der Tat sind derartige Bestimmungen nur grobe Näherungsverfahren, da die Reaktion eine Kationenaustauschreaktion ist und die Menge des gebundenen Methylenblaus von der Schichtladung abhängt und damit nicht gleich hoch für alle Smectite ist. Der Sättigungswert für Na^+- und Li^+-Zwischenschichtkationen liegt über dem Kationenaustauschvermögen (Abb. 3.34), da einmal zusätzlich Ionenpaare: Methylenblaukation und Anion gebunden werden und zweitens die Farbstoffmoleküle eine ausgeprägte Tendenz zur Assoziation zeigen.

Die Methylenblauzugabe bis zum Koagulationspunkt entspricht besser dem Kationenaustauschvermögen (24, 154). Mit anderen Zwischenschichtkationen als Li^+ oder Na^+ ist der Austausch nicht quantitativ, wenn nur bis zu niedrigen Gleichgewichtskonzentrationen von Methylenblau titriert wird.

Wie bei anderen Farbstoffmolekülen auch (230) werden an der Tonmineraloberfläche nicht nur monomere und protonierte Methylenblaumoleküle, sondern auch Dimere und Trimere adsorbiert. Die Moleküle assoziieren bereits bei geringer Belegungsdichte, erkennbar durch den metachromatischen Effekt (Rotverschiebung des Absorptionsmaximums). Die Verteilung der Methylenblauionen wird also nicht nur durch die elektrostatischen Wechselwirkungen mit den Schichtladungen bestimmt, sondern auch durch die Wechselwirkungen der Methylenblaumoleküle untereinander. Die Bildung von Dimeren und Trimeren ist ein weiterer Grund für die Fragwürdigkeit der Bestimmung der spezifischen Oberfläche aus der Methylenblauadsorption, vor allem bei größerer äußerer Oberfläche, wo die Bildung protonierter Trimerer $(MB)_3{}^+$ leicht erfolgt (33).

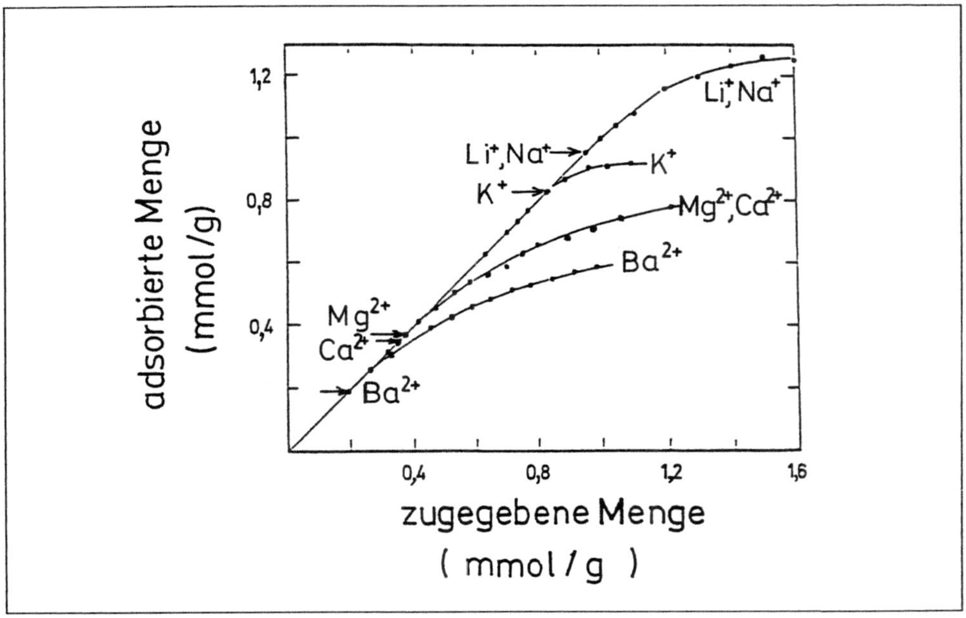

Abb. 3.34. Methylenblauadsorption an Wyoming-Montmorillonit mit verschiedenen Gegenionen. Aufgetragen ist die adsorbierte Menge in Abhängigkeit von der zugesetzten Menge Methylenblau (in mmol Methylenblau/g Montmorillonit). Die Pfeile geben die für optimale Koagulation notwendige Methylenblaumenge an. (Nach 24)

Alkylammoniumionen

Besonders wichtige organische Kationen sind die Alkylammoniumionen. Für praktische Anwendungen werden vorwiegend quartäre Alkylammoniumionen eingesetzt (Kap. 9.2.5). Quartäre Alkylammoniumionen werden allerdings von höher geladenen 2 : 1-Tonmineralen nur noch an den Außenflächen gebunden (Tabelle 3.3).

Tabelle 3.3. Austauschbarkeit der Zwischenschichtkationen der 2 : 1-Tonminerale durch kationische Tenside ($\bar{\xi}$: mittlere Schichtladung; Ladungen/Formeleinheit).

Tensidionen	Montmorillonite $\bar{\xi}=0,3-0,4$	Beidellite $0,4-0,5$	Vermiculite $<0,7$	Vermiculite $\geq 0,7$	Glimmer ≈ 1
A	+	+	+	+	langsam
TMA	+	+	+	–	–
DMDA	+	+	+	–	–
AP	+	+	±	–	–

A: n-Alkylammoniumionen RNH_3^+
TMA: Trimethylalkylammoniumionen $(CH_3)_3N^+R$
DMDA: Dimethyldialkylammoniumionen $(CH_3)_2N^+R_2$
AP: Alkylpyridiniumionen $R^-N^+C_5H_5$
$R=C_nH_{2n+1}$

Zum Eintausch von primären, sekundären und tertiären Alkylammoniumionen werden im allgemeinen wäßrige Lösungen bei $pH = 5 - 7$ verwandt, weil bei höheren pH-Werten das Gleichgewicht Alkylammoniumion $\rightleftharpoons$ Alkylamin

$$C_nH_{2n+1}NH_3^+ + H_2O \rightleftharpoons C_nH_{2n+1}NH_2 + H_3O^+$$

zu sehr zum freien Alkylamin verschoben ist und bei kleineren pH-Werten Protonen als konkurrierende Ionen auftreten. Quartäre Alkylammoniumionen werden auch bei $pH > 7$ gebunden, da die Hydrolyse zu ungeladenem Amin nicht mehr möglich ist. Die für einen quantitativen Austausch notwendigen Gleichgewichtskonzentrationen sind umso niedriger, je länger die Alkylketten sind (220).

Bei kurzkettigen Alkylammoniumionen wird der Austausch überwiegend durch Entropieeffekte bedingt und ist weitgehend athermisch. Bei längeren Alkylketten gewinnt auch die Enthalpieänderung an Bedeutung (209). Längerkettige Alkylammoniumionen sind im allgemeinen so fest gebunden, daß sie kaum noch durch andere Kationen zu verdrängen sind. Quartäre Alkylammoniumionen können in nichtwäßrigen Systemen in einem gewissen Ausmaß durch andere Alkylammoniumionen verdrängt werden (126).

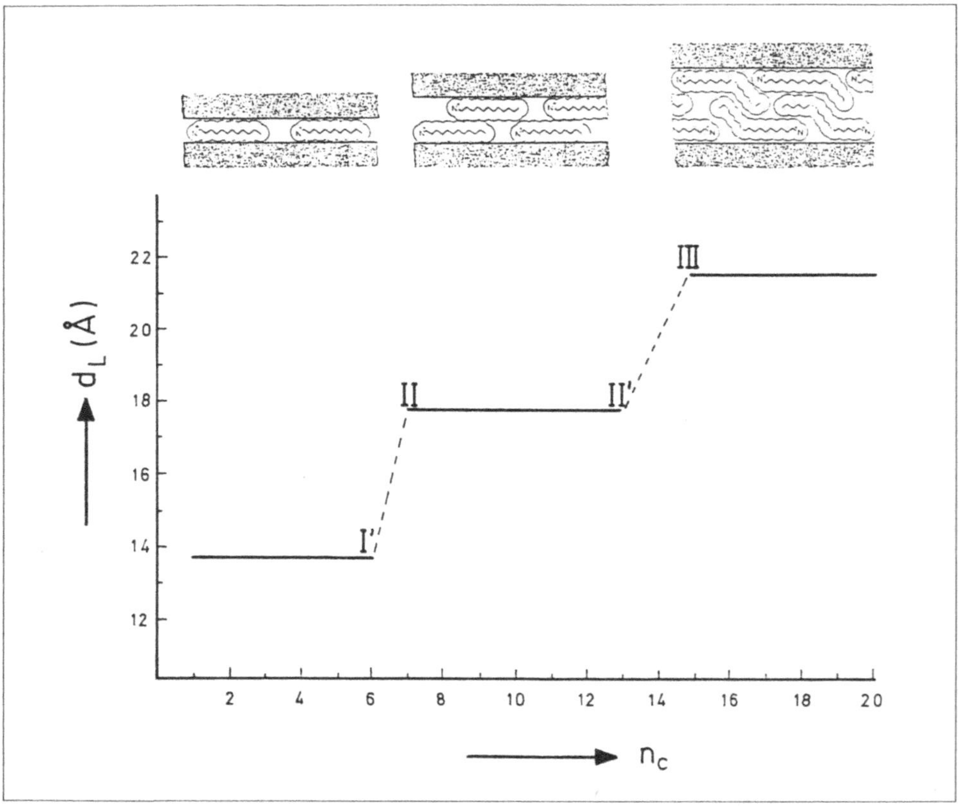

Abb. 3.35. Änderung des Schichtabstandes d_L der Alkylammoniumderivate von Smectiten mit der Alkylkettenlänge n_C.

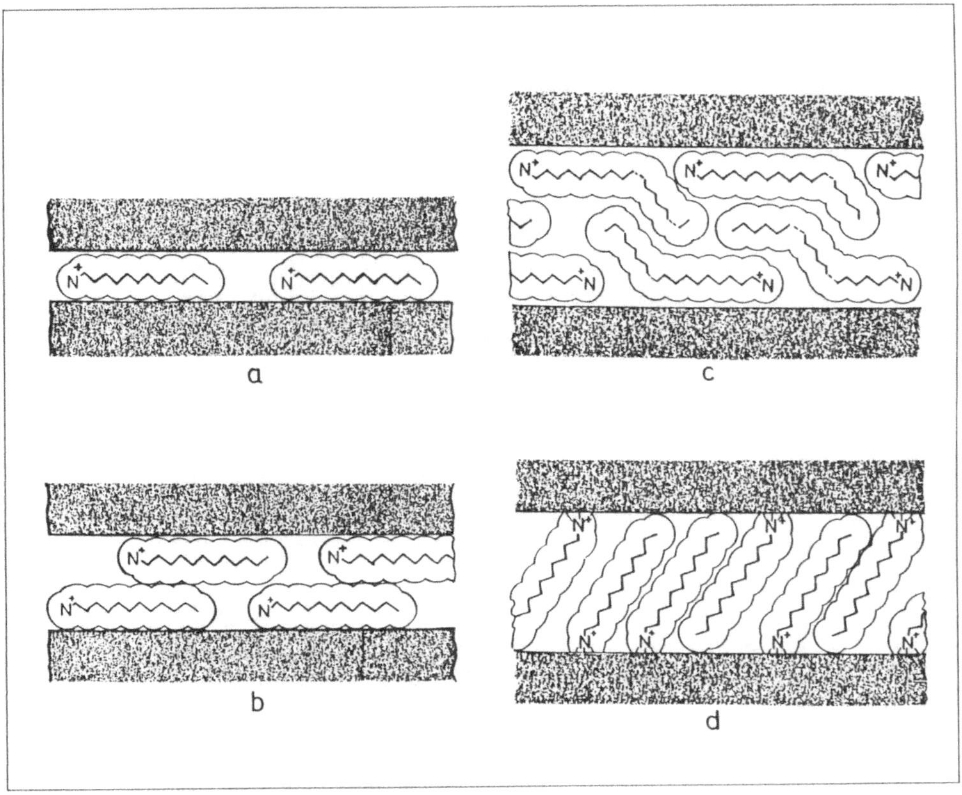

Abb. 3.36. Anordnung der Alkylammoniumionen im Schichtzwischenraum: a) monomolekular, b) bimolekular, c) pseudotrimolekular und d) paraffinartig.

Beim Kationenaustausch werden je nach Art des Tensids, Kettenlänge, *p*H-Wert, Konzentration, Zusammensetzung des Lösungsmittels und Schichtladung zusätzlich gewisse Mengen Kationen mit den zugehörigen Gegenionen als Ionenpaare aufgenommen. Die Gesamtmenge an Alkylammoniumionen übersteigt das Kationenaustauschvermögen, der Schichtabstand ist deutlich erhöht (20 – 50 Å). Bei *p*H > 7 können zusätzlich merkliche Mengen an Alkylamin (aus dem Hydrolysegleichgewicht) aufgenommen werden. Durch Auswaschen lassen sich die zusätzlich eingelagerten Ionenpaare und Alkylaminmoleküle entfernen.

Interlamellare Anordnung der Alkylammoniumionen

An den n-Alkylammoniumderivaten soll der Zusammenhang zwischen Alkylkettenlänge und Schichtladung gezeigt werden, weil daraus die Schichtladung und Ladungsverteilung der 2 : 1-Tonminerale abgeleitet werden kann.

Der Schichtabstand der n-Alkylammoniumderivate (nach dem Kationenaustausch sorgfältig ausgewaschen und getrocknet) steigt stufenweise mit der Länge der Alkylkette an (Abb. 3.35), weil sich die Alkylammoniumionen parallel zu den Schichten anordnen. Kurzkettige Alkylammoniumionen bilden monomolekulare, längerkettige bimolekulare, sehr langkettige pseudotrimolekulare Schichten, in denen die für

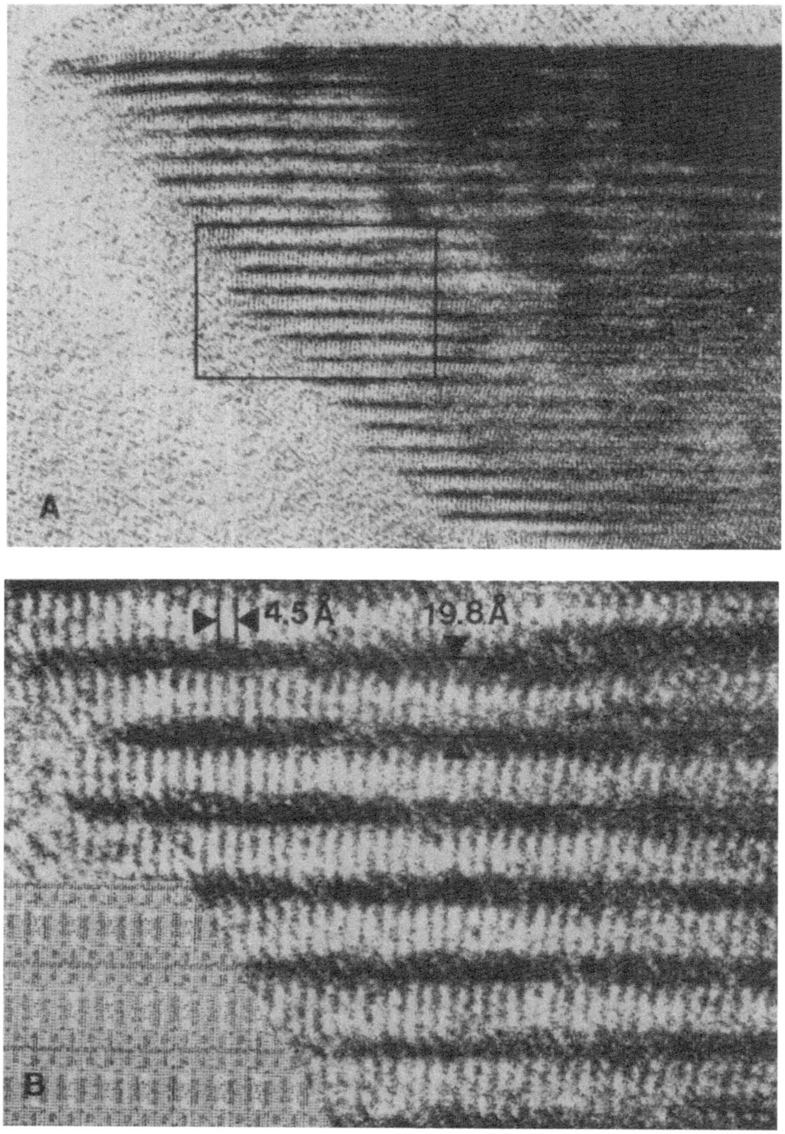

Abb. 3.37. Octylammoniumionen zwischen Vermiculitschichten. (Nach 123)

Doppelschichten zu langen Ketten durch kinkenähnliche Konformationen übereinandergeschoben sind (Abb. 3.36). Die Kettenlänge, bei der sich die Struktur ändert (I′, II′ in Abb. 3.35), wird durch die Schichtladung (genauer: Kationendichte) bestimmt. In höher geladenen Vermiculiten sind die Ketten mit ihren Längsachsen steil von den Silicatschichten weggerichtet (paraffinartige Strukturen). Der Winkel zwischen Kettenlängsachse und Silicatschicht steigt in bestimmter Weise mit der Schichtladung an (61, 99). Bei nicht zu hoher Schichtladung wird ein Winkel von 50 – 60° zwischen Kettenlängsachse und Silicatschicht bevorzugt, weil er eine besonders günstige Endgruppenorientierung erlaubt (13, 125, 183). Die paraffinartige Anordnung der Alkylammoniumionen wurde in elektronenmikroskopischen Aufnahmen sichtbar gemacht (123), (Abb. 3.37).

3.3.7 Die Alkylammonium-Methode

Die Abhängigkeit der interlamellaren Anordnung der Alkylammoniumionen von der Schichtladung erlaubt eine einfache und zuverlässige Bestimmung der Schichtladung. Bei Smectiten werden aus den Schichtabständen der Alkylammoniumderivate die Kettenlängen bestimmt, bei denen die monomolekulare (I') in die bimolekulare (II) und die bimolekulare (II') in die pseudotrimolekulare (III) Anordnung übergeht (Abb. 3.35).

Durch die uneinheitliche Ladungsverteilung zieht sich der Übergang von I' nach II und von II' nach III über mehrere Kettenlängen hin, und die Basisreflexe werden in den Übergangsbereichen nichtintegral. Aus der Analyse des Übergangsbereichs I'/II wird die Ladungsverteilung, d. h. die Häufigkeitsverteilung der Kationendichten der einzelnen Schichtzwischenräume ermittelt (Abb. 3.38, s. auch Abb. 1.5). Aus dem Übergang II'/III kann zudem die höchste Ladungsdichte der Silicatschichten entnommen werden (88, 90, 146, 168, 187; ausführliche Darstellung in 99).

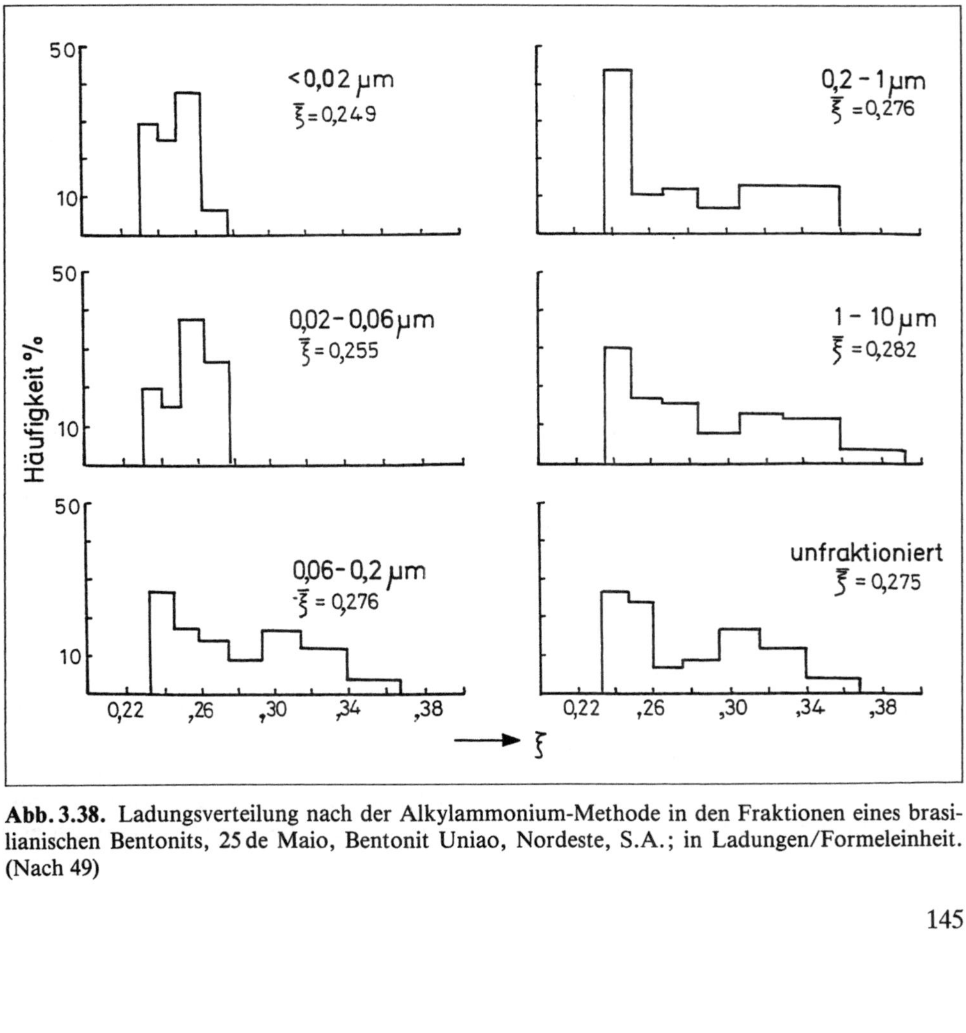

Abb. 3.38. Ladungsverteilung nach der Alkylammonium-Methode in den Fraktionen eines brasilianischen Bentonits, 25 de Maio, Bentonit Uniao, Nordeste, S.A.; in Ladungen/Formeleinheit. (Nach 49)

Bei Vermiculiten mit paraffinartiger Anordnung der Alkylammoniumionen wurde die Schichtladung aus dem Neigungswinkel bestimmt (61, 169). Wenn in Abhängigkeit von der Kettenlänge paraffinartige Anordnungen mit bimolekularen und pseudotrimolekularen abwechseln, wird die Schichtladung aus Vergleich mit theoretischen Kurven abgeschätzt (92).

Regelmäßige Wechsellagerungsverbindungen lassen sich mit der Alkylammonium-Methode untersuchen; sogar Baufehler in der Abfolge der Schichten können erkannt werden (89). Auch bei weniger regelmäßiger Abfolge der Schichten kann die Bestimmung der Schichtladung über die Alkylammonium-Methode wertvoll sein. Zum Beispiel berichten Müller-Vonmoos et al. (137), daß trotz 40maliger (!) Wiederholung des Austausches mit Alkylammoniumionen nur ein Teil der Kaliumionen in Metabentoniten von Kinnekulle (Schweden) und Montana (USA) ausgetauscht wurde und dennoch die mittlere Schichtladung nicht höher als 0,47 Ladungen/Formeleinheit war.

Die Alkylammonium-Methode bietet eine Reihe von Vorteilen und Möglichkeiten (ausführliche Darstellungen in 90, 99).

- Durch Umsatz mit Alkylammoniumionen lassen sich sehr geringe Mengen von Smectiten erkennen.
- Zur Bestimmung der (mittleren) Schichtladung und Ladungsverteilung ist eine Abtrennung des Smectits oder Vermiculits nicht erforderlich; meist können die Proben im Originalzustand untersucht werden. Lediglich bei Bodenproben empfiehlt sich eine vorangehende Entfernung der Eisenoxide und Huminstoffe.
- Durch den Alkylammoniumionenaustausch wird die Schichtladung zuverlässiger bestimmt als durch Aufweitungstests mit Ethylenglycol oder Glycerin (Kap. 3.3.5). Bei 2 : 1-Tonmineralen mit Schichtladungen von $\xi \approx 0{,}5$ bis 0,6 Ladungen/Formeleinheit ist die Zuordnung zu Smectiten oder Vermiculiten allein aus den Aufweitungstests nicht eindeutig (121).
- Mit der Alkylammonium-Methode können Veränderungen in der Schichtladung mit der Teilchengröße bequem verfolgt werden. Bei Smectiten aus Bentonitlagerstätten ändert sich die Schichtladung durchweg wenig mit dem Teilchendurchmesser (Kap. 2.2.3; Tabelle 2.30).
- Durch Bestimmung der Ladungsverteilung werden zusätzliche Informationen und weitere Unterscheidungsmerkmale zwischen 2 : 1-Tonmineralen gewonnen.
- Eine sorgfältige Bestimmung der Ladungsverteilung könnte zur Ermittlung der Bildungs- und Entwicklungsgeschichte von Tonmineralen beitragen. So zeigt die Ladungsverteilung eines brasilianischen Bentonits eine auffallende Veränderung mit der Teilchengröße (Abb. 3.38). Die sehr breite Verteilung zieht sich unterhalb 0,06 µm zusammen. In den besonders feinteiligen Fraktionen scheint ein ganz anderer Montmorillonit entstanden (oder zugeführt worden) zu sein als in den gröberen Fraktionen.
- Die Genauigkeit der Schichtladungsbestimmung kann durch Berücksichtigung des Lorentz- und Polarisationsfaktors erhöht werden. Wenn im Bereich der Reflexe der Alkylammoniumderivate weitere Reflexe liegen, empfiehlt sich die mathematische Auflösung in die einzelnen Reflexprofile (186).
- Smectite und Vermiculite lassen sich nebeneinander erkennen und eindeutig bestimmen (169). Auch Smectite können nebeneinander identifiziert werden, wenn die mittleren Schichtladungen oder Ladungsverteilungen ausreichend unterschiedlich sind.

- Aus der mittleren Schichtladung läßt sich das Kationenaustauschvermögen der Zwischenschichtkationen C_i bestimmen und mit dem Gesamtaustauschvermögen C_t vergleichen, das aus dem Kohlenstoffgehalt der Alkylammonium-Derivate oder durch die üblichen Methoden (Kap. 1.5.8) ermittelt wird. In vielen Fällen ist $C_i = 0{,}8\,C_t$, weil etwa 20 % des Gesamtaustauschvermögens auf die Kanten entfallen (Kap. 1.5.7), (90, 137, 210). Das bedeutet, daß falsche Werte der Schichtladungen ausgerechnet werden, wenn zur Berechnung aus der analytisch-chemischen Zusammensetzung (wenn die Proben überhaupt genügend rein sind!) das gesamte experimentelle Kationenaustauschvermögen eingesetzt wird. Eine entsprechende Korrektur zur Bestimmung der Gesamtladung aus der kritischen Alkylkettenlänge auf Grund chemischer Analysen (103) ist fraglich und wohl kaum allgemein anwendbar.
- Der Montmorillonitgehalt einer Probe kann aus dem Kohlenstoffgehalt der Alkylammoniumderivate und der mittleren Schichtladung recht zuverlässig bestimmt werden (99).
- Die Aufweitung smectitischer Schichtzwischenräume durch Alkylammoniumionen eignet sich zu Sichtbarmachung von Wechsellagerungsverbindungen in TEM-Aufnahmen (2, 12, 83).
- Schließlich sei auf den Einsatz von Alkylammoniumionen zur Abtrennung von Smectiten hingewiesen. Abudelgawad et al. (1) beschreiben die Abtrennung eines Palygorskits von Smectiten durch Reaktion mit Dodecylammoniumionen. Eine quantitative Abtrennung des Montmorillonits aus Bentoniten über die Änderung der Dichte nach Eintausch von Alkylammoniumionen wurde am Tonmineralogischen Labor des IGB, ETH Zürich, unter M. Müller-Vonmoos ausgearbeitet.

3.3.8 Das Adsorptionsverhalten organophiler Tonminerale

Gasadsorption

Durch die Bindung von Alkylammoniumionen, vor allem quartärer wie Tetraalkylammoniumionen oder von bicyclischen Ammoniumkationen wie Diazoniabicyclooctan („DACBO", die Verbindung ist einfacher als ihr Name: $HN^+(CH_2CH_2)_3N^+H$), oder Metallchelatkationen wie Cobalt-tris(ethylendiamin)$^{3+}$ $[Co(H_2NCH_2CH_2NH_2)_3]^{3+}$ entsteht eine höhere interlamellare Porosität als in den Smectiten mit anorganischen Zwischenschichtkationen. Fluorhectorite, die mit Cobalt-tris(ethylendiamin)$^{3+}$ belegt sind, zeigen einen erstaunlichen Unterschied in der Adsorptionsgeschwindigkeit von H_2, D_2, O_2 und Ne (bei 77,3 und 90,2 K) gegenüber N_2 und Ar, die deutlich langsamer adsorbiert werden (9). Die gestaltselektive Adsorption zahlreicher Kohlenwasserstoffe wurde intensiv von Barrer untersucht (siehe auch (188) sowie Kap. 9.3.5). Für praktische Anwendungen ist die thermische Stabilität oft nicht ausreichend; sie kann durch Einsatz der Fluorhectorite erhöht werden (9, 10).

Hydrophobierung

Durch die Bindung von Alkylammoniumionen werden die Tonminerale hydrophob, wenn ein bestimmter Grad der Abdeckung erreicht wird. Hydrophobierung erfordert nicht, daß die Oberfläche vollständig durch (flachliegend gedachte) Alkylketten abgedeckt wird. Wasserstruktureffekte sind verantwortlich, daß hydrophobes Verhalten bereits bei einer Abdeckung von etwa 50 % auftritt (96) (Abb. 3.39 d, e). Allerdings sind die Tonminerale nur hydrophob, wenn alle Alkylammoniumionen als Kationen gebunden sind. Durch zusätzlich eingelagerte oder angelagerte Ionenpaare (Alkylammoniumion + Gegenion) wird die Oberfläche umgeladen und wieder hydrophil (Abb. 3.39 b) (siehe auch Kap. 3.3.6). So sind im allgemeinen die Präparate nach dem Eintausch von Alkylammoniumionen hydrophil, weil über das Kationenaustauschvermögen hinausgehend so viele Alkylammoniumionen gebunden werden, daß die Teilchen hydrophil bleiben. Erst beim Auswaschen kommt der hydrophobe Charakter zum Vorschein.

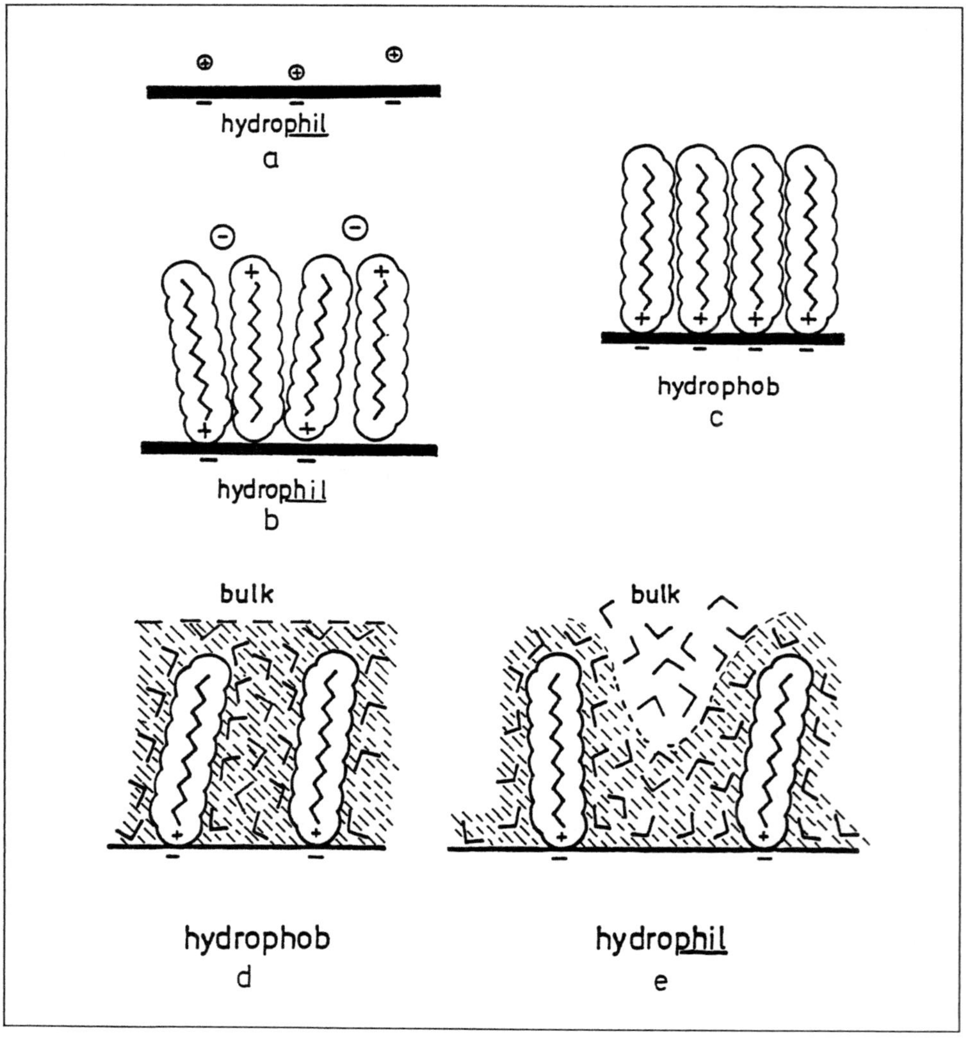

Abb. 3.39. Abhängigkeit des Oberflächencharakters (hydrophil oder hydrophob) von der Packungsdichte der Alkylketten. In b) sind Ionenpaare: Alkylammoniumion + Gegenion zusätzlich gebunden. In den schraffierten Bereichen in d), e) ist die Struktur des Wassers deutlich unterschiedlich von normalem flüssigen Wasser („bulk“ Phase).

Kleine polare Moleküle

Kleine polare Moleküle wie Methanol, Ethanol, Formamid und Dimethylsulfoxid werden zwischen den Alkylammoniumionen eingelagert. Solange in den Alkylammonium-Smectiten die Alkylammoniumionen flach in monomolekularer Schicht zwischen den Silicatschichten liegen, füllen die adsorbierten Moleküle nur die Hohlräume zwischen den Alkylammoniumionen aus (98, 120). Wenn die Alkylketten länger werden, steigt die Menge der interlamellar adsorbierten Moleküle deutlich an, weil größere Hohlräume zwischen den sich aufrichtenden Ketten geschaffen werden. Die Anordnung der Alkylammoniumionen ist weiterhin monomolekular, nur stehen die Ketten jetzt senkrecht zur Silicatschicht (v1-Struktur, Abb. 3.40 a). Die Schichtabstände nach Einlagerung der kleinen Moleküle unterscheiden sich nur wenig. Gegebenenfalls ist die v1-Struktur durch Kinken in den Alkylketten etwas komprimiert oder durch die aufgenommenen Moleküle ein wenig aufgeweitet. Wasser macht gegenüber den oben erwähnten Molekülen keine Ausnahme.

Wenn in den polaren Flüssigkeiten Salze löslich sind, können sie durch ihre strukturbrechende oder fördernde Wirkung die Schichtabstände drastisch verändern (93, 96).

Die Immersionsenthalpien sind meist am höchsten bei den Methyl- und Ethylammoniumderivaten und nehmen mit steigender Kettenlänge ab. Wenn schließlich v1-Strukturen entstehen, werden sie besonders niedrig, obwohl infolge der Schichtaufweitung wesentlich mehr Gastmoleküle aufgenommen werden. Der damit ver-

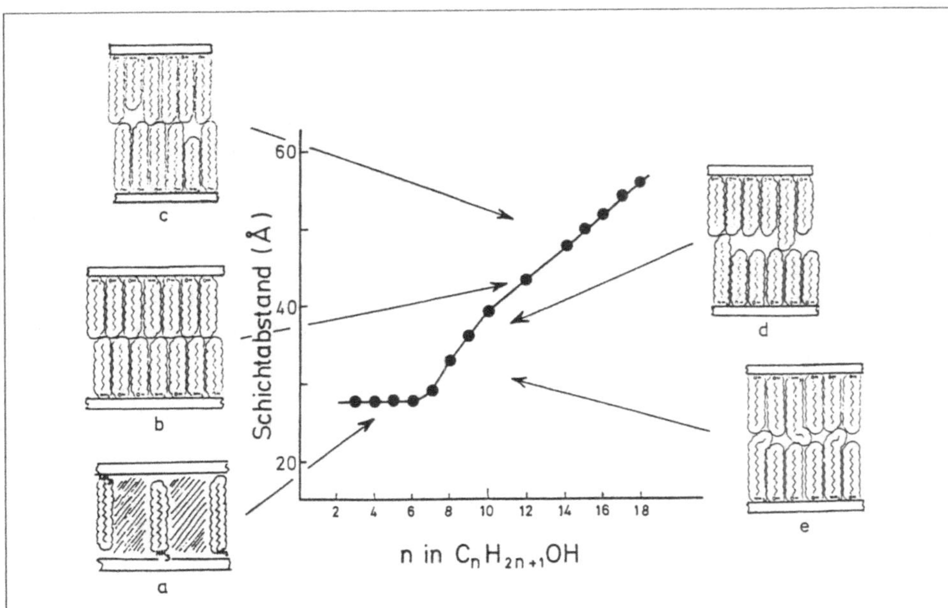

Abb. 3.40. Struktur im Schichtzwischenraum der Alkylammoniumderivate nach Adsorption von Alkoholen. Als Beispiel: Dodecylammoniummontmorillonit und primäre Alkohole $C_nH_{2n+1}OH$.
a) zeolithische Auffüllung der v_1-Struktur bei kurzkettigen Alkoholen
b) dichte bimolekulare Struktur (v_2) bei gleicher Kettenlänge von Alkohol und Alkylammoniumionen
c), d) Löcher im Mittelbereich der Filme bei ungleich langen Ketten
d) Verkürzung der zu langen Ketten durch Kinken

bundene Enthalpiegewinn wird jedoch weitgehend für das Aufrichten der Alkylketten verbraucht. Entropieeffekte tragen dann wesentlich zur Quellung bei (98).

Adsorption aus binären Systemen

Adsorptionsmessungen aus binären Lösungsmittelmischungen gewannen erst Bedeutung, als die Adsorptionsisothermen, die sog. Kompositisothermen, nach Verfahren von Schay und Nagy in die Einzelisothermen aufgelöst werden konnten. Aus der Messung der Konzentrationsänderungen in der Lösung wird der spezifische Oberflächenüberschuß $n_1^{\sigma(n)}$ in Abhängigkeit vom Molenbruch x_1 einer der beiden Komponenten erhalten (41, 42). Als Beispiel sind in Abbildung 3.41a die Kompositisothermen von Hexadecylpyridinium-Montmorilloniten für Methanol/Benzol gezeichnet, wobei mit zunehmender Belegung durch die quartären Alkylammoniumionen der azeotrope Punkt (Schnittpunkt mit der x-Achse) zu kleineren Molenbrüchen von Methanol verschoben wird, also die zunehmende Hydrophobierung anzeigt. Abbildung 3.41b zeigt die Auflösung in die Einzelisothermen, die über den Bereich von x_1 ein Plateau aufweisen, in dem der Oberflächenüberschuß $n_1^{\S(n)}$ linear mit x_1 abnimmt.

Der Charakter der Kompositisotherme bleibt unabhängig von dem Schichtabstand (Abb. 3.41c). Erst oberhalb eines Molenbruchs $\chi_{HDP} = \zeta_{HDP}/(\zeta_{HDP} + \zeta_{Na}) = \zeta_{HDP}/\xi \approx 0{,}2$ (ζ_{HDP}, ζ_{Na} geben die Anzahl der Zwischenschichtkationen pro Formeleinheit an) wird der Schichtzwischenraum stark aufgeweitet. Bei mittleren Belegungsgraden ist der Schichtabstand unter der Methanol/Benzol-Mischung höher als unter den reinen Flüssigkeiten. Wahrscheinlich sind die Flüssigkeiten im Schichtzwischenraum zum Teil entmischt, indem die Methanolmoleküle bevorzugt die freie Silicatschicht abdecken und die Benzolmoleküle die Alkylpyridiniumionen solvatisieren. Daher bleibt auch der Schichtabstand unter reinem Methanol niedriger als unter Benzol. Das in den Schichtzwischenraum aufgenommene Gesamtvolumen der beiden Flüssigkeiten ist deutlich größer als die Flüssigkeitsmenge, die den Adsorptionskräften unterliegt, d. h. das durch das Abdrängen der Alkylketten von den Silicatschichten entstehende „freie“ Volumen wird nur zum Teil durch die adsorbierte Phase aufgefüllt, der Rest läuft gewissermaßen mit „bulk-artiger“ Flüssigkeit voll – ein sehr wichtiger Hinweis auf die Bedeutung der Entropie für die interlamellare Adsorption (41, 42).

Recht ungewöhnlich sehen die Kompositisothermen aus für Alkylammonium-Vermiculite unter binären Flüssigkeiten wie Methanol/Heptan (Abb. 3.42). Der steile Anstieg im Oberflächenüberschuß zeigt das Einsetzen der interlamellaren Adsorption unter deutlicher Schichtaufweitung an.

Langkettige Verbindungen

Mit langkettigen Verbindungen, z. B. Alkanolen, bilden sich regelmäßige Strukturen aus. Sind die Ketten von Alkanol und Alkylammoniumion gleich lang, entstehen dicht gepackte bimolekulare Filme; unterschiedlich lange Alkylketten erzeugen im Mittelbereich des bimolekularen Films Leerstellen. Bei größeren Kettenlängenunterschieden werden die Leerstellen durch Konformationsänderungen der Alkylketten verkleinert. Die bei einem bestimmten Kation z. B. dem Dodecylammoniumion mit zunehmender Länge des Alkanols durchlaufenen Strukturtypen sind in Abbildung 3.40 zusammengestellt.

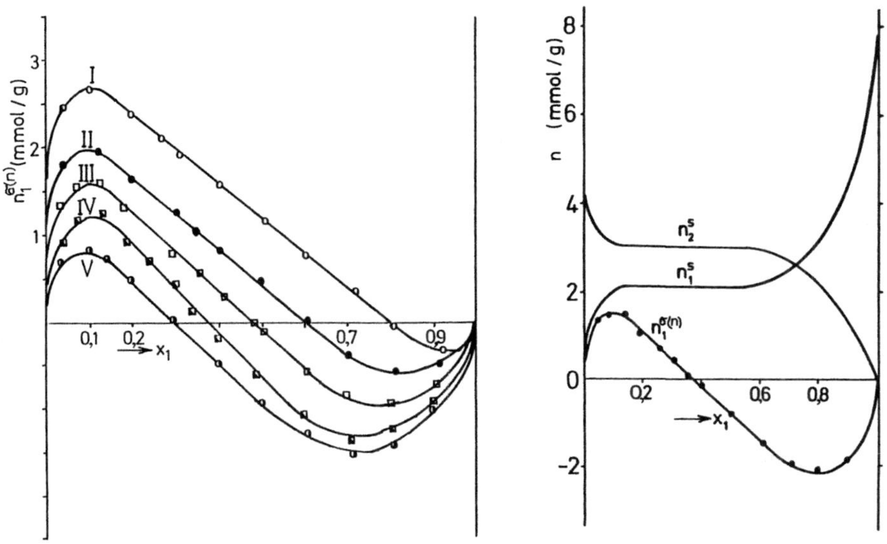

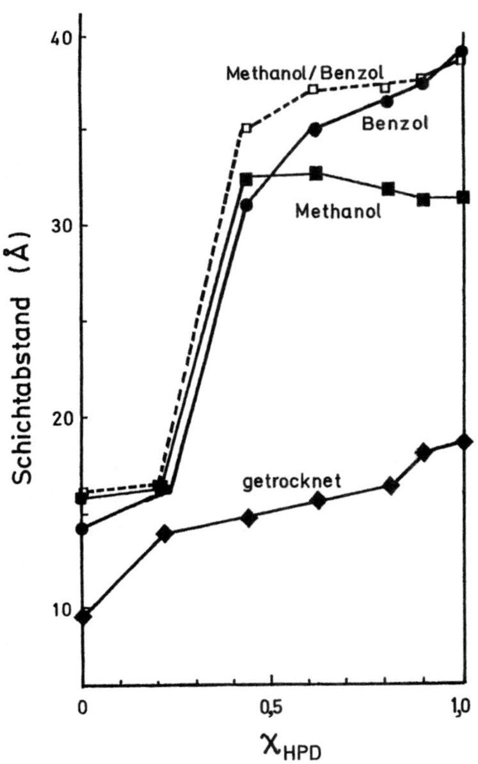

Abb. 3.41. Adsorption aus binären Systemen: Hexadecylpyridinium-Na^+-Montmorillonit und Methanol/Benzol-Mischungen. (Molenbruch der Hexadecylammoniumionen $\chi_{HDP} = 0{,}22$ (I); 0,44 (II); 0,62 (III); 0,90 (IV); 1,00 (V). (Nach 41)

a) Kompositisotherme: spezifischer Oberflächenüberschuß, $n_1^{\sigma(n)}$ gegen den Molenbruch x_1 von Methanol in der Gleichgewichtslösung

b) individuelle Isothermen: adsorbierte Mengen von Methanol, n_1^s, und Benzol, n_2^s, gegen x_1. Molenbruch der Hexadecylpyridiniumionen: $\chi_{HDP} = 0{,}81$

c) Schichtabstände d_L in Abhängigkeit vom Molenbruch Hexadecylpyridiniumionen, χ_{HDP}.
◆ getrocknete Proben; ■ unter Methanol, ● unter Benzol, □ unter Methanol/Benzol-Mischungen mit $x_1 = 0{,}1 - 0{,}4$

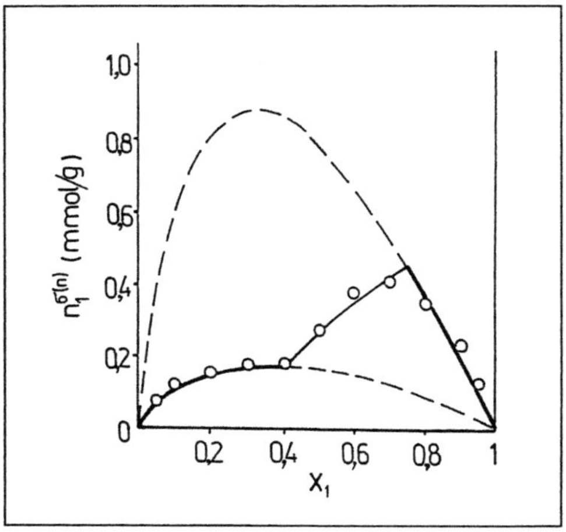

Abb. 3.42. Adsorption aus binären Systemen: Kompositisotherme für Methanol/Heptan an Dodecylammoniumvermiculit, x_1 = Molenbruch von Methanol im Gleichgewicht (I. Dékány, persönliche Mitteilung)

An den bimolekularen Filmen zwischen den Silicatschichten lassen sich mögliche Konformationen von Alkylketten in Alkylkettenverbänden studieren. Normalerweise nimmt eine Alkylkette in Schichtstrukturen die energetisch günstigste all-trans-Konformation ein, in der alle Kohlenstoffatome in einer Ebene liegen und die charakteristische Zickzackfolge bilden. Mit steigender Temperatur nimmt die Wahrscheinlichkeit anderer Konformationen zu, von denen in Schichtverbänden hauptsächlich solche mit Kinken eine Rolle spielen. Durch eine Kinke wird die Alkylkette kurbelwellenartig abgeknickt. In den bimolekularen Filmen zwischen den Silicatschichten bilden sich schon bei Raumtemperatur oder bei leicht erhöhter Temperatur Kinken in regelmäßiger Anordnung und erzeugen Kinkblockstrukturen. Die Kinkblöcke wandeln sich bei höheren Temperaturen in Gaucheblockstrukturen um, in denen die Ketten abgewinkelt sind. Kinken und Kinkblöcke treten z. B. als Baufehler in Polymeren wie Polyethylen auf und beeinflussen deren Eigenschaften. Die bimolekularen Filme zwischen den Silicatschichten sind gute Modelle zum Studium der Konformationsmöglichkeiten der Alkylketten in den Lipidschichten der Biomembranen (87, 93).

3.3.9 Delamination

Eine Delamination der organischen Derivate wie für Na^+-Smectite in Wasser wird nur in einigen Flüssigkeiten beobachtet. Weitgehend zerfallen Alkylammonium- und Alkylpyridinium-Montmorillonite in Nitrobenzol. In den Röntgendiagrammen verschwinden die (00*l*)-Reflexe. Weniger ausgeprägt ist die Delamination in Formamid, N-Methyl- und N,N-Dimethylformamid. Die (00*l*)-Interferenzen sind schwach und sehr verbreitert.

Bei der Dispergierung in einigen anderen Flüssigkeiten (Ethanol, Cyclohexanon, Wasser) wird eine Zunahme der äußeren Oberfläche auf Kosten der inneren beobachtet; die äußere Oberfläche steigt auf 100 – 170 m^2/g an. Sicher ist das keine echte Delamination, vielmehr weichen die Schichten an den Rändern stärker auseinander. Die Teilchen zerfallen an vorgegebenen Sollbruchstellen, also an Stellen, an denen die Schichten nur noch über kleine Bereiche parallel verlaufen (Abb. 9.3, Kap. 9.2.4), (98).

Eine auffallende Reaktion ist die Delamination niedrig geladener Vermiculite in Wasser nach Eintausch von Butylammoniumionen (184) und kurzkettigen Aminosäuren wie Ornithin H_2N-$(CH_2)_3$-$CH(NH_2)$-COOH und γ-Aminobuttersäure H_2N-$(CH_2)_3$-COOH (160, 161, 184). Ursache dürfte die Ausbildung spezieller Wasserstrukturen bei richtiger Kettenlänge und Packungsdichte sein. Es ist nicht verwunderlich, daß bei Neutronenstreumessungen keine Übereinstimmung (20) der Quellungszustände mit der DLVO-Theorie gefunden wurde, da die hydrophoben Wechselwirkungen (Änderung der Wasserstruktur unter Einfluß der Alkylketten) nicht übersehen werden dürfen.

Die Delamination dieser organischen Derivate in Wasser führt wie bei Na^+-Smectiten zu ausgeprägten Gelen. Nach Kleinwinkelmessungen von Rausell-Colom et al. (161) bestehen solche Gele aus unabhängig voneinander streuenden Teilchen, in denen Tactoide aus Silicatschichten in genau gleichen Abständen durch Bereiche aus Silicatschichten in weniger regelmäßigen Abständen getrennt sind.

3.4 Bindung von Polymeren

3.4.1 Allgemeines

Nach anfänglichem Interesse an Tonmineral/Polymer-Wechselwirkungen etwa von 1955 bis 1965 ist erst wieder ab 1980 eine größere Zahl von Untersuchungen erschienen, einmal gefördert durch die Fortschritte in den Untersuchungsmethoden von Polymerlösungen und in Theorien über Polymeradsorption, aber auch angeregt durch eine zunehmende Ausnützung von Tonmineral/Polymer-Wechselwirkungen für landwirtschaftliche und industrielle Zwecke (Kap. 6.6.2; 9.6).

Die adsorbierte Menge eines Makromoleküls hängt von der Polymerkonzentration, dem Molekulargewicht, dem *p*H-Wert, der Ionenstärke, der Temperatur und vor allem der Lösungsmittelgüte ab. Dabei können einzelne Parameter das Adsorptionsgleichgewicht direkt beeinflussen, oder sie wirken sich bei komplexen Molekülen (z. B. Proteinen) indirekt aus, indem sie die Konformation der Makromoleküle ändern.

(Allgemein über Polymeradsorption siehe z. B. Napper (140), sowie über Polymere an Tonmineralen: Theng (200)).

Die Adsorption von Makromolekülen verläuft manchmal sehr schnell, manchmal sehr langsam, so daß immer überprüft werden sollte, ob oder wie weit sich ein Endwert eingestellt hat. Fast durchweg werden adsorbierte Makromoleküle nicht wieder desorbiert, wenn die Lösung verdünnt wird oder *p*H-Wert und Ionenstärke geändert werden. Wegen dieser kinetischen Hemmungen können sich häufig keine echten Gleichgewichte einstellen.

Da die Makromoleküle mit sehr vielen Haftstellen am Festkörper „angeklebt“ sind, kann eine (zumindest teilweise) Verdrängung nur erfolgen, wenn frei werdende Plätze sofort und dauerhaft durch geeignete Agentien besetzt werden. Eine gewisse Menge von Polyacrylamid wird von Kaolinit durch Triphosphat und Polyphosphat verdrängt (44).

Die scheinbare Irreversibilität der Polymeradsorption hat eine wichtige Konsequenz: die adsorbierte Menge und die Struktur der Adsorptionsschicht werden durch die Art der Präparation und oft auch durch den Massenanteil des Festkörpers in der Dispersion beeinflußt (6, 73). Insbesondere kann sich die Reihenfolge auswirken, in der die Komponenten zusammengegeben werden. Geringfügige Änderungen in der experimentellen Verfahrensweise können größere Unterschiede hervorrufen als z. B. Unterschiede im Molekulargewicht oder in der Art der Polymeren.

Smectite und Vermiculite bieten als Adsorbentien den Polymeren eine größere Vielfalt unterschiedlicher Bindungsstellen an als viele andere Festkörper. In den Schichtzwischenraum können nur die nicht zu komplexen Moleküle eindringen. Manche Polykationen wie Ionene $[N^+(CH_3)_2-(CH_2)_x-]_n$ $(x=2-12)$ dringen erstaunlich schnell zwischen die Schichten. Allerdings bleibt die Abdeckung der inneren Oberfläche immer unvollständig, weil die zunehmende Zahl der Bindungen das weitere Vordringen der Polykationen erschwert (Abb. 3.44) und die Einstellung der dichten Packung behindert (94). Soweit überhaupt Daten vorliegen, scheinen die Makromoleküle bei nicht zu großer Molmasse und kleinen Belegungsgraden nahezu vollständig zwischen die Schichten einzudringen. Erst bei höheren adsorbierten Mengen verbleiben größere Molekülteile außerhalb der Schichtzwischenräume. Ihr Anteil wurde aus dem Anionenaustauschvermögen (94, 207), aus Kernresonanzmessungen und kalorimetrischen Messungen abgeschätzt (19).

Durch die Aufteilung der Na^+-Smectitteilchen in einzelnen Silicatschichten können die inneren Oberflächen auch für komplizierte Moleküle zugänglich werden (siehe weiter unten).

Im Gegensatz zur Adsorption kleiner Moleküle werden auch an den Außenflächen beachtliche Mengen von Makromolekülen gebunden, weil diese ja nur wenige Haftstellen benötigen.

Starke Polymer/Festkörper-Wechselwirkungen müssen nicht bedeuten, daß auch besonders hohe Mengen adsorbiert werden. Das Umgekehrte kann der Fall sein. Zum Beispiel können bei starken Wechselwirkungen mit den Oberflächen die Makromoleküle weitgehend in Zügen (trains) (Abb. 3.43) adsorbiert sein, während bei schwachen Wechselwirkungen und in guten Lösungsmitteln durch Bildung von Schlaufen (loops) größere Mengen adsorbiert werden. Wenn sich Makromoleküle sehr dicht an die Atome der Oberfläche anschmiegen, kann die hohe van-der-Waals-Energie die elektrostatische Abstoßung überspielen, so daß unter bestimmten Umständen Polyanionen durchaus an negativen Oberflächen gebunden werden.

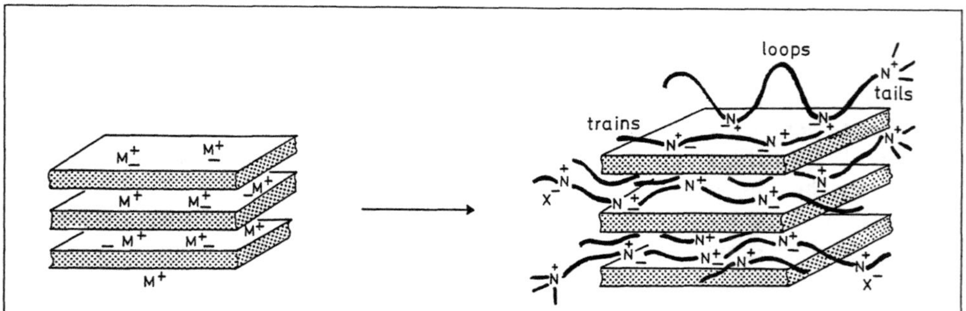

Abb. 3.43. Adsorption von Polymeren an äußeren Oberflächen in Zügen (trains), Schlaufen (loops), Schwänzen (tails) und zwischen den Schichten.

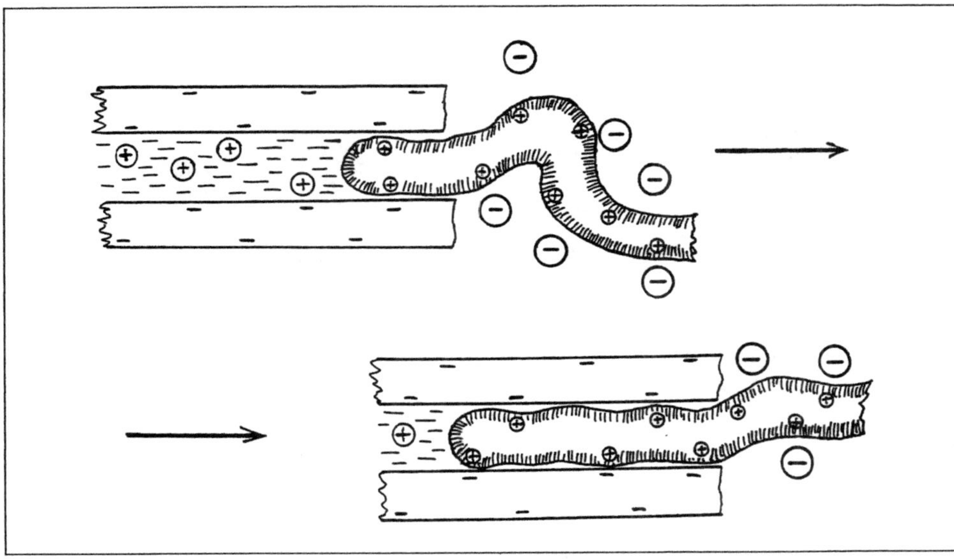

Abb. 3.44. Das Eindringen von Polymerkationen zwischen die Schichten wird mit zunehmender Eindringtiefe durch die steigende Anzahl der Haftstellen mehr und mehr behindert. In Extremfällen bleiben die Makromoleküle im Bereich der Ränder hängen.

3.4.2 Nichtionische Polymere

Polyvinylalkohol (64), Polyoxyethylen (152, 233), Polyvinylpyrrolidon (108), Polysaccharide (34, 35, 147, 151) u. a. dringen auch zwischen die Schichten von Ca^{2+}-Montmorilloniten ein. Die Schichtabstände liegen zwischen 14 Å und 22 Å, müssen aber (nach Trocknung der Präparate) nicht streng auf die Molekülgeometrie bezogen sein. Sie können erhöht sein, wenn das Zwischenschichtwasser nicht vollständig verdrängt wird oder zu niedrig, wenn z. B. infolge der uneinheitlichen Ladungsverteilung einige Schichtzwischenräume frei von Makromolekülen bleiben.

In Gegenwart vieler Makromoleküle (z. B. Polyoxyethylen und Polyvinylpyrrolidon) unterbleibt die drastische Schichtaufweitung der Na^+-Smectite in Wasser. Sofern die kolloidale Verteilung erhalten bleibt (z. B. nicht-ionisches Polyacrylamid an Na^+-Montmorillonit (19)), werden die Tactoide (Kap. 3.2.3) größer, und die parallele Lagerung der Schichten wird noch weiter gestört. In Polyvinylalkohollösungen lassen Na^+-Smectite keine (00*l*)-Interferenzen mehr erkennen; die Kriställchen fallen weitgehend auseinander (Abb. 3.45). Beim Trocknen entstehen recht scharfe Reflexe, die einen Schichtabstand von 13,6 Å anzeigen (monomolekular flach liegende Moleküle). Eine völlig geordnete Struktur wird nur vorgetäuscht, da die amorphen Bereiche röntgenographisch nicht sichtbar werden. In der Tat verbleibt bei der Desorption des Wassers ein Teil der Schichten ungeordnet, weil sich aus sterischen Gründen nur die geeignet liegenden Schichten geordnet übereinander lagern können. Dieser Effekt dürfte auch mit vielen anderen Polymeren auftreten.

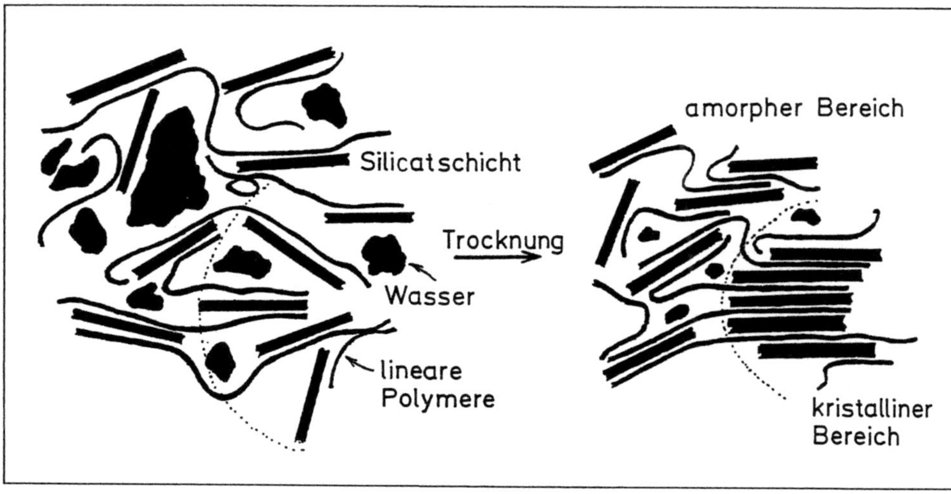

Abb. 3.45. Isolierte Silicatschichten zwischen Polymermolekülen und Wasser. Beim Trocknen kann sich nur ein Teil der Schichten ordnen. Als Beispiel: Natriumsmectit und Polyvinylalkohol. (Die Natriumionen sind nicht gezeichnet).

3.4.3 Kationische Polymere

Bei der Adsorption von Polykationen im Schichtzwischenraum sollte sich eine Übereinstimmung oder Abweichung der Ladungsmuster, wie Abstände und Anordnung der Ladungen im Makromolekül und in der Festkörperoberfläche, stärker auswirken als bei der Adsorption an den äußeren Oberflächen, da die Makromoleküle nicht durch Bildung von Schlaufen ausweichen können. Ein instruktives Beispiel ist die Adsorption der Ionene (94).

Das Kationenaustauschvermögen nimmt bei der Belegung von Tonmineralen mit kationischen Polymeren ab, weil Zwischenschichtkationen durch die kationischen Segmente verdrängt werden. Das Anionenaustauschvermögen nimmt zu, weil nicht alle kationischen Segmente durch negative Schichtladungen gebunden werden. Sehr gut ist dies bei der Adsorption eines kationischen Copolymeren zu erkennen (94, 207). Bei geringer Belegung werden noch alle kationischen Segmente durch negative Ladungen der Silicatschichten gebunden. Wenn mehr als 0,3 mmol kationische Segmente/g adsorbiert sind, verbleiben Segmente außerhalb der Schichtzwischenräume und verleihen dem Adsorbat/Adsorbens-System ein zunehmendes Anionenaustauschvermögen. Bei einer Belegung mit 0,65 mmol/g ist das Kationenaustauschvermögen von ursprünglich 0,63 mmol/g auf 0,10 mmol/g gesunken und das Anionenaustauschvermögen auf fast 0,20 mmol/g angestiegen.

3.4.4 Anionische Polymere

Anionische Polymere können durch die positiven Ladungen an den Kanten der Tonmineralteilchen gebunden werden. Allerdings sollte dann die adsorbierte Menge mit zunehmendem *p*H-Wert abnehmen und bei etwa 5 – 7 gegen null gehen. Tatsächlich zeigt aber die Adsorption von Polyacrylat am Na^+-Montmorillonit ein Maximum bei $pH \approx 7$ (182). Etwas ungewöhnlich wird zunächst auch empfunden, daß mit zunehmendem Hydrolysegrad des Polyacrylamids (≙ zunehmender Anzahl von -CO_2^--Gruppen) die adsorbierte Menge ansteigt (93, 190). Entscheidend ist die Bindung des Polyacrylats und hydrolysierten Polyacrylamids, also eines Polyacrylamid-Polyacrylat-Copolymeren, über die -CO_2^--Gruppen als zweizähnige Liganden an Aluminiumionen der Oktaederschicht:

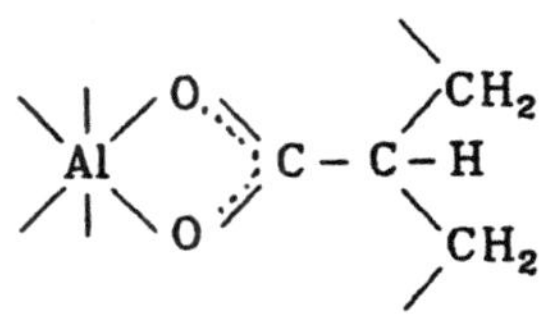

Salzzusatz erhöht die Adsorption der Polymeren – ein für die Polyelektrolytadsorption typisches Verhalten als Folge der Kompression der diffusen Ionenschichten und der damit verbundenen Abschirmung der Ladungen.

Die ausgeprägte Affinität der Smectite gegenüber neutralem Polyacrylamid, bei dem also keine Bindung über Carboxylatgruppen möglich ist, beruht nach Siffert und Espinasse (19, 182) auf der Protonierung der Amidgruppe (-$CONH_2$ $\longrightarrow$ -$CONH_3^+$) durch die erhöhte Acidität des Wassers um die Zwischenschichtkationen.

Eine Reihe weiterer Möglichkeiten kann zur Adsorption von Polyanionen führen: Wasserstoffbrückenbindungen, Ligandenaustauschreaktionen (Abb. 3.1) und die Bindung an negative Ladungen über zwei- und mehrwertige Kationen. Bei komplexen Systemen läßt sich das Polyanion gewissermaßen als kolloidales, negativ geladenes Teilchen betrachten, das nach den Gesetzen der DLVO-Theorie (Kap. 3.2.4) mit den kolloidalen Tonmineralteilchen in Wechselwirkung tritt. Unter bestimmten Bedingungen werden dann wie bei der Koagulation die Wechselwirkungen zwischen beiden Teilchenarten anziehend. Ein entsprechendes Modell wurde für Huminsäure bzw. Fulvinsäuren und Tonminerale entwickelt (204).

3.4.5 Proteine

Proteine geringer Komplexität dringen zwischen die Schichten der Smectite ein (6, 195, 219). Komplexe Proteine höherer Molmassen können zwar nicht tief in den Schichtzwischenraum vordringen, aber sich häufig so weit zwischen die Schichten schieben, daß sie fest verankert werden. Dazu tragen die unregelmäßigen, buchtenreichen, unscharfen Teilchenränder der Smectite mit den aufgeweiteten Eingängen zu den Schichtzwischenräumen wesentlich bei. Daher können bei chemischer Zerstörung der Proteine Reste im Randbereich der Schichtzwischenräume verbleiben, die eine erhebliche Widerstandsfähigkeit gegen thermische Zersetzung zeigen (132, 172) und unter Umständen die sichere Identifizierung der Tonminerale erschweren (153).

In Gegenwart von Natriumionen erleichtert die Delamination der Smectitkriställchen die Adsorption von Proteinen an den inneren Schichten. So wird durch Disaggregations/Reaggregations-Vorgänge eine vollständige Belegung von Na^+-Montmorillonit mit Lysozym erzielt, die allein durch laterale Diffusion in das kompakte Teilchen kaum zu erreichen ist (Abb. 3.46), (104).

Über Wechselwirkungen mit Enzymen siehe Kap. 6.6.2; 9.7.6.

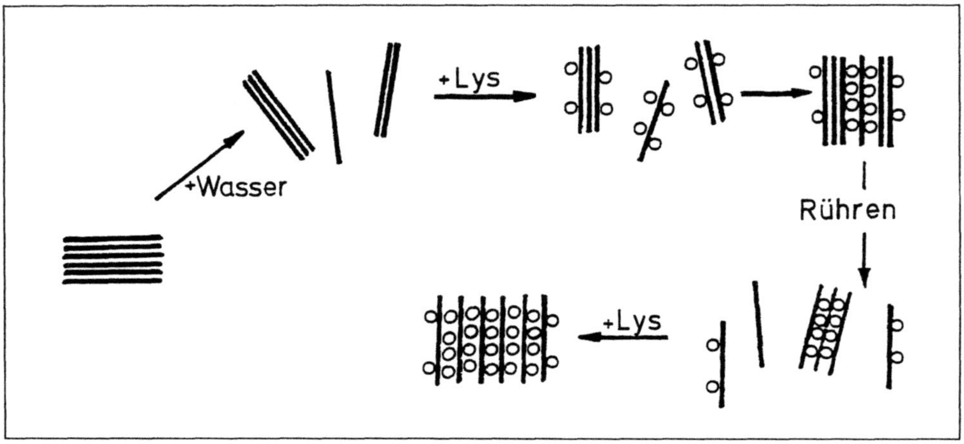

Abb. 3.46. Lysozymadsorption an Natriummontmorillonit durch Disaggregation-Reaggregations-Vorgänge. (Nach 104)

3.4.6 Folgerungen

Die Bindung von Makromolekülen kann das Gefüge aus Tonmineralteilchen drastisch verändern. Ein Beispiel ist die oben beschriebene Bildung amorpher Domänen in Gegenwart von Polyvinylalkohol. Die parallele Lagerung der Montmorillonitteilchen kann durch die Polymere merklich gestört werden (19, 34, 35). Durch Verkleben der Teilchen über Makromoleküle wird die Wasserstabilität von Aggregaten erhöht. In Böden tragen Polysaccharide als Ausscheidungsprodukte von Pilzen zur Aggregatstabilisierung bei, und nicht nur Pilze selbst (202). Zur gezielten Verbesserung der physikalischen Eigenschaften können den Böden synthetische und natürliche Polymere zugesetzt werden (Kap. 6.4.1; 6.6.2; 9.6.2).

Es gibt eindeutige Hinweise, daß in manchen krankheitsunterdrückenden Böden Tonminerale eine aktive Rolle spielen (189).

Die Tonminerale in manchen Böden verdanken ihren schlechten Ruf als recht fehlgeordnete und schlecht kristalline Minerale vielleicht nur zum Teil dem Einfluß von Verwitterungsvorgängen. Während der langen Zeiträume konnten auch Makromoleküle in einem gewissen Ausmaß zwischen die Schichten eindringen und zu einer erheblichen Strukturverschlechterung beitragen, und zwar durch unterschiedliche Aufweitung einzelner Schichtzwischenräume, randliche Auffächerung der Teilchen, Zerfall in dünnere Pakete und Einbettung in amorphe Polymermassen, (s. Abb. 3.45). Neben Proteinen und deren Abbauprodukten kommen Kohlenhydrate und Derivate und Huminstoffe in Frage.

Die Adsorption von Proteinen und anderen komplexen Molekülen an den Tonmineralen verändert oft die Eigenschaften der Tone. Häufig werden das Kationenaustausch- und Quellungsvermögen erniedrigt oder blockiert. Die mechanischen Eigenschaften des umgebenden Gesteins von Erdölreservoirs können durch die Adsorption der schweren Fraktionen verändert werden (36, 39, 40). Auf die zementierende Wirkung von Polymeren ist bisher nur vereinzelt hingewiesen worden (196).

Im Zusammenhang mit Umweltfragen sei auf folgendes Problem hingewiesen. Tonminerale können Bakterien sehr wirkungsvoll einhüllen, dadurch vor dem Befall mit Bakteriophagen schützen (166) und so zu einer Anreicherung dieser Organismen in Sedimenten führen. Durch Änderungen im Salzgehalt oder auch nur durch verstärkte mechanische Einflüsse können dann gefährliche Bakterien wieder freigesetzt werden. Andererseits vermögen auch Bakteriophagen in Gegenwart von Tonmineralen in natürlichem Seewasser länger zu überleben (7).

Literatur

1. Abudelgawad G, Viani BE, Dixon JB (1985) Palygorskit separation from dodecylammonium-treated clays. Clays Clay Min 33: 438
2. Ahn JH, Peacor DR (1986) Transmission and analytical electron microscopy of the smectite-to-illite transition. Clays Clay Min 34: 165; 180
3. Alther G (1986) The effect of the exchangeable cations on the physicochemical properties of Wyoming bentonites. Appl Clay Sci 1: 273
4. Andreoli CY, Robert M, Pons CH (1989) First steps of smectite-illite transformation with humecation and desiccation cycles. Appl Clay Sci 4: 423
5. Annabi-Bergaya F, Cruz IM, Gatineau L, Fripiat JJ (1981) Adsorption of alcohols by smectites. Clay Min 16: 115
6. Armstrong DE, Chesters G (1964) Properties of protein-bentonite complexes as influenced by equilibration conditions. J Soil Sci 98: 39
7. Babich H, Stotzky G (1980) Reductions in inactivation rates of bacteriophages by clay minerals in lake water. Water Res 14: 185
8. Barak P (1989) Double layer theory prediction of Al-Ca exchange on clay and soil. J Colloid Interface Sci 133: 479
9. Barrer RM (1986) Expanded clay minerals. J Inclusion Phenomena 4: 109
10. Barrer RM (1989) Clay minerals as selective and shape-selective sorbents. Pure Appl Chem 61: 1903
11. Barshad I (1969) Preparation of H saturated montmorillonite. Soil Sci 108: 38
12. Bell TE (1986) Microstructure in mixed-layer illite/smectite and its relationship to the reaction of smectite to illite. Clays Clay Min 34: 146
13. Beneke K, Lagaly G (1982) The brittle mica-like $KNiAsO_4$ and its organic derivatives. Clay Min 17: 175
14. Bergseth H, Singh BR, Stuanes A (1974) Deviation from equivalent ion exchange in humus material using $^{89}Sr^{2+}$ for determination of cation exchange capacity. Coll Polym Sci 252: 555
15. Bergseth H (1980) Selektivität von Illit, Vermiculit und Smectit gegenüber Cu^{2+}, Pb^{2+}, Zn^{2+}, Cd^{2+} und Mn^{2+}. Acta Agriculturae Scan 30: 460
16. Bergseth H (1982) Einfluß von Temperaturerhöhung auf die Selektivität eines suspendierten Vermiculits gegenüber Cu^{2+}, Zn^{2+} und Cd^{2+}. Acta Agriculturae Scan 32: 373
17. Berkheiser V, Mortland MM (1975) Variability in exchange ion position in smectite: Dependence on interlayer solvent. Clays Clay Min 23: 404
18. Besson G, Mifsud C, Tschoubar C, Mering J (1974) Order and disorder relations in the distribution of the substitutions in smectites, illites and vermiculites. Clays Clay Min 22: 379
19. Botero IY, Bruant M, Cases IM, Canet D, Fiessinger F (1988) Adsorption of nonionic polyacrylate on sodium montmorillonite. J Colloid Interface Sci 124: 515
20. Braganza LF, Crawford RJ, Smalley MV, Thomas RK (1990) Swelling of butylammonium vermiculite in water. Clays Clay Min 38: 90
21. Brandenburg U, Lagaly G (1988) Rheological properties of sodium montmorillonite dispersions. Appl Clay Sci 3: 263
22. Brindley GW, Ray S (1964) Complexes of Ca-montmorillonite with primary monohydric alcohols. Am Min 49: 106
23. Brindley GW (1966) Ethylene glycol and glycerol complexes of smectites and vermiculites. Clay Min 6: 237

24. Brindley GW, Thompson TD (1970) Methylene blue adsorption by montmorillonites. Determination of surface areas and exchange capacities with different initial cation saturations. Israel J Chem 8: 409
25. Brindley GW, Ertem G (1971) Preparation and solvation properties of some variable charge montmorillonites. Clays Clay Min 19: 399
26. Brouwer E, Baeyens B, Maes A, Cremers A (1983) Cesium and rubidium ion exchange equilibria in illite clay. J Phys Chem 87: 1213
27. Cady SS, Pinnavaia TJ (1978) Porphyrin intercalation in mica-type silicates. Inorg Chem 17: 1501
28. Cairns-Smith AG, Hartmann H (1986) Clay minerals and the origin of life. Cambridge University Press
29. De la Calle C, Suquet H, Dubernat J, Pezerat H (1978) Mode d'empilement des feuillets dans les vermiculites hydratées à deux couches. Clay Min 13: 275
30. Calvert CS (1984) Simplified complete CsCl-hydrazine-dimethylsulfoxide intercalation of kaolinite. Clays Clay Min 32: 125
31. Carr RM, Chin H (1971) Complexes of halloysite with organic compounds. Clay Min 9: 153
32. Cebula DJ, Thomas RK, White JW (1981) Diffusion of water in Li^+-montmorillonite studied by quasi-elastic neutron scattering. Clays Clay Min 29: 241
33. Cenens J, Schoonheyd RA (1988) Visible spectroscopy of methylene blue on hectorite, laponite B, and barasym in aqueous suspension. Clays Clay Min 36: 214
34. Chenu C, Pons CH, Robert M (1987) Interaction of kaolinite and montmorillonite with neutral polysaccharides. In: Schultz LG, van Olphen H, Mumpton FA (eds) Proc Internat Clay Conf, Denver 1985. The Clay Mineral Soc, Bloomington, Indiana pp 375 – 381
35. Chenu C, Jaunet AM (1990) Modification de l'organisation texturale d'une montmorillonite calcique liées à l'adsorption d'un polysaccharide. C R Acad Sci Paris, t 310, Serie II, 975
36. Clementz DM (1976) Interaction of petroleum heavy ends with montmorillonite. Clays Clay Min 24: 312
37. Cornejo J, Steinle J, Boehm HP (1978) Die Oberflächenacidität von Titandioxid und von mit Phosphationen belegtem Titandioxid. Z Naturforsch 33b: 1238
38. Costanzo PM, Giese RF (1990) Ordered and disordered organic intercalates of 8.4-Å, synthetically hydrated kaolinite. Clays Clay Min 38: 160
39. Czarnecka E, Gillot JE (1980) Formation and characterization of clay complexes with bitumen from Athabasca oil sand. Clays Clay Min 28: 197
40. Dean KR, McAtee JL (1986) Asphaltene adsorption on clay. Appl Clay Sci 1: 313
41. Dékány I, Szántó F, Weiss A, Lagaly G (1985) Interlamellar liquid sorption on hydrophobic silicates. Ber Bunsenges Phys Chem 89: 62
42. Dékány I, Szántó F, Weiss A, Lagaly G (1986) Interactions of hydrophobic layer silicates with alcohol-benzene mixtures. Ber Bunsenges Phys Chem 90: 422
43. Delville A, Grangjean J, Laszlo P (1991) Order aquisition by clay platelets in a magnetic field. NMR study of the structure and microdynamics of the adsorbed water layer. J Phys Chem 95: 1383
44. Dodson PJ, Somasundaran P (1984) Desorption of polyacrylamide and hydrolized polyacrylamide from kaolinite surface. J Colloid Interface Sci 97: 481
45. El-Amamy MM, Mill Th (1984) Hydrolysis kinetics of organic chemicals on montmorillonite and kaolinite surfaces as related to moisture content. Clays Clay Min 32: 67
46. Ertem G (1972) Irreversible collapse of montmorillonite. Clays Clay Min 29: 199
47. Fahn R, Weiss A, Hofmann U (1953) Über die Thixotropie bei Tonen. Ber Dtsch Keram Ges 30: 21
48. Farmer VC, Mortland MM (1966) An infrared study of the coordination of pyridine and water to exchangeable cations in montmorillonite and saponite. J Chem Soc A: 344
49. Favre H, Lagaly G (1991) Organobentonite with quaternary alkylammonium ions. Clay Min 26: 19
50. Fenoll Hach-Ali P, Weiss A (1969) Estudio de la reacción de caolinita y n-metilformamida. Anales de la Real Sociedad Española de Física y Química, tomo LXV: 769
51. Fernandez-Gonzales M, Weiss A, Lagaly G (1976) Über das Verhalten nordwest-spanischer Kaoline bei der Bildung von Einlagerungsverbindungen. Keram Z 28: 55

52. Ferris AP, Jepson WB (1974) The exchange capacities of kaolinite and the preparation of homoionic clays. J Colloid Interface Sci 51: 245
53. Fitzsimmons RF, Posner AM, Quirk JP (1970) Electron microscopic and kinetic study of the flocculation of calcium montmorillonite. Israel J Chem 8: 301
54. Frey E, Lagaly G (1979) Selective coagulation in mixed colloidal suspensions. J Colloid Interface Sci 70: 46
55. Fripiat JJ (1973) Time concepts in surface chemistry. In: Serratosa JM (ed) Proc Intern Clay Conf Madrid, 1972. Div de Ciencias, CSIC Madrid, pp 537 – 547
56. Fripiat JJ (1977) Mobility of physically adsorbed hydroxylic molecules on surfaces made from oxygen atoms. J Colloid Interface Sci 58: 511
57. Fripiat JJ, Cases J, Francois M, Letellier M (1982) Thermodynamic and microdynamic behavior of water in clay suspensions and gels. J Colloid Interface Sci 89: 378
58. Fukushima Y (1984) X-ray diffraction study of aqueous montmorillonite emulsions (richtig: dispersions). Clays Clay Min 32: 320
59. Gast RG, Klobe WD (1971) Sodium – lithium exchange equilibria on vermiculite at 25° and 50 °C. Clays Clay Min 19: 311
60. Gast RG (1972) Alkali metal cation exchange on Chambers montmorillonite. Soil Sci Soc Am Proc 36: 14
61. Ghabru SK, Mermut AR, Arnaud RI (1989) Layer-charge and cation-exchange characteristics of vermiculite (weathered biotite) isolated from an Gray Luvisol in Northeastern Saskatchewan. Clays Clay Min 37: 164
62. Glaeser R, Mering J (1976) Influence du taux de substitution isomorphique en couche tetraedrique sur les propriétés et l'organisation structurale des smectites dioctaedriques. In: Bailey SW (ed) Proc Internat Clay Conf Mexico 1975. Appl Pub, Wilmette, Illinois, USA, pp 173 – 183
63. Graf G, Lagaly G (1980) Interaction of clay minerals with adenosine-5-phosphates. Clays Clay Min 28: 12
64. Greenland DJ (1963) Adsorption of polyvinylalcohols by montmorillonite. J Colloid Sci 18: 647
65. Heller L, Yariv S (1970) Anilinium montmorillonites and the formation of ammonium/amine associations. Israel J Chem 8: 391
66. Herrmann H, Lagaly G (1985) ATP-clay interactions. In: Konta J (ed) Proc European Clay Conf Prague 1983. Karls Universität, Prag, pp 269 – 277
67. Hirsch D, Nir S, Banin A (1989) Prediction of cadmium complexation in solution and adsorption to montmorillonite. Soil Sci Soc Am J 53: 716
68. Hofmann U, Hausdorf A (1945) Über das Sedimentvolumen und die Quellung von Bentonit. Kolloid Z Z Polymere 110: 1
69. Hofmann U, Fahn R, Weiss A (1957) Thixotropie bei Kaolinit und innerkristalline Quellung bei Montmorillonit. Kolloid Z Z Polymere 151: 97
70. Hofmann U (1961) Geheimnisse des Tons. Der Dtsch Keram Ges 38: 201
71. Hofmann U (1962) Die Tonminerale und die Plasitizität des Tons. Keram Z 14: 14
72. Hofmann U (1964) Oberflächenladung und Rheologie der Tonminerale. Ber Dtsch Keram Ges 41: 680
73. Hollander AF, Somasundaran P, Gryte CC (1981) Adsorption of polyacrylamide and sulfonated polyacrylamide on Na-kaolinite. In: Tewari PH (ed) Adsorption from aqueous solutions. Plenum Press, New York, London, pp 143 – 162
74. Hougardy J, Stone WEE, Fripiat JJ (1976) NMR-study of adsorbed water. I. Molecular orientation and protonic motions in the two-layer hydrate of a Na-vermiculite. J Chem Phys 64: 3840
75. Hsieh YP (1989) Effects of relative humidity on the basal expansion of Mg-smectite equilibrated with ethylene glycol at low vapor pressure. Clays Clay Min 37: 459
76. Inoue A, Minato H (1979) Ca-K exchange reaction and interstratification in montmorillonite. Clays Clay Min 27: 393
77. Jackson ML, Abdel-Kader FH (1978) Kaolinite intercalation procedure for all sizes and types with XRD spacing distinctive from other phyllosilicates. Clays Clay Min 26: 81 – 87
78. Jaynes WF, Bigham JM (1987) Charge reduction, octahedral charge, and lithium retention in heated, Li^+-saturated smectites. Clays Clay Min 35: 440

79. Karickhoff SW, Bailey GW (1976) Protonation of organic bases in clay-water systems. Clays Clay Min 24: 170
80. Keller WD, Haenni RP (1978) Effects of micro-sized mixtures of kaolin minerals on properties of kaolinites. Clays Clay Min 26: 384
81. Kjellander R, Marcelja S, Quirk JP (1988) Attractive double layer interactions between calcium clay particles. J Colloid Interface Sci 126: 194
82. Kleijn WB, Oster JD (1982) A model of clay swelling and tactoid formation. Clays Clay Min 30: 383
83. Klimentides RE, Mackinnon IDR (1986) High-resolution imaging of ordered mixed-layer clays. Clays Clay Min 34: 155
84. Kodama H, Ross GJ, Toshimichi J, Robert JW (1974) Effect of layer charge location on potassium exchange and hydration of micas. Am Min 59: 491
85. Kraehenbuehl F, Stoeckli HF, Brunner F, Kahr G, Müller-Vonmoos M (1987) Study of the water bentonite system by vapour adsorption, immersion calorimetry and X-ray techniques. Clay Min 22: 1
86. Kulicke WM (1986) Zum Fließverhalten von Stoffen und Stoffgemischen. Hüthig und Wepf, Basel
87. Lagaly G (1976) Kinkblock- und Gaucheblockstrukturen bimolekularer Filme. Angew Chem 88: 628
88. Lagaly G, Fernandez-Gonzales M, Weiss A (1976) Problems in layer charge determination of montmorillonites. Clay Min 11: 173
89. Lagaly G (1979) The "layer-charge" of regular interstratified 2/1 clay minerals. Clays Clay Min 27: 1
90. Lagaly G (1981) Characterization of clays by organic compounds. Clay Min 16: 1
91. Lagaly G, Müller-Vonmoos M, Kahr G, Fahn R (1981) Vorgänge bei der Sodaaktivierung von Bentoniten am Beispiel eines Bentonits von Neuseeland. Keram Z 33: 278
92. Lagaly G (1982) The layer charge heterogeneity in vermiculites. Clays Clay Min 30: 215
93. Lagaly G (1984) Clay-organic reactions. Phil Trans R Soc London A 311: 315
94. Lagaly G (1986) Smectitic clays as ionic macromolecules. In: Wilson AD, Prosser HJ (eds) Developments of ionic polymers, vol 2. Elsevier, London, pp 77 – 140
95. Lagaly G (1986) Colloids. Ullmann's Encyclopedia of Industrial Chemistry, Vol A 7, pp 341 – 367
96. Lagaly G (1987) Water and solvents on surfaces bristling with alkyl chains. In: Kleeberg H (ed) Interactions of water in ionic and nonionic hydrates. Springer, Berlin Heidelberg, pp 229 – 240
97. Lagaly G (1989) Principles of flow of kaolin and bentonite dispersions. Appl Clay Sci 4: 105
98. Lagaly G, Malberg R (1990) Disaggreagation of alkylammonium montmorillonites in organic solvents. Colloids and Surfaces 49: 11
99. Lagaly G (1991) Erkennung und Identifizierung von Tonmineralen mit organischen Stoffen. In: Tributh H, Lagaly G (Hrsg) Identifizierung und Charakterisierung von Tonmineralen. DTTG, Gießen 1991, S 86 – 130
100. Lagaly G (1992) From clay mineral crystals to colloidal clay mineral dispersions. In: Dobias B (ed) Coagulation and flocculation: theory and application. Marcel Dekker, pp 427 – 494
101. Lahav N (1990) Preparation of stable suspensions of delaminated kaolinite by combined dimethylsulfoxide-ammonium fluoride treatment. Clays Clay Min 38: 219
102. Lailach GE, Brindley GW (1969) Specific co-adsorption of purines and pyrimidines by montmorillonite. Clays Clay Min 17: 95
103. Laird DA, Scott AD, Fenton TL (1989) Evolution of the alkylammonium method for determining layer charge. Clays Clay Min 37: 41
104. Larsson N, Siffert B (1983) Formation of lysozyme-containing crystals of montmorillonite. J Colloid Interface Sci 93: 424
105. Laudelout H, van Bladel R, Bolt GH, Page AL (1968) Thermodynamics of heterovalent cation exchange reaction in a montmorillonite clay. Trans Farad Soc 64: 1477
106. Laura RD, Cloos P (1975) Adsorption of ethylene diamine on montmorillonite saturated with different cations, IV, V. Clays Clay Min 23: 343, 417
107. Levy R, Francis CW (1975) Interlayer adsorption of polyvinylpyrrolidone on montmorillonite. J Colloid Interface Sci 50: 442

108. Levy R, Francis CW (1975) A quantitative method for the determination of montmorillonite in soils. Clays Clay Min 23: 85
109. Lim CH, Jackson ML (1986) Expandable phyllosilicate reactions with lithium on heating. Clays Clay Min 34: 346
110. Lipsicas M, Straley C, Costanzo PM, Giese RF (1985) Static and dynamic structure of water in hydrated kaolinites. J Colloid Interface Sci 107: 221
111. Lipsicas M, Raythatha R, Giese RF, Costanzo PM (1986) Molecular motions, surface interactions, and stacking disorder in kaolinite intercalates. Clays Clay Min 34: 635
112. Lombardi G, Russel JD, Keller WD (1987) Compositional and structural variations in size fractions of a sedimentary and a hydrothermal kaolin. Clays Clay Min 35: 321
113. Low PF (1987) The clay-water interface. In: Schultz LG, van Olphen H, Mumpton FA (eds) Proc Intern Clay Conf, Denver 1985. The Clay Minerals Soc, Bloomington, Indiana, pp 247–256
114. Lubetkin SD, Middleton SR, Ottewill RH (1984) Some properties of clay water dispersions. Phil Trans R Soc Lond A 311: 353
115. Luca S de, Slaughter M (1985) Existence of multiple kaolinite phases and their relationship to disorder in kaoline minerals. Am Min 70: 149
116. Luck WAP (1978) Zur Struktur des Wassers und wäßriger Systeme. Progr Colloid Polymer Sci 65: 6
117. Madsen F (1977) Surface area measurements of clay minerals by glycerol sorption on a thermobalance. Thermochimica Acta 21: 89
118. Maes A, Cremers A (1977) Charge density effects in ion exchange, part 1 – Heterovalent exchange equilibria. J Chem Soc Farad Trans I, 73: 1807
119. Maes A, Verheyden D, Cremers A (1985) Formation of highly selective cesium-exchange sites in montmorillonites. Clays Clay Min 33: 251
120. Malberg R, Dékány I, Lagaly G (1988) Short-chain alkylammonium montmorillonites and alcohols: gas adsorption and immersional wetting. Clay Min 24: 631
121. Malla PB, Douglas LA (1987) Identification of expanding layer silicates: layer charge vs expansion properties. In: Schultz LG, van Olphen H, Mumpton FA (eds) Proc Internat Clay Conf Denver, 1985. The Clay Min Soc Bloomington, Indiana, pp 277–283
122. Mamy J, Gaultier JP (1975) Étude de l'évolution de l'ordre cristalline dans la montmorillonite en relation avec la diminution d'échangeabilité de potassium. Proc Internat Clay Conf Mexiko, 1975. Appl Pub, Wilmette, Illinois, USA, 1976, pp 149–155
123. Marcks CH, Wachsmuth H, Reichenbach H Graf von (1989) Preparation of vermiculite for HRTEM. Clay Min 24: 23
124. Martin H, Laudelout H (1963) Thermodynamique de l'échange des cations alcalins dans les argiles. J Chimie Physique: 1086
125. Martin-Rubi JA, Rausell-Colom JA, Serratosa JM (1974) Infrared adsorption and X-ray diffraction study of butylammonium complexes of phyllosilicates. Clays Clay Min 22: 87
126. McAtee JL (1963) Organic cation exchange on montmorillonite as observed by ultraviolet analysis. Clays Clay Min 10: 153
127. McBride MB, Pinnavaia TJ, Mortland MM (1975) Electron spin resonance studies of cation orientation in restricted water layers on phyllosilicates (smectite) surfaces. J Phys Chem 79: 2430
128. McBride MB, Pinnavaia TJ, Mortland MM (1975) Perturbation of structural Fe^{3+} in smectites by exchange ions. Clays Clay Min 23: 103
129. McBride M (1979) An interpretation of cation selectivity variations in M^+-M^+ exchange on clays. Clays Clay Min 27: 417
130. Mering J, Oberlin A (1976) Electron optical study of smectites. Clays Clay Min 15: 3
131. Mingelgrin K, Tsvetkov F (1985) Surface condensation of organo-phosphate esters on smectites. Clays Clay Min 33: 62
132. Moinereau J (1977) Adsorption de composes humiques par une montmorillonite H^+, Al^{3+}. Clay Min 12: 75
133. Mortland MM, Raman KV (1968) Surface acidity of smectites in relation to hydration, exchangeable cation, and structure. Clays Clay Min 16: 393
134. Moshi AO, Wild A, Greenland DJ (1974) Effect of organic matter on the charge and phosphate adsorption of Kikuyu Red Clay from Kenya. Geoderma 11: 275

135. Muljadi D, Posner AM, Quirk JP (1966) The mechanism of phosphate adsorption by kaolinite, gibbsite and pseudoboehmite. J Soil Sci 17: 212
136. Mulla DJ, Low PF (1983) The molar absorptivity of interparticle water in clay-water systems. J Coll Interf Sci 95: 51
137. Müller-Vonmoos M, Kahr G, Madsen FT (1991) Bestimmung der Zwischenschichtladung von Smectit-Illit-Wechsellagerungen in Kaolin-Bentoniten. In: Tributh H, Lagaly G (Hrsg) Identifizierung und Nachweis der Tonminerale, DTTG, Gießen, S 131 – 155
138. Nadeau PH (1985) The physical dimensions of fundamental clay particles. Clay Min 20: 499
139. Nadeau PH (1987) Clay particle engineering: a potential new technology with diverse applications. Appl Clay Sci 2: 83
140. Napper DH (1983) Polymeric stabilization of colloidal dispersions. Acad Press, London New York
141. Narine DR, Guy RD (1981) Interaction of some large organic cations with bentonite in diluted aqueous systems. Clays Clay Min 29: 205
142. Nir S (1986) Specific and nonspecific cation adsorption to clays: solution concentrations and surface potentials. Soil Sci Soc Am J 50: 52
143. Nir S, Hirsch D, Navrot J, Banin A (1986) Specific adsorption of lithium, sodium, potassium, and strontium to montmorillonite; observations and predictions. Soil Sci Soc Am J 50: 58
144. Norrish K, Rausell-Colom JA (1963) Low-angle X-ray diffraction studies of the swelling of montmorillonite and vermiculite. Clays Clay Min 12: 123
145. O'Brian NR (1971) Fabric of kaolinite and illite floccules. Clays Clay Min 19: 353
146. Olis AC, Malla PB, Douglas LA (1990) The rapid estimation of the layer charges of 2:1 expanding clays from a single alkylammonium ion expansion. Clay Min 25: 39
147. Olness A, Clapp CE (1973) Occurence of collapsed and expanded crystals in montmorillonite-dextran complexes. Clays Clay Min 21: 289
148. Olphen H van (1968) Modification of the clay surface by pyridine-type compounds. J Colloid Interf Sci 28: 370
149. Olphen H van (1977) An introduction to clay colloid chemistry. Wiley, New York
150. Overbeek JThG (1977) Recent developments in the understanding of colloid stability. J Colloid Interf Sci 58: 408
151. Parfitt RL, Greenland DJ (1970) Adsorption of polysaccharides by montmorillonite. Soil Sci Soc Am Proc 34: 862
152. Parfitt RL, Greenland DJ (1970) Adsorption of poly(ethylene glycols) on clay minerals. Clay Min 8: 305; 317
153. Perez-Rodriguez JL, Wilson MJ (1969) Effects of pretreatment on a 14 Å swelling mineral from Gartley, Aberdeenshire. Clay Min 8: 39
154. Pham Thi Hang, Brindley GW (1970) Methylene blue adsorption by clay minerals. Determination of surface areas and cation exchange capacities. Clays Clay Min 18: 203
155. Pinnavaia TJ, Hall PL, Cady SS, Mortland MM (1974) Aromatic radical cation formation on the intracrystal surfaces of transition metal layer lattice silicates. J Phys Chem 78: 994
156. Plancon A, Giese RF, Snyder R (1988) The Hinckley index for kaolinites. Clay Min 23: 249
157. Range KJ, Range A, Weiss A (1968) Zur Existenz von Kaolinithydraten. Z Naturforsch 23b: 1144
158. Range KJ, Range A, Weiss A (1969) Fire-clay type kaolinite or fire-clay mineral? Experimental classification of kaolinite-halloysite minerals. In: Heller L (ed) Proc Internat Clay Conf Tokyo, 1969. Israel Univ Press, Jerusalem, pp 3 – 13
159. Rao KPC, Krishna Murti GSR (1987) Influence of noncrystalline material on phosphate adsorption by kaolin and bentonite clays. In: Schultz LG, van Olphen H, Mumpton FA (eds) Proc Internat Clay Conf, Denver, 1985. The Clay Minerals Soc, Bloomington, Indiana, pp 179 – 185
160. Rausell-Colom JA, Salvador PS (1971) Gélification de vermiculite dans des solution d'acide γ-amino butyrique. Clay Min 9: 193
161. Rausell-Colom JA, Saez-Aunon, Pons CH (1989) Vermiculite gelation: structural and textural evolution. Clay Min 24: 459
162. Reichenbach H Graf von (1966) Anomalien des Kationenaustausches bei Vermiculiten. Z Pflanz Bodenk 113: 203

163. Reichenbach H Graf von, Rich CI (1969) Potassium release from muscovite as influenced by particle size. Clays Clay Min. 17: 23
164. Reichenbach H Graf von (1973) Exchange equilibria of interlayer cations in different particle size fractions of biotite and phlogopite. In: Serratosa JM (ed) Proc Intern Clay Conf Madrid 1972, Div de Ciencias, CSIC, Madrid, pp 457 – 466
165. Reynolds RC (1965) An X-ray study of an ethylene glycol montmorillonite complex. Am Min 50: 990
166. Roper MM, Marshall KC (1978) Effects of a clay mineral on microbial predation and parasitism of Escherichia coli. Microbial Ecology 4: 279
167. Ross GJ, Rich CI (1973) Effect of particle thickness on potassium exchange from phlogopite. Clays Clay Min 21: 77
168. Ruehlicke G, Kohler EE (1981) A simplified procedere for determining layer charge by the n-alkylammonium method. Clay Min 16: 305
169. Rühlicke G, Niederbudde EA (1985) Determination of layer charge density of expandable 2 : 1 clay minerals in soils and loess sediments using the alkylammonium method. Clay Min 20: 291
170. Rupert JP (1973) Electron spin resonance spectra of interlamellar copper(II)-arene complexes on montmorillonite. J Phys Chem 77: 784
171. Samii AM, Lagaly G (1987) Adsorption of nuclein bases on smectites. In: Schultz LG, van Olphen H, Mumpton FA (eds) Proc Internat Clay Conf Denver, 1985. The Clay Minerals Soc, Bloomington, Indiana, pp 363 – 369
172. Schnitzer M, Kodama H (1972) Reactions between fulvic acid and Cu^{2+}-montmorillonite. Clays Clay Min 20: 359
173. Schön G, Staudt U, Wendel R (1976) Über den Einfluß von einwertigen Zwischenschichtkationen auf die elektrische Leitfähigkeit von Vermiculiten in verschiedenen Hydrationszuständen. Colloid Polym Sci 254: 1000
174. Schramm LL, Kwak JCT (1982) Influence of exchangeable cation composition on the size and shape of montmorillonite particles in dilute suspensions. Clays Clay Min 30: 40
175. Schwertmann U (1962) Die selektive Kationenadsorption der Tonfraktion einiger Böden aus Sedimenten. Z Pflanzenern Bodenk 97: 9
176. Schwertmann U (1969) Aggregation of aged hydrogen clays. In: Heller L (ed) Proc Internat Clay Conf Tokyo, 1969. Israel University Press, Jerusalem, pp 683 – 690
177. Scott AD, Ismail FT, Locaties RR (1973) Changes in interlayer potassium exchangeability induced by heating micas. In: Serratosa JM (ed) Proc Intern Clay Conf Madrid 1972. Div de Ciencias, CSIC, Madrid, pp 467 – 479
178. Serratosa JM (1966) Infrared analysis of the orientation of pyridine molecules in clay complexes. Clays Clay Min, Proc 14th Nat Conf, pp 385 – 391
179. Shainberg I, Kemper WD (1966) Hydration status of adsorbed ions. Soil Sci Soc Am Proc 30, 707;
siehe auch: Bolt GH (1967) Discussion of the paper by I Shainberg and WD Kemper. Soil Sci 104: 444
180. Shainberg I, Alperovitch, Keren R (1987) Charge density and Na-K-Ca exchange on smectites. Clays Clay Min 35: 68
181. Shawhney BL (1972) Selective sorption and fixation of cations by clay minerals: a review. Clays Clay Min 20: 93
182. Siffert B, Espinasse P (1980) Adsorption of diacids and sodium polyacrylate onto montmorillonite. Clays Clay Min 28: 381
183. Slade PG, Telleria MI, Radoslovich EW (1976) The structures of ornithine-vermiculite and 6-aminohexanoic acid-vermiculite. Clays Clay Min 24: 134
184. Smalley MV, Thomas RK, Braganza LF, Matsuo T (1989) Effect of hydrostatic pressure on the swelling of n-butylammonium vermiculite. Clays Clay Min 37: 474
185. Sposito G, Prost R (1982) Structure of adsorbed water on smectites. Chem Rev 82: 553
186. Stanjek H, Friedrich R (1986) The determination of layer charge by curve-fitting of Lorentz- and polarization corrrected X-ray diagrams. Clay Min 21: 183
187. Stul MS, Mortier WJ (1974) The heterogeneity of the charge density in montmorillonites. Clays Clay Min 22: 391
188. Stul MS, van Leemput L, Leplat L, Uytterhoeven JB (1983) The adsorption of organic vapors on alkylammonium smectites, the influence of mineral charge density and monofunctional ammonium cation type. J Colloid Interf Sci 94: 154

189. Stutz E, Kahr G, Défago G (1989) Clays involved in suppression of tobacco black root rot by a strain of Pseudomonas fluorescens. Soil Biol Biochem 21: 361
190. Stutzmann Th, Siffert B (1970) Contribution to the adsorption mechanism of acetamide and polyacrylamide onto clays. Clays Clay Min 25: 392
191. Suquet H, de la Calle C, Pézérat H (1975) Swelling and structural organization of saponite. Clays Clay Min 23: 1
192. Suquet H, Jiyama JT, Kodama H, Pézérat H (1977) Synthesis and swelling properties of saponites with increasing layer charge. Clays Clay Min 25: 231
193. Suquet H, Pézérat H (1987) Parameters influencing layer stacking types in saponite and vermiculite: a review. Clays Clay Min 35: 353
194. Szántó F, Gilde M (1973) Rheological properties and thixotropic behaviour of kaolinite suspensions. Acta Universitas Szegediensis, Acta Physica et Chimica, Vol. XIX, 3: 291
195. Talibudeen O (1954) Complex formation between montmorillonoid clays and amino-acids and protein. Trans Farad Soc 51: 582
196. Tazaki K, Kimura S, Yoshima T, Akai J, Fyfe WS (1989) Clay organic complexes as a cementing agent in the Arahama sand dune, Japan. Clays Clay Min 37: 219
197. Tazaki K, Fyfe WS, Fukushima K, Fukani A (1990) Wet-to dry transition of smectite as revealed by humidity-controlled electron microscopy. Clays Clay Min 38: 327
198. Telleria MI, Slade PG, Radoslovich EW (1977) X-ray study of the interlayer region of a barium-vermiculite. Clays Clay Min 25: 119
199. Theng BKG (1974) The chemistry of clay-organic reactions. Hilger, London
200. Theng BKG (1979) Formation and properties of clay-polymer complexes. Elsevier, Amsterdam
201. Thompson TD, Brindley GW (1969) Adsorption of pyrimidines, purines, and nucleotides by Na-, Mg- and Cu-illite. Am Min 54: 858
202. Tisdall JM, Oades JM (1982) Organic matter and water-stable aggregates in soils. J Soil Sci 33: 141
203. Tombácz E, Balász J, Lakatos J, Szántó F (1989) Influence of the exchangeable cations on stability and rheological properties of montmorillonite suspensions. Coll Polym Sci 267: 1016
204. Tombácz E, Gilde M, Abraham I, Szántó F (1990) Effect of sodium chloride on interactions of fulvic acid and fulvate with montmorillonite. Appl Clay Sci 5: 101
205. Touillaux R, Salvador P, Vandermeersche C, Fripiat JJ (1968) Study of water layers adsorbed on Na- and Ca-montmorillonite by the pulsed nuclear magnetic resonance technique. Israel J Chem 6: 337
206. Tributh H, Lagaly G (1986) Aufbereitung und Identifizierung von Boden- und Lagerstättentonen. GIT Fachz Lab 30: 524; 771
207. Ueda T, Harada S (1968) Adsorption of cationic polysulfone on bentonite. J Appl Polym Sci 12: 2395
208. Vali H, Bachmann L (1988) Ultrastructure and flow behaviour of colloidal clay dispersions. J Colloid Interf Sci 126: 278
209. Vansant EF, Uytterhoeven JB (1972) Thermodynamics of the exchange of n-alkylammonium ions on Na-montmorillonite. Clays Clay Min 20: 47
210. Vogt K, Köster HM (1978) Zur Mineralogie, Kristallchemie und Geochemie einiger Montmorillonite aus Bentoniten. Clay Min 13: 25
211. Wada K (1961) Lattice expansion of kaoline minerals by treatment with potassium acetate. Am Min 46: 78
212. Weiss A, Hofmann U (1951) Batavit. Z Naturforsch 6b: 405
213. Weiss A, Mehler A, Koch G, Hofmann U (1956) Über das Anionenaustauschvermögen der Tonminerale. Z anorg allgem Chem 284: 247
214. Weiss A (1958) Der Kationenaustausch bei den Mineralen der Glimmer-, Vermiculit- und Montmorillonitgruppe. Z anorg allgem Chem 297: 257
215. Weiss A (1958) Über äquimolaren Kationenaustausch bei niedrig geladenen Ionenaustauschern. Kolloid Z 158: 22
216. Weiss A, Frank R (1961) Über den Bau der Gerüste in thixotropen Gelen. Z Naturforsch 16b: 141
217. Weiss A (1962) Neuere Untersuchungen über die Struktur thixotroper Gele. Rheologica Acta 2: 292

218. Weiss A (1963) Ein Geheimnis des chinesischen Porzellans. Angew Chem 75: 736
219. Weiss A (1963) Organische Derivate von glimmerartigen Schichtsilicaten. Angew Chem 75: 113
220. Weiss A (1963b) Mica-type layer silicates with alkylammonium ions. Clays Clay Min 10: 191
221. Weiss A, Russow J (1963) Über die Lagen der austauschfähigen Kationen bei Kaolinit. In: Rosenqvist IT, Graff-Petersen P (eds) Proc Internat Clay Conf Stockholm, 1963 vol 1. Pergamon Press, London, pp 203 – 213
222. Weiss A, Häbich A, Weiss A (1964) Einige Eigenschaften der 1. bis 4. Wasserschicht in quellungsfähigen Schichtsilicaten. Ber Dtsch Keram Ges 41: 687
223. Weiss A, Thielepape W, Orth H (1967) Neue Kaolinit-Einlagerungsverbindungen. Proc Internat Clay Conf Jerusalem, 1966, vol 1. Israel Univ Press, Jerusalem, pp 277 – 293
224. Weiss A, Becker HO, Orth H, Mai G, Lechner H, Range KJ (1970) Particle size effects and reaction mechanism of the intercalation into kaolinite. In: Heller L (ed) Proc Internat Clay Conf Tokyo, 1969, vol II. Israel Univ Press, Jerusalem, pp 180 – 186
225. Weiss A, Orth H, Ruthard R (1970) Comparison of intercalation compounds of kaolinite and titanium disulfide with acid amides. In: Heller L (ed) Proc Internat Clay Conf Tokyo, 1969, vol II. Israel Univ Press, Jerusalem, pp 194 – 195
226. Weiss A, Orth H (1973) Zur Kenntnis der Intercalationsverbindungen von Kaolinit, Nakrit, Dickit und Halloysit. Z Naturforsch 28b: 252
227. Weiss A (1989) About sealing of waste disposals by clays with special consideration of organic compounds in percolating water. Appl Clay Sci 4: 193
228. Wendelbo R, Rosenqvist IT (1987) Effects of anion adsorption on mechanical properties of clay-water systems. In: Schultz LG, van Olphen H, Mumpton FA (eds) Proc Internat Clay Conf Denver, 1985. The Clay Minerals Soc, Bloomington, Indiana, pp 422 – 426
229. Yariv S, Heller L (1970) Sorption of cyclohexylamine by montmorillonites. Israel J Chem 8: 935
230. Yariv S, Nasser A, Bar-on P (1990) Metachromasy in clay minerals. J Chem Soc Farad Trans 86: 1593
231. Young RN, Ohtsubo M (1987) Interparticle action and rheology of kaolinite-amorphous iron hydroxide (ferrihydrite) complexes. Appl Clay Sci 2: 63
232. Zhang ZZ, Low PF (1989) Relation between the heat of immersion and the initial water content of Li-, Na-, and K-montmorillonite. J Colloid Interf Sci 133: 461
233. Zhao X, Urano K, Ogasawara S (1989) Adsorption of polyethylene glycol from aqueous solution on montmorillonite clays. Colloid Polymer Sci 267: 899

4 BILDUNG UND UMBILDUNG VON TONMINERALEN

K. Jasmund

4.1 Geologische Reaktionsräume (Environments)

Bildung und Umbildung von Tonmineralen in ihren unterschiedlichen chemischen wie strukturellen Eigenschaften werden weitgehend durch die großen natürlichen Reaktionsräume, die sogen. Environments bestimmt, die von Millot (73) definiert wurden. Im Folgenden werden behandelt: das „Verwitterungsenvironment", das „sedimentäre Environment" und das „diagenetisch-hydrothermale Environment". Die Tonmineralbildung in der Verwitterungszone wird bestimmt durch die Wechselwirkung der Gesteine in der obersten kontinentalen Erdkruste mit der Hydrosphäre. Mit dem Zerfall der Gesteine in Einzelminerale setzt bereits die chemische Verwitterung ein, d. h. der Lösungsprozeß durch die wäßrige Phase. Die Porenlösung füllt den Raum zwischen den Körnern aus und wird vom sauren Niederschlagswasser bei Verdunstung und Abfluß immer wieder nachgeliefert. Tonminerale scheiden sich in langdauernden chemischen Prozessen aus der Porenlösung aus, wenn bestimmte Sättigungsgrenzen durch gelöstes Material erreicht sind. Aus einem anfänglichen Mineralgrus von Eruptivgesteinen wird mit fortschreitender Verwitterungstätigkeit ein Boden, bestehend aus detrischen, d. h. nur teilweise gelösten primären Mineralen und neugebildeten Tonmineralen, was kennzeichnend für die Verwitterungszone ist.

Der Prozeß der Bodenbildung verläuft über Zeitspannen von einigen tausend Jahren und ist besonders in den obersten Schichten wirksam. Er erfaßt immer tiefere Teile des Bodens, vor allem dann, wenn dessen oberste, bereits verwitterte Schichten durch Erosion nach und nach abgetragen werden. Durch Niederschlagswässer wird an gering geneigten Hängen das feinsandige und tonige Material abgeschwemmt und über die Flüsse in kontinentale Senken, d. h. in Seen, überwiegend aber ins Meer getragen. Sandige, tonhaltige Sedimente werden bereits im Zuflußsystem und vor allem in Küstennähe durch Sedimentation abgelagert, Feintonmaterial und besonders Kolloidton werden mit der Strömung weit ins offene Meer hinausgetrieben. Nach langdauernder Sedimentation bildet sich ein Tonschlamm.

Ein sedimentäres Environment entsteht langsam bei sich absenkendem See- bzw. Meeresboden, und dies geschieht über geologische Zeitspannen in Millionen von Jahren. Tonminerale der Sedimente sind fast nur kontinentaler Herkunft. Sie sind gewissermaßen als Erbschaft (nach Millot: héritage bzw. inheritance) aus früheren Environments einzuordnen. Bei primärer Bildung wäre es Verwitterungs- und damit Sedimentmaterial nur aus Eruptivgesteinen. Wie im Folgenden noch zu zeigen ist, sind diese Erbschaftsverhältnisse meistens viel verwickelter, so z. B. wenn noch metamorphes Gesteinsmaterial verwitterte, zusätzlich vor allem dann, wenn Sedimente mehrfach umgelagert wurden. In der neuen Umgebung werden Reaktionen zur Neu- und Umbildung von Tonmineralen durch ein fast konstant zusammengesetztes Meerwasser bestimmt. Sie sollten demnach in diesem offenen Reaktionssystem von einfacherer Art sein als im weniger offenen System der Porenlösungen einer Verwitterungszone. Durch den Porenraum dieser massiven Sedimente wird sich der Einfluß des fast *p*H-neutralen Meerwassers bis zu einer gewissen Tiefe noch auswirken. Neubildungen von Tonmineralen finden kaum statt, dafür erfolgt aber ein intensiver Ionenaustausch an den aus kontinentalen Verwitterungszonen eingeschwemmten Tonmineralen.

Tektonisch verursachte Meerbodenabsenkung führt zu weiterer Ablagerung auch von Tonmineralen und zu weiter ansteigender Sedimentmächtigkeit. Die Verfestigung der tieferen Schichten nimmt zu, d. h. der Porenraum schrumpft und die Durchlässigkeit für die Porenlösung nimmt ab. Ausführlich hat von Engelhardt (26, 27) hierüber berichtet. Bei Sedimentmächtigkeiten von über tausend Metern herrscht in dieser Tiefe bereits ein hoher Belastungsdruck, und es werden Temperaturen von über 100 °C erreicht. Dieses diagenetische Environment erstreckt sich bis in den Sedimenthorizont, dessen Porenwasser nicht mehr durch das Meerwasser beeinflußt wird. Mit zunehmender Tiefe werden die chemischen Reaktionen zwischen dem Sedimentmaterial und der Porenlösung intensiver und damit die Voraussetzungen für eine Tonmineralbildung und -umbildung immer günstiger.

Etwas andere Reaktionsbedingungen liegen in mehr sandig-tonigen Sedimenten vor, wie sie in Küstennähe im Deltabereich großer Flüße abgelagert werden und damit in den diagenetischen Wirkungsbereich kommen. Durch Kompaktion bilden sich Tonsandsteine, wobei die Abnahme des Porenraumes mit der Tiefe geringer ist, auch wenn die Permeabilität durch eingebrachtes Tonmineral u. U. vermindert wird. Ein mehr offenes chemisches System begünstigt die Tonmineralbildung, und zwar noch intensiver, wenn hydrothermale Lösungen für Materialzufuhr sorgen. Ein hydrothermal-diagenetischer Reaktionsbereich schafft besonders für Tonmineralumbildungen günstige Voraussetzungen.

Mit dieser allgemeinen Kennzeichnung der großen Reaktionsräume sollte der mehr geologisch-sedimentologische Rahmen für die Bildungs- und Umbildungsprozesse abgesteckt sein. Um diese in einem begrenzten Rahmen zu halten, wird auch im Folgenden von überschaubaren Voraussetzungen ausgegangen. Sie werden unter natürlichen Bedingungen nicht so einfach sein. Großtektonische Bewegungen in der Erdkruste bewirken, daß auch mehrmals diagenetisch verändertes Gesteinsmaterial und darüber hinaus sogar metamorphe Gesteine mit ihrem speziellen Mineralbestand nunmehr als ererbtes Material in die Verwitterungszone gelangen und dann zu einer anderen Tonmineralbildung im Boden führen. So ist es oft recht schwierig, wenn nicht sogar unmöglich, die Entwicklung einer Tonmineralvergesellschaftung in Bezug auf die bisherige Entwicklung zurückzuverfolgen und zu unterscheiden, ob eine authigene Bildung, d. h. eine solche am Bildungsort vorliegt, oder ob es sich um detritisches, d. h. ererbtes und bereits verwittertes Material handelt. Mechanismen, wie sie in den verschiedenen Environments zu berücksichtigen sind wie: Inheritage, Neoformation, Transformation, sind ausführlich von Millot (73) behandelt worden.

4.2 Verwitterungszone

Die Verwitterungszone ist zu kennzeichnen durch den Lösungsprozeß von Mineralen, die nicht mehr im chemischen Gleichgewicht mit ihrer Umgebung sind, und durch die Neubildung von Tonmineralen durch Ausfällung aus der Porenlösung. Es wird sich hierbei nur ein dynamisches Gleichgewicht einstellen, vorwiegend gesteuert

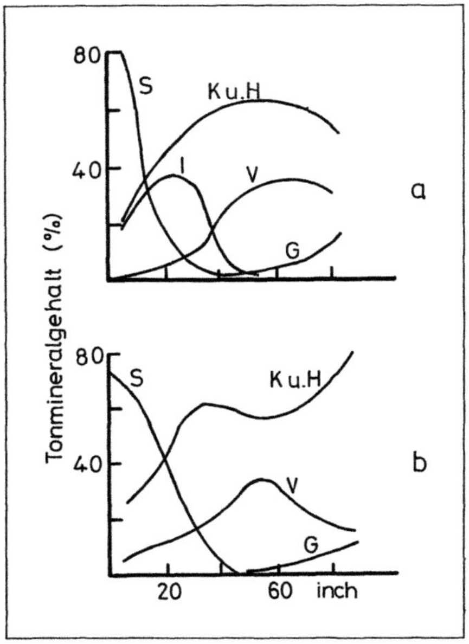

Abb. 4.1. Die Wirkung der mittleren jährlichen Niederschlagsmenge (1 inch = 2,54 cm) auf die anteilige Neu- und Umbildung von Tonmineralen im oberen Bodenhorizont bei Verwitterung von sauren a) und basischen b) Eruptivgesteinen. Untersucht wurden Proben von Böden im vorgelagerten Hügelbereich der Sierra Nevada (S: Smectit, V: Vermiculit, I: Illit, K: Kaolinit, H: Halloysit) (7).

über die chemische Zusammensetzung des Porenwassers. Tonmineralneubildung, Tonmineralumbildung und -wiederauflösung sind langdauernde Prozesse, so daß jeweils verschiedene Mineralassoziationen nebeneinander erhalten bleiben. Ihre Zusammensetzung ändert sich mit einer Änderung der äußeren Bedingungen, wie Barshard (7) in einer räumlich umfassenden Untersuchung zeigt. Dargestellt wird der Anteil der Tonminerale, die in dem oberen Bodenhorizont durch Verwitterung aus sauren und basischen Eruptivgesteinen als Funktion des mittleren jährlichen Niederschlags (Abb. 4.1) gebildet werden. Untersucht wurde die Fraktion $<2\mu$ ∅ von über 400 Proben. Der Streubereich für die einzelnen Werte um die betroffenen Kurven ist groß. Illit und Vermiculit kommen häufig als Wechsellagerungsphase vor. Bei basischen Ausgangsgesteinen führen geringe Mengen Niederschlagswasser überwiegend zur Bildung von Smectiten. Minerale wie Olivine, Pyroxene, Amphibole, Plagioklase u. a. liefern hierfür das Ausgangsmaterial auch noch bei höherem Niederschlagsdurchsatz. Die im Porenwasser gelösten Kationen Ca^{2+}, Mg^{2+}, Fe^{2+}, Na^{+} u. a. bewirken im übrigen eine für diese Neubildungen günstige Ausgangssituation. Zunehmende Niederschlagsmengen wirken diesem Prozeß entgegen, und es kommt zur Bildung der 1 : 1-Tonminerale Kaolinit und Halloysit.

Auch bei sauren Ausgangsgesteinen sind bei geringen Niederschlagsmengen die Bildungsbedingungen für Smectite günstiger, vor allem durch Verwitterung von Alkalifeldspäten. Zunehmende Mengen von CO_2-haltigem Niederschlagswasser führen zu vermehrter Auswaschung der im Porenraum gelösten Anteile und zu niedrigen *p*H-Werten, so daß sich mehr und mehr 1 : 1-Tonminerale bilden. Mit zunehmender Tiefe steigen die Konzentration an gelöstem Material und der *p*H-Wert wieder an. Obgleich das Lösungsgleichgewicht für Kaolinit zuerst erreicht wird, scheidet sich mit weiterer Übersättigung der Porenlösung zunächst Halloysit ab, für den nach Erreichen seiner Sättigungsgrenze die Bildungsbedingungen günstiger sind (111). Sehr zögerlich einsetzende Keimbildung von Kaolinit und dessen Weiterwachsen auf Kosten von Halloysit führt schließlich zu seiner Vormacht. So müßte sich Kaolinit überwiegend im oberen Bodenhorizont anreichern, soweit dieser nicht durch Erosion immer wieder abgetragen wird. Ähnliches gilt auch für die Tonmineralneubildung in der Porenlösung von basischen Gesteinen, auch wenn hier die Bildung von 1 : 1-Tonmineralen in verstärktem Maße erst bei höheren jährlichen Niederschlagsmengen sichtbar wird. Diese räumliche Zonierung, nach welcher die weniger stabile Phase an der Basis des Profils zu finden ist, wurde auch von Parham (85) festgestellt, und zwar in folgender Abstufung über dem verwitterten Granit: Allophan, Halloysit und Kaolinit, und dieser als Umwandlungsprodukt von Halloysit an der Profiloberkante des Bodens. Allophan als Erstausscheidung fanden auch Siffermann und Millot (97) in Verwitterungsprofilen über Basalt, wobei bei hoher jährlicher Niederschlagsmenge eine Umwandlung in Kaolinit und Gibbsit, bei geringerer Menge nur in Halloysit erfolgte.

Bei der Verwitterung von primären Phyllosilicaten bleibt das strukturelle Gerüst weitgehend erhalten. Muskovit wird durch Degradation in Illit umgewandelt. Hierbei werden K^+-Ionen aus den Zwischenschichten herausgelöst und Ca^{2+}-, Na^+- und H_3O^+-Ionen eingetauscht. Auch die Zusammensetzung der Oktaederschichten ändert sich, und es kommt weiter zur Bildung von vermiculitähnlichen Phasen. Biotite aus basischen Gesteinen degradieren durch Kationenumtausch zu Vermiculit (10), dessen Stabilität sehr begrenzt ist (60). Ergebnisse der Glimmerverwitterung haben Fanning und Keramidas (28) zusammengefaßt.

Hochauflösende Transmissionselektronenmikroskopie (HRTEM) macht es möglich, den Auflösungsprozeß der Primärminerale und die Bildung neuer Phasen direkt auf der verwitterten Oberfläche in den einzelnen Entwicklungsstufen zu verfolgen. Auf verwittertem Biotit eines Granodiorits konnten Banfield u. Eggleton (4) die Tonmineralneubildungen und -umbildungen durch Feinbereichsbeugung identischer Schichtpaketfolgen identifizieren. Folgende Reaktionsstufen werden genannt: Austausch von Kaliumionen der Zwischenschichten gegen hydratisierte Mg^{2+}-, Fe^{2+}-Ionen bei Änderung der Schichtpaketdicke von 10 Å auf 14 Å; Bildung von wechsellagigen Biotit/Vermiculit- und von Vermiculitphasen. Mit fortschreitender Verwitterung kann in zunehmendem Maße eine wäßrige Phase beim Verwitterungsvorgang beteiligt sein. So wird die Bildung von Halloysit, vor allem aber die von Kaolinit – dieser ist unregelmäßig in Hohlräumen zwischen den Schichtmineralen verteilt und auf diesen aufgewachsen – nur über eine wäßrige Phase möglich sein. Mit zunehmender Oxidation von Fe^{2+} scheidet sich hier auch Goethit ab.

Desweiteren werden auch die Verwitterungsfolgen auf der Oberfläche von Muskovit und von Feldspäten beschrieben (5). Zunächst bilden sich auf verwittertem Muskovit ungeordnete wechsellagige Illit/Smectit-Folgen (I/S) mit hohem Illitanteil. Der Smectitanteil ist gekennzeichnet durch geringe Gehalte an Ca^{2+}, K^+, Na^+ und $Fe^{2/3+}$, aber durch höheren Gehalt an Mg^{2+}, aus der inzwischen in Hohlräumen angereicherten wäßrigen Phase. Aus dieser erfolgt auch die Bildung von Kaolinitlamellen. Bei der Verwitterung von Plagioklas bildet sich unmittelbar auf der Oberfläche zunächst eine fast röntgenamorphe Zwischenphase („protocrystalline“ material), aus der smectitische Phasen herauswachsen. Mit weiterem Eindringen der wäßrigen Phasen in Oberflächenbereiche von Plagioklas und einer damit verbundenen *p*H-Wert-Erniedrigung scheidet sich nun Halloysit statt Montmorillonit aus und dort, wo die Keimbildung begünstigt ist, auch zunehmend Kaolinit. Auch bei der Verwitterung von Kalifeldspäten hat sich zunächst protokristallines Material (celltextured material) gebildet, das aber jetzt bezüglich Beugungsbild und Zusammensetzung einer Allophanphase ähnelt. Kugelförmig ausgebildeter Halloysit, hier durch seine Form im Elektronenmikroskop von Kaolinit zu unterscheiden, koexistiert zusammen mit Smectit untergeordnet mit Illit. Kaolinit hat sich ebenfalls in der wäßrigen Phase gebildet, und zwar meist epitaktisch auf Smectitphasen. Schwieriger zu identifizieren sind die Neubildungen auf verwitternden Plagioklasoberflächen. Neben Domänen von sogen. „cell textured material" mit allophanartiger struktureller Beschaffenheit werden kugelig geformte Halloysitaggregate nachgewiesen. Bündel von Halloysitröhrchen sind aus der wäßrigen Phase direkt auf der angewitterten Feldspatoberfläche entstanden. Weitere Untersuchungen dieser Art speziell über die Bildung von nichtkristallinen Verwitterungsprodukten auf Mikrolin und auf vulkanischen Gläsern wurden von Tazaki (107) und von Tazaki et al. (108) ausgeführt.

Diese Untersuchungen an den wichtigsten gesteinsbildenden Mineralen lassen nach Banfield et al. (5) und Baronnet (6) auch die Verwitterungsabfolge in Bezug auf die Tonmineralneubildungen und -umbildungen erkennen. Kaolinit ist das stabile Endprodukt bei der Verwitterung von Feldspäten und von Muskovit. Als letzte Phase ist er aus einer Porenlösung auskristallisiert, deren Zusammensetzung bereits mehr von Niederschlagswässern als vom Mikroenvironment kontrolliert war.

Weil die natürlichen Verwitterungsbedingungen der Wechselwirkung zwischen Auflösung von Primärmineral und Neubildung von sehr komplizierter Art sind, wurde von Steefel und van Capellen (102) ein vereinfachtes Modell für die Verwitterung eines frischen Granits durch in den Boden eindringendes Regenwasser entworfen. Soweit möglich wird die Kinetik der Verwitterung von Kalifeldspat untersucht. Hierzu werden die in Frage kommenden chemischen Raktionen wie In-Lösung-gehen, Neubildung durch Ausfällung und Kornvergröberung in die Diskussion einbezogen und zu einer vereinfachten, simulierten Berechnung des Reaktionsverlaufs benutzt. Die einzelnen Schritte der Umwandlung von metastabilem Halloysit in den stabilen Kaolinit werden diskutiert. Die Bedeutung für den natürlichen Verwitterungsablauf, insbesondere der für die Halloysit- und Kaolinitbildung ergibt sich daraus, daß erstmals ein dynamisch orientiertes Modell entwickelt wird, bei dem auch der Faktor Zeit (in tausenden von Jahren) gebührend herausgestellt wird.

Es ist deshalb nicht zu erwarten, daß sich diese kristallinen Phasen bei Verwitterungsexperimenten bilden. So beobachteten Correns und von Engelhardt (16, 17) bei Versuchen zur Auflösung von verschiedenen Silicatmineralen in wäßrigen Lösungen nur die Ausfällung von gelförmigen Abscheidungen. Doch ließen sich bei den verschiedenen Versuchsbedingungen wertvolle Hinweise auf den Lösungs- und Fällungsmechanismus geben. Erste Anfänge der Bildung von allerdings noch schlecht kristallisierten Phasen in der Gelschicht auf verwitterten Albitkristallen konnten von Jasmund (51) festgestellt werden. Durch Feinbereichsbeugung im Elektronenmikroskop wurden Proto-Imogolitphasen in dem von der Albitoberfläche abgelösten Gelfilm identifiziert. Die Bildungsbedingungen bei diesen Verwitterungsexperimenten im neutralen *p*H-Wert-Bereich entsprechen in etwa denen der Imogolitsynthese (27, 114, 115).

Experimentelle Untersuchungen zur Verwitterung von Glimmern wurden von mehreren Autoren durchgeführt. Die meisten hiervon betreffen nur das Verhalten der Zwischenschichtkationen, d. h. im wesentlichen das von Kaliumionen gegenüber sauren Verwitterungslösungen. Eine Übersicht über die Wirkung eines chemischen Angriffs auf die verschiedenen Glimmerminerale hat Norrish (83) gegeben. Experimente zur Glimmerverwitterung wurden auch von Robert (92) durchgeführt, wobei Umwandlungen bis zur Vermiculit- bzw. Smectitphase festgestellt wurden.

4.3 Sedimentäre Reaktionszone

Tonmineralneubildung und -umbildung erfolgt im sedimentären Reaktionsraum nur in geringem Umfang. Wenn Flußwässer ins Meer gelangen, findet vorwiegend ein Kationenaustausch statt, in dem die Ca^{2+}-Ionen in den Tonmineralen der Flußwässer vor allem gegen Na^+, weniger gegen K^+ und Mg^{2+} aus dem Meerwasser umgetauscht werden (94, 95, 96). Experimentell wies Roberson (91) nach, daß Vermiculit und Montmorillonit Mg^{2+} – Ionen und in geringerem Umfang K^+-Ionen aus dem Meerwasser eintauschen. Wechsellagige Illit-/Montmorillonitphasen hatten sich gebildet, aber noch kein Illit. Die Bildung von faserigem Illit in tuffitischen Sedimenten im Golf von Neapel wird von Norin (82) und Müller (75) beschrieben. In Aufnahmen mit dem hochauflösenden Elektronenmikroskop wurden auf der Oberfläche von vulkanischen rhyolitischen Gläsern in verschiedenen marinen Sedimenten Halloysit und Illit nachgewiesen (43). Daß illitische Phasen auf Gläsern basaltischer Zusammensetzung zu synthetisieren sind, wenn auch erst nach 600 Tagen bei 3 °C, haben Thomassin et al. (109) elektronenoptisch bestätigt. Tonmineralneubildung soll über eine Gelphase möglich sein, die sich durch Ausflocken von im Flußwasser noch gelösten Aluminium-, Eisen- und Silicatverbindungen beim Mischen mit Meerwasser gebildet hat (52). Nach Kohler und Köster (62) bilden sich Glaukonite aus amorphen Gelen. Auch durch Umbildung von verwitterten 2 : 1-Tonmineralen soll Glaukonit durch Aufnahme von K^+ und Fe^{2+} entstanden sein, und zwar bei entsprechend langer Reaktionszeit unter schwach diagenetischen Bedingungen (40). Palygorskit und Sepiolith bilden sich authigen in flachen, küstennahen Meeressedimenten und unter noch günstigeren Bedingungen in abgeschnürten Meeresbecken mit hoher Verdunstungsrate. In diesem Milieu liegen in den Porenlösungen der Sedimente die besten Voraussetzungen vor, nämlich ein hoher *p*H-Wert sowie hohe Mg- und Si-, aber niedrige Al-Gehalte (48, 73). Eine kritische Beurteilung auch anderer Bildungs- bzw. Umbildungsmechanismen hat Singer (100) gegeben.

4.4 Diagenetischer Reaktionsraum

Für die Bildung und Neubildung von Tonmineralen sind die folgenden Faktoren noch mehr als in anderen Reaktionsräumen von Bedeutung:

- Streben nach einer Gleichgewichtseinstellung unter den jeweiligen äußeren Bedingungen,
- Beeinflussung der Gleichgewichtseinstellung durch kinetische Faktoren wie Temperatur, Zeit, Aktivität der chemischen Komponenten, sowie Porosität und Durchlässigkeit, die wiederum von der Gesteinsart (z. B. Tonsandstein oder schichtiger Tonstein) abhängen.

In einem dichtschichtigen Tonstein wird im allgemeinen ein geschlossenes Reaktionssystem vorliegen, d. h. die miteinander reagierenden chemischen Komponenten aus dem Gesteinsmaterial in der Porenlösung sollten in ihrer Gesamtzusammensetzung konstant bleiben, d. h. keine Lösungszufuhr bzw. -abfuhr stattfinden. Sandsteine haben im allgemeinen eine höhere Porosität und Durchlässigkeit, so daß z. B. hydrothermale Lösungen eindringen können und so den Reaktionsablauf beeinflussen. Ein solch offenes System bewirkt wegen der höheren Temperaturen auch einen schnelleren Reaktionsablauf bei der Phasenneubildung und -umbildung. Eine Entscheidung darüber zu treffen, wieweit bereits ein offenes System vorliegt, ist bei diagenetisch veränderten stark komprimierten Sedimenten kaum möglich. Wechselseitige Beeinflussung im Reaktionsablauf zwischen Tonmineralen und Nichttonmineralen ist in tiefer abgesenkten Sedimenten bei höheren Temperaturen immer zu erwarten.

Die in größerer Sedimenttiefe ablaufenden Reaktionen haben für die Erdölprospektion und -gewinnung große Bedeutung, und die wissenschaftlichen Untersuchungen werden von der Erdölindustrie in zunehmendem Maße gefördert. Dies gilt besonders für die Tonmineralbildung und -umbildung. So können in Sandsteinen authigen gebildete Kaolinite, aber mehr noch feinfaserige Illite den Porenraum verengen und die Durchlässigkeit für Kohlenwasserstoffe erheblich verringern (42).

Speziell die Umbildung von Smectiten zu Illiten ist nach wie vor ein aktuelles Forschungsthema. Singer und Müller (101) stellten viele neugewonnene Ergebnisse zusammen. Im vorliegenden Kapitel zum diagenetischen Environment soll – auch wegen der zahlreichen neuen Publikationen – der Smectit/Illit-Umbildung mehr Diskussionsraum zukommen. Bohrproben aus verschiedenen Regionen und aus unterschiedlichen Sedimenttiefen haben immer wieder gezeigt, daß der Illitanteil mit zunehmender Kompaktion des Tonmaterials zunimmt. Der Reaktionsmechanismus für die Smectit/Illit-Umbildung bei der Diagenese ist derzeit aber immer noch nicht zufriedenstellend geklärt (65).

Für eine Deutung der Diageneseprozesse in Tonsedimenten der Golf-Region (USA) haben Hower et al. (41) wichtige Vorarbeit geleistet. So kann die Umwandlung von Smectit in Illit rein morphologisch verfolgt werden, beginnend mit faseriger-flockiger Ausbildung der Smectite und der ungeordneten Illit/Smectit-Wechsellagen I/S über leistenförmig ausgebildete, geordnete Wechsellagen (I/S) bis zu den hexagonalen, illitreicheren Wechsellagen (über Wechsellagerungsverbindungen, s. Kap. 1.2). Für die Umwandlung werden K^+ – und Al^{3+}-Ionen benötigt, die durch detritische Feldspäte und Glimmer verfügbar sein sollten. Nach Hower u. a. kann die Reaktion schematisch durch folgende Gleichung erfaßt werden:

$$\text{Smectit} + Al^{3+} + K^+ \longrightarrow \text{Illit} + Si^{4+}$$

Für die betreffenden Smectitschichtpakete würde dies bedeuten: Eintausch von K^+ in die Smectitzwischenschichten, Zunahme der tetraedrischen Schichtladung durch fortschreitende Substitution von Si^{4+} durch Al^{3+} bis zu dem für Illit kritischen Wert von ca. 0,8 Al^{3+} für 4 Si^{4+}. Damit verbunden ist eine Dehydration der Kaliumionen in der Zwischenschicht (24). Im Verlauf dieser Reaktionen wird eine Substitution von Mg^{2+}, Fe^{2+} durch Al^{3+} in der Oktaederschicht erfolgen, die u. U. auch günstig ist für eine Chloritbildung.

Wenn Al^{3+} nicht oder nicht mehr aus detritischem Material bereitgestellt werden kann, so soll es nach Boles und Franks (11) als „solid state reaction" durch Aufzehrung (cannibalization) von benachbarten Smectitschichten nachgeliefert werden können. Die Beteiligung einer, wenn auch sehr geringen wäßrigen Phase, wird für eine Umwandlung unerläßlich sein, denn die Diffusion der betreffenden Bausteine im festen Zustand würde eine viel zu lange Reaktionszeit erfordern. Ergebnisse aus hydrothermalen Experimenten weisen auf die Mitwirkung der fluiden Phase bei der Umwandlung in I/S-Wechsellagerungsverbindungen hin, und zwar auch hier ohne Beteiligung von Fremdkationen (K^+ und Al^{3+}) (22, 23). Na^+- und K^+-Smectite gingen in Lösung, wobei gleichzeitig an anderer Stelle im Autoklaven illitische Phasen ausgefällt wurden. Auf die geologischen Verhältnisse der Tonsedimente der Golfküste angewandt bedeutet dies, daß solche Reaktionen auch bei tieferen Temperaturen (Bohrlochtiefe ca. 5000 m, Temperatur ca. 100 °C) in ähnlicher Weise ablaufen dürften. Dies würde allerdings erheblich längere Reaktionszeiten erfordern, besonders dann, wenn wie hier nur geringste Mengen an Porenlösung für die Beweglichkeit der Kationen verfügbar wären. Von Vorteil für die Mobilität von Al^{3+} kann in bestimmten Fällen eine Wechselwirkung von anorganischen und organischen Reaktionen sein. So können carboxylische und phenolische Säuren, wie sie sich beim thermischen Kracken von Kerogen bilden, auch das Auseinanderbrechen von Schichtpaketen beschleunigen (106).

Nicht eindeutig zu beantworten ist wohl immer noch die Frage, wie lange bei der anfänglichen Montmorillonit/Illit-Umbildung vollständige Mischkristallbildung vorliegt, oder ob sich bereits ein Zweiphasensystem mit ungeordneten Wechsellagen aus smectischen und illitischen Phasen ausgebildet hat (61, 93). Ionenaktivitätsdiagramme deuten nach Garrels (31) darauf hin, daß keine vollständige Mischkristallbildung vorliegt, sondern ein Zweiphasensystem mit Montmorillonit und Illit, wie es schon von Aagaard und Helgeson (1) für die Berechnung ihrer Aktivitätsdiagramme vorausgesetzt wurde. Elektronenoptische Aufnahmen (HRTEM) der Schichtpaketdicken an noch ungeordneten mischlagigen Schichtpaketfolgen können ein falsches Bild geben (8). Sie mußten neu interpretiert werden (3), weil bestimmte Fokussierungsbedingungen im Elektronenmikroskop nicht erfüllt waren (34). Eine zuverlässige Beurteilung des Ordnungszustandes bei solchem Probenmaterial kann dann besser durch Auswertung der Basisinterferenzen der Röntgenbilder erfolgen.

Für die diagenetisch veränderten Sedimente ist der eigentliche Mechanismus, durch den Smectit in Illit überführt wird, immer noch nicht zufriedenstellend geklärt, und die Frage ist, wie sich illitische Phasen bilden. Nach Burst (12) sollte bei der Umwandlung eine Zwischenphase entstehen, die aus kohärenten Wechsellagerungen von Smectit und Illit besteht, wie auch aus Röntgenbeugungsaufnahmen geschlossen werden kann (90). Zu klären ist auch, ob und wieweit die Aufeinanderfolge der Schichtpakete (Lagenfolge) durch Präparation der Proben zerstört wird (78) (s. auch Kap. 2.3.2), so daß die natürliche Lagenfolge nicht mehr erkannt werden kann. Basierend auf einer zusätzlichen Auswertung von Aufnahmen mit dem hochauflösenden Elektronenmikroskop bestehen nach Nadeau et al. (76 – 78) die wechsellagigen Phasen (I/S) aus einem Paket von mehreren Illitfolgen (1 bis 3 Elementarzellen = fundamental particles), jeweils voneinander getrennt durch K^+-ärmere, noch quellfähige Smectitschichten. Mit zunehmender Tiefe im Sediment nimmt dann die Menge an den Illitdomänen zu, und zwar auf Kosten der Smectitlagen. Dies soll dadurch geschehen, daß letztere sich auflösen (78), wie auch von Boles und Franks (11) bereits vermutet. Eine Erweiterung des Begriffs „fundamental particles" wird von Veblen et al (112) vorgenommen, derart, daß diese auf größere Einheiten zu beziehen sind und dann gewissermaßen als Kristallite mit sehr geringem Ordnungsgrad einzustufen sind. Eine gewisse geordnete (non-turbostratic) Lagenfolge läßt auf eine energetische Wechselwirkung zwischen diesen größeren Einheiten schließen. Über die möglichen Reaktionsmechanismen einer Smectit/Illit-Umwandlung haben bereits Singer und Müller (101) berichtet.

Unterschiedlich zu den Reaktionsprozessen in den fast rein diagenetisch veränderten Sedimentschichten der U.S.-Golfküste werden die hydrothermal beeinflußten Prozesse z. B. in den mehr sandigen Sedimenten im Salton Sea District (Kalifornien) eingestuft (123), wo durch begleitenden Vulkanismus von vornherein von höheren

Temperaturen (in 1 500 m Tiefe ca. 300 °C) auszugehen ist. Porosität und Permeabilität des Sediments sind höher, so daß hydrothermale Lösungen direkt in die Tonmineralbildungs- und -umbildungsprozesse eingreifen konnten. Unter diesen Bedingungen haben sich die Smectite bereits aufgelöst, und aus den Porenlösungen haben sich je nach Temperaturbereich idiomorphe Illite (115° – 220 °C), Chlorite (220° – 310 °C) und danach auch Biotite bereits in Tiefen über 1 200 m ausgeschieden. Illit und Chlorit bilden keine Wechsellagerungen und müssen sich demnach nebeneinander aus der Porenlösung ausscheiden. Im Vergleich zu rein diagenetisch gebildeten neuen Phasen haben diese hydrothermalen Neubildungen ein geringes Alter (ca. 16 000 Jahre). Auch eine längere experimentelle, hydrothermale Behandlung der betreffenden Ausgangsphasen kann demnach noch nicht zu solchen natürlich entstandenen Reaktionsprodukten führen (122). Bei den Experimenten hatten sich noch keine leistenförmigen und erst recht noch keine hexagonalen Illite gebildet. Zum Mechanismus der Umwandlung von mehr smectitischen in zunehmend mehr illitische Phasen haben Inoue et al. (45) einen aufschlußreichen Beitrag geliefert. Für ein rein hydrothermales Environment im Shinzan District in Japan konnten einzelne Umwandlungsstufen als Funktion der jeweiligen Temperatur deutlich unterschieden werden. Mit ansteigender Temperatur in Richtung auf den vulkanischen Wärmelieferanten und einer damit verbundenen Änderung der Zusammensetzung der Porenlösungen nimmt der Smectit durch Kationenaustausch mehr und mehr Kaliumionen auf (Abb. 4.2). Es bilden sich zunehmend unregelmäßige Wechsellagerungen mit in sich unterschiedlichem Kaliumgehalt, die strukturell instabil werden, wenn der Anteil an quellfähigen Lagen ca. 50 % unterschreitet. Die entstandenen wechsellagigen Phasen beginnen sich aufzulösen. Gelöstes Material wird nun für die Ausfällung von stabilen geordneten I/S-Phasen gebraucht. Leistenförmige Illite wachsen heran, angeordnet in Illitdomänen, die durch quellfähige Smectitlagen mit einem Gesamtanteil bis etwa 20 % getrennt sind. Währenddessen müßten sich bereits Keime für die stabile hexagonale Phase gebildet haben, so daß beide Typen zunächst nebeneinander vorkommen, die leistenförmigen Illite aber mit zunehmendem Blättchenumfang instabil werden (46).

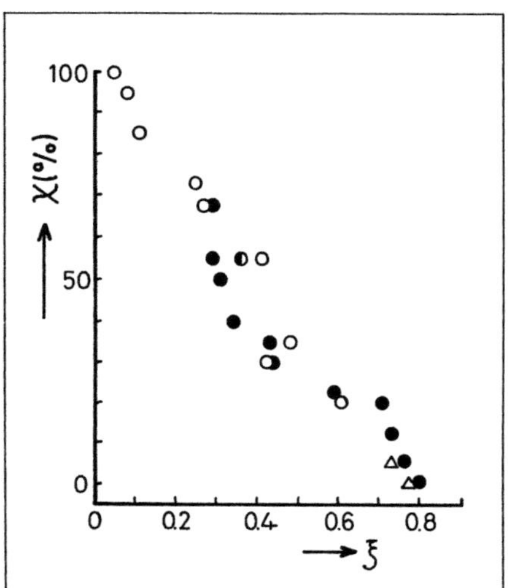

Abb. 4.2. Beziehungen zwischen dem Anteil quellfähiger Lagen χ (%) und dem Anteil ξ von Kaliumionen in den Zwischenschichten (mol/Formeleinheit) von Illit/Smectit-Wechsellagerungen und deren Morphologie (○ flockig, • leistenförmig, ◐ beides, △ hexagonal) (45).

Eine ganze Folge von lichtmikroskopischen und von rasterelektronenoptischen Abbildungen von in Sandsteinen authigen gebildeten, d. h. nicht umgelagerten Tonmineralen haben Wilson und Pittmann (119) publiziert. Ausführlich wurden von den Autoren die Kriterien für eine solche Bildung besprochen. Es wird besonders darauf hingewiesen, daß authigene Bildungen allein aufgrund der Morphologie nur schwer als solche zu identifizieren sind. Im Folgenden sollen noch einige Beispiele und Literaturhinweise für authigene Umbildungen gegeben werden. Elektronenoptische Aufnahmen von leistenförmigen Illiten, orientiert epitaktisch auf kaolinitischem Untergrund aufgewachsen, wurden von Rex (89) publiziert. Derartige authigene Bildungen wurden in mehreren Sandsteinen nachgewiesen. Hierfür wurde eine Änderung der K^+-Konzentration in der Porenlösung verantwortlich gemacht. Auch Dickit – epitaktisch auf Muskovit aufgewachsen – konnte als Neubildung in vererzten Sandsteinen der Eifel nachgewiesen werden (50). Die Bildung von Dickit in mit Sulfidmineralen vererzten Sandsteinen wurde mehrfach in der Literatur beschrieben. Durch hydrothermale Lösungen wurden Muskovite in Sandsteinen der Eifel – offenbar durch retrograde, d. h. rückschreitende Diagenese – in leisten- und bandförmige Illite umgewandelt, die sich orientiert zu den Rändern der Muskovitspaltflächen angeordnet haben (49). Mosser (74) bestätigt, daß sich auf zersetzten Muskoviten leistenförmige Illite bildeten, orientiert auf ersterem in vorgegebenen kristallographischen Richtungen angeordnet. Güven et al. (32) vermuten, daß ihre aus Bohrproben von Sandsteinen gewonnenen Illite nicht durch Zersetzung (breakdown) von primären Glimmern entstanden sind. Vielmehr sollen die leistenförmigen, ebenso wie die Bündel von haarförmigen Illiten aus einem gelartigen Untergrund herausgewachsen sein, der fast die gleiche Zusammensetzung hat. Die hydrothermale Umwandlung von metamorphem Muskovit eines Tonschiefers bis zu Kaolinit wird im hochauflösenden Elektronenmikroskop sichtbar gemacht (54). Diese strukturell geordneten Kaolinite bilden dicke Pakete zwischen den Muskovitlagen, oft umgeben von wellenförmigen Smectitlagen. Verschiedene Reaktionsmechanismen werden von den Verfassern diskutiert. Zusätzlich zu der relativen Änderung in den Verhältnissen von Anionen und Kationen muß bei diesen Umwandlungen eine nicht unerhebliche strukturelle Umordnung erfolgen, die ohne Mitwirkung einer fluiden Phase wohl nicht möglich ist.

Beim Vergleich einer Illitisierung durch hydrothermale und durch rein diagenetische Einwirkung stellen sich manche Parallelen ein. So konnten Lanson und Champion (65) zeigen, daß in tief abgesenkten, feinsandigen bis tonreichen schichtigschiefrigen Sedimenten im Pariser Becken leistenförmige und hexagonale Illitphasen nebeneinander vorkommen. Während bei dieser diagenetisch bewirkten Umwandlung wegen der niedrigen Reaktionstemperaturen vor allem die Reaktionszeit maßgebend ist, wird es bei der hydrothermalen Illitisierung die höhere Reaktionstemperatur sein. Beide Umwandlungsvorgänge, einmal im diagenetischen Reaktionsraum und zum anderen im hydrothermalen Einwirkungsbereich, sollten nach Meinung der Autoren nicht ohne weiteres gleich gesetzt werden. Im Falle einer diagenetischen Umbildung wird erst unter metamorphen Bedingungen ein dynamisches Gleichgewicht erreicht werden, wobei Ostwald-Reifung eine wichtige Rolle spielen muß.

Die die Ostwaldsche Stufenregel ergänzende Ostwald-Reifung beschreibt die Umwandlung von weniger stabilen, feinkörnigen Illitphasen in immer stabilere, zunehmend gröberblättrige Glimmerphasen (6). Sie umfaßt folgende kinetische Reaktionsstufen: Auflösung einer instabilen Phase unter Verwendung von gelöstem Material zum Weiterwachsen der stabilen Phase, für die bei der gerade erreichten Korngröße eine relative Übersättigung der Lösung besteht. Bezogen auf die hier anstehenden Reaktionen heißt dies, daß die bei niedrigen Temperaturen bzw. niedrigerem Diagenesegrad gebildeten I/S-Phasen instabil werden. Bei weiterer Absenkung und Überdeckung des betreffenden Sedimenthorizonts bilden sich mit zunehmender Temperatur und ausreichender Umwandlungszeit aus diesen über den Reifungsprozeß mehr geordnete, stabilere I/S-Phasen aus mit der Tendenz zu wachsender Korngröße.

Nach Lanson und Champion (65) kann Ostwald-Reifung nur für monomineralische Systeme herangezogen werden. Außerdem muß vorausgesetzt werden, daß ein geschlossenes System vorliegt, d. h., daß die chemische Zusammensetzung der Porenlösung z. B. nicht durch teilweise Auflösung von detrischen Glimmern und Feldspäten verändert wird. Als Nachweis dafür, daß ein Ostwald-Reifungsprozeß stattgefunden hat, werden Histogramme mit hierfür geeignet normierten Koordinatenwerten herangezogen. So wird die relative Korngrößenzunahme als Funktion der Sedimentüberdeckung oder der Reaktionszeit dargestellt. Wenn die Verteilungskurven in den normierten Diagrammen einen etwa gleichbleibenden Verlauf (steady state) zeigen, so sollte dies ein Beweis für einen Reifungsprozeß sein. Die Abbildung 4.3 zeigt eine der vielen möglichen Darstellungen (44).

Die Wahrscheinlichkeit (P) der Bildung von Wechsellagerungsverbindungen wurde von Bethge et al. (9) untersucht. Röntgenuntersuchungen zeigten, daß sich im Bereich von 55 – 70 % Anteil Illitlagen Domänen von Rektorit als eine stabilere Zwischenphase bildeten, d. h. geordnete 1 : 1-I/S-Folgen (87). Nach Meinung der Autoren gibt es bei hydrothermaler Entstehung solcher Phasen keine Indizien für die Bildung einer vorausgehenden ursprünglichen Smectitphase. Bei höheren Illitanteilen

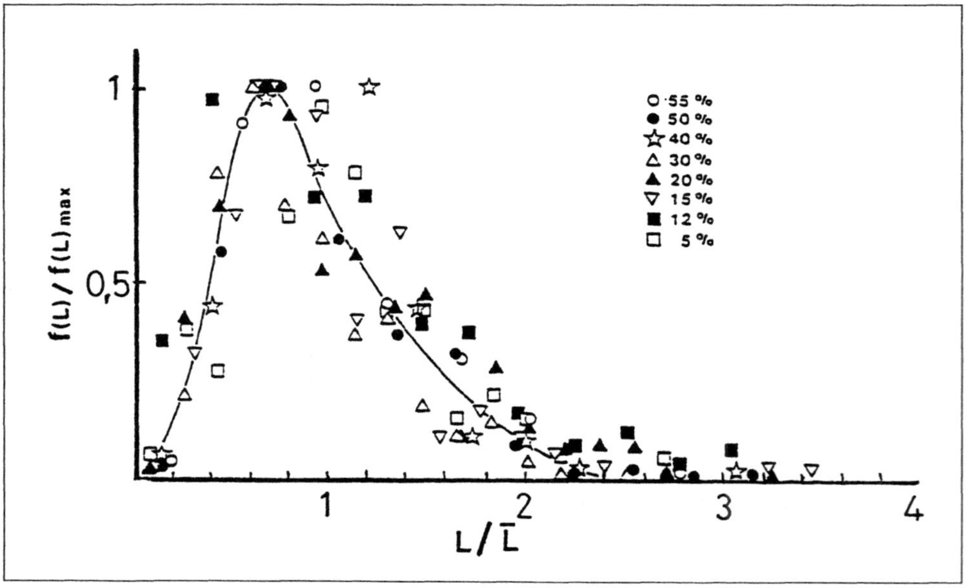

Abb. 4.3. Korngrößen-Histogramm zum Nachweis einer Ostwald-Reifung durch Steady-state-Verteilungsprofile, bezogen auf den relativen Längenwuchs $L/\bar{L}$ von Illit-Smectit-Leisten ($\bar{L}$ = Mittelwert) und deren relative Häufigkeit $f_{(L)}/f_{(L)max}$; beides als Funktion des Anteils quellfähiger Schichten in % (46).

in den Proben wurden weitere Zuordnungswahrscheinlichkeiten mit höheren Ordnungszuständen erkannt.

Der Reaktionsmechanismus der Umwandlung von Montmorillonit bis zum Illit ist mit der von Saponit zu Chlorit vergleichbar. Trioktaedrische Smectite (Saponite) sind als Vorstufe von diagenetischen wechsellagigen Chlorit/Saponit-Phasen (C/S) und Chloriten anzusehen. Sie sind in tuffitischen Sandsteinen, aber auch als hydrothermale Verwitterungsprodukte von ozeanischen Basalten weit verbreitet. Auch bei der Saponit/Chlorit-Umwandlung wird wie bei der von Montmorillonit nach Illit ein kristallines quellfähiges Mineral in ein weniger quellfähiges umgewandelt, wobei ähnliche Reaktionsmechanismen zur Verfügbarkeit von Al^{3+} diskutiert werden (14). Diese wird in schiefrigen Tonsteinen schwieriger sein als in durchlässigen Sandsteinen mit nur tonigem Porenbewuchs. Mit zunehmender Tiefe und damit steigender Temperatur wird der Anteil an Chloritlagen größer, allerdings diskontinuierlich. So wurden im Bereich mit 40 – 50 % quellfähiger Lagen als deutlich stablilere Phase Corrensit (mit 1 : 1 chlorit- und smectitähnlichen Lagen) nachgewiesen (47). Der Übergang von einer ungeordneten in eine geordnete Wechsellagerung von Chlorit/Saponit findet mit dem Erscheinen von Corrensit etwa im Temperaturbereich von 85 – 95 °C statt. Dies kann sogar als Paläotemperaturindikator dienen (63). Mit zunehmender Temperatur wird der Anteil an Chloritlagen größer, so daß nur noch 15 – 10 % quellfähige Lagen zu bestimmen sind (47). Zunehmende Substitution von Al^{3+} für Si^{4+} in tetradrischen Schichten und Fixierung von Hydroxidschichten mit ihrem Anteil am Mg^{2+}, Fe^{2+}, Fe^{3+}, Al^{3+} sorgen dafür, daß das Ladungsdefizit aus der tetradrischen Substitution ausgeglichen wird. Nach Inoue (44, 47) kann also folgender Reaktionsablauf für die Umwandlung von Smectit in Richtung Chlorit angenommen werden:

- Zunahme der Ladung der tetraedrischen Schichten in den Smectitschichten und parallel dazu Bildung brucitähnlicher Zwischenschichten;
- bei Zunahme von mehr als 20 % Chloritlagen Ausscheidung von Brucit in jeder zweiten Zwischenschicht und Bildung von Corrensit;
- schließlich Auflösung von Correnitdomänen und Bildung von eisenreichem Chlorit.

Die diagenetische Umwandlung von hochquellfähigen Smectiten in weniger quellfähige wechsellagige Zwischenphasen bis zu Illiten bzw. Chloriten ist für die Erdölgewinnung von großer Bedeutung. Nach Perry und Hower (87) liegt die Zone der maximalen Kohlenwasserstoffbildung meistens im Bereich einer höhergradigen Illitisierung (60 – 80 %) der Smectite. Von besonderer Bedeutung ist in diesem Zusammenhang der Anteil an Ammoniumionen in den Zwischenschichten der Illite. Hierfür wird angenommen, daß NH_3 aus organischer Substanz stammend als NH_4^+ mit der fluiden Phase in die kritische Zone der Illitisierung gelangte. Die wechselseitigen Reaktionsmechanismen konnten im Rahmen einer sehr begrenzten Reaktionszone in einer Kontaktaureole um einen Lamprophyr als basisches Ganggestein genauer untersucht werden (118). Die Ergebnisse extrapoliert auf diagenetische Bildungsbedingungen könnten wichtige Hinweise auf Erdölvorkommen und auf Transportwege von Kohlenwasserstoffen im Sedimentkörper liefern (117). Wenn auch zunächst smectitführende Sedimentschichten die Oxidation von eingebundener, organischer Substanz verhindern, so wird darüber hinaus auch ihre Umbildung in Erdöl begünstigt (56). Das bei der Tonmineralumwandlung aus den Zwischenschichten durch Kaliumfixierung freiwerdende Konstitutionswasser erzeugt erheblichen Porenwasserdruck und treibt damit auch die gasförmigen und flüssigen Kohlenwasserstoffe, die sich in diesem Diagenesebereich erhöhter Temperatur gebildet haben, aus den Zwischenlagen in die freien Porenräume des Sediments. Mit dem nächsten Schritt werden dann die Kohlenwasserstoffe in ein Speichergestein (u. a. Sandsteine u. Karbonatgesteine) mit entsprechend großer Porenkapazität hineingepreßt.

Ausführlich werden diese Reaktionen u. a. von Burst (12), Magara (70) und von Powell et al. (88) diskutiert.

4.5 Zur Thermodynamik der Tonmineralbildung

Ein besonderes Problem der Tonmineralforschung ist nach wie vor der Nachweis, ob bzw. inwieweit sich bei der Bildung der Tonminerale ein thermodynamisches Gleichgewicht eingestellt hat. Es gilt also nachzuweisen, ob sich Phasen gebildet haben, für welche die Gibbssche Freie Energie (Freie Enthalpie) bei vorgegebener chemischer Zusammensetzung und bei vorgegebenen Temperaturen und Drücken ein Minimum ist. Die Aufgabe wird dadurch erschwert, daß man bei den meisten Tonmineralen nicht von stöchiometrisch zusammengesetzten Phasen ausgehen kann. Aber selbst wo dies der Fall ist, wie z. B. beim Kaolinit, sind erhebliche Schwierigkeiten zu überwinden. Wegen der Reaktionsträgheit bei den Gleichgewichtseinstellungen sind immer nur angenäherte Werte für die Gibbsschen Energien der Reaktionspartner zu erhalten. Daten aus Löslichkeitsbestimmungen standen anfangs nur unzureichend zu Verfügung. Es wurden deshalb für die Aufstellung von Stabilitätsdiagrammen die Gleichgewichtskonzentrationen aus thermochemischen Daten berechnet, soweit diese genau genug bestimmt werden konnten. So haben bereits Garrels und Christ (30) aus den ihnen zur Verfügung stehenden Werten der betreffenden Phasen für das System K_2O-Al_2O_3-SiO_2-H_2O ein Stabilitätsdiagramm entworfen und das Feld des Kaolinits abgegrenzt. Al_2O_3 wurde als unbewegliche Komponente angenommen. Neuere Ergebnisse in der Bestimmung der Gibbsschen Energie der Reaktionspartner führten immer wieder zur Verschiebung der errechneten Feldergrenzen. Inzwischen liegen für Kaolinit zuverlässigere Daten seiner Löslichkeit vor, doch sind die Reaktionszeiten bis zu einem auch nur angenäherten Gleichgewicht außerordentlich lang. Voraussetzung für die Anwendung dieser Methode sollte sein, daß die Minerale gut kristallisiert und frei von Beimengungen sind. Für Kaolinit trifft dies im wesentlichen zu, auch wenn bei dem untersuchten Material eine oft sehr deutliche Abhängigkeit vom Kristallisationsgrad festzustellen ist (58).

In neueren Untersuchungen wurde der Einfluß des Kristallisationsgrads auf die Meßergebnisse erkannt. In Langzeitversuchen (Versuchsdauer 1 237 Tage) haben May et al. (71) die Löslichkeit eines Georgia-Kaolinits bestimmt (pH $\sim$ 4; 25 °C) und konnten trotz Anwesenheit von amorpher Kieselsäure in der Probe einigermaßen genaue Werte für den Gleichgewichtszustand ermitteln. Unter anderen Versuchsbedingungen in einem Durchflußsystem wurden von Nagy et al. (79) Kaolinitproben auf Lösungs- und Fällungsreaktionen, d. h. auf Einstellung des Gleichgewichtszustandes überprüft. Hierfür wurden durch die zufließenden Lösungen (pH = 3; 80 °C) bestimmte Unter- und Übersättigungen an Al^{3+} und $Si(OH)_4$ für den Kaolinit eingestellt. Der Gleichgewichtszustand muß dann von beiden Seiten erreicht werden können. Um von der anfänglich inkongruenten Auflösung zu einer kongruenten zu gelangen, mußten die Proben über längere Zeit in der Lösung vorbehandelt werden.

Auch während der eigentlichen Lösungsversuche zeigte sich eine Inkongruenz. Das Si/Al-Verhältnis war >1, was auf eine geringe Ausfällung einer Al^{3+}-Phase (Gibbsit) auf der Kaolinitoberfläche zurückgeführt wurde. Für eine mögliche Keimbildung von Kaolinit aus Lösungen mit Übersättigung von Al^{3+} und $Si(OH)_4$ liegen gewisse Anhaltspunkte vor. Allerdings war wegen der geringen Menge an Neubildungen ein Nachweis der betreffenden Phasen nicht möglich. Einige wenige Ergebnisse der Auflösungs- und Ausfällungsexperimente lassen aber einen Gleichgewichtszustand der Kaolinitlöslichkeit nach einer Versuchsdauer von etwa 1 000 Stunden erkennen. Diese Versuche wie auch andere machen aber wiederum deutlich, daß es Kaolinitproben mit einheitlicher chemischer Zusammensetzung nicht gibt und daß sich Kaolinitkristalle mit vollkommmener Struktur wohl kaum bilden.

Voraussetzung für die Bestimmung eines Gleichgewichtszustandes ist neben entsprechend langer Versuchsdauer auch der Nachweis, ob bzw. inwieweit die Ergebnisse durch die Ausfällung von sekundären Phasen verfälscht werden. Letzteres gilt besonders dann, wenn die Gibbs-Energie von metastabilen Mineralen (Halloysit) bestimmt werden soll. Es können sich nämlich während der Versuchszeit weniger lösliche, aber stabile Phasen (Kaolinit) bilden, die die Löslichkeitswerte mit beeinflussen (111). Tsuzuki und Kawabe (111) vermuten, daß dann Halloysit die zunächst ausgeschiedene Phase ist und nach Erreichen der Werte von Kaolinit durch eine Lösungsfällungsreaktion (solution-precipitation) eine Umwandlung in diese stabile Phase erfolgt sein dürfte.

Ausführlicher haben sich Steefel und van Capellen (102) mit der Kinetik der Bildung von solchen 1 : 1-Phasen befaßt und an einem simulierten Verwitterungsvorgang auch den zeitlichen Ablauf sowie die Dauer der einzelnen Reaktionsstufen in die Diskussion einbezogen. Bei den niedrigen Temperaturen bilden sich kinetisch gesehen zunächst weniger kristalline Phasen, d. h. Halloysit, da wegen seiner geringeren Oberflächenspannung auch eine günstigere Keimbildung möglich ist. Diese ist bei Kaolinit schwierig und zu langsam. Deshalb wird Halloysit zunächst die vorherrschende Phase sein. In einem Diagramm Volumenanteil gegen Zeit wird dies besonders deutlich (Abb. 4.4). Mit weiterer Zunahme der Gesamtoberfläche von Kaolinit wird nach einer errechneten Zeitspanne von 6 000 Jahren die Übersättigung für Halloysit geringer, und Untersättigung tritt ein. Halloysit beginnt sich aufzulö-

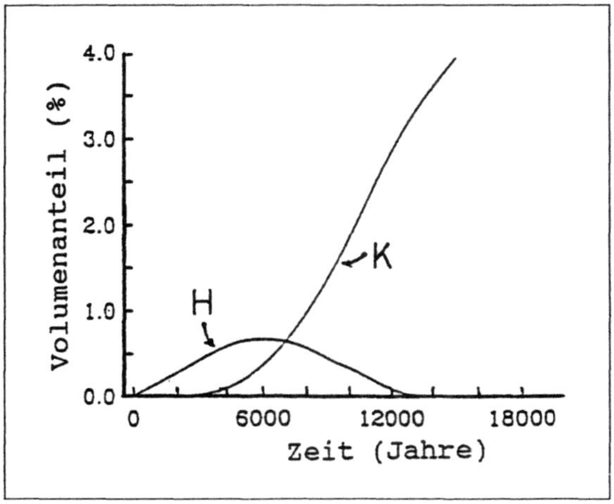

Abb. 4.4. Änderung der Volumenanteile von Halloysit (H) und Kaolinit (K) im simulierten Verwitterungsmodell (102).

sen, und der Volumenanteil an Kaolinit steigt an in einem Zeitraum von 6000 bis 14000 Jahren, wobei gleichzeitig ein Ostwaldscher Reifungsprozeß die weitere Kornvergröberung des Kaolinits bestimmt. Die kleineren Kristalle lösen sich auf und ermöglichen so das Weiterwachsen der größeren, wobei in einem geschlossenen System das Gesamtvolumen konstant bleibt, die Gesamtzahl der Kristalle jedoch abnimmt. Gibbsit wurde bei diesen simulierten Ausscheidungsprozessen von den Autoren nicht in die Diskussion einbezogen, weil er wegen seiner großen Oberflächenenergie und schwierigen Keimbildung den Reaktionsverlauf kaum beeinflussen würde. Die Änderung der Korngrößenverteilung beim Reifungsprozeß wurde aber unabhängig davon auch für Gibbsit berechnet und anschaulich durch die Veränderung der Gaußschen Verteilungskurven dargestellt (Abb. 4.5).

Versuche zur Bestimmung des Lösungsgleichgewichts von Smectiten und Illiten können nicht zu brauchbaren Ergebnissen führen. Alle diese Minerale enthalten Beimengungen. Die z. T. amorphen Verwitterungsbeiprodukte von Übergangsphasen zu Smectiten lassen sich kaum abtrennen. Als Mischkristalle haben Smectite eine komplizierte und breit streuende chemische Zusammensetzung. Nach Weaver und Pollard (116) können diese Dreischichtminerale in Bezug auf ihre chemische Zusammensetzung durch die drei Endglieder Muskovit, Pyrophyllit und Seladonit eingegrenzt werden (vgl. Abb. 2.7, S. 44). Mischkristallbildung zwischen diesen gibt es bei hohen Temperaturen im Bereich der Gesteinsmetamorphose. Mit sinkender Temperatur nimmt die Mischbarkeit schnell ab. Wenn sich trotzdem 2 : 1-Tonminerale bilden, so kann es sich nur um metastabile Phasen, d. h. um metastabile „feste Lösungen“ handeln. Sie sind, wie die Erfahrung zeigt, auch bei gewöhnlicher Temperatur äußerst beständig, können aber nach Lippmann (67 – 69) sowohl aus kristallchemischen als auch aus thermodynamischen Gründen nicht als stabile Phasen angesehen werden. Bereits Churchmann und Jackson (15) mußten feststellen, daß kein Gleich-

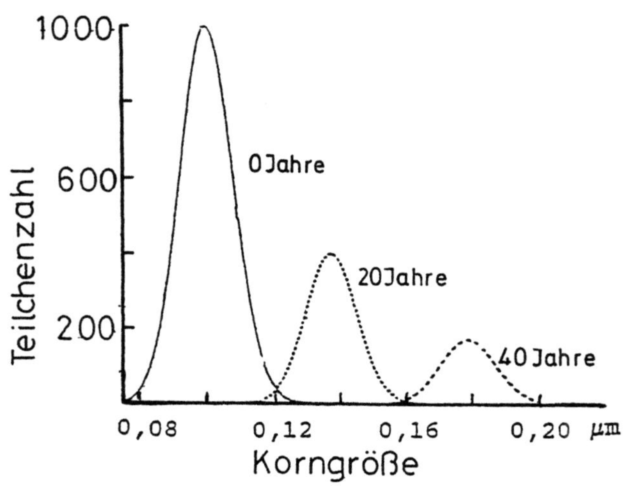

Abb. 4.5. Ostwald-Reifung von Gibbsitkristallen mit einer Gaußschen Verteilung und einem Maximum bei 0,1 µm. Die Verteilung ändert sich mit der Zeit derart, daß die kleineren Kristalle aufgelöst werden und sich eine geringere Anzahl größerer Kristalle bildet, das Gesamtvolumen aber konstant bleibt (102).

gewichtszustand bei den Löslichkeitsexperimenten zu erreichen ist. Auch May et al. (71) machten die gleiche Erfahrung und vermuten aufgrund eigener Löslichkeitsversuche, daß die gemessenen Löslichkeiten nicht durch Montmorillonit, sondern durch Ausfällung von amorpher Kieselsäure und durch Bildung von kaolinitähnlichen Kristallisationsprodukten kontrolliert werden. Die Autoren stimmen mit Lippmann überein, daß Smectite und ähnliche Tonminerale heterogen zusammengesetzte Phasen sind, die nicht im thermodynamischen Gleichgewicht sind und deren Existenz nur kinetisch zu erfassen und zu begründen ist. Die Heterogenität setzt sich sogar fort bis in die Schichtpaketeinheiten als unterschiedliche Ladungsverteilung in Tetraeder- und Oktaederschichten. Unter Anwendung der Theorie der festen Lösungen wurden verschiedene Modelle entworfen (103, 104, 110) und nicht mehr auf Mischungsverhältnisse der Schichtpakete bezogen, sondern eingeschränkt auf äquivalente strukturelle Schichten der Schichtpakete (1). Die Erfassung der speziellen Tonmineralverhältnisse durch solche Interpretationen ist viel zu kompliziert und letzten Endes so nicht zu erreichen (71). Mischungslücken in den „solid solutions“ dürften eine theoretische Behandlung dieser 2:1-Phasen weiter erschweren. Merino und Ramson (72) berechneten die freie Energie von „festen Lösungen“ von Illiten, wobei bestimmte Gleichgewichtseinstellungen zwischen diesen und dem Porenwasser der Sandsteine angenommen wurden. Schon die Heterogenität in der Zusammensetzung der untersuchten Illite ist ein Hinweis darauf, daß in den Illiten kein Gleichgewichtszustand erreicht wurde (53). Die Reaktionsfähigkeit von Smectiten über wechsellagige I/S-Phasen und über Illite bis zu den stabilen Muskoviten, wie sie in natürlichen Vorkommen nachgewiesen wurden, ist nach Meinung der Autoren ein Beispiel dafür, daß ein sich mit den äußeren Bedingungen änderndes Reaktionssystem vorliegt, das aber einem stabilen Gleichgewichtszustand zustrebt. Jede der einzelnen Stufen dieser genetischen Entwicklungsreihe geht in Richtung auf Verminderung der freien Energie, d. h. einer Zunahme des strukturellen Ordnungszustandes und damit auch einer Zunahme des Ostwaldschen Reifungsgrades.

Nach Lippmann (68) kann es Stabilitätsfelder in Aktivitätsdiagrammen nur für die im Reaktionsprozeß beteiligten stabilen Endglieder geben. Weil zuverlässige Werte für die Gibbs-Energien aus Löslichkeitsexperimenten schwer zu erhalten sind, wurden die Gleichgewichtskonzentrationen, d. h. die Aktivitäten, aus thermochemischen Daten berechnet. Ein nach diesen Daten berechnetes Aktivitätsdiagramm für das System K_2O-Al_2O_3-SiO_2-H_2O mit Al_2O_3 als unbeweglicher Komponente wurde von Lippmann (68, 69) unter Verwendung von elektrostatisch ausgeglichenen Reaktionsgleichungen publiziert (Abb. 4.6). Das Feld der Kaolinite läßt sich also im Diagramm gegenüber den stabilen Nachbarn rechnerisch durch die vorgegebenen Daten genau abgrenzen. Kinetische Faktoren, d. h. Ungleichgewichte mit der jeweiligen Umgebung, insbesondere mit der sich ändernden chemischen Zusammensetzung der Porenlösung, sind aber bei natürlichen Vorkommen vorhanden, so daß das Kaolinitfeld wie im Diagramm angedeutet zu erweitern wäre. In diesem erweiterten Bereich wäre ein Kaolinit thermodynamisch gesehen instabil. Er verdankt seine weitere Existenz in dieser Umgebung weitgehend seiner großen Reaktionsträgheit und bleibt instabil, auch wenn er in ein anderes, seinen errechneten Stabilitätsbedingungen nicht mehr entsprechendes Environment gelänge.

Weil Tonminerale wie Smectite und Illite sowie deren Zwischenglieder als instabile Phasen einzuordnen sind, sind nach Lippmann entsprechende Abgrenzungen für diese Mineralgruppen nicht möglich. Das Feld ihrer natürlichen Bildung erstreckt sich von Illiten im Muskovitbereich längs eines breiten Streifens entlang der Grenze

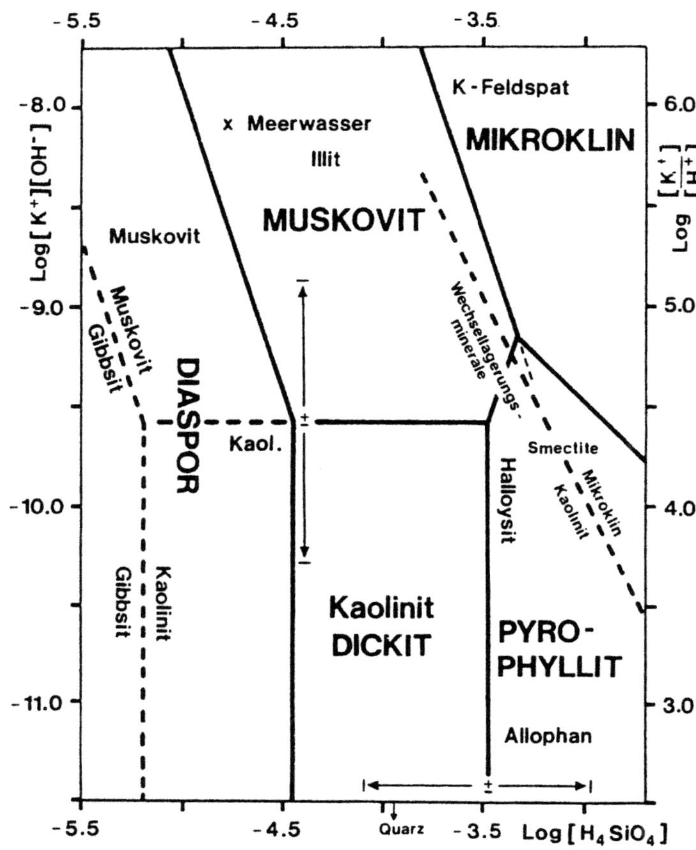

Abb. 4.6. System K_2O-Al_2O_3-SiO_2-H_2O bei 25 °C mit Al_2O_3 als immobiler Komponente. Abszisse: log der Aktivität der Kieselsäure in wäßriger Phase, Ordinate: log des Aktivitätsproduktes $[K^+] \cdot [OH^-]$, x = Zusammensetzung des Meerwassers.
Die Größe der Beschriftung kennzeichnet den Stabilitätszustand (68).

zum Kalifeldspat bis zu den Smectiten mit den geringsten K^+/H^+-Werten. Auch hier bestimmen kinetische Faktoren den weiten Streubereich dieser Minerale. Selbst wenn, wie aus den Stabilitätsverhältnissen im Diagramm zu entnehmen, eine direkte Kaolinitisierung des Feldspats nicht eintreten sollte, werden auch hier kinetische Einflüsse eine intermediäre Smectitbildung verhindern. Allerdings haben Banfield und Eggleton (5) elektronenoptisch eine solche auf verwittertem Feldspat nachgewiesen. Im Verwitterungsenvironment werden aber Halloysit und vor allem Kaolinit vorherrschend sein.

Andere Diagramme von Lippmann (68) betreffen die Systeme Na_2O-Al_2O_3-SiO_2-H_2O, MgO-Al_2O_3-SiO_2-H_2O und K_2O-MgO-Al_2O_3-SiO_2-H_2O jeweils mit den Aktivitätsprodukten $[Na^+]\ [OH^-]$, $[Mg^{2+}]\ [OH^-]^2$ gegen $[H_4SiO_4]$ und $[Mg^{2+}]\ [OH^-]^2$

gegen [K^+] [OH^-], wobei letztere instabile Mg-reiche, d. h. auch chloritische Tonminerale einbeziehen.

Zur weiteren Ergänzung sollen noch einige Aktivitätsdiagramme anderer Autoren erwähnt werden. Zum System K_2O-Al_2O_3-SiO_2-H_2O wurden unter Verwendung thermodynamischer Daten u. a. Aktivitätsdiagramme von Carpenter (zit. in 57) und von Helgeson et al. (38) publiziert, wobei jeweils Al_2O_3 als inerte Komponente eingestuft wurde. Im System Na_2O-Al_2O_3-SiO_2-H_2O wurde auch eine Na^+-Montmorillonitphase zwischen Albit (Analcim) und Kaolinit eingegrenzt. Ein Fünfstoffsystem, sowohl für Na_2O als für K_2O wurde von Drever (21) (zit. in 25) berechnet, wobei neben Kaolinit auch eine Montmorillonitphase mit entsprechend reduzierter Strukturformel abgegrenzt wurde, und zwar dargestellt in der Projektion lg ([Na^+]/[H^+] gegen lg [H_4SiO_4] mit lg ([K^+]/[H^+]) = 4. Nach Velde (113) können in so vereinfachten Systemen die tatsächlichen Grenzen von Smectiten mit den natürlichen Mischkristallverhältnissen nicht richtig wiedergegeben werden. Die für diese Diagramme errechneten Freien Energien können bezüglich der chemischen Grundlage nicht umfassend genug sein für so komplexe Silicatstrukturen wie Montmorillonite, Illite und Zwischenphasen. So haben Merino und Ramson (72) einen anderen Weg eingeschlagen. Die thermodynamischen Daten aus den entsprechenden chemischen Analysen wurden für Aktivitätsdiagramme der wichtigsten Komponenten (K^+, Na^+, Ca^{2+}, Fe^{2+}, Fe^{3+}, Al^{3+}) verwertet. Berechnet wurde die Freie Bildungsenergie für diagenetisch gebildete Illite durch Einbeziehung von Mikrosondenanalysen der Proben einschließlich des umgebenden und angeblich mit den Proben im Gleichgewicht stehenden Porenwassers. Nach Jiang et al. (53) zeigt die Heterogenität der Illite mit einer chemischen Zusammensetzung zwischen der von Pyrophyllit und von Muskovit, daß kein Gleichgewichtszustand erreicht wurde. Wegen eines solchen breiten Bereichs einer „solid solution“ muß es sich auch nach Lippmann (68, 69) um metastabile Phasen handeln. Sie können dann als solche durch Stabilitätsfelder in Aktivitätsdiagrammen nicht abgegrenzt werden.

4.6 Zur Synthese von Tonmineralen

Die Stabilitätsdiagramme liefern wichtige Daten für eine Synthese von Tonmineralen, wenn die Daten für die Konzentrationsverhältnisse der sie zusammensetzenden Elemente bekannt sind. Man sollte dann erwarten, daß sich die betreffenden Tonminerale bei bestimmter Übersättigung einer Lösung aus dieser abscheiden. Entsprechend den Löslichkeiten von kaolinitischen Phasen sollte sich zunächst eine Halloysitphase und erst nach weiterer Konzentrationszunahme der Ausgangslösung und Erreichen der Löslichkeitsgrenze eine Kaolinitphase bilden. Die Erfahrung zeigt, daß dies ein sehr langdauernder Prozeß ist, und es wohl nur unter hydrothermalen Bedingungen zur Kristallbildung kommt, wie Noll (80, 81) mit seinen Tonmineralsynthesen beweisen konnte. Die Ursache hierfür ist die schwierige Bildung von größeren, nicht mehr zerfallenden stabilen Keimen und, selbst wenn dieses Hemmnis z. B. durch zugesetzte Impfkeime ausgeschaltet ist, das äußerst langsame Weiterwachsen der Kaolinitkristalle. So scheidet sich aus stärker übersättigten, nicht vorpräparierten Lösungen fast immer eine Gelphase von amorphem Aluminiumsilicat ab. Die Kristallisation aus einer solchen Phase, d. h. eine Depolymerisation und Entwicklung von Kristallkeimen, ist ebenfalls ein langdauernder Prozeß.

Günstiger ist es, von einem $Al(OH)_3$-Gel auszugehen und damit Kieselsäure aus sehr verdünnten Lösungen reagieren zu lassen. Nach Harder (35) bildet sich aus stark verdünnten Ausgangslösungen (6 – 12 mg Al_2O_3/l; 10 – 30 mg SiO_2/l) bei *p*H-Werten von 4,5 bis 5,3 und 20 °C nach Alterungszeiten von einigen Monaten röntgenographisch nachweisbar eine ungeordnete Kaolinitphase. Schwach saure Lösungen sind nötig, weil in diesem *p*H-Wert-Bereich die gibbsitähnliche Phase ($Al(OH)_3 \cdot nH_2O$) bereits ein stabiles hexagonales Al^{3+}-OH^--Netzwerk ausbildet (121). Dessen Schichtstruktur ist eine günstige Ausgangsposition für die Kaolinitbildung mit untersättigten Kieselsäurelösungen, und zwar durch Kondensation von monomerem $Si(OH)_4$ auf der Brucitschicht. Eine vorteilhafte Ausgangsposition ist auch gegeben, wenn von einem bereits schichtförmigen Tonmineral ausgegangen wird. Bei seinen Syntheseversuchen benutzte Kittrick (59) Montmorillonit, der im alkalischen *p*H-Wert-Bereich stabil ist, in sauren Ausgangslösungen aber angegriffen wird. In Lösung gebracht bestehen nicht nur günstige Voraussetzungen für den Aufbau einer neuen Schichtpaketanordnung, sondern auch für die schwierige erste Keimbildung der neuen Phase. Andere Möglichkeiten, z. B. hexagonal koordinierte Aluminiumionen in einer für die Kaolinitbildung möglichst nicht hydratisierten Form zu erhalten, bestehen darin, von Aluminiumverbindungen mit organischen Molekülen auszugehen, aus denen Aluminiumionen nur langsam in die Lösung abgegeben werden. So setzte Siffert (98) Aluminiumoxalat ein, das sich langsam zersetzte. Günstig für die Bildung der Oktaederschicht mit Al^{3+}-Ionen erwies sich eine vorausgehende Bindung der Aluminiumionen, z. B. an Huminsäuren (66), wobei eine epitaktische Wirkung einer hexagonalen Al^{3+}-Vorordnung am Huminsäurekomplex und eine reduzierte Hydratisierung der Aluminiumionen erreicht werden. Eine Zusammenfassung über die bisher durchgeführten Halloysit- und Kaolinitsynthesen geben La Iglesia und van Oosterwyck-Gastuche (64, 84).

Die Synthese von Mg^{2+}-Smectitphasen bei niedrigen, nichthydrothermalen Temperaturen gelang Strese und Hofmann (105) mit Magnesiumsilicatgelen. Allerdings wurden nur zweidimensionale Phasen erhalten, denn eine Bindung zwischen diesen kam nicht zustande. Caillère und Hénin (13) haben dann auf die Problematik dieser zu schwachen Kondensationsreaktionen hingewiesen. Entsprechende Modelle zu deren Lösung wurden vorgeschlagen, wie Einbindung von Al^{VI} in eine vorwiegend Mg^{2+}-haltige Oktaederschicht, d. h. über ein Ladungsgleichgewicht zunächst die Bindung mit einzelnen $[SiO_4]$-Tetraedern, aber dann auch die mit einer langsam sich vervollkommnenden Tetraederschicht zu erreichen. Harder (36) konnte später alle bisher bestehenden Schwierigkeiten einer Smectitsynthese überwinden, und zwar mit vorwiegend aluminiumhaltigen Phasen. Es wurden Smectite aus gelförmigen Niederschlägen mit definierten Gehalten an Al^{3+}, Mg^{2+} und $Si(OH)_4$ bei Temperaturen von 3°, 20° und 60 °C synthetisiert, wobei die erste Bildung von Smectitphasen nach ein bis drei Monaten erfolgte. Für alle diese Synthesen mußte der Mg^{2+}-Gehalt der Niederschläge wenigstens 6 % betragen und der Si-Gehalt der Lösung im Kontakt mit dem Al^{3+}-Mg^{2+}-Hydroxidgel unterhalb der Sättigungsgrenze von amorpher Kieselsäure bleiben. Röntgenographisch konnte durch die (060)-Interferenz je nach Al^{3+}-Gehalt in der Gelphase zwischen di- und trioktaedrischen Anteilen in den Smectitphasen unterschieden werden. Dabei war bei stärker basischen Ausgangslösungen (*p*H = 10) weniger Mg^{2+} für die Bildung von kristallinen Phasen erforderlich. Ein bestimmter Mg^{2+}-Anteil in einer Al^{3+}-haltigen Oktaederschicht dürfte die Bildung von Schichtpaketen, d. h. eine Anbindung der Tetraederschicht, erleichtern. Auch die eisenhaltigen Tonminerale konnten synthetisiert werden (37). Durch

Änderung der *p*H- und *Eh*-Werte der Lösung mit monomerer amorpher Kieselsäure wurden die Ausgangs-Fe^{2+}-Gele so verändert, daß sich sowohl dioktaedrische Phasen vom Chamosittyp als auch trioktaedrische Phasen vom Nontronittyp bildeten. Von Decarreau (18, 19, 20) wurden trioktaedrische Smectite synthetisiert mit verschiedenen Arten von Kationen, vor allem in der Oktaederschicht. Elektronenoptische Aufnahmen der Syntheseprodukte zeigen nach Meinung der Autoren, daß eine Montmorillonitbildung durch Zusammenwachsen von neu entstehenden Keimen über eine Kantenkondensation zu Domänen von 100 bis 200 Å sehr wohl möglich sei. Eine solche Kristallgenese geht nicht mehr von der bisher meist vertretenen Vorbedingung aus, daß eine anfängliche Brucitschicht vorhanden sein müsse.

Die Synthese aller dieser Tonminerale beweist aber zusätzlich die Problematik der Bildung von strukturell gut ausgebildeten Tonmineralen bei normalen Temperaturen. Ein echter Gleichgewichtszustand konnte ebenso wenig wie bei den Löslichkeitsexperimenten erreicht werden. Wohl nur in geologisch langen Zeiten unter gleichbleibenden äußeren Bedingungen wird sich der gut kristallisierte Kaolinit bilden können. Smectite und Illite werden sich in Abhängigkeit von der Zusammensetzung der Lösung, d. h. letztlich als Folge der kinetischen Bedingungen, als „stabile" Phasen erweisen. Jedoch wird die Frage kaum hinreichend zu beantworten sein, wieweit diese äußeren Bedingungen unter natürlichen Verhältnissen über die erforderliche lange Zeit gleich geblieben sind.

Ausführlich hat sich Velde (113) mit solchen Problemen und deren physikalisch-chemischer Behandlung von entsprechenden Phasengleichgewichten auseinandergesetzt. Über Smectitsynthesen hat zusammenfassend Güven (33) berichtet. Die Synthese von Sepiolith wurde von Siffert und Wey (99) durchgeführt. Wollast et al. (120) konnten Sepiolith unter fast natürlichen Bedingungen synthetisieren, indem sie Natriummetasilicat und NaOH einer Meerwasserlösung zugaben. Weitere Literatur über Experimente zur Synthese sowie auch über die vielseitigen industriellen Anwendungen von Sepiolith, aber auch von Al^{3+}-haltigem Palygorskit haben Jones und Galan (55) zusammengefaßt.

Literatur

1. Aagaard P, Helgeson HC (1983) Activity/compositon relations among silicates and aquous solutions II. Chemical and thermodynamic consequences of ideal mixing of atoms on homological sites in montmorillionites, illites and mixed-layer clays. Clays Clay Min 31:207–217
2. Ahn JH, Peacor DR (1986) Transmission and analytical electron microscopy of the smectite-to-illite transition. Clays Clay Min 34: 165–179
3. Ahn JH, Peacor DR (1989) Illite/smectite from gulf coast shales: A reappraisal of transition. Clays Clay Min 37: 542–546
4. Banfield JF, Eggleton RA (1988) Transmission electron microscope study of biotite weathering. Clays Clay Min 36: 47–60
5. Banfield JF, Eggleton RA (1990) Analytical transmission electron microscope studies of plagioclase, muscovite and K-feldspar weathering. Clays Clay Min 38: 77–89
6. Baronnet A (1982) Growth kinetics of the silicates. A review of basic concepts. Fortschr d Min 38: 185–198
7. Barshad I (1966) The effect of variation in precipitation on the nature of clay mineral formation in soils from acid and basic igneous rocks. In: Heller L, Weiss A (eds) Proc Intern Clay Conf (1966) vol I. Jerusalem Israel Program for Sientific Translation, pp 167–173
8. Bell TE (1986) Microstructure in mixed-layer illite/smectite and its relationship to the reaction of smectite to illite. Clays Clay Min 34: 146–154

9. Bethge CM, Vergo N, Altaner SP (1986) Pathways of smectite illitization. Clays Clay Min 34: 125 – 135
10. Boettcher AL (1966) Vermiculite, hydrobiotite and biotite in the rainy creek igneous complex near Libby Montana. Clay Min 6; 283 – 296
11. Boles JR, Franks SG (1979) Clay diagenesis in Wilcox Sandstones of south-west Texas: implications of smectite diagenesis on sandstone cementation. Journ Sedim Petrology 49: 55 – 70
12. Burst JF (1969) Diagenesis of Gulf Coast clayly sediments and its possible relationship to petroleum migration. Am Assoc Petr Bull 33: 73 – 93
13. Caillère S, Hénin S (1962) Vues d'ensemble sur le problème de la synthèse des mineraux argileux a basse température. Colloque No. 105 du C.N.R.S. In: Geneše et synthèse des argiles 32 – 41; Editions du colloques internationaux du centre national de la recherche scientifique Paris
14. Chang HK, Mackenzie FT, Schoonmaker I (1986) Comparisons between the diagenesis of dioctahedral and trioctahedral smectite, Brazilian Offshore basins. Clays Clay Min 34: 407 – 423
15. Churchman GJ, Jackson ML (1976) Reaction of montmorillonite with acid aqueous solutions: solute activity control by a secondary phase. Geochim Cosmochim Acta 40: 1251 – 1259
16. Correns CW, Engelhardt W von (1938) Neue Untersuchungen über die Verwitterung des Kalifeldspats. Chemie der Erde 12: 1 – 22
17. Correns CW (1963) Experiments on the decomposition of silicates and discussion of chemical weathering. Clays Clay Min 10: 443 – 459
18. Decarreau A (1980) Cristallogenèse experimentale des smectites magnesiennes: hectorite, stevensite. Bull Mineral 103: 579 – 590
19. Decarreau A (1981) Cristallogenèse à basse temperature des smectites trioctaédrique par viellement de comprecipites silico metallique de formule (Si_{4-x}) $M_3O_{10}nH_2O$. C R Acad Sci Paris 292: 61 – 64
20. Decarreau A (1985) Partitioning of divalent transition elements between octahedral sheets of trioctahedral smectites and water. Geochim Cosmochim Acta 49: 1537 – 1544
21. Drever JI (1982) The geochemistry of natural waters. Prentice Hall, Englewood Cliffs, N J
22. Eberl DD, Hower I (1976) Kinetics of illite formation. Bull Geol Soc Am 87: 1326 – 1330
23. Eberl DD, Hower I (1977) The hydrothermal transformation of sodium and potassium smectite into mixed layer clay. Clays Clay Min 25: 215 – 228
24. Eberl DD (1980) Alkali cation selectivity and fixation by clay minerals. Clays Clay Min 28: 161 – 172
25. Eberl DD (1984) Clay mineral formation and transformation in rocks and soils. Phil Trans Royal Soc London A 311: 241 – 257
26. Engelhardt W von (1960) Der Porenraum der Sedimente. In: von Engelhardt W, Zeemann J (eds) Mineralogie u. Petrographie in Einzeldarstellungen. Springer, Berlin Göttingen Heidelberg
27. Engelhardt W von (1977) The origin of sedimentary rocks, Part III. In: v Engelhardt W, Füchtbauer H, Müller G (eds) Sedimentary Petrology. Halstead Press Book Wiley, New York
28. Fanning DS, Keramidas V Z (1977) Micas in minerals and soil environments. In: Dinauer DC (ed) Soil Science Society of America, Madison USA, pp 195 – 258
29. Farmer VC, Fraser AR, Tait JM (1979) Characterization of the chemical structures of natural and synthetic aluminosilicate gels and sols by infrared spectroscopy. Geochim Cosmochim Acta 43: 1417 – 1420
30. Garrels RM, Christ CL (1965) Solutions, minerals and equilibria. Freemann Cooper a Co, San Francisco
31. Garrels R M (1984) Montmorillonite/illite stability diagrams. Clays Clay Min 32: 161 – 166
32. Güven N, Hower WF, Davies DK (1980) Nature of authigene illites in sandstone reservoirs. Sedim Petrology 50: 761 – 766
33. Güven N (1988) Smectites. In: Bailey SW (ed) Hydrous phyllosilicates, Reviews in Mineralogy, Mineral Soc Amer vol 19. pp 497 – 552
34. Guthrie GD, Veblen DR (1989) High-resolution transmission electron microscopy of mixed-layer illite/smectite: Computer simulations. Clays Clay Min 37: 1 – 11
35. Harder H (1970) Kaolinitsynthese bei niedrigen Temperaturen. Naturwissenschaften 57: 193

36. Harder H (1972) The role of magnesium in the formation of smectite minerals. Chem Geol 14: 241 – 253
37. Harder H (1978) Synthesis of iron-layer silicates under natural conditions. Clays Clay Min 26: 65 – 72
38. Helgeson HC, Garrels RM, Mackenzie FT (1969) Evaluation of irreversible reactions in geochemical processes involving minerals and aqueous solutions, II Applications. Geochim Cosmochim Acta 33: 455 – 481
39. Hemni T, Wada K (1976) Morphology and composition of allophane. Am Min 61: 379 – 390
40. Hower J (1961) Some factors concerning the nature and origin of glaukonite. Am Min 46: 313 – 334
41. Hower J, Eslinger EV, Hower ME, Perry EA (1976) Mechanism of burial metamorphism of argillacious sediment. C. Mineralogical and chemical evidence. Bull Geol Soc Am 87: 725 – 737
42. Hurst A, Irvin HI (1982) Geological modelling of clay diagenesis in sandstones. Clay Miner 17: 5 – 22
43. Imbert T, Desprairies A (1987) Neoformation of halloysite on vulcanic glass in marine environment. Clay Min 22: 179 – 185
44. Inoue A (1987) Conversion of smectite to chlorite by hydrothermal and diagenetic alterations. Hokuroku Kusoko mineralization area, northeast Japan. Proc Intern Clay Conf Denver 1985, 158 – 164
45. Inoue A, Kokyama N, Kilagawa R, Watanabe T (1987) Chemical and morphological evidence for the conversion of smectite to illite. Clays Clay Min 35: 111 – 120
46. Inoue A, Velde B, Meunier A, Touchard G (1988) Mechanism of illite formation during smectite-to-illite conversion in a hydrothermal system. Am Min 73: 1325 – 1334
47. Inoue A, Utada M (1991) Smectite-to-chlorite transformation in thermally metamorphosed volcanoclastic rocks in the Kamikita area, northern Hanshu, Japan. Am Min 76: 628 – 640
48. Isphording WC (1973) Discussion of the occurence and origin of sedimentary palygorskite-sepiolite deposites. Clays Clay Min 21: 313 – 401
49. Jasmund K, Riedel D (1961) Untersuchungen des tonigen Zwischenmittels im Hauptbuntsandstein der Nordeifel. Bull Geol Inst Upsala, vol XL, pp 247 – 257
50. Jasmund K, Riedel D, Keddeines H (1969) Neubildung von leistenförmigem Illit und von Dickit bei der Zersetzung des Muskovits in Sandstein. In: Heller L (ed) Proc Intern Clay Conf Tokyo, Japan. Israel Universities Press, Jerusalem, pp 493 – 500
51. Jasmund K (1991) Von den Tonkolloiden zu den Tonmineralen. In: Tributh H, Lagaly G (Hrsg) Identifizierung und Charakterisierung von Tonmineralen. Deutsche Ton- und Tonmineralgr, Gießen S 11 – 17
52. Jeans CV (1971) The neoformation of clay minerals in brackish and marine environments. Clay Min 9: 209 – 217
53. Jiang W-T, Essene EJ, Peacor DR (1990) Transmission electron microscopy study of coexisting pyrophyllite and muscovite: direct evidence for the metastability of illite. Clays Clay Min 38: 225 – 240
54. Jiang W-T, Peacor DR (1991) Transmission electron microscopic study of the kaolinization of muscovite. Clays Clay Min 39: 1 – 13
55. Jones BF, Galan E (1988) Sepiolite and palygorskite. In: Bailey SW (ed) Hydrous phyllosilicates, vol 19, pp 631 – 667 Reviews in Mineralogy: Mineral Soc Amer
56. Johns WD (1979) Clay mineral catalysis and petroleum generation. Am Rev Earth Planetary Sci: 183 – 198
57. Keller WD (1970) Environmental aspects of clay minerals. J Sedimentary Petrology 40: 788 – 813
58. Kittrick JA (1966) Free energy of formation of kaolinite from solubility. Am Min 51: 1457 – 1466
59. Kittrick JA (1970) Precipitation of kaolinite at 25 °C and 1 atm. Clays Clay Min 18: 261 – 268
60. Kittrick JA (1973)Mica-derived vermiculites as unstable intermediates. Clays Clay Min 21: 479 – 488
61. Kittrick JA (1984) Stability measurements of phases in three illites. Clays Clay Min 33: 115 – 124

62. Kohler EE, Köster HM (1976) Zur Mineralogie, Kirstallchemie und Geochemie kretazischer Glaukonite. Clay Min 11: 273 – 302
63. Kübler B (1973) La corrensite, indicateur possible de milieux de sedimentation et du degrée de transformation d'un sediment. Bull Centre Rech Pau SNPA 7: 543 – 556
64. La Iglesia A, Oosterwyck-Gastuche MC van (1978) Kaolinite synthesis I. Crystallization conditions at low temperatures and calculation of thermodynamic equilibria. Application to laboratory and field observations. Clays Clay Min 26: 397 – 408
65. Lanson B, Champion D (1991) The I/S-to-illite reaction in the late stage diagenesis. Am J Sci 291: 473 – 506
66. Linares J, Huertas F (1971) Kaolinite: Synthesis at room temperature. Science 171: 896 – 897
67. Lippmann F (1977) The solubility products of complex minerals, mixed crystals and three-layer clay minerals. N Jb Min Abh 130: 243 – 263
68. Lippmann F (1979) Stabilitätsbeziehungen der Tonminerale. N Jb Min Abh 136: 287 – 309
69. Lippmann F (1982) The thermodynamic status of clay minerals. In: Olphen H van, f Veniak, (eds) Proc 7. Intern Clay Conf Bologna, Pavia, 1981 Elsevier, Amsterdam pp 475 – 485
70. Magara K (1975) Reevaluation of montmorillonite dehydration as cause of abnormal pressure and hydrocarbon migration. Am Assoc Petrol Geol Bull 5: 292 – 302
71. May HM, Kinniburgh DG, Helmke PA, Jackson ML (1986) Aqueous dissolution, solubilities and thermodynamic stabilities of common aluminosilicate clay minerals: kaolinite and smectites. Geochim Cosmochim Acta 50: 1667 – 1677
72. Merino E, Ramson B (1982) Free energies of formation of illite solid solutions and their compositional dependence. Clays Clay Min 30: 29 – 39
73. Millot G (1970) Geology of clays. Springer, New York Heidelberg Berlin
74. Mosser Ch (1974) Illites en lattes, illites pseudohexagonales, processus de formation: Experimentation. Clay Min 10: 145 – 151
75. Müller G (1961) Die rezenten Sedimente im Golf von Neapel 2. Mineralneu- und Umbildungen in den rezenten Tuffiten des Golfes von Neapel. Ein Beitrag zur Umwandlung vulkanischer Gläser durch Halmyrolyse. Beitr Min Petrogr : 1 – 20
76. Nadeau PH, Wilson MJ, McHardy WJ, Tait JM (1984) Interparticle diffration: A new concept for interstratified clays. Clay Min 19: 757 – 769
77. Nadeau PH, Wilson MJ, McHardy WJ, Tait JM (1984) Interstratified XRD characteristics of physical mixtures of elementary clay particles. Clay Min 19: 67 – 76
78. Nadeau P H, Wilson M J, McHardy W J, Tait J M (1985) The conversion of smectite to illite during diagenesis: Evidence from some illite clays from betonites and sandstones. Min Mag 49: 393 – 400
79. Nagy KL, Blum AE, Lasga AC (1991) Dissolution and precipitation kinetics of kaolinite at 80 °C and pH 3: The dependence on solution saturation state. Am J Sci 291: 649 – 686
80. Noll W (1934) Hydrothermale Synthese des Kaolins. Mineral Petrogr Mitt, 45: 175 – 190
81. Noll W (1936) Synthese von Montmorilloniten. Chem Erde 10: 129 – 154
82. Norin E (1953) Occurrence of authigenic illitic mica in the sediments of the central Tyrrhenian Sea. Bull Geol Inst Univ Uppsala 34: 239
83. Norrish K (1972) Factors in the weathering of mica to vermiculite. In: Serratosa JM (ed) Proc Intern Clay Conf Madrid, 1972. Div Ciencias CSIC, pp 419 – 432
84. Oosterwyck-Gastuche MC van, La Iglesia A (1978) Kaolinite synthesis II. Review and discussion of the factors influencing the rate process. Clays Clay Min 26: 409 – 417
85. Parham WE (1969) Halloysite-rich tropical weathering products of Hongkong. In: Heller L (ed) Proc Intern Clay Conf Tokyo, Japan, 1969. Israel Universities Press, Jerusalem, pp 403 – 416
86. Perry E, Hower I (1970) Burial diagenesis in Gulf coast pelitic sediments. Clays Clay Min 18: 165 – 177
87. Perry E, Hower J (1972) Late-stage dehydration in deeply buried pelitic sediments. Bull Am Ass Petrol Geol 56: 2013 – 2021
88. Powell TG, Foscolos AE, Gunther PR, Snowden LR (1978) Diagenesis of organic matter and fine clay minerals: a comparative study. Geochim Cosmochim Acta 42: 1181 – 1197
89. Rex RW (1965) Authigenic kaolinite and mica as evidence for phase equilibria at low temperatures. Clays Clay Min 13: 95 – 104

90. Reynolds RC (1980) Interstratified clay minerals. In: Brindley G W, Brown G (eds) Crystal structures of clay minerals and their X-ray identification. Mineralogical Society London, 249 – 304
91. Roberson HE (1974) Early diagenesis: Expansible soil clay-sea water reactions. J Sedim Petrol 44: 441 – 449
92. Robert M (1973) The experimental transformation of mica toward smectite; relative importance of total charge and tetrahedral substitution. Clays Clay Min 21: 167 – 174
93. Rosenberg PE, Kittrick JA, Sass BM (1985) Implications of illite/smectite stability diagrams: A discussion. Clays Clay Min 33: 561 – 562
94. Russel KL (1970) Geochemistry and halmyrolysis of clay minerals, Rio Ameca, Mexico. Geochim Cosmochim Acta 34: 893 – 907
95. Sayles FL, Mangelsdorf PC (1977) The equilibration of clay minerals with seawater: exchange reactions. Geochim Cosmochim Acta 41: 951 – 960
96. Sayles FL, Mangelsdorf PC (1979) Cation-exchange charactericties of Amazon river suspended sediment and its reaction with seawater. Geochim Cosmochim Acta 43: 767 – 779
97. Siffermann G, Millot G (1969) Equatorial and tropical weathering of recent basalts from Cameron: Allophanes, halloysite, metahalloysite, kaolinite and gibbsite. In: Heller L (ed) Proc Intern Clay Conf, Tokyo, Japan, vol I., Isreael Universities Press, Jerusalem, pp 417 – 430
98. Siffert B (1962) Quelques réactions de la silice en solution: La formation des argiles. Mém Serv Carte Geol Alsace Lorraine 21, 86
99. Siffert B, Wey R (1962) Synthèse d'une sepiolite à temperature ordinaire. C R Acad Sci Paris 254: 1460 – 1463
100. Singer A (1979) Palygorskite in sediments: Detritical, diagenentic or neoformed. A critical review. Geolog Rundschau 68: 996 – 1008
101. Singer A, Müller G (1983) Diagenesis in argillacaous sediments. In: Larsen G, Chilinger GV (eds) Diagenesis in Sediments and Sedimentary Rocks. Elsevier, Amsterdam
102. Steefel GI, Capellen P van (1999) A new kinetic approach to modeling water-rock interaction: The role of nucleation, precursors, and Ostwald-ripening. Geochim Cosmochim Acta 54: 2657 – 2677
103. Stoessel RK (1979) A regular solution site-mixing model for illites. Geochim Cosmochim Acta 43: 1151 – 1159
104. Stoessel RK (1981) Refinements in a site-mixing model for illites: Local electrostatic balance and the quasi-chemical approximation. Geochim Cosmochim Acta 45: 1733 – 1741
105. Strese H, Hofmann U (1941) Synthesis of magnesium silicate gels with twodimensionl regular structures. Z Anorg Allgem Chem 247: 65 – 95
106. Surdam RC, Crossley LJ (1985) Organic inorganic reactions during progressive burial: key to porosity and permeability enhancement and preservation. Phil Trans Roy Soc London A 315: 135 – 156
107. Tazaki K (1986) Observation of primitive clay, presurors during microcline weathering. Contrib Mineral Petrol 92: 86 – 88
108. Tazaki K, Fyfe WS, van der Gaast (1989) Growth of clay minerals in natural and synthetic glasses. Clay Clay Min 37: 348 – 354
109. Thomassin JH, Crovissier JL, Touray JC, Juteau T, Boutonnat F (1985) L'apport de la géochimie experimentale à la compréhension des interactions eau de mer-verre basaltique entre 3 °C et 90 °C, données de l'analyse ESCA, de la microscopie et de la microdiffraction électronique. Bull Sov Geol France 8: 217 – 222
110. Truesdell A H, Christ C L (1968) Cation exchange in clays interpreted by regular solution theory. Am J Sci 266: 402 – 412
111. Tsuzuki Y, Kawabe I (1983) Polymorphe transformations of kaolin minerals in aqueous solutions. Geochim Cosmochim Acta 47: 59 – 66
112. Veblen DR, Guthrie GD, Livi KJT, Reynolds RC (1990) High-resolution transmission electron microscopy and electron diffraction of mixed-layer illite/smectite: Experimental results. Clays Clay Min 38: 1 – 13
113. Velde B (1977) Clays and clay minerals in natural and synthetic systems in: Developments in Sedimentology 21. Elsevier, Amsterdam Oxford New York
114. Wada SI, Wada K (1979) Synthetic allophane and imogolite. J Soil Sci 30: 347 – 355

115. Wada SI, Wada K (1980) Formation, composition and structure of hydroxoaluminiumsilicate ions. J Soil Sci 31: 457 – 467
116. Weaver CE, Pollard LD (1973) The chemistry of clay minerals. Elsevier, Amsterdam New York London
117. Williams LB, Ferrel RE, Chinn EW, Sassen R (1989) Fixed-ammonium in clays associated with crude oils. Appl Geochem 4: 605 – 616
118. Williams LB, Ferrel RE (1991) Ammonium substitution in illite during maturation of organic matter. Clays Clay Min 39: 400 – 408
119. Wilson MD, Pttmann ED (1977) Authigenic clays in sandstones: Recognition and influence on reservoir properties and paleoenvironmental analysis. J Sediment Petrology 47: 3 – 31
120. Wollast R, MacKenzie FT, Bricker OP (1968) Experimental precipitation and genesis of sepiolite at earth surface conditions. Am Min 53: 1645 – 1662
121. Yariv S, Cross H (1979) Geochemistry of colloid systems for earth scientists. Springer, Berlin Heidelberg New York
122. Yau Y-C, Peacor DR, Essene EJ, Lee JH, Kuo L-C, Cosca MA (1987) Hydrothermal treatment of smectite, illite and basalt to 460 °C: comparision of natural with hydrothermally formed clay minerals. Clays Clay Min 35: 241 – 250
123. Yau Y-C, Peacor DR, Bearre E, Essene EJ, McDowell SD (1988) Microstructures, formation mechanisms and depth-zoning of phyllosilicates in geothermally altered shales, Salton Sea, California. Clays Clay Min 36: 1 – 10

5 LAGERSTÄTTEN VON TONROHSTOFFEN

M. Störr

Die Lagerstätten werden nach dem dominierenden Mineralbestand klassifiziert in Lagerstätten von Kaolin, Bentonit, Palygorskit/Sepiolit, Talk, Pyrophyllit, Asbest und gemeinen Tonen.

5.1 Kaolinlagerstätten

5.1.1 Genese der Kaolinlagerstätten

Kaoline sind Gesteine, die überwiegend aus Mineralen der Kaolingruppe (Kaolinit, Halloysit, Dickit) zusammengesetzt sind. Genetisch unterscheidet man residuale, hydrothermale und sedimentäre Kaoline (siehe auch Kap. 7.3.2).

Residualkaoline sind durch Verwitterung an der Erdoberfläche entstanden, zeigen deutlich das Gefüge der Muttergesteine und sind flächenhaft auf rezenten oder fossilen Landoberflächen verbreitet. Zur Tiefe gehen sie mehr oder weniger kontinuierlich in das Muttergestein über, wobei meist eine deutliche Zonierung (Primärgestein – Dreischichtsilicatzone – Zweischichtsilicatzone) festzustellen ist. Die Residualkaoline entstanden in Perioden intensiver chemischer Verwitterung auf Festländern der feuchtwarmen Tropen und Subtropen. Die Verwitterung erfaßte verschiedene nebeneinanderliegende Gesteine, und in Abhängigkeit von deren Wasserdurchlässigkeit (Porosität, Klüftung, Störungen) reicht die Kaolinisierung unterschiedlich tief. Daher bilden die Residualkaoline flächenhaft verbreitete, zusammenhängende wannenartige Rohstoffkörper (z. B. sächsische Kaoline, s. Abb. 5.2).

In der Erdgeschichte können mehrere Perioden der an die subtropisch-tropischen Breiten gebundenen, intensiven chemischen Verwitterung mit Laterit-, Bauxit- und Kaolinbildung festgestellt werden: Kambrium-Silur, Karbon-Perm, Keuper-Lias, Kreide-Tertiär. Ausgesprochen regionale Kaolinisierungen der Landoberflächen sind erst nach der Besiedlung des Festlandes mit Pflanzen ab Devon deutlich. Infolge der Plattenbewegung sind die in der erdgeschichtlichen Vergangenheit in den tropischen Breiten gebildeten Kaoline und die damit in Zusammenhang stehenden Kaolinittone in die gegenwärtige Position gebracht worden.

Hydrothermalkaoline entstanden durch hydrothermale Umwandlung der Muttergesteine. Das primäre Gesteinsgefüge ist deutlich zu erkennen. Die Kaoline sind an hydrothermale Erscheinungen (Gänge, hydrothermale Fronten) gebunden und bilden dementsprechend gang- oder schlauchförmige Körper, die geringere horizontale Ausbreitung und größere Teufenerstreckung besitzen. Oft sind die hydrothermalen Kaolinisierungen an saure magmatische Intrusivkörper geknüpft, wobei meteorische Wässer im Bereich der abtauchenden Konvektionssysteme die Gesteinsumwandlung hervorrufen (8).

Sedimentäre Kaoline umfassen Kaolinittone und kaolinitische Sande. Letztere stellen kurzstreckig umgelagerte Residualkaoline dar, wobei der Kaolinit oft in Linsen angereichert ist und relativ rein sein kann. Sie sind besonders in der Kreide/Paläogen (Georgia, South Carolina, E-Spanien) und im Neogen/Quartär (Brasilien) verbreitet.

Kaolinittone sind im kontinentalen Bereich (limnisch, brackisch, fluviatil) abgelagerte Erosionsprodukte der kaolinitischen Verwitterungskrusten. Der Kaolinit wird in der Regel unter den kontinentalen Bedingungen selektiv geflockt, während die Dreischichtsilicate (Illit, Smectit etc.) erst im marinen Faziesbereich sedimentiert werden. Die Kaolinittone bilden bis einige Meter mächtige Horizonte, die häufig mit Schluff oder Sand wechsellagern. Die plastischen Kaolinittone werden auch als Fire clays berzeichnet. Sie enthalten außer Kaolinit geringe Anteile Glimmer, Illit oder Smectit sowie Anatas, Eisenminerale und Quarz. Sie sind weltweit verbreitet und kommen meist in Zusammenhang mit den Kaolinen vor, die sie vielfach überlagern (Aquitanisches Becken, Pariser Becken, Westerwald, NW-Sachsen, Lausitz). Besonders eisen- und titanarme Varietäten sind die Ball clays oder weißbrennenden Tone (Cornwall, Westerland, Oberpfalz, Egerbecken), die dadurch entstehen, daß primär eisen- und titanarme Kaoline erodiert und unter reduzierenden Bedingungen (sumpfige Seen, Deltas und Lagunen) abgelagert werden (19, 20).

Als Flint clay bezeichnet man unplastische Kaolinittone (s. auch Kap. 7.3.2). Die genetische Position ist ähnlich der der Fire clays. Sie sind jedoch diagenetisch überprägt, und die bei den plastischen Tonen isoliert liegenden Kaolinitteilchen sind durch Mineralneubildungen miteinander verbunden. Dadurch geht die Plastizität verloren. In Flint clays können neben Kaolinit noch Aluminiumminerale (Boehmit, Gibbsit, Diaspor) auftreten. Al_2O_3-reiche Flint clays sind relativ selten, sie kommen vor u. a. in Missouri und in der Nähe von Prag. Sie werden für Feuerfestprodukte, Fliesen u. ä. verwandt, die keine Trockenschwindung haben sollten (15).

Hinsichtlich der Genese kommt man gegenwärtig zu der Auffassung, daß die Lagerstätten in vielphasigen Prozessen gebildet werden. So kann die Kaolinlagerstättenbildung wie folgt interpretiert werden (6, 8, 24):

Vorphase: Periode von der Primärgesteinsbildung bis zur Kaolinisierung mit Mineral- und Gefügeveränderungen, Klüftungen, Mikrorißbildungen und damit Ausbildung unterschiedlicher Durchlässigkeiten der Muttergesteine für die Kaolinisierungsagenzien.

Hauptphase: Periode der eigentlichen Kaolinisierung und Entstehung des speziellen Tonmineralgehaltes. Entsprechend den Einflüssen der Vorphase sind die Umwandlungen vollständiger, tiefgründiger, existieren mehr oder weniger Primärgesteinsreste und sind die Neubildungen lagerstättenspezifisch ausgebildet.

Nachphase: Periode nach der Kaolinisierung bis zur Gegenwart mit sekundären Einflüssen, wie Tonmineralumwandlung, Ostwald-Reifung (Kap. 4.4), Auslaugen einzelner Bestandteile, z. B. Eisenphasen, Oxidation oder Reduktion von Lagerstättenbereichen, Infiltration gelöster oder kolloider Substanzen (Eisenverbindungen, Salze, Huminstoffe etc.).

Je nach der geologischen Entwicklung des betreffenden Gebietes können sich diese Prozesse wiederholen, und es kann eine mehrfache Kaolinisierung erfolgen, wodurch besonders reine Kaolinlagerstätten entstehen.

5.1.2 Kaolinlagerstätten Mitteleuropas

In Mitteleuropa werden aus über 100 Lagerstätten Residualkaoline und Kaolinittone gewonnen (Abb. 5.1). Die Lagerstätten sind an fossile oberkretazisch-tertiäre Land-

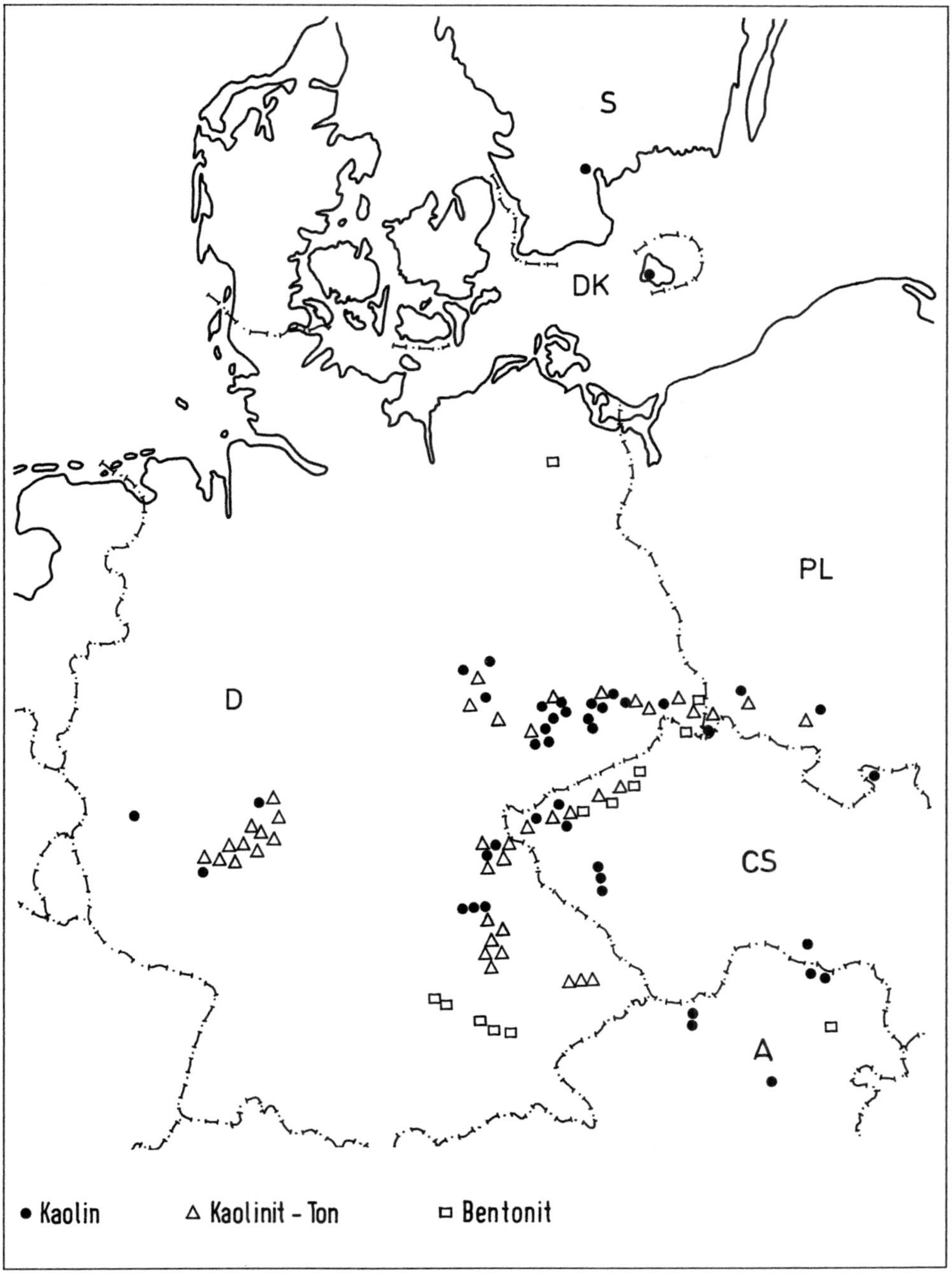

Abb. 5.1. Tonminerallagerstätten in Mitteleuropa.

oberflächen gebunden, die im Gebiet der heutigen Mittelgebirge weit verbreitet sind. Hochwertige Residualkaoline entstanden auf günstigen kalifeldspatreichen Primärgesteinen wie Rhyolith (Kemmlitz/NW-Sachsen, Halle, Meißen), Granit (Karlsbad) oder Feldspatsandstein (Pilsen, Hirschau-Schnaittenbach). Bei Kemmlitz, Halle und Meißen finden sich viele bis zu 50 m mächtige, wannenartige Kaolinkörper, die von Tertiär- oder Quartärsedimenten überlagert sind (Abb. 5.2). Treten Rhyolithe als

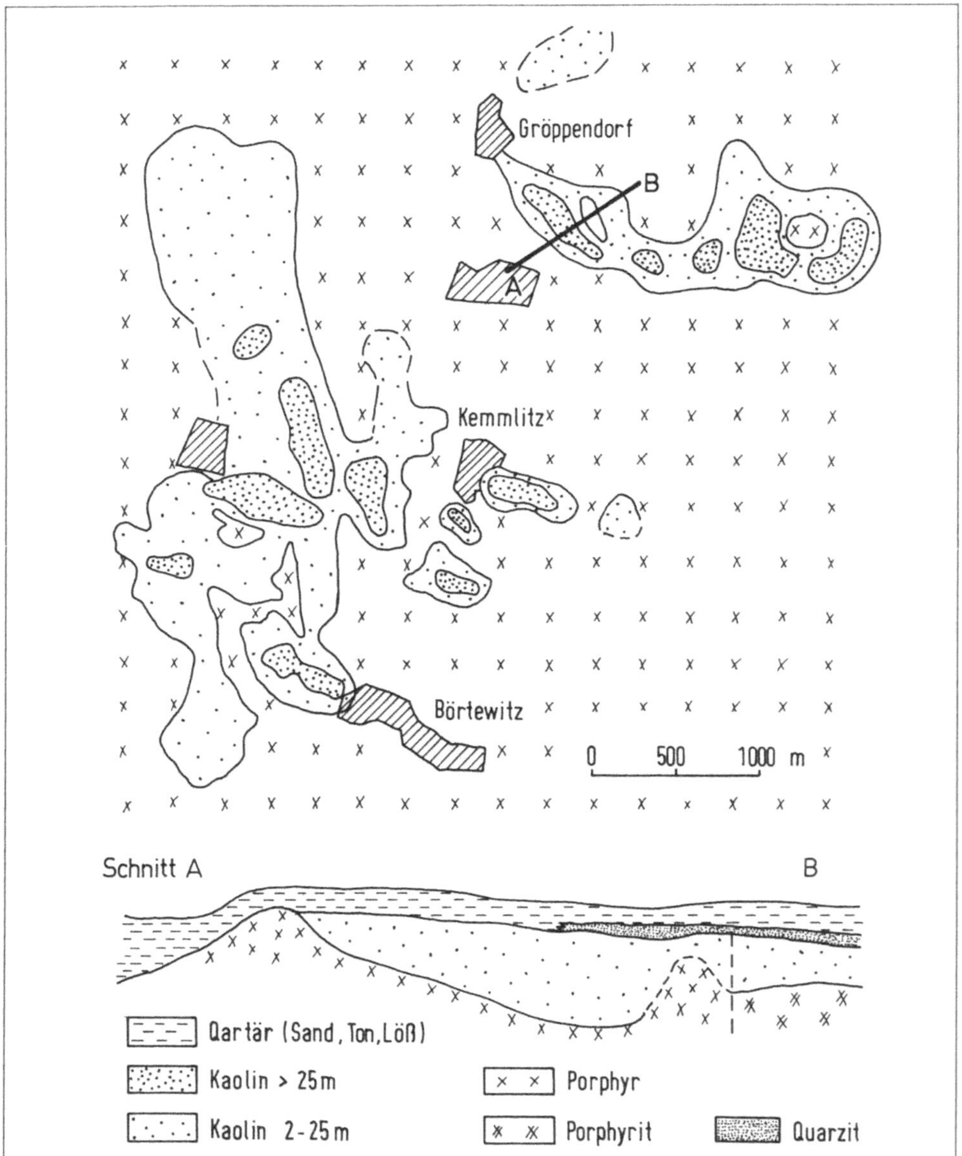

Abb. 5.2. Verbreitung der Kaolinlagerstätten bei Kemmlitz in NW-Sachsen, oben Verbreitungskarte, unten Profilschnitt.

Muttergesteine auf (Kemmlitzer, Hallescher, Dobritzer Porphyr), entstehen rein kaolinitische Kaoline. Sind vitrophyrische Muttergesteine (Ignimbrite, Pechstein, Felsit) vorhanden, bilden sich aus dem Gesteinsglas und basischen Feldspäten Illit/Montmorillonit-Wechsellagerungsminerale, die als Eigenschaftsträger neben Kaolinit in Erscheinung treten (24).

Bei Hirschau-Schnaittenbach sind feldspatführende Buntsandsteinhorizonte tiefgründig kaolinisiert (16, 18), wobei die Plagioklase vollständig und die Kalifeldspäte partiell verwitterten. Aus diesem Grunde sind neben Kaolinit die Kalifeldspäte und der Quarz gewinnbar. Ähnliche Bedingungen liegen im Pilsener Becken vor, wo karbonische Arkosen kaolinisierten.

Nutzbare Ball bzw. Fire clays bildeten sich in kleineren Sedimentbecken dort, wo eine genügende Kornseparation stattfand und eine weitere Eisenabreicherung erfolgen konnte, wie in der Oberpfalz, im Westerwald (19, 20), in Löthain bei Meißen oder im Eger-Becken. Diese Tone sind mit Kohleflözchen und Wurzelhorizonten assoziiert und enthalten zuweilen bis zu einigen Prozent organische Substanz in homogener Verteilung, wodurch eine sehr gute Verflüssigung bedingt ist (Sorten: Nero F, Römer braun).

5.1.3 Kaolinlagerstätten Westeuropas

Gleiche Bedingungen wie in Mitteleuropa herrschten während Kreide und Tertiär auch in Westeuropa, wo die varistischen Massive der Kaolinisierung unterworfen waren (Zentralmassiv: Echassieres, Douévas-Larnage, Limoges; Armorikanisches Massiv: Ploemeur, Quessoy, Berrien, Nozay; Iberisches Massiv: Paranos, Burela, Lugo). In den kretazischen und tertiären Senken zwischen den Massiven lagerten sich kaolinitische Tone und Sande ab. Im Pariser und im Aquitanischen Becken werden Fire und Ball clays bei La Drôme, Charentes – Dordogne, Grand Brenne und Provins in großem Umfang gewonnen (9).

In der Umrandung des Iberischen Massivs wurden im Osten vor allem während der Kreide (Wealden, Utrillas) kaolinitische Erosionsprodukte sedimentiert, die im Gebiet Valencia-Teruel- Cuenca abgebaut werden. Es handelt sich meist um relativ schadstoffarme kaolinitische Sande und Kiese, die sehr gut aufbereitbar sind und aus denen der Kaolinit leicht ausgewaschen werden kann. Die Reinheit der Kaoline ist darin begründet, daß vorwiegend Granitkaoline umgelagert wurden und außerdem eine postsedimentäre Auslaugung erfolgte. Hierbei sind sowohl die Eisenverbindungen abgereichert als auch die Kaolinite z. T. umkristallisiert worden (10).

Die Kaoline von Cornwall sind das Produkt einer Kombination von hydrothermaler Umwandlung und Verwitterung (5). Die Kaolinlagerstätten sind an die varistischen Granitplutone geknüpft, von denen der St. Austell Granit am intensivsten kaolinisiert wurde. Die Lagerstätten stellen zur Tiefe trichterförmig verengte Kaolinkörper dar. Die Kaolinisierung ging von den Klüften aus und erfaßte im Verlauf der Umwandlung das gesamte Gestein. An den Lagerstättenrändern finden sich daher zunehmend große unveränderte Muttergesteinskörper (Abb. 5.3). Diese Rohstoffausbildung und der relativ geringe Wertstoffgehalt von 5 – 15 % im Rohkaolin haben zur Entwicklung einer speziellen Abbaumethode geführt, bei der mittels Wasserstrahlkanone der Tonmineralanteil ausgeschlämmt wird (Kap. 5.6.1). Der starke Wasserdruck ermöglicht auch die Gewinnung des Kaolins zwischen den nichtkaolinisierten Granitblöcken. Genetisch wird die Kaolinisierung mit den High Heat Pro-

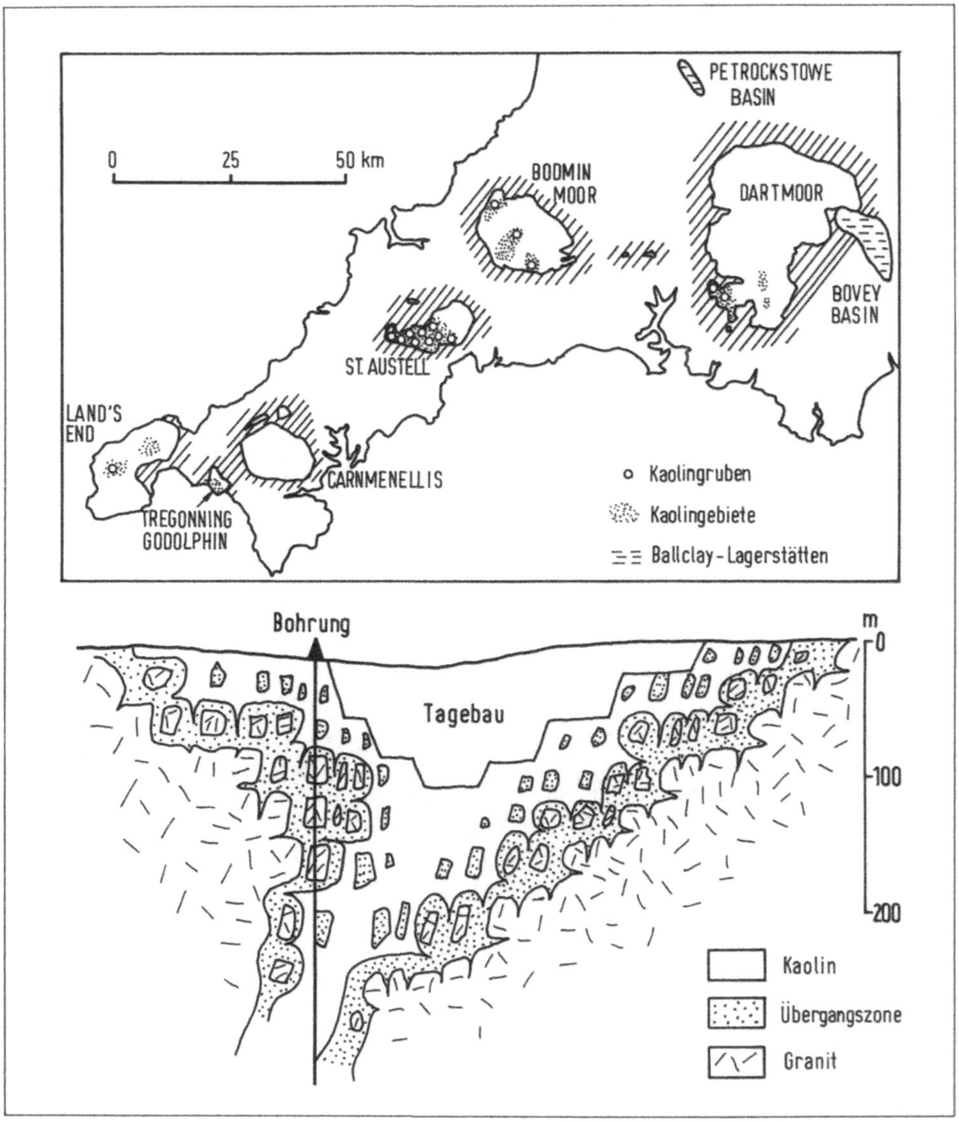

Abb. 5.3. Kaolin und Ball clay in Cornwall, oben Verbreitungskarte, unten Profilschnitt. (Nach 2)

duction Granites in Verbindung gebracht und erfolgte in Bereichen abtauchender meteorischer Wässer. Während des Tertiärs wurde das Gebiet gehoben, und die Kaoline wurden erodiert. In kleinen sumpfigen Seen wurden die Erosionsprodukte wieder abgelagert, und es entstanden die hochwertigen englischen Ball clays, die im Bovey Basin, Petrockstow Basin, in North und South Devon gewonnen werden (6).

Die Schlämmkaoline enthalten neben Kaolinit nur wenig Glimmer und sehr wenig Eisen- und Titanminerale. Die Reinheit ermöglicht eine universelle Nutzung für hochwertige Produkte wie Keramik und Papier. Die Gruben Cornwalls liefern mit 3 – 4 Mio. t Schlämmkaolin jährlich ca. 20 % der Weltproduktion.

5.1.4 Lagerstätten sedimentärer Kaoline von Georgia, South Carolina und Brasilien

Sedimentäre Kaoline werden im Südosten der USA vor allem in Georgia und South Carolina abgebaut (23). In oberkretazisch-tertiären Sandschichten kommen ausgedehnte Kaolinlinsen in relativ großer Reinheit vor, aus denen 7–8 Mio. t Schlämmkaolin (40–50 % der Weltproduktion) gewonnen werden (Abb. 5.4). Die Kaoline entstanden mit der Hebung des tiefgründig kaolinisierten Piedmontplateaus süd-

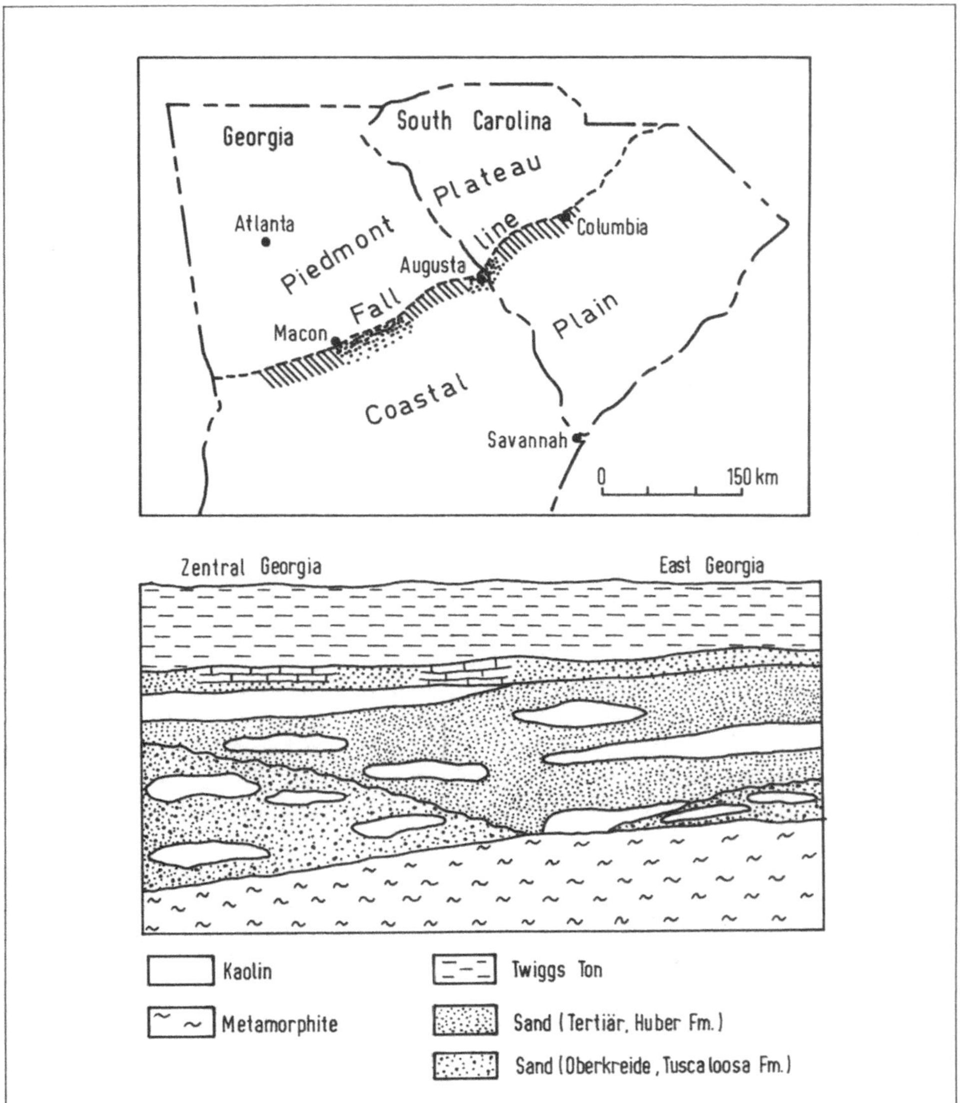

Abb. 5.4. Sedimentäre Kaoline in Georgia und South Carolina, USA, oben Verbreitungskarte, unten schematisches Profil. (Nach 17)

östlich der Appalachen. Mit der Hebung wurden die vorwiegend granitoiden Piedmont-Kaoline erodiert und im Bereich der damaligen Küste entlang der sog. Fall line in einem bis 30 km breiten und nahezu 500 km langen Gürtel sedimentiert. In sumpfigen Seen, Deltas, ruhigen Wasserläufen und Lagunen wurden die feinkörnigen Kaolinite abgelagert und bildeten zahlreiche Kaolinlinsen, deren Mächtigkeit bis zu 15 m reicht und die oft mehrere Kilometer Ausdehnung besitzen. Die Reserven sind sehr groß (Tabelle 5.1). Die sedimentären Kaoline enthalten vorwiegend Kaolinit (85 – 95 %) und untergeordnet Smectit, Quarz, Muskovit, Biotit, Anatas, Goethit und andere Akzessorien. Bemerkenswert ist der sehr hohe Gehalt an Kaolinit, der eine nahezu rückstandsfreie Aufbereitung erlaubt.

Im Amazonasgebiet finden sich sedimentäre Kaoline in pliozänen bis altquartären Ablagerungen in den Provinzen Amapa und Para, insbesondere am Fluß Jara, wo sie seit einigen Jahren gewonnen und zu hochwertigem Papierstreichkaolin aufbereitet werden (22). In lakustrinen Sanden lagern weit ausladende bis zu 40 m mächtige kaolinitische Tonhorizonte, die aus den umgelagerten granitoiden Primärkaolinen des Guyanaschildes hergeleitet werden. Die Amazonaskaoline sind sehr rein und bestehen aus 85 – 98 % Kaolinit, neben wenig Glimmer, Quarz, Anatas u. a. Da der Anteil an färbenden Bestandteilen sehr klein ist, hat der Kaolin Weißgrade über 85 % (Elrepho, Blaufilter).

5.2 Bentonitlagerstätten

5.2.1 Genese der Bentonitlagerstätten

Bentonite sind Gesteine, die vorwiegend Smectitminerale (Montmorillonit, Beidellit, Nontronit) enthalten. Sie können auf verschiedene Weise entstehen: durch synsedimentäre submarine Umwandlung vulkanischer Aschen (Halmyrolyse), fluviatile oder lakustrine Sedimentation von Smectit in der weiteren Umgebung vulkanischer Gebiete, durch Verwitterung bzw. hydrothermale Umwandlung basischer Gesteine (Basalttuffe, Basalte). Bentonite stehen oft mit aktivem Vulkanismus in Zusammenhang und sind weltweit verbreitet (14). Sedimentäre Bentonite kommen vor in der Oberkreide in Nordamerika (Wyoming, Montana), im Tertiär in Bayern, Schottland, Sardinien, Irak, Yemen, Ägypten, Zypern. Hydrothermale Bentonite finden sich in der Slowakei, Griechenland, Aserbaidschan, Syrien, China, Japan. Bentonitisierte Basite sind weit verbreitet, jedoch wegen ihrer Inhomogenität wirtschaftlich weniger interessant.

Bentonite können neben Smectit noch Glimmer, Illit, Cristobalit und Zeolithe enthalten. Wegen ihrer Kationenaustauschfähigkeit treten sie in der Natur mit verschiedener Kationenbelegung auf. Die marinen Bentonite sind oft Na^+-belegt (Wyoming), während die fluviatilen oder limnischen Ca^{2+}-belegt sind.

5.2.2 Bentonitlagerstätten der USA

Fast die Hälfte der Weltbentonitgewinnung erfolgt in den USA, wobei zwischen Western und Southern Bentonites zu unterschieden ist. Die Western Bentonites treten in Wyoming, South Dakota, Montana und in Canada (Alberta, Saskatchewan) auf (17). Von den mehr als 20 Bentonithorizonten der Oberkreide besitzen sieben

Tabelle 5.1. Tonrohstoffe: Reserven (Mio t) nach ausgewählte Produktion 1987/88 (Mio t)

Region	Gesamt-produk-tion	Kaolin		Ball clay		Bentonit		Palygorskit Sepiolith		Talk		Pyrophyllit		Asbest	
		Res.	Prod.	Res.	Prod.	Res.	Prod.	Res.	Prod.	Res.	Prod.	Res.	Prod.	Res.	Prod.
N-Amerika															
USA	43	3.900	7,2	900	0,9	4.800	4,2	>1.000	0,8	130	1,0+1,1	10	0,08	12	0,1
Sonstige	51	200	0,1			200	0,2			10	0,4+0,1		0,05	87	0,7
S-Amerika	26	500	0,6			50	0,2			30	0,4+0,5	15	0,14	9	0,2
Europa															
UK	25	2.000	3,9	300	0,8	500	0,2				0,02				
GUS, Rußland	63	2.500	2,3			250	2,5		0,2					100	2,5
Sonstige	142	1.500	3,1	25	1,2	>100	2,4		0,5	90	1,1+1,1	10		15	0,4
Afrika	20	800	0,2			200	0,1	30	0,2		0,02		0,01	17	0,3
Asien	80	1.500	1,3	>2	0,2	500	0,5	1	<0,1	15	0,8	165	2,2+2,9	19	0,2
Australien	25	500	0,2	>1	0,1	70	0,1	1	<0,3	3	0,3	10	0,1	2	<0,1
Gesamt	475	13.400	18,9	1.228	3,2	6.670	10,4	>1.000	<2,0	278	3,45+4,0	210	2,43+2,9	261	4,4

Weltgesamtreserven (Mio t)		: Produktion (Mio t/a)	= Vorratvorlauf (Jahre)
Kaolin	13.400 :	18,9	= 709
Ball clay	1.230 :	3,2	= 384
Fire clay	76.000 :	51,0	= 1.490
Bentonit	6.670 :	10,4	= 641
Palyg./Sepiol.	1.000 :	2,0	= 500
Gem. Tone	>100.000 :	225	= >450
Talk	280 :	7,5	= 37
Pyrophyllit	210 :	5,3	= 38
Asbest	261:	4,6	= 58

ausreichende Mächtigkeit und werden abgebaut. Sie kommen im New Castle-Sandstein (Bed A), in der Mowry-Formation (Bed B, Clay Spur Bed) und in der Belle Fourche-Formation (D, E, F, G Beds) vor. Besondere Bedeutung hat das 0,5 – 2 m, maximal 4 m mächtige Clay Spur Bed, das sich in 1 – 1,5 m dunkelgrauen und 0,5 – 1 m gelbgrünen Bentonit gliedert.

Die Western Bentonites sind nach Grim und Güven (14) mischbelegt (im allgemeinen $Na^+ > Ca^{2+} > Mg^{2+} > K^+$). Manchmal dominieren auch Ca^{2+}-Ionen. Das Clay Spur Bed enthält vorwiegend Natriummontmorillonit, das dem daraus gewonnenen Bentonit ein sehr hohes Quellvermögen, hohe Thixotropie und gute Bindefähigkeiten verleiht.

Die Southern Bentonites sind Ca^{2+}-belegte, bentonitisierte vulkanische Tuffe oder Umlagerungsprodukte und kommen in der Oberkreide und im Tertiär insbesondere in Florida, Mississippi und Texas vor. Es existieren mehrere Bentonithorizonte, von denen die mächtigsten abgebaut werden. In Mississippi treten ein 4 m mächtiger Bentonit in der Eutaw Fm. (Oberkreide) und mehrere bis 1 m mächtige Horizonte in der Vicksburg Fm. (Tertiär) auf. Ähnliche Verhältnisse liegen in den Nachbargebieten vor. In Arizona (Cheto) und Nevada (Amargosa-Tal) stehen mehrere bis 5 m mächtige Bentonithorizonte mit pliozän-quartärem Vulkanismus in Verbindung (14).

5.2.3 Bentonitlagerstätten Bayerns

Die Bentonitlagerstätten Bayerns liegen im Gebiet von Moosburg-Landshut-Mainburg (NE von München) in der obermiozänen Frischwassermolasse. In einer Folge fluviatiler Schotter und Sande sind konkordant linsenförmige Bentonitflöze eingelagert, die bis 5 m mächtig werden können und aus mehreren Horizonten bestehen (26):

2 m Bentonit (mit Kalkkonkretionen),
0,5 m Harte Platte,
1 – 2 m Bentonit „Geko“ blau, grün,
0,1 m Bentonit „Thixo“ gelb.

Hochwertige Rohstoffe sind die Geko- und Thixo-Bentonite, die zu >80 % aus Calciummontmorillonit bestehen und nur wenig Quarz, Glimmer, Chlorit und Feldspat sowie weniger als 5 % amorphes SiO_2 und Al_2O_3 enthalten.

Der Montmorillonit aus verschiedenen Lagerstätten des Gebietes besitzt gleichartige Kristallchemie und einen hohen Ordnungsgrad, so daß die daraus hergestellten Industriebentonite eine einigermaßen konstante Qualität aufweisen. Die Bentonite sind offensichtlich in Seen und toten Flußarmen abgelagert worden, wobei der Montmorillonit aus den umgelagerten älteren, vorwiegend marinen Molasseschichten hergeleitet werden kann. Zur Herkunft des Montmorillonites gibt es unterschiedliche Auffassungen: umgewandelte vulkanische Gläser, montmorillonitisiertes Ejektionsmaterial des Riesenkraters, umgelagerte Kreide oder postvulkanisch-hydrothermal (26).

5.3 Palygorskit-/Sepiolithlagerstätten

Lagerstätten von Palygorskit und Sepiolith sind weltweit verbreitet. Sie können sedimentär-diagenetisch, residual oder hydrothermal entstanden sein und enthalten als Beimengungen oft Smectite, Carbonate sowie Eisenminerale (7). Die Eigenschaften der Hormite (Tonminerale mit Faserstruktur, Kap. 2.4) sind durch die extrem dünnen Fasern bedingt, die ein hochporöses Gerüst erzeugen und die Verwendung der Gesteine im natürlichen Zustand als Adsorptionsmittel gestatten (Bleicherden, Walkererden, Tierstreugranulat u. a, Kap. 9.1.3). Der ältere Begriff Fullererde ist nicht exakt, weil sich darunter Palygorskit und Sepiolith, aber auch Calciumbentonit verbergen.

Die bedeutendsten Palygorskitlagerstätten befinden sich in Georgia und Florida. Die bis zu 4 m mächtigen Palygorskitschichten liegen in einer miozänen marinen Folge von Carbonaten und smectitischen Tonen. Die reinen Palygorskite, hier auch Attapulgit genannt, wurden in hochmarinen Lagunen sedimentär-diagenetisch gebildet (27). Ähnliche nicht oder wenig genutzte Vorkommen finden sich in Senegal (bis 6 m dick), China, Jemen, Spanien, Indien und der Ukraine. Sie sind meist mit Smectiten und Dolomiten verknüpft (7).

Sepiolith wird in größerem Umfang in Spanien, bei Toledo, abgebaut. Die lakustrine, tertiäre Lagerstätte ist bis zu 5 m mächtig und liefert einige Hundert Kilotonnen Rohstoffe jährlich (11).

Weiße, mit Palygorskitschiefern wechsellagernde Sepiolithe kommen in der Türkei vor, wo sie traditionell gewonnen werden. Auch die aus vulkanischen Aschen in kleinen Seen gebildeten Sepiolithe des Amargosa Valley, Nevada, werden in geringem Umfang abgebaut.

5.4 Lagerstätten gemeiner Tone

Tone werden schon seit Menschengedenken für verschiedene Zwecke des täglichen Lebens, wie Hausbau, Töpferei, Schmelzofenbau u. a. verwandt. Derartige Tone finden sich weltweit in verschiedenen genetischen Positionen und unterschiedlicher Zusammensetzung. Zumeist enthalten sie Illit und Chlorit mit Beimengungen von Kaolinit, Smectit, Wechsellagerungsmineralen, Quarz, Feldspat, Glimmer, Calcit, Dolomit, Siderit, Pyrit, Goethit, Hämatit und Akzessorien.

Die geologische Position dieser Tone kann sehr verschieden sein. So können sie Sedimente in Seen, Flüssen, Flußauen, Deltas oder Brackwässern bilden. Auch Verwitterungshorizonte (Laterite, Böden, Hanglehme) und arktische oder Gletscherablagerungen (Geschiebemergel, Geschiebelehm, Bänderton, Löß) gehören dazu. Der Mineralbestand ist differenziert: So sind tropisch/subtropische kontinentale Tone und Residuen kaolinitisch, während in humiden Gebieten oft Illit/Smectit und in ariden bzw. arktischen Bereichen verstärkt Illit/Glimmer/Chlorit in Erscheinung treten. In marinen, diagenetisch gering beanspruchten, plastischen Tonsedimenten herrschen Smectit oder Illit/Smectit-Wechsellagerungsminerale vor. Mit zunehmender Diagenese und Kompaktion der Tone nehmen die Minerale Illit, Muskovit und Chlorit zu. Entsprechend der mannigfaltigen mineralischen und chemischen Zusammensetzung werden Eignung und Verwendung meist empirisch durch Versuche ermittelt und die Technologie dem Rohstoff angepaßt.

5.5 Lagerstätten von Talk, Pyrophyllit und Asbest

Die weltweit verbreiteten Lagerstätten von Talk, Pyrophyllit und Asbest finden sich insbesondere in Gebieten mit Kontakt- oder Regionalmetamorphose. Mit oder im Gefolge der metamorphen Gesteinsumwandlung werden hydrothermale, kieselsäurereiche Lösungen mobilisiert, die zur Umwandlung ganzer Gesteinskörper oder zu Ausscheidungen auf Klüften oder Spalten führten.

Talklagerstätten entstanden durch Umwandlung magnesiumhaltiger Edukte (Dolomit oder ultrabasische Magmatite). Aus Dolomit entstandene Talklagerstätten sind oft sehr rein und bilden manchmal bis 100 m mächtige Rohstofflager oder -linsen, deren kryptokristalline, massige Varietäten als Steatit (Speckstein) bezeichnet werden. Solche Talklagerstätten finden sich u. a. bei Göpfersgrün/Oberpfalz, in der Steiermark/Österreich, bei Lucena/Französische Pyrenäen, Pinerolo/Italien, Rajastan/Indien, Haicheng/China, Parana/Brasilien, Madoc Ontario/Canada, in Texas, Montana und Kalifornien. Talk aus Ultrabasiten ist generell inhomogener, weicher und stärker verunreinigt, vor allem mit Chlorit, Tremolit, Serpentin, Diopsit, Antophyllit u. a. Bedeutende Lagerstätten befinden sich in Vermont/USA, Quebec/Canada, Lahnaslampi/Finnland u. a. O. (4).

Pyrophyllitlagerstätten sind durch hydrothermale Umwandlung saurer, magmatischer, aluminiumhaltiger Gesteine (Rhyolithe, Dazite und deren Tuffe) entstanden. Der Pyrophyllit bildet oft viele Meter mächtige Linsen oder gangförmige Körper und enthält sehr häufig Kaolinit, Dickit, Chlorit, Rutil, Serizit, Quarz, Alunit, Korund, Diaspor, Andalusit u. a. Agalmatolith ist eine reine, dichte Varietät, und „wonderstone“ (Lichtenburg/Südafrika) enthält etwas Chlorit, Epidot und Rutil. Pyrophyllit wird vor allem in Japan (Mitsuisi, Shokozan, Goto) gewonnen (ca. 50 % der Weltförderung), weiterhin in Südkorea, Indien, USA und Kanada (4).

Als Asbest bezeichnet man faserförmige Minerale der Serpentin- bzw. Amphibolgruppe. Die wirtschaftlich größte Bedeutung besaßen der Chrysotilasbest, auch Weißasbest genannt, und der Amphibolasbest (Krokydolith), auch Blauasbest genannt. Die Asbeste entstehen durch Einwirkung von z. T. hydrothermalen Lösungen auf basische und ultrabasische Gesteine und durch Ausscheidung des Asbestes in Klüften, Rissen und Störungen in den Gesteinen. Offenbar sind die Fasern vom Salband aus in die offenen Klüfte etc. meist senkrecht hineingewachsen. Man unterscheidet mindestens drei Formen der Asbestausbildung: senkrecht auf die Kluftwände gewachsene bis 10 cm lange Fasern (Cross-Fibers), gebogene Fasern bis zu max. 1 m Länge (Slip-Fibers) und Mass-Fibers, Anhäufungen umgelagerter Fasermassen (3). Zumeist jedoch sind die asbestgefüllten Klüfte nur wenige Millimeter bis einige Zentimeter mächtig. Nutzbare Rohstoffe finden sich dann, wenn sich die asbesthaltigen Klüfte im Gestein häufen und der Asbestgehalt 2 – 5 % erreicht. Gehalte von mehr als 5 % stellen reiche Rohstoffe dar. Solche angereicherten Partien können unregelmäßige oder elongierte Bereiche in den Ultrabasitkörpern bilden mit Dimensionen von oft mehreren Hundert Metern. Asbestlagerstätten existieren weltweit in nahezu allen Verbreitungsgebieten basischer Gesteine. Besonders große Lagerstätten befinden sich in Quebec/Canada, dem Süd-Ural, Simbabwe, Südafrika, Zypern, Finnland.

5.6 Gewinnung und Aufbereitung von Tonrohstoffen

Die Verwendung der Tonrohstoffe wird bestimmt durch die spezifischen Eigenschaften der einzelnen Tonminerale, ihren Anteil im Rohstoff, die Gehalte an unerwünschten Beimengungen, die Oberflächenmodifikation, die Anteile löslicher Salze und die Variationen von Zusammensetzung und Eigenschaften der Rohstoffe u. a. Die komplexen kausalen Zusammenhänge führen dazu, daß die Rohstoffe einzelner Lagerstätten ganz spezielle Eigenschaften besitzen. Dies drückt sich auch in der Bezeichnung z. B. Kemmlitzer Kaolin oder Wyoming Bentonit aus. Mit steigendem Mechanisierungsgrad der Industrie wachsen die Anforderungen an die qualitätsbestimmenden Eigenschaften, so daß diese nur noch in seltenen Fällen ohne Aufbereitung erreicht werden können wie z. B. in der Ziegelproduktion.

Zumeist werden die Rohstoffe aufbereitet und veredelt. Dabei stehen folgende Ziele im Vordergrund:

- Anreicherung der Wertstoffe (Tonminerale),
- Verminderung der Schadstoffe (z. B. Eisen- und Titanverbindungen),
- Modifizierung spezieller technologischer Eigenschaften (z. B. Erhöhung des Weißgrades oder der Thixotropie),
- Erzielung konstanter Qualitäten und standardisierter Produkte.

5.6.1 Aufbereitung von Kaolinen

Die Kaolinaufbereitung erfolgt gewöhnlich auf naßmechanischem Wege, wobei der Wertstoff Kaolinit angereichert und gegebenenfalls. bestimmte Eigenschaften verbessert werden sollen (21, 24). Hierzu wird der Rohkaolin in Wasser aufgeschlämmt, so daß der feinkörnige Kaolinit vom gröberen Quarz, Feldspat, Glimmer u. a. abgetrennt werden kann. Die Tonminerale sind in den Kornklassen $<20\,\mu m$ enthalten, während Quarz, Feldspat, Glimmer in den Korngrößen $>20\,\mu m$ vorkommen. Der Kornschnitt liegt daher im Bereich zwischen 2 und $20\,\mu m$.

Rohkaolingewinnung. Kaolin wird gegenwärtig vorwiegend im Tagebau mittels Bagger oder Hydromonitor abgebaut und mit Fahrzeugen, Förderbändern oder Pipelines in die Aufbereitungsanlagen transportiert. Größere Produzenten gewinnen Rohkaoline aus mehreren Gruben oder auch mehreren Abbauorten einer Grube und mischen die einzelnen Rohkaoline so zusammen, daß günstige Bedingungen für die Erzeugung spezieller Qualitäten entstehen. Die Abbauführung erfolgt meist auf der Grundlage von detaillierten geologischen Erkundungen oder Grubenbemusterungen, die die Zusammensetzung sowie aufbereitungs- und verwendungstechnische Eigenschaften erfassen. Auf diese Weise wird die prinzipielle Qualität des Produktes bereits festgelegt.

Rohkaolinaufschluß. Unter Zugabe von Wasser wird der Rohkaolin durch mechanischen Energieeintrag aufgeschlossen, indem die feinkörnigen Kaolinitpartikel suspendiert und von den gröberkörnigen Quarzen, Feldspäten etc. abgelöst werden. Je nach Dispergierbarkeit des Rohkaolins verwendet man als Aufschlußgeräte Rührwerke, Propellerrührer oder bei härterem Rohmaterial Trommelmühlen. Zuweilen werden auch Dispergiermittel wie Soda zugesetzt, um den Aufschlußeffekt zu verstärken und die Suspensionen stabil zu halten. Vom Aufschluß des Rohkaolins hängt insbesondere das Ausbringen ab, d. h. die Wertstoffmenge, die durch die anschließende Klassierung abgetrennt und gewonnen werden kann.

Kornklassierung. Die Abtrennung des Grob- und Feinsandes (Körnungen > 100 µm) wird mittels Läuterwäschen oder Sieben vorgenommen, und zur Abtrennung des Schluffes (2 – 100 µm) werden Hydrozyklone oder Zentrifugen eingesetzt (25). Die Aufbereitungsabgänge werden entweder weiterverarbeitet, indem der Quarz oder Feldspat gewonnen wird, oder sie werden als Abraum aufgehaldet (z. B. Monte Kaolino bei Schnaittenbach) bzw. in Grubenbaue verfüllt und diese rekultiviert. Durch die Separation können die Kornschnitte variiert und damit die Kornverteilung der Schlämmkaoline beeinflußt werden. Mit ein- oder mehrstufiger Hydrozyklonklassierung werden Kornschnitte zwischen 5 und 20 µm erreicht. Sollen Körnungen < 5 µm ausgetragen werden, sind Zentrifugen (Dekanter) sinnvoll.

Nach der Klassierung werden die Kaolinsuspensionen in Homogenisier- oder Vorratsbehältern gesammelt und so konstante Qualitäten erzielt. In modernen Kaolinwerken werden die Kaoline der einzelnen Behälter analysiert und auf der Grundlage der Daten spezielle Mischungen zur Erzeugung optimaler Zusammensetzung und Eigenschaften hergestellt.

Entwässerung. Für die Klassierung sind Kaolinaufschlämmungen nötig, die bis zu 95 Massen-% Wasser enthalten. Während Sand und Schluff relativ leicht entwässert werden können, ist die Feinstkornentwässerung energie- und kostenaufwendig und erfolgt durch Eindickung und Filtration oder durch Sprühtrocknung (Georgia, s. u.). Traditionell werden die Schlämmkaolinsuspensionen zunächst in Eindickern konzentriert. Hier erfolgt Flockung und Sedimentation, die eine Feststoffanreicherung von < 10 bis zu 40 Massen-% ermöglichen. Die natürliche Ionenführung des Aufbereitungswassers bewirkt eine langsame Flockung und Sedimentation, so daß zur Beschleunigung des Prozesses oft organische Flockungsmittel zugesetzt werden. Die eingedickten Suspensionen werden dann auf Filteraggregaten (Kammerfilterpressen, Vakuumfilter, Hochdruckfilterrohre) entwässert, wobei Restwassergehalte von ca. 30 Massen-% und mit Hochdruckfilterrohren von 18 Massen-% erreicht werden können. Je nach Verwendungszweck der Kaoline wird das Restwasser thermisch in Trocknern weiter vermindert, für spezielle Zwecke auf weniger als 1 Massen-%.

Spezielle Kaolinaufbereitungstechnologien. Zur Erzeugung von Kaolinen mit bestimmten Eigenschaften werden verschiedene Technologien angewandt, die sowohl auf die stofflichen Besonderheiten als auch auf das Aufbereitungsziel ausgerichtet sind (21). Hierzu gehören: Hochgradientmagnetscheidung (HGMS), Starkfeldmagnetscheidung, chemische Laugung, Feinstkornflotation, Organophilisierung und Delaminierung.

Vor allem Papierstreichkaoline, spezielle Füllstoffe oder Farbextender sollen Weißgehalte von über 85 % besitzen, was im natürlichen Zustand nur sehr selten erreicht wird. Wenn die Weißgehalte durch feinstkörnige eisen- und titanhaltige Partikel beeinträchtigt werden, können diese durch HGMS abgereichert und der Weißgehalt um einige Prozent erhöht werden (21, 24). Besitzen die färbenden Partikel kolloidale Dimensionen, z. B. Huminstoffe, oder bilden Eisenverbindungen dünne Überzüge auf den Kaolinitkristallen, kann durch chemische Laugung eine Abreicherung und Weißgraderhöhung erzielt werden.

In Deutschland entwickelte man die Kaolinaufbereitung im 18. Jahrhundert in der Porzellanmanufaktur Meißen, wo Rohkaoline von Aue und seit 1768 von Seilitz verarbeitet wurden. Im Nordwesten von Sachsen und Bayern wurden erst im Ausgang des 19. und Anfang des 20. Jahrhunderts Kaoline gewonnen und aufbereitet, wobei sich aufgrund der äußerst günstigen Lagerstättenverhältnisse die oben geschilderten

Aufbereitungstechnologie entwickelte, die mit großer Effektivität weltweit angewandt wird.

In Cornwall finden sich sehr große Kaolinlagerstätten auf Granit mit Kaolinitgehalten, die nur selten 20 Massen-% erreichen. Sehr oft sind sie wesentlich kleiner, und es kommen große Blöcke nahezu unkaolinisierter Granite vor. Für diese Bedingungen wurde eine spezielle Abbautechnologie entwickelt. Der Kaolin wird in der Grube mittels Wasserstrahl unter hohem Druck ausgespült. Die Suspension sammelt sich in der Grube und wird über Pipelines in die Aufbereitung gepumpt. Die Vorteile sind, daß die großen Mengen Sand nicht über die Aufbereitungsanlagen geführt werden müssen und die Suspensionen leicht zu behandeln sind. Die Klassierung erfolgt nach dem beschriebenen klassischen Weg.

Für die Georgia-Kaoline entwickelte man eine Technologie, die davon ausgeht, daß die Rohkaoline z. T. über 90 Massen-% Kaolinit enthalten und als Linsen in Sanden über weite Gebiete verbreitet vorkommen (21). Die zentralen Aufbereitungsanlagen sind oft mehr als 20 km von den Gruben entfernt. Der Kaolin wird in der Grube dispergiert, hydrozyklonklassiert und über Pipelines zu den zentralen Aufbereitungswerken transportiert. Zur besseren Dispergierung und Stabilisierung der Suspensionen wird Soda zugesetzt. Um aus den natürlich hochweißen Kaolinen feinstkörnige Papierstreichkaoline herzustellen, müssen die primär relativ grobkörnigen Kaolinite sowohl zerkleinert als auch im Kornbereich von 2 µm separiert werden. Hierzu verwendet man Zentrifugen, die eine Feinstkornklassierung ermöglichen. Die Entwässerung erfolgt z. T. mittels Sprühtrocknung.

5.6.2 Aufbereitung von Kaolinitton (Ball clay)

Hochwertige weißbrennende Kaolinittone werden besonders für Sanitärkeramik und Fliesen verwendet. Bis vor wenigen Jahren wurden die meist geringmächtigen Flöze manuell abgebaut. Auf diese Weise konnten mit großer Genauigkeit verschiedene Qualitäten voneinander getrennt werden. Mit steigendem Bedarf wurde ein mechanisierter Abbau erforderlich, so daß die ursprünglichen Separationen nicht mehr möglich waren und vor allem Qualitätsschwankungen auftraten. Heute werden von den Ball clay-Produzenten standardisierte Qualitäten erzeugt, indem aus verschiedenen Abbauen Rohtone gewonnen, zerkleinert und je nach Erfordernis gemischt werden (2, 12). Grundlagen hierfür sind eine engmaschige Erkundung, Grubenbemusterung und Bestimmung der Qualitätsparameter. Auf diese Weise gelingt es, qualitätskonstante Tone mit gewünschten Parametern zu erzeugen. Eine naßmechanische Aufbereitung, wie sie für Kaoline angewendet wird, scheitert an den hohen Kosten für die Entwässerung (kleine Filterleistung), so daß sie nur für spezielle Zwecke sinnvoll ist.

5.6.3 Aufbereitung von Bentonit

Die übliche Gewinnung und Aufbereitung von Bentonit verfolgt das Ziel, durch selektiven Abbau möglichst reinen Bentonit zu gewinnen, diesen – wenn nötig – zu aktivieren (meist Natriumaktivierung), schonend zu trocknen, zu zerkleinern, zu mischen und in bestimmte Körnungen zu klassieren. Als spezielle Verfahren werden die Säureaktivierung und die Organophilisierung angewandt (14, 21) (Kap. 9.2.3 – 9.2.5).

Gewinnung. Bentonit wird vorwiegend im Tagebau und nur selten im Tiefbau gewonnen. Je nach Ausbildung der Rohstoffkörper erfolgt der Abbau mächtiger Lager mit Baggern. Geringmächtige Flöze, wie sie in Wyoming vorkommen, werden mit Scrapern freigelegt und mit Schaufelladern abgebaut. In jedem Fall wird beim Abbau auf die Gewinnung spezieller, insbesondere reiner Qualitäten geachtet, weil eine Wertstoffanreicherung auf naßmechanischem Weg wie beim Kaolin wegen der schlechten Entwässerbarkeit des Bentonits nahezu unmöglich ist. Der Abbau wird mittels engmaschiger Erkundungs- und Bemusterungsdaten gesteuert.
Trocknung, Zerkleinerung und Klassierung. Der selektiv gewonnene Bentonit wird häufig in einer Prozeßstufe getrocknet, zerkleinert und klassiert. Bei der Trocknung ist von Bedeutung, daß durch zu hohe Temperaturen die innerkristalline Quellfähigkeit und damit die Verarbeitungseigenschaften wie Bindefähigkeit und Thixotropie beeinträchtigt werden. Aus diesem Grund wird die Temperatur im Trockengut möglichst unter 100 °C gehalten, so daß das Zwischenschichtwasser nicht desorbiert wird. Für die Trocknung werden oft Desintegratoren eingesetzt, durch die das Trokkengut gleichzeitig zerkleinert wird. Für viele Verwendungen ist die Mahlfeinheit des Bentonits qualitätsbestimmend. Bentonite für Formsandbinder und Bohrspülungen sollen möglichst feinkörnig sein. Die Zerkleinerung kann in Sichtermühlen vorgenommen werden, indem das feine Mahlgut ausgetragen und das noch zu grobe weiterzerkleinert wird. Auch Windsichtungen werden vorgenommen. Absorbergranulate dagegen sollen körnig, streu- und rieselfähig sein. Hierzu dienen z. T. die Grobfraktionen aus der Windsichtung, oder diese Körnungen werden abgesiebt.
Aktivierungen.Für Bohrspülungen, Thixotropiermittel u. ä. sind Natriumbentonite erforderlich. Da natürliche Natriumbentonite nur in wenigen Lagerstätten zur Verfügung stehen (z. B. Wyoming), werden Aktivierungen meist mit 1 – 5 Massen-% Soda durchgeführt, um die Kationenbelegung umzubrechen (Kap. 9.2.4). Soda wird als Salz mittels Kollergang in den bergfeuchten Bentonit eingearbeitet, wobei die Natriumionen in den Schichtzwischenraum eindringen und die Calciumionen austauschen. Letztere fallen als Calcit aus. Die Aktivierung mit Soda oder anderen Salzen wird sowohl im Aufbereitungsprozeß vom Bentonitproduzenten als auch vom Anwender durchgeführt, z. B. beim Einmischen des Bentonits in den Formsand oder beim Ansetzen der Bohrspülung.

Für Bleicherden werden Bentonite mit Säuren, meist HCl, aktiviert (Kap. 9.2.3). Der Bentonit wird mit heißer Säure (bis zu 90 °C) unterschiedlicher Konzentration und Reaktionszeit behandelt. Dabei werden nicht nur die Kationen aus der Zwischenschicht ausgetauscht, sondern auch aus der Oktaederschicht gelöst. Es entstehen mehr oder weniger stark destruierte SiO_2-reiche Schichtgitterrelikte, die ein hohes Sorptionsvermögen besitzen. Das HCl-behandelte Material wird gewaschen, filtriert, getrocknet und zerkleinert.

5.6.4 Aufbereitung von Talk, Pyrophyllit und Asbest

Das Aufbereitungsziel für Talk und Pyrophyllit besteht darin, möglichst reine Mahlprodukte mit verwendungsspezifischer Körnung zu erzeugen (4). Hierzu werden die meist selektiv im Tage- oder Tiefbau gewonnenen Rohstoffe oft noch manuell oder optisch-maschinell sortiert, um die entsprechende Reinheit zu erlangen. Die Zerkleinerung erfolgt in üblichen Mahlaggregaten. Zur Erzeugung sehr feiner Körnungen unterhalb von 5 μm (Mikronisierung) werden auch Strahlmühlen, zur Abreicherung von Verunreinigungen Schüttelherde, Magnetscheider oder die Flotation verwendet.

Bei der Aufbereitung von Asbest sollen die Fasern aus dem Gestein freigesetzt, in bestimmten Körnungen zerkleinert und aufgeschlossen werden (3). Besonderes Qualitätsmerkmal für Asbest sind die Faserlänge, der Schlankheitsgrad der Fasern (Verhältnis von Faserlänge zu Faserdicke), der Auffaserungsgrad und die Freiheit von Verunreinigungen. Die asbesthaltigen Gesteine werden zumeist im Tagebau und nur selten im Tiefbau gewonnen und zunächst in Brechern vorzerkleinert. Je nach Ausbildung und Anordnung der Fasern in den Rohgesteinen (Quer- oder Längsasbest) erfolgt eine mehrfache Wiederholung der Aufbereitungsstufen: Brechen-Trocknen-Feinbrechen/Auffasern-Absaugen-Sichten. Da die Faserqualität durch die mechanische Zerkleinerung beeinträchtigt wird, werden sie den Stufen Feinbrechen/Auffasern nur kurzzeitig ausgesetzt, und die freiwerdenden Fasern werden sofort abgesaugt. Dies bedingt die mehrfache Wiederholung dieser Stufen, um die Asbestausbeute zu optimieren. Neben Trocken- werden auch Naßaufbereitungen angewandt, besonders für Mass-Fiber-Asbeste. Nach erfolgter Herauslösung des Asbests aus dem Gestein wird der Rohasbest zumeist in der weiterverarbeitenden Industrie aufgeschlossen, d. h. weiterzerkleinert, klassiert und gereinigt. Für das Aufschlußverfahren dienen Kollergang, verschiedene Mühlen oder im Naßverfahren Turbolöser. Ziel des Aufschlusses ist es, möglichst dünne (1 – 10 µm) und lange Fasern zu isolieren. Da sich die Festigkeitsunterschiede in und quer zur Faserrichtung beim Chrysotilasbest um 2 bis 3 Zehnerpotenzen unterscheiden, kann durch dosierten Energieeintrag die Loslösung der Fasern voneinander ohne Faserverkürzung erreicht werden. Da beim Amphibolasbest der Festigkeitsunterschied in und quer zur Faserrichtung nur 1 bis 2 Zehnerpotenzen beträgt, ist der Aufschluß schwieriger, und es entstehen mehr kürzere Fasern (größere Lungengängigkeit!). Beim chemischen Aufschluß erfolgt die Faserablösung vorzugsweise durch Tenside mit oder auch ohne mechanische Einwirkung. Die Netzmittel dringen durch Kapillaradsorption in die Mikrorisse der Faserbündel ein, erzeugen einen Spaltendruck und lösen die Fasern voneinander. Auf diese Weise gelingt eine weitgehende Faseraufspaltung ohne Kürzung, und es besteht die Möglichkeit zur Entfernung von Verunreinigungen auf naßmechanischem Weg, so daß hochwertige Ausgangsstoffe, z. B. für die Asbestpapierherstellung, erzeugt werden können. Wegen der gesundheitsschädigenden – fibrogenen und karzinogenen – Wirkung der Asbestfaser ist die Aufbereitung unter besonderen Bedingungen, vor allem Staubfreiheit, durchzuführen.

5.7 Ausblick

Die Reserven an Tonrohstoffen sind sehr groß und weltweit verbreitet (s. Tabelle 5.1), so daß die Vorräte selbst bei steigendem Abbau viele Jahrzehnte reichen. Hochwertige, den Weltbedarf nahezu deckende Aufbereitungsprodukte werden in den USA und in Europa erzeugt, wo in Abhängigkeit von den Lagerstätten spezifische Aufbereitungstechniken entwickelt wurden. Erst in neuerer Zeit werden solche Lagerstätten auch in Entwicklungsländern stärker genutzt, z. B. für Papierkaolin in Brasilien. Demgegenüber sind die gemeinen Tone nicht nur weltweit verbreitet, sondern sie werden auch weltweit verwandt und besitzen als Baurohstoffe (Ziegel, Dachsteine etc.) prognostisch große Bedeutung, besonders für Entwicklungsländer. Für Asbest ist wegen der gesundheitsschädigenden Wirkungen eine rückläufige Entwicklung zu erwarten.

In der Aufbereitungstechnologie werden sowohl effektivere Verfahren eingesetzt als auch ständig der Veredlungsgrad verbessert und so die Produkte optimal den Verwendungszwecken angepaßt. Die Herstellung standardisierter Aufbereitungsprodukte erfaßt alle Bereiche der Tonrohstoffe.

Literatur

1. Ampian SG (1986) Clays. In: Mineral Facts and Problems. Bureau of Mines Bull 675, pp 157 – 169
2. Anonym (1991) Firmenporträt: Fuchs-Ton. ceramic forum international Ber Deutsch Keram Ges 68, pp 455 – 465 Bauverlag, Wiesbaden
3. Autorenkollektiv (1973) Der Rohstoff Asbest und seine Verwendung, Freiberger Forschungshefte C 289. Deutscher Verlag für Grundstoffindustrie, Leipzig, S. 1 – 285
4. Bosse H-R, Kraus U, Kruszona M, Schmidt H, Biehler W, Boos R, Persy A (1986) Industrieminerale. Untersuchungen über Angebot und Nachfrage mineralischer Rohstoffe XIX. Schweizerbartsche Verlagsbuchhandlung, Stuttgart, S. 1 – 948
5. Bristow CM (1977) A review of the evidence for the origin of the kaolin deposits in SW England. Proc 8th Int Kaolin Symp and Meeting on Alunite, Madrid-Rome, Sept 7 – 16
6. Bristow CM (1968) The Derivation of the Tertiary Sediments of the Petrockstow Basin. Proc Ussher Soc 2, pp 29 – 35
7. Callen RA (1984) Clays of the palygorskite-sepiolite group: depositional environment, age and distribution. In: Singer A, Galan E (eds) Palygorskite-Spiolite. Occurrences, Genesis and Uses. Elsevier, Amsterdam – Oxford – New York – Tokyo, pp 1 – 37
8. Durrance EM, Bristow CM (1986) Kaolinisation and isostatic readjustment in south-west England. Proc Ussher Soc 6, pp 318 – 322
9. Esteoule J (1976) Kaolin Deposits in France. In: Shimoda (ed) 7th Int Kaolin Sym Proc, Univ of Tokyo, pp 73 – 82
10. Galan E (1976) Spanish Kaolin Deposits. In: Shimoda (ed) 7th Int Kaolin Sym Proc, Univ of Tokyo, pp 54 – 72
11. Galan E, Castillo A (1984) Sepiolite-palygorskite in Spanish Tertiary Basins: genetical pattern in continental environments. In: Singer A, Galan E (eds) Palygorskite-Spiolite. Occurrences, Genesis and Uses. Elsevier, Amsterdam – Oxford – New York – Tokyo, pp 87 – 124
12. Groll E (1977) Gewinnung und Aufbereitung von Ton. In: Handbuch der Keramik. Schmid, Freiburg
13. Industrial Clays (1989) Ind Min, Special Issue 1989: 1 – 89
14. Grim RE, Güven N (1978) Bentonites, Geology, Mineralogy, Properties and Uses. Devel Sedimentol 24. Elsevier, Amsterdam – Oxford – New York, pp 256
15. Keller WD (1981) The sedimentology of flint clay. J Sed Petrol 51: 233 – 244
16. Kitagawa R, Köster HM (1991) Genesis of the Tirschenreuth kaolin deposit in Germany compared with the Kohdachi kaolin deposit. Clay Min 26: 61 – 79
17. Knechtel MM, Patterson SH (1962) Bentonite Deposits of the Northern Black Hill District, Wyoming, Montana, South Dakota. US geol Surv Bull 1082: 893 – 1029
18. Köster HM (1980) Kaolin Deposits of Eastern Bavaria and the Rheinische Schiefergebirge (Rhenish Slate Mountains). Geol Jb D 39: 7 – 23
19. Kromer H (1980) Tertiary Clays in Northeastern Bavaria (Oberpfalz). Geol Jb D 39: 25 – 45
20. Kromer H (1980) Tertiary Clays in the Westerwald Area. Geol Jb D 39: 69 – 84
21. Murray HH (1986) Clays. In: Ullmanns Encyclopedia of Industrial Chemistry, vol A7, pp 109 – 136 VCH, Weinheim
22. O'Driscoll M (1989) Brasil's industrial minerals. Ind Min, 226: 23 – 69
23. Patterson SH, Murray HH (1984) Kaolin, Refractory Clay, Ball Clay, and Halloysite in N America, Hawaii, and the Caribbean Region, Geol Surv Prof Pap U S no 1306, pp 56
24. Störr M (1983) Kaolinlagerstätten der DDR. Schriftenr geol Wiss 18. Akademie Verlag Berlin, 216
25. Trawinski H (1977) Die Aufbereitung von Kaolin. In: Handbuch der Keramik. Schmid, Freiburg

26. Vogt K (1980) Bentonite Deposits in Lower Bavaria. Geol Jb D 39, pp 47 – 68
27. Weaver CE (1984) Origin and geologic implications of the palygorskite of the SE United States. In: Singer A, Galan E (eds) Palygorskite-Spiolite. Occurrences, Genesis and Uses. Elsevier, Amsterdam – Oxford – New York – Tokyo, pp 39 – 58

6 TONMINERALE IN BÖDEN

U. Schwertmann, E.-A. Niederbudde

6.1 Einleitung

Die Gesteine werden in weiten Teilen der festen Erde von einer dünnen Haut, der Bodendecke, überzogen. Sie entstand als ein eigenständiger Naturkörper aus der Wechselwirkung von Atmo-, Bio- und Lithosphäre und wird *Pedosphäre* genannt. Die Pedosphäre ist der Träger der terrestrischen Biosphäre und erfüllt damit die Anforderungen an unsere Versorgung mit lebensnotwendigen Nahrungsmitteln und anderen organischen Stoffen. Als Teil terrestrischer Ökosysteme nimmt sie aktiv am Stoffhaushalt der festen Erde teil. Die Pedosphäre besteht aus einem Mosaik unterschiedlichster Böden. Sie unterscheiden sich erheblich in ihrer Fähigkeit, jenen Anforderungen zu genügen. Eine ihrer intrinsischen Eigenschaften, die hierauf im starkem Maße Einfluß nimmt, ist die Korngrößenverteilung. Daher werden in der Bodenkunde die Böden weltweit und seit altersher nach den Anteilen ihrer Korngrößen Ton ($<2\,\mu m$), Schluff ($2-63\,\mu m$) und Sand ($63-2000\,\mu m$) bezeichnet. Herrscht eine der drei Kornfraktionen vor, so spricht man von Ton-, Schluff- und Sandböden; im Lehmboden sind alle 3 Kornfraktionen in ungefähr gleichen Anteilen vertreten.

Die aktivsten Bestandteile der Böden finden sich in der Tonfraktion. Es sind dies neben den Huminstoffen die Tonminerale. Daher werden die Eigenschaften von Lehm- und Tonböden ganz wesentlich von Menge und Art der Tonminerale bestimmt. Unter den physikalischen Eigenschaften sind dies u. a. das Bodengefüge, das Verhalten des Bodenwassers, die Bearbeitbarkeit der Böden und die Erosionsanfälligkeit. Zu den chemischen Eigenschaften gehören die Bindung von Kationen, Anionen und Molekülen an den Oberflächen der Tonteilchen und die Freisetzung von essentiellen Pflanzennährstoffen wie Kalium, Magnesium und Mangan aus ihrem Inneren.

Viele dieser Eigenschaften begründen die hohe natürliche Fruchtbarkeit tonhaltiger Böden. Lehm- und Tonböden werden daher seit altersher als günstige Pflanzenstandorte für den Ackerbau genutzt. Auch bereits in den ersten Aufzeichnungen einer rationell betriebenen Landwirtschaft in Mitteleuropa werden die besonders günstigen Eigenschaften beider Bodenarten beschrieben. So hat schon Thaer 1837 die Böden nach Bodenarten untergliedert und die Bedeutung des Mergelns von Sandböden für das Pflanzenwachstum erkannt (135). Diese Maßnahme beseitigt nicht nur die zu hohe Bodenacidität; sie verbessert die Sandböden auch durch Tonmineralzufuhr. Auch in Zukunft werden sicher die Lehmböden vorrangig ackerbaulich genutzt werden.

Die Bodenkunde war und ist daher daran interessiert zu verstehen, welche der Eigenschaften in Böden sich aus den Mineralen ihrer Tonfraktion erklären lassen. Die meisten und auch genauesten Kenntnisse über die Eigenschaften von Tonmineralen stammen allerdings aus Untersuchungen an sog. Referenzmineralen, die aus relativ reinen Vorkommen (Lagerstätten) gewonnen wurden. Die Eigenschaften der Referenzminerale können sich jedoch von denen der Böden mit gleichem Mineraltyp (Smectit, Illit, Kaolinit) deutlich unterscheiden (104). Weitere Unterschiede sind auch der Tatsache zuzuschreiben, daß die Tonminerale in Böden mit anderen kolloiddispersen Stoffen wie Oxide, Huminstoffe und sonstige organische Substanzen assoziiert sind.

Kenntnisse über die Eigenschaften der Tonminerale in Böden zu gewinnen, wird durch zwei Umstände erschwert. Zum einen liegen häufig verschiedene Tonminerale im mechanischen Gemisch oder sogar innerhalb eines Kriställchens in Wechsellagerung vor (Kap. 1.2), die nur unzureichend bzw. gar nicht voneinander trennbar sind, so daß die Eigenschaften nur als Summe gemessen werden können. Da die Trennung der Tonminerale vom Boden nicht ohne Dispergierungsvorbehandlungen möglich ist, besteht zum anderen die Gefahr, daß hierbei Eigenschaften der Tonminerale verändert werden können, z. B. bei der Oxidation des Humus mit H_2O_2 (Kap. 1.4).

Identifizierung und Quantifizierung der Tonminerale in Böden erfolgt im wesentlichen mit Hilfe der Röntgendiffraktometrie. Solche Ergebnisse liefern noch keine ausreichenden Informationen über die für die Böden ökologisch relevanten Eigenschaften. Darüber hinaus müssen weitere Eigenschaften bestimmt werden, wie die chemische Zusammensetzung (vor allem K^+- und Mg^{2+}-Gehalt), die Kationenaustauschkapazität, die Oberflächengröße und -ladung und die Sorptionseigenschaften gegenüber zahlreichen Kationen, Anionen und Molekülen. Dabei ist es hilfreich, die Fraktion $<2\,\mu m$ noch weiter zu unterteilen (Kap. 1.5.2), weil dabei die tonmineralspezifischen Unterschiede der Eigenschaften stärker zu Tage treten. Auf diese Weise gelingt es, die Eigenschaften der Böden aus denen ihrer Tonminerale besser zu erklären.

Aus der Sicht der Bodenbewertung ist es somit wichtiger, die Eigenschaften der Tonfraktion als die Anteile einzelner Mineraltypen genau zu erfassen. Letzteres findet ohnehin an deren großer Variabilität eine naturgegebene Grenze.

In diesem Kapitel werden die Tonminerale (18) und ihre Rolle für die Eigenschaften und die Nutzung der Böden dargestellt (zum tieferen Verständnis bodenkundlicher Grundlagen s. (112)).

6.2 Vorkommen und Bodenklassifikation

Ausgangsgestein, Bildungsmilieu und Entwicklungsgrad der Böden bestimmen weitgehend, welche Tonminerale sie enthalten. Böden aus *tonmineralhaltigen Gesteinen* (Sedimenten) spiegeln deren Tonmineralzusammensetzung um so deutlicher wider, je schwächer die Böden entwickelt sind. Dies gilt insbesondere für Böden gemäßigthumider Gebiete aus Löß, Geschiebemergel, Auensedimenten und Marschen sowie aus Ton- und Kalkgesteinen. Meist dominieren in ihnen Dreischichttonminerale, vor allem Illit und Smectit. Böden aus tonigen Sedimenten des Paläozoikums und der Trias sind häufig illitisch-chloritisch, Böden aus Sedimenten tertiären Alters smectitisch. Dies gilt z. B. für Großbritannien (2), Kanada (55) und Deutschland (88).

In Böden aus *tonmineralfreien Ausgangsgesteinen*, wie den Magmatiten, sind die Tonminerale dagegen stets pedogen, d. h. bei der Bodenbildung entstanden. Bei geringem Verwitterungsgrad findet man auf basischen Magmatiten (Basalt u. a.) häufig smectitreiche Böden. In Böden aus sauren Magmatiten (Granit u. a.) herrschen dagegen Illit und Vermiculit vor; in solchen aus jungen, vulkanischen Aschen, die sehr porös und reich an leicht verwitterbaren vulkanischen Gläsern sind, treten Allophan, Imogolit und Halloysit, aber auch Smectit auf.

Je weiter die Verwitterung fortschreitet, desto mehr tritt der Einfluß des Ausgangsgesteins zurück. In gemäßigt humiden Gebieten treten an die Stelle von Smectiten, Illiten und Chloriten mit zunehmender Versauerung sekundäre Chlorite (63). Daneben finden sich regelmäßig geringe Mengen an Kaolinit, der entweder dem Ausgangsgestein (lithogen) oder umgelagerten, älteren Bodendecken wärmerer Klimate entstammt.

In tropisch humiden Gebieten wird der Tonmineralbestand der Böden dagegen mehr durch die starke Verarmung an Alkali- und Erdalkaliionen, insbesondere aber an Silicium, bestimmt. Bei ausreichender Wasserdurchlässigkeit kommen keine siliciumreichen Tonminerale (z. B. Smectit) mehr vor, sondern nur noch Kaolinit und bei weiterer Desilifizierung auch Gibbsit. Goethit, Hämatit und Anatas begleiten die genannten Minerale. Böden mit siliciumarmen Tonmineralen findet man auch in gemäßigten und ariden Gebieten. Sie sind Zeugen älterer Epochen mit tropisch humidem Klima, insbesondere des Tertiärs (76), und demonstrieren, daß sich ihr Tonmineralbestand nicht mehr den neuen Bedingungen angleichen kann. In Böden arider bis semiarider Gebiete werden fehlende Auswaschung und alkalischer *p*H-Wert häufig außer durch Salze durch neugebildeten Palygorskit bezeugt.

Das pedogene Bildungsmilieu und mit ihm die Art der Tonminerale werden also sehr stark vom Klima bestimmt. Der großklimatischen Zonierung von immerfeuchten über wechselfeuchte zu mehr oder weniger trockenen Gebieten entspricht in den Tropen und Subtropen die Abfolge von kaolinitischen Böden über smectitische bis zu palygorskitischen Böden im trockensten Bereich.

Auch bei gleichem Klima können innerhalb begrenzter Landschaften unterschiedliche Tonminerale in Böden vorherrschen. Diese sind häufig an den Wasserhaushalt geknüpft. So finden sich in den Tropen und Subtropen in tiefergelegenen, feuchten Akkumulationslagen oder über undurchlässigem Untergrund smectitreiche Böden mit Goethit als Eisenoxid, an den trockeneren Hängen und auf den Plateaus dagegen kaolinitreiche Böden mit Hämatit.

Die Auswirkung des Klimafaktors ist in die verschiedenen Bodenklassifikationen eingegangen. Deshalb lassen sich, wenn auch nur grob, den verschiedenen klassifikatorischen Bodeneinheiten, den Bodentypen, dominierende Tonminerale zuordnen. Dies ist in Tabelle 6.1 für die höchste Kategorie der US-Klassifikation, den Bodenordnungen, aufgelistet und wird im folgenden kurz erläutert (53).

Entisole sind schwach entwickelte Böden. Sie enthalten daher Tonminerale, die im wesentlichen vom Ausgangsgestein ererbt (lithogen) wurden und kommen in allen Klimaten vor. In den etwas stärker entwickelten *Inceptisolen* können außer lithogenen Tonmineralen pedogene, glimmerbürtige Vermiculite und Smectite auftreten, bei stärkerer Versauerung auch Aluminiumchlorite.

In gemäßigten Zonen finden sich meist *Alfisole* (Parabraunerden) als Klimaxform. Sie enthalten Illit, Vermiculit und Aluminiumchlorit, z. T. auch Smectit, der mit dem bevorzugt verlagerten Feinton im Unterboden konzentriert wird. Auf sandigeren Gesteinen entstehen *Spodosole* (Podsole) mit ähnlichen Tonmineralen wie die der Alfisole, z. T. mit Allophan oder Imogolit im B-Horizont*.

---

* Bodenprofile sind in mehr oder weniger oberflächenparallele Zonen gegliedert, die man Horizonte nennt. Der Oberboden wird dabei als A-, der Unterboden als B- und das Ausgangsgestein als C-Horizont bezeichnet.

Tabelle 6.1. Die dominierenden Tonminerale in den Bodenordnungen der US-Bodenklassifikation (Soil Taxonomy).

Alfisole:	Illit, Aluminiumchlorit
Andisole:	Allophan, Imogolit, Halloysit
Aridisole:	Tonminerale des Ausgangsgesteins, Salze, Gips, Calcit, Palygorskit
Entisole:	Tonminerale des Ausgangsgesteins
Inceptisole:	Illit, Smectit, Aluminiumchlorit
Mollisole:	Illit, Smectit, Vermiculit
Oxisole:	Kaolinit, Goethit, Hämatit, Gibbsit
Spodosole:	Illit, Aluminiumchlorit, (Smectit)
Ultisole:	Kaolinit, Muskovit, Hämatit, Goethit
Vertisole:	Smectit

Ton- und smectitreiche, meist tiefhumose Böden wechselfeuchter Gebiete der Tropen mit starker Quellung und Schrumpfung heißen *Vertisole. Andisole* sind humusreiche Böden geringer Lagerungsdichte aus vulkanischen Aschen und meist allophan- und/oder imogolitreich. Ebenfalls humusreiche Böden treten in den sommertrockenen und winterkalten Gebieten mit mäßiger Verwitterung in Form der *Mollisole* auf (Schwarzerden). Sie enthalten vorwiegend Illit, Vermiculit und Smectit. *Ultisole* sind Böden der immer- und wechselfeuchten Subtropen und Tropen mit tonreichem Unterboden, die neben Illit und Muskovit bereits größere Anteile an Kaolinit und Eisenoxiden enthalten. Stark entwickelte Böden der immerfeuchten Tropen gehören zu den *Oxisolen.* Sie sind reich an Kaolinit, Goethit und Hämatit, z. T. auch an Gibbsit und Anatas. Dreischichtminerale fehlen fast ganz. Bei größerer Trockenheit, also im semiariden bis ariden Bereich, treten pedogene Minerale auf, die in feuchteren Zonen nicht beständig wären, wie Palygorskit, Calcit, Gips, und schließlich Salze. Diese Böden gehören meist zu den *Aridisolen.*

Die US-Klassifikation ist eine Merkmalsklassifikation. Sie berücksichtigt den Tonmineralbestand eines Bodens als Adjektiv in der Kategorie der Klasse z. B. illitisch, kaolinitisch, montmorillonitisch (synonym für smectitisch), oxidisch.

In vereinfachender Weise werden in den folgenden Kapiteln die tonmineralogisch beeinflußten Bodeneigenschaften an Tonböden der einzelnen Ordnungen erläutert. Dabei wird davon ausgegangen, daß in diesen jeweils der in Tabelle 6.1 angegebene Tonmineralbestand dominiert. So werden häufig Vertisole für smectitische, Oxisole für kaolinitisch-oxidische, Andisole für allophanische, Inceptisole für smectitisch-illitische und Alfisole für illitische und gemischt mineralogische Böden zitiert. Abweichungen hiervon sind jedoch die Regel.

6.3 Bildung, Umbildung und Abbau

Die grundsätzlichen Mechanismen der Tonmineralbildung und -umbildung wurden in Kapitel 4 erörtert. Sie gelten auch für die Pedosphäre, in der sich zwischen Atmosphäre, Biosphäre und Lithosphäre die Minerale der Gesteine unter den eigenen Bedingungen dieser Kontaktzone z. T. in die an der Erdoberfläche stabileren Tonminerale umgewandelt haben. Die Umwandlungs-(Verwitterungs-)front schreitet von der Oberfläche allmählich in die Tiefe fort. Während hierbei in den trockenen Zonen und in den jungpleistozänen Landschaften der gemäßigt humiden Zonen Böden von weniger als 1 bis 2 m Mächtigkeit entstanden, haben sich in den unvergletscherten Gebieten der humiden bis subhumiden Tropen in langen Zeiträumen bei hoher Verwitterungsrate bis zu 100 m mächtige Bodendecken gebildet.

So verschieden Art und Menge der dabei gebildeten Tonminerale unter den verschiedenen Bedingungen sind, so unterschiedlich sind auch ihre Bildungsprozesse. Sie werden, soweit sie bodenspezifisch sind, im folgenden kurz erörtert.

Vorwiegend der Wirkung des Frostes und der Quellung und Schrumpfung ist die mechanische Zerkleinerung von Glimmern zu Illiten des Grobtons (2 – 0,2 µm) zuzuschreiben, bei der ein Teil der Kaliumionen der freigelegten Oberflächen verloren geht (22, 75). Weitere Kaliumionen werden abgegeben, wenn der Boden von oben her allmählich versauert. Sie entstammen nun dem Raum zwischen den Schichten, wo sie gegen hydratisierte Kationen (Ca^{2+}, Mg^{2+}) ersetzt werden. So gehen Illite allmählich in glimmerbürtige Vermiculite und Smectite über (27, 31, 42, 44, 45, 102, 141 und Kap. 4).

Im Löß und im Geschiebemergel sind schon während der Tonbildung im Pleistozän Vermiculite und Smectite aus Biotit gebildet worden. Setzt dann die Bodenbildung ein (Entkalkung, *p*H-Abnahme), so werden verstärkt Kaliumionen aus den noch vorhandenen Biotiten freigesetzt. Die Kaliumionen werden z. T. von Vermiculiten und hochgeladenen Smectiten des Feintons eingelagert und machen sie zu Illiten (Illitisierung) (80). Die hohe Affinität dieser biotitbürtigen Vermiculite und Smectite für Kaliumionen erklärt sich vermutlich daraus, daß sie bei der Entstehung dioktaedrisch und die Fe^{2+}OH-Gruppen partiell zu Fe^{3+}O-Gruppen deprotoniert wurden und die Teilchen besonders klein sind. Für den Feinton (< 0,1 µm) kann dies an elektronenmikroskopischen Bildern von Dreischichttonmineralen, die mit Alkylammoniumionen (C-Zahl der Kette = 14) belegt sind, gezeigt werden (Abb. 6.1). Fast alle Schichten im Bild c (Probe mit 1 % K) haben mittlere Basisabstände von 25 – 26 Å, die ein Indiz für Vermiculite sind (ideal 24 Å). Als Inseln sind 10-Å-Zonen als dunkle Zonen erkennbar. In der Probe mit 1,8 % K (Bild b) treten die 10-Å-Schichtpakete häufiger und mit größerer Schichtzahl auf. Die Schichten > 22 Å treten dagegen etwas zurück. Beide Proben entstammen Lössen (C-Horizonte). Im Bild der Probe des darüber liegenden Bodens (Probe a; 2,3 % K) zeigt der höhere 10-Å-Anteil, daß ein Teil der aufweitbaren Minerale in Illit übergegangen ist. Ein Teil der Illitkristalle ist keilförmig aufgeweitet.

Versauern die Böden bei weiterer Entwicklung stärker, so treten Aluminiumionen in der Bodenlösung auf. Diese werden zwischen den Schichten von Vermiculit und Smectit eingelagert (Abb. 6.17). Dort hydrolysieren sie partiell, polymerisieren zu Polyhydroxoaluminiumkationen (Kap. 9.2.6), und bilden eine positiv geladene Al-hydroxid-Schicht, die die negative Schichtladung der 2 : 1-Schichten neutralisiert. Wie die fixierten Kaliumionen sind auch die Polymeren im Gegensatz zum Al^{3+} nicht austauschbar. Somit liegt eine Wechselfolge von 2 : 1-Schichten mit einer Hydroxidschicht vor. Es ist ein chloritähnliches Mineral entstanden, das statt einer Mg, Al-hydroxidschicht, wie beim echten Chlorit, eine Al-Hydroxidschicht enthält. Es wird sekundärer, Aluminium- oder Bodenchlorit genannt und bildet sich in versauerten Waldböden gemäßigter Klimate meist in den unteren Teilen von A- und in B-Horizonten. Die oberen Teile der A-Horizonte sind dagegen entweder für eine partielle Hydrolyse der Aluminiumionen zu sauer, oder die Aluminiumionen werden durch Humus komplex gebunden und so an der Zwischenschichteinlagerung gehindert. Aus den Vermiculiten des Grobtons entstehen die sekundären Chlorite leichter als aus Smectiten des Feintons. Die Kationenaustauschkapazität wird durch die Eina

b

c

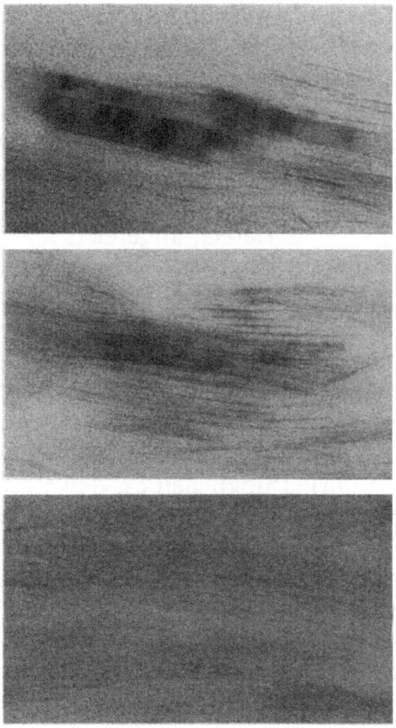

Abb. 6.1. Ultramikrotomschnitte senkrecht zu den Elementarschichten von Tonmineralen (<0,1 μm) aus Lössen und Lößböden (Aufnahmen H. Vali, Lehrstuhl für Mineralogie, TU München).: a = B_t-Horizont, b = C-Horizont, (85) c = frisch entkalkter C-Horizont (84).

lagerung der Polyhydroxoaluminiumkationen vermindert. Sie kann aber durch *p*H-Erhöhung, also durch Kalkung, vornehmlich im Feinton, wieder restauriert werden (87).

$$\boxed{- - -}\qquad\qquad\qquad\qquad\boxed{- - -}$$

$$[Al_6(OH)_{12}]^{6+} + 3\,CaO + 3\,H_2O \longrightarrow Ca^{2+}\,Ca^{2+}\,Ca^{2+} + 6\,Al(OH)_3$$

$$\boxed{- - -}\qquad\qquad\qquad\qquad\boxed{- - -}$$

Die Verwitterung mafischer Chlorite in sauren Böden kann auf zweierlei Weise ablaufen. Protonen der Bodenlösung protonieren die Brucitschicht ($Mg(OH)_2 + 2H^+ \longrightarrow Mg^{2+} + 2H_2O$) und wandeln so den Chlorit in Vermiculit um. Zum anderen können insbesondere Fe^{2+}-reiche Chlorite durch oxidative Protolyse vollständig aufgelöst werden. In Böden aus chlorithaltigen Gesteinen fehlen sie dann in den stärker sauren Oberböden.

Andere Prozesse laufen in kühl gemäßigtem Klima bei der Tonmineralbildung in Böden auf vulkanischen Aschen ab. Silicium und Aluminium werden aus den vulkanischen Gläsern rasch freigesetzt und verbinden sich je nach dem Silicium- und Aluminiumangebot zu Allophan und/oder Imogolit (148). Schreitet die Bodenbildung weiter fort, so entsteht hieraus Halloysit. Im Oberboden binden die reichlich vorhandenen Huminstoffe die freigesetzten Aluminiumionen in einem Ausmaß, daß sich kein Allophan bilden kann und das ebenfalls freigesetzte Silicium als Opal ausfällt.

Die Tonmineralbildung ist in weiten Gebieten der Tropen und Subtropen im Laufe der Zeit wenig durch Bodenabtrag unterbrochen worden. Es haben sich daher tief verwitterte Bodendecken gebildet, in denen heute Kaolinit, Goethit, Hämatit und z. T. Gibbsit dominieren. Sie sind das Ergebnis eines hohen Massenverlustes an Alkalien, Erdalkalien sowie eines Teils des Siliciums aus primären Silicaten. Die Siliciumkonzentration der Bodenlösung ist so stark abgesunken, daß sich nur noch 1 : 1- Minerale, stellenweise sogar nur noch Gibbsit bilden konnten, und die Eisenoxide haben sich relativ und absolut, z. B. in sog. Ferricrets, angereichert. Ein Teil des Aluminiums wurde dabei in Goethit und Hämatit eingebaut. Der Kaolinit bildet häufig Pseudomorphosen nach Feldspäten und Glimmern (sog. Buchkaolinit). Alle diese Minerale können in mehreren Generationen auftreten.

Mit den vielfältigen Bildungs- und Umbildungsprozessen von Tonmineralen verändern sich auch ihre Mengen im Boden. Das Ausmaß der Tonbildung hängt vom Gehalt des Gesteins an potentiell tonbildenden Mineralen (Feldspäte, Glimmer, Augite, Hornblenden) und von der Intensität und Dauer der Verwitterung ab. Vergleiche zwischen Ausgangsgestein und Boden (Solum) ermöglichen es, den Gewinn an Ton durch die Bodenbildung, der sich naturgemäß aus Bildung und Zerfall ergibt, zu berechnen. Die Beispiele für verschiedene nacheiszeitliche Böden gemäßigter Klimate in Tabelle 6.2 zeigen z. B., daß sich seit Beginn der Bodenbildung vor 10 000 – 15 000 Jahren 15 – 115 kg Ton pro m^2 bildeten (112).

Unter tropischem Klima sind Tongewinne und -bildungsraten schwieriger zu bestimmen, da das Ausgangsgestein meist nicht gefunden wird und es nicht bekannt ist, wie alt die Böden sind. In vielen dieser Böden sind die potentiell tonliefernden primären Minerale häufig vollständig zersetzt. Die dabei gebildeten Tonmineralmengen lassen sich theoretisch aus Umsatzgleichungen abschätzen. So entsteht z. B. bei völliger Umsetzung eines Anorthits in Kaolinit nach der Gleichung

$$CaSi_2Al_2O_8 + 2CO_2 + 3H_2O \longrightarrow Si_2Al_2O_5(OH)_4 + Ca(HCO_3)_2$$

gewichtsmäßig etwa ebensoviel Kaolinit wie Anorthit zerfällt, da der Gewichtsverlust an Ca^{2+} durch Gewinn an OH^- ausgeglichen wird. Beim Orthoklas ist das

Tabelle 6.2. Intensität der Tonbildung und Tonverlagerung in Böden der mittleren Breiten. (112)

Bodentyp	Gestein	Landschaft	Alter der Böden (Jahre)	Ton- bildung (kg/m²)	Ton- verlagerung (kg/m²)
Parabraunerden	Geschiebe- mergel	Holstein, Seeland	12 000	34 – 70	66 – 112
Pseudogleye				28	44 – 64
Parabraunerden	Löß	Niedersachsen	15 000	88 – 117	42 – 91
Parabraunerden	Löß	Bayern	15 000	63 – 98	35 – 51
Andisol	vulk. Asche	Pfalz	11 000	72	
Braunerde	Flugsand	Neuseeland	10 000	72	
Braunerde	Flugsand	Neuseeland	3 000	18	
Podsole	Flugsand	N. Michigan	10 000	15 – 18	
Podsole	Flugsand	N. Michigan	3 000	7	
Podsole	fluviatiler Sand	Norwegen	9 400	19*	

* (134)

Verhältnis dagegen nur ca. 1 : 2, weil das Si/Al-Verhältnis mit 3 : 1 deutlich von dem des Kaolinits abweicht. Tonmineralverluste entstehen hauptsächlich unter sehr sauren Bedingungen (ca. $pH = 4{,}5$ und niedriger) durch Tonzerstörung (s. Reaktion mit Protonen Kap. 6.5.7). Über ihre Mengen ist wenig bekannt. Die Tonzerstörung wird besonders im Zusammenhang mit der Bodenversauerung durch saure Niederschläge diskutiert.

Die Aluminiumionen stammen sicherlich zu einem wesentlichen Teil aus Tonmineralen, bezeugen also, daß sich diese zersetzen (Kap. 6.5.7). Ein Teil dieser Ionen erscheint in der Bodenlösung und kann dann mit dem Sickerwasser in die Gewässer gelangen. Aus den gemessenen Mengen der freigesetzten Al^{3+}-Ionen, die mit dem Sickerwasser das Bodenprofil verlassen, läßt sich ein Anhalt für das Ausmaß der Tonmineralzerstörung gewinnen. Bei einem mittleren Aluminiumgehalt eines Tonminerals von 20 % Al_2O_3 ergibt sich bei dem derzeitigen (modernen) Säureinput (2 – 4 kmol/ha · a) ein Tonmineralabbau von einigen Zehner Gramm pro m^2 und Jahr (bei 20 % Ton beträgt der Tonvorrat in 1 m Bodendecke ca. 300 kg/m^2). Hierbei bleibt unberücksichtigt, daß einerseits die freigesetzten Al^{3+}-Ionen nicht allein aus Tonmineralen stammen und andererseits die Wurzelzone, an deren Unterkante die Aluminiumkonzentration gemessen wurde, nicht vollständig nach unten verlassen (143).

Neben der Tonmineralbildung läuft eine Silicatverwitterung von Schluff- und Sandmineralen ab. Der Silicatverlust in einem Podsol aus fluviatilem Sand wurde während der Gesamtzeit der holozänen Verwitterung mit 3,2 g/m^2 · a bestimmt (134), wobei Quarz als innerer Standard diente.

Ton(mineral)verluste entstehen innerhalb einzelner Bodenhorizonte jedoch auch durch Tonverlagerung in andere, vor allem tiefere Bodenhorizonte. Die Verlagerung erfordert, daß die Tonminerale dispergiert werden. Hierzu neigen sie besonders im pH-Bereich von 5 – 6,5 (Kap. 6.4). Es entstehen so Bodenprofile mit tonärmeren Oberböden und tonreicheren Unterböden, die weltweit verbreitet sind. Zu ihnen gehören die im gemäßigten Klima dominierenden Alfisole und die Ultisole subtropischer und tropischer Gebiete. Der Tonverlust des Oberbodens ist etwa gleich dem Tongewinn des Unterbodens. Die Menge an verlagertem Ton liegt, wie Tabelle 6.2 zeigt, bei 40 – 110 kg Ton pro m^2 in ca. 10 000 – 15 000 Jahren. Die Eigenschaften von Ober- und Unterboden werden durch die Tonverlagerung deutlich verändert.

6.4 Physikalische Bodeneigenschaften[1)]

Forschungsgegenstand der Bodenphysik sind das Bodengefüge (Bodenstruktur), d. h. die räumliche Anordnung der festen Bodenteilchen und der Hohlräume, und die Bodeneigenschaften, die mit dem Bodengefüge im Zusammenhang stehen. Hierzu gehören die mechanischen Eigenschaften, das Verhalten von Wasser und Luft im Boden sowie die Bodentemperatur. Das Pflanzenwachstum reagiert empfindlich auf alle diese Eigenschaften, weil von ihnen ihre Durchwurzelung und ihre Wasser- und Luftversorgung bestimmt werden. Die bodenphysikalischen Eigenschaften beeinflussen auch die Stoff- und Energiebilanzen von terrestrischen Öko-

---

1) Herrn Dr. H.H. Becher, Lehrstuhl für Bodenkunde, TU München, Weihenstephan, sei für die kritische Durchsicht dieses Kapitels sehr herzlich gedankt.

systemen, insbesondere die Stoffflüsse, da diese an die Wasserbewegung in der Bodendecke geknüpft sind.

6.4.1 Bodengefüge

Gefügeformen

Eigenschaften und Bildung des Bodengefüges toniger Böden sind mit ihrem Tonmineralbestand eng verknüpft. Die einzelnen Tonmineralteilchen liegen nicht als isolierte Primärteilchen vor, sondern sind mit ihresgleichen, mit Huminstoffen oder mit größeren, vergleichsweise inerten Teilchen zu 0,01 – 1 mm großen Aggregaten verbunden (7). Innerhalb der Aggregate sind die Kräfte des Zusammenhalts stärker als zwischen ihnen. Die Aggregate enthalten Poren in ähnlicher Größe wie die Teilchen selbst. Aggregate sind in dieser oder ähnlicher Form auch in geflockten Tonmineralsuspensionen enthalten. Bei sehr viel geringeren Wassergehalten als in Suspensionen fügen sich die Mikroaggregate in Böden meist zu größeren, kohärenten, ungegliederten Verbänden oder zu größeren (Makro-) Aggregaten zusammen. Dies hängt nicht nur vom Wassergehalt ab, d. h. von der Existenz verbindender Wasserfilme, sondern auch vom Tonmineralbestand der Aggregate. Kohärente Massen entstehen vor allem in feuchten Tonböden mit hohen Gehalten an Kaolinit, Smectit und/oder Illit bei geringen Gehalten an Eisenoxiden. Trocknen solche Böden aus, so zerteilen sich die kohärenten Massen durch Schrumpfungsrisse in Gefügeeinheiten mit Polyeder- und Prismenform. Ähnlich wirkt der austrocknende Frost.

Eisenoxidreiche, kaolinitische Tonböden wie die Oxisole, die kaum quellen und schrumpfen, bilden im feuchten Zustand keine kohärenten Verbände, sondern ein lockeres Aggregatgefüge. Dies gilt z. T. auch für humusreiche Böden. Eisenoxide und Huminstoffe vermögen offenbar die anziehenden Kräfte zwischen den Tonaggregaten so stark zu schwächen, daß sie nicht mehr zu kohärenten Massen oder Makroaggregaten verbunden werden und die Volumenveränderung durch Quellen und Schrumpfen stark reduziert wird.

Mechanismen der Aggregation

Für die Aggregierung von Tonteilchen in Tonböden gelten die gleichen Gesetzmäßigkeiten wie für Tonmineralsuspensionen (Kap. 3.2.6). Aggregate (Mikroaggregate, Flocken) aus Na^{+}-gesättigten Tonmineralen sind leichter dispergierbar als Ca^{2+}-gesättigte und benötigen daher höhere Elektrolytkonzentrationen zur Koagulation. Noch stärker koagulierend wirkt das Aluminiumion (121). Allerdings wurden für Böden insgesamt wesentlich höhere Koagulationskonzentrationen gefunden als für Referenztonminerale gleichen Typs (29). Dies liegt vermutlich an der Adsorption der Huminstoffe an den Tonmineraloberflächen. Hierdurch werden die Kanten der Tonmineralkristalle negativ und so der Kontakt mit den ebenfalls negativ geladenen Flächen verhindert. Die dispergierende Wirkung der Huminstoffe ließ sich im Laborversuch nachweisen (146). Sie erschwert wahrscheinlich die Beseitigung der Tontrübe in Gewässern.

Im natürlichen Bodenverband ist die Wirkung des Ionenbelags eingeschränkt, da der Wassergehalt nicht ausreicht, um die austauschbaren Kationen voll zu hydratisieren. Lediglich an der Bodenoberfläche können die Tonmineralteilchen ähnlich reagieren wie in Tonmineralsuspensionen, weil hier genügend Wasser zur Verfügung steht. Übersteigt z. B. der Anteil von Natriumionen im Ionenbelag eine gewisse Höhe (5 – 10 %) oder sinkt die Elektrolytkonzentration unter die kritische Koagulationskonzentration, so kommt es zur Dispergierung. Der Boden verschlämmt, die Tonmineralteilchen regeln sich ein, und bei Austrocknung bilden sich harte Krusten (16). Dies ist bedeutsam bei Böden, die mit Na^+-haltigem Wasser bewässert werden. Um die Verschlämmung zu verhindern, wird Gips zugeführt, und die Na^+-Ionen werden gegen Ca^{2+}-Ionen ausgetauscht. Gleichzeitig wird die Elektrolytkonzentration erhöht.

In tonreichen Oxi- und Ultisolen, die vorwiegend Kaolinit und ca. 5 – 15 % Goethit und/oder Hämatit enthalten, sind die Tonteilchen nahezu vollständig zu stabilen Mikroaggregaten (Durchmesser ca. 0,05 – 1 mm) verbunden. Physikalisch verhalten sich diese Böden daher wie Sandböden: Sie lassen viel Wasser durch, sind gut durchlüftet und leicht bearbeitbar. Der Mechanismus dieser Aggregatbildung ist noch ungeklärt. Es herrscht die Meinung vor, daß die Eisenoxide die Kaolinitkriställchen zu Aggregaten verkitten. In der Tat läßt sich ein solcher Boden vollständig dispergieren, wenn man die Eisenoxide selektiv (z. B. durch Dithionit) extrahiert. Der meiste Ton dispergiert auch dann bereits, wenn nur ein sehr kleiner Anteil der Eisenoxide entfernt wird oder Anionen zugesetzt werden, die durch Adsorption die Oberflächenladung negativer machen. Dies führt zur Abstoßung der Teilchen untereinander. Elektronenmikroskopische Bilder, auf denen die Eisenoxide häufig als separate Mikroaggregate neben sauberen Kaolinitkristallen erkannt werden (Abb. 6.2), sprechen gegen eine mehr oder weniger vollständige Umhüllung (coating) des Kaolinits mit Eisenoxiden.

Nimmt der Eisen- oder Aluminiumoxidgehalt stark zu, kommt es häufig zur Zementation, z. B. in Form von sog. Ferricrets*. Ihre Stabilität ist weder vom Wassergehalt noch von den austauschbaren Kationen und dem *p*H-Wert abhängig. Es ist zu vermuten, daß die Eisen-(oder Aluminium-)oxide an den Kornkontakten aus der Lösung auskristallisieren – analog zu Calciumsilicaten im Beton – und auf diese Weise eine chemische Bindung zwischen Oxid und Matrixteilchen entsteht.

Oxisole und Ultisole bedürfen häufig einer *p*H-Erhöhung durch Kalkung, um die Menge an austauschbaren Aluminiumionen zu vermindern ($2Al^{3+} + 3CaCO_3 + 3H_2O \longrightarrow 2Al(OH)_3 + 3Ca^{2+} + 3CO_2$). Die Erhöhung des *p*H-Wertes kann jedoch dazu führen, daß ein Teil des Tones dispergiert, der Boden verschlämmt und die Infiltrationsrate sinkt (106) (Abb. 6.3). Die Ursache liegt wiederum in der Veränderung der Oberflächenladung. Bei höherem *p*H-Wert befindet sich der Boden erheblich oberhalb seines Ladungsnullpunktes (Kap. 6.5.1). Er ist dadurch stärker negativ geladen, so daß die Abstoßung gefördert wird. Zusatz von Gips hat diese Wirkung nicht, da hierdurch der *p*H-Wert nicht oder kaum verändert wird.

Auf andere Weise wird die Tondispergierung und -wanderung in Alfisolen vom Ober- in den Unterboden erklärt (s. Kap. 6.3). Dieses weltweit verbreitete Phänomen setzt im humid gemäßigten Klima insbesondere bei Böden aus carbonathaltigen Lokkersedimenten wie Löß und Geschiebemergel ein, wenn nach Auflösung des Carbonats der *p*H-Wert von 7,0 – 7,5 auf 6,0 – 6,5 absinkt. Bei diesem *p*H-Wert werden die randständigen, negativ geladenen Gruppen protoniert und so die über Ca^{2+}-Ionen verbundenen Teilchen voneinander getrennt (vgl. Abb. 3.1 und 3.18, S. 90, 119).

---

* („Ferri“ von Fe und „cret“ von concrete, engl. Beton)

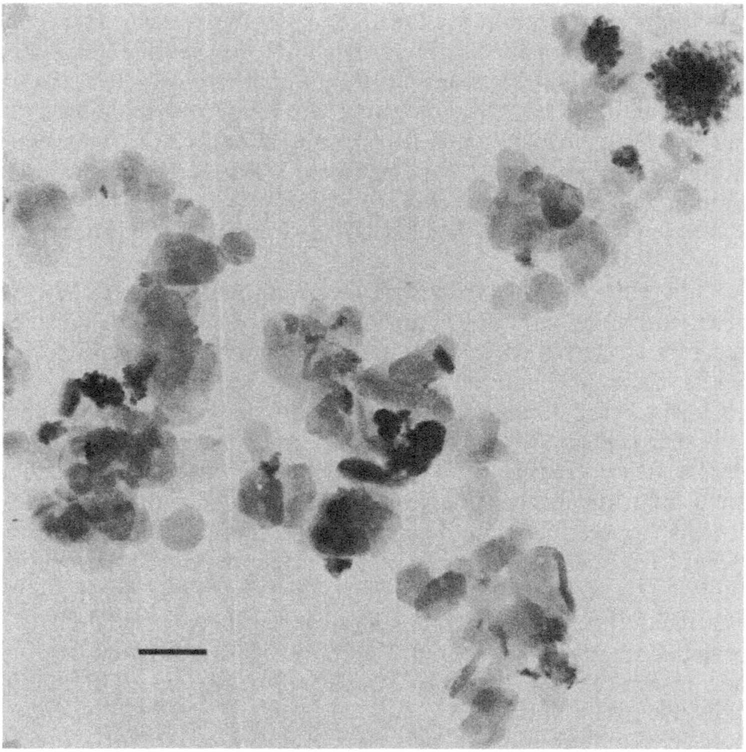

Abb. 6.2. Elektronenmikroskopische Aufnahme der Tonfraktion eines brasilianischen Ultisols mit hellen Kaolinitkristallen und opaken Mikroaggregaten aus Goethit und Hämatit (Maßstab 0,1 µm) (Aufnahme H.Ch. Bartscherer, Physik. Inst. TU München, Weihenstephan).

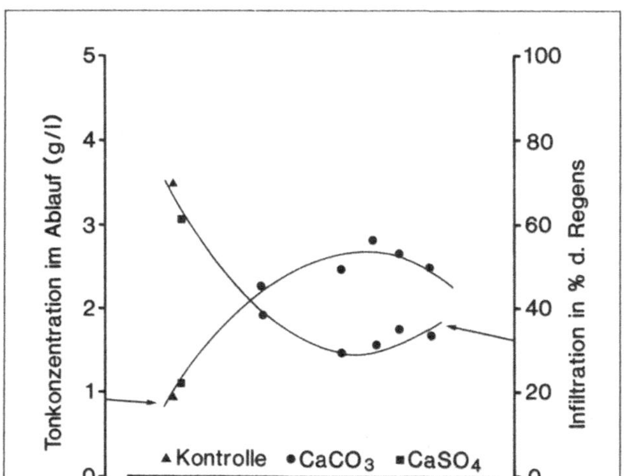

Abb. 6.3. Der Einfluß des pH-Wertes und der Zugabe von $CaCO_3$ und $CaSO_4$ auf die Infiltration des Regens und die Tonkonzentration des Oberflächenabflusses bei einem brasilianischen Oxisol (106).

An der Tonverlagerung (Lessivierung), die den Tongehalt des Oberbodens z. B. auf 10 % erniedrigen, den des Unterbodens auf 30 % erhöhen kann, nehmen bevorzugt Smectite des Feintons teil. Im stärker sauren Bereich ($pH < 5$) tritt dann austauschbares Al^{3+} auf, das die Tonteilchen wieder aggregiert und/oder in nichtquellbare sekundäre Chlorite überführt, die kaum noch verlagert werden. Der Tonverlust im Oberboden senkt die Ertragsfähigkeit der Böden und erhöht insbesondere bei Lößböden die Erosionsanfälligkeit, weil der im Oberboden verbleibende Ton das schluffreiche Material nicht mehr ausreichend aggregiert.

Nur kurz erwähnt sei hier der starke Einfluß von Huminstoffen und anderen organischen Komponenten auf die Bildung von Aggregaten. Details sind zusammenfassender Literatur zu entnehmen (93). Elektronenmikroskopische Aufnahmen (Abb. 6.4) haben gezeigt, daß sich Tonmineralkristalle und -kristallpakete orientiert

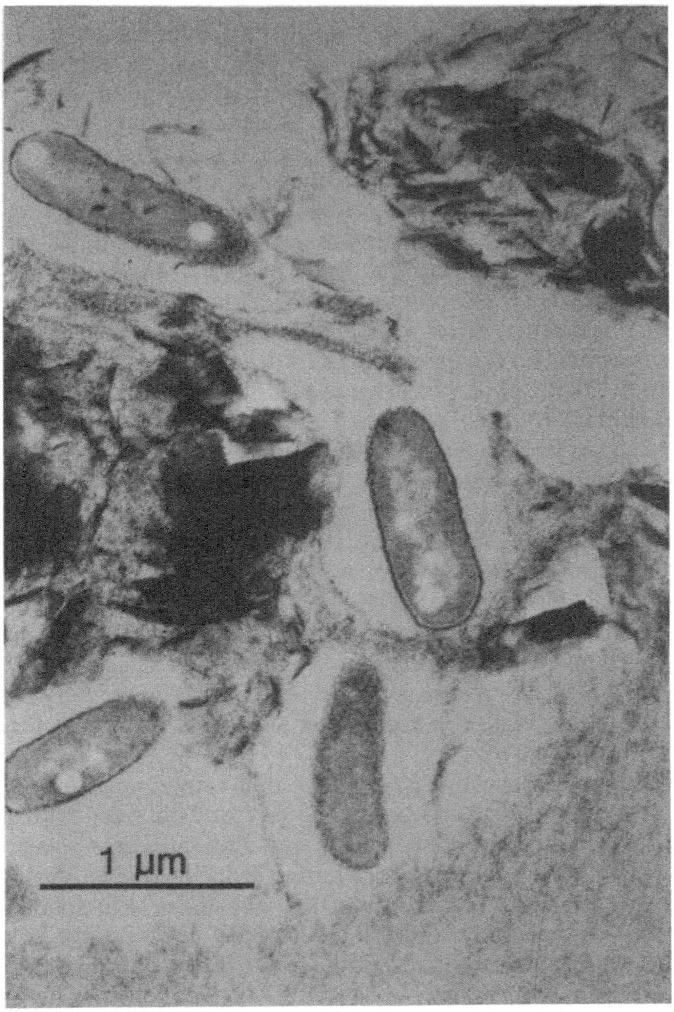

Abb. 6.4. Tonaggregate (T) im Mucigel (M) eines Bakteriums (B) Vergrößerung 82000×. Mit frdl. Genehmigung des Autors (33).

im zellexternen Schleim von Wurzeln, Pilzhyphen und Bakterien, im sog. Mucigel (meist Polysaccharide und Polyuronsäuren), anreichern. Es sind also nicht die Organe und Organismen selbst, die die Bodenteilchen zu Aggregaten verbinden (Lebendverbauung) sondern die von ihnen produzierten organischen Polymeren (Kap. 3.4.6). Diese werden zwar relativ schnell wieder bakteriell abgebaut, bilden sich jedoch bei ausreichender Biomassezufuhr ständig neu.

Dauerhaftere Aggregate bis zu Millimetern Größe werden dagegen durch die verkittende Wirkung von hochpolymeren Huminstoffen gebildet. Sie kommen z. B. in Schwarzerden, Rendzinen (Mollisolen) und in Andisolen vor, besonders unter permanenter Vegetationsdecke.

Quellung und Schrumpfung

Tonböden ändern mit dem Wassergehalt nicht nur ihr Volumen, sondern auch ihr Gefüge: Sie zeigen Quellung und Schrumpfung (Kap. 3.2) (37). Ihr Ausmaß hängt vom Tonmineralbestand, vom Tongehalt und den austauschbaren Kationen ab. Eine Beziehung zwischen dem Ausmaß der Quellung und dem Tonmineralbestand ergibt sich daher nur dann, wenn die anderen beiden Eigenschaften ähnlich sind.

Besonders stark quellen und schrumpfen smectitreiche Böden, z. B. Vertisole, die in Trockenzeiten von tiefen und breiten Schrumpfungsrissen durchzogen sind. Mit steigendem Wassergehalt verringern diese Böden ihr Volumengewicht (5). Das Ausmaß der Quellung und Schrumpfung der Vertisole steigt bei gleichem Ionenbelag mit zunehmendem Smectitgehalt. Durch die Gleitbewegung der Gefügeelemente gegeneinander während der Quellung und Schrumpfung entstehen riefenbesetzte Gleitflächen, die Slickensides genannt werden. Kaolinitische Böden quellen und schrumpfen im Vergleich zu smectitischen sehr viel schwächer oder kaum, besonders dann, wenn der Kaolinit mit Eisenoxiden vergesellschaftet ist, wie z. B. in Oxisolen. Illitische Böden liegen mit ihrem Quellverhalten zwischen dem von smectitischen und kaolinitischen. Dieses Verhalten läßt sich weitgehend erklären durch die unterschiedliche Teilchengröße und Aufweitbarkeit der drei Mineraltypen, da die spezifische Oberfläche der Böden hiervon abhängt. So wird verständlich, daß zwischen dem linearen Ausdehnungskoeffizienten (coefficient of linear extension, COLE) als häufig benutztem Maß für die Quellung und der mineralbedingten spezifischen Oberfläche eine lineare Beziehung gefunden wurde (Abb. 6.5).

Allophanreiche Böden (Andisole) schrumpfen ähnlich stark wie die smectitreichen Böden, kenntlich an der Dichtezunahme von z. B. 0,6 auf 1,0 g cm^{-3}. Sie verlieren die Quellfähigkeit jedoch im Gegensatz zu diesen weitgehend, wenn sie stärker austrocknen. Die Schrumpfung ist also irreversibel (66, 67, 150). Außerdem wird das Ausmaß der Quellung nur geringfügig von der Art der austauschbaren Kationen beeinflußt.

Die Bedeutung von Quellung und Schrumpfung für die Bodennutzung liegt u. a. in ihrer Rolle bei der Gefügebildung. Schrumpfungsrisse sind in Tonböden häufig die einzigen Makroporen, die Luft in den Boden bringen und überschüssiges Wasser ableiten. Das Ziel, dichte Unterböden von Tonböden zu meliorieren, besteht darin, das Wasser z. T. zu entfernen und sie so zur Schrumpfung zu bringen. Einmal entstandene Schrumpfungsporen sind auch bei Wasserzufuhr z. T. über längere Zeit beständig, da die Quellung sehr langsam verläuft. Entlang den Schrumpfungsrissen in Tonböden wachsen die Wurzeln, die die Oberflächen der Gefügeelemente netzartig überziehen. Schrumpfung kann das Pflanzenwachstum auch schädigen, indem das im gequollenen Zustand gebildete Wurzelnetz zerrissen wird.

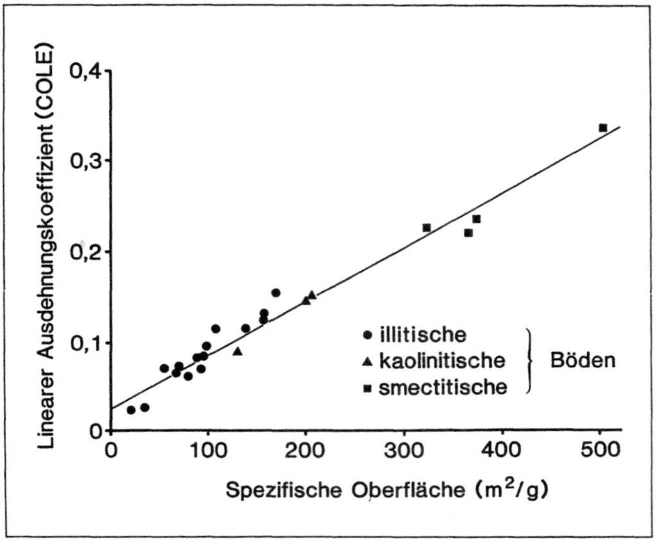

Abb. 6.5. Linearer Ausdehnungskoeffizient von Böden verschiedenen Tonmineralbestandes. (Nach 105).

Porenvolumen und Porengrößenverteilung

Das z. T. tongehalts- und tonmineralspezifische Gefüge bestimmt weitgehend Menge und Gestalt der Poren toniger Böden. So steigt das Porenvolumen von ca. 45 auf 55 Vol % an, wenn der Tongehalt von ca. 5 auf 60 % zunimmt. Dies liegt daran, daß die plättchenförmigen Tonmineralteilchen viel weniger eine dichteste Lagerung (minimales Porenvolumen) einnehmen können als die eher runden Sandkörner. Die Zunahme des Porenvolumens in Tonböden geht einher mit einer Zunahme von Feinporen (< 0,2 µm) innerhalb der Mikroaggregate (Intraaggregatporen), während die mittleren Poren (0,2 – 10 µm) das Maximum bei mittlerem Tongehalt haben. Grobe Poren (> 10 µm) befinden sich vorwiegend zwischen den Aggregaten (Interaggregatporen) und zwar als Schrumpfungsrisse und als Wurm- und Wurzelröhren.

Die Kombination von vielen Feinporen mit wenigen Grobporen ist in smectitreichen Böden (z. B. Vertisole) stark ausgeprägt. Ihr Porenvolumen besteht im wassergesättigten (gequollenen) Zustand zu ca. 2/3 aus Feinporen, während sich bei der Austrocknung relativ viele Grobporen (Schrumpfungsrisse) bilden. Anders verhalten sich Andisole (67): Ihr hohes Porenvolumen im feuchten Zustand (über 70 Vol % bei 100 – 120 Gew. % Wasser, s. S. 227) ist auf sehr kleine Poren (< 1 nm) zwischen den zu Domänen aggregierten ca. 5 nm großen Allophanteilchen und auf mittlere und grobe Poren zwischen den aus Domänen bestehenden Aggregaten verteilt. Das hohe Porenvolumen bedingt eine sehr niedrige Lagerungsdichte (Volumengewicht), die meist unter 1 g/cm³ und damit deutlich unter der von Tonböden mit anderen Tonmineralen (1,2 – 1,6 g/cm³) liegt.

Plastisches Verhalten

Das für die Bodenbearbeitung so wichtige plastische Verhalten der Tonböden hängt von der Wasserbindung ab. Nach Atterberg wird das plastische Verhalten durch den Wassergehalt beim Zerfließen (Fließgrenze) und beim Ausrollen (Ausrollgrenze) charakterisiert. Die Differenz zwischen beiden Wassergehalten nennt man Plastizitätsindex (Kap. 8.1.2). Tonböden lassen sich optimal beim Wassergehalt der Ausrollgrenze bearbeiten. Sind sie wesentlich trockener, ist der Zugkraftaufwand zu hoch, sind sie zu feucht, erzeugt die Belastung der Geräte Verdichtungen, z. B. Pflugsohlen. Der optimale Wassergehaltsbereich ist sehr eng und kann beim Austrocknen in relativ kurzer Zeit durchlaufen sein (Minutenböden). Dies trifft vor allem für smectitreiche Böden zu, die in einem sehr weiten Wassergehaltsbereich plastisch (hoher Plastizitätsindex) sind. Eisenoxidreiche, kaolinitische Böden verhalten sich dagegen kaum plastisch und sind daher ähnlich leicht zu bearbeiten wie Sandböden. Allophanböden haben mit smectitreichen Böden eine hohe Fließgrenze gemeinsam. Ihre Ausrollgrenze ist jedoch im Gegensatz zu diesen sehr hoch, so daß sie nur in einem engen Wassergehaltsbereich plastisch (149), dafür aber in einem größeren Wassergehaltsbereich bearbeitbar sind. Die schon bei Lufttrocknung irreversible Gefügeveränderung bewirkt überdies, daß Allophanböden im Oberboden ihre Plastizität fast vollkommen verlieren (43) und sich dann ähnlich verhalten wie Sandböden.

6.4.2 Bodenwasser

Das aus den Niederschlägen den Böden zugeführte Wasser verlieren sie wieder entweder mit gelösten Stoffen als Sickerwasser an das Grundwasser oder durch Verdunstung direkt (Evaporation) oder über die Vegetation (Tanspiration) an die Atmosphäre. Die Vegetation kann sich nur aus dem Wasser versorgen, das im Boden festgehalten wird (Haftwasser). Dies geschieht entweder adsorptiv an den Oberflächen der festen Teilchen oder in den Hohlräumen (Poren). Die Bedeutung des Bodenwassers liegt somit u. a. in seiner Funktion, die Vegetation mit Wasser und darin gelösten (Nähr-) Stoffen zu versorgen und Stoffe im Ökosystem zu transportieren. Die Wasserspeicherung in der Bodendecke verzögert den Abfluß des Niederschlags zu den Flüssen (Vermeidung von Hochwässern).

Der Wasserhaushalt der Bodendecke läßt sich durch die Wasserbindung und die Wasserbewegung charakterisieren. In beide greifen die Tonminerale durch ihre äußeren und inneren Oberflächen und ihren Einfluß auf die Porenverhältnisse ein (79).

Wasserbindung

Die Wasserbindung an Tonmineraloberflächen (Adsorptionswasser) ist im Kapitel 3.2 näher beschrieben. In Böden tritt die Bindung in den Poren hinzu.

Als Maß für die Bindungsfestigkeit des Haftwassers dient der gegenüber freiem Wasser erniedrigte relative Wasserdampfdruck oder die Energie, die notwendig ist, um das gebundene Wasser in freies Wasser zu überführen. Die Bindungsfestigkeit wird meistens durch den Druck gemessen, der nötig ist, um das gebundene Wasser dem Boden abzupressen. Die Wasserbindung kann daher als negativer hydrostatischer Druck ausgedrückt werden und wird als Wasserspannung bezeichnet.

Das Verhalten eines Bodens gegenüber dem Wasser läßt sich durch die inverse Beziehung zwischen dem Wassergehalt (Gew. oder Vol. %) und der Wasserspannung φ kennzeichnen (Wasserspannungskurven). Je weniger Wasser ein Boden enthält, desto fester ist es gebunden. Zwischen der Wasserspannung φ und dem (Äquivalent-) Porendurchmesser d ergibt sich für 20 °C die einfache Beziehung: $\varphi = 3\,000/d$ (φ in hPa, d in µm).

Dies ist die Anwendung einer Gleichung, die die Steighöhe h einer Flüssigkeit der Oberflächenspannung σ und der Dichte ϱ in einer Kapillare mit dem Radius r bei vollständiger Benetzung (Benetzungswinkel $\alpha = 0$) beschreibt: $2\sigma \cos \alpha / r\varrho g$. Dabei entspricht 1 cm Steighöhe einem Druck von 1 hPa.

Während im wassergesättigten Zustand in allen Poren die Wasserspannung Null ist, steigt sie bei zunehmender Entwässerung umso stärker an, je enger die Poren sind, in denen noch Menisken vorhanden sind. Wasserspannungskurven sind daher gleichzeitig Verteilungskurven der Porengröße (Abb. 6.6).

Charakteristische Kennwerte der Wasserspannungskurven sind:

a) die Wassermenge, die ein Boden maximal unter Feldbedingungen gegen die Schwerkraft zu halten vermag (Feldkapazität, Wasserspannung zwischen 60 und 300 hPa),
b) das Luftvolumen in diesem Zustand (Luftkapazität) und – im Hinblick auf die Pflanze –
c) das pflanzenverfügbare (60 – 300 hPa bis 1,5 MPa) und
d) das nichtverfügbare (> 1,5 MPa) Wasser.

Allgemein steigt die Feldkapazität (Haftwassermenge) der Böden mit ihrem Tongehalt an, weil die wasseradsorbierende Oberfläche größer wird, mehr aber noch, weil der Anteil wasserhaltender Poren mit dem Tongehalt ansteigt. Neben der Tonmenge beeinflussen auch die verschiedenen Tonminerale die Wasserspannungskurven, und zwar bei hohen Wasserspannungen durch die Menge des Adsorptionswassers, im niedrigeren Spannungsbereich durch die Menge des Porenwassers. Ein Beispiel für den hohen Wasserspannungsbereich sind die Werte in der Tabelle 6.3. Sie enthält die gebundenen Wassermengen von sieben mineralogisch sehr unterschiedlichen Böden bei einem relativen Wasserdampfdruck von 0,98 (entsprechend einer Wasserspannung von ca. 2,8 MPa und einem Äquivalentporendurchmesser von 0,125 µm). Da der Wassergehalt in der Folge smectitisch > gemischtmineralo-

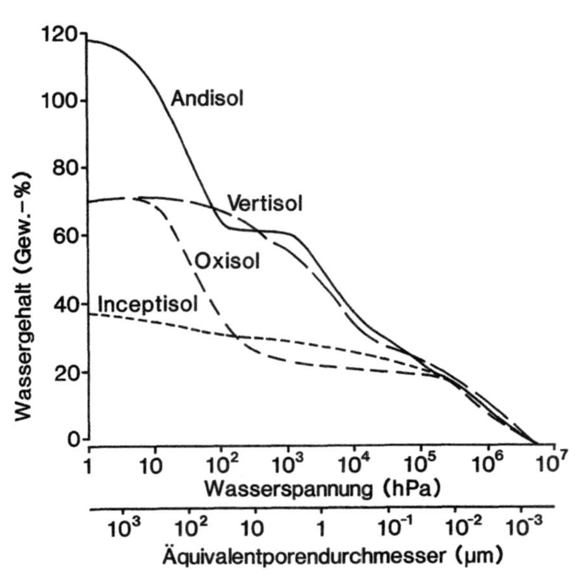

Abb. 6.6. Wasserspannungskurven von vier Tonböden mit unterschiedlichem Tonmineralbestand (108, Inceptisol nach 70).

Tabelle 6.3. Wassergehalt der Tonfraktionen von 7 Böden unterschiedlichen Tonmineralbestandes bei einem relativen Wasserdampfdruck von 0,98 (Wasserspannung ca. 2,8 MPa) (51).

Boden	Tonmineralogie (%)*						Wassergehalt**
	Sm	Vm	Al-Chl	Il	Kt	Ox	bei $P/P_0 = 0{,}98$ (kg/kg)
Alfisol	50	–	–	–	35	–	0,289
Ultisol	40	–	–	–	35	–	0,274
Alfisol	20	30	30	–	–	–	0,217
Alfisol	25	–	–	25	25	–	0,217
Alfisol	25	–	25	–	25	–	0,205
Alfisol	30	–	–	55	10	–	0,198
Ultisol	–	–	–	–	50	30	0,142
Bentonit Wyoming	75	10	–	–	–	–	0,300

* Sm: Smectit; Vm: Vermiculit; Al-Chl: Aluminiumchlorit; Il: Illit; Kt: Kaolinit; Ox: Eisen- und Aluminiumoxide

** Wasserverlust zwischen 25 und 240 °C

gisch > illitisch > kaolinitisch-oxidisch sinkt, können aus dieser Größe sogar Hinweise auf den Tonmineralbestand erhalten werden (52).

In Abbildungen 6.6 sind vollständige Wasserspannungskurven von vier Tonböden mit etwa gleichem Tongehalt, aber unterschiedlichem Tonmineralbestand dargestellt. Der vorwiegend illitische Inceptisol hat bei voller Sättigung einen relativ geringen Wassergehalt (ca. 50 Gew. %), der mit steigender Wasserspannung nur sehr langsam abnimmt. Es herrschen also vorwiegend feine Poren vor. Im kaolinitisch-oxidischen Oxisol, der bei voller Sättigung ca. 70 Gew. % Wasser bindet, ist die Wasserspannungskurve deutlich zweigeteilt. Die Ursache liegt darin, daß der Boden aus stabilen 0,2 – 2 mm Aggregaten besteht und das Wasser sowohl in den mittleren und feinen Poren innerhalb der Aggregate (Intraaggregatporen) (3) als auch in den groben Poren zwischen ihnen (Interaggregatporen) bindet. Einen hohen Wassergehalt bei Wassersättigung hat der smectitische Vertisol, da der Smectit im Gegensatz zum Illit hohe Wassermengen im Zwischenschichtraum bindet. Noch höher ist die Wassermenge im allophanreichen Andisol, in dem wiederum grobe Interaggregatporen pflanzenverfügbares Wasser und feine Intraaggregatporen weniger leicht bis nichtverfügbares Wasser binden. Trocknet man einen Andisol, so wird die Wasserhaltefähigkeit deutlich gesenkt (Abb. 6.7), und zwar in der Folge Gefriertrocknung < Lufttrocknung < Ofentrocknung (105 °C). Außerdem nimmt der Anteil nicht pflanzenverfügbaren Wassers ab, die Luftkapazität etwas zu. Offenbar werden hierdurch die Intraaggregatporen vermindert, die Interaggregatporen dagegen vermehrt, da die Aggregate dichter und größer werden.

Wasserbewegung

Das Ausmaß der Wasserbewegung zwischen zwei unterschiedlich feuchten Bodenbereichen wird durch den Gradienten der Wasserspannung zwischen beiden und einer Konstanten, der sog. Wasserleitfähigkeit, bestimmt (Darcy-Gesetz). Die Wasserleitfähigkeit ist bei voll wassergesättigtem Boden (sog. gesättigte Wasserleitfähigkeit) eine bodenspezifische, vor allem vom Porensystem abhängige Größe.

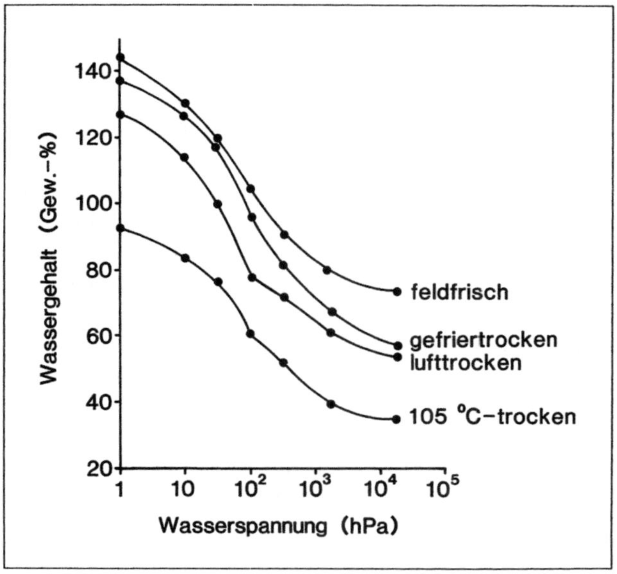

Abb. 6.7. Wasserspannungskurven eines Andisols nach verschiedenen Behandlungen. (Nach 68).

Bei nicht vollständig gesättigtem Boden (sog. ungesättigte Wasserleitfähigkeit) hängt sie außerdem von der Wasserspannung und damit vom Wassergehalt ab. Sie nimmt , wenn der Boden trockener wird, ab.

Die gesättigte Wasserleitfähigkeit sinkt häufig mit steigendem Tongehalt eines Bodens, falls dieser nicht von Wurm- oder Wurzelröhren durchzogen ist. Auch hier ergeben sich große Unterschiede bei Tonböden mit unterschiedlichem Tonmineralbestand (Tabelle 6.4). Vertisole zeigen im voll gequollenen Zustand eine extrem geringe Wasserleitfähigkeit, die sich u. a. in einer entsprechend niedrigen Infiltrationsrate des Niederschlagswassers äußert. Die vorherrschenden sehr kleinen Poren binden nämlich das Wasser so fest, daß es praktisch nicht mehr am Wassertransport teilnimmt, und der Anteil grober Poren beträgt bei voller Wassersättigung nur wenige

Tabelle 6.4. Beispiele für die gesättigte Wasserleitfähigkeit bei voller Wassersättigung einiger Tonböden unterschiedlichen Tonmineralbestandes.

Bodenbezeichnung	Tiefe (cm)	vorherrsch. Tonminerale	Leitfähigkeit (cm/h)	Literatur
Oxisol, Molokai	50 – 100	Kaolinit Eisenoxide	14	(124)
Vertisol, Houston	–	Smectit	0,08 – 0,13	(103)
Brackmarsch, Rodenkircherfeld	27 – 37	Smectit, Illit	0,0004	
Pseudogley, Steudorf	40 – 50	Illit, Smectit	0,28	
Andosol, Dominica	0 – 30	Allophan	0,7	(68)

Prozente. Vertisole sind daher in diesem Zustand gut für den Anbau von Reis geeignet, der in seiner Jugendphase in stehendem Wasser wächst. In den wechselfeuchten tropischen Gebieten, in denen sie weit verbreitet sind, schrumpfen die Vertisole in der Trockenzeit jedoch so stark, daß sie in der Regenzeit nicht wieder vollständig zurückquellen, haben dann aber genügend Schrumpfungsrisse, um das Regenwasser aufzunehmen.

Extrem anders verhalten sich die Oxisole. Sie enthalten höhere Anteile grober Poren (Abb. 6.6) und besitzen daher eine sehr viel höhere, den Sandböden ähnliche Wasserleitfähigkeit (Tabelle 6.4). Ähnliches gilt aufgrund ihres hohen Anteils großer Poren auch für Andisole, besonders dann, wenn sie irreversibel austrocknen.

Böden mit unterschiedlichem Tonmineralbestand verhalten sich verschieden gegenüber der Leitfähigkeit des Wassers mit unterschiedlicher Elektrolytkonzentration und unterschiedlichem Na/Ca-Verhältnis. Smectitreiche Böden verlieren ihre Durchlässigkeit mit abnehmender Elektrolytkonzentration und zunehmendem Na/Ca-Verhältnis viel eher als kaolinitreiche, die hierauf um so weniger reagieren, je höher ihr Eisenoxidgehalt ist. Relativ unempfindlich sind auch die Andisole. Für die ungesättigte Wasserleitfähigkeit gilt ähnliches wie für die gesättigte.

6.5 Chemische Bodeneigenschaften

6.5.1 Ladungseigenschaften und Ionenaustausch

Die Ladungseigenschaften der Tonminerale verleihen der Bodendecke die Speicherfähigkeit für Kationen und Anionen, die an inneren und äußeren Oberflächen gebunden werden. Die ökologische Bedeutung dieser Speicherfähigkeit liegt darin, daß die so gebundenen Ionen einerseits vor der Auswaschung geschützt sind und andererseits einen Pool mobiler Nährstoffe bilden, der den Bedarf der Pflanzen zu decken vermag (Kap. 6.5.2). Eine Ausnahme hiervon macht vor allem das Nitratanion, da es in Böden nicht gebunden wird und daher in terrestrischen Ökosystemen sehr beweglich ist. Lediglich in Böden mit hohem Ladungsnullpunkt (z. B. Andisole, Oxisole) wird im sauren Bereich auch Nitrat gebunden.

Unter den Kationen sind hauptsächlich Na^+, K^+, NH_4^+, Mg^{2+}, Ca^{2+} und Al^{3+} von ökologischer Bedeutung. Zusammen machen sie meist mehr als 90 % des Ionenbelags der Böden aus. Außerdem werden Schwermetallionen gebunden, sowohl durch Tonminerale und Oxide als auch komplex durch Huminstoffe. Die atmogenen Metallionen (z. B. Cu^{2+}, Pb^{2+}, Zn^{2+}, Cd^{2+}) finden sich daher meistens im Oberboden angereichert. Schließlich werden auch kationische organische Verbindungen, z. B. Herbizide der Pyridiniumsalz- und Triazingruppe (Paraquat, Atrazin) durch Tonminerale gebunden.

Wie in Kapitel 3.1 beschrieben, unterscheidet man zwischen permanenter und variabler Ladung. Die permanente Ladung ist stets negativ und bedingt die Adsorption von Kationen, die variable kann negativ oder positiv sein, so daß sowohl Kationen als auch Anionen adsorbiert werden können. Die permanente Ladung wird durch isomorphen Ersatz von höher- durch niederwertige Kationen im Oktaeder- oder Tetraederzentrum der Silicatstrukturen erzeugt (Kap. 2). Die variable Ladung hat ihren Sitz an funktionellen OH-Gruppen der Oberfläche vom Typ Si-OH, Al-OH und Fe-OH. Je nach Wasserstoffionenkonzentration dissoziieren oder assoziieren diese Gruppen in wäßriger Lösung ein Proton und adsorbieren dementsprechend ein Kation oder ein Anion (Kap. 3.1.1; Abb. 3.1).

Der *p*H-Wert, bei dem die negative gleich der positiven Ladung, die Nettoladung also gleich 0 ist, wird Ladungsnullpunkt (LNP) oder pH_0 genannt. In diesem Punkt ist die Adsorption der potentialbestimmenden Ionen H^+ und OH^- (Desorption von OH^- bzw. H^+) gleich hoch. Der LNP wird meist aus dem Schnittpunkt potentiometrischer Titrationskurven bei verschiedener Konzentration inerter Elektrolyte (meist Alkalinitrate oder -chloride) ermittelt. Während der LNP also unabhängig von der Elektrolytkonzentration ist, hängt die Ladung selbst – außer vom *p*H-Wert – auch von ihr ab (Abb. 6.8). Bei Austauschern, die nur variable Ladung besitzen,

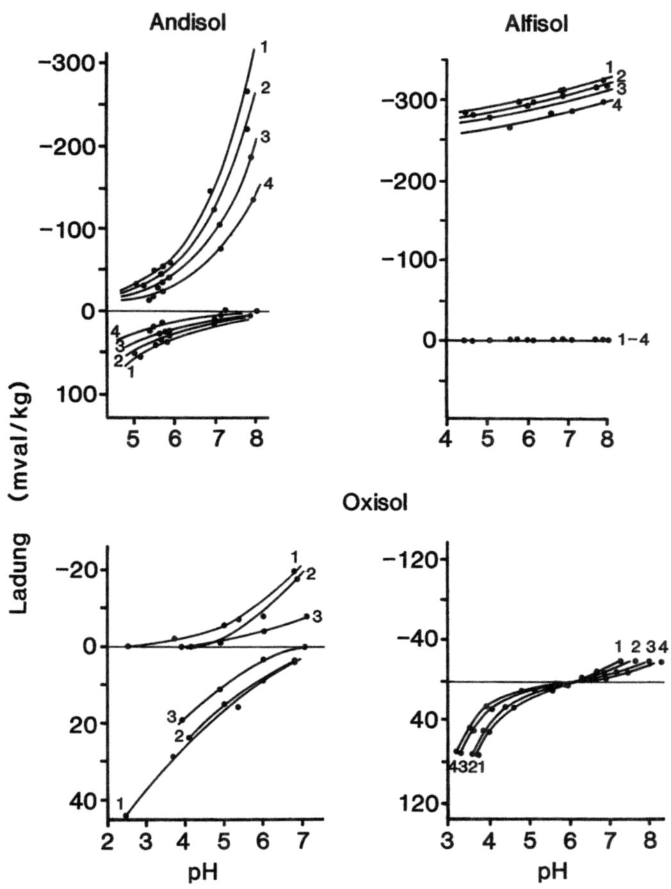

Abb. 6.8. Ladungseigenschaften als Funktion des *p*H-Wertes eines allophanischen Andisols, eines smectitischen Alfisols und eines oxidisch-kaolinitischen Oxisols. Beim Oxisol ist links die Ladung und rechts die Nettoladung dargestellt. 1 – 4 bezeichnen die Elektrolytkonzentrationen, und zwar beim Andisol und Alfisol 1: 0,1 M; 2: 0,05 M; 3: 0,02 M und 4: 0,005 M NH_4Cl; beim Oxisol 1: 0,2 M; 2: 0,1 M und 3: 0,02 M NaCl (94 und nach 99).

werden beim LNP gleiche Mengen an Kationen und Anionen aus der Lösung eines indifferenten Elektrolyten, z. B. NaCl, gebunden. Bei den Böden mit variablen und permanenten negativen Ladungsträgern liegt der LNP bei niedrigerem *p*H-Wert. Er wird daher meist als Nullpunkt der Nettoladung (zero point of net charge) bezeichnet (ausführliche Darstellung siehe 71).

Ladungseigenschaften von Böden

Die *p*H-Abhängigkeit der Ladung differenziert sich nach Art and Menge ihrer anorganischen und organischen (Huminstoffe) Ladungsträger. Beispiele für drei mineralogisch sehr unterschiedliche Böden sind in Abbildung 6.8 zu sehen. Für den Oxisol sind zusätzlich zu den Kurven für die negative und positive Ladung bei verschiedenen Elektrolytkonzentrationen auch die Nettoladungskurven abgebildet, aus deren Schnittpunkt mit der Abszisse (Nettoladung = 0) der *p*H-Wert des LNP ablesbar ist.

In smectitischen Böden überwiegt, wie aus der Abbildung 6.8 ersichtlich, die permanente Ladung, so daß der LNP im *p*H-Bereich bis herab zu *p*H = 4 nicht erreicht wird. Der Oxisol und der Andisol haben dagegen ihre LNPs bei *p*H = 6,0 bzw. *p*H = 5,5, denn beide sind arm an Sorbentien mit permanenter Ladung, dagegen reich an solchen mit variabler Ladung (s. auch Abb. 6.9), nämlich Oxide beim Oxisol und Allophan beim Andisol.

Da Böden in der Regel nicht nur Sorbentien mit permanenter, sondern auch mit variabler Ladung enthalten, ist ihre Kationenaustauschkapazität (KAK), d. h. die Summe aller mit einem Neutralsalz austauschbaren Kationen, *p*H-abhängig. Man definiert eine potentielle Kationenaustauschkapazität, KAK_{pot}, bei *p*H = 7, eine effektive, KAK_{eff}, dagegen als diejenige, welche beim jeweils vorliegenden *p*H-Wert des Bodens auftritt. Die KAK_{eff} liegt demnach umso weiter unterhalb der KAK_{pot}, je höher der Anteil variabler Ladungsträger ist und je niedriger der *p*H-Wert liegt.

Die Beziehung zwischen der KAK_{pot} und der permanenten Ladung ist für verschiedene Bodenordnungen in Abbildung 6.9 skizziert (21). Die Böden plazieren sich

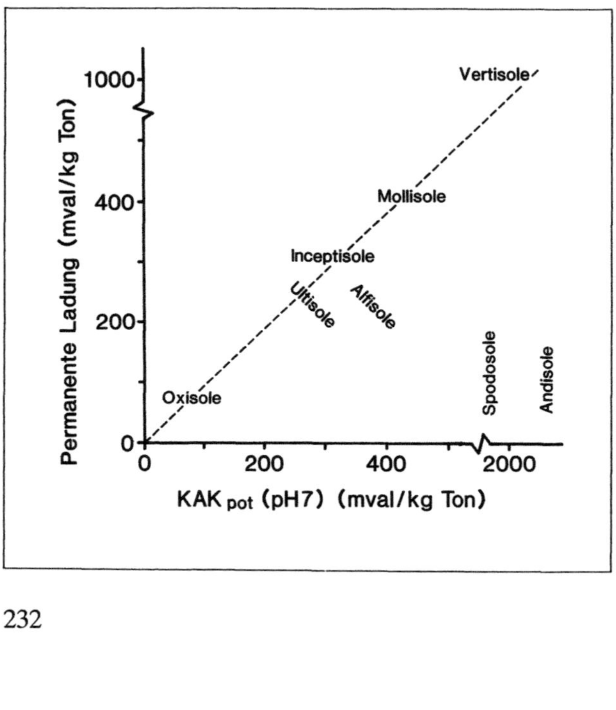

Abb. 6.9. Beziehung zwischen der permanenten Ladung und der potentiellen Kationenaustauschkapazität (permanente + variable Ladung bei *p*H = 7) verschiedener Bodenordnungen. (Nach 21).

in dieser Darstellung nach ihren vorherrschenden Sorbentien. Die meisten verdanken ihre KAK im wesentlichen der permanenten Ladung von Schichtsilicaten, die je nach dem dominierenden Tonmineral in der Reihe Oxisole (Kaolinit) < Ultisole (Kaolinit, Illit) < Mollisole (Illit, Smectit) < Vertisole (Smectit) zunimmt. Spodosole haben durch ihren Gehalt an Humus, Andisole zusätzlich durch den Allophangehalt eine hohe KAK_{pot}, die im wesentlichen auf variabler Ladung beruht. Im Gegensatz zu den anderen Bodengruppen nimmt die KAK der Andisole durch Trocknung irreversibel ab. Offenbar schrumpft der Allophan dabei irreversibel, und die *p*H-abhängigen funktionellen Gruppen verlieren zum Teil ihre Reaktivität oder werden unzugänglich.

6.5.2 Zur Nährstoffaufnahme der Pflanzenwurzeln

Die stoffaufnehmenden Teile der Pflanzenwurzel befinden sich in den wassergefüllten Poren des Bodens. Diese enthalten das elektrolythaltige Bodenwasser, die sog. Bodenlösung. Aus ihr wandern die Pflanzennährstoffe und das Wasser entlang Potentialgradienten in die Wurzel. Von hier werden die Nährstoffe gegen ein Konzentrationsgefälle, d. h. unter Aufwand von Energie, in den Sproß geleitet. Die Rate der Nährstoffaufnahme pro Einheit der Wurzeloberfläche steigt mit steigender Konzentration des Nährstoffs in der Bodenlösung (Michaelis-Menten-Gleichung, 74).

Bei Nährstoffen wie Kalium und Phosphat, deren Hauptanteile von den festen Phasen der Böden (Minerale, Huminstoffe) gebunden werden oder in diesen enthalten sind, reicht die Konzentration in der Bodenlösung meist nicht aus, um den Bedarf allein durch Massenfluß, d. h. passiv mit der Wasseraufnahme, zu decken. Aus den festen Phasen müssen daher laufend Nährstoffe den Verlust in der Bodenlösung in Wurzelnähe (Rhizosphäre) ergänzen (Nachlieferung). Zunächst treten die Nährstoffe aus der festen Phase in die Bodenlösung über, und zwar durch Desorption oder durch Auflösung der Minerale. Danach diffundieren sie zur Pflanzenwurzel. Die Diffusion ist in Böden um 2 – 4 Zehnerpotenzen langsamer als in wäßriger Lösung, z. B. in einer Nährlösung, und wesentlich langsamer im Schichtzwischenraum von Illiten (Tabelle 6.5). Sie setzt ein Konzentrationsgefälle in Richtung der Pflanzenwurzel voraus, das die Wurzel durch partielle Entleerung der Bodenlösung in der Rhizosphäre erzeugt. Die Rate, mit der der Nährstoffvorrat in der Rhizosphäre wieder aufgefüllt wird, hängt u. a. von der Bindungsfestigkeit an oder in den festen Phasen ab.

Tabelle 6.5. Einige Diffusionskoeffizienten für Kaliumionen (cm^2/s) in Illiten, in wassergesättigtem Boden und zum Vergleich in Wasser.

Referenz-Illite	Illite aus Böden				Wasser-gesättigter Boden	Wasser
a) Fithian $6{,}3 \cdot 10^{-20}$	b) * 2 Monate	$3{,}1 \cdot 10^{-23}$	c) 10 Böden**	$1{,}2 \cdot 10^{-20}$	e) $3{,}2 \cdot 10^{-7}$ bis $4{,}5 \cdot 10^{-8}$	f) $2 \cdot 10^{-5}$
a) Tumut $2{,}1 \cdot 10^{-19}$	b) * 1 Jahr	$7{,}4 \cdot 10^{-24}$	d) Inceptisol	$2{,}3 \cdot 10^{-19}$		
			d) Alfisol	$7{,}8 \cdot 10^{-22}$		

*, * nach 2 Monaten bzw. 1 Jahr ** Mittelwert
Literatur: a) (98); b) (35); c) (126); d) (17); e) (144); f) (91)

Der Versorgungszustand eines Bodens mit Nährstoffen läßt sich daher vollständig nur durch drei Größen kennzeichnen: die Höhe des Nährstoffvorrats (Kapazität), die Konzentration in der Bodenlösung (Intensität) und das Ausmaß der Nachlieferung (Rate). Aus den Wechselwirkungen zwischen Boden und Wurzeloberfläche ergibt sich das Interesse der Bodenökologen an der Tonmineralogie. Die meisten Makro- und Mikronährstoffe sind in den Mineralen der Tonfraktion bevorratet. Bei Nährstoffzufuhr aus Düngung oder Bestandsabfall der Vegetation sind sie deren Bindungspartner.

6.5.3 Kalium

Neben Stickstoff und Phosphor ist Kalium der wichtigste Makronährstoff der Pflanzen. Seine primäre Quelle in ungedüngten Böden sind die kaliumhaltigen Minerale und unter diesen außer den Kalifeldspäten insbesondere die Glimmer und ihre K^+-haltigen Tonmineralabkömmlinge, vor allem die Illite. Eine zweite Vorratsform sind die austauschbaren Kaliumionen im Ionenbelag der Tonminerale, die aus den vorher genannten Formen freigesetzt werden oder aus der Düngung stammen. In den einzelnen Vorratsformen sind die Kaliumionen unterschiedlich fest gebunden und so den Pflanzen verschieden leicht zugänglich. Sie stehen mit den Kaliumionen der Bodenlösung in einem dynamischen Gleichgewicht, das durch K^+-Entzug, K^+-Auswaschung und K^+-Zufuhr (z. B. aus der Zersetzung von Biomasse und aus der Düngung) gestört wird. Die Rate der Nachlieferung ist besonders hoch beim austauschbaren K^+, geringer beim Zwischenschichtkalium der glimmerartigen Minerale (Kap. 6.5.2) und extrem gering bei den Kalifeldspäten. Die Rate steigt mit zunehmender Oberfläche und damit sinkender Korngröße der Minerale und ist außerdem abhängig vom *p*H-Wert. Für Muskovit wurden z. B. bei 70 °C Freisetzungsraten von $10^{-15,2} - 10^{-16,6}$ mol/cm$^2 \cdot$s mit einem Minimum bei ca. *p*H = 6 gemessen (54).

Bodenlösung und austauschbare Kaliumionen

Das Gleichgewicht zwischen den Kaliumionen am Tonmineral und in der Bodenlösung läßt sich (Kap. 3.1) mit einem Austauschkoeffizienten beschreiben, der nach dem Prinzip des Massenwirkungsgesetzes z. B. von Gapon für Ionenpaare formuliert wurde. Das dominierende Kation, mit dem K^+ in Böden um die Austauschplätze der Tonminerale konkurriert, ist Ca^{2+}. Die Austauschreaktion für das Ionenpaar K^+/Ca^{2+} lautet:

$$\left.\begin{matrix}-\\-\end{matrix}\right] Ca^{2+} + 2K^+ \longrightarrow \left.\begin{matrix}-\\-\end{matrix}\right]\begin{matrix}K^+\\K^+\end{matrix} + Ca^{2+} \qquad (6.1)$$

Die Gapon-Formulierung hierfür ist:

$$\frac{\overline{K^+}}{\overline{Ca^{2+}}} = k_{\frac{K}{Ca}} \cdot \frac{a_{K^+}}{\sqrt{a_{Ca^{2+}}}} \qquad (6.2)$$

a = Aktivität; $\overline{K^+}$, $\overline{Ca^{2+}}$ = Konzentration der adsorbierten K^+- und Ca^{2+}-Ionen

Der Proportionalitätsfaktor k drückt das selektive Verhalten der Austauscher gegenüber K^+ und Ca^{2+} aus und wird als Gapon- oder Selektivitätskoeffizient bezeichnet (Kap. 3.1.2). Im Gegensatz zur Konstante des Massenwirkungsgesetzes ist er bei vielen Böden nicht konstant, sondern nimmt im Bereich geringer K^+-Anteile (K^+-Sättigungsgrad) mit sinkendem K^+-Sättigungsgrad z. T. stark zu. In dieser Zunahme kommt zum Ausdruck, daß bestimmte Tonminerale eine gewisse Anzahl von Bindungspositionen besitzen, an denen die Kaliumionen besonders fest gebunden werden (119). Im wesentlichen ist dies auf Glimmerabkömmlinge, d. h. Vermiculite, hoch geladene Smectite und keilförmig aufgeweitete Illitschichten beschränkt, in Böden aber sehr weit verbreitet (s. Abb. 6.10 b). Niedrig geladene Smectite (Montmorillonite) und Kaolinite zeigen dagegen kaum eine Kaliumselektivität. Größe und Abhängigkeit des Selektivitätskoeffizienten vom Kaliumsättigungsgrad spiegeln somit die Art der betreffenden Tonminerale wider.

Da die Anzahl kaliumspezifischer Bindungspositionen meist gering ist, kommen die kaliumspezifischen Eigenschaften der Tonminerale erst unterhalb eines Kaliumsättigungsgrades von ca. 10 % der Kationenaustauschkapazität zur Wirkung. Dieser Bereich ist jedoch bedeutsam, weil sich sowohl die Prozesse der Nährstoffaufnahme als auch die Umwandlungen von Glimmern und Illiten zu aufgeweiteten Formen (und umgekehrt) in der Natur bei sehr geringem Kaliumsättigungsgrad (ca. <3 %) vollziehen.

K^+/Ca^{2+}-Austauschkurven

Genauere Informationen über den Zusammenhang zwischen den Kaliumionen der Bodenlösung, den austauschbaren Kaliumionen und der Kaliumselektivität der Tonminerale in Böden bei niedriger Kaliumsättigung erhält man über K^+/Ca^{2+} ($+Mg^{2+}$)-Austauschkurven (Abb. 6.10). Sie werden erstellt, indem man den Boden mit Lösungen verschiedener K^+-Konzentrationen bei konstanter Ca^{2+}-Konzentration zwischen 2 und $5 \cdot 10^{-3}$M – wie sie etwa in der Bodenlösung vorliegt – ins

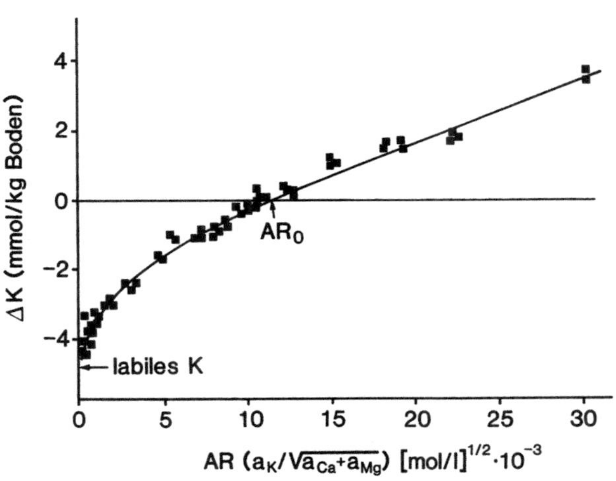

Abb. 6.10 a. K^+/Ca^{2+}-Austauschkurve (Boden aus Sandstein). (Nach 4).

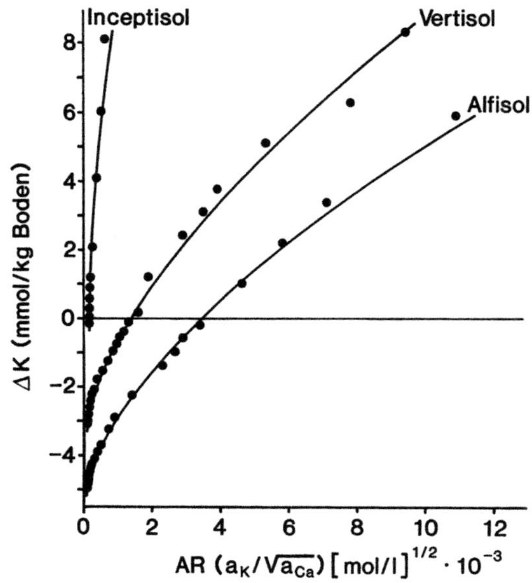

Abb. 6.10 b. K^+/Ca^{2+}-Austauschkurven eines Bodens mit vorwiegend Vermiculit und hoch geladenem Smectit (Inceptisol), mit niedrig geladenem Smectit (Vertisol) und mit Illit (Alfisol). (Nach 82)

Gleichgewicht bringt. Ist die angebotene K^+-Konzentration geringer als die der Bodenlösung, so gibt der Boden K^+-Ionen an die Lösung ab und umgekehrt. Das vom Boden aufgenommene oder abgegebene K^+ ($\pm \Delta K$) wird entsprechend Gleichung 6.2 gegen das Aktivitätenverhältnis (AR: engl. activity ratio) $a_{K^+}/\sqrt{a_{Ca^{2+}}}$ in der Lösung aufgetragen (4). Die Austauschkurve liefert folgende Parameter:

1. Den AR-Wert der Bodenlösung aus dem Schnittpunkt der Kurve mit der AR-Achse (AR_o), da hier ΔK gleich 0 ist, also Kalium weder adsorbiert noch desorbiert wird,
2. die Steigung der Kurve, die sog. Pufferung der Kaliumaktivität (a_K) gegen ihre Veränderung durch Ad- oder Desorption und
3. den Vorrat an leicht freisetzbarem oder labilem K^+ aus der Extrapolation der Kurve auf AR = 0.

Die meisten Austauschkurven sind mit abnehmendem AR-Wert zunehmend gekrümmt. Im Bereich niedrigerer AR-Werte (variabler k-Wert, in Gl. 6.2) wird relativ mehr K^+ aufgenommen bzw. abgegeben als bei hoher Kaliumsättigung (konstanter k-Wert). Die Ursache für den nichtlinearen Verlauf liegt vermutlich darin, daß solche Böden einen größeren Vorrat an fester gebundenen Kaliumionen enthalten, die bei niedrigem AR-Wert, d. h. niedriger K^+-Aktivität und/oder hoher Ca^{2+}-Aktivität zunehmend freigesetzt werden. Daher wird bei sehr niedriger K^+-Aktivität der Lösung meist kein Endwert erreicht.

Die aus den Austauschkurven ablesbaren Parameter hängen bei ein und demselben Boden vom Kaliumstatus (Menge der austauschbaren Kaliumionen, Kaliumsättigungsgrad) ab. Das labile K^+ und der AR_o-Wert steigen mit zunehmendem Kaliumstatus, während die Pufferung beim AR_o-Wert gleichzeitig abnimmt. Die

Form der Austauschkurven verschiedender Böden wird durch den Kaliumstatus, den Tongehalt und die Art der Tonminerale bestimmt. Bei gleichem Kaliumstatus nimmt der AR_0-Wert mit steigendem Tongehalt ab, die Pufferung zu.

Der Einfluß der Tonmineralart wird an den Austauschkurven der Abbildungen 6.10a–c demonstriert, die sämtlich von ungedüngten Böden stammen. Die K^+/Ca^{2+}-Austauschkurve eines illitisch-glaukonitischen Sandbodens (8 % Ton) (Abb. 6.10a) zeigt, daß dieser Boden aufgrund seines Tonmineralbestandes eine hohe Kaliumsättigung und einen hohen AR_0-Wert ($\sim 10^{-2}$ $(mol/l)^{1/2}$) hat. Entsprechend ist seine Pufferkapazität beim AR_0-Wert niedrig und sein labiles K^+ hoch. Der Alfisol in Abbildung 6.10b ist dem Sandboden ähnlich, enthält neben Illit (~70 %) jedoch noch je ca. 10 % Smectit und Vermiculit. Infolgedessen ist der AR_0-Wert deutlich tiefer und die Pufferung höher.

Dieser Trend setzt sich über den Vertisol mit vorwiegend niedrig geladenem Smectit (0,28–0,39 Ladungen/Formeleinheit) (89) zum Inceptisol mit Vermiculit und hoch geladenem Smectit (0,4–0,55 Ladungen/Formeleinheit) (130) fort. Gleichzeitig nimmt der Illitgehalt ab. Es sind also insbesondere die hoch geladenen, aufweitbaren 2:1-Minerale, die den AR_0-Wert senken und die Pufferung erhöhen. Als Glimmerabkömmlinge besitzen sie offenbar einen hohen Anteil an Austauschpositionen, an denen die Kaliumionen relativ fest gebunden werden.

Die in Kapitel 6.3 geschilderte Bildung von Aluminiumchloriten aus Vermiculiten und Smectiten im Zuge der Versauerung ändert auch das Austauschverhalten gegenüber K^+ und Ca^{2+}. Da Al^{3+} im Ionenbelag vorherrscht, sind Austauschplätze zwi-

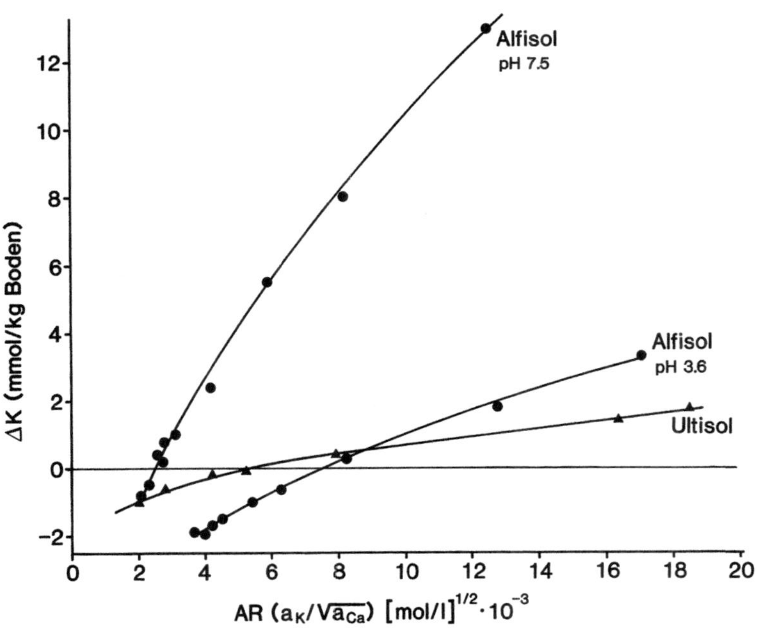

Abb. 6.10c. K^+/Ca^{2+}-Austauschkurve eines Bodens mit vorwiegend Kaolinit (Ultisol) und eines Bodens mit vorwiegend sekundärem Chlorit (Alfisol) vor und nach der *p*H-Wert-Erhöhung durch Kalkung. (50 und nach 87).

schen den Schichten für K^+ nicht mehr zugänglich. Die Pufferung ist daher gering, der AR_0-Wert hoch (Abb. 6.10c). Durch Kalkung wird ein Teil der Pufferung restauriert, da das Al^{3+} in der Zwischenschicht beseitigt wird, und der AR_0-Wert sinkt.

Ähnlich wie der saure Alfisol, jedoch noch ausgeprägter verhält sich wegen seiner mineralogischen Zusammensetzung der Ultisol (Abb. 6.10c). Bei einem Tongehalt von ca. 30 % führt die geringe Austauschkapazität des dominierenden Kaolinits, der dadurch bedingte Mangel an K^+-spezifischen Positionen und der niedrige Kaliumstatus zu relativ geringen Werten für AR_0 und labilem K^+ sowie zu niedriger Pufferung. Sie kennzeichnen Ultisole und Oxisole als Böden geringer Fruchtbarkeit, die nur dann durch höhere Kaliumgehalte verbessert wird, wenn neben Kaolinit Muskovit in den gröberen Kornfraktionen auftritt.

Kaliumfixierung

Vermiculite und hoch geladene Smectite sind die Ursache für ein Phänomen, das ursprünglich als eine Festlegung von Kaliumionen in eine für Pflanzen schwierig verfügbare Form beschrieben und darum als Kaliumfixierung bezeichnet wurde (100, 147). Sie beruht darauf, daß Kaliumionen in den Schichtzwischenraum aufgeweiteter 2:1-Tonminerale einwandern und diese kontrahieren läßt. Die Kontraktion aufweitbarer 2:1-Minerale durch K^+-Einbau macht man sich bei ihrer Identifizierung mit der Röntgenbeugungsanalyse zunutze (Kap. 1.5.3 und 6.7). Sind die Kaliumionen durch kurzzeitige Behandlung mit einem Neutralsalz nicht mehr austauschbar, werden sie als fixiert definiert. Auch die K^+/Ca^{2+}-Austauschkurven liefern ein Maß für das Verhältnis der „labil“ gebundenen Kaliumionen zu den potentiell fixierbaren. Ist die K^+-Aktivität – gemessen als AR_0-Wert – sehr klein und die Pufferung sehr hoch (s. Inceptisol in Abb. 6.10b), neigt der Boden stark zur Kaliumfixierung.

Hohe Fixierungskapazitäten für Kalium haben feintonreiche Böden mit hoch geladenen Smectiten und Vermiculiten, die in den Tälern des circumalpinen Raumes, des Rheintals und des norddeutschen Tieflandes (in dieser Reihefolge nimmt die Kaliumfixierung ab) vorkommen. Ihre Vermiculite und Smectite sind Biotitverwitterungsprodukte, die in unterschiedlicher Menge aus den Einzugsgebieten der Flüsse in die Auen gelangten. Die Nutzung als Grasland ließ die K^+-Aktivität (AR_0) in den Unterböden auf sehr niedrige Werte von 10^{-4} bis 10^{-5} $(mol/l)^{1/2}$, (Beispiel Inceptisol, Abb. 6.10b) absinken. Werden diese Böden in Ackernutzung genommen, so ist die Versorgung der Pflanzen mit Kaliumionen unzureichend, weil sie in zu kleinen Raten von der festen Phase in die Bodenlösung übertreten. Übliche Mineraldüngergaben (80 – 120 kg K/ha) werden annähernd vollständig fixiert. Erst wenn durch höhere Kaliumgaben die Kaliumfixierung verringert wird, steigen die Erträge an, für die verschiedenen Fruchtarten jedoch unterschiedlich stark (Abb. 6.11). Bei der Kartoffel und beim Mais ist der Ertragsanstieg besonders groß, beim Sommerweizen weniger deutlich.

Kaliumvorräte und Kaliumversorgung

Die Fähigkeit der Böden, ausreichend Kaliumionen an die Bodenlösung abzugeben und damit der Pflanze zur Verfügung zu stellen, hängt von der Bindungsart der Kaliumionen im Mineral ab. Die Kaliumionen in Illiten, die sich über geologische Zeiträume durch diagenetische und metamorphe Prozesse bildeten, sind meist sehr fest

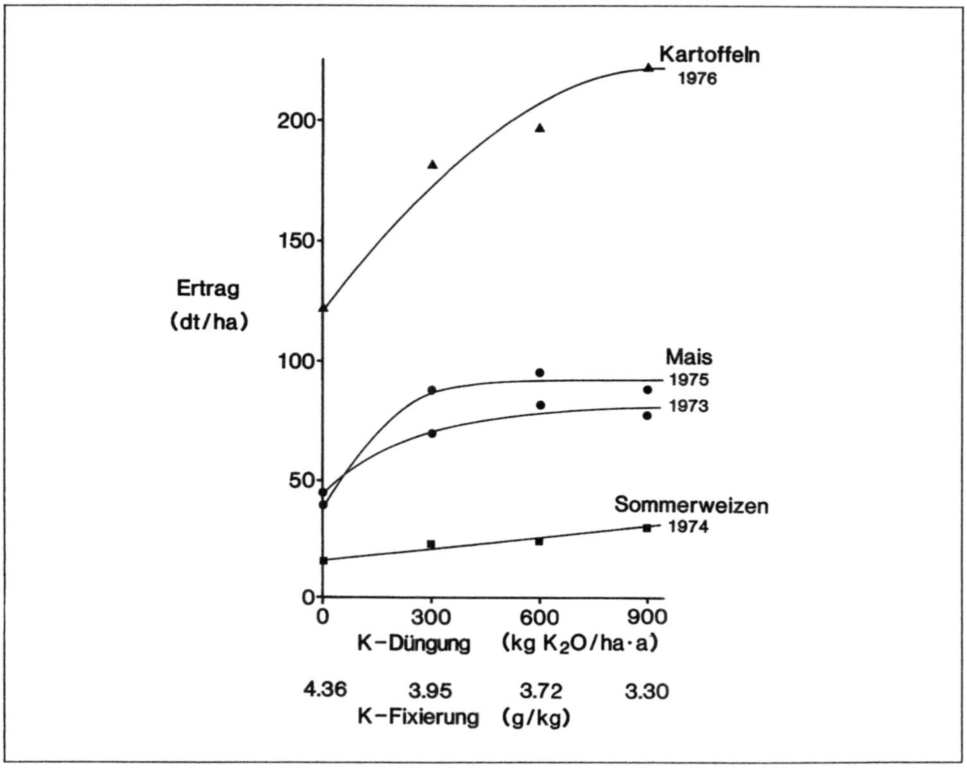

Abb. 6.11. Kaliumfixierung 1974 in einem Inceptisol mit Vermiculit und Smectit hoher Ladung durch Kaliumdüngung seit 1972 und deren Wirkung auf die Erträge von Mais, Weizen und Kartoffeln. (Daten aus 83).

gebunden. Dagegen sind die Kaliumionen, die als Folge der Umwandlung von Vermiculiten und hochgeladenen Smectiten zu Illiten (Kap. 6.3) erst im Holozän im Oberboden durch pflanzliche Kaliumanreicherung (Bioakkumulation) in Mollisolen und Alfisolen oder sogar erst durch Überschußdüngung angereichert wurden, lockerer gebunden und somit leichter für die Pflanzen verfügbar. In solchen Böden nimmt das Kaliumfixierungsvermögen vom Sediment zum Oberboden ab und der Kaliumdüngerbedarf ist gering. Ähnliches gilt für Böden aus Tonsteinen des Gipskeuper, Lias und Dogger (81). Diese Kaliumanreicherung führte zu hohen AR_0-Werten der Bodenlösung (4 bis $6 \cdot 10^{-3}$ $(mol/l)^{1/2}$; entspr. 6 bis 10 mgK/l), die zwar während des Wachstums bei hoher Wurzeldichte in der Rhizosphäre auf etwa 1/10 dieses Wertes absinken (126), in der vegetationsfreien Zeit wegen der hohen Pufferung jedoch wieder auf den ursprünglichen Wert ansteigen, ein Zeichen für die hohe Nachlieferungsrate (82).

Nicht austauschbare Kaliumionenvorräte werden durch Extraktion des Bodens mit Mineralsäuren (z. B. HNO_3 (101) oder mit Ca^{2+}-, NH_4^+-, Na^+- oder H^+-gesättigten Kationenaustauscherharzen bestimmt (17, 30, 128, 133).

Rückschlüsse auf das Mineral, aus dem die extrahierten Kaliumionen stammen, sind schwer möglich. Der Austausch von K^+-Ionen durch die Ca^{2+}-Ionen eines Ca^{2+}-Harzes zeigt bei Auftragung gegen $\sqrt{Zeit}$ meist mehrere lineare Abschnitte

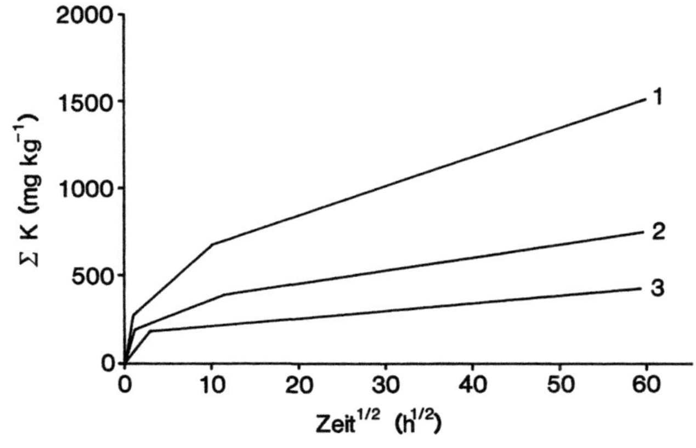

Abb. 6.12. Kaliumfreisetzung aus drei Oberböden durch Reaktion mit Ca^{2+}-gesättigtem Austauscherharz. Boden 1 enthält Illit und aufweitbare Minerale im Verhältnis 1 : 1, Boden 2 im Verhältnis 4 : 1 (geschätzt) (Boden 1 und 2: nach 30; Boden 3: nach 133).

(Abb. 6.12), die dem austauschbaren K^+ der planaren, äußeren Oberflächen (1. Abschnitt), dem K^+ der randlichen Schichtzwischenräume glimmerartiger Minerale (2. Abschnitt) und dem Kern dieser Minerale (3. Abschnitt) zugeordnet werden. Die Freisetzungsraten dieser 3 Fraktionen können sich bei verschiedenen Böden um 2 – 3 Zehnerpotenzen unterscheiden (30). Dies ist ein Beleg dafür, daß sich die Kaliumionen im Boden nur unvollkommen in drei Kategorien unterschiedlicher Bindungsfestigkeit einteilen lassen.

Die Verfügbarkeit der Vorräte ist mineralspezifisch (Biotit > Muskovit > Kalifeldspat). Daher sind Methoden erwünscht, die z. B. den Kaliumvorrat in Biotiten selektiv erfassen. Säureextraktionen wirken hierbei wenig mineralspezifisch. Dagegen ist für die trioktaedrischen Glimmer der Austausch der Kaliumionen durch Octadecylammoniumionen bei 65 °C (86) geeignet, für den aus dioktaedrischen Illiten des Feintons (< 0,2 µm) die thermische Zersetzung der mit NH_4^+ belegten Proben bei 500 °C nach Kolterman und Truog (56).

Die Vielfalt der Kaliumbindung variiert mit dem Bodentyp. Sharpley (125) fand in 102 Böden der USA und Puerto Ricos, daß der Kaliumgehalt (= Gesamt-K minus HNO_3 lösliches K) mit dem Tongehalt stieg, bei gleichem Tongehalt jedoch bei smectitischen Böden höher war als bei kaolinitischen. Die Proben mit mehreren Tonmineralen lagen dazwischen (Abb. 6.13). Die Vielfalt der Kaliumbindung ist in jungen Böden aus Sedimenten (Entisole, Inceptisole, Mollisole, Alfisole) am größten, relativ gering dagegen in hoch verwitterten, alten Ultisolen und Oxisolen. Optimale Verfügbarkeit hoher Kaliumreserven liegt im gemäßigten Klimabereich bei Böden mit Feintongehalten von ca. 30 % und etwa gleich hohen Anteilen von Glimmer/Illit und aufweitbaren Mineralen vor (30). Die Verfügbarkeit der hohen Kaliumvorräte in den Biotiten wird offenbar durch hochgeladene Smectite erhöht, da diese tauschbare Kaliumionen speichern (84).

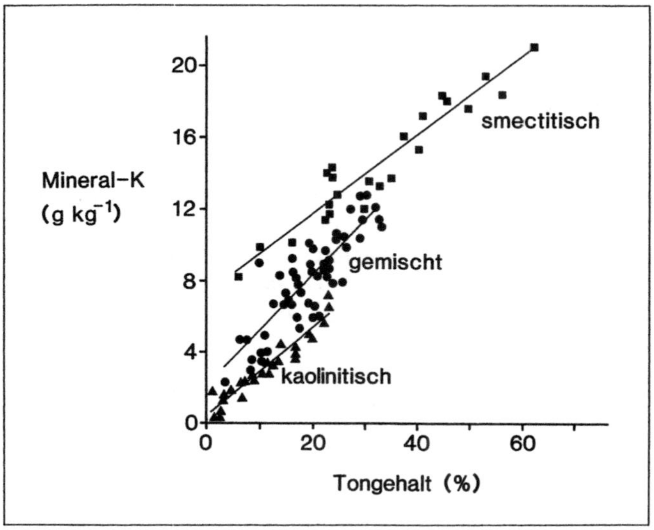

Abb. 6.13. Beziehung zwischen dem Kalium- und dem Tongehalt bei unterschiedlichem Tonmineralbestand in 102 Böden der USA und Puerto Ricos. (Nach 125).

6.5.4 Ammonium

Bei der Adsorption an Tonmineralen verhält sich das Ammoniumion sehr ähnlich wie das Kaliumion, da es die gleiche Ladung besitzt und im Durchmesser nur etwas größer ist (K^+ = 2,66 Å, NH_4^+ = 2,86 Å). Gruner (32) ersetzte im Vermiculit das Mg^{2+} des Schichtzwischenraumes „irreversibel" durch NH_4^+ und „synthetisierte" so einen Ammoniumglimmer. Daß Dreischichtminerale eine hohe Selektivität gegenüber NH_4^+ besitzen, konnte schon früh gezeigt werden (z. B. 109). Während der Mineralgenese ist etwas NH_4^+ in die Struktur von Illiten, Glimmern und Feldspäten eingebaut worden (110, 153) und daher in vielen Böden enthalten. Seine Menge beträgt z. B. im Hauptwurzelraum (bis 30 cm Tiefe) eines tonigen, illitreichen Lehmbodens etwa 400 kg N/ha. Das ist weniger als 1 % der Kaliummenge des gleichen Bodenraumes, und es macht unter naturnaher Vegetation 5 %, unter Ackernutzung bis 10 % des organisch gebundenen Stickstoffs aus.

Die Einlagerung von NH_4^+ im Schichtzwischenraum der Tonminerale wird analog zum K^+ als Ammoniumfixierung bezeichnet. Sie steht naturgemäß in enger Beziehung zur Kaliumfixierung (90). Eine Illitisierung aufweitbarer Tonminerale durch Bindung von Kaliumionen vermindert die Ammoniumfixierung, so daß hohe Kaliumdüngergaben die Verfügbarkeit des Stickstoffs erhöhen. Solange NH_4^+ adsorbiert oder im Schichtzwischenraum der Tonminerale gebunden ist, wird es nicht nitrifiziert, d. h. mikrobiologisch zu NO_3^- oxidiert (120). Das NO_3^- wird leicht ausgewaschen oder kann zu N_2 und N_2O denitrifiziert werden, also die Bodendecke verlassen.

Ackerböden mit *p*H-Werten zwischen 6 und 7 besitzen ein breites Artenspektrum an Mikroorganismen. Diese halten generell die NH_4^+-Konzentration in der Bodenlösung sehr niedrig. In Böden mit Smectit-Vermiculitdominanz liegt das NH_4^+/Ca^{2+}-Aktivitätenverhältnis der Böden mit 10^{-4} bis 10^{-5} $(mol/l)^{1/2}$ auch nach praxisüblicher Düngung (120 – 150 kg NH_4-N/ha) ebenso wie das austauschbare NH_4^+ extrem niedrig (s. hierzu die Austauschreaktionen für K^+, Seite 234).

Der tonmineralspezifische Einfluß auf das Verhalten von NH_4^+ geht aus einem Vergleich zwischen einem smectitisch-vermiculitischen und einem illitisch-chloritischen Boden hervor (Abb. 6.14). Während im ersteren das austauschbare NH_4^+ während der gesamten Versuchsdauer (120 Tage) stets sehr niedrig ist, führt die NH_4^+-Düngung im letzteren zu Versuchsbeginn zu relativ hohen Werten.

Aus den Stickstoffgehalten der organischen Fraktionen, die, ebenso wie das austauschbare NH_4^+, aus ihren ^{15}N-Isotopenverhältnissen und den Isotopenverhältnissen der zugeführten Ammoniumionen errechnet worden sind, ist zu schließen, daß das NH_4^+ in der Zwischenschicht des smectitisch-vermiculitischen Bodens der bakteriellen Oxidation zu NO_3^- etwa 25 Tage entzogen ist. Danach setzt eine verstärkte Nitratbildung bis zum 85. Tag ein, die dann wieder abklingt. Wegen des reichlich vorhandenen austauschbaren Ammoniums setzt die Nitratbildung beim illitisch-chloritischen Boden (also einem Boden ohne wesentliche Kaliumfixierung) unmittelbar nach der Ammoniumdüngung ein. Diese Werte schwanken vermutlich wegen periodisch auftretender, gasförmiger Verluste sehr stark. Sorbiertes NH_4^+ wird also unter günstigen Nitrifikationsbedingungen sehr schnell und unter Umweltaspekten fast zu schnell nitrifiziert, während das NH_4^+ in der Zwischenschicht nach anfänglicher Verzögerung kontinuierlich bis zu einem Maximalwert von 20 % des Reststickstoffs in Nitrat umgewandelt wird. Die hohe Rate der Nitratbildung ist wohl dadurch zu erklären, daß die Menge des austauschbaren NH_4^+ konstant niedrig bleibt und der Gradient vom NH_4^+-Gehalt in der Zwischenschicht zum NH_4^+-Gehalt der Bodenlösung, in der das NH_4^+ biologisch oxidiert wird, sehr steil wird.

Die Freisetzung von Ammoniumionen aus dem Schichtzwischenraum aufweitbarer Tonminerale ist somit zeitlich dem Stickstoffbedarf der Pflanzen deutlich besser angepaßt, als wenn den nitrifizierenden Bakterien große NH_4^+-Mengen in der Bodenlösung und auf den äußeren Oberflächen der Tonminerale zur Verfügung stehen. Mit Hilfe des Isotops ^{15}N konnte gezeigt werden, daß in kaliumfixierenden Böden 60 % von 150 kg des aus dem Dünger stammenden NH_4^+ im Schichtzwischenraum der Tonminerale eingebaut wurde. Diese fixierten Ammoniumionen

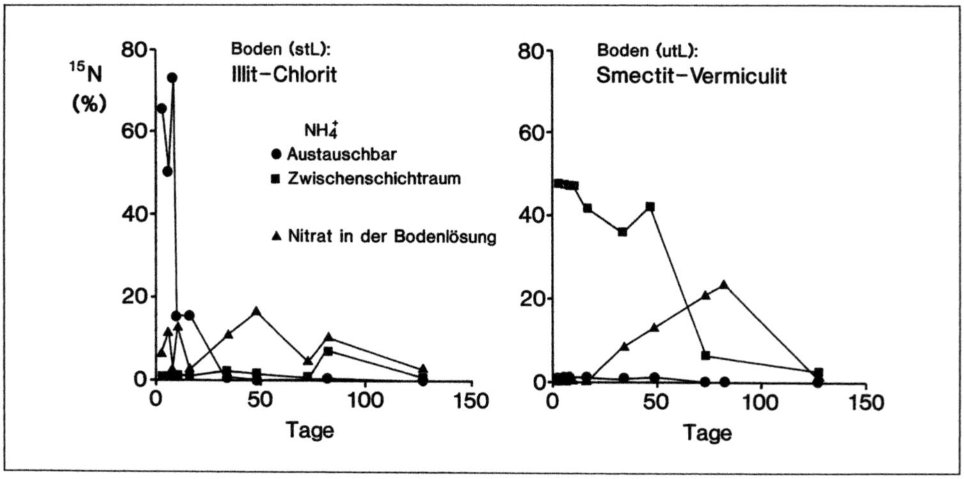

Abb. 6.14. Veränderung verschiedener Stickstofffraktionen (mit ^{15}N markiert) innerhalb von 120 Tagen in zwei Böden mit unterschiedlichem Tonmineralbestand. (Nach 24).

wurden während der folgenden Vegetationsperiode im Mittel zu 84 % (71 – 96 %) freigesetzt und vom Getreide aufgenommen (57). Die aufweitbaren Tonminerale des Grobtons bauten NH_4^+ in größeren Mengen ein als die des Feintons (58). Dennoch können unabhängig von der Teilchengröße die Minerale mit der höheren Ladungsdichte als NH_4^+-Puffer angesehen werden, der die Pflanzen gleichmäßig mit Stickstoff versorgt.

Da im Ton mancher saurer Böden Illit und sekundärer Chlorit vorherrschen, ist der rezente NH_4^+-Einbau in Tonminerale hier unbedeutend. Speziell in sauren Waldböden wird NH_4^+ nur als austauschbares Ion gebunden und, da hier nicht sehr intensiv nitrifiziert wird, als NH_4^+ von der Wurzel aufgenommen.

Ein umfassendes Studium zur NH_4^+-Fixierung und -Defixierung sollte auch das K^+ einschließen, das mit NH_4^+ im Wettbewerb um die spezifischen Austauschplätze steht. Dabei ist stets der biochemische Aspekt zu beachten, d. h. die mikrobiologische Nitrifikation, die, da sie in das Stickstoffgleichgewicht eingreift, die physikalisch-chemischen Prozesse Sorption und Fixierung sowie Desorption und Defixierung entscheidend beeinflußt. Die Desorption und die Nachlieferung von NH_4^+ aus dem Schichtzwischenraum der Tonminerale wird immer dann begünstigt sein, wenn die K^+-Konzentration in der Bodenlösung niedrig ist.

6.5.5 Phosphat

Phosphat ist ein essentieller Pflanzennährstoff und besonders wichtig für die Ausbildung der generativen Organe (Samen) der Pflanze. Seine primäre, lithogene Hauptquelle ist der Apatit, ein tertiäres Calciumhydroxyorthophosphat $Ca_5(PO_4)_3OH$, in dem OH^- durch F^- und PO_4^{3-} teilweise durch CO_3^{2-} ersetzt sein kann. Aus ihm gelangt das Phosphat durch Reaktion mit Protonen in die Bodenlösung und von dort in die Pflanze (Kap. 6.5.2). Mit der Pflanze konkurrieren um das Phosphat jedoch zwei andere Senken in Böden, die Adsorption an der Oberfläche fester Bodenteilchen und die Ausfällung als schwerlösliche Phosphate des Al^{3+}, Fe^{3+} und Ca^{2+}.

Als Sorbentien fungieren vor allem Eisen- und Aluminiumoxide und -hydroxide, daneben aber auch die Prismenflächen der silicatischen Tonminerale. Gemeinsam sind diesen Sorbentien die funktionellen Gruppen Fe-OH und Al-OH. Mit diesen kann das Phosphatanion in folgender Weise reagieren:

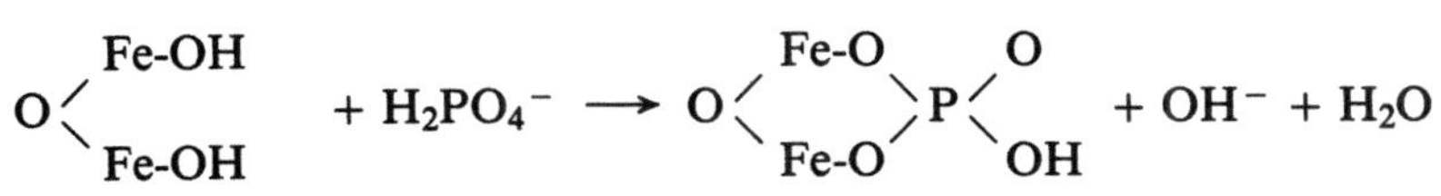

(6.3)

Man erkennt, daß das Phosphatanion in die aus O^{2-} und OH^- bestehende Ligandenhülle des Fe^{3+}- oder des Al^{3+}-Ions eindringt und die OH^--Liganden verdrängt. Durch diesen sog. *Ligandenaustausch* (Kap. 3.1.1; 3.1.7) wird das Phosphat chemisch und damit relativ fest gebunden (Kap. 6.5.1). Da die Bindung auf den spezifischen Eigenschaften von Sorbent und Sorbat beruht, nennt man sie auch *spezifische* Bindung.

Das Ausmaß der Phosphatadsorption von Böden hängt vor allem von der Art und Menge der Sorbentien und deren spezifischer Oberfläche, aber auch vom *p*H-Wert und den austauschbaren Kationen ab. Unter den Sorbentien ergibt sich etwa folgende Reihe steigender Adsorptionskapazitäten (Phosphatmenge pro Masseneinheit des Sorbenten): 2 : 1-Tonminerale < 1 : 1-Tonminerale < Hämatit und Goethit < Ferrihydrit, Allophan. Häufig wurden daher signifikante Beziehungen zwischen dem Gehalt der Böden an Eisen- und Aluminiumoxiden und der Höhe der Phosphatadsorption gefunden.

Die genannte Reihe wird bei gleichem *p*H-Wert im wesentlichen durch die Anzahl funktioneller Gruppen pro Oberflächeneinheit und die Größe der spezifischen Oberfläche bestimmt (bezügl. der spez. Oberfläche von Oxiden s. Kap. 2.6). Art der Minerale und deren Teilchengröße sind die Hauptfaktoren seitens der Sorbentien. An den Basisflächen des Smectits wird kein Phosphat adsorbiert, da sie negativ geladen sind. Auch an den Basisflächen vom Kaolinit und Gibbsit wird bei den in Böden vorherrschenden Phosphatkonzentration von $10^{-5} - 10^{-6}$ mol/l kaum Phosphat adsorbiert. Nur die Prismenflächen dieser Minerale sind aktiv. Auch bei den Eisenoxiden sind offenbar nicht alle OH-Gruppen aktiv. Wie IR-Aufnahmen gezeigt haben (96), sind es vorwiegend die einfach koordinierten, d. h. die an ein Eisenion gebundenen OH^--Gruppen (s. Gl. 6.3). Dies geht aus der für Goethit (α-FeOOH) gefundenen Phosphatadsorptionskapazität (volle Belegung) von ca. 2,5 µmol/m² hervor, die ziemlich genau der Zahl einfach koordinierter OH-Gruppen auf der (110)-Kristallfläche des Goethits entspricht, die in der Tat die dominierende Fläche der nadeligen Kristalle ist (140). Die hohe Phosphatadsorption durch Ferrihydrit (151) und Allophan (148) ist ihrer hohen spezifischen Oberfläche (mehrere hundert m²/g) zuzuschreiben. Es ist dagegen nicht sehr wahrscheinlich, daß das Phosphat langsam in den geordneten Kristall eindringt.

Die unterschiedlichen Phosphatadsorptionseigenschaften der Tonminerale machen sich naturgemäß bei den Böden bemerkbar. Dies geht aus Abbildung 6.15 her-

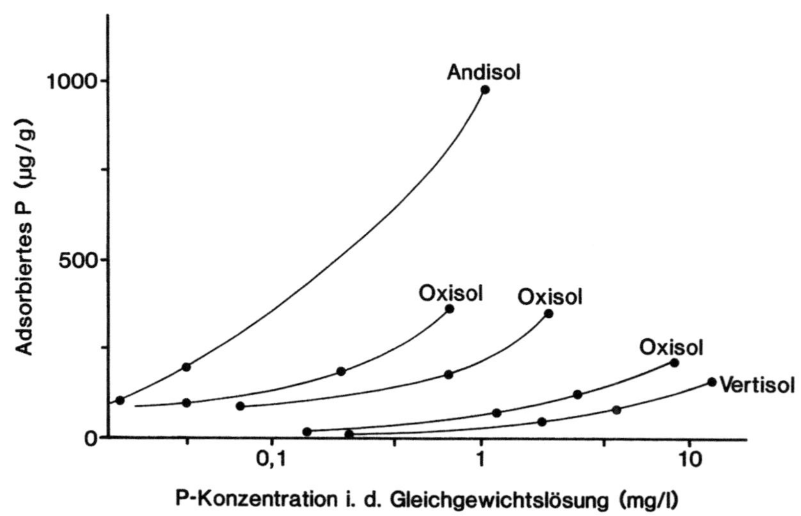

Abb. 6.15. Phosphatadsorptionsisothermen von 5 hawaiianischen Böden unterschiedlichen Tonmineralbestandes. (Nach 25).

Tabelle 6.6. Phosphatbedarf von Böden unterschiedlichen Mineralbestandes (25).

Böden	Ausgangsgesteine	Mineralbestand	P-Bedarf (mgP/kg Boden)
Alfisole Mollisole Vertisole Inceptisole Entisole	saure u. intermediäre Gesteine	2 : 1-Tonminerale, Quarz, Feldspäte	0 – 100
Ultisole Oxisole	wie vorige	1 : 1-Tonminerale, Hämatit, Goethit, Gibbsit	100 – 500
Alfisole Ultisole Oxisole	basische Gesteine	wie vorige	500 – 1000
Andisole	vulk. Aschen	Allophan	> 1000

vor, die die Phosphatadsorption von fünf basaltischen Böden Hawaiis ähnlichen Tongehaltes, jedoch sehr unterschiedlicher Tonmineralarten, zeigt. Die Phosphatadsorption nimmt in der Reihenfolge Andisol (amorphe Oxide, Allophan), Oxisol (Kaolinit, Goethit, Hämatit) und Vertisol (Smectit) ab.

Aus diesen Angaben ergeben sich die in Tabelle 6.6 aufgelisteten Richtzahlen für den Phosphatbedarf verschiedener, durch ihren Mineralbestand charakterisierter Böden. Wie man sieht, wird der Phosphatbedarf im wesentlichen durch den Bestand an Sekundärmineralen und damit weniger durch das Ausgangsgestein als durch den Entwicklungsgrad der Böden bestimmt.

Da Böden mit hoher Phosphatadsorption großer Düngermengen bedürfen, damit genügend Phosphat in der Bodenlösung verbleibt (ca. 0,2 mg P/l) und dies insbesondere für stark entwickelte Böden der Tropen- und Subtropen gilt, in denen solche Dünger nur begrenzt verfügbar sind, sind Maßnahmen von Interesse, die die Phosphatadsorption senken. Zu diesem Zweck kann man den Böden Anionen zuführen, die mit dem Phosphat um die Adsorptionsplätze an den Oxidoberflächen konkurrieren. Dazu gehören u. a. OH^-, organische Anionen und Silicatanionen. Der Erfolg einer solchen Maßnahme hängt wiederum von der tonmineralogischen Zusammensetzung der Böden ab.

Die adsorptionssenkende Wirkung des OH^- geht aus der Zunahme der Phosphatkonzentration der Bodenlösung und der Phosphataufnahme der Pflanze hervor, wenn der *p*H-Wert stark saurer Böden durch Kalkung in den schwach sauren Bereich angehoben wird (108). Humushaltige Oberböden adsorbieren bei gleichem Mineralbestand weniger Phosphat als humusarme Unterböden (Abb. 6.16). Dies wird der Konkurrenz anionischer Huminstoffe zugeschrieben, die an der Oxidoberfläche Adsorptionspositionen besetzen. Die Konkurrenz durch Silicatanionen ist in tropischen Böden naturgemäß schwach, weil sie meist einen hohen Grad an Desilifizierung (Siliciumauswaschung) erreicht haben. Gibt man solchen Böden jedoch lösliche Kieselsäure hinzu, z. B. in Form von Calciumsilicat oder als Rhenaniaphosphat (enthält Ca_2SiO_4) (12), Kieselgur oder Zement, so steigt die Phosphatkonzentration der Bodenlösung an, der Phosphatbedarf wird gesenkt. Alle diese spezifisch gebundenen Anionen erhöhen die negative Oberflächenladung und erniedrigen den

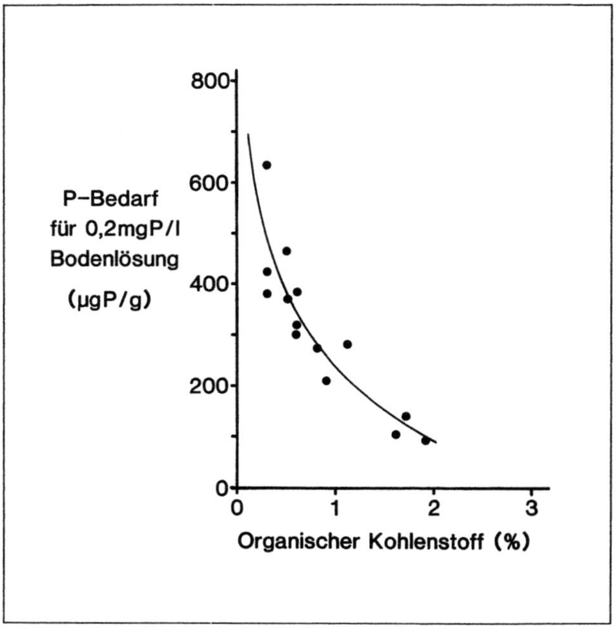

Abb. 6.16. Beziehung zwischen dem Phosphatdüngerbedarf zur Erzielung einer Phosphatkonzentration der Bodenlösung von 0,2 mg/l (entsprechend einer ausreichenden Phosphatversorgung) und dem Gehalt an organischem Kohlenstoff in brasilianischen Oxisolen und Ultisolen (Schwertmann und Uretschläger, unveröff.).

Ladungsnullpunkt, so daß bei gegebenem *p*H-Wert weniger Anionen und mehr Kationen adsorbiert werden.

6.5.6 Magnesium und Schwefel

Magnesium und Schwefel sind zwei Nährelemente, die eine Mittelstellung zwischen den Makronährstoffen (N, P, K) und etwa 10 weiteren Elementen einnehmen, die nur in Spuren von den Pflanzen benötigt werden (Mikronährstoffe). Beide Elemente haben, wenn auch aus verschiedenen Gründen, eine Beziehung zu Tonmineralen in Böden.

Dolomit- und magnesitfreie Tonböden haben einen Magnesiumgehalt (im Mittel 0,5 %), der ca. 10 mal größer ist als in Sandböden. Außer den primären Chloriten, die nach mechanischer Zerkleinerung vor allem im Grobton (2 – 0,2 µm) auftreten, haben biotit-, amphibolit- und olivinbürtige Tonminerale wesentliche Magnesiumgehalte, die einen Vorrat für die Pflanzen bilden.

Bei der Bodenentwicklung in humid gemäßigten Bereichen wird der grobkörnige Chlorit der Ausgangsgesteine (z. B. Tonschiefer, Chloritschiefer) zerkleinert und bei stärkerer Versauerung entweder aufgelöst, so daß er im Ton und den gröberen Fraktionen in Oberböden nur noch in kleinen Mengen auftritt (134), oder er verliert die Brucitschicht ($Mg_3(OH)_6$) und wandelt sich dabei in Vermiculit oder Smectit um (122). Das freigesetzte Mg^{2+} wird austauschbar gebunden und z. T. in den Biokreislauf eingeschleust. Chlorite sind eine wichtige Magnesiumquelle in dolomitfreien Böden. Das Mg^{2+} wird bei stärkerer Versauerung gegen Al^{3+} ausgetauscht und kann dann ausgewaschen werden, da Mg^{2+} im Ionenbelag gegen Al^{3+} noch weniger konkurrieren kann als Ca^{2+} (39, 132). Unter diesen Voraussetzungen kann es z. B. zu einem Magnesiummangel bei der Fichte kommen.

Anorganisch gebundener Schwefel kommt unter aeroben Bedingungen im wesentlichen als Gips ($CaSO_4 \cdot 2H_2O$) vor. Die Pflanzen decken ihren Schwefelbedarf aus dem SO_4^{2-}-Vorrat der Böden, der vor allem in Ballungsgebieten Mitteleuropas durch jährlichen Eintrag aus der Luft reichlich aufgefüllt wird. In industrie- und meeresfernen Gebieten werden Pflanzen durch Sulfat aus der Oxidation von Sulfiden und organischen Schwefelverbindungen (etwas angereichert in Mooren und Marschen) versorgt.

In grundwasserfernen Böden sind 70 – 75 % des organischen Schwefels am Ton gebunden (1). Schwefel enthaltende Aminosäuren (Cystein, Cystin, Methionin) werden bevorzugt an Tonminerale gebunden und dies umso mehr, je feiner die Teilchen sind. Man kann das aus der Veränderung des N/S-Quotienten ableiten, der in einem Mollisol von rund 10 im Feinschluff (5 – 2 µm) über 8 im Grobton (2 – 0,2 µm) auf 4,5 im Feinton (< 0,2 µm) abnimmt (1). In ackerbaulich genutzten Böden betragen die tonbezogenen Schwefelmengen nur rund 50 % der unter naturnaher Vegetation gemessenen (6). Dies belegt die Bedeutung der Tonminerale als reversible Puffer im Schwefelhaushalt grundwasserferner Böden, die bei Rückfuhr organischer Substanzen zum Boden schwefelhaltige Aminosäuren binden und einen Teil des organischen Schwefels während des Bodenbiomasseabbaus freisetzen.

6.5.7 Protonenpufferung

Den Böden werden ständig Protonen zugeführt. Sie entstammen zum größten Teil mikrobiellen Oxidationsreaktionen, die meistens enzymatisch katalysiert werden. Quantitativ der wichtigste Prozeß ist die Oxidation der toten Biomasse zu CO_2 und H_2O, die in der Bodenlösung Kohlensäure bilden. Als Zwischenstufen treten dabei auch organische Säuren auf. Weitere H^+-Quellen sind die Oxidation von NH_4^+, S^{2-}, Fe^{2+} und Mn^{2+}:

$$NH_4^+ + 2O_2 \longrightarrow NO_3^- + 2H^+ + H_2O$$

$$2Fe^{2+} + \tfrac{1}{2}O_2 + 3H_2O \longrightarrow 2FeOOH + 4H^+$$

$$H_2S + 2O_2 \longrightarrow H_2SO_4$$

Protonen (einige kmol/ha · a) werden jedoch auch von außen den Böden zugeführt, vor allem durch die Kohlen-, Schwefel- und Salpetersäure der Niederschläge (143).

Böden vermögen in unterschiedlichem Ausmaß die Protonen zu neutralisieren (abzupuffern). Hieran sind neben den Huminstoffen und den Erdalkalicarbonaten die Minerale der Tonfraktion beteiligt. Die wichtigsten Pufferreaktionen sind die Protonenanlagerung an schwach saure, funktionelle Gruppen und die Reaktion der Protonen mit Silicaten und Hydroxiden (123).

Schwach saure Gruppen sind die Al-OH- und Fe-OH-Gruppen der Oxide und Hydroxide und der Prismenflächen der Tonminerale. Oberhalb des Ladungsnullpunkts sind sie negativ geladen und binden Metallkationen (M), die durch Protonen ausgetauscht werden können:

$$(Fe, Al)O^-M^+ + H^+ \rightleftharpoons (Fe, Al)-OH + M^+ \qquad (6.4)$$

Wenn die H^+-Konzentration steigt, wird ein weiteres Proton angelagert. Es macht die Position positiv, und ein Anion (A^-) wird sorbiert:

$$(Fe, Al)OH + H^+ + A^- \rightleftharpoons (Fe, Al)OH_2^+ A^- \quad (6.5)$$

Wegen des schwach sauren Charakters dieser funktionellen Gruppen (Kap. 6.5.1) findet diese Pufferung im neutralen bis schwach sauren Bereich statt. Ihr Ausmaß ist meist nicht sehr hoch (einige Zehner mval/kg), kann aber in kaolinitisch-oxidischen Böden bis zu 100 % der Gesamtpufferung ausmachen. In Oberböden entstammt ein wesentlich höherer Beitrag zur Pufferung nach dem Schema von Gleichung 6.4 den Huminstoffen, vor allem durch deren Carboxylgruppen.

Unterhalb *p*H 5, wo die meisten der schwach sauren Gruppen protoniert sind, tritt eine zweite Protonensenke auf. Die Protonen reagieren mit dem Tonmineralkristall, in dem sie Metall-Sauerstoffbindungen sprengen und Metallionen freisetzen. So wird z. B. die Si-O-Al-Bindung nach

$$-(SiO)_3Al + 3H^+ \longrightarrow -(SiOH)_3 + Al^{3+} \quad (6.6)$$

zerstört, Al^{3+}-Ionen werden freigesetzt und Silanolgruppen an der Oberfläche des Kristalls oder freie Kieselsäure gebildet. Liegt eine tetraedrisch oder oktaedrisch lokalisierte permanente Ladung (durch Si^{4+}/Al^{3+}- oder Al^{3+}/Mg^{2+}-Ersatz) vor, so werden außerdem austauschbare Kationen (M^+), die an diesen Positionen gebunden sind, freigesetzt:

Tetraedrische Ladung:

$$AlO_2]^-M^+ + 4H^+ \longrightarrow Al^{3+} + M^+ + 2H_2O \quad (6.7)$$

Oktaedrische Ladung:

$$Mg(O,OH)]^-M^+ + 3H^+ \longrightarrow Mg^{2+} + M^+ + 2H_2O \quad (6.8)$$

Mit Ausnahme der Reaktion nach Gleichung 6.5 gehen alle diese Pufferreaktionen auf Kosten von adsorbierten Alkali- und Erdalkaliionen. Außerdem setzen die Reaktionen 6.6 und 6.7 Al^{3+}-Ionen frei. Die austauschbaren Kationen an den schwach sauren Positionen mit variablen Ladungen werden durch Protonen (Gl. 6.4) verdrängt. An den stark sauren Positionen der permanenten Ladungen dagegen werden sie nicht durch H^+ (bzw. H_3O^+), sondern durch das viel austauscheffektivere Al^{3+} verdrängt. Stark saure Waldböden haben daher häufig mehr als 80 % Al^{3+} im Ionenbelag, das vorwiegend aus der Zersetzung von Tonmineralen und Aluminiumhydroxiden stammt. Ihr Gehalt nimmt demnach im Laufe der Versauerung ab (Kap. 6.3).

Die Al^{3+}-Ionen sind ökologisch insofern bedeutend, als sie toxisch auf das Wurzelwachstum wirken können, wenn sie in der Bodenlösung auftreten. Dies ist der Hauptgrund dafür, daß der *p*H-Wert fruchtbarer Böden über *p*H 5 gehalten werden sollte. Außer in den austauschbaren Zustand überzugehen, können die freigesetzten Aluminiumionen auch Aluminiumhydroxid (amorph oder als Gibbsit) bilden oder zu Hydroxypolymeren zwischen den Schichten aufgeweiteter 2 : 1-Tonminerale hydrolysieren und diese zu sog. sekundären oder Aluminiumchloriten machen (Kap. 6.3). Ein anderer Teil wird durch Huminstoffe komplex gebunden und stabilisiert diese gegen mikrobielle Zersetzung, z. B. in Andisolen.

Schließlich sind auch die Oxide und Hydroxide des Aluminiums, Eisens und Mangans Puffersubstanzen, die durch Protonen zersetzt werden:

$$Al(OH)_3 + 3H^+ \longrightarrow Al^{3+} + 3H_2O \quad (6.9)$$

Während Aluminiumhydroxide bereits bei *p*H 5 nennenswert gelöst werden, ist dies für die Eisenoxide erst in stärker saurem Bereich (*p*H < 3) der Fall. Der Protonenverbrauch bei der Auflösung von Eisen- und Manganoxiden ist geringer, wenn diese durch Reduktion erfolgt, die unter anaeroben Bedingungen im gesamten *p*H-Bereich der Böden möglich ist:

$$4\,FeOOH + CH_2O + 8\,H^+ \longrightarrow 4\,Fe^{2+} + CO_2 + 7\,H_2O \qquad (6.10)$$

Das Fe^{3+} dient bei der Oxidation der Biomasse (hier als CH_2O formuliert) durch Mikroorganismen als Elektronenakzeptor (Atmung), sobald O_2 im Boden hierfür nicht mehr ausreichend zur Verfügung steht.

Die Pufferkapazität von Böden gegen Protonen, auch Säureneutralisationskapazität (SNK) genannt (8), wird durch potentiometrische Titration mit einer Säure quantifiziert. Hierbei werden nur die schnellen Reaktionen erfaßt, da die einzelnen heterogenen, d. h. an Festkörpern sich abspielenden Pufferreaktionen z. T. sehr langsam verlaufen, z. B. die mit Silicaten. Die SNK eines Bodens steigt mit steigendem *p*H-Wert und mit steigendem Tongehalt an. Die Reaktionsfähigkeit der verschiedenen Minerale folgt vermutlich der Reihe Aluminiumhydroxide > Allophan > Smectit > Kaolinit, Illit > Eisenoxide, doch fehlen hierzu genauere Informationen. Diese Reihenfolge ist annähernd identisch mit der Verwitterungsstabilität dieser Minerale.

6.6 Wechselwirkungen mit organischen Verbindungen und Mikroorganismen*

6.6.1 Huminstoffe

Neben den anorganischen Bestandteilen der Tonfraktion (Tonminerale, Oxide) sind die Huminstoffe die wichtigsten oberflächenaktiven Substanzen der Böden. Unter Huminstoffen werden die schwer abbaubaren, braunschwarzen, hochmolekularen Umwandlungsprodukte der organischen Biomasse verstanden, die im wesentlichen der Phytosphäre entstammen und die Oberböden dunkel färben. Sie bestehen aus vielfältigen aliphatischen und aromatischen Bausteinen, die über C-, O-, N- und andere Brücken zu Großmolekülen vernetzt sind. In herkömmlicher Weise werden drei Teilfraktionen der Huminstoffe unterschieden, die durch ihre Löslichkeit in Lauge definiert werden, stofflich jedoch keineswegs einheitlich sind. Die laugeextrahierbaren Huminstoffe werden in säureunlösliche Huminsäuren und säurelösliche Fulvosäuren getrennt. Der nicht laugeextrahierbare Anteil wird Humin genannt. Wichtige Eigenschaften von Huminsäure und Fulvosäuren sind der Tabelle 6.7 zu entnehmen.

Huminstoffe reagieren mit Bestandteilen der wäßrigen Phase des Bodens (Bodenlösung) über funktionelle Gruppen (Carboxyl-, alkoholische, phenolische OH-Gruppen), z. B. beim Kationenaustausch oder bei der Komplexierung von Metallionen. Die funktionellen Gruppen befähigen die Huminstoffe aber auch, mit den Mineralen der Böden Verbindungen einzugehen. Diese werden organomineralische Verbin-

* 14, 38, 92, 93, 114.

Tabelle 6.7. Charakteristische Daten (Mittelwerte) von Huminsäuren (HS) und Fulvosäuren (FS).

Elementar-zusammensetzung (%)	HS	FS	Funktionelle Gruppen (mmol C/g)	HS	FS	Stoffgruppenanteile (%)	HS
C	56,4	50,9	Gesamtacidität	6,6	12,4	Phenole, Mono- und Dilignine	45
H	5,5	3,3					
O	33,9	44,8	COOH	4,5	9,1	Aliphaten*	30
N	4,1	0,7	Phen. OH	2,1	3,3	Polysaccharide	10
S	1,1	0,3	Alkohol. OH	2,8	3,6	Protein-Substanzen	5
			Chinon C=O	2,5	0,6	Andere N-Substanzen	10
			Keton C=O	1,9	2,5		
			OCH_3	0,3	0,1		

* Alkane, Fettsäuren, Alkohole, Ester, Wachse.

dungen oder, soweit die Tonfraktion beteiligt ist, Tonhumuskomplexe genannt. Durch sie werden vor allem Feintonteilchen zu größeren Partikeln, sog. Aggregaten, verbunden. Dabei wird ein Bodenmilieu geschaffen, das die Wasserbewegung, den Gasaustausch und die Durchwurzelung erleichtert. Die hohe Gefügestabilität von huminstoffreichen Böden, wie Mollisole, Vertisole und Andisole gegenüber mechanischer und oxidativ-chemischer Beanspruchung wird seit altersher mit den organomineralischen Verbindungen verknüpft, obwohl ihr Nachweis in Böden im Gegensatz zu den in Kapitel 3.3 beschriebenen tonmineralorganischen Verbindungen eher auf Indizien beruht.

Hinweise auf die Huminstoff-Mineral-Assoziation in Böden erhält man aus der Verteilung des Kohlenstoffs auf die verschiedenen durch Ultrabeschallung gewonnenen Kornfraktionen. Die Huminstoffe selbst sind von sehr kleiner Korngröße ($<2\,\mu m$), sie finden sich aber in Böden unter natürlicher Vegetation (z. B. Mollisole unter Gras) besonders im Schluff angereichert (142). Dort bilden sie mit den Mineralteilchen stabile Aggregate, die teilweise zerstört werden, wenn die Böden als Acker genutzt werden (139).

Weitere Indizien für die Existenz organomineralischer Verbindungen in Böden sind:

1. Die Huminstoffe sind auch bei intensiver Dispergierung nicht vollständig von den Mineralen trennbar.
2. Sie lassen sich auch bei höherer Temperatur nicht vollständig (z. B. mit H_2O_2) oxidieren; ca. 0,2 % C bleiben meist zurück (92).
3. Umgekehrt bleibt trotz intensiver Reinigung von Huminstoffen durch Umfällung mindestens 10 % Mineralsubstanz zurück, die als „Asche" bezeichnet wird und zum größten Teil aus Tonmineralen besteht.

Die Kennzeichnung der organomineralischen Verbindungen wird erleichtert, wenn es gelingt, sie anzureichern. Dies ist in gewissem Ausmaß durch Dichtetrennung möglich. Oades (92) konnte zeigen, daß die Dichtefraktion $<1\,g\,cm^{-3}$ vorwiegend Pflanzenmaterial, die Fraktion $1-2\,g\,cm^{-3}$ organomineralische Verbindungen und die Fraktion $>2\,g\,cm^{-3}$ Minerale enthält.

Wegen der komplexen Zusammensetzung der Huminstoffe ist es schwierig zu ermitteln, ob und in welcher Weise sie an die Minerale gebunden sind. Die Bindungstypen sind daher im wesentlichen aus Studien mit definierten organischen Verbindungen und Referenz-Tonmineralen hergeleitet. Da Huminstoffe als schwache bis mittelstarke polybasische Säuren bei höherem *p*H-Wert anionischen, bei niedrigerem *p*H-Wert neutralen Charakter haben, kommt eine rein elektrostatische Bindung durch die permanente negative Ladung der Tonminerale weniger in Betracht. Offenbar behindern sie auch den Kationenaustausch der Tonminerale nicht.

Die wichtigsten Bindungstypen enthält die folgende Übersicht (R = Huminstoffrest):

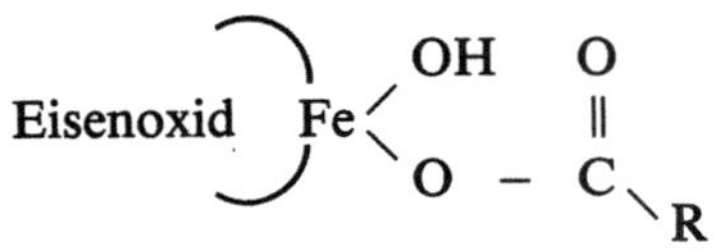

a

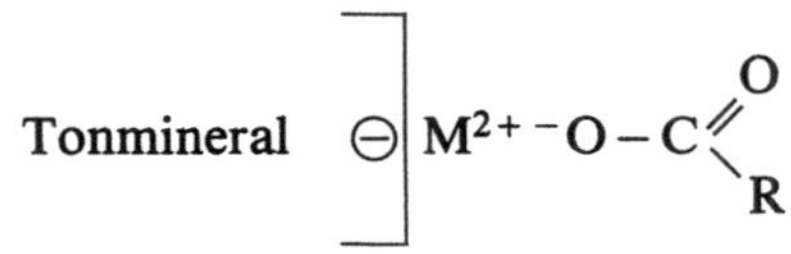

b

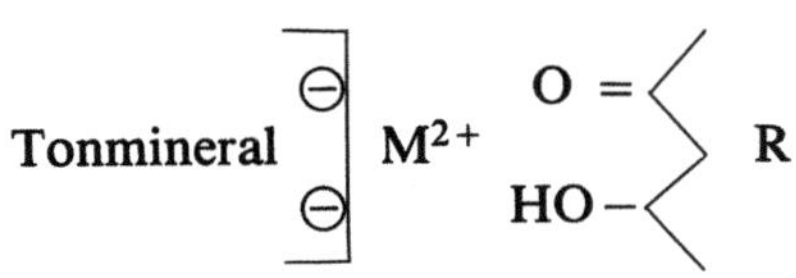

c

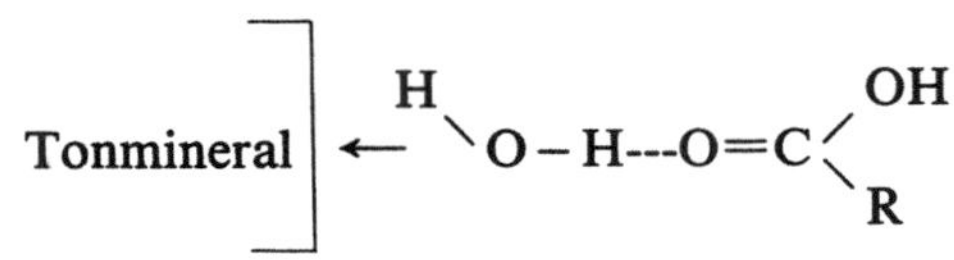

d

Huminstoffe, besonders niedermolekulare, können vorwiegend durch Ligandenaustausch (a) als Anionen an Eisen- und Aluminiumoxide gebunden werden (Kap. 6.5.1). Die adsorbierte Menge steigt mit sinkendem *p*H-Wert an, da die Ladung der Oxide damit positiver wird. An silicatische Tonminerale können Huminstoffe über deren austauschbare Kationen gebunden werden (145). Die Kationen treten mit Carboxylgruppen der Huminstoffe (b) oder mit alkoholischen, chinoiden oder Ketogruppen (c) in Wechselwirkung. Hierbei adsorbieren Fe^{3+}- und Al^{3+}-gesättigte Tonminerale stärker als die mit zwei- und einwertigen Kationen gesättigten. Auch können an Silicatoberflächen adsorbierte Wassermoleküle über Wasserstoffbrücken eine Verbindung zum Huminstoff herstellen (d). Die Festigkeit der Bindung wird bei den Huminstoffen erhöht, indem die einzelnen meist linear geformten Großmoleküle über eine Vielzahl von Einzelbindungen am Tonmineral haften (115).

Kleinere Huminstoffmoleküle können außer an den äußeren Oberflächen wahrscheinlich auch im Schichtzwischenraum aufweitbarer Dreischichtminerale gebunden werden. Dies ist für Fulvosäuren an homoionischen Montmorilloniten im sauren Bereich gezeigt worden, wo die Fulvosäuren undissoziiert vorliegen (116). Je nach den austauschbaren Kationen wurden dabei d_{001}-Werte zwischen 16 und 19 Å gemessen. Fulvosäuren sollen langkettige organische Verbindungen in den Schichtzwischenraum aufgeweiteter Tonminerale einschleusen (117). In stark sauren Böden mit niedriger mikrobiologischer Aktivität und einer Anreicherung von organischer Substanz sollen Polymethylenketten in den Schichtzwischenschichtraum von Smectiten eingebaut werden (137). Eine Vorstellung über die Anordnung größerer Huminstoffmoleküle auf der Oberfläche eines schlecht geordneten Smectitkristalls mit eingelagerten Polyhydroxyaluminiumionen haben Davis und Kent (15) entwickelt (Abb. 6.17).

Eine andere Möglichkeit der Ton-Humus-Kopplung ist die Polymerisation von monomeren (oder auch dimeren) phenolischen Verbindungen auf den Oberflächen von Smectiten und Eisenoxiden zu Huminsäuren kleinerer Molekülgröße als die

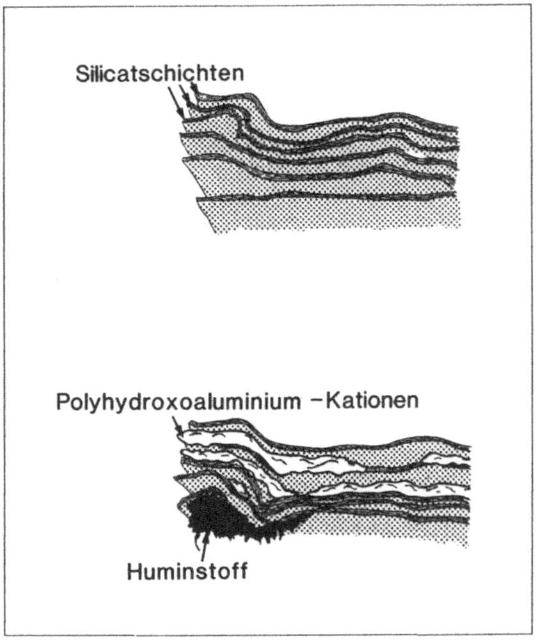

Abb. 6.17. Modell eines Smectits ohne und mit assoziiertem Huminstoff und Polyhydroxoaluminiumkationen (Nach 15).

mikrobiell gebildeten Huminsäuren. Die feste Bindung auf den Mineraloberflächen verzögert den Abbau der organischen Komponenten. Für die hohe Stabilität von niedermolekularen Huminstoffen, seien es Resthuminstoffe nach Humusschwund oder solche, die auf den Mineraloberflächen entstanden sind, sprechen Radiokohlenstoffdatierungen von Schwarzerden (Mollisole). Sie zeigen ein stark steigendes Alter mit zunehmender Bodentiefe an (111).

Die gleichmäßige Verteilung von Huminstoffen auf den Mineraloberflächen verleiht vielen Mollisolen und Vertisolen bis in größere Tiefen (~1 m) die schwarze (feuchter Zustand) oder graue Farbe (trockener Zustand). Huminstoffassoziierte Tonminerale sind bei Weiterentwicklung der Böden (Mollisol → Alfisol) auch von der Tonverlagerung betroffen, so daß sich im Unterboden dunkle B_t-Horizonte bilden, in denen die Huminstoffe konserviert werden.

6.6.2 Mikroorganismen, Polysaccharide und Polyuronsäuren

Ein kleiner Anteil der organischen Substanz des Bodens (ca. 2 – 5 %) ist die lebende Bodenbiomasse. Ihre wesentlichen floristischen Elemente, Bakterien und Pilze, besorgen die Oxidation der toten organischen Biomasse zu CO_2 und H_2O. Die in Böden unterschiedlicher Nutzung gemessenen Mengen an Bodenbiomasse variieren zwischen 300 unter Ackernutzung und 2240 kg C/ha unter Dauergrünland (97). Der Kohlenstoffumsatz wird im wesentlichen durch Faktoren wie Gasaustausch, Redoxpotential, Bodenwasser, Bodentemperatur und Nährstoffe bestimmt, und daher vermutlich vom Tongehalt und den Tonmineralen über diese Faktoren beeinflußt. So werden organische Stoffe z. B. in feinporigen Ton- und Lehmböden langsamer abgebaut als in den grobporigen Sandböden.

Um den unmittelbaren Einfluß der Tonminerale zu verstehen, wurden häufig in-vitro-Versuche durchgeführt (23, 131), deren Aussagewert für Böden jedoch begrenzt ist. Aus diesen Versuchen ist abzuleiten, daß Bakterienkolonien die Oberfläche von Tonmineralen besiedeln und hierdurch ihre Überlebensrate erhöht wird (69), der Tendenz nach umso stärker, je größer die äußere Oberfläche der Tonminerale ist. Da aufweitbare Tonminerale häufig eine größere äußere Oberfläche haben als nicht aufweitbare, sind sie in dieser Hinsicht wirksamer (36) als Minerale des Grobtons oder Kaolinit.

Ein einfaches Kennzeichen für die Bodenbiomasse ist das C/N-Verhältnis. Bakterien sind im Vergleich zur toten organischen Substanz des Bodens (C/N ~10 – 30) sehr stickstoffreich (C/N ~5). C/N-Werte von 7 im Feinton (<0,2 µm), aber auch ein hoher Schwefelgehalt sprechen dafür, daß Feinton Mikrobenmasse bindet. Der Feinton ist somit ein Pool für die organisch gebundenen Nährelemente N, S und P. Sie sind in Böden unter Wald- und Steppenvegetation angereichert und werden bei Ackernutzung durch intensivere Durchlüftung innerhalb von wenigen Jahren freigesetzt. So wurde in einem Tonboden 10mal mehr Bodenbiomasse abgebaut (59), und es blieb mehr Stickstoff aus der Bodenbiomasse zurück als im Sandboden.

Die mikrobielle Freisetzung geschieht mit Hilfe von Enzymen. Ob deren Aktivität durch Tonminerale beeinflußt wird, ist umstritten (131). Die meisten Versuchsergebnisse sprechen jedoch dafür, daß die Enzymaktivität durch Tonminerale gehemmt wird (Tab. 6.8).

Die Enzyme werden bei konstanter Enzymkonzentration im System im Trend umso stärker gehemmt, je größer die Oberfläche der Minerale, d. h. je geringer die „Enzymsättigung" der Oberfläche ist (131). Die Art der Bindung an den Tonmineraloberflächen ist vermutlich ähnlich wie die der organischen Stickstoffverbindungen: Mit sinkendem *p*H-Wert werden mehr und mehr Aminogruppen protoniert. Damit nimmt der kationische Charakter zu, der zur Bindung an den negativen Tonmineraloberflächen führt. Doch dürften auch andere, schwächer wirkende Kräfte an der Bindung der Enzyme beteiligt sein.

Böden enthalten stets Polysaccharide. Sie entstammen dem Pflanzenmaterial und der Bodenflora und -fauna (Insekten, Bakterien, Pilze, Algen). In nicht gebundener Form werden sie leicht abgebaut. Der größere Anteil dieser Verbindungen tritt jedoch zusammen mit Huminstoffen auf oder ist an anorganische Bodenbestandteile gebunden (136). Dies ist besonders dann der Fall, wenn die biologische Aktivität gering, also die Böden z. B. sauer sind. Die Mengen hängen sehr stark von der Bodennutzung ab. Unter ursprünglicher Prärie wurden etwa doppelt so hohe Mengen gefunden wie unter Brache, bei Weizenmonokultur lagen sie dazwischen (19). Polysaccharide sind für die Bildung von Aggregaten und damit des Bodengefüges bedeutsam (Kap. 3.4.6; 6.4.1). Ihre mikrobielle Stabilität ist in Gegenwart von Smectiten höher als in Gegenwart von Sand (34).

Tabelle 6.8. Prozentuale Hemmung der Enzymaktivität in Gegenwart verschiedener Minerale (10).

Mineral	Invertase	α-Amylase
Allophan	80	43
Muskovit	67	4
Illit	91	73
Montmorillonit	100	96
Kaolinit	55	99

Die Bindungsmöglichkeiten zwischen Polysacchariden und Tonmineralteilchen sind ähnlich denen der organomineralischen Verbindungen. Al^{3+}-Smectite zeigen eine relativ starke Adsorption für Polysaccharide, weil Polyuronsäuren vermutlich mit ihren Carboxylgruppen in die Ligandenhülle der austauschbaren Aluminiumionen eintreten (95). Da keine Vorstellung über die Molekülkonfiguration der Kohlenhydrate und deren Interaktionen mit Wasser existieren, ist es schwierig, Aussagen über diese Moleküle im adsorbierten Zustand zu machen. Es ist jedoch bemerkenswert, daß Böden mit sehr unterschiedlichen Pflanzengesellschaften Polysaccharidfraktionen ähnlicher Zusammensetzung enthalten (20). Benutzt man sie als Koagulationsmittel, dann benötigt man bei Smectiten größere Mengen zur Koagulation als bei Palygorskit und Kaolinit.

Mikroorganismen synthetisieren aus Kohlenhydraten Aminosäuren, die durch Tonminerale stabilisiert werden. An Smectit gebundene Aminosäuren sind mehr als 10 Jahre stabil (127). Smectithaltige Böden haben eine größere stabilisierende Wirkung als illithaltige Böden. Eine Zugabe von Kaolinit zu den Böden hatte keinen stabilisierenden Einfluß.

6.6.3 Adsorption von organischen Stickstoffverbindungen und Stickstoffmineralisierung

Aerobe und anaerobe Eiweißzersetzer mobilisieren den organisch gebundenen Stickstoff in Böden mit Hilfe von Enzymen nach folgendem Schema (R = organischer Rest): $R\text{-}NH_2 + H_2O \rightarrow NH_3 + R\text{-}OH$. Im *p*H-Bereich der meisten Böden geht NH_3 durch Aufnahme eines Protons in NH_4^+ über.

Liegt der *p*H-Wert jedoch im schwach alkalischen Bereich, so wird ein Teil des Ammoniaks als NH_3 gasförmig an die Atmosphäre abgegeben, und zwar umso mehr, je geringer der Tongehalt der Böden ist. Mortland (78) wies nach, daß adsorbierte, hydratisierte Metallkationen (M) Protonen ihrer Hydratwassermoleküle an NH_3 abgeben und auf diese Weise adsorbierbares NH_4^+ bilden (Kap. 3.2.2):

$$M(OH_2)_x^{n+} + NH_3 \rightleftharpoons M(OH_2)_{x-1}\,OH^{(n-1)+} + NH_4^+$$

Die Deprotonierung der Metallkationen steigt mit der Oberflächenladungsdichte der Tonminerale an.

Über den Bestandsabfall der Vegetation gelangen Jahr für Jahr stickstoffhaltige organische Verbindungen in den Boden, die je nach ihrer Ladungseigenschaft mit Tonmineraloberflächen reagieren können. So werden z. B. Abbauprodukte der Polypeptide unterhalb ihres Ladungsnullpunktes von Schichtsilicaten adsorbiert, da sie dann positiv geladen sind: $^+H_3N\text{-}CH\text{-}R\text{-}COOH$. Offenbar können Aminosäuren und andere Stickstoffverbindungen auch über Carboxylgruppen in Böden gebunden werden, vor allem von Eisen- und Aluminiumoxiden oder Al^{3+}- und Fe^{3+}-belegten Tonmineralen. Organische Stickstoffverbindungen, die in genannter Weise mit den Adsorbenzien der Böden reagieren können, sind Alkylderivate des NH_3, Nukleinsäure, Adenin, Hypoxanthin, Uracil, Thymin und Riboflavin. Auch größere Moleküle wie Mononucleotide gehen mit Fe^{3+}-Smectiten Bindungen ein.

Solche Substanzen sind in Böden schwierig zu identifizieren. Aus Zusammenhängen zwischen dem Stickstoff der Nukleinsäure (0,1 bis 10 % des Gesamt-N in Böden) und dem Tongehalt oder dem *p*H-Wert der Böden kann aber geschlossen werden, daß diese Stickstofffraktion mit Tonmineralen assoziiert ist, so wie es in Modellversuchen nachgewiesen wurde (Kap. 3.3). In sauren Böden spielen diese Stickstoffformen mengenmäßig eine größere Rolle als in neutralen, wo sie, wie z. B. in einem Mollisol mit 25 % Ton, nur 1 % ausmachen (113).

In landwirtschaftlich genutzten Böden ist der Aminosäurestickstoff die dominierende Form. In einem Tonboden waren z. B. ca. 50 % des Aminosäurestickstoffs in der $<0{,}04\,\mu m$-Fraktion gebunden (72). Aus einer engen Beziehung zwischen dem am Ton gebundenen Stickstoff und dem mineralisierten Stickstoff wurde geschlossen, daß dies neben dem wasserlöslichen Stickstoff die biologisch aktivste Stickstoffform ist (11). Andererseits wurde die Löslichkeit von organischen Stickstoffverbindungen durch Adsorption im Schichtzwischenraum von Smectiten im Vergleich zu Kaolinit und Muskovit vermindert (26). Generell hält die Tätigkeit der Bodenlebewesen in schwach sauren bis neutralen Böden mit ausreichender Sauerstoffversorgung und bei Wassergehalten entsprechend einer Wasserspannung von $10^2 - 10^3$ hPa die Bodenproteinmenge auf niedrigem Niveau.

6.7 Tonmineralbestimmung in Böden

6.7.1 Allgemeines

Die Aussagen der vorigen Kapitel zur Rolle der Tonminerale in Böden basieren auf der Analyse der Minerale in zahlreichen Böden. Die in der Bodenkunde hierzu verwendeten Methoden sind im Prinzip die gleichen wie in anderen Disziplinen, die sich mit Tonmineralen befassen (Kap. 1.4; 1.5). Es haben sich in der Bodentonmineralogie aber einige spezielle Verfahren entwickelt, die im folgenden beschrieben werden. Dabei werden nicht Laborvorschriften, sondern lediglich die Prinzipien der Verfahren resümiert (Einzelmethoden finden sich bei 9, 48, 77, 138, 152).

Die weitaus wichtigste Methode, Tonminerale nach Art und Menge zu bestimmen, ist die Röntgenbeugungsanalyse. Sie erlaubt, die Minerale zu identifizieren und, da die Reflexintensitäten eines Minerals seinem Anteil im Gemisch proportional sind, auch ihre Menge abzuschätzen. Dies gilt meist nur halbquantitativ, da die Intensitäten auch von den Massenabsorptionskoeffizienten abhängen (Kap. 1.5.4). Innerhalb einzelner Mineraltypen variieren Kristallinität, Kristallgröße und chemische Zusammensetzung und mit ihnen auch die Reflexintensitäten. Diese Schwierigkeit läßt sich durch Standardminerale nicht beheben, weil das Standardmineral auch wieder nur ein Beispiel innerhalb des Typs ist.

Zur Absicherung der röntgenographischen Ergebnisse ist es daher nötig, weitere Eigenschaften hinzuzuziehen. Dazu gehören u. a. die chemische Zusammensetzung, die Kationenaustauschkapazität, die äußere und innere spezifische Oberfläche sowie thermische und spektroskopische Eigenschaften. Mit diesen Daten lassen sich darüber hinaus kleinere Veränderungen in Bestand und Eigenschaften der Tonminerale erkennen, die im Röntgendiagramm nicht sichtbar sind. Hierzu gehören auch die in Kapitel 6.5.3 beschriebenen Parameter der K^+/Ca^{2+}-Austauschkurven (82), die Kaliumfixierung und die Menge des Zwischenschichtkaliums (56). Alle diese Eigenschaften liefern zwar wertvolle Zusatzinformationen, können jedoch die Röntgenbeugungsanalyse als Basismethode nicht ersetzen (65).

Mineralogische und chemische Ergebnisse sollten gemeinsam statistisch ausgewertet werden. Hierbei hat sich bei größerer Probenzahl die multivariate Diskriminanzanalyse bewährt (80). Ihr Vorteil ist, daß alle Boden- und Mineraleigenschaften als Merkmale gleichzeitig in die Diskriminanzfunktion eingeführt werden und eine Rangfolge der Eigenschaften für die Klärung einer Fragestellung (z. B. Mineralumwandlung) erstellt wird. Die Entscheidung, welches die wichtigsten Eigenschaften sind, wird so der individuellen Beurteilung entzogen.

6.7.2 Vorbehandlung und Präparation

Tonminerale sind in Böden meist aggregiert. Um den Ton zu extrahieren, müssen die Aggregate zerstört und der Boden in Primärteilchen dispergiert werden. Nach der Dispergierung können sich die plättchenförmigen Tonmineralkristalle auf dem Präparateträger parallel orientieren. Dadurch werden die charakteristischen Basisreflexe verstärkt (Kap. 1.5.3). Für die Dispergierung gibt es kein einheitliches Rezept, weil die Aggregation in verschiedenen Böden unterschiedliche Ursachen hat.

Der Humus wird meistens mit H_2O_2 zerstört, aber auch mit NaOCl, $NaMnO_4$, Br_2 oder NaOBr. Bei Gehalten $>1\,\%$ sollten die Carbonate, Calcit und Dolomit, mit HCl ($pH=4$) oder mit einem Natriumacetat-Essigsäurepuffer ($pH=5$) gelöst werden. Weiterhin ist es nützlich, aggregierend wirkende Substanzen wie Eisen-, Aluminium- und Siliciumoxide zu lösen. Dies geschieht häufig mit einer gepufferten Natriumdithionit-Citrat-Bicarbonat-Lösung ($pH \simeq 8$) (73) (Tributh und Lagaly, s. Kap. 1). Der dispergierte Ton wird mit einer $CaCl_2$- oder $MgCl_2$-Lösung koaguliert und nach Auswaschen gefriergetrocknet. Eine Ultraschallbehandlung liefert gute Ergebnisse bei der Herstellung von Präparaten. Der nach der Gefriertrocknung mit Ultraschall dispergierte Ton wird als Suspension entweder auf Glas- oder keramischen Filterplättchen aufgetragen (näheres zur Herstellung von Präparaten bei 64 und 77). S. Kap. 1.5.3).

Will man die beschriebenen Vorbehandlungen vermeiden (Ausnahme Carbonatzerstörung), so läßt sich der Ton, wenn auch nicht vollständig, nach Aufschlämmen in Wasser bei $pH=7-9$ (Na_2CO_3 oder NaOH) und Ultrabeschallung gewinnen.

6.7.3 Röntgenographische Identifizierung der Tonminerale

Die einzelnen Tonminerale werden im Röntgendiagramm an ihren Basisreflexen und den Veränderungen in Gegenwart von Kaliumionen und bei Zusatz von Ethylenglycol oder Glycerin erkannt (Kap. 1.5.3). Beide Behandlungen verändern den Basisabstand der Chlorite nicht. Sekundäre Chlorite kontrahieren im Gegensatz zu primären durch Erhitzen auf 100 – 450 °C über Zwischenwerte auf 10 Å. Die Basisabstände von Wechsellagerungsmineralen richten sich nach ihrem Aufbau, der stark variieren kann. Trioktaedrische und dioktaedrische Minerale sind an ihrem (060)-Reflex bei 1,48 – 1,55 Å zu unterscheiden. Die Ton- und anderen Minerale wie Oxide, Carbonate, Quarz und Feldspäte werden an charakteristischen Reflexen erkannt (JCPDS-Kartei)*).

Eisenoxide (Goethit, Hämatit, Lepidokrokit, Ferrihydrit) sind häufig nur in sehr geringer Konzentration vertreten. Sie lassen sich in den feinsten Kornfraktionen oder durch Entfernen anderer Minerale (Kaolinit, Gibbsit) mit heißer NaOH an-

---

*) Mineral Powder Diffraction File, Data Book. (1980) JCPDS, Swarthmore, PA, pp 1168

reichern, oder durch sog. differentielle Röntgenographie (DXRD, 118) identifizieren. Dazu wird das Röntgendiagramm nach Entfernung der Eisenoxide mit Dithionit von dem vor ihrer Entfernung subtrahiert. Das daraus resultierende Differenzdiagramm enthält nur die Linien der entfernten Eisenoxide.

6.7.4 Semiquantifizierung der Tonminerale

Zur halbquantitativen Bestimmung der Tonmineralanteile in einem Gemisch wird die Intensität der Basisreflexe 1. Ordnung (Corrensit auch 2. Ordnung) quantifiziert. Im Diffraktogramm kann hierzu die Fläche planimetriert – in Annäherung aber auch die Interferenzhöhe mit der Breite auf halber Höhe multipliziert werden. Im Kleinwinkelbereich (>11 Å) wird hierzu die nichtlineare Basislinie nach Augenmaß festgelegt. Da die relativen Reflexintensitäten der verschiedenen Minerale unterschiedlich sind, müssen die gemessenen Reflexintensitäten korrigiert werden (Kap. 1.5.4). Aus Mischungen reiner Mineraltypen oder mit der multiplen Regressionsanalyse wurden folgende Faktoren gewonnen (13, 28, 47, 85): Illit: 1,0; Kaolinit: 0,24; Smectit: 0,23; Chlorite und Corrensit (002): 0,34; Wechsellagerungsminerale: 0,40 – 0,65 (je höher, desto geringer ihr *d*-Wert). Wegen ihrer chemischen Variabilität besonders im Eisen- und Mangangehalt variiert der Faktor der Chlorite stärker. Ähnliches gilt für sekundäre Chlorite (62). Die Tonmineralbestände chlorit- und corrensitfreier Fraktionen werden allgemein genauer bestimmt als bei Proben mit starken Chlorit-(Corrensit-)Reflexen. Dies kann über den Kaliumgehalt der Illite (41) geprüft werden.

Die Summe der korrigierten integralen Intensitäten wird gleich 100 gesetzt, und die Einzelmineralanteile werden darauf bezogen. Durch den Bezug auf 100 läßt sich nicht prüfen, ob die Analyse richtig ist. Dieses Vorgehen hat sich aber als sehr nützlich für viele Zwecke der vergleichenden Tonmineralanalyse erwiesen. Die Quantifizierung der Eisenoxide läßt sich überprüfen, indem die Summe der bestimmten Eisenoxide mit dem chemisch bestimmten Gehalt an Eisenoxiden verglichen wird (49).

Genauer als die Abschätzung der Interferenzen auf dem nichtlinearen Untergrund lassen sich die Diagramme routinemäßig auswerten, indem über ein Rechnerprogramm linearisiert wird. Der kombinierte Lorentz-Polarisationsfaktor (LP-Faktor)*) erfaßt die unterschiedlichen Reflexintensitäten und die Untergrundstreuung in Abhängigkeit vom 2Θ-Winkel (77). Die Reflexe erhalten eine symmetrische Form, und die Flächen werden bei kleinem 2Θ-Winkel verkleinert. Die an so korrigierten Diagrammen bestimmten Faktoren lauten folgendermaßen: Illit = 1; Smectit = 0,44; Kaolinit = 0,16; alle übrigen Minerale = 0,48. Die Vermessung der LP-korrigierten Diagramme mit einem Fitprogramm*) erleichtert die quantitative Auswertung; sich überlappende Reflexe können entschlüsselt werden. Schließlich liefert der Fit die Halbwertsbreiten als Maß für Teilchengröße und Strukturdefekte. Interferenzhöhen (Impulse) und Halbwertsbreiten solcher Diagramme können für die quantitative Mineralanalyse genutzt werden.

*) LP-Korrektur- und Fitprogramm sind zu beziehen bei H. Stanjek, Institut für Bodenkunde der TU-München. Weihenstephan, 8050 Freising. Weitere Literatur: 40, 46, 48, 130.

6.7.5 Bestimmung der Ladungsdichte von Smectiten und Vermiculiten

Die mittlere Flächendichte der negativen Ladung ergibt sich nur in Annäherung aus der Kationenaustauschkapazität geteilt durch die spezifische Oberfläche. Ein genaueres Verfahren steht für die Ladung der Silicatschichten von Smectiten und Vermiculiten zur Verfügung, bei dem auch die Ladungsvarianz ermittelt werden kann (60, 61). Hierzu werden die austauschbaren Kationen zwischen den Schichten durch Alkylammoniumionen verschiedener Kettenlänge ersetzt. Dadurch ändert sich der Schichtabstand, der außer von der (bekannten) Kettenlänge von der Flächendichte der Ladung abhängt, die aus dem Schichtabstand d_{001} bestimmt werden kann (Näheres s. Kap. 3.3.7). In der Tonfraktion von Böden können damit 2:1-Tonminerale mit hoher (Vermiculite) und niedriger Ladung (Smectite) nebeneinander bestimmt werden (107).

Ein Beispiel, das die Besonderheiten bei der Anwendung dieser Methode für Minerale im Feinton (< 0,1 µm) verdeutlicht, ist in Abbildung 6.18 und 6.19 illustriert. Abbildung 6.18 zeigt, wie sich die Röntgendiagramme mit der Kettenlänge ändern und wie die LP-Korrektur und der Kurvenfit es ermöglichen, die Reflexlagen genauer zu bestimmen. In Abbildung 6.19 sind die d_{001}-Werte gegen die Kettenlänge aufgetragen. Es resultieren zwei getrennte Kurven. Die untere Kurve zeigt Stufen, die im Gegensatz zu Smectiten mit homogener Ladung (Abb. 3.35) stark verschleppt sind. Dies deutet darauf hin, daß die Schichtladung der Smectite hier in einem gewissen Bereich variiert (Kap. 1.2; 3.3.7). Der errechnete Ladungsbereich liegt bei 0,32 – 0,45 Ladungen pro Formeleinheit (d. h. pro Si_4O_{10}-Einheit). Die obere, lineare

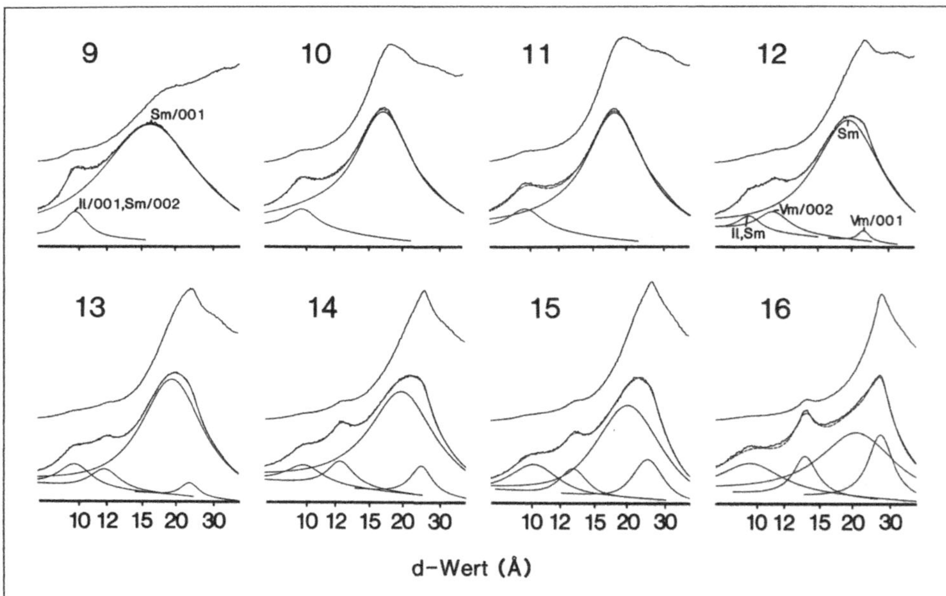

Abb. 6.18. Röntgenbeugungsdiagramme der 0,1 µm Fraktion eines Lösses nach Einlagerung von n-Alkylammoniumionen der C-Atomzahl 9 – 16. Oberes Diagramm vor, unteres nach LP-Korrektur und Fitten der Einzelreflexe (Il = Illit; Sm = Smectit, Vm = Vermiculit). (Nach 130).

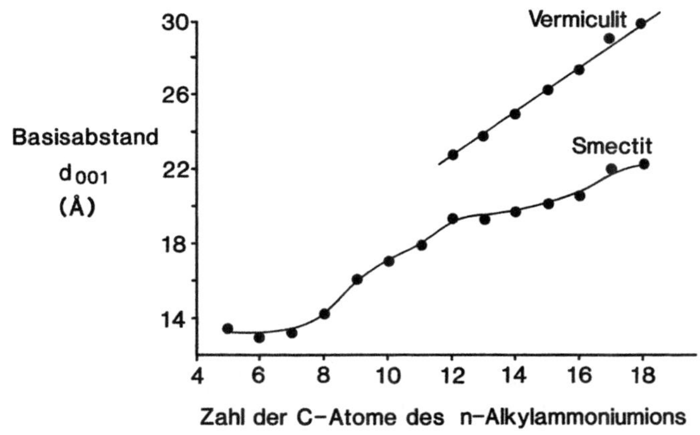

Abb. 6.19. Abhängigkeit des Basisabstandes von Smectit und Vermiculit von der Zahl der C-Atome des Alkylammoniumions, Fraktion <0,1 µm eines Lösses. (Nach 130).

Kurve entspricht einem Vermiculit mit homogener Ladung von ca. 0,9. In Abbildung 6.18 erkennt man, daß der Reflex dieses Vermiculits erst bei einer Kettenlänge von $n_c \geq 12$ sichtbar wird, weil er mit steigendem d_{001}-Wert intensiver und zunehmend weniger durch die Smectitreflexe überlappt wird. Der Vergleich der Diagramme vor (obere Linien) und nach LP-Korrektur mit Fitten zeigt, daß die Anwendung der Rechnerprogramme erforderlich ist, um interpretierbare Ergebnisse zu erhalten.

Die Alkylammoniumkationen können auch Zwischenschichtkaliumionen aus Biotit austauschen, so daß hierdurch Vermiculite vorgetäuscht werden. Dies ist zwar für den Feinton unbedeutend, sollte aber jeweils durch Kaliumbestimmung im Extrakt kontrolliert werden.

Literatur

1. Anderson DW, Saggar S, Bettany JR, Stewart JWB (1981) Particle size fractions and their use in studies of soil organic matter: I. The nature and distribution of forms of carbon, nitrogen and sulfur. Soil Sci Soc Am J 45: 767
2. Avery BW, Bullock P (1977) Mineralogy of clay soils in relation to soil classification. Soil Survey technical monograph 10. Harpenden U K
3. Becher HH (1991) Über die Aggregatdichte und deren mögliche Auswirkung auf den Bodenlösungstransport. Z Pflanzenern Bodenkd 154: 3
4. Beckett PHT (1964) Studies on soil potassium. II. The "immediate" *Q/I* relations of labile potassium in the soil. J Soil Sci 15: 9
5. Berndt RD, Coughlan KJ (1976) The nature of changes in bulk density with water content in a cracking clay. Aust J Soil Res 15: 27
6. Bettany JR, Saggar S, Stewart JWB (1980) Comparison of the amounts and forms of sulfur in soil organic matter fractions after 65 years of cultivation. Soil Sci Soc Am J 44: 70
7. Boodt MF de, Hayes MHB, Herbillon A (1990) Soil colloids and their associations in aggregates. NATO ASI Series B, vol 215. Plenum Press, New York, pp 598
8. Breemen N van, Mulder J, Driscoll CT (1983) Acidification and alkalinization of soils. Plant and Soil. 75: 283

9. Brindley GW, Brown G (1980) Crystal structures of clay minerals and their X-ray identification. Mineralogical Society, London, pp 594
10. Burns RG (1986) Interaction of enzymes with soil mineral and organic colloids. In: Huang PM, Schnitzer M (eds) Interactions of soil minerals with natural organics and microbes. SSSA Spec. Publ. Number 17, Madison, WI, pp 429 – 451
11. Chichester FW (1970) Total and N^{15}-labelled nitrogen of soil organo-mineral sedimentation fractions. Plant and Soil 33: 437
12. Chien SH (1978) Reactions of phosphate rocks, rhenania phosphate, and superphosphate with an acid soil. Soil Sci Soc Am J 42: 705
13. Churchman GJ (1980) Clay minerals formed from micas and chlorites in some New Zealand soils. Clay Miner 15: 59
14. Clapp CE, Harrison R, Hayes MHB (1991) Interactions between organic macromolecules and soil inorganic colloids and soils. In: Bolt GH, Boodt de MF, Hayes MHB, McBride MB (eds) Interactions at the soil colloid – soil solution interface. NATO ASI Series, vol E 190. Kluwer, the Netherlands, pp 409 – 468
15. Davis JA, Kent DB (1990) Surface complexation modeling in aqueous geochemistry. In: Hochella MF Jr, White AF (eds) Mineral-water interface geochemistry. Miner Soc Am Reviews in Mineralogy 23: 177
16. Dexter AR, Chan KY (1991) Soil mechanical properties as influenced by exchangeable cations. J Soil Sci 42: 219
17. Dhillon SK, Dhillon KS (1990) Kinetics of release of nonexchangeable potassium by cation-saturated resins from Red (Alfisols), Black (Vertisols) and Alluvial (Inceptisols) soils of India. Geoderma 47: 283
18. Dixon JB, Weed SB (1989) Minerals in soil environments. Soil Sci Soc Am Book Series Nr 1, Madison, WI, USA, p 1244
19. Domaar JF (1984) Monosaccharides in hydrolysates of waterstable aggregates after 67 years of cropping to spring wheat as determined by capillary gas chromatography. Can J Soil Sci 64: 647
20. Dubach P, Zweifel G, Bach R, Deûel H (1955) Untersuchungen an der Fulvosäure-Fraktion einiger schweizerischer Böden. Z Pflanzenern Düng Bodenkd 69: 97
21. Eswaran H, Ikawa H, Kimble JM (1986) Oxisols of the world. Proc Int Symp Red Soils, Beijing, China. Elsevier, Amsterdam, pp 90 – 123
22. Fanning DS, Vissarion Z, Keramidas Z, El-Desoky MA (1989) Micas. In: Dixon JB, Weed SB (eds) Minerals in soil environments. SSSA Book Series Nr 1, Madison, WI, pp 551 – 634
23. Filip Z (1975) Wechselbeziehungen zwischen Mikroorganismen und Tonmineralen und ihre Auswirkung auf die Bodendynamik. Habilitationsschrift, Universität Gießen
24. Fischer WR, Pfanneberg T, Niederbudde EA, Medina R (1981) Transformation of ^{15}N-labelled ammonium in two soils differing in NH_4-fixing capacity. J Soil Sci 32: 409
25. Fox RL, Xue-Yuan L (1986) Phosphate fertilizer requirements of weathered soils and residual phosphate fertilizer efficiency as indicated by phosphate sorption curves. Proc Int Symp Red Soils. Elsevier, Amsterdam, pp 468 – 478
26. Freeney JR, Miller RJ (1970) Investigation of the clay mineral protection theory for non-hydrolysable nitrogen in soil. J Sci Fd Agric 21: 57
27. Gebhardt H, Meyer B, Scheffer F (1966) Zwischenschichtbelegung und Expansionsverhalten von Dreischicht-Tonmineralen im $CaCO_3$-gepufferten Hydrogencarbonatmilieu kalkreicher Lockersedimentböden (Beispiel Löß). Z Pflanzenern Düng Bodenkd 114: 90
28. Gjems O (1967) Studies on clay minerals and clay-mineral formation in soil profiles in Scandinavia. Norw Forest Res Inst, Vollebekk, Norway, pp 415
29. Goldberg S, Forster HS (1990) Flocculation of reference clays and arid-zone clays. Soil Sci Soc Am J 54: 714
30. Goulding KWT, Loveland PJ (1986) The classification and mapping of potassium reserves in soils of England and Wales. J Soil Sci 37: 555
31. Graham RC, Southard AR (1983) Genesis of a vertisol and an associated mollisol in Northern Utah. Soil Sci Soc Am J 47: 552
32. Gruner JW (1939) Ammonium mica synthesized from vermiculite. Am Miner 24: 428
33. Guckert A, Breisch H, Reisinger O (1975) Interface sol-racine I. Etude au microscope electronique des relations mucigel-argile-microorganismes. Soil Biol. Biochem. 1: 214

34. Guckert A, Tok HH, Jacquin F (1977) Biodégradation de polysaccharides bacteriens adsorbés sur une montmorillonite. Symp Soil Sci Organic matter studies, Proc Braunschw 1: 403
35. Haan FAM de, Bolt GH, Pieters BGM (1965) Diffusion of potassium-40 into an illite during prolonged shaking. Proc Soil Sci Soc Am 29: 528
36. Haider K, Filip Z, Martin JP (1970) Einfluß von Montmorillonit auf die Bildung von Biomasse und Stoffwechselzwischenprodukten durch einige Mikroorganismen. Arch Mikrobiol 73: 201
37. Hartge KH, Horn R (1991) Einführung in die Bodenphysik, 2. Aufl. Enke, Stuttgart
38. Hayes MHB, Himes FL (1986) Nature and properties of humus-mineral complexes. In: Huang PM, Schnitzer M (eds) Interactions of soil minerals with natural organics and microbes. Soil Sci Soc Am Publ Nr 17, pp 103 – 158
39. Hildebrand EE (1987) Zustand und Entwicklung chemischer Eigenschaften von Mineralböden aus Standorten mit erkrankten Waldbeständen. Forschungsbericht. Forstliche Versuchs- und Forschungsanstalt Baden-Württemberg, 41 S
40. Howard SA, Preston KD (1989) Profile fitting of powder diffraction patterns. In: Bish DL, Post JE (eds) Modern powder diffraction. Min Soc Amer, Washington, DC, pp 217 – 276
41. Hower J, Mowatt TC (1966) The mineralogy of illites and mixedlayer illite/montmorillonites. Am Mineralogist 51: 825
42. Huang PM, Lee SY (1969) Effect of drainage on weathering transformations of mineral colloids of some Canadain prairie soils. Proc Int Clay Conf 1: 541
43. Iwata S, Yamamoto K, Sato T (1990) Amorphous inorganic material contents and changes in plasticity indexes by airdrying. Soil Sci Soc Am J 54: 558
44. Jackson ML, Tyler SA, Willis AL, Bourbeau GA, Pennington RP (1948) Weathering sequence of clay-size minerals in soils and sediments. I. Fundamental generalizations. J Phys Coll Chem 52: 1237
45. Jackson ML, Hseung Y, Corey RB, Evans EJ, Vanden Heuvel RC (1952) Weathering sequence of clay-size minerals in soils and sediment: II. Chemical weathering of layer silicates. Soil Sci Soc Am Proc 16: 3
46. Janik LM, Raupach M (1977) An iterative, least-squares program to separate infrared absorption spectra into their component bands. CSIRO Div of Soil Tech. Paper 35: 1
47. Johns WD, Grim RE, Bradley WF (1954) Quantitative estimations of clay minerals by diffraction methods. J Sed Petro 24: 242
48. Jones RC (1989) A computer technique for X-ray diffraction curve fitting/peak decomposition. In: Pevear DR, Mumpton FA (eds) Quantitative mineral analysis of clays. The clay minerals Society, Evergreen, Colorado, 1: 52
49. Kämpf N, Schwertmann U (1985) Properties of goethite and hematite in kaolinitic soils of southern and central Brazil. Soil Sci 139: 344
50. Kantor W (1971) Mineralogische und chemische Eigenschaften von Katenen tropischer Böden in Kenia und ihr pedogenetisch bedingter Nährstoffhaushalt. Müller, Berlin, 117 S
51. Karathanasis AD, Evangelou VP (1986) Water sorption characteristics of aluminum- and calcium-saturated soil clays. Soil Sci Soc Am J 50: 1063
52. Karathanasis AD, Hajek BF (1982) Quantitative evaluation of water and adsorption on soil clays. Soil Sci Am J 46: 1321
53. Kittrick JA (ed) (1985) Mineral classification of soils. Soil Sci Soc Am Spec Publ Nr 16, pp 178
54. Knauss KG, Wolery TJ (1989) Muscovite dissolution kinetics as a function of pH and time at 70 °C. Geochim Cosmochim Acta 53: 1493
55. Kodama H (1979) Clay minerals in Canadian soils: Their origin, distribution, and alteration. Can J Soil Sci 59: 37
56. Kolterman DW, Truog E (1953) Determination of fixed soil potassium. Soil Sci Soc Am Proc 17: 347
57. Kowalenko CG, Cameron DR (1978) Nitrogen transformations in soil plant systems in three years of field experiments using tracer and non-tracer methods of an ammonium-fixing soil. Can J Soil Sci 58: 195
58. Kowalenko CG, Ross GJ (1980) Studies in the dynamics of "recently" clay fixed NH_4 using ^{15}N. Can J Soil Sci 60: 61
59. Ladd JN, Oades JM, Amato M (1981) Microbial biomass formed from ^{14}C, ^{15}N-labelled plant material decomposing in soils in the field. Soil Biol Biochem 13: 119

60. Lagaly G, Gonzales MF, Weiss A (1976) Problems in layer-charge determination of montmorillonites. Clay Miner 11: 173
61. Lagaly G, Weiss A (1975) The layer charge of smectitic layer silicates. Proc Int Clay Conf Applied Publ Ltd, Wilmette, Ill, USA, pp 157 – 172
62. Laves D, Jähn G (1972) Zur quantitativen röntgenographischen Bodenton-Mineralanalyse. Arch Acker- Pflanzenbau Bodenkd 16: 735
63. Lietzke DA, Mortland MM, Whiteside EP (1975) Relationship of geomorphology to origin and distribution of a high charge vermiculitic soil clay. Soil Sci Soc Am Proc 39: 1169
64. Lim CH, Jackson ML (1986) Expandable phyllosilicate reactions with lithium on heating. Clays Clay Min 34: 346
65. Mackenzie RC, Farmer VC (1967) Techniques in soil-clay mineralogy. Reports on the progress of applied chemistry 52: 269
66. Maeda T, Soma K (1986) Physical properties. In: Wada K (ed) Ando soils of Japan, Kyushu Univ Press, Fukuoka pp 99 – 111
67. Maeda T, Takenaka H, Warkentin BP (1977) Physical properties of allophane soils. Adv Agron 29: 229
68. Maeda T, Warkentin BP (1975) Void changes in allophane soils determining water retention and transmission. Soil Sci Soc Am Proc 39: 398
69. Marshall KC (1965) Clay mineralogy in relation to survival of soil bacteria. Annual Rev Phytopath 13: 357
70. Martin W (1988) Die Erodierbarkeit von Böden unter simulierten und natürlichen Regen und ihre Abhängigkeit von Bodeneigenschaften. Dissertation Fak. Landw. u. Gartenbau, Technische Universität München-Weihenstephan
71. McBride MB (1989) Surface chemistry of soil minerals. In: Dixon JB, Weed SB (eds) Minerals in soil environments, 2nd edn. Soil Sci Soc Am Book Ser No 1, pp 35 – 88
72. McGill WB, Paul EA (1976) Fractionation of soil and ^{15}N nitrogen to separate the organic and clay interactions of immobilized N. Can J Soil Sci 56: 203
73. Mehra OP, Jackson ML (1960) Iron oxide removal from soils and clays by a dithionite-citrate system buffered with sodium bicarbonate. Clays Clay Miner 7: 317
74. Mengel K (1991) Ernährung und Stoffwechsel der Pflanze. Fischer, Jena, 646 S
75. Meyer B, Kalk E (1964) Verwitterungsmikromorphologie der Mineral-Spezies in mitteleuropäischen Holozän-Böden aus pleistozänen und holozänen Lockersedimenten. In: Jongerius A (ed) Soil Micromorphology. Elsevier, Amsterdam, pp 109 – 130
76. Millot G (1970) Geology of clays. Springer, New York, Masson et Cie, Paris, Chapman and Hall, London, pp 429
77. Moore DM, Reynolds RC Jr (1989) X-Ray diffraction and the identification and analysis of clay minerals. Oxford University Press, Oxford New York, pp 332
78. Mortland MM (1970) Clay-organic complexes and interactions. Adv Agron 22: 75
79. Nettleton WD, Brasher BR (1983) Correlation of clay minerals and properties of soil in the Western United States. Soil Sci Soc Am J 47: 1032
80. Niederbudde EA (1975) Veränderungen von Dreischicht-Tonmineralen durch natives K in holozänen Lößböden Mitteldeutschlands und Niederbayerns. Z Pflanzenern Bodenkd 138: 217
81. Niederbudde EA (1978) Tonminerale als Faktoren der K-Verfügbarkeit. Landw Forschung Sonderh. 35: 193
82. Niederbudde EA (1986) Factors affecting potassium release and fixation in soils. Transactions, 12th Intern Congress of Soil Sci, Hamburg, 6: 1155
83. Niederbudde EA, Diez Th (1975) Ergebnisse eines K-Düngungsversuches auf Inceptisol, Exkursion A. Mitteilgn Dtsch Bodenkundl Ges 21: 1
84. Niederbudde EA, Fischer WR (1980) Clay mineral transformations in soils as influenced by potassium release from biotite. Soil Sci 130: 225
85. Niederbudde EA, Kußmaul H (1978) Tonmineraleigenschaften und -umwandlungen in Parabraunerde-Profilpaaren unter Acker und Wald in Süddeutschland. Geoderma 20: 239
86. Niederbudde EA, Rauh E, Schröder D (1988) Mineralselektive K-Freisetzung aus Böden mit Octadecylammoniumionen ($n_c = 18$). Z Pflanzenern Bodenkd 151: 255
87. Niederbudde EA, Rühlicke G (1981) Umwandlung von Al-Chloriten durch Kalkung. Z Pflanzenern Bodenkd 144: 127

88. Niederbudde EA, Schwertmann U (1980) Clay mineralogy of soils. Geol Jb 39: 99
89. Niederbudde EA, Vogl W (1987) Tonmineral- und K-Ca-Austauscheigenschaften von Oberböden des Nährstoffpotentialversuches Hallertau. Z Pflanzenern Bodenkd 150: 297
90. Nòmmik H (1965) Ammonium fixation and other reactions involving a nonenzymatic immobilization of mineral nitrogen in soil. In: Bartholomew WC, Clark FE (eds) Soil Nitrogen. Agronomy No 10. Am Soc Agron Inc. Publisher Madison, WI, USA, pp 198 – 256
91. Nye PH, Tinker PB (1977) Solute movement in the soil-root system. Blackwell, Oxford, pp 74
92. Oades JM (1989) An introduction to organic matter in mineral soils. In: Dixon JB, Weed SB (eds) Minerals in soil environments. Soil Sci Soc Am Book Series Nr 1. Madison, WI, USA, pp 89 – 160
93. Oades JM (1990) Associations of colloids in soil aggregates. In: Boodt MF de, Hayes MHB, Herbillon A (eds) Soil colloids and their associations in aggregates. NATO ASI Series B, No 215, pp 463 – 484
94. Okamura Y, Wada K (1983) Electric charge characteristics of horizons of Ando and Red-Yellow soils and weathered pumice. J Soil Sci 34: 287
95. Parfitt RL, Greenland DJ (1970) Adsorption of polysaccharides by montmorillonite. Soil Sci Soc Am Proc 34: 862
96. Parfitt RL, Russell JD, Farmer VC (1976) Confirmation of the surface structures of goethite (α-FeOOH) and phosphated goethite by infrared spectroscopy. J Chem Soc Faraday Trans 1. 72: 1082
97. Paul EA, Ladd JN, Jenkinson DS (eds) (1981) Microbial biomass in soil: measurement and turnover. In: Soil Biochemistry, Dekker, New York, 5: 415
98. Quirk JP, Chute JH (1968) Potassium release from mica-like clay minerals. Proceedings of the 9th Intern Congress of Soil Sci, Adelaide, 2: 671
99. Raij B van, Peech M (1972) Electrochemical properties of some Oxisols and Alfisols of the tropics. Soil Sci Soc Am Proc 36: 587
100. Reichenbach H Graf von, Schroeder D (1960) Ein Vergleich verschiedener Methoden zur Bestimmung des Kaliumfestlegungsvermögens an einigen schleswig-holsteinischen Böden. Z Pflanzenern Düng Bodenkd 90: 116
101. Reitemeier RF (1951) The chemistry of soil potassium. Adv Agron 3: 113
102. Reuter G, Menning P (1964) Tonminerale in Staunässeböden. Wiss Zs Uni Rostock 13: 573
103. Ritchie JT, Kissel DE, Burnett E (1972) Water movement in undisturbed swelling clay soil. Soil Sci Soc Am Proc 36: 874
104. Robert M, Hardy M, Elsass F (1991) Organization of soil clays in France. Clay Miner 26: 409
105. Ross GJ (1978) Relationships of specific surface area and clay content to shrink-swell potential of soils having different clay mineralogical composition. Can J Soil Sci 58: 159
106. Roth CH, Pavan MA (1991) Effect of lime and gypsum on clay dispersion and infiltration in samples of a Brazilian Oxisol. Geoderma 48: 351
107. Rühlicke G, Niederbudde EA (1985) Determination of layer-charge density of expandable 2 : 1 clay minerals in soils and loess sediments using the alkylammonium method. Clay Miner 20: 291
108. Sanchez PA (1976) Properties and management of soils in the tropics. Wiley, New York, pp 618
109. Schachtschabel P (1940) Untersuchungen über die Sorption der Tonmineralien und organischen Bodenkolloide und die Bestimmung des Anteil dieser Kolloide an der Sorption im Boden. Kolloid-Beihefte 51: 100
110. Schachtschabel P (1961) Fixierung und Nachlieferung von Kalium- und Ammonium-Ionen. Landw Forschung Sonderh 15: 29
111. Scharpenseel HW, Pietig F (1969) Altersbestimmung von Böden. III. Böden mit B_t-Horizonten und fossile Schwarzerden. Z Pflanzenern Bodenkd 122: 145
112. Scheffer F, Schachtschabel P (1992) Lehrbuch der Bodenkunde, 13. Aufl. Enke, Stuttgart, p 491
113. Schlimme E, Kirse M (1983) Enzymatische-colorimetrische Bestimmung von Purin-Stickstoff im Boden. Z Pflanzenern Bodenkd 146: 207
114. Schnitzer M (1986) Binding of humic substances by soil mineral colloids. In: Huang PM, Schnitzer M (eds) Interactions of soil minerals with natural organics and microbes. Soil Sci Soc Am Publ Nr 17, pp 77 – 102

115. Schnitzer M (1991) Soil organic matter – The next 75 years. Soil Sci 151: 41
116. Schnitzer M, Kodama H (1967) Reactions between a podzolic fulvic acid and Na-montmorillonite. Soil Sci Soc Am Proc 31: 632
117. Schnitzer M, Rimeester JA, Kodama H (1988) Characterization of the organic matter associated with a soil clay. Soil Sci 145: 448
118. Schulze DG (1981) Identification of soil iron oxide minerals by differential X-ray diffraction. Soil Sci Soc Am J 45: 437
119. Schwertmann U (1961) Die selektive Kationensorption der Tonfraktion einiger Böden aus Sedimenten. Z Pflanzenern Düng Bodenkd 97: 9
120. Schwertmann U (1966) Das Verhalten von Vermiculiten gegenüber Kalium, Aluminium und anderen Kationen – II Chemische Untersuchungen. Z Pflanzenern Düng Bodenkd 115: 200
121. Schwertmann U (1969) Aggregation of aged hydrogen clays. Proc 3rd Intern Clay Conf, Tokyo, 1: 683
122. Schwertmann U (1976) Die Verwitterung mafischer Chlorite. Z Pflanzenern Bodenkd 139: 27
123. Schwertmann U, Süsser P, Nätscher L (1987) Protonenpuffersubstanzen in Böden. Z Pflanzenern Bodenkd 150: 174
124. Sharma ML, Uehara G (1968) Influence of soil structure on water relations in Low Humic Latosols. I. Water rentention. II. Water movement. Soil Sci Soc Am Proc 32: 765
125. Sharpley AN (1989) Relationship between soil potassium forms and mineralogy. Soil Sci Soc Am J 53: 1023
126. Sinclair AH (1979) Availability of potassium to ryegrass from Scottish soils II. Uptake of initially non-exchangeable potassium. J Soil Sci 30: 775
127. Sørensen LH (1972) Role of amino acid metabolites in the formation of soil organic matter. Soil Biol Biochem 4: 245
128. Sparks DL, Huang PM (1985) The physical chemistry of soil potassium. In: Munson RD (ed) Potassium in agriculture. ASA, Madison, WI, USA, pp 201 – 275
129. Stanjek H, Friedrich R (1986) The determination of layer charge by curve-fitting of Lorentz- and polarization-corrected x-ray diagrams. Clay Miner 21: 183
130. Stanjek H, Niederbudde EA, Häusler W (1992) Improved evaluation of layer charge of n-alkylammonium treated fine soil clays by Lorentz- and polarization correction and curve fitting. Clay Miner 27: 3
131. Stotzky G (1986) Influence of soil mineral colloids on metabolic processes, growth, adhesion, and ecology of microbes and viruses. In: Huang PM, Schnitzer M (eds) Interaction of soil minerals with natural organics and microbes. SSSA Spec Publ Nr 17, Madison, WI, USA, pp 305 – 428
132. Süsser P, Schwertmann U (1991) Proton buffering in mineral horizons of some acid forest soils. Geoderma 49: 636
133. Talibudeen O, Beasley JD, Lane P, Rajendran N (1978) Assessment of soil potassium reserves available to plant roots. J Soil Sci 29: 207
134. Teveldal S, Jørgensen P, Stuanes AO (1990) Long-term weathering of silicates in a sandy soil at Nordmoen, Southern Norway. Clay Miner 25: 447
135. Thaer A (1837) Grundsätze der rationellen Landwirtschaft. 1. Band, 3. Hauptstück, Agronomie oder die Lehre von den Bestandteilen, physischer Eigenschaften, der Beurteilung und Wertschätzung des Bodens. Arnold, Stuttgart, S 25 – 92
136. Theng BKG (1979) Formation and properties of clay-polymer complexes. Elsevier, New York, pp 243 – 273
137. Theng BKG, Churchman GJ, Newman RH (1986) The occurence of interlayer clay-organic complexes in two New Zealand soils. Soil Sci 142: 262
138. Thorez J (1975) Phyllosilicates and clay minerals. Lelotte, Dison, Belgium, pp 582
139. Tiessen H, Stewart JWB (1983) Particle size fractions and their use in studies of soil organic matter: II. Cultivation effects on organic matter composition in size fractions. Soil Sci Soc Am J 47: 509
140. Torrent J, Barron V, Schwertmann U (1990) Phosphate adsorption and desorption by goethites differing in crystal morphology. Soil Sci Soc Am J 54: 1007
141. Tributh H (1976) Die Umwandlung der glimmerartigen Schichtsilikate zu aufweitbaren Dreischicht-Tonmineralen. Z Pflanzenern Bodenkd 139: 7

142. Turchenek LW, Oades JM (1979) Fractionation of organo-mineral complexes by sedimentation and density techniques. Geoderma 21: 311
143. Ulrich B, Sumner ME (eds) (1991) Soil Acidity. Springer, Heidelberg, pp 224
144. Vaidyanathan LV, Drew MC, Nye PH (1968) The measurement and mechanism of ion diffusion in soils. IV. The concentration dependence of diffusion coefficients of potassium in soils at a range of moisture levels and a method for the estimation of the differential diffusion coefficient at any concentration. J Soil Sci 19: 94
145. Varadachari Ch, Mondal AH, Ghosh K (1991) Some aspects of clayhumus complexation: Effect of exchangeable cations and lattice charge. Soil Sci 151: 220
146. Visser SA, Caillier M (1988) Observations on the dispersion and aggregation of clays by humic substances. I. Dispersive effects of humic acids. Geoderma 42: 331
147. Volk NJ (1934) The fixation of potash in difficultly available form in soils. Soil Sci 37: 267
148. Wada K (1989) Allophane and imogolite. In: Dixon JB, Weed SB (eds) Minerals in soil environments. Soil Sci Soc Am Book Ser No 1, pp 1051 – 1088
149. Warkentin BP, Maeda T (1974) Physical properties of allophane soils from the West Indies and Japan. Soil Sci Soc Am Proc 38: 372
150. Warkentin BP, Maeda T (1981) Physical and mechanical characteristics of Andisols. In: Theng BK (ed) Soils with variable change. New Zealand Soc Soil Sci, Palmerston North, pp 281 – 301
151. Willet JR, Chartres CJ, Nguyen TT (1988) Migration of phosphate into aggregated particles of ferrihydrite. J Soil Sci 39: 275
152. Wilson MJ (1987) A handbook of determinative methods in clay mineralogy. Blackie & Son, London, pp 308
153. Young JL, Aldag RW (1982) Inorganic forms of nitrogen in soil. In: Nitrogen in agricultural soils – Agronomy Monograph Nr 22, ASA-CSSA-SSSA, pp 43 – 66

7 KERAMIK

K.-H. Schüller

Die Verwendung der Tone als Rohstoffe in der Keramik ist eine der ältesten Nutzungen solcher Gesteine und liegt auch heute noch mengenmäßig an der Spitze aller Einsatzmöglichkeiten der Tone. Dies beruht vor allem auf der Eigenschaft der Bildsamkeit, die Tone im Gemisch mit Wasser aufweisen. Unter *Bildsamkeit* versteht man die Eigenschaft der Ton-Wasser-Gemische, sich unter der Einwirkung äußerer Kräfte verformen zu lassen, ohne daß dabei der Zusammenhalt der Teilchen verloren geht, d. h. ohne daß sich Risse bilden. Die Bildsamkeit steht in engem Zusammenhang mit der Anwesenheit der feinstkörnigen Tonminerale mit Schichtstruktur.

Eine andere für die Verwendung wesentliche Eigenschaft des Ton-Wasser-Systems ist ihr *Anlaßwert*. Es muß eine Mindestspannung überschritten werden, damit sich das System verformen läßt. Die geformten Teile behalten deshalb ihre einmal gegebene Form bei.

Die keramische Technologie geht heute über die Tone als Rohstoffe hinaus. Auch wurden Formgebungsverfahren entwickelt, bei denen die Bildsamkeit nicht mehr ausschlaggebend ist. Trotzdem stehen Tone und Tongesteine nach wie vor im Vordergrund der Anwendung als keramische Rohstoffe, insbesondere, wenn man Massenprodukte wie die Baukeramik betrachtet. Baukeramik umfaßt mengenmäßig etwa 85 % aller keramischen Erzeugnisse.

7.1 Die keramische Technologie

Die keramische Technologie ist dadurch charakterisiert, daß ein als Masse bezeichnetes homogenisiertes Rohstoffgemisch, aus dem die Artikel geformt werden, in einem anschließenden Brennprozeß seine Gebrauchseigenschaften erhält. Beim Brennprozeß gehen die Eigenschaften der Rohstoffe, die die Formgebung der Teile ermöglichen, verloren.

Die Masse besteht aus natürlichen oder synthetischen Rohstoffen oder Rohstoffgemischen, die so ausgewählt werden, daß sie die erforderlichen Verarbeitungseigenschaften sicherstellen und beim Brennen einen „Scherben“ mit den gewünschten Gebrauchseigenschaften ergeben. Nur in Ausnahmefällen erfüllen bestimmte Rohstoffe diese Forderungen für sich allein. Im allgemeinen mischt man mehrere Rohstoffe im geeigneten Verhältnis und stellt auf diese Weise sicher, daß alle Forderungen an Verarbeitbarkeit und Gebrauchstüchtigkeit des fertigen Scherbens gewährleistet sind.

Die *Formgebung* basiert im wesentlichen auf der Toneigenschaft, im Gemisch mit Wasser bildsam zu sein. Es ist heute möglich, auch völlig unplastische Rohstoffe, nämlich synthetische Oxide, Nitride, Carbide und Boride, keramisch zu verarbeiten, indem man organische Polymere als Plastifizierungsmittel zusetzt. Solche keramischen Erzeugnisse haben die Palette der keramischen Produkte erweitert und bereichert. „Tonkeramik“ dominiert aber nach wie vor bei weitem in der Menge der hergestellten keramischen Erzeugnisse.

Für die Formgebung von tonkeramischen Erzeugnissen stehen mehrere Verfahren zur Verfügung.

Beim *Gießverfahren* wird aus der keramischen Masse unter Zusatz von möglichst wenig Wasser und Verflüssigungsmittel (Kap. 3.2.5; 9.6.3; 9.6.4) ein dünnflüssiger Schlicker hergestellt. Der Schlicker wird in poröse Gipsformen gegossen, die ihm Wasser entziehen, so daß sich der Feststoffanteil als verfestigter Rohscherben an der Formenwand abscheidet. Die Ausbildung der Gipsform bestimmt auch die Gestalt des entstehenden Teils. Beim sog. *Hohlguß* wird nach Bildung eines genügend dicken Scherbens der Schlickerüberschuß ausgegossen, so daß Hohlteile entstehen. Beim *Vollguß* wird so lange Masseschlicker nachgegossen, bis die ganze Form mit erstarrter Masse ausgefüllt ist. In beiden Fällen schwindet bei weiterem Feuchtigkeitsentzug der verfestigte Rohscherben von der Gipsform ab und kann dann aus der Form entnommen werden.

Für den Gießprozeß wurde in jüngerer Zeit eine Variante entwickelt, das *Druckgießen*. Hier wird der Schlicker unter Druck in eine poröse Kunststofform eingepreßt und entwässert, wobei Vakuum an der Außenseite der porösen Form die Wegführung des Wassers und damit die Scherbenbildung unterstützt. Das Druckgießen bietet eine Reihe wirtschaftlicher Vorteile gegenüber den herkömmlichen Gießverfahren.

Bei der *plastischen Formgebung* wird soviel Wasser zugesetzt, daß eine bildsame Masse entsteht. Für den eigentlichen Formgebungsprozeß steht eine Reihe von Varianten zur Verfügung: die Masse kann auf einer rotierenden Scheibe aufgedreht oder in eine rotierende Form eingedreht werden; beim Feuchtpressen wird sie in eine Stahlform eingequetscht und beim Strangpressen durch ein Mundstück zu einem endlosen Strang gepreßt. Bei etwas niedrigerem Wassergehalt kann die Masse mit dem Preßlufthammer durch Stampfen verdichtet werden, eine Formgebungsart, die besonders in der Grobkeramik Bedeutung besitzt.

Bei noch niedrigerem Wassergehalt kann schließlich die Masse in Stahlmatrizen durch *Trockenpressen* verdichtet und geformt werden. Der Wassergehalt, der nur einige Massenprozente beträgt, bewirkt hier durch Kapillarkräfte den Zusammenhalt der geformten Teile.

Beim *isostatischen Pressen* wird die Masse in einer elastischen Matrize hydrostatisch verdichtet. Die Verdichtung ist hierdurch gleichmäßiger und führt zu einer geringeren Texturausbildung als bei den Formgebungsprozessen mit gerichteter Druckbeaufschlagung, die die plättchenförmigen Tonminerale senkrecht zur Druckrichtung einregelt. Das isostatische Pressen hat in jüngerer Zeit als Formgebungsverfahren an Bedeutung gewonnen. Wegen der erheblichen Reduzierung oder sogar völligen Eliminierung eines Trocknungsprozesses bietet es wirtschaftliche Vorteile.

Die geformten Teile werden, soweit erforderlich, getrocknet und dann gebrannt. Der Brennprozeß erfordert je nach Art des Produktes bei den tonkeramischen Erzeugnissen Temperaturen zwischen 950 °C und 1 400 °C, bei feuerfesten Erzeugnissen auch darüber.

Die Sinterung geht im allgemeinen mit einer mehr oder weniger großen Schwindung der Teile einher. Bei der Formgebung wird eine Verdichtung auf etwa 60 % der theoretischen Dichte erreicht, so daß bis zu 40 % Porenraum mit Materie gefüllt werden müssen, wenn ein Produkt mit einem dichten, d. h. gas- und flüssigkeitsundurchlässigem Scherben hergestellt werden soll. In diesem Fall tritt bei der Sinterung eine lineare Schwindung von etwa 10 bis 15 % ein. Dies muß bei der Dimensionierung des ungebrannten Teils berücksichtigt werden.

Die Sinterung ist bei tonkeramischen Erzeugnissen überwiegend eine Flüssigphasensinterung. Aus den in den Rohstoffen vorliegenden oder der Masse bewußt zugesetzten Flußmitteln bildet sich eine Schmelzphase, da der Brand bei Temperaturen erfolgt, die oberhalb der eutektischen Temperatur der komplexen Oxidgemische liegen. Die Schmelzphase dringt durch Kapillarkräfte – Benetzbarkeit der kristallinen Phasen vorausgesetzt – in das Porengefüge ein und füllt dieses mehr oder weniger vollständig aus.

Aus dieser kurzen Skizzierung der keramischen Technologie ergibt sich als wesentliche Forderung die Bildsamkeit der keramisch genutzten Kaoline und Tone, um die Formgebung durchführen zu können. Die Handhabesicherheit der geformten, aber noch nicht gebrannten Teile erfordert außerdem eine möglichst hohe Rohbruchfestigkeit, eine Eigenschaft, die in keramischen Massen ebenfalls durch die plastische Komponente, d. h. durch die Tone und Kaoline bestimmt wird. Weitere Eigenschaften ergeben sich aus der Art des angestrebten Produktes sowie aus der beabsichtigten Technologie.

7.2 Die tonkeramischen Erzeugnisse

Keramische Erzeugnisse werden nach folgenden Merkmalen eingeteilt (29, 76):

- Anteil an Ton im Versatz
  Zur Tonkeramik zählen alle Erzeugnisse mit mehr als 20 % Ton (bzw. Kaolin) im Versatz. Die anderen keramischen Erzeugnisse werden unter der Bezeichnung Sonderkeramik zuammengefaßt.
  Eine gewisse Sonderstellung nimmt die Cordieritkeramik ein: Zwar enthält der Versatz neben Speckstein etwa 60 % Kaolin, da aber im fertigen Scherben nicht Mullit als die üblicherweise entstehende Hochtemperaturphase der Tonmineralzersetzung vorliegt, wird Cordierit vielfach zur Sonderkeramik gerechnet.
- Größe der Gefügeinhomogenitäten
  Liegt die Größe der Gefügebestandteile und in sich homogenen Bereiche unterhalb etwa 0,1 mm, erscheint der Scherben mit dem bloßen Auge homogen. Solche Erzeugnisse rechnen wir zur Feinkeramik. Bei grobkeramischen Erzeugnissen sind die Inhomogenitätsbereiche größer und mit dem bloßen Auge zu erkennen. Zur Grobkeramik zählen insbesondere baukeramische und feuerfeste Erzeugnisse.
- Offener Porenraum
  Grobkeramische poröse Erzeugnisse haben ein Wasseraufnahmevermögen von mehr als 6 %. Erzeugnisse mit einem geringeren Wasseraufnahmevermögen gelten als dicht. Bei den feinkeramischen Erzeugnissen liegt die betreffende Grenze bei 2 % Wasseraufnahmevermögen. Die porösen feinkeramischen Erzeugnisse werden zusammenfassend als Tongut, die dichten als Tonzeug bezeichnet.
- Farbe
  Die Abgrenzung von farbigem und weißem Scherben feinkeramischer Produkte unterliegt einer gewissen Willkür.

Aufgrund dieser Merkmale unterscheidet man die folgenden feinkeramischen Erzeugnisse:

Irdengut:	Poröser, farbiger Scherben	Tongut
Steingut:	Poröser, heller bis weißer Scherben	

Steinzeug:	Dichter, farbiger Scherben	} Tonzeug
Porzellan:	Dichter, weißer, transparenter Scherben	

In der angegebenen Reihenfolge steigt die Brenntemperatur der keramischen Erzeugnisse, was bei der Rohstoffauswahl und Massezusammensetzung zu berücksichtigen ist.

7.3 Tongesteine als keramische Rohstoffe

7.3.1 Bildsame und unbildsame Rohstoffe

Die keramischen Rohstoffe werden unterteilt in bildsame Rohstoffe und unbildsame Rohstoffe.

Bildsame Rohstoffe sind die Tone und Kaoline, die den keramischen Massen ihre Verarbeitbarkeit in den oben beschriebenen Prozessen verleihen. In der Grobkeramik werden auch stark verunreinigte Lockergesteine, z. B. Lehme, weitverbreitet als Rohstoffe eingesetzt.

Unbildsame Rohstoffe sind Minerale und Gesteine, die die Verarbeitungseigenschaften modifizieren und auch wesentlichen Einfluß auf das Gefüge des fertigen Scherbens haben, das seinerseits die Eigenschaften der Keramik bestimmt. Beispiele sind Quarz und Feldspat.

An der Grenze zwischen bildsamen und unbildsamen Rohstoffen stehen Talk und Pyrophyllit, die eine gewisse Bildsamkeit aufweisen, die aber an die der Tone und Kaoline nicht herankommt. In der Keramik kommen sie vor allem in Form ihrer feinkristallinen Varietäten Speckstein und Agalmatolith zum Einsatz.

7.3.2 „Ton“ und „Kaolin“

Die Verwendung bestimmter Begriffe in Naturwissenschaft und Technik hat sich bisweilen völlig divergent entwickelt. Dies führt dazu, daß bestimmte Worte in verschiedenen Disziplinen keineswegs immer mit den gleichen inhaltlichen Begriffen verbunden werden. Auch führen verschiedenartige Bedürfnisse zu unterschiedlichen Auffassungen darüber, welche Begriffe zweckmäßig gegeneinander abzugrenzen sind.

Die aufgezeigte Situation gilt insbesondere für bestimmte Begriffe im Rohstoffbereich. Es sollen deshalb einige Begriffe diskutiert werden, die in Mineralogie und Keramik mit unterschiedlicher Bedeutung belegt sind, so daß es einer Klarstellung bedarf.

In der Tonmineralogie ist es üblich, alle klastischen Sedimente einer bestimmten Feinheit mit der Bezeichnung „Ton“ zu belegen (Kap. 1.1). Für die technische Ausbeutung der Lagerstätten solcher tonigen Sedimente hat es sich als sinnvoll erwiesen, zwischen den auf primärer Lagerstätte liegenden „Kaolinen“ und den durch Wasser oder Wind umgelagerten, auf sekundärer Lagerstätte liegenden „Tonen“ zu unterscheiden, da beide deutlich verschiedene technologische Eigenschaften besitzen. Durch den Transport der Tone hat eine natürliche Aufbereitung stattgefunden. Es sind Mineralum- und -neubildungen eingetreten, so daß der Mineralbestand von Kaolinen und Tonen erheblich voneinander abweicht. Die auf primärer Lagerstätte liegenden Rohkaoline enthalten mehr oder weniger große Mengen unveränderter Minerale der sauren Ausgangsgesteine – vornehmlich Quarz, daneben Glimmer und zum Teil auch unzersetzte Feldspäte – und daneben als Mineralneubildung hauptsächlich Kaolinit in meist wohlgeordneter Ausbildung. Bei den Tonen sind unzersetzte grobe Gesteinsreste beim Transport mehr oder weniger abgetrennt worden, und es haben sich die verschiedenartigsten Schichtsilicate neu gebildet.

Die unterschiedliche Bildung und der daraus resultierende unterschiedliche Mineralbestand äußern sich in einem verschiedenen technologischen Verhalten. Rohkaoline – die in der Natur anzutreffenden kaolinithaltigen Gesteine auf primärer Lagerstätte – können technisch höchstens in Ausnahmefällen direkt verwendet werden. Erst durch die Anreicherung des Kaolinits im Aufbereitungsprozeß wird ein technisch verwertbarer Rohstoff gewonnen. Dieses aufbereitete Produkt wird in der Technik als „Kaolin“ oder auch „Feinkaolin“ bezeichnet. Dieser weist, verglichen mit den Tonen, eine nur mäßig gute Bildsamkeit und Trockenbiegefestigkeit auf, ermöglicht aber wegen der Abwesenheit von färbenden Verunreinigungen die Herstellung von Porzellan mit seinem weißen, transparenten Scherben.

Tone sind schon durch den Transport in der Natur aufbereitet und hierdurch von gröberkörnigen Gesteins- und Mineralresten der Ursprungsgesteine weitgehend befreit worden. Sie können deshalb meistens so eingesetzt werden, wie sie in der Natur vorliegen und abgebaut werden. Die Befreiung von groben Anteilen sowie die Bildung bestimmter Schichtsilicate während des natürlichen Transportes bewirken eine hohe Bildsamkeit und Trockenbiegefestigkeit, die die der Kaoline meist erheblich übertrifft. Andererseits haben die Tone während des Transportes und der Ablagerung Eisenminerale und organische Substanz aufgenommen, die es praktisch unmöglich machen, hieraus einen keramischen Scherben ähnlich weißer Farbe und hoher Transparenz herzustellen wie aus einem Kaolin.

Die Abgrenzung der Rohkaoline gegenüber den Tonen ist gelegentlich schwierig und nicht eindeutig, insbesondere, wenn man die spätere technische Verwendung mit berücksichtigt. So gibt es Kaoline, die bereits in der Natur umgelagert und ausgeschlämmt worden sind und dementsprechend auf sekundärer Lagerstätte liegen; sie weisen die typischen Eigenschaften aufbereiteter Kaoline auf.

Umgekehrt gibt es auch zersetzte Gesteine, die keine Umlagerung erfahren haben, aber trotzdem nicht als Rohkaolin eingestuft werden können, da sie Kaolinit als Tonmineral nur untergeordnet enthalten. Typisches Beispiel hierfür ist der Kreuzton von Niederdresselndorf (Westerwald), bei dem das Ausgangsgestein in situ zersetzt worden ist. Der Mineralbestand weicht aber mit 30 % Glimmermineralen, 55 % Quarz und nur 7 % Kaolinit weit von dem eines Rohkaolins ab. Weitere Beispiele sind Oberwinterer Kaolin und Lohrheimer Kaolin, die beide bei der Aufbereitung zu glimmerreichen, kaolinitarmen Produkten führen, ferner Neuburger Kieselerde und Milos-Kaolin, die Quarz in so feiner Form enthalten, daß er sich in einem technischen Prozeß nicht abtrennen läßt. Alle Gesteine, die sich nicht zu Kaolin aufbereiten lassen, können aus technischer Sicht nicht als Rohkaolin eingestuft werden. Kromer und Schüller (37) schlagen deshalb vor, als Rohkaolin ein noch am Ort der Entstehung liegendes, natürliches, weißes Zersetzungsprodukt saurer Gesteine zu bezeichnen, wenn der abschlämmbare Feinstanteil kaolinitische Tonminerale als vorherrschende Mineralbestandteile enthält.

7.3.3 Klassifikation von Tonen

Entsprechend der Vielfalt der Ausgangsgesteine, dem Grad der Verwitterung und Zersetzung sowie den bei der Umlagerung eingetretenen Selektions- und Mineralbildungsprozessen gibt es eine schier unübersehbare Vielfalt verschiedenartiger Tone. Für ihre Klassifikation lassen sich verschiedene Gesichtspunkte geltend machen: Eigenschaften, Verwendungszweck oder Mineralbestand.

Unter den Eigenschaften spielt die Bildsamkeit eine besonders wichtige Rolle. Wir unterscheiden magere, halbfette und fette Tone, wobei in der genannten Reihenfolge der Anteil an Schichtsilicaten zu- und der Quarzgehalt abnimmt. Besonders plastisch sind die Blautone, die praktisch frei von gröberen Beimengungen sind. Ihre typische bläuliche Färbung erhalten sie durch organische Beimengungen, insbesondere Humusstoffe, die auch die Bildsamkeit günstig beeinflussen.

Bildsame Tone sind, bedingt durch die meist feinkristalline Ausbildung der vorherrschenden Schichtsilicate, im allgemeinen feinerkörnig als magere Tone. Feinkörnige Rohstoffe mit ihrem hohen Anteil an feinsten Kapillaren setzen der Bewegung des Wassers sowie dessen Beseitigung im Trocknungsprozeß hohen Widerstand entgegen. Man steht deshalb bei der Keramik vor der Wahl, durch Verwendung plastischer Tone die Formgebung zu erleichtern und eine schwierige Trocknung in Kauf zu nehmen oder umgekehrt mit mageren Tonen zugunsten einer problemlosen Trocknung auf hohe Bildsamkeit zu verzichten. In der Praxis schließt man Kompromisse durch Mischen fetter und magerer Tone, durch Verwendung halbfetter Tone oder durch Magern fetter, plastischer Tone mit Hartstoffen wie Quarz oder Schamotte.

Nach ihrer Brennfarbe unterscheidet man weiß-, hell-, dunkel-, gelb- und rotbrennende Tone. Der Brennfarbe kommt für die Fertigung bestimmter Produkte mit speziellem Farbcharakter hohe Bedeutung zu.

Die ursprünglich fehlende Kenntnis der stofflichen Natur der Tone hat dazu geführt, daß tonige Rohstoffe auf empirischer Basis nach ihrem bevorzugten Einsatzgebiet bezeichnet werden.

Ziegeltone sind vielfach Letten, geschichtete und bunte, rot-, grün- oder violettfarbige Tone. Lehme werden sehr häufig als Ziegeltone eingesetzt. Sie enthalten neben größeren Mengen an Feinstsand die verschiedensten Schichtsilicate, vor allem glimmerartige Tonminerale, daneben auch fehlgeordnete Fire clays (s. w. u.), weiterhin Chlorite und Montmorillonite in wechselnden Mengen sowie kleine Anteile an Feldspat oder Hornblende. Ein höherer Anteil an Eisenmineralen wie Pyrit oder Limonit bewirkt eine rote Brennfarbe. Größere Mengen Kalk, die in Ziegeltonen häufiger auftreten, hellen die Brennfarbe trotz des Eisenoxids nach gelb auf. Die Schichtsilicate mit einem hohen Anteil quellfähiger Minerale bewirken, daß auch quarzreiche Lehme und Letten eine für die Verarbeitung ausreichende Bildsamkeit besitzen. Insgesamt zeigen die Ziegeltone eine breite Vielfalt in ihrer Zusammensetzung, an die der technische Prozeß jeweils angepaßt werden muß.

Der von Stein (84) aufgezeigte günstige Einfluß feiner Teilchen in den Ziegeltonen auf die Bildsamkeit (Abb. 7.1) und die damit einhergehende Zunahme im Anmachwasserbedarf und Trockenschwindung sind auf die Vorherrschaft der Schichtsilicate in der Feinstfraktion zurückzuführen.

Als Ziegelrohstoffe können auch Mergel eingesetzt werden, wobei deren feinstkörnige Kalke die Sinterung bei niedrigen Temperaturen unterstützen.

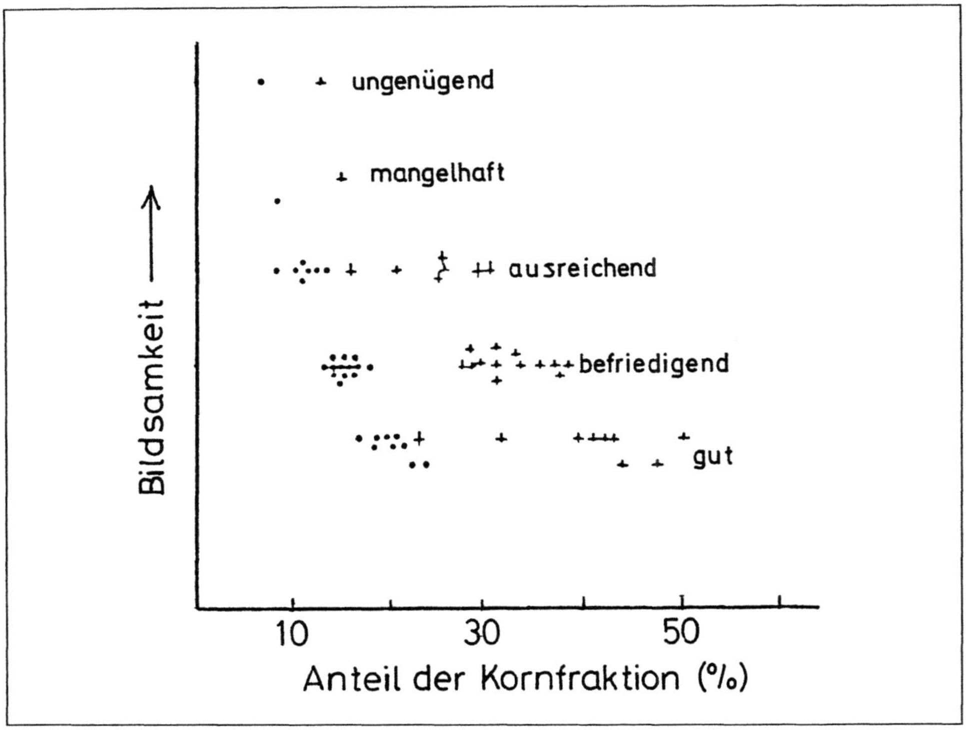

Abb. 7.1. Abhängigkeit der Bildsamkeit von Ziegeltonen von der Korngrößenverteilung, dargelegt am Beispiel von Lauenburger Tonen aus dem Gebiet von Oldenburg (Niedersachsen, Deutschland). (Nach 84)
+ Fraktion $<6{,}3\,\mu m$
● Fraktion $<2\,\mu m$

Töpfertone sind kalk- und eisenreiche bildsame Tone, die zur Herstellung von Irdengut eingesetzt werden.

Blähtone sind Tone, die in einem Brennprozeß mit nur kurzer Gesamtbrenndauer zu Granalien mit niedriger Dichte verarbeitet werden. Die niedrige Dichte resultiert daraus, daß die Granalien bei hoher Temperatur im pyroplastischen Zustand durch Gasentwicklung zu Hohlkugeln aufgebläht werden. Solche Blähgranalien eignen sich als Zuschläge für Leichtbeton. Als Blähtone kommen insbesondere eisenreiche Illittone in Betracht (36).

Feuerfeste Tone haben einen niedrigen Flußmittelgehalt, so daß sie erst bei hohen Temperaturen sintern und erweichen. Nach DIN 51 060 gilt ein Ton als feuerfest, wenn sein Segerkegelfallpunkt, ermittelt nach DIN 51 063, höher liegt als SK 17 (entsprechend 1 500 °C). Vorzugsweise erfüllen diese Bedingungen kaolinitische Tone mit nur geringen Mengen an Alkaliverbindungen und Eisenmineralen.

Feuerfeste Tone werden auch zur Herstellung von Schamotte verwendet. Schamotte ist gebrannter Ton, der gemahlen und klassiert worden ist. Er wird in feuerfesten Steinen und auch als Zuschlag und Magerungsmittel in keramischen Massen, vornehmlich für grobkeramische Erzeugnisse eingesetzt. Für die Herstellung von Schamotte eignen sich auch Kaoline.

Kapseltone sind feuerfeste Tone, die sich zur Herstellung von Brennkapseln eignen. Neben Feuerfestigkeit müssen sie hohe Standfestigkeit im Feuer aufweisen.

Glashafentone sind bildsame feuerfeste Tone mit hohem Bindevermögen und guter Rohbruchfestigkeit, die relativ früh dicht sintern, ohne zu erweichen.

Schiefertone werden vielfach zum Brennen von Schamotte verwendet. Es handelt sich um natürlich verfestigte, mehr oder weniger deutlich geschichtete Tongesteine. Durch die natürliche Verfestigung haben sie ihre Bildsamkeit teilweise eingebüßt, die aber durch eine Feinmahlung vielfach wieder reaktiviert werden kann.

Steinguttone müssen ihrem Einsatzgebiet entsprechend weiß- oder hellbrennend sein. Daneben wird gute Bildsamkeit und gutes Standvermögen im Scharfbrand gefordert. Überwiegend handelt es sich um kaolinitreiche Tone mit mehr oder weniger hohem Anteil an Feinstquarz und an glimmerartigen Tonmineralen.

Steinzeugtone sind plastische, von gröberen Anteilen und Kalk freie Tone mit früher Sinterung – häufig bereits unter 1200 °C (entsprechend SK 6) – und breitem Brennintervall. Der Segerkegelfallpunkt liegt mindestens fünf Segerkegel höher als die Dichtbrandtemperatur. Steinzeugtone weisen im allgemeinen hohe Illitgehalte auf. Für spezielle Erzeugnisse kennt man Steinzeugröhrentone für die Herstellung von Kanalisationsröhren sowie säurefeste Tone für die Herstellung von chemisch-technischem Steinzeug und säurefesten Steinen. Bei den letzteren ist eine frühe vollständige Dichtsinterung erforderlich, um einen Säureangriff zu verhindern.

7.3.4 Nomenklatursystem nach Ernst, Forkel und von Gehlen

Zur Einordnung der vielfältigen Tone und tonigen Sedimente haben Ernst, Forkel und von Gehlen ein Nomenklatursystem auf der Basis des Mineralbestandes entwickelt (23). Die Einzelminerale werden zu Mineralgruppen zusammengefaßt und diese mit Hauptgruppensymbolen belegt. Die genaue Natur eines Minerals innerhalb einer Hauptgruppe kann durch Indizes gekennzeichnet werden, die an das Hauptgruppensymbol angefügt werden. In ähnlicher Weise lassen sich auch Untergruppen innerhalb der Hauptgruppen bilden (Tabelle 7.1).

Die Tone werden unter Anfügung des Wortes „Ton“ durch Formeln gekennzeichnet, in denen die Symbole für die in dem Material vorkommenden Tonmineralgruppen aufgeführt sind. Durch eine Anordnung in der Reihenfolge ihrer Häufigkeit wird gleichzeitig eine halbquantitative Charakterisierung der Tone vorgenommen. Für eine einfache Kennzeichnung eines Tons beschränkt sich die Formel auf die Angabe der mengenmäßig vorherrschenden Mineralgruppen, d. h. der Gruppen mit einem Anteil über 8 %.

Die Grundformel läßt sich zur Erhöhung ihres Informationsgehaltes in mannigfacher Weise ergänzen. So können zur genaueren Kennzeichnung der vorliegenden Tonminerale deren Indizes an das Hauptgruppensymbol angefügt werden. Neben den mengenmäßig vorherrschenden Mineralen lassen sich auch die untergeordneten, d. h. die mit einem Anteil unter 8 % vorliegenden Mineralgruppen aufführen. Der Prozentgehalt eines Minerals oder einer Mineralgruppe läßt sich an das Symbol in Klammern anfügen. Auch weitere bekannte Daten, wie Art der Ionenbelegung, Korngröße oder spezifische Oberflächen lassen sich, soweit sie bekannt sind, in die Formel einfügen. Zur Kennzeichnung der Korngrößenverteilung – einer insbesondere für den Techniker wichtigen Kenngröße – verwenden Ernst, Forkel und von Gehlen den Halbgewichtsdurchmesser (d. h. den Teilchendurchmesser, für den je-

Tabelle 7.1. Symbole der Nomenklatur nach Ernst, Forkel und von Gehlen (23).

Hauptgruppensymbol		Untergruppensymbol		Mineralsymbol	
K	Kaolingruppe			ka	Kaolinit
				fc	Fire clay-Mineral
		HL	Halloysit		
M	Smectite (Struktur quellfähig)			mo	Montmorillonit
				nt	Nontronit
				sa	Saponit
I	Glimmerartige Minerale	IL	Tonminerale der Glimmergruppe	hm	Hydromuskovit
				il	Illit
				mu	Muskovit
				bt	Biotit
				ph	Phlogopit
				gl	Glaukonit
X	übrige Schichtsilicate			tc	Talk
				pg	Palygorskit, Attapulgit
		ML	Wechsellagerungs-minerale	co	Corrensit
				hb	Hydrobiotit
		VM	Vermiculitgruppe	vm	Vermiculit
		CH	Chloritgruppe		
		SP	Serpentingruppe		
A	Aluminiumoxide und -hydroxide			gi	Hydrargillit, Gibbsit
				di	Diaspor
				bo	Böhmit
Q	SiO_2-Minerale			qz	Quarz, Chalcedon
				cr	Cristobalit
				op	Opal
F	Feldspatgruppe			or	Kalifeldspat, Orthoklas
				pl	Plagioklas
S	Salze (löslich)	CL	Chloride		
		SF	Sulfate	gy	Gips
C	Carbonate			cc	Calcit
				do	Dolomit
				ak	Ankerit
				sd	Siderit, Eisenspat
Y	Sonstige Begleitminerale			fe	Goethit, Nadeleisenerz
				hm	Hämatit
				mt	Magnetit
				il	Ilmenit
				ru	Rutil
				at	Anatas
				zr	Zirkon
				tm	Turmalin
				gr	Granat
				ap	Apatit, Phosphorit
				pr	Pyrit
O	Organische Substanz				
Z	Gesteinsfragmente, ungetrennte Aggregate				

weils 50 Massenprozente des Tones größer oder kleiner sind) sowie die spezifische Oberfläche (23).

Der Vorteil der Formeln liegt darin, daß sich je nach verfügbaren Daten eine mehr oder weniger ausführliche Schreibweise wählen läßt, daß man sich aber zugunsten einer guten Übersichtlichkeit auch auf wenige Angaben beschränken kann.

Die Bezeichnungen der Tone nach Ernst, Forkel und von Gehlen lassen sich auf alle tonigen Sedimentgesteine, aber auch auf keramische Massen anwenden. Kromer und Schüller (39) haben auf die Bedeutung scheinbar untergeordneter Mineralphasen für die Eigenschaften keramischer Rohstoffe hingewiesen (vgl. Kapitel 7.3.5) und deshalb angeregt, diese auch in Kurzformeln innerhalb des Nomenklatursystems nach Ernst, Forkel und von Gehlen mit aufzuführen.

7.3.5 Haupt- und Nebenbestandteile in Kaolinen und Tonen

Die vorstehenden Ausführungen haben erkennen lassen, daß Kaoline und Tone in einer breiten Vielfalt hinsichtlich ihrer Zusammensetzung vorliegen. Die bevorzugte Verwendung bestimmter toniger Rohstoffe für einzelne keramische Produkte ergibt sich aus ihrer Mineralzusammensetzung.

Kaoline werden durch einen Schlämmprozeß aus einem Rohkaolin gewonnen und enthalten Kaolinit als das vorherrschende Schichtsilicat (dies schließt die natürlich aufbereiteten Kaoline mit ein, wie sie beispielsweise in den Vorkommen von Georgia vorliegen). Die Aufbereitung führt praktisch niemals zu einem Schlämmprodukt, das nur aus Kaolinit besteht. Alle technischen Kaoline enthalten kleine Mengen an anderen Mineralen. Tabelle 7.2 zeigt die Zusammensetzung technischer Kaoline unterschiedlicher Herkunft, ausgedrückt durch die Formel nach Ernst, Forkel und von Gehlen (23).

Tabelle 7.2. Mineralbestand technischer Kaoline, beschrieben durch die Formel nach Ernst, Forkel und von Gehlen (23). (Nach 37)

Bezeichnung	Herkunft	Mineralzusammensetzung
Keram-Kaolin I	Schnaittenbach (D)	K (85) I (7) Q (5) F (1) Y (1)
H 1	Hirschau (D)	K (91) I (7) Q (2)
FP 80	Hirschau (D)	K (84) I (7) F (6) Q (3) Y (1)
Tirschenreuther Kaolin	Oberpfalz (D)	K (73) I (20) X_{ML} (3) Q (2) F (2) Y (1)
Gloxyl	Neuburg (Donau) (D)	K (26) I (3) Q (70) Y (1)
Meka	Kemmlitz (D)	K (73) I (5) X_{ML} (3) Q (19)
Salzmünder Kaolin	Thüringen (D)	K (81) I (3) X_{ML} (3) Q (12) F (2)
I a	Zettlitz (ČSFR)	K (76) I (14) X_{ML} (5) Q (4) Y (1)
Kolloid-Kaolin	Chodau (ČSFR)	K (84) I (10) X_{ML} (6)
Imperial	Bozicany (ČSFR)	K (84) I (11) X_{ML} (4) Q (2)
Grolleg	Cornwall (GB)	K (75) I (17) X_{ML} (4) Q (2) F (1) Y (1)
China clay supreme	Cornwall (GB)	K (88) I (10) X_{ML} (2)
China clay SP	Cornwall (GB)	K (90) I (7) X_{ML} (2) Q (1)
Schweizer Kaolin	Loveresse (CH)	K (71) I (3) Q (25) Y (1)
201	Burela (E)	K (72) I (14) X_{ML} (2) Q (14)
Vicedo-Kaolin	Galicien (E)	K (61) I (15) X_{ML} (3) F (20) Q (1)
Polnischer Kaolin	Boleslav (PL)	K (89) I (6) X_{ML} (3) Q (2)
Milos-Kaolin	Milos (GR)	K (25) Q_{cr+qz} (70) F (3) Y (1)

Die untergeordneten Minerale haben deutliche Auswirkungen auf die Eigenschaften der Kaoline. Illit und kleine Mengen an Feldspäten wirken wegen ihres Alkaligehaltes als starke Flußmittel und verursachen eine frühe Sinterung, können allerdings die Feuerfestigkeit beeinträchtigen, insbesondere, wenn ihr Anteil über einige Prozente hinausgeht.

Die Wechsellagerungsminerale (Kap. 1.2; 1.5.3; 2.3) gehören meist dem Typ Illit-Montmorillonit mit wechselnden Anteilen an quellfähigen Schichten an. Sie wirken sich günstig auf Bildsamkeit und Trockenbiegefestigkeit aus. Abbildung 7.2 zeigt den Zusammenhang zwischen dem Gehalt an Wechsellagerungsmineralen mit quellfähigen Anteilen und der Trockenbiegefestigkeit (37). Wiegmann et al. (87) finden auch einen wesentlichen Einfluß der Menge der Wechsellagerungsminerale auf Trokkenschwindung, Porosität der getrockneten Formlinge, Schwindungsanisotropie stranggepreßter Körper, Anmachwasserbedarf, Volumenschwindung und Dichtbrandtemperatur. Die Ermittlung quantitativ beschreibbarer Korrelationen ist allerdings schwierig, hier haben auch andere Faktoren wesentliche Bedeutung, z. B. die Feinheit der Kaolinitkristalle. So sind die Hirschauer Kaoline für ihre relativ geringe Trockenbiegefestigkeit bekannt. Hierzu trägt das Fehlen von Wechsellagerungsmineralen ebenso bei wie die ziemlich grobe Ausbildung der Kaolinite mit einem Durchmesser von etwa 3 µm. Die Hirschauer Kaoline werden deshalb auch überwiegend als Papierfüller und als Streichkaoline eingesetzt.

Wesentlich für das Fehlen einer guten Korrelation zwischen dem Anteil an Wechsellagerungsmineralen und den technischen Eigenschaften ist die schwierige Bestimmung der Menge der Wechsellagerungsminerale. Die Unsicherheit der Werte macht sich auch in der Korrelation mit den Eigenschaften bemerkbar.

Eisenminerale wirken sich negativ auf die helle Brennfarbe und die Transparenz des Porzellanscherbens aus (66). Titanminerale, obwohl selbst farblos, verstärken die Wirkung von kleinsten Mengen an Eisenoxiden durch Bildung von Ilmenit $FeTiO_3$.

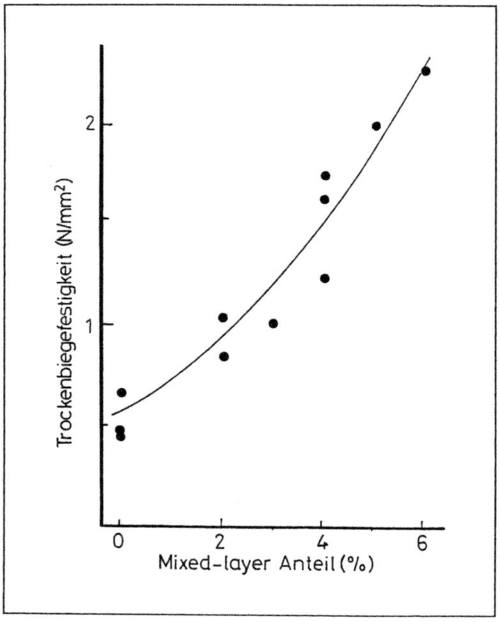

Abb. 7.2. Zusammenhang zwischen Trockenbiegefestigkeit von Kaolinen und ihrem Gehalt an Wechsellagerungsmineralen mit quellfähigen Schichten. (Nach 37)

Titanarme Kaoline, wie man sie in Cornwall und in Burela/Spanien mit TiO_2-Gehalten weit unter 0,1 % findet, erlauben deshalb die Herstellung besonders weißer und transparenter Porzellane. Umgekehrt ist es schwierig, aus den Georgia-Kaolinen mit Anatasgehalten bis über 1 % Porzellane mit hoher Transparenz herzustellen.

Bei Tonen ist die Variationsbreite der Zusammensetzung noch viel größer als bei Kaolinen.

Wir haben zu unterscheiden zwischen den keramischen Tonen, deren Zusammensetzung – bei aller Vielfalt – innerhalb bestimmter Grenzen liegt, und den Ziegeltonen, in denen sich die ganze Breite möglicher Zusammensetzungen sedimentärer Gesteine widerspiegelt.

Keramische Tone kommen aus bestimmten Tonrevieren – in Deutschland z. B. Westerwald, Pfalz, Oberpfalz und Sachsen –, deren hochwertige Tone nicht nur in einer dort konzentrierten Keramikindustrie verarbeitet, sondern auch zu Verbrauchern in ganz Deutschland gebracht und sogar in riesigen Mengen exportiert werden.

Als Ziegeltone werden alle lokalen Sedimentgesteine verwendet, die den Anforderungen an Bildsamkeit und Brennverhalten einigermaßen entsprechen. Ein Transport zum Verbraucher über größere Strecken wäre bei diesen wohlfeilen Rohstoffen unwirtschaftlich und würde nicht in die Preisgestaltung für solche Produkte passen.

Keramische Tone bestehen im wesentlichen aus den Hauptkomponenten Kaolinit, Illit/Sericit und Quarz, die praktisch stets zugegen sind und überwiegend auch als Hauptbestandteile vorliegen. Kaolinit liegt in Tonen praktisch immer in stark fehlgeordneter Form vor. Für diesen fehlgeordneten Kaolinit wird allgemein der Name Fire clay, nach Range et al. (62) besser Fire clay-Mineral, verwendet (siehe auch Kap. 5.1.1).

Range et al. (62) diskutieren, ob zwischen Kaolinit und Fire clay-Mineral nicht sogar weitergehende Unterschiede bestehen; hiernach wären die Fehlstellen, die die Ionenaustauschfähigkeit verursachen, beim Kaolinit auf die oberste Schicht des Schichtpaketes konzentriert, beim Fire clay-Mineral dagegen auf alle Schichten verteilt. Eine Unterscheidung vom Kaolinit gelingt durch die fehlende Reaktion des Fire clay-Minerals mit Hydrazin unter Bildung einer Intercalationsverbindung (Kap. 3.3.4).

In der englischen Literatur wird der Begriff Fire clay auch als Gesteinsbegriff verwendet. Ryan (67) definiert z. B. als Fire clays feuerfeste kaolinitische Tone, deren Bildung mit der Entstehung von Braunkohlelagerstätten in Zusammenhang gebracht wird.

Als wesentliche Nebenbestandteile in Tonen findet man Wechsellagerungsminerale mit quellfähigen Anteilen, Feldspäte, Eisenminerale und organische Substanzen. Montmorillonit in reiner Form ist in Bentoniten, aber nur untergeordnet in keramischen Tonen zu finden.

Tabelle 7.3 gibt einen Überblick über die Häufigkeit verschiedener Minerale in keramischen Tonen und Kaolinen.

Trotz ihrer untergeordneten Menge haben aber Feldspäte, Wechsellagerungsminerale, Eisenminerale und organische Substanzen für die technischen Eigenschaften der Tone wesentliche Bedeutung. Für die Bewertung der technischen Eigenschaften dürfen deshalb diese untergeordneten Mineralphasen nicht vernachlässigt werden.

Tabelle 7.4 zeigt Daten für das Dichtbrandverhalten einzelner Tone mit jeweils ähnlicher chemischer und mineralogischer Zusammensetzung, die sich aber in der Menge der darin enthaltenen Feldspäte unterscheiden. Steigt diese an, dann tritt frü-

Tabelle 7.3. Verteilung der Hauptmineralgruppen nach Ernst, Forkel und von Gehlen in Tonen und Kaolinen. (Nach 39)

Symbol	Hauptbestandteil (>8 %)	Nebenbestandteil (<8 %)
K	83	2
I	68	17
X	5	55
M	1	1
Q	58	27
F	5	65
Y	1	56
O	–	22

Die Angaben beruhen auf der Auswertung von 85 Mineralanalysen aus den Rohstoffmerkblättern der Deutschen Keramischen Gesellschaft. Die Zahlen geben an, wie oft das Symbol in der vollständigen Formel nach Ernst, Forkel und von Gehlen erscheint.

here Sinterung ein, selbst wenn in einigen Fällen die Gesamtmenge an Alkalien in dem feldspatreicheren Ton niedriger liegt als im Vergleichston. Wechsellagerungsminerale mit quellfähigen Anteilen haben erhebliche Bedeutung für Bildsamkeit und Trockenbiegefestigkeit, wie schon diskutiert worden ist. Eisenminerale sind die vorwiegenden Träger des Eisengehaltes der Rohstoffe. Sie haben deshalb wesentliche Auswirkungen auf Weißgrad und Brennfarbe des Produktes, auch wenn sie nur in kleinen Mengen zugegen sind. Tone mit Gehalten an Eisenmineralen von mehr als 5 % brennen vielfach rot, was in Baukeramik und Steinzeug bewußt ausgenützt wird.

Organische Substanzen können das Verflüssigungsverhalten der Tone und auch ihre Trockenbiegefestigkeit erheblich verbessern. In größeren Mengen verursachen sie aber eine Verrauchung des gebrannten Scherbens und auch Probleme beim Dichtbrand, letzteres insbesondere dann, wenn sie in Form gröberer kohliger Bestandteile vorliegen.

Quarz kann für Bildsamkeit und Trocknung eine regulierende Wirkung haben, besonders wenn er in der Schlufffraktion vorliegt. In kleinen Mengen erreicht er nicht die Bedeutung anderer untergeordneter Mineralgruppen. Größere Mengen haben aber durchaus einen wichtigen Einfluß auf die Eigenschaften. So weisen Kaoline, bei denen der Quarz im Aufbereitungsprozeß nicht weitestgehend entfernt worden ist, eine höhere Trockenbiegefestigkeit auf als quarzfreie oder quarzarme Sorten (37). Man kann dies mit der höheren Packungsdichte infolge des durch den Quarz breiteren Kornspektrums erklären. Auf die Bedeutung der Packungsdichte für die Trockenbiegefestigkeit haben schon Hofmann et al (30) hingewiesen.

Ziegeltone sind in ihrer Zusammensetzung noch uneinheitlicher. Die in ihnen vorkommenden Minerale und deren Mengenbereiche sind in Tabelle 7.5 aufgezeigt. Das Fehlen von Wechsellagerungsmineralen ist wohl darauf zurückzuführen, daß sie bei den zugrundeliegenden Untersuchungen nicht erfaßt wurden.

Die größere Häufigkeit von Illit, Montmorillonit und Chlorit in den Ziegeltonen ist der Grund dafür, daß sie auch bei Gegenwart großer Quarzmengen hinreichend bildsam für eine keramische Verarbeitung sind. Flußmittel wie Feldspäte und Carbonate sind fast regelmäßige Bestandteile, weshalb die Ziegel schon bei Temperaturen um 1000 °C hinreichend sintern. Ein Dichtbrand wird nur bei Klinkern an-

Tabelle 7.4. Mineralanalyse, chemische Zusammensetzung und Sinterverhalten von Tonen (zusammengestellt nach Daten in den Rohstoffmerkblättern der Deutschen Keramischen Gesellschaft). (Nach 39)

Nr. des Merkbl.	Bezeichnung des Tones	K_{ka}	I_{il}	X_{ML}	Q_{qz}	F_{or}	SiO_2	Al_2O_3	K_2O	offener Porenraum [%] gebrannt bei [°C]			
										1000	1100	1200	1300
42	P 204	51	27	–	17	2–3	51,4	30,5	2,94	40,7	13,0	0,9	0,4
43	I 20	50	29	–	18	2	54,3	29,2	3,10	34,3	14,1	1,2	0,5
48	I 24	47	26	2	16	6–7	57,3	28,4	2,90	21,2	0,4	0,4	0,2
68	I a blauweiß/fett	52	28	2	10	5–6	51,7	32,6	3,1	16,2	1,1	0,3	0,2
38	Ponholzer Ton	58	10	3–4	23	4	58,9	26,0	1,28	18,4	15,2	7,7	2,9
44	Klardorfer Ton	62	12	2	21	2–3	56,9	29,0	1,32	32,5	27,1	21,0	11,7
62	1551	33	19	1–2	40	5	68,5	20,6	1,7	18,1	1,5	0	1,3
85	175	35	25	Sp	38	1–2	66,8	21,7	2,4	28,5	18,5	2,1	1,5
64	I 19	25	26	3	40	5	71,6	19,5	1,9	17,9	10,1	3,2	1,6
82	502	23	22	2	50	1–2	72,9	18,0	2,3	28,1	20,3	14,6	0,4
45	I 20	10	21	2–3	51	2–3	76,9	16,1	1,42	24,3	22,1	19,8	16,8
50	P 163	12	17	1–2	57	3–4	75,7	16,0	2,00	24,2	12,6	1,7	0,5

Tabelle 7.5. Mineralbestand von Ziegelmassen (38 Mauerziegelmassen und 49 Dachziegelmassen) Angaben in Massen-%. (Nach 68)

Mineralart	Mauerziegelmassen		Dachziegelmassen	
	Vorkommens-grenzen	bevorzugter Bereich	Vorkommens-grenzen	bevorzugter Bereich
Kaolinit + Fire clay	0 ... 35	0 ... 15	0 ... 30	5 ... 20
Sericit + Illit	0 ... 30	10 ... 20	8 ... 50	10 ... 25
Montmorillonit	0 ... 20	0 ... 5	0 ... 25	0 ... 5
Chlorit	0 ... 30	0 ... 5	0 ... 20	0 ... 10
Quarz	19 ... 75	30 ... 55	15 ... 60	30 ... 50
Feldspat	0 ... 20	0 ... 15	0 ... 20	0 ... 10
Calcit	0 ... 26	0 ... 10	0 ... 13	0 ... 5
Dolomit + Ankerit	0 ... 10	<1	0 ... 15	0 ... 3
Goethit	0 ... 5	<1	<1	<1
Hämatit	0 ... 5	<1	0 ... 5	0 ... 3
Siderit	<1	<1	0 ... 3	<1
Pyrit + Markasit	0 ... 4	<1	<1	<1
Gips	0 ... 3	<1	<1	<1
Hornblenden	0 ... 5	<1	<1	<1
Augit	0 ... 5	<1	<1	<1
Röntgenamorphe Phasen	5 ... 19	5 ... 10	1 ... 16	1 ... 8

gestrebt und durch Brennen bei höherer Temperatur erreicht. Die meist größeren Mengen an Eisenmineralen bewirken die rote Farbe der Ziegel. (Magnesium- und Calciumcarbonat allein wirken bei Ziegeltonen unter 1100 °C noch nicht als Schmelzmittel, sondern erst bei höheren Temperaturen.)

7.3.6 Die herstellungsrelevanten Eigenschaften der tonigen Rohstoffe

Die Anforderungen an die Verarbeitungseigenschaften keramischer Massen hängen wesentlich vom gewählten Herstellungsverfahren ab, das seinerseits wiederum von Form und Abmessungen der herzustellenden Teile bestimmt wird.

Beim Gießverfahren wird ein dünnflüssiger Schlicker aufbereitet; dieser wird in poröse Formen gegossen, wo ihm aufgrund der Kapillarkräfte in den Feinporen oder aber durch Druckbeaufschlagung Wasser entzogen wird. Hierdurch erstarrt der Schlicker und bildet entlang der Formenwand einen rohen Scherben. Nach beendigter Scherbenbildung schwindet das Teil bei weiterem Wasserentzug von der Form ab, es kann entnommen und getrocknet werden. Die Scherbenbildung erfolgt um so leichter und rascher, je weniger Wasser dem Schlicker entzogen werden muß, bevor er erstarrt. Der Schlicker muß deshalb mit dem geringstmöglichen Wassergehalt angesetzt werden. Einen Schlicker mit niedriger Viskosität bei niedrigem Wassergehalt kann man durch Zusatz von sog. Verflüssigern gewinnen.

Verflüssiger sind vorzugsweise Alkalisalze anorganischer oder organischer Säuren, deren Calciumsalze schwer löslich sind. Hierdurch wird das Austauschgleichgewicht (Kap. 3.1) zugunsten der Natriumionen verschoben. Man kann dann eine Verflüssigung mit einem Minimum an Verflüssigerzusatz erreichen. Bei steigendem Verflüssigerzusatz erreicht die Viskosität ein Minimum. Moderne Verflüssiger wer-

Tabelle 7.6. Wirkung verschiedener Verflüssiger bei verschiedenen Kaolinen. (Nach 37)

Kaolin	Verflüssiger						
	a	b	c	d	e	f	g
Zettlitzer Kaolin	4	6	1	6	1	1	2
Meka Kaolin	4	6	1	2	1	1	2
Grolleg China Clay	5	5	1	1	3	4	3
Schnaittenbacher Keram-Kaolin I	4	6	2	1	1	1	2
Burela-Kaolin	4	1	2	2	1	1	3

Verflüssiger

a	Soda	
b	Wasserglas	
c	Formsil	(Na^+-Phosphat-Silicat)
d	Darvan 7	(Na^+-Salz von Polycarbonsäuren)
e	Dolaflux B	(Na^+-Huminat-Silicat)
f	Dolaflux F	(Na^+-Huminat)
g	Dolaflux E 18	(Na^+-Polycarbonat mit Gerbstoff und Huminsäure)

Die Verflüssigungswirkung steigt von 6 nach 1. 1 bedeutet sehr gute Verflüssigung, 6 weitere Ansteifung des Schlickers.

den so konzipiert, daß die niedrige Viskosität in einem möglichst breiten Bereich des Verflüssigerzusatzes erhalten bleibt.

Verflüssiger sind in den unterschiedlichsten Varianten verfügbar. Nicht jeder Verflüssiger spricht bei jedem Rohstoff gleichermaßen an (Tabelle 7.6). Die Wirkung muß auch heute noch empirisch ermittelt werden. Organische Bestandteile der Verflüssiger, insbesondere Huminate und Tannin, verbessern vielfach durch eine Schutzkolloidwirkung (Kap. 9.6.3; 9.6.4) die Verflüssigung.

Auch bei der Scherbenbildung in der Gipsform spielen Ionenaustauschprozesse eine Rolle: Durch die – wenn auch geringe – Löslichkeit des Gipses werden Calciumionen zur Verfügung gestellt, die die Natriumionen zu einem gewissen Teil wieder verdrängen. Der Schlicker steift hierdurch im Bereich der Phasengrenze Gipsform/Schlicker an, was die Scherbenbildung durch Wasserentzug unterstützt.

Die Viskosität der verflüssigten Schlicker wird vorzugsweise mit der Formel nach Ostwald beschrieben:

$$\dot{\gamma} = k \cdot \tau^n \qquad (7.1)$$

mit $\dot{\gamma}$ Schergeschwindigkeitsgefälle (oft nur „Schergeschwindigkeit“, auch mit Symbol *D*)
τ Schubspannung
k, n Konstanten

Für n = 1 fließt das System newtonisch, und die von τ unabhängige Viskosität ist $\eta = 1/k$.

Die Konstante n beschreibt die Abhängigkeit des Fließtyps von der Scherbeanspruchung. Wir können drei Fälle unterscheiden:

$n = 1$ newtonsches Fließverhalten,
$n > 1$ strukturviskoses oder pseudoplastisches Verhalten; die Suspension wird durch Scherbeanspruchung niedriger viskos,
$n < 1$ dilatantes Verhalten; die Viskosität steigt mit der Scherbeanspruchung.

Plastische Systeme haben zusätzlich eine Fließgrenze τ_0, in der Keramik auch als Anlaßwert bezeichnet. Dies ist der Mindestwert für die Scherbeanspruchung, damit plastische Verformung eintritt. Bei kleinerer Beanspruchung $\tau < \tau_0$ tritt nur eine elastische Deformation ein.

Verfolgt man, ausgehend von einem plastischen Ton-Wasser-System, die Veränderung mit zunehmendem Verflüssigerzusatz, so wird zunächst der Anlaßwert vermindert. Danach geht das System sukzessive in den pseudoplastischen, ideal-viskosen und schließlich dilatanten Zustand über. Der ideale Verflüssigungszustand ist erreicht, sobald die Suspension newtonsches Fließverhalten aufweist.

Mißt man – wie in der Praxis weitgehend üblich – die Abnahme der Auslaufzeit in einem Lehmann-Viskosimeter bei steigendem Verflüssigerzusatz, so ist beim Minimum die ideale Verflüssigung schon überschritten.

In der betrieblichen Praxis wird die ideale Verflüssigung durch Bestimmung von n ermittelt, indem τ für zwei vorgegebene Schergeschwindigkeitsgefälle $\dot{\gamma}_1$ und $\dot{\gamma}_2$ in Abhängigkeit vom Verflüssigerzusatz gemessen wird. Der Wert für n ergibt sich dann aus der Formel:

$$n = \frac{\log \dot{\gamma}_2 - \log \dot{\gamma}_1}{\log \tau_2 - \log \tau_1} \tag{7.2}$$

Die optimale Verflüssigung ist bei $n = 1$ erreicht (28).

Gut zu verflüssigende Tone erreichen den Wert $n = 1$ schon bei niedrigen Verflüssigerzusätzen (Abb. 7.3 und 7.4). Auch solche Tone, bei denen sich n dem Wert 1 nähert, ohne ihn ganz zu erreichen, sind als Gießtone noch brauchbar. Bei schlecht zu verflüssigenden Tonen bleibt der Wert für n weit oberhalb des Wertes 1.

Kromer (35) gibt folgende Regeln an:

$n > 3$ strukturviskoser Schlicker, nicht verflüssigt;
$3 > n > 1$ strukturviskoser Schlicker, nicht ausreichend verflüssigt;
$n = 1$ ideal verflüssigter Schlicker mit newtonschem Fließverhalten;
$0{,}9 > n > 0{,}7$ leicht überverflüssigter Schlicker, dilatant;
$n < 0{,}7$ überverflüssigter Schlicker, dilatant.

Die Bestimmung von n gibt weit bessere Informationen über das Verflüssigungsverhalten als die bloße Aufnahme einer Verflüssigungskurve durch Messung der Auslaufzeit bei steigendem Verflüssigerzusatz, da auch nicht verflüssigbare Rohstoffe eine Abnahme der Auslaufzeit durch Verflüssigerzusatz zeigen, wenn auch erst bei ziemlich hohen Mengen (Abb. 7.5).

Das Verflüssigungsverhalten der Tone steht in engem Zusammenhang mit ihrem Mineralbestand (35). Dabei sind es häufig die untergeordneten Mineralanteile, die hierfür ausschlaggebend sind. Abbildung 7.6 zeigt das Ergebnis einer Untersuchung von 49 Tonen und Kaolinen unterschiedlicher Herkunft und unterschiedlichen geo-

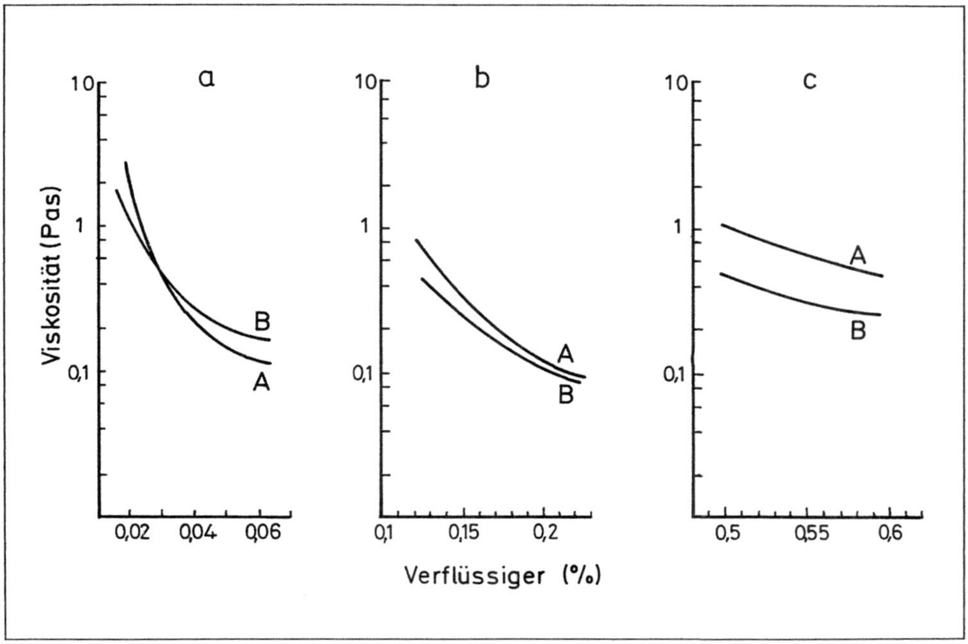

Abb. 7.3. Verflüssigung verschieden gut zu verflüssigender Tone bei zwei Schergeschwindigkeitsgefällen. (Nach 35)
A $\dot{\gamma} = 64\,s^{-1}$, B $\dot{\gamma} = 158\,s^{-1}$;
a) Kreuzton, mit Formsil verflüssigt
b) Ton LH 203, mit Dolaflux-B/Gießfix 162 (1 : 1) verflüssigt
c) Ton UNI, mit Formsil verflüssigt.

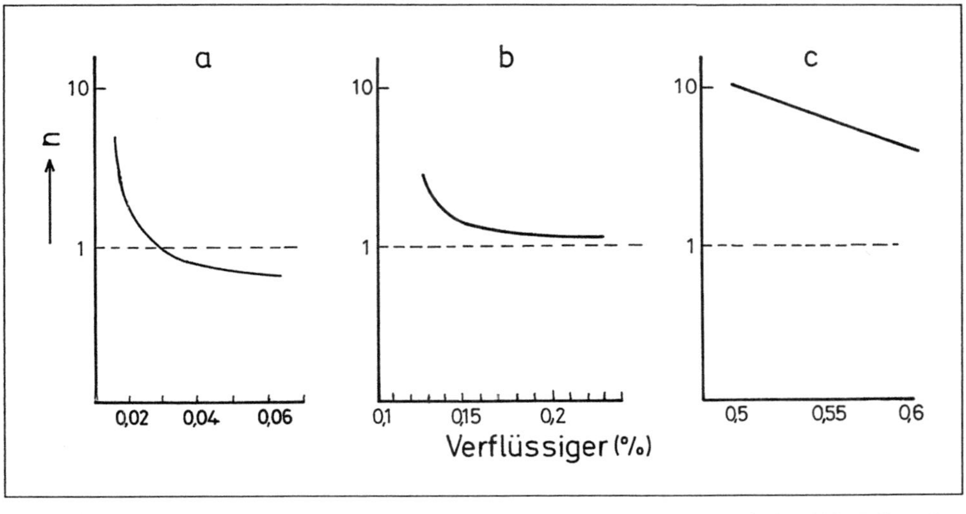

Abb. 7.4. Verflüssigungsgrad n bei steigendem Zusatz von Verflüssiger (wie in Abb. 7.3). n berechnet nach Gl. 7.2 mit $\dot{\gamma}_1 = 64\,s^{-1}$ und $\dot{\gamma}_2 = 158\,s^{-1}$. (Nach 35)

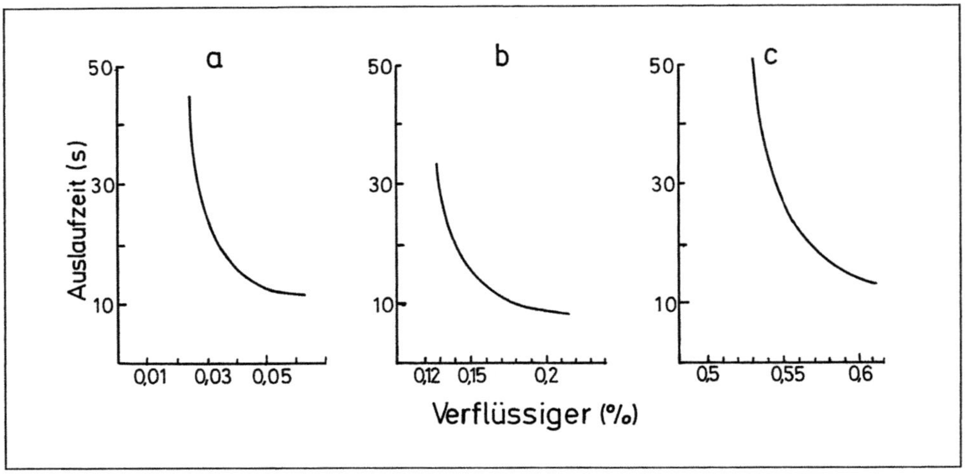

Abb. 7.5. Auslaufzeit im Lehmann-Auslauf-Viskosimeter bei steigendem Verflüssigerzusatz (wie in Abb. 7.3). (Nach 35)

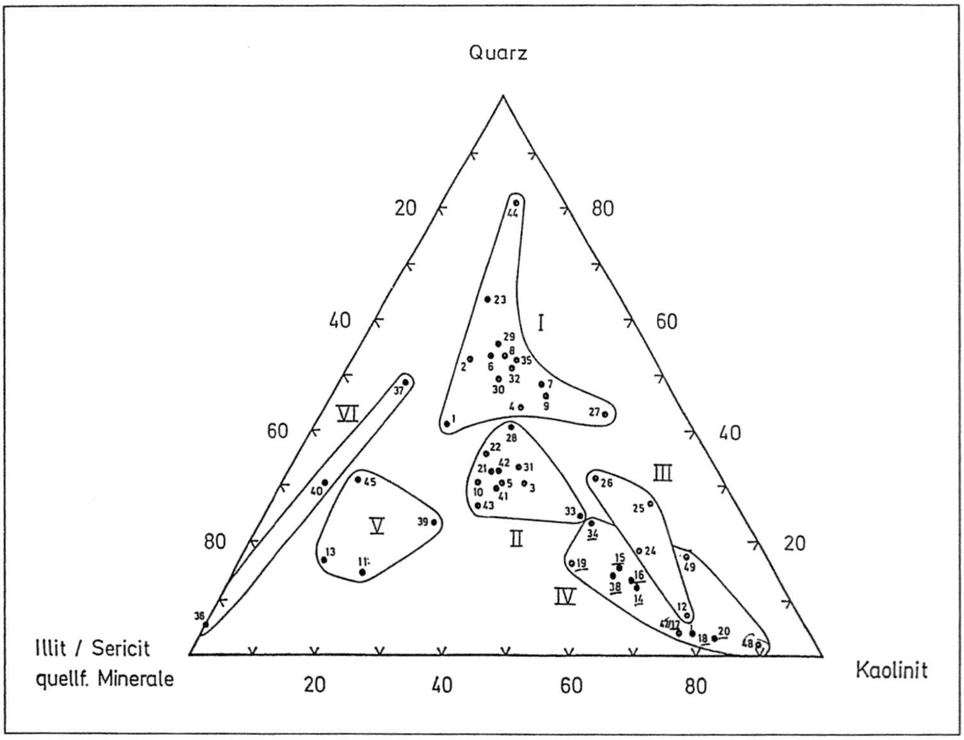

Abb. 7.6. Rohstoffgruppen mit unterschiedlichem Verflüssigungsverhalten im Dreistoffsystem Quarz – Kaolinit – (Illit/Sericit, quellfähige Tonminerale). (Nach 35)

Tabelle 7.7. Mineralbestand, Kornaufbau und Verflüssigungsverhalten von Tonen. (Nach 35)

Cluster (Abb. 7.6)	I	II	III	IV	V	VI
Quarz	50	29	20	10	19	25
Feldspat	3	4	1	2	3	4
Eisen- + Titanminerale	2	4	4	2	8	5
Kaolinit	23	32	58	65	16	5
Illit/Sericit	19	28	7	15	46	18
Quellfähige Minerale	2	3	10	5	7	43
Tonfraktion	48	71	68	73	76	57
Schlufffraktion	44	28	30	24	19	28
Sandfraktion	8	1	1	3	5	15
Verflüssigung	gut bis sehr gut verflüssigbar	bedingt verflüssigbar	nicht verflüssigbar	bedingt bis gut verflüssigbar	nicht verflüssigbar	nicht verflüssigbar

logischen Alters (35). Die Rohstoffe werden den einzelnen Bereichen aufgrund einer Clusteranalyse nach Wishart (89) zugeordnet. Hierbei werden über eine statistische Auswertung aller verfügbaren Daten die untersuchten Proben zu einer möglichst geringen Anzahl von Typen zusammengefaßt. Es ergaben sich sechs Cluster, die jeweils ähnlichen Stoffbestand und ähnliches Verflüssigungsverhalten aufweisen. Mittlerer Mineralbestand, Kornaufbau und Verflüssigungsverhalten der einzelnen Cluster sind in Tabelle 7.7 aufgeführt.

Als allgemeine Regel kann man entnehmen, daß die Verflüssigbarkeit um so schlechter ist, je höher der Anteil an quellfähigen Mineralen ist. Jedoch haben offenbar auch die anderen Minerale Bedeutung. So sind Kaoline und kaolinitische Tone bei vergleichbarem Gehalt an quellfähigen Mineralen besser verflüssigbar als illitische Tone. Der in der Schlufffraktion vorliegende Sericit beeinträchtigt die Verflüssigung weniger als der in der Tonfraktion angereicherte Illit. Quarzreiche Tone sind im allgemeinen gut zu verflüssigen. Eisenminerale beeinträchtigen das Verflüssigungsverhalten deutlich.

Die komplexen Wirkungen verschiedener Minerale erlauben es nur, Tendenzen aufzuzeigen. Für eine vertiefte Aussage muß für jeden einzelnen Rohstoff die kombinierte Wirkung verschiedener Faktoren betrachtet werden.

Für den Druckguß spielt die Menge des Wassers im Schlicker nur eine untergeordnete Rolle. Es können deshalb auch schlecht verflüssigbare Tone und Kaoline mit geringer Bildsamkeit eingesetzt werden. Größere Bedeutung hat hier die Wegsamkeit des Porengefüges für den Durchtritt des Wassers bei der Entwässerung. Aus diesem Grund werden gröbere Rohstoffe bevorzugt. Hier haben die gröberen Hirschauer Kaoline Bedeutung erlangt. Als Gießkaoline sind auch schon die Kaolinitstapel mit „Geldröllchen"-Struktur abgetrennt worden (Abb. 7.7).

Bei der Formgebung im bildsamen Zustand steht im Vordergrund des Interesses die Bildsamkeit von Ton-Wasser-Gemischen, die an bestimmte Wassergehalte gebunden ist. Bei zu hohen Wassergehalten wird der Anlaßwert zu gering. Der geformte Körper deformiert sich bereits unter seinem Eigengewicht oder unter der Einwirkung geringer äußerer Kräfte bei der weiteren Handhabung. Bei zu niedrigem Wassergehalt ist die rißfreie Deformation der Masse unter der Wirkung der formenden Kraft

Abb. 7.7. „Geldröllchen-Stapel" im Kaolin von Burela, Spanien, rasterelektronenmikroskopische Aufnahme. Vergrößerung 3100fach. (Nach 70)

nicht ausreichend. Die Verfahren zur Ermittlung der Bildsamkeit beruhen deshalb zu einem erheblichen Teil auf einer Ermittlung eines optimalen Wassergehaltes (z. B. Methoden nach Pfefferkorn, Cohn; im einzelnen siehe Moore und Hennicke (53)).

Hofmann, Schembra und Schatz (31) haben die Pfefferkorn-Methode zur Ermittlung der Bildsamkeit vieler natürlicher Kaoline und Tone herangezogen. Dabei finden sie für beide Stoffgruppen ganz ähnliche Plastizitätszahlen, d. h. optimale Wassergehalte für die Verformung. Dies steht zur praktischen Erfahrung in krassem Widerspruch: Es ist keramisches Grundwissen, daß Kaoline weniger plastisch sind als Tone. Weit besser spiegeln diese praktischen Erfahrungen solche Kennzahlen wider, die Auskunft geben über den Bereich des Wassergehaltes, in dem Bildsamkeit beobachtet wird. Solche Methoden wurden z. B. von Rieke und von Atterberg vorgeschlagen. Die Methode von Atterberg, beruhend auf einer Bestimmung von Fließ- und Ausrollgrenze, wird vorzugsweise in der Bodenmechanik und -kunde angewendet (s. auch Kap. 8.1.2).

Mehr Informationen über die Bildsamkeit liefert eine von Linseis (48) vorgeschlagene Methode. Bei ihr werden der Druck zum Pressen eines Strangs durch eine Düse – als Maß für den Anlaßwert – und die Zerreißfestigkeit dieses Strangs gemessen. Zugrunde liegt die Idee, daß ein bildsamer Rohstoff mit der passenden Wassermenge ein ausgewogenes Verhältnis von Anlaßwert und Zusammenhalt der Teilchen haben soll.

Eine von Dietzel (20) vorgeschlagene Prüfmethode lehnt sich an Pfefferkorn an, berücksichtigt aber auch den Grad der rißfreien Deformation.

Messungen der Bildsamkeit, die mehr vom Wesen dieser Eigenschaft ausgehen, haben Astbury und Mitarbeiter (2) durchgeführt. Sie bestimmen in einem Scherversuch die erforderliche Kraft für eine gegebene Verformung und deren zeitliche Änderung bei mehrfacher Wiederholung des Scherprozesses.

Pels Leusden (57, 58) betont die Bedeutung des Anlaßwertes für die plastische Formgebung und sieht als wichtigsten Faktor die Abhängigkeit des Anlaßwertes von einem auf dem Rohstoff bzw. der Masse lastenden hydrostatischen Druck an (Abb. 7.8): Bei hochplastischen Rohstoffen – hier Ton Alsdorf – ist der Anlaßwert praktisch unabhängig vom hydrostatischen Druck und erstreckt sich auch noch

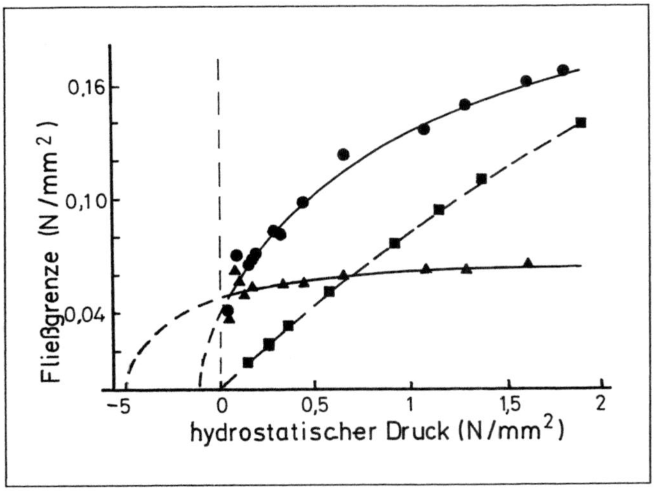

Abb. 7.8. Fließgrenze verschiedener Tone und unplastischer Rohstoffe in Abhängigkeit von einer hydrostatischen Druckbeaufschlagung; • Lehm Kray, ■ kalziniertes Tonerdepulver, ▲ Ton Alsdorf. (Nach 57)

in den Zugbereich. Bei weniger plastischen Tonen, z. B. Lehm Kray, oder gar bei der unplastischen Tonerde bewirken die beim Formungsprozeß unvermeidlichen Änderungen in der Beaufschlagung mit Scherkräften und das Auftreten von Zugkräften eine Bildung von Rissen im Körper. Als Meßmethode wird die Auspreßkraft des feuchten Tons im Parallelplattenplastometer in Abhängigkeit vom Plattenabstand ermittelt.

Aus dem Pfefferkorn-Versuch, d. h. aus der Stauchung eines feuchten Prüfkörpers durch eine herabfallende Platte unter standardisierten Bedingungen, läßt sich ein Wert für die Fließgrenze σ errechnen (58):

$$\sigma = 7 \left(\frac{h}{H-h}\right)^{0,83} \tag{7.3}$$

H = ursprüngliche Höhe des Prüfkörpers
h = Höhe des gestauchten Prüfkörpers

Der Faktor 7 ist dimensionsbehaftet. Er ist berechnet für die standardisierten Bedingungen des Pfefferkorn-Versuchs (Masse der Fallplatte, Fallhöhe, Abmessungen des Prüfkörpers).

Die Verformungsbelastung wird im Pfefferkorn-Versuch bei vergleichsweise niedrigen hydrostatischen Drücken ermittelt. Diese liegen weit niedriger als die, die in keramischen Verarbeitungsmaschinen, z. B. in Extrudern, tatsächlich auftreten. Da σ mit steigendem hydrostatischen Druck meist mehr oder weniger ansteigt (vgl. Abb. 7.9), rechnet man für praktische Bedürfnisse für die Ermittlung eines Anlaßwertes aus dem Pfefferkorn-Versuch besser mit einem Faktor 9 in der obigen Formel.

Die Bildsamkeit ist an die Gegenwart plättchenförmiger Minerale und an deren Kristallitgröße gebunden. Schichtsilicate haften fest aneinander, wenn die Porenräume mit Wasser gefüllt sind. Bei scherender Beanspruchung lassen sich aber die Plättchen auf den Wasserschichten gegeneinander verschieben. Quellfähige Minerale verbessern deshalb die Bildsamkeit der Tone und Kaoline. Eine Trennung der Plätt-

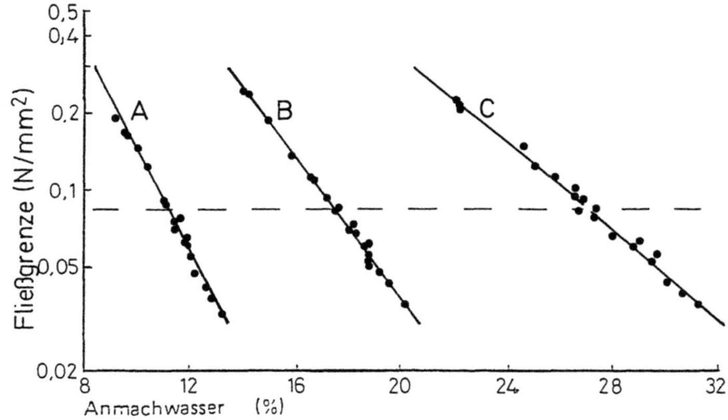

Abb. 7.9. Abhängigkeit der Fließgrenze σ (aus der Stauchung im Pfefferkorn-Versuch) vom Anmachwassergehalt einer verschieden stark gemagerten Masse. A 17 % < 2 µm; B 36 % < 2 µm; C 59,5 % < 2 µm. (Nach 58)

chen wird durch die hohe Oberflächenspannung des Wassers in den Porenräumen und die dort auftretenden Kapillarkräfte verhindert. Die höhere Bildsamkeit der Tone im Vergleich zu den Kaolinen ist einerseits auf deren feinere Teilchengröße, andererseits auf die praktisch immer höheren Anteile an quellfähigen Schichtsilicaten zurückzuführen.

Beim Preßverfahren treten die spezifischen Eigenschaften der Schichtsilicate in den Hintergrund. Die geringen Wassermengen unterstützen vornehmlich die Adhäsion der Teilchen untereinander, die im übrigen von der Zahl der Kontaktstellen der Teilchen untereinander und damit von der Teilchengröße abhängt. Die Bildsamkeit gewinnt mit zunehmendem Feuchtigkeitsgehalt Bedeutung und verhindert das Auftreten von Scherrissen bei Scherbewegungen in der verdichteten Masse. Eine Trokkenpressung mit höchstens zwei oder drei Prozent Feuchtigkeit hat nur beim Speckstein mit seiner natürlichen Gleitfähigkeit der Teilchen untereinander Bedeutung. Andere tonhaltige Massen lassen sich mit so niedrigen Wassergehalten nur verpressen, wenn sie organisch plastifiziert sind.

Die Packungsdichte der verdichteten Teile ist bei polydispersen Systemen höher als bei monodispersen. Hartstoffe mit ihrer gegenüber den Schichtsilicaten meist größeren Teilchengröße wirken sich deshalb günstig aus, ob sie nun im Schluffanteil der Tone von Natur aus vorhanden sind, oder ob sie bei der Massenaufbereitung bewußt eingeführt werden.

7.4 Trocknung

Beim Trocknen wird das für die Formgebung erforderliche Wasser ausgetrieben, bevor der Rohscherben zum Brennen in den Ofen gelangt. Die Verdunstung des Wassers erfolgt an der Oberfläche, wohin es durch die Poren des Rohscherbens transportiert wird. Die Strömungsgeschwindigkeit ist dabei nach dem Hagen-

Poiseuilleschen-Gesetz proportional zur vierten Potenz des Porenradius und ist deshalb in den feinen Kapillarporen zwischen den plättchenförmigen Tonmineralteilchen nur sehr gering. Plastische Tone sind deshalb nur schwierig zu trocknen. Noch schwerer ist das Wasser aus den Zwischenschichten quellfähiger Tonminerale zu entfernen. Dieses Wasser tritt erst in den allerletzten Phasen der Trocknung aus, wenn die Trockenschwindung scheinbar schon längst beendet ist; wegen der mit der Trocknung verbundenen Volumenänderung der quellfähigen Minerale kann es zur Bildung von Trocknungsrissen kommen. Besonders trocknungsempfindlich sind Ziegeltone mit ihren häufig beträchtlichen Anteilen an quellfähigen Mineralen (1). Durch Magerungsmittel – z. B. Quarz oder Schamotte – werden größere Poren im Gefüge geschaffen, die die Trocknung erleichtern.

Winkler (88) hat in Erkenntnis solcher Zusammenhänge in einem Korngrößendiagramm (Abb. 7.10) die optimalen Bereiche für verschiedene Ziegelprodukte angegeben, wobei die Zusammensetzung einen jeweils zweckmäßigen Kompromiß zwischen Verarbeitungs- und Trocknungseigenschaften der betreffenden Rohstoffgemische darstellt. Die Mineralzusammensetzung innerhalb der Kornfraktionen ist aber für die Anwendung dieses Diagramms von erheblicher Bedeutung, ein Gesichtspunkt, der bei der praktischen Anwendung des Winkler-Dreieckes bisweilen übersehen wird.

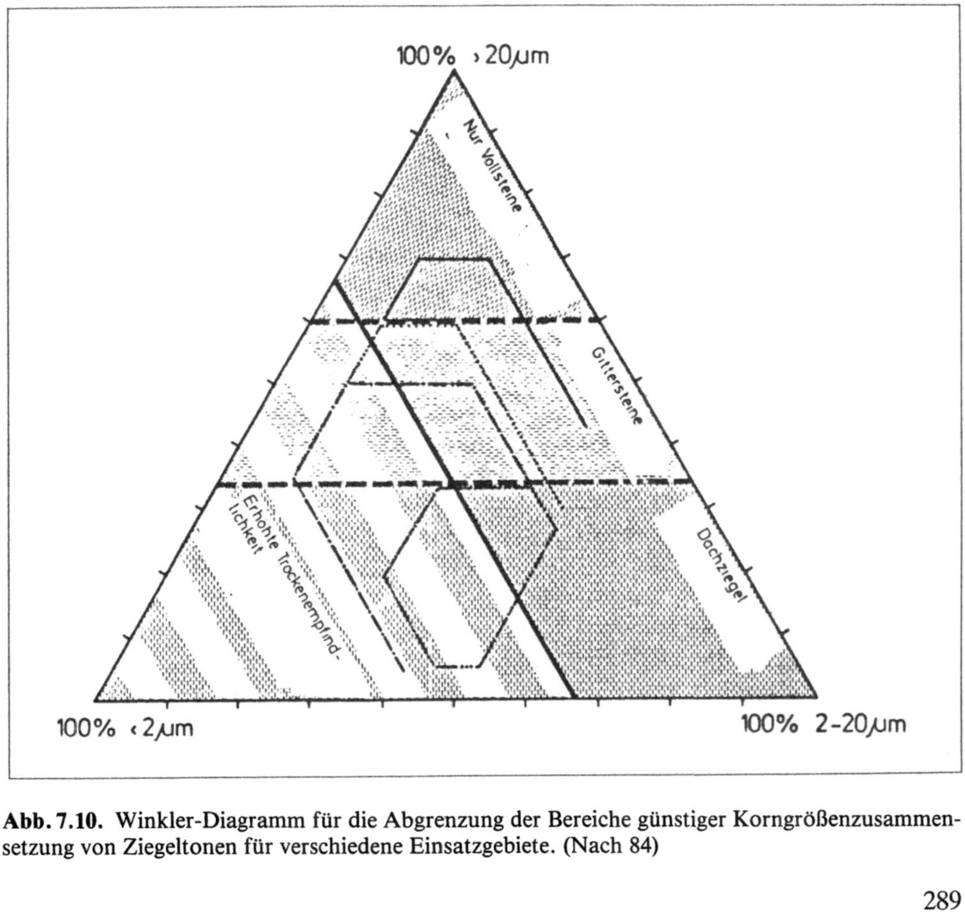

Abb. 7.10. Winkler-Diagramm für die Abgrenzung der Bereiche günstiger Korngrößenzusammensetzung von Ziegeltonen für verschiedene Einsatzgebiete. (Nach 84)

7.5 Die Vorgänge beim Brennen tonkeramischer Erzeugnisse

Eine überragende Bedeutung im keramischen Herstellungsprozeß hat der Brand: in ihm erhält der Werkstoff seine endgültigen Eigenschaften, die plastische Verformbarkeit der Masse geht verloren. Es bildet sich ein harter und thermisch stabiler Werkstoff mit technisch verwertbaren Eigenschaften. Maßgebend hierfür sind die Reaktionen beim Brennen und die sich hierbei bildenden Phasen, die ihrerseits durch die Rohstoffkombination sowie den Mineralaufbau der Rohstoffe bedingt sind.

Die Reaktionen beim Brennen lassen sich einteilen in thermische Umwandlungen der einzelnen Minerale selbst und in Reaktionen zwischen den verschiedenen Mineralarten eines Tones oder einer keramischen Masse. Die ersten Reaktionen treten vorwiegend im Temperaturbereich bis 1000 °C auf, in dem sich noch keine Schmelzphase gebildet hat. Oberhalb 1000 °C gewinnen mehr und mehr die Reaktionen zwischen verschiedenen Mineralen an Bedeutung (3).

7.5.1 Thermische Zersetzung einzelner Tonminerale

Kaolinit

Endprodukt der thermischen Umwandlung von Kaolinit ist rhombischer Mullit, $Al_6Si_2O_{13}$. Der Übergang von Kaolinit in Mullit verläuft in mehreren Stufen, die sich in der thermischen Analyse durch Effekte bei bestimmten Temperaturen erkennen lassen (Abb. 7.11): Bei etwa 500 °C werden in einer endothermen Reaktion die Hydroxidgruppen als Wasser freigesetzt. Der Massenverlust von Kaolinit mit 13,95 % entspricht der Gleichung

$$Al_2Si_2O_5(OH)_4 \longrightarrow Al_2Si_2O_7 + 2H_2O.$$

Das oberhalb 550 °C vorliegende Reaktionsprodukt wird als Metakaolinit bezeichnet. Bei etwa 950 °C tritt in der DTA ein scharfer exothermer Peak auf, gefolgt von einem weiteren breiten exothermen Peak bei etwa 1200 °C. Dieser letzte exotherme Peak ist der endgültigen Bildung von Mullit sowie von Cristobalit aus der überschüssigen Kieselsäure zuzuschreiben. In der Dilatometerkurve (Abb. 7.11) findet man bei den Temperaturen der aufgezeigten Reaktionen jeweils eine mehr oder weniger starke Schwindung.

Die Diskussion über die ablaufenden Reaktionen ist auch heute noch nicht abgeschlossen, obwohl das thermische Verhalten von Kaolinit unter allen Tonmineralen am besten untersucht ist. Hauptgrund hierfür ist, daß die Zwischenphasen der thermischen Zersetzung des Kaolinits sehr schwer zu identifizieren sind, da sie nur diffuse und schlecht zu deutende Röntgendiagramme liefern oder sogar röntgenamorph sind. Man muß deshalb andere Indizien zu ihrer Identifizierung heranziehen.

Oberhalb der Temperatur der endothermen Wasserabgabe hat sich das chemische Verhalten des Reaktionsproduktes gegenüber dem des Ausgangsmaterials völlig verändert: Während sich Kaolinit gegenüber Säuren ziemlich inert verhält, läßt sich aus dem Metakaolinit der Tonerdeanteil nahezu vollständig mit Säuren herauslösen. Die dadurch mögliche Lösung der Tonerde wird in der „rationellen Analyse" zur Ermitt-

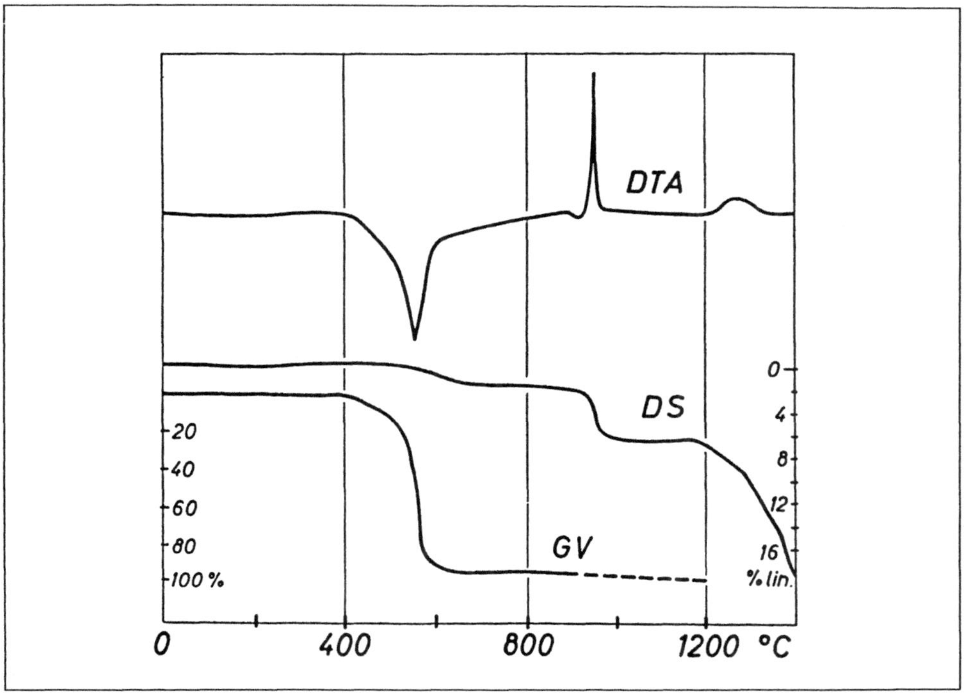

Abb. 7.11. Thermoanalytische Kurven des Kaolinits. (Nach 24)
DTA Differenzthermoanalytische Kurve. Exotherme Peaks nach oben, endotherme Peaks nach unten aufgetragen.
DS Dilatometerkurve; aufgetragen ist die Längenänderung in ‰.
GV Thermogravimetrische Kurve. Aufgetragen ist die Massenänderung bezogen auf den theoretischen Massenverlust bei der Dehydroxylierung des Kaolinits.

lung der sog. „Tonsubstanz" in Tonen und Kaolinen ausgenützt. Sie bildet darüberhinaus die Grundlage für eine Gewinnung von Tonerde aus Kaolinen und Tonen, eine Möglichkeit, die heute bei ausreichender Verfügbarkeit von Bauxiten keine technische Bedeutung hat, bei deren Verknappung aber ein schier unerschöpfliches Reservoir für die Bereitstellung von Tonerde eröffnet.

Das aufgezeigte Verhalten gegenüber Säuren hat die schon von Le Chatelier (43) postulierte Theorie begründet, daß die thermische Zersetzung des Kaolinits zu einem völligen Zerfall in Kieselsäure und Tonerde führt. Die exotherme Reaktion bei 950 °C wird durch diese Theorie als Kristallisation der Tonerde zu γ-Al_2O_3 interpretiert. Unterstützt wird dieses Postulat durch die Feststellung, daß nach Überschreiten dieser Reaktion im Röntgendiagramm, wenn auch stark diffus, Linien eines Spinells auftreten. Die Reaktion bei 1200 °C wird schließlich der Bildung von Mullit aus den freien Oxiden sowie der Kristallisation der überschüssigen Kieselsäure als Cristobalit zugeschrieben.

Obwohl dieser Reaktionsablauf eine Reihe von experimentellen Befunden zu erklären vermag, bleiben doch andere wichtige Fragen offen (11). So kann die freigesetzte Kieselsäure aus dem Metakaolin trotz des hohen Dispersionsgrades, mit dem sie bei der thermischen Zersetzung des Kaolinits anfallen muß, nur dann mit heißer Sodalösung extrahiert werden, wenn vorher die Tonerde mit Säure gelöst worden ist. Auch der scharfe Peak in der DTA bei etwa 950 °C ist mit einer Kristallisation von γ-Al_2O_3 aus einem amorphen Material nicht in Einklang zu bringen. γ-Al_2O_3 bildet sich aus gefälltem Aluminiumhydroxid bereits bei etwa 600 °C und geht bei weiterem Erhitzen in Korund über. Aus Gemischen von Kieselsäure- und Tonerdegelen entsteht beim Erhitzen unmittelbar Mullit ohne Zwischenprodukte. In jedem Fall müßte die postulierte Kristallisation einen breiten Peak ergeben, wie er bei 1200 °C zu beobachten ist. Schließlich ist zu beachten, daß der thermische Abbau des Kaolinits topotaktisch erfolgt; zwischen Ausgangsmaterial, allen Zwischenphasen und Endprodukt bestehen Orientierungsbeziehungen. Dies ist bei Annahme eines völligen Zerfalls nicht zu erwarten.

Alle diese Argumente haben Brindley und Nakahira (11) veranlaßt, eine neue Theorie des thermischen Abbaus des Kaolinits zu entwickeln, die viele dieser Befunde zu deuten vermag. Ihre Theorie übernimmt die schon früher entwickelte Vorstellung, daß bei der Dehydroxylierung viele Strukturelemente des Kaolinits erhalten bleiben. Insbesondere wird das pseudohexagonale Grundgerüst aus [SiO_4]-Tetraedern nicht verändert, wie mittels Einkristalluntersuchungen festgestellt wurde. Verloren geht die Periodizität senkrecht zu den Schichten. Im Metakaolinit ist deshalb bei intakter [SiO_4]-Tetraederschicht nur die [$Al(O,OH)_6$]-Oktaederschicht verändert. Durch die Abspaltung der Hydroxidgruppen gehen die Aluminiumionen in eine tetraedrische Koordination über (Abb. 7.12). Die Atomanordnung in den Schichten läßt sich durch die Folge – $\{O_6\,Si_4\,O_6\,Al_4\,O_2\}$ – beschreiben. Aus Dichtewerten errechnen Brindley und Nakahira einen mittleren Netzebenenabstand von 6,30 Å in Richtung c_0. Elektronenbeugungsuntersuchungen von Radczewski und Schädel (61) an Ultramikrotomschnitten von gebrannten Kaolinen haben d_{001}-Werte zwischen 5,56 und 6,85 Å ergeben. Der Mittelwert mit 6,41 Å liegt dicht bei dem aus Dichtemessungen abgeleiteten Wert. Die starke Schwankung der Einzelwerte erklärt, daß in Röntgenaufnahmen keine ($hk0$)- und ($00l$)-Reflexe gefunden werden können.

Beim Erhitzen des Metakaolinits auf Temperaturen oberhalb 950 °C bildet sich eine kubische Spinellphase, wiederum in guter Orientierung zur Ausgangsstruktur, wie auch elektronenmikroskopische Aufnahmen belegen (18, 19). Die Raumdiagonale [111] steht nach dieser Theorie (11) senkrecht zur (001)-Ebene des ursprüngli-

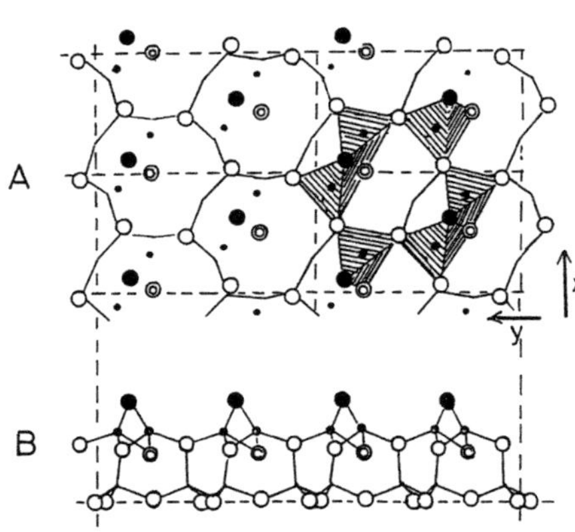

Abb. 7.12. Strukturmodell des Metakaolinites (Nach 11) · Aluminiumionen, ○ ◎ ● Sauerstoffionen auf verschiedenen Gitterplätzen
A Projektion auf die Fläche (001)
B Projektion entlang der Richtung [100]

chen Kaolinits, und die Flächendiagonale [110] des Spinells liegt parallel zur b-Achse des Ausgangskaolinits. Die Gitterkonstante a_0 wurde mit 7,886 Å geringfügig kleiner bestimmt als die des γ-Al_2O_3, wobei die Differenz als reell angesehen wird. Zur Erklärung dieser Spinellphase postulieren Brindley und Nakahira (11) das Auftreten eines Al-Si-Spinells, bei dem längs der [111]-Achse Al^{3+}- und Si^{4+}-belegte Schichten alternierend aufeinanderfolgen. Gegenüber einem Spinell bekannter Zusammensetzung müssen in den mit Al^{3+}-Ionen besetzten Schichten bestimmte Strukturplätze frei bleiben, so daß sich eine Formel $Si_{24}Al_{32}\square_{16}O_{96}$ ergibt ($\square$ = unbesetzter Gitterplatz). In dieser hypothetischen Spinellstruktur belegen die Siliciumionen Tetraederplätze, während die Oktaederplätze teilweise von Aluminiumionen besetzt und teilweise leer sind. Die Existenz unbesetzter Strukturplätze in Spinellen ist bekannt, z. B. im γ-Al_2O_3 oder im γ-Fe_2O_3. Die im postulierten Al-Si-Spinell ungewöhlich hohe Zahl von Leerstellen erklärt die nur geringe Stabilität und seine leichte Umwandlung in Mullit bei weiterer Erhöhung der Brenntemperatur.

Die angenommene Formel des Al-Si-Spinells entspricht $Al_4Si_3O_{12}$. Es ergibt sich gegenüber dem Metakaolinit $Al_4Si_4O_{14}$ eine Abweichung um eine Formeleinheit SiO_2. Die Umwandlung von Metakaolinit in den Al-Si-Spinell muß demnach von einer Freisetzung der Kieselsäure begleitet sein. Noch mehr Kieselsäure wird bei der Umwandlung in Mullit bei weiterem Erhitzen freigesetzt.

Oberhalb etwa 1200 °C geht der Al-Si-Spinell in Mullit, die stabile Hochtemperaturphase, über. Der von Brindley und Nakahira vermutete topotaktische Ablauf auch dieser Reaktion konnte von von Gehlen (27) durch Röntgentexturuntersuchungen bestätigt werden; die (111)-Ebene des Spinells bleibt hiernach als (310)-Ebene des Mullits erhalten.

Unabhängig von der noch zu diskutierenden Frage, ob die Theorie von Brindley und Nakahira der Überprüfung durch weitere Untersuchungen standhält, bedarf die Art der Reaktion bei etwa 950 °C noch einer besonderen Erörterung. Mit der ursprünglich diskutierten Keimbildung bei der Bildung einer neuen Phase läßt sich die beobachtete exotherme Reaktion in einem engen Temperaturintervall von nur 15 K nicht erklären. Über die Keimbildung hinaus konnte kein Kristallwachstum gefunden werden. Die Keimbildung erfordert aber einen Energieaufwand, und erst das nachfolgende Kristallwachstum könnte die Energie liefern, die sich in der DTA als exothermer Peak äußert. Die Interpretation des Peaks als Keimbildung und Kristallisation wird dabei besonders fragwürdig im Vergleich mit der Kristallisation von Mullit und Cristobalit bei etwa 1200 °C. Obwohl hier das Ausmaß der Kristallisation sicher weit größer ist, verursacht sie einen exothermen Effekt von nur etwa 40 J/g, verglichen mit 85 – 250 J/g bei 950 °C. Auch Fremdbeimengungen, die als Flußmittel wirken, zeigen nicht den erwarteten Effekt. Ein Zusatz von Flußmitteln bewirkt

a) bei der exothermen Reaktion bei etwa 1200 °C eine erhebliche Verlagerung der Reaktion zu tieferen Temperaturen ohne Änderung ihrer Gesamtintensität, aber unter Einengung ihres Temperaturintervalls,
b) bei dem exothermen Effekt bei etwa 950 °C eine starke Verminderung der Intensität der Reaktion unter Beibehaltung ihrer Temperatur, aber unter Ausweitung des Temperaturbereiches, in dem sie abläuft.

Nur die im Fall a) beobachteten Wirkungen des Flußmittels entsprechen der Erwartung, wenn man eine Keimbildung und Kristallisation als Ursache des Effekts annimmt. In diesem Fall erhöht der Flußmittelzusatz die Ionenbeweglichkeit, wodurch die Reaktion beschleunigt wird und früher abläuft, aber in ihrer Intensität nicht verändert wird.

Alle diese Argumente haben Freund (24) veranlaßt, für die Deutung der Reaktion bei 950 °C bei der thermischen Zersetzung des Kaolinits einen neuen Reaktionstyp einzuführen, den er „Reaktion des aktiven Zustandes“ nennt. Er geht davon aus, daß bei der Dehydroxylierung des Kaolinits die Schichten zunächst weitgehend in ihrer ursprünglichen Anordnung erhalten bleiben und sich nicht sofort dicht zusammenlagern (Abb. 7.13). Die große innere Oberfläche des Metakaolinits bewirkt dessen hohen Energieinhalt. Beim Erhitzen dieser „aktiven“ Phase bricht bei einer bestimmten Temperatur das labile Strukturgerüst schlagartig zusammen, wobei die Beseitigung der inneren Oberfläche die hohe nach außen abgegebene Wärmemenge begründet. Die starke, plötzliche Schwindung, mit der die Reaktion verknüpft ist, spiegelt die Volumenabnahme beim Verlust des aktiven Zustandes wider. Flußmittel bewirken ein vorzeitiges teilweises Einstürzen des labilen Gerüstes. Dabei geht innere Oberfläche verloren, und die Intensität der Reaktion beim Zusammenbruch des labilen Gerüstes wird vermindert. Eine Abschätzung von Freund zeigt, daß die in der DTA gemessene exotherme Wärmemenge ungefähr der beim Gerüsteinsturz verschwindenden Oberflächenenergie entspricht.

Ungeachtet der oben angeführten Argumente deuten Nicholson und Fulrath (55) den Effekt wieder als Keimbildungs- und Kristallisationsenergie. Ein Vergleich mit theoretischen Berechnungen der Kristallisationsenergien verschiedener Phasen zeigt allerdings, daß es sich weder um eine Kristallisation von Mullit ($\Delta H = -1407$ kJ/mol) noch die eines Spinells ($\Delta H = -153$ kJ/mol) handeln kann. Die Größe des Effektes mit $\Delta H = -40$ kJ/mol entspricht am ehesten einer Kristallisation von Quarz ($\Delta H = -30$ kJ/mol). Mackenzie (51) wendet hiergegen ein, daß bei der ge-

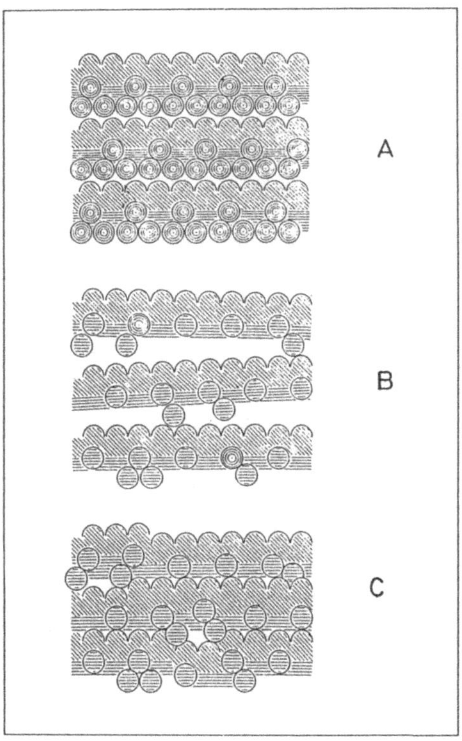

Abb. 7.13. Halbschematische Darstellung der Strukturen von Kaolinit (A), Metakaolinit (B) und Spinellphase (C) im Schnitt senkrecht zur Plättchenebene des Kaolinits. (Nach 24)

gebenen Temperatur eine Kristallisation von Cristobalit wahrscheinlicher wäre. In dem oberhalb der exothermen Reaktion gebrannten Kaolin konnte jedoch keine der Modifikationen des Siliciumdioxids nachgewiesen werden.

Die Theorie von Brindley und Nakahira für den Übergang von Kaolinit in Mullit und die Existenz eines Al-Si-Spinells ist mehrfach durch weitere Untersuchungen überprüft worden. Hierzu diente beispielsweise die Überprüfung der Koordinationszahl der Aluminiumionen in den Übergangsphasen. Die hypothetische Struktur des Al-Si-Spinells würde eine Sechserkoordination erfordern. Aus der genauen Lage der Al-K_{α}-Linie wurde abgeleitet, daß beim Übergang von Kaolinit in Metakaolinit Al^{3+} tatsächlich von oktaedrischer in tetraedrische Koordination gelangt (10, 45). Die Verschiebungen der Al-K_{α}-Linie bei weiterem Erhitzen sind allerdings nicht eindeutig zu interpretieren, da neben der Koordinationszahl auch die Bindungsabstände der Al^{3+}-Ionen zu den benachbarten Sauerstoffionen die Linienlage beeinflussen. Aus diesem Grund bezweifelt Leonard (45) die von Brindley und McKinstrey (10) postulierte Rückkehr des Al^{3+} in Oktaederkoordination beim Übergang in die Spinellphase. Unter Berücksichtigung des Einflusses einer Verzerrung des Koordinationspolyeders hält er γ-Al_2O_3 als Zwischenphase für wahrscheinlicher als einen Al-Si-Spinell. Die starke Fehlordnung der Spinellphase wird auch von Brindley und McKinstrey nicht bestritten. Sie weisen vielmehr darauf hin, daß die Spinellphase um so mehr fehlgeordnet ist, je geringer der Ordnungsgrad im ursprünglichen Kaolinit war.

Mehrfach sind Infrarotspektren zur Überprüfung der Koordinationsverhältnisse in den thermischen Zersetzungsprodukten des Kaolinits herangezogen worden (56, 25, 59). Die einer [AlO_4]-Gruppe zuzuschreibenden IR-Banden verschwinden nicht, wenn mit anderen Methoden die Bildung eines Spinells aus dem Metakaolinit nachgewiesen werden kann. Umgekehrt wurden keine Banden gefunden, die für sechsfach koordinierte Aluminiumionen sprechen.

Percival et al. (59) extrahierten aus einem bei 950 °C geglühten Kaolinit die Kieselsäure mit Natronlauge und fanden, daß im Extraktionsrückstand die den Si-O-Bindungen zugeschriebenen IR-Banden verschwinden, während die den [AlO_4]-Tetraedern zuzuordnenden IR-Banden verstärkt auftreten. Somit sprechen die IR-Untersuchungen eher für γ-Al_2O_3 als für den von Brindley und Nakahira postulierten Al-Si-Spinell als Zwischenphase der thermischen Umwandlung des Kaolinits. In all diesen Arbeiten wird allerdings die Bildung kleiner Mengen eines Al-Si-Spinells neben γ-Al_2O_3 keineswegs ganz ausgeschlossen. Auch Elektronendichtemessungen sprechen eher für γ-Al_2O_3 als für den Al-Si-Spinell von Brindley und Nakahira (45).

Unter dem Eindruck all dieser Argumente hat Brindley (4) später nicht mehr ausgeschlossen, daß die Umwandlung des Kaolinits in Mullit beim Erhitzen doch über einen völligen Zerfall in die freien Oxide abläuft. Die wiederholt belegte Orientierungsbeziehung zwischen Kaolinit und seinen thermischen Umwandlungsprodukten wäre dann als eine orientierte Keimbildung neuer Phasen auf bestimmten Gitterebenen der Ausgangsphase mit nachfolgendem Kristallwachstum zu deuten.

Untersuchungen von Chakraborty und Ghosh (13, 14, 12, 15, 16) belegen doch die Existenz eines Al-Si-Spinells. Die Autoren haben gebrannte Kaoline mit 10 %iger Natronlauge im siedenden Wasserbad extrahiert. War der Kaolin unterhalb 960 °C, der Temperatur des exothermen Peaks, gebrannt worden, so ließ sich kaum Kieselsäure herauslösen. Bei höher erhitzten Kaolinen gelang es, 35 bis 37 % des Materials in Lösung zu bringen, das offenbar dann als amorphe Kieselsäure vorgelegen hatte.

Die restliche Kieselsäure ließ sich nicht extrahieren. Die gelöste Menge entspricht genau dem Anteil, der bei einer Reaktion

$$3\ Al_2Si_2O_7 \longrightarrow Al_6Si_2O_{13} + 4\ SiO_2$$

als Kieselsäure freigesetzt würde. Im Lösungsrückstand lag ein Al-Si-Spinell vor, der sich bei 1200 °C in Mullit überführen ließ.

In Versuchen mit Gelen aus Aluminiumoxid und Kieselsäure bildete sich bei 980 °C in einer spontanen, exothermen Reaktion ein Spinell der Zusammensetzung $Al_6Si_2O_{13}$, der bei 1200 °C in Mullit überging. Überschüssige Kieselsäure blieb stets als amorphe Phase erhalten, die mit Natronlauge gelöst werden konnte. Bei der Mullitbildung kristallisiert sie als Cristobalit. Überschüssige Tonerde bildete γ-Al_2O_3, das nachfolgend in Korund überging.

Der Al-Si-Spinell wird bei intensiver Einwirkung von Natronlauge angegriffen unter Bildung eines Zeoliths. Dieser wird nachfolgend bei langer Behandlung mit Natronlauge zersetzt, wobei Kieselsäure in Lösung geht und χ- oder $\varkappa$-Al_2O_3 entsteht (16). Dies erklärt auch die Ergebnisse von Sonuparlak et al. (83), die die Extraktion gebrannter Kaoline bei höherer Temperatur vorgenommen und dabei eine weitgehende Lösung der Kieselsäure festgestellt hatten.

Gelegentlich wird bei der exothermen Reaktion bei 980 °C auch die unmittelbare Bildung von rhombischem Mullit beobachtet. Dies scheint von der Vorgeschichte – Art des Kaolins bzw. *p*H-Bedingungen – bei der Gelbildung abzuhängen.

Die Diskrepanz hinsichtlich der Koordinationszahl der Aluminiumionen läßt sich in der Weise klären, daß ein Teil der Al^{3+}-Ionen im Metakaolinit etwa ab 600 °C durch Platzwechselvorgänge in Sechserkoordination überzugehen beginnt. Bei 1000 °C wird ein Gleichgewicht mit 58 % Al^{3+}(IV) und 42 % Al^{3+}(VI) erreicht (Abb. 7.14).

Alle diese Ergebnisse deuten darauf hin, daß der von Brindley und Nakahira (11) vorgeschlagene Reaktionsmechanismus im Prinzip doch richtig ist. Er ist allerdings dahingehend zu korrigieren, daß der bei der exothermen Reaktion bei etwa 980 °C entstehende Al-Si-Spinell eine kubische Modifikation des Mullits $Al_6Si_2O_{13}$ ist. Damit werden die Einwände entkräftet, die gegen das Konzept von Brindley und Nakahira (11) vorgebracht worden sind.

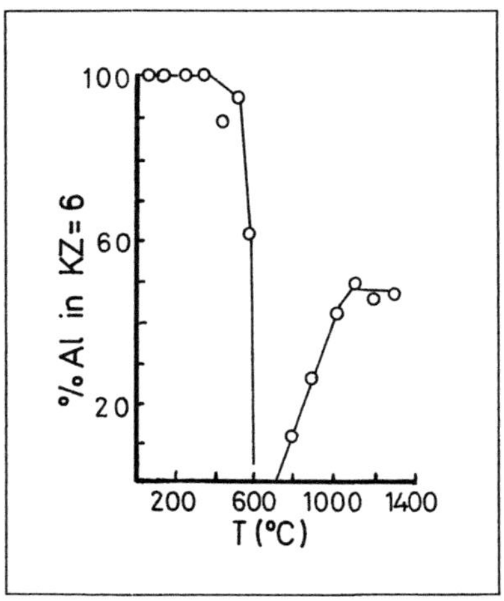

Abb. 7.14. Anteil der Al^{3+}-Ionen in Sechserkoordination im Kaolinit nach einem Brand bei verschiedenen Temperaturen. (Nach 14)

Die Kinetik der Reaktion bei 980 °C ist sehr empfindlich von den Versuchsbedingungen abhängig, z. B. vom Wasserdampfpartialdruck, der Teilchengröße und dem Ordnungsgrad des Ausgangsmaterials. Auch Mineralisatoren haben auf die Umwandlungsreaktionen erheblichen Einfluß. Hinsichtlich ihrer Wirksamkeit bei der exothermen Reaktion bei 980 °C unterscheiden Lemaître et al. (44) drei Gruppen von Mineralisatoren: Ohne Einfluß auf das Reaktionsprodukt sind Alkaliionen, sie beschleunigen lediglich die Umwandlung. Die Bildung einer Spinellphase wird durch Mg^{2+} und Zn^{2+} begünstigt. Cu^{2+} und Ca^{2+} fördern dagegen eine unmittelbare Kristallisation von Mullit und Cristobalit. Eine Sonderstellung nimmt Ba^{2+} ein, da es zur Bildung von Celsian Anlaß gibt. Aus der Wirkung der Mineralisatoren schließen Lemaître et al. (44), daß die exotherme Reaktion eine Überlagerung mehrerer nebeneinander ablaufender Reaktionen ist. Diese Reaktionen müssen aber miteinander gekoppelt sein, da nie eine stärkere Verschiebung oder eine Aufspaltung der DTA-Peaks beobachtet werden konnte.

Der starke Einfluß der äußeren Bedingungen auf den Reaktionsablauf und das entstehende Zersetzungsprodukt wird auch durch Untersuchungen von Range, Weiss und Mitarbeiter (63, 64, 65) deutlich. Je nach Temperatur und Druck und deren zeitlicher Aufrechterhaltung entstehen unterschiedliche Produkte bei der thermischen Entwässerung des Kaolinits. Der unter Normalbedingungen entstehende Metakaolinit wird als Metakaolinit I bezeichnet. Da Fehlordnungsgrad und Fehlstellenkonzentration in weiten Grenzen schwanken können, handelt es sich nicht um eine definierte Abbaustufe, sondern um eine Abbaureihe. Durch sehr langes Erhitzen oberhalb 600 °C geht die zweidimensionale Fehlordnung verloren, und es entsteht der amorphe Metakaolinit II. Weiterhin gibt es zwei Hochdruckphasen: Metakaolinit III bildet sich zwischen 100 und 150 kbar, Metakaolinit IV oberhalb 150 kbar. Sie unterscheiden sich durch ihr Verhalten beim Erhitzen: Aus Metakaolin III scheidet sich Quarz in einer topotaktischen Reaktion aus, Metakaolin IV geht unmittelbar in Mullit über.

Der Brand keramischer Produkte erfolgt praktisch immer unter Bedingungen, bei denen die Stufe des Mullits erreicht wird. Die morphologischen Änderungen des Kaolinits beim Brennen gehen den beschriebenen kristallographischen Umwandlungen allerdings nicht streng parallel. Schon die ersten Untersuchungen dieser Vorgänge mit dem Elektronenmikroskop (21, 22) haben erkennen lassen, daß noch lange nach Beeendigung der kristallographischen Umwandlung die Plättchenform des Kaolinits erhalten bleibt. Dies wurde in vielen seitherigen Arbeiten bestätigt (Abb. 7.15) (77, 40, 82). Pseudomorphosen von Mullit nach Kaolinit findet man auch in Mehrstoffsystemen mit Feldspat, Quarz oder Illit und damit auch in Keramikwerkstoffen (72, 74, 52). Erst nach intensiver Einwirkung thermischer Energie durch Erhöhung der Temperatur bzw. Verlängerung der Brenndauer tritt Umkristallisation zu den idiomorphen Nadeln des Mullits ein. Schüller (72, 74) hat – ähnlich wie früher Lohre und Urban (49) bei Feuerfestprodukten – die Pseudomorphosen von Mullit nach Kaolinit als Primärmullit, die idiomorphen Nadeln als Sekundärmullit bezeichnet. Man findet auch andere Definitionen für Primär- und Sekundärmullit (17, 82). Eine weitergehende Differenzierung verschiedener Erscheinungsformen, wie sie gelegentlich vorgeschlagen worden ist (41, 80, 42), erscheint nicht unbedingt notwendig, da es sich um Übergangsformen von Primär- in Sekundärmullit handelt.

Viele Beobachtungen sprechen dafür, daß die Umkristallisation von Primär- und Sekundärmullit jeweils dann eintritt, wenn die Temperatur des niedrigsten Eutek-

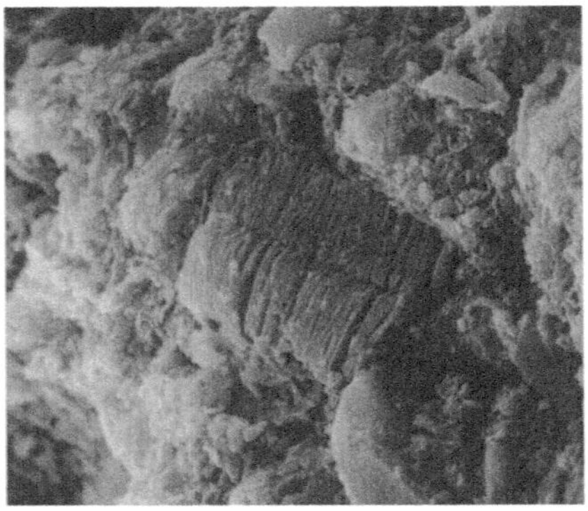

Abb. 7.15. Pseudomorphosen von Mullit nach Kaolinit, „Geldröllchen-Stapel“ im Kaolin von Burela, Spanien, nach einem Brand bei 1300 °C. Die feinteilige Grundmasse ist schon weitgehend zusammengesintert. Vergrößerung 3000fach. (Nach 38)

tikums in dem jeweiligen System überschritten worden ist und sich demgemäß Schmelzphase gebildet hat. Dabei genügen schon kleinste Mengen an Fremdstoffen, die als Flußmittel wirken, um erhebliche Mengen an Schmelzphase entstehen zu lassen. Kromer und Schüller (38) haben die Faustregel aufgestellt, daß aus einem Teil Alkalioxid etwa die 20fache Menge an Schmelzphase entsteht. Bei den in handelsüblichen Kaolinen auftretenden Mengen an Alkalioxid kann es nicht überraschen, daß die Brennprodukte bis zur Hälfte ihres Phasenbestandes aus Glasphase bestehen (38). Man kann deshalb auch in Kaolinen ohne Zusätze eine Umkristallisation von Primär- in Sekundärmullit durch Mitwirkung einer Schmelzphase erwarten. Bei Kaolinen mit extrem niedrigen Gehalten an Alkalien und Eisenoxid ist Primärmullit selbst nach einem Brand bei 1400 °C noch erhalten geblieben (Abb. 7.16) (71). Gewisse Beobachtungen (z. B. 19) lassen allerdings auch den Schluß zu, daß eine erste Bildung von Mullitkeimen schon durch Festkörperreaktion eintreten kann.

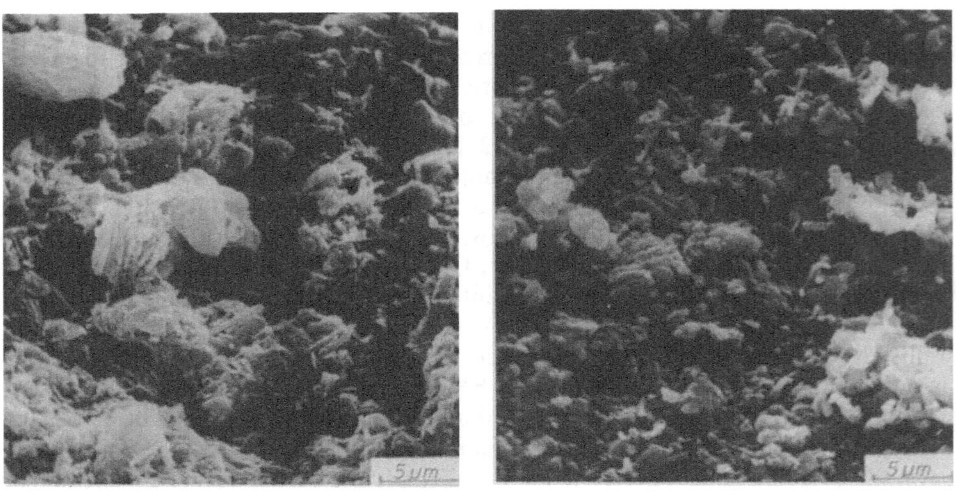

Abb. 7.16. Gefüge eines Preßkörpers des argentinischen Kaolins St. Cruz, dessen Alkalioxidgehalt bei etwa 0,1 % liegt. (Nach 71)
a) Bruchgefüge einer gepreßten Probe.
b) Bruchgefüge einer bei 1400 °C gebrannten Probe; es ist kaum Schmelzphase entwickelt, und Primärmullit ist als Pseudomorphose nach Kaolinit erhalten geblieben.

Letort (46) setzt den primären Mullit gleich dem „körnigen" Mullit, der in der Literatur wegen seiner typischen Kristallausbildung gelegentlich vom nadelförmigen Mullit unterschieden wird. Körniger Mullit bildet sich durch Reaktion im festen Zustand, nadelförmiger Mullit dagegen in Gegenwart einer Schmelze. Dies sind die gleichen Merkmale wie bei der Unterscheidung von primärem und sekundärem Mullit.

Auch Lach und Šaumann (42) beschreiben im Übergangsbereich zwischen Metakaolinit und Mullit das Auftreten einer isometrischen Zwischenphase mit einer Teilchengröße von etwa 200 nm, die sie als Primärmullit ansprechen. Der allgemeinen Erkennung entzieht sich dieser isometrische Mullit durch seine Einbettung in die gleichzeitig entstandene Glasphase, von der er erst durch Ätzen mit Flußsäure befreit werden muß. Beim weiteren Erhitzen wachsen die isometrischen Teilchen zu Mullitnadeln. Die Autoren postulieren deshalb einen kontinuierlichen Übergang von Primärmullit in Sekundärmullit.

Letort (46) sieht zwischen körnigem und nadelförmigem Mullit größere Unterschiede als nur einen verschiedenen Habitus. Er mißt insbesondere der Auflösung des körnigen Mullits in Schmelzen und seiner Kristallisation als Nadeln Bedeutung bei. Dieser Vorgang setzt jeweils bei 1150 bis 1200 °C ein. Diese unterschiedliche Löslichkeit kann man ebenso wie das Auftreten zusätzlicher Kristallflächen beim körnigen Mullit und eine Anomalie in der Dilatometerkurve zwischen 1075 und 1250 °C als Indizien für das Vorliegen einer anderen Modifikation des Mullits interpretieren. Im Lichte der neueren Untersuchungen von Chakraborty und Ghosh (14) könnte man den körnigen Mullit von Letort (46) bzw. den isometrischen Mullit von Lach und Šaumann (42) mit der kubischen Modifikation des Mullits in Zusammenhang bringen. Entsprechende Untersuchungen stehen aber noch aus.

Nicht ausgeschlossen werden kann, daß sich in den Pseudomorphosen des Primärmullits nach Kaolinit Keime bzw. kryptokristalline Kristallite bilden, die bei einer Behandlung des Brennproduktes mit Flußsäure freigelegt und dann im Elektronenmikroskop sichtbar gemacht werden können. Hierfür sprechen Untersuchungen von Nemetschek (54) und von Lundin (50) (siehe auch Abb. 7.17).

Abb. 7.17. Mullitnadeln in zwei Generationen, isoliert aus einem Quarzporzellan, gebrannt bei etwa 1250 °C (SK 8), durch Behandeln mit 2 %iger Flußsäure. Vergrößerung 15 000fach. (Transmissionselektronenmikroskopische Aufnahme, Stemag, 1963)

Dickit und Nakrit

Im Hinblick auf die dem Kaolinit ähnliche Struktur von Dickit und Nakrit ist ein ähnlicher Verlauf der thermischen Zersetzung wie dort zu erwarten. Im Falle des Nakrits konnte dies von Brindley und Hunter (7) bestätigt werden. Dickit scheint sich etwas abweichend zu verhalten: Noch bei einer Dehydroxylierung zu 75 % bleibt eine dreidimensional geordnete Struktur mit Al^{3+}-Ionen in Viererkoordination erhalten (32). Bei höherer Temperatur bildet sich eine Metaphase, deren variable Struktur von den Erhitzungsbedingungen abhängt. Ein im Bereich der Entwässerung auftretender Röntgenreflex entsprechend einem Netzebenenabstand von 14 Å, der nur bei Dickit, nicht jedoch bei Kaolinit oder Nakrit beobachtet werden kann (4), bedarf noch einer Erklärung. Für die Vorgänge beim Brennen keramischer Erzeugnisse haben die Reaktionen beim Brennen von Dickit bzw. Nakrit keine Bedeutung.

Glimmer

Verglichen mit der sehr intensiven Auseinandersetzung mit der thermischen Zersetzung des Kaolinits ist die Zahl der Arbeiten über die Phasenumwandlungen beim Brennen von Glimmern und Illiten nur mäßig groß, obwohl deren Bedeutung für die Entwicklung des Gefügeaufbaues keramischer Scherben und auch für deren Eigenschaften außer Frage steht (9). Glimmer sind zwar in reiner Form untersucht worden, sie haben aber als keramische Rohstoffe nur eine untergeordnete Bedeutung. Für die wichtigeren Illite ist es weit schwieriger, Aussagen zu erhalten. Es gibt praktisch keine reinen Illite, an denen solche Untersuchungen vorgenommen werden könnten. Die Bedeutung der Illite als Komponente in Tonen liegt darin, daß sie bei hoher Temperatur mit den anderen Tonkomponenten reagieren und Eutektika bilden. Zum anderen unterliegen gerade die Illite einer gewissen Variationsbreite in ihrer Zusammensetzung, die ihre Reaktionen beim Erhitzen nicht unerheblich beeinflußt.

Der reine Muskovit $KAl_2[AlSi_3O_{10}(OH)_2]$ liegt im System $K_2O - Al_2O_3 - SiO_2$ im Primärausscheidungsgebiet des Korunds. Im thermodynamischen Gleichgewicht sollten im gebrannten Muskovit die Mineralphasen Korund, Mullit, Leucit und Feldspat nebeneinander vorliegen; allerdings ist wegen der trägen Kristallisation entsprechender Alkali-Aluminiumsilicatschmelzen tatsächlich mit der Bildung mehr oder weniger großer Mengen an Schmelze zu rechnen.

Brindley und Maroney (8) geben an, daß aus reinem Muskovit beim Brennen unterhalb 1140 °C Leucit, Kalifeldspat und Mullit, zwischen 1140 und 1315 °C Leucit, Mullit und Schmelze und oberhalb 1315 °C Leucit, Korund und Schmelze entstehen.

Die tatsächliche Phasenzusammensetzung gebrannter Glimmer und Illite weicht aus dem angeführten Grund vielfach von dieser theoretischen Zusammensetzung ab, wie Untersuchungen an Proben unterschiedlicher Herkunft belegen. Insbesondere gilt dies für Brenntemperaturen unterhalb 1300 °C. So wird eine Schmelzphase schon in Proben beobachtet, deren Brenntemperatur noch nicht einmal 1000 °C erreicht hatte, insbesondere gilt dies für eisenreiche Glimmer (8, 17). Der theoretisch als Hochtemperaturphase zu erwartende Leucit konnte offenbar nur in einem einzigen Fall beobachtet werden (90). Auch der vorhergesagte Korund fehlt häufig in den Brennprodukten der Glimmer. In Verfolgung des letztgenannten Phänomens haben Sundius und Bystrøm (85) zeigen können, daß die Bildung von Korund stark vom

Eisengehalt des Ausgangsmaterials abhängt. In den Brennprodukten eisenarmer Muskovite findet man vornehmlich Mullit, aber kaum Korund, bei eisenreicheren Glimmern überwiegt dagegen als Reaktionsprodukt Korund gegenüber Mullit. Die ungefähre Grenze für das Auftreten des einen oder anderen Reaktionsmechanismus kann bei etwa 3 % Fe_2O_3 angenommen werden.

Chlorite

Die Dehydroxylierung der Magnesiumchlorite verläuft in zwei Stufen (5). In einer rasch ablaufenden ersten Stufe bei etwa 550 °C wird die separate Hydroxidschicht abgebaut ohne wesentliche Änderung der 2 : 1-Silicatschicht und bei nur geringer Verminderung der Basisabstände. Im Einklang hiermit werden dabei etwa 3/4 des Wassers abgegeben. Eine langsamer ablaufende Reaktion, in der auch die Hydroxidionen in der 2 : 1-Silicatschicht abgespalten werden, folgt zwischen 600 und 850 °C. Hierbei bilden sich Forsterit und Olivin. Gleichzeitig findet man Röntgenreflexe bei 27 bis 28 Å und höheren geradzahligen Vielfachen des ursprünglichen Basisabstandes (6). Es scheint, daß sich die Schichten paarweise etwas enger zusammenlagern. Obwohl einige Ansätze zur Deutung dieses Sachverhaltens bestehen (4), bedarf die Klärung weiterer Untersuchungen.

Talk

Talk gibt seine Hydroxidionen erst bei etwa 900 °C als Wasser ab. Ähnlich wie beim Metakaolinit ändern sich hierbei die chemischen Eigenschaften vollkommen: Magnesiumoxid und Kieselsäure können aus dem Metatalk – diesen Begriff haben Schüller und Stuhler (79) erst kürzlich eingeführt – mit Säure bzw. Sodalösung gelöst werden, während Talk gegenüber einem solchen Angriff inert ist (34). Der seinerzeit gezogene Schluß auf einen völligen Zerfall in die Oxide, die sich später wieder zu Magnesiummetasilicat vereinigen, hat sich als eindeutig falsch erwiesen. Die Talkschichten reißen vielmehr unter einem Winkel von 30° gegenüber der *b*-Achse der Ausgangsstruktur auf und bilden die kettenförmigen Strukturelemente des Pyroxens (26, 47, 60, 86). Etwa ab 1100 °C ordnet sich die Struktur unter Bildung von Protoenstatit, wobei die überschüssige Kieselsäure als Cristobalit kristallisiert. Eine durch Formgebung verursachte Textur des Talks überträgt sich auf das Brennprodukt (26, 78), ein Beweis für den topotaktischen Übergang des Talks in Protoenstatit. Die von Koltermann (33) als eigenständige Phase angesehene, stark gestörte Übergangsphase ist wohl eher als stark fehlgeordneter Protoenstatit anzusehen (69).

Protoenstatit ist nach Schwab (81) die oberhalb 1250 °C stabile Hochtemperaturmodifikation des Magnesiummonopolysilicates („Magnesiummetasilicates“) $MgSiO_3$. Die Umwandlung in den bei tieferer Temperatur stabilen Klinoenstatit erfolgt spontan nur bei völliger Abwesenheit von Verunreinigungen. In technischen Systemen stabilisieren Verunreinigungen den Protoenstatit, so daß er metastabil erhalten bleibt (60, 73). Als Stabilisator besonders wirksam ist Aluminiumoxid. Auch die im gebrannten Talk vorliegende überschüssige Kieselsäure verhindert eine Umwandlung von Protoenstatit. In dem aus Speckstein hergestellten keramischen Produkt, dem Steatit, findet man deshalb als Kristallphase immer den Protoenstatit.

7.5.2 Thermische Reaktionen in natürlichen Tonen und technischen Massen

Natürliche Kaoline, Tone und Tongesteine sind praktisch niemals wirklich monomineralisch, sondern mehr oder weniger komplizierte Gemische verschiedener Tonminerale, meist bei gleichzeitiger Anwesenheit von Verwitterungsresten der Ursprungsgesteine. Die Gegenwart anderer Mineralkomponenten hat Einfluß auf den Ablauf der Reaktionen beim Brennen. Es kommt zu Folgereaktionen der thermischen Zersetzungsprodukte der verschiedenen Minerale miteinander. Solche Reaktionen lassen sich anhand relevanter Zustandsdiagramme diskutieren. Dabei ist zu beachten, daß kaum jemals wirklich thermodynamisches Gleichgewicht erreicht wird. Zustandsdiagramme geben deshalb nur die Richtung solcher Reaktionen an. Darüberhinaus sind die bekannten Zustandsdiagramme gegenüber den tatsächlichen komplexen Systemen stark vereinfacht. Sie sind meist auf drei oder vier Komponenten reduziert und können deshalb die Wirkung von untergeordneten Bestandteilen und Spurenelementen grundsätzlich nicht erfassen. Solche Wirkungen können in einer Verschiebung von Gleichgewichten bestehen, sie können aber auch die Kinetik des Reaktionsablaufes beeinflussen. Unter gleichen Zeit- und Temperaturbedingungen bilden sich dann aus einer vorgegebenen Ausgangssubstanz intermediär andere Phasengemische. Eine ähnliche Wirkung hat auch der Kornaufbau des Reaktionsgemisches und die Verteilung der einzelnen Phasen auf die verschiedenen Kornklassen. Im allgemeinen lassen sich solche Wirkungen bei dem komplizierten Aufbau natürlicher Rohstoffe und technischer Massen nur abschätzen, nicht aber exakt vorherbestimmen.

Kaolinitische Tonminerale erfahren in natürlichen Kaolinen die für sie typischen Reaktionen auch in Gegenwart von untergeordneten Mineralen. Mullit ist deshalb ein üblicher Bestandteil in allen Brennprodukten kaolinithaltiger Ausgangsgemische. Dies gilt auch in keramischen Massen, denen bewußt Fluß- und Magerungsmittel zugesetzt worden sind. Die Gegenwart von Flußmitteln – sei es in Form von natürlichen Verunreinigungen der tonigen Rohstoffe, sei es in Form bewußt zugesetzter Massebestandteile – führt zur Bildung einer Schmelzphase. Hierdurch wird eine Flüssigphasensinterung toniger Rohstoffe und Massen bewirkt.

Die Schmelzphase nimmt die Kieselsäure auf, die beim Übergang von Kaolinit in Mullit freigesetzt wird. Die in kaolinitreichen und illitarmen Tonen und Kaolinen zu beobachtende Bildung von Cristobalit unterbleibt schon bei Anteilen von ca. 1 % Alkalioxid. Durch die Aufnahme der Kieselsäure erhöht sich die Viskosität der Schmelze, was sich günstig auf die Feuerstandfestigkeit der Teile im Brand auswirkt. Die Schmelzphase greift darüber hinaus den Primärmullit an und initiiert dessen Umwandlung in Sekundärmullit.

Quarz aus dem Ausgangsgemisch löst sich in der Schmelzphase bei hoher Temperatur nach und nach auf. Hierdurch wird die Viskosität der Schmelze erhöht. Die Auflösung des Quarzes kompensiert dabei mindestens zum Teil die Erniedrigung der Viskosität der Schmelzphase durch die Steigerung der Temperatur bei Fortführung des Brandes. Sie trägt damit zur Feuerstandfestigkeit keramischer Teile nicht unerheblich bei. Die Auflösung des Quarzes hat aber auch Bedeutung für die Reaktivität der Schmelze gegenüber dem Primärmullit. Nur kieselsäurereiche Schmelzen, wie sie durch eine Auflösung von Quarz entstehen, vermögen den Primärmullit in Sekundärmullit umzuwandeln. Im Kontakt mit kieselsäureärmeren Schmelzen bleibt der Primärmullit auch bei intensivem Brand erhalten (75). Die Umwandlung von primärem in sekundären Mullit ist wichtig für die Erzeugung eines Porzellans hoher Transparenz. Kieselsäurereiche Schmelzen sind ziemlich stabil und neigen – wohl infolge ihrer hohen Viskosität – kaum zur Kristallisation. Cristobalit tritt nur bei extremer Übersättigung der Schmelze mit Kieselsäure auf.

Eisenoxid scheint als Mineralisator für die Kristallisation von Cristobalit zu wirken. In Kaolinen und Tonen mit einem Anteil von 5 % und mehr Eisenmineralen kommt es zur Bildung von Cristobalit beim Brennen schon bei niedrigen Kieselsäuregehalten, bei denen die Schmelzphase ansonsten glasig erstarrt. Eisenoxid für sich allein wirkt kaum als Flußmittel, besonders bei einem Brand in oxidierender Atmosphäre. Bei Anwesenheit anderer Flußmittel, insbesondere von Alkalien, wird deren Wirkung aber durch Eisenoxid verstärkt, insbesondere in einer reduzierenden Brennatmosphäre.

Illite wirken in Tonen als Flußmittel, insbesondere, wenn zusätzlich restliche Feldspäte zugegen sind (vgl. Kap. 7.3.5). In illitreichen Tonen – mit Illit in Anteilen von mehr als 60 % – findet man die Bildung von Spinell als Hochtemperaturphase, während Mullit häufig fehlt, zumindest bei Abwesenheit von Kaolinit in dem betreffenden Ton.

In keramischen Scherben – für deren Herstellung insbesondere beim Steinzeug illitreiche Tone verwendet werden – bewirkt Illit die frühe Bildung einer Schmelzphase, die ihrerseits die Mullitbildung schon ab etwa 1000 °C verursacht (80). Die Schmelzphase bildet sich innerhalb der Primärmullitaggregate, wodurch die Pseudomorphosen nach den Schichtsilicaten verändert werden. Wahrscheinlich bilden sich schon in einem sehr frühen Stadium idiomorphe Mikrokristalle von Sekundärmullit. Schuster et al. (80) halten die Unterschiede im elektronenmikroskopischen Erscheinungsbild für so bedeutend, daß sie diesen aus Illit entstandenen Mullit als eigene Varietät interpretieren.

Die Gegenwart feinstverteilter Mullitkristalle in der Schmelzphase erhöht die Viskosität des Systems. Dies kann als Grund für das breite Brennintervall von Steinzeug und Steinzeugtonen angesehen werden (80). Die frühe Sinterung wird durch den Alkaligehalt des Illits sowie durch die als zusätzliche Flußmittel wirkenden Verunreinigungen verursacht. Nach oben hin ist das Brennintervall normalerweise durch das Erweichen des Körpers begrenzt. Dem wirken im Steinzeug die feinverteilten kristallinen Einlagerungen von Mullit entgegen, so daß hohe Standfestigkeit auch großer Teile sowie hoher Widerstand gegen eine Deformation gewährleistet sind.

Lach und Šaumann (41) heben hervor, daß in einem Steinzeugscherben eine gewisse Inhomogenität der Schmelzphase in ihrer Zusammensetzung zu erwarten ist. Sie sehen dies als Ursache für die von ihnen beobachtete unterschiedlich fortgeschrittene Entwicklung des Mullits von der isosymmetrischen zur nadelförmigen Varietät an. Ihre Untersuchungen belegen aber auch, daß diese Umwandlung in Gegenwart einer Schmelzphase erfolgt, die sich bei illitischen Tonen schon ab etwa 1000 °C bildet und deshalb eine sehr frühe Zerstörung des Primärmullits und Bildung von Sekundärmullit initiiert.

In Bentoniten ist die Sinterung durch die Anwesenheit größerer Mengen an Fremdoxiden bestimmt. Es bildet sich schon unterhalb 1000 °C Schmelzphase. Als kristalline Phasen findet man im Brennprodukt Spinell, Hämatit, Enstatit und Mullit, ferner aus der überschüssigen Kieselsäure Cristobalit. Ab 1200 °C reagieren diese Kristallphasen miteinander unter Bildung von Cordierit, dessen Menge bei 1300 °C ein Maximum erreicht. Bei weiterem Erhitzen löst er sich zusammen mit den übrigen kristallinen Phasen wieder auf. Quantitative Phasenzusammensetzung der gebrannten Produkte und Reaktionsfolge sind bei Bentoniten unterschiedlicher Herkunft nicht ganz einheitlich, wie es bei der Variationsbreite der natürlichen Bentonite auch nicht anders zu erwarten ist.

Ziegeltone haben eine stark variierende Zusammensetzung. Tabelle 7.8 gibt einen Überblick über den Einfluß verschiedener Minerale im Versatz auf einige Eigenschaften grobkeramischer Erzeugnisse. Auf den ersten Blick unerwartet ist das Verhalten einiger Minerale, die üblicherweise als Flußmittel angesehen werden, z. B. Sericit, Feldspat und Calcit (Abb. 7.18 und 7.19). Man muß hier berücksichtigen, daß bei den angewandten niedrigen Brenntemperaturen, vielfach unterhalb der eutektischen Temperaturen der relevanten Oxidkombinationen, grobes Korn eine rasche Reaktion verhindert. Die betreffenden Minerale wirken deshalb unter diesen Bedingungen als Magerungsmittel. Die Phasenbildung hängt somit auch von den Brennbedingungen, wie Aufheizgeschwindigkeit, Höhe der Brenntemperatur, Haltezeit bei Maximaltemperatur und Brennatmosphäre, ab.

Als Mineralneubildungen findet Schmidt (68) Anorthit, Gehlenit, Wollastonit und Cristobalit. Quarz aus den Rohstoffen bleibt bei den angewendeten Brenntemperaturen weitestgehend erhalten. Für die Brenneigenschaften sind Quarz und Cristobalit eher nachteilig, da sie wegen des Volumensprungs beim displaziven Übergang von der Hochtemperaturphase in die Tieftemperaturmodifikation Spannungsrisse im Mikrobereich mit all ihren nachteiligen Konsequenzen hervorrufen.

Hinsichtlich Festigkeit und Frostwiderstandsfähigkeit zeigen die Ergebnisse von Schmidt (68), daß die Bildung von Anorthit die Scherbeneigenschaften verbessert, während Gehlenit eher gegenteilig wirkt. Gehlenit kann als Indiz für einen zu schwachen Brand angesehen werden.

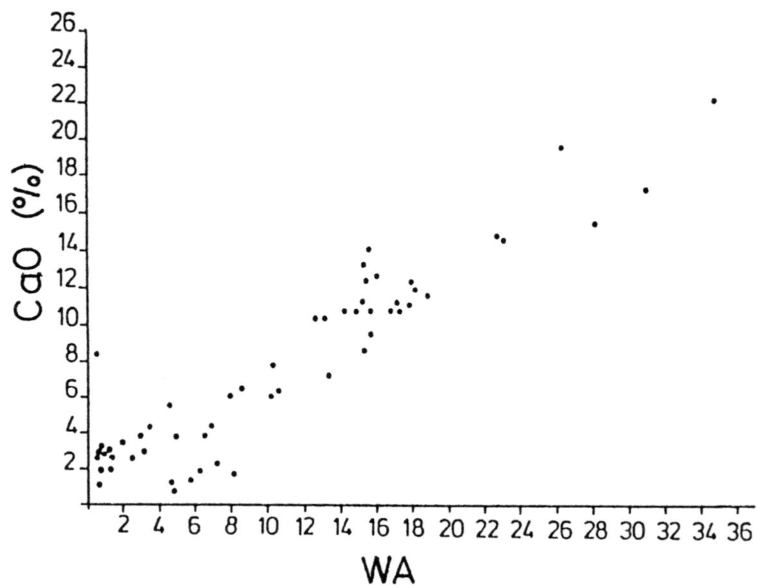

Abb. 7.18. Abhängigkeit der Wasseraufnahme (WA) gebrannter Tone (1000 °C) vom Kalkgehalt, Tongesteine der marinen Unterkreide aus dem Gebiet nördlich von Hannover. (Nach 84)

Tabelle 7.8. Einfluß verschiedener Minerale auf die Verarbeitungs- und Brenneigenschaften von Ziegelmassen. (Nach 68)

Mineral	Korngröße µm ∅	lineare Trockenschwindung % (z. B.)	Anmachwasserbedarf % (z. B.)	Plastizität/ Bindefähigkeit Texturempfindlichkeit	Trockenempfindlichkeit	Trockenbiegefestigkeit	Brennverhalten, Brennfarbe
Kaolinit	0,1 – 1,3 z. T. bis 5	5	30	erhöht geringfügig die Plastizität bei mageren Massen	vermindert	vermindert	gilt als Träger der Feuerfestigkeit, Schmelzpunkt: 1750 °C; bewirkt Verbreiterung des Sinterintervalls
Kaolinit-Fire clay	erheblich geringer als Kaolinit	6	44	erhöht in der Regel die Plastizität	vermindert	erhöht etwas	bewirkt Verbreiterung des Sinterintervalls
Halloysit	im Feintonbereich meist < 1			erhöht im allgemeinen die Plastizität mehr als Kaolinit	erhöht	erhöht bei größerem Wassergehalt stärker	wie Kaolinit
Montmorillonit	in Feintonfraktion < 2, teilweise sehr gering	15	68	erhöht wesentlich die Bindefähigkeit und somit die Plastizität: thixotrop	erhöht stark	erhöht stark	begünstigt die Scherbenverdichtung
Muskovit bzw. Glimmer	teilweise makroskopisch			vermindert die Plastizität; fördert grobblätterig die Texturbildung; wirkt magernd	vermindert	vermindert	kann den Erweichungspunkt senken
Sericit dichter, feinschuppiger Muskovit	kleiner als Muskovit	3	23	begünstigt die Texturbildung; wirkt magernd; erhöht die Fließfähigkeit	erhöht oder vermindert teilweise	vermindert	wirkt als Flußmittel; blaß braunbrennend

Tabelle 7.8. (Fortsetzung)

Mineral	Korngröße µ ∅	lineare Trocken-schwindung % (z. B.)	Anmach-wasser-bedarf % (z. B.)	Plastizität/ Bindefähigkeit Texturempfindlichkeit	Trocken-empfindlich-keit	Trocken-biege-festigkeit	Brennverhalten, Brennfarbe
Illit	in Feinton-fraktion <2, aber auch kolloidal	7 teilweise höher	42	vermittelt gute Plastizität	erhöht teilweise	erhöht	wirkt als Flußmittel; rotbrennend
Chlorit		–	–	wirkt teilweise plastizitätssenkend	erhöht oder vermindert teilweise		rot bis braunbrennend
Glaukonit		–	–	wirkt magernd			wirkt als Flußmittel; rotbrennend
Quarz	grob- bis feinkörnig z. T. bis 0,5	–	–	vermindert die Plastizität und somit die Bindefähigkeit; wirkt magernd; grobkörnig texturzerstörend	vermindert	vermindert	verbessert die Feuerstandfestigkeit; erhöht die Kühlempfindlichkeit
Feldspat Kali-, Natron- u. Kalkfeldspat	teilweise grobkristallin			vermindert die Plastizität; wirkt magernd	vermindert	vermindert	bewirkt Ausbildung der Glasphase; in Tonen bei höheren Temperaturen (ab ≈ 1080 °C) als Flußmittel; Feldspatsand erhöht die Kühlempfindlichkeit nicht

Tabelle 7.8. (Fortsetzung)

Mineral	Korngröße µ ∅	lineare Trocken-schwindung % (z. B.)	Anmach-wasser-bedarf % (z. B.)	Plastizität/ Bindefähigkeit Texturempfindlichkeit	Trocken-empfindlich-keit	Trocken-biege-festigkeit	Brennverhalten, Brennfarbe
Carbonate: Calcit Dolomit Ankerit Siderit	z. T. makro-skopisch	–	–	wirken magernd	vermindern	vermindern	wirken farbregulierend; Kalk wirkt in kleinen Mengen in Lehmen mit Eisenoxid als Flußmittel; Kalk und Dolomit verschieben Scherbenverfestigung ab bestimmten Anteilen zu höheren Temperaturen hin
Eisenoxide: Hämatit Magnetit Maghemit Goethit Lepidokrokit	zumeist kolloidal	–	–	–	–	–	wirken in reduzierender Atmosphäre als starkes Flußmittel, in oxidierender Brennatmosphäre zumeist rotbrennend, in reduzierender dunkelbraun bis schwarz
Pyrit bzw. Markasit	teilweise makroskopisch	–	–	–	–	–	können nach reduzierendem Brand braune Flecken hinterlassen
Gips	z. T. makro-skopisch	–	–		–	–	

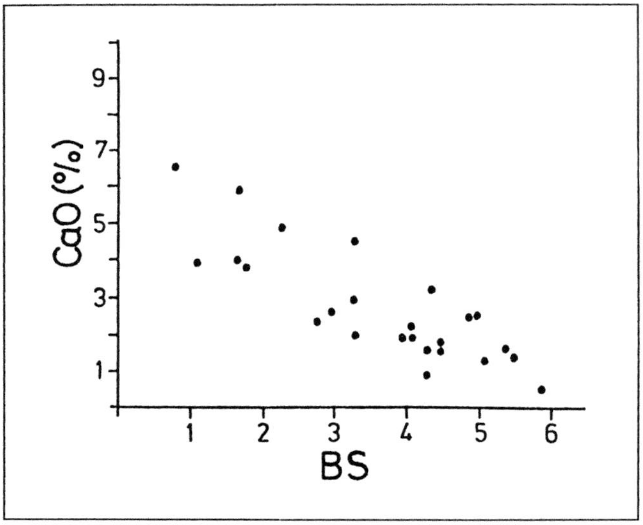

Abb. 7.19. Abhängigkeit der linearen Brennschwindung (BS) bei 1080 °C von Ziegeltonen vom Kalkgehalt, Jura-Tongesteine aus dem Gebiet nördlich von Osnabrück. (Nach 84)

Die aufgezeigten Zusammenhänge zwischen Reaktionen während des Brennvorganges, Phasenneubildungen und Eigenschaften können nur als Richtlinie gewertet werden. Bei der breiten Fülle verschiedener Ziegelrohstoffe lassen sich die Reaktionen beim Brennen sowie die Entwicklung von Gefüge und Eigenschaften nicht generell beschreiben, sondern nur in Tendenzen anhand einzelner Beispiele aufzeigen.

Literatur

1. Ackermann C, Gauglitz R, Hennicke HW (1964) Das Bourry-Diagramm und die Trockenschwindung trocken verpreßter Massen. Abh IX Intern Keram Kongr, Brüssel 1964, S 115 – 123
2. Astbury NF, Moore F, Lockett JA (1966) A cyclic torsion test for the study of plasticity. Trans Brit Ceram Soc 65: 435 – 462
3. Brindley GW (1973) The world of clays and clay minerals. Am Ceram Soc Bull 52: 892 – 895
4. Brindley GW (1975) Thermal transformation of clays and layer silicates. Proc Intern Clay Conf. Hrsg. Applied Publishing, Willmette, Ill, USA, pp 119 – 129
5. Brindley GW, Ali SZ (1950) X-ray study of thermal transformation in some magnesian chlorite minerals. Acta Cryst 3: 25 – 30
6. Brindley GW, Chang T-S (1974) Development of long basal spacings in chlorites by thermal treatment. Am Min 59: 152 – 158
7. Brindley GW, Hunter K (1955) The thermal reaction of nacrite and the formation of metakaolin, γ-alumina, and mullite. Mineral Mag 30: 547 – 584
8. Brindley GW, Maroney DM (1943) High-temperature reactions of clay mineral mixtures and their properties: II. Reactions of kaolinite – mica – quartz mixtures compared with the K_2O – Al_2O_3 – SiO_2 equilibrium diagram. J Am Ceram Soc 43: 511 – 516
9. Brindley GW, Maroney DM, Udagawa S (1961) High temperature reactions of clay mineral mixtures and their ceramic properties: III. Shrinkage and porosity in relation to initial mineralogy. J Am Ceram Soc 44: 42 – 47
10. Brindley GW, McKinstrey HA (1961) The kaolinite – mullite reaction series: IV. The coordination of alumina. J Am Ceram Soc 44: 506 – 507

11. Brindley GW, Nakahira M (1959) The kaolinite – mullite reaction series. I. A survey of outstanding problems. II. Metakaolinite. III. The high-temperature phases. J Am Ceram Soc 42: 311–324
12. Chakraborty AK (1979) Formation of silicon-alumina-spinel. J Am Ceram Soc 62: 120–124
13. Chakraborty AK, Ghosh DK (1978) Comment on „interpretation of the kaolinite – mullite reaction sequence from infrared absorption spectra". J Am Ceram Soc 61: 90–91
14. Chakraborty AK, Ghosh DK (1978) Reexamination of the kaolinite – to – mullite reaction series. J Am Ceram Soc 61: 170–173
15. Chakraborty AK. Ghosh DK (1988) Synthesis and 980 °C development of some mullite gels. J Am Ceram Soc 71: 978–987
16. Chakraborty AK, Ghosh DK (1989) Spinel phase formation during 980 °C exothermic reaction in the kaolinite – to – mullite reaction series – comment. J Am Ceram Soc 72: 1569–1570
17. Cole WF, Segnit ER (1963) High-temperature phases developed in some kaolinite – mica – quartz clays. Trans Brit Ceram Soc 62: 375–395
18. Comer JJ (1960) Electron microscope studies of mullite development in fired kaolinites. J Am Ceram Soc 43: 378–384
19. Comer JJ (1961) New electron-optical data on the kaolinite – mullite transformation. J Am Ceram Soc 44: 561–563
20. Dietzel A (1968) Messung der Plastizität. Ber Dt Keram Ges 45: 63–66
21. Eitel W, Kedesdy H (1943) Der Metakaolin. Abh Preuß Akad Wissensch Jg 1943 Math-Naturw Kl Nr 5 S 37–45
22. Eitel W, Müller HO, Radczewski OE (1939) Über mikroskopische Untersuchungen an Tonmineralen. Ber Dt Keram Ges 20: 165–180
23. Ernst Th, Forkel W, von Gehlen K (1959) Vollständiges Nomenklatursystem der Tone. Ber Dt Keram Ges 36: 11–18
24. Freund F (1960) Die Deutung der exothermen Reaktion des Kaolinits als "Reaktion des aktiven Zustandes". Ber Dt Keram Ges 37: 209–219
25. Freund F (1967) Infrarotspektren von Kaolinit, Metakaolinit und Al-Si-Spinell. Ber Dt Keram Ges 44: 392–397
26. von Gehlen K (1962) Orientierte Umwandlung von Talk in Protoenstatit (γ-$MgSiO_3$) in gebrannten Preßkörpern von Speckstein. Ber Dt Keram Ges 39: 155–161
27. von Gehlen K (1962) Die orientierte Bildung von Mullit aus Al-Si-Spinell in der Umwandlungsreihe Kaolinit → Mullit. Ber Dt Keram Ges 39: 315–320
28. Hahn Ch (1987) Rheologische Untersuchungen tonmineralhaltiger Suspensionen. Fachausschußbericht Nr 26, Dt Keram Ges, Bad Honnef
29. Hennicke HW (1967) Zum Begriff Keramik und zur Einteilung keramischer Werkstoffe. Ber Dt Keram Ges 44: 209–211
30. Hofmann U, Czerch W, Scharrer E (1958) Über die Ursachen der Trockenbiegefestigkeit der Tone. Ber Dt Keram Ges 35: 219–225
31. Hofmann U, Schembra F, Schatz M (1969) Messungen der Plastizität der Kaoline und Tone. Ber Dt Keram Ges 46: 293–298
32. Iwai S, Tagai H, Shimanune T (1971) Untersuchung des Vorgangs der Strukturänderung des Dickits beim Entwässern. Acta Cryst B 27: 248–250
33. Koltermann M (1965) Der thermische Zerfall der wasserhaltigen Magnesiumsilikate. Ber Dt Keram Ges 42: 373–384
34. Krause O, Leroux A (1929) Über keramische Magnesiumsilikate. Beiträge zur Kenntnis der Sintervorgänge und der Konstitution keramischer Massen. Ber Dt Keram Ges 10: 94–104
35. Kromer H (1989) Korrelationen zwischen Stoffbestand und Verflüssigungsverhalten westdeutscher, industriell bedeutsamer Tonrohstoffe. Abschlußbericht des AIF-Forschungsvorhabens Nr 6493, Regensburg
36. Kromer H, Potschigmann W (1977) Blähton. In: Bilke W (Hrsg), Handbuch der Keramik, Kapitel II M, 14 S. Schmid, Freiburg i Brg
37. Kromer H, Schüller K-H (1973) Eigenschaften von Kaolinen für die Keramik und als Füllstoff. Ber Dt Keram Ges 50: 15–19, 39–41
38. Kromer H, Schüller K-H (1974) Sintervoränge bei Kaolinen und Tonen. N Jb Miner Abh 122: 145–185

39. Kromer H, Schüller K-H (1975) Die Anwendung des Nomenklatursystems nach Ernst, Forkel und von Gehlen auf keramische tonige Rohstoffe unter Würdigung der Bedeutung scheinbar untergeordneter Mineralphasen. Ber Dt Keram Ges 52: 345 – 349
40. Kromer H, Schüller K-H (1975) Primärer und sekundärer Mullit: Versuch einer Abgrenzung. Keram Z 27: 625 – 627
41. Lach V, Šaumann Z (1971) Die Morphologie der Mikrostruktur von Steinzeugscherben und die Kristallformen von Mullit. Tonind Ztg 95: 289 – 294
42. Lach V, Šaumann Z (1973) Entwicklung der Mikrostruktur von Kaolinit und seine Umwandlung in Mullit. In: Vol 6, Dt Keram Ges (Hrsg) Science of Ceramics, Bad Honnef, Kap XXVI, S 1 – 15
43. Le Chaterlier H (1987) De l'action de la chaleur sur les argiles. Bull Soc Franc Mineral 10: 204 – 211
44. Lemaitre J, Bulens M, Delmon B (1975) Influence of mineralizers on the 950 °C exothermic reaction of metakaolinite. Proc Intern Clay Conf, Mexico City 1975. Applied Publishing, Wilmette, Illinois, USA, pp 539 – 544
45. Leonard AJ (1977) Structural analysis of the transition phases in the kaolinite – mullite thermal sequence. J Amer Ceram Soc 60: 37 – 43
46. Letort Y (1977) Gegenwärtiger Kenntnisstand über Tonerdesilicate. Ber Dt Keram Ges 54: 203 – 208
47. Lindemann W (1955) Umwandlungsmechanismus von Talk beim Erhitzen, dargelegt am Steatit von Göpfersgrün sowie Talken vom Sudan und vom Greiner (Zillertal). Geol Bl NO-Bayern 5: 143 – 148
48. Linseis M (1952) Beiträge zur Plastizitätsmessung unter Berücksichtigung praktischer Erfordernisse. Ber Dt Keram Ges 29: 35 – 37
49. Lohre W, Urban H (1961) Beitrag zur Morphologie des Mullits. Ber Dt Keram Ges 37: 249 – 251
50. Lundin ST (1959) Studies on Triaxial Whiteware Bodies. Almquist & Wiksell, Stockholm
51. MacKenzie KJD (1971) Comment on „Differential Thermal Calorimetric Determination of the Thermodynamic Properties of Kaolinite". J Am Ceram Soc 54: 174 – 175
52. Mörtel H, Schüller K-H (1983) Vorgänge beim Brennen von Feinkeramik. Sprechsaal 116: 89 – 92, 270 – 274
53. Moore F, Hennicke HW (1967) Rheologie in der Keramik. Hermann Hübener Verlag, Goslar
54. Nemetschek T (1958) Elektronenmikroskopische Untersuchungen an Mullit. Kolloid-Z 156: 46 – 61
55. Nicholson PS, Fulrath RM (1970) Differential thermal calorimetric determination of the thermodynamic properties of kaolinite. J Amer Ceram Soc 53: 237 – 240
56. Pampuch R (1966) Infrared study of thermal transformation of kaolinite and the structure of metakaolin. Pol Akad Nauk, Oddzial Krakowic, Kom Nauk Mineral, Pr Mineral 6: 53 – 74
57. Pels Leusden CO (1967) Zusammenhänge zwischen rheologischen Eigenschaften plastischer keramischer Rohstoffe und technischen Daten bei ihrer Verformung. Ber Dt Keram Ges 44: 506 – 512
58. Pels Leusden CO (1982) Grundlagen der Formgebung. In: Bender W, Händle F (Hrsg) Handbuch der Ziegelindustrie. Bauverlag, Wiesbaden Berlin, S 197 – 205
59. Percival HJ, Duncan JF, Foster PK (1974) Interpretation of the kaolinite-mullite reaction sequence from infrared absorption spectra. J Am Ceram Soc 57: 57 – 61
60. Perdikatsis B (1972) Über die Talk- und Protoenstatit-Struktur und ihre strukturellen Beziehungen. Dissertation, Univ Erlangen
61. Radczewski OE, Schädel J (1962) Ultramikrotomschnitte von Kaolin. Ein Beitrag zum Metakaolinit-Problem. Ber Dt Keram Ges 39: 48 – 51
62. Range KJ, Range A, Weiss A (1969) Fire-clay type kaolinite or fire-clay mineral? Experimental classification of kaolinite-halloysite minerals. In: Heller L (ed) Proc Intern Clay Conf, Tokyo 1969, Vol 1. Israel Universities Press, Jerusalem, pp 3 – 13
63. Range KJ, Russow J, Hartl K, Weiss A (1971) Neue Untersuchungen zum thermischen Abbau von Kaolinit. II. Elektrisches Leitvermögen und chemische Reaktivität von Kaolinit beim Übergang in Metakaolin. Ber Dt Keram Ges 48: 11 – 14

64. Range KJ, Russow J, Oehlinger G, Weiss A (1970) Neue Untersuchungen zum thermischen Abbau von Kaolinit. I. Röntgenographische Untersuchungen und Dichtemessungen an Kaolinit beim Übergang in Metakaolin. Ber Dt Keram Ges 47: 545 – 549
65. Range KJ, Weiss A (1971) Neue Untersuchungen zum thermischen Abbau von Kaolinit. III Hochdruckformen des Metakaolins. Ber Dt Keram Ges 48: 107 – 110
66. Rieke R, Faust W (1929) Die Ursachen gelber Verfärbungen von Porzellan. Ber Dt Keram Ges 10: 567 – 576
67. Ryan W (1968) Properties of ceramic raw materials. Pergamon Press, Oxford
68. Schmidt H (1981) Neuere Erkenntnisse über den Einfluß des Mineralbestandes auf die stofflichen Eigenschaften von grobkeramischen Massen und Erzeugnissen. Fortschr Mineral 59: 227 – 266
69. Schüller K-H (1967) Steatit. In: Bilke W (Hrsg) Handbuch der Keramik. Schmid, Freiburg i Brg, Kap II J 2, 105
70. Schüller K-H (1976) Technologische Eingruppierung von Kaolinen nach ihrem Mineralbestand. Ber Dt Keram Ges 53: 285 – 287
71. Schüller K-H (1978) Die Kristallisation von Sekundärmullit beim Brennen von Kaolinen unterschiedlicher Reinheit. Ber Dt Keram Ges 55: 52 – 55
72. Schüller K-H (1979) Porcelain. In: Bilke W (ed) Ceramic Monographs. Schmid, Freiburg i Brg, Kap 2.1, 6 pp
73. Schüller K-H (1980) Die Bedeutung untergeordneter Bestandteile bei technischen Prozessen. Fortschr Miner 58: 79 – 105
74. Schüller K-H (1979) Porzellan. In: Ullmanns Enzyklopädie der technischen Chemie, 4. Aufl, Bd 19. Verlag Chemie, Weinheim, S 391 – 410
75. Schüller K-H (1982) The Development of Microstructures in Silicate Ceramics. I. Whiteware. JEMMSE 4:Nr 3, 529 – 565
76. Schüller K-H, Hennicke HW (1985) Zur Systematik der keramischen Werkstoffe. Ber DKG 62: 259 – 263
77. Schüller K-H, Kromer H (1976) Primary mullite as a pseudomorph after kaolinite. Proc. Intern Clay Conf, Mexico City 1975. Applied Publishing, Wilmette, Illinois, USA, pp 533 – 538
78. Schüller K-H, Kromer H (1985) Untersuchungen an handelsüblichen Talken und Specksteinen. 2. Texturausbildung und Phasenbestand in gebrannten Proben. Ber DKG 62: 82 – 86
79. Schüller K-H, Stuhler H (1989) Bestimmung verfahrensbedingter Texturen an ungebrannten Specksteinmassen. Ber Dt Miner Ges 1: 174. Beiheft zum European J Miner 1
80. Schuster P, Gugel E, Hennicke HW (1972) Untersuchungen zum Gefüge und zu den Eigenschaften von Steinzeug. II. Erscheinungsform und Entstehung von Mullit im Steinzeugscherben. Ber Dt Keram Ges 49: 291 – 294
81. Schwab RG (1969) Die Phasenbeziehungen der Pyroxene im System $CaMgSi_2O_6$ – $CaFeSi_2O_6$ – $MgSiO_3$ – $FeSiO_3$. Fortschr Mineral 46: 188 – 273
82. Segnit ER, Anderson CA (1971) Scanning electron microscopy of fired kaolinite. Am Ceram Soc Bull 50: 480 – 483
83. Sonuparlak B, Sarikaya M, Aksay I (1987) Spinel phase formation during the 980 °C exothermic reaction series. Amer Ceram Soc Bull 70: 837 – 842
84. Stein V (1982) Die Rohstoffe der Ziegelindustrie. In: Bender W, Händle F (Hrsg) Handbuch der Ziegelindustrie. Bauverlag, Wiesbaden, S 73 – 94
85. Sundius N, Byström AM (1953) Decomposition products of muscovite at temperatures between 1,000 and 1,260 °C. Trans Brit Ceram Soc 52: 632 – 642
86. Weichert (1976) Die Talkstruktur und die topotaktische Umwandlung von Talk in Protoenstatit und Cristobalit. Dissertation Univ. Hamburg
87. Wiegmann J, Kranz G, Horte C-H, Graul J, Doberenz Ch (1978) Beziehungen zwischen den petrologischen Charakteristika und den keramisch-technischen Eigenschaften von Kaolinen mit nennenswerten Gehalten an Illit-Smectit-Wechsellagerungsmineralen. Silikattechn 29: 263 – 267
88. Winkler HGF (1954) Bedeutung der Korngrößenverteilung und des Mineralbestandes von Tonen für die Herstellung grobkeramischer Erzeugnisse. Ber Dt Keram Ges 31: 337 – 343
89. Wishart D (1975) Clustan 1 c User Manual. Univ College, London
90. Zwetsch A (1934) Röntgenuntersuchungen in der Keramik. Ber Dt Keram Ges 15: 2 – 14

8 GEOTECHNIK UND ENTSORGUNG

M. Müller-Vonmoos (Kap. 8.1)
E. E. Kohler (Kap. 8.2)

8.1 Bedeutung der Tonminerale in der Bodenmechanik

Tone bereiten dem Bauingenieur oft Schwierigkeiten, denn sie quellen, und häufig werden Rutschungen in tonreichen Gesteinen ausgelöst. Mit abnehmender Korngröße beobachtet man vom Schluff (63 – 2 µm) zum Ton (< 2 µm) (Kap. 1.5.2) eine auffallende Änderung des bodenmechanischen Verhaltens. So quillt Schluff, abgesehen vom Anhydrit, nicht. In tonreichen Gesteinen treten aber Quelldrücke bis über $2\,N\,mm^{-2}$ ($1\,N\,mm^{-2} = 10\,kg\,cm^{-2} = 100\,t\,m^{-2}$) auf. Vom Schluff zum Ton ist auch eine deutliche Abnahme der Scherfestigkeit zu beobachten. Auffallend ist vor allem der Unterschied in der Plastizität. Während sandige und schluffige Gesteine nicht plastisch sind, ist die Plastizität der Tone eine ihrer charakteristischen Eigenschaften. Maßgebend für die Änderung des bodenmechanischen Verhaltens sind die Tonminerale als kleine, plättchenförmige, geladene Teilchen (31, 37, 52.)

8.1.1 Korngröße, Kornform und Ladung der Tonmineralteilchen

Für den Bauingenieur ist zunächst einmal die Korngrößenverteilung wichtig. Tonminerale sind vorwiegend kleiner 0,002 mm. Ihre Korngrößenverteilung kann aber sehr verschieden sein. Wie Abbildung 8.1 zeigt, sind Kaolinite gewöhnlich > 0,2 µm, während Montmorillonite fast immer < 0,2 µm sind. Der Bentonit in Abbildung 8.1 enthält in der Fraktion > 0,2 µm vor allem Quarz, der Illit > 0,5 µm nur Orthoklas. Kaolinit und Montmorillonit unterscheiden sich sehr in ihren bodenmechanischen Eigenschaften, so daß es informativ für den Bauingenieur ist, den Anteil < 0,2 µm zu kennen. Die Korngrößenverteilung der im Grundbau üblichen Klassifikationen hört aber bei 0,002 mm auf, also dort, wo sie bei den Tonmineralen beginnt. Die geringe Korngröße ist jedoch nicht allein maßgebend für das bodenmechanische Verhalten der Tone. Mahlt man zum Beispiel Quarz < 0,05 µm, so wird er weder plastisch, noch ist eine Abnahme der Scherfestigkeit zu beobachten (16). Wesentlich für das besondere bodenmechanische Verhalten der Tone sind neben der geringen Korngröße die plättchenförmige Gestalt und die Ladung der Tonmineralteilchen.

Das Verhältnis von Kristalldurchmesser zu Kristalldicke kann sehr verschieden sein. So gibt Weiss (49) als Richtwerte für Kaolinit, Illit und Montmorillonit 1 000 – 50 000 Å, 1 000 – 50 000 Å und 300 – 3 000 Å als Kristalldurchmesser und 25 – 80, 5 – 80 und 5 – 12 Schichten als Kristalldicke an. Verglichen mit Kaolinit sind Montmorillonitteilchen also wesentlich dünner. Zudem ist der Zusammenhalt der Schichten im Montmorillonit wegen der intrakristallinen Quellung sehr schwach. So können Montmorillonitteilchen beim Scheren in einzelne Schichten bzw. Schichtpakete, also in Teilchen sehr hoher Anisometrie, zerfallen (35, 36, 38).

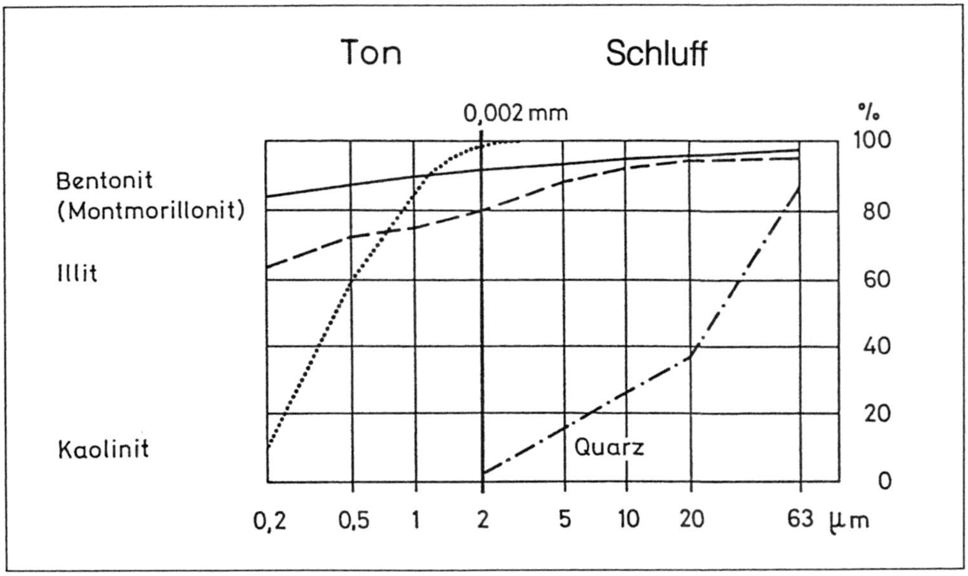

Abb. 8.1. Typische Korngrößenverteilungen von Quarz, Kaolinit, Illit und Bentonit (Montmorillonit). Der Bentonit enthält >0,2 µm vor allem Quarz, der Illit >0,5 µm nur Orthoklas. Angaben in Massenanteilen (%) der ofentrockenen (105 °C) Proben.

Die Flächen der Tonminerale sind negativ, die Kanten positiv oder negativ geladen (Kap. 3.1.1; Abb. 3.1). Zum Ausgleich der Flächenladung werden Kationen angelagert (Abb. 8.2). Entsprechend der Ionenverteilung in der Doppelschicht verläuft ein mit zunehmender Entfernung von der Teilchenoberfläche abnehmendes negatives Potential. Wesentlich ist, daß sich der Verlauf des Potentials und damit die Dicke der Doppelschicht mit der Art und Konzentration der Kationen in der Porenlösung ändern können. Die Dicke der Doppelschicht nimmt mit steigender Wertigkeit und zunehmendem Durchmesser der Kationen sowie zunehmender Elektrolyt-

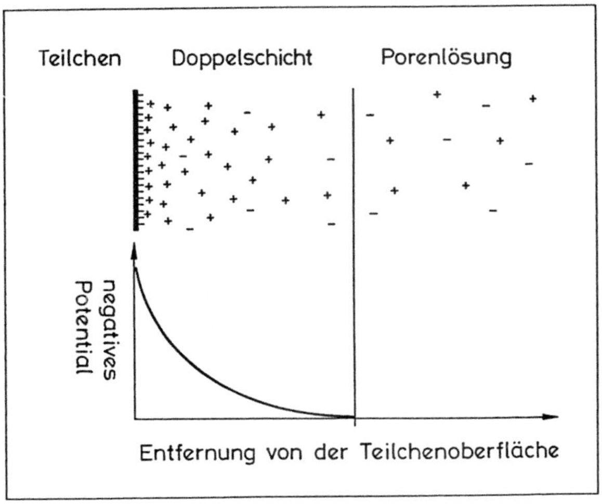

Abb. 8.2. Negative Fläche eines Tonmineralteilchens, Doppelschicht mit den zum Ladungsausgleich angelagerten Kationen und Porenlösung. Die Porenlösung beginnt, wenn das Potential nahezu null wird.

konzentration der Porenlösung ab. So ist die Doppelschicht mit Natrium als Gegenion in entsalztem Wasser als Porenlösung weit ausgedehnt (Kap. 3.2.4). Nähern sich nun zwei Tonmineralteilchen Fläche zu Fläche, so beginnen sie sich abzustoßen, wenn sich ihre negativen Potentiale überschneiden. Andererseits wirkt der Abstoßung die Massenanziehung (van-der-Waals-Kraft) der Teilchen entgegen. Sie wirkt nur auf kurze Entfernung und ist von der Elektrolytkonzentration weitgehend unabhängig. Bei stark zusammengedrückten Doppelschichten kann die Massenanziehung überwiegen und die Tonmineralteilchen bleiben aneinander haften, sie koagulieren*. Zu diesen Wechselbeziehungen kommt noch der Einfluß der im alkalischen Bereich negativen und im sauren Bereich positiven Kantenladung, so daß sich folgende Möglichkeiten der elektrostatischen Wechselwirkung zwischen den Teilchen ergeben (im Einzelnen s. Kap. 3.2.6):

Abstoßung: Flächen (−) / Flächen (−)
Kanten (+) / Kanten (+)
Anziehung: Flächen (−) / Kanten (+).

Diese Wechselbeziehungen zwischen den Tonmineralteilchen bestimmen weitgehend das bodenmechanische Verhalten der Tone. Wesentlich ist dabei die Plättchenform der Tonmineralteilchen, denn der größte Teil der Ladung ist auf ebenen Flächen verteilt, die einander durch parallele Anordnung so nahe kommen können, daß sich Abstoßung und Anziehung viel stärker als bei kugelförmigen Teilchen auswirken. Wichtig ist auch, daß sich die Wechselbeziehungen und damit das bodenmechanische Verhalten ein und desselben Tones mit den austauschbaren Kationen, der Kantenladung, der Elektrolytkonzentration und dem *p*H-Wert der Porenlösung ändern.

Ein eindrucksvolles Beispiel des Einflusses der Elektrolytkonzentration der Porenlösung auf das bodenmechanische Verhalten eines Tones geben Quick Clays (40, 41, 42). Diese Tone wurden während der Eiszeit im küstennahen Meer Skandinaviens und anderer subpolarer Gebiete abgelagert. Dabei koagulierten die vorwiegend Chlorit und Illit enthaltenden Tone wegen der starken Erhöhung der Elektrolytkonzentration (Abb. 8.3, linkes Bild). Nach Abschmelzen des Eises hob sich das Land, und das Kochsalz wurde allmählich durch Regenwasser und elektrolytarmes Grundwasser ausgewaschen. Mit abnehmender Elektrolytkonzentration in der Porenlösung begannen sich die in der Na^+-Form vorliegenden Tonmineralteilchen abzustoßen, und die koagulierte, wasserreiche Struktur wurde instabil. Geringe mechanische Einwirkungen genügen dann, um schnelle Rutschungen auszulösen, bei denen einige hunderttausend Kubikmeter bei Hangneigungen von nur wenigen Graden hinunterfließen. Nach dem Rutsch werden die in der Na^+-Form vorliegenden Tonmineralteilchen Fläche zu Fläche unter Bildung einer dichten, schieferartigen Struktur abgelagert (Abb. 8.3, rechtes Bild). Quick Clays lassen sich durch Zugabe von Elektrolytlösungen und noch besser durch Kationenaustausch, z. B. mit KCl (32) stabilisieren. Durch Eintausch des großen Kaliumions werden die Doppelschichten höher geladener Tonmineralteilchen viel stärker zusammengedrückt als in Gegenwart von Natriumionen (vgl. Kap. 3.1.5; 3.2), die Teilchen beginnen sich anzuziehen, und die Scherfestigkeit nimmt zu.

---

* Im allgemeinen Sprachgebrauch „flocken". Kolloidchemisch richtiger „koagulieren".

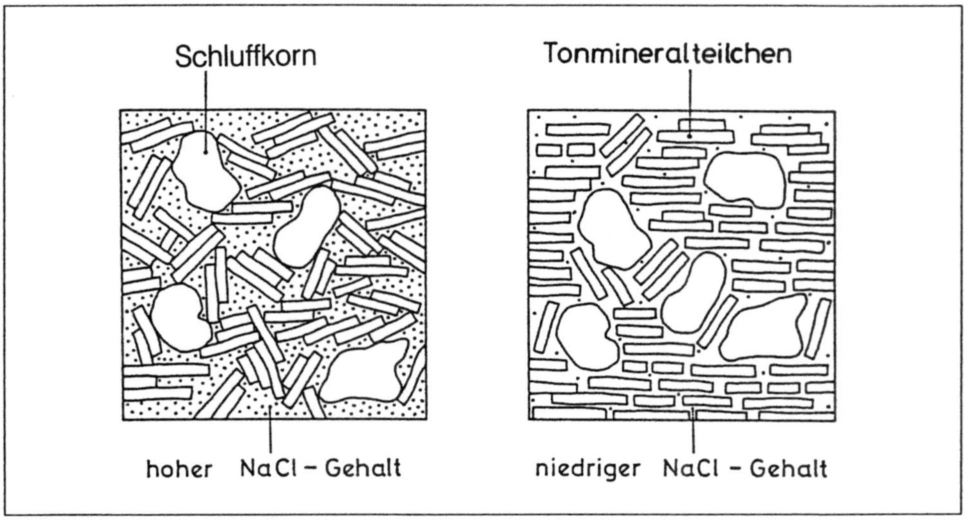

Abb. 8.3. Linkes Bild: Koagulierte, wasserreiche Struktur von Quick Clay mit hohem NaCl-Gehalt vor dem Rutsch. Rechtes Bild: Dichte Struktur mit Fläche-zu-Fläche orientierten Tonmineralteilchen und niedrigem NaCl-Gehalt nach dem Rutsch.

In weiten Teilen der Welt gibt es dispersive Böden. Sie liegen in der Na^{+}-Form vor und sind daher stark erosionsgefährdet. Solche Böden lassen sich durch Zugabe von CaO stabilisieren. Dabei werden die Tonminerale in die Ca^{2+}-Form umgewandelt, die Doppelschichten werden vernichtet (Kap. 3.2.4), die Anziehung der Tonmineralteilchen überwiegt, und die Erodierbarkeit des Bodens nimmt ab (44).

Im Grundbau werden Baugruben meist nach der Schlitzwandbauweise umschlossen (47). Dabei werden die Schlitze unter einer Bentonitsuspension ausgehoben. Nach Erreichen der gewünschten Tiefe wird zementiert. Dabei wird der Zement durch ein Rohr auf den Boden des Schlitzes gefüllt und entsprechend wird die Bentonitsuspension abgesaugt. Verwendet wird der Bentonit in der Na^{+}-Form, denn Na^{+}-Montmorillonit ist stark intrakristallin gequollen und hoch dispers. Eine solche Bentonitsuspension hat zwei für die Schlitzwandbauweise sehr wichtige Eigenschaften: Sie ist thixotrop, d. h. sie erstarrt gelartig bei Ruhe und verflüssigt sich beim Rühren, und sie bildet auf der Schlitzwand einen nahezu undurchlässigen Film, so daß kein Wasser aus dem Schlitz in den umgebenden Boden fließen kann (vgl. Kap. 9.4.1; 9.4.2). Wandelt sich die Bentonitsuspension in Kontakt mit carbonathaltigem Boden in die Ca^{2+}-Form um, wird sie unbrauchbar, weil die Montmorillonitteilchen koagulieren und die intrakristalline Quellung abnimmt.

Ein eindrucksvolles Beispiel für die Bedeutung der elektrostatischen Wechselwirkung zwischen den Montmorillonitteilchen auf die Standfestigkeit der Schlitzwand schildert folgender Vorfall. Beim Schweißen eines Armierungskorbes im Bentonitschlitz wurde versehentlich Gleichspannung angeschlossen. Der Schlitz stürzte sofort ein, weil die elektrostatischen Wechselwirkungen zwischen den Montmorillonitteilchen durch die angelegte Gleichspannung aufgehoben wurden.

8.1.2 Plastizität der Tone

Auch die Plastizität der Tone hängt weitgehend von der Anziehung und Abstoßung der Tonmineralteilchen ab (Kap. 3.2.4; 3.2.8). Bei plastischer Verformung werden die Tonmineralteilchen gegeneinander verschoben, bei nachlassendem Druck aber sofort wieder durch die gegenseitige Anziehung und Abstoßung in ihrer Lage fixiert. Die Plastizität eines Tones ändert sich mit den austauschbaren Kationen und der Elektrolytkonzentration der Porenlösung (5, 11, 39, 48). Dabei ist zu unterscheiden zwischen intrakristallin nicht quellfähigen Tonmineralen, wie Kaolinit und Illit, und intrakristallin quellfähigen, vor allem Montmorillonit. Bei Kaolinit und Illit überwiegt in der Ca^{2+}-Form die Anziehung, die Teilchen bleiben geflockt. Die hohlraumreiche Anordnung der Teilchen enthält viel Wasser, die Plastizität ist groß (Abb. 8.4). In der Na^{+}-Form sind die Teilchen wegen ihrer starken Flächen/Flächen-Abstoßung dispergiert und weitgehend Fläche zu Fläche orientiert. Zwischen den etwa parallel ausgerichteten Teilchen ist das Wasser gleichmäßig verteilt. Mit Wasser gefüllte Hohlräume fehlen weitgehend, die Plastizität ist klein. Beim Montmorillonit hängt die Plastizität weitgehend von der intrakristallinen Quellung ab. In der Ca^{2+}-Form ist der Schichtabstand in Wasser kleiner als in der Na^{+}-Form

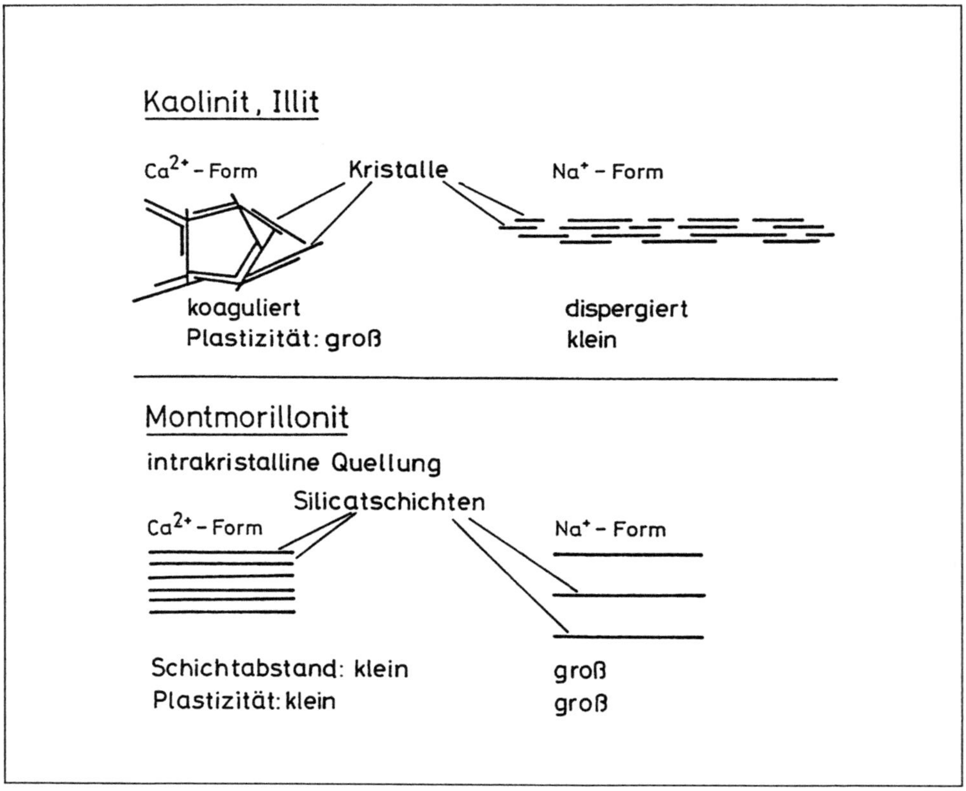

Abb. 8.4. Die Plastizität der Tone ändert sich mit den austauschbaren Kationen und der Elektrolytkonzentration der Porenlösung. Sie hängt beim Kaolinit und Illit von der Teilchenanordnung, beim Montmorillonit dagegen vor allem von der intrakristallinen Quellung ab.

(Abb. 3.10, S. 106). Deshalb ist die Plastizität des Montmorillonits zum Unterschied von Kaolinit und Illit in der Na^+-Form größer als in der Ca^{2+}-Form.

In Tabelle 8.1 sind die Plastizitätseigenschaften von Kaolinit, Illit und Montmorillonit in der Na^+- und Ca^{2+}-Form sowie in der Na^+-Form bei Phosphatzugabe als Atterberg-Grenzen dargestellt (35). Die Atterberg-Grenzen sind als die Wassergehalte beim Übergang vom plastischen zum zähflüssigen Zustand (Fließgrenze W_L) und vom plastischen zum halbfesten Zustand (Ausrollgrenze W_p) definiert. Die Differenz $I_p = W_L - W_p$ (Plastizitätszahl) wird als Maß für die Plastizität benutzt. Fließ- und Ausrollgrenze werden durch normierte Versuche bestimmt (21). Wie die Tabelle zeigt, ändert sich die Plastizität vor allem mit der Fließgrenze (5, 11, 35). Bei den intrakristallin nicht quellfähigen Tonmineralen nimmt sie mit der Wertigkeit und dem Durchmesser der austauschbaren Kationen zu. Diese Zunahme ist bei der Umwandlung der Na^+- in die Ca^{2+}-Form beim Kaolinit geringer als beim Illit. Der hier untersuchte Illit aus dem Massif Central ist aus Montmorillonit entstanden (10) und ist wesentlich feinkörniger und höher geladen als der Kaolinit. Auffallend ist die sehr starke Abnahme der Plastizität von Na^+-Kaolinit bei Zugabe von Natriumdiphosphat. Die Umladung der Kanten wirkt sich sehr stark aus, weil die Kaolinitteilchen verhältnismäßig dick sind und große Kantenflächen haben. Verglichen mit Kaolinit und Illit ist die Plastizität des Montmorillonits wesentlich größer. Maßgebend für die Plastizität ist beim Montmorillonit die intrakristalline Quellung und nicht die Teilchenanordnung, denn die innere Oberfläche beträgt ein Mehrfaches der äußeren Oberfläche (Kap. 1.3.1; 1.3.3).

Im Grundbau ist die Plastizität zur Beurteilung der Böden von großer Bedeutung (22). Die meisten Klassifikationssysteme unterscheiden zwischen grob- und mittelkörnigen Böden einerseits und feinkörnigen Böden andererseits. Ein feinkörniger Boden liegt vor, wenn der Anteil der Körner $<60\,\mu m$ 50 % übersteigt. Solche feinkörnigen Böden werden mit Hilfe des Plastizitätsdiagrammes, in dem Fließgrenze und Plastizitätszahl angegeben werden, in Klassen eingeteilt. Als beschreibende Größe wird häufig auch die Aktivität angegeben (45). Man versteht darunter den

Tabelle 8.1. Plastizitätseigenschaften als Atterberg-Grenzen (35) von Kaolinit, Illit und Montmorillonit in der Na^+- und Ca^{2+}-Form, sowie in der Na^+-Form bei Zusatz von Natriumdiphosphat.

Probe	W_L %	W_p %	I_p %
Kaolinit-Ca^{2+}	74	31	43
Kaolinit-Na^+	69	31	38
Kaolinit-Na^+, Phosphat	33	24	9
Illit-Ca^{2+}	93	32	61
Illit-Na^+	76	29	47
Illit-Na^+, Phosphat	54	29	25
Montmorillonit-Ca^{2+}	190	50	140
Montmorillonit-Na^+	431	48	383

Kaolinit, schlecht kristallisiert, Georgia CMS-KGa-2, Source Clay Minerals Repository, University of Missouri, USA
Illit, Bassin du Velay, Massif Central, Frankreich (10) (Abb. 8.1 und 8.8)
Montmorillonit, Arizona (Cheto), CMS-SAz-1, Source Clay Minerals Repository, University of Missouri, USA
Phosphatzugabe: 0,5 g $Na_4P_2O_7 \cdot 10\,H_2O$/100 g ofentrockenen Ton

Quotienten von Plastizitätszahl und Anteil < 2 µm. Normal aktive Böden haben eine Aktivitätszahl um 1 und sind bei uns im mitteleuropäischen Raum die Regel. Mit der in den meisten bodenmechanischen Laboratorien üblichen Methode der Bestimmung der Kornverteilung, bei der die Proben nach Zusatz von Phosphat mit einem Rührwerk dispergiert werden, wird allerdings der Anteil < 2 µm häufig zu gering bestimmt. Um eine möglichst vollständige Dispergierung zu erreichen, sollten die Proben durch Ultraschallbehandlung dispergiert werden (34).

8.1.3 Scherverhalten der Tone

Für den Bauingenieur ist das Scherverhalten von zentraler Bedeutung, denn er braucht die Scherfestigkeit als maßgebende Größe für die Lösung von Stabilitätsproblemen im Grundbau. Die Scherfestigkeit τ_f eines Bodens wird dabei meist durch die Mohr-Coulombsche Bruchbedingung erfaßt:

$$\tau_f = c' + \sigma' \cdot \tan \phi'$$

c' = effektive Kohäsion,
σ' = effektive Normalspannung,
ϕ' = effektiver Reibungswinkel.

Betrachtet man normalkonsolidierte Tone, d. h. Tone, die durch keine höheren als die gegenwärtigen Spannungen vorbelastet waren, kann in der Regel für praktische Anwendungen die effektive Kohäsion c' vernachlässigt werden. Die Scherfestigkeit dieser Materialien läßt sich daher durch den effektiven Reibungswinkel ϕ' charakterisieren.

Grundsätzlich können zur Ermittlung der Scherfestigkeit drainierte oder undrainierte Versuche durchgeführt werden. Bei undrainierten Versuchen sind jedoch die Porenwasserspannungen zu messen, damit die effektiven Scherparameter c' und ϕ' bestimmt werden können. Das ist bei drainierten Versuchen nicht notwendig, denn die Porenwasserspannung soll nach der Konsolidation der Proben auf null abgeklungen sein, und es ist so langsam zu scheren, daß dabei keine Porenwasserspannungen auftreten. Wir beziehen uns hier vor allem auf die Ergebnisse drainierter Scherversuche (35, 36, 46).

In Abbildung 8.5 ist die vollständige Scherkurve eines drainierten Scherversuches mit der Bezeichnung der für die Beschreibung des Scherverhaltens wichtigen Meßdaten dargestellt. Dabei kann der Abfall der maximalen Scherfestigkeit zur Restscherfestigkeit (d. h. der minimalen, konstanten Scherfestigkeit) bei Tonen sehr verschieden sein. Mit den in Abbildung 8.5 eingeführten Werten der Festigkeit ergeben sich die folgenden Beziehungen:

$\tan \phi'_m = \tau_m/\sigma'$ ϕ'_m = effektiver Reibungswinkel bei maximaler Scherfestigkeit
$\tan \phi'_r = \tau_r/\sigma'$ ϕ'_r = effektiver Reibungswinkel bei Restscherfestigkeit.

Der Scherweg bis zum Erreichen der Restscherfestigkeit ist bei Tonen verhältnismäßig lang. Deshalb wird die Scherkurve von Tonen meist mit dem Ringscherapparat bestimmt, weil im Ringscherapparat unbegrenzt lange Scherwege gemessen werden können (6, 7). Der folgenden Darstellung des Scherverhaltens von Kaolinit, Illit und

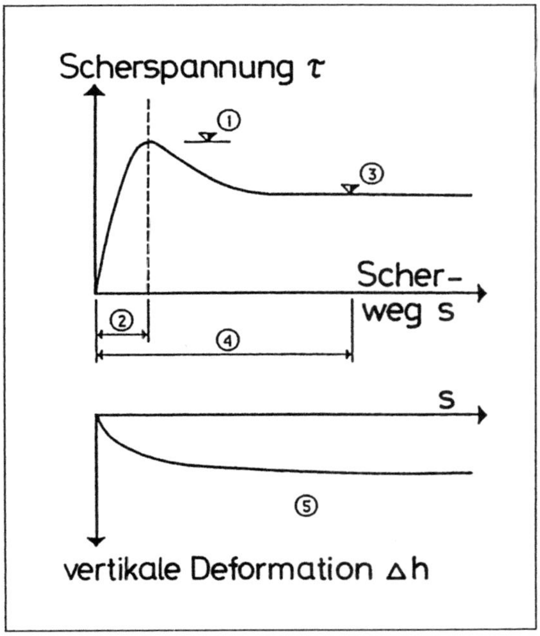

Abb. 8.5. Vollständige Scherkurve eines drainierten Scherversuches: **1** maximale Scherfestigkeit oder Bruchfestigkeit τ_m, **2** Scherweg bis zum Erreichen der maximalen Scherfestigkeit, **3** Scherfestigkeit nach dem Bruch mit Angabe der Restscherfestigkeit τ_r, **4** Scherweg bis zum Erreichen der Restscherfestigkeit, **5** vertikale Deformation der Probe während des Abschervorganges (7).

Montmorillonit liegen drainierte Scherversuche im Geonor-Ringscherapparat zu Grunde (35, 36, 46). Der Geonor-Ringscherapparat (6) ist in Abbildung 8.6 dargestellt. Die Proben wurden im breiigen Zustand, d. h. etwas oberhalb der Fließgrenze, in den Probenring eingespachtelt und stufenweise bis zu einer Normalspannung von 0,1 N mm^{-2} konsolidiert. Das Porenwasser wurde dabei durch Filterplatten an der Ober- und Unterseite der Proben ausgepreßt. Die Einbauhöhe betrug normalerweise 19 mm. Vor Beginn der Scherung wurden die oberen Führungsringe, d. h. die obere Hälfte des Probenringes, angehoben. Dadurch erhielt man zwischen den oberen und unteren Führungsringen einen Spalt von 0,02 bis 0,05 mm. Zur Scherung wurde der Drehtisch mit der unteren Probenhälfte bewegt. Die Schergeschwindigkeit betrug bis zum Überschreiten der maximalen Scherfestigkeit 0,1 bis 1 mm pro Stunde, danach wurde normalerweise mit 1 mm pro Stunde geschert. Der Scherwiderstand wurde mit einem Torsionssystem gemessen. Dazu überträgt man die Scherspannung über einen horizontalen Balken auf zwei geeichte Meßringe. Während des Schervorganges wurden die Schubspannung, die Normalspannung und die vertikale Deformation der Probe gemessen.

Zur Beschreibung des Scherverhaltens von Kaolinit (Abb. 8.7) diente der schlecht kristallisierte Kaolinit Georgia CMS-KGa-2 (Source Clay Minerals Repository, University of Missouri). Die Probe enthielt 95 % Kaolinit, sie hatte eine Oberfläche von 23 m^2g^{-1} und ein Kationenaustauschvermögen von 3,8 mval/100 g. Die maximale Scherfestigkeit und die Restscherfestigkeit entsprachen in der Ca^{2+}- und Na^+-Form Reibungswinkeln von $\phi'_m = 25°$ und $\phi'_r = 23°$ (Abb. 8.7). Der Scherfestigkeitsabfall von der maximalen Scherfestigkeit zur Restscherfestigkeit war gering. Nach Erzeugung einer negativen Kantenladung durch Zugabe von 0,5 g $Na_4P_2O_7 \cdot 10\ H_2O$ zu 100 g ofentrockenem (105 °C) Na^+-Kaolinit nahmen ϕ'_m und ϕ'_r auf 21° und 19,5° ab, obwohl der Ausbauwassergehalt von 57,6 % auf 31,6 % abnahm, d. h. die Lage-

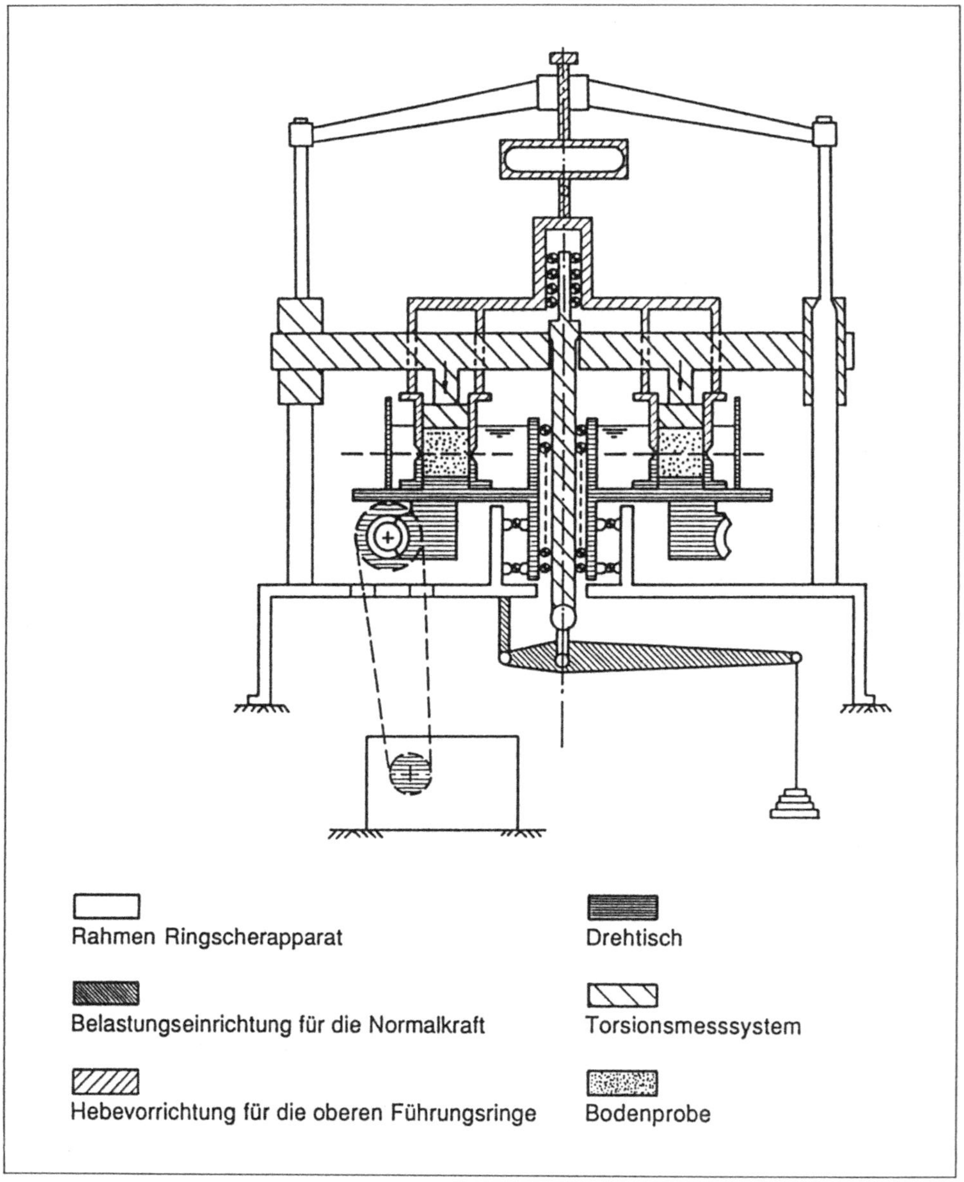

Abb. 8.6. Schematischer Schnitt durch den Geonor-Ringscherapparat. (Nach 6)

rungsdichte des Kaolinits deutlich erhöht wurde. Die Scherwege bis zum Erreichen der Maximal- und Restscherfestigkeit verkürzten sich nach der Phosphatzugabe.

Der Kaolinit ist das grobkörnigste der drei untersuchten Tonminerale, und die Kaolinitteilchen haben die geringste Anisometrie. Es sind verhältnismäßig dicke Plättchen mit einem großen Kantenflächenanteil. Der Kaolinit hat auch besondere Ladungsverhältnisse, denn nur eine der beiden Basisflächen ist geladen, und zwar

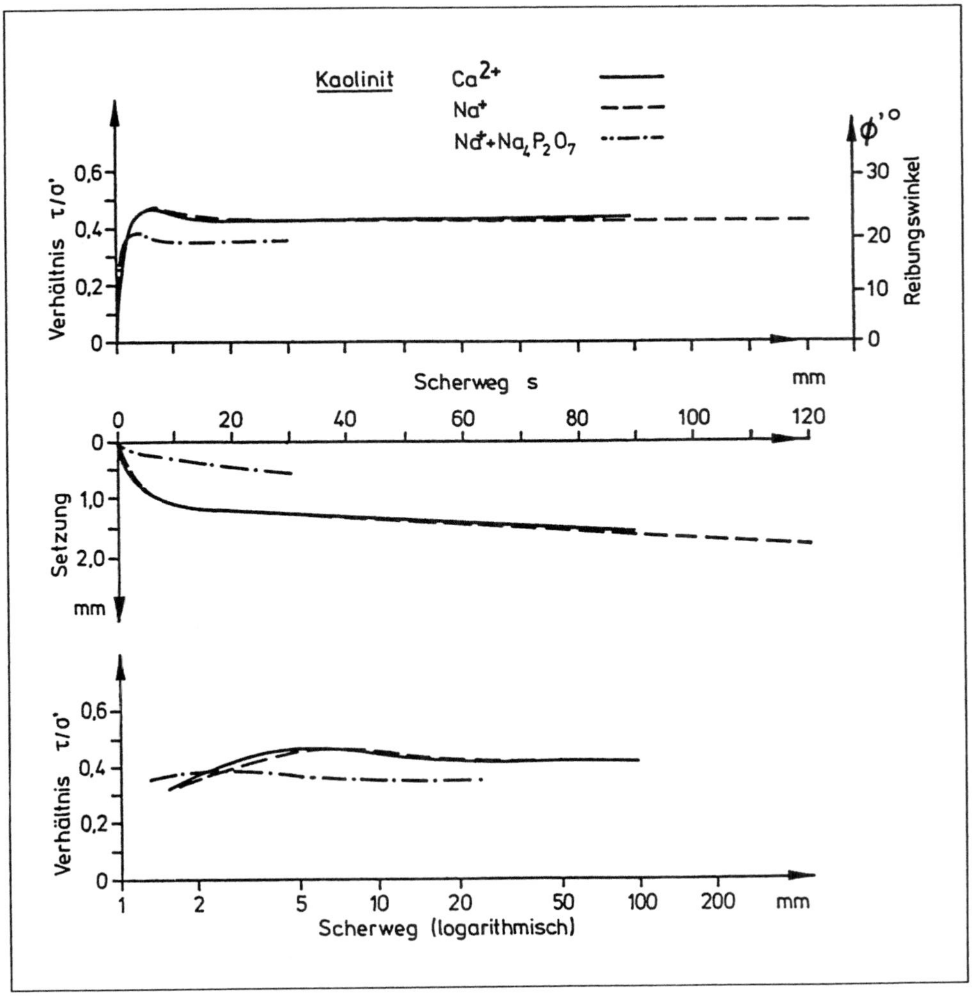

Abb. 8.7. Entwicklung der Scherfestigkeit von Kaolinit in Abhängigkeit vom Scherweg und Setzung der Probe während des Scherversuches. (Nach 35)

hoch geladen, während die andere Basisfläche ungeladen ist (Kap. 3.1.1). Die gleiche hohe Scherfestigkeit in der Na^{+}- und Ca^{2+}-Form und der gleiche Verlauf der Scherkurve lassen erkennen, daß das Scherverhalten von Kaolinit weitgehend auf der Korn-zu-Korn-Reibung der verhältnismäßig grobkörnigen, plättchenförmigen Teilchen beruht. Die Kaolinitplättchen regeln sich beim Scheren nur unvollständig Fläche zu Fläche ein und bilden eine rauhe Scherfläche. Darauf hat auch eine Umladung der Kanten durch Phosphat wenig Einfluß.

Zur Untersuchung des Scherverhaltens von Illit (Abb. 8.8) wurde eine Probe aus dem Massif Central mit einem Gehalt von 75 % Illit und 25 % Orthoklas untersucht (10). Die Probe hatte eine Oberfläche von 105 m^2g^{-1} und ein Kationenaustauschvermögen von 26,5 mval/100 g. Die maximale Scherfestigkeit und die Restscherfestigkeit entsprachen in der Ca^{2+}-Form Reibungswinkeln von $\phi'_m = 28{,}5°$ und $\phi'_r = 24°$.

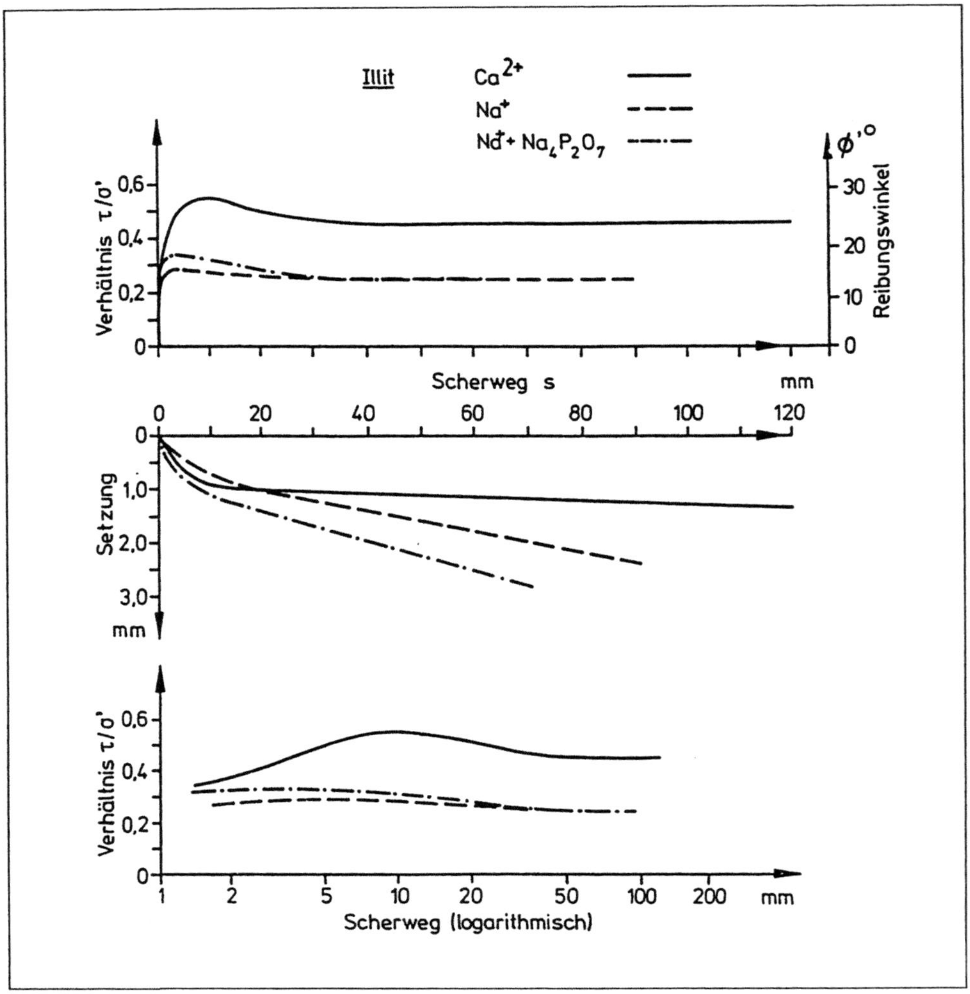

Abb. 8.8. Entwicklung der Scherfestigkeit von Illit in Abhängigkeit vom Scherweg und Setzung der Probe während des Scherversuches. (Nach 35)

Nach Umwandlung in die Na^+-Form betrugen die Reibungswinkel 15,5° und 13,5°. Es war also eine starke Abnahme der Scherfestigkeit nach Umwandlung in die Na^+-Form festzustellen, obwohl die Lagerungsdichte zunahm, denn der Ausbauwassergehalt nahm mit der Umwandlung in die Na^+-Form von 65,5 % auf 55,3 % ab. Nach Zugabe von Natriumdiphosphat zur Na^+-Form des Tons blieb die Restscherfestigkeit unverändert, obwohl der Ausbauwassergehalt auf 46,9 % abnahm.

Der Illit aus dem Massif Central ist nach Gabis (10) aus Montmorillonit entstanden. Er ist feinkörnig, und die Teilchen haben eine hohe Anisometrie. Beide Basisflächen sind beim Illit hoch geladen, und die Ladung ist sehr wirksam, weil sich die Ladungsschwerpunkte in den Tetraederschichten befinden. Für die hohe Scherfestigkeit in der Ca^{2+}-Form ist eine bänderartige (19) Anordnung der Teilchen (Kap. 3.2.6; Abb. 3.19) in der Scherebene anzunehmen. Dagegen wird das Scherverhalten von Illit in der Na^+-Form von der starken Fläche-zu-Fläche-Abstoßung der Doppelschichten bestimmt, und es ist anzunehmen, daß sich die hoch anisotropen Illitteilchen Fläche zu Fläche in der Scherebene anordnen. Einen Hinweis dafür erhält man aus der Beobachtung, daß die Umladung der Kanten durch die Zugabe von Natriumdiphosphat zum Na^+-Illit keinen Einfluß auf das Scherverhalten hatte, obwohl die Plastizitätszahl von 47 % auf 25 % abnahm (Tabelle 8.1). Zum Unterschied zur Bestimmung der Fließgrenze kann die negative Kantenladung beim Scheren durch die Fläche-zu-Fläche-Anordnung unter der Normalspannung von etwa 0,1 N mm^{-2} nicht wirksam werden. Durch Erhöhung der NaCl-Konzentration im Porenwasser werden die Doppelschichten von Na^+-Illit zusammengedrückt, und die Scherfestigkeit nimmt zu (16, 38, 46). Dagegen hat eine Erhöhung der $CaCl_2$-Konzentration wegen des besonderen Einflusses der Calciumionen auf die Doppelschichten (Kap. 3.2.4) keinen Einfluß auf die Scherfestigkeit von Ca^{2+}-Illit (38).

Zur Beschreibung des Scherverhaltens von Montmorillonit wurden der verhältnismäßig hoch geladene Montmorillonit Arizona CMS-SAz-1 mit einer Zwischenschichtladung von 0,35 Ladungen pro Formeleinheit und einem Montmorillonitgehalt von 90 % und der Montmorillonit Wyoming CMS-SWy-1 mit einer Zwischenschichtladung von 0,27 Ladungen pro Formeleinheit und einem Montmorillonitgehalt von 85 % untersucht. Das Scherverhalten von Montmorillonit Arizona in der Na^+-, Ca^{2+}-, Al- und Th-Form ist in Abbildung 8.9 dargestellt. Die Winkel der Maximal- und Restscherfestigkeit betrugen in der Th-Form (vermutlich als $Th(OH)_2^{2+}$) 36° und 14°, in der Al-Form (vermutlich als $Al(OH)^{2+}$ oder Polyhydroxokomplexe, vgl. Kap. 9.2.6)) 33,5° und 12°, in der Ca^{2+}-Form 29,5° und 7,5° und in der Na^+-Form 15° und 4°. Auffallend sind der Scherfestigkeitsabfall von der maximalen Scherfestigkeit zur Restscherfestigkeit und der lange Scherweg bis zum Erreichen der Restscherfestigkeit. Dabei werden die Scherfestigkeitswerte mit abnehmender Wertigkeit der Gegenionen kleiner und die Scherwege kürzer. In der Na^+-Form wurde ein sehr kleiner Winkel der Restscherfestigkeit von 4° gemessen. Der in der Ca^{2+}-Form untersuchte niedrig geladene Montmorillonit Wyoming ergab gegenüber dem höher geladenen Ca^{2+}-Montmorillonit Arizona einen nur halb so großen Winkel der maximalen Scherfestigkeit von 14°, jedoch mit 6° einen nur um 1,5° verminderten Reibungswinkel bei der Restscherfestigkeit (Abb. 8.10). Zum Unterschied von Kaolinit und Illit waren die Gleitflächen bei den Versuchen mit Montmorillonit deutlich ausgebildet und konnten beim Ausbau der Proben ohne Schwierigkeit freigelegt werden.

Zum Unterschied von Kaolinit und Illit ist der Zusammenhalt der Schichten im Montmorillonit so schwach, daß Wasser zwischen die Schichten dringen kann (intrakristalline Quellung). Der Zusammenhalt der Schichten nimmt mit der Schichtladung, der Wertigkeit und dem Ionenradius der Zwischenschichtkationen zu. Bei freier Quellung in entsalztem Wasser bleibt der Abstand zwischen den Schichten des Calcium-, Aluminium- und Thoriummontmorillonits auf etwa 10 Å begrenzt (Schichtabstand = 20 Å), während Na^+-Montmorillonit unbegrenzt quellen kann. Nach Beendigung der Scherversuche mit Na^+-Montmorillonit Arizona ergab sich ein Schichtabstand von 40 Å, während er in der Ca^{2+}-, Al- und Th-Form nur 20 Å betrug.

Es ist anzunehmen, daß die Montmorillonitteilchen beim Scheren in einzelne Schichten bzw. Schichtpakete zerfallen und sich allmählich unter Bildung einer glatten Scherebene anordnen. Solche optisch glatten Scherebenen ließen sich nur bei Versuchen mit Montmorillonit beobachten. Der deutliche Anstieg zur maximalen

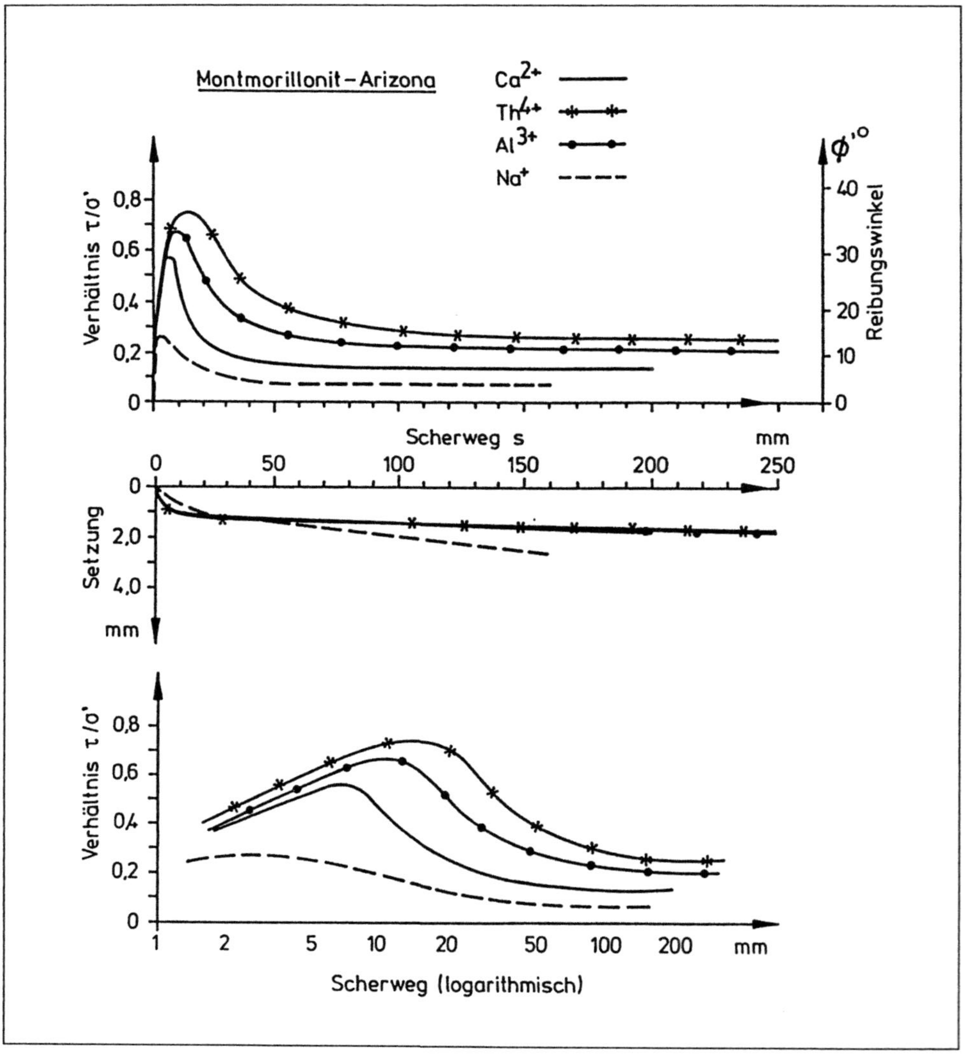

Abb. 8.9. Entwicklung der Scherfestigkeit von Montmorillonit-Arizona in Abhängigkeit vom Scherweg und Setzung der Probe während des Scherversuches. (Nach 35)

Scherfestigkeit und der starke Abfall zur Restscherfestigkeit lassen sich durch die Überwindung des Zusammenhaltes der Schichten und ihre Anordnung in der Scherebene erklären. So nahm der Winkel der maximalen Scherfestigkeit von Montmorillonit Arizona mit steigender Wertigkeit der Zwischenschichtkationen zu, und der Scherweg bis zum Erreichen der Restscherfestigkeit verlängerte sich (Abb. 8.9). Der sehr schwache Zusammenhalt der Schichten bei einem Schichtabstand von 40 Å des Na^+-Montmorillonits und der hohe Gehalt an Zwischenschichtwasser erklären den sehr niedrigen Winkel der Restscherfestigkeit von 4°.

Den Einfluß der Schichtladung auf das Scherverhalten von Montmorillonit erkennt man beim Vergleich der Scherkurven von Montmorillonit Arizona und

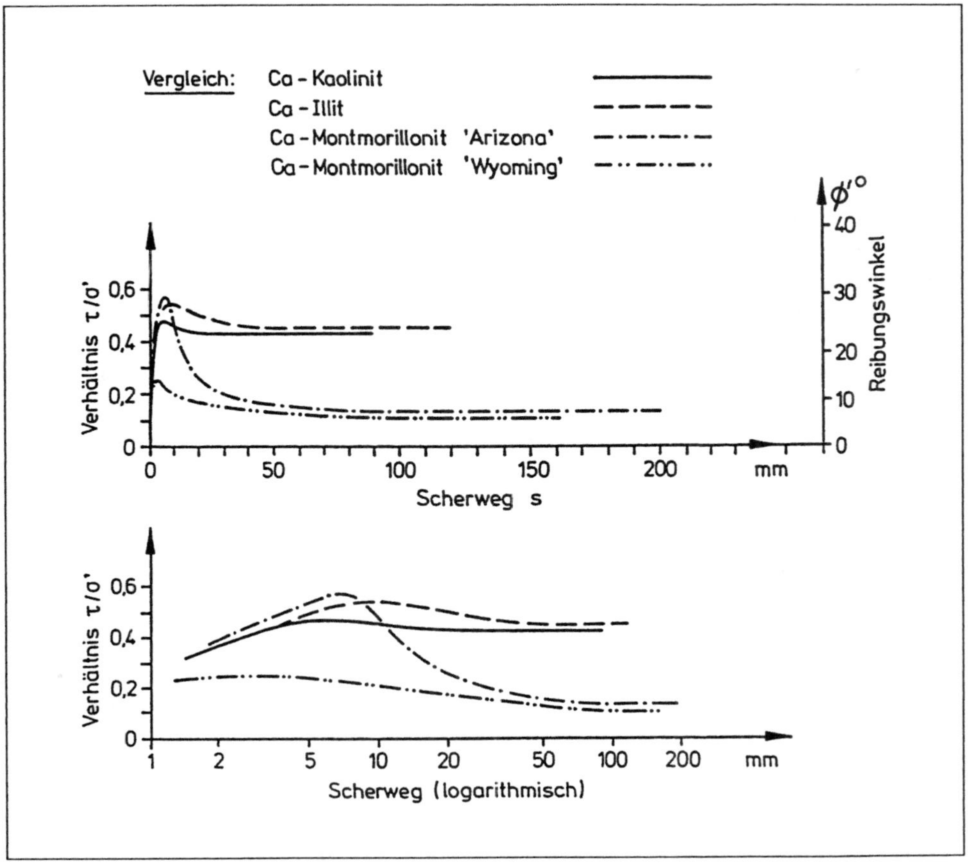

Abb. 8.10. Entwicklung der Scherfestigkeit von Kaolinit, Illit, Montmorillonit-Arizona und Montmorillonit-Wyoming in der Ca^{2+}-Form in Abhängigkeit des Scherweges und Setzung der Probe während des Scherversuches. (Nach 35)

Wyoming in der Ca^{2+}-Form (Abb. 8.10). Wegen der niedrigeren Schichtladung war der Winkel der maximalen Scherfestigkeit von Montmorillonit Wyoming nur halb so groß wie beim höher geladenen Montmorillonit Arizona.

Die Bedeutung des Zusammenhaltes der Schichten für das Scherverhalten von Montmorillonit zeigen auch die Untersuchungen von Sonderegger (46). Nach Fixierung von Kaliumionen im Schichtzwischenraum wurden Werte der maximalen Scherfestigkeit und der Restscherfestigkeit von 32° und 30° bestimmt, d. h. der Scherfestigkeitsabfall war nach weitgehendem Verlust der intrakristallinen Quellung sehr gering.

Bei einem Schichtabstand des Montmorillonits von 20 Å entspricht die Kationenkonzentration im Schichtzwischenraum einer 2 bis 3 normalen Salzlösung. Eine Zunahme der Scherfestigkeit durch Erhöhung des Elektrolytgehaltes im Porenwasser ließe sich nur durch noch höhere Konzentrationen erreichen. Solche Bedingungen sind aber für den Bauingenieur ohne praktische Bedeutung. In der Na^{+}-Form reagiert der Montmorillonit etwas empfindlicher auf eine Erhöhung des Elektrolytgehaltes, weil die Schichtabstände größer sind und die Ionenkonzentration im Schichtzwischenraum dann niedriger ist. So läßt sich bereits bei einer Erhöhung des NaCl-Gehaltes auf 30 g l^{-1} eine schwache Zunahme der Restscherfestigkeit der Na^+-Form beobachten (16, 38). Verglichen mit den intrakristallin nicht quellfähigen Tonmineralen ist der Einfluß des Elektrolytgehaltes im Porenwasser beim Montmorillonit also deutlich geringer.

Einen großen Einfluß können organische Verbindungen wie Alkylammoniumionen auf das Scherverhalten von Montmorillonit haben (12). Solche Verbindungen, die im Sickerwasser von Deponien auftreten können, werden sehr selektiv in den Schichtzwischenraum aufgenommen und hydrophobieren die Silicatschichten (49). Dadurch kann der Montmorillonit das Scherverhalten eines siltigen Materials annehmen.

Bei der Untersuchung von Schweizer Böden beobachtete man eine Abnahme der Restscherfestigkeit mit steigender Plastizitätszahl (7). Die Ergebnisse streuten allerdings recht stark, und es war nicht sinnvoll, den Mittelwert der Restscherfestigkeit auf Grund der Plastizität anzugeben. Hingegen ließ sich der kleinstmögliche Wert der Restscherfestigkeit nach Bestimmung der Plastizität voraussagen. Während bei den intrakristallin nicht quellfähigen Tonmineralen, vor allem beim Illit, die Restscherfestigkeit mit steigender Plastizitätszahl zunimmt, nimmt sie beim Montmorillonit ab. In unseren Böden kann man davon ausgehen, daß Calcium- und Magnesiumionen in der Austauschgarnitur der Tone überwiegen und der Gehalt an Natriumionen gering ist. In der Ca^{2+}-Form ist nur die Restscherfestigkeit von Montmorillonit niedrig (Abb. 8.10), und die Plastizitätszahl von Montmorillonit ist wesentlich höher als von Kaolinit und Illit (Tabelle 8.1). Es kann deshalb angenommen werden, daß eine Abnahme der Restscherfestigkeit mit steigender Plastizitätszahl mit einem steigenden Gehalt an Montmorillonit oder intrakristallin quellfähigen Wechsellagerungsmineralen zusammenhängt. Dabei können schon kleine Montmorillonitgehalte die Restscherfestigkeit stark reduzieren (16).

Zusammenfassend läßt sich sagen, daß das Scherverhalten der Tone vor allem von der Anisometrie der Tonmineralteilchen und der Ladung ihrer Flächen abhängt. Dagegen scheint der Einfluß der Kantenladung, zum Unterschied zur Bestimmung der Atterberg-Fließgrenze und dem rheologischen Verhalten wäßriger Tondispersionen (19), von geringer Bedeutung zu sein. Beim Scheren ordnen sich die plättchenförmigen Tonmineralteilchen unter der Normalspannung Fläche zu Fläche in der Scherebene an, so daß eine Änderung der Kantenladung kaum wirksam werden kann. Die verhältnismäßig hohe Scherfestigkeit von Kaolinit beruht auf der Korn-zu-Korn-Reibung der grobkörnigen, plättchenförmigen Teilchen (35, 36, 38, 46). Dagegen hängt das Scherverhalten von Illit mit seinen dünnen, plättchenförmigen, hoch geladenen Teilchen stark von den Gegenionen ab (16, 35, 36, 38, 46). Das Scherverhalten von Montmorillonit wird weitgehend vom Zusammenhalt der Schichten bestimmt, und es wird angenommen, daß die Montmorillonitteilchen beim Scheren in Schichten bzw. Schichtpakete zerfallen (35, 36, 38, 46).

8.1.4 Quellverhalten der Tone

Die Quellung der Tone beruht auf der Schichtstruktur der Tonminerale, ihrer Ladung und den zum Ladungsausgleich angelagerten Kationen. Dabei lassen sich zwei Abschnitte der Quellung beobachten. Ausgehend vom trockenen Ton wird Wasser zunächst durch die Hydration der austauschbaren Kationen aufgenommen. Dieser erste Abschnitt der Quellung, auch als intrakristalline Quellung bezeichnet, findet ganz ausgeprägt bei Tonmineralen mit intrakristalliner Quellung, wie z. B. dem Montmorillonit, statt. Der zweite Abschnitt der Quellung beruht auf dem großen Unterschied der Ionenkonzentration, vor allem der Kationenkonzentration, an der Tonmineraloberfläche und in der Porenlösung und wird als osmotische Quellung bezeichnet. Wesentlich ist hier die Feststellung, daß das Quellverhalten der Tone durch Kationenaustausch verändert wird, wie das auch bei anderen bodenmechanischen Eigenschaften der Tone, der Plastizität und dem Scherverhalten, zu beobachten ist.

Zum Unterschied zur Anhydritquellung, bei der Anhydrit durch Wasseraufnahme in Gips umgewandelt wird, handelt es sich bei der Quellung der Tone um einen ausgesprochen reversiblen Vorgang.

Geht man vom vollkommen trockenen Montmorillonit aus, dem intrakristallin quellfähigen Tonmineral mit der größten Verbreitung, so liegen die austauschbaren Zwischenschichtkationen auf den Schichtflächen, oder sie befinden sich in den bitrigonalen Vertiefungen der Tetraederschichten. Die Schichten eines Montmorillonitteilchens liegen dann so dicht aufeinander, daß sie sich fast berühren (Schichtabstand 9,6 – 10 Å). In Kontakt mit Wasser hydratisieren die Zwischenschichtkationen und ordnen sich weitgehend in der Mittelebene zwischen den Schichten an, der Schichtabstand wird aufgeweitet (s. im Einzelnen Kap. 3.2.2). Dieser Vorgang der intrakristallinen Quellung kann das Montmorillonitvolumen verdoppeln. Die Hydratationsenergie der Kationen ist dabei wesentlich größer als der Zusammenhalt der Schichten, so daß Quelldrücke von mehr als 100 N mm^{-2} (10^4 t m^{-2}) auftreten können.

Röntgenographisch läßt sich nachweisen, daß Montmorillonit bei der intrakristallinen Quellung stufenweise aufgeweitet wird (Kap. 3.2.1; Abb. 3.10). Der stufenweise Verlauf der Quellung läßt sich auch bei der Bestimmung der Wasseradsorptionsisotherme (17) erkennen (Abb. 8.11). Dabei wird zunächst die Masse der Probe nach vollkommener Trocknung bei 100 °C im Hochvakuum bestimmt. Danach läßt man bei 20 °C in kleinen Portionen Wasserdampf einströmen, erhöht also stufenweise die relative Wasserdampfspannung und mißt dabei die Massenzunahme der Probe durch Adsorption von Wasser. In Abbildung 8.11 wurde die Wasseradsorptionsisotherme von Wyoming-Bentonit mit einem Montmorillonitgehalt von 75 % dargestellt. Der Montmorillonit lag in der Na^+-Form vor. Die Isotherme wurde nach Dubinin und Radushkevich (9) ausgewertet, wobei der natürliche Logarithmus des Wassergehaltes gegen $\log^2(p_0/p)$ aufgetragen wurde (p_0 = Wasserdampfspannung bei Sättigung, p = relative Wasserdampfspannung). Deutlich lassen sich die Stufen a, b und c erkennen. In diesen Bereichen nimmt der natürliche Logarithmus des Wassergehaltes linear mit $\log^2(p_0/p)$ zu, d. h. das Wasser wird entsprechend der Steigung der linearen Abschnitte mit einer charakteristischen Energie adsorbiert. Im Abschnitt b nimmt der Wassergehalt von 1,0 bis 6,2 % zu, und der Schichtabstand wird durch Einlagerung einer Wasserschicht von 9,6 auf 12,3 Å aufgeweitet (Abb. 3.10, S. 106). Im Abschnitt c erhöht sich der Wassergehalt auf 16,5 %, und der Schichtabstand nimmt durch Bildung einer zweiten Wasserschicht um 2,9 Å zu. Mit der Zunahme des Wassergehaltes auf etwa 25 %, erkennbar an dem kurzen, gebogenen Anstieg des Wassergehaltes nahe der Wasserdampfspannung bei Sättigung, werden die dritte und vierte Wasserschicht eingelagert. Der Schichtabstand nimmt bis 20 Å zu, und die intrakristalline Quellung ist abgeschlossen.

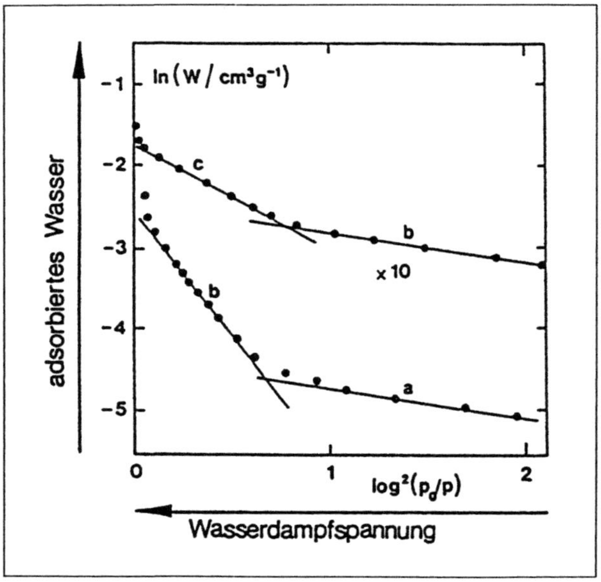

Abb. 8.11. Adsorptionsisotherme von Wasser an Wyoming-Bentonit bei 20 °C. Montmorillonitgehalt 75 % als Na^+-Montmorillonit. Auswertung nach Dubenin-Radushkevich (9). In der oberen Kurve sind die Meßwerte bei 10fach vergrößerter Abszisse dargestellt.

Aus der Adsorptionsisotherme läßt sich der Quelldruck der intrakristallinen Quellung berechnen (14, 15, 25). Er beträgt für den reinen Montmorillonit des untersuchten Wyoming-Bentonites bis etwa 400 N mm^{-2} für die Bildung der ersten Wasserschicht, bis 110 N mm^{-2} für die zweite Wasserschicht und bis etwa 27 N mm^{-2} für die Bildung der dritten und vierten Wasserschicht. Die entsprechenden Überlagerungsdrücke zur Verhinderung der intrakristallinen Quellung sind so hoch, daß der Bauingenieur es normalerweise nicht mit den hohen Drücken der intrakristallinen Quellung zu tun hat. Vielmehr hat die intrakristalline Quellung in den üblichen Bautiefen bereits weitgehend stattgefunden.

Die intrakristalline Quellung kann durch organische Verbindungen, z. B. von Octadecyldiammoniumionen reduziert werden. Das organische Kation wird dabei im Schichtzwischenraum des Montmorillonits durch Kationenaustausch gebunden (Kap. 3.3.6), der Schichtabstand nimmt von 20 Å auf 13,5 Å ab, und die Probe schrumpft. Solche Vorgänge haben bei der Verwendung von Ton zur Abdichtung von Deponien eine große Bedeutung (13, 49).

Die Tonquellung, die der Bauingenieur vom Stollen- und Tunnelbau kennt, ist die osmotische Quellung. Sie tritt auf, wenn tonhaltige Sedimentgesteine durch bauliche Eingriffe entlastet werden und Wasser aufnehmen. Verglichen mit der auf kurze Distanz wirkenden intrakristallinen Quellung (Schichtabstände bis 20 Å) wirkt die auf der Abstoßung der diffusen Ionenschichten (Ausdehnung der diffusen Ionenschichten in Wasser bis etwa 5000 Å; Kap. 3.2.4) beruhende osmotische Quellung auf große Entfernungen. Dementsprechend sind die Drücke der osmotischen Quellung wesentlich niedriger. Sie betragen bis etwa 2 N mm^{-2}. Die treibende Kraft der osmotischen Quellung ist der große Konzentrationsunterschied zwischen den nahe der Tonoberfläche elektrostatisch zurückgehaltenen Ionen der Doppelschicht und der Elektrolytkonzentration im Porenwasser des Gesteins (Abb. 8.12). Die Ionenkonzentration C_1 der Doppelschichten zwischen den beiden Fläche zu Fläche orientierten negativen Tonmineralteilchen ist viel höher als die Elektrolytkonzentration

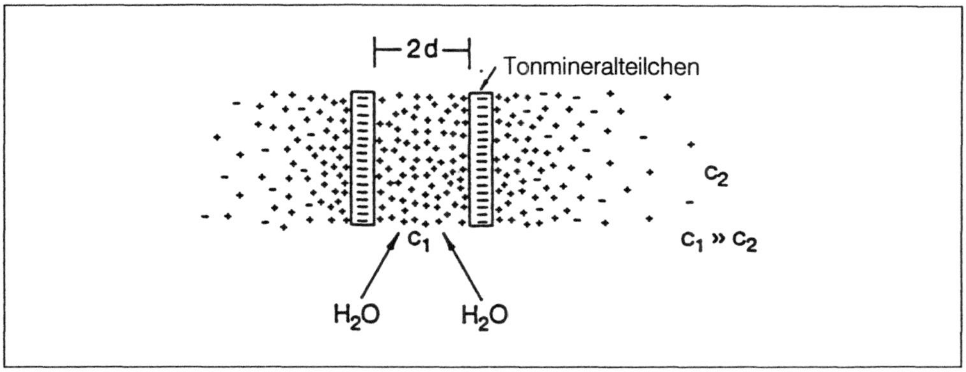

Abb. 8.12. Zwei negative Tonmineralteilchen mit dem Ionenschwarm C_1 der Doppelschichten und der Elektrolytkonzentration C_2 der Porenlösung. Osmotische Quellung findet statt, weil C_1 größer als C_2 ist und ein Konzentrationsausgleich nur durch Aufnahme von Wasser in den Raum zwischen den Tonmineralteilchen möglich ist.

C_2 der Porenlösung des Gesteins. Da die Kationen der diffusen Ionenschicht elektrostatisch von den negativen Tonmineraloberflächen zurückgehalten werden, ist ein Konzentrationsausgleich nur möglich, wenn Wasser in den Raum zwischen den beiden Teilchen eindringt. Das ist ein osmotischer Vorgang, der von der Ladung der Tonmineraloberfläche, den austauschbaren Kationen und der Elektrolytkonzentration der Porenlösung abhängt. Der Quelldruck ein und desselben Tons kann sich also mit den austauschbaren Kationen und der Elektrolytkonzentration im Porenwasser des Gesteins ändern.

Im Gebirgsinnern herrscht Gleichgewicht zwischen der abstoßenden Kraft der sich überlappenden Doppelschichten der Tonmineralteilchen und dem Gebirgsdruck. Wird das Gestein entlastet und steht Wasser zu Verfügung, so wird sich ein neuer Gleichgewichtszustand einstellen, indem mehr Wasser zwischen die Tonmineralteilchen eindringt und diese auseinandertreibt. Das Gestein wird so lange quellen, bis wieder Gleichgewicht zwischen den inneren und den neuen äußeren Kräften herrscht. Wird das Gestein völlig entlastet, wird sich der Quellvorgang so lange fortsetzen, bis die Ionenkonzentration im ganzen System etwa gleich groß ist.

Im Labor wird der maximale Druck zur Verhinderung jeder Volumenzunahme der Probe als Quelldruck bezeichnet. Meistens wird der Quelldruck an Scheiben von Bohrkernen gemessen, wobei die Proben so in einen Stahlring eingebaut werden, daß jede radiale Quellung verhindert wird (Abb. 8.13). Die axiale Quellung läßt sich in der Apparatur zur Messung des Quelldruckes nicht vollständig vermeiden. Deshalb muß die Volumenzunahme der Probe durch die Rückstellvorrichtung in kleinen Stufen so korrigiert werden, daß die ursprüngliche Probenhöhe erhalten bleibt. Der maximale Quelldruck ist dann erreicht, wenn keine weiteren Korrekturen mehr notwendig sind. Normalerweise dauert die Bestimmung des Quelldruckes etwa 14 Tage, wobei der größte Teil der Quellung nach ein bis zwei Tagen beendet ist. Es ist sehr wichtig, den Quelldruck beim natürlichen Wassergehalt der Proben zu messen. Beim Trocknen schrumpfen die Proben, und der Teilchenabstand nimmt ab. Der Quelldruck steigt dabei an, denn nach der Doppelschichttheorie ist der Quelldruck etwa umgekehrt proportional zum halben Abstand der Tonmineralteilchen im Quadrat.

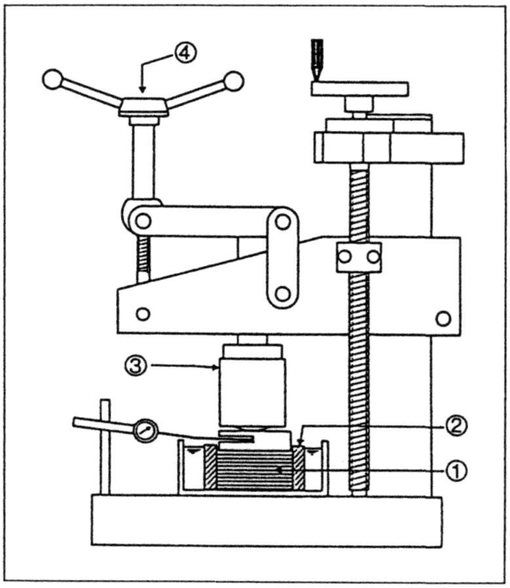

Abb. 8.13. Apparat zur Messung des Quelldruckes: **1** Probe, **2** Stahlring, **3** Druckdose, **4** Rückstellvorrichtung. (Nach 28)

Die Qualität des Probenmaterials aus Bohrungen ist manchmal ungenügend, um den Quelldruck im Labor messen zu können. In solchen Fällen können die Quelleigenschaften des Gesteins aus mineralogischen Kennwerten abgeschätzt werden. Dies ist viel aufwendiger als die Messung in der Quelldruckapparatur, läßt sich aber mit einer für bautechnische Belange genügenden Genauigkeit durchführen.

Gemäß Langmuir (23) ist die Kraft pro Fläche zwischen zwei sich überlappenden Doppelschichten durch den osmotischen Druck in der Mittelebene zwischen den Teilchenoberflächen relativ zum osmotischen Druck in der Porenlösung gegeben. Da die osmotischen Drücke von den Ionenkonzentrationen abhängen, kann die abstoßende Kraft pro Fläche direkt von der Überschußkonzentration in der Mittelebene der Teilchen berechnet werden. Die Überschußkonzentration ist gleich:

$$n(\exp(u)-1)+n(\exp(-u)-1)=2n(\cos \mathrm{h}u-1)$$

und der Druck ist:

$$p=2nkT(\cos \mathrm{h}u-1)$$

wobei:

p = osmotischer Druck (Quelldruck),
n = Ionenkonzentration in der Porenlösung,
k = Boltzmann Konstante,
T = Temperatur in Grad Kelvin,
u = elektrisches Potential in der Mittelebene zwischen den Teilchen.

Die Ionenkonzentration n im Porenwasser des Gesteins und die Temperatur T lassen sich direkt messen, das elektrische Potential u muß berechnet werden. Die Verteilung der Kationen und Anionen in der diffusen Doppelschicht läßt sich nach dem Boltzmannschen Verteilungssatz berechnen. Danach ist die lokale Ionenkonzentration im Abstand x von der Teilchenoberfläche exponentiell vom elektrischen Potential an dieser Stelle abhängig. Durch Kombination mit der Poissonschen Differentialgleichung, welche die Veränderung der Feldstärke in Abhängigkeit der lokalen Ladungsdichte beschreibt, kann ein Ausdruck zur Bestimmung des Quelldruckes p in Abhängigkeit des halben Teilchenabstandes d erhalten werden (26, 27). Zur Berechnung der Funktion $p(d)$ müssen folgende mineralogischen Kennwerte bestimmt werden:

- Wertigkeit der Kationen in der Doppelschicht,
- Ionenkonzentration im Porenwasser der Probe,
- Oberflächenladungsdichte der Tonmineralteilchen.

Zur Berechnung des halben Teilchenabstandes d müssen bekannt sein:

- Wassergehalt der gesättigten Probe,
- spezifische Oberfläche der Probe.

Der halbe Teilchenabstand d läßt sich dann aus dem Quotienten des Wassergehaltes und der spezifischen Oberfläche unter der Annahme berechnen, daß alles Wasser der Probe auf der Oberfläche der Teilchen verteilt ist.

Die an Bohrkernen von 19 Opalinustonproben gemessenen Quelldrücke lagen zwischen 0,7 und 2,2 N mm^{-2} mit einem Durchschnittswert von 1,33 N mm^{-2}. Die gemessenen Werte sind in Abbildung 8.14 eingetragen, wobei die halben Teilchen-

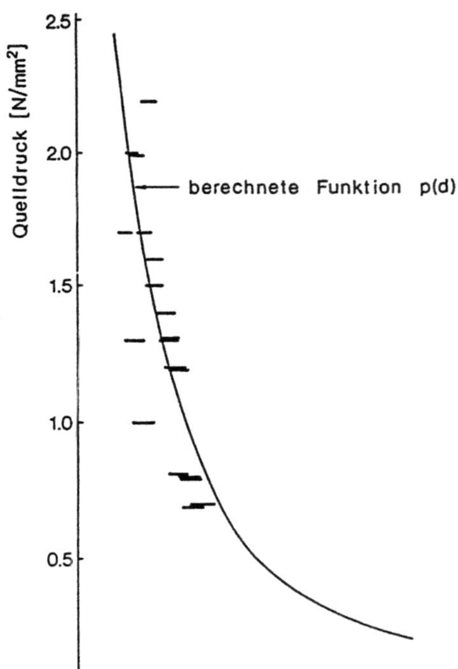

Abb. 8.14. Aus mineralogischen Kennwerten von Opalinuston berechnete Funktion des Quelldruckes p in Abhängigkeit vom halben Teilchenabstand d und die experimentell gemessenen Quelldrücke in Abhängigkeit vom halben Teilchenabstand. (Nach 27 und 28)

abstände aus dem Wassergehalt und der spezifischen Oberfläche der Proben berechnet wurden. Die Striche entsprechen dem Fehlerbereich dieser Berechnung. Die von den gleichen Proben bestimmten mineralogischen Kennwerte erlaubten die Berechnung der Funktion $p\ (d)$ (26 – 28). Die berechnete Kurve erfaßt die experimentellen Quelldrücke sehr gut. Der Durchschnittswert der aus der Kurve abgelesenen Quelldrücke der 19 Proben beträgt 1,39 N mm^{-2}, was dem Durchschnittswert der gemessenen Quelldrücke von 1,33 N mm^{-2} recht nahe kommt.

Es ist der Vorteil der mineralogischen Methode, daß Quelldrücke auch von strukturell gestörten Proben bestimmt werden können, sofern der natürliche Wassergehalt bekannt ist. Andererseits ist die mineralogische Methode komplizierter und zeitaufwendiger als die Messung des Quelldruckes. Die Untersuchungen können aber oft in der Projektierungsphase ausgeführt werden, so daß der größere Zeitaufwand nicht ausschlaggebend sein muß. Auf alle Fälle kann die Möglichkeit der Berechnung des Quelldruckes tonreicher Gesteine aus mineralogischen Kennwerten für den Bauingenieur sehr nützlich sein.

8.1.5 Bedeutung der Tonmineralogie für den Bauingenieur

Das bodenmechanische Verhalten feinkörniger Lockergesteine läßt sich weitgehend aus der Struktur und den Eigenschaften der Tonminerale erklären. Trotzdem kommt der Bauingenieur bei der Lösung konventioneller grundbaulicher Probleme wie z. B. Fundationen, Baugruben, Hangrutschungen, Straßen, Dämme usw. in unserem Gebiet (Mitteleuropa) weitgehend ohne tonmineralogische Untersuchungen aus (22). Sie gewinnen aber an Bedeutung, wenn die aus der Klassifikation der Proben erwarteten bodenmechanischen Eigenschaften deutlich von den gemessenen Werten abweichen. Die Bedeutung tonmineralogischer Untersuchungen im Grundbau hat in letzter Zeit deutlich zugenommen. Die Schwierigkeit grundbaulicher Probleme ist gestiegen. Die Qualität des Baugrundes ist eine der letzten Prioritäten bei der Planung. Immer mehr Bauten werden unterirdisch angelegt. Hinzu kommen Probleme im Zusammenhang mit der steigenden Umweltbelastung sowie das zunehmende Interesse unserer Bauingenieure an grundbaulichen Problemen in Drittweltländern, wo die Verhaltensweise der Böden nur teilweise unseren Böden entspricht. Von ganz großer Bedeutung sind aber die Probleme der Entsorgung. Häufig werden die Barrieren durch Tone gebildet. Ungewohnt sind dabei für den Bauingenieur die Möglichkeiten der Veränderung der bodenmechanischen Eigenschaften der Tone in Kontakt mit den Schadstoffen der Deponien und die wesentlich längeren Zeiträume, als sie der Bauingenieur normalerweise gewöhnt ist. Die brennenden Probleme der Entsorgung werden sich nur in enger Zusammenarbeit von Tonmineralogen und Bauingenieuren lösen lassen.

8.2 Tone und Tonminerale in der Umweltsicherung

Tonminerale haben in der Geotechnik immer schon eine wichtige Rolle gespielt, doch erst durch die vielfältigen Aufgaben bei der Umweltsicherung ist man sich über die große Bedeutung der Wechselwirkungen zwischen den Tonmineraloberflächen und der anthropogen beeinflußten Umwelt klargeworden. Die Tonminerale, gleichgültig ob sie in den Lagerstätten der keramischen Rohstoffe oder in landwirtschaftlich genutzten Böden vorkommen, erfordern eine fachgerechte Charakterisierung, die höchste Anforderungen an den Anwender stellen.

Bodenschutz

Böden sind Standorte und Lebensraum terrestrischer Organismen, sie sind Filterkörper, die zur Wasserregulierung notwendig sind, sie können aber auch Baugrund und sogar Lagerstätten mineralischer Rohstoffe sein. Bodenschutz ist eine Grundlage für gezielte Daseinsfürsorge. Er ist nur möglich, wenn die Mechanismen natürlicher Bodenbildung objektiv mit den Mechanismen anthropogener Einflüsse ins Verhältnis gesetzt werden können. Tonminerale sind wesentliche Bestandteile der meisten Böden. Allerdings verfügen nur wenige Bundesländer über jene bodengenetischen Grunddaten, die zur Beurteilung des gegenwärtigen Zustandes der Böden notwendig wären. Auf der Grundlage von etwa 3 000 Bodenproben aus 560 Profilen konnte 1987 das „Bodenkataster Bayern" erstellt werden. Es erfaßt die natürlichen Gehalte der Elemente in Gesteinen, Mineralien und Böden, die dann als Basis zur Beurteilung anthropogener Zusatzbelastungen dienen (43). Die Ausgangsmaterialien für die Bodenbildung (Kap. 4.2, 6.3) sind im allgemeinen die im Untergrund anstehenden Gesteine. In Bayern sind es die weit verbreiteten Deckschichten.

Wichtigstes Resultat der o. g. Bodenuntersuchungen ist die gesicherte Erkenntnis, daß die Grundgehalte der Schwermetalle in den Böden mit den Gehalten an Tonmineralen und Glimmern (betrifft alle untersuchten Elemente), Schwermineralien (hier nur Cr^{3+}, Ni^{2+}, Co^{2+} und Zn^{2+}), Kalifeldspäten (nur Pb^{2+}), Oxidhydroxide von Al^{3+}, Fe^{3+} und Mn^{4+} (nur Cr^{3+}, Ni^{2+}, Zn^{2+} und Co^{2+}) und seltener mit dem Gehalt an Plagioklasen (Co^{2+} und Cu^{2+}) zunehmen. Besonders die tonreichen Gesteine und die Schwarzschiefer tragen wesentlich zur natürlichen Schwermetallbelastung der Böden bei. In Tabelle 8.2 sind die wichtigsten Schwermetallträger aufgelistet (s. auch Tabellen im Anhang). Eine Zusammenstellung der Schwermetallgehalte typischer Tongesteine Bayerns zeigt Tabelle 8.3. Abgesehen von basaltischen Ausgangsmaterialien und Vererzungen sind die angegebenen Werte als Obergrenze in den natürlich vorkommenden Tonen anzusehen.

Fluß- und Hafensedimente

Die in den Flüssen und Hafenbecken abgelagerten Sedimente können als Indikatoren der Umweltbelastung des Industriezeitalters angesehen werden. Die seit zwei Jahrzehnten systematisch durchgeführten Untersuchungen an Flußsedimenten, vor allem in Rhein und Neckar und in den letzten Jahren verstärkt auch in den Hafenbecken an Nord- und Ostsee zeigen, daß die Tonfraktion der Hauptträger der Schwermetalle ist.

Tabelle 8.2. Schwermetallgehalte in Mineralien unterschiedlicher Ausgangsgesteine. In der Originalliteratur (43) ausführlichere Hinweise über die Herkunft der Minerale.

Mineral	Gestein	Cr	Mn	Fe	Co	Ni	Cu	Zn	Cd	Pb
Kaolinit	Löß	40	–	–	5	20	20	30	–	10
Montmorillonit	Bentonit	2–38	39–373	1,5–2,2	17–76	22–51	2–18	60–182	–	26–63
Glaukonit	Glaukonitsande	135–411	47–147	5,2–15	0–87	10–124	3–34	57–174	–	15–51
Chlorit	Sedimente	–	–	–	–	–	–	700–1000	0,6–1,5	–
Illit	Sedimente	–	–	–	–	–	–	–	–	45–70
Illit + Chlorit	Löß	80	–	–	10	40	100	100	–	30
Muskovit	magm. + metam. Gest.	5–100	10–100	–	4–9	–	5–50	20–150	–	10–50
Muskovit	" (maximal)	<400	400	2,7	–	200	<40	400	–	–
Muskovit	Löß	50	–	–	6	10	45	50	–	30
Biotit	magm. + metam. Gest.	10–200	<400–5000	–	10–80	8–200	1–200	30–1500	–	10–50
Biotit	"	<400–6400	<400–7000	0,6–27	–	40–1800	<40–200	50–1450	–	–
Biotit	"	–	–	–	–	–	–	140–510	0,06–8,84	6–54
Biotit	Granit	13–650	1200–8300	13,1–23,2	3–77	6–208	1–121	290–1520	–	–
		(129)	(3100)	(17,6)	(32)	(62)	(15)	(700)	–	–
Biotit	Gneis	24–652	770–4000	11,4–19,6	14–114	19–359	1–37	40–1220	–	–
		(210)	(2200)	(15,9)	(42)	(92)	(7)	(445)	–	~10
Biotit	Löß	100	–	–	60	50	90	700	–	35
Biotit	kaolin. Granit	103	288	17,4	–	59	37	54	–	17
Kalifeldspat	verschieden	–	–	–	<0,5	–	<1–20	5–20	–	3–150
Kalifeldspat	Löß	5	–	–	0,2	2	3	5	–	55
Kalifeldspat	Sandstein	–	32	–	–	–	5–10	38–51	–	82–128
Kalifeldspat	kaolin. Granit	6	41	0,06	–	~2	6	36	–	101
Alkalifeldspat	kaolin. Sandstein	5	30	–	–	–	42	77	–	106
Plagioklas	verschieden	–	–	–	10–80	8–30	10–150	10–20	–	1–40
Plagioklas	Löß	5	–	–	60	20	60	15	–	20
Quarz	verschieden	–	–	–	<0,5	–	2	5	–	<1
Quarz	Löß	1	–	–	0,2	1	2	4	–	0,5
Calcit	Löß	1	–	–	0,2	1	1	5	–	2
Amphibol	verschieden	1000–5000	–	–	10–80	<5–140	1–150	30–700	–	5–30
Hornblende	Löß	2000	–	–	60	20	80	300	–	15
Epidot	Löß	1000	–	–	100	100	100	600	–	5
Pyroxen	verschieden	200–6000	–	–	30–260	200–1000	5–200	20–200	–	0,3–20
Granat	Löß	3000	–	–	50	100	60	400	–	5
Magnetit	verschieden	X0000	–	–	–	–	20–300	25–1500	–	<10
Magnetit, Hämatit	Löß	2000	–	–	100	500	100	1000	–	5
Fe-Konkretionen	Löß	500	–	–	2	100	100	500	–	10

Tabelle 8.3. Schwermetallgehalte in Tongesteinen. In der Originalliteratur (43) ausführlichere Hinweise über die Herkunft der Tone.

Gestein	Cr	Mn	Fe	Co	Ni	Cu	Zn	Cd	Pb
Kaolinit (Granitverwitterung)	15 – 20	7 – 100	0,4 – 0,9	< 4	2 – 12	5 – 29	54 – 82	–	50 – 80
Kaolinit (Arkoseverwitterung)	13 – 29	8 – 111	0,2 – 0,4	< 4	0 – 17	91 – 226	30 – 91	–	250 – 1060
Kaolinit (Weiße Lasse)	10	< 10	0,3	–	< 5	4	–	–	30
Ton (kaolinitisch)	120 – 250	50 – 150	0,9 – 2,7	–	25 – 55	28 – 90	–	–	60 – 170
Ton (kaolinitisch-illitisch)	130 – 330	55 – 115	0,3 – 3,4	< 10	40 – 85	20 – 75	26 – 120	–	25 – 125
Ton (mergelig)	150 – 220	250 – 280	2,9 – 3,9	–	30 – 50	30 – 60	–	–	20 – 25
Tonfraktion in Sedimenten	–	–	–	–	–	–	190 – 240	0,1 – 0,47	35 – 45
Ton (Basaltverwitterung)	560	600	(15)	–	430	120	–	–	20
Residualtone (Karbonatverw.)	85 – 162	265 – 1730	4,5 – 7,5	15 – 30	35 – 148	4 – 71	86 – 305	0,1 – 2,5	21 – 39
Bentonit	5 – 48	125 – 808	2,6 – 3,9	–	5 – 34	8 – 18	64 – 187	< 0,01 – 0,29	14 – 29
Bentonit	3 – 70	64 – 379	1,9 – 2,2	10 – 58	20 – 77	4 – 20	69 – 204	–	20 – 62
Glaukonitkörner	148 – 386	48 – 309	9,0 – 18	29 – 50	41 – 176	0 – 131	48 – 184	–	5 – 59
Tonsteine ($C_{org.}$-arm)	90	850	5	19	68	39	115	0,13	22
lehmige Tone der OSM	86 ± 32	286 ± 194	3,6 ± 1,1	16 ± 5	43 ± 14	36 ± 14	88 ± 31	0,14 ± 0,03	23 ± 4
mergelige Tonsteine (ku)	88 – 171	44 – 1975	2,4 – 5,4	–	18 – 88	24 – 109	39 – 82	–	13 – 107
Kupferschiefer (Maximalwert)	X00	X000	X	X00	X00	X0000	X0000	X00	X0000
Schwarzschiefer (Lias Gamma)	121	16700	–	98	385	42	482	2,9	109

Der Geoakkumulationsindex I_{geo} (33) erlaubt eine Klassifizierung der Sediment- oder Schlickqualität auf der Basis der Tonfraktion:

$$I_{geo} = \log^2 \frac{C_n}{B_n * 1{,}5}$$

C_n = gemessene Konzentration des Elements in der Tonfraktion des Sediments
B_n = geochemischer „Backround" des Elements in Tongesteinen (Tongesteinsstandard) bzw. gemessener Backround in der Tonfraktion von präzivilisatorischen Sedimenten desselben Ablagerungsraumes (Tabelle 8.4)

Die Entsorgung schwermetallbelasteter Fluß- und Hafensedimente durch chemische, thermische und mechanische Dekontaminationsverfahren ist schwierig (18). Allein aus dem Hafengebiet von Rotterdam werden jährlich 20 Mio m^3 Schlick ausgebaggert. Sowohl zur Beurteilung der Reinigungs- bzw. Dekontaminationswirkung der einzelnen Verfahren, als auch zur umweltschonenden Deponierung der stetig steigenden Schlickmengen ist die Kenntnis der tonmineralogischen Zusammensetzung notwendig.

Tabelle 8.4. Geoakkumulationsindex, I_{geo}-Klassen und daraus abgeleitete Bezeichnungen für die Sedimentqualität (33).

Geoakkumulationsindex (I_{geo})		
I_{geo}	I_{geo}-Klasse	Sedimentqualität
>0	0	praktisch unbelastet
>0 – 1	1	unbelastet bis mäßig belastet
>1 – 2	2	mäßig belastet
>2 – 3	3	mäßig – stark belastet
>3 – 4	4	stark belastet
>4 – 5	5	stark – übermäßig belastet
>5	6	übermäßig belastet

Geologische Barriere

Die geologische Barriere ist ein Element des Multibarrierenkonzeptes (1), in dem Kombinationen von natürlichen und technischen Barrieren eine Rolle spielen. Ursprünglich hergeleitet aus den speziellen Erfordernissen der Kerntechnik, wurde dieses Konzept auf Probleme der Endlagerung radioaktiver Abfälle übertragen und in logischer Konsequenz seit Mitte der achtziger Jahre auch auf Deponierungskonzepte für Sonderabfälle und Hausmüll angewandt. Folgende Barriereelemente sind bekannt: Deponiestandort, Deponiebasisabdichtung, Deponiekörper, Oberflächenabdichtung, Nutzung, Nachsorge, Kontrollierbarkeit, Abfallvorbehandlung, Sickerwassererfassung und -behandlung, Rückholbarkeit, Eingangskontrolle, Einbautechnik, Deponieüberdachung.

In der Vielfalt der Barrieresysteme lassen sich grundsätzlich vier Hauptbarrieren unterscheiden:

- Barriere Abfall (d. i. der Deponieinhalt),
- Barriere Abdichtungssystem (d. i. die Oberflächen-, Seiten- und Basisabdichtung),
- sonstige technische Barrieren (z. B. Betonbehälter, Versatzmaterial),
- Geologische Barriere.

Aus der Sicht der Geochemie ist eine Barriere ein Hindernis, das den Schadstofftransport verhindert oder behindert. In der Lagerstätten-Geochemie werden derartige Barrieresysteme „geochemische Barrieren" genannt. Sie umfassen Bereiche geologischer Körper, in denen auf kurze Entfernung eine starke Verringerung der Stoffmigration erfolgt. Dies führt zu einer Anreicherung von chemischen Elementen und Verbindungen. Die geochemische Barriere ist folglich das wichtigste Element der geologischen Barriere. Da es wegen der Vielfalt des Deponiegutes fast unmöglich erscheint, exakte Angaben über die mögliche oder wahrscheinliche Zusammensetzung der Deponiesickerwässer zu machen, und den Transportpfad der Sickerwasserbestandteile ins Grundwasser zu prognostizieren, kommt der Deponieaufstandsfläche und der geologischen Barriere eine große Bedeutung in der Langzeitbetrachtung zu. Deshalb werden folgende Anforderungen an den geologischen Untergrund gestellt:
- geringe Grundwasserhäufigkeit und geringe Gebirgsdurchlässigkeit im näheren Einzugsgebiet,
- große Mächtigkeit und große Homogenität der Barrieregesteine,
- bestmögliches Schadstoffrückhaltevermögen.

8.2.1 Deponie- und Entsorgungstechnik

8.2.1.1 Untertagedeponierung

Tiefenversenkung

Das Einleiten oder Einpressen von Abwasser oder schadstoffhaltigen Lösungen/Suspensionen in tieferliegende Gesteine mit ausreichender Durchlässigkeit ist nur möglich, wenn der Injektionskörper von einer abdichtenden Ton- oder Salzschicht über- und unterlegt wird. Man unterscheidet bei den aufnehmenden Gesteinen zwischen Poren-, Kluft- und Karstspeicher. Im Werra-Kalirevier, in aufgelassenen Erdölfeldern Niedersachsens und im bayerischen Molassebecken sind Versenkungsprojekte realisiert worden (4). Die Art der chemischen Reaktionen zwischen Abfallstoffen und dem Injektionskörper und/oder dem darin gebundenen Formationswasser wird stark von der Gesteinsbeschaffenheit bestimmt. Folgende Reaktionsmöglichkeiten sind von praktischer Bedeutung:
- Auflösung bzw. chemische Korrosion von Tonpartikeln durch organische Säuren,
- Kationenaustauschreaktionen von Tonmineralen,
- Sorptionsmechanismen, z. B. Adsorption von Zn^{2+}-, Sr^{2+}-, Cs^{+}- und Cu^{2+}-Ionen an Kaolinit, Illit und Montmorillonit mit steigendem *p*H-Wert des Injektionsgutes,
- in tonhaltigem Milieu Reaktionen mit Phosphationen.

Besonders wichtig im Untergrund ist die Membranfiltrationswirkung toniger, kerogenführender Schichten.

Endlagerung radioaktiver Abfälle

Die End- oder Zwischenlagerung von radioaktiven Abfällen in geologischen Körpern wird von allen Industrieländern in Erwägung gezogen und teilweise schon praktiziert. Als Wirtsgesteine werden Salzstöcke, Anhydritlager, Tongesteine, Granit, Basalt und Tuff bevorzugt. Selbst der Meeresboden ist Gegenstand diesbezüglicher Untersuchungen.

Bei der Lagerung in Tongesteinen sind vor allem thermische Parameter zu beachten. Es können Reaktionen auftreten, die zu kristallchemischen Veränderungen führen. Ein Beispiel ist die Bildung von Smectit/Illit-Wechsellagerungen aus Smectit infolge erhöhter Druck- und Temperaturbedingungen (Kap. 4.4). Es ist auch mit der Freisetzung fluider und gasförmiger Phasen zu rechnen.

Die entscheidenden nutzbaren Materialeigenschaften von Tonbarrieren sind (29) der hohe Wassergehalt und die hohe Plastizität bei niedrigem Diagenesegrad, die große Quellfähigkeit durch Wasseraufnahme, die geringe Wasserwegsamkeit und hohes Sorptionsvermögen für Radionuklide, sowie die schlechte Wärmeleitfähigkeit. Aus kavernenbautechnischer Sicht dagegen haben Tonbarrieren eher schlechte Eigenschaften.

Tone bzw. Tonminerale werden auch als Füll- und Versatzmaterial eingesetzt. Beim schwedischen Konzept zur Endlagerung hochradioaktiver Abfälle ist die Verwendung von Bentonit bzw. Bentonit-Quarz-Gemischen als Verfüll- und Versiegelungsmaterial vorgesehen. Entsprechende technische Konzepte werden auch in der Schweiz verfolgt (15).

Bei der Verwendung von Tonen, insbesondere aber von Bentonit als künstliche Migrationsbremse in den Abfallgebinden werden folgende besondere Fähigkeiten der Tone genutzt (30):

- Sperrwirkung gegen wäßrige Lösungen infolge starker Quellung,
- Korrosionsbremse im Abfallbehälter,
- Erhöhung des Fixiervermögens für spezifische Radionuklide bei diagenetischen oder metamorphen Mineralneubildungen,
- Sorptionsvermögen für Anionen und Kationen.

Untertagedeponierung von Sonderabfällen

Bei der untertägigen Deponierung von Abfällen werden Erfahrungen aus der Endlagertechnologie der Kerntechnik genutzt. Man unterscheidet Stollendeponien, Schachtdeponien und Kavernendeponien, – gleichgültig ob aufgelassene Bergwerke einer neuen Nutzung zugeführt werden sollen oder ob neue Entsorgungsanlagen abgeteuft werden. In Deutschland werden Salzstöcke genutzt, Tonschichten sind in Italien, England und Belgien das Wirtsgestein für Sonderabfälle. Grundsatz einer umweltverträglichen Untertagedeponierung sollte das Ubiquitätsprinzip sein – Gleiches zu Gleichem – d. h. in der Praxis: Salze zu Salzen, Silicate zu Silicaten. In Tonschichten sollten also nur salzfreie oder inertisierte Kraftwerksaschen verbracht werden. Trockene Untertagedeponien in Tonen sind selten – die langfristige Wasserhaltung und Sicherung vor migrierenden Formationswässern stellt in Untertagedeponien höchste Ansprüche an die Einbautechnik. Tone werden z. Z. als Verfüll- und Versatzmaterial getestet – hier liegen die Chancen der Untertagedeponierung.

8.2.1.2 Übertagedeponien

Die Einsatzmöglichkeiten von Dichtungstonen sind in der Bauausführung für Umweltschutzprojekte sehr vielfältig: Sie hängen von den geologischen Standortfaktoren oder den technischen Auflagen, wie sie z. B. in der TA-Abfall vorgegeben sind, ab.

Tone und bindige Böden werden seit alters her für Abdichtungszwecke verwendet. Im Wasserbau hat sich besonders der Bentonit durchgesetzt. Tone und Tonminerale sind als besonders resistente Rückstände der chemischen Gesteinsverwitterung anzusehen. Sie eignen sich daher bestens als Dichtungsmaterial gegenüber anthropogenen Verwitterungslösungen, den Deponiesickerwässern.

Tone bilden natürliche Barrieresysteme im Untergrund. Bautechnisch werden sie in horizontalen und vertikalen technischen Abdichtungen eingesetzt (8). In *horizontalen Abdichtungssystemen* werden folgende Varianten angewandt:

- mineralische Abdichtungen aus tonig-bindigem Material (Naturton),
- gemischtkörnige Dichtung mit Ton- oder Steinmehl (z. B. mit Bentonit = Bentokiesdichtung, oder mit kaolinitischem Ton),
- hydraulisch gebundene gemischtkörnige Dichtung (z. B. Kies-Sand-Schluff mit Tonmehl und Zement oder Kalk),
- Asphaltbetondichtung (alleine oder als Kombinationsdichtung),
- chemisch vergütete mineralische Abdichtungen (z. B. Silanolvergütung, Wasserglas),
- mineralische Mehrfachabdichtungen (verschiedene mineralische Dichtungssysteme in unterschiedlicher Abfolge der einzelnen Elemente),
- Kombinationsdichtungen aus Kunststoffdichtungsbahnen mit mineralischem Dichtungselement.

Bei *vertikalen Abdichtungssystemen* werden Ein- bzw. Zweiphasen-Dichtwände eingesetzt, sowie Kombinationssysteme mit HDPE-Folien (HDPE = high density polyethylene) oder Glas oder einer gefrästen Membranwand.

Man unterscheidet in der Baupraxis zwischen quellfähigen und nichtquellfähigen Tonmineralen bester Qualität und Naturtonen mit schwankenden Anteilen quell- und nichtquellfähiger Komponenten. Die Tone werden grubenfeucht, als Tonmehle oder als Schnitzelware angeboten. Qualitätskriterien sind Kornfeinheit und Homogenität.

Deponieabdichtungen haben grundsätzlich die Aufgabe, das Sickerwasser aus dem Deponiekörper und das Oberflächenwasser zur ordnungsgemäßen Ableitung möglichst vollständig zu sammeln. Die geologische Barriere im Untergrund der Deponie mit ihren mehr oder weniger gut ausgebildeten geochemischen Barriereelementen ist keine zusätzliche Dichtung, sondern dient nur der Schadstoffrückhaltung im Falle des Versagens der eigentlichen Dichtung.

Deponiebasisabdichtungen

Da an die Basisabdichtung einer Deponie hohe Anforderungen gestellt werden, ist es notwendig, aus der Vielfalt der möglichen chemischen Wechselwirkungen zwischen Sickerwasserbestandteilen und Tonmineralen einmal die Reaktionen zu betrachten, die im Untergrund eines Deponiekörpers aufgrund der spezifischen Milieuverhältnisse zu erwarten sind (49, 50, 51).

Weder natürliche Tone noch die, die als Barriere unter einem Deponiekörper eingebaut sind, sind steril. Unter dem Einfluß von Mikrobakterien finden bestimmte Reaktionen statt. Es sind eisenreduzierende und eisenoxidierende Mikroben bekannt. Unter aeroben Bedingungen liefert die Oxidation von Fe^{2+} Energie, von der chemo-antothrope Bakterien leben. Der bekannteste Vertreter dieser Gruppe ist der

Thiobacillus ferroxidans, der bei der Kupferlaugung eingesetzt wird. Auf der anderen Seite reduzieren anaerobe und fakultativ anaerobe Mikroorganismen Fe^{3+}, weil sie entweder das Eisen für ihren Stoffwechsel benötigen oder als Oxidationsmittel zur Atmung brauchen. Die mikrobakterielle Reduktion struktureller Eisenionen in Montmorilloniten wurde schon beobachtet. Außerdem produzieren eine Reihe von Mikroben Komplexierungsreagenzien und organische Säuren, die geeignet sind, die Mobilität des Eisens zu verändern.

Grundsätzlich führt Sauerstoffausschluß (anaerobes Milieu) zu einer Verschiebung des Fe^{3+}/Fe^{2+}-Verhältnisses. Dies tritt besonders unterhalb von Kunststoffdichtungsbahnen auf, was zu gravierenden Veränderungen im Verhalten der Tonminerale führt. Durch die höhere Mobilität von Fe^{2+} kommt es im reduzierenden Milieu zur Auflösung akzessorischer Eisenhydroxide bzw. -oxidhydroxide. Das zementierend wirkende Bindemittel wird aufgelöst, und die Tonaggregate zerfallen folglich in ihre Primärteilchen. Somit kann es unter einer Kunststoffdichtung zu einer gravitativen Stoffwanderung der Tonteilchen kommen (Mikro-Suffosion). Durch Reduktion von strukturell gebundenem Eisen in den Tonmineralen kommt es zu Ladungsverschiebungen, vor allem innerhalb der Oktaeder- und Tetraederschichten. Dadurch wird nicht nur das Quellverhalten beeinflußt, es kommt auch zu Änderungen im Schadstoffrückhaltevermögen. Die Tonmineraloberfläche wird aktiviert.

Gleichgültig ob ein Tonmineral sich im aktivierten oder natürlichen Zustand befindet, können je nach Strukturtyp eine Reihe gut erforschter Reaktionsmechanismen unterschieden werden, die je nach Aktivierungszustand mehr oder weniger schnell ablaufen. Einige ausgesuchte Beispiele sollen hier nur kurz angesprochen werden.

Der wichtigste Vertreter der Zweischichtminerale, der Kaolinit, hat ein Kationenaustauschvermögen von 1 – 10 mval/100 g. Es liegt deutlich unter dem der Smectite, da keine Zwischenschichtkationen vorhanden sind. Dagegen können die an den Basisflächen liegenden OH^--Gruppen gegen andere Anionen ausgetauscht werden (Kap. 3.1.1). Kaolinit bildet mit vielen organischen Gastmolekülen Einlagerungsverbindungen (Kap. 3.3.2).

Mit zunehmender Schichtladung der Dreischichtminerale nimmt auch das potentielle, nicht aber unbedingt das tatsächliche Kationenaustauschvermögen zu (Kap. 3.1; 6.5.1). Die Glimmer besitzen aufgrund der festen Bindung der Kaliumionen in den Schichtzwischenräumen nur ein sehr geringes effektives Kationenaustauschvermögen. Das Austauschverhalten in Vielstoffsystemen ist sehr komplex, und Austauschreaktionen sind vom *p*H-Wert abhängig. Der Anionenaustausch findet vorwiegend auf Plätzen an den Kristallrändern statt, er ist ebenfalls vom *p*H-Wert abhängig. (Kap. 3.1.7)

Tonminerale binden organische Verbindungen in unterschiedlicher Art und Weise. Nachfolgend sind einige Reaktionen in den Schichtzwischenräumen aufgeführt:

- Direkte Bindung der organischen Moleküle mit den Zwischenschichtkationen (Kap. 3.3.5);
  Beispiel: Alkohole (Methanol, Ethanol, Ethylenglycol, Glycerin), Aromaten.
- Bindung der organischen Moleküle mit den Zwischenschichtkationen über Wassermoleküle als Brücken (Kap. 3.3.5);
  Beispiel: aliphatische und aromatische Amine.
- Bindungen organischer Basen infolge einer Protonierung durch Kationenaustausch (Kap. 3.3.5);

Beispiel: Pyridin + H_2O $\rightleftharpoons$ Pyridiniumion + OH^-

Anilin + H_2O $\rightleftharpoons$ Aniliniumion + OH^-

- Reaktionen infolge eines Elektronenübergangs zwischen organischem Molekül (Radikal) und Fe^{3+}-Ionen der Silicatschicht (Kap. 3.3.5, 9.7.1);
- Reaktionen mit organischen Kationen. Kleine und langkettige Neutralmoleküle oder Kationen werden z. T. irreversibel in den Schichtzwischenräumen gebunden. Die Reaktionen der Dreischichtminerale, vor allem Montmorillonit, mit Alkylammoniumionen sind bestens erforscht (Kap. 3.3.7).
- Reaktionen von organischen Neutralmolekülen mit organischen Tonmineralderivaten. Alkylammonium-Montmorillonite können zusätzlich organische Moleküle binden, z. B. Alkanole, Amine, Aromatische Kohlenwasserstoffe, Dioxan, Fette (Kap. 3.3.8).
- Tonminerale sind in der Lage, Proteine besonders fest zu fixieren, da zahllose Haftstellen am Proteinmolekül zur Verfügung stehen. Auch negativ geladene Huminstoffe werden gebunden (Kap. 3.4.4, 3.4.5).

Organische Moleküle werden nicht nur zwischen den Schichten gebunden, sondern auch an der äußeren Oberfläche der Tonminerale. Die Belegung der äußeren Oberfläche mit kationischen Tensiden ist in der Verfahrenstechnik von Bedeutung (Hydrophobierung) (Kap. 3.3.8). Organochlorsilane bilden mit Tonmineraloberflächen extrem beständige Bindungen aus, die zu Polymerisations- und Kondensationsreaktionen führen (Kap. 9.6.5). Äußere Tonmineraloberflächen besitzen katalytische Eigenschaften, die zu Dimerisierungen, Polymerisationen, Polykondensationen und Alkylierungen führen können (Kap. 9.7).

Die Übertragung tonchemischer Forschungsresultate auf deponierelevante Probleme ist schwierig. Das Deponiesickerwasser ist ein komplexes Vielstoffsystem und auch der im Dichtungsbau verwendete Ton liegt nie in der Reinstform vor. Da die Migration durch die Dichtung in der Regel ein Diffusionsvorgang ist, werden tonchemische Reaktionen nur sehr langsam ablaufen.

Werden organische Prüfflüssigkeiten im Laborversuch durch Tondichtungen gedrückt, so können z. T. gravierende Effekte festgestellt werden (Tabelle 8.5). Auch hier ist zu bedenken, daß organische Verbindungen mit geringer Wasserlöslichkeit kaum einen Einfluß auf das Durchlässigkeitsverhalten haben. Gut mit Wasser mischbare Verbindungen zeigen überhaupt erst bei Konzentrationen über 75 – 80 % Effekte.

Die zunehmende Bedeutung der *Kombinationsbarrieren*, also einem Verbundbauteil von Tonschicht und Kunststoffbahn, erfordern zusätzliche Betrachtungen über chemische Prozesse an den Grenzflächen. Das Verhalten der Tonminerale unter reduzierendem Milieu (Preßverbund) sowie der Stofftransport bei der Diffusion, die Bildung von organischen Tonmineralverbindungen unter Deponiebedingungen – all dies sind noch weitgehend ungelöste Probleme der Deponieforschung.

Die *multimineralische Deponieabdichtung* ist vom Prinzip her eine konsequente Weiterführung der Kombinationsdichtung. Die technische Herstellung von Dichtungen erlaubt heute die Realisierung von mehrlagigen Dichtungselementen unterschiedlichster Stoffzusammensetzung. Prinzipiell könnte auf diese Weise eine beliebig mächtige Dichtung mit unterschiedlichen Quell- und/oder Adsorptionseigenschaften hergestellt werden.

Grundsätzlich sind alle genannten Dichtungselemente kombinierbar, ein utopisches Endprodukt wäre eine „Monsterdichtung“ von Typ A B C D E etc. Sie wäre nicht mehr finanzierbar und überproportioniert. Gefragt ist die optimierte Minimal-

Tabelle 8.5. Wechselwirkungen organischer Prüfflüssigkeiten mit Tonen und Tonmineralen bei der Durchlässigkeitsprüfung im Labor (50, 51)

Substanzklasse	Substanz	Bodentyp	Bodenzustand	Konzentration	Permeameter	Einfluß auf die Durchlässigkeit	Einfluß auf Probe, Bemerkungen
Kohlenwasserstoffe und Verwandte	Heptan	Natürl. Böden: kalkfrei. Smectit kalkhalt. Smectit Kaolinit, Illit	kompaktiert	rein	RW	10^2 bis $10^3 \times$ Zunahme	Es bilden sich blöckige Strukturen; Durchlässigkeits- und Durchbruchkurven
		Kaolinit aus Georgia	kompaktiert	rein	FW RW	$10^2 \times$ Abnahme $250-660 \times$ Zunahme	 Große Poren und Risse gebildet
		Natürl. Boden: Illit-Chlorit		53 mg/l	FW RW	kein Einfluß kein Einfluß	kein Einfluß kein Einfluß
	Cyclohexan	Natürl. Boden: Illit-Smectit	kompaktiert	rein	RW	kein Einfluß	
	Benzol	Natürl. Boden: Illit-Smectit	kompaktiert	rein	RW	kein Einfluß	Nur 8 % des Porenwassers durch Benzol ersetzt.
		Kaolinit aus Georgia	kompaktiert	rein 0,1 %	 FW	$10^3 \times$ Abnahme leichte Abnahme	
	Xylol (Dimethylbenzol	Natürl. Böden: kalkfrei, Smectit kalkhalt. Smectit Kaolinit, Illit	kompaktiert	rein	RW	10^2 bis $10^3 \times$ Zunahme	Es bilden sich blöckige Strukturen
		kalkhaltiges Smectit-Boden-Bentonit-Gemisch	Suspension	rein	RW, DR	10^2 bis $10^3 \times$ Zunahme	9 % Bentonit

FW: Triaxialzelle; C: Consolidometer; RW: Festbettzelle; RW, DR: Festbett-Doppelringzelle

Tabelle 8.5. (Fortsetzung)

Substanzklasse	Substanz	Bodentyp	Bodenzustand	Konzentration	Permeameter	Einfluß auf die Durchlässigkeit	Einfluß auf Probe, Bemerkungen
		Natürl. Böden: Kaolinit, Glimmer Bentonit	kompaktiert	rein	RW	10^2 bis $10^3 \times$ Zunahme	1,8 m Durchmesser Freiland-Lysimeter. Gradient I = 7. Bildung von Rissen
		Natürl. Boden: Illit-Smectit	kompaktiert	rein	RW	kein Einfluß	
	Tetrachlormethan	Sand-Bentonit-Gemisch	konsolidierte Suspension	rein 720 mg/l	FW	$10^2 \times$ Zunahme kein Einfluß	7 % Bentonit
	Trichlorethen	Kaolinit aus Georgia	kompaktiert	rein	FW RW	10^2 bis $10^3 \times$ Abnahme 140 – 500 × Zunahme	kein Durchfluß durch die Proben Bildung von Rissen
		Natürl. Boden: Illit-Chlorit		1100 mg/l	FW RW	kein Einfluß kein Einfluß	
	Nitrobenzol	Kaolinit aus Georgia	kompaktiert	rein 0,1 %	FW	$10^3 \times$ Abnahme leichte Abnahme	
Alkohole und Phenole	Methanol	Kaolinit aus Georgia	kompaktiert	rein	FW RW	kein Einfluß 7,5 – 44 × Zunahme	
		Natürl. Boden: Illit-Chlorit		20 %, 40 % 60 %, 80 %	FW RW	kein Einfluß kein Einfluß	
		Natürl. Böden: kalkfrei. Smectit kalkhalt. Smectit Kaolinit, Illit	kompaktiert	rein	RW	$10^3 \times$ Zunahme	Es bilden sich große Poren und Risse

FW: Triaxialzelle; C: Consolidometer; RW: Festbettzelle; RW, DR: Festbett-Doppelringzelle

Tabelle 8.5. (Fortsetzung)

Substanz-klasse	Substanz	Bodentyp	Boden-zustand	Konzen-tration	Permea-meter	Einfluß auf die Durchlässigkeit	Einfluß auf Probe, Bemerkungen
		kalkhaltiges Smectit-Boden-Bentonit-Gemisch	Suspension	rein	RW, DR	$10^3\times$ Zunahme	9 % Bentonit
		Natürl. Boden: Illit-Smectit	kompaktiert	rein	RW	$10\times$ Zunahme	94 % der Porenflüssigkeit verdrängt
	Ethanol	Natürl. Boden: Illit-Smectit	kompaktiert	rein	RW	$10\times$ Zunahme	Siehe Bild 4; $10^3\times$ Zunahme, wenn auf Ethanol Benzol folgt
	Ethylen-glycol	Natürl. Böden: kalkfrei, Smectit kalkhalt. Smectit Kaolinit, Illit	kompaktiert	rein	RW	$10^2\times$ Zunahme	Anfänglich nimmt die Durch-lässigkeit ab
	Phenol	Kaolinit aus Georgia	kompaktiert	rein 0,1 %	 FW	$2\times$ Zunahme leichte Abnahme	
Ether	1,4-Dioxan	Kaolinit	konsolidierte Suspension	rein	C	20 – 30 % Zunahme	Anfangs in Dioxan angesetzte Proben zeigten viel höhere Durchlässigkeiten
Aldehyde und Ketone	Aceton	glimmerhaltig	kompaktiert	rein 75 % 2 %, 12,5 % 25 %, 50 %	RW	$10^2\times$ Zunahme $10\times$ Zunahme kein Einfluß kein Einfluß	
		kaolinitisch	kompaktiert	rein	RW	$10^2\times$ Zunahme	
		Kaolinit aus Georgia	kompaktiert	rein rein 0,1 %	RW RW FW	$10\times$ Zunahme $2\times$ Zunahme leichte Abnahme	

FW: Triaxialzelle; C: Consolidometer; RW: Festbettzelle; RW, DR: Festbett-Doppelringzelle

Tabelle 8.5. (Fortsetzung)

Substanzklasse	Substanz	Bodentyp	Bodenzustand	Konzentration	Permeameter	Einfluß auf die Durchlässigkeit	Einfluß auf Probe, Bemerkungen
		Natürl. Böden: kaolinitisch Glimmer, Bentonit	kompaktiert	rein	 RW	$10\times$ Zunahme $10^3\times$ Zunahme	1,8 m Durchmesser Freiland-Lysimeter. Gradient I = 7 Laborversuch
		Natürl. Böden: kalkfrei, Smectit kalkhalt. Smectit Kaolinit, Illit	kompaktiert	rein	RW	10 bis 10^3fache Zunahme	Schwinden und Risse; anfänglich Abnahme der Durchlässigkeit
		Mischungen von Na-Montmorillonit Kaolinit u. Sand	kompaktiert	rein	FW C	2 bis 10fache Zunahme	Zunahme hängt von der Aktivität der Bodenmischung ab
Organische Basen	Anilin	Sand/Bentonit-Gemisch	konsolidierte Suspension	rein 30 g/l 15 g/l	FW	$10^4\times$ Zunahme kein Einfluß kein Einfluß	
		Natürl. Böden: kalkfrei, Smectit kalkhalt. Smectit Kaolinit, Illit	kompaktiert	rein	RW	$10^2\times$ Zunahme	Es bilden sich große Poren und Risse; anschließende Durchströmung mit Wasser bewirkt 10fache Abnahme
Organische Säuren	Essigsäure	Kaolinit aus Georgia Illit-Chlorit Natürl. Boden	kompaktiert	rein 20 %, 40 % 60 %, 80 %	FW RW FW RW	leichte Abnahme $2\times$ Zunahme leichte Abnahme leichte Abnahme	Poren wurden durch Ausfällungen verstopft *p*H Ablauf > *p*H Zulauf
		Sand/Bentonit-Gemisch	konsolidierte Suspension	verdünnt *p*H = 1	FW	kontinuierlich leicht zunehmend	*p*H Ablauf > *p*H Zulauf

FW: Triaxialzelle; C: Consolidometer; RW: Festbettzelle; RW, DR: Festbett-Doppelringzelle

Tabelle 8.5. (Fortsetzung)

Substanz-klasse	Substanz	Bodentyp	Boden-zustand	Konzen-tration	Permea-meter	Einfluß auf die Durchlässigkeit	Einfluß auf Probe, Bemerkungen
		Natürl. Böden: kalkfrei, Smectit kalkhalt. Smectit Kaolinit, Illit	kompaktiert	rein	RW	10 bis 10^3fache Abnahme	Calciumcarbonat und Eisenoxide werden gelöst; Poren werden durch erodierte Bodenteilchen verstopft
		Natürl. Böden: Kaolinit Illit Smectit	kompaktiert	5 %	RW	10× Zunahme	Essigsäure + Propionsäure, 0,2 % des Aluminium und 0,8 % des Silicium werden innerhalb 300 Tagen herausgelöst
Gemische von Chemi-kalien	Xylol Aceton	glimmerhaltiger Boden	kompaktiert	reines Xylol; Aceton: 12,5 %, 25 % 50 %, 75 % 90 %, 100 %	RW	10^4× Zunahme 10 bis 15fache Zunahme	
	Na-Acetat Glycin Essigsäure Salicyls.	Natürl. Böden: Kaolinit Illit Smectit	kompaktiert	verdünnt	RW	10× Zunahme kein Einfluß kein Einfluß	„Synthetisches saures Deponiesickerwasser“
	5 % NH_4 Cu-Tetramin Ni-Hexamin	Natürl. Böden: Kaolinit Illit Smectit	kompaktiert	verdünnt	RW	10× Zunahme kein Einfluß kein Einfluß	„Synthetisches basisches Deponiesickerwasser“
	„Typ II Sicker-wasser“	Natürl. Boden (25 % < 2 µm)	kompaktiert	verdünnt	FW RW C	kein Einfluß kein Einfluß kein Einfluß	Durchlässigkeit bei RW und C höher als in FW

FW: Triaxialzelle; C: Consolidometer; RW: Festbettzelle; RW, DR: Festbett-Doppelringzelle

kombination. Sie soll bautechnisch realisierbar und bautechnisch sinnvoll sein. Die maximale Dichtungswirkung sollte durch einen hohen Feststoffgehalt bei minimalem Porenraum gewährleistet sein.

Um die Dichtungswirkung zu verbessern, bietet sich der getrennte Einbau hochwertiger, technisch aufbereiteter Dichtungsmaterialien mit folgenden Eigenschaften an:

- Ton mit hohem Schadstoffrückhaltevermögen (z. B. Bentonit natürlich oder aktiviert),
- Ton mit geringem Schadstoffrückhaltevermögen (z. B. mit Illit- oder Kaolinitvormacht).

Da es praktisch keine hochwertigen Illitlagerstätten gibt, kommen als quell- und schrumpfungsunempfindliche Dichtungsstoffe nur feinkörnige kaolinitische Tone in Frage.

Um die chemisch sensiblere Bentonitdichtung vor dem direkten Angriff des Sikkerwassers zu schützen, wird dieses Dichtungselement sinnvollerweise im unteren Bereich der multimineralischen Dichtung angeordnet.

Oberflächenabdichtungen

Hauptzweck der Oberflächenabdichtung ist das Fernhalten des Regenwassers (zum Teil auch des Taus und des Schmelzwassers). Daneben sollen aber auch die aus dem Deponieinneren entweichenden Gase zurückgehalten werden. Letzteres stellt im Augenblick für die Wissenschaft und Technik das größere Problem dar. Die mit der Realisierung einer optimalen Deponieentgasung betrauten Fachleute sind in der Lage, die Zusammensetzung der Deponiegase sehr genau zu analysieren. Die Wechselwirkung zwischen den gasförmigen Emanationen und den Bestandteilen der mineralischen Oberflächenabdeckung ist von entscheidender Bedeutung für die Beurteilung der mechanischen und chemischen Langzeitstabilität. Es ist bekannt, daß die feinblättrigen silicatischen Tonminerale von Deponiebasisabdichtungen mit organischen Sickerwasserbestandteilen chemisch reagieren. In Gegenwart von quellfähigen Tonmineralen in der Oberflächenabdichtung kann es mit polar-organischen Gaskomponenten zu einer Aufweitung oder zu einem Zusammenklappen der Schichtabstände kommen (Tabelle 8.6) (s. auch Kap. 8.1.4).

Da gerade Oberflächenabdichtungen einer Erosionsgefährdung ausgesetzt sind, verlangt die Geotechnik besondere Schutzmaßnahmen, z. B. Stabilisierung mit Pflanzen.

8.2.1.3 Kläranlagen und Klärschlamm

Bereits vor 100 Jahren wurden in Deutschland Tone zur Klärung von Industrieabwässern eingesetzt. Geringe Tonzusätze zu Spinnereiabwässern ermöglichten die Abtrennung von 500 – 800 g Fettsubstanz pro m^3. Erfolgreiche Anwendungen werden aus Paraffinfabrikabwässern mit hochquellfähigen Tonen berichtet. Glaukonitsande werden in den USA noch heute zur Abscheidung von Schwermetallen aus Grubenwässern verwendet.

Um den ständig wachsenden Abwasserproblemen in den Entwicklungsländern zu begegnen, wurde in Karlsruhe ein Verfahren zur Reinigung von Schlachthaus- und Gerbereiabwässern entwickelt, bei dem mit Bentonit optimale Resultate erzielt wurden (24).

Tabelle 8.6. Quellverhalten von Montmorillonit gegenüber polar organischen Gasen (2)

	d_{001} (Å)
Methylamin	13,5
Ethylamin	n. d.
Propylamin	n. d.
Butylamin	13,4
Pentylamin	9,7
Hexylamin	9,7
Dimethylamin	13,3
Diethylamin	13,3
Trimethylamin	9,6
Methanol	9,7
	14,1
Ethanol	9,7
	14,0
Propanol	9,7
Methylbromid	9,6

Bei der Entsorgung von Klärschlamm müssen zwei wichtige Stoffeigenschaften erreicht werden:

- Der abgelagerte Klärschlamm muß mechanisch stabil sein, der Hügel muß standsicher sein.
- Der Klärschlamm muß chemisch stabil sein, er soll keine Schadstoffe an den Untergrund abgeben.

Durch geeignete Wahl hydraulischer Bindemittelzusätze (Zement oder Kalk) und optimaler Tonzugabe (Erhöhung des Tonerdegehalts) können diese Bedingungen erfüllt werden.

Klärschlämme werden aber nicht nur deponiert, verbrannt, kompostiert oder landwirtschaftlich verwertet, sondern auch gelegentlich als Hilfsbaustoffe eingesetzt. Die wesentlichen Inhaltsstoffe der Klärschlämme sind N, P, Ca und Mg (K tritt sehr zurück) und organische Verbindungen. Hier sind chlorierte Kohlenwasserstoffe (CKW), Lindan, DDT und HCB, die polychlorierten Biphenyle (PCB) und die polychlorierten Dibenzodioxine und Dibenzofurane (PCDD/PCDF) als Hauptkontaminanten zu betrachten.

8.2.3 Altlastensanierung durch Einkapselungsverfahren

Durch eine Einkapselung sollen die Emissionspfade einer Altlast, gleichgültig ob Altdeponie oder eine andere Schadstoffquelle im Untergrund, zum Grundwasser unterbrochen werden. Man unterscheidet dabei horizontale Abdichtungen (Dichtsohlen und Abdeckelungen) und vertikale Abdichtungen (Dichtwände) (Abb. 8.15). Der Einbau einer Dichtungssohle ist keine Sanierungsmaßnahme, sondern kann lediglich als Sicherungsverfahren betrachtet werden. Entsprechendes gilt für Abdeckelungen und vertikale Abdichtungen.

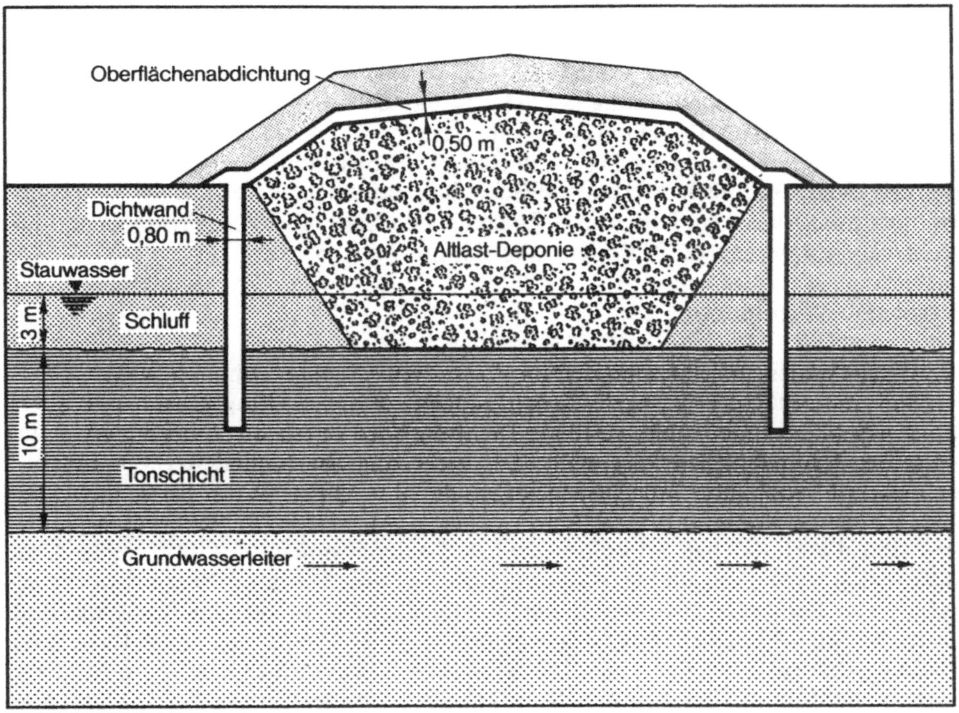

Abb. 8.15. Horizontale und vertikale Abdichtungen einer Deponie/Altlast

Dichtungssohlen

Der nachträgliche Einbau von Dichtungssohlen unter eine Altlast stellt sowohl an die Bautechnik als auch an das Dichtungsmaterial hohe Anforderungen. Die in der Regel etwa 1 m dicken Dichtungssohlen werden aus Weichgelen oder Zementleim durch Injektionstechniken hergestellt. In fein- bis mittelporigen Böden werden beispielsweise schadstoffresistente Silicatlösungen injiziert, in grobporigen oder klüftigen Zonen feststoffhaltige Ton-Zement-Suspensionen. In jedem Fall müssen die Wechselwirkungen zwischen Injektionsgut, z. B.: Natriumpolysilicat, Silane (genauer Kieselsäureester) etc. und den feinkörnigen Bestandteilen des Untergrundes (quellfähige, nichtquellfähige Reaktionspartner) und den Schadstoffen bewertet werden.

Abdeckelungen

Die Abdeckelung einer Altlast soll wie die Oberflächenabdichtung eines Deponiebauwerkes zu einer Minimierung der Auswaschung führen. Tone sind bei fast allen Abdeckelungen ein Hauptsicherungselement.

Sowohl bei der Abdeckelung von Altlasten als auch beim Bau von Deponieabdichtungen werden zunehmend Geokunststoffe bzw. Geotextilien eingesetzt. Ähnlich wie bei Tonmineralen werden auch bei Geotextilien Untersuchungen über die Chemikalienbeständigkeit verlangt. Das Schweizer Geotextilhandbuch verlangt einen 15tägigen Dauertest mit drei Prüfflüssigkeiten:

- 0,1 n Milchsäure, $pH = 2{,}4$ bei 50 ± 1 °C
- 0,1 n Natriumcarbonatlösung bei $pH = 11{,}6$ und 50 ± 1 °C
- 10 g/l reines $Ca(OH)_2$ bei $pH = 12{,}5$ und 25 ± 1 °C

Zur Erhöhung der mechanischen Festigkeit (Erosionsstabilität; Belastbarkeit) werden bei Abdeckelungen oft hydraulische Bindemittel eingesetzt. Die Reaktionsmechanismen zwischen Tonen und Zement oder Kalk sind von allgemeinem bautechnischem Interesse (z. B. Bodenstabilisierung).

Vertikale Abdichtungen

Vertikale Abdichtungen haben sich im Wasserbau seit Jahrzehnten bewährt.

Man unterscheidet je nach Arbeitsgängen zwischen Einphasen- und Zweiphasen-Schlitzwänden. Eine vertikale Dichtung wird durch die Aneinanderreihung einzelner Schlitzlamellen hergestellt. Die Sicherung der Lamellen gegen Einsturz erfolgt durch tonhaltige Stützsuspensionen, deren statischer Druck die Schlitzwände gegen Einsturz während des Aushubes sichert (Abb. 8.16 – 18). Bentonitsuspensionen sind die klassischen Stützflüssigkeiten. In der Einphasentechnik verbleibt die Suspension im Schlitz und härtet nach einiger Zeit aus. Die durch Zementzugabe abgebundene Bentonitsuspension bildet die Dichtwand. In der Zweiphasentechnik wird die Stützflüssigkeit durch den eigentlichen, in der Regel feststoffreicheren Dichtungsbaustoff ausgetauscht. Die Stützsuspension wird regeneriert oder deponiert. In der Baupraxis haben sich die in Tabelle 8.7 verzeichneten Dichtungssysteme bzw. Dichtwandmassen bewährt.

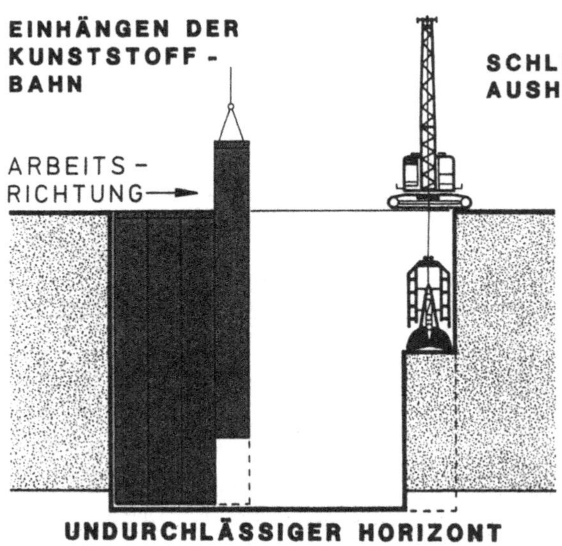

Abb. 8.16. Herstellung einer Einphasen-Dichtwand

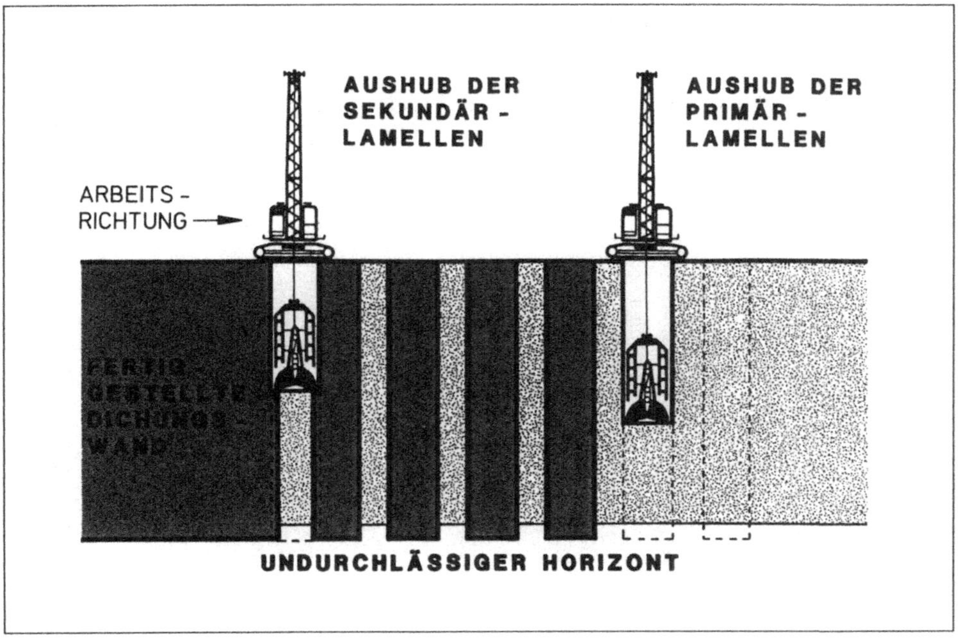

Abb. 8.17. Herstellung einer Zweiphasen-Dichtwand

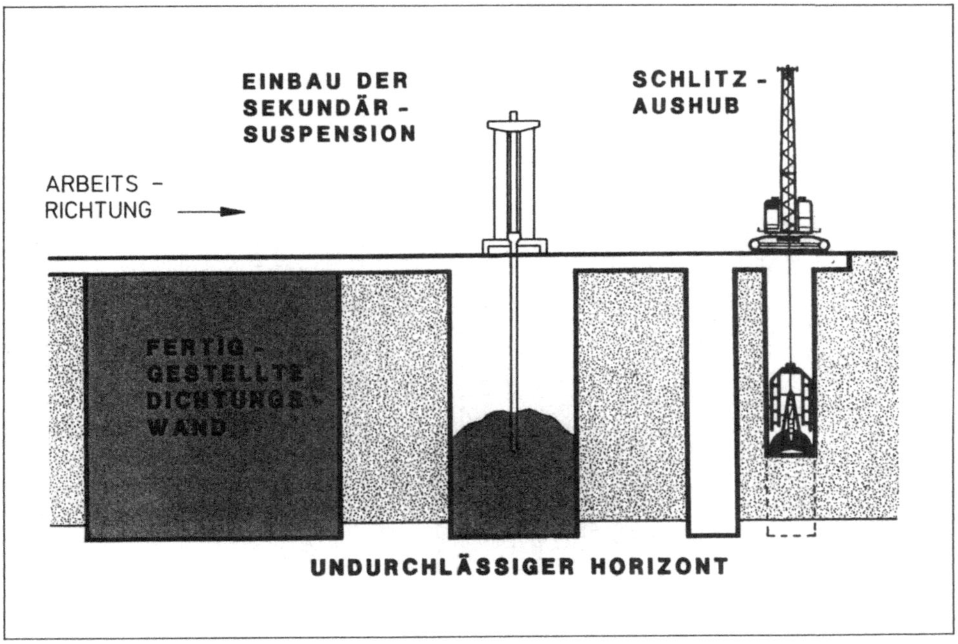

Abb. 8.18. Herstellung einer Kombinations-Dichtwand

Tabelle 8.7. Einsatzmöglichkeiten und Eigenschaften von Dichtwandmassen.

Dichtwandsystem	Prinzip	Tiefe (m)	Dichtwandmassen	Bentonit	Zement
Einphasen-Schlitzwand	Aushub des anstehenden Bodens und Einbau eines Abdichtungsmaterials	20 – 40	Bentonit-Zement-Suspensionen mit/ohne Füllstoffe	Na-Bentonit Ca-Bentonit Attapulgit	HOZ 35 L HOZ 35 L NW/HS Spezialzemente
Zweiphasen-Schlitzwand		20 – 40	Tonbeton: Bentonit-Zement-Sand/Kies-Gemisch	Na-Bentonit Ca-Bentonit Attapulgit	HOZ 35 L HOZ 35 L NW/HS Spezialzemente
Kombinations-Dichtwand	wie oben, mit Kunststoff-dichtungsbahn	20 – 30	Bentonit-Zement-Suspensionen mit/ohne Füllstoffe	Na-Bentonit Ca-Bentonit	HOZ 35 L HOZ 35 L NW/HS Sonderzemente
Schmalwand	Verdrängung des anstehenden Bodens und Einbau eines Abdichtungsmaterials	10 – 23	Ton-Zement-Steinmehl-Suspensionen	Na-Bentonit Ca-Bentonit	PZ HOZ 35 L
Injektionswand Düsenstrahlwand	Verringerung der Durchlässigkeit des anstehenden Bodens	100 – 150 20 – 30	Silicatgelinjektion Zement-Suspension Ton-Zement-Suspension	Na-Bentonit Ca-Bentonit	HOZ 35 L HOZ 35 L NW/HS Sonderzemente

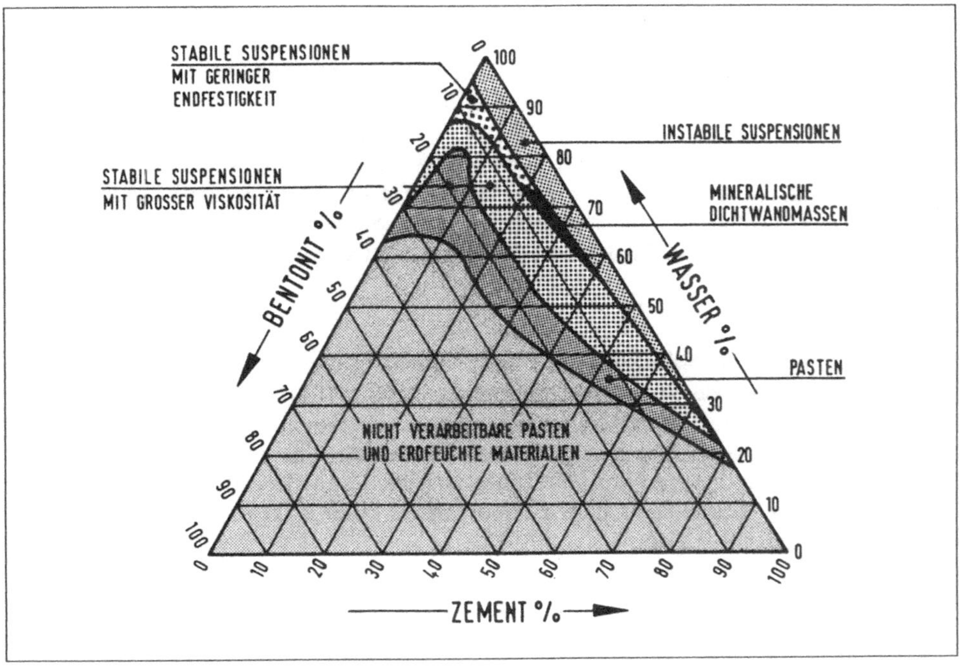

Abb. 8.19. Bentonit-Zement-Wasser-System für die Herstellung von Dichtwandmassen (28)

Na^+-Bentonite zeigen bei allen Zementgehalten eine höhere Fließgrenze und eine geringere Filtratwasserabgabe. Der Bentonitgehalt steuert die verarbeitungstechnischen Eigenschaften frischer Dichtwandmassen, der Zementgehalt ist von geringerer Bedeutung (Abb. 8.19). Dichtwandmassen mit Na^+-Bentonit haben einen sehr geringen Feststoffgehalt (Raumgewicht 11,5 – 13,5 kN/m^3). Die Durchlässigkeit gegenüber Wasser ist etwa 10^{-10} m/s, gegenüber aggressiven Wässern kann sie um bis zu 3 Zehnerpotenzen ansteigen.

Zur Steigerung des Feststoffgehalts von etwa 500 kg Feststoff pro m^3 Suspension muß der stark quellende Na^+-Bentonit durch den Ca^{2+}-Bentonit ersetzt werden. Dadurch wird 5 – 6 mal mehr Bentonit eingebaut und die Dichtungswirkung kann um den Faktor 100 – 1 000 gesteigert werden. Einphasen-Dichtwände besitzen ein Porenvolumen von 80 – 90 % (vol/vol). Eine Erhöhung des Feststoffgehalts bewirkt eine Porenraumminimierung. Durch Verwendung von nichtquellenden Tonmineralen wie Illit oder Kaolinit anstelle von Montmorillonit und Hinzufügen spezieller Silicatgele (Dynagrout®, Hüls Troisdorf AG) können Zweiphasen-Dichtwandmassen mit optimaler Porenfüllung und Schadstoffresistenz hergestellt werden.

Sonderbauweisen, wie das Absenken einer HDPE-Kunststoffbahn in die Dichtwandmasse einer Einphasen-Schlitzwand erhöhen die Undurchlässigkeit vor allem gegenüber chlorkohlenwasserstoffhaltigen Medien. Derartig kombinierte Dichtwände lassen sich auch mit Glasmembranen realisieren. Membrandichtwände werden nach dem Wand-in-Wand-Verfahren hergestellt: in eine Einphasen-Dichtwand wird durch einen Fräsvorgang eine innere fugenlose sekundäre Dichtungsmembran eingezogen, deren Dichte beliebig eingestellt werden kann, z. B. durch Verwendung nichtquellender Tonmassen mit und ohne hydraulische Bindemittel.

8.2.3 Altlastensanierung durch Bodenreinigungsverfahren

Bei der Sanierung von kontaminierten Standorten lassen sich neben der Einkapselung in vielen Fällen durch Reinigungsmaßnahmen gute bis sehr gute Ergebnisse erzielen.

Man unterscheidet grundsätzlich zwischen Maßnahmen, bei denen der Boden am Ort bleibt und solchen, wo es zu einer Auskofferung kommt. Problematisch sind alle Böden mit höheren Feinkornanteilen, da die Schadstoffe meistens an fein verteilten organischen Partikeln oder an Tonmineralen gebunden sind.

In-Situ-Verfahren

Die Abtrennung von Schadstoffen ohne Auskofferung kann nur unter ganz bestimmten geologischen Standortbedingungen durchgeführt werden. So ist die Absaugung von Bodenluft an hohe Durchlässigkeitskoeffizienten gebunden, ebenso die Grundwasserreinigung. Das einzige In-Situ-Verfahren, das auch bei tonigen Böden mit hohem Reinigungsgrad durchgeführt werden kann, beruht auf elektrokinetischen Prozessen. Dabei wird dem Boden mittels einer oder mehrerer Elektrodenserien Strom zugeführt (20).

On-Site-/Off-Site-Verfahren

Thermische Verfahren
Bei den thermischen Verfahren werden die verdampfbaren Stoffe aus dem Boden ausgetrieben (Pyrolyse). Bei der Verbrennung in oxidierendem Milieu werden die

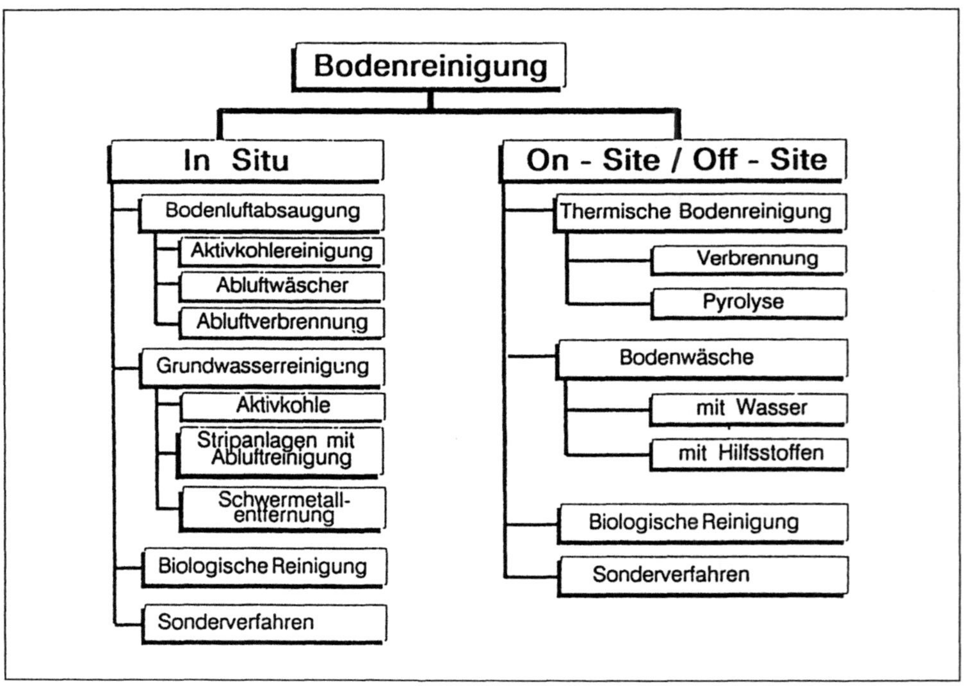

Abb. 8.20. Methoden der Altlastensanierung im Überblick

organischen Schadstoffe im wesentlichen zu CO_2 und H_2O aufoxidiert. Die bei der Pyrolyse oder Verbrennung auftretenden Temperaturen führen in jedem Fall zu nachhaltigen Veränderungen der Tonminerale. Bei der thermischen Reaktion rechnet man meist mit folgenden Stufen (genauere Angaben s. Kap. 2):

0 – 60 °C	Verlust des leicht gebundenen Wassers,
100 – 200 °C	Entzug des Zwischenschichtwassers beim Montmorillonit, z. T. auch beim Vermiculit,
500 – 800 °C	Abspaltung von Wasser aus den Hydroxidgruppen von Smectiten und Vermiculiten,
700 – 900 °C	Abgabe von Wasser aus den Hydroxidgruppen von Glimmern,
ab 1 000 °C	Mineralneubildungen (z. B. Cristobalit und Mullit).

Die Eisenhydroxide wie Goethit und Lepidokrokit verlieren ihre Hydroxidgruppen spätestens bei 500 °C (Kap. 2.6). Böden mit Kaolinitvormacht und geringen Anteilen von Eisenmineralen, Carbonaten und organischen Stoffen zeigen nur geringe Änderungen ihrer Dichte. Ein Maximum wird zwischen 400 und 500 °C erreicht. Böden mit höheren quellfähigen Anteilen zeigen stärkere Effekte: bis 300 °C fällt die Dichte, zwischen 400 und 500 °C steigt sie wieder an.

Bodenwäsche

Nur bei Böden, die fast frei von Tonmineralen sind, wird z. Z. das Bodenwaschverfahren effektiv angewandt. Der Einsatz von Chelatbildnern bei tonhaltigen Böden hat sich bisher nur im Labormaßstab bewährt.

Biologische Verfahren

Bei den mikrobiologischen Reinigungsverfahren hat man zwischen anaeroben und aeroben Reaktionsmechanismen zu unterscheiden. Der aerobe Abbau mineralölhaltiger Böden hat sich in der Praxis bewährt, die mikrobiologische Dekontamination schwermetallhaltiger Böden durch bakterielle Laugung in Mieten (sog. landfarming) steht noch in der Erprobungsphase, wenngleich in der Erzlaugung schon beachtliche Erfolge erzielt wurden. Am besten ist bislang die mikrobielle Reduktion eisenhaltiger Tonminerale erforscht.

Dekontamination von Rüstungsaltlasten

Von den im zweiten Weltkrieg hergestellten Kampf- und Nebelstoffen sind zwar die meisten Produktionsstätten bekannt. Die Entsorgung der nach dem Krieg in der Ostsee oder in Wäldern verscharrten Gifte ist bislang noch nicht gelungen. Neben Chlorkalk, Hypochloriten und Chloraminen sind Tonminerale und Tetracalciumaluminathydrate die bekanntesten Entgiftungsmittel für Kampfstoffe.

Montmorillonite fixieren N-Lost, Ester und Psychogifte. Die Adsorption von S-Lost (2,2-Dichlordiethylsulfid) durch Ag^+-Montmorillonit verläuft extrem schnell.

Tetracalciumaluminathydrat, in der Zementchemie als C_4AH_n bekannt, besitzt als quellfähiges Schichtsilicat ähnlich hervorragende Dekontaminationseigenschaften wie Montmorillonit. Auch Kaolinit kann diverse Kampfstoffe fixieren.

Literatur

1. Appel D (1989) Das Multibarrierenkonzept bei oberflächennahen Sonderabfalldeponien. Die Geowissenschaften 5: 133
2. Assche JB van, Cauwelaert FH van, Uytterhoeven JB (1973) Sorption of organic polar gases on montmorillonite. Proc Inter Clay Conf 1972 Madrid, P 605
3. Aust H, Becker JD (1985) Angewandte Geowissenschaften in Raumplanung und Umweltschutz. Sonderausgabe von Kapitel 4 aus Angewandte Geowissenschaften 3. Enke, Stuttgart
4. Aust H, Kreysing K (1978) Geologische und geotechnische Grundlagen zur Tiefenversenkung von flüssigen Abfällen und Abwässern. Geol Jb C 20
5. Bain J (1971) A plasticity chart as aid to the identification and assessment of industrial clays. Clay Min 9: 1
6. Bishop A, Green G, Garga V, Andresen A, Brown J (1971) A new ring shear apparatus and its application to the measurement of residual strength. Géotechnique 21: 273
7. Bucher F (1975) Die Restscherfestigkeit natürlicher Böden, ihre Einflußgrößen und Beziehungen als Ergebnis experimenteller Untersuchungen. Mitt Inst Grundbau Bodenmech ETH-Zürich 103
8. Deutsche Gesellschaft für Erd- und Grundbau / Arbeitskreis „Geotechnik der Deponien und Altlasten" (1990) Empfehlungen des Arbeitskreises „Geotechnik der Deponien und Altlasten": GDA Ernst Berlin
9. Dubinin M (1975) Physical adsorption of gases and vapours in micropores. In: Cadenhead D (ed) Progress in Surface and Membrane Science 9. Academic Press, New York, pp 1 – 69
10. Gabis V (1963) Etude minéralogique et géochemique de la série sédimentaire oligocène du Velay. Bull Soc franc Minér Crist 86: 315
11. Grim R (1962) Applied clay mineralogy. McGraw-Hill, New York
12. Hasenpatt R (1988) Bodenmechanische Veränderungen reiner Tone durch Adsorption chemischer Verbindungen (Batch- und Diffusionsversuche). Mitt Inst Grundbau Bodenmechanik ETH-Zürich 134
13. Hasenpatt R, Degen W, Kahr G (1989) Flow and diffusion in clays. Appl Clay Sci 4: 179
14. Kahr G, Kraehenbuehl F, Müller-Vonmoos M, Stoeckli H (1986) Wasseraufnahme und Wasserbewegung in hochverdichtetem Bentonit, NAGRA Technischer Bericht 86 – 14
15. Kahr G, Kraehenbuehl F, Müller-Vonmoos M, Stoeckli H (1990) Study of the water-bentonit system by vapour adsorption, immersion calorimetry and X-ray techniques: II. Heats of immersion, swelling pressures and thermodynamic properties. Clay Miner 25: 499
16. Kenney T (1967) The influence of mineral composition on the residual strength of natural soils. Proc Geotech Conf Oslo 1: 123
17. Kraehenbuehl F, Stoeckli H, Brunner F, Kahr G, Müller-Vonmoos M (1987) Study of the water-bentonit system by vapour adsorption, immersion calorimetry and X-ray techniques: I. Micropore volumes and internal surface areas, following Dubinin's theory. Clay Miner 22: 1
18. Kröning H (1990) Hafenschlick trennen und entwässern. Aufbereitungs-Technik 31, 4: 1
19. Lagaly G (1989) Principles of flow of kaolin and bentonite dispersions. Appl Clay Sci 4: 105
20. Lagemann R, Pool W, Seffinga GA (1991) Elektrosanierung: Sachverhalt und zukünftige Entwicklungen. In: Jessberger (Hrsg) Erkundung und Sanierung von Altlasten. Balkema, Rotterdam, S. 173 – 182
21. Lambe T (1951) Soil testing for engineers. Wiley, New York
22. Lang H-J (1989) The importance of clay mineralogical investigations for the engineer. Appl Clay Sci 4: 97
23. Langmuir I (1938) The role of attractive and repulsive forces in the formation of tactoids, thixotropic gels, protein crystals, and coacervates. J Chem Phys 6: 873
24. Lee CM (1988) Einsatz von Tonen zur Abwasserreinigung. Schr Angew Geol Karlsruhe 4: 161 – 179
25. Low P, Anderson D (1985) Osmotic pressure equation for determining thermodynamic properties of water. Soil Sci 86: 251
26. Madsen F (1976) Quelldruckmessung an Tongesteinen und Berechnung des Quelldruckes nach der DLVO-Theorie. Mitt Inst Grundbau Bodenmech ETH-Zürich 108
27. Madsen F, Müller-Vonmoos M (1985) Swelling pressure calculated from mineralogical properties of a jurassic opalinum shale, Switzerland. Clays Clay Miner 6: 501

28. Madsen F, Müller-Vonmoos M (1989) The swelling behaviour of clays. Appl Clay Sci 4: 143
29. Meseck H (1987) Mechanische Eigenschaften von mineralischen Dichtwandmassen. Mitt Inst Grundbau Bodenmechanik TU Braunschweig
30. Milnes AG, Buser M, Wildi W (1980) Endlagerungskonzepte für radioaktive Abfälle im Überblick. Z dt geol Ges 131: 359
31. Mitchel J (1976) Fundamentals of soil behavior, Wiley, New York
32. Moum I, Sopp O, Loken T (1968) Stabilization of undisturbed quick clay by salt wells. Särtryck ur Väg- och Vattenbyggaren 8: 1
33. Müller G (1986) Schadstoffe in Sedimenten – Sedimente als Schadstoff. Mitt österr geol Ges 79: 107
34. Müller-Vonmoos M (1971) Zur Korngrößenfraktionierung tonreicher Sedimente. Schweiz Mineral Petrogr Mitt 51: 245
35. Müller-Vonmoos M, Honold P, Kahr G (1985) Das Scherverhalten reiner Tone. Mitt Inst Grundbau Bodenmech ETH-Zürich 128
36. Müller-Vonmoos M, Loken T (1989) The shearing behaviour of clays. Appl Clay Sci 4: 125
37. Olphen H van (1977) An introduction to clay colloid chemistry, 2nd edn. Wiley, New York
38. Olson R (1974) Shearing strengths of kaolinite, illite and montmorillonite. J Geotech Eng Div GT11: 1215
39. Rosenquist I (1962) The influence of physico-chemical factors upon the mechanical properties of clays. Clays Clay Miner 9: 12
40. Rosenquist I (1966) Norwegian research into the properties of quickclay – a review. Eng Geol 1: 445
41. Rosenquist I (1972) Quickton. Bild der Wissenschaft 9: 1293
42. Rosenquist I (1984) The importance of pore water chemistry on mechanical and engineering properties of clay soils. Phil Trans R Soc Lond A311: 369
43. Ruppert H (1987) Natürliche Grundgehalte und anthropogene Anreicherung von Schwermetallen in Böden Bayerns. Geologisches Landesamt, GLA-Fachbericht 2
44. Sherard J, Decker R, Ryker N (1972) Piping in earth dams of dispersive clay. Conf of Performance of Earth and Earth-supported Structures. ASC, Purdue Univ: 589–626
45. Skempton A (1953) The colloidal activity of soils. Proc 3rd Int Conf Soil Mech Foundation Eng 1: 57
46. Sonderegger U (1985) Das Scherverhalten von Kaolinit, Illit und Montmorillonit. Mitt Inst Grundbau Bodenmech ETH-Zürich 129
47. Veder C (1975) Flüssige Stützwand aus Kristallen. Bild der Wissenschaft 1: 50
48. Warkentin B (1961) Interpretation of the upper plastic limit of clays. Nature 190: 287
49. Weiss A (1989) About sealing of waste disposals by clays with special consideration of organic compounds in percolating water. Appl Clay Sci 4: 193
50. Wienberg R (1990) Zum Einfluß organischer Schadstoffe auf Deponietone – Teil 1: Unspezifische Interaktionen. Abfallwirtschaftsjournal 2: 222
51. Wienberg R (1990) Zum Einfluß organischer Schadstoffe auf Deponietone – Teil 2: Spezifische Interaktionen. Abfallwirtschaftsjournal 2: 393
52. Yong R, Warkentin B (1975) Soil properties and behaviour. Elsevier, Oxford

9 PRAKTISCHE VERWENDUNG UND EINSATZMÖGLICHKEITEN VON TONEN

G. Lagaly

9.1 Die vielfältige Verwendung von Tonen und Tonmineralen

9.1.1 1:1-Tonminerale

Gemeine Tone

Die (gemeinen) Tone (Kap. 1.1; 5.4) werden seit jeher von den Menschen zum Hausbau (Lehmbauweise, Fachwerkbau) genutzt, zur Herstellung von Gebrauchskeramik des täglichen Lebens, von Baurohstoffen (Klinker, Ziegeln, Dachpfannen), aber auch von künstlerisch anspruchsvollen Keramiken (Kap. 7).

Kaoline

In der Keramik- und Feuerfestindustrie werden nur etwa 20 % des geförderten Kaolins verarbeitet. Die Hauptmenge mit mehr als 50 % wird von der Papierindustrie benötigt. Weitere 20 % werden als Füllstoffe zu Gummi, Farben, Lacken und Kunststoffen zugesetzt. Als Füllstoffe in Kabelummantelungen eignet sich Kaolin, dessen dielektrische Eigenschaften durch Erhitzen auf 650 °C verbessert worden sind (102). Kaolinpigmente in Farben können grob und feinkörnig sein, je nachdem, ob eine matte oder glänzende Oberfläche gewünscht wird. In gewissem Umfang werden die teuren TiO_2-Pigmente in Anstrichfarben durch die kostengünstigeren Kaoline ersetzt. Besonders geeignet sind dazu auf 1050 °C erhitzte Kaoline, da die auf den ehemaligen Kriställchen gebildeten Mullitnadeln die Lichtstreuung intensiv verstärken (102). Feinteilige, weiße, meist hydrophobierte Kaoline sind in weißen oder farbigen Druckfarben als deckende Pigmente dispergiert.

Kaoline werden als Trägerstoffe für Fungizide und Insektizide verwandt (siehe auch Kap. 9.3.1) und als Antibackmittel zur Verbesserung der Fließeigenschaften fester Stoffe eingesetzt. Als Adsorptionsmittel haben Kaoline eine weitaus geringere Bedeutung als Bentonite. Kaoline könnten z. B. zur Adsorption von Fluoridionen bei der Trinkwasseraufbereitung eingesetzt werden (27).

In einer Reihe von Anwendungen dient Kaolinit als Ausgangsprodukt, das chemisch verändert wird (26). So werden beachtliche Mengen von Kaolinen, die für die Keramik- und Papierindustrie ungeeignet sind, z. B. infolge von Farbe und ungünstigen rheologischen Eigenschaften, zur Herstellung von Glasfasern verbraucht. Cordieritmassen, die aus Mischungen von Kaolin, Talk, Al_2O_3 und SiO_2 gebrannt werden, dienen als Keramikträger für die Abgaskatalysatoren in Autos. Die Herstellung dieser sog. Monolithe mit Tausenden von Kanälen bei einem Durchmesser von etwa 10 cm ist eine technische Spitzenleistung! Eine ganz neue Anwendung finden cordieritartige Produkte als „proppants“ zur Verbesserung der Permeabilität erdölführender Gesteinsformationen. Die in der Adsorptions- und Trenntechnik sowie für katalytische Prozesse eingesetzten Zeolithe, z. B. in der Erdölindustrie zur Trennung von geradkettigen und verzweigten Paraffinen und als Krackkatalysatoren sowie in der Waschmittelindustrie als Kationenaustauscher, werden u. a. durch Umsetzung von dehydratisiertem Kaolin (Metakaolinit) mit Natronlauge hergestellt. Schließlich sei die carbothermische Umwandlung von Kaolin in Sialon (Kap. 9.6.8) erwähnt.

Kalzinierter und sauer aktivierter Kaolin (Kap. 7.5.1) war der erste erfolgreiche Katalysator zur Krackung von Erdöl (63), und noch immer spielt Kaolinit eine Schlüsselrolle bei der Herstellung moderner Krackkatalysatoren (Kap. 9.7.5).

Halloysit

Halloysit ist im Vergleich zu Kaolin ein selten genutztes Mineral. In einigen Ländern (Japan, Südkorea, Neuseeland, USA, in geringem Umfang in der Tschechoslowakei, Frankreich und Philippinen) werden Halloysittone abgebaut und für Porzellan besonderer Güte mit hohem Weißgrad und Durchsichtigkeit verwandt. Geringere Qualitäten werden zu Feuerfeststoffen und u. a. in Zement verarbeitet (29). Säureaktivierte Halloysite wurden zeitweise als hochaktive Krackkatalysatoren eingesetzt (63).

Serpentinminerale

Unter den Serpentinmineralen hatte (!) Chrysotilasbest die größte Bedeutung. Heute ist die Verwendung wegen der toxischen Wirkung (Asbestose) verboten.

9.1.2 2 : 1-Tonminerale

Bentonite

Bentonite werden sehr vielfältig eingesetzt und zwar nicht nur als Rohbentonite, sondern in aktivierter Form als sauer, alkalisch und organisch aktivierte Bentonite (Tabelle 9.1) (Kap. 5.6.3).

Neben der kaum überschaubaren Breite der industriellen Anwendungen sei auf den Einsatz in Gartenbau, Land- und Forstwirtschaft hingewiesen. Calciumbentonite werden Einheits- und Aufzuchterden zugesetzt und bei der Kompostierung von Müll- und Klärschlamm verwandt. Der Bentonit verbessert das Nährstoffbindevermögen und die Wasserhaltung des Bodens. Die bei der Kompostierung anfallenden Huminsäuren werden durch die Tonminerale gebunden und weniger stark mit dem Sickerwasser ausgeschwemmt. Bentonitzusatz begünstigt zudem die Entwicklung von Bodenorganismen.

In Wald- und Gewässerschutz werden Rohbentonite und sauer aktivierte Bentonite als Pulverlöschmittel bei Wald- und Flächenbränden und als Bindemittel für Öle auf Gewässern benutzt.

Beachtliche Mengen Bentonit, aber auch Sepiolith und Attapulgit werden als Katzenstreu zur Feuchtigkeitsaufnahme und Geruchsbindung verkauft. Die Anforderungen an den Ton sind – von der Katze her gesehen – gering. Recht unterschiedliche Qualitäten können pelletiert werden, doch stellen die Käufer hohe Anforderungen an Farbe, Aussehen und Handhabung.

Hectorite

Hectorite werden nur an wenigen Orten abgebaut, aber von einigen Firmen vertrieben (29). Wegen der geringen Verfügbarkeit werden Hectorite vor allem für Spezialzwecke verwandt, wo sie in Einzelfällen Bentoniten überlegen sind. Hectorite werden hauptsächlich als Verdickungs- und Thixotropierungsmittel benutzt. Weiterhin werden sie Wasch- und Reinigungsmitteln zugesetzt (Kap. 9.3.4). Von weiteren Anwendungsmöglichkeiten (18) sei die Herstellung feuerfester nicht leitender Überzüge erwähnt. Vorteil ist auch der geringe Eisengehalt der Hectorite ($\lesssim$ 0,04 % Fe_2O_3 gegenüber Bentoniten mit $\approx$ 0,8 % Fe_2O_3). Sauer aktivierte Hectorite werden ähnlich wie Bleicherden aus Bentoniten verwandt.

Hectorite lassen sich gut synthetisch herstellen. (Laponite® sind synthetische Hectorite von Laporte Industries Ltd. UK (108 – 110)). Sie können frei von färbenden und trübenden Verunreinigungen synthetisiert werden, was bei manchen Anwendungen geschätzt wird, z. B. in der kosmetischen und pharmazeutischen Industrie. Oft enthalten sie Fluoridionen, die die Bildung des Tonminerals während der hydrothermalen Synthese begünstigen.

Synthetische Hectorite werden vor allem wegen hervorragender Verdickungs- und Thixotropierungseigenschaften eingesetzt, die mit der besonderen Feinheit und hohen Fehlordnung der Teilchen zusammenhängen. Möglicherweise werden sie auch als hochtemperaturstabile Bohrspüladditive einzusetzen sein (Kap. 9.4.5). Die von Barrer and Jones (15) aus Schmelzen dargestellten Fluorhectorite mit hoher Schichtladung (bis 0,4 – 0,5 Ladungen/Formeleinheit) könnten wegen ihrer höheren thermischen Stabilität als poröse Adsorbentien und Katalysatoren von Bedeutung sein.

Vermiculite

Vermiculite werden hauptsächlich in aufgeblähter Form verwandt (73). Dazu werden die makroskopischen Vermiculitkriställchen innerhalb einiger Sekunden bis auf 1500 °C erhitzt und sofort auf 400 °C gekühlt. Dabei verdampft das Wasser in den Schichtzwischenräumen und zwischen den Schichtpaketen und treibt diese auseinander; die Kristalle blähen sich wurmartig (Name!) auf. Durch die schnelle Temperaturänderung wird die Wasserabspaltung aus den OH-Gruppen der Silicatschichten verhindert. Das Volumen nimmt um den Faktor 15 – 30 zu, das Raumgewicht sinkt auf 64 – 160 kg/m^3 ab. Ähnliche Produkte entstehen auch bei der Behandlung mit Salzlösungen, wobei gewisse Mengen Salz als Ionenpaare zwischen die Schichtpakete und wohl auch in die Schichtzwischenräume aufgenommen werden. In reinem Wasser blähen sich die Vermiculite dann auf (81, 82).

Verwendung finden die Vermiculite in der Bautechnik zur Wärme- und Schallisolation, als Zuschlagskomponente zu Leichtbeton, als Verpackungsmaterial zum Stoß- und Wärmeschutz sowie zum Aufsaugen von Flüssigkeiten bei Gefäßbruch; in der Metallurgie als Wärmeschutz, z. B. zum Abdecken von Metallschmelzen bis zum Gießen; zur Steuerung des Wasserhaushaltes und zur Speicherung von Nährstoffen bei der Kultur von Garten- und Zimmerpflanzen. Durch vorsichtige Umsetzung von Vermiculiten mit Säuren lassen sich poröse, katalytisch aktive Materialien darstellen (161).

Glimmer

Bekannt ist die Anwendung als Isolationsmaterial in der Elektrotechnik. Feingemahlene Glimmer werden verwandt in Korrosionsschutzgrundierungen, steinschlagfesten Unterbodenschutzmassen für Kraftfahrzeuge, Elektrophorese-Tauchlacken, Anstrichstoffen, Lacken, Dispersionsfarben und Beschichtungen (73).

Talk und Pyrophyllit

Talk und Pyrophyllit sind wichtige Rohstoffe der keramischen und chemischen Industrie (73) (Kap. 5.6.4). Insbesondere wird der Steatit, eine dichte, feinkristalline Form des Talks, als Massenkomponente in der Steatitkeramik zur Herstellung von elektrischen Isolatoren und feuerfesten Körpern eingesetzt.

In der Papierindustrie wird Talk in größeren Mengen als Füllstoff und zur Herstellung von Glanzpapier und Tapeten verwandt. Ebenfalls als Füllstoff wird Talk in der Kunststoffindustrie, besonders bei der Herstellung von Polypropylen, eingesetzt.

Anstrichmittel, Lacke und Klebstoffe können Talk als Pigment und Füllstoff enthalten. Auch als feines Poliermittel wird Talk benutzt. In der Kosmetik dient er als Grundlage für Puder und Schminken, in der chemischen Industrie als Wirkstoffträger in Schädlingsbekämpfungsmitteln. Weiterhin wird Talk zur Herstellung von temperaturbeständiger Signierkreide, als Schneiderkreide und zur Innenbepuderung von Gummihandschuhen verwandt und ist als Werkstoff für Kunst- und Gebrauchsgegenstände bekannt.

Pyrophyllit kann als Talkersatz z. B. als Füllstoff bei der Papier-, Gummi- und Seifenherstellung sowie als Trägerstoff für Insektizide verwandt werden. Er dient weiterhin als Trübungsmittel für Gläser und zur Herstellung von Isolationskeramiken in der Elektroindustrie.

Walkererde

Walkererde (fuller's earth) ist eine allgemeine Bezeichnung für Tone, die als Sorptionsmittel und zum Bleichen geeignet sind. Die Bezeichnung Walkererde geht auf die ursprüngliche Verwendung beim Walken (engl. full; fuller = Walker) von Wolle zur Entfernung von Lanolin und Schmutz zurück. Der Name bezieht sich auf kein bestimmtes Mineral; Walkererden enthalten Smectite, Attapulgit oder Sepiolith.

9.1.3 Attapulgit und Sepiolith

Attapulgit (in der techn. Lit. meist statt Palygorskit) und Sepiolith finden vielfältige Anwendung als Verdickungs- und Thixotropierungsmittel. Da diese Wirkung hauptsächlich mit dem faserförmigen Habitus zusammenhängt, ist sie im Vergleich zu Bentoniten weniger salzanfällig und weitgehend unabhängig von der Art der Kationen. Daher können Sepiolithe in vielen Anwendungen (z. B. in der keramischen Industrie (143)) mit Vorteil Bentonite ersetzen. Zudem lassen sich Gele in vielen organischen Lösungsmitteln ebenso gut herstellen wie in Wasser. Wegen ihrer Stabilität gegen Elektrolyte werden Attapulgit und Sepiolith für Bohrspülungen in Salz- und Brackwasser eingesetzt. Gegenüber Attapulgit bleibt die verdickende Wirkung des Sepioliths auch bei länger dauernder Belastung erhalten, da sich die langen flexiblen Fasern verbiegen und nicht brechen wie die Attapulgitnadeln. Sepiolith ist thermisch sehr beständig und wird deshalb zu Bohrspülungen bei hohen Temperaturen eingesetzt.

Neben dem hohen Wasserbindevermögen wird das Adsorptionsvermögen ausgenutzt, u. a. auch in Zigarettenfiltern. Die spezifische Oberfläche von Sepiolith beträgt etwa 300 m^2/g (64). Ein blaues Pigment, das von den Mayas in Yucatan benutzt wurde, ist ein Adsorptionskomplex von natürlichem Indigo an Attapulgit (116).

Bei einigen Anwendungen wird das Adsorptionsvermögen durch Kalzinieren oder saure Aktivierung gesteigert. Wie bei den Bentoniten (Kap. 9.2.3) werden bei der saueren Aktivierung bevorzugt die Oktaederschichten zerstört. Es entstehen mikroporöse Stoffe mit hoher spezifischer Oberfläche (56). Diese Produkte dienen als Klärungs-, Entfärbungs- und Bleichmittel und werden zum Aufsaugen und zur Bindung von Ölen benötigt, z. B. zur Reinigung ölverschmierter Böden. Wirtschaftlich spielt die Verwendung als Katzenstreu durchaus eine Rolle. Weiterhin werden Attapulgit und Sepiolith als Antibackmittel und Trägermaterial für Insektizide, Herbizide, Fungizide und Katalysatoren benutzt (s. auch Kap. 9.3.1). Erwähnt sei der Zusatz von Sepiolith zu mineralischen Granulaten aus Schlacken, Sand und Splitt als Alternative zu Streusalz.

Sepiolith wird vor allem in Spanien abgebaut und wurde über Jahrhunderte für die Herstellung keramischer Produkte (Tonrohre) und Porzellan verwandt. Als Meerschaum wird Sepiolith zu Schmuckstücken und Pfeifenköpfen verarbeitet.

9.2 Einsatzformen von Kaolinen und Bentoniten

9.2.1 Kaoline

Die auf primären Lagerstätten liegenden Kaoline enthalten noch unveränderte Minerale der Ausgangsgesteine und merkliche Anteile groben Materials. Sie müssen daher wie auch die meisten sedimentären Kaoline (Kaolinittone, Kap. 5.1) vor der Verwendung von den begleitenden grobkörnigen Mineralen abgetrennt und durch Anreicherung geeigneter Teilchengrößen aufbereitet werden. Wichtige Verfahren sind Schlämmen und Abtrennung mit Hydrozyklonen (Kap. 5.6.1, 5.6.2). Wenn zur Flockung Polymere verwandt werden, ist mit geringen Mengen dieser Stoffe in den aufbereiteten Kaolinen zu rechnen, was das Fließverhalten beeinflussen kann. Besondere Ansprüche stellt die Papierindustrie für den Einsatz von Füll- und Streichkaolinen, wobei Teilchen $<2\,\mu m$ mit hohem Weißgrad, geringer Abrasion und bestimmten Fließeigenschaften verlangt werden. Die Fraktionen müssen weitgehend frei von Montmorillonit sein. Die hohen Anforderungen sind oft nur durch aufwendige Schlämmverfahren und spezielle Methoden zur Abtrennung von Eisenoxid, Titandioxid und Glimmerteilchen zu erreichen (Kap. 9.4.3).

9.2.2 Rohbentonite

Bentonite (60) sind durch die Umlagerung von primären auf sekundäre Lagerstätten ausreichend feinteilig und können direkt als Rohbentonite verwandt werden (Kap. 5.6.3). Sie enthalten meist 40 – 80 % Montmorillonit, daneben Quarz, Cristobalit (manchmal besonders feinteilig), Feldspäte, Glimmer, Calcit, Pyrit, Eisenoxide, Kaolinit, Illit, seltener Wechsellagerungsverbindungen. Bentonite verschiedener, sogar nebeneinander liegender Lagerstätten unterscheiden sich oft beachtlich. Auch mit fortschreitendem Abbau in einer Lagerstätte können sich bestimmte Eigenschaften ändern. Daher werden häufig verschiedene Ausgangsbentonite zu einem standardisierten Produkt gemischt, um eine gewisse gleichbleibende Güte in Bezug auf bestimmte Eigenschaften zu gewährleisten – was aber nicht bedeutet, daß sich diese Mischungen nicht in anderen Eigenschaften unterschieden. Bisher weniger beachtet wurde der Gehalt an Mikrobakterien, Pilzen und Enzymen, der sehr stark variieren und unter Umständen beachtliche Störungen bei der praktischen Anwendung bereiten kann.

9.2.3 Sauer aktivierte Bentonite

Durch Umsetzung mit Säure werden die Zwischenschichtkationen durch Protonen ersetzt und Aluminium-, Magnesium- und Eisenionen aus der Oktaederschicht herausgelöst. Üblicherweise werden die Rohbentonite einige Stunden etwas unterhalb 100 °C mit bis zu 17 mmol HCl/g Bentonit gekocht, dann bis etwa $pH = 4$ gewaschen, getrocknet, gemahlen und gesiebt (36) (Kap. 5.6.3). Es entstehen röntgenamorphe, sehr SiO_2-reiche Produkte mit großer spezifischer Oberfläche und hohem Mikroporenvolumen (36, 148) (Abb. 9.1). Zugleich nimmt der Gehalt an freier, in verdünnter Sodalösung löslicher Kieselsäure zu. Das Ausmaß der Zerstörung der Silicatschichten und das Bleichvermögen hängen von den Aktivierungsbedingungen ab, vor allem von Säurekonzentration, Temperatur, Druck und Zeit (36, 148).

Durch das Herauslösen der Oktaederkationen fransen die Silicatschichten an den Rändern aus, wobei die $[SiO_4]$-Tetraeder noch in einem gewissen Zusammenhang verbleiben. Die Schichten selbst sind nicht mehr unbedingt parallel gelagert. Beim Befeuchten oder bei der Adsorption geeigneter Verbindungen zwischen den Schichten wird die Parallellagerung verbessert (36, 37). Die starke Porosität der Randzonen ist elektronenmikroskopisch gut erkennbar (36). Die aufgefächerten Randzonen mit den beweglichen $[Si_2O_5]$-Schichten sind die Ursache des besonderen Adsorptionsvermögens. Die beweglichen Randschichten können viele verschiedene Adsorbate einfangen und festhalten.

Die bei der Bleicherdeproduktion anfallenden Eisen- und Aluminiumsalzlösungen können zur Koagulation kolloidaler Dispersionen genutzt werden.

9.2.4 Alkalisch aktivierte Bentonite

Der grubenfeuchte, mehr oder weniger plastische Rohbentonit (35 – 40 Gew. % Wasser) wird mit Soda ($Na_2CO_3 \cdot 10\,H_2O$) umgesetzt (Kap. 5.6.3). Üblicherweise wird die Soda eingeknetet. Besonders wertvolle Aktivbentonite werden durch Umsetzung mit Soda in wäßriger Dispersion erhalten. Die Abtrennung des Aktivbentonits durch Filtration stößt allerdings auf erhebliche Schwierigkeiten (Kap. 9.4.1). Die angebotene Sodamenge soll bezogen auf die Menge der Natriumionen etwa dem Kationenaustauschvermögen entsprechen, also etwa 0,8 mmol/g Bentonit, entsprechend einem Massenanteil von etwa 4 % wasserfreier Soda, bezogen auf Trockenbentonit.

Bei der Umsetzung mit Soda werden die Calciumionen als Zwischenschichtkationen weitgehend, aber nicht vollständig durch Natriumionen verdrängt, so daß zusammen mit dem alkalischen pH-Wert die Voraussetzung für eine Delamination der Smectitkriställchen geschaffen wird. Der Zerfall in die einzelnen Schichtpakete (Abb. 3.12, S. 110) ist aber in keiner Weise vollständig, da die Calciumionen nicht aus dem System entfernt und nur zum Teil als $CaCO_3$ ausgefällt werden. Inwieweit

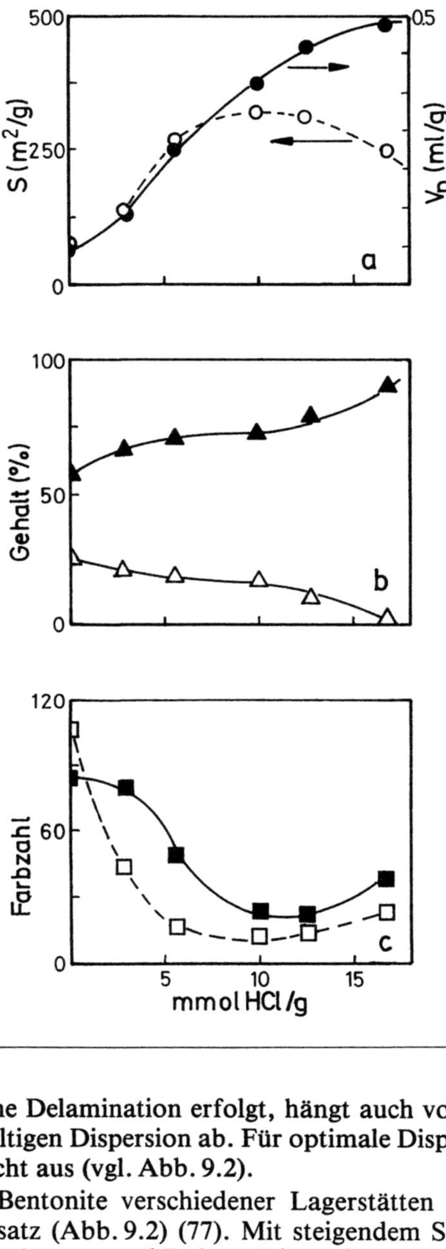

Abb. 9.1. Herstellung von Bleicherden. Änderung einiger Eigenschaften eines Bentonits mit der Menge der zur Aktivierung eingesetzten Salzsäure. (Nach 36)

a) Spezifische Oberfläche S (○) und Porenvolumen V_p (bis 800 Å Porendurchmesser, durch Kapillarkondensation mit CCl_4 bestimmt) (●).

b) Änderung der chemischen Zusammensetzung, Gehalt an $Al_2O_3 + Fe_2O_3$ (△) und SiO_2 (▲).

c) Bleichaktivität gegenüber Sojaöl (□) und Leinöl (■); Farbzahlen der Lovibondskala.

eine Delamination erfolgt, hängt auch vom Massenanteil des Bentonits in der endgültigen Dispersion ab. Für optimale Dispergierung reicht die zugesetzte Sodamenge nicht aus (vgl. Abb. 9.2).

Bentonite verschiedener Lagerstätten reagieren unterschiedlich auf den Sodazusatz (Abb. 9.2) (77). Mit steigendem Sodazusatz durchläuft die Schubspannung der Amory- und Dakota-Dispersionen ein steil ansteigendes Maximum, das bei den Bentoniten aus Otay und Niederbayern (Schwaiba) wesentlich tiefer liegt. Die hochgeladene Cameronprobe läßt sich mit Soda nicht aktivieren. Die maximale Thixotropie (größte Hysteresefläche der Fließkurven) liegt im Bereich des Maximums.

Das Maximum geht auf die mit dem Sodazusatz steigende Aufspaltung der Smectitkriställchen in dünne Schichtpakete und Abspaltung einzelner Silicatschichten zurück. Dieser Prozeß verläuft recht langsam. Ein Endwert der Schubspannung wird erst nach Tagen erreicht, wenn die Dispergierung nicht mechanisch (z. B. im Labor durch Ultraschall) unterstützt wird. Durch Flächen/Flächen-Kontakte zwischen den Schichtpaketen und Silicatschichten entstehen Bänderstrukturen mit ausgeprägten thixotropen Eigenschaften. Dabei spielt die Stabilisierung der Kontakte durch Calciumionen eine wesentliche Rolle (Kap. 3.2.4; 3.2.6). Bei hohen Sodagehalten werden diese Ionen weitgehend als festes $CaCO_3$ gebunden und den Bänderstrukturen entzogen. Der zunehmende Ersatz durch Natriumionen verringert die Stabilität der Bänderstrukturen, und Schubspannung und Thixotropie sinken ab. Zu hohe Sodakonzentrationen wirken wie hohe Konzentrationen anderer Salze koagulierend (Kap. 3.2.3).

Einer der Gründe für die unterschiedliche Aktivierbarkeit der Bentonite ist der unvollständige Zerfall der Smectitteilchen, der nicht nur vom Massenanteil, dem Na^+/Ca^{2+}-Verhältnis, dem *p*H-Wert und den mechanischen Einflüssen während des Dispergierens abhängt, sondern auch von der Güte der Kriställchen (s. auch Kap. 2.2.3). Smectitkriställchen sind nicht über das ganze Volumen homogen, sondern aus einzelnen Domänen zusammengesetzt, die gegeneinander verschoben und

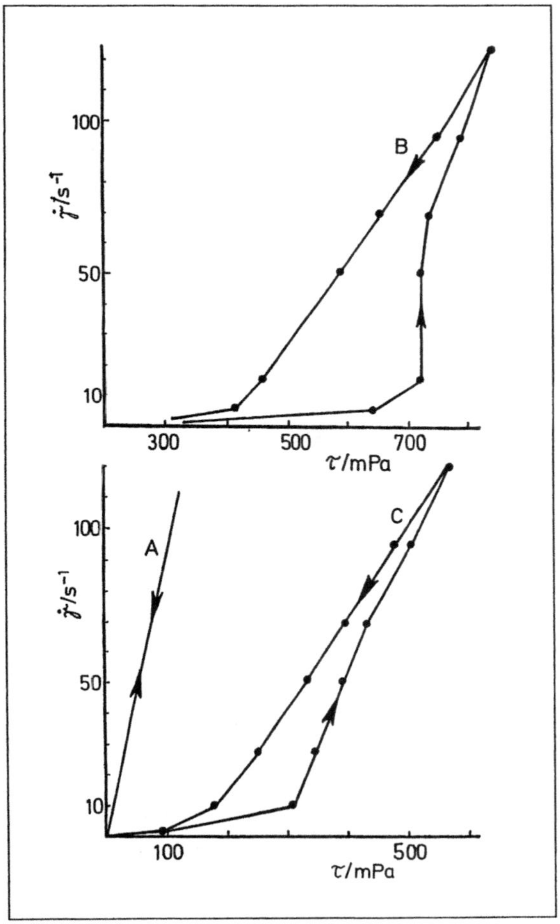

Abb. 9.2. Sodaaktivierung von Bentoniten: Einfluß der Sodazugabe auf das Fließverhalten. (Nach 77)

a) Fließkurven (Schubspannung τ als Funktion der Schergeschwindigkeit $\dot{\gamma}$) von Amory-Bentonit (2 % Dispersion) in Abhängigkeit von der zugesetzten Sodamenge: **A** 0,05, **B** 2,5, **C** 5 mmol Na_2CO_3/g Bentonit

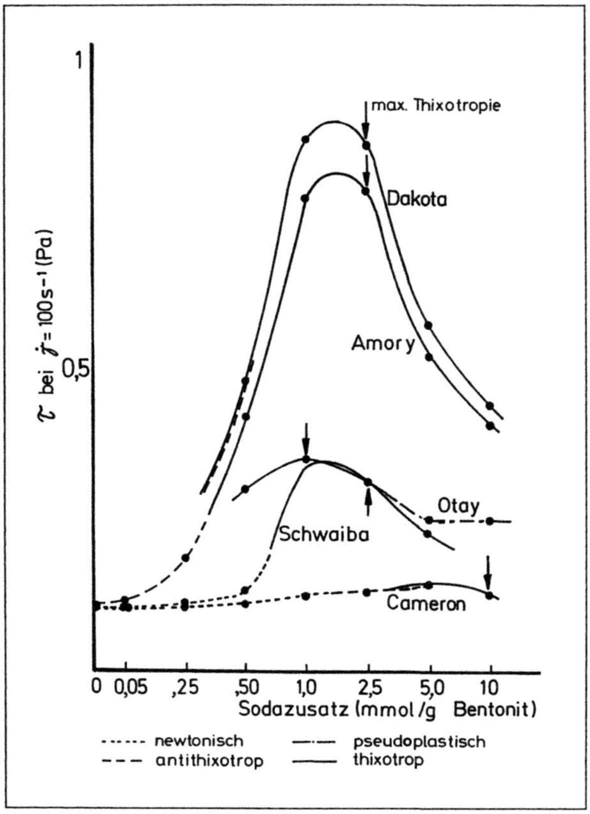

b) Schubspannung τ bei einer Schergeschwindigkeit $\dot{\gamma} = 100\,s^{-1}$ in Abhängigkeit vom Sodazusatz bei verschiedenen Bentoniten (2% Dispersionen). Die Pfeile geben maximale Thixotropie (Hysterese der Fließkurven) an.

verkippt und durch unterschiedliche Abstände voneinander getrennt sind. Nur innerhalb der Domänen liegen die Silicatschichten in gleichen Abständen und genau parallel übereinander (28). In der Art der Feinstruktur können daher Montmorillonite verschiedener Herkunft beträchtlich variieren. Die elektronenmikroskopischen Untersuchungen von Vali und Köster (168) zeigen, wie die Silicatschichten von Montmorilloniten verschiedener Lagerstätten zu unterschiedlich gestalteten Teilchen zusammengelagert sind. Das Ausmaß der Delamination wird, vor allem unter den Bedingungen der technischen Aktivierung, entscheidend durch die vorhandenen „Sollbruchstellen" (Pfeile in Abb. 9.3) bestimmt. Es ist daher verständlich, daß aufwendigere Methoden der Aufbereitung wie sorgfältige Rohstoffauswahl, vollständige Entfernung der Calciumionen, Scherung bei und nach dem Ionenaustausch die Qualität der Produkte für vorgegebene Anwendungen entscheidend verbessern.

9.2.5 Organisch aktivierte Bentonite

Zur Herstellung organophiler Derivate werden die Bentonite mit quartären Alkylammoniumverbindungen umgesetzt, die wiederum etwa in der Menge des Kationenaustauschvermögens angeboten werden. In den wenigsten Fällen werden Rohbentonite verwandt. Die Alkylammoniumsalze werden in Natrium- oder Aktivbentonite eingeknetet. Gleichmäßigere Produkte entstehen durch Umsatz von Bentonitdisper-

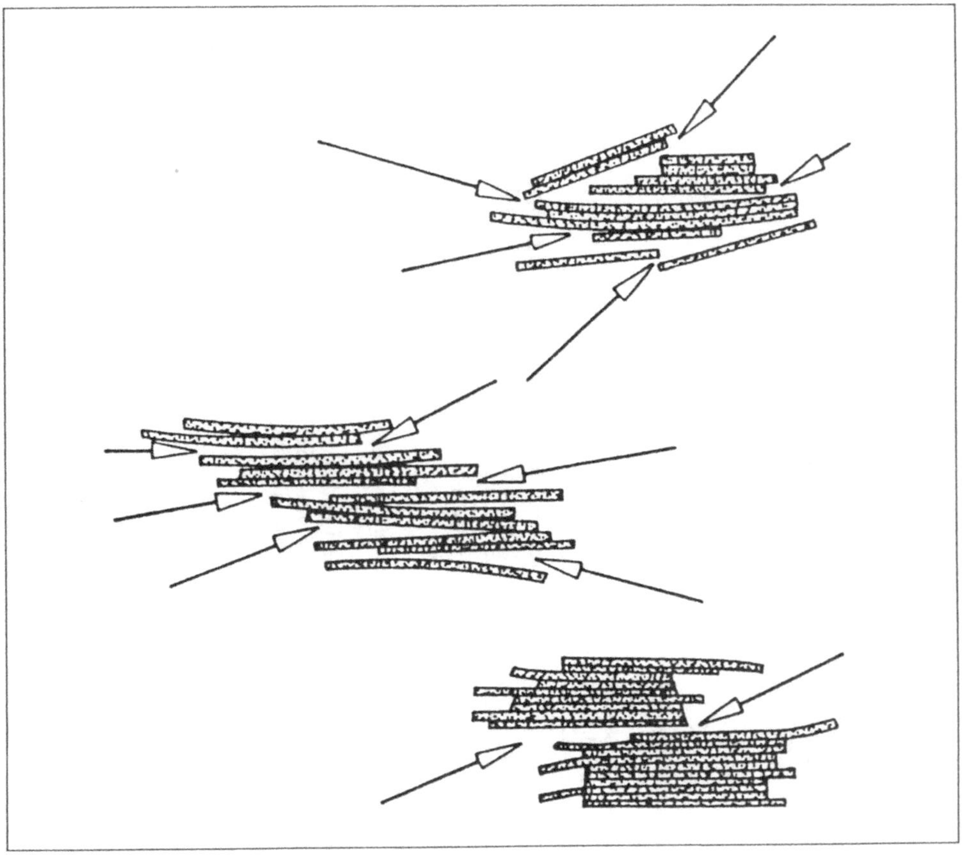

Abb. 9.3. Montmorillonitkristalle mit Sollbruchstellen

sionen mit den Lösungen der Alkylammoniumsalze. Der organophile Bentonit flockt aus und kann leicht abgetrennt werden, wenn ein Überschuß von Alkylammoniumsalz vermieden wird (vgl. Kap. 3.3.6; 3.3.8). Beide Verfahren werden je nach Verwendungszweck eingesetzt.

Durch weitgehenden Austausch der Zwischenschichtkationen gegen die quartären Alkylammoniumionen entstehen Produkte, die bevorzugt zur Dispergierung in organischen Lösungsmitteln und Ölen, Fetten, Salben u. a. eingesetzt werden (vgl. Tabelle 9.1). Die technisch wichtigsten Alkylammoniumsalze sind Mono- und Dialkylammoniumchloride mit den Kationen:

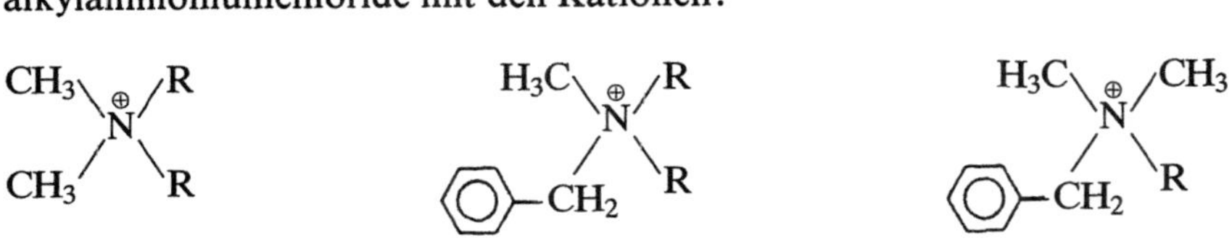

$$R = C_nH_{2n+1}$$

Tabelle 9.1. Verwendung von Bentonit.

	Bleicherde	Rohbentonit	Aktivbentonit	organophiler Bentonit
Keramik		Plastifizierung keramischer Massen, Erhöhung der Festigkeit, Flußmittel		
Papierindustrie	Pigment und Farbentwickler für kohlefreies Durchschreibepapier	Abwasserbehandlung		
Bauindustrie		Stützsuspensionen beim Schlitzwandverfahren und Schildvortrieb; Untergrundabdichtung, Gleitmittel bei Durchpressungen und Absenkungen; Zusatz zu Erdbeton und Beton		
Teerverwertung			Teer- und Asphaltanstriche; Emulgierung und Thixotropierung von Teer/Wasser-Emulsionen	
Bohrindustrie		Bohrspülung für Salzwasser	thixotrope Suspensionen für Bohrspülungen	
Erzgewinnung		Bindemittel bei der Erzpelletierung		
Gießereiindustrie		Formsandbinder für spezielle Formsande	Formsandbinder für Formsande, Kernsandbinder	Formsandbinder für wasserfreie Formsande
Schwefelerzeugung	Raffination, Entfärbung, Bitumenentfernung			
Mineralölindustrie	Raffination, Entfärbung und Reinigung von Mineralölen, -fetten, Wachsen, Paraffin; Katalysatoren zur Ölkrackung			Schmierfettverdickung
Chemische Industrie	Katalysatoren; Träger für Katalysatoren und Pestizide; Füllstoff; Trockenmittel; Wasserreinigung und Abwasserflockung; Adsorptionsmittel für radioaktive Stoffe			

Tabelle 9.1. (Fortsetzung)

	Bleicherde	Rohbentonit	Aktivbentonit	organophiler Bentonit
Farben, Lacke, Anstrichmittel, Kitte, Wachse			Verdickung, Thixotropierung, Stabilisierung und Antiabsetzmittel zur Verdickung von Schlichten	
Reinigung und Reinigungsmittel	Regeneration organischer Kleiderreinigungsflüssigkeiten	Polier- und Pflegemittel; Zusatz für Seifenherstellung		Avivagekomponente in Waschmitteln
Pharmazeutische und kosmetische Industrie		Grundlagen für Salben und Kosmetika, Verdickungsmittel; Dispergierhilfsmittel für Emulsionen		
Getränke- und Zuckerindustrie	Schönung von Wein, Most und Saft; Bierstabilisierung; Reinigung von Zuckersaft und -sirup			
Speiseöl, Speisefett und Margarine	Raffination (Entfärbung, Reinigung und Stabilisierung) pflanzlicher und tierischer Öle und Fette			
Gartenbau und Landwirtschaft		Bodenverbesserung; Kompostierung; Tierfutterpelletierung; Güllebehandlung; Katzenstreu		
Wald- und Gewässerschutz	Pulver-Feuerlöschmittel; Bindemittel für Öl auf Wasser			

Die technischen Salze sind nicht kettenrein, sondern ein Gemisch verschieden langer Alkylammoniumionen. Zum Beispiel ist die Kettenlängenverteilung eines technisch eingesetzten Dimethyl-dioctadecylammoniumchlorids: 1,5 % C_{14}; 0,8 % C_{15}; 27,5 % C_{16}; 2 % C_{17}; 67 % C_{18} und 1,2 % C_{20}. Zusätzlich können die Salze durch weitere Produkte verunreinigt sein.

Art und Ausmaß der Verunreinigung können bestimmte Eigenschaften, z. B. das Fließverhalten, beeinflussen, zumal die Smectite in Abhängigkeit von Teilchengröße und Schichtladung bestimmte Kationen bevorzugen. In den Schichtzwischenräumen der größeren, höher geladenen Teilchen reichern sich die kürzerkettigen, in denen der kleineren, niedriger geladenen Teilchen die längerkettigen Alkylammoniumionen an. Die Anwesenheit sehr kurzkettiger Alkylammoniumionen kann die interlamellare Bindung der langkettigen Ionen sogar verringern. Ein extremes Beispiel sind Tetramethylammoniumionen, die die Bildung bimolekularer und pseudotrimolekularer Anordnungen von langkettigen Ionen wie z. B. Dimethyl-ditetradecylammoniumionen im Schichtzwischenraum verhindern und sie auf monomolekulare Anordnungen begrenzen (40).

Auf einen Punkt muß besonders hingewiesen werden: Nicht alle zugesetzten Alkylammoniumionen werden durch Kationenaustausch gebunden; ein gewisser Anteil verbleibt in den organisch aktivierten Bentoniten als Alkylammoniumsalz. Die Eigenschaften der Dispersion hängen dann auch davon ab, wie weit die Salze je nach Art und Menge des Lösungsmittels ausgewaschen werden. Die nicht durch Ionenaustausch gebundenen Alkylammoniumionen können empfindlich das Fließverhalten beeinflussen (s. Abb. 9.18, S. 397). Daher spielen das Mengenverhältnis Alkylammoniumsalz/Bentonit und die Methode der Umsetzung neben der Art und Qualität der Alkylammoniumsalze eine wichtige Rolle. Schon durch geringe Variationen in diesen Parametern können Produkte mit unterschiedlicher Eignung für den praktischen Einsatz hergestellt werden – manchmal ist dies das ganze Geheimnis der Hersteller.

9.2.6 Polyoxometall-Smectite

„Pillared Clays" wurden ab 1980 euphorisch untersucht, weil sie möglicherweise eine neue Gruppe wirkungsvoller und selektiver Katalysatoren darstellen. Durch Säulen aus Polyoxokationen werden die Silicatschichten auf 7 – 10 Å auseinandergehalten. Es bilden sich interlamellare Poren, so daß wie bei Zeolithen katalytische Reaktionen nicht nur an äußeren Oberflächen und in interpartikulären Poren, sondern mit hoher Gestaltselektivität auch in den Hohlräumen zwischen den Schichten ablaufen können (Kap. 9.7.5).

Die gängigste Methode zur Herstellung dieser Verbindungen, die auch bei einer möglichen technischen Anwendung im Vordergrund stehen dürfte, ist die Umsetzung mit Polyhydroxokationen z. B. des Eisens und des Aluminiums wie $[Al_{13}O_4(OH)_{24}(H_2O)_{12}]^{7+}$ (113, 125). Dies sind Verbindungen, die nicht auf geheimnisvollen, komplizierten Wegen entstehen, sondern sich beim Versetzen von Aluminiumsalzlösungen mit Laugen wie NaOH bei Molverhältnissen $NaOH/Al^{3+} < 3$ bilden. Üblicherweise werden die Na^+-Montmorillonite mit Lösungen von NaOH und $AlCl_3 \cdot 6\,H_2O$ im Molverhältnis NaOH/Al $\approx$ 1 – 2,5 versetzt (Gesamtkonzentration Al^{3+} z. B. 0,1 mol/l). Die gebildeten Polyhydroxokationen werden zwischen den Schichten gebunden. Aus Gemischen von monomerem Al^{3+} und Al_{13}^{7+} werden die oligomeren Kationen bevorzugt eingelagert. Der Kontakt von Al^{3+}-Lösungen mit dem Tonmineral fördert sogar die Bildung der Oligomeren (140).

Bei der Aufnahme in den Schichtzwischenraum könnte sich die Ladung der Kationen ändern, z. B. nach

$$[Al_{13}O_4(OH)_{24}(H_2O)_{12}]^{7+} \rightleftharpoons [Al_{13}O_4(OH)_{24+x}(H_2O)_{12-x}]^{(7-x)+} + xH^+$$

oder die $Al_{13}{}^{7+}$-Kationen könnten noch weiter polykondensieren. Da sich die $Al_{13}{}^{7+}$-Kationen weitgehend zurücktauschen lassen, wird das Ausmaß von Hydrolyse und Polykondensation gering sein (139).

Statt der Polyhydroxoaluminiumlösungen können auch handelsübliche „Aluminiumchlorhydratlösungen" eingesetzt werden, die aus wäßrigen $AlCl_3$-Lösungen durch Zusatz von Aluminium gewonnen werden und ein Gemisch polymerer Spezies enthalten. Beim Einbau in den Schichtzwischenraum wird eine gewisse Selektivität beobachtet, auch ändert sich der Polykondensationsgrad merklich (140).

In einem zweiten Schritt werden die Produkte bei 300 – 400 °C kalziniert, wobei durch Wasserabspaltung Polyoxoaluminiumionen entstehen, die weiterhin als kurze, dicke Säulen zwischen den Silicatschichten die interlamellare Porosität aufrechterhalten. Der Schichtabstand vor dem Kalzinieren liegt bei 18 – 19 Å und sinkt bei Erhitzen nur wenig auf 17 – 18 Å ab; die BET-Oberflächen steigen bis zu $320 m^2/g$ an. Das Porenvolumen liegt in der Größenordnung von $0{,}2 - 0{,}3 cm^3/g$, davon entfallen etwa $0{,}1 - 0{,}15 cm^3/g$ auf die Mikroporen. Die Polyoxoaluminium-Montmorillonite sind bis etwa 500 °C beständig.

Präparate mit besonders hohem Mikroporenanteil wurden von Malla und Komarneni (88) dargestellt. Es sei darauf hingewiesen, daß die nach dem BET-Verfahren ausgerechnete spezifische Oberfläche nicht die tatsächliche Oberfläche angibt, wenn die Substanzen Mikroporen enthalten. Die Adsorptionsisothermen für Wasser zeigen einen ungewöhnlichen Verlauf, der keiner BET-Isotherme entspricht und typisch ist für hydrophobe Adsorptionsstellen. Möglicherweise entsteht die Hydrophobizität durch Abwandern von Protonen in die Silicatschichten. Durch Adsorption von Ammoniak und Austausch der gebildeten Ammoniumionen durch Calciumionen konnte die Hydrophobizität verringert werden (88).

Neben den Polyoxoaluminiumionen können andere Polyoxokationen auf verschiedenen Wegen eingeführt werden, z. B. durch Zersetzung von Komplexen und Chloroclusterverbindungen wie $[Nb_6Cl_{12}(H_2O)_6]^{n+}$ (siehe z. B. 125, 126) oder durch direkte Einlagerung positiv geladener kolloidaler Teilchen bei der Umsetzung mit TiO_2-Solen (185).

9.2.7 Gele

Manche Einsatzmöglichkeiten (Bau-, Farben-, Lack-, Ölindustrie, pharmazeutische und kosmetische Industrie, Herstellung von Überzügen, siehe auch (18)) erfordern steife Bentonit- oder Hectoritgele. In wäßrigen Systemen sind dazu 3 – 5 % Masseanteil Feststoff nötig, wobei eine ausreichende Menge Natriumionen anwesend sein muß (etwa dem Kationenaustauschvermögen entsprechend). Zur Herstellung optisch klarer Gele sind grobkörnige Bestandteile zu entfernen. Besonders gute Gelbildner sind die synthetischen Hectorite (Laponit®). Sie bilden fast klar durchscheinende Gele, da bei der Herstellung verfärbende und grobkörnige Verunreinigungen vermieden und die Teilchen genügend klein erhalten werden (zur Gelbildung von Laponit in Wasser, Alkoholen, Aceton: 108, 109).

Die Gelbildung kann durch Zusatz faserförmiger Stoffe gefördert werden. So kommen als gute Gelbildner Attapulgit und Sepiolith in Frage. Manche Hersteller setzen ihren Natriumbentoniten beachtliche Mengen mikrokristalliner Cellulose zu.

Hydrophobierte Bentonite bilden in vielen organischen Lösungsmitteln Gele (68a). Der Zusammenhang zwischen der chemischen Natur des Lösungsmittels und der Eignung zur Gelbildung ist komplex. Es muß berücksichtigt werden, daß geringe und geringste Mengen polarer Verunreinigungen die Gelbildung entscheidend beeinflussen können. Nicht immer sind hydrophobierte Tonminerale mit den längsten Ketten am besten geeignet. Montmorillonite mit längerkettigen Alkylammoniumionen bilden z. B. in Nitrobenzol stabile Dispersionen, während sich die kürzerkettigen Derivate langsam unter Bildung voluminöser Sedimente absetzen. In Formamid, Methyl- und Dimethylformamid lassen sich dagegen nur die kurzkettigen Derivate dispergieren (78).

Die Gelbildung wird auch in organischen Systemen durch die Delamination der Teilchen gefördert, die allerdings nur in wenigen organischen Flüssigkeiten (Nitrobenzol, in geringem Ausmaß in Formamid und Derivaten) in größerem Umfang erfolgt (78) (Kap. 3.3.9).

Für technische Zwecke ist die Gelbildung in unpolaren Kohlenwasserstoffen wichtig. Dazu sind dem unpolaren Dispersionsmittel geringe Mengen polarer Additive (z. B. Alkohole oder Wasser oder beide Verbindungen) zuzusetzen (Kap. 9.4.8).

Mit kürzeren Alkylammoniumionen oder Aminosäuren belegt, bilden niedrig geladene Vermiculite sogar mit Wasser Gele (Kap. 3.3.9).

9.3 Tone als Träger- und Adsorptionsmittel

9.3.1 Tone als Trägermaterial

Durch ihre Feinteiligkeit sind Tonminerale besonders gut als Trägerstoffe geeignet. Begünstigt wird diese Eigenschaft durch die unregelmäßige Form der Teilchen und, vor allem bei den Bentoniten, durch die Auffächerung der Silicatschichten am Rande der Teilchen. Neben dem Einsatz als Träger für Metalloxidkatalysatoren – auch in Form der sauer aktivierten Produkte oder nach Kalzinieren – werden Bentonite und Kaoline hauptsächlich als Trägerstoffe für Fungizide und Insektizide gebraucht. Da die Wirkstoffe meist hydrophob sind, wird durch Bentonitzusatz ihre Dispergierung in Wasser erzwungen, damit die mit Pilzen oder Insekten befallenen Stellen richtig benetzt werden. Außerdem verhindert der Bentonitzusatz, daß zu viel Wirkstofflösung in einem porösen Untergrund verschwindet (Ausnutzung der Abdichtungswirkung, Kap. 9.4.1).

Ein Problem bei der technischen Ausnutzung anaerober Prozesse, z. B. bei der Erzeugung von Biogas, vornehmlich Methan, ist der Verlust von Biomasse. Tonminerale können als Träger der Bakterienkolonien in den Reaktoren eingesetzt werden und die Entwicklung der Mikrokolonien und damit die Methangasproduktion fördern. Besonders geeignet ist Sepiolith (122).

9.3.2 Tone als Pelletierhilfsmittel

Bentonit wird als Bindemittel bei der Erzpelletierung eingesetzt. Fällt das Erz durch die Aufbereitung, z. B. durch magnetische Abtrennung oder Flotation, feinkörnig an, muß es für die Verarbeitung im Hochofen pelletiert werden. Das feinteilige Eisenerz wird dabei mit Hilfe einer Trommel oder eines Pelletiertellers mit Wasser und 0,5 – 1 % Bentonit zu Grünpellets gerollt, die zu festen Pellets mit möglichst geringem Abrieb getrocknet und gebrannt werden.

In der Landwirtschaft benötigt man große Mengen von Bentonit für die Tierfutterherstellung als Pelletierhilfsmittel. Durch den Bentonitzusatz wird unter Umständen auch die Futterverwertung verbessert. Bei Massentierhaltungen wird Bentonit als Einstreumittel zur Geruchs- und Feuchtigkeitsbindung eingesetzt. Als Zusatz zu Rinder- und Schweinegülle wirkt er geruchs- und stickstoffbindend. Als Pelletierhilfsmittel dient er auch zur Verarbeitung von Hühnermist zu Dünger.

Genannt sei schließlich der vielfältige Einsatz als Antibackmittel bei der Produktformung von Düngemitteln und Chemikalien. Eine ähnliche Anwendung finden Bentonite in wäßrigen Systemen, um klebrig wirkende Substanzen (Farben, Farbreste, Polymere) besser aufarbeiten zu können.

9.3.3 Bentonite in Reinigungsverfahren

Das hohe Adsorptionsvermögen der sauer aktivierten Bentonite wird zur Raffination und Entfernung färbender Bestandteile in allen Arten von Ölen, Fetten und Wachsen, auch in Speisefetten, -ölen und Margarinen und zur Aufarbeitung von Altölen ausgenutzt. Die Adsorptionskraft (Bleichwirkung) hängt von der Art der Säureaktivierung ab (36). Die benötigte Säuremenge für optimale Bleichwirkung beim Aufschluß ist für die einzelnen Öle verschieden. Hochaktive Bleicherden werden meist mit 8 – 9 mmol HCl/g Bentonit hergestellt. Die spezifische Oberfläche liegt dann bei 300 m^2/g. Zur Entfärbung wird die pulverförmige Bleicherde – je nach Farbstoffgehalt und Vorbehandlung der Öle, Fette oder Wachse bis zu einigen Prozenten –, in das auf 90 – 95 °C erhitzte Öl eingerührt, bei noch höheren Temperaturen unter Schutzgasatmosphäre. Nach 20 – 30 Minuten wird das entfärbte Öl oder Fett durch Filtration abgetrennt. Dabei spielen die Filtrationsgeschwindigkeit, die von der Korngrößenzusammensetzung der Bleicherde abhängt, und das Öl- oder Fettrückhaltevermögen der abfiltrierten Bleicherde eine wirtschaftliche Rolle. Zur Verminderung von Ölverlusten wird der Bleicherdefilterkuchen durch Ausblasen oder Extraktion mit Lösungsmitteln entfettet. Mineralöle werden gelegentlich auch mit gekörnten Bleicherden im Perkolationsverfahren entfärbt und gereinigt.

Bei der Getränkeherstellung und Reinigung von Zuckersaft, Sirup und zuckerhaltigen Lösungen werden Rohbentonite und sauer oder alkalisch aktivierte Bentonite als Adsorptionsmittel verwandt. Molke wird vor ihrer Weiterverarbeitung durch Bentonite von Eiweißstoffen befreit. Bentonitzusatz zu Wein, Most und Säften verbessert die Filtrierbarkeit und verhindert durch die Adsorption der Eiweißstoffe thermolabile Eiweißtrübungen, so daß auch bei extremen Temperaturunterschieden keine Trübungen auftreten. Geschönte Weine und Säfte sind ohne Trübung pasteurisierbar und tropenfest. Bentonitzusatz verhindert das Trübwerden von Cognac. Sogar bei der Champagnisierung im Flaschenverfahren können geringe Mengen Bentonit Güte und Bukett verbessern. Die Trübung von Exportbieren, bei denen man eine Haltbarkeit von 1/2 – 1 Jahr erwartet, wird durch die Entfernung der Eiweißstoffe vermieden.

Zur Wasserreinigung haben sich Roh- und Aktivbentonite als Flockungs- und Adsorptionsmittel bewährt. Auch Detergentien lassen sich mit Bentoniten entfernen.

Bleicherden werden bei der Trockenreinigung zur Lösungsmittelregenerierung genutzt, indem Fett-, Schmutz- und Schwebstoffe gebunden werden. Viele Polier-, Pflege- und Reinigungsmittel enthalten Bentonite als mildes Schleifmittel.

In der Altpapieraufbereitung werden manchmal Bentonite zur Bindung der Druckfarbenpigmente eingesetzt, nachdem diese durch Erhitzen des Papiers in Sodalösung und anschließendem Zusatz von Tensiden von den Cellulosefasern verdrängt worden sind.

Eine wichtige Rolle spielt Bentonit bei der Schwefelerzeugung. Geschmolzener Schwefel oder mit überhitztem Wasserdampf geförderter Rohschwefel (Frash-Verfahren) werden zur Raffination und Entfärbung mit sauer aktiviertem Bentonit versetzt, wobei auch Bitumenbestandteile entfernt werden. Das bei der Filtration zurückgehaltene Bleicherde-Schwefel-Gemisch wird gemahlen als fungizides Pulver verwandt.

9.3.4 Bentonite in Waschmitteln

Die seifenartige Wirkung der Smectite ist sehr lange bekannt (Saponit = Seifenstein; pharm.: Seifenton; soap clay, mineral soap für Bentonit) und wurde im Altertum zum Waschen und Reinigen ausgenutzt. Im zweiten Weltkrieg und noch in den anschließenden Jahren wurde Bentonit als Füllstoff für Seifen (bis 40 % Massenanteile) eingesetzt, da er nicht nur organische Stoffe bindet (Reinigungswirkung), sondern auch als Emulgator für Fette wirkt (Kap. 9.4.7).

Die Verwendung in Waschmitteln ist recht jung. Der Bentonit wird zusammen mit tertiären und quartären Alkylammoniumionen zugesetzt. Der gebildete organophile Bentonit könnte zu einer verstärkten Adsorption hydrophober Bestandteile (Fette, Öle) beitragen. Tatsächlich kann jedoch die Primärwaschwirkung herabgesetzt sein (135). Die Bentonitzusätze gewinnen daher hauptsächlich Bedeutung für eine Verringerung der Redeposition und Inkrustation sowie für eine verstärkte Avivage (38). Die Bindung hydrophober Schmutzteilchen durch den dispergierten organophilen Bentonit erhöht das Schmutztragevermögen der Waschlauge und verringert die Redeposition der Schmutzteilchen auf der Faser. Durch die Belegung der Faser mit den feinen Bentonitteilchen wird die Abscheidung schwerlöslicher Salze wie Kalk und in den früher verwandten phosphathaltigen Waschmitteln auch Calciumphosphat unter bestimmten Bedingungen herabgesetzt. Die Verbesserung des Weichgriffs beruht darauf, daß die kationischen Tenside beim Spülvorgang gegenüber den anionischen Tensiden zurückgehalten werden, da sie an Bentonitteilchen adsorbiert bleiben, die sich im Gewebe verfangen haben. Die in den Modellversuchen (38) zugesetzten kationischen Tenside waren Mischungen von quartären und tertiären Alkylammoniumionen. Wegen des alkalischen *p*H-Wertes der Waschlauge wird das tertiäre Amin als neutrales Amin am Montmorillonit gebunden, der durch Kationenaustausch weitgehend mit den quartären Alkylammoniumionen belegt ist. Beim Absinken des *p*H-Wertes während des Spülens werden die Amine desorbiert und zu einem gewissen Teil als Ammoniumionen vom Gewebe adsorbiert, dem sie den weicheren Griff verleihen. Sehr erwünscht ist die geringere Desaktivierung der anionischen Tenside durch die für die Avivage zugesetzten kationischen Tenside in Gegenwart des Bentonits (135).

9.3.5 Adsorption toxischer Verbindungen

Auf Grund ihres Kationenaustauschvermögens sind die Tonminerale, vor allem die Smectite und Vermiculite, zur Bindung von Schwermetallionen geeignet (181). Da energetisch unterschiedliche Bindungsstellen vorhanden sind, kann gerade bei geringer Belegung hohe Selektivität auftreten (Kap. 3.1.4). Die Selektivität kann verstärkt werden, wenn für die Komplexbildung mit den betreffenden Kationen geeignete Liganden durch Kationenaustausch gebunden werden. Dazu werden Verbindungen benötigt, die einmal eine kationische Gruppe zur Verankerung und zweitens eine Ligandengruppe zur Komplexbildung enthalten. Nach Perkolationsversuchen (150) kann die Bindung von Schwermetallionen in Gegenwart organischer Lösungsmittel sogar durch Belegung mit quartären Alkylammoniumionen gefördert werden.

Die Verwendung von Bentoniten als Abdichtungsbarrieren wurde in Kapitel 8 behandelt (siehe auch (5)). Infolge ihres ausgeprägten Kationenaustauschvermögens sind die Tonminerale für die Entsorgung radioaktiver Kationen wie $^{137}Cs^{+}$, $^{90}Sr^{2+}$ und $^{60}Co^{2+}$ geeignet. Die ausgeprägte Fixierung von Cäsiumionen begünstigt die Verwendung vermiculit- und illithaltiger Tone und Schiefertone. Die Spaltprodukte des präkambrischen Reaktors in Oklo Gabon, Westafrika, haben sich bis heute im Schieferton erhalten (74, 83). Die Bindung von Iodidionen ($^{125}I^{-}$) wird durch Belegung der Tonminerale mit geeigneten quartären Alkylammoniumionen erhöht (21).

Die Möglichkeit, das Adsorptionsvermögen von Bentoniten durch Ionenaustausch mit organischen Kationen zu steuern, bietet eine gute Grundlage für den Einsatz organophiler Bentonite als Adsorptionsmittel für toxische Verbindungen, z. B. zur Entfernung von Lösungsmitteln aus Abluft und Abwasser oder als zusätzliche Barriere in Deponieabdichtungen (181).

Bentonite, deren Kationen durch Alkylammoniumionen ersetzt worden sind, adsorbieren viele organische Lösungsmittel. Das Adsorptionsvermögen der organophilen Bentonite hängt in erster Linie von der Art des organischen Kations und dem Belegungsgrad ab. Bei technischen Produkten wird es auch durch die Art der Herstellung und die Menge des zusätzlich vorhandenen Salzes (Tensidkation + Anion) beeinflußt. Die mittlere Schichtladung scheint weniger wichtig zu sein, zumindest solange sie um den für Bentonite typischen Wert von 0,30 Ladungen pro Formeleinheit variiert. Bei partieller Belegung durch organische Kationen kann das Adsorptionsvermögen auch durch die anorganischen Kationen verändert werden. Solange nur Natrium- oder Calciumionen gebunden sind, sollte dieser Einfluß gering oder, wenn merklich, hauptsächlich auf die bessere Aufteilung des Natriumbentonites zurückgehen. Größere und evtl. synergistische Effekte sind zu erwarten, wenn neben den organischen Kationen Schwermetallionen gebunden sind, die mit dem Adsorptiv spezielle Wechselwirkungen eingehen.

Die adsorbierte Menge hängt davon ab, ob eine Schichtabstandsaufweitung erfolgt oder nicht. Es sei besonders darauf hingewiesen, daß der Schichtabstand der meisten hydrophobierten Bentonite unter Kohlenwasserstoffen weitgehend unverändert bleibt, aber in Gegenwart geringer Mengen polarer Verbindungen (z. B. Wasser, Alkohole) drastisch ansteigen kann. Das Adsorptionsvermögen gegenüber unpolaren Verbindungen kann daher durch polare Stoffe völlig verändert werden.

Unpolare gasförmige Stoffe werden ohne Schichtaufweitung adsorbiert. Die intralamellare Porosität bestimmt damit entscheidend die Adsorption dieser Stoffe (z. B. aus Abluft). Barrer und Mitarbeiter haben in einer Reihe grundlegender Arbeiten Porosität und Zugänglichkeit des Schichtzwischenraums untersucht (siehe z. B. 12, 14). Die Selektivität gegenüber verschiedenen Mischungen aliphatischer, cyclischer und aromatischer Kohlenwasserstoffe kann sehr ausgeprägt sein (11). Bei Verwendung von Tetramethylammonium-Montmorillonit nimmt die Affinität in der Reihe ab: Benzol > n-Heptan, n-Hexan > Cyclohexan > iso-Octan (13). Da die intralamellaren Poren die Dimension von Mikroporen (Porenweiten bis 20 Å) haben, ist die Bindung des Adsorptivs energetisch günstiger als an äußeren Oberflächen, aber kinetische Effekte kommen stärker zum Tragen. Lange Alkylketten können die Eingänge zu den Poren verstopfen, so daß bei niedrigen relativen Drücken kaum intralamellare Adsorption erfolgt (14, 78). Viele polare gasförmige Verbindungen werden bei höheren relativen Partialdrücken unter Schichtaufweitung adsorbiert (153, 155).

Neben dem intralamellaren Porenraum tragen Poren zwischen den Teilchen ebenfalls zur Gasadsorption bei. Die interpartikuläre Porosität hängt von der Textur des Präparates ab, d. h. von der Art der Zusammenlagerung der Teilchen (152). Die Art der Ausgangsstoffe und die Weise der Herstellung des hydrophobierten Bentonits werden daher die Gasadsorption beeinflussen.

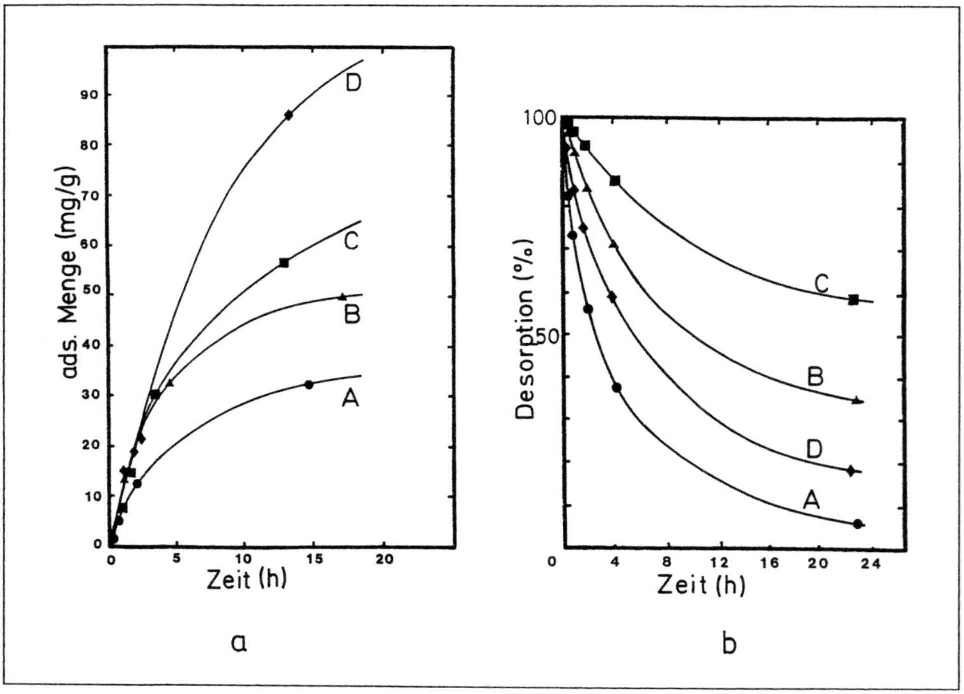

Abb. 9.4. Adsorption a) und Desorption b) von 1.2-Dibromethan aus der Gasphase (gesättigter N_2-Strom) an Pyrophyllit **A**, Georgia-Kaolin **B**, Illit (Fithian, Illinois) **C** und Wyoming-Bentonit **D** (nach 133). In b) ist die zurückgehaltene Menge in Prozent der nach einer Stunde adsorbierten Menge angegeben.

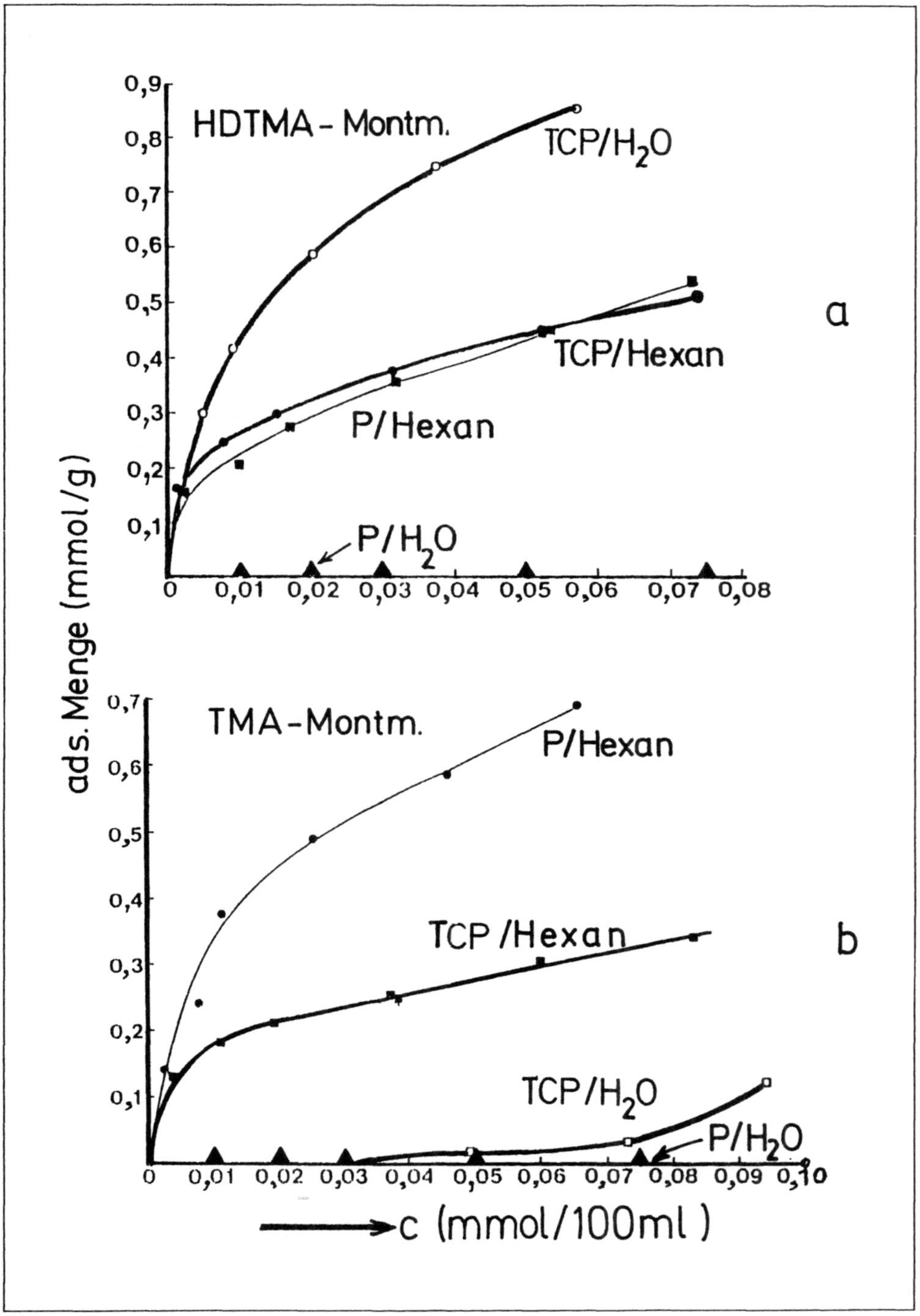

Abb. 9.5. Adsorption von 3-, 4-, 5-Trichlorphenol **TCP** und Phenol **P** aus Wasser und Hexan an a) Hexadecyl-trimethylammonium- und b) Tetramethylammonium-Montmorillonit (Wyoming). (Nach 99)

Adsorptions- und Desorptionsphänomene gasförmiger Stoffe an Tonmineralen müssen bei Verbreitung und Transport leicht flüchtiger Schadstoffe, wie z. B. des häufig im Grundwasser gefundenen Trichlorethylens, berücksichtigt werden. Die Adsorption von 1,2-Dibromethan und Trichlorethylen an Pyrophyllit, Kaolinit, Illit und Wyoming-Montmorillonit erreicht auch nach 15 Stunden kaum den Endwert. Nach Adsorption an den äußeren Oberflächen der Aggregate dringen die Schadstoffe nur langsam in das Porensystem ein (133). Entsprechend ist auch die Desorption aus den engen Poren verzögert (Abb. 9.4). In ähnlicher Weise verzögert die Aggregatbildung in Böden Adsorptions- und Desorptionsprozesse.

Untersuchungen zur Adsorption wenig löslicher organischer Verbindungen aus Wasser sind in der Vergangenheit vernachlässigt worden, gewinnen aber jetzt mit der zunehmenden Verwendung organophiler Bentonite als Adsorptionsmittel Bedeutung. Octadecyl-trimethylammonium-Bentonit adsorbiert aus wäßrigen Lösungen beachtliche Mengen (50 – 250 mmol/g) an m-Kresol, p-Nitrophenol, Resorcin, Benzylalkohol, Anilin, Benzylamin, Amylamin, Valeriansäure (151). Obwohl hohe Schichtabstände gefunden werden, bedeutet dies nicht, daß der durch die Aufweitung gewonnene Raum durch die organischen Gastmoleküle voll aufgefüllt wird.

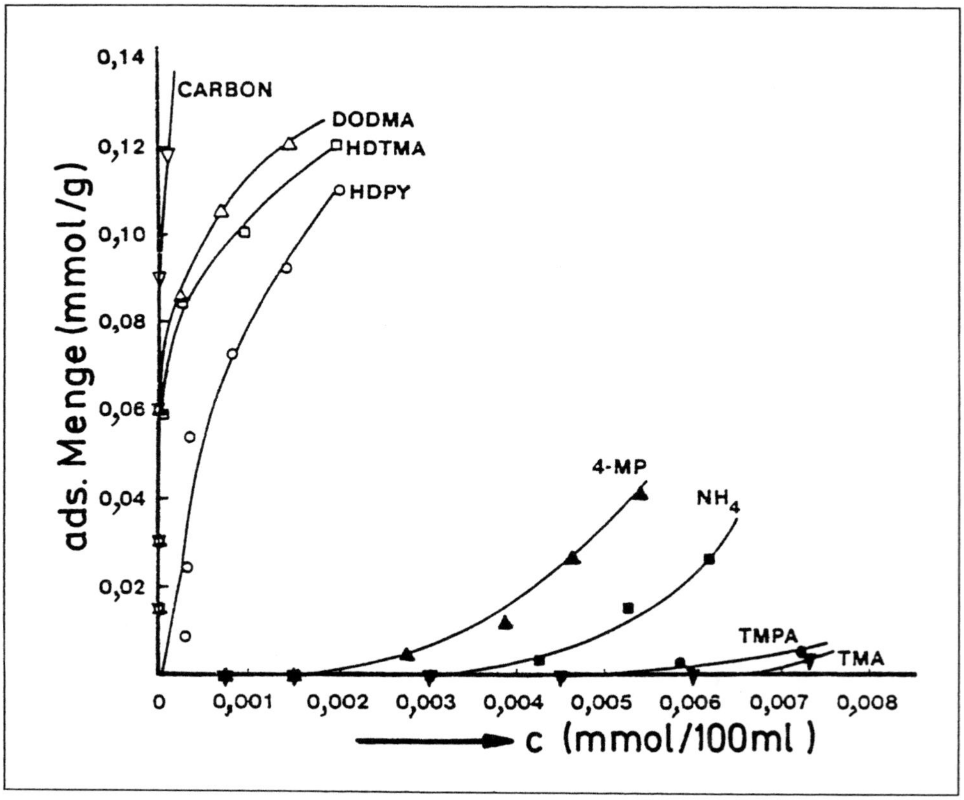

Abb. 9.6. Adsorption von Pentachlorphenol aus Wasser durch verschiedene Organosmectite und Kohle bei 20 °C. Kationen: **DODMA** Dioctadecyl-dimethylammonium, **HDTMA**: Hexadecyltrimethylammonium, **HDPY**: Hexadecylpyridinium, **MP**: 4-Mercaptopyridinium, **TMPA**: Trimethyl-phenylammonium, **TMA**: Tetramethylammonium. (Nach 22)

Vielmehr wird ein Großteil des Volumens durch Wasser eingenommen. Stul und de Bock (156) haben die Verteilungsgleichgewichte und interlamellaren Konzentrationen von Hexanol und Octanol aus wäßriger Lösung in n-Alkylammonium-Montmorilloniten genauer bestimmt.

Der entscheidende Einfluß des organischen Kations bei der Adsorption aus wäßrigen Lösungen ist aus Abbildung 9.5 zu ersehen. Phenol wird aus Wasser weder vom Tetramethylammonium (TMA)- noch vom Hexadecyl-trimethylammonium (HDTMA)-Montmorillonit nennenswert adsorbiert. Aus einem unpolaren Lösungsmittel wie Hexan wird es durch TMA-Montmorillonit besser als durch HDTMA-Montmorillonit adsorbiert. Auffallend ist die ausgeprägte Adsorption des 3, 4, 5-Trichlorphenols (Abb. 9.5) und Pentachlorphenols (Abb. 9.6) aus Wasser durch HDTMA- gegenüber TMA-Montmorillonit. Aus Hexan adsorbieren beide Montmorillonite vergleichbare Mengen des Trichlorphenols (22, 99).

Für die Adsorption aromatischer Kohlenwasserstoffe ist TMA-Montmorillonit besonders geeignet. Aus der Gasphase ist die Adsorption von Benzol, Toluol und o-Xylol nahezu gleich, dagegen werden aus wäßriger Lösung wesentlich höhere Mengen Benzol adsorbiert als Toluol, o-Xylol und einige andere aromatische Verbindungen (84) (Abb. 9.7). HDTMA-Montmorillonit nimmt deutlich geringere

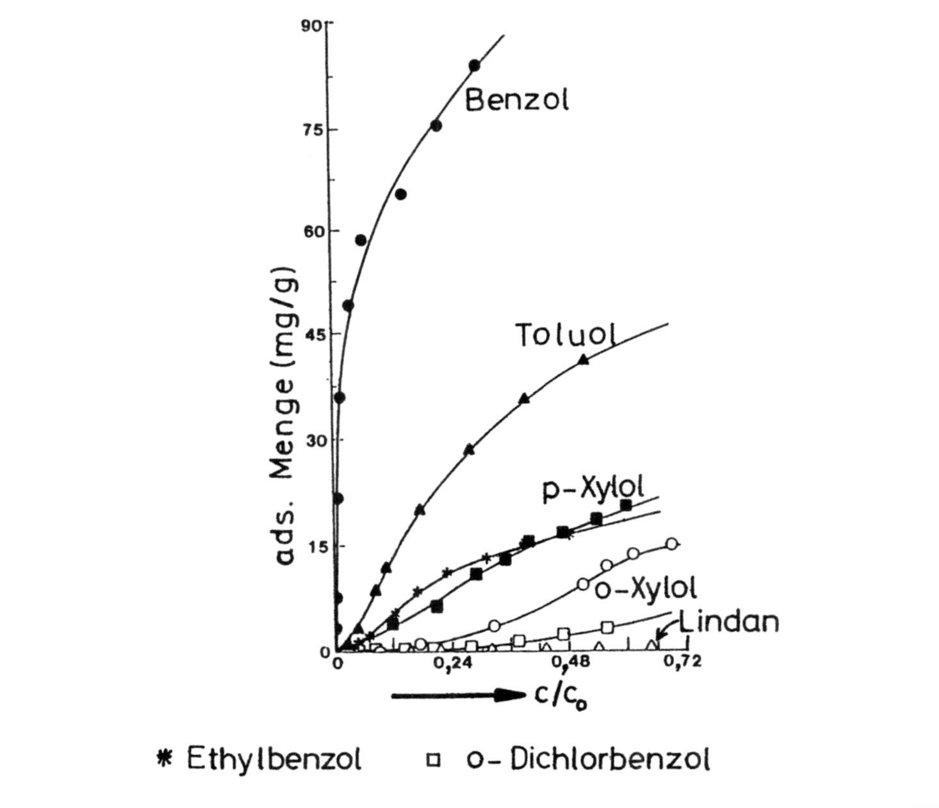

Abb. 9.7. Adsorption organischer Verbindungen aus Wasser durch Tetramethylammonium-Montmorillonit (Wyoming). c/c_0 = Gleichgewichtskonzentration/Sättigungskonzentration. (Nach 84)

Mengen an Benzol auf, die Isotherme läuft bis zur Löslichkeitsgrenze linear (23). Dabei können ausgeprägte kompetitive Effekte auftreten. Die Adsorption von Benzol aus der wäßrigen Lösung durch TMA-Montmorillonit wird durch die Anwesenheit von Toluol nicht beeinflußt. Dagegen sinkt die Adsorption von Toluol in Gegenwart von Benzol sehr stark ab (85).

Das unterschiedliche Verhalten von TMA- und HDTMA-Montmorillonit bei der Adsorption nicht ionischer organischer Verbindungen aus wäßrigen Lösungen hängt mit unterschiedlichen Mechanismen zusammen. Im TMA-Montmorillonit wird durch die kleinen organischen Kationen ein permanentes interlamellares Porensystem aufrechterhalten, in das die Gastmoleküle zusammen mit Wasser eindringen. Im HDTMA-Montmorillonit ist die interlamellare Adsorption mit einer Umorientierung der Alkylketten unter deutlicher Schichtaufweitung verbunden, z. B. auf etwa 30 Å nach der Adsorption von Trichlorphenol aus Wasser (99). Infolge der hohen Konzentration an Methylengruppen im HDTMA-Montmorillonit betrachten Mortland und Mitarbeiter (22) die Adsorption der organischen Verbindungen als Verteilungsgleichgewicht zwischen Wasser und der organischen Phase im Schichtzwischenraum.

Durch die Beteiligung der inneren Oberflächen – auch wenn es nur die im Randbereich sind – weisen die Smectite im allgemeinen deutlich höhere Adsorptionskapazitäten auf als Illite (84). Lindan (Hexachlorcyclohexan-Isomere) wird offenbar nur an äußeren Oberflächen adsorbiert, und TMA^+-Illit adsorbiert größere Mengen Lindan als TMA^+-Bentonit. Dieser Befund ist als Anregung zu werten, die Adsorption an organischen Derivaten nichtquellungsfähiger Tonminerale ebenfalls in Betracht zu ziehen.

Zur Diskussion von Bindungsmechanismen ist die Ermittlung der Adsorptionsisothermen unerläßlich. Für praktische Zwecke mag genügen, die unter gegebenen Bedingungen vom Bentonit festgehaltenen Mengen z. B. durch Perkolationsversuche zu ermitteln. Es wird die maximale Zugabe bestimmt, die eine Säulenfüllung bis zum Durchbruch verkraften kann. Hierbei spielen naturgemäß kinetische Effekte eine größere Rolle als bei Adsorptionsversuchen, bei denen Gleichgewichtseinstellung gewährleistet ist.

Zur Adsorption von aliphatischen und aromatischen Chlorkohlenwasserstoffen (Tetrachlorethan, Trichlorethan, Tetrachlorethen, Trichlorethen, Dichlorbenzol u. a.) mögen auch nichtorganische Bentonite eingesetzt werden (35). Auffallend ist eine um zwei Zehnerpotenzen höhere Adsorption der ungesättigten Chlorverbindungen (z. B. Tetrachlorethen, Trichlorethen), wenn der Rohbentonit durch die Citrat/Dithionit-Methode in Natriumbentonit überführt wird. Durch ein Adsorptionsmaximum bei $pH \approx 4$ und den vollständig irreversiblen Ablauf der Adsorption unterscheidet sich die Bindung der Chlorkohlenwasserstoffe an Bentonit deutlich von der Adsorption an Silicium- und Aluminiumoxid. Zur irreversiblen Adsorption am Montmorillonit können auch chemische Veränderungen der Schadstoffe unter der katalytischen Wirkung des Tonminerals beitragen. Ester und Vilker (35) beobachteten die Bildung höhermolekularer (nicht identifizierter) Produkte bei der Adsorption aromatischer Halogenkohlenwasserstoffe.

Eine weitere Möglichkeit, das Adsorptionsvermögen der Tonminerale zu verändern, ist die Umsetzung mit Polyhydroxokationen. So werden nach Umsetzung von Montmorillonit mit Polyhydroxoaluminiumionen hohe Verteilungskoeffizienten (Konzentration des Dioxins an der Grenzfläche/Konzentration des Dioxins in der

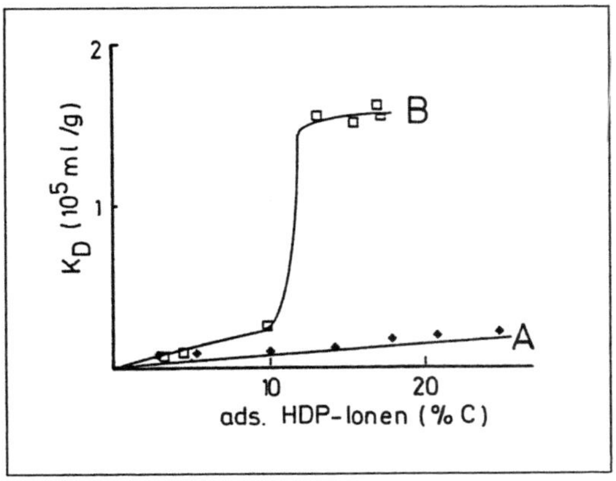

Abb. 9.8. Verteilungskoeffizient K_D für Pentachlorphenol aus Wasser an Hexadecylpyridinium-**A** und Hexadecylpyridinium-Polyhydroxyaluminium-Montmorillonit (Wyoming) **B** in Abhängigkeit vom Gehalt an Hexadecylpyridiniumionen (in % Massenanteil Kohlenstoff). (Nach 149)

Lösung) von Dioxinen erreicht; auch die Adsorption an Kaolinit wird durch Belegung mit Polyhydroxoaluminiumionen verbessert (112).

Das Adsorptionsvermögen der Polyhydroxoaluminium-Smectite kann durch zusätzliche Bindung kationischer Tenside (z. B. Hexadecylpyridiniumchlorid, Hexadecyl-benzyldimethylammoniumchlorid) zusätzlich verändert werden. Polyhydroxoaluminium-Montmorillonite binden etwa 0,6 mmol/g dieser Tenside (149). Es entstehen Verbindungen, die eine Reihe nicht-ionischer toxischer Verbindungen wie Dioxine, Benzopyrene und Chlorphenole aus wäßrigen Lösungen adsorbieren (149). Während manche Verbindungen (z. B. 3,5-Dichlorphenol) von beiden Adsorbenzien (Hexadecylpyridinium- und Hexadecylpyridinium-Polyhydroxoaluminium-Montmorillonit) gleich stark gebunden werden, steigt der Verteilungskoeffizient von Pentachlorphenol rapide an, wenn mehr als 15 % Massenanteile Hexadecylpyridiniumionen (≈ 12 % Massenanteil Kohlenstoff) am Polyhydroxoaluminium-Montmorillonit gebunden sind (Abb. 9.8).

Die Beispiele zeigen wiederum instruktiv, wie das Adsorptionsverhalten gegenüber bestimmten Verbindungen durch gezielte Veränderung des Bentonits gesteuert werden kann. Auch wenn in manchen Fällen das Adsorptionsvermögen für toxische Stoffe geringer ist als von Aktivkohlen, stellen die Bentonite (in den meisten Fällen in bestimmter Weise organisch aktiviert) nicht nur von den Kosten her eine wichtige Alternative dar, sondern auch, weil vielfältige Möglichkeiten zur gezielten Veränderung bestehen.

9.3.6 Pestizide

Die Bedeutung der Tonminerale beim Einsatz von Pestiziden beschränkt sich nicht nur auf die Verwendung als Trägermaterial für Insektizide und Fungizide. Die Wirksamkeit der Herbizide wird auch durch Adsorptions- und Desorptionsvorgänge an den Tonmineralen und der organischen Substanz des Bodens bestimmt; zu starke Adsorption verringert die Wirkung des Herbizids (138, 174, 175).

Die Adsorption kann die Löslichkeit beeinflussen, z. B. ist die maximale Löslichkeit von Parathion in Gegenwart von Bentonit nur etwa halb so groß (5 – 7 ppm) wie in Wasser, weil sich Oberflächenaggregate bilden (96; siehe auch Kap. 3.3.5). Die bei gewissen pharmazeutischen Formulierungen beobachtete Löslichkeitserhöhung durch Adsorption (Kap. 9.5.4) scheint bei Pestiziden bisher nicht bemerkt worden zu sein.

Bei zu geringem Rückhaltevermögen des Bodens für das Herbizid gelangen hohe Anteile schnell in das Grundwasser, und die Wirkung des Herbizids wird herabgesetzt. Eine Kompensation durch erhöhte Zugaben ist ökologisch bedenklich. Andererseits hat eine geringe Desorbierbarkeit des Herbizids von den Bodenbestandteilen bei geringer mikrobakterieller Abbaurate den Nachteil, daß die Konzentration des Herbizids im Boden nur sehr langsam abnimmt und das Grundwasser, wenn auch nur in Spuren, langdauernd verunreinigt wird. Die Bestimmung von Adsorptions- und Desorptionsisothermen und -kinetiken ist daher von großer Wichtigkeit (58, 174).

Adsorptions- und Desorptionsverhalten werden durch die Art der Bindung an die Tonminerale bestimmt. Die möglichen Wechselwirkungen wurden in Kapitel 3 beschrieben. Viele Pestizide werden bereits im schwach sauren Gebiet protoniert (182). Als Kation gebunden sind sie nicht mehr so leicht zu desorbieren wie neutrale Moleküle.

Die Aktivität mancher Pestizide, die z. B. als Natriumsalze angeboten werden wie Acifluorfen (127), kann durch Ausfällung als schwerlösliche Ca^{2+}-, Fe^{3+}- oder Al^{3+}-Salze verringert werden. Entweder werden diese Ionen durch die Natriumionen von den Tonmineraloberflächen verdrängt oder von den wasserhaltigen Aluminium- und Eisenoxidhydroxiden zur Verfügung gestellt.

Die Wirksamkeit der Pestizide wird weiterhin bestimmt durch ihre chemische Stabilität. Neben dem mikrobakteriellen Abbau sind bei vielen Molekülen Zersetzung unter der Wirkung der Tonminerale und photochemische Zersetzung (Photodegradation) zu berücksichtigen. Solche Reaktionen müssen bei der Verwendung der Tonminerale als Träger beachtet werden.

Eine der wichtigsten Reaktionen ist die saure Hydrolyse unter dem Einfluß der erhöhten Acidität des Wassers im Schichtzwischenraum der Smectite und, in geringerem Maße, an den äußeren Oberflächen der Smectite und anderer Tonminerale (Kap. 3.2.2). Zum Beispiel wird s-Triazin als Stammverbindung vieler Herbizide durch Montmorillonit zu Formamid zersetzt (111). Von den substituierten s-Triazinen werden allerdings nur einige Verbindungen nach Protonierung hydrolysiert (182).

Eine weitere Gruppe von Verbindungen, die in Gegenwart von Tonmineralen hydrolytisch anfällig werden, sind Organophosphate. Neben der Degradation durch Hydrolyse können auch molekulare Umlagerungen ablaufen (zur Stabilität von Parathion in Gegenwart von Attapulgit s. (54)). In manchen Fällen sind die Umlagerungsprodukte (z. B. von Parathion) für Säugetiere toxischer als die Muttersubstanz.

Weitere Beispiele für Zersetzung und molekulare Umlagerungen unter dem katalytischen Einfluß der Tonminerale siehe (48 – 50).

Empfindlichkeit gegenüber Sonnenlicht schränkt vor allem in südlichen Ländern die Wirksamkeit mancher Pestizide ein. Zum Beispiel ist der Einsatz einiger Nitromethylenderivate heterocyclischer Verbindungen trotz hoher Aktivität als Insektizid wegen ihrer photochemischen Unbeständigkeit begrenzt. Das sehr wirksame Insektizid Bioresmethrin, ein Pyrethroid, wird aus gleichem Grunde nicht eingesetzt. UV-absorbierende Stoffe und Antioxidantien in handelsüblichen Formulierungen haben den Nachteil, daß für einen wirksamen Photoschutz große Mengen des Additivs zu-

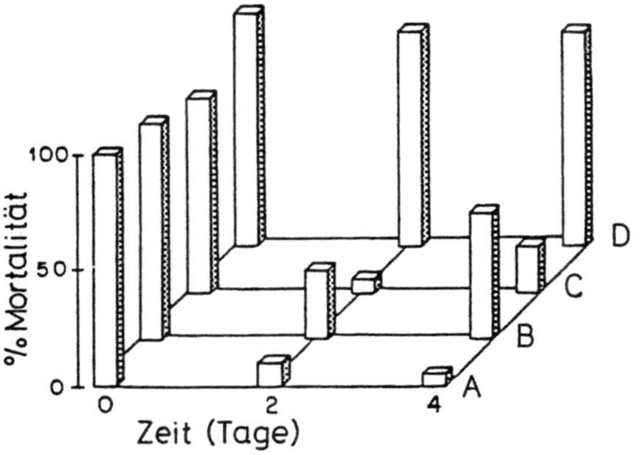

Abb. 9.9. Photostabilisierung des Thiazins **NMH** mit Thioflavin T (**TFT**) in Gegenwart von Montmorillonit (Wyoming). Die Mortalität in Abhängigkeit von der Bestrahlungszeit bezieht sich auf den Mehlkäfer Tribolium casaneum (nach 91).
A: reines NMH, **B** – **D**: Montmorillonit mit 0,2 mmol/g NMH **B**; 0,2 mmol/g NMH + 0,8 mmol/g TFT **C**; 0,2 mmol/g NMH + 0,5 mmol/g TFT **D**

gesetzt werden müssen. Eine wesentliche Verbesserung wird nach Margulies und Mitarbeitern (89 – 91) durch Ausnutzung von Energieübertragungsprozessen zwischen adsorbierten Molekülen erzielt. Zusammen mit den biologisch aktiven Molekülen werden geeignete organische Chromophore auf den Tonmineraloberflächen adsorbiert. Die Chromophore haben die Aufgabe, die durch die Lichtabsorption angeregten Pestizidmoleküle durch eine wirkungsvolle Energieübertragung zu desaktivieren, bevor die Zersetzung beginnt.

Die Insektizide Bioresmethrin und NMH, ein Nitromethylenthiazin, werden auf diese Weise durch Methylgrün, Naphthylammoniumionen und Thioflavin T stabilisiert (89 – 91). NMH ist noch nach vier Tagen intensiver Sonnenbestrahlung (in Rehovot, Israel!) aktiv, wenn es zusammen mit Thioflavin adsorbiert wird. Die stabilisierende Wirkung erlischt, wenn bei zu hohen Thioflavinzugaben keine Oberflächenplätze mehr für die Adsorption der Thiazinmoleküle freibleiben (Abb. 9.9).

9.3.7 Einsatz bei Trennungsverfahren

Organische Derivate von Montmorilloniten zeigen eine beachtliche Trennwirkung gegenüber organischen Verbindungen, wenn sie als stationäre Phasen zur Gaschromatographie eingesetzt werden. Kommerziell sind diese Trennmöglichkeiten bisher kaum ausgenutzt worden. Barrer und Hampton (11) empfehlen, für solche Trennungen die kurzkettigen Derivate wie Methyl- und Tetramethylammonium-Montmorillonite einzusetzen, die auch eine gewisse Selektivität gegenüber Permanentgasen zeigen (siehe auch Kap. 9.3.5).

Der Einsatz von Dimethyl-dioctadecylammoniumderivaten verschiedener Tonminerale (Hectorite, Montmorillonite, Nontronite, Vermiculite, Attapulgit, Kaolinit) als stationäre Phasen für die Gaschromatographie wurde von Taramasso und

Mitarbeitern (162, 163) und später von Vasofsky und Slabaugh (145, 169) untersucht. Aromatische Kohlenwasserstoffe (Xylole, Trimethylbenzole) sowie Cyclohexan, Cyclohexen, Cyclohexadien und Benzol lassen sich gut trennen. Die Trennwirkung ist besonders hoch bei Schichtsilicaten mit hoher Schichtladung. Der Einfluß des Kations auf die Trennwirkung wurde für Kresolisomere untersucht. Das Dibenzyl-dioctadecylammoniumkation ist am besten geeignet (92).

Eine andere Möglichkeit, die Montmorillonite gezielt zu verändern, um hohe Selektivitäten und ausreichende Trennwirkungen zu erzeugen, ist die Quervernetzung der Silicatschichten mit Polyoxometallkationen, wobei ähnlich wie bei den kurzkettigen organischen Derivaten eine gewisse Porosität zwischen den Schichten aufrechterhalten wird (167).

Durch die Bindung optisch aktiver Schwermetallkomplexe an Smectite wird ein HPLC-Säulenmaterial gewonnen, das zur Trennung optischer Isomerer geeignet ist. Die Schwermetallkomplexe müssen die inneren Oberflächen der Smectite in einer solchen Dichte besetzen, daß die Wechselwirkung zwischen dem gebundenen Enantiomer und der Enantiomerenmischung der Lösung zur bevorzugten Adsorption eines Enantiomeren führt. Der Einfluß der Packungsverhältnisse wird durch Untersuchungen von Yamagishi und Fujita (183, 184) deutlich. Aus reinen Lösungen des optisch aktiven Komplexes $[Co^{III}(PAN)_2]^+$ (PAN = 1-(2-pyridylazo)-2-naphthol) werden beide Enantiomere gleich stark und in gleicher Menge vom Montmorillonit adsorbiert. Wird die racemische Mischung angeboten, werden doppelt so viele Moleküle adsorbiert, weil sich nur aus beiden Enantiomeren eine dicht gepackte bimolekulare Schicht bilden kann (Abb. 9.10).

Im Gegensatz dazu ist die Adsorption des Racemats von Tris(2,2-dipyridyl)-ruthenium(II)-chlorid deutlich geringer als die der Enantiomeren. Es wird vermutet, daß in Gegenwart der Enantiomeren die Delamination der Natriumsmectitkriställchen

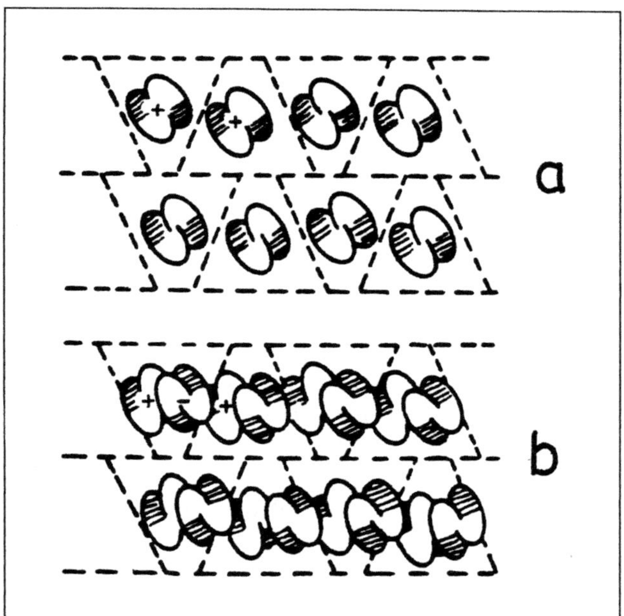

Abb. 9.10. Adsorption eines optisch aktiven Kobaltkomplexes (bis 1-(2-pyridylazo)-2-naphthol-cobalt-III-chlorid) an Natriummontmorillonit (nach 183):
a) monomolekulare Anordnung bei der Adsorption aus der Lösung, die nur das (+) oder (−) Isomere enthält;
b) dichte Packung in zwei Schichten bei der Adsorption aus der racemischen Lösung.

erhalten bleibt, während die racemischen Paare eine weitgehende Reaggregation der Silicatschichten erzwingen (170, 171).

Als Beispiele für optische Trennungen sei die Trennung von 1,1'-Binaphthol und Tris-(acetylacetonato)chrom-III an Montmorillonit und Saponit nach Belegung mit Tris-(1,10-phenanthrolin)-Ruthenium(II)-kationen genannt. Für die Trennung des Naphthols ist der Montmorillonit, für die Trennung des Chromkomplexes der Saponit besser geeignet (106, 184). Auf eine mögliche Trennung optisch isomerer Aminosäuren in HPLC-Säulen mit optisch aktiven Cu^{2+}-Montmorillonit-Lysin-Komplexen als Packungsmaterial weisen Tsvetkov und Mingelgrin (166) hin.

9.4 Ausnutzung der rheologischen Eigenschaften von Tondispersionen

9.4.1 Grundlagen

Die vielfältige praktische Verwendung von Tondispersionen und von Tonmineralen als Zusätze zu Dispersionen beruht auf dem besonderen Fließverhalten, das durch die Wechselwirkungen zwischen den Tonmineralteilchen entsteht. „Dispersion" wird hier im allgemeinen Sinn gebraucht und umfaßt Dispersionen und Suspensionen mit niedrigem Feststoffgehalt bis hin zu plastischen Massen.

An technische Dispersionen werden ganz unterschiedliche Anforderungen gestellt. So soll eine Dispersionsfarbe thixotrop versteifen und sich dennoch gut aufrühren lassen. Eine Bohrspülflüssigkeit muß leicht umzupumpen sein, ausreichend thixotrop fließen und ein gutes Abdichtungsvermögen besitzen. Eine keramische Masse muß plastisch verformbar sein. In den meisten Fällen sind bestimmte Tonmineralzusätze unverzichtbar, zuweilen auch in Kombination mit Polymeren, um die gewünschten Anforderungen zu erfüllen.

Die Tonminerale wirken in unterschiedlicher Weise. In manchen Anwendungen stellen sie lediglich ein inertes Verdickungsmittel dar, das durch Erhöhung des Massenanteils an festem Stoff die Viskosität heraufsetzt. Im allgemeinen sind dazu wesentlich höhere Feststoffgehalte erforderlich als in Systemen, in denen Verdikkung und Versteifung durch die ausgeprägte Netzwerkbildung der Tonmineralteilchen erfolgen (Bohrspülflüssigkeiten, Bauindustrie, Farben, Lacke, Keramik usw.). Zunehmend werden auch Kombinationen von Bentoniten und Polymeren als Verdickungsmittel eingesetzt. Am bekanntesten ist die Ausnutzung der thixotropen Eigenschaften. Schließlich wird das Vermögen gut dispergierter Tonmineralteilchen, dichte Sedimente und Filterkuchen zu bilden (plastering effect) genutzt.

Das Fließverhalten tonmineralhaltiger Dispersionen wird neben dem Massenanteil des Tonminerals, dem *p*H-Wert und dem Salzgehalt durch das Na^{+}/Ca^{2+}-Verhältnis bestimmt (Kap. 3.2.4, 3.2.6, 3.2.7). Während der Zusatz von Natriumsalzen bei leicht alkalischem *p*H-Wert die Viskosität von Kaolindispersionen drastisch herabsetzt (Abb. 3.22 und 3.23, S. 123 f), steigt sie bei Bentoniten infolge der Aufteilung der Kriställchen in dünnere Lamellen an (Kap. 3.2.3, 3.2.4, 9.2.4) (Abb. 3.25, S. 126). Eine vollständige Delamination der Smectitkriställchen gelingt nur, wenn ausschließlich Natriumionen und keine Calciumionen anwesend sind. In der Technik wird diese Bedingung höchst selten erfüllt. In Anwesenheit von Cal-

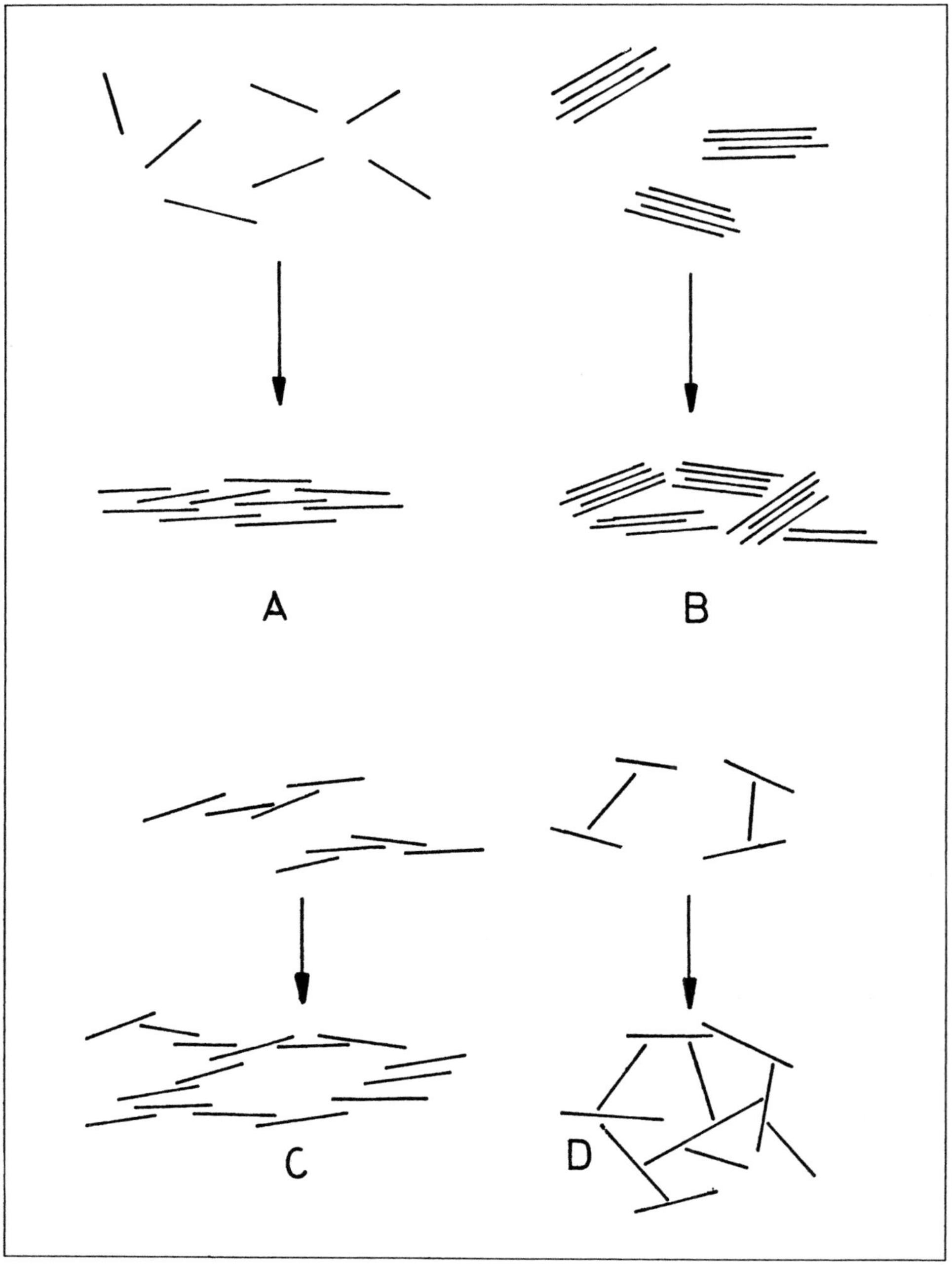

Abb. 9.11. Die Struktur der Sedimente plättchenförmiger Teilchen in Abhängigkeit von der Aggregation in der Lösung.
A dichte Sedimente aus parallel gelagerten Teilchen bei optimaler Dispergierung
B Sedimente aus gegeneinander verworfenen Paketen plättchenförmiger Teilchen bei einer gewissen Flächen/Flächen-Aggregation der dispergierten Teilchen
C, D lockere Sedimente bei bänder- und kartenhausartiger Aggregation in der Dispersion

ciumionen bleibt trotz beachtlicher Zugabe von Natriumsalzen (meist Soda) eine gewisse Aggregation der Tonmineralteilchen erhalten und ist oft auch erwünscht.

Eine wichtige Voraussetzung für die weitgefächerte Anwendung der Tonminerale ist ihr Vermögen, je nach Na^+/Ca^{2+}-Verhältnis, *p*H-Wert und Salzgehalt zu unterschiedlichen Raumnetzstrukturen zu aggregieren (Kap. 3.2.6). Art und Ausmaß der Aggregation in der Dispersion bestimmen die Struktur der Sedimente. Wenn die Tonmineralplättchen gut dispergiert und durch abstoßende Kräfte auseinandergehalten werden, bilden sich beim Absetzen oder Entfernen des Lösungsmittels dichte Sedimente bzw. dünne und dennoch undurchlässige Filterkuchen (Abb. 9.11). Das Verstopfen der Poren durch einen sehr dünnen, aber undurchlässigen Filterkuchen ist jedem bekannt, der versucht hat, eine Natriumbentonitdispersion abzusaugen.

Die dichteste Packung der Teilchen mit dem niedrigsten Sediment- und Filterkuchenvolumen entsteht unter Bedingungen, die auch zu einem Minimum der Bingham-Fließgrenze führen (Abb. 9.12). Mit zunehmender Salzkonzentration steigen die Volumina zu Grenzwerten an, weil sich die Aggregatstruktur oberhalb einer gewissen NaCl-Konzentration – zumindest im angegebenen Konzentrationsbereich – kaum ändert.

Aggregieren die Teilchen in der Dispersion unter Wirkung anziehender Kräfte, entstehen voluminöse Sedimente und durchlässige Filterkuchen. Diese Sedimente sind wesentlich leichter aufzurühren als die Sedimente aus dicht gepackten, parallel liegenden Tonmineralplättchen. Besonders wirkungsvoll ist der Zusatz von Calciumionen. Die Dispersionen lassen sich dann gut filtrieren und bilden lockere Sedimente, die bequem aufzurühren sind.

Die Bildung undurchlässiger Filterkuchen ist die Ursache des Abdichtungsvermögens von Natriumbentonitdispersionen (plastering effect). Beim Abwandern des Lösungsmittels in die Gesteinsformation bilden sich dichte Filterschichten, die einen weiteren Verlust des Lösungsmittels verhindern. Mit Natriumbentonit können auch Forellenteiche abgedichtet werden!

In vielen technischen Systemen muß ein Kompromiß gefunden werden, da die optimalen Bedingungen zur Einstellung bestimmter Eigenschaften wie gute Dispergierung, Viskosität, Fließgrenze, Thixotropie, Filtrierbarkeit, Sedimenttyp und Abdichtungsvermögen nicht gleichzeitig zu erfüllen sind.

9.4.2 Bauindustrie

Natriumbentonite werden dem Beton zugesetzt (in Massenanteilen von 0,5 – 2 % bezogen auf den Zement), um ihn geschmeidiger, besser haftend und weniger wasserdurchlässig zu machen. Wichtig ist auch die Herabsetzung der Entmischbarkeit. „Erdbetone" sind Mischungen aus Sand, Kies, alkalisch aktiviertem Bentonit und Wasser. Bei Rohrdurchpressungen und Schachtabsenkungen wird die Gleitwirkung von Bentonitdispersionen genutzt. Zur Einbettung von Kabeln eignen sich Bentonitmassen wegen ihrer Elastizität und ihres hohen Abdichtungsvermögens. Riß- und Porenbildung wird so vermieden. Haupteinsatz finden die Bentonite jedoch in der Geotechnik für den Bau von Schlitz- und Schmalwänden, beim Schildvortrieb und zur Abdichtung. Diese Anwendungen wurden in Kapitel 8 ausführlich behandelt.

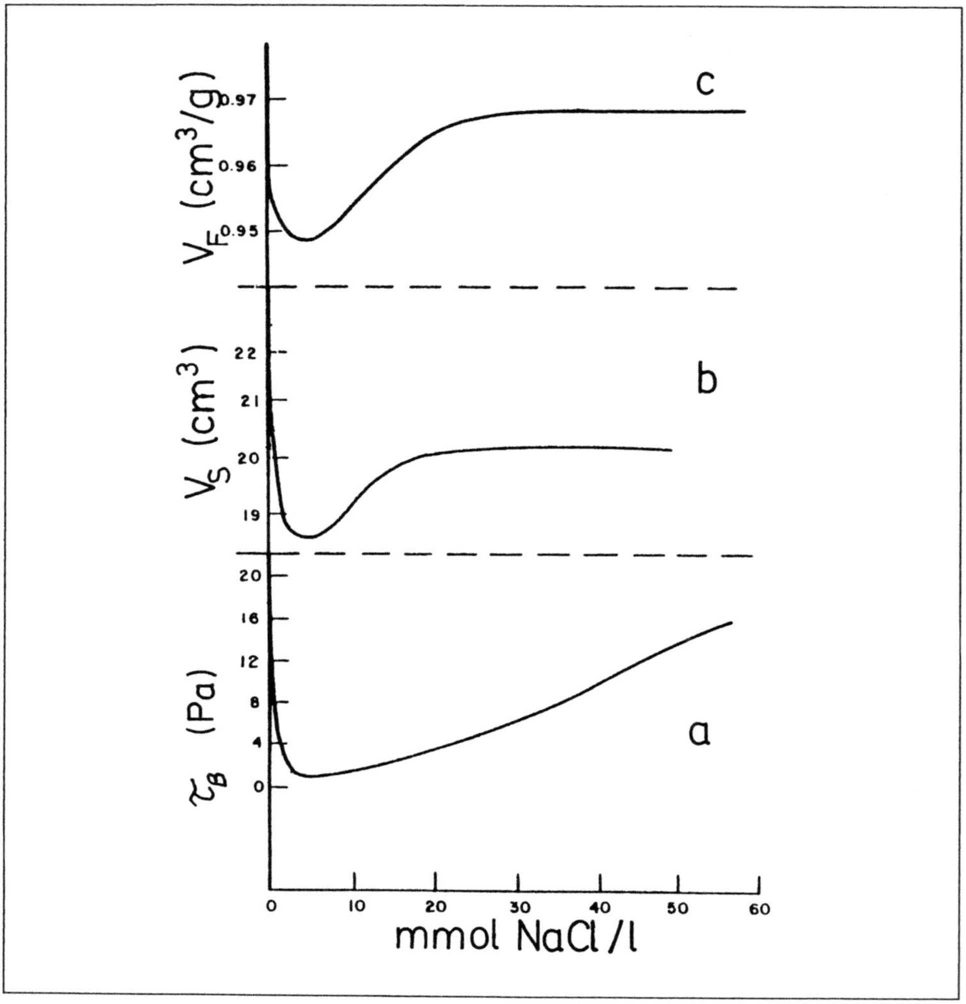

Abb. 9.12. Einfluß von Natriumchlorid auf a) die Bingham-Fließgrenze τ_B; b) das Sedimentvolumen V_s (nach Zentrifugieren) und c) das spezifische Volumen des Filterkuchens, V_F; Natriummontmorillonitdispersion mit 3,2 % Feststoff a) bzw. 2,2 % Feststoff b, c). (Nach 117)

9.4.3 Papierindustrie

Mehr als 50 % des geförderten Kaolins werden in der Papierindustrie als Füllstoff und als Beschichtungspigment in der Streichfarbe benötigt. Der Füllstoff kann bis zu 33 % der Gesamtmasse ausmachen. Die zwischen die Cellulosefasern eingelagerten Füllstoffteilchen machen das Papier weißer, optisch dichter, glänzender, insgesamt also schöner, besser bedruckbar und verhindern das Durchschlagen der Druckfarben. Neben Kaolin werden Talk, Bariumsulfat, Calciumcarbonat, Titandioxid u. a. eingesetzt. Kaoline werden bevorzugt für leichtere Papiere wie Illustrationsdruckpapiere für Magazine, illustrierte Zeitungen, Kataloge und Papiere für Luftpostsendungen. Da der Kaolin bereits der Pulpe zugesetzt wird, spielt sein rheologisches Verhalten keine Rolle (24).

Bei der Verwendung als Beschichtungspigment wird der Kaolin zusammen mit einem Binder als Streichfarbe aufgetragen, um die Oberfläche glatt und zum Schreiben oder Bedrucken geeignet zu machen. Anschließend werden Glätte und Glanz durch Kalandrieren weiter erhöht. Kaolin ist das wichtigste Beschichtungspigment, gefolgt von Calciumcarbonat. Während die Füllstoffe der Pulpe zugesetzt werden, wird die Streichfarbe in modernen Beschichtungsmaschinen auf Papierbahnen aufgetragen, die mit einer Geschwindigkeit von mehr als 70 km/h durchlaufen, wobei Scherraten bis $10^6\ s^{-1}$ auftreten. Bei derartig schnellen Beschichtungsvorgängen muß das Fließverhalten der Pigmente sehr genau eingestellt sein. Die Streichfarbe muß schnell genug zugeführt werden, gut spreiten und eine gleichmäßige Schicht ergeben. Die Viskosität darf nicht zu hoch sein; eine leichte, aber nicht zu hohe Thixotropie ist wünschenswert. Aus beiden Gründen soll der Anteil kleinster Teilchen nicht zu groß sein.

Damit die Masse auch bei Kaolingehalten von 70 % (!) noch fließfähig bleibt, müssen die zweiwertigen Gegenionen gebunden und die Kanten der Kaolinitplättchen umgeladen werden. Typische Agentien sind Natriumdiphosphat, Natriumpolyphosphate und Natriumpolyacrylate (Kap. 9.6.3). Natriumpolyphosphate sind instabil und führen innerhalb von Stunden, wohl durch Bildung von komplexen Aluminiumphosphaten, zu einer gelartigen Versteifung, die durch Zusatz von Polyacrylaten verhindert wird.

Das Fließverhalten der Kaolinitdispersionen wird in komplexer Weise von der spezifischen Oberfläche (Teilchengröße), Teilchengrößenverteilung, Teilchenform (Durchmesser/Dicken-Verhältnis) und Packungsdichte bestimmt. Insbesondere spielt die Abhängigkeit der Viskosität von der Scherrate eine Rolle. Eine bei den hohen Scherraten auftretende zu hohe Verfestigung verringert die Güte der Beschichtung, vor allem Glätte und Bedruckbarkeit, und kann die Beschichtungsgewichte zu hoch werden lassen.

Die Viskosität bei niederen Scherraten steigt mit dem Durchmesser/Dicken-Verhältnis; je dünner die Plättchen sind, umso höher ist die Viskosität. Bei hohen Scherraten wird die Viskosität dagegen durch die Packungsdichte der Teilchen bestimmt, die nun wiederum von der Teilchengrößenverteilung abhängt. Bei breiter Größenverteilung mit vielen kleinen Teilchen neben großen füllen die kleinen die Hohlräume zwischen den größeren aus, genauer gesagt, zwischen den durch die Rotation der Teilchen eingenommenen Volumina. Die Viskosität ist dann bei gleichem Festkörpergehalt kleiner als im monodispersen System.

Etwa 70 – 95 % der Teilchen sollen $< 2\,\mu m$ sein (101). Sehr feinteilige Fraktionen sind ungeeignet, da die Dilatanz (Scherverfestigung) zu stark wird. Zudem enthalten Fraktionen kleiner $0{,}2\,\mu m$ häufig merkliche Anteile an Smectiten, die die Fließeigenschaften durch zu hohe Viskosität und Thixotropie ungünstig beeinflussen. Die Smectite werden entweder als feinste Fraktion abgetrennt oder durch Polyhydroxoaluminiumkationen unschädlich gemacht, d. h. durch Koagulation des Smectits und Verhinderung der Delamination und Quellung.

Ein hoher Anteil feiner Teilchen wäre andererseits wünschenswert, um Glätte, Weißgrad, Glanz und Deckfähigkeit (Opazität) zu erhöhen. Die Deckfähigkeit der Streichmasse hängt von der Differenz der Brechungsindizes zwischen den verschiedenen Komponenten ab. Die Deckschicht muß eine ausreichende Anzahl gleichmäßig verteilter luftgefüllter Hohlräume aufweisen. Der Kaolinzusatz erhöht die Opazität einmal durch Vergrößerung der Oberfläche Faser/Luft, weil die Kaolinitplättchen die Fasern auseinander halten, und zum anderen durch die Bildung von Aggregaten, deren Hohlräume entweder nur mit Luft gefüllt sind oder auch TiO_2-Pigmente umschließen. In beiden Fällen wird die Lichtstreuung beachtlich verstärkt. Allerdings sind zu feine Teilchen wiederum ungünstig, weil sie einen höheren Bindemittelzusatz erfordern und die Opazität wieder herabsetzen. In analoger Weise dürfen die Pigmente in Dispersionsfarben eine bestimmte Größe nicht unterschreiten. Die Dispersion wird sonst zunehmend durchsichtiger und schließlich transparent.

Die Auswahl des richtigen Korngrößenbereichs wird dabei einen Kompromiß zwischen den unterschiedlichen Anforderungen darstellen und wesentlich von der Art des Kaolins, bestimmt durch mineralogische Zusammensetzung, Teilchenform und Teilchengrößenverteilung, abhängen. Die hohen Anforderungen an Teilchenfeinheit und Weiße bei Papierkaolin und vor allem bei Streichkaolin sind nur durch aufwendige Schlämmung zu erreichen. Nach der Schlämmung muß die Güte des Kaolins durch weitere Verfahren verbessert werden: Bleichen, Flotation, magnetische Abtrennung von Eisenoxiden, Abtrennung von titanhaltigen Verbindungen (s. auch Kap. 7.3.5) durch Schaumflotation, selektive Flockung oder Koagulation (24, 66, 101) (Kap. 5.6.1).

9.4.4 Gießereibentonite

Mit mehreren Millionen Tonnen steht die Verwendung smectitischer Tone als Formsandbinder an erster Stelle. Um Gießereiformen aus Sand und Wasser herzustellen, in die das flüssige Metall gegossen wird, muß den Sand/Wasser-Mischungen ein Ton zugesetzt werden, der schon in kleinen Mengen die Quarzkörner verklebt und gut einbindet, den Formsand plastisch macht und der Form ausreichend Standfestigkeit und Stabilität gegenüber dem glutflüssigen Metall verleiht. Bei Wassergehalten von 3 – 5 % werden 5 – 10 % Bentonit zugesetzt, der die meist strengen Anforderungen der metallurgischen Betriebe erfüllen muß. Weitere Zusätze können Kohlestaub, Stärke, Carsin® etc. sein. Die dünnen, flexiblen Montmorillonitplättchen binden die Quarzkörner besonders gut ein (Abb. 3.28, S. 129). Kaoline sind daher wesentlich weniger gut geeignet und werden nur gelegentlich verwandt (87).

Die wichtigsten Prüfmethoden für die Eignung der einzelnen Bentonite als Formsandbinder sind Messungen der Gründruck- und Trockenbruchfestigkeit, Naßzugfestigkeit, Fließgrenzen, Fließfähigkeit und Lebensdauer. Eingesetzt werden sowohl Ca^{2+}-Bentonite und Ca^{2+}, Mg^{2+}-Bentonite wie auch natürliche Na^+ oder Na^+, $Ca^{2+}(Mg^{2+})$-Bentonite und sodaaktivierte Bentonite (115). Dabei ist der Einfluß des Gegenions auf Gründruck- und Trockenbruchfestigkeit gegenläufig. Im allgemeinen haben die reinen Calciumbentonite etwas höhere Gründruckfestigkeiten als die Natriumbentonite, weil die Calciumionen die Gerüststrukturen besser versteifen (Kap. 3.2.6 – 3.2.8). Durch Sodaaktivierung der $Ca^{2+}(Mg^{2+})$-Bentonite steigt die Gründruckfestigkeit meistens etwas an, weil durch eine gewisse Delamination der Teilchen (wenn auch in bescheidenem Umfang wegen des geringen Wassergehaltes) die Zahl der durch Calciumionen gegeneinander verstrebten Lamellen und deren Packungsdichte zunimmt. Die Trockenbruchfestigkeit der Natriumbentonite ist immer größer als die der Calciumbentonite, weil durch die dichtere Packung der Plättchen beim Trocknen weniger Hohlräume verbleiben, die die Festigkeit herabsetzen. Natriumbentonite haben deutlich höhere Naßzugfestigkeiten als Calciumbentonite. Entsprechend steigt die Naßzugfestigkeit bei der Sodaaktivierung von Ca^{2+}(Mg^{2+})-Bentoniten an.

Zur Herstellung der Formen muß die Formsandmischung gut fließen, damit das Porenvolumen möglichst niedrig bleibt, andererseits muß aber auch eine gewisse Gasdurchlässigkeit ermöglicht werden. Bei der Herstellung der Formen wirken die Montmorillonitplättchen als Schmiermittel für das Gleiten der Quarzkörner. Bei gleichem Bentonit/Sand/Wasser-Verhältnis fließen die Formsande aus Calciumbentonit besser als die Natriumbentonitformsande. Da die Formsande mehrere Male benutzt werden, bestimmt das Ausmaß der Zerstörung der Smectite durch Dehydroxylierung bei 500 – 750 °C die Einsatzdauer. Wegen der etwas höheren Dehydroxylierungstemperaturen (≈ 700 °C, gegenüber ≈ 600 °C) können Formsande mit Natriumbentonit länger benutzt werden als Calciumbentonitformsande (115).

9.4.5 Bohrspülflüssigkeiten

Mit etwa 2,5 Millionen Tonnen pro Jahr steht die Verwendung der Bentonite als Bohrspülzusätze mengenmäßig an zweiter Stelle. Auch hier werden hohe Anforderungen an die Bentonite gestellt; weltweit gibt es nur wenige Lagerstätten, deren Bentonite die Spezifikationen des A.P.I. (American Petroleum Institute) erfüllen.

Bohrspülflüssigkeiten gehören kolloidchemisch gesehen zu den raffiniertest eingestellten Dispersionen (117). Die Spülflüssigkeit muß das Bohrgut tragen, d. h. ausreichende Dichte besitzen, um es durch Umpumpen aus dem Bohrloch zu fördern, wobei gleichzeitig der Bohrmeißel gekühlt wird. Günstig ist eine Viskositätsabnahme mit zunehmender Scherrate, da die Viskosität bei hoher Schergeschwindigkeit, also am Bohrmeißel, niedrig wird, im Ringraum dagegen höher bleibt und dadurch das Tragevermögen verbessert. Probleme bereitet die starke Viskositätszunahme bei höheren Temperaturen.

Während des Bohrens bildet sich ein dichter Filterkuchen aus Tonmineralplättchen an der Wand des Bohrloches, der das Abdiffundieren der Spülflüssigkeit in die Gesteinsformation verhindert und die Bohrlochwand stabilisiert. Schließlich muß die thixotrope Versteifung der Spülflüssigkeit verhindern, daß das Bohrgut sedimentiert und der Bohrer sich festsetzt, wenn die Bohrung unterbrochen wird. Bei Bohrungen im Küstenbereich und durch Salzdome darf die Spülflüssigkeit nicht durch den hohen Salzgehalt destabilisiert werden.

Die Einstellung typischer Eigenschaften – Dispersionsgrad, Viskosität, Fließgrenze, Thixotropie, Abdichtungsvermögen – erfordert einen Kompromiß, da nicht alle Werte gleichzeitig optimal einzustellen sind. Zum Beispiel wird bei zu hoher Thixotropie durch die verstärkte Netzwerkbildung das Abdichtungsvermögen zu stark verringert und das Umpumpen der Spülflüssigkeit zu sehr erschwert.

Als Tonminerale werden ausschließlich natürliche Natriumbentonite oder sodaaktivierte Calcium(Magnesium)bentonite eingesetzt. In jüngster Zeit wurden synthetische hectoritartige Smectite entwickelt, bei denen die starke Viskositätserhöhung beim Überschreiten bestimmter Temperaturen unterbleibt und die daher vor allem bei Tiefbohrungen eingesetzt werden.

Durch Zusatz einer Reihe anorganischer und organischer Additive lassen sich die gewünschten Eigenschaften einstellen. Polymere spielen dabei eine wichtige Rolle. Sie dienen u. a. zur Umladung der Kanten und werden vor allem bei den salzstabilen Spülflüssigkeiten zur Stabilisierung der kolloidalen Verteilung benötigt. Technisch

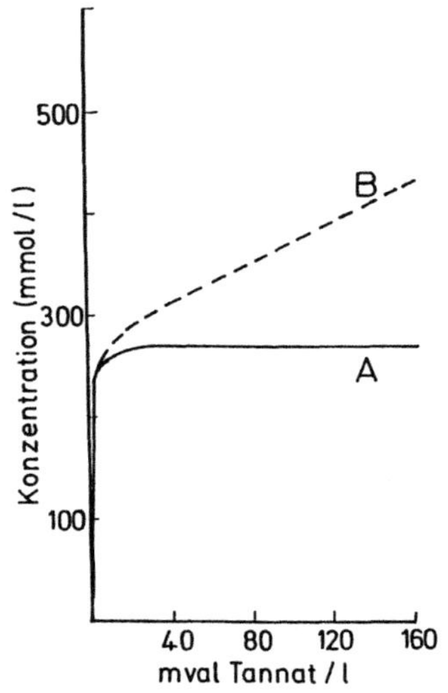

Abb. 9.13. Einfluß von Quebracho-Tannaten auf die Salzstabilität von Natriumbentonitdispersionen (nach 80, 117)
A: kritische Koagulationskonzentration von NaCl
B: Gesamtkonzentration von Natriumionen bei der Koagulation.

wichtige Peptisationsmittel sind Quebracho-Tannate. Wegen ihrer rötlichen Färbung werden Spülflüssigkeiten mit solchen Zusätzen als „red muds“ bezeichnet. Durch Umladen der Kanten wird die Salzstabilität erhöht (Abb. 9.13). Das Plateau ist in Bezug auf die Gegenionen nur scheinbar, da durch das als Natriumsalz eingesetzte Tannat zusätzlich Natriumionen zugeführt werden. Die kritische Gegenionenkonzentration (gestrichelte Kurve in Abb. 9.13) bleibt aber in einem Bereich, der für die Flächen/Flächen-Koagulation der Tonmineralteilchen typisch ist (80). Zu einer echten sterischen Stabilisierung (75, 107, 118) kommt es bei Zusatz von Carboxymethylcellulose, in deren Gegenwart die Spülflüssigkeit sehr hohe Salzkonzentrationen verkraften kann (Abb. 9.14).

Die Montmorillonitplättchen sind in den Bohrspülflüssigkeiten zwar nicht optimal (vollständige Delamination), aber recht gut dispergiert. Insofern überrascht der Zusatz von Calcium- und auch Bariumsalzen (Hydroxide, Carbonate und Sulfate) in manchen Formulierungen, da Calciumionen die kolloidale Verteilung empfindlich destabilisieren. Bariumsalze dienen vor allem der Beschwerung, d. h. Erhöhung der Dichte. Zusätze von festem Calcium- und Bariumhydroxid zu den mit Tannaten stabilisierten Spülflüssigkeiten erweitern den Arbeitsbereich zu höheren Temperaturen (Verschiebung des Viskositätsanstieges). Dabei wird die koagulierende Wirkung der Calciumionen durch Komplexbildung mit dem Tannat verringert. Eine Flächen/Flächen-Koagulation bleibt allerdings doch in einem gewissen Ausmaß bestehen; die Teilchen sind deutlich dicker als in den üblichen „red muds“.

Schließlich ist zu erwähnen, daß für Frischwasserbohrungen fast ausschließlich Wyoming-Bentonit verwandt wird, da die Möglichkeit, die geforderten Eigenschaften durch Zusätze einzustellen, eingeschränkt ist.

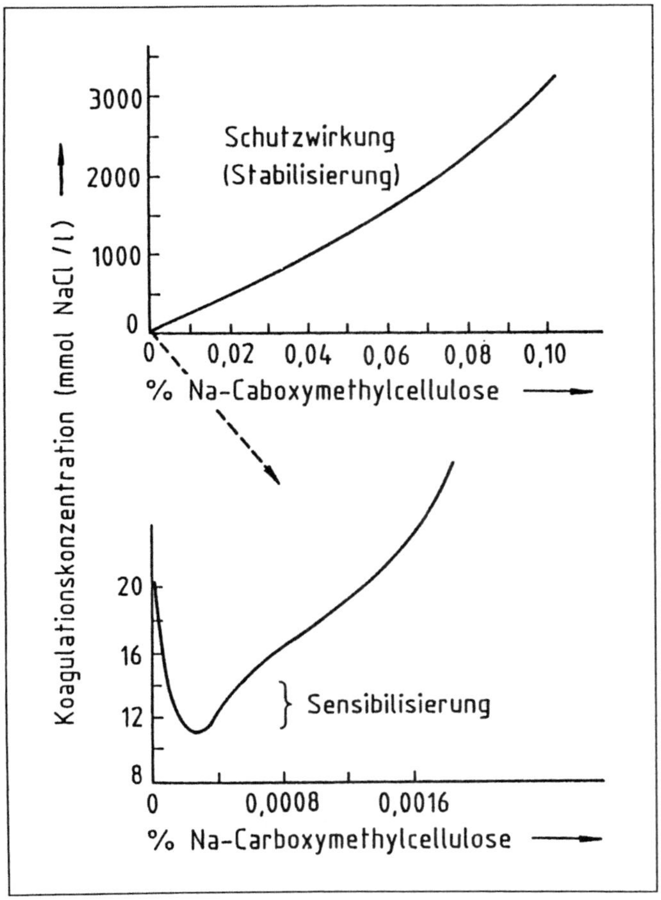

Abb. 9.14. Erhöhung der Salzstabilität von Natriumbentonitdispersionen durch Carboxymethylcellulose. (Nach 117)

9.4.6 Verdickung wäßriger Systeme

Bentonite werden in vielen wäßrigen Systemen (Dispersionsfarben, Emaillefarben, Klebstoffen, Salben, Emulsionen) als Verdickungs-, Antiabsetz- und Thixotropierungsmittel zugesetzt. Anstrichfarben sollen thixotrop sein, um das Ablaufen und die Nasenbildung nach Auftragen der Farbe zu verhindern. Damit der Farbauftrag gleichmäßig wird und Unebenheiten beim Auftragen (z. B. Streifen durch die Bürste) ausgeglichen werden, darf die Thixotropie nicht zu hoch sein und soll sich erst nach einer gewissen Zeit entwickeln. Der Bentonitzusatz muß auch das Absetzen der Pigmente verhindern und die Aufrührbarkeit verbessern. In ähnlicher Weise wirken Bentonite in Klebstoffen.

Zur Verbesserung der Gelbildung wird den Natriumbentoniten oft Cellulose zugesetzt (siehe auch Kap. 9.5.3). Der wechselseitige Einfluß von Montmorillonitteilchen und Cellulosefasern verhindert die Bildung dichter Sedimente, die bei den reinen Komponenten unter Umständen zu erwarten ist (Kap. 9.4.1).

In pastösen Systemen und Salben wird durch den Bentonitzusatz die Geschmeidigkeit verbessert.

9.4.7 Emulsionen

Als Feststoffstabilisatoren für Emulsionen werden Bentonite vor allem in der pharmazeutischen Anwendungstechnik eingesetzt (Kap. 9.5.2 und 9.5.3). Die stabilisierende Wirkung der Tonmineralplättchen beruht hauptsächlich auf der Bildung dünner, gerüstähnlicher Lamellen um die Öltröpfchen, die ähnlich wie beim Einbinden von Quarz (Abb. 3.28, S. 129) die Koaleszenz der dispergierten organischen Phase verhindern. Daher werden die Natriumbentonite häufig direkt, also ohne organische Aktivierung, eingesetzt. Die Stabilisierung von Öl/Wasser-Emulsionen kann durch geeignete organische Modifizierung des Bentonits verbessert werden (68 a, 165).

Zur besseren Anbindung des Asphalts an das Gestein und Stabilisierung gegen Regenwasser werden Teer- und Asphaltemulsionen im Straßenunterbau benutzt. Zur Stabilisierung der Emulsionen können statt oder zusätzlich zu Emulgatoren Bentonite zugesetzt werden, die zudem noch ein gewisses Abdichtungsvermögen hervorrufen. Bitumenemulsionen werden hergestellt, indem das erhitzte Bitumen in dünnem Strahl in eine erwärmte Bentonit/Wasser-Dispersion eingeleitet wird.

9.4.8 Bentonitzusätze in organischen Systemen

Eine wichtige Rolle spielen Bentonite als Verdickungs-, Thixotropierungs- und Antiabsetzmittel für Dispersionen aller Art (im allgemeinen Sinne) in organischen Lösungsmitteln, also für Farben (auch Emaillefarben), Lacke, Salben, Schmierfette und -öle, Kitte, Wachse, Harze, Teer- und Asphaltanstriche (68, 68a). Die Bentonite werden in diese Systeme nach Hydrophobierung durch Alkylammoniumionen eingearbeitet (Kap. 9.2.5).

Bereits geringe Zusätze, etwa 0,5 % Massenanteil organophiler Bentonit, erhöhen die Stabilität eines Farbauftrags beachtlich, indem sie das Ablaufen und die Nasen-

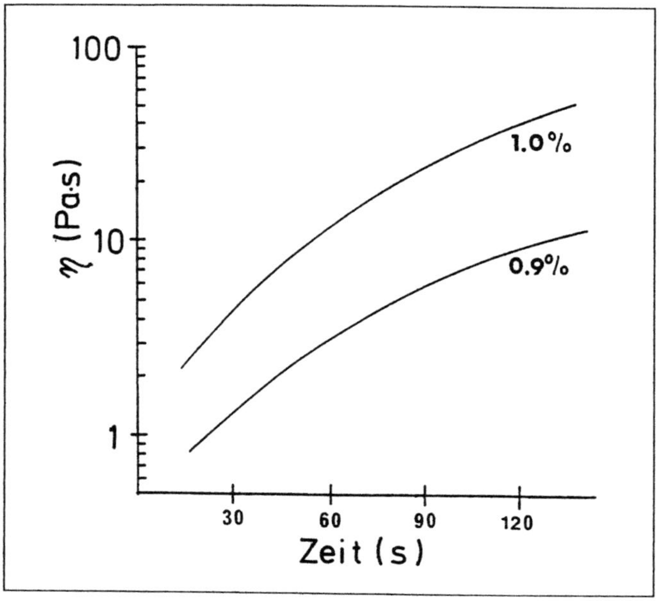

Abb. 9.15. Thixotropie eines Polyester/Styrol-Harzes, das mit 0,9 bzw. 1 % organophilem Bentonit verdickt wurde. Zunahme der scheinbaren Viskosität η mit der Zeit nach der Scherung. (Nach 68)

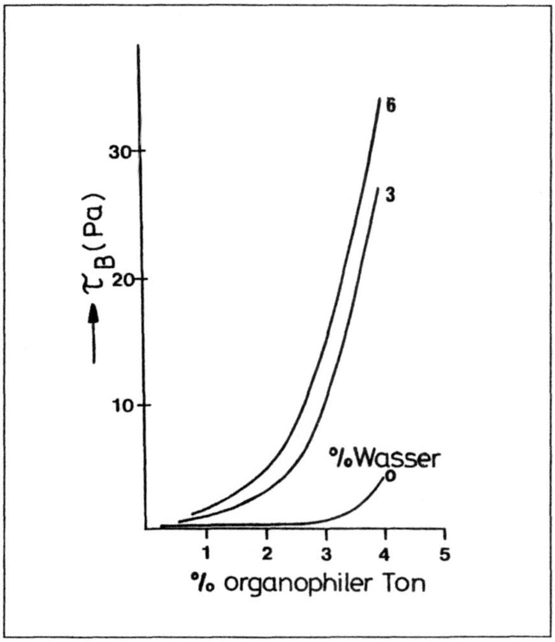

Abb. 9.16. Fließgrenze τ_B, von Dieselöl/Wasser-Mischungen in Abhängigkeit vom Zusatz von organophilem Bentonit (in Prozenten Massenanteil). (Nach 68)

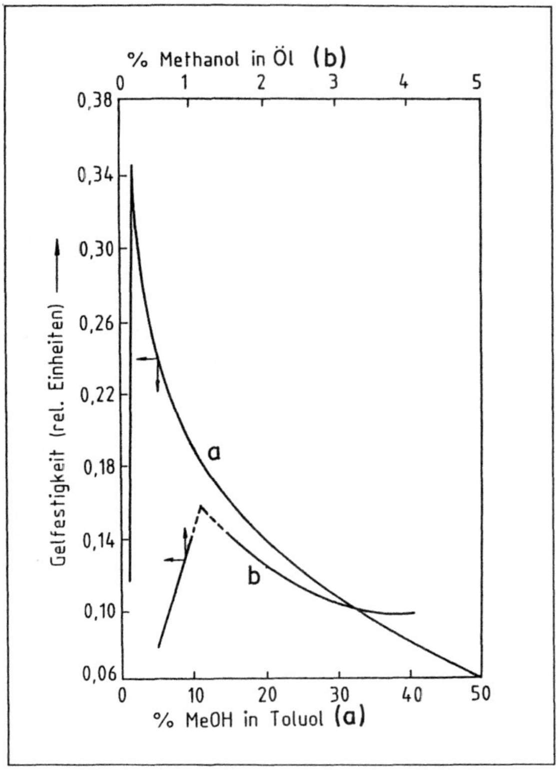

Abb. 9.17. Einfluß eines polaren Additives (Methanol) auf die Gelfestigkeit. (Nach 57)

a) 20 % Octadecylammonium-Bentonit in Toluol;

b) 9 % Dimethyl-dioctadecylammonium-Bentonit in Mineralöl.

bildung beim Auftrag auf geneigte Flächen verhindern. Wie empfindlich die Versteifung und Thixotropierung vom Zusatz geringer Mengen organophilen Bentonits abhängt, ist aus der Zunahme der Viskosität nach Beendigung der Scherung zu erkennen (Abb. 9.15).

In unpolaren organischen Lösungsmitteln ist die Verdickung durch organophilen Bentonit meist gering. Eine gute Verdickung bis zur Gelbildung wird durch polare Additive, meist Wasser oder Alkohole, erreicht. Ein Beispiel ist die Erhöhung der Fließgrenze von Dieselöl mit organophilem Bentonit durch Wasser als Additiv (Abb. 9.16). Sehr gut ist der Einfluß des polaren Additivs auch an der Versteifung von Toluol und Schmieröl durch Methanol zu erkennen (57) (Abb. 9.17). In beiden Fällen erreicht die Gelfestigkeit ein steiles Maximum bei 1 – 2 % Methanolzusatz. Da Toluol wie ein gutes Lösungsmittel für den organophilen Bentonit wirkt (im Sinne des Polymerwissenschaftlers), werden für die Versteifung des Toluols höhere Feststoffgehalte als für das Öl benötigt.

Die Wirkung der polaren Additive beruht auf der Ausbildung versteifender Netzwerke von Wasserstoffbrückenbindungen. Sie kann unter Umständen durch Zusätze gesteigert werden, die wiederum über Wasserstoffbrücken das Netzwerk zusätzlich verstreben, z. B. durch Diole (Glycol, Butandiol) und Diamine (76). In Dispersionen aus organischen Bentoniten schafft das polare Additiv durch seine Adsorption am Alkylammonium-Montmorillonit und durch die Veränderung der Alkylkettenorientierung die Voraussetzung für eine Netzwerkbildung zwischen den Teilchen. Bei zu hoher Dosierung des polaren Additivs unterbrechen die assoziierten polaren Moleküle diese Wechselwirkungen und die Viskosität sinkt wieder ab. Der strukturelle Einfluß des Additivs wird durch das in Abhängigkeit vom Additivzusatz auftretende scharfe Maximum sichtbar (Abb. 9.17) oder auch durch Maxima, die bei Additivzusätzen in Abhängigkeit von der Schichtladung auftreten (65).

In den meisten Fällen wird die maximale Viskositätserhöhung erreicht, wenn das Verhältnis Alkylammoniumionen/Bentonit etwa dem Kationenaustauschvermögen entspricht (68). Dabei muß auf einen wichtigen Einfluß hingewiesen werden. Bei der technischen Darstellung der organophilen Bentonite wird im allgemeinen freies Alkylammoniumsalz im Endprodukt nicht ausgewaschen. Dieses kann in empfindlicher Weise das Fließverhalten des mit dem Bentonit verdickten Systems beeinflussen. So zeigt Abbildung 9.18 das Fließverhalten einer Dispersion von Dimethyldioctadecylammonium-Bentonit (technisches Produkt) in Xylol mit Wasser und Ethanol als Additiv. Die Fließkurve verläuft ohne Hysterese. Bei einer Schergeschwindigkeit von $\dot{\gamma} = 130\,\mathrm{s}^{-1}$ erreicht die Schubspannung 400 mPa. Nach Auswaschen des freien Alkylammoniumsalzes aus dem technischen Bentonit steigen Fließgrenze und Schubspannung stark an. Das jetzt deutlich thixotrope Verhalten wird durch eine ausgeprägte Hysterese angezeigt. In Anwesenheit von freiem Salz tragen die nicht durch Kationenaustausch gebundenen Alkylammoniumionen zu einer zusätzlichen elektrostatischen Abstoßung bei, wirken also als Schmiermittel zwischen den Teilchen. Ihre Entfernung erhöht die Schubspannungen und die Fließgrenze.

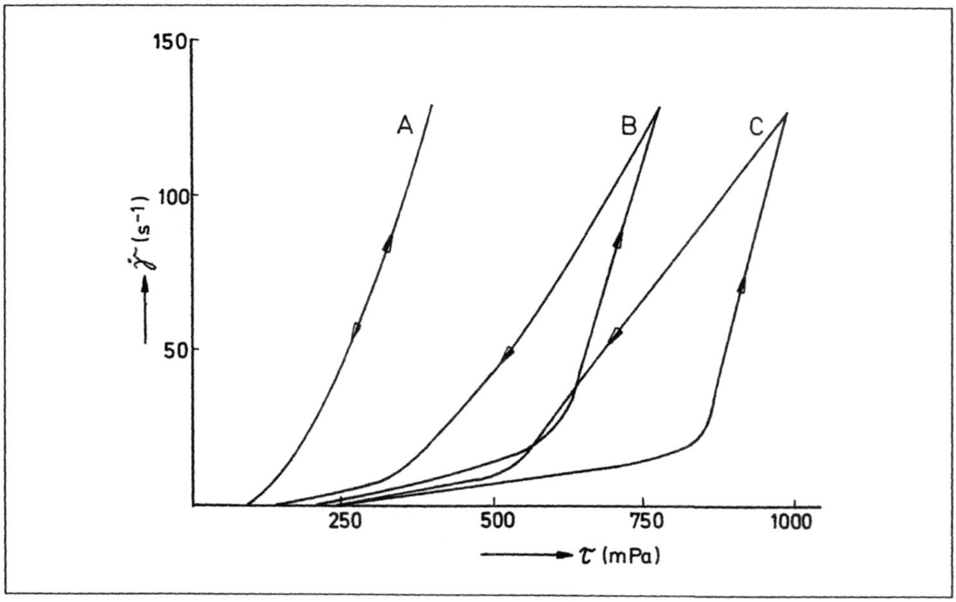

Abb. 9.18. Fließverhalten (Schubspannung τ gegen Schergeschwindigkeit $\dot{\gamma}$) einer 1%igen Dispersion von Dimethyl-dioctadecylammonium-Bentonit in Xylol (aktiviert mit 0,2% Ethanol und 0,02% Wasser).

A technisches Produkt mit überschüssigem Alkylammoniumsalz (insgesamt 1,22 mmol N/g Bentonit);

B nach Entfernen des überschüssigen Alkylammoniumsalzes (jetzt 1,02 mmol N/g Bentonit);

C nach erneutem Eintausch von Alkylammoniumionen und sorgfältigem Auswaschen (jetzt 1,33 mmol N/g Bentonit).

9.5 Tonminerale in der pharmazeutischen Anwendungstechnik

9.5.1 Attapulgit, Talk

Attapulgit wird hauptsächlich als Antibackmittel, Pudergrundlage und Suspensionsstabilisator verwandt. Da das Mineral sehr gut Toxine und Bakterien bindet, wird es zur Intestinaladsorption eingesetzt. Zudem bilden die Attapulgitfasern gute Schutzüberzüge über entzündete Schleimgewebe.

Talk ist ein unentbehrliches Gleitmittel bei der Tablettierung und Dragierung. Bekannt ist die Verwendung von Talk als Grundlage von kosmetischen und medikamentösen Pudern. Allerdings ist die Anwendung in Wundpudern physiologisch bedenklich, da die scharfkantigen Kristallplättchen einen Dauerreiz auf das Gewebe ausüben (100).

9.5.2 Kaoline

Am häufigsten wird Kaolin (pharm.: bolus alba) als Füllstoff für kosmetische und medikamentöse Puder eingesetzt. Die Parallelorientierung der Teilchen begünstigt eine gute Abdeckung des Untergrundes, ohne daß ein merklicher Glanz auftritt. Die Teilchen haften gut, lassen sich aber auch leicht abwaschen. Häufig wird Kaolin zusammen mit Talk, Bentonit und Stärke als Pudergrundlage benutzt.

Als Dispergierhilfsmittel wird Kaolin Suspensionen mit hohen Feststoffgehalten zugesetzt. Er verbessert nicht nur die Stabilität und die rheologischen Eigenschaften, sondern verhindert auch das Absetzen der festen Stoffe und ermöglicht eine gute Redispergierung.

Die Adsorptionsfähigkeit spielt nicht nur in Pudern eine Rolle (z. B. zur Verringerung des Körpergeruchs), sondern auch beim Einsatz als Antidiarrhoicum zur Bindung von Bakterien und Toxinen. Bei der Verwendung als Suspensionsstabilisator kann sich das Adsorptionsvermögen auch negativ auswirken, wenn Wirkstoffe durch den Kaolin gebunden werden.

9.5.3 Smectite

In der pharmazeutischen Anwendungstechnik werden die typischen Eigenschaften der Bentonite in ähnlicher Weise ausgenutzt wie in technischen Dispersionen. Im Vordergrund stehen der Einsatz als Verdickungsmittel, Dispergierhilfsmittel, Bindemittel, Feststoffemulgator und als Mittel zur Verbesserung der Filmbildung (siehe auch (104)). Als Zerfallhilfsmittel wird Bentonit manchen Formulierungen zugesetzt. Neben den anorganischen Formen werden auch organische Derivate (Bentone) verwandt, gelegentlich auch Bleicherden (100). In Öl/Wasser-Emulsionen und Suspensions/Emulsions-Salben wird nicht nur die stabilisierende Wirkung des Bentonits ausgenutzt (Kap. 9.4.7). Der Bentonitzusatz verbessert auch die Abwaschbarkeit und begünstigt die Bildung dünner, nichtfettender Filme auf der Haut.

Salben werden durch Bentonitzusatz geschmeidiger und sind besser zu verstreichen und leichter abzuwaschen. Zur Verbesserung der Dispergierung des Bentonits werden anionische Tenside zugesetzt (Natriumlaurylsulfat, Dioctylsulfosuccinat: Blockierung der positiven Randladungen) oder Alkohole (Glycerin, Sorbit, Propylenglycol, Sorbitanester). Eine hydrophile Salbengrundlage besteht aus 8 – 10 % Bentonit in wäßriger Dispersion.

In pharmazeutischen Suspensionen setzt man Bentonite häufig zusammen mit Cellulose ein, um die Viskosität zu erhöhen und die Bildung dichter Sedimente zu vermeiden (Vergleiche den ähnlichen Einsatz der Cellulose in technischen Verdikkungsmitteln, Kap. 9.4.6).

9.5.4 Tonmineral/Wirkstoff-Wechselwirkungen

Wie in Kapitel 9.5.2 erwähnt, muß das hohe Adsorptionsvermögen der Tonminerale gegenüber pharmazeutischen Wirkstoffen bei der Verarbeitung berücksichtigt werden. Besonders gut werden kationische Stoffe gebunden. Als Beispiele seien Sotalol (131), Papaverin (42) und Codein (129) genannt. Durch verzögerte Freisetzung des Arzneistoffes könnten Smectite geeignete Depotstoffe sein. Einige Beispiele werden von Rupprecht (130) genannt. Beachtenswert ist die Liberation des Codeins aus dem Montmorillonit- oder Laponitkomplex (128). Durch 1 normale Natriumchloridlösung werden maximal etwa 40 % Codein freigesetzt; bei $p\mathrm{H} = 2{,}5$ (entsprechend der Milieubedingung des Magens) werden 23 % desorbiert. Im sauren Bereich hätte man eine höhere Arzneistoffliberation erwartet, da der Montmorillonit merklich zerstört wird. Durch das hohe Adsorptionsvermögen des Zersetzungsprodukts wird jedoch der Hauptteil des Codeins weiterhin festgehalten. Dagegen werden 80 – 100 % Codein freigesetzt, wenn die 1 normale Natriumchloridlösung gleichzeitig noch 1 % Polyethylenglycol (PEG 1500 und Brij 35) enthält. Ähnlich wirken Mucine und künstlicher Magensaft. Die erhöhte Freisetzung in Gegenwart von Polymeren macht deutlich, daß Montmorillonite und Laponite® nicht von vornherein gute Depotstoffe sind (130).

In bestimmten Fällen vermögen Tonminerale ähnlich wie bestimmte SiO_2-Präparate die Bioverfügbarkeit schlecht löslicher Verbindungen zu verbessern (130). Durch Adsorption des Wirkstoffs aus einem unpolaren Lösungsmittel an der Festkörpergrenzfläche wird die Anordnung der Moleküle gegenüber dem reinen kristallinen Stoff so verändert, daß beim Kontakt mit Wasser Lösungsgeschwindigkeit und Löslichkeit deutlich erhöht sind. Die Löslichkeit von Griseofulvin in Wasser wird durch Zusatz von synthetischem Hectorit (Laponit®) deutlich erhöht (161a).

Bei der Verwendung von Montmorillonit als Wirkstoffträger muß auch eine mögliche katalytische Veränderung des Wirkstoffs in Betracht gezogen werden. Als Beispiel sei die Degradation von Dexamethason, einem antiphlogistisch und antiallergisch wirksamen Glucocorticoid, genannt (43).

9.6 Tonmineral/Polymere

9.6.1 Flockung kolloidaler Dispersionen durch Makromoleküle

Kolloidchemische Prozesse in der Technik umfassen oft die Herstellung verschieden gut stabilisierter Dispersionen von Tonen, Kaolinen und Bentoniten (zahlreiche Beispiele wurden in Kap. 9.4 genannt), häufig aber auch die Destabilisierung von Dispersionen. Sofern nicht durch Polymere stabilisiert wurde, lassen sich die Dispersionen durch Salze koagulieren. Salze mit zwei- und dreiwertigen Kationen sind vorzuziehen (s. auch Kap. 9.2.3), da Natriumchlorid in gut stabilisierten Dispersionen erst bei hoher Konzentration ($\geq 0,1$ m) wirksam wird (80). Oft bietet sich Destabilisierung durch Flockung mit geringen Mengen geeigneter Makromoleküle an.

Flockung durch Polymere kann nach zwei Mechanismen erfolgen (Abb. 9.19). Wenn die Makromoleküle die Ladungen der dispergierten Teilchen neutralisieren, bricht die elektrostatische Stabilisierung zusammen. Makromoleküle, die mit wenigen Haftstellen an der Teilchenoberfläche gehalten werden und lange Teile in die Lösung strecken, können benachbarte Teilchen verbrücken und ausflocken. Verbrückung setzt voraus, daß das Lösungsmittel gegenüber dem Makromolekül nicht zu schlecht ist. Es ist nicht immer einfach, beide Mechanismen – Ladungskompensation und Verbrückung – voneinander zu unterscheiden.

Durand-Piana et al. (32) haben quartärnierte Polyacrylamide

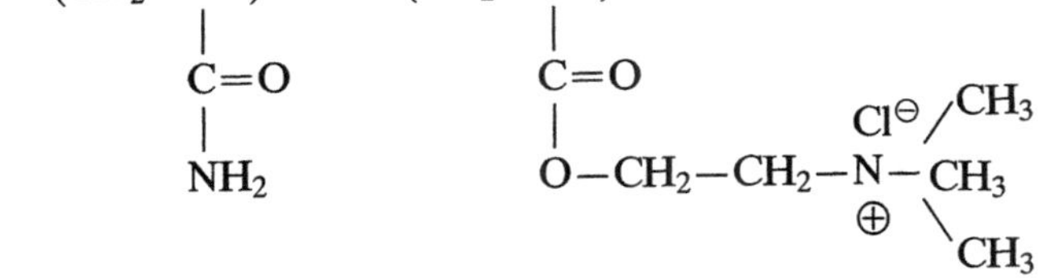

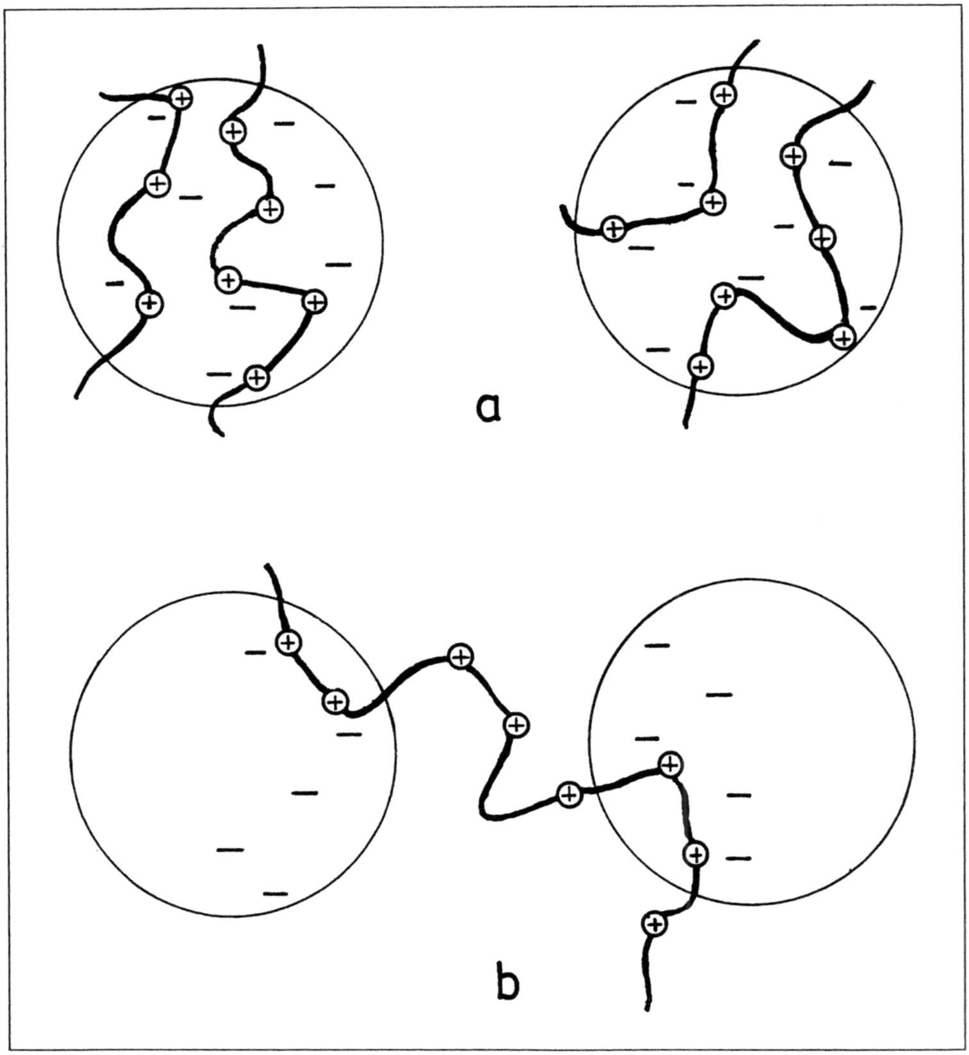

Abb. 9.19. Flockung durch Makromoleküle. a) Ladungsneutralisation; b) Verbrückung

zur Flockung von Natriumbentonitdispersionen eingesetzt, wobei das Verhältnis der kationischen Gruppen zu den Amidgruppen im Copolymeren variiert wurde. Solange die Ladungsdichte niedrig ist ($\tau \lesssim 0{,}15$, τ = Zahl der kationischen Gruppen zur Gesamtzahl der quartären und ungeladenen Gruppen) läuft die Flockung über Verbrückung. Wenn die Dichte der kationischen Ladungen zunimmt, werden die Polykationen mit zu vielen Haftstellen an die Montmorillonitteilchen herangezogen und verringern die Gesamtladung der Teilchen so weit, daß das System nicht mehr ausreichend elektrostatisch stabilisiert wird. Die mit der Ladungskompensation verbundene vollständige Ausfällung der kolloiden Teilchen führt zu einer ausgezeichneten Klärung der Dispersion, wie sie z. B. für gute Trinkwasserqualität gefordert wird. Unter Bedingungen der Verbrückungsflockung bleibt eine gewisse Trübung erhalten, weil noch einige kleinere Aggregate aus verbrückten Teilchen in Schwebe bleiben.

Die Verbrückungsflockung wird meistens durch einen geringen Salzgehalt gefördert, weil in reinem Wasser oder bei sehr niedrigen Salzgehalten der Abstand der Teilchen unter Wirkung der diffusen Ionenschichten (Kap. 3.2.3) so groß bleibt, daß die Makromoleküle die Entfernung zwischen den Teilchen nicht überspannen können. Daher lassen sich dispergierte Teilchen aus Leitungswasser besser flocken als aus reinem Wasser (72).

Ein instruktives Beispiel über den Einfluß von Polymeren auf die kolloidale Verteilung von Tonmineralteilchen wurde von Nabzar et al. (103) gefunden. Der Anteil des durch Polyacrylamid geflockten Kaolins ändert sich in Abhängigkeit von der Polymerzugabe in einer eigenartigen Kurve (Abb. 9.20). Bei $p\text{H} = 3{,}7$ sind nach 14 Stunden 50 % des Natriumkaolinits durch Flächen(−)/Kanten(+)-Wechselwirkungen koaguliert. Polyacrylamid in geringer Konzentration wirkt peptisierend, weil es diese Wechselwirkungen aufbricht. Der Anteil des sedimentierten Kaolins geht zurück. Mit zunehmender Polyacrylamidkonzentration kommt es zu einer ausgeprägten Verbrückungsflockung. In der Kurve bildet sich aber ein Maximum, weil bei höheren Dosierungen Repeptisation durch sterische Stabilisierung (Kap. 9.6.4) einsetzt.

Auf den ersten Blick erscheint verwunderlich, daß Polyacrylate und Polyacrylamide, die normalerweise durch Hydrolyse eine gewisse Menge Carboxylatgruppen

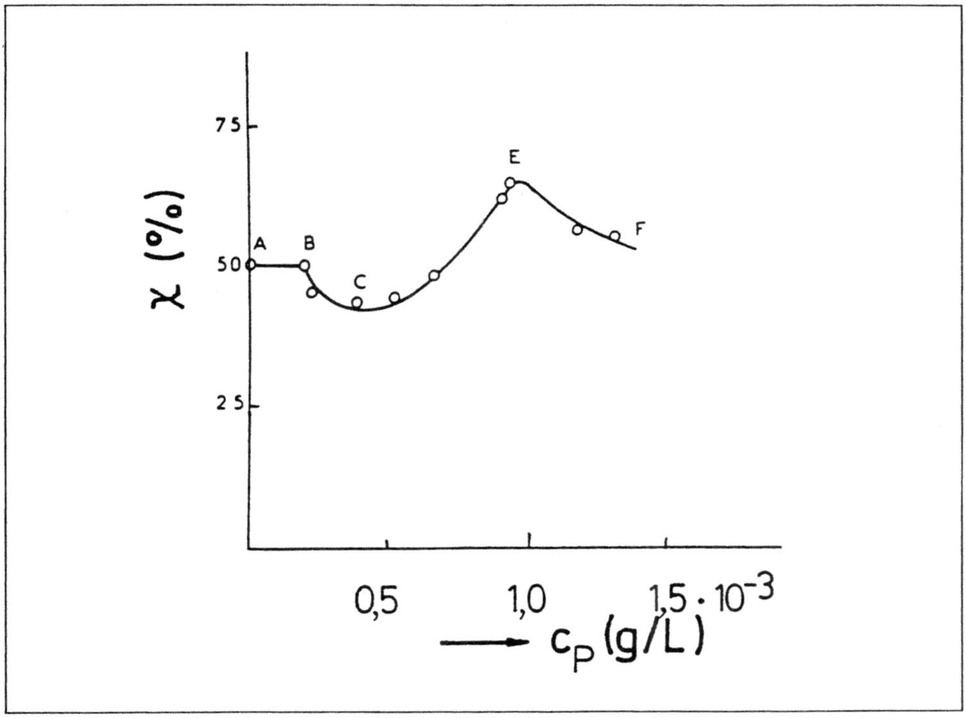

Abb. 9.20. Flockung einer 2 % Natriumkaolinitdispersion durch Polyacrylamid (Molekulargewicht $1{,}2 \cdot 10^6$) in 10^{-4} m NaCl bei $p\text{H} = 3{,}7$. χ ist der Anteil des geflockten Kaolinits; c_p ist die Gleichgewichtskonzentration des Polymeren. (Nach 103)

enthalten, auch unter Bedingungen von den Tonmineralen gebunden werden, unter denen keine positiven Randladungen mehr vorhanden sind. Die wichtigsten Mechanismen (Kap. 3.4.4) sind Komplexbildung zwischen den zweizähnigen Carboxylatgruppen der Makromoleküle und randständigen Aluminiumionen (142), Protonierung der Amidgruppen durch die erhöhte Acidität des Zwischenschichtwassers bei Smectiten (157) und Wasserstoffbrückenbindungen zwischen den Amidgruppen und Aluminol- und Silanolgruppen des Kaolins (119, 120).

9.6.2 Bentonite als Flockungsmittel

Die gegenseitige Destabilisierung von Tonmineralen und Polymeren kann dazu ausgenutzt werden, Polymere aus Lösungen oder Dispersionen durch Bentonite auszuflocken. Verdünnte Natriumbentonitdispersionen werden als Flockungsmittel bei der Klärung und Reinigung kommunaler und industrieller Abwässer eingesetzt. Neben der Flockung der Polymeren und der Bindung vieler organischer Stoffe, insbesondere von Tensiden, tragen die Bentonite zur Phosphatbindung und Schwermetalleliminierung bei. Als permanent negativ geladene kolloidale Teilchen fällen sie andere Kolloide aus, vor allem wenn diese positiv geladen sind. Da sich die Ladung der meisten oxidischen Kolloide im Gegensatz zu den Smectiten mit dem *p*H-Wert der Lösung ändert, hängt das Ausmaß der Heterokoagulation vom *p*H-Wert ab. Weiterhin dienen die Bentonite als Flockungshilfsmittel zur Beschwerung der Flocken, um die Sedimentation zu beschleunigen. Bei stärker belasteten Abwässern kann das besonders hohe Adsorptionsvermögen der sauer aktivierten Bentonite genutzt werden.

Auf die Bindung von Protein bei der Konservierung von Bier, Wein und Säften sei nochmals hingewiesen (Kap. 9.3.3).

Die Bildung lockerer Sedimente als Folge der Wechselwirkung vieler Polymerer mit Tonmineralen wird häufig ausgenutzt. Typisch ist der Einsatz von Bentonit bei der Schlammkonditionierung, als Filtrierhilfsmittel und als Verdickungsmittel zur Verbesserung der Aufrührbarkeit dilatanter Sedimente in polymerhaltigen Systemen. Ein charakteristisches Beispiel ist der Zusatz zu wäßrigen Pestizidsuspensionen, die durch Makromoleküle, meist Copolymere, sterisch stabilisiert sind. Da die Dichteunterschiede noch so groß sind, daß sich die dispergierten Wirkstoffe unter Einfluß der Schwerkraft absetzen, bilden sich beim Stehen langsam dicht gepackte, dilatante Sedimente. Zusatz von Bentonit lockert die Sedimente so weit auf, daß sie bequem aufzurühren und die Teilchen leicht zu redispergieren sind.

Die Bildung lockerer Sedimente wird bei der Bodenverbesserung eingesetzt, um z. B. die Wasserstabilität der Aggregate durch die Verbrückung der Tonmineralteilchen über Polymere zu verbessern. Eingesetzt werden anionische und nichtionische Polymere (wie Polysaccharide und Polyvinylalkohole). Früher wurde in größerem Umfang ein hydrolysiertes Polyacrylnitril („Krilium") verwandt (164: S. 96, 123f, 127ff), (s. auch Kap. 3.4.6).

9.6.3 Peptisation durch Makromoleküle

In der Technik wird von der Peptisation durch Makromoleküle reichlich Gebrauch gemacht. Es handelt sich dabei um Polyanionen, die durch Adsorption die Kanten der Tonmineralteilchen umladen. Nach den Ausführungen im vorhergehenden Ka-

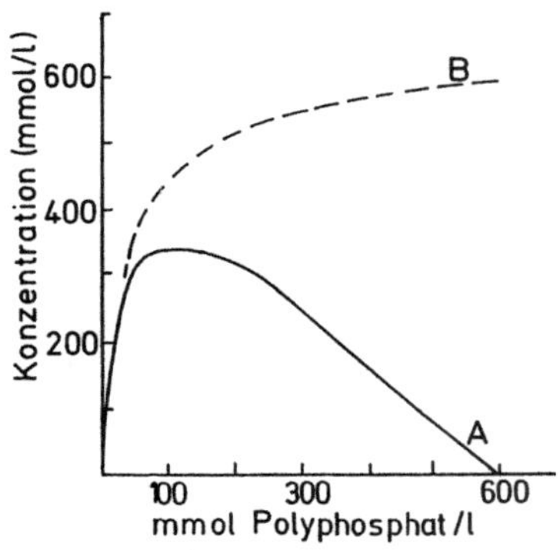

Abb. 9.21. Salzstabilität einer Natriumbentonitdispersion in Gegenwart von Polyphosphat. (Nach 117)
A kritische NaCl-Konzentration zur Koagulation;
B Gesamtkonzentration der Natriumionen am Koagulationspunkt.

pitel darf das Polyanion nicht verbrücken, d. h. es muß eine so hohe Ladungsdichte tragen, daß es weitgehend an den Kanten angelagert wird und eine ausreichende Zahl negativer, also nicht durch die positiven Kantenladungen kompensierter Ladungen übrig bleibt. Zu hohe Molekulargewichte sind ungünstig, da unter Umständen zu viele Segmente in der Lösung bleiben, die zur Verbrückung führen.

Typische Polyanionen sind Polyphosphate, Polysilicate (Wasserglaslösungen), Tannate, Polyacrylate, Polycarboxylate, in der Technik oft auch Mischungen wie z. B. Natriumpolysilicate + Huminstoffe. In der Keramik spielen diese Stoffe als Verflüssiger eine wichtige Rolle (Kap. 7.3.6).

Durch die Umladung der Kanten wird die Salzstabilität erhöht, weil Flächen(−)/Kanten(+)-Wechselwirkungen ausgeschlossen werden und die Flächen/Flächen-Koagulation erst bei deutlich höheren Salzkonzentrationen einsetzt. Die Flächen(−)/Kanten(+)-Koagulation erfolgt schon bei 5 − 10 mmol NaCl/l, während für die Flächen(−)/Flächen(−)-Koagulation mindestens 200 mmol NaCl/l erforderlich sind (80). Das wird sehr gut durch Abbildung 9.13 belegt. Die für die Koagulation kritische Gegenionenkonzentration (Konzentration der Natriumionen im System) steigt schon bei geringen Zusätzen von 20 mmol/l auf 270 mmol/l an.

Die kritische Konzentration von Natriumchlorid durchläuft mit zunehmendem Polyphosphatgehalt ein Maximum und kehrt bei 600 mval Phosphatzusatz wieder zum Ausgangspunkt zurück (Abb. 9.21). Dieser zunächst recht eigenartig erscheinende Verlauf hängt damit zusammen, daß wie beim Tannat durch die Zugabe des Polyanions auch eine entsprechende Menge Natriumionen zugefügt wird. Werden diese Natriumionen berücksichtigt (gestrichelte Kurve in Abb. 9.13, 9.21), verläuft die Kurve wie erwartet und steigt zu kritischen Gegenionenkonzentrationen an, die für die Flächen/Flächen-Koagulation typisch sind.

9.6.4 Sterische Stabilisierung

Die Peptisation von Kaoliniten und Smectiten durch Polyanionen ist deutlich von der sterischen Stabilisierung zu unterscheiden. Die hohe Salzstabilität der Bentonit-Carboxymethylcellulosedispersionen (Abb. 9.14) geht auf diese Art der Stabilisierung zurück.

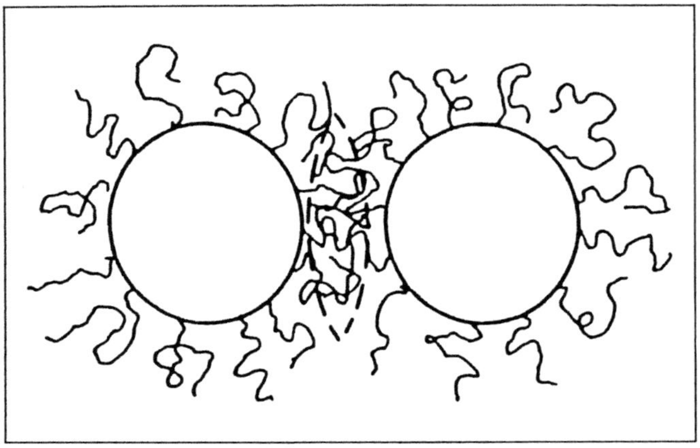

Abb. 9.22. Sterische Stabilisierung kolloidaler Teilchen mit fest haftender makromolekularer Hülle. Osmotische Effekte im Überlappungsbereich (gestrichelt) verhindern die Destabilisierung der Dispersion. (118)

Sehr viele kolloidale Systeme werden durch geringe Polymerzusätze zunächst destabilisiert (Flockung durch Verbrückung oder Ladungsneutralisation (Abb. 9.14)), doch durch höhere Polymerzugaben restabilisiert. Die sterische Stabilisierung ist ein überwiegend osmotischer Effekt (75, 107 (vor allem S. 92 ff), 118). Wenn sich zwei Teilchen einander nähern, deren Oberflächen eine Hülle aus Makromolekülen tragen, erhöht sich im Überlappungsbereich der Makromoleküle die Zahl der Segmente und damit der osmotische Druck (Abb. 9.22). Eine weitere Annäherung bis zur Destabilisierung wird verhindert, da beim Herausdrängen des Lösungsmittels die freie Enthalpie anstiege: Die kolloidale Verteilung ist im Gegensatz zur elektrostatischen Stabilisierung thermodynamisch stabil. Voraussetzung ist, daß die Makromoleküle fest an der Grenzfläche verankert, lang genug und ausreichend dicht gepackt sind und das Dispersionsmittel in Bezug auf die stabilisierenden Makromoleküle gut ist.

Eine Destabilisierung sterisch stabilisierter Dispersionen gelingt nur durch Veränderung der Lösungsmittelgüte oder der Temperatur. Im schlechten Lösungsmittel und am Theta-Punkt sind die Dispersionen instabil. Je nach Art der Stabilisierung (enthalpisch oder entropisch, siehe (107) S. 145, 151) kann die Dispersion beim Erwärmen oder beim Abkühlen instabil werden. Die Destabilisierung ist immer reversibel; bei Änderung der Lösungsmittelgüte (in Richtung von schlecht nach gut) oder bei Temperaturänderung redispergieren die Teilchen wieder.

Für technische Anwendungen ist neben der Reversibilität der Destabilisierung bedeutsam, daß auch in konzentrierteren Systemen die Viskosität niedrig bleibt und der Einfluß von Salzen gering ist. Salze haben nur insofern Einfluß, als sie die Lösungsmittelgüte verändern, z. B. von Wasser durchweg herabsetzen.

In den meisten technischen Systemen ist die Stabilisierung durch Makromoleküle ein äußerst komplizierter Prozeß, da häufig auch gelöste Makromoleküle vorhanden sind und die Stabilität durch die sogenannten Verarmungseffekte (depletion effects) beeinflussen (86, 107).

9.6.5 Propfreaktionen

Die Umsetzung von Tonmineralteilchen mit quartären Alkylammoniumionen ist die technisch wichtigste Methode der Hydrophobierung. Die Bindung ist so fest, daß ein Ablösen der organischen Kationen in den meisten Fällen nicht zu erwarten ist. Wenn diese Gefahr dennoch besteht, muß über Propfreaktionen hydrophobiert werden, indem das hydrophobierende Molekül über kovalente Bindungen angeheftet wird.

Zur Verstärkung und damit Verbesserung der mechanischen Eigenschaften von Polyethylen und anderen Thermoplasten mit Tonmineralen als Füllstoff ist eine gute Anbindung der Polymermatrix an die Tonmineraloberfläche anzustreben. Das kann durch Einhüllen der Füllstoffteilchen mit Überzügen geschehen, die durch Polymerisation geeigneter Monomeren hergestellt werden (147). Dabei entstehen keine direkten Bindungen zwischen der Teilchenoberfläche und der Polymerschicht. Wirksamer ist die Anbindung des Polymeren über Propfreaktionen.

Für Propfreaktionen stehen bei den Tonmineralen hauptsächlich die Kantenflächen zur Verfügung, da die Basisflächen chemisch fast inert sind. Tragen die angehefteten Moleküle weitere reaktionsfähige Gruppen, können kovalente Bindungen zur Polymermatrix ausgebildet werden. Sepiolith reagiert mit Vinylchlorsilanen nach dem Schema:

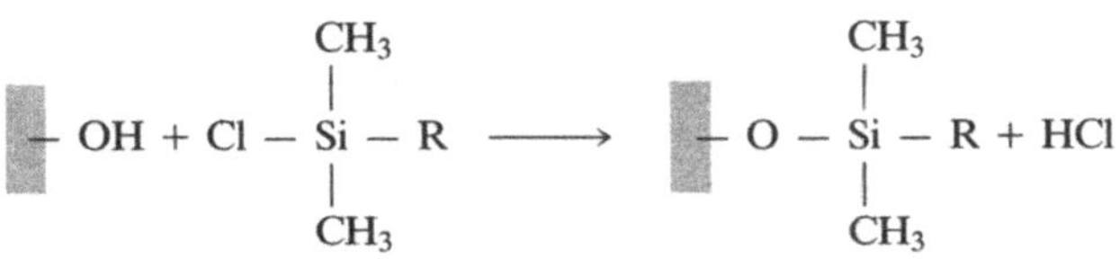

($R = CH = CH_2$)

Die Vinylgruppe vermag dann mit reaktionsfähigen Gruppen der Polymermatrix zu reagieren (95). Beim Einsatz von Vinyldichlorsilan, das überwiegend monofunktionell gebunden wird, entstehen durch Hydrolyse und Polykondensation Polysiloxane, die als Polymerschicht die Teilchen einhüllen:

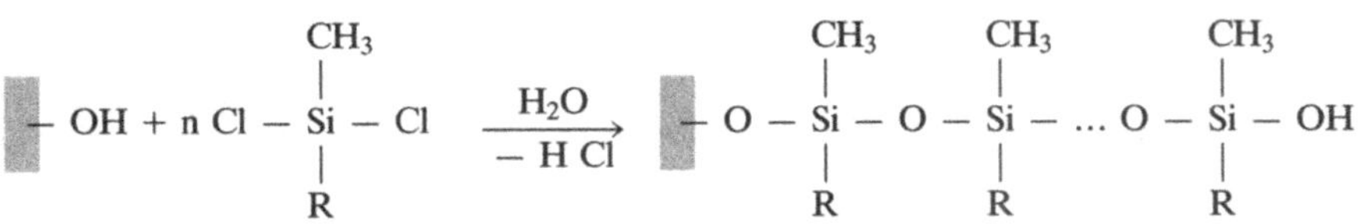

($R = CH = CH_2$)

Ein anderes Beispiel ist die Umsetzung von Hexamethylendiisocyanat mit Vermiculit, wobei mit den OH-Gruppen des Minerals Urethanbrücken entstehen (141):

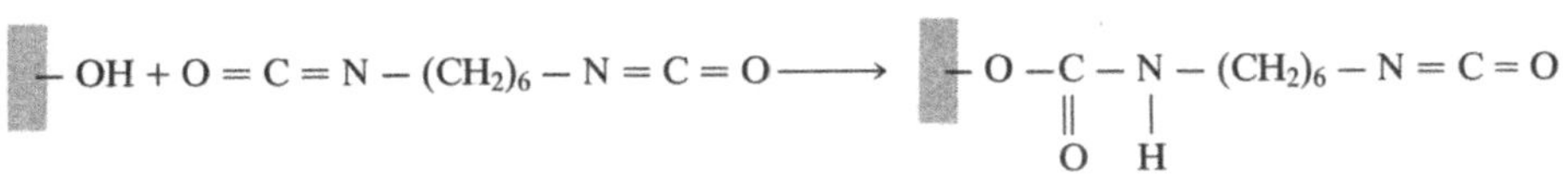

Ein Teil der endständigen Isocyanatgruppen geht durch Nebenreaktionen verloren. Es bleiben aber genügend reaktionsfähige Isocyanatgruppen für weitere Polymerisationsreaktionen übrig.

Beachtliche Bedeutung gewinnt die Modifizierung von Tonmineralen, insbesondere Kaolinen mit Alkoxyaluminiumacrylaten und Alkoxytitanacrylaten (147):

$$Al(OR)_3 + HO_2CR' \longrightarrow Al(OR)_2\,(O_2CR') + ROH$$

$$(R'\ \text{z.B.: } H_2C = \underset{|}{C} - CH_3,\ \text{Methacrylat})$$

$$|\!-OH + Al(OR)_2\,(O_2CR') \longrightarrow |\!-O - \underset{\substack{|\\OR}}{Al} - O_2\,CR' + ROH$$

Als Säure $R'CO_2H$ kann eine Vielzahl gesättigter und ungesättigter Carbonsäuren, Sulfonsäuren, Phosphorsäuren u. a. benutzt werden, so daß wiederum eine gute Anbindung an die zu füllenden Thermoplaste gelingt. Die modifizierenden Agentien können direkt den Basisformulierungen zugefügt oder bei der Vorbehandlung der Pigmente und Füllstoffe eingesetzt werden. Schließlich kann eine Anbindung zwischen modifiziertem Füllstoff und Polymermatrix durch Quervernetzung unter Bestrahlung erfolgen (164, S. 145).

9.6.6 Polymerisation zwischen den Schichten

Die interlamellare Polymerisation bietet eine weitere Möglichkeit, Tonminerale, insbesondere Smectite und Vermiculite, gezielt zu verändern und für den Einsatz als Füllstoff zu verbessern. Dazu müssen die Monomeren zwischen die Schichten eindringen, wie zum Beispiel bei der Polymerisation von Aminocapronsäure, Acrylnitril und Vinylpyridin (Tabelle 9.2). Für die Einführung von Styrol muß der Schichtzwischenraum durch Kationenaustausch mit Alkylammoniumionen hydrophobiert werden. Die Aufweitung des Schichtzwischenraumes erlaubt dann die Ansammlung von so viel Styrol, daß es nach Initiierung zu Polystyrol polymerisiert (71).

Tabelle 9.2. Beispiele für Polymerisationsreaktionen im Schichtzwischenraum von Montmorillonit.

Monomer	Zwischenschichtkation	d_L (Å) [1]	Lit.
Acrylnitril	Li^+	16 – 17	69
	Na^+, K^+	14 – 15	
	Ca^{2+}, Ba^{2+}	13 – 14	
Aminocapronsäure	Na^+	14,2 – 15,7	70
	Mg^{2+}, Ca^{2+}	15,5 – 22,8	
	Cu^{2+}, Co^{2+}	14,8 – 22,8	
Caprolactam	$H_3N^+(CH_2)_{11}COOH$	20	46
Styrol	$(CH_3)_3N^+(C_{18}H_{37})$	33	71
	spontan		
Diazomethan	H^+, Mg^{2+}, Mn^{2+}		17
	Ni^{2+}, Cu^{2+}	14 – 15	
4-Vinylpyridin	Na^+	14,7	45
Hydroxyethylmethacrylat	$Na^+ + Ca^{2+}$	13,6 – 14,0	146
Benzol	Cu^{2+}	13,1	172

[1] d_L = Schichtabstand nach der Polymerisation

Die interlamellare Adsorption von Caprolactam wurde durch vorausgehenden Kationenaustausch mit ω-Aminoundecansäure (in protonierter Form in 0,0125 molarer Salzsäure) ermöglicht. Durch Erhitzen auf 250 °C wurde das Caprolactam zum Poly-6-amid (Perlon) polymerisiert. In der gebildeten Polyamidmasse sind die dünnen, isolierten Silicatschichten gleichmäßig verteilt. Der mittlere Abstand steigt mit zunehmendem Polyamidgehalt von 50 bis 210 Å an (46).

Die Polymerisation wird im allgemeinen durch Initiatoren eingeleitet, z. B. durch Peroxide oder durch UV-Bestrahlung. In einigen Fällen erfolgt die Polymerisation spontan. Der wichtigste Mechanismus ist die Auslösung eines kationischen Polymerisationsablaufs, z. B. bei Vinylpyridin unter Wirkung der erhöhten interlamellaren Acidität (Kap. 3.2.2, Kap. 9.7.1). Aber auch Lewis-Säure- und Redoxzentren kommen für die Initiierung in Frage (146, 147) (Kap. 9.7.1). Benzol polymerisiert im Schichtzwischenraum von Cu^{2+}-Montmorillonit als Folge einer Ladungsübertragung (Kap. 3.3.5) zu Polyparaphenylen, das schließlich in Graphit übergeht (172).

Die durch Smectite katalysierte Polymerisation von o- und m-Methylphenol und o-Chlorphenol verringert den Transport dieser Stoffe im Untergrund, wobei die ausgeprägte Adsorption der Phenole durch die gebildeten Polymeren den Transport zusätzlich verzögert. Der Transport unter anaeroben Bedingungen wird weniger stark gestört (132), da die Polymerisation der Phenole ein Oxidationsprozeß ist.

Da die Monomeren im Schichtzwischenraum in Gegenwart der anorganischen Kationen meist nur in mono- oder bimolekularen Schichten angeordnet sind, kann die Polymerisation durch ungünstige sterische Verhältnisse erschwert oder verhindert werden. Die spontane Polymerisation zahlreicher Acrylate gelingt lediglich bei Hydroxyethyl- und Hydroxypropyl-methacrylat, weil nur die Schrägstellung der Monomeren im Schichtzwischenraum die Voraussetzungen für eine spontane Polymerisation schafft (146).

Die Polymerisation greift im allgemeinen über den Schichtzwischenraum hinaus, so daß eine kompakte, zähe oder auch harte und spröde Masse entsteht. Aus ihr kann auch mit einem guten Lösungsmittel nur ein Teil oder überhaupt nichts vom umhüllenden Polymeren weggelöst werden. So läßt sich bei der oben erwähnten Polymerisation von Hydroxyethyl-methacrylat kein freies Polymeres mit 2-Ethoxyethanol, einem guten Lösungsmittel für das Polymere, aus dem zähen, gummiartigen Produkt herauslösen.

Findet eine spontane Polymerisation im Schichtzwischenraum nicht statt, schließt das eine solche Reaktion an den äußeren Oberflächen nicht aus. Derartige Reaktionen sind von Solomon und Mitarbeitern intensiv untersucht worden (147).

Blumstein und Mitarbeiter haben die interlamellare Polymerisation benutzt, um die Eigenschaften der Polymeren zu verändern. Der geometrische Zwang der interlamellaren Polymerisation führt zu geometrisch anderen Polymerisaten als in homogener Lösung, vor allem, wenn noch quervernetzende Verbindungen zugesetzt werden. So unterscheiden sich die Lösungen von Polymethylacrylat und Polymethylmethacrylat, die zwischen den Schichten von Natriummontmorillonit hergestellt worden sind, in typischen Eigenschaften von den entsprechenden Produkten aus homogenen Systemen. Nach der Polymerisation der Acrylate wurden die Silicatschichten durch Flußsäure herausgelöst und die Polymerisate durch Aceton aufgelöst (19). Durch die interlamellare Polymerisation wird auch die Taktizität in Abhängigkeit vom Zwischenschichtkation verändert (20).

9.6.7 Carbothermische Prozesse

Auf der Suche nach neuen oder verbesserten keramischen Werkstoffen wird die thermische Zersetzung von Tonmineral/Polymer-Komplexen zu Silicium- und Aluminiumcarbiden und Sialonen untersucht. Zum Beispiel wird in Butylammonium- oder Hexylammonium-Montmorillonit Acrylnitril eingelagert, das zu Polyacrylnitril polymerisiert wird. Beim thermischen Zersetzen bilden sich je nach Temperatur zwischen 1100 °C und 1700 °C β-Sialon, Aluminiumnitrid AlN und Siliciumcarbid SiC oder α-Al_4SiC_4 (Sialone sind Nitride der Art $Si_{6-z}Al_zO_zN_{8-z}$; s. auch (26)) (158 – 160). Diese Carbide und Nitride sind als nichtsilicatische keramische Werkstoffe von großer Bedeutung. Als Wirtsverbindungen wurden auch andere Schichtverbindungen wie Doppelhydroxide (z. B. Hydrotalkit) und Alkalischichtsilicate (z. B. Magadiit) untersucht.

9.7 Katalyse

9.7.1 Katalytisch aktive Zentren

Die katalytische Wirkung der Tonminerale beruht auf ihren Brønsted- und Lewis-Säureeigenschaften und der Möglichkeit einer Elektronenübertragung von und zu Ionen in den Schichten, vor allem den Eisenionen in der Oktaederschicht.

Die Brønsted-Acidität entsteht durch Übertragung eines Protons an eine Base. In einer wäßrigen Säurelösung wie z. B. Essigsäure wirkt Wasser als Base:

$$CH_3CO_2H + H_2O \rightleftharpoons CH_3CO_2^- + H_3O^+$$

Bei den Tonmineralen können randständige Silanolgruppen als Brønsted-Säuren wirken (Kap. 3.1.1) und ein Proton an einen Akzeptor (Base B) abgeben:

$$\geq SiOH + B \rightleftharpoons \geq SiO^- + HB^+$$

Wichtig für viele katalytische Prozesse ist die erhöhte Acidität des Zwischenschichtwassers unter der Wirkung der Zwischenschichtkationen und der negativen Schichtladungen (Kap. 3.2.2):

$$\overline{\underline{Me^{n+}(H_2O)_z}} + B \rightleftharpoons \overline{\underline{Me^{n+}(H_2O)_{z-1}(OH)^-}} + \overline{\underline{HB^+}}$$

Dabei kann die protonierte Base in den Schichtzwischenraum aufgenommen werden oder auch außerhalb verbleiben.

Ein Lewis-Säurezentrum nimmt von einer Lewis-Base ein freies Elektronenpaar unter Bildung einer kovalenten Bindung auf:

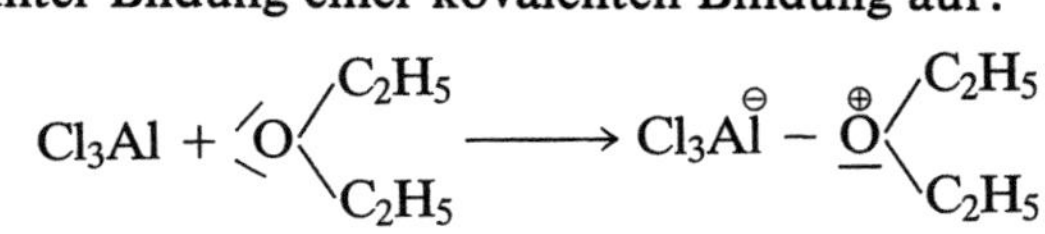

Die wichtigsten Lewis-Säurezentren der Tonminerale sind randständige Aluminium- und Eisenionen. Sie sind nicht von vornherein vorhanden, da die Koordinationsstellen durch OH-Gruppen oder H_2O-Moleküle abgesättigt sind, und entstehen erst durch Wasserabspaltung beim Erhitzen:

$$-\overset{\diagdown\,\diagup}{\underset{\diagup\,\diagdown}{Al}}-OH_2 \xrightarrow{\Delta} -\overset{\diagdown\,\diagup}{\underset{\diagup\,\diagdown}{Al}} + H_2O$$

$$-\overset{\diagdown\,\diagup}{\underset{\diagup\,\diagdown}{Al}}-OH \xrightarrow{H^{\oplus},\,\Delta} -\overset{\diagdown\,\diagup}{\underset{\diagup\,\diagdown}{Al}} + H_2O$$

Lewis-Säurezentren können auch bei der thermischen Zersetzung der an Tonminerale gebundenen Oligo- und Polyhydroxoaluminiumionen oder sogar aus aluminiumreichen Verunreinigungen gebildet werden.

Brønsted- und Lewis-Zentren lassen sich nicht immer einfach und sicher unterscheiden. Üblicherweise wird die Brønsted-Acidität mit Hammett-Indikatoren, die Lewis-Acidität spektroskopisch durch Aminadsorption bestimmt (siehe z. B. 147).

Wegen der Empfindlichkeit der Lewis-Zentren gegenüber Wasser werden Dehydratisierungsreaktionen davon beeinflußt, ob die Reaktionsprodukte (und damit auch H_2O) aus dem Reaktionsraum entfernt werden oder noch eine gewisse Zeit in Kontakt mit den Tonmineralen verweilen. Nur wenn das gebildete Wasser mit den Reaktionsprodukten abgeführt wird, bleiben die Lewis-Zentren zumindest eine gewisse Zeit katalytisch aktiv. Bei der katalytischen Dehydratisierung von primären n-Alkanolen entstehen bei rascher Entfernung von Wasser (Ausfrieren bei $-196\,°C$) überwiegend Olefine, dagegen verzweigte Alkane, wenn Readsorption von Wasser möglich ist. Im ersten Fall läuft die Katalyse über Lewis-Zentren, im zweiten hauptsächlich über Brønsted-Zentren (52).

Die dritte Gruppe von Reaktionen umfaßt Redoxreaktionen, und zwar meistens Elektronenübertragungen von und zu Eisenionen in der Oktaederschicht:

$$Fe^{2+} \rightleftharpoons Fe^{3+} + e^-$$

Ein Beispiel ist die Oxidation der Eisen(II)-ionen in der Oktaederschicht von Glimmern durch Silberionen, wobei die gebildeten Silberatome zu kolloidalen Aggregaten zusammenwandern (134). Redoxreaktionen mit randständigen Eisen(III)-ionen können für die abiotische Bildung huminähnlicher Substanzen durch katalytische Umwandlung des Pyrogallols verantwortlich sein (173).

Am bekanntesten sind die Redoxreaktionen mit Farbstoffmolekülen (147). Die Bildung des Benzidinblaus wurde zur Identifizierung von Smectiten benutzt. Wenn Montmorillonit mit einer wäßrigen Benzidinhydrochloridlösung in Kontakt gebracht wird, entsteht eine blaue Färbung, die beim Trocknen oder in saurer Lösung in Gelb übergeht (147). Benzidinblau entsteht durch den reversiblen Übergang eines Elektrons vom Benzidinmolekül an Fe^{3+}-Ionen der Oktaederschicht, wobei das Benzidiniumkation gebildet wird:

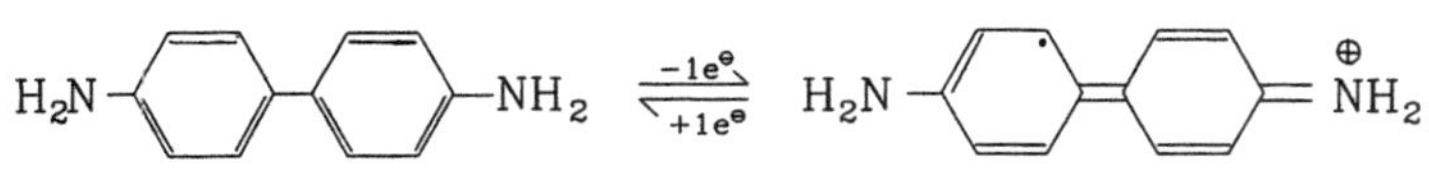

farblos — blau

Das normalerweise instabile Radikal wird durch die Wechselwirkung der π-Elektronen mit den Sauerstoffionen der Silicatschicht stabilisiert (186). Die gelbe Form ist das chinoide Dikation, das durch Disproportionierung des Radikalkations im sauren Milieu gebildet wird (47):

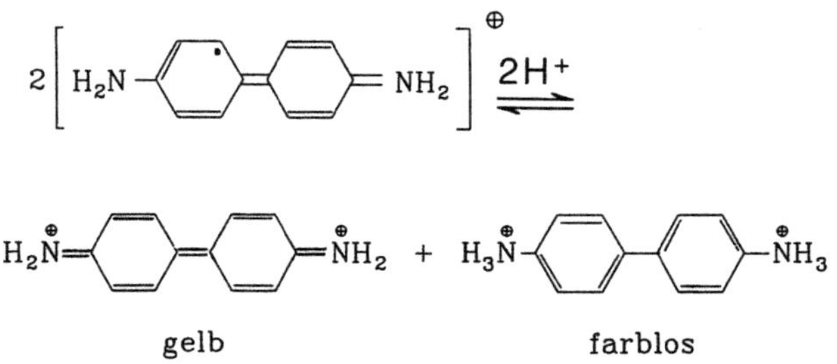

Bei ungereinigten Tonen können auch die Eisenoxide zur katalytischen Aktivität beitragen. So werden langkettige primäre Alkohole an Eisenoxiden in Olefine und Benzol umgewandelt (51).

9.7.2 Katalysatordesign

Tonminerale als Katalysatoren werden sowohl in der ursprünglichen Calcium- oder Natriumform, nach Aktivierung durch Ionenaustausch oder durch Belegung mit Polyoxometallkationen (Kap. 9.2.6) verwandt (4). Ionenaustauschreaktionen werden genutzt zur Belegung mit Schwermetallkationen und zur Bindung von Edelmetallkomplexen, die direkt katalytisch aktive Zentren oder Vorstufen für solche darstellen (39, 123). Mehrere der im Handel vertriebenen Katalysatoren sind sauer aktivierte Bentonite (Kap. 9.2.3). Durch Umsetzung mit Polyoxometallkationen und anschließender Entwässerung wird eine permanente Porosität wie in Zeolithen angestrebt, wobei vor allem auf Porenweiten größer als in faujasitischen Zeolithen gezielt wird (16). Mittlerweile sind die katalytischen Fähigkeiten der Polyoxometall-Smectite an unterschiedlichsten Reaktionen getestet worden (4, 10, 25, 41, 124, 126). Durch thermische Spaltung von Al-O-Si-Bindungen in Polyoxoaluminium-Beidelliten entstehen zusätzliche acide Zentren, die zu ungewöhnlichem katalytischen Verhalten führen, z. B. bei der Hydrokonversion von Decan zu einem hohen Anteil an Isomerisationsprodukten im Vergleich zu den Krackprodukten (136, 137).

Durch Einlagerung von Metallclusterkomplexen (z. B. Metallcluster-Carbonylkomplexen des Osmiums, Rutheniums und Iridiums) zwischen die Säulen von Polyoxometall-Smectiten entsteht ein weiterer Typ von Katalysatoren oder Katalysatorvorstufen. Die Säulen aus Polyoxometallionen halten nicht nur eine Mikroporosität aufrecht, sondern dienen auch zur Immobilisierung der Metallkomplexe. Bei vollständiger Reduktion scheiden sich Metallaggregate in der Tonmineralmatrix ab, weil die Metallatome aus dem Schichtzwischenraum herauswandern (Abb. 9.23). Die Reaktion ist vergleichbar mit der Bildung von kolloidalem Silber bei der Oxidation von Glimmern mit Silbernitrat (134). Ein derartig aufgebauter Rutheniumkatalysator führt bei einer Fischer-Tropsch-Synthese (Bildung von Kohlenwasserstoffen aus CO und H_2) zu ungewöhnlich hohen Anteilen verzweigtkettiger Kohlenwasserstoffe, während mit Ruthenium auf oxidischen Trägern hauptsächlich lineare Kohlenwasserstoffe entstehen (55).

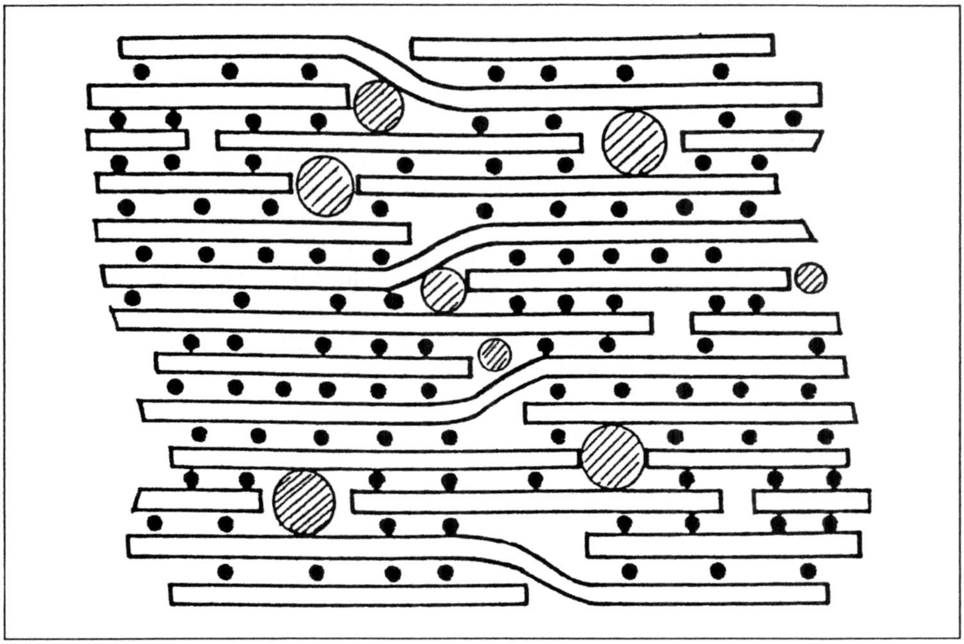

Abb. 9.23. Bildung kolloidaler Rutheniumteilchen ◉ bei der Reduktion von Rutheniumcarbonylkomplexen in Polyoxoaluminium-Montmorillonit (• Polyoxoaluminiumionen). (Nach 55)

Neben der Modifikation durch Ionenaustauschreaktionen und der Veränderung der interlamellaren „Ausstattung“ können katalytische Aktivität und Lebensdauer durch die Art der Zusammenlagerung der Smectitplättchen (Textur) beeinflußt werden (Kap. 9.7.5).

9.7.3 Säurekatalysierte Reaktionen

Die meisten der durch Tonminerale katalysierten Reaktionen laufen über Brønsted-Säurezentren ab, vor allem begünstigt durch die interlamellare Acidität des Wassers.

Neben vielen anderen oft recht komplizierten Reaktionen (1–4, 9, 10, 147, Kap. 5, 6) seien folgende Beispiele genannt:
Die Hydration von Ethylen (8)

$$CH_2{=}CH_2 \xrightarrow{H^+} CH_2^+\text{-}CH_3 \xrightarrow{H_2O} H_2O^+\text{-}CH_2\text{-}CH_3 \rightarrow HO\text{-}CH_2\text{-}CH_3 + H^+$$

und die Bildung von Essigester aus Ethylen und Essigsäure (59).

$$CH_2{=}CH_2 \xrightarrow{H^+} CH_2^+\text{-}CH_3 \xrightarrow{CH_3CO_2H} CH_3-\underset{\displaystyle OH}{\underset{|}{C^+}}-O\text{-}CH_2\text{-}CH_3 \rightarrow$$

$$\rightarrow CH_3\text{-}\underset{\displaystyle O}{\underset{\|}{C}}\text{-}O\text{-}CH_2\text{-}CH_3 + H^+$$

Beide Reaktionen hängen empfindlich von der Acidität des Montmorillonits ab. Die Ausbeute an Ester steigt in der Reihenfolge der Zwischenschichtkationen wie folgt:

$$Na^+ < Cu^{2+} < Fe^{3+} \approx Cr^{3+} = Al^{3+} < H^+$$

Die Hydratisierung des Ethylens läuft ebenfalls zu einem wesentlichen Teil im Schichtzwischenraum oder im Bereich der aufgeweiteten Ränder ab. Der Montmorillonit in der H^+-Form führt zu viel geringeren Ausbeuten als Al^{3+}-Montmorillonit, da er unter den Reaktionsbedingungen (350 °C) auf 9,4 Å kollabiert.

Ein instruktives Beispiel für den Einfluß der Acidität auf chemische Reaktionen ist die Disproportionierung und Oxidation von Limonen (44) (Abb. 9.24). Limonen, ein zitronenartig riechender Terpenkohlenwasserstoff, kommt in der Natur in vielen Ölen vor und wird zur Parfümierung und in der Lack- und Farbenindustrie benutzt.

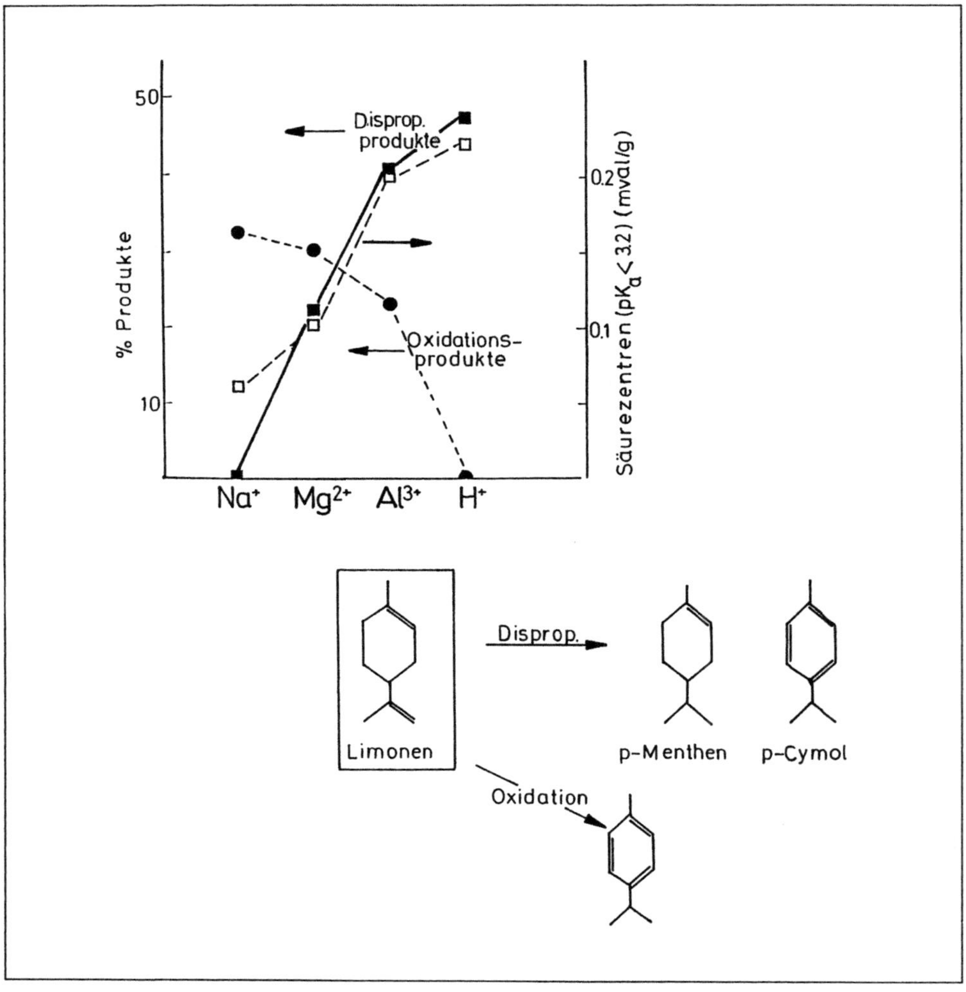

Abb. 9.24. Oxidations- und Disproportionierungsreaktionen des Limonens in Abhängigkeit von der Anzahl der aciden Zentren (mit einem Hammett-Wert <3,2). (Nach 44)

Es kann sich beim Erhitzen in verschiedene Menthadiene umlagern, zu *p*-Cymen oxidiert werden oder in *p*-Cymen und *p*-Menthen disproportionieren. Die Disproportionierung verläuft über einen Carboniumionenmechanismus und wird damit durch Brønsted-Säurezentren katalysiert. Die Bildung von *p*-Menthen nimmt daher mit der Zahl der aciden Zentren zu. Entsprechend verringert sich das Ausmaß der Oxidation, weil diese nicht durch saure Zentren katalysiert wird.

9.7.4 Einfluß des Wassergehaltes

Katalytische Reaktionen, die über Lewis-Säurezentren verlaufen, werden empfindlich durch Wasser gestört, da die Wassermoleküle die Lewis-Zentren vernichten. Bei derartigen Reaktionen spielt daher die Geschwindigkeit eine wesentliche Rolle, mit der die Reaktionsprodukte bei Dehydratisierungsreaktionen entfernt werden (Kap. 9.7.1, 9.7.9).

Bei säurekatalysierten Reaktionen erreicht dagegen die katalytische Aktivität oft ein Maximum bei einem bestimmten Wassergehalt. Die Umwandlung von Alkenen in *cis*-Alkylether durch Anlagerung von Wasser

$$2\ RCH = CH_2 \xrightarrow{H_2O} H_3C-\underset{\displaystyle R}{\overset{\displaystyle H}{\underset{|}{\overset{|}{C}}}}-O-\underset{\displaystyle R}{\overset{\displaystyle H}{\underset{|}{\overset{|}{C}}}}-CH_3$$

läßt sich nur unter der katalytischen Wirkung von Schwermetallmontmorilloniten vollziehen (1, 3). Der Umsatzgrad ändert sich mit dem Wassergehalt im Montmorillonit in Form von „Vulkankurven" mit einem Maximum z. B. bei 12 Wassermolekülen auf ein Cu^{2+}-Ion im Schichtzwischenraum (1). In diesem Fall sind also einige Wassermoleküle mehr gebunden als der innersten Hydrathülle entspricht. Bei einem geringeren Wassergehalt stehen nicht genügend Wassermoleküle zur Anlagerung an das Alken zur Verfügung. Bei zu hohen Wassergehalten sind die Zwischenschichträume nicht für den Reaktanten zugänglich, da die Alkene Zwischenschichtwasser nicht verdrängen können.

Mit zunehmendem Wassergehalt fällt die erhöhte Acidität des Zwischenschichtwassers, aber auch der Wassermoleküle um mehrwertige Kationen an den äußeren Oberflächen, immer weniger ins Gewicht. So können geringe, ja sogar geringste Mengen von Wasser in organischen Lösungsmitteln Reaktionen auslösen, die im rein wäßrigen System nicht ablaufen (121).

In Böden muß die Hydrolyse vieler Pestizide unter der katalytischen Wirkung der Tonminerale beachtet werden (siehe auch Kap. 9.3.6). Die Hydrolysegeschwindigkeit kann auch hier bei bestimmten Wassergehalten maximal werden. Bei den Untersuchungen von El-Amamy und Mill (33) liegt das Maximum bei wesentlich höheren Wassergehalten als bei den oben beschriebenen Versuchen von Adams und Mitarbeitern. Da die Reaktanten nicht in den Schichtzwischenraum eindringen, läuft die Hydrolyse an den äußeren Oberflächen ab. Das Zwischenschichtwasser fördert durch seine erhöhte Acidität die Hydrolyse. Eine gewisse Menge Wasser ist daher als übertragendes Medium zwischen der Quelle der Protonen und dem Reaktionsort notwendig. Bei höheren Wassergehalten, gewissermaßen bei stärkerer Verdünnung, geht der Einfluß der Zwischenschichtacidität verloren.

9.7.5 Geometrischer Zwang und Textur

Reaktionen im Schichtzwischenraum von Smectiten und Vermiculiten stehen unter einem geometrischen Zwang, da auf Grund der begrenzten Aufweitung nur bestimmte Orientierungen der Reaktanten zueinander möglich sind. Eine gewisse Gestaltselektivität wurde bei der Umsetzung von Hexenisomeren (in Hexan) in Gegenwart geringer Mengen Wasser beobachtet (2).

Die technisch wichtige „Dimerisierung“ ungesättigter Fettsäuren (147, S. 204 f.) wird durch sauer aktivierte Bentonite bei 200 – 250 °C durchgeführt. Es entsteht eine Mischung verschiedener, auch cyclischer und aromatischer Verbindungen. Die Bildung dimerer Produkte hängt empfindlich von der Schichtladung ab. Sie ist optimal bei Schichtladungen um 0,3 (Ladungen/Formeleinheit). Bei höherer Ladung trennen die Zwischenschichtkationen die Säuremoleküle, bei niedrigerer Schichtladung bilden sich mehr Trimere und höhere Oligomere (180).

Die erzwungene Ausrichtung eines Moleküls oder Ions durch den Schichtzwischenraum kann die Reaktivität erhöhen oder herabsetzen. Die Adsorption von Tetramethylbenzidin im Schichtzwischenraum fördert eine flache Konformation gegenüber der Anordnung mit verdrehten Ringen in Lösung (Abb. 9.25). Die flachere Anordnung begünstigt die Oxidation zu Benzidinblau (93). Auf den Einfluß der Anordnung der Monomeren auf die spontane Polymerisation im Schichtzwischenraum wurde schon hingewiesen (Kap. 9.6.6).

Manche katalytische Reaktionen laufen vielleicht weniger in den Schichtzwischenräumen als in ihren keilförmigen Öffnungen am Kristallrand ab. Die sich öffnenden schlitzförmigen Poren können optimale geometrische Bedingungen für Reaktanten bieten, vor allem wenn zwei aktive Stellen auf der Oberfläche benötigt werden (79). Wenn die katalytischen Reaktionen an den äußeren Oberflächen und damit im Porenraum zwischen den Teilchen ablaufen, sollte die Textur des Systems von Einfluß sein. Die Art der Koagulation oder Flockung eines Montmorillonits aus der Lösung und die Methoden der Trocknung können unter Umständen entscheidender sein als die genaue Weise der Modifizierung des Tonminerals. Die Textur wird durch die Aggregation in der Lösung (Abb. 9.11) und durch die Art des Trocknens be-

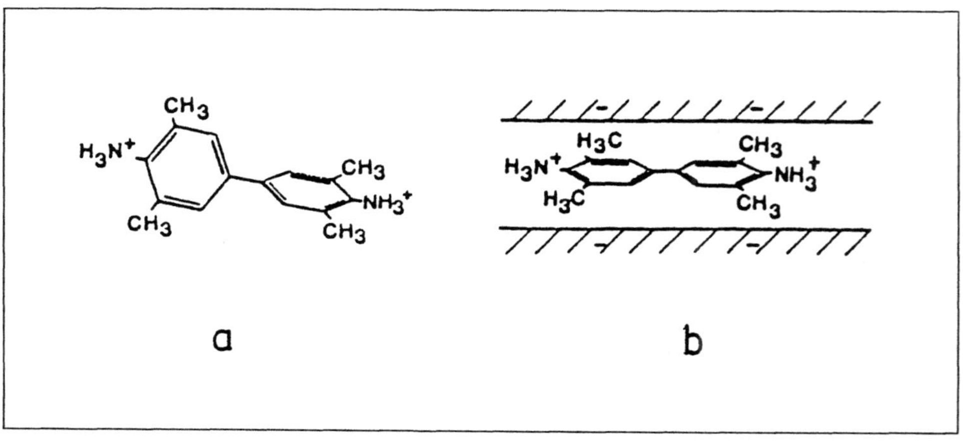

Abb. 9.25 Konformation von Tetramethylbenzidinionen in Lösung a) und im Schichtzwischenraum von Smectiten b). (Nach 93)

stimmt. Beim Gefriertrocknen von Montmorillonitgelen, die voluminöse Kartenhaus- oder Bänderstrukturen bilden, bleiben weitporige Strukturen erhalten (176). Dagegen führt das Lufttrocknen von Sedimenten gut dispergierter Tonminerale in Gegenwart von Natriumionen zum anderen Extrem, nämlich zu dichten, engporigen Materialien. Die dichte, parallele Lagerung der Teilchen wird beim Trocknen zusätzlich durch Oberflächenspannungseffekte gefördert.

Pinnavaia et al. (124) haben gezeigt, daß die Aktivität eines luftgetrockneten Polyhydroxoaluminium-Montmorillonits wesentlich schneller absinkt als die eines gefriergetrockneten Präparates, weil die engen Poren leichter durch Verkokung verstopfen als die großen. Untersucht wurde die Bildung von Naphthalin aus β-Isopropylnaphthalin.

Die Textur wird nicht die entscheidende Rolle spielen, wenn die Reaktionen vorwiegend zwischen den Schichten ablaufen, wie es beim Einsatz von Polyoxoaluminium-Smectiten erwartet wird. Auch hierfür ist ein schönes Beispiel aus den Arbeiten von Pinnavaia (114) bekannt. Trotz weitgehender Delamination auch nach der Bildung der Polyoxoaluminiumionen im Laponit® – diskrete (00*l*)-Reflexe werden nicht gefunden – ist die Krackselektivität sehr ähnlich einem nicht delaminierten Polyoxoaluminium-Montmorillonit und durchaus vergleichbar mit handelsüblichen zeolithischen Katalysatoren. Da verschieden hoch geladene Silicatschichten unter Ausnutzung der Delamination der Smectite gemischt werden können (Kap. 2.3.2; 3.2.5) (80), besteht eine weitere Möglichkeit zur Veränderung der Oberflächenstruktur und der Beeinflussung katalytischer Vorgänge (79, 104).

Ein instruktives Beispiel für die Bedeutung der Textur liefern die in der Erdölindustrie eingesetzten Krackkatalysatoren. Während ursprünglich sauer aktivierte kalzinierte Kaoline benutzt wurden, sind Zeolithe die gegenwärtigen Katalysatoren. Die Schlüsselrolle der Kaoline beruht dabei nicht nur auf der Herstellung der Zeolithe aus Metakaolinit. Vielmehr wird die ausgeprägte Tendenz der Kaolinitplättchen zur Bildung voluminöser Aggregate ausgenutzt, um bestimmte Porenstrukturen der die Zeolithkristalle einschließenden Matrix aufrechtzuerhalten (63).

9.7.6 Enzymatische Reaktionen

Nach zahlreichen Arbeiten über Tonmineral/Enzym-Wechselwirkungen in den fünfziger und sechziger Jahren (164) steigt das Interesse an derartigen Reaktionen jetzt wieder an, da genauere analytische Methoden und reinere Verbindungen und Enzyme zur Verfügung stehen. Die Immobilisierung von Enzymen an Trägern wird heute technisch ausgenutzt, doch hat die Bindung an Tonminerale vorerst kaum Bedeutung.

Die Wechselwirkung mit den Tonmineralen verringert im allgemeinen die Aktivität des Enzyms (s. auch Kap. 6.6.2). Als Beispiel seien genannt die verzögerte Hydrolyse von Albumin und Hämoglobin durch Pepsin und Pankreatin in Gegenwart von Montmorillonit (34) und von organischen Phosphorsäureestern (Fraktosediphosphat, Phytin, Lecithin) durch Phosphatase (97). Ursache kann die Einschränkung des Reaktionsraumes in Gegenwart des Tonminerales sein. Der geometrische Zwang ist besonders ausgeprägt, wenn das Enzym im Bereich der aufgeweiteten Randzonen der Smectite oder gar im Schichtzwischenraum operiert. Darüberhinaus können aktive Zentren des Enzyms durch die Wechselwirkung mit dem Tonmineral blockiert werden. In anderen Fällen wird die Aktivität durch die Adsorption des

Substrates verringert. Unter Umständen bestimmt die Reihenfolge des Zusammengebens von Tonmineral, Substrat und Enzym, ob der eine oder andere Mechanismus überwiegt. Die Abhängigkeit der Aktivität von der Reihenfolge des Zusammentretens der Reaktanten wurde mehrfach beobachtet (z. B. 94, 144).

Die Aktivität eines Enzyms kann durch die Art der Immobilisierung beeinflußt werden. Glucoseoxidase wird unterhalb des isoelektrischen Punktes (pH = 4,35) über elektrostatische Wechselwirkungen im Schichtzwischenraum und unter Entknäuelung gebunden und desaktiviert. An Trimethyl-hexadecylammonium-Montmorillonit wird das Enzym über van-der-Waals-Kräfte festgehalten und zwar unabhängig von seinem Ladungszustand im pH-Bereich von 3 – 8. Es kann nicht in den Schichtzwischenraum eindringen. Bei dieser Art von Wechselwirkung bleibt ein hohes Maß von Aktivität erhalten (53).

Eine typische Folge der Enzym/Tonmineral-Wechselwirkungen ist die Verschiebung des pH-Wertes der optimalen Aktivität um bis zu 2 Einheiten auf Grund elektrostatischer Wechselwirkungen (164). Wenn das Enzym über van-der-Waals-Kräfte gebunden wird, ist mit einem solchen Einfluß nicht zu rechnen. In der Tat liegt das Maximum der an Trimethyl-hexadecylammonium-Montmorillonit gebundenen Glucoseoxidase bei gleichem pH-Wert wie für das freie Enzym; das Maximum ist sogar schärfer ausgeprägt.

Naidja und Siffert (105) haben einen weiteren Effekt beschrieben: Die Gegenwart des Tonminerals führt zu einem etwas anderen Endprodukt. Normalerweise bauen das Enzym (1-Glutamatdehydrogenase) und das Coenzym (Nicotinamid-adenin-dinucleotid) Glutaminsäure (I) in α-Ketoglutarsäure (II) um; mit Montmorillonit bilden sich dagegen (bei allerdings reduzierter Aktivität) α-Hydroxyglutarsäure (III) und Spuren von Buttersäure:

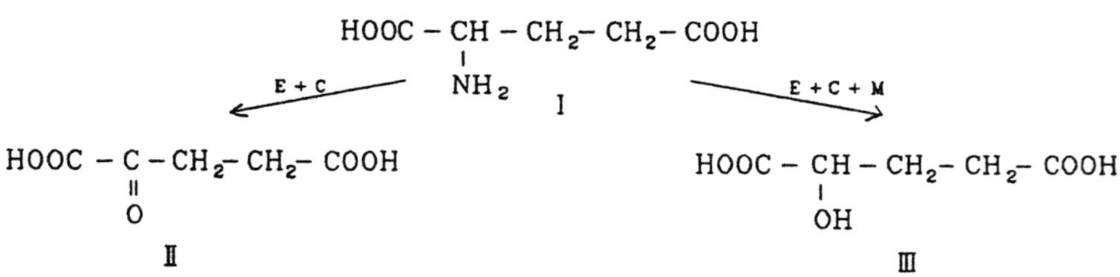

(E, C, M = Enzym, Coenzym, Montmorillonit)

Die Reaktion läuft im Schichtzwischenraum des Montmorillonits ab und wird durch die erhöhte Acidität des Zwischenschichtwassers begünstigt. Die Aktivität des Enzyms ist bei Natriumzwischenschichtionen deutlich höher als bei Kupfer- und Manganionen, die die Glutaminsäure (Substrat) durch Komplexbildung vor der Deaminierung schützen.

Das Tonmineral kann auch als eine Art Coenzym wirken. Ein eindrucksvolles Beispiel, wiederum für die Deaminierung der Glutarsäure, hat Mortland (98) beschrieben. Die Umwandlung in α-Ketoglutarsäure gelingt auch mit Pyridoxalphosphat, einem wichtigen Co-Faktor im Enzymsystem für den Metabolismus von Aminosäuren, wenn Cu^{2+}-Montmorillonit zugesetzt wird. Nur das ternäre System Pyridoxalphosphat + Cu^{2+} + Montmorillonit ist katalytisch aktiv. Demnach können komplexe, katalytisch aktive Systeme aus einer reaktionsfähigen organischen Verbindung und einem Tonmineral als anorganische Komponente aufgebaut werden.

9.7.7 Kohlefreie Durchschreibepapiere

Kohlefreie Durchschreibepapiere bestehen aus einer Basisschicht (CF, Abb. 9.26), die der Deckschicht zugekehrt einen Belag aus sauer aktiviertem Bentonit (eingestellt auf $pH = 9-10$) trägt. Als Binder werden Polystyrol-Butadienlatex oder Stärke verwandt. Die Rückseite der Deckschicht ist mit einer Schicht aus Leukofarbstoffen belegt, die in Mikrokapseln aus Gelatine oder Polyurethan eingeschlossen sind. Unter dem Druck eines Schreibstiftes brechen die Mikrokapseln auf, und der Leukofarbstoff wird durch Reaktion mit dem sauer aktivierten Montmorillonit in den Farbstoff umgewandelt (37, 147).

Übliche Leukofarbstoffe sind Kristallviolettlacton oder N-Benzoylmethylenblau. Nach Aufbrechen der Kapseln wird das Kristallviolettlacton unter dem Einfluß des Montmorillonits zu Kristallviolett umgelagert:

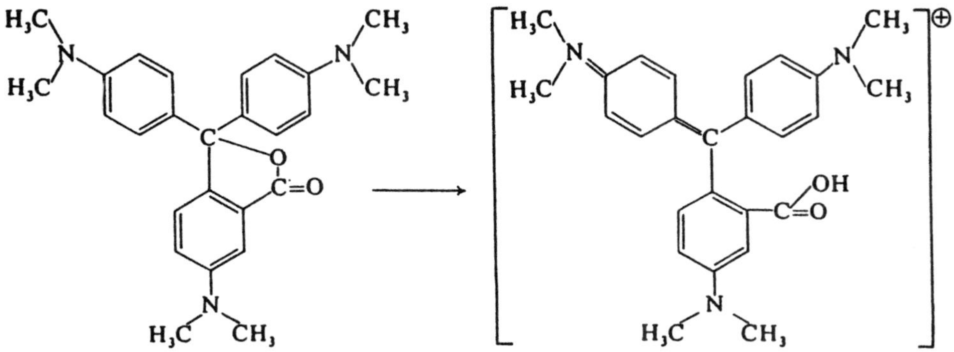

Bei der Reaktion des Benzoylmethylenblaus schließt sich an die Abspaltung der Benzoesäure die Oxidation zum Methylenblau an, die über mehrere Zwischenstufen verläuft (147) und nur vereinfacht so darzustellen ist:

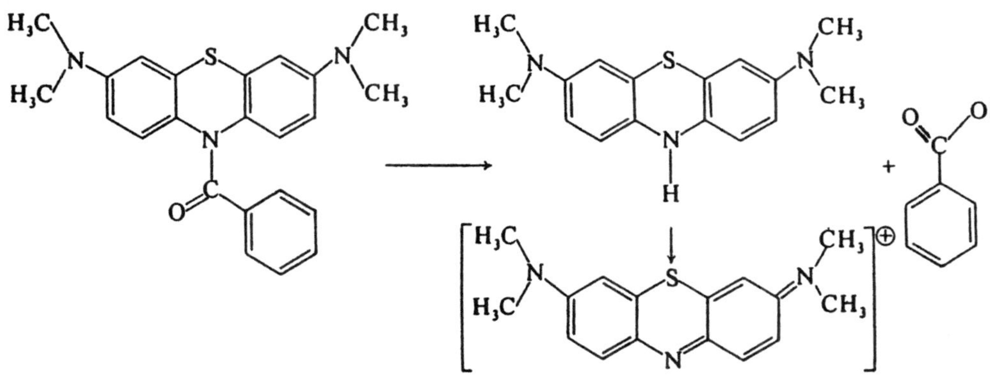

Nach Fahn und Fenderl (37) wird nur ein kleiner Anteil des Farbstoffs vom amorphen SiO_2-Anteil des sauer aktivierten Montmorillonits gebunden. Die Hauptmenge wird zwischen den Schichten des noch einigermaßen intakten Montmorillonits eingelagert, wobei die Ordnung der Schichten zueinander deutlich sichtbar ansteigt. Durch die Einlagerung zwischen den Schichten werden die Farbstoffmoleküle zudem vor dem Ausbleichen geschützt.

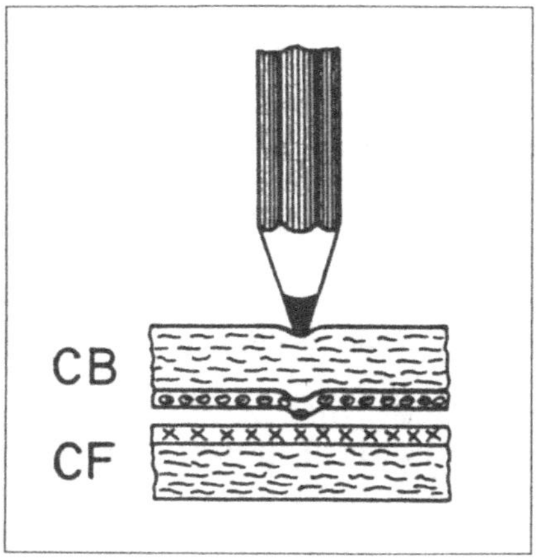

Abb. 9.26. Durchschreibepapiere: Deckschicht (CB) mit dem Leukofarbstoff in Mikrokapseln und Basisschicht (CF) mit Bentonit. (Nach 37)

9.7.8 Tonminerale als Katalysatorträger

Neben dem Einsatz als Katalysatoren werden Bentonite, auch Kaoline und Attapulgit als oberflächenreiche Trägersubstanz vor allem für Metallkatalysatoren benötigt. Die wirksamen Oberflächen liegen bei handelsüblichen Bentoniten zwischen 50 und 200 m^2/g. Der Träger verteilt den feindispersen Katalysator in einem größeren Volumen und soll die Sinterung zu größeren Körnern (Verkleinerung der Katalysatoroberfläche) verhindern oder vermindern. In vielen Fällen geht jedoch die Wirkung des Trägers über die Funktion eines inerten Materials hinaus, indem erst durch das Zusammenwirken von Katalysator und Träger die gewünschte Aktivität und Lebensdauer erreicht wird.

Beschrieben sei noch ein System, das kein echtes katalytisches System darstellt, sondern ein trägergebundenes Reagens, das erst im Zusammenwirken mit dem montmorillonitischen Träger zu einem bequemen präparativen Hilfsmittel wird. Es wird hergestellt durch Imprägnieren von sauer aktiviertem Bentonit mit Lösungen von Eisen(III)-nitrat (Clayfen) oder Kupfernitrat (Claycop) in Aceton (30, 31). Ausgenutzt wird die Reaktionsfähigkeit der an den Metallionen zweizähnig gebundenen Nitrationen gegenüber organischen Verbindungen. Das wasserfreie Eisen(III)-nitrat, das als reine Verbindung nicht zu erhalten ist, wird durch die Adsorption an den Träger stabilisiert. Die Aktivität des Clayfens klingt innerhalb von Stunden ab; Claycop bleibt über lange Zeit stabil.

Die Umsetzungen mit Clayfen und Claycop laufen in vielen Fällen über die Bildung von Nitroniumionen NO^+, die mit den organischen Verbindungen reagieren. So entsteht aus Thiophenol mit Clayfen unter Entwicklung von Stickoxiden sofort das Disulfid:

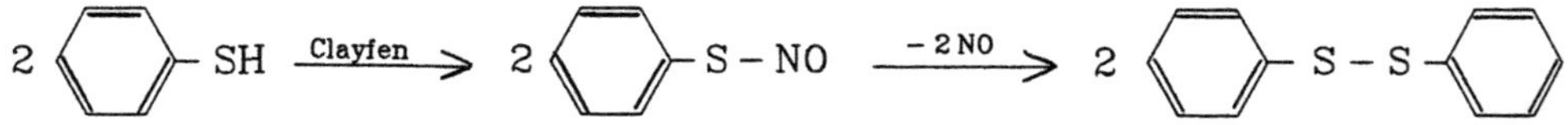

Die Reaktion wird zum Nachweis der Aktivität des Katalysators benutzt.

Von den zahlreichen Reaktionen des trägergebundenen Eisen(III)-nitrats (30, 31) sei die zuverlässige Oxidation der Alkohole zu Aldehyden und Ketonen genannt, ohne daß die Gefahr der Weiteroxidation der Aldehyde zu Säuren besteht. Sie läuft nach der Gleichung ab:

$$3R_1R_2CHOH + 2H^+ + 2NO_3^- \longrightarrow 3R_1R_2CO + 2NO + 4H_2O$$

Die Protonen werden von dem sauer aktivierten Montmorillonit zur Verfügung gestellt, woraus zumindest eine der wesentlichen Ursachen für die Aktivitätssteigerung durch den Träger ersichtlich wird.

9.7.9 Modellversuche zur Bildung von Erdöl

Aus Kleinlebewesen, die in Rand- und Binnenmeeren absinken und in lockere Sedimente eingebettet werden, bilden sich Faulschlämme, die durch mikrobakterielle anaerobe Zersetzung und Verdichtung in Erdgas und Kerogene übergehen. Kerogene sind feste, wenig mobile Polymere, die polyaromatische und polycyclische Ringe und aliphatische Verbindungen enthalten. Bei hohem Druck und hoher Temperatur werden sie unter der Wirkung mineralischer Katalysatoren zu Erdöl zersetzt. Nach heutiger Auffassung ist das Erdöl ursprünglich wohl nur in tonhaltigen Sedimenten entstanden, dann aber in die Sande und Sandsteine eingewandert, in denen heute die Erdöllagerstätten liegen.

Die Wirkung der Tonminerale bei der Bildung des Erdöls umfaßt recht unterschiedliche Prozesse: Rückhaltung und Anreicherung organischer Stoffe, Decarboxylierung und Kracken der organischen Verbindungen.

Durch Bindung verschiedenartigster organischer Stoffe (Kap. 3.3) tragen die Tonminerale zunächst einmal zu einer Anreicherung der organischen Substanz bei. Basische Stickstoffverbindungen, die bei der Zersetzung der Proteine entstehen, können als Base oder nach Protonierung als Kation gebunden werden und die Adsorption anderer, auch hydrophober Stoffe begünstigen. So werden z. B. Triglyceride, Fette und Lipide durch Alkylammoniumsmectite gebunden. Eine Tonne Montmorillonit vermag 100 kg Amine, 150 g Aminosäuren, 150 kg Fettsäuren, 200 kg Kohlenhydrate, 260 kg Polypeptide, 550 kg Proteine und 620 kg Lipide zu binden (179).

Der katalytische Einfluß der Tonminerale auf die Zersetzung und Umwandlung organischer Stoffe wurde mit einfachen Modellsubstanzen untersucht, von denen hier Alkohole (51, 52), Fettsäuren (6, 61, 62) und Alkylammoniumionen (178) genannt seien. Auf die katalytische Umwandlung der Alkohole wurde bereits in Kapitel 9.7.1 hingewiesen.

Die wichtigsten Modellsubstanzen sind die Fettsäuren. Die katalytische Decarboxylierung der Behensäure ($C_{21}H_{43}COOH$) bei 250 °C führt zu einer Mischung verzweigter und unverzweigter Alkane, unter denen vor allem C_{21}-Alkane gefunden wurden, daneben geringe Mengen von Alkanen C_4 bis C_{20} und Spuren höherer Alkane bis C_{28} (6).

Heller-Kallai et al. (61) haben bei der Decarboxylierung und Krackung der Stearinsäure im offenen System eine andere Aktivität der einzelnen Tonminerale gefunden als Almon und Johns (6). Für die Unterschiede können viele Gründe maßgebend sein. Die Mechanismen der Decarboxylierung und Krackung sind nicht vollständig aufgeklärt; sicher ist, daß die aktiven Zentren hauptsächlich an den Kristallrändern liegen (61). Die Reaktionen am Rande der Kristalle hängen empfindlicher von der Herkunft des Tonminerals und evtl. stärker von den experimentellen Bedingungen ab als interlamellar katalysierte Umsetzungen. Zudem führt die Möglichkeit der unterschiedlich starken Adsorption der Fettsäuren durch die verschiedenen Tonminerale zu einer recht empfindlichen Balance zwischen dem Schutz durch die Silicatschichten und der thermischen und katalytischen Zersetzung (62). Bei den Simulationsexperimenten ist besonders zu beachten, ob die Reaktionen im geschlossenen (Beispiel Behensäure) oder offenen System (Beispiel Stearinsäure) ablaufen (62, siehe auch Kap. 9.7.1).

Ein weiterer Befund von Heller-Kallai et al. (61) soll erwähnt werden. Decarboxylierung und Krackung sind zwei unabhängig voneinander ablaufende Prozesse, die in unterschiedlicher Weise durch die verschiedenen Eigenschaften der Tonminerale beeinflußt werden, d.h. die Decarboxylierung muß nicht notwendigerweise der Krackung vorausgehen.

Die thermische Zersetzung langkettiger Alkylammoniummontmorillonite führt schon bei 220–250 °C zu Kohlenwasserstoffgemischen. Weiss und Roloff (178) weisen darauf hin, daß der dabei gebildete H^+-Montmorillonit vom Schichtabstand (9,6–10,1 Å) und der Reaktionsträgheit her einen Illit vortäuschen kann.

Polypeptide werden unter der Wirkung der Brønsted-Säurezentren an den Tonmineraloberflächen gespalten. In einem interessanten Modell hat Weiss (177) gezeigt, daß dazu eine ausreichend hohe Schichtladung erforderlich ist.

Es ist zu beachten, daß mit zunehmender geologischer Tiefe der Montmorillonitanteil auf Kosten von vermiculitischen und illitischen Mineralen abnimmt, daß also die direkte Reaktion im Schichtzwischenraum an Bedeutung verliert (67). Da die für die Erdölbildung wichtigen Reaktionen hauptsächlich an den Rändern und in den aufgeweiteten Randbereichen ablaufen, wird die katalytische Aktivität durch die Blockierung der Schichtzwischenräume bei der Montmorillonit/Illit-Umwandlung nicht vernichtet.

Die katalytische Wirkung der Tonminerale zeigt sich am deutlichsten bei den Zeiträumen, die für die Umwandlung von Modellsubstanzen abgeschätzt wurden (67). Während die nicht katalysierte Zersetzung der Behensäure bei 60 °C etwa 10^{20} Jahre benötigt, könnte sie in Gegenwart eines Tonminerals innerhalb einiger Monate ablaufen!

Literatur

1. Adams JM, Ballantine JA, Graham SH, Laub RJ, Purnell JH, Reid PI, Shaman WJM, Thomas JM (1979) Selective chemical conversions using sheet silicate intercalates: low temperature addition of water to 1-alkenes. J Catalysis 58: 238
2. Adams JM, Bylina A, Graham SH (1981) Shape selectivity in low-temperature reactions of C_6-alkenes catalysed by a Cu^{2+}-exchanged montmorillonite. Clay Min 16: 325
3. Adams JM, Clapp TV, Clement DE (1983) Catalysis by montmorillonites. Clay Min 18: 411
4. Adams JM (1987) Synthetic organic chemistry using pillared, cation exchanged and acid-treated montmorillonite catalysts – a review. Appl Clay Sci 2: 309
5. Allen CC, Wood MI (1988) Bentonite in nuclear waste: a review of research in support of the basalt waste isolation project. Appl Clay Sci 3: 11
6. Almon WR, Johns WD (1976) Petroleum forming reactions: Clay catalyzed fatty acid decarboxylation. In: Bailey SW (ed) Proc Int Clay Conf, Mexico City, 1975. Appl Publ, Wilmette, Ill, pp 399–409
7. Alther G (1986) The effect of the exchangeable cations on the physico-chemical properties of Wyoming bentonites. Appl Clay Sci 1: 273
8. Atkins MP, Smith DJH, Westlake DJ (1983) Montmorillonite catalysts for ethylene hydration. Clay Min 18: 423

9. Ballantine JA (1983) Organic reactions in a clay microenvironment. Clay Min 18: 347
10. Ballantine JA (1986) The reactions in clays and pillared clays. In: Setton R (ed) Chemical reactions in organic and inorganic constrained systems. Reidel, Dordrecht, pp 197 – 212
11. Barrer RM, Hampton MG (1957) Gas chromatography and mixture isotherms in alkylammonium bentonites. Trans Farad Soc 53: 1462
12. Barrer RM, Kelsey KE (1961) Thermodynamics of interlamellar complexes. Trans Farad Soc 57: 452, 625
13. Barrer RM, Perry SG (1961) Sorption of mixtures and selectivity in alkylammonium montmorillonites. I, II. J Chem Soc 842, 850
14. Barrer RM, Millington AD (1967) Sorption and intracrystalline porosity in organo-clays. J Colloid Interface Sci 25: 359
15. Barrer RM, Jones DL (1970) Synthesis and properties of fluorhectorites. J Chem Soc (A) 1970: 1531
16. Barrer, RM (1986) Expanded clay minerals: a major class of molecular sieves. J Inclusion Phenomena 4: 109
17. Bart JC, Cariati F, Erre L, Gessa C, Micera G, Piu P (1979) Formation of polymeric species in the interlayer of bentonite. Clays Clay Min 27: 429
18. Bergk K-H, Woldt D, Schwieger W, Porsch M (1989) Hectorit – ein kristallines Magnesiumsilicat mit Zukunft. Chem Techn 41: 245
19. Blumstein A, Blumstein R, Vanderspurt TH (1969) The twodimensional structure of insertion polymers. J Colloid Interface Sci 31: 236
20. Blumstein A, Parikh KK, Malhotra SL (1971) Influence of the nature of the exchangeable ion on the tacticity of insertion poly(methyl methacrylate). J Polymer Sci A-2, 9: 1681
21. Bors J (1990) Sorption of radioiodine in organo-clays and soils. Radiochimica Acta 51: 139 – 143
22. Boyd SA, Shaobai S, Lee J-F, Mortland M (1988) Pentachlorophenol sorption by organoclays. Clays Clay Min 36: 125
23. Boyd SA, Lee J-F, Mortland MM (1988) Attenuating organic contaminant mobility by soil modification. Nature 333: 345
24. Bundy WM, Ishley JN (1991) Kaolin in paper filling and coating. Appl Clay Sci 5: 397 – 420
25. Burch R (1988) Pillared clays. In: Ross JRH (ed) Catalysis today, vol 2, nos. 2 – 3. Elsevier, Amsterdam, pp 185 – 367
26. Burst JF (1991) The application of clay minerals in ceramics. Appl Clay Sci 5: 421 – 443
27. Chaturvedi AK, Pathak KC, Singh VN (1988) Fluoride removal from water by adsorption on china clay. Appl Clay Sci 3: 337
28. Chenu C, Jaunet AM (1990) Modifications de l'organisation texturale d'une montmorillonite classique liées à l'adsorption d'une polysaccharide. C R Acad Sci Paris, t 30, serie II: 975
29. Clarke GM (1985) Special clays. Industrial Min: 25
30. Cornélis A, Laszlo P, Pennetreau P (1983) Some organic syntheses with clay-supported reagents. Clay Min 18: 437
31. Cornélis A, Laszlo P (1986) Preparative organic chemistry using clays. In: Setton R (ed) Chemical reactions in organic and inorganic constrained systems. Reidel, Dordrecht, pp 213 – 228
32. Durand-Piana, Lafuma F, Audebert R (1987) Flocculation and adsorption properties of cationic polyelectrolytes toward Na-montmorillonite dilute suspensions. J Colloid Interface Sci 119: 474
33. El-Amamy MM, Mill T (1984) Hydrolysis kinetics of organic chemicals on montmorillonite and kaolinite surfaces as related to moisture content. Clays Clay Min 32: 67
34. Ensminger LE, Gieseking JE (1942) Resistance of clay-adsorbed proteins to proteolytic hydrolysis. Soil Sci 53: 205
35. Estes ThJ, Vilker VL (1989) Selective adsorption of low-molecular-weight halocarbons from water by montmorillonite and silica. J Colloid Interface Sci 133: 166
36. Fahn R (1973) Einfluß der Struktur und der Morphologie von Bleicherden auf die Bleichwirkung bei Ölen und Fetten. Fette – Seifen – Anstrichmittel 75: 77
37. Fahn R, Fenderl K (1983) Reaction products of organic dye molecules with acid-treated montmorillonite. Clay Min 18: 447

38. Fahn R, Schall N (1985) Über die Verwendung von Bentoniten in Wasch- und Reinigungsmitteln. Tenside Detergents 22: 57
39. Farzaneh F, Pinnavaia TJ (1983) Metal complex catalysts interlayered in smectite clays. Hydroformylation of 1-hexene with rhodium complexes ion exchanged into hectorite. Inorg Chem 22: 2216
40. Favre H, Lagaly G (1990) Organo-bentonites with quaternary alkylammonium ions. Clay Min 26: 19
41. Figueras F (1988) Pillared clays as catalysts. Catal Rev – Sci Eng 30: 457
42. Forni F, Iannuccelli V, Coppi G, Vandelli MA, Cameroni R (1987) Montmorillonite as a drug carrier: surface deposition of papaverine on the papaverine-veegum complex. Bull Chim Farm 126: 342 – 346
43. Forteza M, Galán E, Cornejo J (1989) Interaction of dexamethasone and montmorillonite-adsorption-degradation process. Appl Clay Sci 4: 437
44. Frenkel M, Heller-Kallai L (1983) Interlayer cations as reaction directors in the transformation of limonene on montmorillonite. Clays Clay Min 31: 92
45. Friedlander HZ (1963) Spontaneous polymerization in and on clays. ACS Div Polymer Chem Reprints 4: 300
46. Fukushima Y, Okada A, Kawasumi M, Kurauchi T, Kamigaito O (1988) Swelling behaviour of montmorillonite by poly-6-amide. Clay Min 23: 27
47. Furukawa T, Brindley GW (1973) Adsorption and oxidation of benzidine and aniline by montmorillonite and hectorite. Clays Clay Min 21: 279
48. Fusi P, Ristori GG, Franci M (1982) Adsorption and catalytic decomposition of 4-nitrobenzene sulphonylmethylcarbamate by smectite. Clays Clay Min 30: 306
49. Fusi P, Franci M, Ristori GG (1989) Interactions of isoxaben with montmorillonite. Appl Clay Sci 4: 235
50. Fusi P, Franci M, Ristori GG (1989) Adsorption of methylcarbamate by montmorillonite. Appl Clay Sci 4: 403
51. Galwey AK (1968) A kinetic investigation of the formation of benzene on heating long-chain (n-C_7-n-C_{18}) saturated aliphatic alcohols on ferric oxide. J Catalysis 12: 352
52. Galwey AK (1970) Reactions of alcohols and of hydrocarbons on montmorillonite surfaces. J Catalysis 19: 330
53. Garwood GA, Mortland MM, Pinnavaia TJ (1983) Immobilization of glucose oxidase on montmorillonite clay: hydrophobic and ionic modes of binding. J Molecular Catalysis 22: 153
54. Gerstl Z, Yaron B (1981) Stability of parathion on attapulgite as affected by structural and hydration changes. Clays Clay Min 29: 53
55. Giannelis EP, Rightor EG, Pinnavaia TJ (1988) Reaction of metal-cluster carbonyls in pillared clay galleries: surface coordination chemistry and Fischer-Tropsch catalysis. J Am Chem Soc 11: 3880
56. Gonzalez F, Pesquera C, Blanco, Benito I, Mendioroz S, Pajares JA (1989) Structural and textural evolution of Al- and Mg-rich palygorskite. I. Under acid treatment. Appl Clay Sci 4: 373
57. Granquist WT, McAtee JL (1963) The gelation of hydrocarbons by montmorillonite organic complexes. J Colloid Sci 18: 409
58. Green RE (1974) Pesticide-clay-water interactions. In: Güenzi WD (ed) Pesticides in soil and water. Soil Science Society of America. Inc Pub, New York, pp 3 – 37
59. Gregory R, Smith DJH, Estlake DJ (1983) The production of ethyl acetate from ethylene and acetic acid using clay catalysts. Clay Min 18: 431
60. Grim RE, Güven N (1978) Bentonites, Geology, Mineralogy, Properties and Uses. Elsevier, Amsterdam
61. Heller-Kallai L, Aizenshtat Z, Miloslavski I (1984) The effect of various clay minerals on the thermal decomposition of stearic acid under "bulk flow" conditions. Clay Min 19: 779
62. Heller-Kallai L (1985) Do clay minerals act as catalysts in the thermal alteration of organic matter in nature? Problems of simulation experiments. Miner Petrogr Acta 29-A: 3
63. Hettinger WP (1991) Contribution to catalytic cracking in the petroleum industry. Appl Clay Sci 5: 445 – 468
64. Inagaki S, Fukushima Y, Doi H, Kamigaito O (1990) Pore size distribution and adsorption selectivity of sepiolite. Clay Min: 25, 99

65. Iwasaki T, Onudera Y, Torii K (1989) Rheological properties of organophilic synthetic hectorites and saponites. Clays Clay Min 37: 248
66. Jepson WB (1984) Kaolins: their properties and uses. Phil Trans R Soc Lond A 311: 411
67. Johns WD (1982) The role of the clay mineral matrix in petroleum generation during burial diageneses. In: Olphen H van, Veniale F (eds) Proc Int Clay Conf, Bologna, Pavia, 1981. Elsevier, Amsterdam, pp 655 – 664
68. Jones TR (1983) The properties and uses of clays which swell in organic solvents. Clay Min 18: 399
68a. Jordan JW, Williams FJ (1954) Organophilic bentonites. III. Kolloid-Z 137: 40
69. Kato C, Kuroda K, Hasegawa K (1979) Electrical conductivity of a montmorillonite-organic complex. Clay Min 14: 13
70. Kato C, Kuroda K, Misawa K (1979) Preparation of montmorillonite-nylon complexes and their thermal properties. Clays Clay Min 27: 129
71. Kato C, Kuroda K, Takahara H (1981) Preparation and electrical properties of quaternary ammonium montmorillonite-polystyrene complexes. Clays Clay Min 29: 294
72. Kim HS, Lamarche C, Verdier A (1983) Étude des interactions entre une polyélectrolyte cationique de type ammonium tertiare et une suspension de bentonite. Colloid Polymer Sci 261: 64
73. Klose D, Tufar W (1982) Natürliche Silicate. In: Bartholomé E et al. (Hrsg.) Ullmanns Enzyklopädie der technischen Chemie, 4. Aufl. Bd 21. VCH, Weinheim, S 376 – 408
74. Komarneni S, Roy DM (1979) Shale as a radioactive waste repository: the importance of vermiculite. J Inorg Nucl Chem 41: 1793
75. Lagaly G (1986) Colloids. In: Arpe HJ et al. (eds) Ullmanns Encyclopedia of Industrial Chemistry, vol A 7. VCH, Weinheim, pp 341 – 367
76. Lagaly G (1968) Anorganische Systeme – Tonmineraldispersionen. In: Kulicke W-M (Hrsg) Zum Fließverhalten von Stoffen und Stoffgemischen. Hüthig und Wepf, Basel, S 147 – 186
77. Lagaly G (1989) Principles of flow of kaolin and bentonite dispersions. Appl Clay Sci 4: 105
78. Lagaly G, Malberg R (1990) Disaggregation of alkylammonium montmorillonites in organic solvents. Colloids Surfaces 49: 11
79. Lagaly G (1990) Surface chemistry and catalysis. In: Pérez-Rodriguez JL, Galán E (eds) Lectures-Conferencias, 6th meeting of the European Clay Groups, Sevilla 1987. Sociedad Española de Arcillas, pp 97 – 115
80. Lagaly G (1992) From clay mineral crystals to clay mineral dispersions. In: Dobiás B (ed) Coagulation and flocculation: theory and application. pp 427 – 494
81. Le Dred R, Wey R (1978) Formation et applications de complexes mica-vermiculite chlorure de sodium. Clay Min 13: 177
82. Le Dred R, Wey R (1978) Formation de complexes mica-vermiculite-halogenure de metal alcalin. Clay Min 13: 187
83. Lee SY, Tank RW (1985) Role of clays in the disposal of nuclear waste: a review. Appl Clay Sci 1: 145
84. Lee JF, Mortland MM, Boyd SA, Chiou CT (1989) Shapeselective adsorption of aromatic molecules from water by tetramethylammonium-smectite. J Chem Soc Faraday Trans I, 85: 2953
85. Lee JF, Mortland MM, Chiou CT, Kile DE, Boyd SA (1990) Adsorption of benzene, toluene and xylene by two tetramethyl-ammonium-smectites having different charge densities. Clays Clay Min 38: 113
86. Lent B van, Israels R, Scheutjens JMHM, Fleer GJ (1990) Interaction between hairy surfaces and the effect of free polymer. J Colloid Interface Sci 137: 380
87. Loto CA, Adebayo H (1990) Effects of variation in water content, clay fraction and sodium carbonate additions on the synthetic moulding properties of Igbokoda clay and silica sand. Appl Clay Sci 5: 165
88. Malla PB, Komarneni S (1990) Synthesis of highly microporous and hydrophilic alumina-pillared montmorillonites: water sorption properties. Clays Clay Min 38: 363
89. Margulies L, Rozen H, Cohen E (1985) Energy transfer at the surface of clays and protection of pesticides from photodegradation. Nature 315: 658
90. Margulies L, Cohen E, Rozen H (1987) Photostabilization of bioresmethrin by organic cations on a clay surface. Pestic Sci 18: 79

91. Margulies L, Rozen H, Cohen E (1988) Photostabilization of a nitromethylene heterocyclic insecticide on the surface of montmorillonite. Clays Clay 36: 159
92. McAtee JL, Robbins RC (1980) Gas chromatographic separation of cresols by various quaternary ammonium substituted montmorillonites. Clays Clay Min 28: 61
93. McBride MB, Johnson MG (1986) Oxidation of benzidine in low-iron smectites: a proposed mechanism. Clays Clay Min 34: 686
94. McLaren AD, Estermann EF (1956) The adsorption and reaction of enzymes and proteins on kaolinite III. Archives of Biochem Biophys 61: 158
95. Meerbeek A van, Ruiz-Hitzky E (1979) Mechanism of grafting of organosilanes on mineral surfaces. Colloid Polymer Sci 257: 178
96. Mingelgrin U, Tsvetkov F (1985) Surface condensation of organophosphate esters on smectites. Clays Clay Min 33: 62
97. Mortland MM, Gieseking JE (1952) The influence of clay minerals on the enzymatic hydrolysis of organic phosphorous compounds. Soil Sci Soc Proc 1952: 10
98. Mortland MM (1984) Diamination of glutamic acid by pyridoxal phosphate-Cu^{2+}-smectite catalysts. J Molecular Catalysis 27: 143
99. Mortland MM, Shaobai S, Boyd SA (1986) Clay-organic complexes as adsorbents for phenol and chlorophenols. Clays Clay Min 34: 581
100. Müller BW (1977) Pharmazeutisch verwendete Silicate In: List PH, Hörhammer L (Hrsg) Hagers Handbuch der pharmazeutischen Praxis, 4. Aufl, Bd VII, Teil B. Springer, Heidelberg, S 269–289
101. Murray HH (1986) Clays. In: Arpe HJ et al (eds) Ullmanns Encyclopedia of Industrial Chemistry vol A 7. VCH, Weinheim, S 109–136
102. Murray HH (1991) Overview – clay mineral applications. Appl Clay Sci 5: 379–395
103. Nabzar L, Pefferkorn E, Varoqui R (1984) Polyacrylamide-sodium kaolinite interactions: flocculation behavior of polymer clay suspensions. J Colloid Interface Sci 102: 380
104. Nadeau P (1987) Clay particle engineering; a potential new technology with diverse applications. Appl Clay Sci 2: 83
105. Naidja A, Siffert B (1989) Glutamic acid deamination in the presence of montmorillonite. Clay Min 24: 649
106. Nakamura Y, Yamagishi A, Iwamoto T, Koga M (1988) Adsorption properties of montmorillonite and synthetic saponite as packing materials in liquid-column chromatography. Clays Clay Min 36: 530
107. Napper DH (1983) Polymeric stabilization of colloidal dispersions. Acad Press, London
108. Neumann BS, Sansom KG (1970) Laponite clay – a synthetic inorganic gelling agent for aqueous solutions of polar organic compounds. J Soc Cosmt Chem 21: 237
109. Neumann BS, Sansom KG (1970) The study of gel formation and flocculation in aqueous clay dispersions by optical and rheological methods. Israel J Chem 8: 315
110. Neumann BS, Sansom KG (1971) The rheological properties of dispersions of laponite, a synthetic hectorite-like clay, in electrolyte solutions. Clay Min 9: 231
111. Nguyen TT (1986) Infrared spectroscopic study of the formamide -Na-montmorillonite complex. Conversion of s-triazine to formamide. Clays Clay Min 34: 521
112. Nolan T, Srinivasan KR, Fogler HS (1989) Dioxin sorption by hydroxyaluminum-treated clays. Clays Clay Min 37: 487
113. Oades JM (1984) Interactions of polycations of aluminium and iron with clays. Clays Clay Min 32: 49
114. Occelli ML, Landau SD, Pinnavaia TJ (1984) Cracking selectivity of a delaminated clay catalyst. J Catalysis 90: 256
115. Odom IE (1984) Smectite clay minerals: properties and uses. Phil Trans R Soc London A 311: 391
116. Olphen H van (1966) Maya Blue: a clay-organic pigment? Science 154: 645
117. Olphen H van (1977) An introduction to clay colloid chemistry. Wiley, New York
118. Overbeek JTG (1982) Strong and weak points in the interpretation of colloid stability. Adv Colloid Interface Sci 16: 17
119. Pefferkorn E, Nabzar L, Carroy A (1985) Adsorption of polyacrylamide to Na-kaolinite: correlation between clay structure and surface properties. J Colloid Interface Sci 106: 94

120. Pefferkorn E, Nabzar L, Varoqui R (1987) Polyacrylamide Na-kaolinite interactions: effect of electrolyte concentration on polymer adsorption. Colloid Polym Sci 265: 889
121. Pérez-Rodríguez JL, Morillo E, Hermosin MC (1985) Interactions of chlordimeform with a vermiculite-decylammonium complex in aqueous and butanol solution. Miner Petrogr Acta 29 A: 155
122. Pérez-Rodríguez JL, Carretero MI, and Maqueda C (1989) Behaviour of sepiolite, vermiculite and montmorillonite as supports in anaerobic digesters. Appl Clay Sci 4: 69
123. Pinnavaia TJ (1983) Intercalated clay catalysts. Science 220: 365
124. Pinnavaia TJ, Tzou M-S, Landau SD, Raythatha RH (1984) On the pillaring and delamination of smectite clay catalysts by polyoxo cations of aluminum. J Molecular Catalysis 27: 195
125. Pinnavaia TJ (1986) Pillared clays: synthesis and structural features. In: Setton R (ed) Chemical reactions in organic and inorganic constrained systems. Reidel, Dordrecht, pp 151 – 164
126. Poncelet G, Schutz A (1986) Pillared montmorillonite and beidellite. Acidity and catalytic properties. In: Setton R (ed) Chemical reactions in organic and inorganic constrained systems. Reidel, Dordrecht, pp 165 – 178
127. Pusino A, Micery G, Gessa C (1991) Interaction of the herbicide acifluorfen with montmorillonite: formation of insoluble Fe^{3+}, Al^{3+}, Cu^{2+}, and Ca^{2+} complexes. Clays Clay Min 39: 50
128. Rupprecht H, Stanislaus F (1973) Einlagerungsverbindungen in pharmazeutisch gebräuchliche Schichtsilikate. I. Freisetzung von Codein durch Elektrolyte und Polymere. Pharm Ind 35: 497
129. Rupprecht H, Stanislaus F, Lagaly G (1975) Einlagerungsverbindungen in pharmazeutisch gebräuchliche Schichtsilikate. II. Zum Mechanismus der Einlagerung von Codein in die Schichtzwischenräume. Colloid Polymer Sci 253: 773
130. Rupprecht H (1987) Silicium dioxide and silicates in drug delivery. In: Müller BW (ed) Controlled Drug Delivery. Wissenschaftliche Verlagsgesellschaft, Stuttgart, pp 197 – 225
131. Sánchez-Camazano M, Sánchez-Martín MJ, Vicente MT, Dominguez-Gil A (1987) Adsorption-desorption of sotalol hydrochloride by Na-montmorillonite. Clay Min 22: 121
132. Sawhney BL (1985) Vapor-phase sorption and polymerization of phenols by smectite in air and nitrogen. Clays Clay Min 33: 123
133. Sawhney BL, Gent MPN (1990) Hydrophobicity of clay surfaces: sorption of 1,2-dibromoethane and trichloroethene. Clays Clay Min 38: 14
134. Sayin M, Beyme B, Reichenbach H Graf von (1979) Formation of metallic silver as related to iron oxidation in K-depleted micas. In: Mortland MM, Farmer VC (eds) Proc Int Clay Conf Oxford 1978. Elsevier, Amsterdam, pp 177 – 186
135. Schall N (1988) Wechselwirkungen von kationischen und anionischen Tensiden in Gegenwart von Bentonit. Tenside, Surfactants, Detergents 25: 14
136. Schutz A, Stone EE, Poncelet G, Fripiat JJ (1987) Separation and characterization of bidimensional zeolithic structures obtained from synthetic beidellite and hydroxyaluminum solutions. Clays Clay Min 35: 251
137. Schutz A, Plee D, Borg F, Jacobs P, Poncelet G, Fripiat JJ (1987) Acidity and catalytic properties of pillared montmorillonite and beidellite. In: Schultz LG, Olphen H van, Mumpton FA (eds) Proc Internat Clay Conf, Denver 1985. The Clay Min Soc Bloomington, Indiana, pp 305 – 310
138. Scott DC, Weber JB (1967) Herbicide phytotoxicity as influenced by adsorption. Soil Sci 104: 151
139. Seefeld V, Bertram R, Starke P, Geßner W (1988) Zum Verhalten des tridekameren Oxo-hydroxo-Al-Kations (Al_{13}) bei der Herstellung von „pillared clays“. Silikattechnik 39: 239
140. Seefeld V (1991) Zur Intercalation von Oxo-hydroxo-Aluminium-Kationen in Smectite. Dissertation, Bergakademie Freiberg
141. Siffert B, Biaba H (1976) The surface reactivity of vermiculite towards hexamethylene diisocyanate. Clays Clay Min 24: 303
142. Siffert B, Espinasse P (1980) Adsorption of organic diacids and sodium poly-acrylate onto montmorillonite. Clays Clay Min 28: 381
143. Simonton TC, Komarneni S, Roy R (1988) Gelling properties of sepiolite versus montmorillonite. Appl Clay Sci 3: 165
144. Skujins IJ, Pukite A, McLaren AD (1974) Adsorption and activity of chitonase on kaolinite. Soil Biol Biochem 6: 179

145. Slabaugh WH, Vasofsky RW (1975) Adsorption of xylene by organo clays. Clays Clay Min 23: 458
146. Solomon DH, Loft BC (1968) The mechanism of spontaneous interlamellar polymerizations in alumino silicates. J Appl Polym Sci 12: 1253
147. Solomon DH, Hawthorne DG (1983) Chemistry of pigments and fillers. Wiley, New York
148. Srasra S, Bergaya F, Damme H van, Agriguib NK (1989) Surface properties of an activated bentonite-decolorization of rape-seed oil. Appl Clay Sci 4: 411
149. Srinivasan KR, Fogler HS (1990) Use of inorgano-organoclays in the removal of priority pollutants from industrial waste waters. Clays Clay Min 38: 277, 287
150. Stockmeyer M, Kruse K (1991) Adsorption of zinc and nickel ions and phenol and diethyl ketone by bentonites of different organophilicities. Clay Min 26:431
151. Street GB, White D (1963) Adsorption by organo-clay derivatives. J Appl Chem 13: 288
152. Stul MS, Leemput L van (1982) The texture of montmorillonites as influenced by the exchangeable cation and the drying method. Surface Technology 16: 89, 101
153. Stul MS, Leemput L van, Rutsaert M, Uytterhoeven JB (1983) Adsorption of organic vapors on alkylammonium montmorillonites. J Colloid Interface Sci 92: 222
154. Stul MS, Leemput L van, Leplat L, Uytterhoeven JB (1983) The adsorption of organic vapors on alkylammonium smectites. J Colloid Interface Sci 94: 154
155. Stul MS (1985) The prosity of deferrated montmorillonites: ethanol and methylbromide sorption. Clay Min 20: 301
156. Stul MS, Bock J de (1985) Adsorption of n-aliphatic alcohols from dilute aqueous solutions on R-NH_3-montmorillonites. Clays Clay Min 33: 350
157. Stutzmann T, Siffert B (1977) Contribution to the adsorption mechanism of acetamide and polyacrylamide onto clays. Clays Clay Min 25: 392
158. Sugahara Y, Kuroda K, Kato C (1987) The preparation of various n-alkylammonium-montmorillonite-polyacrylonitrile intercalation compounds and their carbothermal reduction in N_2. Clay Sci 7: 17
159. Sugahara Y, Sugimoto KI, Kuroda K, Kato C (1988) Preparation of silicon carbide and aluminum silicon carbide from a montmorillonite – polyacrylonitrile intercalation compound by carbothermal reduction. J Am Ceram Soc 71: C325
160. Sugahara Y, Kuroda K, Kato C (1988) The formation of β-sialon in the carbothermal reduction process of montmorillonite-polyacrylonitrile intercalation compounds at 1100 °C. Ceramics Internat 14: 1
161. Suquet H, Chevalier S, Marcilly C, Barthomeuf D (1991) Preparation of porous materials by chemical activation of the Llano vermiculite. Clay Min 26: 49 – 60
161a. Takahashi T, Yamaguchi M (1991) Host-guest interactions between swelling clay minerals and poorly water-soluble drugs. II. J Colloid Interface Sci 146: 556
162. Taramasso M, Veniale F (1969) Gas-chromatographic investigations on dimethyldioctadecyl ammonium derivatives of different clay minerals. Contr Mineral and Petrol 21: 53
163. Taramasso M, Lagaly G, Weiss A (1971) Gaschromatographische Verwendung und Oberflächeneigenschaften von Dimethyldioctadecylammonium-Derivaten quellungsfähiger glimmerartiger Schichtsilicate. Kolloid Z Z Polymere 245: 508
164. Theng BKG (1979) Formation and properties of clay-polymer complexes. Elsevier, Amsterdam, pp 188
165. Tsugita A, Takemoto S, Mori K, Yoneya T, Otani Y (1983) Studies on O/W emulsions stabilized with insoluble montmorillonite-organic complexes. J Colloid Interface Sci 95: 551
166. Tsvetkov F, Mingelgrin U (1987) Optically selective adsorption of α-amino acids on montmorillonite-Cu-l-lysine complexes in high-pressure liquid chromatography. Clays Clay Min 35: 391
167. Tsvetkov F, Mingelgrin U, Lahav N (1990) Cross-linked hydroxy-Al-montmorillonite as a stationary phase in liquid chromatography. Clays Clay Min 38: 380
168. Vali H, Köster HM (1986) Expanding behaviour, structural disorder, regular and random irregular interstratification of 2 : 1 layer silicates studied by high-resolution images of transmission electron microscopy. Clay Min 21: 827
169. Vasofsky RW, Slabaugh WH (1976) Dimethyldioctadecylammonium clay xylene vapor interactions. J Colloid Interface Sci 55: 342

170. Villemure G (1990) Effect of negative surface-charge densities of smectite clays on the adsorption isotherms of racemic and enantiomeric tris(2,2-bipyridyl) ruthenium(II)chloride. Clays Clay Min. 38: 623
171. Villemure G, Bard AJ (1990) Clay modified electrodes. Part 10. Studies of clay-adsorbed $Ru(bpy)_3^{2+}$ enantiomers by UV-visible spectroscopy and cyclic voltammetry. J Electroanal Chem 283: 403
172. Walter D, Saehr D, Wey R (1990) Les complexes montmorillonite-Cu(II)-benzene: une contribution. Clay Min 25: 343
173. Wang MC, Huang PM (1989) Pyrogallol transformations as catalyzed by nontronite, bentonite and kaolinite. Clays Clay Min 37: 525
174. Weber JB (1972) Interaction of organic pesticides with particulate matter in aquatic and soil systems. Adv in Chemistry Series 111: 55
175. Weber JB, Weed SB, Waldrep TW (1974) Effect of soil constituents on herbicide activity in modified-soil field plots. Weed Sci 22: 454
176. Weiss A (1962) Neuere Untersuchungen über die Struktur thixotroper Gele. Rheologica Acta 2: 292
177. Weiss A (1963) Mica-type layer silicates with alkylammonium ions. Clays Clay Min, vol X: 191
178. Weiss A, Roloff G (1965) Die Rolle organischer Derivate von glimmerartigen Schichtsilicaten bei der Bildung von Erdöl. In: Rosenqvist IT, Graff-Petersen P (eds) Proc Clay Conf Stockholm 1963, vol 2. Pergamon Press, Oxford, pp 373 – 378
179. Weiss A, Roloff G (1966) Über die Einlagerung symmetrischer Triglyceride in quellungsfähige Schichtsilicate. In: Heller L, Weiss A (eds) Proc Int Clay Conf, Jerusalem, 1966, vol 1. Israel Prog Sci Transl, Jerusalem, pp 263 – 275
180. Weiss A (1981) Replikation und Evolution in anorganischen Systemen. Angew Chem 93: 843
181. Weiss A (1989) About sealing of waste disposals by clays with special consideration of organic compounds in percolating water. Appl Clay Sci 4: 193
182. White JL (1975) Protonation and hydrolyses of s-triazines by Ca-montmorillonite as influenced by substitutions at the 2-, 4- and 6-positions. In: Bailey SW (ed) Proc Int Clay Conf 1975, Appl Publ, Wilmette, Illinois, pp 391 – 398
183. Yamagishi A, Fujita N (1984) Racemic adsorption of a bis(chelated) cobalt(III) complex by colloidally dispersed sodium montmorillonite. J Colloid Interface Sci 100: 136
184. Yamagishi A (1987) Use of an organic-clay mineral complex for chromatographic separation of optical isomers. In: Schultz LG, Olphen H van, Mumpton FA (eds) Proc Int Clay Conf, Denver, 1985. The Clay Minerals Soc, Bloomington, Indiana, pp 329 – 334
185. Yamanaka S, Nishihara T, Hattori M (1987) Preparation and properties of titania pillared clay. Materials Chemistry and Physics 17: 87
186. Yariv S, Lahav N, Lacher M (1976) On the mechanism of staining montmorillonite by benzidine. Clays Clay Min 24: 51

Anhang

Tabelle 2.1. Strukturformeln und kristallographische Daten der Kaolinminerale.

Kaolinit Dickit Nakrit 7 Å-Halloysit (Metahalloysit)	$Al_2[Si_2O_5(OH)_4]$
10 Å-Halloysit	$Al_2[Si_2O_5(OH)_4] \cdot 2H_2O$

	Raumgruppe	a_0 (Å)	b_0 (Å)	c_0 (Å)	α (°)	β (°)	γ (°)
Kaolinit [1]	*C*1	5,16	8,94	7,40	91,7	104,9	89,8
Dickit [2]	*Cc*	5,14	8,92	14,39		96,7	
Nakrit [3]	*Cc*	8,91	5,15	15,70		113,7	
7 Å-Halloysit [4]	*Cc*	5,14	8,90	14,9		101,9	
10 Å-Halloysit [4]	*Cc*	5,14	8,90	14,9		99,7	

[1] (19); [2] (130); [3] (22); [4] (138)

Tabelle 2.2. Röntgendiagramme von Kaolinit und Dickit.

	Kaolinit[1]			Dickit[2]	
hkl	*d* (Å)	*Int.*	*hkl*	*d* (Å)	*Int.*
001	7,160	10	002	7,152	100
020	4,46	4	020, $11\bar{1}$	4,442	30
$1\bar{1}0$	4,36	5	110	4,362	30
			021	4,264	20
111	4,18	5			
$1\bar{1}\bar{1}$	4,13	3	112	4,119	65
			111	3,954	10
$02\bar{1}$	**3,845**	4			
021	3,741	2	022	3,790	55
002	3,573	10	$11\bar{3}$, 004	3,578	90
			112	3,428	20
111	3,372	4			
			023	**3,261**	8
$11\bar{2}$	**3,144**	3			
$1\bar{1}\bar{2}$	**3,097**	3	$11\bar{4}$	**3,095**	10
			113	**2,936**	8
022	**2,753**	3	024	**2,794**	10
			$11\bar{5}$	2,657	2
$1\bar{3}0$, $20\bar{1}$	2,558	6	130, $20\bar{2}$	2,558	35
$13\bar{1}$	2,526	4			
$1\bar{3}\bar{1}$, 200	2,491	8	114, 132, $\bar{2}00$	2,505	50
003	2,379	6	006	2,386	15
$20\bar{2}$, $1\bar{3}1$	**2,338**	9	132, $20\bar{4}$	**2,324**	95
131	**2,288**	8			
			$13\bar{4}$, 202	2,211	15
201	**2,186**	3	220	2,183	2
$02\bar{3}$	2,131	3	042	2,132	2
			026	2,104	5
$22\bar{2}$	2,061	2	$22\bar{4}$	2,062	2
			043	2,026	3
$20\bar{3}$, $1\bar{3}2$	**1,989**	6	$20\bar{6}$, 134	**1,974**	40
132	1,939	4	$22\bar{5}$, 116	1,937	5

Tabelle 2.2. (Fortsetzung)

Kaolinit[1] *hkl*	*d* (Å)	*Int.*	Dickit[2] *hkl*	*d* (Å)	*Int.*
$13\bar{3}$	1,896	3	044	1,896	10
			$13\bar{6}$, 204, 223	**1,860** 1,852	15
$1\bar{3}\bar{3}$, 202	**1,839**	4			
$11\bar{4}$, $2\bar{2}\bar{3}$	1,809	2	$22\bar{6}$	1,805	8
004	1,781	4	008, $11\bar{8}$	1,790	10
			045	1,764	3
$2\bar{2}2$	1,707	2	224	1,717	3
$24\bar{1}$	1,685	2	$24\bar{1}$, $31\bar{2}$ 150, $24\bar{2}$	1,685	10
$20\bar{4}$, $1\bar{3}3$, $1\bar{5}\bar{1}$	1,662	7	$15\bar{2}$, 240	1,668	10
			151, $20\bar{8}$, 136	1,650	50
			314, 310	1,643	5
			241	1,626	3
$1\bar{5}1$, 133	**1,619**	6			
			152, $24\bar{4}$	1,611	10
$13\bar{4}$	1,584	4	$31\bar{5}$, 225	1,589	10
			$15\bar{4}$	1,573	3
			$13\bar{8}$, 206 153, $22\bar{8}$	1,557 1,552	20
$22\bar{4}$, $1\bar{3}\bar{4}$, $31\bar{3}$	**1,542** br	5			
			312	1,526	3
			047	1,507	3
060, $33\bar{1}$, $3\bar{3}\bar{1}$	1,489	8	060, $33\bar{2}$	1,489	40

[1] (40); [2] (9)

Anmerkung: Die zur Identifizierung wichtigen Röntgeninterferenzen sind durch **Fettdruck** hervorgehoben.

Tabelle 2.3. Röntgendiagramme des Halloysit.

10 Å-Halloysit[1] (Halloysit)			7 Å-Halloysit[2] (Metahalloysit)		
hkl	*d* (Å)	Int.	*hkl*	*d* (Å)	Int.
001	10,1	10	001	7,41	6
02	4,46	8	02, 11	4,432	10
			002	3,603	4
003	3,40	5			
20	2,56	5	13,20	2,575	4
			?	2,493	?
			003	2,405	1
?	2,37	3	?	2,34	?
04	2,23	3	04, 22	2,222	1/2
			004	1,805	1/2
24	1,67	3	31, 15, 24	1,680	2
06	1,48	5	06, 33	1,484	5

[1] (175); [2] (39)

Tabelle 2.4. Chemische Analysen von Kaolinmineralen.

	Idealer Kaolinit [%]	Kaolinit[1] von Keokuk, USA [%]	Dickit[2] von Barkley East, S. Afrika [%]	Nakrit[3] von Hirvi-vaara, Finnland [%]	7 Å-Halloysit[4] vom Djebel Debar, Marokko [%]
SiO_2	46,55	46,40	46,43	46,32	46,20
TiO_2		–	–	sp.	0,02
Al_2O_3	39,50	39,52	39,54	39,65	39,84
Fe_2O_3		0,09	0,15	0,05	0,17
MgO		0,15	0,17	sp.	0,02
CaO		0,23	–	0,08	0,34
Na_2O		0,09	0,03		0,01
K_2O		0,01	0,02		0,02
H_2O	13,95	13,90	14,20	14,21	14,00
	100,00	100,39	100,54	100,31	100,62
Si	775	776	774	772	770
Al	775	775	776	778	781
H	1550	1543	1576	1577	1554

Anmerkungen: Das Atomzahlenverhältnis reiner Kaolinminerale entspricht dem des idealen Kaolinits innerhalb der analytischen Meßgenauigkeit.

[1] (132); [2] (232); [3] (134); [4] (95)

Tabelle 2.5. Chemische Haupt-, Neben- und Spurenbestandteile in Industriekaolinen.

	Hirschau FP 80		Zettlitz Premier		Cornwall China Clay 10	
	Rohprobe [%]	Fraktion <2 µm ∅ [%]	Rohprobe [%]	Fraktion <2 µm ∅ [%]	Rohprobe [%]	Fraktion <2 µm ∅ [%]
SiO_2	47,24	46,35	46,81	46,93	47,66	47,21
TiO_2	0,35	0,34	0,23	0,18	0,03	0,02
Al_2O_3	37,79	37,21	37,84	37,36	37,30	38,49
Fe_2O_3	0,36	0,42	0,81	0,92	0,51	0,35
MgO	0,12	0,11	–	–	0,26	0,26
CaO	0,04	0,07	0,20	0,19	0,03	0,03
Na_2O	0,03	0,07	0,03	0,02	0,06	0,02
K_2O	0,46	0,63	0,71	0,51	1,53	0,61
H_2O	12,81	n. b.	13,71	n. b.	12,38	n. b.
	99,20		100,34		99,76	
Kaolinit	93,1	91,9	89,0	91,9	86,4	92,9
Muskovit	3,5	6,5	6,6	5,0	7,9	4,1
K-Feldsp.	0,6	–	0,1	–	2,4	1,1
Quarz	2,1	0,9	3,2	2,1	2,8	1,5
Akzessor.	0,7	0,7	1,1	1,0	0,5	0,4
	[ppm]	[ppm]	[ppm]	[ppm]	[ppm]	[ppm]
Ti	2100	2040	1380	1080	180	120
Cr	23	27	12	15	1	5
Mn	20	30	18	46	92	24
Ni	–	12	6	–	–	–
Cu	199	103	5	8	33	50
Zn	30	118	43	49	22	32
Pb	625	885	126	166	15	23
Li	35	18	–	–	330	43
Rb	54	40	172	72	227	75
Sr	60	112	99	139	30	42
Ba	1300	1600	400	400	<300	<300
P	995	1280	465	680	370	270

Anmerkungen: Haupt- und Spurenbestandteile und Mineralbestand bei Köster (144). Spurenbestandteile bei Köster (142) ergänzt durch Hilz (116).

Tabelle 2.6. Verringerung chemischer Neben- und Spurenbestandteile durch Magnetreinigung einer Schnaittenbacher Kaolinprobe Kick K 1 nach Hilz (116).

	Originalprobe [%]	magnetgereinigte Probe [%]
TiO_2	0,30	0,08
Fe_2O_3	0,36	0,29
MgO	0,05	0,03
CaO	0,08	0,07
Na_2O	0,04	0,04
K_2O	0,55	0,45
	[ppm]	[ppm]
Cr	30	24
Mn	76	37
Co	<4	<4
Ni	<4	<4
Cu	200	110
Zn	37	32
Pb	640	150
Li	19	19
Rb	41	34
Sr	63	9
Ba	900	<200
P	940	380
S	42	10
	[ppb]	[ppb]
Cd	50	37
Tl	199	109
Bi	1116	258

Tabelle 2.7. Optische Daten der Kaolinminerale (253).

Mineral	n_x	n_y	n_z	opt. Charakter $n_y - n_z$
Kaolinit	1,553 – 1,563	1,559 – 1,569	1,560 – 1,570	(–) 0,007 – 0,007
	Y ∆ a = + 2½° bis 3½°			
Dickit	1,560 – 1,561	1,562 – 1,563	1,566 – 1,568	(+) 0,006 – 0,007
	Y ∆ a = + 14° bis 20°			
Nakrit	1,557 – 1,560	1,562 – 1,563	1,563 – 1,566	(–) 0,006 – 0,006
	Y ∆ a = + 10° bis 12°			
10 Å-Halloysit	n = 1,528 – 1,542			
7 Å-Halloysit	n = 1,549 – 1,551			

Tabelle 2.8. Strukturformeln der Serpentinminerale.

A. **Chrysotil**	röllchenförmig $Mg_3[Si_2O_5(OH)_4]$
B. **Antigorit**	wellenförmige Blättchen $m(Mg_{3(1-1/m)})[Si_2O_5(OH)_{1+3(1-2/m)}]$
C. **Lizardit**	ebene Blättchen
Mg-Lizardit	$Mg_3[Si_2O_5(OH)_4]$
Al-Lizardit	$Mg_{3-x}(Al, Fe^{3+})_x[Si_{2-x}(Al, Fe^{3+})_xO_5(OH)_4]$
Ni-Lizardit	$Mg_{3-x}Ni_x[Si_2O_5(OH)_4]$
Amesit	$(Mg, Fe^{2+})_2Al_1[Si_1Al_1O_5(OH)_4]$
Berthierin	$(Fe^{2+}, Mn^{2+}, Mg)_{3-x}(Fe^{3+}, Al)_x[Si_{2-x}Al_xO_5(OH)_5]$
Greenalit	$(Fe^{2+}, Mg, Mn^{2+})_3[Si_2O_5(OH)_4]$
Cronstedtit	$(Fe^{2+}, Mg)_{3-x}Fe^{3+}{}_x[Si_{2-x}Fe^{3+}{}_xO_5(OH)_4]$

Tabelle 2.9. Kristallographische Daten der Serpentinminerale.

	Modifikation	Raum-gruppe	a_0 (Å)	b_0 (Å)	c_0 (Å)	β (°)	γ (°)
Klino-Chrysotil	2 M_{c1}		5,34	9,25	14,65	93,3	
Klino-Chrysotil	1 M_{c1}		5,35	9,25	7,35	94,2	
Ortho-Chrysotil	2 Or_{c1}		5,34	9,25	14,63	90	
Para-Chrysotil			5,3	9,24	14,7	90	
Antigorit		Pm od. $P2/m$	43,3	9,23	7,27	91,6	
Lizardit	1 T	$P31m$	5,31	5,31	7,31		120
Lizardit	2 H_1	$P6_3cm$	5,31	5,31	14,62		120
Amesit	2 H_1, 2 H_2, 6 R_2, 6 R_1	$C1$	5,319	9,208	14,060	90,27	89,96 $\alpha = 90,01$
Berthierin			5,40	9,36	$c * \sin\beta =$ 7,10 Å	104,5	
Greenalit	1 T	$P31m$	5,60	5,60	7,21	90	120
Greenalit	1 M	Cc	5,60	9,70	7,44	104,2	
Cariopilit			5,65	9,78	7,50	104,5	
Cronstedtit	1 T, 2 H_1, 2 H_2, 3 T		5,49	9,51	$c * \sin\beta =$ $n * 7,08$ Å		

Tabelle 2.10. Röntgendiagramme von Berthierin und Chrysotil.

Berthierin[1)]				Klinochrysotil[2)]			Klinochrysotil (85 %) + Orthochrysotil (15 %)		
monokl. *hkl*	*d* (Å)	Int.	rhomb. *hkl*	monokl. *hkl*	*d* (Å)	Int.	*d* (Å)	Int.	rhomb. *hkl*
001	7,04	10	001	002	7,36	10	7,36	10	
020	4,66	2	020	020	4,58	6	4,56	6	
110	4,57	2	–	004	3,66	10	3,66	8	
111	4,27	½	–	130	2,66	4	2,66	2	
021	3,89	1	021				2,614	4	201
002	3,513	10	002	201	2,594	4			
022	2,796	?	022	20$\bar{2}$	2,549	6	2,547	1	
201	2,673	4	200				2,500	6	202
–	2,514	9	201	202	2,456	8			
202, 131	2,399	4	–	040			2,285	1	
–	2,332	½	–	203	2,280	2			
201, 132	2,269	½	–	20$\bar{4}$	2,215	2	2,212	1	
	2,137	6	202	204	2,096	6	2,093	4	
203, 132	2,007	1	–				1,972	1	205
133, 202	1,890	1	–	008	1,829	2	1,828	2	
	1,765	4	203	206	1,748	6	1,746	4	
	1,69	?		060	1,536	8	1,531	7	
204, 133	1,662	½	–	0.0.10	1,465	2	1,464	2	
331, 060	1,552	7	060						

1) (34); 2) (272)

Tabelle 2.11. Optische Daten der Serpentinminerale (253).

Mineral	n_x	n_y	n_z	opt. Charakter $n_y - n_x$
Chrysotil-α	1,538 – 1,560		1,546 – 1,567	(–) 0,008 – 0,007
Chrysotil-γ	1,532 – 1,552		1,546 – 1,561	(+) 0,013 – 0,009
Antigorit	1,546 – 1,568	1,551 – 1,571	1,552 – 1,572	(–) 0,006 – 0,004
Berthierin	1,627 – 1,654	1,632 – 1,660	1,632 – 1,660	(–) 0,005 – 0,006

Tabelle 2.12. Strukturformeln und kristallographische Daten von Talk und Pyrophyllit.

Talk $Mg_3[Si_4O_{10}(OH)_4]$

Pyrophyllit $Al_2[Si_4O_{10}(OH)_2]$

	Modifikation	Raumgruppe	a_0 (Å)	b_0 (Å)	c_0 (Å)	α (°)	β (°)	γ (°)
Talk		$C\bar{1}$	5,293	9,179	9,496	90,57	98,91	90,03
Pyrophyllit	1 Tc	$C\bar{1}$	5,161	8,958	9,351	90,03	100,37	89,75
Pyrophyllit	2 M	*Cc*	5,172	8,958	18,67		100	

Tabelle 2.13. Röntgendiagramme von Pyrophyllit und Talk.

Pyrophyllit[1)] monoklin *hkl*	d (Å)	Int.	Pyrophyllit[1)] triklin *hkl*	d (Å)	Int.	Talk[2)] triklin *hkl*	d (Å)	Int.
002	9,21	100	001	9,20	80	001	9,34	sst
004	4,61	40	002	4,60	30	002	4,68	s
						020	4,56	st
020, 110, 021	4,42 br.	60	110	4,42	100			
11$\bar{2}$, 111, 022	4,18 br.	90				0$\bar{2}$1, 021	4,14	ss
			02$\bar{1}$	4,06	60			
			1$\bar{1}$1, 111	3,764		1$\bar{1}$1, 111	3,85	ss
			11$\bar{2}$	3,492	5			
			1$\bar{1}\bar{2}$	3,454	5			
			022	3,178	20			
006	3,069	100	003	3,069	100	003	3,115	s
			112	2,953	20			
			11$\bar{3}$	2,741	3			
			1$\bar{1}\bar{3}$	2,710	4			
130, 20$\bar{2}$	2,571	15	20$\bar{1}$, 130	2,569	30			
						130	2,632	ms
			13$\bar{1}$, 200	2,547	30	200, $\bar{1}\bar{3}$1	2,598	m
200	2,550	15						
13$\bar{2}$, 026	2,534	20	1$\bar{3}\bar{1}$	2,532	40			
						1$\bar{3}$1, 131	2,48 br.	st
132, 20$\bar{4}$	2,419 br.	45	20$\bar{2}$, 131	2,416	80			
202	2,352	1	201, 113	2,341	10			
13$\bar{4}$	2,334	3						
008	2,303	4	004	2,300	5	004	2,336	ss
						040	2,284	ss

Tabelle 2.13. (Fortsetzung)

	Pyrophyllit[1] monoklin			triklin			Talk[2] triklin	
hkl	*d* (Å)	Int.	*hkl*	*d* (Å)	Int.	*hkl*	*d* (Å)	Int.
220	2,216 br.	1	$2\bar{2}0$, 220	2,215 br.	4			
134	2,166	9	$1\bar{1}4$, 041	2,170	15			
							2,219 br.	m
$20\bar{6}$	2,151	9	$20\bar{3}$, 132	2,152	15			
222	2,086	10	$22\bar{1}$, $13\bar{3}$	2,083	20			
							2,103 br.	m
$13\bar{6}$, 028	2,059	15	$02\bar{4}$, $1\bar{3}\bar{3}$	2,059	25			
136	1,892	6	$2\bar{2}2$, $20\bar{4}$	1,887 br.	12		1,994	ms
0010	1,842	10	005	1,841	10	005	1,871	m
	1,6879	14		1,6894	12		1,731	s
	1,6662	15		1,6674	12			
	1,6469	20		1,6529	30		1,688 br.	s
	1,6313	15		1,6327	20			
060, $33\bar{2}$	1,4935	20	060, $33\bar{1}$, $3\bar{3}\bar{1}$, $22\bar{4}$	1,4929	30		1,527	mst
314	1,4898	5	$3\bar{1}2$	1,4894	10			

Anmerkungen: Ab $d = 2{,}0$ Å sind alle Reflexe mit Intensitäten < 5 beim Pyrophyllit und alle schwachen und sehr schwachen Reflexe beim Talk weggelassen.
Intensitäten beim Talk: sst = sehr stark, st = stark, m = mittel, ms = mittelschwach, s = schwach, ss = sehr schwach.

[1] (42); [2] (224)

Tabelle 2.14. Chemische Analysen von Pyrophyllit und Talk.

	Pyrophyllit[1] (Probe M3-B) [%]	Talk[2] [%]
SiO_2	63,93	61,6
TiO_2	0,31	–
Al_2O_3	28,28	0,03
Cr_2O_3	–	0,05
Fe_2O_3	0,29	–
FeO	0,14	4,45
MnO	–	0,03
NiO	–	0,16
MgO	0,02	28,7
CaO	0,011	0,01
Na_2O	sp.	–
K_2O	0,02	–
F	0,35	0,10
Cl	–	0,02
Glühverlust	6,14	n. b.
	99,59	95,15

	Probe M3-B	Mittel[3] aus 9	Anal. Probe	Mittel[3] aus 11
Tetraederpositionen				
Si	3,94	3,88	3,99	3,97
Al	0,06	0,12	0,01	0,03
Oktaederpositionen				
Al	2,00	2,01	–	0,02
Fe^{3+}	0,01	–	–	0,01
Fe^{2+}	0,01	0,01	0,24	0,07
Ni^{2+}	–	–	0,01	0,03
Mg	0,01	0,02	2,77	2,89
Zwischenschichtpositionen				
Ca	0,01	–	–	0,01
O	10		10	
OH	1,93		1,98	
F	0,07		0,02	

[1] (249); [2] (81); [3] (140)

Tabelle 2.15. Strukturformeln der wichtigsten Glimmer.

trioktaedrische Glimmer	
Phlogopit	$K\ Mg_3\ [AlSi_3O_{10}(OH, F)_2]$
Biotit	$K\ (Mg, Fe^{2+})_{3-x}(Fe^{3+}, Al)_x[Al_{1+x}Si_{3-x}O_{10}(OH, F)_2]$ { wobei x stets <1 }
dioktaedrische Glimmer	
Muskovit	$K\ Al_2\ [AlSi_3O_{10}(OH, F)_2]$
Illit* (Mittel)	$K_{0,7}M^{+}_{0,1}(Al, Fe^{3+})_{1,7}(Mg, Fe^{2+})_{0,3}[Si_{3,5}Al_{0,5}O_{10}(OH)_2]$
Glaukonit* (Mittel)	$K_{0,7}M^{+}_{0,1}(Fe^{3+}, Al)_{1,5}(Mg, Fe^{2+})_{0,5}[Si_{3,7}Al_{0,3}O_{10}(OH)_2]$
Seladonit* (Mittel)	$K_{0,9}(Fe^{3+}, Al)_{1,1}(Mg, Fe^{2+})_{0,9}[Si_{4,0}O_{10}(OH)_2]$

*) (140)

Tabelle 2.16 a. Kristallographische Daten der wichtigsten dioktaedrischen Glimmer.

	Modi-fikation	Raum-gruppe	a_0 (Å)	b_0 (Å)	c_0 (Å)	β (°)	γ
Muskovit	1M	*C2/m*	5,208	8,995	10,275	101,58	
	$2M_1$	*C2/c*	5,189	8,995	20,097	95,18	
	$2M_2$	*C2/c*	9,017	5,210	20,437	100,4	
	3T	$P3_112$	5,203		29,998		120
Glaukonit	1M	*C2/m*	5,234	9,066	10,16	100,5	
Seladonit	1M	*C2/m*	5,23	9,06	10,13	100,92	

Tabelle 2.16 b. Häufigkeit der Glimmermodifikationen in den Gesteinen.

	häufig	mäßig häufig	selten
Phlogopite/Biotite	1M, 1Md	3T	$2M_1$
Muskovite	$2M_1$	1M, 1Md	3T
Phengite	1M, 1Md, 3T	$2M_1$	$2M_2$
Illite (diokt.)	$2M_1$, 1Md, 1M		3T
Glaukonite	1M, 1Md		
Seladonite	1M, 1Md		

Tabelle 2.17. Röntgendiagramme der Modifikationen des Phlogopit.

1M-Modifikation[1]			2M$_1$-Modifikation[2]			3T-Modifikation[3]		
hkl	*d* (Å)	Int.	*hkl*	*d* (Å)	Int.	*hkl*	*d* (Å)	Int.
001	9,97	>100	002	10,13	>100	0003	10,13	>100
002	5,02	6	004	5,056	18	0006	5,022	23
020	4,588	7	110, 020	4,612	19	$10\bar{1}0$	4,596	8
110	4,553	5				$10\bar{1}1$	4,546	8
			021	4,515	7			
			112	4,079	5			
111	3,923	3				$10\bar{1}4$	3,941	3
			023	3,814	18			
$11\bar{2}$	3,654	7				$10\bar{1}5$	3,663	7
			$11\bar{4}$	3,540	33			
022	3,389	20				$10\bar{1}6$	3,393	45
003	3,348	>100	006	3,362	>100	0009	3,393	>100
			114	3,283	38			
112	3,144	10	$11\bar{5}$	3,156	9	$10\bar{1}7$	3,148	21
			025	3,040	40			
$11\bar{3}$	2,916	7	115	2,926	8	$10\bar{1}8$	2,917	21
			$11\bar{6}$	2,818	22			
023	2,708	3				$10\bar{1}9$	2,710	12
130, $20\bar{1}$	2,642	7	$13\bar{1}$	2,651	22	$11\bar{2}1$	2,643	10
200, $13\bar{1}$	2,614	30	116	2,624	>100	$11\bar{2}2$	2,618	30
004, 113, 131, $20\bar{2}$	2,515	15	008	2,522	28	0.0.0.12, $1.0.\bar{1}.10$, $11\bar{2}4$	2,513	52
$13\bar{2}$, 201	2,430	15	133	2,439	40	$11\bar{2}5$	2,431	17
			117	2,361	16			
$22\bar{1}$	2,292	3	220, 040	2,304	9	$20\bar{2}1$	2,296	3

Tabelle 2.17. (Fortsetzung)

1M-Modifikation[1]			2M$_1$-Modifikation[2]			3T-Modifikation[3]		
hkl	*d* (Å)	Int.	*hkl*	*d* (Å)	Int.	*hkl*	*d* (Å)	Int.
220 132 20$\bar{3}$	2,26	?	13$\bar{5}$	2,270	9	11$\bar{2}$7	2,259	2
041	2,24	?				20$\bar{2}$3	2,243	2
13$\bar{3}$ 202	2,170	15	135	2,180	45	11$\bar{2}$8	2,171	21
			224	2,039	21			
005	2,012	30	0.0.10	2,017	66	0.0.0.15	2,011	>100
20$\bar{4}$ 133	1,995	7	13$\bar{7}$	2,000	20	1.1.$\bar{2}$.10	1,996	12
13$\bar{4}$ 203	1,910	2	137	1,914	5	1.1.$\bar{2}$.11	1,908	4
20$\bar{5}$ 134	1,748	?	139	1,751	3	1.1.$\bar{2}$.13	1,748	3
			227	1,737	5			
13$\bar{5}$ 204	1,674	15	153	1,677	47	1.1.$\bar{2}$.14	1,675	35
060	1,535	15	060 330	1,538	50	30$\bar{3}$0	1,536	25
061 330	1,517	2?	062	1,521	10	30$\bar{3}$1	1,516	2?
Gitterkonstanten								
	$a_0 =$ 5,312 Å $b_0 =$ 9,20 Å $c_0 =$ 10,204 Å β = 99,82°			$a_0 =$ 5,347 Å $b_0 =$ 9,227 Å $c_0 =$ 20,252 Å β = 95,02°			$a_0 =$ 5,317 Å $c_0 =$ 30,168 Å	

[1] (7); [2] (278); [3] (239)

Tabelle 2.18. Röntgendiagramme der Modifikationen des Muskovit (277).

1M-Modifikation			$2M_1$-Modifikation			3T-Modifikation		
hkl	*d*(Å)	Int.	*hkl*	*d*(Å)	Int.	*hkil*	d(Å)	Int.
001	10,077	>100	002	10,014	>100	0003	9,969	>100
002	5,036	37	004	5,021	55	0006	4,991	53
020	4,488	90	110	4,478	55	$10\bar{1}0$	4,492	19
			$11\bar{1}$	4,458	65	$10\bar{1}1$	4,460	19
$11\bar{1}$	**4,349**	27	021	4,391	14			
			111	**4,296**	21			
021	**4,115**	16	022	**4,109**	4			
			112	3,973	12			
			$11\bar{3}$	**3,889**	37	$10\bar{1}4$	**3,873**	10
			023	**3,735**	32			
$11\bar{2}$	**3,660**	60						
						$10\bar{1}5$	**3,596**	8
			$11\bar{4}$	**3,500**	44			
003 } 022 }	3,356	>100	006 } 024 }	3,351	>100	0009	3,331	>100
			114	**3,208**	47			
112	**3,073**	5				$10\bar{1}7$	**3,110**	10
			025	**2,999**	47			
113	**2,929**	6						
			115	**2,871**	35	$10\bar{1}8$	**2,884**	16
			$11\bar{6}$	**2,803**	22			
023	**2,689**	16				$10\bar{1}9$	**2,68**	~4
			$13\bar{1}$	2,589	50	$11\bar{2}1$	2,589	15
130	2,582	50	116	2,580	45			
$13\bar{1}$	2,565	90	312	2,562	90	$11\bar{2}2$	2,564	27
200	2,550	22						
			008	2,514	20	0.0.0.12	2,499	11
			$13\bar{3}$	2,458	19	$11\bar{2}4$	2,457	7
131	2,450	11	202	2,446	12			
$13\bar{2}$	2,405	4	$20\bar{4}$	2,396	10			
$11\bar{4}$	2,380	12	133	2,380	24	$11\bar{2}5$	2,384	8
040	2,246	8	$22\bar{1}$ } 040 }	2,247	12	$20\bar{2}0$	2,254	5
			041	2,236	5			
220	2,219	7	221	2,201	5	$11\bar{2}7$	2,222	4
041	2,191	4	223	2,184	7	2023	2,197	4
$13\bar{3}$	2,156	20	222	**2,149**	10			
			043 } 135 }	**2,132**	23	$11\bar{2}8$	2,136	12
			044	2,051	6	$202\bar{6}$	2,056	3

Tabelle 2.18. (Fortsetzung)

1M-Modifikation			$2M_1$-Modifikation			3T-Modifikation		
hkl	*d*(Å)	Int.	*hkl*	*d*(Å)	Int.	*hkil*	d(Å)	Int.
005	2,013	32	0.0.10	2,010	75	0.0.0.15	1,999	47
			13$\bar{7}$	1,975	14			
133	1,957	7				1.1.$\bar{2}$.10	1,966	7
13$\bar{4}$	1,900	4						
						1.1.$\bar{2}$.11	1,885	2
			13$\bar{9}$	1,736	6			
			150 } 24$\bar{1}$ }	1,699	6			
11$\bar{6}$	1,668	18	2.0.$\overline{10}$	1,670	12			
151	1,653	12	31$\bar{4}$	1,653	17	1.1.$\bar{2}$.14	1,654	10
204	1,635	12				21$\bar{3}$5	1,638	3
						21$\bar{3}$6	1,614	3
			313	1,602	7			
						21$\bar{3}$8	1,551	2
						1.1.$\bar{2}$.16	1,521	6
135	1,514	4						
060	1,499	33	33$\bar{1}$ } 060 }	1,499	40	30$\bar{3}$0	1,502	11
Gitterkonstanten								
$a_0 =$ 5,208 Å $b_0 =$ 8,995 Å $c_0 =$ 10,275 Å β = 101,58°			$a_0 =$ 5,189 Å $b_0 =$ 8,995 Å $c_0 =$ 20,097 Å β = 95,18°			$a_0 =$ 5,203 Å $c_0 =$ 29,988 Å β = 120°		

Anmerkung: Die zur Identifizierung der Muskovitmodifikationen wichtigen Röntgenreflexe sind durch **Fettdruck** hervorgehoben.

Tabelle 2.19. Röntgendiagramme von 1M-Glimmern.

	Illit[1] (trioktaedr.) Carden Wood, Scotland		Illit[2] St. Austell, Cornwall		Illit[2] Fithian, Illinois		Glaukonit[3] St. Francis County, Missouri		Glaukonit[4] Unt. Regensbg. Grünsandstein, Bad Abbach		Seladonit[5] Wind River, Washington	
hkl	*d*(Å)	Int.	*d*(Å)	Int.	*d*(Å)	Int.	*d*(Å)	Int.	*d*(Å)	Int.	*d*(Å)	Int.
001	10,0	10	10,1	10	10,1	9	9,94	4	10,0	10	9,97	5
002	4,94	2	4,98	5	4,98	3	4,91	2				
020 ⎫			4,50	9					4,53	6	4,53	9
⎬	4,47	9			4,48	9	4,49	5				
$11\bar{1}$ ⎭			4,35	2					4,38	4	4,35	4
			3,85	2								
$11\bar{2}$	3,68	2br.	3,62	7			3,67	5br.	3,65	5br.	3,635	8
003 ⎫									3,34	4	3,35	6
⎬	3,32	9	3,32	9	3,33	9	3,313	8				
022 ⎭									3,31	2	3,318	7
112	3,16	½	3,08	7	3,07	2	3,092	4br.	3,10	4	3,087	8
$11\bar{3}$	2,86	1	2,89	4	2,85	2	2,859	4			2,90	1br.
023			2,67	3			2,681	2			2,678	8
130											2,604	7
$13\bar{1}$	2,60	6	2,57	10	2,57	10	2,582	10	2,586	9	2,580	10
131	2,50	1	2,47	3	2,46	3br.						
$13\bar{2}$,201	2,41	4	2,38	5	2,38	3br.	2,402	5br.	2,40	6br.	2,402	8
040,$22\bar{1}$			2,25	4	2,25	3br.	2,256	2	2,27	2	2,264	2
220,041							2,191	½			2,209	3
$13\bar{3}$	2,158	2	2,14	5			2,141	3br.	2,14	2	2,148	3
202											2,092	1
005	1,982	1	1,99	9	1,99	3br.	1,999	3br.	1,98	2		
			1,71	2			1,718	2	1,71	2		
151 ⎫	1,689 ⎫											
⎬	⎬	3	1,65	5br.	1,65	3br.	1,656	2br.	1,66	3br.	1,65	2br.
204 ⎭	1,639 ⎭											
			1,58	1?								
060,$33\bar{1}$	1,53	6	1,50	9	1,50	9	1,516	10	1,51	8	1,509	6

[1] (264); [2] (154); [3] (103); [4] (143); [5] (273)

Tabelle 2.20. Chemische Analysen von Illiten.

	Interlake, Williston Basin, Montana <0,5 µm ∅		Silver Hill Jefferson Canyon, Montana <0,5 µm ∅		Eau Claire, Illinois Basin, Illinois <0,5 µm ∅	
	roh	Na_2CO_3 behandelt	roh	Na_2CO_3 behandelt	roh	Na_2CO_3 behandelt
	[%]	[%]	[%]	[%]	[%]	[%]
SiO_2	51,5	51,1	55,1	53,6	53,6	52,2
TiO_2	0,77	0,79	0,63	0,66	0,82	0,81
Al_2O_3	28,5	28,2	22,0	20,6	21,7	21,2
Fe_2O_3	0,61	0,54	5,28	4,91	2,81	2,87
FeO	0,91	0,91	1,34	1,56	1,24	1,27
MgO	3,0	2,7	2,8	3,0	3,4	3,5
CaO	0,05	0,06	0,02	0,02	0,03	0,03
Na_2O	0,10	0,14	0,08	0,10	0,08	0,10
K_2O	9,07	8,91	8,04	7,81	7,08	7,12
KAV [mval/100 g]	12	10	15	14	20	19
Tetraederpositionen						
Si	3,42	3,44	3,65	3,68	3,69	3,67
Al	0,58	0,56	0,35	0,32	0,31	0,33
Oktaederpositionen						
Al	1,65	1,67	1,37	1,35	1,45	1,42
Fe^{3+}	0,03	0,03	0,26	0,25	0,14	0,15
Fe^{2+}	0,05	0,05	0,08	0,09	0,07	0,08
Mg	0,30	0,27	0,28	0,30	0,35	0,37
Σ Kat.	2,03	2,02	1,99	1,99	2,01	2,02
Zwischenschichtpositionen						
Ca^{2+}	0,01	0,01	–	–	–	–
K^+	0,77	0,77	0,68	0,68	0,62	0,64
M^+	0,05	0,04	0,06	0,06	0,08	0,08
Σ Lad.	0,84	0,83	0,74	0,74	0,70	0,72

Anmerkungen: Die Illitanalysen wurden der Arbeit von Hower und Mowatt (122) entnommen und die Strukturformeln nach Köster (141) neu berechnet.

Tabelle 2.21. Chemische Analysen von Glaukoniten und Seladoniten.

	Wanggrünsandstein, Burgberg/Grünten[1]		Unt. Regensburger Grünsandstein, Schloßberg/ Bad Abbach[1]		Seladonit Thorshavn, Strömö, Färöer[2]
	<0,2 µm ∅	Körner	<0,2 µm ∅	Körner	
	[%]	[%]	[%]	[%]	[%]
SiO_2	49,66	50,24	50,71	48,08	54,14
Al_2O_3	12,74	13,07	8,77	7,46	6,38
Fe_2O_3	13,07	14,88	18,23	18,46	11,57
FeO	2,58	1,68	1,26	1,70	4,47
MgO	3,51	3,72	3,58	3,59	5,71
CaO	0,21	0,11	0,18	0,15	0,04
Na_2O	0,10	0,18	0,07	0,09	–
K_2O	7,94	8,15	6,36	7,23	9,89
H_2O	9,20	7,68	11,07	10,82	n. b.
	99,01	99,71	100,26	97,58	92,20
KAV [mval/100 g]	11	9	20	17	n. b.
Tetraederpositionen					
Si	3,66	3,62	3,75	3,72	3,94
Al	0,34	0,38	0,25	0,28	0,06
Oktaederpositionen					
Al	0,76	0,73	0,52	0,40	0,49
Fe^{3+}	0,72	0,80	1,02	1,08	0,63
Fe^{2+}	0,16	0,10	0,08	0,11	0,27
Mg	0,39	0,40	0,39	0,41	0,62
Σ Kat.	2,03	2,03	2,01	2,00	2,01
Zwischenpositionen					
K^+	0,75	0,75	0,60	0,72	0,92
M^+	0,05	0,04	0,09	0,08	–
Σ Lad.	0,80	0,79	0,69	0,80	0,92

[1] (137); [2] (47)

Tabelle 2.22. Spurenelemente in Glaukoniten (137).

	Wanggrünsandstein, Burgberg/Grünten		Unt. Regensburger Grünsandstein, Schloßberg/Bad Abbach	
	<0,2 µm ∅ [ppm]	Körner [ppm]	<0,2 µm ∅ [ppm]	Körner [ppm]
Ti	600	360	540	9470
V	270	260	180	140
Cr	390	360	260	240
Mn	60	75	90	310
Co	69	39	28	37
Ni	10	122	124	87
Cu	12	13	6	31
Zn	63	98	97	80
Pb	17	44	21	5
Li	44	49	22	20
Rb	138	63	81	118
Sr	9	10	6	9
Ba	n.b.	96	n.b.	100
B	400	350	220	280
C	7500	1400	3400	5800
N	2040	1890	1680	2680
P	175	260	220	175

Tabelle 2.23. Spurenelemente in Glaukoniten verglichen mit Tonschiefern und Glimmern.

	Glaukonitglimmer <0,2 µm ∅		Glaukonitkörner		Glaukonite (anderer Autoren)	Tonschiefer [5]	Biotite, Phlogopite [6]	Muskovite [6]
	Kohler und Köster (137)							
	Streuber. [ppm]	Mittel [ppm]	Streuber. [ppm]	Mittel [ppm]	[ppm]	[ppm]	[ppm]	[ppm]
Ti	240–1320	710	180–9470	1860	2000 [1]	4600		
V	160–300	217	90–300	200	100–300 [1]	130		
Cr	135–411	249	148–386	258	15–100 [2]	90	340–6360	340
Mn	47–147	73	48–309	120	200–500 [1]	850	390–7000	390
Co	0–87	39	29–50	38	1–3 [2]	19		
Ni	10–124	69	41–176	105	10–20 [2]	68	40–1800	200
Cu	3–34	15	0–131	52	1–16 [2]	45	40–200	40
Zn	57–174	82	48–184	105	–100 [2]	95	200–1450	400
Pb	15–51	33	5–59	21	20–500 [1]	20		
Li	17–44	30	10–77	31	68–122 [2]	66	–3300	
Rb	73–173	116	63–144	116	196–227 [3]	140	200–6400	1830
Sr	4–93	30	9–54	23	10–116 [3]	300	8–355	42
Ba	n. b.	n. b.	10–144	85	–100 [4]	580	450–8500	270
B	60–490	290	220–510	382	550–730 [2]	100		
C	34000–17000	8000	800–5800	3900	10200 [1]			
N	900–2500	1400	700–2700	1500				
P	100–8000	1300	100–7500	1700				

[1] (131); [2] (276); [3] (125); [4] (210); [5] (255); [6] (221)

Tabelle 2.24. Strukturformeln der Smectite, gemittelte Werte nach (140) und (164)

Dioktaedrische Smectite	
Montmorillonit	$M^{+}{}_{0,4}(Al_{1,5}Fe^{3+}{}_{0,1}Mg_{0,4})_{2,0}[Si_{4,0}O_{10}(OH)_2]$
Beidellit	$M^{+}{}_{0,5}(Al_{2,0})_{2,0}[Al_{0,5}Si_{3,5}O_{10}(OH)_2]$
Nontronit (Al-reich)	$M^{+}{}_{0,4}(Al_{1,1}Fe^{3+}{}_{0,7}Mg_{0,3})_{2,1}[Al_{0,4}Si_{3,6}O_{10}(OH)_2]$
Nontronit	$M^{+}{}_{0,4}Fe^{3+}{}_{1,6}Al_{0,2}Mg_{0,3})_{2,1}[Al_{0,4}Si_{3,6}O_{10}(OH)_2]$
Nontronit (montmorillonitartig)	$M^{+}{}_{0,4}(Fe^{3+}{}_{1,2}Al_{0,2}Mg_{0,7})_{2,1}[Si_{4,0}O_{10}(OH)_2]$
Wolchonskoit	$M^{+}{}_{0,5}(Cr^{3+}{}_{1,2}Fe^{3+}{}_{0,2}Mg_{0,8})_{2,2}[Al_{0,3}Si_{3,7}O_{10}(OH)_2]$
Trioktaedrische Smectite	
Stevensit	$M^{+}{}_{0,2}Mg_{2,9}[Si_{4,0}O_{10}(OH)_2]$
Hectorit	$M^{+}{}_{0,3}(Mg_{2,7}Li_{0,3})_{3,0}[Si_{4,0}O_{10}(OH)_2]$
Swinefordit	$M^{+}{}_{0,4}(Al, Fe^{3+})_{1,1}Mg_{0,7}Li_{1,0}[Al_{0,1}Si_{3,9}O_{10}(OH)_2]$
Saponit	$M^{+}{}_{0,5}Mg_{3,0}[Al_{0,5}Si_{3,5}O_{10}(OH)_2]$
Saponit (Fe-reich)	$M^{+}{}_{0,4}(Fe^{3+}{}_{0,5}Fe^{2+}{}_{0,4}Mg_{2,0})[Al_{0,7}Si_{3,3}O_{10}(OH)_2]$
Ferro-Saponit	$M^{+}{}_{0,8}(Fe^{2+}{}_{2,0}Mg_{1,0})_{3,0}[Al_{0,8}Si_{3,2}O_{10}(OH)_2]$
Sauconit	$M^{+}{}_{0,4}(Zn, Mg)_{2,8}(Al, Fe^{3+})_{0,2}[Al_{0,6}Si_{3,4}O_{10}(OH)_2]$
Sauconit (Al-reich)	$M^{+}{}_{0,2}(Zn,Mg)_{1,8}(Al, Fe^{3+})_{1,0}[Al_{0,8}Si_{3,3}O_{10}(OH)_2]$

Tabelle 2.25. Kristallographische Daten wichtiger Smectite.

		a_0 (Å)	b_0 (Å)	c_0 (Å)	β (°)
Montmorillonit	monokl.	5,17	8,94	17,7	90
Beidellit	rhomb.	5,18	8,99	17,57	
Saponit	monokl.	5,333	9,233	15,42	96,66

Tabelle 2.26. Basisinterferenzen von Smectiten und Vermiculiten (Texturpräparate).

	Montmorillonite (Na^+ oder Ca^{2+}-belegt)			Mg-Vermiculite	
	Ethylen-glycol	Glycerin		Glycerin	
	d(Å)	*d*(Å)	Int.	*d*(Å)	Int.
001	17,0	17,8	100	14,3	100
002	8,50	8,90	15	7,15	4
003	5,67	5,93	5	4,77	8
004	4,25	4,45	9	3,58	22
005	3,40	3,56	11	2,86	35
006	2,83	2,97	6	2,38	1
007	2,43	2,54	$\ll 1$	2,04	3
008	2,13	2,23		1,79	1
009	1,89	1,98		1,59	1
0.0.10	1,70	1,78		1,43	4

Tabelle 2.27. Nichtbasis-Interferenzen der Smectite.

	Na-Montmorillonit Clay Spur, Wyoming (1)		Montmorillonit Amory, Missouri (2)		Nontronit Hundsangen, Westerwald (3)		Stevensit Springfield, New Jersey (4)		Hectorit Hector, Californien (5)		Saponit Milford, Utah (6)	
hk	*d*(Å)	Int.	*d*(Å)	Int.	*d*(Å)	Int.	*d*(Å)	Int.	*d*(Å)	Int.	*d*(Å)	Int.
02,11	4,51	8	4,50	8	4,53	5	4,54	10	4,58	10	4,51	8
13,20	2,59	4br.	2,58	5br.	2,57	3br.	2,618	9	2,66	8	2,58	5
04,22	2,250	3	2,250	1	2,265	1	2,279	2	2,289	1	2,26	1
15,24,31	1,701	3	1,702	2	1,720	1	1,725	4	1,751 1,692	} 5	1,72	3
?					1,673	1						
06,33	1,503	6	1,505	6	1,514	4	1,520	9	1,530	10	1,52	9
26,40	1,300	2br.	1,299	1br.	1,306	2br.	1,314	7	1,323 1,304	} 7	1,31	5
17,35,42	1,254	2	1,252	1	1,260	1br.	1,265	2	1,269	1	1,26	1

(1) (78); (2) (78); (3) (146); (4) (33); (5) (194); (6) (49)

Tabelle 2.28. Röntgendiagramm des Ca-Beidellit von der Black Jack Mine, Idaho (Glycerinpräparat) (268).

hkl	*d*(Å)	Int.
001	17,57	10
020,110,021	4,48	10
022	3,95	10
023	3,54	10
024	3,17	2
025	2,76	1
200,130,201	2,57	8
202	2,52	10
203	2,36	8
204,040,220	2,24	2
041,042	2,19	2
240,310,150,241	1,693	6
242	1,663	8
243	1,623	6
244	1,573	1
245	1,528	1
060,330	1,498	10

Tabelle 2.29. Chemische Analysen von Montmorilloniten (Tonfraktionen < 0,6 µm ∅ von Bentoniten) (258).

	Kumhausen Nieder-Bayern [%]	Oberviecht Nieder-Bayern [%]	Tsukinuno-Mine Yamagata Japan [%]	Polkville Mississippi (Nr. 21) USA [%]	Upton Wyoming (Nr. 25) USA [%]
SiO_2[1]	53,97	55,15	56,29	53,85	54,67
Al_2O_3[1]	17,06	17,54	18,79	17,69	19,35
Fe_2O_3[2]	2,04	2,08	1,40	1,60	1,84
FeO	0,37	0,20	0,50	0,47	0,37
MgO	3,48	4,17	3,61	4,50	2,57
CaO	0,12	0,11	0,15	0,08	0,11
Na_2O	0,32	0,90	0,26	0,33	0,26
K_2O	0,10	0,22	0,39	0,36	0,36
Schicht-Ladung	0,36	0,39	0,39	0,36	0,36
Tetraederpositionen					
Si	4,00	3,97	3,97	3,94	3,95
Al	–	0,03	0,03	0,06	0,05
Oktaederpositionen					
Al	1,49	1,46	1,53	1,47	1,59
Fe^{3+}	0,11	0,12	0,07	0,09	0,10
Fe^{2+}	0,03	0,01	0,03	0,02	0,03
Mg	0,39	0,44	0,39	0,49	0,28
Σ Kat.	2,02	2,03	2,02	2,07	2,00
Zwischenschichtpositionen					
M^+	0,36	0,39	0,39	0,36	0,36

Anmerkungen: [1] „Amorphes" SiO_2 und Al_2O_3 wurden nach der Methode von Hashimoto und Jackson (107) analysiert und subtrahiert. [2] Nach Reduktion lösliche Eisenverbindungen wurden nach der Methode von Roth et al. (225) analysiert und subtrahiert.

Tabelle 2.30. Schichtladung von Montmorilloniten verschiedener Teilchengröße.

Bentonit	Fraktion (µm ∅)	mittlere Schichtladung je Formeleinheit $(Al, Mg)_2 [(Si, Al)_4 O_{10}]$
Otay[1) (API No. 24)	<0,1	0,33
	0,1–2	0,33
Illinois[1)	<0,2	0,29
	0,2–2	0,30
Schwaiba[1) (Niederbayern)	0,06–0,6	0,28
	0,6–2	0,27
Amory[1) (API No. 22 b)	<0,1	0,27
	0,1–2	0,27
Niederschönbuch[2) (Niederbayern, M 39)	<0,06	0,28
	0,06–0,6	0,28
	0,6–2	0,28
	2–63	0,28
Wyoming[2) („Greenbond" M 40)	<0,06	0,27
	0,06–0,6	0,28
	0,6–2	0,28
	2–63	0,28
25 de Maio (Brasilien)	<0,02	0,25
	0,02–0,06	0,255
	0,06–0,2	0,28
	0,2–1	0,28
	1–10	0,28
Wyoming[3)	<0,05	0,24
	0,05–0,1	0,23
	0,1–0,2	0,25
	0,2–0,5	0,26

[1) (153); [2) (271); [3) (217)

Tabelle 2.31. Spurenelemente in Bentoniten und ihren abgetrennten Kornfraktionen <0,6 µm ∅ (258).

	Kumhausen Niederbayern		Oberviecht Niederbayern		Tsukinuno-Mine Yamagata-Pref. Japan		Polkville Mississippi, USA (API Nr. 21)		Upton Wyoming, USA (API Nr. 25)	
	Bent.	<0,6 µm ∅	Bent.	<0,6 µm ∅	Bent.	<0,6 µm ∅	Bent.	<0,6 µm ∅	Bent.	<0,6 µm ∅
Ti	1320	960	1620	960	660	600	1140	1080	660	660
Cr	17	4	41	7	8	1	7	5	5	2
Mn	190	170	320	350	210	40	55	5	77	12
Co	22	29	16	57	7	10	15	24	5	26
Ni	24	29	47	43	27	12	47	34	25	20
Cu	7	8	18	14	5	sp.	5	2	3	1
Zn	116	150	108	125	111	123	91	132	106	153
Pb	32	28	47	28	40	16	34	21	46	21
Li	24	16	56	57	12	5	111	112	26	10
Rb	50	22	72	31	23	20	22	19	24	19
Sr	46	21	49	21	196	21	66	20	165	39
Ba	86	17	100	25	599	3	60	3	258	23
P	227	12	126	20	65	26	126	41	127	37

Tabelle 2.32. Spurenelemente in Bentoniten und Montmorilloniten verglichen mit tonigen Sedimentgesteinen.

	Niederbayerische Bentonite[1] (13)		Amerikanische + Japanische Bentonite (6)[1]		Ton-mergel[2]	marine Tone[3]	Ton-schiefer[4), 5)]		Sedimente Festland-sockel[5]
	Bent. [ppm]	<0,6 µm ∅ [ppm]	Bent. [ppm]	<0,6 µm ∅ [ppm]	[ppm]	[ppm]	[ppm]	[ppm]	[ppm]
Ti	1600	1010	1340	1040					
Cr	30	12	5	3	121	82	90	423	259
Mn	224	200	103	34	558	–	850	575	550
Co	21	37	14	20	17	11	19	8	4
Ni	36	33	29	24	58	29	68	29	18
Cu	11	9	3	2	32	18	45	45	29
Zn	111	118	144	165	91	–	95	130	76
Pb	37	36	48	21	19	22	12	80	49
Li	44	36	37	27	–	81	66	46	30
Rb	59	31	31	20	97	150	140	243	191
Sr	51	20	164	26	405	184	300	290	197
Ba	141	29	246	16	395	375	1600	250	197
P	180	19	190	65	849	–	700	733	584

1) (258); 2) (152); 3) (118); 4) (255), 5) (120)

Tabelle 2.33. Chemische Analysen von Beidellit, Nontronit, Hectorit und Saponit.

	Beidellit[1]	Nontronit[2]		Hectorit[3]	Saponit[4]
		<0,2 µm Ø	<0,2 µm Ø	<0,2 µm Ø	
	Black Jack Mine, Idaho	Hoher Hagen, bei Dransfeld, Nieder-sachsen	Ölberg bei Hundsangen, Westerwald	Hector, Californien	Allt Ribhein, Fiskavaig Bay, Skye
	[%]	[%]	[%]	[%]	[%]
SiO_2	59,30	46,3	50,8	49,1*	43,62
TiO_2	–	0,03	0,23	sp.	0,00
Al_2O_3	36,11	2,77	4,81	0,15	5,50
Fe_2O_3	0,50	33,2	17,0	0,04*	0,66
FeO	–	1,35	0,92	–	–
MnO	–	–	–	–	0,06
MgO	0,10	0,29	6,15	22,1	24,32
CaO	0,02	0,04	0,08	–	2,85
Li_2O	–	–	–	1,20	–
Na_2O	3,98	2,36	2,80	0,24	0,08
K_2O	0,11	0,16	0,10	0,07	0,04
F	–	–	–	4,88	–
H_2O	–	n. b.	n. b.	17,24	22,90
Glühverlust	6,30				
	100,12	86,50	82,89	95,02	100,03
KAV [mval/100 g]	130	79	108	49	
Schicht-ladung		0,33	0,36	0,33	
Tetraederpositionen					
Si	3,49	3,69	3,91	3,98	3,50
Al	0,51	0,26	0,09	0,02	0,50
Fe^{3+}	–	0,05	–	–	–
Oktaederpositionen					
Al	1,99	–	0,35	–	0,02
Cr^{3+}	–	–	0,03	–	–
Fe^{3+}	0,02	1,88	0,98	–	0,04
Fe^{2+}	–	0,09	0,06	–	–
Ni^{2+}	–	–	0,02	–	–
Mg	0,01	0,03	0,70	2,53	2,91
Li	–	–	–	0,39	–
Σ Kat.	2,02	2,00	2,14	2,92	2,97

Anmerkungen: *) Die Analyse des Hectorits enthält zusätzlich 4,56 % „amorphes SiO_2" und 0,04 % nach Reduktion lösliche oxidische Eisenverbindungen. Die Oberfläche der beiden Nontronite waren ursprünglich ganz und die des Hectorit zum Teil mit Ca^{2+} belegt. Durch Behandlung mit 0,1 molarer EDTA-Lösungen (pH = 4,5 und 8,0) zur Auflösung beigemengter Carbonate wurde diese natürliche Ionenbelegung gegen Na^+ ausgetauscht.

1) (268); 2) (202); 3) (226); 4) (167)

Tabelle 2.33. (Fortsetzung)

	Beidellit[1] Black Jack Mine, Idaho [%]	Nontronit[2] <0,2 µm ∅ Hoher Hagen, bei Dransfeld, Nieder-sachsen [%]	<0,2 µm ∅ Ölberg bei Hundsangen, Westerwald [%]	Hectorit[3] <0,2 µm ∅ Hector, Californien [%]	Saponit[4] Allt Ribhein, Fiskavaig Bay, Skye [%]
Zwischenschichtpositionen					
Mg	–	–	–	0,13	–
Ca	–	0,03	0,01	–	0,25
Na	0,45	0,36	0,42	0,04	–
K	0,01	0,01	0,01	0,03	–
Σ Lad.	0,46	0,43	0,45	0,33	0,50

Das beim Hectorit gemessene KAV von 49 mval/100 g entspricht ziemlich genau der Magnesiummenge auf den Zwischenschichtpositionen.
Bei den Nontronitproben entsprechen die Ladungssummen der Ca^{2+}-, Na^{+}- und K^{+}-Ionen etwa den gemessenen Ionenumtauschkapazitäten. Sie sind aber größer als die gemessenen Schichtladungen. Die Schichtladung bezieht sich allein auf die innere Oberfläche der Smectite. Die adsorbierten Kationen befinden sich auf der inneren und der äußeren Oberfläche der Smectite.

Tabelle 2.34. Spurenelemente in den Nontroniten vom Hohen Hagen bei Dransfeld und vom Ölberg bei Hundsangen (202).

	Nontronit Hoher Hagen, Dransfeld, Niedersachsen. <0,2 µm ∅ [ppm]	Nontronit Ölberg, Hundsangen, Westerwald. <0,2 µm ∅ [ppm]
Ti	180	1380
Cr	43	2900
Mn	–	88
Co	12	15
Ni	90	2540
Cu	17	52
Zn	123	177
Pb	11	10
Li	4	2
P	25	–

Tabelle 2.35. Strukturformeln von Vermiculiten und Chloriten.

Trioktaedrische Vermiculite

$M^{+}_{0,71} (Mg_{2,40} Fe^{2+}_{0,09} Fe^{3+}_{0,34} Al_{0,14})_{2,97} [Al_{1,13} Si_{2,87} O_{10} (OH)_2]$ [1)]
$M^{+}_{0,32} (Mg_{1,13} Fe^{2+}_{1,28} Al_{0,59})_{3,00} [Al_{0,91} Si_{3,09} O_{10} (OH)_2]$ [2)]

[1)] Mittelwert aus 25 Vermiculitanalysen nach Foster (88), Formel neu berechnet (Köster 141),
[2)] Eisenreicher Vermiculit aus Biotit entstanden nach Black (20). Formel neu berechnet (Köster 141),

Trioktaedrische Chlorite	
Pennin	$(Mg, Al)_6 [Al_{0,8} Si_{3,2} O_{10} (OH)_8]$
Klinochlor	$(Mg, Al)_6 [Al_{1,1} Si_{2,9} O_{10} (OH)_8]$
Sheridanit	$(Mg, Al)_6 [Al_{1,4} Si_{2,6} O_{10} (OH)_8]$
Prochlorit (= Rhipidolith)	$(Mg, Fe^{2+} Al)_6 [Al_{1,4} Si_{2,6} O_{10} (OH)_8]$
Thuringit	$(Fe^{2+} Fe^{3+} Al)_6 [Al_{1,4} Si_{2,6} O_{10} (OH)_8]$
Di, trioktaedrische Chlorite	
Cookeit	$(Al_4 Li_1)_5 [Al Si_3 O_{10} (OH)_8]$
Sudoit	$(Al_3 Mg_2)_5 [Al Si_3 O_{10} (OH)_8]$
Dioktaedrischer Chlorit	
Donbassit	$Al_{4,33} [Al Si_3 O_{10} (OH)_8]$

Tabelle 2.36. Kristallographische Daten der Vermiculite und Chlorite.

Trioktaedrische Vermiculite sind überwiegend monoklin und gehören der 1 M-Modifikation an. Sehr selten sind die 2 M_1- und die trigonale 3 T-Modifikation.

Raumgruppen: *Cc* und *C2/c*.

Vermiculit von Llano: $a_0 = 5{,}344$ Å, $b_0 = 9{,}245$ Å, $c_0 = 28{,}870$ Å, $\beta = 97°$

Die Chlorite sind teils monoklin, teils triklin.

Raumgruppen: häufig *C2/m*, auch *Cm*, $C\bar{1}$, *C*1.

Trioktaedrische Chlorite (Pennin- und Prochlorit-Reihe)

$a_0 \approx 5{,}3$ Å, $b_0 \approx 9{,}2$ Å, $c * \sin\beta \approx n * 14{,}2$ Å, $\beta \approx 97°$ od. 90°.

Di, trioktaedrische Chlorite

	a_0	b_0	c_0	β
Cookeit[1)]	5,16 Å	8,92 Å	14,41 Å	97°15′
Sudoit[2)]	5,14 Å	8,95 Å	14,22 Å	~97°

[1)] (227); [2)] (185)

Tabelle 2.37. Röntgendiagramme von Vermiculiten und Chloriten.

	Mg-Vermiculit Llano County, Texas[1)]		Batavit Kropfmühl, Bayern[2)]			Chlorit (II b-Typ) Buck Creek, North Carolina[3)]	
hkl	*d* (Å)	Int.	*d* (Å)	Int.	*hkl*	*d* (Å)	Int.
002	14,34	100	14,4	100	001	14,15	80
004	7,18	10	7,18	5	002	7,05	100
006	4,776	15	4,79	10	003	4,72	60
02, 11	4,604	40	4,60	70	02, 11	4,60	20
008	3,582	30	3,602	40	004	3,54	100
0.0.10	2,866	40	2,873	40	005	2,83	40
200, $13\bar{2}$	2,649	18	2,657	30	$20\bar{1}$	2,66	15
$20\bar{4}$, 132	2,592	30	2,602	50	$20\bar{2}$	2,59	50
202, $13\bar{4}$	2,552	30	2,550	40	201	2,54	80
					$20\bar{3}$	2,44	70
204, $13\bar{6}$ } 0.0.12	2,392	50	2,392	50	202	2,38	40
136, $20\bar{8}$	2,265	5	2,277	5	$20\bar{4}$	2,255	40
138, $2.0.\overline{10}$	2,075	15	2,082	20			
0.0.14	2,048	5					
208, $1.3.\overline{10}$	2,015	15	2,016	20	204	2,00	60
					$20\bar{6}$	1,88	25
2.0.10, $1.3.\overline{12}$	1,837	5	1,835	5	205	1,82	25
0.0.16	1,790	2					
15, 24, 31	1,744	15	1,744	30	15, 24, 31	1,74	10
					$20\bar{7}$	1,715	5
2.0.12, $1.3.\overline{14}$	1,675	20	1,673	30	206	1,66	15
1.3.14, $2.0.\overline{16}$	1,575	7	1,576	5	$20\bar{8}$	1,565	30
$33\bar{2}$, 060	1,541	30 }	1,537	70	060	1,538	70
330, $33\bar{4}$, 062	1,534	30 }					
332, $33\bar{6}$, 064	1,506	5	1,508	5	062	1,503	25

Tabelle 2.37. (Fortsetzung)

hkl	Mg-Vermiculit Llano County, Texas[1)] d (Å)	Int.	Batavit Kropfmühl, Bayern[2)] d (Å)	Int.	*hkl*	Chlorit (II b-Typ) Buck Creek, North Carolina[3)] d (Å)	Int.
Gitterkonstanten							
	a_0 = 5,344 Å		a_0 = 5,33 Å		a_0 = 5,37 Å		
	b_0 = 9,245 Å		b_0 = 9,21 Å		b_0 = 9,30 Å		
	c_0 = 28,870 Å		c_0 = 29,0 Å		c_0 = 14,19 Å		
	β = 97°		β = 97°		β = 97°		

[1)] und [3)] (7); [2)] (269)

Tabelle 2.38. Chemische Analysen von Vermiculiten.

	[%]	Llano County, Carl Moss Ranch, Texas. Stop 12 [%]	Stop 10 [%]	Young River, West Australien. [%]	[%]
SiO_2	39,8	45,56	44,80	41,56	43,7
TiO_2	–	0,38	0,05	0,47	0,68
Al_2O_3	15,2	15,82	14,03	16,77	16,92
Fe_2O_3	0,31	1,40	10,32	10,48	11,75
FeO	–	–	0,80	0,90	0,95
MnO	–	0,13	0,17	0,35	0,36
MgO	31,5	29,66	23,72	23,21	22,63
CaO	0,21	6,86	5,32	4,63	4,66
Na_2O	0,09	–	–	0,06	0,06
K_2O	0,03	0,17	0,03	0,19	0,03
	87,14	99,98	99,24	98,62	101,11
Tetraederpositionen					
Si	2,85	2,91	2,93	2,76	2,80
Al	1,15	1,09	1,07	1,24	1,20
Oktaederpostionen					
Al	0,13	0,10	0,02	0,08	0,10
Fe^{3+}	0,02	0,06	0,51	0,53	0,57
Fe^{2+}	–	–	0,04	0,05	0,05
Mn^{2+}	–	0,01	0,01	0,01	0,02
Mg	2,85	2,82	2,32	2,30	2,19
Σ Kat.	3,00	2,99	2,90	2,97	2,93
Zwischenschichtpositionen					
Mg	0,50	–	–	–	–
Ca	–	0,47	0,37	0,33	0,33
Na	–	–	–	0,01	0,01
K	–	0,01	–	0,02	–
Σ Lad.	1,00	0,95	0,74	0,69	0,67

Anmerkungen: Analyse 1, von ausgelesenen weißen Kriställchen, Vali und Köster (unveröffentlicht). Analysen 2 bis 5 aus Newman (196).

Tabelle 2.39. Chemische Analysen von Chloriten.

	Trioktaedrische Chlorite		Di,trioktaedrische Chlorite			Dioktaedrische Chlorite	
	(1) Klino-chlor	(2) Sheri-danit	(3) Sudoit	(4) Sudoit	(5) Cookeit	(6) Donbassit	(7)
	[%]	[%]	[%]	[%]	[%]	[%]	[%]
SiO_2	32,81	29,92	34,36	32,81	34,70	38,0	29,5
TiO_2	0,22	0,06	–	0,18	–	sp.	1,2
Al_2O_3	15,31	25,56	38,84	35,71	48,40	47,44	52,0
Fe_2O_3	3,78	–	0,49	2,66	0,10	–	0,5
FeO	1,15	0,34	–	1,07	–	–	0,3
MnO	0,06	0,01	–	0,29	–	–	–
MgO	33,96	32,32	10,21	13,54	0,05	0,8	sp.
CaO	0,61	–	0,07	0,03	0,12	–	1,6
Li_2O	–	–	–	–	2,45	–	–
Na_2O	–	0,0x	0,06	–	0,10	–	–
K_2O	–	0,02	0,12	0,03	–	–	–
H_2O^+	12,60	12,40	13,98	12,95	14,10	13,8	13,9
H_2O^-			0,84				
P_2O_5							1,0
	100,50	100,63	99,57	99,27	99,93	100,00	100,0
Tetraderpositionen							
Si	3,08	2,73	3,14	2,97	3,03	3,30	2,72
Al	0,92	1,27	0,86	1,03	0,97	0,70	1,28
Oktaederpositionen							
Al	0,77	1,47	3,33	2,85	4,02	4,16	4,38
Fe^{3+}	0,27	–	0,03	0,19	0,01	–	0,04
Fe^{2+}	0,09	0,03	–	0,08	–	–	0,02
Mn^{2+}	–	–	–	0,02	–	–	–
Mg	4,75	4,40	1,39	1,86	0,01	0,11	–
Li	–	–	–	–	0,86		–
Σ Kat.	5,88	5,90	4,75	5,00	4,90	4,27	4,44

Anmerkungen: Bei der Formelberechnung wurden TiO_2, CaO, Na_2O und K_2O nicht berücksichtigt. Bei der Analyse 7 wurden 1,6 % CaO gegen 1,0 % P_2O_5 als Apatit verrechnet.

Analysen 1 und 2: Jones (128)
Analyse 3: Shirozu (235)
Analyse 4: Kramm (147)
Analyse 5: Cerny (58)
Analyse 6: Müller (184)
Analyse 7: Caillere et al. (52)

Tabelle 2.40. Röntgendiagramme von Rectorit, Tosudit und Corrensit (Basisreflexe).

	Na-Rectorit [1] mit Glyzerin		Tosudit [2] lufttrocken		Corrensit [3] mit Ethylenglycol		luft-trock.	½ h bei 550 °C
hkl	*d* (Å)	Int.	*d* (Å)	Int.	*d* (Å)	Int.[4]	*d* (Å)	*d* (Å)
001	27,3	100	30,4	100	30,0	6	28,5	23,2
002	13,65	23	15,2	75	15,5	10	14,5	12,0
003	9,10	6	10,00	6	9,8	$\ll 1$	9,8	8,0
004	6,83	1	7,56	6	7,76	4	7,38	6,03
005	5,46	1	5,98	1	6,19	$\ll 1$	5,87	4,77
006	4,55	3	5,006	22	5,18	3	4,93	3,97
020	–		4,480	30	(4,60)[5]			
007	3,90	<1	4,247	5	4,44	1	4,23	3,40
008	3,41	3	3,705	6	3,87	<1	3,68	2,988
009	3,04	3	3,297	8	3,45	4	3,30	–
00.10	2,73	$\ll 1$	2,954	6	3,10	<1	2,953	–
00.11	2,48	$\ll 1$	–		2,827	1	2,708	–
00.12	2,28	$\ll 1$	2,562	13	2,578		–	–
00.13	2,10	$\ll 1$	–		2,386		–	–
00.14					2,234		2,099	–
00.15					2,067		–	–
00.16					1,945		–	–
060					(1,537)[5]			

[1] (135); [2] (234); [3] (160); [4] Intensitäten aus (28); [5] nach (158)

Tabelle 2.41. Chemische Analysen von Schichtsilicaten mit regelmäßiger 1 : 1-Wechsellagerungsstruktur.

	K-Rectorit [1] [%]	Na-Rectorit [2] [%]	Tosudit [3] [%]	Corrensit [4] [%]
SiO_2	52,62	54,11	42,14	34,25
TiO_2	0,12	0,01	–	0,20
Al_2O_3	29,08	40,38	37,38	11,63
Fe_2O_3	0,19	0,15	0,30	8,12
FeO	0,52	–	–	–
MnO	0,06	–	–	0,12
MgO	0,77	0,78	0,08	29,26
CaO	0,51	0,52	1,65	1,39
SrO	–	0,13	–	–
Na_2O	0,10	3,87	0,15	0,26
K_2O	4,44	0,29	1,40	0,04
Tetraederpositionen				
Si	7,14	6,42	6,86	5,96
Al	0,86	1,58	1,14	2,04
Oktaederpositionen				
Al	3,80	4,06	6,03	0,34
Fe^{3+}	0,02	0,01	0,03	1,06
Fe^{2+}	0,06	–	–	–
Mn^{2+}	0,01	–	–	0,02
Mg	0,16	0,14	0,02	7,59
Σ Kat.	4,03	4,21	6,08	9,01
Zwischenschichtpositionen				
Ca	0,07	0,07	0,29	0,26
Sr	–	0,01	–	–
Na	0,03	0,89	0,05	0,09
K	0,77	0,04	0,29	0,01
Σ Lad.	0,94	1,09	0,92	0,62

[1] (207); [2] (135); [3] (234); [4] (30)

Tabelle 2.42. Chemische Analysen von unregelmäßigen Illit/Smectit-Wechsellagerungsmineralen (K-Bentonite).

	K-Bentonit Martinsburg, Virginia <0,5 µm∅ [%]	K-Bentonit Kinnekulle A1 Schweden <1 µm∅ [%]	K-Bentonit Colorado, Bozeman Pass, Montana <0,25 µm∅ [%]	K-Bentonit Kinnekulle B Schweden <0,5 µm∅ [%]
SiO_2	54,4	56,2	54,9	53,7
TiO_2	0,35	0,17	0,81	0,07
Al_2O_3	24,1	23,2	18,1	19,0
Fe_2O_3	2,43	1,89	7,30	3,04
FeO	n. a.	n. a.	1,19	n. a.
MgO	4,3	4,1	2,70	3,90
CaO	0,02	0,18	0,05	0,78
Na_2O	n. a.	n. a.	0,04	n. a.
K_2O	6,88	5,10	4,41	2,30
KAV [mval/100 g]	25	33	50	61
% quellfähige Schichten	23	37	45	63
Tetraederpositionen				
Si	3,61	3,73	3,79	3,85
Al	0,39	0,27	0,21	0,15
Oktaederpositionen				
Al	1,50	1,54	1,26	1,46
Fe^{3+}	0,12	0,09	0,38	0,16
Fe^{2+}	–	–	0,07	–
Mg	0,42	0,41	0,28	0,42
Σ Kat.	2,04	2,04	1,99	2,04
Zwischenschichtpositionen				
K	0,59	0,43	0,39	0,21
M^+	0,10	0,13	0,20	0,26
Σ Lad.	0,69	0,56	0,59	0,47

Anmerkung: Analysen aus Hower und Mowatt (122). Strukturformeln unter Verwendung des KAV nach Köster (141) neu berechnet.

Tabelle 2.43. Chemische Analysen der Wechsellagerungsminerale K-Bentonit Nr. 37 und Illit/Smectit ISMt-1 und ihrer Tonfraktionen <2 µm ∅. (Köster, unveröffentlicht)

	K-Bentonit, Strasbourg, Virginia (API Nr. 37)				Illit/Smectit, Mancos Shale, Montana (CMS ISMt-1)			
	Rohprobe	Fraktion 0,6–2 µm∅	Fraktion 0,2–0,6 µm∅	Fraktion <0,2 µm∅	Rohprobe	Fraktion 0,6–2 µm∅	Fraktion 0,2–0,6 µm∅	Fraktion <0,2 µm∅
	[%]	[%]	[%]	[%]	[%]	[%]	[%]	[%]
SiO_2	41,4	47,9	48,8	48,7	53,8	53,5	50,9	50,5
Al_2O_3	21,7	24,0	23,6	24,6	20,7	22,8	23,3	25,7
Fe_2O_3	1,91	3,11	2,81	2,09	1,14	1,25	1,27	1,20
FeO	0,83	0,42	0,42	0,43	0,41	0,49	0,48	0,61
MgO	2,56	2,93	2,97	2,89	1,91	1,97	2,02	1,65
CaO	8,19	0,38	0,44	0,46	2,73	0,84	0,80	1,20
Na_2O	0,39	0,12	0,14	0,22	0,61	0,24	0,19	0,50
K_2O	5,66	7,08	7,53	7,30	4,64	5,80	4,89	4,20
CO_2	6,10	–	–	–	0,69	–	–	–
	88,7	85,9	86,7	86,7	85,8	86,9	83,9	85,6
Tetraederpositionen								
Si	3,44	3,48	3,52	3,50	3,85	3,49	3,64	3,58
Al	0,56	0,52	0,48	0,50	0,15	0,51	0,36	0,42
Oktaederpositionen								
Al	1,57	1,53	1,52	1,58	1,59	1,65	1,68	1,73
Fe^{3+}	0,12	0,17	0,15	0,11	0,07	0,08	0,07	0,06
Fe^{2+}	0,06	0,03	0,03	0,03	0,02	0,03	0,03	0,04
Mg	0,32	0,32	0,32	0,31	0,20	0,24	0,22	0,17
Σ Kat.	2,07	2,05	2,02	2,03	1,88	2,00	2,00	2,00
Zwischenschichtpositionen								
Ca	0,04	0,03	0,03	0,04	0,14	0,07	0,06	0,09
Na	0,06	0,02	0,02	0,03	0,08	0,04	0,03	0,07
K	0,60	0,66	0,69	0,67	0,78	0,78	0,61	0,38
Σ Lad.	0,74	0,74	0,77	0,78	0,78	0,78	0,61	0,63

Anmerkungen: Die Rohprobe des K-Bentonits enthält 13,87 % Calcit (= 7,77 % CaO) und die des Illit/Smectits 1,57 % Calcit (= 0,88 % CaO). Vor der Gewinnung der Tonfraktionen <2 µm ∅ durch Schlämmen und Zentrifugieren wurden die Rohproben mittels 0,1 molarer EDTA-Lösungen (von *p*H = 4,5 und 8,0) von Calcit befreit und alle umtauschbaren Kationen gegen Na^+-Ionen umgetauscht.
Die Rohprobe des Illit/Smectits enthält >20 % Quarz, die Fraktionen 0,6–2 µm ∅ und 0,2–0,6 µm ∅ etwa 10 % bzw. 2 % Quarz. Die Quarzgehalte der Tonfraktionen wurden vor der Berechnung der Strukturformeln aus den Analysen abgerechnet.

Tabelle 2.44. Spurenelemente in den Wechsellagerungsmineralen K-Bentonit Nr. 37 und Illit/Smectit ISMt-1 und ihren Tonfraktionen <2 µm ∅. (Köster, unveröffentlicht)

	K-Bentonit, Strasbourg, Virginia (API Nr. 37)				Illit/Smectit, Mancos Shale, Montana (CMS ISMt-1)			
	Rohprobe [ppm]	Fraktion 0,6–2 µm∅ [ppm]	Fraktion 0,2–0,6 µm∅ [ppm]	Fraktion <0,2 µm∅ [ppm]	Rohprobe [ppm]	Fraktion 0,6–2 µm∅ [ppm]	Fraktion 0,2–0,6 µm∅ [ppm]	Fraktion <0,2 µm∅ [ppm]
Ti	6360	11810	3600	1860	840	840	600	n. a.
Cr	15	n. a.	n. a.	n. a.	n. a.	n. a.	n. a.	n. a.
Mn	(57)	n. a.	n. a.	n. a.	n. a.	n. a.	n. a.	n. a.
Cu	33	31	35	32	(6)	16	21	36
Zn	108	175	180	161	87	137	140	238
Pb	26	111	122	33	64	156	119	(<10)
Li	31	26	26	26	14	13	13	36
Rb	225	275	285	275	137	172	172	(20)
Sr	112	65	52	52	221	91	104	135
P	574	70	(62)	84	203	88	(44)	n. a.

Anmerkung: Die Rohprobe des K-Bentonits enthält 13,87 % Calcit (= 7,77 % CaO) und die des Illit/Smectits 1,57 % Calcit (= 0,88 % CaO). Vor der Gewinnung der Tonfraktionen <2 µm ∅ durch Schlämmen und Zentrifugieren wurden die Rohproben mittels 0,1 molarer EDTA-Lösungen (von *p*H = 4,5 und 8,0) von Calcit befreit und alle umtauschbaren Kationen gegen Na^+-Ionen umgetauscht.

n. a. = nicht analysiert

( ) = halbquantitative Werte

Tabelle 2.45. Optische Daten der 2 : 1-Schichtminerale (253).

	n_x	n_y	n_z	opt. Charakter Doppelbrechung
Pyrophyllit	1,552	1,588	1,600	(–)0,048
Talk	1,539– 1,545	1,589– 1,589	1,589– 1,590	(–)0,050 bis (–)0,045
Muskovit	1,552– 1,570	1,582– 1,619	1,588– 1,624	(–)0,036 bis (–)0,045
Illit	1,568– 1,572	1,590– 1,587	1,590 1,600	(–)0,022 bis (–)0,028
Glaukonit	1,592– 1,606	1,613– 1,633	1,614– 1,634	(–)0,022 bis (–)0,028
Seladonit	1,606– 1,612	1,633– 1,643	1,634– 1,644	(–)0,028 bis (–)0,032
Montmorillonit	1,485	1,510	1,510	(–)0,025
Beidellit	~1,49	1,52– 1,56	1,52– 1,56	
Nontronit	1,56– 1,62	1,58– 1,65	1,58– 1,66	(–)0,02 bis (–)0,04
Saponit	1,480– 1,497	1,510– 1,525	1,511– 1,527	(–)0,031 bis (–)0,037
Vermiculit	1,525– 1,540	1,545– 1,560	1,545– 1,560	(–)0,020 bis (–)0,020
Chlorite				
Penninreihe	1,569– 1,582	1,571– 1,585	1,571– 1,596	(–)0,002 bis (–)0,014
Prochloritreihe	1,595– 1,669	1,596– 1,682	1,601– 1,683	(+)0,006 bis (–)0,014

Tabelle 2.46. Strukturformeln und kristallographische Daten von Sepiolith und Palygorskit.

Sepiolith

$(Mg_{8-y-z}R^{3+}{}_{y}\square_{z})(Si_{12-x}R^{3+}{}_{x}O_{30}(OH)_4(OH_2)_4 * R^{2+}{}_{(x-y+2z)/2}(H_2O)_8$

Palygorskit

$(Mg_{5-y-z}R^{3+}{}_{y}\square_{z})(Si_{8-x}R^{3+}{}_{x}O_{20}(OH)_2(OH_2)_4 * R^{2+}{}_{(x-y+2z)/2}(H_2O)_4$

	Raum- gruppe	a_0 (Å)	b_0 (Å)	c_0 (Å)	β (°)
Sepiolith[1)]	*Pncn*	13,50 ±0,02	26,97 ±0,03	$5{,}25_5$ ±0,01	90
Loughlinit[2)]	*Pncn*	14,66	26,71	5,26	90
Palygorskit[3)] (Attapulgus)	rhomb.	12,823 ±0,024	17,925 ±0,030	5,199 ±0,033	90
Palygorskit[3)] (Glasgow, Va.)	monokl.	12,681 ±0,003	17,864 ±0,009	5,127 ±0,003	α= 92°14′ ±3′

[1)] (32); [2)] (16); [3)] (59)

Tabelle 2.47. Röntgendiagramme von Sepiolithen und Palygorskiten.

	Sepiolith[1] Little Cottonwood, Utah		Loughlinit[2] (Na-Sepiolith) Sweetwater County, Wyoming		Palygorskit, rhombisch[3] Attapulgus, Georgia			Palygorskit, monoklin[3] Glasgow, Virginia		
hkl	*d*(Å)	Int.	*d*(Å)	Int.	*hkl*	*d*(Å)	Int.	*hkl*	*d*(Å)	Int.
110	12,05	100	12,9	100	110	10,54	100	110	10,35	100
130	7,47	10	7,63	5	200	6,42	10	200	6,33	19
200,040	6,73	5	6,46	1br.	130	5,418	7	130	5,382	13
150	5,01	7	5,04	1½	040	4,479	23	040	4,462	29
111			4,81	5	121	4,258	15	$12\bar{1}$	4,258	11
060	4,498	25	4,51	7br.	310	4,137	10	121	4,129	15
131	4,306	40	4,34	18				201	3,988	4
201,041			4,15	½	131	3,75	sch			
330	4,022	7	4,00	1	221	3,681	7			
			3,83	6br.	240	3,67	sch	240		
260	3,750	30							3,648	10
			3,63	7br.				131		
241	3,533	12			150	3,444	5	150	3,436	3
080	3,366	30	3,31	5				$23\bar{1}$	3,351	7
331	3,196	35	3,21	1	311	3,246	20	$31\bar{1}$	3,223	16
261	3,050	12	3,09	2				311	3,194	sch
370	2,932	4	2,92	5	400	3,205	18	400	3,170	23
081	2,825	7			321	3,10	sch			
421	2,771	4						$32\bar{1}$	3,088	11
0.10.0,510	2,691	20	2,64	6				$33\bar{1}$	2,885	3
530	2,586	sch			411	2,698	4	$41\bar{1}$	2,673	6
112,371,191	2,560	55	2,55	7	251	2,68	sch			
132	2,479	5	2,48	5	421,440,	2,601	10br.	$341,42\bar{1}$	2,605	10br.
202,042	2,449	25	2,44	5	061					
222	2,406	15						440	2,585	15
			2,32	3				421	2,57	sch
062,312,2.10.1	2,263	30						$16\bar{1}$	2,56	sch
			2,23	1				012	2,55	sch
620,570,332	2,206	3	2,16	3	102,161	2,548	13br.	061	2,536	17
640,2.12.0,								102,112	2,507	12
	2,125	7	2,11	3				161	2,48	sch
4.10.0										
082	2,069	20	2,06	1						
571	2,033	4	2,02	1						

[1] (32); [2] (82); [3] (59)
sch = Schulter an benachbarter Linie
br. = breite diffuse Linie

Tabelle 2.48. Chemische Analysen von Sepiolith, Loughlinit, Palygorskit.

	Sepiolith [1] (Bergholz) Sterzing, Tirol [%]	Loughlinit [2] Sweetwater County, Utah [%]	Palygorskit [3] Bakkasetter, Shetland Inseln [%]	Palygorskit [4] Torrejón, Cáceres, Spanien [%]
SiO_2	49,58	50,80	52,35	51,50
TiO_2	sp.	0,02	–	–
Al_2O_3	0,88	0,66	15,44	10,03
Fe_2O_3	17,20	1,85	2,12	2,30
FeO	1,43	1,51	–	0,52
MnO	0,30	–	–	–
MgO	12,67	16,01	6,60	12,28
CaO	0,72	–	0,14	1,81
Na_2O	–	8,16	–	0,12
K_2O	–	0,00	–	0,13
H_2O^+	10,59	6,82	12,00	7,36
H_2O^-	7,12	13,68	10,32	14,43
	100,49	100,10	98,97	100,48
Tetraederpositionen				
Si	11,23	11,79	7,98	7,64
Al	0,24	0,18	0,02	0,36
Fe^{3+}	0,53	0,03	–	–
Oktaederpositionen				
Al	–	–	2,76	1,44
Fe^{3+}	2,39	0,30	0,24	0,26
Fe^{2+}	0,28	0,29	–	–
Mn^{2+}	0,06	–	–	–
Mg	4,28	5,53	1,49	2,46
Na		1,84		
Σ Kat.	7,01	7,96	4,49	4,14
Zwischenschichtpositionen				
Ca	0,18	–	0,02	0,09
Na	–	1,83	–	0,02
K	–	–	–	0,01

[1] (29); [2] (82); [3] (242); [4] (93)

Tabelle 2.49. Röntgendiagramm des Imogolit aus dem Kitakami Tuff, Iwate, Japan.

I		II	
d(Å)	Int.	*d*(Å)	Int.
20 – 14	100	20 – 12	100
8,1	35	7,9	60
5,7	9	5,6	20
4,35	5	4,4	5
4,15	5	4,1	5
3,73	7	3,7	10
3,29	20	3,3	40
3,1 3,0	<1	3,1	5
2,7 2,5	1	2,6	2
2,28	10	2,25	20
2,11	2	2,10	4
2,01	<1		
1,92	<1		
1,73	3	1,73	5
1,54	1		
1,49	1		
1,41	4	1,40	8
1,21	1		
1,08	1		

I) (43); II) (262)

Sachverzeichnis

A

B

C

D

E

F

G

H

I

J

K

L

M

N

O

P

T

U

V

W

X

Y

Z

GPSR Compliance

The European Union's (EU) General Product Safety Regulation (GPSR) is a set of rules that requires consumer products to be safe and our obligations to ensure this.

If you have any concerns about our products, you can contact us on ProductSafety@springernature.com

In case Publisher is established outside the EU, the EU authorized representative is:

Springer Nature Customer Service Center GmbH
Europaplatz 3
69115 Heidelberg, Germany

Batch number: 10577969

Printed by Printforce, the Netherlands